*Fourth Edition*

# 화학공정안전

# CHEMICAL PROCESS SAFETY
## FUNDAMENTALS WITH APPLICATIONS

Daniel A. Crowl·Joseph F. Louvar 지음
이영순 · 김태옥 · 박달재 · 백종배 · 이근원 · 이창준 공역

Pearson 도서출판 동화기술

# Chemical Process Safety :

Fundamentals with Applications

Fourth Edition

Daniel A. Crowl
Joseph F. Louvar

# 저자머리말

화학공정안전 교재 제4판을 내게 되어 기쁘게 생각한다. 1980년대 후반부터 학부생들을 위한 산업 실무기술을 반영하는 공정안전 교재를 만들겠다는 생각은 여전하며 우리가 이들 교재제작을 처음 상상했을 때와 마찬가지로 오늘날도 여전히 가치가 있다.

화학량론이나 열역학과 같은 대부분의 전통적인 화학공학 과정에 대한 기술적인 내용은 수년 동안 잘 확립되었다. 그러나 역동적으로 진화하는 공정안전의 경우에는 그러하지 못하다. 이와 같이 끊임없이 변화하는 특성에 맞춰 현재의 기술 및 산업 실무기술에 맞게 교재를 업데이트하려고 노력하였다.

모든 교재는 몇 가지 사항을 필요로 한다. 먼지, 내용은 학생이나 독자에게 가치가 있어야 하며 명확하고 체계적인 방식으로 제시되어야 한다. 둘째, 내용은 학생이 알고 있는 것부터 학생이 모르는 것까지 진행하면서 점진적으로 발전해야 한다. 셋째, 많은 예제, 그림 및 표를 사용하여 내용을 활성화해야 한다. 또한 교재는 산업 현장기술을 반영해야 한다. 이러한 사항을 달성하기가 쉽지 않지만 모든 버전의 교재에서 이를 충족시키기 위해 노력했다.

본문의 첫째 판은 1990년에 출판되었다. 첫판의 주요 노력은 실행 가능한 개요를 개발하는 것이었다. 개요가 개발되면 우리는 업계에서 기술적인 내용을 수집하고 이를 학생지도를 위해 수정하고 구성해야 했다.

두 번째 판은 2002년에 출판되었다. 이 교재는 주로 첫째 판에서 누락된 내용이 추가된 증보판 이었다. 특히 인화성 삼각형 다이어그램을 사용하고 목표 농도를 추정하는 데 적용되는 방법에 대해 인화성에 대한 새로운 내용은 추가했다.

세 번째 판은 2011년에 출판되었다. 이 판은 화학적 반응성에 관한 새로운 장을 추가했다. 이 판은 실제로 첫 번째 판에 포함되어 있어야 한다. 여기서 주요 개발은 이론적 모델을 무차원 형태로 재구성하여 학생관리 효율성을 위한 방정식을 단순화했다. 또한 텍스트를 현재 업계 실무기술로 업데이트하려는 노력을 계속했다.

네 번째 판은 큰 도전이었다. 공정안전 기술 및 산업 실무기술은 3판 발행 이후 크게 변경되었다. 이로 인해 전체 교재가 대대적으로 정비되었다. 여러 장이 완전히 다시 작성되었으며 모든 장이 크게 수정되었다. 또한 페이지 수를 줄이려고 했기 때문에 가치가 떨어지는 것으로 판단되는 일부 콘텐츠를 제거했다.

여기서 제거된 내용은 Pearson Instructor Resource Center (https://www.pearson.com/us/higher-education/subject-catalog/download-instructor-resources.html)을 계속 사용할 수 있다.

첫 세 판에서는 각 판에 대해 새로운 숙제 문제를 개발했으며, 그 결과 세 번째 판에는 100페이지 이상의 숙제가 포함되었다. 우리는 숙제가 오늘날의 교육 환경에서 가치가 그리 크지 않은 것으로 보이므로 네 번째 판에서 숙제 내용을 크게 줄이기로 했다.

## 저자소개

**Daniel A. Crowl**은 2015년 Michigan Technological University에서 은퇴했으며 그와 그의 아내는 유타 주 솔트레이크 시티로 이사했다. 그는 2016년부터 초빙 교수로 유타대학교 화학공학과에서 필요한 공정안전을 가르쳤다. 화학 업계에서 주최하는 AICHE 후원 교수 워크샵을 계속 지원하고 있다.

Crowl 교수는 the Past Herbert H. Dow 화학공정안전 교수이며 미시간기술대학의 명예 교수이다. Michigan Tech에서 그의 연구 중의 하나는 인화성 가스 및 액체의 특성화 방법 개선을 들 수 있다. 이 업무는 BASF의 기업 엔지니어링 및 Louvar의 안전 프로그램과 연결되어 이들 업무가 산업적으로 관련이 있음을 알 수 있다. 이 연구로 인화성에 대한 전 세계 표준을 개선했다. Crowl 교수는 펜실베이니아 주립 대학에서 연료과학 학사 학위를 받았으며 일리노이 대학에서 화학공학 석사 및 박사 학위를 받았다. 그는 1977년 디트로이트에 있는 Wayne State University에서 강의를 시작했다. 1985년 여름 미시건 주 Wyandotte에 있는 BASF 하계 연찬회를 개체하였는데 그는 여기에서 화학공정안전에 대해 처음 학습하게 되었다. Crowl 교수는 CCPS가 인증한 공정안전 CCPSC (CCPS Certified)이다. Crowl 교수는 Perry 화학 엔지니어 핸드북 7판 및 8판의 공정안전 부문 편집자이고 여러 공정안전에 관한 여러 권의 AICHE 서적의 저자/편집자이다. Crowl 교수는 Texas A&M University의 Mary K. O'Conner 공정안전센터의 공로상, ACS의 화학 안전보건상, AICHE 안전보건 분과 Bill Doyle 및 Walton/Miller 상, American Chemistry Council의 Catalyst 상 및 AICHE Board의 Gary Leach 상을 수상했다. 그는 AICHE, ACS 안전보건 분과 및 CCPS의 특별 회원이다.

**Joseph F. Louvar**는 화학공학 BS, MS 및 Ph.D 소지자이다. 그는 BASF Corporation에서 은퇴한 후 10년간 Wayne State University에서 교수로 근무하다가 최근 은퇴했다. Wayne State University에서는 화학공정안전, 위험성평가 및 공정설계를 강의하였다. BASF Corporation에서는 BASF의 화학공학 부서 책임자였다. BASF에서 그의 책무는 특수화학물질 생산과 공정안전관리에서 다루는 매우 위험한 화학 물질을 처리하는 5가지 공정에 대한 수행 및 유지관리였다. 그의 부서의 책무 중 하나는 BASF의 플랜트 및 엔지니어링 조직에 대한 화학 물질의 위험성을 특성화하는 것이었다. 이 책임에는 시설, 전문 장비 및 인사 전문가의 관리가 포함되었다. Crowl의 MTU 연구에는 기초적인 연구기반을 증진하기 위해 그의 안전 전문가들을 참여시켰다. 이러한 연구에는 액체, 증기 및 분진의 인화성, 폭발성 및 반응성 특성이 포함되었다.

Joseph F. Louvar는 많은 안전 관련 간행물의 저자이자 화학공정안전 관련 두 권의 공동저자이다: Fundamentals with Applications and Health and Environmental Risk Analysis: Fundamentals with Applications. Louvar 교수는 AICHE의 안전보건 분과의 손실방지위원회 위원장을 지냈다. 그는 또한 현재 안전 및 화학공학 교육위원회(SACHE)로 알려진 학부 교육위원회의 CCPS 직원 컨설턴트였고, AICHE의 공정안전 저널, Process Safety Progress의 공동 편집인을 역임하였다.

# 역자머리말

정부와 안전보건 관련 전문기관, 기업 모든 영역에서 화학사고 예방에 크게 노력하고 있지만 화재 · 폭발, 유해위험물질 누출과 같은 중대산업사고는 지속적으로 발생하고 있다. 이는 산업 관련 전문기술이나 경제사회와 문화적인 요인에 기인하기도 하지만 대부분의 경우에는 유해위험물질의 위험특성이나 관련 설비에 대한 위험특성, 그리고 이들을 종합적이고 체계적으로 관리하는 안전전문기술인의 부족 때문이다.

여기에 과학기술 진보로 산업현장과 우리 생활은 급속히 변모하고 있다. 산업현장은 산업구조, 생산방식 그리고 근로형태가 크게 바뀌고 있다. BT산업 등과 같은 새로운 산업이 등장하고 있고, 우리 삶의 방식도 크게 변모하고 있다. 마치 한 시대의 끝점과 새로운 시대의 시작점이 교차되는 시대에 살고 있는 것 같다. 산업현장은 빠른 속도로 디지털화 · 자동화되어 기계기구 설비는 인공지능이나 사물인터넷, 빅 데이터 기술 등으로 기계들 사이의 소통이 이루어지고 있고, 기계 스스로가 이상을 진단 · 처치하며, 업데이트하고 있다. 또한 무인 자동차와 드론 같은 무인 운송수단도 개발되고 있다.

이러한 거대한 변화 역시 산업 생산성은 물론 안전보건에 여러모로 영향을 미친다. 모든 새로운 기술개발과 그 운용에는 새로운 형태의 위험요인을 잠재하고 있기 때문이다. 이와 같이 새로운 물질, 새로운 기술, 새로운 설비, 새로운 생산방식이 개발되거나 발전될 때에는 안전보건 기술과 안전운용방법도 함께 개발 · 보급되어야 한다. 유해 위험물질을 다량으로 취급하는 화학공정산업은 더욱 그러하다. 화학산업 관련 안전보건 문제를 해결하기 위해서는 보통 기술적, 제도적, 관리적, 교육적인 대책을 활용한다. 이들 대책 중에서 가장 기본이 되는 것은 기술적 대책이다. 이 분야는 고도의 전문적이고 복합적인 기술을 기반으로 하여 산업활동이 이루어지기 때문이다. 특히 IT, AI, IOT, 로봇 기술, 디지털, 센서, Big Data 기술과 같은 첨단기술을 활용하여 위험을 계측, 평가, 제어, 감시가 이루어지는 기술변화 시대에 맞는 안전관리를 수행해야 한다. 즉, 첨단기술을 겸비한 화학안전 전문가가 필요하다.

이러한 요구에 부응하여 화학공정안전 제 1~3판을 새로운 기술시대에 적합하도록 대폭 개편하여 혁신판에 가까운 화학공정안전 제4판이 나왔다. 이 책은 두 개 장이 신설되고 기존의 장도 대폭적으로 개편하여 새로운 현장지식과 기술의 시각에서 안전관리를 모색한 화학공정 완결판이다. 화학공정 관련 기초이론을 바탕으로 전문기술로 발전시키어 실제 현장에서 적용할 수 있도록 한 체계적인 화학공정안전 전문서적이다.

따라서 이 책은 학부 고학년과 대학원 석·박사 과정 그리고 화공안전 기술사 수험생들과 같은 화학안전분야 전문가가 되려는 자의 교재, 관련 분야의 전문가 또는 기술사 등의 이론과 실제에 관한 참고자료로 활용할 수 있는 서적이다. 이러한 분들에게 실질적인 도움이 되기를 바란다.

학제 간 용어가 통일되지 않아 혼선을 가져올 수 있는 것은 가급적 국가 표준용어로 통일하였고, 오역 또는 오탈자를 바로잡아 좀 더 좋은 번역서가 되도록 노력하였다. 그러나 꼼꼼히 검토해 보면 원서의 문장 구성이나 표현이 어색하거나 난해한 부분이 많은 것으로 여겨진다. 이러한 미진한 부분을 조속한 시일 안에 바로잡으려 한다. 완벽한 번역판이 나올 수 있도록 많은 지적 등 고견과 지도편달이 있으시기를 바란다.

끝으로 이 책이 나오기까지 물심으로 지원해주시고 출판해 주신 도서출판 동화기술 대표님을 비롯한 관계자 여러분에게 심심한 감사의 말씀을 드린다.

## 제 1 장 서 론 · 15



## 제 2 장 독성학 · 69

## 제 3 장 산업위생 • 93



## 제 4 장 누출원 모델 • 129



## 제 5 장 유해위험물질 분산 • 189

## 제 9 장 압력방출장치(릴리프) 개요 • 379



## 제 10 장 방출 용량의 결정 • 409



## 제 11 장 위험요인 확인 및 판정 • 449

## 제 12 장 리스크 분석 및 평가 · 481



## 제 13 장 안전 전략, 절차 및 설계 · 527



## 제 14 장 사고 사례 및 교훈 · 545

## 부 록

CHAPTER 1

# 서 론

• 안전은 삶의 모든 영역에 걸친 공통분모이다 , 따라서 안전지식은 항상 공유되어야 한다. 그것은 산업의 문제가 아니라 인류의 문제이다. – Doug Bourne

• 우리는 안전의 우수성을 달성하는 데 필요한 특성이 우리 사업의 다른 모든 영역에서 뛰어난 결과를 달성하는 데 필요한 것과 동일하다고 생각한다. – 랄프 허버트, 엔지니어링 담당 부사장, 엑손 모빌

이 장의 학습목표는 다음과 같다.

1. 공정안전에 사용되는 일반적인 정의를 이해한다.
2. 공정안전에 대한 통념을 탐구한다.
3. 안전문화의 구성요소를 인식한다.
4. 개인적 위험, 사회적 위험, 위험 인구에 대해 논의한다.
5. 자발적 위험과 비자발적 위험을 구분한다.
6. 안전 통계지표를 기술한다.
7. 사고 및 손실 통계를 요약한다.
8. 위험 허용/수용 및 리스크 매트릭스(risk matrix)를 생성한다.
9. 공정안전 관련 코드, 표준, 규정을 논의한다.
10. 화학공정안전 관련 안전장치를 탐구한다.
11. 위험기반 공정안전(RBPS)을 설명한다.
12. 안전설계를 설명한다.
13. 보팔, 인도 비극을 설명한다.

알코아(Alcoa)로 알려진 미국의 알루미늄회사는 전기분해를 통해 알루미늄을 저렴하게 생산하는 방법을 발견한 찰스 마틴에 의해 1888년에 설립되었다. 이 회사는 피츠버그, 펜실베니아에 본사를 두고, 1889년에 최초로 알루미늄 차 주전자를 개발하였고 1910년에는 알루미늄

박(foil)을 만들기 시작하였다. 오늘날, 알코아는 세계에서 가장 큰 알루미늄 공급 업체이다.

1987년, 알코아는 흔들리고 있었다. 총 매출과 이익은 떨어졌고, 몇 개의 생산라인은 고장이 나서 작동하지 않았고, 회사는 판매되지 않은 제품이 재고로 싸였다. 많은 투자자들은 알코아를 미국 피츠버그 및 그 외 지역에 있는 파산하고 있는 강철회사를 연상하게 하는 러스트 벨트(사양 중공업지대) 회사로 생각했다. 또한 모든 직원과 노동조합은 회사에 불만을 가지고 있었다. 이런 상황에 직면한 대부분의 기업과 마찬가지로, 알코아의 이사회는 새로운 최고경영자(CEO)를 영입하기로 했다. 그들은 전 국제제지 사장, 폴 오닐(Paul O'Neill)을 이 회사의 CEO로 선임하여 회사를 이끌도록 하였다.

1987년 10월, O'Neill은 미디어, 투자자, 투자 관리자의 회원이 참석한 Manhattan에 있는 황갈색의 멋진 호텔에서 자신의 첫 기자 회견을 가졌다. 모든 참석자는 오닐이 회사의 새로운 금융 경영 전략을 발표 할 것으로 기대했다. 그러나 O'Neill은 연단에 올라서서, "나는 작업자의 안전에 대해 얘기하고 싶습니다. 나는 알코아가 미국에서 가장 안전한 기업으로 만들 계획입니다. 나는 사고로 인한 부상이 하나도 없는 회사를 만들 계획입니다. 즉, 부상 제로로 갈 계획입니다"고 말했다. 이즈음, 알코아는 이미 이 업계를 선도할 수 있는 선진 안전 프로그램을 운영하고 있었다.

한 투자 담당 매니저는 기자 회견장을 나와서 "이사회는 미친 히피를 채용했구먼, 그는 회사를 죽일 거야, 나는 내 고객들에게 전화를 걸어 주식을 팔라고 말할 거야" 라고 외쳤다.

그가 취임한지 6개월 후, 비극적인 사고가 발생했다. 애리조나 공장에서 젊은 직원이 노란색 안전벽을 뛰어넘어 한 장치에 끼어 있는 알루미늄 조각을 빼내자 갑자기 기계가 작동하여 젊은이의 두개골에 손상을 주어 사망에 이르게 하였다. 오닐은 사고 14시간 후 공장의 비상 간부회의를 소집했다. 그는 침울한 얼굴로 간부들에게, "우리가 그 사람을 죽였습니다. 그것은 나의 리더십 실패입니다. 내가 그를 죽게 했습니다. 그리고 지휘 체인에 있는 여러분 모두의 잘못입니다" 라고 말했다.

오닐은 모든 직원들에게 관리감독자들이 안전 제안을 따르지 않으면 그의 집으로 직접 전화하라는 메모를 보냈다. 그는 안전에 관한 많은 전화뿐만 아니라, 실질적으로 비용을 경감시킬 수 있는 다른 개선사항에 대한 제안도 많이 받았다.

오닐의 안전 리더십의 결과는 경이로웠다. 1986년, 알코아는 46억 달러 매출에 순이익 2억6천4백만 달러를 기록했다. 2000년 말 오닐이 은퇴할 때, 알코아는 229억 달러 매출에 15억 달러라는 기록적인 이익을 자랑했다. 직원 100명 당 알코아의 근로 손실 일 비율은 오닐의 임기 말에는 1.86에서 0.2로 떨어졌다. 2016년 3월, 그 비율은 불과 0.055이었다.

나중에 그의 성공비결을 묻자 오닐은 "알코아를 변화시켜야 한다는 것을 알았습니다. 하지만 사람들에게 변화를 명령할 수는 없었습니다. 그래서 나는 한 가지 일에 집중하는 것으로 출발하기로 했습니다. 만약 나쁜 습관 하나를 고칠 수 있다면 그에 따른 변화가 회사 전체에 파급될 것으로 생각했습니다."라고 언급하였다. 오닐의 중요한 깨달음은 안전성과와 경제적 성과는 그의 말 그대로 "불가분의 관계(glued together)" – 탁월한 안전성과를 통해 탁월한 경제적 성과를 가져온다는 것이었다. 오닐이 알코아에서 이 일을 시작했을 때, 그는 이 방법이 완벽하게 효과가 있을지는 확신하지 못했지만, 결과적으로는 그렇게 되었다.

**표 1.1** 공정안전에 관한 AICHE 화학공정안전센터의 정의

| 용어 | 정의 | 예 |
|---|---|---|
| **사고(재해)**<br>(accident) | 바람직하지 않은 결과를 초래하는 계획되지 않은 사건(event) 또는 일련의 사건. 사고 기술의 범위는 임의적이다. | 500 kg의 암모니아가 들어있는 가압 용기 누출. |
| **조건부 개선율**<br>(conditional modifier) | 특정 사건이 일어나는 분확률(fractional probability) | 누출된 인화성 물질이 점화될 확률은 0.10이다. |
| **사고결과**<br>(consequence) | 특정 사고결과 사례의 예상 효과 측정 | 10 kg/s 암모니아 누출은 바람 방향의 독성물질 증기운을 만든다. |
| **사고가능 상태**<br>(enabling condition) | 특정 상황이 존재하는 분확률. 이는 시간 기반 위험(time to risk)을 말한다. | 주위의 온도가 물 배관을 동결하게 할 수 있는 충분히 낮을 확률은 0.10이다. |
| **위험요인**<br>(hazard) | 사람, 환경, 또는 재산에 피해를 유발할 수 있는 잠재성을 지닌 고유한 화학적 또는 물리적 특성 | 500 kg의 암모니아가 들어있는 가압탱크. |
| **위험요인 산출/분석**<br>(hazard evaluation /analysis) | 잠재적인 사고 원인 메카니즘의 결정 및 사고결과의 산정 | 증류탑에 대한 위험요인 및 운전성 검토(HAZOP)를 완료하였다. |
| **위험요인 파악(확인)**<br>(hazard identification) | 사고발생을 통해 바람직하지 않은 사고결과를 가져올 수 있는 물질, 공정, 그리고 공장 특성의 식별 | 공정 중의 화학물질은 독성 및 인화 위험요인이 있다. |
| **충격**<br>(impact) | 사고의 궁극적인 손실 및 위해의 정도 | 10 kg/s 암모니아 누출은 국부적인 대피, 비상조치, 공장 가동중단, 지역사회 지원 손실을 야기하는 풍하의 증기운을 생성한다. |
| **시고**<br>(incident) | 사람에의 위해, 환경손상, 또는 재산/비스니스 손실과 같은 하나이상의 바람직하지 않은 사고결과를 야기하는 사건(event) 또는 일련의 사건의 기본적 기술. 일반적으로 이는 물질이나 에너지의 봉쇄 또는 제어의 손실에 기인한다. 화학 공장의 경우 이는 화재/폭발과 독성물질이나 유해 물질의 누출이 주종을 이룬다. 모든 사건이 사고로 진파되는 것은 아니다. | 공장 사건은 독성 증기운을 생성할 수 있는 10 kg/s 암모니아 누출을 포함한다. |
| **사고결과**<br>(incident outcome) | 사고의 물리적 현상에 대한 기술. 이것은 독성물질 누출, 화재, 폭발 등을 포함할 수 있다. | 암모니아 배관 누출은 독성물질 방출을 야기한다. |
| **사고결과 무리**<br>(case) | 한 가지 이상의 결과를 가져오는 시고 | 화학물질 방출은 독성물질 방출과 환경충격을 야기한다. |

| 용어 | 정의 | 예 |
|---|---|---|
| **개인적 위험** (individual risk) | 위험요인 주변에 있는 사람에 대한 위험. 여기에는 개인에 대한 상해의 성격, 상해발생 가능성, 그리고 상해가 발생할 수 있는 시기 등이 포함된다. | 부탄 누출로 인해 운전자가 화상을 입을 가능성은 5년에 1회로 추산된다. |
| **가능성** (likelihood) | 이벤트 발생의 기대확률 또는 빈도의 정도. 화학 공장에서 빈도는 가장 일반적으로 사용된다. | 공정에 대한 운전실수의 빈도수는 월당 한번으로 추산된다. |
| **공정안전** (process safety) | 우수한 설계원리, 공학 기술, 운전 실무기준을 적용하여 운전시스템의 완결성 및 위험한 물질을 취급하는 공정을 관리하기 위해 잘 규율된 체제. 여기서는 위험물질 또는 에너지를 방출할 수 있는 잠재성을 가지는 사고의 예방 및 통제를 다룬다. 이러한 사고는 독성영향, 화재, 또는 폭발의 원인이 될 수 있고, 궁극적으로 심각한 상해, 재산 피해, 제품 손실, 그리고 환경적인 충격을 야기할 수도 있다. | 사고 후, 회사는 자회사의 공정안전을 개선하기 위해 상당한 노력을 기울였다. |
| **위험(리스크)** (risk) | 입사 가능성과 손실 또는 손상의 크기 모두의 관점에서 사고의 빈도와 손실 또는 상해의 크기의 두 항으로 표시되는 사람의 상해, 환경 피해 또는 경제적 손실의 척도. | 공정 중 주된 위험은 화학물질이 인접한 하천으로 흘러나와 환경에 손상을 주는 것이었다. |
| **위험분석** (risk analysis) | 총괄적인 위험을 추정하기 위한 기술적 판정 및 수학적인 기술을 사용한 여러 가지 시나리오로부터 얻은 정량적인 위험 추산치. | 위험추정은 공정의 상세한 결함수(fault tree) 및 사건수(event tree) 분석에 의하여 이루어진다. |
| **위험성 평가** (risk assessment) | 의사결정을 도모하기 위한 위험 분석 결과의 적용 | 이 공장은 위험 분석 완료 후 부가적인 화재 방호장치를 추가했다. |
| **위험 허용범위** (risk tolerance) | 종국적인 이익 확보를 위해 함께 가야 할 회사 및 사회의 최대 수용 의지 | 그 공장은 위험 분석실시 후 존재하는 위험이 수용할 수 있는 수준 아래임을 확인한 후 의사결정을 하였다. |
| **방호장치** (safeguard) | 사고의 초기원인확률을 줄이거나 사고로 인한 손실 충격을 완화할 목적으로 설치하는 설계 특성, 장치, 절차 및 다른 수단의 방책 | 저장용기의 익류(overflow)를 방지하기 위하여 부가적인 연동장치를 추가하였다. |
| **안전문화** (safety culture) | 공정안전에 영향을 미치는 시설이나 넓은 조직의 모든 수준에서 존재하는 가치, 행동과 규범의 공통집합 | 사고 후, 이 회사는 기업의 안전문화를 개선하기로 결정하였다. |
| **시나리오** (scenario) | 손실사건과 그와 연관된 충격을 야기하는 예기치 않은 사건 또는 사고 순서의 상세한 기술서 | 지게차는 암모니아 배관에 충격을 주어 풍하방향으로 증기운을 형성하는 암모니아 누출을 가져왔다. |
| **사회적 위험** (societal risk) | 한 무리의 사람들의 그룹에 대한 위험의 척도. 그것은 자주 다중 인적손실 사건의 빈도분포의 항으로 표현된다. | 공장의 인접 지역 사회에 대한 사회적 위험은 받아들일 수 없는 것으로 간주된다. |

출처 : AICHE/CCPS online glossary. https://www.aiche.org/ccps/resources/glossary. Accessed July 2018; and AICHE/CCPS, *Guidelines for Chemical Process Quantitative Risk Analysis*, 2nd ed. (New York, NY: American Institute for Chemical Engineers, 2000).

일반적으로 안전은 "재해 예방을 위한 전략"으로 정의된다. **공정안전**은 화학공정을 포함한 공정에 적용되는 안전이다. <표 1.1>은 미국화학공학회(AICHE) 화학공정안전센터(CCPS)가 제공하는 몇 가지 중요한 정의에 따라 공정안전에 대한 보다 완전한 정의를 제공한다. 안전 영역에서 사용되는 또 다른 일반적인 용어는 손실 방지인데 이는 사망, 상해, 환경 손상, 또는 생산이나 재고 손실에 이르게 하는 사고방지로 정의된다.

일반적으로 위험요인은 사고의 원인이 될 수 있는 어느 것이다. <표 1.1>은 공정안전에서 사용되는 위험요인에 대한 더욱 정확한 정의를 제공한다. 위험요인은 물질, 에너지, 물리적 상황, 장치 설계, 심지어 절차에 기인하여 발생할 수 있다. 또한 위험요인은 연속적 또는 간헐적으로 일어날 수 있다. 이를테면 실내의 전기설비는 실내에 있는 사람들에게 지속적인 위험요인으로 작용할 수 있다. 강당의 바닥에 늘어뜨리고 사용하는 전기코드는 꼭 그러하지는 않지만 걸려 넘어지게 할 수 있는 위험요인이다. 다만 위험요인이 재해로 이어지도록 하기 위해서는 무엇인가가 더 필요함을 유념해야 한다.

재해는 일반적으로, 활동 중에 발생하는 바람직하지 않은 사고결과이다. 공정안전 사고는 공정 중, 또는 화학 플랜트에서 일어나는 재해에 한정되는 보다 구체적인 정의를 갖는다. 그것은 사람들에 대한 위해, 환경 파괴, 또는 자산/업무 손실과 같은 바람직하지 않은 결과를 포함한다. 일반적으로, 화학 플랜트 사고는 화학약품 또는 제어 또는 물질 또는 에너지의 봉쇄 손실에 의하여 발생된다. 이런 사고의 예로는 고압 암모니아 탱크의 접속 배관에서 암모니아 누출을 들 수 있다.

화학 공장에서 일어나는 전형적인 위험요인은 독성, 인화성 또는 반응하는 화학 물질; 높고 낮은 압력 및 온도; 공정 설계, 유지보수, 운전, 제어, 및 기타 여러 요인에 기인한 위험요인 등을 포함한다. 암모니아 1,000 kg이 들어있는 고압 탱크가 이러한 위험요인의 예이다.

위험요인 분석/판정은 위험요인 파악은 물론 그러한 위험요인이 어떤 결과를 가져오는지에 대한 결정을 포함한다. 위험요인 분석의 예를 들면 가압된 탱크 속 암모니아의 위험요인 파악과 부식으로 인한 접속배관에서의 위험물 누출과 같은 가능한 사고 파악을 들 수 있다. 암모니아 누출 시 풍하방향 공기 중의 암모니아 농도의 추정은 그러한 결과에 관한 정보를 제공할 것이다.

우리가 가진 공정에 관한 정보와 지식이 많으면 많을수록 더욱 더 철저하고 가치 있는 위험요인 분석/평가를 할 수 있을 것이다. 화학 공장 위험요인 분석/평가에 필요한 핵심 공정정보는 다음과 같은 항목을 포함한다.

1. 위험 특성, 물리적 특성, 기타를 포함하는 화학 관련 특성
2. 온도와 압력, 유량, 농도 기타 요인 등을 포함하는 공정 조건
3. 장치 용량, 온도 및 압력에 대한 운전 한계, 시공 재료, 배관 벽두께 등을 포함하는 장치설계 매개변수
4. 장비 간 간격, 제어실 위치, 및 기타 고려사항을 포함한 부지 및 공장 배치

5. 시운전, 운전, 운전정지, 유지보수 절차, 기타를 포함하는 절차 및 정책
6. 학교와 같은 인접 지역사회와 예민한 지역의 위치와 특성

특수 공정에 따른 다른 정보도 중요할 수 있다. 어떤 위험요인 분석/평가의 품질은 분석팀에게 제공되는 유용한 정보의 질과 직접적인 관련이 있다.

위험(리스크)은 공정안전 분야에서 또 다른 중요한 정의이다. **위험**은 가능성(빈도)과 사고결과의 함수이다. 여기서 가능성은 확률이나 빈도 둘 다를 고려한다. 위험성 평가에는 가능성과 사고결과를 모두 포함시키는 것이 필수적이다. 예를 들어 자동차의 안전벨트 사용에 대한 위험성 평가를 생각해보자. 많은 사람들은 사고 가능성이 적다고 생각하여 안전벨트 사용을 반대한다. 또한 많은 사람들은 평생 한 건의 사고도 없이 운전한다고 안전벨트 사용에 반대한다. 그러나 안전벨트는 전적으로 사고의 심각한 결과를 줄이기 위해 착용하고 있으며 사고의 가능성(빈도)에는 영향을 미치지 않는다.

위험 분석에는 다중 위험요인으로부터 오는 결과의 크기와 가능성(빈도)을 결합하기 위한 보다 상세한 수학적 분석이 수반된다. 이에 비해, 위험성 평가는 의사결정 – 이를테면 사용할 화학물질, 공장설계, 건설 자재, 운전조건, 기타 등을 결정하기 위한 위험의 판정을 포함한다.

**표 1.2** 미국화학공학회의 직업윤리 규정

미국화학공학회 회원은 다음 사항에 의해 공학 직업의 고결성, 명예 및 존엄성을 유지 증진하고 : 공공, 고용주, 및 고객에게 성실하고 정직하고 공평하게 봉사하고 : 공학직업에 관한 능력과 신망을 증진시키기 위해 노력한다. 이러한 목표를 달성하기 위해 회원은 다음을 수행해야 한다.

1. 직업상의 임무를 수행함에 있어 공공의 안전, 보건, 복지 및 환경보호를 지상 최고의 과제로 유지한다.
2. 업무의 결과가 동료나 대중의 현재 또는 미래의 보건이나 안전에 불리하게 작용할 것이라고 인식할 경우 고용주나 고객에게 공식적으로 알린다(정당하다면 더 많은 공개를 고려한다).
3. 그들의 조치에 대한 책임을 수용하고, 그들 작업의 엄밀한 검토를 추구하며 주의를 기울이고 다른 사람의 작업에 대한 객관적인 비판을 제공한다.
4. 객관적이고 진실한 방식으로만 문제를 진술하거나 정보를 제시한다.
5. 각 고용주나 의뢰인에 대해 충실한 대리인이나 신탁관리자로서, 업무적인 사항에 대하여 이해 상충을 피하고, 절대 기밀유지의 신뢰를 잃지 않도록 행동한다.
6. 모든 동료와 공동작업자들을 공정하고 정중하게 대하며, 형평성, 다양성, 포용의 환경을 조성하여 그들의 고유한 기여와 능력을 인정한다.
7. 그들의 역량(능력) 분야에서만 전문직업적인 서비스를 수행한다.
8. 그들의 서비스의 장점을 바탕으로 그들의 전문적인 명성을 쌓는다.
9. 그들의 경력을 통하여 그들의 전문적 발전을 지속하고, 그들의 감독 하에 있는 사람들의 전문적 발전을 위한 기회를 제공한다.
10. 괴롭힘을 결코 용납하지 않는다.
11. 공정하고 명예롭고 공손한 자세로 행동한다.

Approved by the AICHE Board in November 2015.

## 1 공학 윤리

AICHE는 학생회원을 포함한 모든 회원들은 국립전문기술자협회의 엔지니어 윤리강령에서 정한 전문직업인의 품위를 지닐 것을 바라고 있다. 모든 AICHE 회원 지원자는 자신의 회원 지원서에 서명할 때 윤리강령에 대한 지식과 이를 준수하려는 의지를 증명해야 한다.

<표 1.2> 윤리강령의 첫 번째 항목은 "공공의 안전, 보건, 복지"는 "전문적 직무 수행에 있어서의 최고의 과제"로 견지되어야 한다고 명시하고 있다. 항목 2도 공정안전에 관계가 있다. 즉, 화학공학자는 "그들의 동료 및 공공의 안전 보건에 악 영향"을 주는 활동을 보고할 책무가 있다. 공학 기술자는 그들 스스로, 동료 근로자, 가족, 지역사회, 그리고 공학 직업에 책임을 져야 한다.

## 2 공정안전에 대한 통념

공정안전에는 여러 해 또는 수십 년에 걸쳐 형성된 많은 통념(myth)이 존재한다. 이들 통념은 왜 옳지 않은지를 이해하는 것이 중요하다. 그들은 공정안전의 핵심 논리를 무시하도록 이끌 수 있기 때문이다.

**통념 1 : 공정안전은 돈이 많이 들고 회사의 하부라인에 부정적인 영향을 미친다.**

이 장 앞부분에서 제시된 알코아의 이야기는 이러한 통념을 흔쾌히 떨쳐버린다. 안전 프로그램은 비용을 발생시키고 개시비용이 있을 수 있지만 비용이 많이 드는 재해 경감과 모든 사업적 측면의 개선은 결과적으로 훨씬 더 큰 비용 절감과 수이익 증진을 야기한다.

**통념 2 : 공정안전은 개인 또는 실험실 안전과 동일하다.**

<그림 1.1>은 개인안전과 공정안전의 차이를 보여줌으로써 통념 2가 잘못되었음을 입증한다. 개인안전－실험실 안전을 포함한다－은 미끄러짐과 추락, 절단, 및 기타 부상과 같은 개인과 관련된 재해에 적용된다. 이 사건들은 빈도는 높지만 사고결과 크기는 낮은 경향이 있다. 이와는 대조적으로 공정안전은 빈도는 낮지만 사고결과가 높은 재해에 적용된다. 공정안전과 개인/실험실 안전 영역은 <그림 1.1>과 같이 어느 정도 중복될 수도 있다.

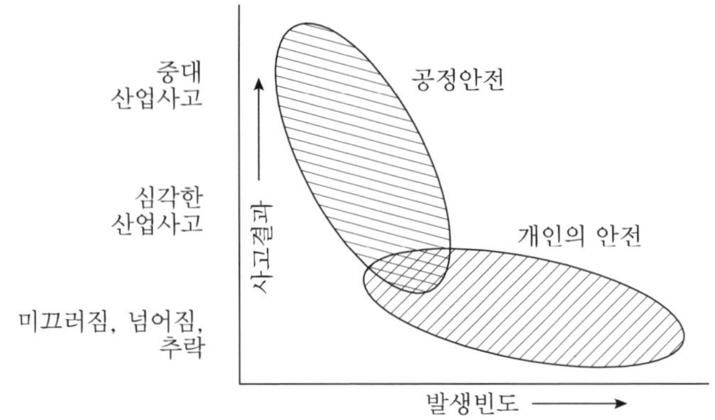


그림 1.1 개인안전 대 공정안전. 개인안전은 발생빈도는 높으나 사고결과의 심각도는 크지 않다. (출처: Dow Chemical Faculty Workshop, June 2017, AICHE)

## 통념 3 : 공정안전은 단지 법규를 따르는 것이다.

통념 3은 안전 프로그램의 계층구조를 보여주는 <표 1.3>에 의하여 왜곡되었음을 보여준다. 이 표에서 보여주는 바와 같이 계층은 수준 0(가장 낮은 수준)부터 수준 5(가장 높은 수준)까지 존재한다. 안전 프로그램은 최하위 수준부터 최상위까지 각 수준을 통과하는 방법으로 수행해야 한다: 어느 수준도 생략할 수 없다. 그리하여, 수준 5는 그 아래에 있는 모든 수준을 포함한다:

**표 1.3** 안전 프로그램의 계층구조

| | |
|---|---|
| **최고** | **5**: 적응: 안전은 조직의 핵심 가치이며 성공적인 기업을 위한 주요 동인이다. |
| | **4**: 수행(performance): 지속적인 개선을 위해 통계를 사용한 모니터링을 실시한다. |
| | **3**: 관리시스템: 직무안전분석(JSA) 기반, 록아웃/택아웃(LOTO) 또는 다른 접근법을 사용한다. |
| | **2**: 준수: 규칙과 규정 고착화에 초점을 맞춘다. |
| | **1**: 반응: 재해가 발생해야 재해에 대해 반응한다. |
| **최저** | **0**: 안전프로그램 없음－안전을 무시할 수도 있다. |

주 : 계층구조의 어떤 수준도 건너뛰지 않고 맨 바닥에서 상층까지 작동해야 한다.

**수준 0**은 안전 프로그램이 없고 심지어 안전을 무시할 수도 있다. 이러한 프로그램은 재해가 연속적으로 발생하여도 이를 무시하게 되고, 어쩌면 재해가 반복될 수도 있다. 어떤 개선도 이루어지지 않는다.

**수준 1**은 재해가 발생해야 재해에 반응하는 안전 프로그램이다. 재해는 변화를 야기하지만 조직은 전향적인 자세를 취하기보다는 반응적인 차원에서만 변화를 일으킨다. 특정한 재해는 반복될 것 같지 않지만 재해는 계속 발생한다.

**수준 2**는 규칙 및 규정에 따르도록 구성된 안전프로그램이다. 규칙 및 규정은 결코 완전할 수 없으며 모든 상황을 처리할 수 없다. 규정은 법적 권한을 가지며 일반적으로 산업 운전에 대한 최소 기준을 정한다.

**수준 3**은 관리시스템을 도입하여 위험요인을 평가하고 위험요인을 관리할 절차를 제공한다. 이 수준을 달성하기 위하여 직무안전분석(JSA), 록아웃/택아웃(LOTO), 변경관리(MOC), 기타 운전 중 위험요인 제어수단을 포함하는 다양한 관리시스템을 사용할 수 있다. 서면 관리시스템은 운전자 등을 교육하고 운전실무의 일관성을 보장하기 위한 문서를 제시한다.

**수준 4**는 안전프로그램이 얼마나 잘 수행되고 있는지에 대한 통계를 얻기 위해 모니터링을 실시한다. 모니터링 수행은 관련문제들을 파악하고 보정한다. 예를 들어, 모니터링 수행은 많은 수의 사다리 사고를 적시하여, 사다리 안전 훈련을 실시하게 함으로써 사다리 안전을 유지하게 할 수 있다.

**수준 5**는 안전 프로그램은 동적이고 적응 가능한 최고 수준이다. 안전은 모든 일의 핵심 가치이며 성공적인 기업에 이르게 하는 주요 원동력이다.

<표 1.3>에서 보여준 안전프로그램의 계층구조는 규칙과 규정은 수준 2에만 존재하므로 수준 3을 강조하고 있다. 알코아에서 개발된 안전 프로그램은 수준 5 – 이 수준은 대부분의 화학회사가 효율적인 안전 프로그램을 가지기 위하여 달성해야 하는 수준임을 유의하여라.

## 통념 4 : 공정안전은 공학과학(engineering science)이 아닌 – 안전모나 안전화 이상도 아닌 – 소프트 과학(soft science)이다.

통념 4는 많은 방정식을 볼 수 있는 이 교재의 내용을 살펴봄으로써 쉽게 모순을 입증할 수 있다. 공정안전은 공학과학에 기반을 두고 있으며, 화학공학의 다른 학문 과정과 마찬가지로 근본적으로 엄격하며, 물질과 에너지 수지, 열역학, 유체흐름, 반응 공학과 같은 다른 핵심 개념에 크게 의존한다.

## 통념 5 : 공정안전은 석유화학 산업에만 적용된다.

창고, 주조 공장, 식품 가공, 발전소 등을 포함한 모든 회사가 공정안전을 필요로 한다는 것을 이해하면 통념 5는 옳지 않음을 알 수 있다. 예를 들면 한 선도적인 아이스크림 제조업체는 냉동에 사용되는 다량의 암모니아로 인하여 공정안전 부사장을 두고 있다.

## 통념 6 : 산업계에서는 졸업생들에게 공정안전 분야를 교육시켜야 한다. 이 분야의 과목이 학부 공학 교육과정의 일부가 되어서는 안 된다.

안전 전문가 훈련을 논하는 통념 6은 오래 전에 그 정체가 밝혀졌다. 일찍이 1918년 초, 듀퐁 안전관리자인 L. DeBlois는 다음과 같이 말했다:

*설계, 장치, 조직, 관리감독, 교육 등과 관계가 있는 안전공학은 다른 모든 공학 분야와도 매우 분명하고 중요한 관계를 가지고 있다. 이러한 관계는 매우 밀접하고 그 필요성이 매우 절실하기 때문에 나는 안전공학에 대한 기초 교육은 모든 젊은 공학도의 훈련에서 필수적으로 포함되어야 한다고 확신한다. 우리는 공학도를 능률적인 관점에서 생각하는 것과 같이 안전의 관점에서 생각하도록 가르쳐야 한다. 생명보호가 에너지의 보존보다 낮게 평가되어서는 안 된다. 하지만 대부분의 우리 기술학교와 대학들은 이러한 과목에 대한 교육을 실시하지 않고 졸업생들은 단지 "안전에 관한 이 모든 이야기가 무엇에 관한 것인가."에 관한 모호한 추측만을 가지고 그들의 직업전선으로 나가게 된다.*

화학공학과 졸업생을 채용하는 기업들은 학부 커리큘럼에 공정안전을 포함시키는 것은 엄청난 부가가치를 가진다고, 특히 기업이 안전계층 수준 5를 달성하도록 돕는다고 믿는다.(표 1.3 참조). 중소기업이 졸업생을 채용할 경우 학부 커리큘럼만이 개인이 공정안전 문제에 관한 교육을 받을 수 있는 유일한 것일 가능성이 있다. 모든 화학공학과 학부생들은 주요 화학 회사, 정유소, 소규모 화학 회사, 정부 시험 및 연구소, 창고, 아이스크림 회사, 심지어 학계 어디에서 일하더라도 공정안전 지식을 필요로 한다.

### 통념 7 : 공정안전은 제품 안전을 포함하지 않는다.

누가 제품을 구입하든 어떻게 사용하든, 모든 회사가 그들의 제품을 책임진다는 것을 알게 되면 통념 7은 잘못되었다는 것을 알 수 있다. 화학 회사를 포함한 모든 회사는 그들의 제품이 안전하게 배송되고, 제품을 구매하는 사람이 안전하게 사용하도록 보장해야 한다.

## 3 안전문화

안전문화는 공정안전, 실험실 안전, 개인의 안전, 또는 안전 프로그램을 포함한 모든 안전 프로그램의 필수적인 부분이다. <표 1.1>은 공정안전문화에 대한 CCPS의 정의를 제시한다. 안전문화는 안전 프로그램의 필수적인 사항이고 달성해야 할 부분이기 때문에 크거나 작은 거의 모든 사고는 안전문화의 실패로 기인할 수 있다.

Klein과 Vaughen[1)]은 안전문화의 매우 광범위한 논의를 제공한다. 그들은 안전문화를

1) James A. Klein and Bruce K. Vaughen. *Process Safety: Key Concepts and Practical Approaches*. Boca Raton, FL: CRC Press, Taylor & Francis Group, 2017.

**표 1.4** 안전문화의 주요 특성

| | |
|---|---|
| **공정안전을 핵심 가치로 수립한다.** | • 핵심 가치는 타협할 수 없는 깊이 간직된 믿음이다<br>• 명확하고 지속적인 의사소통을 통해 비전 및 미션의 핵심 가치로서 공정안전을 수립한다.<br>• 모든 회의를 안전 모멘트로 시작하는 등 원하는 신념과 행동을 강화하는 문화 활동을 실시한다. |
| **강력한 리더십을 제공한다.** | 강력한 공정안전 리더십은 다음을 기반으로 해야 한다<br>• 공정안전 이해 및 가치 평가<br>• 원하는 행동을 보여줌으로써 다른 사람과 개인적인 임무 공유<br>• 자원 제공<br>• 참여 및 안전 요원 지원<br>• 일상적인 의사결정에 있어 리스크 관리를 일관되게 고려 |
| **높은 성능 표준을 수립하고 시행한다.** | • 매년 개별 성과 검토를 포함하여 명확하고 일관된 기대치를 제공한다.<br>• 의도적인 쉬운 방법이나 기타 요건 위반을 용인하지 않고 안전시스템 및 작업절차를 따른다. |
| **공정안전문화 강조 및 접근방식을 문서화한다.** | • 강한 문화를 주기적으로 평가하고 유지하기 위한 메커니즘을 포함하여 안전문화 핵심 가치, 기댓값, 책임, 그리고 책무를 문서화한다. |
| **취약성에 대비한다.** | 다음을 위한 시스템 및 훈련을 제공한다.<br>• 자만심을 방지하기 위하여 공정 위험요인 및 잠재적 위험요인 사고에 대한 인식 및 존중 법을 개발한다.<br>• 가능한 경고 신호의 인식을 포함하여 작동에 대한 적절한 민감도를 확인한다.<br>• 효과적인 사고조사를 보장한다.<br>• 역사적 사건에 대한 기록을 제공한다. |
| **개인이 자신의 책임을 성공적으로 이행할 수 있도록 권한을 부여한다.** | • 직원이 자신의 역할의 모든 측면에 대한 훈련을 받았는지 확인한다.<br>• 직원이 정확하고 안전하게 작업을 완료할 수 있도록 적절한 자원을 제공한다.<br>• 직원들이 안전을 우려할 경우 작업을 중단할 수 있는 권한을 부여한다. |
| **전문지식을 따른다.** | • 지식 있는 안전 요원이 의사결정 과정에 접근하여 신뢰할 수 있는 의견을 낼 수 있는 지도력을 가질 수 있는 부서를 만든다.<br>• 다른 안전 전문가들을 적절히 참여시킨다. |
| **개방적이고 효과적인 의사소통을 보장한다.** | • 공정안전 목표, 활동, 및 성과에 대해 일관되고 명확하게 의사소통을 하도록 한다.<br>• 적시에 대응해야 하는 안전 관련 문제에 대한 보고시스템을 제공한다. |
| **질문/학습 환경을 구축한다.** | 다음과 같은 리스크 관리시스템 제공:<br>• 공정 위험요인을 파악하고 공정사고를 방지한다.<br>• 경험으로부터 배우기 위한 메커니즘을 포함한다.<br>• 모든 직원의 의견을 확인한다.<br>• 중요한 지식을 보존 관리한다. |

| | |
|---|---|
| 상호 신뢰를 증진한다. | 직원이 편안함을 느끼는 일관된 관리 원칙에 기반 한 환경을 다음과 같이 조성한다:<br>• 활동에 참여하기<br>• 지도부 및 동료 상호 간에 정직하게 소통하기<br>• 실수 보고하기<br>• 두려움 없이 결정하기 |
| 공정안전 문제 및 우려 사항에 대해 적시에 대응한다. | 다음을 위한 시스템을 제공한다:<br>• 프로세스 안전 우려사항 보고하기<br>• 조치 항목을 적시에 추적 및 완료하기<br>• 신뢰성 문제를 피하기 위해 공정안전 원리를 일관되게 적용하기 위한 조치 안에 대해 소통하기 |
| 성과에 대한 지속적인 모니터링을 제공한다. | • 공정안전 및 안전문화를 위한 핵심 성과 지표를 개발한다.<br>• 지속적인 개선 기회를 파악하기 위해 정기적으로 성과 지표를 검토하고 평가한다.<br>• 영향을 받는 직원과 결과를 공유한다. |

출처 : AICHE Center for Chemical Process Safety. *Guidelines for Risk Based Process Safety*(New York, NY: Wiley/AICHE, 2007); W. L. Frank. "Process Safety Culture in the CCPS Risk Based Process Safety Model." Process Safety Progress, 26(2007): 203-208; James A. Klein and Bruce K. Vaughen. Process Safety: Key Concepts and Practical Approaches (BOca Raton, FL: CRC Press, Taylor & Francis Group, 2017).

"시설, 직원 또는 조직이 그 조직 가치, 신념, 행동을 투영하여 모든 일이 바르게 행하여져서 안전프로그램 및 그 수행을 위한 우선순위, 이행 및 자원수준을 설정하는 것"으로 정의한다. 또한 동 저자는 CCPS에서 제시한 바와 같이 안전문화에 대한 필수 특성 리스트를 제공한다. 이들 특성은 <표 1.4>에 나와 있다.

Mannan 등[2)]은 다음과 같은 중요한 요소들을 지닌 가장 좋은 안전 프로그램을 찾았다; 리더십, 문화와 가치; 목표, 정책, 그리고 계획(initiative); 조직과 구조; 직원의 참여와 행동; 자원 배분 및 성과 관리; 시스템, 표준, 그리고 공정들; 메트릭스(metrics)와 기록; 지속적인 학습; 그리고 검증과 감사. 이러한 요소는 <표 1.4>에서 제시하는 것과 유사하다.

2010년 11월, 엑슨 모빌의 회장 겸 CEO, Rex Tillerson은 처참한 BP Deepwater(심해) 기름 유출에 관해 국가위원회에 다음과 같이 증언했다:

> *그러므로 안전에 대한 책무는 우선순위가 아니라 하나의 가치가 되어야 합니다. 그 가치는 항상, 어느 계층, 어느 수준에서도 의사결정이 이루어지는 가치입니다. 모든 회사는 안전 운전을 원합니다.－하지만 문제는 이러한 바람을 행동으로 전환하는 것입니다. 그 답은 서면 규칙, 표준, 절차서가 아닙니다. 이러한 것들도 중요하지만 그들만으로는 충분하지 않습니다. 그 해답은 궁극적으로 회사의 문화－회사 구성원의*

2) M. S. Mannan, R. A. Mentzer, and J. Zhang. "Frame\work for Creating a Best-in-Class Safety Culture." Journal of Loss Prevention in the Process Industries, 26, no.6 (2013): 1423-1432.

*사고방식, 태도, 그리고 행동을 형성하는 불문율과 규범에서 찾을 수 있습니다. 회사는 안전의 가치가 모든 수준의 노동력에 내재되어 있고, 모든 작업에서 강화되고, 다른 모든 고려 사항들보다 더 잘 유지되는 문화를 개발해야 합니다. 안전문화는 조직 내에서 태어나야 합니다. 문화는 살(구매할) 수 없습니다. 스스로 만들어야 합니다. 오인하지 마십시오,: 강한 지속가능한 문화 창조는 긴 과정입니다.*

## 4 개인 위험, 사회적 위험 및 위험 인구

위험은 여러 각도로 언급할 수 있다. <그림 1.2>에 나타낸 바와 같이 개인 위험인 경우 한 사람은 하나 이상의 위험에 노출된다. 개인 위험 계산은 보통 공장 위험요인에 노출된 직원을 고려하여 수행된다. 반면 사회적 위험에 있어서는, 많은 사람이 하나 또는 그 이상의 위험요인에 노출된다. 사회적 위험의 계산도 보통 화학 공장 주변 지역사회에 줄 수 있는 위험 및 다중 공장 위험요인에 노출된 위험을 고려하여 수행된다. 개인 및 사회적 위험을 계산하고 표시하는 방법은 12장 "위험성 평가"에서 자세히 논의한다.

모든 재해는 많은 사람들과 여러 집단이 잠재적인 위험 상황에 처해 있는 것과 관련이 있다. 이와 같이 위험한 상황에 존재하는 사람이나 집단을 **위험인구**(risk population)라고 한다. 이를테면 화학공장 사고에서, 위험인구는 공장 노동자, 인접 공장 노동자, 공장사고에 의해 심각한 영향을 받을 수 있는 인근 지역에 살고 있는 사람을 포함한다. 화학 공장 재해가 발생하면 공장과 인근 지역사회는 재정적인 충격으로 연결될 수 있는 물리적 손상으로 고통을 받을 것이다. 그리고 이들 사고는 회사의 평판에 부정적인 영향을 주어 그 주식 가치가 감소되기 때문에 회사의 주주 역시 위험에 처할 수 있게 된다. 또한 공장과 지역 사회에 대한 보험 회사가 손실을 입고 또 다른 위험인구로 존재하게 된다. 전체 화학 산업 또한 일반적으로 평판이 추락될 것이므로 위험한 상황이 될 것이다.

1차적인 위험인구는 즉시 상해나 사망에 이르는 사람들로 정의될 수 있다.

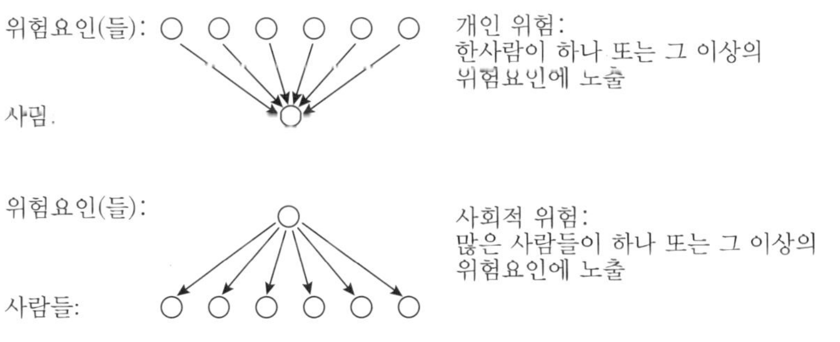


**그림 1.2** 개인 대 사회적 위험

## 5 자발적 및 비자발적 위험

화학 공장 직원들은 그들의 작업환경에서 발견된 위험들을 처리하는 방법을 알고 훈련을 받는다. 이것은 미국과 전 세계 대부분의 나라에서 요구하는 법적 요건이다. 이와는 대조적으로 주변 지역사회 사람들은 이러한 위험을 완전히 알지 못하거나 위험과 관련된 확률과 사고결과 피해상황을 이해하지 못할 수 있다. 이러한 이해의 차이는, 공장에서 이러한 위험을 지역사회에 미리 전달하지 않았을 수 있고 시간이 지남에 따라 공장에 새로운 위험이 도입되었을 수도 있으며, 사람들이 위험에 대한 이해 없이 이 지역사회로 이사했을 수도 있기 때문에 제기될 수 있다.

사람들은 만약 위험이 발생할 확률과 잠재적인 사고결과 피해의 크기에 대하여 조심스럽게 잘 설명이 된다면 이러한 위험들을 더욱 기꺼이 수용할 것이다. 확실히 대부분의 자동차 운전자들은 자동차 운전에 대한 위험성을 이해한다. 그러나 사람들은 완전히 인지하지 못한 위험이나 인지된 것보다 더 높은 실제 가능성 및/또는 사고결과를 가진 위험을 수반하는 산업 재해가 발생할 때 격분한다.

예를 들어, 가족을 위해 집을 산다고 가정하자. 10년 후, 당신은 그 집이 독성 폐기물 처리장 위에 지어졌다는 것을 알게 된다. 그 결과는 가족의 건강에 미치는 부작용과 집 값의 극적인 하락이다. 확실히, 당신은 화가 날 것이다.

**자발적 위험**은 "위험을 내포하는 활동의 편익을 얻으려는 사람이 의식적으로 용인하는 위험"이다.[3] 자발적 위험의 예로는 운전이나 승마를 들 수 있다. 대부분의 사람들은 자동차 사고가 일어난다는 것을 인식하고 이 위험을 받아들인다. **비자발적인 위험**은 "위험을 내포하는 활동으로부터 직접적으로 이익을 얻지 못하는 사람에게 부과되는 위험"이다.[4] 비자발적 위험의 예로는 비행기를 타는 것, 쇼핑몰을 방문하는 것, 그리고 길을 걸어가는 것 등을 들 수 있다. 화학 공장이나 다른 제조 시설 근처에 사는 것 또한 비자발적인 위험이다. 개인은 일반적으로 비자발적 위험에 비해(10 이상의 요인으로) 자발적 위험을 더 기꺼이 받아들인다.

지역사회 지원 프로그램은 회사 및 공장 현장에 대한 공정안전 프로그램의 매우 중요한 부분이다. 공장 관계자들은 공장의 잠재적인 위험에 의해 영향을 받을 수 있는 모든 지역사회에 그 위험이 발생할 수 있는 가능성(확률)과 사고 시 입을 수 있는 피해(사고결과)를 포함한 위험에 대하여 세심하게 잘 설명해야 한다. 이러한 노력은 이해관계자 지원의 일부이다. 여기서 이해관계자 집합에는 직원, 협력업체, 이웃 지역사회, 이웃 회사, 납품업자, 고객, 회사 주주 및 기타 가능한 지역사회가 포함된다. 대중은 화학공장이 실제보다 더 높은 위험을 내포하고 있다고 생각하기 때문에 화학공장은 이러한 위험을 전달하고 마음을 소통하기 위해 더 알맞은 노력을 기울여야 한다.

---

3) AICHE/CCPS glossary, accessed December 2017.
4) AICHE/CCPS glossary, accessed December 2017.

## 6 안전 메트릭스(안전지표)

안전 프로그램의 매우 중요한 부분은 안전 프로그램의 실효성을 측정하는 것이다. 이것은 안전 메트릭스(metrics)를 사용하여 수행된다. 각 회사는 자사의 운전에 대해서 유효한 지표를 파악해야 한다. 이들 메트릭스는 보편적인 것이 아니다. 기업 간, 심지어 공장 간에도 달라질 것이며, 시간에 따라 달라질 것이다. 메트릭스들은 일반적으로 중요한 변화 나 동향을 파악하기 위해 일정 기간 동안, 여러 공장 현장에서 측정된다. 메트릭스 내에서 불리한 변화는 개선을 위해 변경을 권장하고 이는 경영에 관한 검토를 촉발한다.

<그림 1.3>은 재해로 인한 피해의 심각도를 기반으로 한 여러 가지 수준의 재해 사이의 관계를 나타내는 재해피라미드를 보여준다. 심각도 수준은 피라미드의 상단으로 갈수록 증가한다. 심각도가 낮은 사고가 더 자주 발생한다. 실제로 모든 사망자에 대하여, 재해의 크기순서가 있다. 작은 규모의 사고 및 아차사고(near miss)의 재해가 더 많이 발생한다. **아차사고**는 상황이 조금만 달랐어도 큰 참사를 야기했을 텐데 그러하지 않고 피해가 거의 없는 재해가 발생한 것을 말한다. 더 작은 크기와 더 높은 빈도의 재해, 특히 아차사고는 문제를 인식하고 개선할 수 있는 기회를 제공하여, 큰 사고결과를 가져올 재해를 예방하는데 기여할 수 있다.

재해 피라미드의 문제는 나열된 항목이 모두 후행메트릭스라는 것이다. 즉, 재해 피라미드는 재해나 아차사고가 이미 일어난 후 산출된 사고결과 메트릭스를 기반으로 하고 있다. 사람들은 선행지표, 즉 재해가 발생하기 전의 활동을 측정한 메트릭스를 더 선호한다. 역사적으로 후행지표가 선행지표보다 더 자주 사용되었는데 그 이유는 후행메트릭스가 파악하고 해석하기가 쉽고 다양한 규제 기관에 보고해야 하기 때문이다. 이에 비해 선행메트릭스는 파악하기가 더 어렵다.

<표 1.5>에 화학 플랜트에 적합한 선행 및 후행 메트릭스의 예를 나타내었다. <표 1.5>의 정점의 메트릭스는 선행메트릭스인 반면 하단의 것은 후행메트릭스이다. 공정안전문화－선행메트릭스－는 표의 정점에 있는 반면 중대 상해와 사망자들－후행메트릭스－는 하부에 있다.

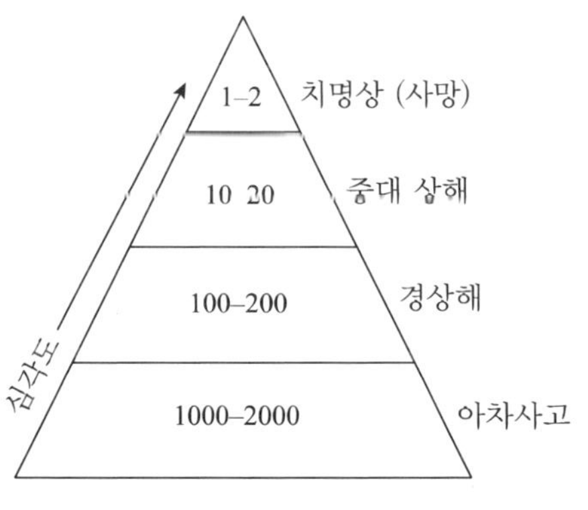


**그림 1.3** 여러 수준의 재해 간 관계를 보여주는 재해피라미드. 정점에 가까운 메트릭스가 선행, 하단을 향한 메트릭스가 더 후행이다.

**표 1.5** 화학 플랜트의 선행 및 후행 메트릭스의 예

| 선행메트릭스–표의 상단 쪽 | |
|---|---|
| 공정안전문화 | 월간 공정안전 제안 수<br>고려되어야 할 공정안전 제안에 대한 응답 시간<br>공개 권장사항의 수<br>공정안전 예산 절감<br>공정안전에 관한 회의 수<br>사고조사를 완료하고 보고서를 발행 할 시간<br>요구되는 안전회의 참석<br>작업자 피로 증상 |
| 교육훈련 | 치료 교육이 필요한 근로자 비율(%)<br>근본원인을 교육하는 아차사고 비율(%)<br>교육훈련 예산의 변화<br>연체 교육을 받은 근로자 수<br>교육 세션 취소 또는 연기 |
| 운전절차 | 절차 준수 여부를 측정 할 시스템이 없음<br>매년 운전절차 업데이트 수<br>절차 변경을 권장하는 사고조사 수<br>현장에 주해(주석)가 달린 절차의 비율(%)<br>운전절차를 따르지 않음에 대한 허용오차<br>절차가 최신이며 정확하다고 생각하는 운전자의 분율<br>검토 만기가 지난 절차 수<br>운전자가 절차 또는 사용법에 익숙하지 않음 |
| 유지보수 절차 | 기한이 지난 유지보수 작업 수<br>매월 비계획 수리작업지시서 수<br>미처리 작업 지시서<br>유지보수 예산 변경<br>공장 현장에 존재하지 않는 장치에 적용되는 작업 지시 수<br>필요한 자격증을 보유한 유지보수 직원 수<br>변경요소관리(MOC) 요청 수<br>권장 조치에 대한 후속조치 시간 |
| 검사빈도<br>안전시스템 수요<br>한계를 벗어난 결과를 가진 검사<br>안전운전한계를 벗어남<br>아차사고위기 일발<br>사고 수(number of incident)<br>재산 피해<br>지역사회 대응 활동<br>기초 봉쇄손실 사고<br>경미 상해<br>심각한 상해<br>사망<br>후행메트릭스–표의 하단 쪽 | |

# 7 재해 및 손실 통계

재해 통계는 안전 프로그램의 효과를 결정하는 메트릭스의 하나이다. 그러나 재해통계는 후행 지표이고 일반적으로 공정안전보다 개인안전을 더 잘 나타내는 지표이다.

재해 및 손실 통계를 계산하는 데 사용할 수 있는 몇 가지 방법이 있다. 이들 방법을 사용할 때에는 신중하게 사용해야 한다. 이는 각 방법은 모두 장점과 단점을 가지고 있고, 필요한 모든 사항을 측정할 수 있는 방법은 하나도 없기 때문이다. 재해 통계를 측정하는 데 일반적으로 사용되는 방법은 다음과 같다:

- 총 사망 또는 상해/질환자 수
- 치사율 또는 연간 인당 사망자 수
- 총 시간 또는 전체 근로자 기반 치명 상해 율
- 사고율

이들에 대한 모든 측정은 후행지표인데 이들 지표는 재해가 발생한 후 표로 만들어지기 때문이다.

미국의 직업안전보건청(OSHA ; www.osha.gov)은 미국 작업장 안전에 대한 법률적 권한을 가진다. OSHA는 미국 노동자들이 안전한 작업환경을 제공받고 있는지 확인할 책임이 있다. 많은 국가들은 OSHA와 유사한 정부기관을 두고 있다.

**표 1.6** 사고 통계의 출처

| 미 국 |
|---|
| **1.** 미국 노동부 노동 통계국(BLS), 워싱턴 DC<br>www.bls.gov/iif<br>이것은 미국 내 산업재해통계에 관한 우수한, 무료 출처이다. 자료는 일반적으로 2년 전의 것이다 |
| **2.** 일리노이 주 이타스카, 국가 안전위원회<br>www.nsc.org<br>상해 현황 - 미국 내 작업과 비작업 상해에 관한 우수한 정보원<br>국립 안전위원회가 직장과 가정에서 재해 예방에 전념하는 비영리 단체 |
| **3.** 100대 손실 1974 2015, 24th cd., Marsh and McLennen Companies, 2016년 3월<br>이것은 각각의 재해에 대한 간략한 설명과 재정 손실을 포함한 전 세계적인 탄화수소 산업 재해의 탁월한 분석을 제공한다. |
| **영국** |
| 보건 안전청 (HSE)<br>www.hse.gov.uk/statistics<br>이것은 영국 내 OSHA와 대등하다. |

모든 미국 작업장은 법률에 의하여 직업적 사망, 질병, 그리고 상해를 OSHA에 보고하여야 한다. 상해는 의료 치료(응급 처치 이외의), 의식의 손실, 노동이나 운동제한, 타 직종으로 전환해야 하는 원인이 되는 상해를 포함한다. 이들 재해 통계는 미국 노동 통계국(BLS ; www.bsl.gov)에 의해 표로 만들어 일반인들이 사용할 수 있도록 하였다. 다만 이 통계는 수집된 지 보통 1년 이상 지난 자료를 사용한 것이라는 한계가 있다. <표 1.6>에 재해 통계의 출처를 제시하였다; 여기 제시된 통계보다 더 최신의 통계가 있으면 이들을 참조한다.

총 사망자 수에 대한 통계는 대부분 후행 지표로 사용되지만, 특정 직업에서 일하는 사람의 수를 고려하지 않는다. 이를테면 더 많은 자동차 관련 사망자는 버몬트와 같은 작은 주보다 텍사스 같은 큰 주에서 발생한다.

총 상해자/질환자 수 역시 근로자의 수에 따라 달라진다. 그러나 이는 상해나 질환의 정의를 요구하기 때문에 어떤 경우에도 추가적인 문제가 있다.

사망률, 또는 [연 당 인 당 사망 수]는 위험요인에 노출되는 시간 수에 무관하고 연당 인당 기대되는 사망자 수만을 기록한다. 피폭 인구는 위험요인에 노출된 인구만을 포함하도록 세밀히 정의할 수 있다. 이 접근법은 일반 모집단에 대한 계산을 수행하는데 유용하다. 사망률은 다음과 같이 계산한다.

$$\text{사망률} = \frac{\text{연 당 사망자수}}{\text{적용 집단 내 총 사람 수}} \qquad (1\text{-}1)$$

치명상해율은 2가지 방법으로 정의된다. 첫 번째 접근법은 상근 상당 고용근로자 100,000명 당 사망자 수로 표현하는 방식이다. 따라서 근로자 기반 치명상해율은 다음 식을 사용하여 계산한다:

$$\text{근로자 기반 치명상해율} = \frac{\text{기간 동안 총 사망자 수}}{\text{총 직원 수}} \times 100{,}000\ \text{근로자} \qquad (1\text{-}2)$$

유사한 접근 방법을 일반대중에도 적용 할 수 있다. 이 치명상해율은 인구 십만 명으로 한정된 조건에서 노출된 일반대중에 적용된다. 이는 다음 식을 사용하여 계산된다.

$$\text{10만 명 당 사망자수} = \frac{\text{기간 동안 총 사망자 수}}{\text{총 노출 대중 수}} \times 100{,}000\ \text{근로자} \qquad (1\text{-}3)$$

작업 관련 치명상해율은 10만 상당 상근 근로자가 일한 총 시간의 표현방식으로 정의할 수 있다. 주 당 40시간, 연당 50주 일하는 100,000 근로자의 경우; 이는 (100,000 근로자 × 40시간/주 × 50주/년) = 200,000,000 시간의 결과를 가져온다. 따라서 시간기반 치명상해율은 다음 식으로 정의한다.

$$\text{시간 기반 치명상해율} = \frac{\text{기간 동안 총 사망자 수}}{\text{전 직원의 총 작업 시간}} \times 200{,}000{,}000 \text{ 시간} \qquad (1\text{-}4)$$

시간 기반 치명상해율(식 1-4)은 일반적으로 근로자 기반 치명상해율(식 1-2)보다 더 잘 적용할 수 있다고 간주된다. [시간 기반 상해율]은 일하고 있는 총 근로자 수와 각 근로자가 일하는 총 시간수를 사용하고, [근로자 기반 상해율]은 상근근로자 집단에게는 유사할 것이나, 그 차이는 높은 비율의 시간제 근로자를 포함하려는 근로자 집단에서 관찰된다는 것이다.

사고율은 근로자 100명 당 사고경우의 수를 기반으로 한다. 근로자는 년 2000시간(50주 작업/년 × 40시간/주) 일하는 것으로 가정한다. 그러므로 사고율은 근로자가 위험요인에 200,000시간 노출된 것을(100 근로자 년 수 × 2000시간/년) 기반으로 한다. 사고율은 사고의 수와 해당 기간 동안 근무한 총 시간으로부터 계산된다. 사고율은 다음 식을 사용하여 계산한다;

$$\text{사고율} = \frac{\text{기간 동안 발생한 사고 수}}{\text{전 근로자가 일한 총 시간}} \times 200{,}000 \text{ 시간} \qquad (1\text{-}5)$$

사고율은 과거에 사망자 통계에 사용되었지만, 일반적으로 상해 또는 질병과 관련된 재해 통계에 사용된다. 사망은 상해보다 훨씬 덜 자주 발생하므로 시간 기반 치명재해율은 보통 사망재해에 사용되고 사고율은 상해에 사용된다. 이 2가지 재해율은 각기 다른 시간 수를 사용하므로 비교 수치 이내의 2가지 재해율을 야기한다.

OSHA 역시 질병 통계에 사고율을 사용한다; 자택근무 일수(DAW, days away from work); 자택근무 일수(직장에서 떨어져 있는 일수), 작업 제한, 또는 작업 전환(DART, job restriction, or job transfer). 산업상해에서 사용하는 용어의 정의를 <표 1.7>에 나타내었다. 달성하고자하는 것에 영향을 주는 재해통계를 제시하는 방법은 여러 가지가 있다. 이를테면 항공운수에서는 100만 마일 운항 당 발생하는 사망자수를 기록하는 기법을 사용하고 있다.

<표 1.8>은 총 사망자 수, 시간기반 치명상해율, 2015년 미국의 기록 가능한 총사고율, 최고 사망자 수부터 최저 사망자수에 이르는 순서에 관한 OSHA 통계를 제공한다. 2015년의 총 산업사망자수는 4836명이었다. 최고 사망자수 기록은 2006년 5840명이었고, 2008년 경기침체로 인하여 2009년에는 최저 사망자수인 4551명을 기록하였다. 이는 근로자수가 적으면 적을수록 사망자수도 적어짐을 의미한다. 총 사망 근로자수의 증가로 인하여 지난 몇 년 간(2014년 4821명)은 증가해 왔으나, 산업 안전 프로그램의 개선으로 감소세로 돌아서고 있다.

**표 1.7** 산업 상해에 대한 미국 OSHA 정의

| 명명 | 정의 |
|---|---|
| 사망(fatality) | 상해와 사망 사이 또는 질환의 길이 사이의 시간에 관계없이 사망에 이르게 하는 상해 또는 질환 |
| 상해(injury) | 작업 관련 사건이나 작업환경에서 단순순간노출의 발생으로부터 야기되는 베임, 골절, 염좌, 절단, 기타 등과 같은 어느 부상 |
| 질환(illness) | 순간적 사건 또는 노출 결과 이외의 고용과 관련된 요인의 노출로 인하여 발생된 비정상적인 상태 또는 신체기능의 이상. 이는 급성 및 만성 질환 또는 질병을 포함한다. |
| 재택근무일수 (Days Away form Work ; DAW) | 직장에서 떨어져 있어야 할 날들(상해 또는 발병 일수 외의)을 야기하는 사건. 이러한 사건으로 인한 작업 일정이 잡혀져 있지 않다고 하더라도, 근로자가 일을 할 수 없는 역일(曆日)의 수에 따라 결정된다. |
| 직무전환 또는 제한 (Job Transfer or Restriction) | 단지 직무전환 또는 작업 활동 제한을 가져오는 어느 사건. 근로자가 정규 일정 근무를 수행하는 동안 상해나 질환에 이입된 후지만 최소한의 제품이나 서비스를 하여야 하는 작업을 계속하는 근로자는 제한 작업을 고려하지 않는다. |
| 재택근무일수, 직무제한 또는 직무전환(DART) | 직장에서 떨어져 있어야 할 날들(상해 또는 발병 일수 외의)을 포함하는 어느 사건, 아니면 직무제한 일수나 직무전환 일수 |
| 시간 손실 상해 (Lost Time Injury ; LTI) | 상해 근로자는 정규 직무를 수행 할 수 없고, 회복을 위한 휴가를 준다, 또한 회복하는 동안 수정된 작업 임무를 할당한다. |
| 기록 가능 상해 (Recordable injury) | 사망, DAW, 제한된 업무나 다른 직무로 전환, 의료 응급조치를 넘은 의료 치료, 또는 의식 상실 |
| 기타 기록가능 사고사례 (Other recordable case) | 어느 DAW, 직무제한, 또는 제한을 가져오는 상해나 질환. 이것은 의료 처치를 포함하는 사고를 포함한다. |

출처 : www.osha.gov.

<표 1.8>에서 몇 가지 결과를 유추할 수 있다. 건설업의 사망자수는 총 937명으로 가장 많다. 그러나 시간기반 치명 상해율(54.8)은 낚시, 사냥, 그리고 트래핑이 가장 높다. 이러한 차이는 각 분야에 종사하는 노동자의 수에 따라 이들 비율이 달라지기 때문이다. 건설업에서는 낚시, 사냥, 트래핑에 비해 노동자 수가 많아 총 건설 사망자수는 높아지고 시간기반 치명상해율은 낮아진다. 흥미롭게도 병원은 두 번째로 높은 총 기록가능 사망률(8.1)을 나타내고, 다음은 농업, 임업, 낚시, 사냥(5.7) 순이다. 역시 <표 1.8>은 전통적인 화학공학 산업은 산업상해와 사망 면에서 거의 바닥을 치고 있음을 보여주고 있다. 이 그룹에는 화학제조(28명 사망), 플라스틱 및 고무제품 제조(17명 사망), 석유 및 가스 추출(6명 사망) 그리고 화학 및 제휴 제품 도매업(3명 사망)을 포함한다. 이러한 산업에 대한 시간 기반 치명상해율과 총 기록 가능 사고율은 일반적으로 좀 더 안전하다고 간주되는 많은 다른 산업 활동보다 낮다. 예를 들어, 대학, 대학교, 전문학교는 2015년에 총 17명의 사망자를 냈다. 많은 특정 화학 회사들의 총 치명상해율은 화학 제조업계 평균 2.1에 비해 낮은 0.2를 기록했다.

**표 1.8** 일부 산업에 대한 2015년 미국 사망자수 산업통계

| 산업 | 총 사망자수 | 시간기반 치명상해율[a] | 총기록가능 사고율[b] |
|---|---|---|---|
| **모든 산업** | **4836** | **3.4** | **3.3** |
| 건설 | 937 | 10.1 | 3.5 |
| 운송 및 창고업 | 765 | 13.8 | 4.5 |
| 농업, 임업, 어업, 사냥 | 570 | 22.8 | 5.7 |
| 트럭 운송 | 546 | 25.2 | 4.3 |
| 전문 및 비즈니스 서비스 | 477 | 3.0 | 1.4 |
| 제조업 | 353 | 2.3 | 3.8 |
| 정부(주 및 지방) | 338 | 2.2 | 5.1 |
| 소매 무역 | 269 | 1.8 | 3.5 |
| 레저 및 관광업 | 225 | 2.0 | 3.5 |
| 도매업 | 175 | 4.7 | 3.1 |
| 연방정부 | 118 | 1.3 | |
| 식당 및 기타 식품 서비스 | 100 | 1.4 | 3.0 |
| 경찰 및 패트롤 보안관 | 85 | 11.7 | 5.8 |
| 금융활동 | 83 | 0.9 | 1.1 |
| 목수 | 83 | 6.7 | |
| 전기기술자 | 83 | 10.7 | 2.8 |
| 전문, 과학, 기술 서비스 | 76 | 0.8 | 0.9 |
| 지붕 수리공 | 75 | 39.7 | 5.6 |
| 택시기사 | 54 | 13.4 | 2.4 |
| 정보 | 42 | 1.5 | 1.3 |
| 소방관 | 29 | 4.3 | 9.2 |
| 광업(석유 및 가스 제외) | 28 | 12.4 | 2.6 |
| 화학물질 제조업 | 28 | 2.0 | 2.1 |
| 낚시, 사냥, 트래핑 | 23 | 54.8 | 4.4 |
| 유틸리티 | 22 | 2.2 | 2.2 |
| 병원 | 21 | 0.4 | 8.1 |
| 대학, 대학교, 전문학교 | 17 | | 1.8 |
| 플라스틱 및 고무제품 제조 | 17 | 3.3 | 4.3 |
| 석유 및 가스 추출 | 6 | | 0.7 |
| 화학약품 및 관련 제품 도매 | 3 | | 2.2 |

[a] Rate per 100,000 full-time equivalent workers based on exposure hours. See Equation 1-4 and Table 1.7.

[b] Rate per 100 worker years = 200,000 hours. See Equation 1-5 and Table 1.7. This includes all recordable cases.

출처 : U.S. Bureau of Labor Statistics, www.bls.gov/iif/.

<표 1.9>에는 사망자 특성에 관한 세부 정보가 수록되어 있다. 분명히 직장에서 가장 많은 사망자(2054명 사망)를 내는 분야는 직장 관련 교통사고이다. 이어 추락, 미끄러짐, 여행(800명 사망) 순이다. 각 치명상해의 특성을 살펴보면 대부분의 상해는 다중의 외상 성 부상과 장애로 인한 것이다. 산업 사망은 보통 인체의 많은 부위에 광범위한 부상을 수반한다. 작업자 활동과 관련된 사망률은, 운송이 가장 많은 사망자 수를 차지하며 그 다음으로는 건설, 수리, 청소 및 도구 또는 기계의 사용 또는 작동 순이다.

**표 1.9** 2015년 산업사고 사망자 특성에 대한 세부 정보

| 2015년 총 산업 사망자 : 4836 | |
|---|---|
| **사건 또는 노출** | |
| 운송사고 | 2054 |
| 추락, 미끄러짐, 및 여행 | 800 |
| 물체 및 장치와 접촉 | 722 |
| 사람이나 동물에 의한 폭력 및 기타 상해 [a] | 703 |
| 유해 물질 또는 환경에 노출 | 424 |
| 화재 및 폭발 | 121 |
| **기인물 (primary source [b])** | |
| 차량 | 2195 |
| 사람, 식물, 동물, 광물 | 900 |
| 구조물 표면 | 568 |
| 기계 | 358 |
| 화학약품 및 화학제품 | 233 |
| 부품 및 재료 | 192 |
| 공구, 계측장치, 장치 | 192 |
| 용기, 가구, 비품 | 95 |
| **치명 상해 특성** | |
| 복합적인 외상성 상해 및 장애 | 1855 |
| 기타 외상성 상해 및 장애 | 1293 |
| 머릿속(두개 내) 부상 | 803 |
| 개방창(열린상처) | 558 |
| 뼈, 신경, 척추에 외상성 부상 | 180 |
| 화상 및 부식 | 78 |
| 환경상태의 영향 | 41 |
| 근육, 힘줄, 인대 등의 외상성 부상 | 18 |
| 피부표면 상처와 타박상 | 3 |
| **작업자 활동** | |
| 차량 및 운송 작업 | 2121 |
| 건설, 수리, 청소 | 968 |
| 도구나 기계 사용 또는 운전 | 405 |
| 기타 활동 | 374 |
| 신체적 활동 | 308 |
| 물질을 취급하는 작업 | 215 |
| 방호 서비스 작업 | 110 |

[a] Includes 417 homicides and 229 suicides.
[b] The primary source is the object, substance, person, bodily motion, or exposure that most directly led to, produced, or inflicted the injury.
출처 : U.S. Bureau of Labor Statistics, www.bls.gov/iif/.

<표 1.9>의 "1차 기인물" 표제에 의하면 화학약품과 화학제품에 노출되어 발생한 사망자 수가 233명에 이름에 유의해라. 그러나 미국노동통계국의 자료를 더 자세히 살펴보면 이들

사망자 중 5명만이 화학 제조 산업에서 발생했으며 화학 및 제휴제품 도매업의 경우에는 1명만이 사망했다는 것을 알 수 있다. 화학 산업에서 화학물질 노출로 인한 사망자가 거의 없다고 쉽게 결론지을 수 있다; 오히려 화학적 사망자의 대부분은 사실상 화학 산업으로 간주되지 않는 산업에서 발생한다.

<표 1.10>은 화학 산업의 사망에 대한 더욱 자세한 정보를 제공한다. 놀랍게도 휘발유를 소매하는 주유소에서 가장 많은 사망자수(39명 – 대부분 강도로 인한)가 나왔다. 화학제조업 내에서는 비료 제조(6명 사망)와 기초화학 제조(5명 사망)에서 가장 많은 사망자수가 나왔다. 석유 정유는 2015년에 4명의 사망자를 냈고, 원유와 천연가스 추출은 6명의 사망자를 냈다.

**표 1.10** 2015년 미국 화학 산업 관련 치명산업상해

| 화학 산업 | 사망자 수 |
|---|---|
| **주유소(소매)** | 39 |
| **화학제조** | 28 |
| 비료제조 | 6 |
| 기초화학 제조 | 5 |
| 비누, 세제, 화장실비품 제조 | 4 |
| 의약품 제조 | 3 |
| 페인트, 코팅 및 접착제 제조 | 2 |
| 산업가스 제조 | 1 |
| 기타 모든 화학제조 | 7 |
| **플라스틱 제조** | 13 |
| **석유 및 석탄제품 제조** | 12 |
| 아스팔트 혼합물 및 블록 제조 | 5 |
| 석유정제 | 4 |
| 아스팔트 싱글(널빤지 지붕) 및 코팅재료 제조 | 3 |
| **석유 및 석유제품 도매** | 9 |
| **원유 및 천연가스 추출** | 6 |
| **고무제품 제조** | 4 |
| **화학 및 관련 제품 도매** | 3 |

출처 : U.S. Bureau of Labor Statistics, www.bls.gov/iif/.

The Marsh and McLennan사는 매년 "탄화수소 산업에서 100대 (가장 큰)손실"[5] 이라는 제목의 보고서를 발간한다. 가장 최근의 보고서는 1974년부터 2015년까지의 손실을 도표화하였는데, 이는 광범위한 재산적 가치 손실만을 근거로 했다. 사망/상해 손실로 인한 금전적 손실, 환경적 요인, 소송, 벌금, 또는 업무 중단은 포함하지 않는다. 이러한 부가적인 손실은 총 손실에 어느 비율을 곱하여 쉽게 얻을 수 있다. <표 1.11>은 산업 부문별 손실 비율(%)을 나타내고, <표 1.12>는 사건 유형별 총 재산 피해 손실을 나타낸다. 이러한 데이터를 검

5) *100 Largest Losses in the Hydrocarbon Industry* (New York, NY: Marsh and McLennan Companies, 2015).

토하여 얻은 첫 번째 결론은 이러한 손실은 인간의 생명과 환경적 손실에 대한 손실을 포함하지 않은 금액임에도 330억 달러 이상의 거대한 금액이라는 것이다. 둘째 손실의 87%는 석유와 가스 제품의 업스트림(upstream), 정유, 석유화학산업에서 발생했다. 마지막으로 총 250억 달러의 손실(총 손실의 75%)은 폭발과 화재에서 비롯되었다.

**표 1.11** 산업부문 재산손상 백분율

| 산업 부문 | 총 손실 백분율 |
|---|---|
| 석유 및 가스 상류 생산 | 33% |
| 정류 | 29% |
| 석유화학물질 | 25% |
| 가스공정 | 8% |
| 터미널 및 분배 | 5% |

출처: *The 100 Largest Losses 1974–2015*, 24th ed.(New York, NY: Marsh and McLennan Companies, March 2016), p.10.

**표 1.12** 사건 형태 기반 재산손실 가치

| 사건 형태 | 재산 손실(10억 미국달러, 2015. 12월 조정$) |
|---|---|
| 폭발 | $21.19 |
| 화재 | $4.36 |
| 기름(가스) 등 분출 | $2.54 |
| 폭풍 | $2.00 |
| 충돌 | $1.32 |
| 지진 | $1.23 |
| 침몰 | $0.61 |
| 방출 | $0.23 |
| 기계적 손상 | $0.27 |
| **총계** | **$33.75** |

출처: *The 100 Largest Losses 1974-2015*, 24th ed.(New York, NY: Marsh and McLennan Companies, March 2016), p.10.

표 <1.13>은 2014년 비 산업적 사망에 대하여 사망자수가 가장 많은 것부터 가장 낮은 것 순으로 분류한 목록이다. 또한 이 목록에서는 식 (1-3)으로 정의된 인구 100,000만 명당 사망자수도 보여준다. 2014년에는 의도하지 않은 부상으로 인한 비 산업적 사망자수는 136,053명에 이르렀는데 이에 비하여 산업 사망자수는 4836명이었다. 약물 과다 복용으로 인한 38,718명의 음독 사망자가 포함되지만 음독 사망자 수가 가장 많게 나타났다. 이러한 놀랄만한 정도로 많은 수의 사망자가 매년 극적으로 증가하고 있다. 자동차 사망자 수는 총 35,398명으로 지난 몇 년간 서서히 증가하고 있다. 1972년 자동차 사망자 수는 56,278명으

**표 1.13** 의도하지 않은 부상으로 인한 미국 비 산업사고 사망자, 2014년

| 상해 등급 | 총 사망자수 | 100,000명당 사망자수 |
|---|---|---|
| **총 사망자수(산업 및 비산업)** | **136,053**[a] | **42.7** |
| 중독 | 42,032[a] | 13.2 |
| 자동차 | 35,398 | 11.2 |
| 추락 | 31,959 | 10.0 |
| 질식 | 4816 | 1.5 |
| 익사 | 3406 | 1.1 |
| 화재, 화염, 연기 | 2701 | 0.4 |
| 과도한 추위에 노출 | 930 | |
| 총기 발사 | 270 | 0.2 |
| 과도한 자연 열(더위)에 노출 | 244 | |
| 전기송전선에 노출 | 58 | |
| 번개 | 25 | |
| 홍수 | 8 | |

[a] Includes 38,718 fatalities due to drug overdose.
출처 : Injury Facts (Itasca, IL: National Safety Council, Itasca, IL, 2015), www.nsc.org.

로 최고조에 달했다. 2014년, 58명이 전기 송전선에 노출돼 감전사했고, 25명이 낙뢰에 의해 사망했다.

<표 1.13>과 <표 1.8>을 비교해 보면 작업장 총 사망자 수는 일반 주민 중의 비 작업 사망자 수보다 훨씬 낮은 것으로 나타났다. 작업장 사망자수는 질식에 의한 사망자수와 맞먹는다. 질식, 추락, 자동차 사망, 그리고 음독 등의 사망자 수는 모두 작업장 사망자의 총 수를 큰 폭으로 초과한다. 여기서 일반 인구가 총 근로자 수보다 훨씬 많다는 점에 유의하여라. 그럼에도 불구하고 이러한 비교는 비 작업적 사망에 대한 작업장 사망의 크기를 제시한다.

재해 통계를 요약하면 아래와 같다.

- 화학 산업은 일반적으로 안전한 것으로 생각되는 많은 다른 산업 활동보다 사망자 수 및 시간기반 치명상해율이 훨씬 낮다.
- 교통 및 자동차 사망자 수는 산업 및 비 산업 환경에서 모두 높다.
- 화학 산업 사고는 빈번하지 않지만, 엄청난 재산 손실을 초래할 수 있다.

화학 산업은 화학 공장, 정유, 그리고 화학물질을 사용하는 다른 산업 현장을 포함한다. 화학 산업에서 발생하는 사망자 수는 상대적으로 적지만, 중대사고가 발생할 잠재적인 위험 요인은 — 그와 같은 사건이 일어날 수 있는 가능성은 높지 않지만, 상존한다. 분명히, 의도하지 않은 상해나 사망은 작업장이나 그 외에서도 결코 허용할 수 없다. 모든 안전 프로그램은 제로(0)상해를 목표로 운전해야 한다.

**예제 1.1**

어느 회사의 상근직원 수는 1000명이다. 만약 이 회사에 1년 간 한 명의 사망자가 발생했다면 (a) 근로자 기반 치명상해율과 (b) 시간 기반 치명상해율을 계산하여라. 만약 이 회사가 같은 해에 기록 가능 상해율이 1이라면 (c) 총 기록 가능 사고율을 계산하여라. (b)와 (c)부분의 해답을 〈표 1.8〉의 화학 제조에 나타난 수치와 비교하여 보아라.

**해답**

**a.** 식 (1-2)에서 :

$$\text{근로자 기반 치명상해율} = \frac{\text{기간 동안 총 사망자 수}}{\text{총 직원 수}} \times 100{,}000 \text{ 근로자}$$

$$= \frac{1}{1000 \text{ 직원 수}} \times 100{,}000 \text{ 근로자} = 100$$

**b.** 식 (1-4)에서 :

$$\text{시간 기반 치명상해율} = \frac{\text{기간 동안 총 사망자 수}}{\text{전 직원의 총 작업 시간}} \times 200{,}000{,}000 \text{ 시간}$$

$$= \frac{1}{(1000 \text{ 직원수})(50\text{주/년})(40\text{시간/주})} \times 200{,}000{,}000 \text{ 시간}$$

$$= \frac{200{,}000{,}000\text{시간}}{2{,}000{,}000\text{시간}} = 100$$

**c.** 식 (1-5)에서

$$\text{사고율} = \frac{\text{기간 동안 발생한 사고 수}}{\text{전 근로자가 일한 총 시간}} \times 200{,}000 \text{ 시간}$$

$$= \frac{\text{기록된 사고수 1건}}{2{,}000{,}000\text{시간}} \times 200{,}000 \text{ 시간} = 0.1$$

(b) 부분의 해답은 화학 제조 값 2.0과 비교되고 (c) 부분 해답은 화학 제조 값 2.1과 비교된다. (b) 부분의 해답은 화학 산업 값보다 높고 (c) 부분의 해답은 훨씬 아래 값이다.

## 8 위험 인지

사람들은 그들의 위험 인지는 항상 실제 통계에 의해 뒷받침되지 않을 수도 있지만, 여러 가지 방법으로 위험을 인지한다. 화학 산업과 관련된 실제 위험은 일반적으로 대중이 인지하는 것보다 훨씬 낮다. 이는 화학 산업이 다른 산업보다 더 높은 안전 기준을 가지고 있기 때문이다. 이러한 상황을 유지하기 위해서는 화학 산업 안전프로그램의 지속적인 개선이 필요하며 필요한 공공의 신뢰, 신뢰성 및 안전운전면허를 취득해야 한다.

# 9 위험 허용/수용과 리스크 매트릭스(위험행렬)

위험(risk)의 허용 또는 수용은 개인이나 "조직이 프로세스 또는 활동의 이점을 얻기 위해 수용하는 특정 기술 프로세스 또는 활동의 최대 위험 수준"으로 정의된다.[6] 모든 활동에는 불가피하게 위험이 개재되나 우리는 그 위험을 모두 완전하게 제거할 수는 없다. 실제로 사람들은 그들의 일상적인 활동을 수행하는 동안 많은 위험을 받아들인다. 이를테면 단순히 길을 건널 때에도 언제, 어디로 건너야 하는 지와 같은 위험성 평가가 따라야 한다. 사람들은 인지된 위험이 실질적인 위험일 수도 있고 아닐 수도 있음에 기초하여 위험을 받아들인다. 수용된 위험은 인지된 위험에 근거한 자발적인 반면 인지되지 않은 추가적인 실제 위험은 비자발적일 것이다.

엔지니어는 합리적인 제약 조건 내에서 위험을 최소화하기 위해 모든 노력을 기울여야 한다. 어떤 기술자도 특정 인명 손실이나 부상을 초래할 것으로 알고 있는 공정을 설계해서는 안 된다. 화학 플랜트의 경우 플랜트의 설계 단계 또는 운영의 모든 지점에서 회사는 근로자와 관리자 양자의 의견에 따라 관련된 위험이 허용가능한지 판단해야 한다. 위험의 수용은 단순히 인지된 위험 이상을 기반으로 해야 한다.

위험 허용은 또한 사회 분위기, 규제 기관, 그리고 개개인이 화학 산업에 얼마나 더 많은 것을 기대하느냐에 따라 달라질 수 있다. 결과적으로 수년 전에 견딜 수 있다고 여겨졌던 위험이 이제 수용될 수 없는 것으로 간주될 수도 있다.

**리스크 매트릭스**(risk matrix)는 위험을 대표하는 반 정량적 방법이고 기업의 위험수용을 결정하는 데 도움을 주기 위한 것이다. 대표적인 리스크 매트릭스는 <표 1.14>에 나와 있다. 사고의 결과 또는 심각성은 1, 2, 3열(세로 줄)에 있으며 사고의 발생 가능성은 4열에서 7열에 나타내었다. 사고의 심각성은 심각도 범주 및 안전 심각도 수준을 추정하는 데 사용된다. 4열에서 7열까지에서 보여주는 바와 같이 발생 가능성 수준은 사고의 빈도를 기준으로 산정되었다. 위험 수준을 결정하는 데 사용되는 심각도 범주 행과 가능성(빈도) 열의 조합으로 A에서 D까지의 위험 수준(위험도)을 결정하였다.

이러한 심각도 수준은 <표 1.14>의 1, 2, 3열에 열거하였다. 그들은 인간의 건강 영향; 화재와 폭발의 직접적인 비용; 그리고 화학적 영향을 포함한다. 화학적 충격은 **허용한계수량**(TQ, threshold quantity)이라고 하는 화학방출량을 기반으로 한다. <표 1.15>에는 여러 가지 일반적인 화학물질에 대한 TQ가 수록되어 있다.

안전심각도 수준으로 나열된 **대상완화사건빈도**(Target Measurement Event Frequency ; TMEF)는 원하는 심각도 수준에 대한 최소 빈도수준이다. 이는 수용 가능한 위험의 빈도를 정의한다.

6) AICHE/CCPS Glossary, accessed September 2017.

일부 위험 행렬에는 환경 영향을 기반으로 한 심각도 열을 포함한다. 그렇다 하더라도, 환경적 영향은 방출되는 화학 물질의 양과 암묵적으로 관련되어 있다; 화학 물질의 방출이 크면 클수록 환경 영향도 커진다. 이와 같이 환경적 영향은 이 위험 지표에 내포되어 있다.

**표 1.14** 사고의 반 정량적 분류를 위한 리스크 매트릭스

<table>
<tr><td colspan="6" rowspan="2">리스크 매트릭스<br>1. 열 1, 2 또는 3 중 가장 높은 칸에서 심각도를 선정한다. 같은 행에서 범주 및 안전 심각도 수준을 읽는다.<br>2. 4 내지 7 행에서 빈도를 선정한다.<br>3. 심각도 행과 빈도 열의 교차점에서 위험수준을 읽는다.<br><br>TMEF : 대상완화사건빈도($yr^{-1}$)<br>(target mitigated event frequency)<br>TQ : 한계수량(threshold quantity)-<표 1.15> 참조</td><th colspan="4">가능성(빈도)</th></tr>
<tr><th>4<br>가능성<br><br>플랜트의 수명동안 여러 번 발생할 것으로 예상</th><th>5<br>비가능성<br><br>플랜트의 수명동안 한 번 발생할 것으로 예상</th><th>6<br>간혹<br><br>플랜트의 수명동안 division에 한 번 발생할 것으로 예상</th><th>7<br>드물지만 불가능아님<br><br>플랜트의 수명동안 division 어디서도 발생하지 않을것으로 예상</th></tr>
<tr><td></td><th>1<br>인간 건강 영향</th><th>2<br>화재, 폭발 직접 비용($)</th><th>3<br>화학 영향</th><th>심각도 범주</th><th>안전 심각도 수준</th><td>0-9년</td><td>10-99년</td><td>≥백년</td><td>>천년</td></tr>
<tr><td rowspan="4">심각성</td><td>일반대중 사망, 직원 사망 가능성</td><td>$1000만 이상</td><td>≥20×TQ</td><td>재앙수준</td><td>4<br>TMEF = $1\times10^{-6}$</td><td>위험수준 A</td><td>위험수준 A</td><td>위험수준 B</td><td>위험수준 C</td></tr>
<tr><td>직원 사망, 주요부상 가능</td><td>$100만~ $1000만</td><td>9~20×TQ</td><td>매우 심각</td><td>3<br>TMEF = $1\times10^{-5}$</td><td>위험수준 A</td><td>위험수준 B</td><td>위험수준 C</td><td>위험수준 D</td></tr>
<tr><td>시간손실상해 (LTI) 가능성[a]</td><td>$100,000 ~$100만</td><td>3~9×TQ</td><td>심각</td><td>2<br>TMEF = $1\times10^{-4}$</td><td>위험수준 B</td><td>위험수준 C</td><td>위험수준 D</td><td>무시수준 위험</td></tr>
<tr><td>기록 상해[b]</td><td>$25,000~ $100,000</td><td>1~3×TQ</td><td>심각하지 않음</td><td>1<br>TMEF = $1\times10^{-3}$</td><td>위험수준 C</td><td>위험수준 D</td><td>무시수준 위험</td><td>무시수준 위험</td></tr>
</table>

위험수준 A; 수용할 수 없는 위험; 추가적인 안전조치(safeguard)를 즉시 실행해야 한다.
위험수준 B; 바람직하지 않은 위험; 추가적인 안전조치는 3개월 내에서 이루어져야 한다.
위험수준 C; 수용 가능한 위험, 다만 기존의 안전장치에 대한 합리적으로 실현가능한(ALARP) 낮은 수준으로 위험을 경감하는 경우에만 수용 가능하다.
위험수준 D; 수용 가능한 위험, 추가 안전조치가 요구되지 않는다.

[a] 시간손실상해(LTI) : 상해 근로자는 정기적인 직무를 수행 할 수 없어서 회복을 위한 비 작업시간이 걸리거나, 회복하는 동안 직무를 변경하여 작업하도록 할당하는 상해

[b] 기록 가능 상해 : 사망, 자택근무 일수(DAW), 작업 제한 또는 직무 전환, 응급 처치를 넘는 의무치료, 또는 의식 상실

**표 1.15** 여러 화학물질의 허용한계수량(TQ)

| **2000 kg = 4400 $lb_m$** | **1000 kg = 2200 $lb_m$** | **500 kg = 1100 $lb_m$** |
|---|---|---|
| Acrylamide | Acetic anhydride | Acetaldehyde |
| Ammonium nitrate fertilizer | Acetone | Acrylonitrile |
| Amyl acetate | Acetonitrile | Calcium cyanide |
| Amyl nitrate | Aldol | Carbon disulfide |
| Bromobenzene | Ammonium perchlorate | Cyclobutane |
| Calcium oxide | Aniline | Diethyl ether or ethyl ether |
| Carbon dioxide | Arsenic | Ethane |
| Carbon, activated | Barium | Ethylamine |
| Chloroform | Benzene | Ethylene |
| Copper chloride | Benzidine | Furan |
| Kerosene | Butyraldehyde | Hydrazine, anhydrous |
| Maleic anhydride | Carbon tetrachloride | Hydrogen, compressed |
| *n*-Decane | Copper chlorate | Lithium |
| Nitroethane | Copper cyanide | Methylamine, anhydrous |
| Nitrogen, compressed | Cycloheptane | Potassium |
| Nitrous oxide | Cycloheptene | Potassium cyanide |
| Nonanes | Cyclohexene | Propylene oxide |
| Oxygen, compressed | Dioxane | Silane |
| Paraldehyde | Epichlorohydrin | Sodium |
| Phosphoric acid | Ethyl acetate | Sodium cyanide |
| Potassium fluoride | Ethyl benzene | Sodium peroxide |
| Potassium nitrate | Ethylenediamine | Trichlorosilane |
| Sulfur | Formic acid | |
| Tetrachloroethylene | Heptane | **100 kg = 220 $lb_m$** |
| Undecane | Hexane | Hydrogen bromide, anhydrous |
| | Methacrylic acid | Hydrogen chloride, anhydrous |
| **200 kg = 440 $lb_m$** | Methyl acetate | Hydrogen fluoride, anhydrous |
| Ammonia, anhydrous | *n*-Heptene | Methyl bromide |
| Carbon monoxide | Nitrobenzene | Methyl mercaptan |
| | Nitromethane | Sulfur dioxide |
| **5 kg = 11 $lb_m$** | Octanes | |
| Acrolein | Phenol, molten or solid | **25 kg = 55 $lb_m$** |
| Arsine | Propylamine | Chlorine |
| Diborane | Pyridine | Cyanogen |
| Dinitrogen tetroxide | Silver nitrate | Germane |
| Methyl isocyanate | Sodium permanganate | Hydrogen sulfide |
| Nitric oxide, compressed | Tetrahydrofuran | Nitric acid, red fuming |
| Nitrogen trioxide | Toluene | Sulfuric acid, fuming |
| Phosgene | Triethylamine | |
| Phosphine | Vinyl acetate | |
| Stibine | Zinc peroxide | |

Source: AICHE/CCPS. Details on how to compute the TQ are available from *AICHE/CCPS Process Safety Metrics: Guide for Selecting Leading and Lagging Indicator* (New York, NY: American Institute of Chemical Engineers, 2018).

<표 1.14>의 리스크 매트릭스 사용 절차는 다음과 같다.

**1.** 1, 2, 3열에서 심각도 수준을 선택하고 이 열 중에서 가장 높은 수준을 선택한다.

**2.** 가장 높은 행에서 위험 범주 및 안전 심각도 수준을 읽는다.

**3.** 4 내지 7열에서 빈도를 선택한다.

**4.** 안전 심각도 수준 행과 빈도 열의 교차점에서 위험 수준을 읽는다.

표 바로 아래에 위험 수준을 정의하고, 그 위험과 그에 필요한 대응을 정의하였다. 안전 심각도 수준에는 TMEF을 포함한다. TMEF는 11장에 제시된 방호계층분석법(LOPA)에 유용할 것이다.

**예제 1.2**

특정 화학물질이 들어있는 저장용기에 난 구멍과 관련된 사고에 대한 위험 분석을 실시하였다. 이 화학물질의 허용한계량(TQ)은 5 $lb_m$이다. 이 구멍을 통하여 누출한 화학 물질의 양을 계산한 결과 총 50 $lb_m$로 추정되었다. 이러한 양의 화학물질 누출은 직원을 사망에 이르게 할 수 있으며, 화재 및 폭발이 발생하면 이로 인한 직접 비용은 150,000 달러로 추산되었다. 이러한 사건은 이 플랜트의 수명동안에 1회 발생할 것으로 예상된다. 〈표 1.14〉의 리스크 매트릭스를 사용하여 위험 범주, 안전 심각도 수준, TMEF, 그리고 위험 수준을 결정하여라.

**해답**

<표 1.14>를 사용하여 1, 2, 3열에서 다음과 같은 심각도 수준을 선택한다.

인간 건강 영향 : 직원 사망 가능
화재 폭발 직접비용 : 100,000달러 이상 1,000,000달러 미만
화학적 영향 : 9×TQ 이상 20×TQ 미만

1, 2, 3열에서 각각 이들 3가지 수준을 선택하면 "매우 심각" 의 가장 높은 심각도 범주가 되며, 안전 심각도 수준은 3이고 TMEF는 $1 \times 10^{-5}$ 이다. 가능성(빈도)은 플랜트 수명동안 1회로 예상되기 때문에 5열에서 선택할 수 있다.

"매우 심각"의 심각도 범주 행과 빈도 열 5를 조합하면 위험 수준은 B가 된다. 위험 수준 B는 "바람직하지 않은 위험"으로 정의되므로 추가적인 안전조치가 3개월 이내에 이루어져야 한다. 심각도 수준을 낮추거나 가능성을 줄일 수 있다면 위험 수준을 낮출 수 있음을 유의하여라. 제11장에 제시된 LOPA기법은 위험 수준을 TMEF로 줄이기 위해 안전조치를 추가하는 공식화된 기법이다.

<표 1.14>에 제공된 위험 지표는 하나의 특수한 예이다; 즉, 대부분의 기업들은 특수상황에서 사용할 수 있는 위험 지표를 만든다. 위험을 결정하기 위한 추가적인 기법은 제12장 위험성 평가에 제시하였다.

## 10 코드, 표준 및 규정

코드(codes), 표준(standard) 및 법규(regulation)는 화학공정안전의 중요한 부분이다.

- **코드**는 산업 전문 조직과 관련이 있을 가능성이 가장 높은 지식인들로 구성된 팀이 개발한 일련의 권고 사항이다. 코드는 법적 권한을 가지고 있지 않지만 정부는 법으로 이를 채택할 수도 있다.
- **표준**은 코드를 충족시키는 방법을 구체적이고 자세히 설명하는 좀 더 정교한 것이다. 즉, 코드는 여러분이 무엇을 할 필요가 있는지를 말해주고, 표준은 여러분이 그것을 어떻게 해야 하는지를 말해주는 것이다. 표준은 법적으로 필히 준수할 의무를 지지 않지만, 정부는 이를 법률적 효력을 가지도록 채택할 수 있다.
- **법규**는 정부에 의해 개발되고 법적 권한을 가진다. 그것은 코드나 표준을 바탕으로 할 수 있다. 법규를 위반하면 벌금 및/또는 징역형을 받을 수 있다.

<표 1.16>은 미국에서 공정안전에 중요한 일부 법규, 코드 및 표준 목록이다.

코드, 표준, 법규는 세계 각국에 따라 상당히 다르다. 이것은 다른 나라에서 운영할 공장을 설계하고 있는 어느 나라의 기술자들에게 문제를 야기하거나 심지어 어느 나라에서 다른 나라로 화학물질을 운송하는 데에도 문제를 일으킨다. 코드, 표준, 법규도 시간에 따라 바뀐다.

미국에서 OSHA와 EPA는 인정되고 일반적으로 수용된 양호한 엔지니어링 실무지침(RAGAGEP, Recognized and Generally Accepted Good Engineering Practice))의 기반으로 코드와 표준을 사용한다. RAGAGEP는 각 플랜트 현장은, 비록 이러한 코드와 표준이 규제 권한을 가지고 있지 않더라도, 플랜트에 적용하는 이들 코드 및 표준으로 그 설비들을 최신으로 유지해야 함을 의미한다. RAGAGEP는 이 책의 범위를 넘는다. 그러나 이는 화학단지의 규제적 및 법률적인 문제로 작용한다.

## 11 안전장치

<그림 1.4>는 사고발생과정에 대한 사건(event)의 순서를 보여준다. 위험요인은 그림의 왼쪽에 표시되며, 사고결과는 오른쪽에 표시된다. 초기사건, 또는 원인은, "장치 결함, 시스템 결함, 외부 사건, 또는 하나 이상의 바람직하지 않은 결과로 이어지는 일련의 사건이 시작되는 부적절한 인간 상호작용"일 수 있다.[7] 이는 보통 가능성은 적지만, 일반적으로 운영상의

7) Center for Chemical Process Safety, *Guidelines for Initiating Events and Independent Protection Layers in Layer of Protection Analysis* (New York, NY: Wiley, 2015).

문제, 장비 결함, 인적 오류, 및 설계 결함과 같은 내부 플랜트 사건에 의해 일어난다. 초기사건은 또한 번개, 홍수, 토네이도와 같은 자연현상이나, 또는 플랜트 경계 외부의 다른 영향을 포함하여 플랜트 외부의 사건들에 의해 발생할 수도 있다.

**표 1.16** 화학산업에 적용되는 일부 법규, 코드, 표준

| |
|---|
| 법규 |
| **미국 산업안전보건청(OSHA), www.osha.gov** |
| 29 CFR[a] 1910.119 고위험물질 공정안전관리 |
| 이는 사업장에서 법규에 정한 화학물질을 법규에서 정한 기준 양을 초과 사용하는 제조 사업장에 적용된다. 14개 요소를 포함한 예방 프로그램을 운용하여야 한다. |
| **미국 환경보호청(EPA), www.epa.gov** |
| 40 CFR 68 위험관리 프로그램(RMP) |
| 이는 사업장의 외부에 영향을 줄 수 있는 독성 또는 인화성 물질의 방출에 적용된다. 화학 물질이 기준 수량을 초과하면 사고결과영향분석을 실시하여 사업장 외부의 영향을 추정해야 한다. 11개 요소를 포함한 예방 프로그램을 운용하여야 한다. |
| **미국 국토안보부(DHS), www.dhs.gov** |
| 6 CFR 27 화학 시설 반테러 표준 (CFATS) |
| 이는 화학시설의 보안을 위한 위험기반 성능 표준을 설정한다. 온라인 화학 보안 평가 도구는 회사의 보안 단계를 파악하기 위해 만들어져야 한다. 각 단계에는 화학 보안 요구 사항이 있다. |
| 코드 |
| **미국 소방협회 (NFPA), www.nfpa.org** |
| NFPA 70: 국립전기 코드(NEC) |
| NFPA 101: 생활안전 코드 |
| **미국기계공학회(ASME), www.asme.org** |
| ASME 보일러 및 압력용기 코드 |
| 표준 |
| **미국 소방협회(NFPA), www.nfpa.org** |
| NFPA 45: 화학물질을 사용하는 실험실 소방에 관한 표준FPA 표준 652 : 폭연 벤트 |
| NFPA 68: 폭연 방기(venting)에 의한 폭발 방기에 관한 표준 : 실험실에 대한 화재 예방에 NFPA 69: 폭발방지 시스템에 관한 표준 |
| NFPA 652: 분진폭발 기초에 관한 표준 |
| **미국 시험 및 재료학회(ASTM), www.astm.org** |
| ASTM D93: Pensky-Martens 밀폐 컵 시험기에 의한 인화점 측정 표준시험법 |
| ASTM E681-09: 화학물질(가스 및 증기)의 농도폭발한계를 위한 표준시험법 |
| **미국석유협회(API), www.api.org** |
| API 권고 지침 521: 정유공장의 압력완화장치(pressure relieving devices)의 선정 및 설치 |
| API 권고 지침 754: 정유 및 석유산업에 대한 공정안전 성과지표 |
| **국제 전기 기술위원회(IEC), www.iec.ch** |
| IEC 61511: 공정산업 부문에 대한 안전계장 시스템 |

[a] Code of Federal Regulations

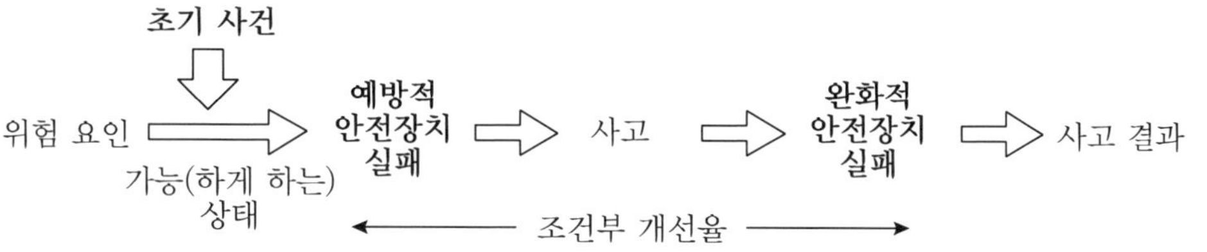


⇧ **그림 1.4** 위험요인이 사고결과를 가져오는 사고로 이어지게 하는 일련의 사고

**가능 상태**(enabling conditions)는 "초기사건이 위험한 사건으로 전파되는 데 필요한 운전 상태이다. 가능 상태는 독립적으로 사고를 일으키는 것이 아니라 그것이 진행되려면 반드시 함께 존재하거나 작동해야 하는 상태이다."[8] 가능 상태는 시나리오의 시작을 가능하게 한다. 그러한 상태는 확률로 제시된다. 즉, 특정 운전 상태(예, 순환모드, 시운전)에 있는 장치의 확률, 특정 원료나 촉매가 공정 안에 존재할 확률, 또는 온도나 압력이 높거나 낮게 될 확률로 표현된다. **조건부 개선율**(conditional modifiers)은 초기 사고 후 발생하는 상태와 사고가 발생하기 전 후 일련의 순서의 한 단계에 영향을 미치는 상태이다. 여기에는 날씨 상태(바람 방향과 속도), 사람의 존재, 발화 확률, 기타요인 등이 포함될 수 있다.

화학 플랜트는 사고를 예방하거나 사고의 영향을 줄이기 위한 여러 종류의 안전장치를 사용한다. 일단 초기사건이 발생하면 <그림 1.4>와 같이 안전장치가 작동하게 된다. **안전장치**는 사건 발생의 결과를 방지하거나 완화하기 위한 설계기능, 장치, 절차, 또는 심지어 소프트웨어를 말한다. 안전장치는 사고 예방적 장치와 완화적(피해경감) 장치라는 2가지 유형으로 나누어진다. 예방적 안전장치(방호 계층이라고도 함)는 초기사건이 발생한 후 이 사건이 더 이상 사고로 발전하지 못하도록 막아주는 역할을 한다. 완화적 안전장치는 사건이 발생한 후 사고결과로 발생하는 피해를 감소시키는 안전장치이다. 따라서 예방적 안전장치는 초기사건이 사고로 전파하는 것을 차단하는 반면  완화적 안전장치는 사고가 발생한 후 사고결과를 감소시키는 것이다. <표 1.17>에는 화학 산업에 사용되는 다양한 예방 및 완화적 안전장치가 수록되어 있다.

실제로, 모든 안전장치는 100% 효과적이거나 항상 작동하고 있는 것은 아니다. <그림 1.5>는 스위스 치즈 절편과 같은 안전장치들을 보여준다. 여기서 치즈 절편에 난 구멍은 안전장치의 결함을 나타낸다. 이런 종류의 안전장치의 결함은 역동적이며 시간이 흐를수록 구멍 크기가 변할 수 있고 스위스 치즈 위 여기저기로 움직일 수도 있다. <그림 1.5>에는 몇 개의 스위스 치즈 안전장치에 관한 그림을 보여준다. 실제 안전장치 수는 위험요인의 크기에 따라 달라진다.

8) Ibid

**표 1.17** 화학 산업에 사용되는 일반적인 예방 및 완화적 안전장치

**예방적 안전장치** : 정의되고 바람직하지 않은 사고로 진행되는 초기사건을 방지한다.: 역시 방호계층이라 부른다.

- 기본 공정 제어시스템(BPCS)
- 안전 계장 기능(SIF)
- 안전 계측시스템(SIS)
- 알람시스템
- 알람 또는 공정 상태에 대한 운전자 응답
- 격납용기(완화를 고려할 수 있는) 압력 릴리프 시스템
- 절차
- 유지 관리
- 인터록
- 긴급 차단 밸브
- 화염/폭발 방지기
- 반응기에 억제제 투입
- 비상 냉각시스템
- 인화성 혼합물의 발화방지를 위한 증기 불활성화 및 퍼지
- 정전기 축적방지를 위한 접지 및 접속
- 표준 시험 및 검사

**완화적 안전장치** : 사고가 발생한 후 사고결과 피해를 줄인다.

- 스프링클러, 스프레이, 폼, 및 델루지(deluges)를 포함한 능동적 화재 방호
- 비상 소방수 시스템
- 단열재를 포함한 수동적 소방
- 인화성 증기 검출기
- 공장 및 공장 외부를 포함한 비상 대응
- 플랜트 및 장치 배치 및 간격
- 저장 영역/공정 주변 방류둑(diking)
- 비상전력
- 방폭 벽
- 증기를 분산시키는 물 커튼
- 방폭 제어실(control room)
- 공정용기 폭발 블로아웃(blow-out) 패널

출처 : *Guidelines for Risk Based Process Safety*, AICHE Center for Chemical Process Safety(Wiley, NY), 2007.

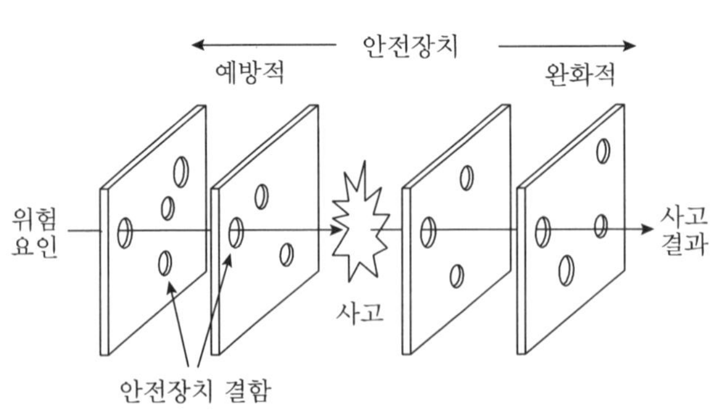


**그림 1.5** 안전장치의 결함을 보여주는 스위스 치즈 모델. 결함이 일렬로 나란히 있다면 사고결과로 귀결할 것이다.

특정 주기로 실시하는 장치의 예방정비는 장비가 노후화되더라도 안전장치가 제대로 작동하도록 설계한다. 단 하나 하나의 모든 예방적 안전장치는 사고가 더 이상 진행되지 않도록 성공적으로 작동해야 한다. 복수의 안전장치가 있기 때문에 하나의 안전장치가 결함이 있는 경우 초기사건은 결함 있는 안전장치를 통과해 전파되지만 다른 안전장치에 의해 정지된다. 그러나 모든 예방적 안전장치의 결함 또는 “구멍”이 일렬로 늘어선 경우 초기사건은 사고로 전파될 것이다. 잘 알려진 많은 재난사건들은 여러 안전장치들이 가동되고 있는 상황에서 발생했다.

일단 사고가 발생하면 사고 발생 시점에서 사소한 것일 수도 있지만 그 결과 피해가 예상된다. 완화적 안전장치가 부족할 경우 그 사고의 피해범위가 확대될 가능성이 있다. 예를 들어 사고는 공정에서 그 주변으로 인화성 액체가 누출되는 사고가 일어날 수 있다. 만약 누출된 인화성 액체가 점화되면 화재나 폭발이 일어나 사고결과는 크게 확장될 수 있다. 따라서 이런 사례에서 완화적 안전장치는 방출되는 인화성 액체의 점화 및 사고결과의 확대를 방지하기 위한 것이다. 이 예에서 완화적 안전장치는 발포, 물 분무, 또는 기타 점화를 예방하는 다른 화재방호(소방) 수단일 수 있다.

완화적 안전장치는 사고를 완전히 봉쇄할 수 있고 그 범위와 사고결과 피해 증가를 방지할 수 있다. 그러나 일부 완화적 안전장치가 작동하지 않거나 효과가 없을 경우 추가적인 사고결과가 예상된다.

완화적 안전장치는 특정한 사고결과에 대해서만 효과적일 수 있다. 이를테면 인화성 물질의 점화 가능성을 줄이도록 설계된 안전장치는 점화되지는 않지만 증기의 독성을 감소시키는데 효과적이지 않을 수 있다.

예방적 및 완화적 안전장치가 함께 작동하는 방식을 보려면 다음 예를 참조한다; 화학반응용기는 고압의 영향으로 손상될 수 있으며 심지어 반응용기의 파괴적인 파열도 초래할 수 있다. 기본공정제어시스템(BPCS)은 고압을 방지하기 위해 반응기의 작동을 제어한다. 그러나 고압은, 그 원인 변수가 너무 많아 BPCS를 사용하여 예방할 수 없을 정도로 많은 원인으로부터 발생한다. 따라서 반응용기에는 압력이 높아지면 열려서 반응기 내용물을 방출하여 압력을 경감시키는 스프링에 의해 작동되는 밸브 형태인 압력완화장치(relief devices)를 설치한다. BPCS는 반응기 내 압력의 증가를 방지하기 때문에 예방적 안전장치이다. 그러나 이는 언제나 작동하거나 모든 가능한 상황을 처리할 것으로 기대할 수는 없다. 이 압력완화장치는 고압사고가 일어난 후 작동해 사고결과를 줄여주기 때문에 완화적 안전장치다. 압력완화장치가 작동되어 생긴 결과 즉, 고압사고의 사고결과는 반응기로부터의 생산물 손실과 완화장치로부터 배출된 물질의 청소를 들 수 있다. 완화 장치가 없다면 고압 사고의 사고결과는 반응용기에 손상을 주거나 용기의 파괴적인 폭발로 인하여, 주변의 설비나 근로자에게 실질적인 손실을 가져올 수도 있다. 반응용기 안에 고압이 생기는 방법은 여러 가지가 있기 때문에 많은 예방적, 완화적 안전장치가 존재한다.

## 12 위험기반 공정안전의 CCPS 20개 요소

2007년, AICHE 화학공정안전센터에서는 위험기반 공정안전 지침서[9]를 발간했다. 위험기반 공정안전(RBPS) 접근 방식은

> *운전 또는 시설에 존재하는 모든 위험요인과 위험이 동일하지 않다는 것을 인식해야 한다; 결과적으로, 더 큰 위험요인과 더 높은 위험요인에 노력을 집중하는 방식으로 자원을 배분하는 것이 적절하다. RBPS 시스템은 제조, 사용, 저장, 위험물질이나 에너지를 처리하는 모든 작업에 대한 모든 공정안전 문제를 아우를 수 있다. 그러나 각 조직은, 공정생애의 물리적 영역과 각 단계를, 위험허용 고려 사항, 이용 가능한 자원, 그리고 공정안전문화 등을 기반으로 한 공식적인 관리시스템에 어떻게 포함시킬 지를 결정해야 한다. RBPS 요소들은 전체 공정생애 중 안전유지에 활용하는데 의미가 있다.*

RBPS 20 요소를 <표 1.18>에 나열하였다. 이들 요소는 4개의 주요 기초 블록으로 구성되어 있다; (1) 공정안전 착수, (2) 위험요인 및 위험 이해, (3) 위험 관리, (4) 경험에서 배움.

OSHA는 공정안전관리에 관한 법규 29 CFR 1910.119의 일부로 이와 유사한 14개의 요소를 관리하고 있다[10]. 이 법규의 OSHA 요소는 (1) 근로자 참여, (2) 공정안전 정보, (3) 공정 위험요인 분석, (4) 운전절차, (5) 교육훈련, (6) 협력업체 관리, (7) 시운전 안전성 검토, (8) 기계적 건전성, (9) 화기작업, 허가, (10) 변경관리, (11) 사고조사, (12) 비상조치 계획 및 대응, (13) 감사, (14) 영업 비밀 등이다. 이러한 14개 요소는 CCPS 20 요소에도 포함되어 있지만, OSHA 규정은 법적 권한을 가진다.

**표 1.18** 위험기반 공정안전의 20개 요소

| 공정안전 착수 | 위험 관리 | 경험에서 배우기 |
|---|---|---|
| 1. 공정안전문화 | 1. 운전절차 | 1. 사고조사 |
| 2. 표준준수 | 2. 안전작업 실무지침 | 2. 측정 및 위험행렬 |
| 3. 공정안전 역량 | 3. 자산 건전성과 신뢰성 | 3. 감사 |
| 4. 근로자 참여 | 4. 하청(협력)업체 관리 | 4. 경영관리 검토 및 지속적인 개선 |
| 5. 이해 관계자 지원활동 | 5. 교육훈련 및 성과 보증 | |
| | 6. 변경요소관리 | |
| **위험요인과 위험 이해** | 7. 운전 준비 | |
| 1. 공정지식 관리 | 8. 운전 수행 | |
| 2. 유해요소 파악 및 위험분석(HIRA) | 9. 비상관리 | |

출처: AICHE Center for Chemical Process Safety, *Guidelines for Risk Based Process Safety* (Hoboken, NJ: Wiley Interscience, 2007).

9) Center for Chemical Process Safety, *Guidelines for Risk Based Process Safety* (New York, NY: Wiley, 2007).
10) OSHA 919.119, *Process Safety Management* (1992), www.osha.gov.

CCPS RBPS 20가지 요소의 개요를 기술하면 다음과 같다:[11)]

**요소 1**－공정안전문화: 모든 수준의 근로자가 공정안전을 수행하고 있는 긍정적인 환경. 이것은 조직의 최고 수준에서 시작하여 모두와 공유한다. 공정안전 리더들(leaders)은 이 과정을 선호한다. (1.3절 "안전문화" 참조)

**요소 2**－표준준수: 적용 가능한 법규, 표준, 코드, 및 국가, 주/지방, 그리고 지방 정부; 표준합의 기구; 그리고 회사 자체가 공표한 기타 요구 사항. 이러한 요구 사항의 설명 및 이행. 기업, 합의, 및 정부 표준에 대한 개발활동을 포함한다.(1.10절, "코드, 표준 및 법규" 참조)

**요소 3**－공정안전 역량 : 기술과 회사가 공정 위험요인을 적절히 관리 하는데 필요로 하는 기술과 자원. 승계 계획 및 조직의 변경관리에 이러한 정보의 적용.

**요소 4** – 근로자 참여 : 공정에 가장 가까운 사람들에 의하여 학습한 교훈을 고려하고 제대로 다루는 가를 확인하기 위하여, 공정안전 활동에 운전 및 유지보수 인력의 광범위한 참여.

**요소 5**－이해관계자 지원활동 : 적절한 외부 이해 관계자 그룹을 파악하고, 좋은 관계를 맺고, 좋은 관계를 유지하기 위한 과정. 이는 인근 지역사회, 원재료 공급자, 고객, 정부 기관 및 관리, 규제 기관, 전문 단체, 협력업체, 기타 등을 포함한다.

**요소 6**－공정지식 관리 : 공정안전 활동 수행에 필요한 모든 정보의 조립 및 관리. 이 정보의 정확성 검증. 이 정보가 정확하고 최신임을 확인. 이 정보는 안전하게 직무를 수행하는 데 필요한 사람들이 쉽게 사용할 수 있어야 한다.

**요소 7**－위험요인 파악 및 위험 분석 : 공정안전 위험요인 및 잠재적인 사고결과 파악. 이들 위험요인 시나리오에 제기된 위험의 정의. 위험요인을 줄이거나 제거하고, 잠재적인 사고결과를 줄이고, 사고발생빈도를 줄이기 위한 권장사항. 분석은 위험 수준에 따라 정성적 또는 정량적으로 실시될 수 있다.

**요소 8**－운전절차 : 운전이 안전하게 수행되는 방법, 운전절차에서 벗어난 결과에 대한 설명, 핵심 안전장치 기술, 특수한 상황 및 비상상황 지정 등을 기술하는 운전 서면 작업지시서.

**요소 9**－안전작업 지침 : 작업 허가 및 화기 작업 허가와 같이, 장치를 안전하게 유지 및 수리하기 위한 절차. 이는 비일상적 작업에 적용된다.

**요소 10**－자산 건전성과 신뢰성 : 중요한 장치가 의도된 서비스 목적에 적합하도록 유지하고 있는지를 확인하기 위한 활동. 건축 재료의 적절한 선택; 검사, 시험 및 예방 정비; 유지보수를 위해 설계 등을 포함한다.

11) AICHE/CCPS online glossary, www.aiche.org, accessed October 27, 2017.

**요소 11** – 협력업체 관리 : 협력업체 근로자들이 그들의 직무를 안전하게 수행하고, 협력하고 있는 서비스가 설비운전위험을 추가하거나 또는 증가하지 않는지를 확인하는 실무지침.

**요소 12** – 교육훈련 및 성과 보증 : 운전 및 유지관리 근로자, 감독자, 엔지니어, 사업추진자, 공정안전전문가들을 위한 직무 및 업무에 대한 실무지침 지시서.

**요소 13** – 변경요소 관리 : 설비 설계, 운전, 조직, 또는 그들을 수행하기 전 활동, 그리고 공정안전 정보를 최근의 정보로 갱신하였는지를 확인하는데 대한 제안된 변경요소를 검토하고 승인하는 과정.

**요소 14** – 운전 준비 : 공정이 안전하게 가동될 수 있는가를 확인하기 위한 시운전 또는 재가동 전 공정의 평가. 공정의 변경 및 정비 후는 물론 가동중단 또는 휴지 후 설비의 재가동에 적용하고, 새로운 설비의 시운전에도 적용한다.

**요소 15** – 운전 수행 : 공정안전을 위해 필요한 관리적 조작적 업무가 신중하고, 충실하고, 구조적인 방법으로 수행되도록 하는 수단.

**요소 16** – 비상관리 : 비상조치를 정의하고 ; 이들 조치를 지휘할 자원 ; 연습 훈련 ; 지속적인 개선; 훈련 또는 근로자, 협력업체, 이웃, 지역 당국에 통보 ; 그리고 사고가 발생하는 사건에 대한 이해관계자와의 소통 등에 대한 가능한 비상사태에 대한 계획.

**요소 17** – 사고조사 : 사고의 근원적인 원인을 파악하기 위하여 사고 및 아차사고를 기록, 추적, 조사 ; 보완조치 취하기; 사고동향 평가; 사고로부터 배운 교훈 소통 등을 하는 과정.

**요소 18** – 측정 및 메트릭스(metrics) : 공정안전성과의 선행 및 후행 지표, 여기에는 핵심 공정안전 요소가 어떻게 수행되는지에 관한 지표는 물론 사고와 아차사고율을 포함한다. 이 정보는 공정안전 향상을 구동하는 데 사용된다.(1.6절, "안전지표" 참조)

**요소 19** – 감사 : 현장 소속이 아닌 감사자에 의하여 공정안전관리 시스템 성과에 대한 주기적인 검토. 이러한 검토는 목표로 하는 성과에의 격차를 파악하고, 개선 기회를 파악하여 이러한 성능 격차를 줄이는데 목적이 있다.

**요소 20** – 관리 검토 및 지속적인 개선 : 관리자의 공정안전 기대수준 설정과 그들의 참모들의 목표 그리고 이러한 목표를 향한 진행사항과 성과 검토의 실무지침. 이러한 사항은 하나의 참모 또는 "리더십 팀" 회의 또는 일대 일 기준으로 일어날 수 있다.

<표 1.19>는 20개 각 요소와 관련된 일반적인 화학플랜트 활동을 제시한다. 화학플랜트 사고가 발생했을 때, 이에 대한 사고조사를 실시하여보면 보통 많은 요소를 충족하지 못했음을 발견한다. 20개 요소는 화학 플랜트 및 다른 시설 안에 있는 위험들을 다룰 종합적인 관리시스템을 제공한다. 모든 요소는 중요하며, 이 요소들 하나하나에 필요한 모든 적절한 조치를 고려해야 한다. 화학 공학자는 20개 요소의 모든 측면에 개입하여야 한다.

**표 1.19** 20가지 위험기반 공정안전(RBPS) 관련 전형적인 활동

**1. 공정안전문화**

기업 공정안전문화 프로그램을 개발 또는 배포한다.

공정안전문화의 문제를 파악하고 기업의 변화에 영향을 미친다.

팀 구성원 사이에 강한 공정안전문화를 유지한다.

공정안전문화의 격차를 파악하고 그 증진을 권장하기 위한 형식적인 평가를 실시한다.

**2. 표준준수**

내부사용을 위한 표준을 해석 또는 적용한다.

표준을 파악하고 정보를 균일하게 관리하고 유지하기 위한 시스템을 개발한다.

**3. 공정안전 역량**

근로자의 역량 수준을 향상시키기 위한 훈련 프로그램을 개발한다.

중요한 공정안전 업무를 위한 역량 범위를 개발한다.

역량 격차를 결정하는 요인(단위)을 평가한다.

**4. 인력 참여**

기업, 비즈니스, 플랜트, 또는 공정단위수준에서 조직인력개입노력에 참가하거나 이를 계발하고 이끈다.

감독자로서, 정기적으로 운전요원과 공정안전 관심사 또는 문제에 관한 토론을 이끈다.

노동자로서, 공정안전 및 트랙피드백 개선을 목표로 하는 건설적인 피드백을 제공한다.

**5. 이해 관계자 지원활동**

지역사회활동패널(CAP)회의를 이끈다.

구역 CAP 및 그 촉진회의를 실시하기 위해 지역 사회와 협력한다.

공장 외부의 주요한 재해를 관리 및 협력하여 대처하기 위한 현장 또는 기업의 실무지침, 또는 표준을 개발한다. 여기에는 이해 관계자와의 커뮤니케이션(소통)도 포함한다.

지역 사회의 비상 대응 시뮬레이션이나 훈련을 조정한다.

**6. 공정지식 관리**

실제 공장배치도와 함께 기존 공정 및 계장도(P & ID)를 인증한다.

공정장치에 대한 안전운전한계 및 이상상태 결과를 개발한다.

변경요소관리(MOC)에 따른 공정안전지식을 업데이트한다.

회사의 내부 표준을 작성한다.

압력완화장치의 데이터베이스를 개발한다.

**7. 위험요인 파악 및 위험 분석**

위험요인분석 및 위험성평가에 대한 기업의 방법 및 절차를 개발 및/또는 수행하다.

사고결과 평가 시뮬레이션을 개발한다.

공정위험분석(PHA)을 이끌거나 참여한다.

**8. 운전절차**

운전절차를 명확하게 하고 더욱 유용하게 하는 운전절차서를 쓰거나 갱신한다.

현장에 대한 운전절차를 검토 및 업데이트한다.

공정에 대한 안전운전한계를 파악한다.

**9. 안전작업 지침**

밀폐공간 작업에 참여한다.

밀폐공간 운전요원을 인증하다.

계획된 배관 열림 및/또는 록아웃/택아웃(LOTO, 잠금장치/꼬리표) 절차에 참여하거나 이를 개발하고 감사(audit)한다.

회사 업무 허가정책을 개발한다.

안전작업지침을 감사 및/또는 개선한다.

**10. 자산의 건전성과 신뢰성**

검토 및 검사에서 얻은 데이터를 검토하고 평가한다.; 결론을 내고 권장사항을 만든다.

시설, 현장, 또는 회사의 건전성을 관리하기 위한 지침, 절차 및 전략을 개발하거나 실행한다.

사양개발(developing specification)을 위한 일반적인 지침을 제공하기 위한 출판된 부식률을 조사한다.

**11. 협력업체 관리**

안전을 위한 협력업체에 대한 감사를 실시한다.

협력업체의 성과를 개선하기 위한 권고사항과 조치를 개발한다.

새로운 현장 협력업체를 채용하기 위한 공정안전 기준을 개발한다.

**12. 교육훈련 및 성과 보증**

공정안전 교육훈련 프로그램을 개발한다.

회사 또는 현장의 공정안전 교육훈련 프로그램에 대한 관리감독사항을 제공한다.

공정안전 교육훈련을 부여하거나 받는다.

**13. 변경요소 관리(MOC)**

변경요소관리에 대한 회사의 절차를 개발한다.

변경요소관리 검토에 참여한다.

MOC 기록 문서를 작성한다.

현장 MOC 코디네이터(진행자)를 확인한다.

**14. 운전 준비**

시운전 전 안전 검토(PSSR)를 리드 및/또는 참여한다.

커미셔닝(장비시험) 및 시운전 계획을 개발한다.

안전하게 운전하는 데 필요한 중요한 공정안전정보(PSI)를 파악한다.

운전 준비가 된 공정을 시운전한다.

**15. 운전 수행**

설비의 운전규범을 유지하기 위하여 마련한 실무지침을 수행한다.

일선 근로자로서, 그 수행된 업무가 오랜 기간 동안 규정된 대로 정확하게 수행되었는지를 확인하기 위해 동료들과 협력한다.

적극적으로 공정안전 운전업무와 관련된 시정조치 계획을 모니터링 하고 만든다.

**16. 비상관리**

지역사회 대응자와 함께 비상 대응 훈련을 설정하고 참여한다.

비상 훈련이나 도상 훈련(책상 위 컴퓨터 훈련)을 수행하기 위해 회사 직원들과 함께 작업한다.

잠재적인 플랜트 비상상태를 계획 및 설정에 참여한다.

**17. 사고조사**

사고조사에 참여한다.

사고조사 조치 항목을 관리한다.

사고조사 절차를 개발 및 수행한다.

**18. 측정 및 메트릭스**

메트릭스(측정지표)의 수집 및 기록을 위한 현장 주도자로 행동한다.

공정안전 메트릭스에 대한 보고서를 준비한다.

현장 또는 회사 안전지수를 개발하고 구현한다.

**19. 감사**

감사자 또는 감사부서로서 공정안전 감사에 참여한다.

공정안전 감사 방법을 개발한다.

그들이 수행되는지를 확인하기 위해 감사의 권장 사항을 관리한다.

**20. 관리검토 및 지속적인 개선**

관리검토에 참여한다.

경영 검토 결과 및 개선을 위해 제안된/검토된 권장사항을 평가한다.

관리검토에서 파생 된 후속조치 및 조치 종료를 위한 관리를 실시한다.

**예제 1.3**

화학 플랜트의 밸브 하나를 창고에 있던 밸브로 갈아 끼웠다. 불행히도, 창고에 있던 밸브는 원래의 밸브와 동일한 재료로 제조되지 않았다. 그리하여 밸브는 수개월 내에 부식되어 독성 물질을 누출하였다. 이 시나리오에 적용할 수 있는 RBPS의 요소는 어떤 것인가?

**해답**

가장 직접적으로 영향을 미치는 요소는 요소 (13), 변경요소관리이다. 장치가 교체 될 때는 언제나 교체부품이 원래의 부품과 동일한 기능을 갖는 가를 보장하기 위한 단계를 밟아야 한다. 또한 관련 될 수 있는 다른 요소는 요소 1, 공정안전문화; 요소 3, 공정안전역량; 요소 6, 공정지식 관리; 요소 9, 안전작업 지침; 요소 10, 자산 건전성과 신뢰성; 요소 12, 교육훈련 및 성과보증; 요소 15, 운전 수행 등이다. 당신은 다른 이들 모든 요소들이 어떻게 관련이 있는가를 파악할 수 있는가? 이런 유형의 사고는 그 원인을 파악하고 이러한 형태의 사고를 예방하기 위한 보정조치를 취하기 위하여 관리 검토 요소(요소 20)를 적용하기도 한다.

## 13 본질적으로 보다 안전한 설계

1.11절, "위험요인에 대한 방호: 안전장치"는 위험요인이 어떤 초기사건으로 인해 사고결과 피해에 이르는 좀 더 심한 사고로 전파되며 이를 예방하기 위해 안전장치는 어떤 것이 있고 이것이 어떻게 방호될 수 있는가를 서술하였다. 이들 안전장치는 공정에 상당한 추가 비용을 발생하게 하고 시험과 유지보수도 필요하다. 이러한 여러 조치에도 불구하고 안전장치는 여전히 실패할 수 있다.

만약 우리가 더 적은 위험요인을 지닌 공정을 설계할 수 있다면 공정은 단순해질 것이고 안전장치는 줄어들 것이다. 이것이 본질안전설계의 본질인데, 이는 위험요인 주위에 복잡한 안전장치 계층구조를 제공하기보다는 위험요인을 제거하는 것이다. 본질적으로 안전한 플랜트는 제어시스템, 연동장치, 중복안전장치(완장), 특수 관리시스템, 복잡한 운전지침서, 또는 정교한 운전절차에 의존하지 않고 재해를 예방하기 위해 위험요인 제거라는 원칙을 사용한다. 본질적으로 더 안전한 플랜트는 인간오류에 대한 내성이 있고; 일반적으로 비용 효과적이고; 운전하기가 좀 더 간단하고, 용이하고, 더 높은 신뢰성을 지닌다.

<표 1.20>은 4가지 본질안전설계 전략의 예를 제공한다: 최소화, 대체, 완화, 그리고 단순화. 다른 참고 자료는 보다 상세한 전략을 제공하지만, 이러한 추가 전략[12]의 많은 부분이 표에 표시된 4가지 범주에 포함될 수 있다. <표 1.20>에 열거된 4가지 전략은, 다른 이름(표의 괄호 안에 표시)으로 표현할 수도 있지만, 전통적인 전략이다.

12) Trevor Kletz and Paul Amyotte. *Process Plants: A handbook kfor Inherently Safer Design*, 2nd ed.(Boca Raton, FL: CRC Press, 2010).

**표 1.20 본질적으로 안전한 설계 전략**

| 유형 | 예제 응용 프로그램 |
|---|---|
| 최소화<br>(효율화) | · 대형 회분식 반응기를 소형 연속식 반응기로 변경<br>· 원재료의 저장량 축소<br>· 유해한 중간 생성 화학물질량 감소를 위한 제어 개선<br>· 공정 정지 축소 |
| 대체 | · 충전물 대신 기계적인 봉합(seals) 펌프 사용<br>· 플랜지 대신 용접된 파이프 사용<br>· 독성이 적은 용제 사용<br>· 수은온도계 대신 기계적 게이지 사용<br>· 높은 인화점, 비등점 및 기타 덜 유해한 특성을 갖는 물질 사용<br>· 열전달 유체로 고온의 기름 대신 물 사용 |
| 완화<br>(완화 및<br>영향의 제한) | · 비등점을 낮추기 위해 진공 사용<br>· 공정 온도 및 압력 경감<br>· 저장용기 냉각<br>· 안전한 용제에 유해한 물질 용해<br>· 반응폭주가 불가능한 조건에서의 운전<br>· 운전현장과 제어실 격리<br>· 펌프실과 다른 방 격리<br>· 배관 및 설비소음 차단<br>· 제어실 및 탱크에 대한 바리케이드 설치 |
| 단순화<br>(단순화 및<br>오류 허용) | · 육안으로 식별할 수 있도록 배관을 깨끗이 유지<br>· 제어판넬은 이해하기 쉽도록 설계<br>· 쉽고 안전한 유지보수를 위한 플랜트 설계<br>· 유지보수가 적은 설비 선정<br>· 고장률이 낮은 설비 선정<br>· 화재 및 폭발에 견디는 바리케이드 추가<br>· 시스템 격리 및 이해하기 쉬운 블록으로 제어<br>· 배관 표지 (Label pipes for easy “walking the line”)<br>· 용기 표지 (Label vessels and controls to enhance understanding) |

**최소화** 전략은 공정에서 더 적은 양의 위험물질을 사용함으로써 위험요인을 줄이는 것을 말한다. 현장에서 위험 물질을 생산하고 사용해야 할 때가 있다. 이때, 위험한 원재료와 중간 물질의 저장 및 운송을 최대한 줄이도록 한다.

**대체** 전략은 위험한 물질을 덜 위험한 물질로 대체한다. 예를 들어, 인화성 용제를 비인화성 용제로 대체한다.

**완화** 전략은 위험물질을 사용하되 덜 위험한 상태에서 사용하도록 한다. 이는 낮은 온도와 압력에서 이들 물질을 사용하는 것을 포함한다. 다른 접근 방법 몇 가지 예를 들면 (1) 낮은 증기압에서 냉동, (2) 용액을 낮은 농도로 희석, 그리고 (3) 분진폭발을 줄이기 위해 더 큰 입자 고체를 사용하기 등을 들 수 있다.

**단순화** 전략은 단순한 플랜트가 복잡한 플랜트보다 더 익숙해지기 쉽다는 사실에 기초하는 전략이다. 이는 간단한 플랜트가 오류를 일으킬 수 있는 기회가 적고, 문제를 야기할 장치가 적기 때문이다. 종종, 공정의 복잡성은 위험요인을 제어하기 위해 추가 장비 및 자동화의 필요성을 야기한다. 단순화는 오류 및 오조작의 기회를 줄일 수 있다.

엄격한 의미에서, 본질적으로 안전한 설계(본질안전설계)는 위험요인의 제거에만 적용된다. <표 1.20>에서 보여준 일부 본질안전설계 전략은 위험요인으로 인하여 일어날 수 있는 가능성을 줄이거나 발생하더라도 그 강도가 크지 않도록 위험요인을 처리하는 것이다. 이를테면 복잡한 배관시스템을 단순화하여 누출빈도와 운전자의 오류를 줄인다. 그러나 위험요인을 모두 완전히 제거할 수는 없다. 배관과 밸브가 누출할 수 있는 여지는 여전히 남아있다. 위험요인을 제거하는 본질안전설계 전략은 1차 전략이라 부른다. 이에 비하여 위험요인을 일어날 강도가 덜 세고 빈도가 덜 크도록 하는 전략을 2차 전략이라 한다.

본질안전설계는 공정수명주기의 모든 단계에서 적용되어야하지만, 주요한 개선이 실시될 가능성은 공정개발의 초기 단계에서 가장 높다. 공정개발 초기 단계에서는, 공정엔지니어와 화학자들이 반응, 화학물질, 공정기술, 그리고 플랜트 설계 및 공정사양을 선정하고 개선하는 데 있어서 가장 자유롭기 때문이다.

**표 1.21** 공정위험관리 전략의 계층구조. 표의 맨 위에 있는 전략이 더 강력하다.

| 전략 | 주안점 | 예 |
|---|---|---|
| 본질적 | <표 1.20> 참조 | · 최소화(강화)<br>· 대체화(대체)<br>· 단순화(단순 및 오류 허용) |
| 수동적 | 어느 장치의 능동적인 작용 없이 사고빈도나 사고결과 영향을 감소시키는 공정 및 장치설계특성을 통해 위험요인을 최소화 한다. | · 최대 사용가능 압력보다 더 높은 압력 등급을 가지는 장치 사용<br>· 폭발과압을 막기 위한 공정장치 주변의 폭발 방지 벽<br>· 누출할 수 있는 저장용기 주변에 방류둑<br>· 사람이 있을 수 있는 빌딩이나 위치로부터 공정장치의 거리 |
| 능동적 | 능동적 대응 요구. 이들 시스템은, 비록 인간 개입이 포함된다고 하여도, 보통 엔지니어링 제어라 할 수 있다 | · 운전자 대응이 있는 일람<br>· 기초공정 제어시스템, 안전 계장시스템, 안전계장 기능을 포함하는 공정 제어시스템<br>· 스프링클러 및 살수(deluge) 시스템<br>· 압력릴리프장치<br>· 불활성화(이너팅, inerting) 및 퍼지시스템<br>· 가스누출을 넉다운하기 위한 워터커튼<br>· 플레어(소각탑) |
| 절차적 | 어떤 일을 수행하는 확립된 또는 공식적인 방법에 기초한 것으로, 이들은 보통 행정적 관리를 말한다. | · 안전경영 방침<br>· 운전절차<br>· 록아웃/택아웃, 용기 내 출입, 화기작업과 같은 안전작업 실무지침<br>· 비상대응절차<br>· 교육훈련 |

본질안전설계는 공정 중에 있는 위험요인을 줄일 수 있다. 그러나 그것은 단지 거기까지이다. 많은 화학물질 및 제품은 그들의 위험특성 때문에 정교하게 사용하여야 한다. 휘발성 물질 제품을 예로 들면 이 제품에는 인화성이라는 필수 위험특성이 존재하는데 이 위험요인은 제거할 수 없다.

되도록 본질안전설계를 적용한 후, 우리는 <표 1.21>에서와 같이, 잔존하는 위험요인을 제어하기 위해 계층구조의 관리시스템을 사용할 수 있다. 본질안전설계는 계층구조의 맨 위에 표시되었는데 이것이 첫 번째 접근방법이 되고, 다음 접근방법은 수동적, 능동적, 절차적 전략 순이다. <표 1.21>의 가장 위(top) 쪽 가까운 전략은 낮은 쪽에 있는 전략보다 더 강력하고 선호되어야 한다.

능동적 안전장치는 장치기능의 성능 면에서 물리적 동작이나 활동성을 요구한다; 밸브 개폐가 하나의 예이다. 수동적 안전장치는 그의 기능을 수행하기 위하여 물리적으로 작동하지 않는 하드웨어이다; 저장용기의 주위의 방류둑(dike)이 그 일례이다. 절차적 안전장치는, 흔히 관리적(administrative) 안전장치라 불리는, 직접적인 하드웨어를 포함하지 않는 행정적 또는 관리적 안전장치이다; 운전절차가 하나의 예이다.

본질안전설계가 가지는 하나의 잠재적인 문제는 위험의 이동이다. 즉, 본질안전설계 전략의 적용은 한 집단에서 다른 집단으로 위험을 이동하게 할 수 있다. 예를 들어, 한 회사는 공정에서 촉매로 독성이 강한 화학물질을 사용했다. 화학물질은 매우 효과적이며 약간의 메이크업으로 재활용되었다. 이 회사는 대체에 의한 본질안전 접근방법으로 독성이 강한 촉매를 독성이 상당히 낮은 촉매로 교체하기로 결정했다. 독성이 낮은 촉매는 대량의 메이크업을 필요로 했고, 정규적인 다량의 트럭 수송이 필요했다. 이는 이 회사의 직원에 대한 위험이 감소된 반면 지역 사회의 위험은 지방 도로를 이용하는 트럭 출하량으로 인해 증가하였다.

본질안전설계는 환경 영향 역시 고려하여야 한다. 이의 전형적인 예는 냉장시스템이다. 냉동의 초기에는 암모니아를 냉매로 사용했다. 암모니아는 독성이 있으며 이 가스의 누출은 근로자와 지역 주민 모두에게 영향을 미칠 수 있다. 이후 암모니아를 대체하기 위해 염화불화탄소(CFCs)가 개발되었다. 이 냉매는 독성이 없기 때문에 암모니아보다 본질적으로 더 안전했다. 그러나 1970년대에 오존층을 고갈시키는 것으로 밝혀졌다. 수산화(hydro)염화불화탄소는 환경에 미치는 영향이 적기 때문에 짧은 기간 동안 사용됐다. 최근에는 많은 냉동시스템이 환경적 영향을 줄이기 위해 암모니아를 선호하기 때문에 암모니아로 되돌아왔다.

**예제 1.4**

사염화탄소(carbon tetrachloride)는 원래 드라이클리닝 용액으로 사용되었으며 매우 효과적이었다. 1950년대에는 사염화탄소가 단계적으로 폐쇄되어 퍼클로로에틸렌(PERC, tetrachloroethylene이라고도 함)으로 대체되었다. 오늘날 이산화탄소와 같은 다른 대체물질들이 고려되고 있다. 왜 그럴까?

**해답**

사염화탄소는 드라이클리닝 용액으로서 제 역할을 매우 잘 수행했다. 그러나 이 물질은 높은 독성이 있어서 간, 신장, 그리고 중추 신경계를 손상시킬 수 있다. 또한 이 물질은 발암성 물질일 수 있고, 드라이클리닝 근로자와 고객들이 증기에 반복적으로 노출되어 건강에 악영향을 미칠 수 있다.

PERC 역시 발암가능물질이고 간과 신장에 영향을 줄 수 있다. 사염화탄소와 같이 심한 영향을 주지는 않지만 건강에 악영향을 야기할 수 있다.

이산화탄소, 실리콘, 그리고 프로필렌글리콜에테르와 같은 다른 드라이클리닝 대체품들로 대체가 가능하지만 그것들은 더 높은 비용을 필요로 한다. 이들의 사용은 위험물질을 덜 위험한 물질로 대체하는 대체에 의한 본질안전설계의 한 예를 보여준다.

## 14 최악의 화학공장 비극: 보팔, 인도, 1984 [13)]

인도, 보팔의 비극은 1984년 12월 3일 유니온 카바이드(USA)와 그 계열사인 유니온 카바이드 인도 유한회사(UCIL)가 공동 소유하고 있는 농약 공장에서 발생했다. 이 공장에서 누출된 메틸이소시아네이트(MIC) 증기 흡입과 노출로 인해 2,500명 이상의 생명을 잃었다. 이 증기는 다양한 수준의 노출을 가져와 200,000명의 사람들에게 메스꺼움에서부터 실명에 이르는 건강상의 악영향을 주었다. 즉, 이 사고에서 살아남은 많은 사람들은 남은 생애 동안 심각한 건강상의 영향으로 고통을 받았다.

MIC는 농약을 생산할 때 사용되는 중간 화학물질로 공장 안에 많은 양을 저장하고 있었다. 이 화합물은 반응성, 독성, 휘발성, 그리고 인화성이 있다. 8시간 동안 근로자에 대한 MIC의 최대노출농도는 0.02 ppm (parts per million)이다. 21 ppm 이상의 농도에 노출 된 개인은 코와 목에 심한 자극을 주고, 더 높은 농도의 MIC 증기에 노출되면 호흡곤란으로 인해 사망에 이르게 된다.

MIC는 다양한 물리적 위험특성을 가지고 있다. 대기상태에서 비등점은 39.1℃이고 증기압은 20℃에서 348 mmHg이다. 증기 밀도는 공기의 약 2배 정도인데 이는 증기가 누출되면 지표면에 머문다는 것을 의미한다. 게다가 MIC는 물과 만나면 발열반응을 한다. 비록 반응속도는 느리지만, 냉각이 부적절하게 되면 온도가 상승하여 MIC는 끓기 시작할 것이다. MIC 저장탱크는 일반적으로 이를 방지하기 위해 냉장된다.

13) John F. Murphy, Dennis Hendershot, Scott Berger, Angela E. Summers, and Ronald J. Willey. "Bhopal Revisited." *Process Safety Progress*, 33, no.4(2014): 310-313.

MIC가 누출될 당시, 보팔 공장은 극도의 재정압박을 받고 있었다. 인도 시장에는 설계 용량의 약 3분의 1만 판매할 수 있었다. 1984년 7월, 공장 관리자들은 비용을 줄이기 위해 15,000 갤런의 액체 MIC 저장탱크의 냉장시스템을 끄기로 결정했다. 저장탱크에서 나오는 모든 증기를 태울 수 있는 플레어 시스템도 존재했지만, 사고 몇 주 전에 파이프라인 부식으로 인해 플레어 시스템은 작동하지 않고 있었다. 작은 양의 누출을 처리할 수 있는 수산화나트륨(NaOH) 스크러버 시스템(scrubber system) 역시 설치되어 있었지만 비용 절감을 위해 기능을 중지한 상태였다. 냉장시스템, 플레어, 및 스크러버 등 모든 안전장치가 중지됨에 따라 MIC와 외부 환경 사이의 완화적 안전장치가 남아 있지 않았다.

공장 주변 지역은 산업용도 구역이었다. 그러나 도시의 가장자리에 있는 주요 화학 제조공장 부지조성은 고용의 기회를 크게 증가시켰다. 몇 개의 무허가주택이 공장 바로 근처에 지어졌고, 30,000명 이상의 사람들이 이곳에 거주하고 있었다. 이러한 무허가주택의 설립을 막기 위해 구역제법이 마련되었으나, 지역 정치인들은 구역제법의 시행에 대해 다른 입장을 보였다.

이 사고는 15,000 갤런의 액체 MIC 저장탱크의 수질 오염으로 시작되었다. 많은 이론들이 이 일이 어떻게 하여 일어났는지를 설명하기 위해 제안되었지만, 이 이론들 중 어떤 것도 확인 할 수 있는 명백한 증거는 없다. 물이 MIC와 반응하여 열을 발생하고 이 열이 MIC를 가열하여 끓게 했다. 이로 인해 저장탱크 내 압력이 증가하여 릴리프 시스템(relief system, 안전밸브)을 열고 MIC 증기를 공기 중으로 직접 방출했다. 용기 내 MIC의 온도는 끓는점보다 훨씬 높은 100℃에 도달한 것으로 기록되었다. 약 25톤으로 추정되는 독성 MIC 증기가 방출되었다. 이 사고는 인근 무허가주택에 거주하는 대부분의 주민들이 잠들어 있던 밤에 발생했다. 독성증기구름이 무허가주택 지역으로 분산되면서 비극적인 사태가 발생했다. 무허가주택 주민들은 MIC가 방출되는 동안 많은 사람이 죽고 극심한 부상을 입었다.

이 사고에 앞서, 유니온 카바이드는 규모가 크고, 사회로부터 존경받는, 첨단기술의 미국기업으로 여겨졌다. 1980년에, 이 회사의 연간 매출액은 총 10억 달러였다. 그 회사는 500개 사업장에 직원 수는 16,000명에 이르렀다. 회사는 40년 동안 오크리지 국립연구소(Oak Ridge National Lab)를 성공적으로 운영했는데, 이는 미국의 핵 프로그램에 매우 중요한 설비였다. 유니온 카바이드는 Eveready 배터리, Prestone 부동액, Linde 가스 등을 포함하는 잘 알려진 소비재를 많이 생산했다. 화학공학과를 졸업한 엔지니어들은 유니언 카바이드를 "필수 면접" 회사로 생각했고 매우 바람직한 고용주라고 생각했다.

이 사고 전에, 유니온 카바이드 주식은 $50과 $58 사이의 가격에 거래되었다. 1985년 초, 보팔 사건 후, 주식 가격은 $40, $32로 떨어졌다. 유니온 카바이드는 역시 GAF 공사에 의한 적대적 인수 대상이 되었다. 이러한 인수합병을 막기 위해서는, 유니온 카바이드는 소비자 제품 부문-가장 수익성이 있는 부문을 판매하지 않을 수 없었다. 1986년, 이 회사는 추가 인수합병으로부터 회사를 보호하기 위한 노력의 일환으로 주식 38,300,000주를 재 매입하기 위해

33억 달러 가치가 있는 자산을 판매했다. 이렇게 하여 유용한 화학부문을 유지할 수 있었다.

1989년 2월, 인도 대법원은 유니온 카바이드와 인도유니온카바이드에서 4억 7000만 불을 보상하도록 조정하였다. 유니온 카바이드는 조정 후 10일 이내에 보상금을 지불했다.

유니온 카바이드의 악순환은 1999년 다우 케미컬(Dow Chemical)이 나머지 자산을 매입할 때까지 계속되었다. 보팔사고는 유니온 카바이드의 종말의 시작이었다.

1985년 3월, AICHE는, 보팔 사고 및 화학 공장 안전에 대한 업계의 우려에 대응하기 위해, 화학공정안전센터(Center for Chemical Process Safety, CCPS)를 설립했다. 센터에 따르면 CCPS는 "공정위험요인을 다루는 엔지니어의 능력을 개선하기 위해 봉헌한다."는 것이다. 오늘 날, CCPS는 화학공정안전 분야의 세계적인 선도자이다.

보팔 사고는 공정안전에 관해 산업계 및 정부에 상당한 변화를 가져왔다. 업계에는 기업 스스로가 공정안전을 주도적으로 계획하여 실천하려하는 산업계 이니셔티브(initiatives) 행사 결과를 가져왔고 정부에는 관련 규제강화를 야기하였다. 분명히, 사고는 화학 산업의 명성에 지속적인 영향을 미치고, 화학 공학의 실무기술을 쉴 새 없이 변경할 수 있도록 한다.

(사고의) 근본원인은 "재해를 야기하는 불안전한 행동이나 상태로 이끄는 결함" 이라고 정의한다.[14] 어떤 재해에 대해서도, 대체적으로 복합적인 근본원인이 있다. 만약 그러한 어느 근본원인이 일어나지 않았다면 재해는 일어나지 않았을 것이다. 보팔 사고에 있어서, 사고의 직접적인 근본원인은 MIC 저장탱크 안에 물의 존재였다. 몇 가지의 다른 근본원인도 발생했는데, 이들 근본원인에는 냉각시스템, 소각탑, 그리고 NaOH 스크러버(세정탑) 시스템 등이 포함된다. 상세한 사고 보고서를 공적으로 이용할 수 있다면 다른 근본원인도 파악할 수 있을 것이다. 보팔 사고에 대한 상세보고서가 비록 공식적, 공적으로 이용되고, 그리고 출판되지는 않았지만, 공적으로 이용할 수 있는 정보를 보면 이는, <표 1.18>에 나타난 바와 같이, RBPS의 20가지 거의 모든 요소와 관계가 있음을 시사한다.

**예제 1.5**

**보팔 사고에 대하여, 위험요인, 초기사건, 가능 상태, 상태 변화요인, 그리고 인진징지를 파악하여라. 또한 안진장치가 예방적 안선상지인지 완화적 안전장치인지를 결정하여라.**

**해답**

보팔 사고의 위험요인은 저장용기 내에 다량의 독성 MIC 존재였다. 사고의 초기사건은 비점을 증가시키기 위해 MIC의 온도를 비점까지 오르게 하는 원인을 만든 MIC 저장탱크로 물의 유입이었다. 가능 상태는 저장용기 안에 들어 있는 다량의 MIC이었다.

상태 변화요인은, 공장 주변의 무허가주택과 거기 거주하는 많은 인구의 존재를 포함하여, 여러 가지가 존재한다. 또한 사고는 모두가 잠 들어있을 때 밤에 발생했고, 약한 바람이 부는 기상상태 또한 증기를 빠르게 이동하여 분산하도록 하였다. 지역 사회의 비상 대응을 포함하여, 비상

14) AICHE/CCPS glossary, accessed November 27, 2017.

대응도 존재하지 않았다. 이러한 상태 변화요인은 직접적으로 사고를 일으키는 원인은 아니었으나, 그들은 사고결과의 증가를 야기하였다.

안전장치는, 냉장장치, 플레어(소각탑), 그리고 스크러버(세정탑)였다. 이들 중 어느 것도 사고당시 작동되지 않았다. 냉장장치는 MIC를 냉각시키어 정상 저장상태 이하인, 정상 끓는점 이하를 유지하도록 설계되었다. 그러나 냉장장치의 용량이 물의 존재로 인한 발열반응을 처리하기에 적절한 용량이었는지는 알려져 있지 않다. 정상적인 상황에서는 냉장장치는 예방적 안전장치이다. 플레어는 저장용기에서 증기를 처리할 수 있도록 설계되었다; 그것은 완화적 안전장치였다. 끓는 MIC에서 나오는 전체 증기를 처리할 수 있는지 분명하지 않다. NaOH 스크러버는 저장용기에서 일상적인 방출만을 위해 설계되었다. 그것은 대부분 용기의 액체충전과 액체의 열팽창에 의한 방출을 처리하도록 설계되었다. 이는 십중팔구 완화적 안전장치였다.

## 15 화학공정안전의 개요

공정안전은 위험요인 파악과 평가뿐만 아니라 위험 분석을 포함한다. 그것은 다음 질문으로 단순화 할 수 있다:

1. 위험요인은 무엇인가?
2. 무엇이 어떻게 잘못될 수 있는가?
3. 얼마나 나쁘게 될 수 있는가?
4. 얼마나 자주 일어날 수 있는가?
5. 위험은 무엇인가?
6. 우리는 이를 어떻게 제어하고 관리해야 하는가?

**질문 1**은 제2장 독성학; 제3장 산업 위생학; 제6장 화재 및 폭발, 제8장 화학반응, 그리고 제11장 위험요인 파악에서 논의된다. **질문 2와 3**은 제4장 원인 모델; 제5장 독성물질 방출 및 분산 모델; 제6장 화재 및 폭발; 그리고 제12장 위험성 평가에서 논의된다. **질문 4, 5, 6, 7**은 제12장 위험성 평가에서 논의된다.

제 7,9,10 장 그리고 제13장은 특정 유형의 사고를 방지하도록 설계된 시스템에 초점을 맞춘다. 제7장 화재와 폭발 방지 개념은, 일반 화재 및 폭발 방지 방법을 논한다. 제9장 릴리프 개론, 그리고 제10장 릴리프 규격(relief sizing)에서는 고압에 의한 손상 효과로부터 공정시스템을 보호하기 위한 1차적인 방법에 대해 논의한다. 제13장 안전 절차 및 설계에서는, 일반적인 사고방지 시스템을 제시한다.

# 참고문헌


## General Aspects of Chemical Process Safety

S. Mannan, ed. *Lees' Loss Prevention in the Process Industries*, 4th ed. (London, UK: Butterworth-Heinemann, 2012).

S. Mannan, ed. *Lees' Process Safety Essentials* (London, UK: Butterworth-Heinemann, 2013).

D. W. Green and M. Z. Southard, eds. *Perry's Chemical Engineers Handbook*, 8th and 9th eds., Section 23: Process Safety (New York, NY: McGraw-Hill, 2008 and 2019).

J. A. Klein and B. K. Vaughen. *Process Safety*: Key Concepts and Practical Approaches (Boca Raton, FL: CRC Press, 2017).

## Accident Statistics

U.S. Bureau of Labor Statistics, www.bls.gov

Marsh and McLennan Companies, *The 100 Largest Losses, Large Property Damage Losses in the Hydrocarbon Industry*. Search the web for "100 largest losses."

## AICHE/CCPS 20 Elements of Risk-Based Process Safety

Center for Chemical Process Safety. *Guidelines for Risk Based Process Safety* (New York, NY: American Institute of Chemical Engineers, 2007).

Center for Chemical Process Safety. *Introduction to Process Safety for Undergraduates and Engineers* (Hoboken, NJ: Wiley, 2016).

## Inherently Safer Design

Center for Chemical Process Safety. *Inherently Safer Chemical Processes: A Life Cycle Approach*, 2nd ed. (Hoboken, NJ: Wiley, 2009).

T. Kletz and P. Amyotte. *Process Plants: A Handbook for Inherently Safer Design*, 2nd ed. (Boca Raton, FL: CRC Press, 2010).

## Bhopal Incident

*Chemical and Engineering News* (February 11, 1985), p. 14.

John F. Murphy, Dennis Hendershot, Scott Berger, Angela E. Summers, and Ronald J. Willey. "Bhopal Revisited." *Process Safety Progress*, 33, no. 4 (2014): 310–313.

## Case Histories

U.S. Chemical Safety and Hazard Investigation Board, www.csb.gov.

*CCPS Process Safety Beacon*, electronically published monthly by email subscription and available at no charge in many languages. https://www.aiche.org/ccps/resources/process-safety-beacon

## 연습문제

**1.1** 공학 윤리 : 당신은 왜 안전(및 공정안전)이 어느 공학 윤리 표현의 중요한 부분이라고 생각하는지에 관한 에세이를 써라.

**1.2** 다음 사항을, 표 1.3에서 제공하는 안전 프로그램의 계층구조에 따라 0에서 5로 분류하여라. 그리고 그 이유를 설명하여라.

**a.** 회사와 공장 관리감독 팀은 안전제안을 매우 잘 수용하고 제안을 적시에 검토하고 실행한다.

**b.** 밸브가 누출되어 실험 장치를 변경하였다.

**c.** JSA 검토가 끝난 후 실험 장치를 변경하였다.

**d.** 실험실 담당 연구원은 안전에 대한 지식이 거의 없다.

**e.** 실험실 담당 연구원은 "안전이 매우중요하다"고 말한다. 그러나 작은 재해에는 아무것도 하지 않는다.

**f.** 그 회사는 안전 프로그램을 평가하기 위해 몇몇 선행안전지표를 사용한다.

**g.** 실험실은 안전 매뉴얼에 있는 모든 규칙을 충족한다.

**h.** 실험실 담당 연구원은 안전 프로그램이 연구 활동을 방해하고 있다고 말한다.

**i.** 실험실이 엉망진창이다.

**1.3** 안전문화: 다음과 같은 활동이 공정안전문화를 강화하는 것인지 약화시키는 것인지를 분류하여라. 또 그 이유를 설명하여라.

**a.** 공장 관리자는 모든 사람이 참석해야 하는 중요한 안전 회의를 계획한다. 이 회의에서 공장 관리자는 기업 안전 담당자를 소개한 뒤 다른 곳에서 참석해야 할 더 중요한 회의가 있음을 말하고 양해를 구한다.

**b.** 연구실 담당 연구원은 실험실의 모든 사람이 보안경을 쓸 필요가 없고, 단지 위험한 작업을 하는 사람은 보안경이 필요하다고 말한다. 방문객들 또한 보안경을 쓸 필요가 없다.

**c.** 연구실 담당 연구원은 "깨끗한 실험실에서는 어떤 작업도 이루어지지 않는다." 라고 말한다.

**d.** 연구실 담당 연구원은 그의 학생들은 안전 프로그램을 담당하고 있고 다른 일은 거의 하지 않는다고 말한다.

**e.** 플랜트 관리자는 안전 아이디어 제안함을 설치하고, 이러한 아이디어는 필요한 안전 회의에서 논의하고 해결책을 찾는다.

**f.** 안전 아이디어 제안함을 시행하지만, 공장 경영진이 그 제안에 응답하는 데는 수개월이 걸린다.

**g.** 연구소는 보안경을 필요로 한다. 그러나 실험실의 작업자는 그들 자신의 보안경을 자신이 구매해야 한다.

**h.** 연구소는 보안경을 필요로 한다. 보안경은 제공되지만 복도 아래에 있는 방에서만 사용

할 수 있다.

**i.** 실험실 안전 매뉴얼은 여러 해 동안 검토되거나 업데이트되지 않았다.

**j.** 교실 담당 연구원은 학생들에게 안전에 대한 우선적인 책임이 있음을 말하고, 연구원은 학생들이 성공적으로 작업을 수행하고 있는지를 확인하기 위하여 교육훈련, 자원, 관리 및 지속적인 감사를 실시한다.

**1.4** 개인 및 사회적 위험: 다음 사례에 대하여, 1차적인 위험 집단을 파악하고, 개인적 위험 및/또는 사회적 위험으로 분류하고 자발적 또는 비자발적 위험을 파악하여라.

**a.** 작업자는 사용 중인 화학 물질에 필요한 개인 보호장비를 착용하지 않는다.

**b.** 혼잡한 이웃지역 근처에 큰 부탄 저장 설비를 건설한다.

**c.** 어느 사람이 뉴욕에서 로스앤젤레스로 가는 차를 운전한다.

**d.** 어느 사람이 안전벨트를 매지 않고 차를 운전한다.

**e.** 어느 사람이 술에 취한 상태에서 차를 운전한다.

**f.** 제조상의 결함이 있는 비행기를 생산한다.

**g.** 휘발유가 들어있는 탱크트럭을 정유소에서 주유소로 운전하여 하역한다.

**h.** 지하 배관이 주거지역 도로를 통과한다.

**i.** 사람이 혼자 절벽에 올라간다.

**1.5** 안전 메트릭스: 다음을 선행 또는 후행 안전 메트릭스로 분류하여라. 그리고 그 이유를 설명하여라.

**a.** 플랜트에서 불안전활동 기록 수

**b.** 아차사고의 수

**c.** 보험금 청구에 소비한 비용

**d.** 공장 응급처치 시설 방문 수

**e.** 사고발생 없이 발령된 공정경보 수

**f.** 유지보수를 완료하는 데 소요되는 시간

**1.6** 재해 및 손실 통계: 예제 1.1로 돌아가자. (b)와 (c) 항에서, 시간 기반 치명상해 발생률과 기록 가능 사고율의 기간은 모두 1년이었다. 시간 기반 치명 상해율과 기록 가능 사고율이 화학 제조율과 같기 위해서 요구되는 기간은 얼마나 되는가?

**1.7** 재해 및 손실 통계: 2014년 미국의 인구가 3억 2천 5백만 명이라면 표 1.13의 번개로 인한 총 사망자를 사용하여 번개로부터 생기는 100,000명당 사망자수를 계산하여라. 또한 사망률도 계산하여라.

**1.8** 표 1.14의 리스크 매트릭스를 사용하여 보팔 사고의 위험 수준을 결정하여라. 심각도 범주, 안전 심각도 수준 가능성, 및 위험 수준을 추정하여라.

**1.9** 코드, 표준, 및 법규: 웹 사이트, www.osha.gov를 방문하여 OSHA 법규 CFR 1910.119: 고위험 화학물질 공정안전관리를 검색하여라. 부록 A를 사용하여 다음 화학물질의 한계수

량을 결정하여라. 공장 현장에서 이 한계수량을 초과할 경우에는 이 표준을 적용한다.

**a.** 무수 암모니아

**b.** 염소

**c.** 불화수소

**d.** 산화프로필렌

**1.10** 안전장치: 다음 안전장치를 예방적 안전장치인지 완화적 안전장치인지를 구분하여라.

**a.** 안전하지 않은 작동 조건이 발생할 경우 프로세스를 종료하는 안전 계측시스템

**b.** 누출된 탄화수소 풀에서 발생하는 증발을 줄이기 위한 폼 시스템

**c.** 저장용기 주위의 방류둑

**d.** 화학반응기 공급 라인에 유량 제한장치를 설치하여 반응속도가 최대치를 초과하지 않도록 한다.

**e.** 액체 분사를 방지하기 위해 배관 플랜지 위에 커버를 설치한다.

**f.** 격납용 연못은 공장에서 흘러나온 액체 유출물을 수집하기 위해 건설된다.

**g.** 고압의 손상 영향으로부터 반응용기를 보호하기 위해 화학반응기에는 릴리프 장치를 설치한다.

**h.** 릴리프로부터 나온 유출물을 수집하기 위해 봉쇄시스템을 설치한다.

**i.** 기본 공정 제어시스템

**j.** 비상경보시스템

**k.** 운전자에게 제한 범위를 벗어난 공정 상태를 통지하는 경보시스템

**l.** 공정 안의 화학물질농도를 확인하기 위해 가스 크로마토그래프를 설치한다.

**m.** 모든 공정운전 요원은 매년 비상 대응 훈련을 받는다.

**1.11** CCPS 요소: 다음 활동을 RBPS의 20개 요소 중 하나와 가장 직접적으로 관련된 것으로 분류하여라. 여러 요소가 관련될 수 있지만, 가장 적용 가능한 단일 요소만 나열하여라. 한 요소는 한 번 이상 사용할 수 있다.

**a.** 공장은 지역사회를 위한 오픈하우스(공개 접견실)를 가지고 있다.

**b.** 공장 차원의 비상 대응훈련을 분기마다 한 번씩 실시한다.

**c.** 공정안전에 관한 다양한 교육과정을 직원들이 이용할 수 있도록 하고, 과정을 등록하고 이수할 수 있는 시간과 동기를 부여한다.

**d.** 공장 관리자는 공정안전에 대한 책임 공유를 제시한다.

**e.** 현장의 모든 협력업자들은 공장 공정안전에 대한 개요가 담긴 비디오를 시청해야 하며, 작업 유형에 따른 추가적인 안전 교육을 이수할 필요가 있다.

**f.** 모든 근로자는 월별 안전 회의에 참여한다.

**g.** 작은 사고는 안전 위원회에서 조사하며, 권장사항과 후속 조치가 포함된 최종보고서를 발간한다.

**h.** 인화성 액체를 취급할 때에는 용접이나 나염이 존재하지 않도록 하기 위한 작업허가

시스템을 개발한다.

**i.** 중요 안전 계측장치는 계장 담당자가 정기적으로 보정한다.

**j.** 공장현장은 회사 안전 요원에 의해 정기적으로 감사를 받는다.

**k.** 공장 운영절차는 실무지침을 따르는지를 확인하기 위하여 검토 및 업데이트되어야 한다.

**l.** 모든 교체 장비가 원래의 장비와 동일한지 확인하기 위한 관리시스템을 개발한다.

**m.** 전기 코드가 변경될 때, 공장 직원은 플랜트가 개정된 코드를 충족하는지 확인하기 위해 변경사항을 검토한다.

**n.** 위험요인 파악 절차는 모든 기존 프로세스에 대해 수행된다.

**o.** 기술 문서, 엔지니어링 도면 및 계산, 그리고 장비 사양이 모든 작업자가 사용할 수 있도록 온라인에 올려놓는다.

**p.** 조업중지 공정(shutdown process)은 재가동 시 안전한 상태로 될 수 있음을 확인되어야 한다.

**q.** 신뢰할 수 있는 근로자 실적을 유지하기 위해 문서화된 운전 프로그램을 수립한다.

**r.** 공정안전성과를 측정하기 위해 선행 및 후행 지표를 설정한다.

**s.** 관리시스템이 의도한 대로 수행되고 있는지 여부를 결정하기 위한 연례 평가 기법을 개발한다.

**t.** 적절한 정보를 필요로 하는 사람들에게 제공한다.

**1.12** 본질안전설계: 다음 각 항목에 적용되는 본질안전설계 전략은 무엇인가?

**a.** 인화성 용매는 반응기의 온도를 제어하는 데 사용된다. 용매를 불연성 용제로 대체한다.

**b.** 폐쇄에 10 회전이 필요한 밸브는 1/4 회전 밸브로 교체한다.

**c.** 공정에 사용되는 장치는 비록 실제 공정이 5 barg에서 운전하더라도 10 bar gauge (barg)의 압력을 견딜 수 있어야 한다. 압력방출밸브(릴리프 밸브)의 개방 압력은 10 barg에서 8 barg로 감소된다.

**d.** 공장에서는 상류공정에 공정이상(upsets)이 발생할 때 그 기간 동안 플랜트 운전을 유지하기 위해 많은 양의 위험한 중간 화학물질을 저장한다. 공정이상 및 고장 중지를 예방하기 위해서는, 중간 저장물이 제거되고 공정 신뢰성이 향상되어야 한다.

**e.** 덜 위험한 원료를 포함하는 대체 반응 경로를 사용한다.

**f.** 증류탑 내 단탑(trays)은 보다 광범위한 운전조건에서 운전하는 구조화된 충전물질로 대체된다.

CHAPTER 2

# 독성학

이 장의 학습목표는:

1. 독성 물질이 생체에 어떻게 들어가고 제거되는지 학습한다.
2. 복용량에 대한 반응을 포함하여 독성 물질의 영향을 이해한다.
3. 프로빗(probit) 식을 사용하여 투여량에 대한 반응을 결정한다.
4. 허용한계농도(TLV) 및 허용노출수준(PEL)과 같은 노출 한계를 이해한다.

몇 년 전 독성학은 독의 과학으로 정의되었다. 불행하게도, **독**이라는 단어는 적절하게 정의 되지 않았다. 1500년대 초기의 독극물 연구자인 Paracelsus는 이 문제를 다음과 같이 언급했다: “모든 물질은 독물이다. 독물이 아닌 것은 없다. 올바른 복용량이 독물과 치료방안을 구별한다.” 물과 같은 무해한 물질도 생물학적 유기체에 다량으로 투여되면 치명적일 수 있다. 독성학의 기본 원칙은 무해한 물질이 없으며, 물질을 사용하는 무해한 방법 만 있다는 것이다.

오늘날, 독성학은 생물학적 유기체에 대한 독성물질의 부작용에 대한 정성적 및 정량적 연구로 보다 적절하게 정의된다. 독성물질은 먼지, 섬유, 소음 및 방사선을 포함한 화학 물질 또는 물리적 요인일 수 있다. 물리적 요인의 좋은 예는 폐 손상 및 암의 원인으로 알려진 석면 섬유이다.

화학적 또는 물리적 요인의 **독성**은 생물학적 유기체에 미치는 영향을 설명하는 작용제의 특성이다. **독성위험요인**(toxic hazard)이라는 용어는 체내 이동 및 기타 물리적 사용량 요소를 야기하는 노출에 근거하여 생물학적 유기체에 손상을 입힐 가능성을 말한다. 적절한 산업 위생 기술을 적용하면 물질의 독성위험요인을 줄일 수 있다(3장 참조). 그러나 독성 자체를 변경할 수는 없다. AICHE 화학공정안전센터(CCPS)[1]는 다음 두 용어에 대해 보다 자세하게 정의했다.

1) AICHE Center for Chemical Process Safety (CCPS) online glossary, www.aiche.org/ccps/resources/glossary.

- 독성 : 물질이 유독하거나 살아있는 유기체로 유입될 때 화학적인 부상을 일으키거나 치명적인 영향을 줄 수 있는 기질, 상태 또는 정도
- 독성위험요인 : 독성 요인 자체에 의한 독성뿐만 아니라 일반적인 조건에서 대상 유기체에 들어갈 수 있는 수단에 의해서도 결정된 독성 요인에 의해 살아있는 유기체에 가해지는 위험의 정도

## 1 독성물질이 생체에 들어가는 방법

화학물질이 생체에 들어오는 경로는 잘 알려져 있다. 일단 독성물질이 체내에 들어오면 이들은 체내혈관을 통해 이동하며 제거되거나 목표로 하는 생체조직으로 운송된다. 이 생체조직에 운송된 독성물질은 결국 조직에 손상을 입히게 된다. 일반적으로 독성물질이 많이 축적된 생체조직의 손상이 큰 것으로 잘못 이해하고 있다. 이를테면 납은 인체 내에서 뼈 속에 가장 많이 들어있는데 독성에 의한 손상은 다른 여러 생체기관에서 발생한다. 부식성 화학물질의 경우에는 이 물질이 흡수되거나 혈관을 통하여 운송되는 등 혈관 내 유입이 없어도 손상을 줄 수 있다. 독성물질이 생체기관에 들어오는 경로는 다음과 같다.

- 섭취 : 입을 통해 위로 들어옴
- 흡입 : 입과 코를 통해 폐로 들어옴
- 주입 : 손상된 피부를 통해 들어옴
- 피부 흡수 : 피부막을 통해 들어옴

이 모든 유입통로들은 <표 2.1>에 요약된 산업위생기술의 적절한 방법을 이용하여 방지할 수 있다. 이 방법에 대해서는 3장에서 자세히 다루기로 하겠다. 4가지 유입통로 중에서 흡입과 피부 흡수에 의한 유입경로는 매우 심각한 산업재해를 야기한다. 흡입에 의한 독성물질의 유입량은 공기 중의 유독물질의 양을 직접 측정하여 알아낼 수 있다. 보통은 기체에 의한 노출이 많고, 아주 작은 고체나 액체 방울 등도 포함될 수 있다.

**표 2.1** 독성물질의 체내 유입 경로 및 조절방법

| 유입경로 | 유입 생체기관 | 대처방법 |
|---|---|---|
| 섭취 | 입 또는 위 | 먹고 마시고 담배 피우는 것에 대한 엄격한 규칙적용 |
| 흡입 | 입 또는 코 | 환기, 후드, 방독면 또는 개인보호장비 사용 |
| 주입 | 피부 손상 | 적절한 보호의류 착용 |
| 피부 흡수 | 피부 | 적절한 보호의류 착용 |

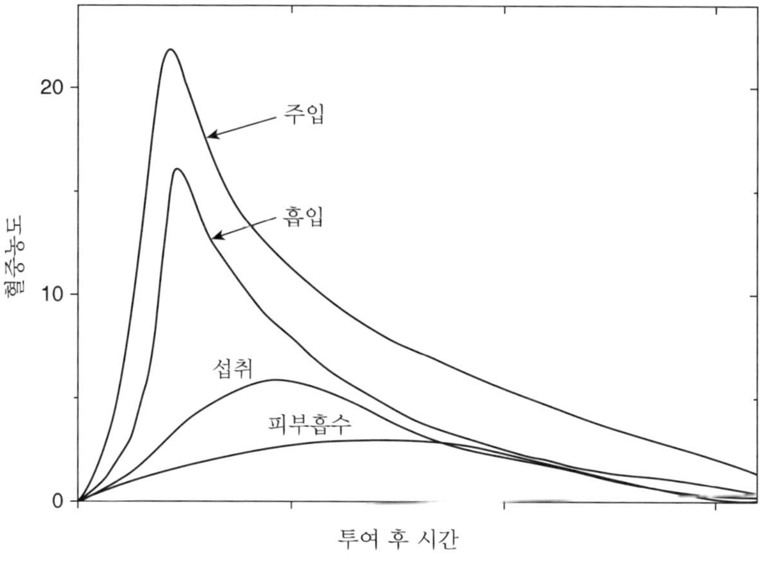


**그림 2.1** 유입경로에 따른 혈액 중의 독성물질의 농도. 유입, 분산, 생체이동 및 배출 등에 의한 넓은 범위에 걸쳐 차이가 예상된다.

주입, 흡입 및 피부흡수에 의하여 체내에 유입되어 혈액 중에 존재하는 독성물질의 양은 거의 변하지 않으나 섭취에 의하여 유입된 독성물질의 양은 변화를 가져오는 경우가 많다. 손상된 피부로 주입되거나 피부흡수에 의해 유입되는 독성물질의 양을 측정하기는 매우 어렵다. 어떤 독성물질은 피부를 통해 매우 빨리 체내로 유입된다.

<그림 2.1>은 유입경로와 시간에 따른 체내의 혈액 속에 들어있는 유독물질의 농도를 나타낸 그림이다. 체내 혈액 속에 들어있는 독성물질의 혈중농도는 유입경로에 따라 크게 달라진다. 손상된 피부로 주입되는 피하주입의 경우 유독물질의 체내 혈중농도가 가장 높고, 그 다음은 흡입, 섭취, 피부 흡수순이다. 위, 내장기관, 피부 그리고 호흡기관 등이 독성물질의 유입에 가장 중요한 역할을 한다.

## 위 내장기관

위와 내장기관(gastrointestinal, GI tract)은 입을 통해 유입되는 독성물질이 체내에 유입되도록 하는데 가장 중요한 역할을 한다. 독성물질이 음식과 음료수에 섞여서 위로 들어오는 것이 가장 일상적인 유입과정일 것이다. 공기 중의 고체입자 또는 액체 등도 호흡기 상단에서 분비하는 점액질에 용해되어 위로 침입할 수 있다.

위와 내장기관에 의한 독극물의 흡착정도 및 선택도는 많은 조건에 따라 달라질 수 있다. 화학물질의 형태, 분자량, 분자크기, 모양, 산도, 대장균 공격에 의한 적응도, 위와 내장기관을 통과하는 속도 그리고 많은 여러 가지 여건들에 의해서 독극물의 흡착도가 영향을 받게 된다.

## 피부

피부는 피부 흡수 및 피부 주입을 통한 독극물 유입과정에 매우 중요한 역할을 한다. 주입은 피부 상처를 통한 흡수 및 주사바늘을 통한 물리적 주입을 포함한다. 주사바늘을 통한 물리적 주입은 실험실에 있는 서랍에 주사바늘 등을 잘못 보관함으로써 발생할 수 있다.

피부의 외부층은 마른 조직으로 되어 있어서 독극물의 침투에 저항할 수 있는 외부층이 있다. 독극물의 흡수 침투는 머리세포와 땀구멍(汗腺)을 통해서 유입될 수 있으나 그 양은 거의 무시할 정도이다. 피부를 통한 독극물의 흡수 특성은 피부의 어느 부위인가와 수화정도에 따라 다르다. 물이 존재할 경우에는 피부의 수화를 촉진시켜 결과적으로 침투 및 흡수정도를 증가시키게 된다.

대부분의 화학약품은 피부에 의해 쉽게 흡수되지 않는다. 그러나 몇 가지 화학약품들은 피부를 통한 침투량이 심각한 경우도 있다. 예를 들면 페놀 같은 화학약품은 약간만 피부에 노출되어도 피부를 통과하여 치사량에 도달될 만큼 침투 및 흡착이 잘되는 약품 중의 하나이다. 손바닥 피부는 다른 부위의 피부보다 더 두껍다. 그러나 손바닥 피부는 기공이 크기 때문에 흡착정도는 다른 부위보다 더 크다.

## 호흡기 계통

호흡기 계통(respiratory system)은 흡입에 의한 독극물의 체내 유입에 있어서 매우 중요한 역할을 한다. 호흡기 계통의 주된 기능은 혈액 속의 이산화탄소와 공기 중의 산소를 교환시켜 주는 역할이다. 정상적인 사람의 경우 일분 동안에 약 250 mL의 산소를 섭취하고 대략 200 mL의 이산화탄소를 배출한다. 대략 1분간 호흡하는 공기량은 8 L 정도이다. 호흡된 공기 중 아주 일부분만 허파의 호흡에 의해 교환된다. 이러한 교환현상은 육체적 운동량이 클수록 증가하게 된다.

호흡기 계통은 크게 두 부분 즉, 상위 호흡기 계통과 하위 호흡기 계통으로 나눌 수 있다. 상위 호흡기 계통은 코, 입, 후강, 인두, 목젖, 목구멍, 기관으로 구성되어 있으며 하위 호흡기 계통은 허파, 허파 소조직체, 기관지, 폐포 등으로 구성되어 있다. 기관지 관은 목구멍을 통해 들어온 맑은 공기를 폐포에까지 운반하는 기능을 갖고 있다. 폐포는 아주 조그만 공기 주머니로 되어 있는데 이곳에서 피 속의 공기가 교환되어진다. 정상적인 허파에는 약 3억 개의 폐포가 존재한다. 이 폐포의 총면적은 대략 70 $m^2$ 정도이다. 폐포의 벽에는 아주 작은 관이 있어서 피를 운반하는데, 통상 약 100 mL의 피가 들어있다.[2)]

상위 호흡기 계통은 주로 여과, 가열, 공기 가습화 기능을 갖는다. 코를 통해 들어온 공기는 물로 포화되며 목구멍까지 도착되기 전에 적절한 온도로 조절된다. 상위 호흡기 계통에 있는 점액질이 공기정제를 돕고 있다.

2) Respiratory System, http://gikipedia.org/wiki/the+respiratory+system+facts.

상위 호흡기 계통은 물에 녹을 수 있는 독극물에 의해 손상을 입게 되는데 물에 녹을 수 있는 독극물은 상위 호흡기 계통 안에 들어오면 반응하거나 녹아서 산 또는 염기의 형태로 변화한다. 하위 호흡기 계통에서의 독극물은 폐포의 물리적 기체 통과를 막거나 폐포벽과 반응하여 부식성 물질 혹은 독성물질을 생성하기도 한다. 예를 들면 포스겐(phosgene) 가스는 폐포에서 물과 반응하여 염화수소와 일산화탄소를 생성한다.

상위 호흡기 계통에 독성을 나타내는 물질 중에는 할로겐 수소 화합물(염화수소, 브롬화수소), 옥사이드[나이트로젠옥사이드(NO), 설퍼옥사이드(SO), 소듐옥사이드(NaO)] 그리고 하이드록사이드[암모늄 하이드록사이드($NH_2OH$), 나트륨분진(Na), 포타슘옥사이드(KO)] 등이 있다. 하위 호흡기 계통에 독성을 나타내는 물질 중에는 아크릴로나이트릴, 할로겐 기체들(불소, 염소, 브롬) 그리고 황화수소, 포스겐, 메틸시아나이드, 아크로레인, 석면분진, 실리카, 매연 등이 있다.

분진과 다른 용해되지 않는 물질 등은 허파에 특히 어려운 문제를 야기한다. 폐포에 들어간 알갱이들은 아주 서서히 제거된다. 분진에 대해서는 보통 다음과 같은 아주 간단한 원리가 적용된다. 분진의 크기가 작으면 작을수록 그 분진은 호흡기 계통에 더 깊숙이 침투된다. 분진의 크기가 5마이크론(반경) 이상인 경우에는 보통 상위 호흡기 계통에서 걸러지지만 크기가 5마이크론에서 2마이크론 사이의 분진은 기관지계에까지 도달된다. 1마이크론 이하의 먼지는 폐포에까지 도달된다.

## 2 생체 내에서 독극물이 어떻게 제거되는가

독극물은 다음과 같은 과정을 통해 제거되거나 해독된다.

- 배출 : 콩팥, 간, 허파 등을 통해 배출
- 해독 : 생체 변화를 통해 해롭지 않는 화학물질로 변화
- 저장 : 지방조직에 저장

콩팥은 인체 내에서 배출의 가장 중요한 역할을 하고 있다. 콩팥에서는 섭취, 흡입, 주입, 흡착 등의 방법으로 유입된 독성물질을 제거시킨다. 콩팥에서 걸러진 독극물은 소변을 통해 배출되어진다.

음식물을 통해 주입된 독극물은 주로 간에서 제거된다. 보통 독극물의 분자량이 300 정도보다 큰 것들은 간에서 담즙으로 제거된다. 분자량이 적은 독극물은 피에 섞여 콩팥에서 제거된다. 소화기를 통해 들어오는 독극물 중 일부는 선택적으로 해독되어지는 반면 흡입, 주입, 흡착으로 혈관에 들어온 독극물은 변화되지 않는다.

허파는 또한 독극물이 기화성이 있으면 이 독극물의 제거수단이 된다. 클로로포름, 알코올 등이 이러한 과정을 통해 몸 밖으로 배출되는 예이다.

또 다른 배출방법으로 몸의 땀을 통한 피부 또는 머리나 발톱, 손톱 등을 들 수 있다. 이러한 배출과정은 콩팥이나 간, 또는 허파를 통해 배출되는 양에 비해 훨씬 적다.

간은 독극물의 해독과정을 담당하는 기관이다. **해독과정**이란 독극물이 다른 화학물질로 변화함에 있어 생체변환과정을 통해 덜 해롭거나 아주 해롭지 않은 물질로 변화됨을 의미한다. 생체 변환 반응은 때로는 혈액속, 내장벽, 피부, 콩팥, 그리고 다른 기관에서도 일어날 수 있다.

마지막으로 독극물을 제거하는 방법으로는 저장이다. 이 저장과정에서 저장하는 장소로는 주로 지방조직이지만, 때로는 뼈, 피, 간, 콩팥 등에 저장될 수도 있다. 저장된 독극물은 장내에 다시 독성을 일으킬 소지가 있는데, 즉 몸속에 영양분이 부족하여 저장했던 지방을 다시 사용할 때 지방조직에서 이탈되어 독성을 일으킬 가능성이 있다.

다량의 화학물질에 노출될 경우 간, 콩팥, 허파 등에 치명상을 줄 수 있고, 특히 위기관에서의 독극물 제거능력을 감소시킨다.

## 3 생체에 대한 독성물질의 영향

<표 2.2>에는 독극물에 노출되었을 때 나타나는 영향 등이 요약되어 있다. 문제는 독극물이 치명적 손상을 입히기 전에 나타나는 증상을 감지할 수 있는가 하는 문제이다. 이러한 예측은 여러 가지 의학적 검사를 통해서 가능하다. 이러한 검사결과는 독극물에 노출되기 전 검사치, 그리고 의학적 기준을 비교하여 얻을 수 있다. 많은 화학공장에서는 고용 전에 여러 가지 의학적 기준치에 대한 검토를 수행하고 있다.

**표 2.2** 독극물에 대한 여러 가지 반응들

| 비가역적 영향 |
| --- |
| · 암을 유발시키는 발암물질<br>· 염색체를 손상시키는 돌연변이 원인물<br>· 생식기에 손상을 야기하는 생식위험물<br>· 기형출산을 야기하는 기형 생성인자 |
| **가역 또는 비가역 영향** |
| · 피부에 영향을 주는 피부 독성<br>· 혈액에 영향을 주는 혈액 독성<br>· 간에 영향을 주는 간장 독성<br>· 콩팥에 영향을 주는 신장 독성<br>· 신경계통에 영향을 주는 신경 독성<br>· 허파에 영향을 주는 허파 독성 |

호흡기 질환은 폐활량계를 사용하여 진단된다. 환자는 해당 장치에 가능한 세고 빠르게 숨을 내뱉는다. 폐활량계는 (1) 리터 단위로 한 폐활량(FVC)이라고 불리는 내뱉은 총량, (2) 초당 리터 단위로1초에 측정된 폐활량($FEV_1$), (3) 초당 리터 내에서 측정된 폐활량의 중간범위 내의 최대호기유량(FEV 25~75%), (4) 관찰된 $FEV_1$과 FVC×100 ($FEV_1$/FVC%)의 비율을 측정한다.

최대호기유량의 감소는 천식이나 기관지염 같은 기관지질환을 나타낸다. FVC의 감소는 폐나 가슴의 부피 감소로 인한 것인데, 섬유증(폐의 간질섬유조직의 증가)의 결과일 확률이 크다. 숨을 내뱉은 후 폐 속에 남은 공기를 **잔기량**(RV, residual volume)이라고 한다. RV의 증가는 폐포의 악화를 보여주며, 폐기종으로 인한 것일 수 있다. RV 측정은 헬륨이 동반된 전문화된 추적자시험(tracer test)을 필요로 한다.

신경질환은 환자의 의식 수준, 뇌신경 기능, 운동신경 반사작용, 감각기관에 대한 검사로 진단한다. 뇌전도(EEG)는 두뇌를 고도로 검사하고 신경기관 기능을 검사한다.

피부 질감(skin texture), 색소 침착, 맥관질, 머리카락과 손톱모습의 변화는 독성노출 가능성을 보여준다. 혈구수치도 독성노출을 확인하는 데 쓰인다. 적혈구와 백혈구 측량, 헤모글로빈 내용물, 혈소판 수는 쉽고 저렴하게 검사해볼 수 있다. 그러나 혈구수치는 독성노출에 둔감할 때가 많다. 두드러진 변화는 상당한 노출과 손상이 일어난 후에야 보일 것이다.

신장 기능은 화학물질의 내용물과 소변량을 측정하는 다양한 테스트를 통해 볼 수 있다. 신장손상 초기에는 단백질이나 당분이 소변에서 검출된다. 간 기능은 피와 소변으로 다양한 화학 검사를 통해 알 수 있다.

## 4 독성학 연구

독성학 연구의 주요 목표는 대상 생체기관에 대해 의심되는 독극물의 영향을 정량화하는 데 있다. 대부분의 독성학 연구는 동물을 대상으로 행해지며, 대부분 거기서 나오는 결과가 사람에게도 확대, 적용될 수 있기를 바라면서 연구를 수행한다. 일단 의심되는 독극물이 정량화되어지면 거기에 맞춰서 이물질을 적절히 다룰 수 있는 방법 등이 강구된다.

독성학 연구에 들어가기 전에 다음 몇 가지 항목들을 정의하여야 한다.

- 독극물(toxicant)
- 목표 또는 시험 생물체
- 영향 또는 측정해야 할 반응
- 섭취량 단위(범위)
- 시험하는 기간

독극물은 반드시 화학적 구성성분과 그의 물리적 상태가 확인되어야 한다. 예를 들면 벤젠은 액체 또는 기체 형태로 존재할 수 있다. 물리적 상태가 다른 2가지의 벤젠은 각각 그 상태별로 몸속에 들어가는 과정이 다르기 때문에 각각 서로 다른 독성학적 연구가 필요하다.

시험 생물체의 범위는 단세포 동물에서부터 고등동물까지 그 범위가 아주 넓다. 그 선별기준은 연구하고자 하는 영향비용 및 시험 생물체의 유용성에 좌우된다. 유전학적 영향을 연구하기 위해서는 단세포기관으로 충분할 것이다. 특정한 기관, 즉 허파, 콩팥, 또는 간 등에 미치는 영향을 연구하기 위해서는 고등동물의 생체조직이 필요한 것이다.

독극물의 침입량 단위는 체내 전달방법에 따라 다르다. 어떤 물질이 직접적으로 어떤 기관에 전달되어지면서(섭취 또는 주입방법을 통해), 섭취량은 몸무게 kg 당 mg 단위로 측정된다. 이렇게 함으로써 연구자는 작은 동물을 통해 얻은 실험결과를 (쥐 : 몸무게 1 kg의 몇 부분) 사람(남자 : 70 kg, 여자 : 60 kg)에까지 적용할 수 있다. 기체상으로 공기 중에 떠있는 독극물은 그 양을 ppm (백만분의 일)이나 $m^3$ 부피 당 mg ($mg/m^3$) 또는 $ft^3$ 당 들어있는 수백만입자수(mppcf)로 측정한다.

테스트의 기간은 사용할 영향기간을 장기적인영향으로 할 것인지 단기적인영향으로 할 것인가에 달려 있다. 급성 독성은 단일피폭이나 일련의 피폭이 단기간에 일어나는 효과이다. 만성독성은 오랜 기간 동안 발생하는 다중 노출의 효과이다. 만성독성연구는 시간으로 인해 진행이 어렵다. 대부분의 독성학 연구는 급성독성을 기초로 하고 있다. 독성학 연구는 잠복으로 인해 복잡해질 수 있다. 이는 반응을 느리게 만든다.

## 5 침입량에 따른 반응도

생물체들은 각기 같은 양의 독극물에도 서로 다른 반응을 나타낸다. 이러한 차이들은 연령, 성별, 체중, 식생활, 일반적 건강상태, 그 밖의 다른 요소들의 차이 때문이다. 예를 들어 사람의 눈에 손상을 입히는 기체 독극물의 경우 같은 양의 독극물 증기를 여러 사람에게 노출시켰을 때 어떤 사람은 아주 작은 자극만을 느끼는가 하면(미약한 반응) 또 다른 사람들은 매우 심각한 손상을 입을 수 있다(강한 반응).

독성시험을 많은 수의 사람에게 실시했다고 하자. 각 시험대상자들에게 같은 양의 독극물을 노출시키고 그로 인하여 일어나는 반응을 기록한다. <그림 2.2>에는 이러한 결과를 나타내었다. 이러한 도표를 통상 Gaussian분포라고 하고 이를 식으로 표시하면

$$f(x) = \frac{1}{\sigma\sqrt{2\pi}} e^{-\frac{1}{2}\left(\frac{x-\mu}{\sigma}\right)^2} \tag{2-1}$$

여기서, $f(x)$는 특정 반응을 나타내는 가능성 또는 백분율, $x$는 반응도, $\sigma$는 표준편차, $\mu$는 평균 이다.

표준편차와 평균값은 도표의 분포모양을 결정하게 된다. 이 값들은 다음 식을 이용하며 원식 $f(x_i)$로부터 계산된다.

$$\mu = \frac{\sum_{i=1}^{n} x_i f(x_i)}{\sum_{i=1}^{n} f(x_i)} \tag{2-2}$$

$$\sigma^2 = \frac{\sum_{i=1}^{n} (x_i - \mu)^2 f(x_i)}{\sum_{i=1}^{n} f(x_i)} \tag{2-3}$$

여기서, $n$은 측정자료숫자이며, $\sigma^2$은 분산(variance)이라 부른다.

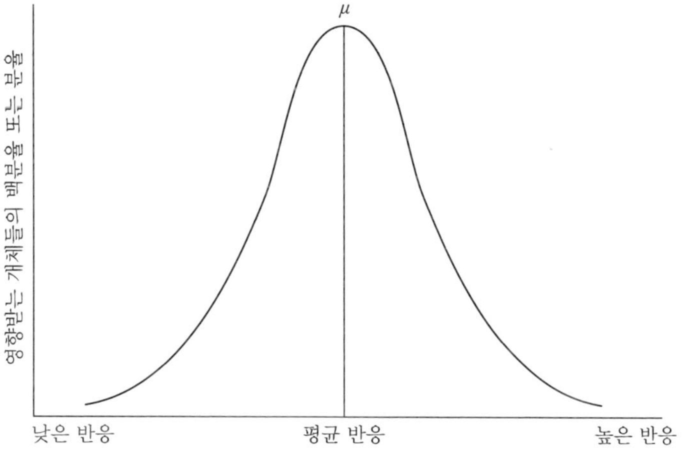


⇧ **그림 2.2** 독극물 노출에 대한 생체반응을 나타내는 Gaussian 또는 정규 분포도

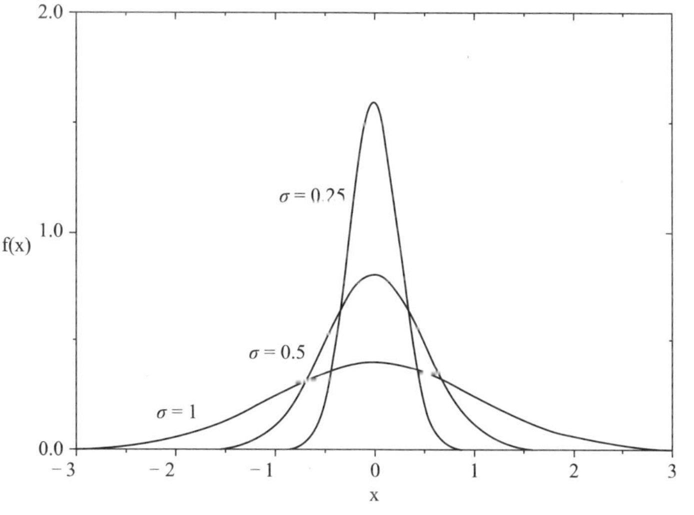


⇧ **그림 2.3** 평균을 0으로 한 정규 분포에 대한 표준편차의 영향. 표준편차가 작을수록 분포곡선은 평균값 0 주위로 밀집된다.

평균값은 $x$축 상의 도표의 위치를 결정하며 표준편차는 그 모양을 결정한다. <그림 2.3>은 표준편차 값이 그림 모양에 어떤 영향을 주는가를 나타낸 그림이다. 표준편차가 감소할수록 분포곡선은 평균값 주위로 밀집하게 된다.

<그림 2.2>의 도표에서 선 아래 면적은 특정한 반응구간에 영향을 주는 백분율을 나타낸다. 특히 평균값에 표준편차를 가감한 값 사이에 들어있는 개인의 반응 백분율은 <그림 2.4a>와 같이 68%이다. 그리고 평균값에서 2배의 표준편차를 가감한 값 사이에 들어있는 개인의 반응백분율은 95.5%이다. 곡선 아래의 모든 면적은 전체 대상자수, 100%를 나타낸다.

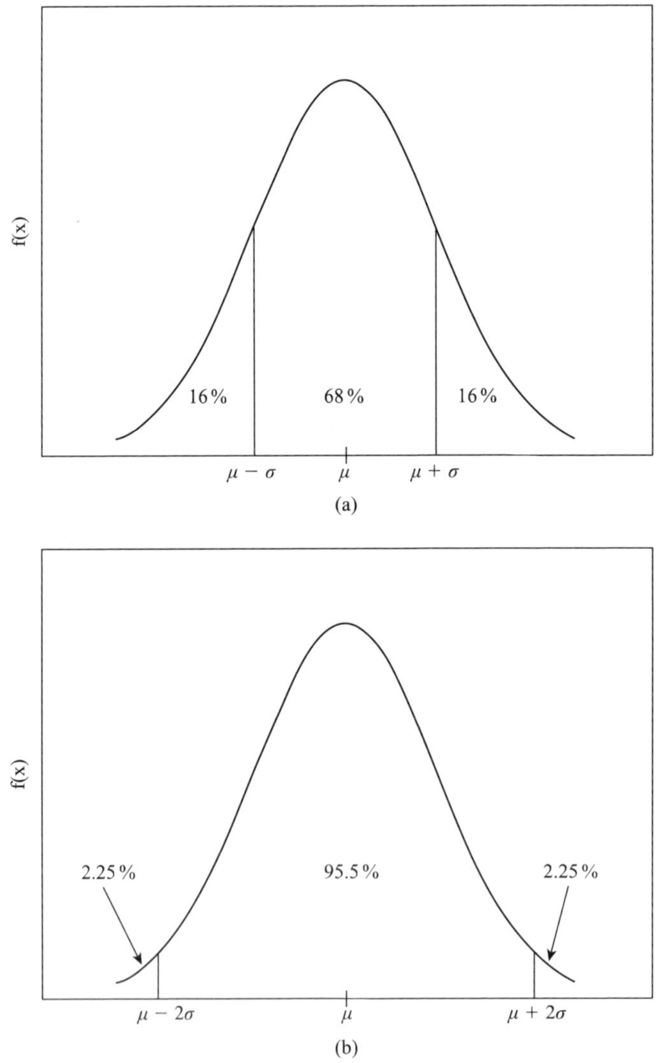


그림 2.4 평균으로부터 표준편차의 1배와 2배 사이의 반응을 기준으로 영향 받는 개인의 백분율

**예제 2.1**

75명이 어떤 물질에 대한 피부 자극 시험을 실시하였다. 반응은 0에서 10의 척도로 기록된다. 0은 반응이 전혀 나타나지 않는 경우를 의미하고 10은 매우 심각한 반응을 나타낸다. 다음 표는 반응정도에 따른 영향을 받은 사람의 숫자를 나타낸 것이다.

| 반응 | 영향을 받는 사람의 숫자 |
|---|---|
| 0 | 0 |
| 1 | 5 |
| 2 | 10 |
| 3 | 13 |
| 4 | 13 |
| 5 | 11 |
| 6 | 9 |
| 7 | 6 |
| 8 | 3 |
| 9 | 3 |
| 10 | 2 |
| | 75 |

a. 반응정도에 따라 영향받은 사람수를 막대그림표로 그려라.
b. 평균값 및 표준편차를 구하여라.
c. 데이터의 막대그림 및 정규 분포도를 그려라.

**해답**

**a.** 막대그림은 <그림 2.5>와 같다.

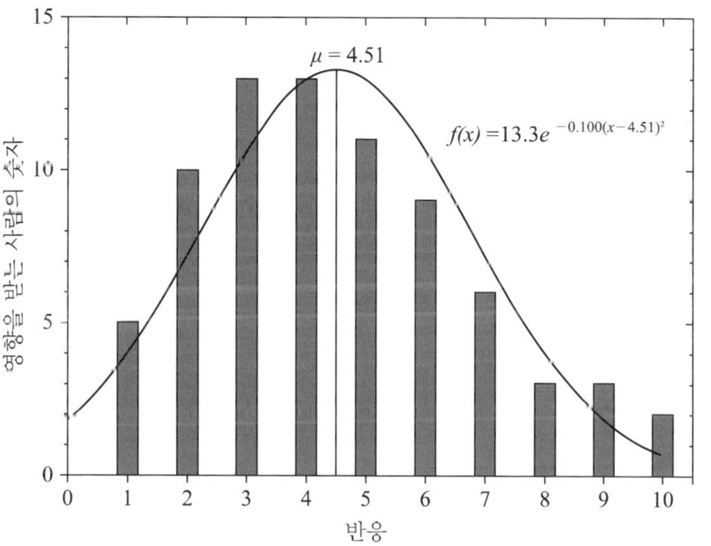


**그림 2.5** 반응에 영향을 받는 사람 수

**b.** 식 (2-2)를 이용하여 평균값을 계산하면

$$\mu = \frac{(0\times0)+(1\times5)+(2\times10)+(3\times13)+(4\times13)+(5\times11)+(6\times9)+(7\times6)+(8\times3)+(9\times3)+(10\times2)}{75}$$

$$= \frac{338}{75} = 4.51$$

식 (2-3)을 이용하여 표준편차를 구하면

$$\sigma^2 = [(1-4.51)^2(5)+(2-4.51)^2(10)+(3-4.51)^2(13)+(4-4.51)^2(13)$$
$$+(5-4.51)^2(11)+(6-4.51)^2(9)+(7-4.51)^2(6)+(8-4.51)^2(3)$$
$$+(9-4.51)^2(3)+(10-4.51)^2(2)]/75 = 5.00$$

$$\sigma = \sqrt{\sigma^2} = \sqrt{5.00} = 2.24$$

**c.** 정규 분포도는 식 (2-1)을 이용하여 계산한다. 표준편차값 및 평균값을 대입하면

$$f(x) = \frac{1}{(22.4)\sqrt{6.28}} e^{-\frac{1}{2}\left(\frac{x-4.51}{2.24}\right)^2}$$

$$= 0.178e^{-0.100(x-4.51)^2}$$

분포는 영향받은 개인의 수를 나타내는 함수에 총인원수(75)를 곱하여 얻을 수 있다. 이렇게 하여 얻은 값은 <표 2.3>과 <그림 2.5>에 나타내었다.

**표 2.3** 이론적 도수와 각 반응에 의해 영향을 받는 사람 수

| x | f(x) | 75 f(x) |
|---|---|---|
| 0 | 0.0232 | 1.74 |
| 1 | 0.0519 | 3.89 |
| 2 | 0.0948 | 7.11 |
| 3 | 0.1417 | 10.6 |
| 4 | 0.173 | 13.0 |
| 4.51 | 0.178 | 13.3 |
| 5 | 0.174 | 13.0 |
| 6 | 0.143 | 10.7 |
| 7 | 0.096 | 7.18 |
| 8 | 0.0527 | 3.95 |
| 9 | 0.0237 | 1.78 |
| 10 | 0.00874 | 0.655 |

독극물의 투여량을 바꿔가면서 독성학 실험을 반복하여 <그림 2.3>과 비슷한 정규 분포곡선을 얻는다. 표준편차와 평균값은 독극물 투여량에 따라 나타나는 반응 데이터를 사용하여 결정된다. 완전한 투여-반응곡선은 누적 평균값을 각 섭취량에 대비하여 그림을 그림으로써 얻어진다. 오차범위는 평균값을 중심으로 $\pm\sigma$ 정도이다. 전형적인 형태는 <그림 2.6>과 같다.

편의상 독극물 섭취량의 로그값과 반응정도를 그림으로 나타내면 <그림 2.7>과 같다. 이러한 형태의 그림은 보통 투여량과 반응정도를 나타낸 <그림 2.6>과 달리 반응정도가 중간 정도인 부분이 직선으로 나타난다.

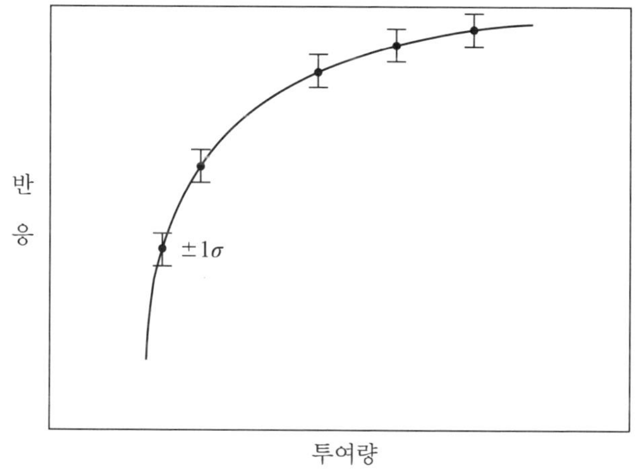


**그림 2.6** 투여-반응곡선. 자료 주위의 막대기들(bars)은 특정 투여량에 대한 반응의 표준편차를 나타낸다.

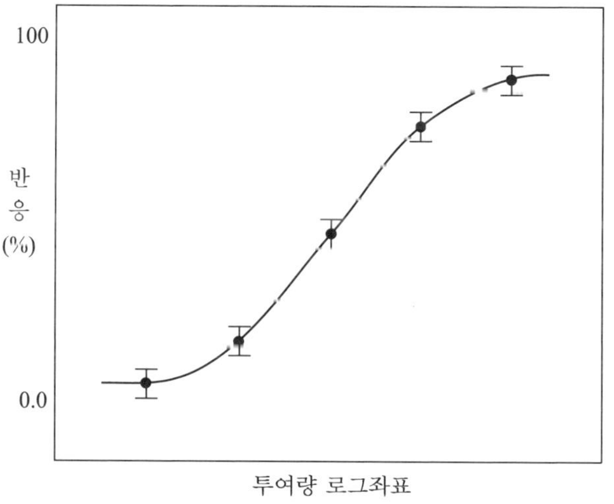


**그림 2.7** 로그투여-반응곡선. 이 형태는 그림 2.6보다 직선화된 함수를 나타낸다.

만약 반응정도가 사망 또는 치명적이면 <그림 2.7>의 반응 대 로그 투여곡선을 치사투여곡선이라 부른다. 상대적 비교를 위해 보통 50% 사망률을 나타내는 투여량이 자주 쓰인다. 이것이 바로 $LD_{50}$ 투여량(50%가 사망에 이르는 투여량)이다. 그밖에 $LD_{10}$ 또는 $LD_{90}$ 투여량도 때때로 사용된다. 가스의 경우 LC(치사농도) 데이터가 사용된다.

만약 어떤 화학물질에 대한 반응정도가 사소한 눈의 자극같이 아주 미약하고 곧바로 회복되면 반응-로그투여 곡선은 영향 투여 또는 ED곡선이라 부른다. $ED_{50}$와 $ED_{90}$ 등으로 사용되고 있다.

마지막으로 독성물질에 대한 반응이 독성을 나타내는(죽음에 이르지는 않지만 예로써 간이나 허파에 손상을 받음) 정도이면 반응-로그 투여곡선을 독성곡선 또는 TD곡선이라고 부른다.

여러 가지 종류의 반응-로그 투여 사이의 관계를 <그림 2.8>에 나타내었다.

보통 이러한 투여-반응 곡선은 급성(acute) 독성 데이터를 활용하여 얻어진다. 만성(chronic) 데이터들은 연령, 성별, 독극물 전달방법 등에 따라 매우 다양하다. 만약 여러 종류의 독극물이 함께 작용한다면 이 독극물들은 서로 상쇄효과를 일으킬 수 있는데 종합적인 영향은 개개의 독극물 영향의 합과 같을 때를 서로 가산성이 있다고 하고, 종합적인 영향의 크기가 개개 영향의 합산보다 클 경우는 상승적 효과(synergistically), 한 개의 독극물이 존재하면 다른 독극물의 영향을 증가시킬 경우는 잠재력(potentiator), 서로 다른 독극물끼리 역작용을 하는 경우는 길항적(antagonistically)이라고 한다.

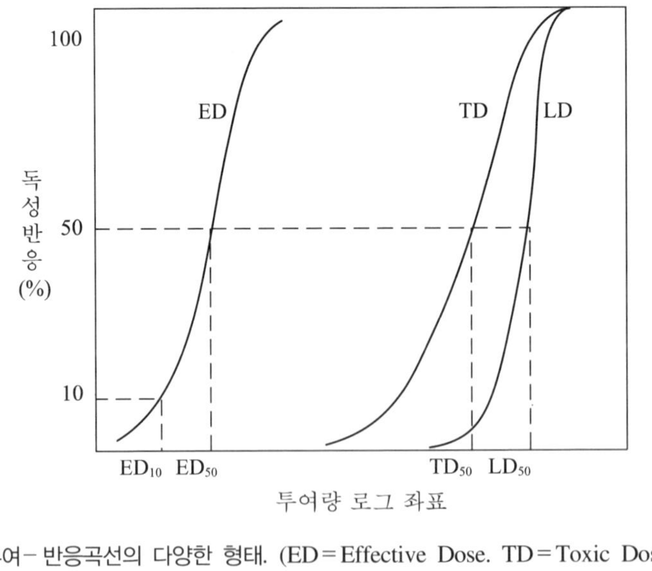


⇧ **그림 2.8** 로그투여-반응곡선의 다양한 형태. (ED=Effective Dose. TD=Toxic Dose. LD=Lethal Dose) 기체의 경우 사망농도는 LC가 사용된다.

## 6 독극물 투여-반응곡선의 모델

투여에 대한 반응곡선은 여러 가지에 대한 노출의 경우 즉 열, 압력, 방사선, 충격 및 소리 등에 노출됐을 경우를 그림으로 나타낼 수 있다. 계산을 목적으로 하면 투여에 대한 반응곡선은 편리한 방법이 아니므로 분석관계식을 도입하게 된다.

투여-반응곡선을 나타내는 방법은 많다.[3] 단일 노출에 대해서는 확률단위(probit)방법이 적절한데, 이 방법을 이용하면 투여-반응곡선은 직선을 나타낸다. 확률 $P$와 확률단위 변수 $Y$와의 관계식은 다음과 같다.[4]

$$P = \frac{1}{(2\pi)^{1/2}} \int_{-\infty}^{Y-5} \exp\left(-\frac{u^2}{2}\right) du \tag{2-4}$$

식 (2-4)는 확률단위변수 $Y$의 확률 $P$와의 관계식을 나타낸다. 이는 <그림 2.9>와 <표 2.4>에 나타나 있다. 식 (2-4)의 확률단위 관계는 S자 모양의 형태를 나타내는 정규 투여량에 대한 반응 곡선을 선형 확률단위 환산척도를 이용하여 <그림 2.10>과 같은 직선형의 그림으로 변형시킬 수 있다. 최상의 맞춤직선을 결정하기 위해서는 표준곡선맞춤기술이 이용된다.

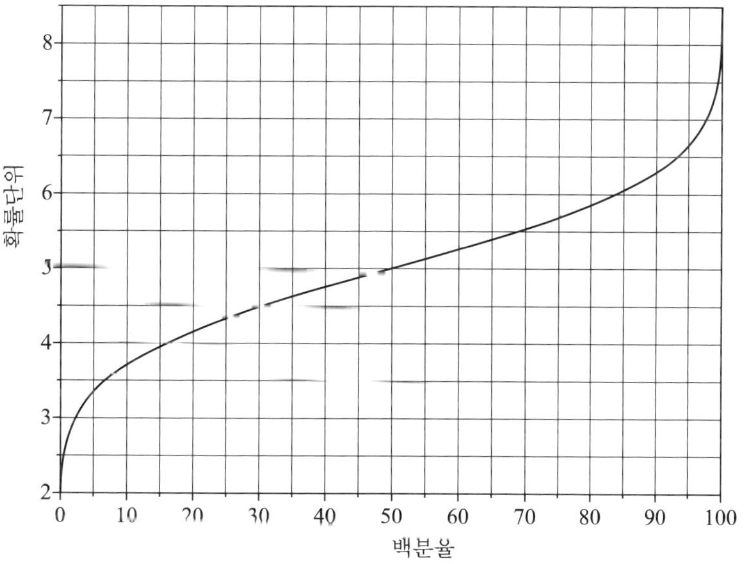


**그림 2.9** 확률단위와 백분율과의 관계(D. J. Finney, *Probit Analysis*, 3rd Ed. (Cambridge, UK: Cambridge University Press, 1971), p.23.

3) Phillip L Williams and James L. Burson, Eds., *Industrial Toxicology, Safety and Health Applications in the Workplace*(New York: Van Nostrand Reinhold Company, 1985), p.379.

4) D. J. Finney, *Probit Analysis*(Cambridge : Cambridge University Press, 1971), p.23

**표 2.4** 백분율과 확률단위의 관계 [%=5+NORM.S.INV(%)]

| % | 0 | 10 | 20 | 30 | 40 | 50 | 60 | 70 | 80 | 90 |
|---|---|---|---|---|---|---|---|---|---|---|
| 0 | – | 3.72 | 4.16 | 4.48 | 4.75 | 5.00 | 5.25 | 5.52 | 5.84 | 6.28 |
| 1 | 2.67 | 3.77 | 4.19 | 4.50 | 4.77 | 5.03 | 5.28 | 5.55 | 5.88 | 6.34 |
| 2 | 2.95 | 3.83 | 4.23 | 4.53 | 4.80 | 5.05 | 5.31 | 5.58 | 5.92 | 6.41 |
| 3 | 3.12 | 3.87 | 4.26 | 4.56 | 4.82 | 5.08 | 5.33 | 5.61 | 5.95 | 6.48 |
| 4 | 3.25 | 3.92 | 4.29 | 4.59 | 4.85 | 5.10 | 5.36 | 5.64 | 5.99 | 6.55 |
| 5 | 3.36 | 3.96 | 4.33 | 4.61 | 4.87 | 5.13 | 5.39 | 5.67 | 6.04 | 6.64 |
| 6 | 3.4 | 4.01 | 4.36 | 4.64 | 4.90 | 5.15 | 5.41 | 5.71 | 6.08 | 6.75 |
| 7 | 3.52 | 4.05 | 4.39 | 4.67 | 4.92 | 5.18 | 5.44 | 5.74 | 6.13 | 6.88 |
| 8 | 3.59 | 4.08 | 4.42 | 4.69 | 4.95 | 5.20 | 5.47 | 5.77 | 6.17 | 7.05 |
| 9 | 3.66 | 4.12 | 4.45 | 4.72 | 4.97 | 5.23 | 5.50 | 5.81 | 6.23 | 7.33 |
| % | **99.1** | **99.2** | **99.3** | **99.4** | **99.5** | **99.6** | **99.7** | **99.8** | **99.9** | |
| | 7.37 | 7.41 | 7.46 | 7.51 | 7.58 | 7.65 | 7.75 | 7.88 | 8.09 | |
| % | **0.1** | **0.2** | **0.3** | **0.4** | **0.5** | **0.6** | **0.7** | **0.8** | **0.9** | |
| | 1.91 | 2.12 | 2.25 | 2.35 | 2.42 | 2.49 | 2.54 | 2.59 | 2.63 | |

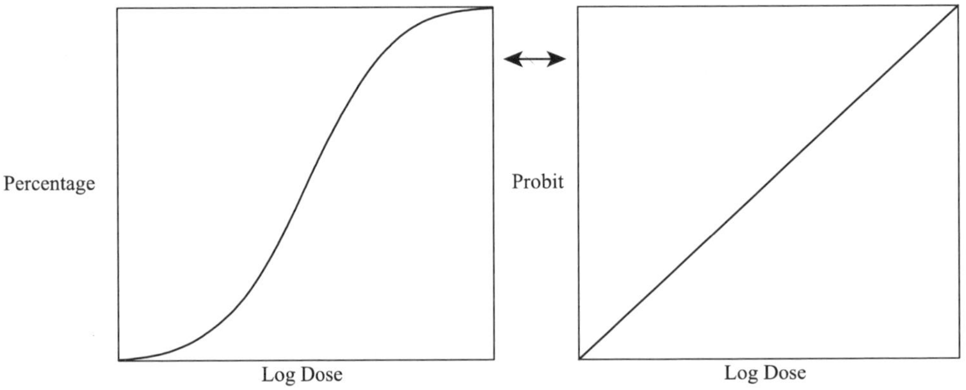


**그림 2.10** 프로빗 변환은 선형의 프로빗 척도로 그릴 때 S자 형의 반응 대 로그투여 곡선이 직선으로 변환한다.

<표 2.5>에는 여러 가지 다른 형태의 노출에 대한 확률단위식이 열거되어 있다. 원인을 제공하는 인자가 바로 투여량 $V$로 나타나 있을 때 확률단위변수 $Y$는 다음 관계식에서 얻어진다.

$$Y = k_1 + k_2 \ln V \tag{2-5}$$

<표 2.5>의 확률단위식을 이용한 결과는 원인변수가 있는 지수에 크게 민감함을 유의한다. 작은 지수의 변화에도 그 결과는 크게 달라질 것이다.

**표 2.5** 다양한 위험요인의 노출에 대한 확률단위의 상관관계(원인변수는 노출된 정도의 크기를 나타낸다)

| 부상 및 손상의 형태 | 원인변수 | 확률단위 상수들 | |
|---|---|---|---|
| | | $k_1$ | $k_2$ |
| 화재[a] : | | | |
| 플래쉬 화재로 인한 화상 사망 | $t_e I_e^{4/3}/10^4$ | −14.9 | 2.56 |
| 액면 화재로 인한 화상 사망 | $tI^{4/3}/10^4$ | −14.9 | 2.56 |
| 폭발[a] : | | | |
| 폐출혈에 의한 사망 | $p°$ | −77.1 | 6.91 |
| 고막 파열 | $p°$ | −15.6 | 1.93 |
| 충격에 의한 사망 | $J$ | −46.1 | 4.82 |
| 충격에 의한 부상 | $J$ | −39.1 | 4.45 |
| 비산물에 의한 부상 | $J$ | −27.1 | 4.26 |
| 구조물 손상 | $p°$ | −23.8 | 2.92 |
| 유리 파손 | $p°$ | −18.1 | 2.79 |
| 독성 위험물 유출[b] : | | | |
| 암모니아 의한 사망 | $\Sigma C^{2.0} T$ | −35.9 | 1.85 |
| 일산화탄소에 의한 사망 | $\Sigma C^{1.0} T$ | −37.98 | 3.7 |
| 염소에 의한 사망 | $\Sigma C^{2.0} T$ | − 8.29 | 0.92 |
| 에틸렌옥사이드에 의한 사망 | $\Sigma C^{1.0} T$ | − 6.19 | 1.0 |
| 염화수소에 의한 사망 | $\Sigma C^{1.0} T$ | −16.85 | 2.0 |
| 이산화질소에 의한 사망 | $\Sigma C^{2.0} T$ | −13.79 | 1.4 |
| 포스겐에 의한 사망 | $\Sigma C^{1.0} T$ | −19.27 | 3.69 |
| 프로필렌옥사이드에 의한 사망 | $\Sigma C^{2.0} T$ | − 7.42 | 0.51 |
| 이산화황에 대한 사망 | $\Sigma C^{1.0} T$ | −15.67 | 1.0 |
| 톨루엔 | $\Sigma C^{2.5} T$ | − 6.79 | 0.41 |

$t_e$ : 유효시간지연(s)
$I_e$ : 유효복사강도(W/m²)
$t$ : 풀 연소시간지연(se)
$I$ : 풀 연소복사강도(W/m²)
$p°$: 피크 과압(N/m²)
$J$ : 임펄스(N s/m²)
$C$ : 농도(ppm)
$T$ : 시간간격(min)

[a]Frank P. Lees, *Loss Prevention in the Process Industries*, Butterworths, London, 1986, p.208
[b]CCPS, *Guidelines for Consequence Analysis of Chemical Release* (New York: AICHE, 2000). p.254.
[c]Richard W.Prugh, "Quantitative Evaluation of Inhalation toxicity Hazards," in *Proceedings of the 29th Loss Prevention Symposium* (AICHE, July 31, 1995).

스프레드시트(확장문서) 계산을 위한, 확률을 백분율로 전환하기에 더욱 유용한 표현은 다음과 같다.

$$P = 50\left[1 + \frac{Y-5}{|Y-5|}\operatorname{erf}\left(\frac{|Y-5|}{\sqrt{2}}\right)\right] \tag{2-6}$$

여기서, erf는 오류 함수이다.

**예제 2.2**

확률 변수 $Y$가 4.39일 때, 풀 화재로 인한 화상의 결과로 사람이 사망하게 될 백분율을 계산하여라. 〈표 2.4〉 및 식 (2-6)으로 구한 결과를 비교하여라.

**▌해답**

<표 2.4>에 나타난 백분율은 27%이다. 이 값(백분율)은 식 (2-6)을 이용하여 다음과 같이 계산할 수도 있다.

$$P = 50\left[1+\frac{4.39-5}{|4.39-5|}\,\mathrm{erf}\left(\frac{|4.39-5|}{\sqrt{2}}\right)\right] = 50\left[1-\mathrm{erf}\left(\frac{0.61}{\sqrt{2}}\right)\right]$$

$$= 50\,[1-\mathrm{erf}\,(0.4314)] = 50\,[1-0.458] = 27.1\%$$

여기서, 오류 함수는 스프레드시트, 및 기타 소프트웨어 프로그램으로 알려진 수학적 함수이다.

**예제 2.3**

Eisenberg[5]는 폭발 과압에 의한 사람의 고막 파열에 대한 영향관계는 다음 자료와 같다고 보고하였다. 〈표 2.5〉에서 보여주는 바와 같은 형태의 노출이 확률단위관계가 있는지를 확인해 보라.

| 영향받은 사람(%) | 최대 과압($N/m^2$) |
|---|---|
| 1 | 16,500 |
| 10 | 19,300 |
| 50 | 43,500 |
| 90 | 84,300 |

**▌해답**

<표 2.4>를 사용하여 백분율을 확률단위로 변환시키면 다음과 같다.

| 백분율(%) | 확률단위 |
|---|---|
| 1 | 2.67 |
| 10 | 3.72 |
| 50 | 5.00 |
| 90 | 6.28 |

<그림 2.11>은 피크과압의 자연대수에 따른 영향을 %로 나타낸 그림이다. 이 그림은 대수 투입량에 대한 전형적인 시그모이드(S자 형태)형태를 나타내는 곡선이다. <그림 2.12>는 과압의 자연로그 대 확률단위를 나타낸 그림이다. 직선그림이 <표 2.5>에 보고된 것을 입증하고 있으며, <그림 2.11>에 나타낸 S자 곡선은 확률단위를 다시 %로 변환시켰을 때 나타나는 그림이다.

---

5) N. A. Eisenberg, *Vulnerability Model : A Simulation System for Assessing Damage Resulting from Marine Spills*, NTIS Report AD-A015-245(Springfield, VA : National Technical Information Service, 1975).

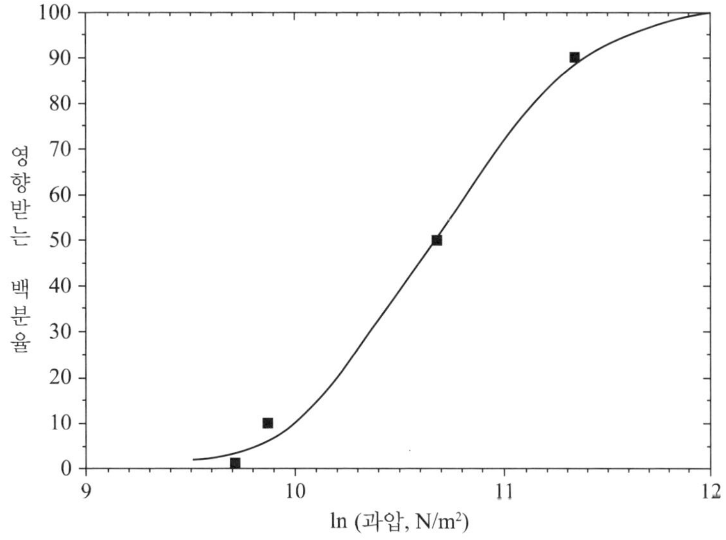


⇧ **그림 2.11** 예제 2.3에서 영향백분율 대 피크과압의 자연대수

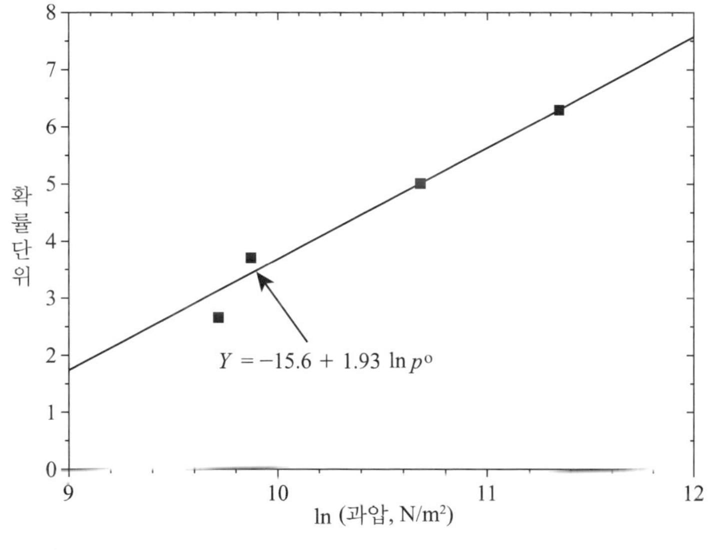


⇧ **그림 2.12** 예제 2.3에서 프로비트 대 피크과압의 자연대수

## 7 상대적 독성

독성물질은 상대적 독성도, 즉 LD, ED 또는 TD 곡선을 기준으로 비교된다. 만약 A화학물질에 대한 투여-반응곡선이 B화학물질에 대한 곡선보다 왼쪽에 위치하면 A화학물질의 독성이 B화학물질보다 크다. 부분적인 자료만이 유용할 때 두 개의 투여량－반응곡선을 비교할 때에는 주의를 요해야 한다. 만약 곡선의 기울기가 근본적으로 서로 다른 경우에는 <그림 2.13>과 같은 현상이 나타날 수가 있다. 만약 곡선의 위쪽 데이터가 하나뿐인 경우에는 A화학물질이 언제나 B화학물질보다 훨씬 더 독성이 강하게 나타난다. 전체 데이터에서 보면 낮은 투여량에서는 B화학물질이 A보다 더 독성이 강하게 나타난다.

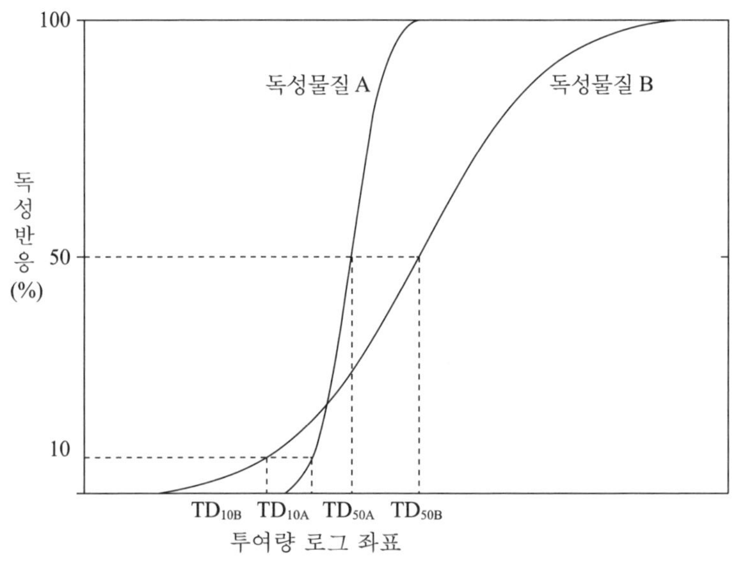


⇧ **그림 2.13** 두 종류의 독성물질이 나타내는 서로 다른 상대적 독성. A 독성물질은 높은 투여량일 때 더 독성이 강하고 B 독성물질은 낮은 투여량에서 더 독성이 강하게 나타난다.

## 8 허용농도

투여량에 대한 반응곡선에서 가장 작은 양을 허용 투여량이라 부른다. 이 투여량은 몸 안에서 해독시켜 제거할 수 있는 양으로서 몸에 아무런 영향을 주지 않는 투여량이다. 실제로 투여량이 전혀 없을 경우에 반응정도가 영이 되는 것이지만, 아주 적은 침입량으로는 반응정도를 감지할 수 없게 된다.

**▌표 2.6** 허용농도(TLVs)의 정의

| TLV 종류 | 정의 |
|---|---|
| TLV-TWA | 허용농도-시간 가중 평균<br>매일 일하는 근로자가 일주일에 40시간, 하루에 8시간씩 정상 근무할 경우에 근로자에게 노출되어도 아무런 나쁜 영향을 주지 않는 최고 시간 가중 평균 농도값을 말한다. |
| TLV-STEL | 허용농도-짧은 기간에 노출될 수 있는 허용농도<br>근로자가 15분동안 계속하여 노출되어도 아래와 같은 증상이 나타나지 않는 최고 농도로 (1) 참을 수 없는 자극, (2) 만성 혹은 비가역적 조직 손상, (3) 약물투여율에 의존한 중독, (4) 사고를 일으킬 수 있는 정도의 혼수상태, 자위력의 손상, 또는 작업능률의 감소. TLV-TWA 이상 TLV-STEL까지의 노출은 15분 미만이어야 하고, 4시간/하루를 넘지 말아야 하며, 이 범위에서 연속노출은 최소 60분 간격을 유지해야 한다. |
| TLV-C | 최고 허용한도<br>단 한순간이라도 초과하지 않아야 하는 농도 |

ACGIH, 2018 TLVs and BEIs (Cincinnati, OH: American Conference of Governmental Industrial Hygienists, 2018)

미국 정부산업위생인협회(ACGIH)에서는 여러 가지 화학물질의 허용농도, 즉 TLV를 설정해 놓고 있다. TLV는 작업자들이 평상시 작업할 때에 공기 중의 농도가 작업자에게 큰 영향을 미치지 않는 정도를 나타낸다. 보통 일상적인 근로시간은 하루에 8시간, 일주일에 5일 근무를 기준으로 한다. TLV는 보통 최대 허용농도로(MAC) 불리기도 한다.

TLV는 보통 3가지 형태(TLV-TWA, TLV-STEL, TLV-C)로 나눌 수 있는데, 이들의 정의는 <표 2.6>과 같다. TLV-TWA 데이터는 TLV-STEL이나 TLV-C 데이터보다 훨씬 더 많이 나와 있다.

TLV는 "잠재적 작업장 건강 유해위험요인 평가와 통제를 돕기 위한 지침이나 추천으로 사용될 목적 외에는 다른 목적이 없었다(예를 들어, 공동체의 대기오염을 평가하거나 통제할 목적, 지속적이고 연속된 노출이나 다른 연장된 업무시간, 현존하는 질병이나 개인의 물리적인 상태에 대한 입증 및 반증을 하려는 목적은 없었다)." 나아가, 이러한 가치들은 안전과 위험한 상태 사이에서 줄타기하는 것이 아니었다.[6)]

미합중국 직업안전보건청(OSHA)에서는 허용농도를 허용노출기준(PEL)으로 정의하고 있다. 이 PEL값들은 ACGIH의 TLV-TWA와 매우 근사한 값을 갖는다. 그러나 이 PEL값들은 많지 않으며 또한 최근 데이터도 부족한 형편이다. TLV값이 좀 더 유용한 경우가 많다.

어느 화학물질(특히 발암물질)에의 노출은 어떤 수준도 허용되고 있지 않다. 이러한 화학물질은 제로(0) 허용농도를 갖는다.

자주 보고되는 또 다른 값이 바로 생명과 건강에 즉시 위험을 주는 화학물질량(IDLH ;

6) ACGIH, *2018 TLVs and BEIs* (Cincinati, OH: ACGIH, 2018).

Immediately Dangerous to Life and Health)이다. 이 값보다 같거나 큰 농도에서는 어떤 경우든 인체 노출을 피하여야 한다.

TLV값들은 보통 ppm, mg/m$^3$으로 보고되며 분진은 mg/m$^3$ 또는 mppcf (millions of particles per cubic foot of air, 몇백만 입자수/ft$^3$의 공기) 단위를 사용한다. 기체의 경우 mg/m$^3$는 아래 식을 이용하여 ppm으로 바꿀 수 있다.

$$C_{\text{ppm}} = \frac{22.4}{M}\left(\frac{T}{273}\right)\left(\frac{1}{P}\right) \quad [\text{mg/m}^3] \tag{2-7}$$
$$= 0.08205\left(\frac{T}{PM}\right) \quad [\text{mg/m}^3]$$

여기서, $T$는 절대온도 [K], $P$는 절대압력 [atm], $M$은 분자량 [g/g-mol]을 의미한다.

여러 가지 독성물질들의 TLV 및 PEL값은 부록 E에 기록되어 있다. PELs은 합법적인 허용농도이고 TLV는 지침이지만, 이러한 모든 활동은 작업장 노출농도를 가능한 많이 줄이기 위해 행해졌음을 유념해야 한다.

## 참고문헌

**On-line Resources**

American Conference of Governmental Industrial Hygienists(ACGIH), *www.acgih.org.*

*NIOSH Pocket Guide to Chemical Hazards*. This is a free database of chemical hazards. *www.cdc.gov/niosh/npg/.*

Society of Toxicology. This is a professional organization of scientists from academic institutions, government, and industry representation toxicologists. *www.toxicology.org.*

TOXNET, toxicology Data Network provided by the U.S. National Library of Medicine. This includes free databases on toxicology, hazardous chemicals, environmental health, and toxic release. *www.toxnet.nlm.nih.gov.*

U.S. Department of Labor, Occupational Safety and Health Administration. This includes all regulations and PEL values. *www.osha.gov.*

**Suggested Reading**

ACGIH, *2018 TLVs and BEIs* (Cincinati, OH: ACGIH, 2018).

ACGIH, *Documentation of the Threshold Limit Values and Biological Exposure Indices*, 7the ed. (Cincinati, OH: ACGIH, 2018).

Eula Bingham, Barbara Cohrssen, and Charles H. Powell, eds., *Patty's Toxicology*, 5th ed. (New York: John Wiley and Sons, 2012).

D. J. FINNEY, *Probit Analysis*(Cambridge University Press, 1971).

Curtis D.klassen, ed., *Casarett and Doull's Toxicology-The Basic Science of Poisons*, 8th ed. (New York: McGraw-Hill, 2013).

Richard J. Lewis, Sr., ed., *Sax's Dangerous Properties of Industrial Materials*, 12th ed. (New York: Wiley Interscience, 2012).

Sam Mannan, ed., *Lees' Loss Prevention in the Process Industries*, 4th ed. (Amsterdam: Elsevier, 2012), Chapter 18.

## 연습문제

**2.1** 예제 2.1에 제공된 데이터를 사용하여, (a) 평균 및 분산, (b) 응답의 함수로서의 빈도, 그리고 (c) 응답의 함수로서 영향을 받는 수를 결정하여라. 또한 (d) 빈도와 영향을 받는 수에 대한 그래프를 보여라.

**2.2** 예제 2.1에 제공된 데이터를 사용하여, (a) 마이너스 무한대와 무한대 사이의 방정식(식 2-1 사용), (b) 평균과 무한대 사이(식 2-10 사용) 및 (c) 평균과 두 표준 편차와 무한대 사이의(식 2-1) 누적 빈도를 결정하여라. 그리고 결론을 말하여라.

**2.3** 식 (2-6)을 사용하여 4.39, 5.25 및 6.23의 프로빗 확률을 결정하여라.

**2.4** 폭발은 47,000 N/m$^2$의 피크 과압을 생성한다.

**a.** 이 과압에 노출되면 구조물의 무슨 부분이 손상되는가?

**b.** 노출된 사람 중 폐출혈로 인해 사망할 분률은 얼마나 되는가?

**c.** 노출된 사람 중 고막이 파열 될 분률은 얼마나 되는가?

**d.** 이 폭발의 영향에 대한 결론은 무엇인가?

**e.** 이 문제를 30,000, 80,000 및 100,000 N/m$^2$로 반복하여라.

**2.5** 휘발성 물질이 열린 용기로부터 28.3 m$^3$ 부피의 실내로 증발한다. 증발 속도는 100 mg/분이다. 실내의 공기가 잘 혼합되어 있다고 가정하면 휘발성 물질의 농도가 TLV 100 ppm 미만으로 유지되도록 하려면 신선한 공기를 몇 m$^3$/min를 공급해야 하는가? 온도는 25℃이고 압력은 1 기압이다. 휘발성 물질의 분자량은 100 g/g-몰이다. 대부분의 상황에서 실내의 공기는 안전혼합이라고 가정 할 수 없다. 혼합 불량은 필요한 공기량에 어떤 영향을 미치겠는가?

**2.6** 한 공장에서 500명의 근로자가 주어진 시간 동안 다음 농도의 암모니아에 노출되면 얼마나 많은 사망자가 예상되는가?

**a.** 1 시간 동안 1000 ppm

**b.** 2 시간 동안 2000 ppm

**c.** 3 시간 동안 300 ppm

**d.** 2 시간 동안 150 ppm

**e.** (a)항에서 (d)항까지 주어진 농도로 이 문제를 반복하되, 시간은 각각 2, 4, 6 및 2 시간이라고 가정한다.

**2.7** 부록 E의 TLV 데이터를 사용하여, 다음 화합물의 TLV 단위를 ppm에서 $mg/m^3$로 변환하여라. 온도 25℃ 및 압력 1기압으로 가정한다.

**a.** 벤젠

**b.** 염소

**c.** 사이클로헥산올

**d.** 산화에틸렌

**2.8** 2, 4, 6, 8분 동안 염소에 노출 된 경우 노출 된 개인의 80%가 사망할 수 있는 4가지 노출 농도(ppm)를 추정하여라.

**2.9** 다음의 염소 노출로 인한 사망 가능성을 확인하여라.

**a.** 150분 동안 200 ppm

**b.** 50분 동안 100 ppm

**c.** 20분 동안 50 ppm

**2.10** 플랜트 시설에서 탱크 폭발결과 예상되는 최대 과압은 다음 식으로 계산할 수 있다.

$$\log P = 7.1094 - 1.8 \log r$$

여기서, $P$는 $N/m^2$의 과압이고, $r$은 폭심과의 거리 [미터]이다. 이 공장은 폭발 가능성이 있는 지역에서 3~150 m 떨어진 지역에서 일하는 직원 500명을 고용하고 있다. 이 폭발로 폐출혈을 일으키어 사망할 수 있는 사람의 수를 추정하여라. 이 시설 중심 주위에는 5개의 쉘(shell)이 있고, 사람들은 이 지역에 고르게 분포되어 있다고 가정한다.

**2.11** 부록 E를 사용하여 암모니아의 위험특성, 즉 TLV-TWA, TLV-STEL, TLV-C 및 PEL을 결정하여라.

**2.12** 구조물의 50%가 손상될 수 있는 과압(Pa 및 psi)은 어느 정도인가?

**2.13** 1기압 및 298 K의 공기 중 메탄의 경우 100 $mg/m^3$는 몇 ppm인가?

**2.14** 인간은 정상적인 활동 중에 호흡 당 약 500 mL의 공기를 호흡하고 분당 약 12회 호흡을 한다. 사람이 10 ppm(부피 기준)의 농도로 벤젠을 함유 한 대기에 노출되는 경우 들어가는 모든 벤젠이 폐에 남아 있으면 8시간 동안 폐에 몇 그램의 벤젠이 퇴적될 것인가? 이것은 몇 방울의 액체입니까? 한 방울의 액체는 약 0.05 $cm^3$를 함유한다. 벤젠의 비중은 0.879이다. 당신이 근로자라면 이 노출 수준을 허용하겠는가?

CHAPTER 3

# 산업위생

이 장의 학습목표는 다음과 같다:

1. 산업위생 연구 4 단계를 학습한다.
2. 안전데이터시트(SDS) 및 표지에 대한 세계조화시스템을 학습한다.
3. 노출 및 대응의 크기를 평가한다.
4. 노출을 예방하기 위한 제어기법을 개발하고 평가한다.
5. 미국화재방호협회(NFPA, National Fire Protection Association)의 다이아몬드 사용법을 학습한다.

산업위생학은 질병과 상해의 원인을 예측, 파악, 평가 및 산업 상태를 관리하는 과학이다. 노출의 몇 가지 가능한 상태로는 화학물질, 분진, 소음 및 복사열이 포함될 수 있다.

산업위생과 관련된 대표적인 프로젝트에는 대기 중의 유독성 증기 농도 모니터링, 환기를 통한 대기 중 유독성 증기 감소, 적절한 개인보호장비 선정, 유해위험물질 취급 절차 개발 그리고 소음, 열, 복사열 및 근로자가 위해한 수준에 노출되지 않음을 보장하는 기타 물리적 요인에 대한 모니터링 및 계산 등이 포함된다.

화학공정 기술은 매우 복잡하기 때문에 유해한 작업장 노출을 예방하기 위해서는 산업위생기술자, 엔지니어, 공정 설계자, 운전자, 실험실 직원 및 관리자의 일치된 노력이 필요하다. 안전 및 손실예방 프로그램의 필수사항으로 이러한 직원들과 산업위생기술자는 긴밀히 협력해야 한다. 엔지니어들은 산업위생기술자들과 함께 일할 가능성이 매우 높으므로 산업위생에 대한 기본적인 이해를 가져야 한다. 산업위생기술자는 유해·위험요인을 파악·평가한 후에 통제방법과 관련된 권고사항을 제시한다. 산업위생사와 플랜트 직원은 통제수단의 적용 및 유지가 보장되도록 서로 협력해야 한다.

산업위생에서 나오는 4가지 용어, 즉 예측, 파악, 평가, 제어에 대한 정의는 다음과 같다.

- 예측(anticipation) : 작업장 위험물과 작업자 노출에 대한 예측
- 파악(identification) : 위험물의 작업장 노출 및 가능성 결정
- 평가(evaluation) : 노출강도 결정
- 제어(control) : 위험물의 작업노출농도를 적정수준으로 유지하기 위한 적절한 기술의 적용

## 1 유해한 작업장 노출 예상 및 파악

잠재적 노출을 예상할 때 잠재적 유해·위험요인, 독성물질의 인체에 유입형태 및 잠재적 인체의 상해를 고려해야 한다. <표 3.1>은 이러한 잠재적 유해·위험요인 중 일부를 목록화한 것이고, 여기에 많은 사항이 포함되지 않았음을 주의해야 한다.

**표 3.1** 유해·위험요인의 파악

| 잠재위험요인 | 독성물질의 침입형태 | 가능한 손상 |
|---|---|---|
| 독성, 화학반응성, 복사열,<br>기계적위험, 인화성, 소음,<br>전리방사선,<br>온도(고온 또는 저온) | 흡입<br>신체흡수(피부 또는 눈)<br>섭취(경구)<br>주입 | 폐, 귀, 신경계통<br>신장, 순환계통<br>피부, 눈, 간장<br>생식기, 기타 기관 |

**표 3.2** 산업위생 연구를 위한 유용한 자료

| 화학물질 | 화학반응 | 인화성 |
|---|---|---|
| 물리적 상태: 고체, 액체,<br>기체<br>허용농도(TLVs),<br>허용노출수준(PELs)<br>증기의 냄새 한계농도<br>액체의 증기압 | 반응속도<br>반응열<br>부산물의 위험특성<br>다른 화학물질과의 반응성<br>열적 안정성<br>온도 또는 충격에 대한<br>화학물질의 감도 | 인화한계<br>인화점<br>자연발화온도<br>분진 최소폭발농도(MEC)<br>최소점화에너지(MIE) |
| **물리적 조건** | **장치** | |
| 소음<br>열<br>습도<br>복사열<br>전리 방사선 | 기계적 위험요인<br>운전한계<br>설계 사양서<br>플랜트 배치<br>건설자재 | |

주의: 이 목록은 특성상황에 따라 변화될 수 있음

**표 3.3** 악취최소감지농도

| 물질의 종류 | 악취최소감지농도 (ppm) |
|---|---|
| Acetaldehyde | 0.186 |
| Acetic acid | 0.016 |
| Acrolein | 0.174 |
| Acrylic acid | 0.4 |
| Acrylonitrile | 16.6 |
| Ammonia | 5.75 |
| Aniline | 0.676 |
| Bromine | 0.066 |
| Butane | 204 |
| Butyraldehyde | 0.009 |
| Camphor | 0.051 |
| Chlorine | 0.05 |
| Chloroform | 11.7 |
| Cumene | 0.024 |
| Diethyl amine | 0.186 |
| Ethyl alcohol | 0.136 |
| Ethylamine | 0.324 |
| Ethylene oxide | 851 |
| Ethyl ether | 2.29 |
| Ethyl mercaptan | 0.001 |
| Fluorine | 0.126 |
| Hydrogen chloride | 0.77 |
| Hydrogen sulfide | 0.0005 |
| Isopropyl ether | 0.055 |
| Methyl alcohol | 141 |
| Methylene chloride | 0.912 |
| Methyl ketone (MEK) | 0.27 |
| Methyl isocyanate | 2.1 |
| Methyl mercaptan | 0.001 |
| Ozone | 0.051 |
| Phenol | 0.011 |
| Phosgene | 0.33 |
| Styrene | 3.44 |
| Toluene | 0.16 |
| Trichloroethylene | 1.36 |
| Vinyl acetate | 0.603 |
| Vinyl chloride | 0.253 |

출처: 3M Respirator Selection Guide (St. Paul, MN: 3M Corporation, 2010).

산업위생 연구는 이용 가능한 정보만큼 유용하다. <표 3.2>는 산업위생 연구에서 중요한 잠재적인 정보를 목록화하여 나타낸 것이다. 이 정보는 최신의 것으로 갱신하고 신뢰할 수 있어야 한다. 기타 정보는 특정 상황에 의존하여 요구될 수 있다.

예측 단계에서는 작업장에 발생할 수 있는 잠재적 유해·위험요인에 대한 이해가 필요하다. 예를 들어, 산업위생사는 플랜트에서 사용되는 모든 화학물질의 목록을 작성할 수 있다.

그러나 이러한 화학물질 중 일부만이 유해한 특성을 가질 것이며, 심지어 더 적은 수의 화학물질만 유해 노출의 결과를 야기하는 방식으로 취급되거나 사용될 수 있다.

파악단계에서는 유해한 노출이 실제로 존재하는지 여부를 결정한다. 이러한 유해·위험요인은 매우 많고, 또한 조합될 수 있다. <표 3.1>은 산업위생 프로젝트의 파악단계에서 일반적으로 발견되는 일부 잠재적 유해·위험요인의 목록을 제공한다.

작업장에서 화학물질 증기의 존재를 파악하는 한 가지 접근방식은 존재하는 화학물질에 대한 악취최소감지농도를 목록화하는 것이다(표 3.3). 개개인의 악취 감도는 매우 다양하기 때문에 실제 수준에서 가변성이 예상된다. 또한 메틸에틸케톤과 같은 일부 화학물질에 계속해서 노출 시 후각기관이 마비되어 악취를 판단하는 능력이 감소될 수 있다. 많은 경우에 악취최소감지농도는 허용농도(TLV) 이하이다. 예를 들어, 염소는 악취최소감지농도가 0.05 ppm이지만, 허용농도는 0.5 ppm이다(부록 E 참조). 이 경우 허용농도보다 훨씬 낮은 농도에서 악취가 감지된다. 다른 화학물질의 경우 반대의 경우도 있다: 에틸렌옥사이드의 악취최소감지농도는 851 ppm이며, 허용농도는 1 ppm이다. 이러한 경우 악취가 감지되면 노출한도를 크게 초과하여 있을 것이다.

평가단계에서는 노출을 특성화하기 위해 실제 데이터를 얻는다. 여기에는 화학물질 증기농도, 소음 수준, 온도 및 복사열 수준이 포함될 수 있다. 산업위생기술자는 이러한 측정을 돕는데 중요하다. 평가단계는 3.3절에서 자세히 논의된다.

제어는 산업위생 연구의 마지막 단계다. 이 단계는 건강상 잠재적 유해요소를 파악·평가한 후 수행되며, 작업장 노출을 감소시키기 위해 적절한 통제 기법이 개발되고 적용된다. 제어 단계는 3.4절에서 자세히 설명된다.

## 2 세계조화시스템

세계조화시스템(Globally Harmonized System, GHS)[1]은 모든 국가가 화학물질의 유해성·위험성을 파악하고 국가 간 화학물질 운송을 용이하게 하기 위해 국제적으로 통일된 분류기준에 따라 화학물질의 유해성·위험성을 분류하고, 통일된 형태의 경고표지 및 안전데이터시트(SDS)를 사용하게 하고자 한 국제시스템이다.

2013년 미국 산업안전보건청(OSHA)은 화학물질의 분류 및 표지를 위해 GHS를 채택하였고[2], 새로운 GHS 요구사항은 다음과 같다.

---

1) *Globally Harmonized System of Classification and Labelling of Chemicals* (*GHS*), 7th rev.ed., Part 1, 2017. www.unece.org/trans/danger/publi/ghs/ghs_rev07/07files_e0.html.

2) *A Guide to The Globally Harmonized System of Classification and Labelling of Chemicals* (*GHS*) (The Purple Book), p.40, 47. www.osha.gov/dsg/hazcom/ghsguideoct05.pdf.

- 유해위험요인 분류 : 이 표준은 화학물질 제조업체와 수입업체가 생산하거나 수입하는 화학물질과 관련된 유해성·위험성을 결정할 것을 요구한다. 이러한 화학물질에 대한 특정 건강 및 물리적 유해성·위험성에 대한 정보는 소비자에게 제공해야 한다.
- GHS 안전데이터시트 : 표준은 화학물질에 대한 중요한 안전정보의 표시에 일관성을 보장하는 16개의 특징 섹션을 가지는 안전데이터시트(SDSs)를 요구한다.
- GHS 표지 : 화학물질 표지에는 화학물질 이름 및 신호어, 그림 문자, 위험 설명 및 화학물질과 관련된 위험을 설명하는 예방적 문구가 포함되어야 한다.

## 안전데이터시트에 대한 세계조화시스템

SDS는 유해성·위험성에 대한 명확한 설명을 제공하는 16개의 항목을 포함한다. 즉, 단일 물질과 혼합물의 위험성을 건강, 환경 및 물리적 위험에 따라 분류한다. SDS의 16개 항목은 다음과 같다.

1. 파악
2. 유해성·위험성 파악
3. 성분 조성/정보
4. 응급조치
5. 소방 대책
6. 사고누출 대책
7. 취급 및 보관
8. 노출 제어/개인 보호
9. 물리·화학적 특성 및 안전 특성
10. 안정성과 반응성
11. 독성학 정보
12. 생태 정보
13. 폐기 고려사항
14. 운송 정보
15. 규제 정보
16. 기타 정보

제1절에서 제8절까지는 화학물질에 대한 일반적인 정보를 제공한다. 여기에는 화학물질 명칭, 유해성·위험성, 화학성분, 안전취급절차 및 비상대응조치가 포함된다. 이 첫 번째 8개의 절은 비상상황에서 정보가 신속하게 필요할 때 유용하다.

제9절부터 제11절 및 제16절에는 화학물질의 물리·화학적 특성, 화학물질의 안정성과 반응성에 대한 정보, 독성 정보 그리고 안전데이터시트가 준비되거나 마지막으로 수정된 날짜와 같은 기타 기술·과학적 정보가 수록되어 있다.

제12절에서 제15절까지는 환경에 미치는 화학물질의 영향, 적절한 폐기, 화학물질의 운송 및 화학물질의 사용 운용상의 추가 규정과 관련된 정보를 포함하고 있다. 이 절들의 내용은 다른 연방 및 주 정부기관에 의해 강제되기에 OSHA에 의해 "필수사항"으로 간주된다.

**표 3.4** GHS 도표(피토그램, pictogram)와 위험등급

| 군(군, 그룹)별 기호(도표) | | |
|---|---|---|
| 건강 위험요인 | 인화성 | 압축 가스 |
|  |  |  |
| 부식성 | 폭발성 | 산화제 |
|  |  |  |
| 환경적 | 급성 독성 | 기타 위험요인 |
|  |  |  |

| 위험요인 등급-www.un.org | | |
|---|---|---|
| 물리적 위험요인 | 폭발물<br>인화성 가스<br>인화성 액체(표 3.5 참조)<br>인화성 고체<br>에어로졸<br>압력가스<br>자기반응물질<br>자연발화성 액체<br>자연발화성 고체<br>자기가열물질 | 물과 접촉하면 인화성 가스를 발생하는 물질<br>산화가스<br>산화액체<br>산화고체<br>유기과산화물<br>금속부식성<br>감 민감성 폭약 |
| 건강 위험요인 | 급성독성(구강/피부/흡입) (표 3.6 참조)<br>피부부식/자극<br>심각한 눈 손상/눈 자극<br>호흡 또는 피부 감작<br>생식세포 돌연변이<br>발암성<br>재생독성<br>대상 장기체계독성-단일노출<br>대상 장기체계독성-반복노출<br>흡인독성 | |
| 환경적 위험요인 | 수중생물 환경에 의해(급성/만성)<br>오존층에 위해 | |

GHS SDS 16개의 항목에 대해 요구된 최소정보는 "Purple Book 3"[3]에서 확인할 수 있다. 화학물질에 대한 GHS SDS와 실제 SDS에 대한 자세한 설명은 인터넷상에서 쉽게 구할 수 있다. <표 3.4>와 같이, GHS에는 9개의 픽토그램과 29개의 위험등급이 포함된다. 위험등급에는 17개의 물리적 위험등급, 10개의 건강 위험등급 및 2개의 환경 위험등급이 포함된다.

**▎표 3.5** 인화성 액체의 위험등급별 GHS SDS 정보

| 표시어 | GHS 위험요인 문구/기준 | GHS 위험요인 범주(항목) | 기호(도표) |
|---|---|---|---|
| 위험 | 주 인화성(flammable) 액체 및 증기<br>인화점 〈 23℃, 끓는점 〈 35℃ | 1 |  |
| 위험 | 고 인화성 액체 및 증기<br>인화점 〈 23℃, 끓는점 〉 35℃ | 2 | |
| 경고 | 인하성 액체 및 증기<br>23℃ 〈 인화점 〈 35℃ | 3 | |
| 경고 | 기연성(combustible) 액체 60℃ 〈 인화점 〈 93℃ | 4 | No symbol |

**▎표 3.6** 급성독성-흡입에 대한 위험등급별 GHS SDS 정보

| 표시어 | GHS 위험요인 문구/기준 | GHS 위험요인 범주(항목) | 기호(도표) |
|---|---|---|---|
| 위험 | **흡입시 치명적:**<br>먼지와 미스트: $LC_{50}$ 〈 0.05 mg/L<br>가스 : $LC_{50}$ 〈 100 ppm<br>증기 : $LC_{50}$ 〈 0.5 mg/L | 1 |  |
| 위험 | **흡입시 치명적:**<br>먼지와 미스트: 0.05 mg/L 〈 $LC_{50}$ 〈 0.5 mg/L<br>가스 : 100 ppm 〈 $LC_{50}$ 〈 500 ppm<br>증기 : 0.5 mg/L 〈 $LC_{50}$ 〈 2 mg/L | 2 | |
| 위험 | **흡입시 독성:**<br>먼지와 미스트: 0.5 mg/L 〈 $LC_{50}$ 〈 1 mg/L<br>가스 : 500 ppm 〈 $LC_{50}$ 〈 2500 ppm<br>증기 : 2 mg/L 〈 $LC_{50}$ 〈 10 mg/L | 3 | |
| 경고 | **흡입시 유해:**<br>먼지와 미스트: 1 mg/L 〈 $LC_{50}$ 〈 5 mg/L<br>가스 : 2500 ppm 〈 $LC_{50}$ 〈 5000 ppm<br>증기 : 2 mg/L 〈 $LC_{50}$ 〈 10 mg/L | 4 |  |
| 경고 | **특정분류요소 없음:**<br>먼지와 미스트: $LC_{50}$ 〉 5 mg/L<br>가스 : $LC_{50}$ 〉 5000 ppm<br>증기 : $LC_{50}$ 〉 20 mg/L | 5 | No symbol |

$LC_{50}$ 50% lethal concentration

3) Occupational Safety and Health Administration. "Purple Book" www.osha.gov/dsg/hazcom/ghsguideoct05.pdf.

29개의 위험등급 각각은 해당 등급에 대한 상세한 기준을 가진다. <표 3.5>는 인화성 액체에 대한 기준을 제공하며 <표 3.6>은 급성 독성-흡입에 대한 기준을 제공한다. 기타 위험등급에 대한 기준은 Purple Book을 참조하기 바란다.

<그림 3.4>와 <그림 3.5>에 나타낸 바와 같이, 각 위험등급 기준은 4가지 요소를 가진다(신호어, 문구/기준, 위험범주 및 픽토그램). 위험범주는 1에서 4까지 또는 5까지 번호가 매겨지며, 1은 가장 심각한 위험을 나타낸다. 예를 들어 가솔린은 "Danger"의 신호어와 GHS 위험 범주가 2인 반면, 디젤 연료는 "Warning"의 신호어와 GHS 위험 범주 4에 해당한다(표 3.5 참조).

### 예제 3.1

실험실에 대한 조사에서 염화나트륨, 수산화나트륨(0.5 M) 및 페놀의 화학종이 확인되었다. 온라인상에서 GHS SDS를 사용하여 각 화학물질에 대해 다음을 파악하여라. (a) 해당 범주가 있는 2개의 위험등급, (b) 신호어, (c) 2개의 유해성 · 위험성 문구, (d) 2개의 예방조치문구 및 (e) 제조업체의 정보. 1개의 화학물질에는 2개 이상의 위험등급을 가질 수 있음을 주의하여라.

**해답**

각 화학물질에 대한 SDS 정보는 인터넷상에서 찾을 수 있다. 다음 표는 이에 대한 결과를 요약한 것이다.

| 화학물질 | 설명 및 잠재적 유해성 · 위험성 |
|---|---|
| 염화나트륨 | a. 유해성 · 위험성 없음<br>b. 위험 없음<br>c. 삼키거나 흡입하면 유해할 수 있음<br>d. 예방조치문구 없음<br>e. BioLabs, 800-623-5227 |
| 수산화나트륨(0.5M) | a. 보건 유해성: 심한 눈 손상성 / 눈 자극성, 구분 1; 그리고<br>물리적 위험성: 금속을 부식시킬 수 있음, 구분 1<br>b. 위험<br>c. 금속을 부식시킬 수 있음, 피부에 심한 화상 그리고 눈 손상을 일으킴<br>d. 의료기관의 도움을 요청할 때 표지를 가지고 가고, 어린이들의 손에 닿지 않게 하시오.<br>e. Fisher Science Education, 800-535-5053 |
| 페놀 | a. 보건 유해성: 급성 독성(경구/경피/흡입), 구분 3; 그리고<br>보건 유해성: 피부 부식성 / 피부 자극성-IB, 여기서 IB는 노출 < 1시간인 경우 하위 구분<br>보건 유해성: 심한 눈 손상성 / 눈 자극성, 구분 1<br>b. 위험<br>c. 삼키면 유독함, 그리고 피부와 접촉하면 유독함<br>d. 의료기관의 도움을 요청할 때 표지를 가지고 가고, 어린이들의 손에 닿지 않게 하시오.<br>e. Fisher Science Education, 800-535-5053 |

## 표지에 대한 세계조화시스템

<그림 3.1>과 같이, GHS 표지는 6가지 요소를 가진다. 표지 형식은 GHS에 명시되어 있지 않지만, 제품명이나 식별자, 신호어 및 GHS 픽토그램은 표지 상에 함께 위치할 것을 권장한다.[4][5][6][7]

그림 3.1 6개 요소를 나타내는 GHS 표지 예

## GHS 표지에 대한 6가지 요소

SDS는 화학물질의 위험특성에 대한 주요 정보원이지만, GHS 표지는 작업자에게 화학물질의 안전한 취급과 관련된 가장 중요한 정보를 제공하도록 설계되었다. 각 GHS 표지에는 다음과 같은 6가지 요소가 포함된다.

1. 제품명 또는 식별자. 이는 용기에 들어 있는 화학물질 또는 혼합물에 대한 정보를 제공한다.
2. 신호어. 신호어로 쓰이는 단어는 '위험'과 '경고' 2가지다. "위험"은 가장 심각한 상황에, "경고"는 덜 심각한 상황에 사용된다.
3. GHS 픽토그램. <표 3.4>를 참조하시오.
4. 유해성 · 위험성 문구. 이 문구는 유해 · 위험한 물질의 특성과 유해성 · 위험성 정도를 설명한다. 유해성 · 위험성 문구에는 "고인화성 액체와 증기", "삼켜서 기도로 들어가면 치

4) *A Guide to The Globally Harmonized System of Classification and Labeling of Chemicals* (*GHS*) (The Purple Book), pp.33-38. www.osha.gov/dsg/hazcom/ghsguideoct05.pdf.

5) Occupational Safety and Health Administration. "Labels." www.osha.gov/Publications/OSHA3636.pdf.

6) "Six Elements of GHS Label." www.bradyid.com/en-us/applications/ghs-labeling-requirements.

7) U.S. Department of Transportation. "Hazardous Materials Regulations." https://hazmatonline.phmsa.dot.gov/services/publication_documents/howtouse0507.pdf.

명적일 수 있음", "피부에 심각한 자극 유발", "눈에 심각한 자극 유발", "암 유발 가능성" 등이 포함된다.

5. 예방조치문구/응급조치. 이 지침(및/또는 그림 문자)은 유해한 제품에 대한 노출의 영향을 방지하거나 최소화하기 위한 것이다. 예를 들어, "모든 안전 주의사항을 읽고 이해할 때까지 취급하지 마시오", "열/스파크/화염/고열로부터 멀리하시오", "금연", "보호장갑/보안경/안면보호구", "삼킨 경우 즉시 독극물 센터 또는 의사에게 전화하시오" 등의 특수 지침이 해당된다.
6. 제조업체 정보. 이 요소에서는 제조업체의 회사 이름, 주소 및 전화번호를 확인한다.

추가적인 표지 규정은 육상, 항공 또는 수상 운송을 통한 운송 시 적용된다.8)

### 1차 및 2차 용기

1차 용기는 제조업자로부터 받은 통, 병, 캔이다. 이러한 용기에는 GHS 표지가 부착되어야 한다. 공급업체 표지는 제거, 변경 또는 손상되지 말아야 한다. 표지를 교체해야 할 경우 새 표지에는 원본과 동일한 정보가 포함되어야 한다.

2차 용기는 보통 1차 용기보다 작다. 예를 들어, 스프레이 병, 병을 포함할 수 있다. 이 용기들은 1차 용기에서 꺼낸 화학물질을 보관한다. 2차 용기는 다음 기준을 만족하는 경우를 제외하고 GHS 표지 요건을 준수해야 한다: (1) 화학물질이 이송 작업자의 작업 교대 내에서 사용 (2) 이송 작업자는 사용 중 전체 시간 동안 작업구역에 머무르며 (3) 용기에 화학물질을 채운 작업자가 용기를 보관한 상황에서 용기가 작업구역 내에 있는 경우. 이러한 요구사항은 매우 엄격하므로 항상 모든 화학물질에 표지를 부착하는 것이 최선의 방법이다.

## 3 노출과 반응에 대한 평가

평가단계에서는 근로자들이 작업장에서 유독성 물질과 물리적 위험요인들에 어느 범위, 어느 정도 노출되었는지 결정한다. 또한 여러 가지 형태의 현존하는 위험요인 제어대책 및 효과 등이 검토된다. 제어방법에 관한 자세한 사항은 3.4절에 제시되었다. 평가검토에서는 대량 또는 소량의 누출 가능성이 있는지 반드시 고려하여야 한다. 대량 누출에 의한 급작스런 고농도 노출은 기침, 화상, 실신 등의 즉각적인 영향을 나타낼 수 있다.

오염된 지역에서 오염물을 즉시 제거하였을 경우에 드문 일이기는 하지만 개인에 따라서

8) U.S. Department of Transportation. "Hazardous Materials Regulations." https://hazmatonline.phmsa.dot.gov/services/publication_documents/howtouse0507.pdf.

는 지속적인 손상을 입을 가능성도 있을 수 있다. 이러한 경우에 청정 환경에 대한 평가를 실시하는 것이 좋다.

아주 소량의 누출사고에 의해 적은 양의 유독물에 노출됐을 경우에는 만성적 영향이 나타날 수 있다. 많은 경우의 독성 화학물질의 증기는 색깔이 없고 냄새도 없다. 소량의 이러한 물질이 누출될 경우에는 수개월 또는 수년간 아무 증세도 나타나지 않고 지나갈 수도 있다. 이러한 노출로 영구적이고 심각한 손상이 생길 수 있다. 그러므로 적은 농도의 독극물 가스 누출을 직접적으로 방지하며 제어할 수 있는 특별한 주의가 필요하다. 이러한 상황 하에서는 지속적인 평가를 위한 규정이 필요하다. 즉, 연속적 또는 주기적인 시료채취 및 분석이 매우 중요하다.

현재 사용되는 제어방법의 효과성을 증명하고자 유해하게 될 수 있는 조건에 대한 근로자의 노출을 결정하기 위해 샘플들이 채취되었다. 만약 문제가 발생하면 개인보호장구의 착용과 같은 제이는 즉시 시행되어야 한다. 그리고 장기 및 영구적인 제어방법들도 지속적으로 개발되어야 한다.

노출 데이터가 얻어진 후, 실제 노출수준은 TLVs, PELs 또는 IDLH 농도와 같은 수용할 만한 산업보건기준과 비교하는 것이 필요하다. 실제 농도와 함께 이러한 기준들은 개선 또는 추가적인 통제수단을 요하는 잠재적 유해요인을 확인하는데 사용된다.

### 지속적 감시에 의한 휘발성 독성물질 노출 평가

작업장 근로자에 노출농도를 결정하는 직접적인 방법은 작업장 안의 독성물질 사용설비에서 독성 물질의 공기 중 농도를 지속적으로 감시하는 방법이다. 연속적인 농도 $C(t)$에 대하여 TWA(시간적 평균농도)는 다음과 같은 공식을 이용하여 결정한다.

$$\text{TWA} = \frac{1}{8}\int_0^{t_w} C(t)dt \tag{3-1}$$

여기서, $C(t)$는 공기 중 화학물질의 농도이고, 단위는 ppm 또는 mg/m$^3$이며, $t_w$는 작업시간이다. 적분은 8시간으로 나눠지는데 실제로 작업한 시간과는 무관하다. 그러므로 작업자가 TLV-TWA에 달하는 화학물질의 집약체에 12시간 동안 노출되게 되면 계산이 8시간까지 정상이므로 TLV-TWA는 초과된다.

대부분의 경우 연속적인 감시는 불가능한데 그 이유는 이러한 연속적 감시를 실시할만한 시설이 되어 있지 않기 때문이다. 많은 경우 일정한 간격으로 정해진 지점에서 샘플을 채취하여 농도를 결정하게 된다. 만약 시간($T_i$)에 대한 농도 또는 평균 농도가 정해지면 TWA는 다음 식으로 결정할 수 있다.

$$\text{TWA} = \frac{C_1 T_1 + C_2 T_2 + \cdots + C_n T_n}{8 \text{ hours}} \tag{3-2}$$

이러한 감시시스템은 대부분 몇 가지의 결점들을 나타내는데, 그 이유는 (1) 작업자가 작업장에 들어갔다 나갔다 한다는 점, (2) 유독물질의 농도가 작업장의 위치별로 서로 다르다는 점, (3) 농도는 작업활동에 의존하여 시간에 따라 변한다는 점 때문이다. 그러므로 산업위생기술자는 작업장에서 측정장치의 선정 및 측정 위치 설정 그리고 자료의 해석 등의 중요한 임무를 적절하게 수행해 나가야 하겠다.

만약 2가지 이상의 유독물질이 작업장에 존재할 경우에는 첫째로, 이 두 유독물의 효과는 서로 가산성이 있다고 가정한다(다른 정보가 없는 경우). 여러 개의 유독물에 의한 혼합 노출은 다음 식을 이용하여 TLV-TWA를 산출할 수 있다.

$$\sum_{i=1}^{n} \frac{C_i}{(\mathrm{TLV}-\mathrm{TWA})_i} \tag{3-3}$$

여기서, $n$은 유독물질의 숫자이며 $C_i$는 특정 유독물질 $i$의 농도이고, $(\mathrm{TLV\text{-}TWA})_i$는 특정 독극물 $i$의 TLV-TWA이다. 만약 이들의 합이 1을 초과한다면 작업자는 과다노출되는 것이다. 혼합물의 TLV-TWA는 다음 식을 통해 계산된다.

$$(\mathrm{TLV}-\mathrm{TWA})_{\mathrm{mix}} = \frac{\sum_{i=1}^{n} C_i}{\sum_{i=1}^{n} \frac{C_i}{(\mathrm{TLV}-\mathrm{TWA})_i}} \tag{3-4}$$

만약 혼합물 중 유독물질 농도의 합이 이 양을 초과하게 되면 작업자는 과다 노출되게 된다. 다양한 효과를 가지는 독성의 혼합물(lead fume과 혼합된 산성가스와 같은)의 TLVs는 가산적이라고 볼 수 없다.

**예제 3.2**

공기 중에 5ppm의 디에틸아민(diethylamine) (TLV–TWA of 5 ppm), 20 ppm의 사이클로헥산올(cyclohexanol) (TLV–TWA of 50 ppm), 10 ppm의 산화프로필렌(propylene–oxide) (TLV–TWA of 2 ppm)이 존재한다. 혼합 TLV–TWA는 얼마이며, 이 양은 과다 노출인가 결정하여라.

**해답**

식 (3-4)로부터

$$(\mathrm{TLV}-\mathrm{TWA})_{\mathrm{mix}} = \frac{5+20+10}{\frac{5}{5}+\frac{20}{50}+\frac{10}{2}} = 5.5\,\mathrm{ppm}$$

$$\text{총 혼합농도} = 5 + 20 + 10 = 35\ \mathrm{ppm}$$

총 혼합농도(35 ppm)가 $(\mathrm{TLV\text{-}TWA})_{\mathrm{mix}}$ 25 ppm보다 높으므로 과다 노출된 상태이다.

다른 방법으로는, 식 (3-3)을 이용하여

$$\sum_{i=1}^{3} \frac{C_i}{(\mathrm{TLV}-\mathrm{TWA})_i} = \frac{5}{5} + \frac{20}{50} + \frac{10}{2} = 6.4$$

이 값은 1보다 크므로 과다 노출된 상태이다.

---

**예제 3.3**

작업자가 아래 표와 같이 톨루엔 증기에 노출되었다면 8시간 동안 작업자 노출 TWA를 결정하여라.

| 노출시간(hr) | 측정농도(ppm) |
|---|---|
| 2 | 110 |
| 2 | 330 |
| 4 | 90 |

**해답**

식 (3-2)로부터

$$\mathrm{TWA} = \frac{C_1 T_1 + C_2 T_2 + C_3 T_3}{8}$$

$$= \frac{110(2) + 330(2) + 90(4)}{8} = 155 \text{ ppm}$$

왜냐하면 톨루엔의 TLV이 20 ppm이면 작업자가 과도하게 노출된 것이기 때문이다.
따라서 추가적인 조치가 필요하다. 즉시 모든 작업자들은 적절한 방독면을 착용하여야 한다.

---

**예제 3.4**

25℃, 1기압에서 다음의 액체 유독물질 혼합물의 TLV를 결정하여라.

| 물질 | 몰퍼센트 | TLV (ppm) |
|---|---|---|
| Heptane | 50 | 400 |
| Toluene | 50 | 20 |

**해답**

풀이를 위해서는 헵탄과 톨루엔의 증기상태에서의 농도를 필요로 한다. 액체 상태일 때 증발하면서 그 구성이 바뀌지 않는다고 추정할 때, 증기의 구성은 증기-액체 평형 방정식을 통하여 계산할 수 있다. Raoult's와 Dalton's 법칙을 이 상태에 적용하면 증기 상태의 구성은 순수한 요소일 때 증기 포화 압력으로부터 바로 결정된다. 포화증기압(부록 C)은 25℃ 조건으로 계산한다.

$$P^{sat}_{\text{heptane}} = 46.4 \text{ mmHg}$$

$$P^{sat}_{\text{toluene}} = 28.2 \text{ mmHg}$$

Raoult 방정식에 따라 증기 상태일 때 부분압력을 구하면 다음과 같다.

$$p_i = x_i P_t^{sat}$$

$$p_{\text{heptane}} = (0.5)(46.4\ \text{mmHg}) = 23.2\ \text{mmHg}$$

$$p_{\text{toluene}} = (0.5)(28.2\ \text{mmHg}) = 14.1\ \text{mmHg}$$

유독물질의 총 압력은 (23.2 + 14.1) = 37.3 mmHg이다. Dalton의 법칙에 따라 독성물질의 몰분율은 다음과 같다.

$$y_{\text{heptane}} = \frac{23.2\ \text{mmHg}}{37.3\ \text{mmHg}} = 0.622$$

$$y_{\text{toluene}} = 1 - 0.622 = 0.378$$

혼합물의 TLV는 식 (3-4)에 따라

$$\text{TLV}_{\text{mix}} = \frac{1}{\dfrac{0.622}{400} + \dfrac{0.378}{20}} = 48.9\ \text{ppm}$$

증기상태는 언제나 같은 농도이므로, 혼합물의 각 종류별 TLV는 다음과 같다.

$$\text{TLV}_{\text{heptane}} = (0.622)(48.9\ \text{ppm}) = 30.4\ \text{ppm}$$

$$\text{TLV}_{\text{toluene}} = (0.378)(48.9\ \text{ppm}) = 18.5\ \text{ppm}$$

만약 실제 농도가 이 허용치를 초과한다면 더 많은 제어방법이 필요할 것이다.

---

## 작업자의 분진에 대한 노출 평가

산업위생 연구에는 건강이나 부상 등의 원인이 되는 어떠한 오염물도 관심의 대상이 되는데 분진도 물론 이 범주 속에 속하는 물질이다. 독성학 이론에 의하면 허파 속에 크기가 0.2~0.5 $\mu$m 정도의 분진이 들어가면 매우 위험하다 (2장 참조). 0.5 $\mu$m 이상 크기의 분진입자는 허파를 침투하지 못하지만 0.2 $\mu$m 보다 작은 분진입자는 허파 내에 침착되어 있다가 내쉬는 공기 속에 섞여 밖으로 배출된다.

분진에 의한 건강위험과 분진농도 측정을 위한 샘플링하는 방법, 자료 분석 및 해석은 비교적 복잡하기 때문에 이러한 문제를 다루기 위해서는 이 분야의 전문가인 산업위생사들과 상담하는 것이 좋다. 분진은 휘발성 증기와 동일한 방법으로 농도를 측정한다. 단위는 ppm 대신 mg/$m^3$이나 mppcf ($ft^3$ 당 몇백만 입자수)가 주로 쓰인다.

**예제 3.5**

다음과 같은 분진 혼합물의 TLV를 계산하여라.

| 분진형태 | 농도(wt%) | TLV (mppcf) |
|---|---|---|
| Dust A | 70 | 20 |
| Dust B | 30 | 2.7 |

**▌해답**

식 (3-4)로부터

$$\text{혼합물의 TLV} = \frac{1}{\dfrac{C_1}{\text{TLV}_1}+\dfrac{C_2}{\text{TLV}_2}} = \frac{1}{\dfrac{0.70}{20}+\dfrac{0.30}{2.7}} = 6.8\ \text{mppcf}$$

실제 입자 수(표준이나 산업 위생사에 의해 명시된 치수 범위의)가 6.8 mppcf를 초과할 시 특별 통제 조치가 필요할 것이다.

## 소음 노출 평가

화학공장에서 소음은 아주 공통적인 문제 중의 하나이다. 이러한 문제는 역시 산업위생사들에 의해 평가되어진다. 만약 소음에 관한 문제가 제기되면 산업 위생기사들은 즉시 적절한 방법으로 소음을 측정하여 대응책을 권고하여야 한다.

소음은 데시벨 단위로 측정된다. 데시벨은 두 소리의 세기를 비교하기 위하여 사용된 상대적인 대수(logarithmic)의 척도이다. 만약 한 소리의 세기가 $I$이고 다른 소리 세기가 $I_o$이면 두 세기의 차이는 데시벨로 다음과 같이 주어진다.

$$\text{소음세기(dB)} = -10\log_{10}\left(\frac{I}{I_o}\right) \tag{3-5}$$

그러므로 어떤 소리가 다른 소리보다 10배 강하면 10 dB 더 큰 소리가 된다.

절대소리 세기(dBA)는 기준소리 세기에 의해 정의되어진다. 간편하게 하기 위하여 들을 수 있는 소리 세기는 0 dBA로 설정한다. 여러 가지 작업으로부터 나오는 절대 소리 세기를 <표 3.7>에 나타내었다.

몇가지 허용소음 노출이 <표 3.8>에 수록되어 있다. 소음평가 계산은 다른 증기계산과 동일하나 ppm 대신 dBA를 사용하는 것만 다르다.

**▌표 3.7 일반 작업에 대한 소리의 강도수준**

| 소리 | 강도수준(dB) |
|---|---|
| 리벳작업(고통스러움) | 120 |
| 펀치 프레스 작업 | 110 |
| 트럭 통과 | 100 |
| 공장 | 90 |
| 시끄러운 사무실 | 80 |
| 일상적인 대화 | 60 |
| 개인 사무실 | 50 |
| 보통 수준의 주거지 | 40 |
| 녹음실 | 30 |
| 나뭇잎 흔들리는 소리 | 20 |
| 좋은 청각의 한계 | 10 |
| 우수한 청각의 한계 | 0 |

**표 3.8** 허용 소음 노출도

| 소리수준(dBA) | 최대 노출 (hr/day) |
|---|---|
| 85 | 16 |
| 88 | 10.5 |
| 90 | 8 |
| 91 | 7 |
| 92 | 6 |
| 94 | 4.8 |
| 95 | 4 |
| 97 | 3 |
| 100 | 2 |
| 102 | 1.5 |
| 105 | 1 |
| 110 | 0.5 |
| 115 | 0.25 |

출처 : "Permissible Noise Exposures," www.osha.gov/pls/oshaweb/owadisp.show_document?p_table=standards&p_id=9735.

**예제 3.6**

다른 부가적인 제어방법이 없다고 가정할 때 다음 소음수준은 허용될 수 있는 것인지 결정하여라.

| 소음수준(dB(A)) | 지속시간(시간) | 최대허용시간(시간) |
|---|---|---|
| 85 | 3.6 | 16 |
| 95 | 3.0 | 4 |
| 110 | 0.5 | 0.5 |

**해답**

식 (3-3)을 이용하면

$$\sum_{i=1}^{3} \frac{C_i}{(\mathrm{TLV}-\mathrm{TWA})_i} = \frac{3.6}{16} + \frac{3}{4} + \frac{0.5}{0.5} = 1.97$$

합산한 값이 1을 초과하기 때문에 작업자는 즉시 귀보호구를 착용해야 한다.
장기적으로 소음 감소를 위한 방법을 개발해야 하며 특정장치를 사용해야 한다.

## 복사열에 대한 작업자 노출 평가

또한 복사열은 작업자에게 영향을 미친다. 이러한 경우 작업자에 미치는 영향은 복사열 강도와 노출시간의 함수이다. <표 3.9>는 작업자에 대한 영향, <표 3.10>은 다양한 물질에 대한 영향을 나타낸다. 이러한 영향은 실제 환경에 따라 상당히 달라질 수 있다.

1도 화상은 최소로 심각한 수준이다. 이러한 화상과 더불어 피부는 붉어지고 통증이 생기면서 약간 부풀어 오른다. 2도 화상을 입으면 물집이 생기고 통증이 발생한다. 3도 화상을 입으면 피부의 모든 층이 손상되고 피부가 하얗게 보이거나 그을려 보인다. 이러한 화상으로 신경이 손상되면 통증이 거의 또는 전혀 일어나지 않을 수 있다.

**표 3.9** 작업자에 대한 복사열 영향

| 복사열 강도 (kW/m$^2$) | 심한 고통에 이르는 시간 (s) | 2도 화상에 이르는 시간 (s) |
|---|---|---|
| 1 | 115 | 663 |
| 2 | 45 | 187 |
| 3 | 27 | 92 |
| 4 | 18 | 57 |
| 5 | 13 | 40 |
| 6 | 11 | 30 |
| 8 | 7 | 20 |
| 10 | 5 | 14 |
| 12 | 4 | 11 |

출처: *Handbook of Chemical Hazard Analysis Procedures* (Washington, DC: U.S. Federal Emergency Management Agency, U.S. Department of Transportation, and U.S. Environmental Protection Agency, 1988).

**표 3.10** 물질에 대한 복사열 영향

| 복사열 강도 (kW/m$^2$) | 영향 |
|---|---|
| 4 | 유리 파괴 |
| 12 | 플라스틱이 녹음 |
| 15 | 점화원이 있는 경우 목재 점화 |
| 18–20 | 단열재 파손 |
| 25 | 목재의 자동 점화 |
| 37.5 | 공정장치에 손상 |
| 100 | 강철의 손상 및 파괴 |

출처: F. P. Lees, Loss Prevention in the Process Industries (Oxford, UK: Butterworth-Heinemann, 1980); *Methods for the Determination of Possible Damage to People and Objects Resulting from Releases of Hazardous Materials*, 1st ed. (Radarweg, Netherlands: TNO, 1992).

### 예제 3.7

플레어는 플랜드에서 발생하는 증기를 태우기(연소하여 없애기) 위해 사용된다. 플레어는 스택의 상단에서 화염을 이용하여 증기를 연소시킨다. 플레어에 대한 하나의 설계기준은 플레어 주변에서의 복사열 강도는 지상에 1500 BTU/hr ft$^2$를 초과하지 않아야 한다는 것이다. 이것이 근로자들에게 어떤 열적 영향을 미칠까?

**해답**

우선 단위를 미터법으로 환산한다:

$$(1500\ \mathrm{BTU/hr\ ft^2})\left(\frac{2.930\times10^{-4}\ \mathrm{kW\ hr}}{1\ \mathrm{BTU}}\right)\left(\frac{1\ \mathrm{ft}}{0.3048\ \mathrm{m}}\right)^2 = 4.73\ \mathrm{kW/m}$$

<표 3.9>로부터 이는 13초에 심한 통증의 유발과 함께 약 40초에 2도 화상을 야기할 것이다. 화상을 예방하기 위해 플레어 주변 지상에 대한 접근이 통제되어야 한다.

## 독성증기에 대한 근로자의 노출 계산

독성증기에 대한 노출을 평가하기 위한 적절한 방법은 공기 중의 독성증기의 농도를 직접 측정하는 것이다. 설계를 목적으로 증기농도를 계산하기 위해서는 통상 드럼통과 같이 위가 열려져 있고 오염물이 누출되는 막힌 공간을 필요로 한다.

예를 들어 <그림 3.2>에서와 같이 막힌 공간을 생각해 보자. 이 막힌 공간은 일정한 공기 유속으로 통풍된다. 휘발성 증기들은 막힌 용기 속으로 주입된다.

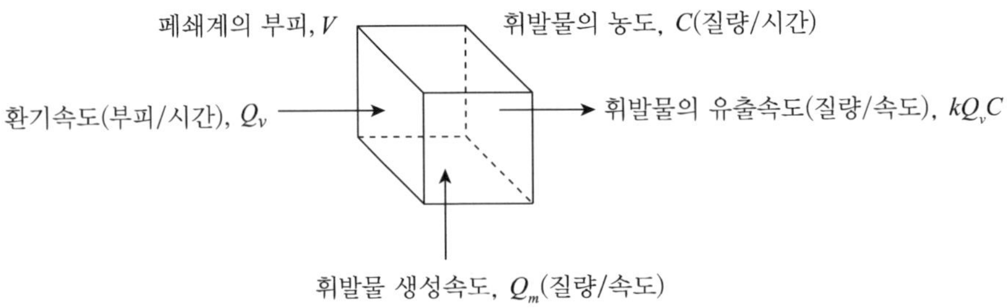


$$C_{ppm} = \frac{Q_m R_g T}{k Q_v P M} \times 10^6$$

⇧ **그림 3.2** 밀폐된 공간에서 휘발성 증기의 물질수지

공기 중의 휘발성물질의 농도를 계산하기 위해서 다음과 같이 정한다.

- $C$ : 통 속에 휘발성분농도 [질량/부피]
- $V$ : 용기의 부피 [부피]
- $Q_v$ : 통풍속도 [부피/시간]
- $k$ : 비이상 혼합인자 [무단위]
- $Q_m$ : 휘발성물질의 방출속도 [질량/시간]

비이상 혼합인자, $k$는 혼합물이 잘 섞이지 않아서 영향을 주는 요소를 말한다. 이들 사이에는 다음과 같은 관계가 성립된다.

휘발성분의 총 질량 $= VC$

휘발성 물질의 질량 축적량 $= \dfrac{d(VC)}{dt} = V\dfrac{dC}{dt}$

생성된 휘발성 물질의 질량 유속 $= Q_m$

밖으로 나가는 휘발성 물질의 질량 유속 $= kQ_vC$

「축적량 = 들어가는 양 − 나가는 양」 이므로 휘발성분에 대한 동적인 질량수지식은

$$V\frac{dC}{dt} = Q_m - kQ_v C \tag{3-6}$$

들어오는 양과 나가는 양이 같은 정상상태에서는 축적량이 0이 되므로 식 (3-6)을 $C$에 대해 정리하면

$$C = \frac{Q_m}{kQ_v} \tag{3-7}$$

식 (3-7)은 이상기체법칙을 이용하여 더욱 편리한 ppm 단위의 농도로 변화시킬 수 있다. $m$은 질량을 나타내고, $\rho$는 밀도, 소문자 $v$와 $b$는 각각 휘발물질과 본체 가스종을 나타낸다.

$$C_{\text{ppm}} = \frac{V_v}{V_b} \times 10^6 = \left(\frac{m_v/\rho_v}{V_b}\right) \times 10^6 = \left(\frac{m_v}{V_b}\right)\left(\frac{R_g T}{PM}\right) \times 10^6 \tag{3-8}$$

여기서, $R_g$: 이상기체상수
$T$ : 절대온도
$P$ : 절대압력
$M$: 휘발성물질의 분자량

$(m_v/V_b)$값은 식 (3-7)을 이용하여 계산한 휘발성분의 농도와 같다. 식 (3-7)을 식 (3-8)에 대입하면

$$\boxed{C_{\text{ppm}} = \frac{Q_m R_g T}{kQ_v PM} \times 10^6} \tag{3-9}$$

식 (3-9)는 환기속도, $Q_v$와 주어진 공간에서 발생원, $Q_m$을 갖고 있는 어떤 휘발성분의 평균 농도(ppm)를 결정하는데 사용된다. 이 식은 다음과 같은 형태의 노출에 적용될 수 있다.

- 작업자가 휘발성 액체용기통 근처에 서 있을 때
- 작업자가 저장탱크를 열고 있는 곳 근처에 서 있을 때
- 작업자가 휘발성 액체가 들어있는 열려진 그릇 근처에 서 있을 때

식 (3-9)는 다음과 같은 중요한 가정들을 내포하고 있다.

- 농도는 주어진 공간에서 평균 농도로 계산된다. 지역적 또는 부분적 상태에 따라서 상당히 높은 농도로 계산될 수도 있다: 작업자가 열려진 그릇 바로 위에 있을 경우에는 훨씬 높은 농도에 노출될 수 있다.
- 정상상태(steady state)로 가정되어 있다. 즉, 물질수지의 축적항은 언제나 0이다.

비이상적인 실제 경우의 혼합요소는 0.1에서 0.5까지 변화한다.[9] 완전한 혼합일 경우 $k$값은 1이다.

---

**예제 3.8**

뚜껑이 열려있는 톨루엔이 들어있는 용기의 무게가 시간의 함수로 측정된다. 평균 증발속도는 0.1 g/min이고, 환기속도는 100 $ft^3$/min이다. 온도는 80°F이며, 압력은 1기압이다. 용기 안의 톨루엔 증기의 농도를 계산하고 TLV 50 ppm과 비교해 보아라.

**해답**

$k$값은 직접 주어지지 않았기 때문에 변수로 취급해야 한다. 식 (3-9)에서

$$k\,C_{\text{ppm}} = \frac{Q_m R_g T}{Q_v PM} \times 10^6$$

주어진 자료로부터

$$Q_m = 0.1\ \text{g/min} = 2.20 \times 10^{-4}\ \text{lb}_\text{m}/\text{min}$$
$$R_g = 0.7302\ \text{ft}^3\ \text{atm/lb-mol}\ °\text{R}$$
$$T = 80°\text{F} = 540\ °\text{R}$$
$$Q_v = 100\ \text{ft}^3/\text{min}$$
$$M = 92\ \text{lb}_\text{m}/\text{lb-mol}$$
$$P = 1\ \text{atm}$$

$kC_{\text{ppm}}$ 계산식에 대입하면

$$kC_{\text{ppm}} = \frac{(2.20 \times 10^{-4}\ \text{lb}_\text{m}/\text{min})(0.7302\ \text{ft}^3\ \text{atm/lb-mol}\ °\text{R})(540\ °\text{R})}{(100\ \text{ft}^3/\text{min})(1\ \text{atm})(92\ \text{lb}_\text{m}/\text{lb-mol})} \times 10^6$$
$$= 9.43\ \text{ppm}$$

$k$가 0.1에서 0.5이므로 농도는 18.9 ~ 94.3 ppm 사이의 값을 갖는다. 이러한 실제 기체의 시료값은 20 ppm의 TLV를 초과하지 않는다는 것을 확인시켜 줄 것이다.

---

## 액체 증발 속도 추산

높은 포화증기압을 갖는 액체는 빠르게 기화된다. 결과적으로 높은 포화증기압을 갖는 기체는 높은 증발속도(질량/시간)를 갖게 된다. 실제로 정체된 공기 중에서 증발속도는 포화증기압과 증기의 분압의 차이에 비례한다. 즉

9) R. Craing Matthiessen, "Estimating Chemical Exposure Levels in the Workplace," *Chemical Engineering Progress* (Apr. 1986), p.30.

$$Q_m \propto (P^{sat} - p) \tag{3-10}$$

여기서, $P^{sat}$는 액체의 온도에서 순수액체의 포화증기압을 나타내며, $p$는 액체의 부분압을 나타낸다. 보다 일반화된 증발속도 표현식은[10)]

$$Q_m = \frac{MKA(P^{sat} - p)}{R_g T_L} \tag{3-11}$$

여기서, $Q_m$ : 증발속도 [질량/시간]
$M$ : 휘발성분의 분자량
$K$ : 일정지역 A에서의 물질전달계수 [길이/시간]
$R_g$ : 이상기체상수
$T_L$ : 액체의 절대온도

많은 경우에 $P^{sat} \gg p$ 이므로 식 (3-11)은 간단하게 된다.

$$\boxed{Q_m = \frac{MKAP^{sat}}{R_g T_L}} \tag{3-12}$$

식 (3-12)는 뚜껑이 열린 휘발성 액체 또는 흘러나온 휘발성 액체의 증발속도를 계산할 때 사용된다. 식 (3-12)에 의하여 결정된 증발속도 또는 증발원의 항은 식 (3-9)에 대입하여 액체의 증발로 인한 밀폐된 용기 안에서 휘발성 물질의 ppm농도를 계산하는데 사용된다.

$$C_{\text{ppm}} = \frac{KATP^{sat}}{kQ_v PT_L} \times 10^6 \tag{3-13}$$

대부분의 경우 $T = T_L$이므로 식 (3-13)은 간략화된다.

$$\boxed{C_{\text{ppm}} = \frac{KAP^{sat}}{kQ_v P} \times 10^6} \tag{3-14}$$

$P$는 절대압력이다. 기체물질 전달계수는 다음과 같은 관계식을 이용해서 계산한다.[11)]

$$K = aD^{2/3} \tag{3-15}$$

여기서, $a$는 상수이고, $D$는 기체상 분산계수이다.

---

10) Steven R. Hanna and Peter J. Drivas, *Guidelines for the Use of vapor Cloud Dispersion Models*, 2nd ed.(New York: American Institute of Chemical Engineers, 1996).
11) Louis J. Thibodeaux, *Environmental Chemodynamics*, 2nd ed. (New York: Wiley, 1996), p.85.

식 (3-15)는 $K$ 값과 기준값, $K_o$를 갖고 있는 두 기체의 물질전달계수 비율을 결정하는데 사용된다.

$$\frac{K}{K_0} = \left(\frac{D}{D_o}\right)^{2/3} \tag{3-16}$$

기체상의 분산계수[12]는 그 물질의 분자량, $M$으로부터 계산된다.

$$\frac{D}{D_o} = \sqrt{\frac{M_o}{M}} \tag{3-17}$$

식 (3-17)을 식 (3-16)과 결합시키면

$$\boxed{K = K_o\left(\frac{M_o}{M}\right)^{1/3}} \tag{3-18}$$

물은 가장 흔히 사용하는 기준물질로서, 물의 물질전달계수[13]는 0.83 cm/s이다.

**예제 3.9**

지름이 1.5 m인 뚜껑이 열린 대형 탱크에 톨루엔($C_7H_8$)이 들어있다. 이 탱크에서 톨루엔 증발속도를 계산하여라. 온도는 77°F이며 압력은 1 atm으로 가정한다. 만약 통풍속도가 85 m$^3$/min이면 작업장 내의 톨루엔 농도는 얼마나 되겠는가?

**해답**

톨루엔 분자량 $M = 92$, 물질전달계수는 물을 기준 물질로 식 (3-18)을 이용하여 계산하면

$$K = K_o\left(\frac{M_o}{M}\right)^{1/3} = (0.83\ \text{cm/s})\left(\frac{18}{92}\right)^{1/3} = 0.482\ \text{cm/s} = 0.289\ \text{m/min}$$

포화증기압은 예제 3.4에 제시되어 있다:

톨루엔의 포화증기압 $P^{sat}_{\text{toluene}} = 28.2\ \text{mmHg} = 0.0371\ \text{atm}$

액면(탱크풀)의 면적 $A = \dfrac{\pi d^2}{4} = \dfrac{(3.14)(1.5\ \text{m})^2}{4} = 1.77\ \text{m}^2$

식 (3-12)를 이용하여 증발속도를 계산하면

$$Q_m = \frac{MKAP^{sat}}{R_g T_L} = \frac{(92\ \text{kg/kg-mol})(0.289\ \text{m/min})(1.77\ \text{m}^2)(0.0371\ \text{atm})}{(0.082057\ \text{m}^3\ \text{atm/kg-mol °K})(298\ \text{°K})} = 0.0714\ \text{kg/min}$$

12) Gordon M. Barrow, *Physical Chemistry*, 2nd ed. (New York: McGraw-Hill, 1966), p.19.

13) Matthiessen, "Estimation Chemical Exposure Levels in the Workplace," *Chemical Engineering Progress* (April 1986): 33.

농도는 $k$를 변수로 한 식 (3-14)을 이용하면 계산된다.

$$kC_{\text{ppm}} = \frac{KAP^{sat}}{Q_v P} \times 10^6 = \frac{(0.289 \text{ m/min})(1.77 \text{ m}^2)(0.0371 \text{ atm})}{(85 \text{ m}^3/\text{min})(1 \text{ atm})} \times 10^6$$
$$= 223 \text{ ppm}$$

톨루엔의 농도는 $k$값(0.1~0.5)에 따라 446 ppm에서부터 2,230 ppm까지 달라진다. 톨루엔의 TLV가 20 ppm이므로 열린 면적을 줄이거나 더 많은 통풍을 시켜야 한다. 최악의 농도 2,230 ppm을 20 ppm으로 낮추기 위해서 필요한 통풍속도는

$$Q_v = (85 \text{ m}^3/\text{min})\left(\frac{2{,}230 \text{ ppm}}{20 \text{ ppm}}\right) = 9{,}480 \text{ m}^3/\text{min}$$

이는 일반 환기의 비실용적인 수준을 나타낸다. 이 문제에 대한 잠재적인 해결책은 닫힌 관에 톨루엔을 함유하거나 관 시작 부분에 국부 통기를 사용하는 것이다.

---

### 용기에 휘발성 액체를 채우는 동안의 작업자 노출량 추산

큰 용기에 액체를 채울 때에 휘발성 물질의 방출은 <그림 3.3>에서 보는 바와 같이 2가지 원인에서 기인된다. 두 요인은 다음과 같다.

- 식 (3-14)에 의해 표현되는 액체의 증발
- 큰 용기에 액체를 채우는 동안 주입된 액체에 의하여 치환되어 나오는 증기공간 중의 증기

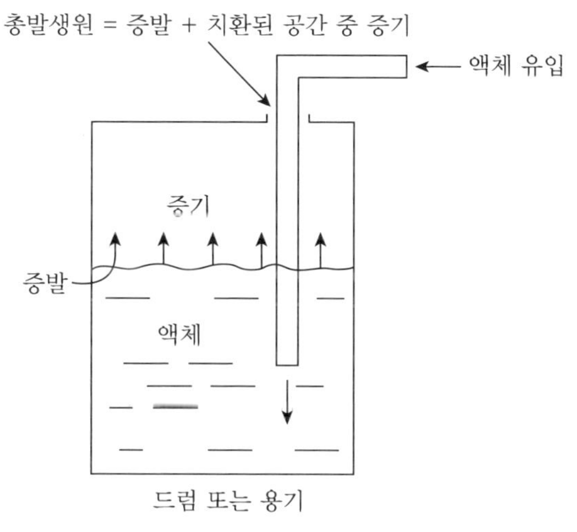


**그림 3.3** 액체를 채우는 통의 증발과 이동

실제로 생성된 휘발성 물질의 양은 이 2가지 원인을 합하면 된다.

$$Q_m = (Q_m)_1 + (Q_m)_2 \tag{3-19}$$

$(Q_m)_1$은 증발에 의한 요인을 나타내고, $(Q_m)_2$은 치환에 의한 요인을 나타낸다. $(Q_m)_1$ 값은 식 (3-12)를 이용하여 계산할 수 있다. $(Q_m)_2$는 증기는 휘발성분에 의해 완전히 포화되어 있다는 가정하에서 결정된다. 완전포화되지 않은 상태인 경우는 후에 보정해야 한다.

$V_c$ : 용기의 부피
$r_f$ : 용기에 액체가 채워지는 일정한 속도 [시간$^{-1}$]
$P^{sat}$ : 휘발성 액체의 포화증기압
$T_L$ : 액체와 용기의 절대온도

$r_f V_c$는 드럼통 또는 용기에서 치환된 증기의 부피속도이다. 그리고 $\rho_v$를 휘발성 증기의 밀도라고 하면 $r_f V_c \rho_v$은 용기에서 치환되는 휘발증기의 질량유속이다(질량/시간). 이상기체 법칙을 이용하면

$$\rho_v = \frac{MP^{sat}}{R_g T_L} \tag{3-20}$$

$$(Q_m)_2 = \frac{MP^{sat}}{R_g T_L} r_f V_c \tag{3-21}$$

휘발성분에 의해 용기 안의 증기가 포화되지 않을 경우는 식 (3-21)이 보정되어야 한다. $\phi$가 이 보정인자라고 하면

$$(Q_m)_2 = \frac{MP^{sat}}{R_g T_L} \phi r_f V_c \tag{3-22}$$

용기의 윗 부분에서 액체를 주입시킬 경우에 $\phi = 1$이며, 그릇의 밑바닥에서 액체를 주입[14)]시킬 경우 $\phi = 0.5$이다.

충전에 기인한 실원인항은 식 (3-12)와 (3-22)를 식 (3-19)에 대입하여 얻을 수 있다.

$$Q_m = (Q_m)_1 + (Q_m)_2 = \frac{MP^{sat}}{R_g T_L}(\phi r_f V_c + KA) \tag{3-23}$$

이 식을 식 (3-9)에 대입하여 액체 충전 작업에 기인한 용기 안의 증기농도를 ppm으로 계산할 수 있다. 또한 $T = T_L$로 가정하면

14) R. Craig Matthiessen, "Estimating Chemical Exposure Levels in the Workplace," *Chemical Engineering Progress* (April 1986): 33..

$$C_{\text{ppm}} = \frac{P^{sat}}{kQ_v P}(\phi r_f V_c + KA) \times 10^6 \tag{3-24}$$

많은 경우에는 실제로 증발항 $KA$값이 치환항의 값보다 훨씬 작으므로 이 값은 무시될 수 있다.

**예제 3.10**

철로용 탱크차에 톨루엔이 차례로 탱크의 위에서 주입된다(Splash-filled). 10,000 갤런 탱크차 1대를 주입하는데 걸리는 시간은 8시간이다. 탱크 주입구의 지름이 4인치일 때 이 작업 중에 생성된 톨루엔 증기의 농도를 계산하여라. 통풍속도는 3,000 ft$^3$/min이고 온도는 77°F, 압력은 1기압이다.

**해답**

농도는 식 (3-24)를 이용하여 계산한다. 앞 예제 3.8에서 $K$= 0.949 ft/min이고, $P^{sat}$ = 0.0371 기압이다. 주입구의 면적($A$)는

$$A = \frac{\pi d^2}{4} = \frac{(3.14)(4\text{ in})^2}{(4)(144\text{ in}^2/\text{ft}^2)} = 0.0872\text{ ft}^2$$

그러므로

$$KA = (0.949\text{ ft/min})(0.0872\text{ ft}^2) = 0.0827\text{ ft}^3/\text{min}$$

액체의 충전 유속, $r_f$ 는

$$r_f = \left(\frac{1}{8\text{ hr}}\right)\left(\frac{1\text{ hr}}{60\text{ min}}\right) = 0.00208\text{ min}^{-1}$$

위에서부터 주입하는 스플래쉬 주입(Splash-filling)이므로 보정인자 $\phi$=1.0. 치환항은 식 (3-24)를 이용하여

$$\phi r_f V_c = (1.0)(0.00208\text{ min}^{-1})(10{,}000\text{ gal})\left(\frac{1\text{ ft}^3}{7.48\text{ gal}}\right) = 2.78\text{ ft}^3/\text{min}$$

보통 증발요인은 매우 작으므로 무시한다.

농도는 식 (3-24)으로 계산되는데 $k$를 변수로 보면

$$kC_{\text{ppm}} = \frac{P^{sat}\phi r_f V_c}{Q_v P} = \frac{(0.0371\text{ atm})(2.78\text{ ft}^3/\text{min})}{(3{,}000\text{ ft}^3/\text{min})(1\text{ atm})} \times 10^6$$

$$= 34.4\text{ ppm}$$

$k$값에 따라 실제 농도는 69에서 344 ppm 사이의 값이다. 그러므로 실제로 농도를 측정하여 TLV값 20 ppm을 넘지 않는지 확인해야 한다. 만약 탱크차의 하부에서 주입하면 $\phi$값이 0.5이므로 농도는 35 ppm에서 172 ppm까지 달라질 수 있다.

## 4 노출방지를 위한 기술 증진 및 평가

잠재적인 보건상의 유해요소가 파악되고 평가된 뒤에는 적절한 제어기술이 개발되고 또한 설치되어져야 한다. 이는 작업장의 위험한 노출을 줄이기 위한 적절한 기술의 적용을 요구한다. <표 3.11>에 예시되어 있는 것은 화학공업에서 사용되고 있는 제어기술들의 형태이다.

**표 3.11** 화학공장 제어기술

| 형태 및 설명 | 대표적 기술 |
|---|---|
| **본질적으로 더 안전한**<br>(Inherently safer)<br>유해·위험요인 제거 혹은 감소 | · 화학 물질을 완전히 제거.<br>· 원자재, 중간 생성물, 생산물을 포함한 화학물질 재고 감축.<br>· 화학물질을 덜 위험한 물질로 대체.<br>· 화학 물질의 온도 및 압력 감소.<br>· 보류(hold-up)재고 감소를 위한 배관 크기 감소. |
| **봉쇄** (Enclosures)<br>작업장이나 장치를 봉쇄시키고 음압 하에 놓게 한다. | · 시료 채취구와 같은 위험한 운전들은 봉쇄한다.<br>· 실내 하수관 배기장치 등을 밀봉한다.<br>· 내부장치를 관찰할 수 있는 기기 및 장치를 이용한다.<br>· 고온 표면을 차단한다. |
| **국소배기** (Local Ventilation)<br>위험물질을 배출시킨다. | · 적절하게 설계된 후드를 사용한다.<br>· 물질을 충전 또는 방출시는 후드를 이용한다.<br>· 샘플을 채취하는 곳에서는 위험물을 제거하는 국소배기시설을 이용한다.<br>· 배기장치를 마이너스압력으로 유지시킨다. |
| **희석배기**<br>(Dilution Ventilation)<br>낮은 독성수준을 유지시킬 수 있도록 배기장치를 설치한다. | · 환기가 양호한 라커룸을 설치하고 오염된 옷을 저장할 수 있는 밀폐공간이나 특별공간을 설계한다.<br>· 운전시설로부터 운전시설이나 사무실을 격리시키도록 설계한다.<br>· 방향성 배기시설을 갖춘 필터프레스룸(filter press room)을 설계한다. |
| **습식방법** (Wet Methods)<br>분진오염을 최소화할 수 있도록 습식방법을 이용한다. | · 용기를 샌드블라스팅하는 대신에 화학적으로 청소한다.<br>· 물분무기를 사용하여 청소한다.<br>· 지역을 자주 청소한다.<br>· 트렌치나 펌프실을 차폐하기 위하여 물분무를 사용한다. |
| **양호한 관리**<br>(Good Housekeeping)<br>독극물 및 독성분진이 있는 용기를 주의깊게 유지 관리한다. | · 펌프나 탱크 주변에 방류둑을 설치한다.<br>· 수세지역에 물과 스팀을 연결시킨다.<br>· 청소나 플러싱하기 위한 물과 공기관을 제공한다.<br>· 긴급 오염을 대처할 수 있는 하수시설을 설치한다. |
| **개인보호장구**<br>(Personal Protection)<br>마지막 방어수단 | · 보안경이나 안전 보호구를 사용한다.<br>· 앞치마 팔 보호구, 우주복을 사용한다.<br>· 적절한 방독마스크를 사용한다 : 산소의 농도가 19.5% 이하인 경우에는 공기공급식 호흡기를 착용한다. |

제어방법의 설계는 매우 중요하며 창의적인 과제이다. 공정설계과정에서 공정설계자들은 새로운 제어기술이 다른 위험을 내포하지 않도록 많은 주의를 기울여야 하는데 어떤 경우는 새로운 기술도입으로 말미암아 기존의 기술도입시보다 더 큰 위험을 야기할 수 있기 때문이다.

두 종류의 주요한 제어기술은 환경 제어 및 개인보호에 관한 것이다. 환경 제어기술은 작업장내에 독성물질의 농도를 감소시킴으로써 근로자를 보호하는 것이다. 이러한 방법은 주로 대체, 격리, 봉쇄, 부분환기, 희석, 습식방법, 정리정돈 등을 들 수 있다. 개인보호구는 작업환경과 작업자 사이에 보호벽을 설치함으로써 노출을 감소시킬 수 있다. 이러한 보호벽은 보통 작업자에게 착용시킴으로써 이루어질 수 있다. <표 3.12>에 개인 보호장비에 관한 여러 형태를 기술하고 있다.

**표 3.12** 개인 보호장구, 방독마스크 제외

| 형태 | 설명 |
|---|---|
| 안전모 | 떨어지는 물건으로부터 머리 보호 |
| 보안경 | 안구의 보호(충격) |
| 가스방지용 화학물질 튀김방지 안경 | 액체 및 흄 물질에 적합 |
| 앞부분이 철로 된 안전화 | 떨어뜨린 기구에 대한 보호 |
| 보안면 | 화이버글래스로 대부분이 화학물질에 견딤. |
| 비닐 앞치마 | 대부분 화학물질에 견딤 |
| 스플래시 수트(Splash suit) | 불연성 노출을 위한 바이톤이나 부틸 고무 |
| 탯줄 수트(Umbilical cord suit) | 외부 공기 공급을 위해 사용 |
| 고무 소매 | 팔부분 보호 |
| PVC 장갑 | 산, 염으로부터 보호 |
| PVC와 라이트릴 부츠 | 산, 기름, 윤활유로부터 보호 |
| 귀 마개 | 아주 시끄러운 소음으로부터 보호 |

## 방독마스크

방독마스크는 주로 화학 실험실 및 공장에서 사용된다. 방독마스크는 다음의 경우에 반드시 사용되어져야 한다.

- 정규 제어방법이 수행될 때까지 일시적 방편으로
- 응급장비로서 사고 시 작업자 안전을 위하여
- 마지막 피난처(last resort)로서 환경제어기술이 만족할만한 방지효과를 낼 수 없을 시

방독마스크는 작업능률을 저하시키기 쉽다. 방독마스크를 착용한 작업자는 방독마스크를 착용하지 않은 작업자보다 어떤 일의 수행능력 및 반응효과가 떨어진다. 여러 가지 방독마스크가 <표 3.13>에 나와 있다. 적절하지 못한 방독마스크를 사용할 때에는 더욱 많은 광범위한 손상을 야기할 수도 있다. OSHA와 NIOSH는 방독마스크 사용 시의 기술기준들, 즉 착용테스

트[15], 정기적 점검, 세분된 적용법, 훈련, 기록유지 등에 관해서 규정하고 있다. 모든 산업체근로자 중 방독마스크를 사용하는 사람은 OSHA 규정을 완전히 이해해야 할 법적 의무가 있다.

**▎표 3.13 화공산업에 유용한 호흡용 보호구**

| 노출물질 | 유형 | 한계 |
|---|---|---|
| 분진 | 방진마스크<br>(반면 입과 코가림 분진마스크) | • 먼지, 흄, 미스트에 사용<br>• 화학물질에는 적합지 않음<br>• $O_2$ 〉 19.5%<br>• Replaced when discolored or clogged |
| 화학증기 | 방독마스크<br>(화학 카트리지가 있는 반면 방독마스크) | • IDLH보다 낮은 농도<br>• 특정 농도를 넘지 않아야 함<br>• $O_2$ 〉 19.5%<br>• 노출 한계의 10배<br>• 화학물질에 대한 노출 한계를 알아야 함 |
| 화학증기 | 전면형 방독마스크<br>(화학 카트리지가 달린 전면마스크) | • IDLH보다 낮은 농도<br>• 특정 농도를 넘지 않아야 함<br>• $O_2$ 〉 19.5%<br>• 노출한계의 50배<br>• 화학물질에 대한 노출 한계를 알아야 함 |
| 화학증기와 분진 | 자급식 호흡장치<br>(SCBA) | • 사용처: 화학, 생물학, 방사선학, 핵 노출<br>• IDLH보다 높은 농도와 산소 농도 19.5% 이하에서 사용될 수 있음<br>• 공기 탱크 용량에 따른 제한적 시간 사용 |

출처 : Information from following and National Institute for Occupational Safety and Health. "Respirator Selection Logic." 2004. www.cdc.gov/niosh/docs/2005-100/
Selection guide: https://multimedia.3m.com/mws/media/639110O/3m-respirator-selection-guide.pdf
General Information about masks: www.osha/gov/pls/oshaweb/owadisp.show_document?p_table=standards&p_id- 12716
Gas mask description: www.osha/gov/dts/shib/respiratory_protection_bulletin_2011.html
Gas mask limitation: www.cdc.gov/NIOSH-CEL/Limitations/G14#14G_1

## 환기

공기 중에 들어있는 독성물질을 조절하는 방법으로 가장 일반적인 방법이 환기(ventilation)이다. 그 이유는 다음과 같다.

- 환기는 독성물질 또는 인화성 물질을 위험한 농도 이하로 아주 빨리 낮출 수 있다.
- 환기는 이동하는 공기량과 장치 크기를 감소시킴으로써 아주 극소화할 수 있다.
- 환기설비는 쉽게 설치하여 바로 효과를 볼 수 있다.
- 환기설비는 기존의 설비에 부가하여 설치할 수 있다.

15) National Institute for Occupational Safety and Health,"Respirator Selection Logic." 2004. www.cdc.gov/niosh/docs/2005-100/.

환기장치의 주된 단점은 운영비용이다. 큰 용량의 환기용 팬을 작동시키기 위해서는 많은 전기에너지가 필요하며, 많은 양의 공기를 가열 또는 냉각시키는 데에도 비용이 많이 들기 때문이다. 환기는 다음 2가지 원리를 기초로 한다 : (1) 오염물을 기준 농도 이하로 희석 (2) 작업자에 노출되기 전에 오염물의 제거. 환기설비는 팬과 덕트(ducts)로 구성되어 있다. 팬은 0.1 psi 이하의 작은 압력차를 유발시키어 공기를 움직이게 한다. 가장 좋은 시스템은 공기 배출구 끝에 팬을 설치하여 마이너스 압력을 유도, 공기를 밖으로 보내는 시스템이다. 이러한 시스템은 덕트로부터 오염된 공기가 누출되어 작업장으로 다시 들어오는 것을 방지할 수 있다(그림 3.4).

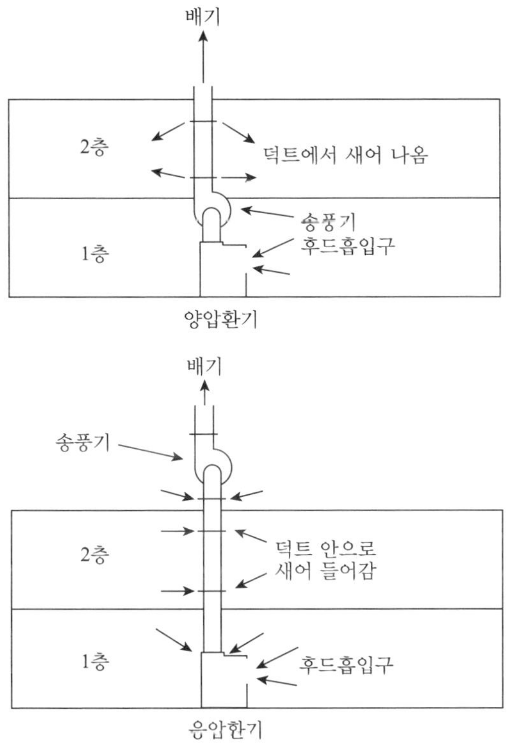


**그림 3.4** 양압과 음압 환기시스템의 차이. 음압시스템은 오염물이 작업장으로 누설되지 않는다.

### (가) 국소배기

가장 일반적인 국소배기의 예는 후드이다. 후드는 오염물을 완전히 차단하거나 오염된 공기를 이동시켜 밖으로 내보내는 장치이다. 몇 가지 형태의 후드를 열거하면 다음과 같다.

- 포위형 후드(enclosed hood)는 오염물을 완전히 차단시킬 수 있다.
- 포집형 후드(exterior hood)는 떨어져 있는 오염물을 계속적으로 후드로 이동시킨다.
- 수형 후드(receiving hood)는 일종의 외부 후드로 오염원을 축적시켜 제거한다.
- 밀고-당기는 후드(push-pull hood)는 공기 스팀을 이용 오염원을 환기장치로 밀어내는 장치이다.

가장 일반적 포위형 후드는 실험실 후드이다. 표준 실험실 후드가 <그림 3.5>에 나와 있다. 신선한 공기가 후드문에서 들어가서 덕트 윗부분을 통해 밖으로 배출되어진다. 후드 안에서의 공기흐름은 창문의 창틀 위치에 따라 많은 변화를 갖는다. 창문의 창틀을 최소한 수 인치 정도 열어 놓아야 새로운 공기가 들어가게 된다. 한편 창문의 창틀을 완전히 개방해서는 안되며, 만약 개방했을 경우 그 오염원이 밖으로 빠져나갈 염려가 있기 때문이다.

또 다른 형태의 실험실 후드는 <그림 3.6>에서 보는 것과 같이 우회(bypass)형 후드이다. 우회되는 공기는 후드 윗부분의 석쇠를 통해 공급된다. 이러한 구조는 후드 안의 오염물이

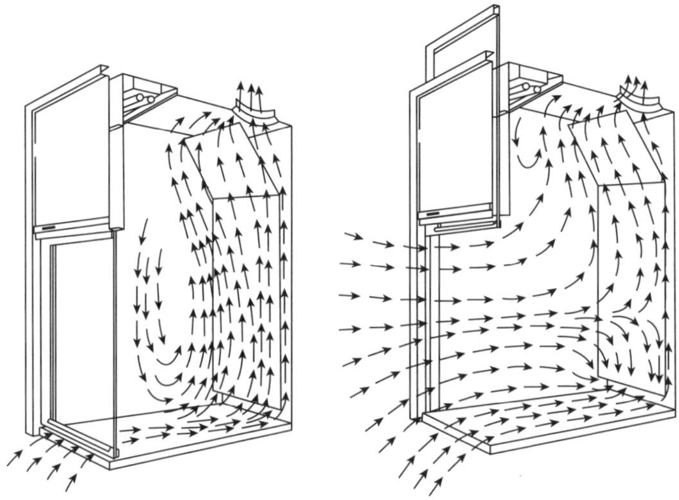

⇧ **그림 3.5** 표준형 실험실 후드, 공기 흐름형태와 제어속도는 창틀의 높이에 의존한다. (출처: N. Irving Sax, *Dangerous Properties of Industrial Materials*, 4th ed., 1975, p.74)

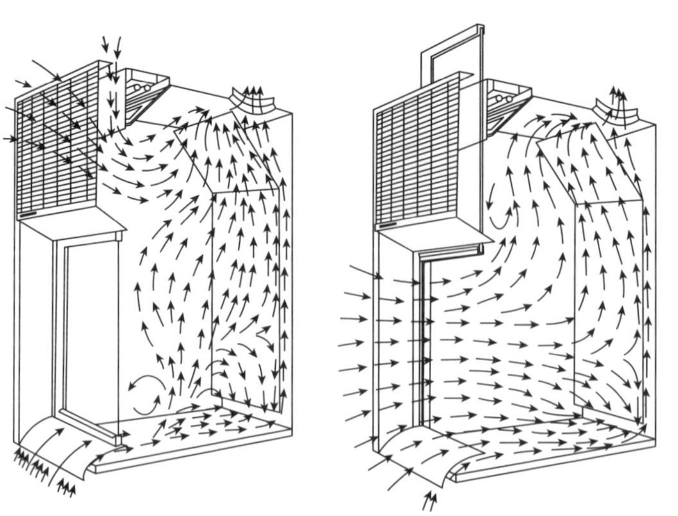

⇧ **그림 3.6** 표준 우회식 실험실 후드. 우회공기는 창틀의 높이에 의하여 제어된다. (출처: N. Irving Sax, Dangerous Properties of Industrial Materials, 4th ed., 1975, p.74)

깨끗한 공기를 통해 밖으로 제거되게 한다. 공급되는 우회 공기량은 후드창틀이 열려지는 만큼 감소된다. 포위형 후드의 장점은 다음과 같다.

- 작업자에 노출된 오염물의 완전 제거
- 최소 공기 공급만이 필요함
- 화재 또는 폭발시 완전 봉쇄장치 제공
- 후드상 미닫이문의 수단으로 작업자 보호

포위형 후드의 단점은 다음과 같다.

- 작업공간의 제한
- 단지 규모가 작은 실험실, 파이롯트 공장 장치 규모에만 사용가능

대부분의 후드계산은 플러그 흐름을 가정한다. 덕트의 단면적을 $A$, 평균 공기속도를 $u$ (거리/시간)이라 하고 단위시간당 움직인 공기부피를 $Q_v$라 하면

$$Q_v = A\bar{u} \tag{3-25}$$

직사각형 덕트의 경우 폭을 $W$, 길이를 $L$로 하면

$$Q_v = LW\bar{u} \tag{3-26}$$

<그림 3.7>에서 보는 것과 같은 간단한 상자형 포위후드를 생각하자. 설계전략은 후드를 열었을 때 일정한 공기흐름속도를 갖게 하는 것이다. 이러한 형태 또는 공기속도 조절능력은 오염물을 후드 밖으로 나오지 못하게 해준다.

그러나 경험상으로 보면 높은 공기흐름속도는 후드 밑 장들로부터 들어오는 공기를 회오리치게 한다. 이는 오염된 공기의 역류를 가능케 할 수도 있다. 일반적으로 공기 제어속도는 80~120 ft/min (24.4~36.6 m/min)가 적당하다고 본다.

후드 창문을 열고서 어떤 특정위치에서 공기흐름속도를 측정하기 위해서는 측정기기들이 쓰인다. 이러한 측정은 OSHA의 요구사항이다. 공기흐름속도는 송풍기 속도와 창틀 높이의 함수이다. 화살표는 특정면의 공기속도를 확보하기 위한 적당한 창틀 높이를 알려주는데 사용된다. 많은 종류의 후드 및 덕트 형태를 설계하기 위한 유용한 식들이 많이 있다[16].

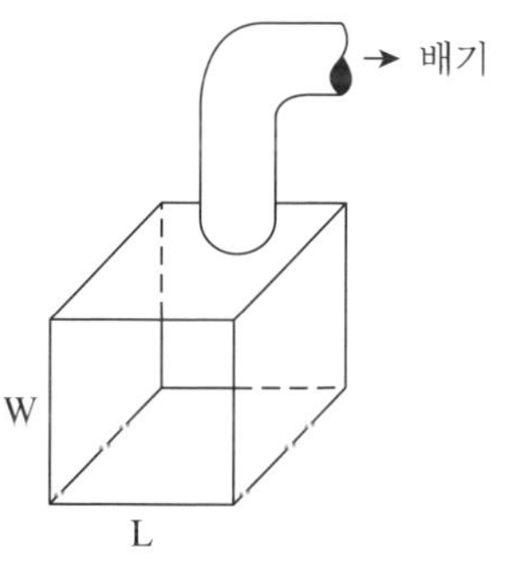


$$Q_v = LW\bar{u}$$

$Q_v$ : 부피유속, 부피/시간
$L$ : 길이
$W$ : 폭
$\bar{u}$ : 필요제어 속도

**그림 3.7** 상자형 후드에 대한 총부피유속의 결정(일반 운전일 경우 제어속도는 80~120 ft/min (fpm)이 바람직)

다른 형태의 국부 환기방법으로 코끼리 트렁크형(elephant trunks)과 자유낙하산형(free hanging canopies)과 포집형(plenums) 등이 있다. 코끼리 트렁크형은 오염원 근처에 자유롭게 움직일 수 있는 환기 덕트를 설치하는 것이다. 가장 흔히 사용되는 예는 드럼통 또는 용기에 유독물을 저장 또는 꺼낼 때에 사용되는 것이다. 자유 낙하산형 또는 포집형 후드 덕트에 붙이거나 일정한 곳에 부착시킴으로써 자유롭게 움직일 수 있다. 이러한 배기방법은 작업자에게 노출되어 희석되기는 했지만 오염원과의 접촉을 허용하게 한다.

### (나) 희석식 환기

만약 오염물을 후드 안에 넣을 수 없을 경우에는 열린 공간 또는 열린 방, 또는 희석식 환기가 필요하게 된다. 희석식 환기는 공기 흐름이 작업자들의 오염원 노출을 방지하는 후드식 환기와는 달리 언제나 새로운 공기에 의해 희석되기는 하지만 일정량의 오염물에 작업자가 노출되게 한다. 희석식 환기는 언제나 국소배기에 의할 때보다 훨씬 더 많은 공기 흐름을 필요로 하며 운전비용 역시 크다.

식 (3-9), (3-12), (3-14) 등이 환기속도를 계산하는데 사용된다. <표 3.14>는 환기속도식을 사용할 때에 비이상적으로 섞이는 공기의 $k$값을 나타내고 있다.

**표 3.14** 여러 가지 희석식 환기상태에서 비이상 혼합인자, $k$

| 증기농도 (ppm) | 혼합인자 : 환기상태 | | | |
|---|---|---|---|---|
| | poor | average | good | excellent |
| 500 이상 | 1/7 | 1/4 | 1/3 | 1/2 |
| 101~500 | 1/8 | 1/5 | 1/4 | 1/3 |
| 0~100 | 1/11 | 1/8 | 1/7 | 1/6 |

만약 여러 개의 오염물에 노출됐을 경우의 희석공기요구량은 각각의 오염원의 희석공기요구량을 계산하여 구한다. 총 희석공기요구량은 각각의 희석공기요구량의 합이다.

희석식 환기장치를 설치하기 전에 다음 조건들을 고려해야만 한다.

- 오염물은 독성이 강하지 않아야 한다.
- 오염물이 일정속도로 방출돼야 한다.
- 작업자는 오염물로부터 일정 거리에 있어 오염물의 농도가 적절하게 희석될 수 있어야 한다.
- 세정설비(scrubbing system)가 필요 없어야 한다.

16) *Industrial Ventilation: A Manual of Recommended Practice*, 27th ed. (Cincinnati, OH: American Conference of Governmental Industrial Hygienists, 2010).

**예제 3.11**

Xylene은 공장에서 용매로 사용된다. 어느 페인팅 작업시 8시간 단위로 10 L의 Xylene이 증발된다. 환기의 질은 평균으로 설정한다. Xylene의 농도를 TLV-TWA, 100 ppm 이하로 유지하기 위한 희석 환기 공기량을 계산하여라. 또한 포위형 후드에서의 공기 요구량도 계산하여라. 후드의 단면적이 5 $m^2$이고 면속도가 30 m/min이다. 온도는 25℃이고, 압력은 1기압이다. Xylene의 비중은 0.864이며, 분자량은 106이다.

**해답**

Xylene의 증발속도 $Q_m = \left(\dfrac{0.01\ \mathrm{m}^3}{8\ \mathrm{hr}}\right)\left(\dfrac{1\ \mathrm{hr}}{60\ \mathrm{min}}\right)\left(\dfrac{864\ \mathrm{kg}}{\mathrm{m}^3}\right) = 0.0180\ \mathrm{kg/min}$

<표 3.14>로부터 평균 배기와 100 ppm 증기 농도 때의 $k = 1/8 = 0.125$이므로 식 (3-9)에서 $Q_v$를 구하면

$$Q_v = \frac{Q_m R_g T}{k C_{ppm} PM} \times 10^6 = \frac{(0.0180\ \mathrm{kg/min})(0.082057\ \mathrm{m^3 atm/kg\text{-}mol\,^\circ K})(298^\circ\mathrm{K})}{(0.125)(100\ \mathrm{ppm})(1\ \mathrm{atm})(106\ \mathrm{kg/kg\text{-}mol})} \times 10^6 = 334\ \mathrm{m^3/min}$$

후드의 열린 면적이 5 $m^2$일 때 식 (3-25)를 사용하면 이때, 조절속도를 30 m/min으로 가정하면

$$Q_v = A\bar{u} = (5\ \mathrm{m}^2)(30\ \mathrm{m/min}) = 150\ \mathrm{m^3/min}$$

후드를 사용할 때에는 공기 요구량은 희석식 환기 때의 공기요구량보다 훨씬 적고 작업자를 오염물의 노출로부터 완전히 보호할 수 있다.

## 5 국립화재방지협회(NFPA) 다이아몬드

유해·위험한 화학물질 특징을 묘사하는데 또다른 방법은 국립화재방지협회(NFPA) 다이아몬드다. NFPA는 1896년에 화재나 다른 위험들로 인한 사망자나 부상자들을 세계적으로 삼축시키기 위해 설립된 선문적 협회이나. 그들의 주요 임무는 국가진기코드(NEC)를 포함힌 표준과 합의코드를 홍보하는 것이다.

NFPA 다이아몬드는 화학물질 컨테이너나 저장용기에 빈번하게 나타난다. 이 다이아몬드의 주요 목적은 비상대응요원이 화재나 다른 긴급 상황에서 화학적 유해·위험요인을 알아채고 빠른 대응을 할 수 있도록 하는 것이다. 그러나 이는 유해·위험요인 인식이 중요한 일상적인 운전에도 유용하다. NFPA 다이아몬드는 실험실의 화학 컨테이너에서 빈번하게 볼 수 있다.

NFPA 다이아몬드는 <그림 3.8>에서와 같이 네 개의 분할된 영역으로 이루어져 있다. 각 영역은 건강, 화재, 안정성, 특별 유해·위험요인에 해당한다. 과거에는 안정성 대신에 문자 반응성(word reactivity)이 사용되었으나, 화학적 안정성이 화재 발생시 긴급대응요원이 직면

**건강등급**
4 – 사망할 수 있음
3 – 심각 또는 영구 부상
2 – 일시적 또는 만성적 부상
1 – 경미한 부상
0 – 건강상 위협이 되지 않으며 특별한 주의가 필요하지 않음

**인화성 등급**
4 – 즉시 또는 완전히 증발 그리고 즉시 연소
3 – 대기환경에서 즉시 점화
2 – 적당히 가열된 경우 점화
1 – 점화를 위해 예열이 필요
0 – 정상 화재조건하에서 연소되지 않음

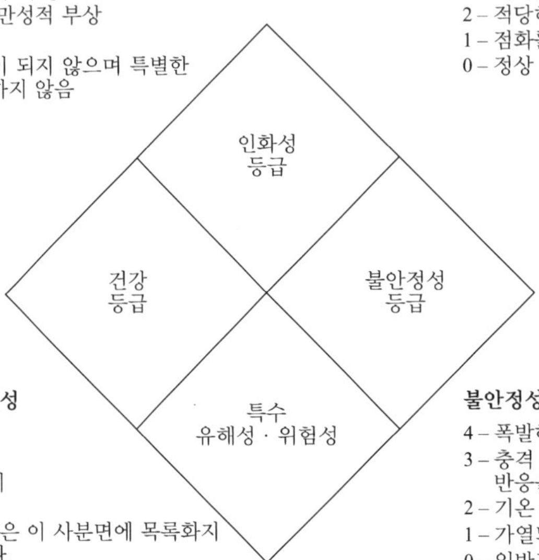


**특수 유해성위험성**
OX – 산화제
W – 물반응성
SA – 단순 질식제

기타 위해위험성은 이 사분면에 목록화지 되지 않아야 한다.
독특한 유해위험성이 존재하는 경우에 특수 유해 · 위험성 분면 외부에 위치시켜야 한다.

**불안정성 등급**
4 – 폭발하거나 폭발적인 반응이 발생할 수 있음
3 – 충격 또는 열이 폭발을 발생시키거나 폭발적인 반응을 야기
2 – 기온 상승시 휘발성 물질의 화학적 변화
1 – 가열되면 불안정
0 – 일반적으로 안정

**그림 3.8** 화학물질의 유해성 · 위험성을 확인하기 위해 사용된 NFPA 704 다이아몬드 (NFPA 704-2017, System for the Identification of the Hazards of Materials for Emergency Response)

한 유해 · 위험요인을 보다 정확하게 설명한다. NFPA 다이아몬드의 단순성은 각 유해 · 위험물들이 수치로 표시된다는 것이다. 숫자 0은 가장 작은 위험이며 4는 가장 큰 위험이다. <그림 3.8>은 어떻게 숫자가 부여되는가를 보여준다. 부록 E에는 다양한 일반적인 화학 물질에 대한 NFPA숫자가 있다.

## 참고문헌

### Online Resources

National Institute for Occupational Safety and Health (NIOSH), www.cdc.gov/niosh.
U.S. Code of Federal Regulations, www.gpoaccess.gov.
U.S. Occupational Safety and Health Administration (OSHA), www.osha.gov.

### Industrial Hygiene

Roger L. Brauer, *Safety and Health for Engineers*, 3rd ed. (NY: Wiley Interscience, 2016).
Richard J. Lewis, ed. *Sax's Dangerous Properties of Industrial Materials*, 11th ed. (Hoboken, NJ: John Wiley, 2005).

Barbara A. Plog and Patricia J. Quinlan, *Fundamentals of Industrial Hygiene*, 6th ed. (Itasca, IL: National Safety Council, 2012).
Vernon E. Rose and Barbara Cohrssen, *Patty's Industrial Hygiene*, 6th ed. (Hoboken, NJ: John Wiley, 2011).

**Ventilation**

*Industrial Ventilation: A Manual of Recommended Practice*, 29th ed. (Cincinnati, OH: American Conference of Governmental Industrial Hygienists, 2016).

## 연습문제

**3.1** 인터넷 검색 후

**a.** 페놀에 대한 GHS 표지를 인쇄하여라. 표지를 찾을 수 없는 경우 고유 표지를 제작하여라.

**b.** 표지를 찾아내는 절차에 관한 몇 가지 결과를 자세히 설명하여라.

**3.2** (a) 산화제, (b) 인화성, (c) 폭발성, (d) 급성 독성, (e) 부식성, (f) 발암물질에 대한 GHS 표지 픽토그램을 복사하여라.

**3.3** 공기 혼합물에는 4 ppm의 탄소 테트라클로라이드, 1,1-디클로로에탄 25 ppm, 5 ppm의 디에틸아민, 20 ppm의 사이클로헥산올, 10 ppm의 프로필렌 옥사이드가 함유되어 있다. 혼합물 TLV를 결정하고, 이 TLV가 초과되었는지 확인하여라.

**3.4** 개방형 컨테이너가 모니터링되었고, 톨루엔 증발률이 0.1 g/min인 것으로 나타났다. 환기율은 2.84 $m^3$/min, 온도는 27℃, 압력은 1 atm이다. 밀폐 내 톨루엔 증기의 농도를 추정하고, 이를 50 ppm의 TLV와 비교한다. 1.0 및 0.1의 $k$에 대한 계산을 수행하여라.

**3.5** 벤젠과 톨루엔의 이상적인 액체 혼합물(부피 기준 50%)이 27℃와 1 atm의 플랜트에서 사용된다. (a) 혼합물 TLV, (b) 이 혼합물에 대한 단위 면적당 증발율 및 (c) 액체가 5.1 cm 마개 지름을 가지는 드럼에 포함된 경우 TLV 이하로 농도를 유지하기 위해 필요한 환기율을 결정하여라. 근처에서의 환기질은 평균이라 가정한다.

**3.6** 드럼은 0.16 $m^3$의 톨루엔을 함유하고 있다. 드럼 마개가 열려 있는 경우(마개 지름이 0.92 m), 다음을 결정하여라.

**a.** 모든 톨루엔을 증발시키는데 필요한 시간

**b.** 국소환기율이 28.34 $m^3$/min인 경우 드럼 근처의 톨루엔 농도(ppm 단위). 여기서 온도는 30℃이고, 압력은 1 atm이다.

**3.7** 레일카는 톨루엔으로 가득 차 있다. 이 레일카의 부피가 38 $m^3$이고, 충전구의 지름은 0.10 m이다. 레일카를 채우는 데 30분이 소요된다. 환기율이 85 $m^3$/min인 경우 근처에서의 톨로엔 농도를 추정하여라. 여기서 온도는 25℃이고, 압력은 1 atm이다.

**3.8** 자일렌은 면적이 4.65 $m^2$이고, 온도 25℃, 압력 1 atm인 후드에 사용된다. 자일린의 증발율은 8시간에 11.6리터이다.

**a.** 영역 농도를 TLV-TWA 이하로 유지하기 위해 필요한 희석 환기를 결정하여라.

**b.** 이 속도를 후드의 권장 면속도와 비교하여라.

**3.9** 표면 치수가 1.22 m (높이)와 0.91 m (폭)인 후드에 필요한 권장 공기 부피유량을 $m^3$/min 단위로 결정하여라.

**3.10** 문제 3.9의 후드를 트리클로로에틸렌 취급에 사용하는 경우 (a) 농도가 TLV-TWA 이하, (b) 폭발하한 이하로 유지되도록 후드 표면으로 들어가는 공기속도를 결정하여라. 그리고 (c) 이러한 비율을 문제 3.9의 권장 속도와 비교하여라. 온도는 25℃이고, 압력은 1 atm이다. 모든 경우에 증발율은 0.04 kg/min이다.

**3.11** 안전데이터시트를 사용하여 에탄올, 염소 및 포스겐에 대한 TLV 및 NFPA 등급을 결정하여라.

**3.12** 작업자는 다중 소음원에 노출된다: $I = I_1 + I_2 + I_3 + \cdots + I_n = \sum I_i$. 이러한 다중 소음원으로부터 순 소음 노출에 대해 다음 식을 유도하여라.

$$\text{dBA} = 10 \log\left(\sum_{i=1}^{n} 10^{dB_i/10}\right)$$

2개의 소음원은 90 dBA이다. 이 2 소음원에서 발생하는 순 노출은 얼마인가?

**3.13** 2리터의 액체 화학물질이 실험실 바닥에 유출되었다. 1 atm의 압력과 25℃의 온도를 가정한다.

**a.** 액체 풀의 깊이가 2 mm인 경우 풀의 면적을 계산하여라.

**b.** 100 ppm의 화학물질에 대한 공기 농도가 TLV를 초과하지 않도록 필요한 환기속도는 $m^3$/s인가?

**c.** 실험실용 환기 공기는 0.5 m 정사각형 덕트를 통해 제공된다. 덕트에서 나오는 공기 속도는 30 m/s의 속도계로 측정된다. 이 덕트에서 나오는 공기의 부피유량을 $m^3$/s 단위로 계산하여라. 이 유출에 대한 환기는 적절한가?

[액체 화학물질 분자량: 100, 25℃에서의 화학물질 포화증기압: 100 mmHg]

**3.14** 대형 작업장은 고풍스러운 가구에서 니스를 벗겨내기 위해 액상 자일렌과 헥산(부피)의 2 : 1 혼합물을 사용한다. 8시간 교대에 총 15리터가 사용된다. 작업장은 25℃와 1 atm로 유지되며, 1 $m^3$/s의 신선한 공기를 제공하는 환기시스템을 갖추고 있다. 환기시스템이 TLV-TWA 이하의 농도를 유지하기에 적합한가?

자일렌: 분자량: 106.16, 비중: 0.870, TLV-TWA: 100 ppm

헥 산: 분자량: 86.18, 비중: 0.657, TLV-TWA: 50 ppm

CHAPTER 4

# 누출원 모델

4장의 학습목표는 다음과 같다.

1. 위험성평가에 누출원 모델이 사용되는 이유와 방법을 설명한다.
2. 액체 및 기체에 사용되는 간단한 누출원 모델(구멍, 배관흐름 및 액체 풀)을 설명한다.
3. 탱크의 구멍과 같이 보다 복잡한 누출원 모델을 설명한다.
4. 증발과 플래싱(flashing)이나 끓는 액체와 같은 보다 복잡한 누출원 모델을 설명한다.
5. 현실적인 누출과 최악의 누출을 구별한다.
6. 전통적인 분석을 수행한다.

화학공장에서 대부분의 사고는 독성, 인화성 또는 폭발성 물질의 유출로 일어난다. 누출원 모델은 <그림 4.1>에 나타낸 것과 같이 사고결과 모델링 절차의 중요한 부분을 차지한다. 또한 <그림 4.1>은 본 주제와 관련된 이 책의 일부 장들을 나타낸 것이며, 추가정보는 다른 곳에서 얻을 수 있다[1].

많은 사고는 공정에서 물질의 봉쇄 실패로 발생된다. 이 물질들은 독성과 에너지 양을 포함할 수 있는 유해한 성질을 가질 수 있다. 대표적인 사고는 파이프라인의 파열 또는 파손, 탱크 또는 파이프의 구멍, 폭주반응 또는 용기 외부의 화재를 들 수 있다.

일단 사고가 확인되면 물질들이 공정에서 어떻게 배출되는지를 설명하기 위해 누출원 모델이 선택된다. 누출원 모델은 누출속도, 총 누출량(또는 총 누출시간) 및 누출물질의 상태(고체, 액체, 증기 또는 이들의 혼합물)에 대한 설명자료를 제공한다. 이어서 물질들이 어떻게 바람방향으로 이동하고, 일정농도 수준으로 어떻게 분산되는지를 설명하는 분산모델이 사용된다(5장에서 추가적으로 논의). 인화성 물질의 누출 경우 화재 및 폭발 모델은 누출원 모델 정보를 열 복사 및 폭발 과압과 같은 에너지 위험 전위로 전환하는데 사용된다(6장에서

1) Center for Chemical Process Safety. *Guidelines for Consequence Analysis of Chemical Releases* (New York, NY: American Institute of Chemical Engineers, 1999).

추가적으로 논의). 영향모델은 2장에서 설명한 것과 같이 이와 같은 특정 사고결과가 사람(부상 또는 사망)과 구조물에 미치는 영향을 해석하는데 사용된다. 환경영향도 고려할 수 있으나, 여기서는 그렇게 하지 않는다.

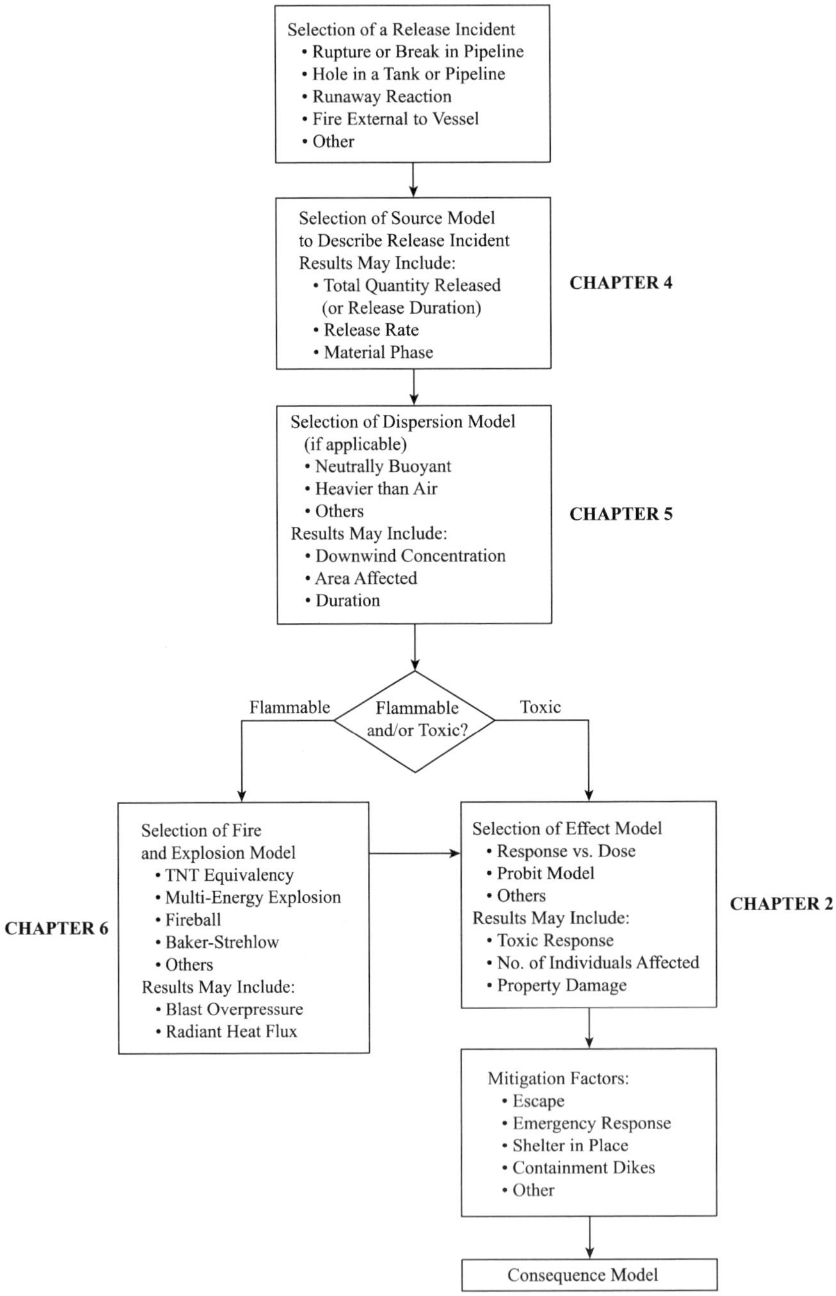


**그림 4.1** 사고결과 분석절차 (출처: CCPS, *Guidelines for Consequence Analysis for Chemical Releases* (New York: American Institute of Chemical Engineers, 1999))

# 1 누출원 모델 개요

누출원 모델은 물질의 누출이 일어날 때 물리화학적 공정을 나타내는 이론적 또는 실험적 식으로 구성된다. 아주 복잡한 공장에서는 누출들을 설명하기 위해 많은 누출원 모델들이 필요하다. 이러한 모델을 특정한 상황에 적용하기 위해서는 원래의 모델의 개발이나 수정이 필요하다.

많은 경우 물질의 물리적 특성들이 적절하게 특성화되지 않았거나 그 자체의 물리적 공정들이 완전하게 이해되지 않은 경우가 있기 때문에 어떤 결과들은 추정치일 때도 있다. 불확실성이 존재하는 경우 매개변수들은 누출속도와 누출량을 최대로 가정하여 선택해야 한다. 이와 같이 할 때 설계이 안전성이 입증될 수 있다.

누출 메커니즘은 넓은 틈(wide-aperture)의 누출과 제한된(limited) 틈 누출로 구분되며 이때, 제한된 틈 누출은 탱크나 파이프에서 구멍(hole)이나 갈라진 금(crack)에서 누출과 플랜지, 밸브와 펌프에서 유출된 경우이고, 넓은 틈 누출은 파이프나 탱크의 파손이나 파열이다. 제한된 구멍의 경우 상류의 조선이 즉시 영향을 받지 않을 정도로 물질이 느리게 누출된다. 즉, 종종 상류의 압력이 일정하다고 가정한다. 넓은 틈 누출의 경우 공정장치(process unit)에서 큰 구멍이 발생하여 짧은 시간동안 상당한 양의 물질이 누출된다. 이와 같은 예가 저장탱크의 과압발생으로 인한 파열이다.

제한된 틈 누출이 <그림 4.2>에 개념화되어 있다. 탱크와 공정용기 내에서 과압이 발생하는 것을 예방하기 위해 설계된 압력방출(relief) 밸브도 잠재적 물질 누출원이다.

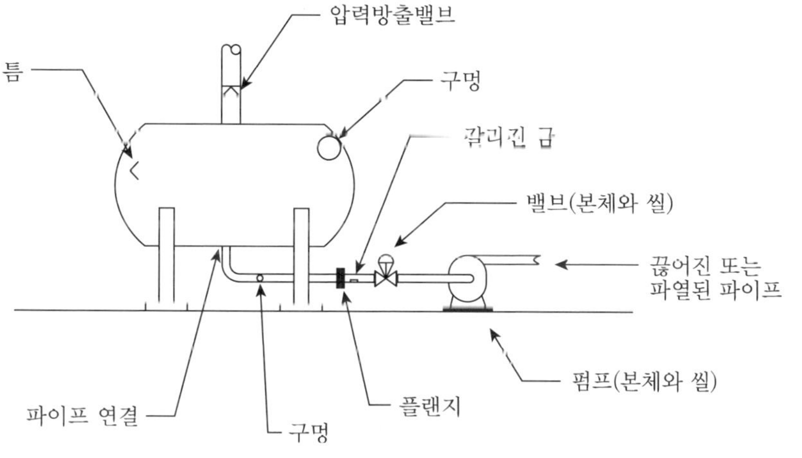


그림 4.2 여러 유형의 제한된 틈 누출

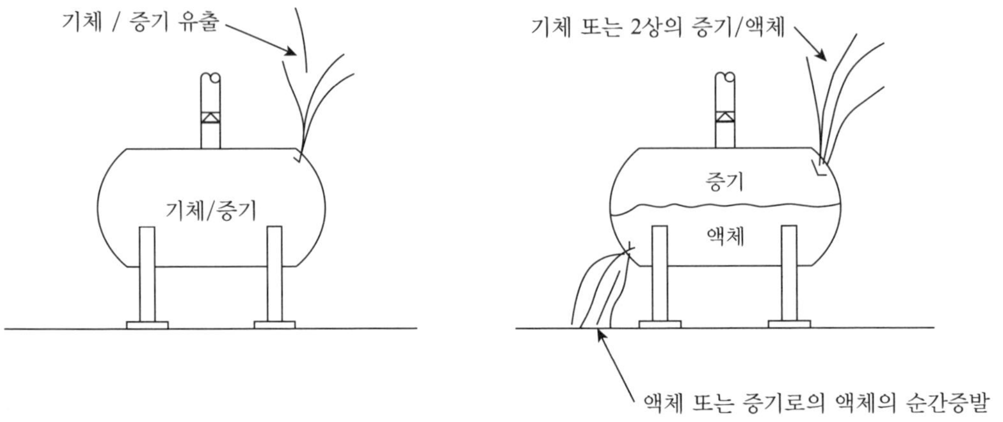


그림 4.3 공정장치에서 증기 또는 액체의 단일상 또는 2상의 상태로 배출

<그림 4.3>은 물질의 물리적 상태가 누출 메커니즘에 어떻게 영향을 주는지를 나타낸 것이다. 탱크에 저장된 기체나 증기의 누출은 기체나 증기의 분출형태로 일어난다. 액체가 탱크내의 액체 수위 이하에서 유출되면 액체가 빠져나가는 흐름으로 나타난다. 대기압 끓는점(atmospheric boiling point) 이상의 압력으로 저장된 액체가 액체 수위 이하에서 유출되면 액체흐름의 일부는 순간증발(flashing)이 일어나서 증기로 될 것이다. 작은 액적(droplet) 또는 에어로졸(aerosol)은 플래싱 흐름(flashing stream)으로부터 형성되며, 이들은 바람의 방향에 따라 멀리 전달되어질 가능성이 있다. 액체 위 증기영역에서의 누출은 증기흐름(vapor stream) 또는 증기와 액체로 조성된 2상의 흐름이 될 수 있다.

자주 사용되고 있으며, 이 책에서 자세히 논의될 여러 가지 기본적인 누출원 모델들을 소개하면 다음과 같다.

- 구멍을 통한 액체의 흐름
- 탱크에서 구멍을 통한 액체의 흐름
- 파이프를 통한 액체의 흐름
- 구멍을 통한 기체 또는 증기의 흐름
- 파이프를 통한 기체나 증기의 흐름
- 플래싱 액체(flashing liquid)
- 액체의 풀 증발 및 끓음

탱크에서 넘침(overflow), 치명적인 고장, 과도한 가열 등과 다른 많은 사고(incident)들은 누출원 모델로 설명할 수 있다. 특정한 물질에 대한 다른 누출원 모델은 다음 장에서 소개한다.

## 2 구멍을 통한 액체의 흐름

기계적 에너지 수지식은 흐르는 유체에 대한 여러 가지 에너지 형태를 나타낸다.

$$\int \frac{dP}{\rho} + \Delta\left(\frac{\bar{u}^2}{2\alpha g_c}\right) + \frac{g}{g_c}\Delta z + F = -\frac{W_s}{\dot{m}} \tag{4-1}$$

여기서, $P$ : 압력 [힘/면적]

$\rho$ : 유체의 밀도 [질량/부피]

$\bar{u}$ : 유체의 평균 순간속도 [길이/시간]

$g_c$ : 중력상수 [길이 · 질량/힘 · 시간$^2$]

$\alpha$ : 무차원 속도분포 보정인자로, 다음과 같은 값을 갖는다:
층류는 0.5, 플러그(plug) 흐름은 1.0, 난류는 1.0에 접근

$g$ : 중력 가속도 [길이/시간$^2$]

$z$ : 기준점으로부터의 높이 [길이]

$F$ : 유효 마찰손실 [길이 · 힘/질량]

$W_s$ : 계가 외부로 한 양의 일은 수행한 축일 (shaft work) [힘 · 길이]

$\dot{m}$ : 질량흐름속도 [질량/시간]

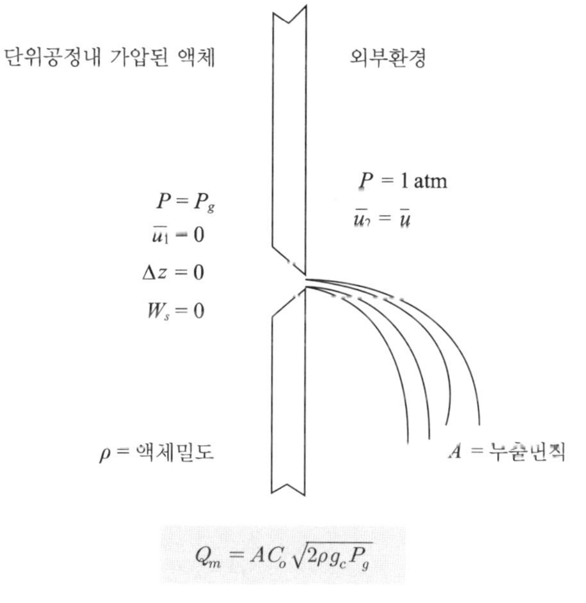


**그림 4.4** 공정장치에서 구멍을 통한 액체의 유출. 용기 내의 압력에 의한 액체의 에너지는 구멍에서 약간의 마찰흐름 손실과 함께 운동에너지로 전환된다.

$\Delta$ 함수는 최종상태에서 초기상태를 뺀 것을 나타낸다.

비압축성 액체는 밀도가 일정하므로, 다음과 같다.

$$\int \frac{dP}{\rho} = \frac{\Delta P}{\rho} \tag{4-2}$$

<그림 4.4>에서와 같이 작은 구멍이 발생되는 공정장치를 생각해보자. 공정장치 내에 있는 액체의 압력 에너지는 유체가 구멍을 통하여 배출될 때 유체의 운동에너지(kinetic energy)로 전환된다. 유동하는 액체와 유출 벽 사이의 마찰력은 액체의 운동에너지 일부를 열에너지로 전환하게 되며, 그 결과로, 속도가 감소된다.

이와 같은 제한된 틈 누출의 경우 공정장치의 게이지압력(gauge pressure), $P_g$는 일정하다고 가정한다. 외압이 대기압과 같을 때에는 $\Delta P = P_g$가 된다. 축일(shaft work)은 없고, 공정장치 내 유체의 속도는 무시할 만하다고 가정한다. 구멍을 통해 배출되는 동안 유체 높이의 변화 역시 무시되어 $\Delta z = 0$이 된다. 누출 시 마찰손실은 일정한 배출계수(constant discharge coefficient), $C_1$에 의해 대략적으로 나타낸다. 이때, $C_1$은 다음과 같이 정의된다.

$$-\frac{\Delta P}{\rho} - F = C_1^2 \left( -\frac{\Delta P}{\rho} \right) \tag{4-3}$$

위의 식 (4-3)을 식 (4-1)인 기계적 에너지 수지식에 대입하여 유출의 평균 배출속도, $\bar{u}$를 구하면 다음과 같다.

$$\bar{u} = C_1 \sqrt{\alpha} \sqrt{\frac{2 g_c P_g}{\rho}} \tag{4-4}$$

새로운 배출계수, $C_o$는 다음과 같이 정의된다.

$$C_o = C_1 \sqrt{\alpha} \tag{4-5}$$

유출이 존재하는 곳에서 유체속도의 식은 결국 다음과 같다.

$$\boxed{\bar{u} = C_o \sqrt{\frac{2 g_c P_g}{\rho}}} \tag{4-6}$$

면적, $A$의 구멍에 의한 질량흐름속도(mass flow rate), $Q_m$은 다음과 같다.

$$\boxed{Q_m = \rho \bar{u} A = A C_o \sqrt{2 \rho g_c P_g}} \tag{4-7}$$

유출된 액체의 총 질량은 유출이 발생한 총 시간에 의존한다.

배출계수, $C_o$는 누출공으로부터 유출되는 유체의 레이놀즈 수의 복잡한 함수이며, 다음과 같이 제안되었다.

- 끝이 날카로운(sharp-edged) 오리피스이고, 레이놀즈 수가 30,000 이상인 경우에 $C_o$는 0.61에 가깝다. 이와 같은 조건에서 유체의 출구속도는 구멍의 크기에 무관하다.
- 전체가 둥근(well-rounded) 노즐인 경우 배출계수는 1에 접근한다.
- 용기에 접해있는 짧은 파이프(길이/지름의 비가 3보다 작은 경우)인 경우의 배출계수는 대략 0.81이다.
- 배출계수가 알려지지 않았거나, 불확실한 경우 계산된 흐름을 최대로 하기 위해 배출계수는 1.0을 사용한다.

이러한 액체배출 유형의 방출계수에 대한 보다 자세한 것들은 다른 곳에 제시되어 있다[2].

**예제 4.1**

오후 1시에 공장기사는 벤젠을 이송하는 수송배관의 압력이 떨어지는 것을 발견하였다. 압력은 즉시 7 barg로 복귀되었다. 오후 2시 30분에 2 cm 직경의 누수가 파이프라인에서 발견되어 즉시 수리되었다. 누출된 벤젠의 총량을 산출하여라. 벤젠의 비중은 0.8794이다.

**해답**

오후 1시에 관찰된 압력강하는 파이프라인에서 누출을 나타낸다. 누출은 오후 1시에서 오후 2시 30분 사이에 총 90분 동안 진행된 것으로 가정할 수 있다. 누출공의 면적은

$$A = \frac{\pi d^2}{4} = \frac{(3.14)\,[(2\text{ cm})\,(1\text{ m}/100\text{ cm})]^2}{4} = 3.41\times 10^{-4}\text{ m}^2$$

이고, 벤젠의 밀도 $\rho = (0.8794)(1000\text{ kg/m}^3) = 879.4\text{ kg/m}^3$ 이다.
누출 질량속도는 식 (4.7)에 의해 구해진다. 이와 같은 오리피스 형태의 누출에서 배출계수는 0.61으로 간주한다.

$$\begin{aligned} Q_m &= AC_o\sqrt{2\rho g_c P_g} \\ &= (3.41\times 10^{-4}\text{ m}^2)(0.61)\sqrt{(2)\left(\frac{879.4\text{ kg}}{\text{m}^3}\right)\left(\frac{1\text{ kg m/s}^2}{\text{N}}\right)(7\text{ bar})\left(\frac{10^5\text{ N/m}^2}{1\text{ bar}}\right)} \\ &= 6.72\text{ kg/s} \end{aligned}$$

누출된 벤젠의 총량은 다음과 같다.

$$(6.72\text{ kg/s})(90\text{ min})(60\text{ s/min}) = 3.63\times 10^4\text{ kg}$$

---

2) Robert H. Perry and Don W. Green. *Perry's Chemical Engineers Handbook*, 8th ed. (New York, NY: McGraw-Hill, 2008), pp. 8–59.

## 3 탱크에서 구멍을 통한 액체의 흐름

<그림 4.5>는 저장탱크를 보여준 것으로, 유체의 액위보다 $h_L$ 아래의 높이에서 구멍이 발생하였다. 이 구멍을 통한 액체의 흐름은 식 (4-1)의 기계적 에너지 수지식에 의해 표현되며, 액체는 식 (4-2)에서와 같이 비압축성으로 가정한다.

탱크상부의 게이지 압력은 $P_g$이고, 외부 게이지압력은 대기압 또는 0이다. 축일, $W_s$는 0이고, 탱크 내 유체의 속도는 0이다.

무차원 배출계수, $C_1$은 다음과 같이 정의된다.

$$-\frac{\Delta P}{\rho}-\frac{g}{g_c}\Delta z-F= C_1^2\left(-\frac{\Delta P}{\rho}-\frac{g}{g_c}\Delta z\right) \tag{4-8}$$

기계적 에너지 수지식 (4-1)으로부터 누출공으로부터의 평균 순간 배출속도, $\bar{u}$를 구하면 다음과 같다.

$$\bar{u} = C_1\sqrt{\alpha}\sqrt{2\left(\frac{g_c P_g}{\rho}+gh_L\right)} \tag{4-9}$$

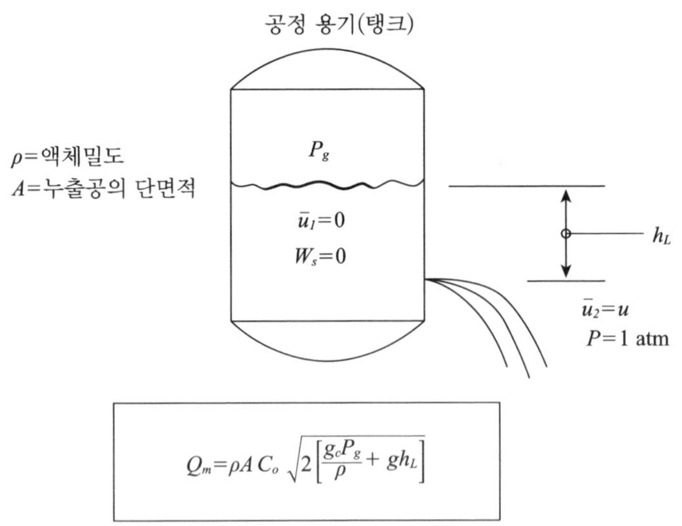


**그림 4.5** 공정용기에서 오리피스형의 누출. 누출의 위치보다 위에 있는 유체의 압력에 기인한 에너지는 누출공을 통해 밖으로 나가는 유체의 운동에너지로 변하며, 약간의 에너지는 유체흐름의 마찰로 인하여 손실된다.

여기서, $h_L$은 누출공 상부의 액체 높이이다. 새로운 배출계수, $C_o$는 다음과 같이 정의한다.

$$C_o = C_1 \sqrt{\alpha} \tag{4-10}$$

누출공을 통해 배출되는 유체의 순간속도는 결과적으로 식 (4-11)과 같이 된다.

$$\bar{u} = C_o \sqrt{2\left(\frac{g_c P_g}{\rho} + g h_L\right)} \tag{4-11}$$

단면적이 $A$인 구멍으로부터 순간 질량유속, $Q_m$은 다음과 같다.

$$\boxed{Q_m = \rho \bar{u} A = \rho A C_o \sqrt{2\left(\frac{g_c P_g}{\rho} + g h_L\right)}} \tag{4-12}$$

탱크내의 액체가 줄어들면 액체의 높이, 속도 및 질량유속은 감소한다.

액체표면에서의 게이지압력, $P_g$는 일정하다고 가정한다. 이와 같은 가정은 폭발을 막기 위해 용기를 불활성 기체로 채워져 있거나 대기와 통기되어 있어야 한다. 일정한 단면적, $A_t$을 갖는 탱크의 경우 누출지점 상부의 탱크에서 액체의 총 질량은 다음과 같다.

$$m = \rho A_t h_L \tag{4-13}$$

탱크 내 질량 변화속도는

$$\frac{dm}{dt} = -Q_m \tag{4-14}$$

이다. 여기서, $Q_m$은 식 (4-12)에 의해 주어진다. 식 (4-14)에 식 (4-12)와 (4-13)을 대입하고, 액체의 밀도와 탱크의 단면적이 일정하다고 가정하면 유체의 수위변화를 나타내는 미분 방정식을 얻을 수 있다.

$$\frac{dh_L}{dt} = -\frac{C_o A}{A_t} \sqrt{2\left(\frac{g_c P_g}{\rho} + g h_L\right)} \tag{4-15}$$

식 (4-15)을 정리하고, 초기높이, $h_L^o$에서 임의의 높이, $h_L$까지 적분할 수 있다.

$$\int_{h_L^o}^{h_L} \frac{dh_L}{\sqrt{\frac{2 g_c P_g}{\rho} + 2 g h_L}} = -\frac{C_o A}{A_t} \int_0^t dt \tag{4-16}$$

이 식은 다음과 같이 적분된다.

$$\frac{1}{g}\sqrt{\frac{2g_cP_g}{\rho}+2gh_L}-\frac{1}{g}\sqrt{\frac{2g_cP_g}{\rho}+2gh_L^o}=-\frac{C_oA}{A_t}t \tag{4-17}$$

탱크 내 액체의 수위, $h_L$을 구하면 다음과 같다.

$$h_L=h_L^o-\frac{C_oA}{A_t}\sqrt{\frac{2g_cP_g}{\rho}+2gh_L^o}\;t+\frac{g}{2}\left(\frac{C_oA}{A_t}t\right)^2 \tag{4-18}$$

식 (4-18)을 식 (4-12)에 대입하면 임의의 시간, $t$에서 질량 배출속도를 구할 수 있다.

$$Q_m=\rho C_oA\sqrt{2\left(\frac{g_cP_g}{\rho}+gh_L^o\right)}-\frac{\rho gC_o^2A^2}{A_t}t \tag{4-19}$$

식 (4-19)의 우변 쪽의 첫 번째 항은 $h_L=h_L^o$일 때 초기 질량 배출속도이다.

용기의 수위가 누출지점까지 낮아지는데 걸리는 시간, $t_e$은 $h_L=0$으로 놓은 후 식 (4-18)을 $t$에 대하여 풀면 구해진다.

$$t_e=\frac{1}{C_og}\left(\frac{A_t}{A}\right)\left[\sqrt{2\left(\frac{g_cP_g}{\rho}+gh_L^o\right)}-\sqrt{\frac{2g_cP_g}{\rho}}\right] \tag{4-20}$$

만약 용기가 대기압, $P_g=0$이면 식 (4-20)은 다음과 같이 간단해진다.

$$t_e=\frac{1}{C_og}\left(\frac{A_t}{A}\right)\sqrt{2gh_L^o} \tag{4-21}$$

**예제 4.2**

20 ft 높이와 8 ft 직경의 원통형 탱크가 벤젠을 저장하는데 사용된다. 탱크는 인화성 혼합물의 형성을 방지하기 위해 1 atm 게이지로 일정하게 조절된 압력의 질소로 채워진다. 탱크 내 액체의 수위는 현재 17 ft이다. 지게차의 부주의 한 운전으로 인해 지면에서 높이 5 ft에 1 in 직경의 구멍이 생겼다. (a) 쏟아진 벤젠의 갤런(gallon), (b) 벤젠이 누출에 필요한 시간, (c) 누출을 통한 벤젠의 최대 질량유속을 산출하여라. 이러한 조건에서 벤젠의 비중은 0.8794이다.

**해답**

벤젠의 밀도는

$$\rho = (0.8794)(62.4\ \mathrm{lb_m/ft^3}) = 54.9\ \mathrm{lb_m/ft^3}$$

이다. 탱크의 단면적은

$$A_t = \frac{\pi d^2}{4} = \frac{(3.14)(8\ \mathrm{ft})^2}{4} = 50.2\ \mathrm{ft^2}$$

이며, 누출 면적은

$$A = \frac{(3.14)(1\ \mathrm{in})^2(1\ \mathrm{ft^2}/144\ \mathrm{in^2})}{4} = 5.45\times 10^{-3}\ \mathrm{ft^2}$$

그리고 게이지압력은

$$P_g = (1\ \mathrm{atm})(14.7\ \mathrm{lb_f/in^2})(144\ \mathrm{in^2/ft^2}) = 2.12\times 10^3\ \mathrm{lb_f/ft^2}$$

이다.

**a.** 누출지점 위의 벤젠의 부피는

$$V = A_t h_L^o = (50.2\ \mathrm{ft^2})(17\ \mathrm{ft} - 5\ \mathrm{ft})(7.48\ \mathrm{gal/ft^3}) = 4{,}506\ \mathrm{gal}$$

이고, 이 양은 벤젠이 누출될 총양이다.

**b.** 벤젠이 누출되는 시간은 식 (4-20)에 의해 구해진다.

$$t_e = \frac{1}{C_o g}\left(\frac{A_t}{A}\right)\left[\sqrt{2\left(\frac{g_c P_g}{\rho} + g h_L^o\right)} - \sqrt{\frac{2 g_c P_g}{\rho}}\right]$$

$$= \frac{1}{(0.61)(32.17\ \mathrm{ft/s^2})}\left(\frac{50.2\ \mathrm{ft^2}}{5.45\times 10^{-3}\ \mathrm{ft^2}}\right)$$

$$\times\left\{\left[\frac{(2)(32.17\ \mathrm{ft\text{-}lb_m/lb_f\text{-}s^2})}{54.9\ \mathrm{lb_m/ft^3}} + (2)(32.17\ \mathrm{ft/s^2})(12\ \mathrm{ft})\right]^{1/2} - \sqrt{2484\ \mathrm{ft^2/s^2}}\right\}$$

$$= (469\ \mathrm{s^2/ft})(7.22\ \mathrm{ft/s}) = 3386\ \mathrm{s} = 56.4\ \mathrm{min}$$

이것은 누출의 영향을 줄이기 위해 누출을 중단시키거나 응급조치를 실행하기에 충분한 시간보다 더 크게 나타난다. 그러나 최대 배출은 구멍이 처음 생길 때 발생할 때 나타난다.

**c.** 최대 배출은 액체 수위가 17.0 ft인 $t=0$에서 나타난다. 식 (4-19)를 사용하여 $t=0$에서 질량 유속을 계산하려면 다음과 같다.

$$Q_m = \rho A C_o \sqrt{2\left(\frac{g_c P_g}{\rho} + g h_L^o\right)}$$

$$= (54.9\ \mathrm{lb_m/ft^3})(5.45\times 10^{-3}\ \mathrm{ft^2})(0.61)\ \sqrt{3.26\times 10^3\ \mathrm{ft^2/s^2}}$$

$$= 10.4\ \mathrm{lb_m/s}$$

어떤 용기에 대한 배출시간을 표현하기 위한 일반식은 다음과 같이 전개된다. 액면 위 공간의 압력을 대기압이라고 가정하면 식 (4-12)와 식 (4-14)를 조합하면 다음을 얻을 수 있다.

$$\frac{dm}{dt} = \rho\frac{dV}{dt} = -\rho A C_o\sqrt{2gh_L} \tag{4-22}$$

변수 분리하여 적분하면

$$-\frac{1}{AC_o\sqrt{2g}}\int_{V_1}^{V_2}\frac{dV}{\sqrt{h_L}} = \int_0^t dt \tag{4-23}$$

어떤 용기에 대한 배출시간을 나타내는 일반식이 된다.

$$\boxed{t = \frac{1}{AC_o\sqrt{2g}}\int_{V_1}^{V_2}\frac{dV}{\sqrt{h_L}}} \tag{4-24}$$

식 (4-24)는 누출공이 용기의 바닥에 있지 않다고 가정한다.

수직 실린더형의 용기인 경우

$$dV = \frac{\pi d^2}{4}dh_L \tag{4-25}$$

식 (4-24)에 대입하면 다음을 얻을 수 있다.

$$t = \frac{\pi d^2}{4AC_o\sqrt{2g}}\int\frac{dh_L}{\sqrt{h_L}} \tag{4-26}$$

만약 누출공이 용기의 바닥에 존재한다면 식 (4-26)은 $h=0$에서 $h=h_L^o$까지 적분하면 된다. 식 (4-26)은 용기를 비우는데 걸리는 시간을 구하는데 이용되며.

$$t_e = \frac{\pi d^2/4}{AC_o}\sqrt{\frac{2h_L^o}{g}} = \frac{1}{C_o g}\left(\frac{\pi d^2/4}{A}\right)\sqrt{2gh_L^o} \tag{4-27}$$

이것은 식 (4-21)과 동일한 결과이다.

## 4 파이프를 통한 액체의 흐름

액체를 수송하는 파이프를 <그림 4.6>에 나타내었다. 파이프의 두 지점간의 압력구배(pressure gradient)가 액체의 유동에 필요한 추진력(driving force)이 된다. 파이프 직경이 일정하면 파이프 전체에서 속도는 일정하다. 파이프의 벽과 액체간의 마찰력은 운동에너지를 열에너지로 전환시키고, 결과적으로 액체의 압력이 감소된다.

파이프를 통한 비압축성 액체의 흐름은 기계적 에너지 수지, 식 (4-1)과 비압축성 유체라는 가정의 식 (4-2)을 사용하면 다음과 같이 된다.

$$\frac{\Delta P}{\rho} + \frac{\Delta \bar{u}^2}{2\alpha g_c} + \frac{g}{g_c}\Delta z + F = -\frac{W_s}{\dot{m}} \tag{4-28}$$

식 (4-28)의 마찰손실, $F$는 마찰로 인한 기계적 에너지의 손실을 의미하며, 파이프 길이, 밸브, 엘보우, 오리피스와 같은 관 부속품, 파이프 입·출구를 통한 유체의 흐름에 의해 발생한 손실을 포함한다. 이와 같은 마찰장치의 경우 손실 항은 다음의 형태로 사용된다.

$$F = K_f\left(\frac{u^2}{2g_c}\right) \tag{4-29}$$

여기서, $K_f$ : 파이프 또는 파이프 관 부속품으로 인한 초과 압력(head)손실 [무차원]

$u$ : 유속 [길이/시간]

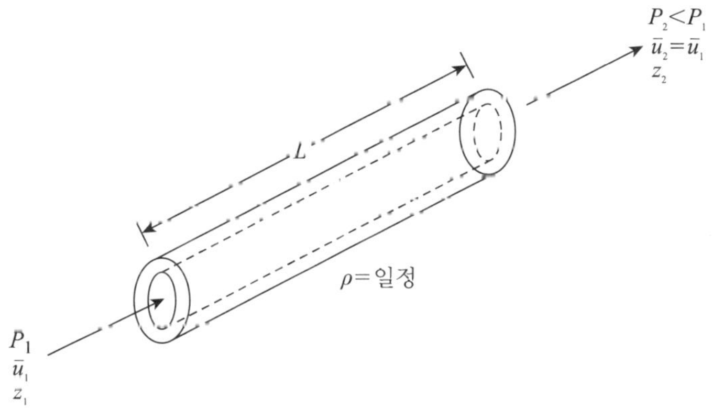


⇧ **그림 4.6** 일정한 직경의 파이프를 통한 액체의 흐름. 파이프의 벽과 유체 사이의 마찰흐름 손실은 파이프를 가로 지르는 동안 압력강하를 가져온다. 속도가 일정하기 때문에 운동에너지의 변화는 종종 무시된다.

파이프를 통한 유체 유동의 경우 초과 압력손실 항, $K_f$는 다음과 같다.

$$K_f = \frac{4fL}{d} \tag{4-30}$$

여기서, $f$ : Fanning 마찰계수 [무단위]
$L$ : 흐름경로 길이 [길이]
$d$ : 흐름경로 직경 [길이]

Fanning 마찰계수, $f$는 레이놀즈 수와 파이프 거칠기의 함수이다. <표 4.1>은 여러 가지 청결한 파이프에 대한 $\epsilon$값을 나타낸 것이다. <그림 4.7>은 매개변수로 파이프 상대조도, $\epsilon/d$로 한 레이놀즈 수에 대한 Fanning 마찰계수와의 관계를 나타낸 그림이다.

층류에서 Fanning 마찰계수는 다음과 같다.

$$f = \frac{16}{Re} \tag{4-31}$$

난류에서 <그림 4.7>의 자료들은 Colebrook식에 의해 다음과 같이 나타낼 수 있다.

$$\frac{1}{\sqrt{f}} = -4\log\left(\frac{1}{3.7}\frac{\epsilon}{d} + \frac{1.255}{Re\sqrt{f}}\right) \tag{4-32}$$

**표 4.1** 파이프에서 거칠기 인자, $\epsilon$[a]

| 파이프 재질 | 상태 | $\epsilon$ (mm) | $\epsilon$ (inch) |
|---|---|---|---|
| 뽑아낸 황동, 구리, 스테인리스 | 새 것 | 0.002 | 0.00008 |
| 상업적인 강 | 새 것<br>가벼운 녹<br>일반적인 녹 | 0.046<br>0.3<br>2.0 | 0.0018<br>0.015<br>0.08 |
| 철 | 단철, 새 것<br>주철, 새 것<br>아연 철판 | 0.045<br>0.30<br>0.15 | 0.0018<br>0.025<br>0.006 |
| 콘크리트 | 매우 매끄러운<br>목재 부스러기가 묻어 있거나 거침<br>거칠고 눈에 띄는 형상 | 0.04<br>0.3<br>2.0 | 0.0016<br>0.012<br>0.08 |
| 유리나 플라스틱 | 뽑아낸 튜브 | 0.002[c] | 0.0008[c] |
| 고무 | 매끄러운 튜브<br>와이어 보강 | 0.01<br>1.0 | 0.004<br>0.04 |
| 섬유 유리[b] | | 0.005 | 0.0002 |

[a]Ron Darby, "Fluid Flow," Albright's Chemical Engineering Handvook, Lyle F. Albright, ed. (Boca Raton, FL: CRC Press, 2009). p.421

[b]William D. Stringfellow, ed., Fiberglass Pipe Handbook (Washington, DC: Society of the Plastics Industry, Inc., 1989)

[c]일반적으로 부드러운 파이프는 $\epsilon = 0$으로 간주한다.

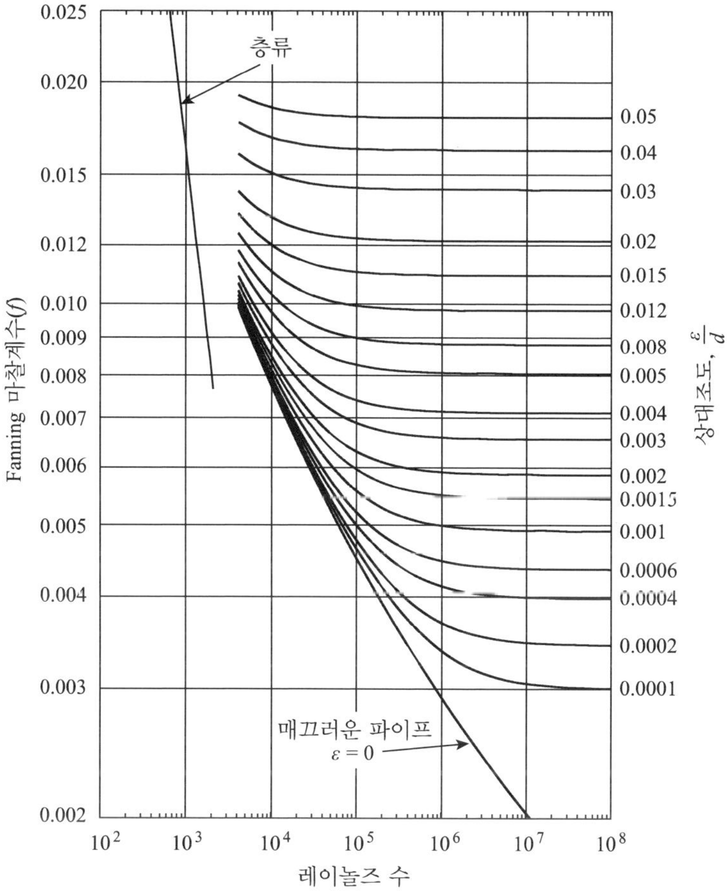


⇧ **그림 4.7** Fanning 마찰계수, $f$를 레이놀즈 수로 플롯. (출처: Octave Levenspel, *Engineering Flow and Heat Exchange*(New York, NY: Plenum Press, 1984), p.20)

마찰계수, $f$로부터 레이놀즈 수를 결정하는데 유용하게 사용할 수 있는 식 (4-32)의 또 다른 형태는 다음과 같다.

$$\frac{1}{Re} = \frac{\sqrt{f}}{1.255}\left[10^{-0.25/\sqrt{f}} - \frac{1}{3.7}\frac{\epsilon}{d}\right] \tag{4-33}$$

<그림 4.7>에서 높은 레이놀즈 수일 때 마찰손실이 거의 일정한 것과 같이 거친 파이프 내에서 완전히 발달된 난류의 경우 $f$는 레이놀즈 수에 무관하다. 이러한 경우 식 (4-33)은 다음과 같이 간단해진다.

$$\frac{1}{\sqrt{f}} = 4\log\left(3.7\frac{d}{\epsilon}\right) \tag{4-34}$$

표면이 매끄러운 파이프의 경우에는 $\epsilon = 0$이므로 식 (4-32)은 다음과 같이 쓸 수 있다.

$$\frac{1}{\sqrt{f}} = 4\log\frac{Re\sqrt{f}}{1.255} \tag{4-35}$$

100,000보다 작은 레이놀즈 수를 갖는 표면이 매끄러운 파이프에서는 식 (4-35)에 대한 Blasius 근사법(approximation)이 유용하다.

$$f = 0.079\,Re^{-1/4} \tag{4-36}$$

Chen[3]은 <그림 4.7>에서 보여주는 바와 같이 전체 범위의 레이놀즈 수에 대한 마찰계수, $f$를 구할 수 있는 하나의 식을 제안하였다.

$$\frac{1}{\sqrt{f}} = -4\log\left(\frac{\epsilon/d}{3.7065} - \frac{5.0452\log A}{Re}\right) \tag{4-37}$$

여기서, $A = \left[\frac{(\epsilon/d)^{1.1098}}{2.8257} + \frac{5.8506}{Re^{0.8981}}\right]$

## 2-$K$ 방법

파이프 부속품, 밸브 및 기타 흐름 장애물에 대한 마찰손실 계산은 일반적으로 식 (4-30)에서 파이프 상당길이, $L_{\text{equiv}}$를 이용하였다. 이러한 방법의 문제점은 특정길이가 마찰계수의 두 배라는 것이다. 개선된 접근방법은 식 (4-30)에서 실제 유동경로 길이를 사용하는(상당길이는 사용하지 않는다) 2-K 방법 [4)5)]을 사용하고, 파이프 부속품과 입·출구에 대한 보다 구체적인 접근방법을 제공한다. Darby[6]는 더 넓은 범위의 흐름조건에서 데이터를 맞추는 3-$K$를 제안한다.

2-$K$ 방법은 두개의 상수, 즉 레이놀즈 수와 파이프 내부직경에 의하여 초과 압력손실을 정의하고 있다.

$$K_f = \frac{K_1}{Re} + K_\infty\left(1 + \frac{1}{ID_{\text{inches}}}\right) \tag{4-38}$$

여기서, $K_f$ : 초과 압력손실 [무차원]

$K_1$과 $K_\infty$: 상수 [무차원]

$Re$ : 레이놀즈 수 [무차원]

---

3) N. H. Chen. An Explicit Equation for Friction Factor in Pipe, *Industrial Engineering and Chemistry Fundamentals* 18(1979): 296.

4) W. B. Hooper. The Two-K Method Predicts Head Losses in Pipe Fittings, *Chemical Engineering* (Aug.24,1981): 96–100.

5) W. B. Hooper. Calculate Head Loss Caused by Change in Pipe Size, *Chemical Engineering* (Nov.7,1988): 89–92.

6) R. Darby and R. P. Chhabra. *Chemical Engineering Fluid Mechanics*, 3rd ed. (Boca Raton, FL: CRC Press, 2017).

$ID_{\text{inches}}$ : 흐름경로의 내부 직경 [인치]

<표 4.2>는 여러 가지 형태의 부속품과 밸브에 대해 식 (4-38)에 사용된 $K$값을 열거한 것이다.

**표 4.2** 관 부속품 및 밸브의 손실계수에 대한 2-$K$ 상수

| 관 부속품 | 관 부속품 사양 | $K_1$ | $K_\infty$ |
|---|---|---|---|
| **엘보우** | | | |
| 90° | 표준($r/D$=1), 나사 | 800 | 0.40 |
| | 표준($r/D$=1), 플랜지/용접 | 800 | 0.25 |
| | 큰 직경($r/D$=1.5), 모든 형태 | 800 | 0.20 |
| | Mitered($r/D$=1.5) 1 용접(90°) | 1,000 | 1.15 |
| | 2 용접(45°) | 800 | 0.35 |
| | 3 용접(30°) | 800 | 0.30 |
| | 4 용접(22.5°) | 800 | 0.27 |
| | 5 용접(18°) | 800 | 0.25 |
| 45° | 표준($r/D$=1), 모든 형태 | 500 | 0.20 |
| | 큰 직경($r/D$=1.5) | 500 | 0.15 |
| | 표준, 플랜지/용접 | 500 | 0.25 |
| | 스텁 인 브랜치 | 500 | 0.15 |
| 180° | 표준($r/D$=1), 나사 | 1,000 | 0.60 |
| | 표준($r/D$=1), 플랜지/용접 | 1,000 | 0.35 |
| | 큰 직경($r/D$=1.5), 모든 형태 | 1,000 | 0.30 |
| Tees | | | |
| 엘보우로 사용 | 표준, 나사 | 500 | 0.70 |
| | 큰 직경, 나사 | 800 | 0.40 |
| | 표준, 플랜지/용접 | 800 | 0.80 |
| | 스텁 인 브랜치 | 1,000 | 1.00 |
| 통과 | 나사 | 200 | 0.10 |
| | 플랜지/용접 | 150 | 0.50 |
| | 스텁 인 브랜치 | 100 | 0.00 |
| **밸브** | | | |
| 게이트, 볼 또는 플러그 | 전체 라인 크기, $\beta$=1.0 | 300 | 0.10 |
| | 축소(reduced) 트림, $\beta$=0.9 | 500 | 0.15 |
| | 축소(reduced) 트림, $\beta$=0.8 | 1,000 | 0.25 |
| 글로브 | 표준 | 1,500 | 4.00 |
| | 각 또는 Y타입 | 1,000 | 2.00 |
| 다이아프램 | 댐 타입 | 1,000 | 2.00 |
| 버터플라이 | | 800 | 0.25 |
| 체크 | 리프트 | 2,000 | 10.0 |
| | 스윙 | 1,500 | 1.50 |
| | 틸팅 디스크 | 1,000 | 0.50 |

출처 : William B. Hooper, The Two-K Method Predicts Head Losses in Pipe Fittings, *Chemical Engineering*, (Aug.24,1981), p.97.

파이프 출·입구에서의 운동에너지 변화를 고려하면 식 (4-38)은 다음과 같이 변형될 수 있다.

$$K_f = \frac{K_1}{Re} + K_\infty \tag{4-39}$$

파이프 입구의 경우 보통 입구는 $K_1 = 160$, $K_\infty = 0.50$이고, 파이프가 탱크 바닥에 짧은 거리로 붙어 있는 Borda 형태의 파이프 연결의 경우는 $K_\infty = 1.0$이다. 파이프 출구에서는 $K_1 = 0$ 및 $K_\infty = 1.0$이다. 입·출구에 대한 $K$인자는 이들 파이프 변화에 의한 운동에너지 변화에 영향을 준다. 따라서 기계적 에너지 수지에 추가적인 운동에너지 항을 고려하지 않아도 된다. 높은 레이놀즈 수(즉, $Re > 10{,}000$)인 경우 식 (4-39)의 첫째 항은 무시되어 $K_f = K_\infty$이 된다. 낮은 레이놀즈 수(즉, $Re < 50$)인 경우 첫째 항이 지배적이어서 $K_f = K_1/Re$이 된다.

이들 식은 오리피스[7] 및 파이프 크기[8]가 변하는 경우에도 유용하다.

또한 2-$K$ 방법은 구멍을 통한 액체 배출을 표현한다. 2-$K$ 방법으로부터 구멍을 통한 액체 누출에 대한 배출계수를 구할 수 있는 식을 결정할 수 있으며, 그 결과는 다음과 같다.

$$C_o = \frac{1}{\sqrt{1 + \sum K_f}} \tag{4-40}$$

여기서, $\sum K_f$는 식 (4-30), 식 (4-38) 및 식 (4-40)에 의해 제공되는 입구, 출구, 파이프 길이 및 부속품을 포함하는 모든 초과 압력손실 항의 합이다. 파이프 접합 또는 관 부속품이 없는 탱크의 단순한 구멍의 경우 마찰은 오직 구멍의 입구 및 출구의 영향에 의해 발생된다. 레이놀즈 수가 10,000이상인 경우 입구의 $K_f = 0.5$, 출구의 $K_f = 1.0$이다. 그러므로 $\sum K_f = 1.5$이며, 식 (4-40)으로부터 $C_o = 0.63$이 되어 제안된 값인 0.61과 거의 일치한다.

파이프 시스템으로부터 배출되는 물질의 질량유속을 결정하는 일반적인 절차는 다음과 같다.

1. 주어진 파이프의 길이, 직경 및 형태 ; 파이프 시스템의 압력 및 고도 변화 ; 펌프, 터빈 등에 의해 발생하는 유체에 대한 입류 또는 출류 일(work) ; 파이프에 부착된 관 부속품의 수 및 형태 ; 밀도와 점도를 포함한 유체 특성
2. 처음 지점(지점 1)과 최종 지점(지점 2) 설정한다. 식 (4-28)의 모든 항들은 이 설정사항에 매우 크게 의존하므로, 주의해야 한다.
3. 지점 1과 2에서의 압력과 고도를 결정한다. 지점 1에서의 초기유속을 결정한다.

---

7) W. B. Hooper. The Two-K Method Predicts Head Losses in Pipe Fittings, *Chemical Engineering* (Aug.24,1981): 96–100.

8) W. B. Hooper. Calculate Head Loss Caused by Change in Pipe Size, *Chemical Engineering* (Nov.7,1988): 89–92.

4. 지점 2에서의 속도를 추정한다. 만일 완전하게 발달된 난류가 예상된다면 속도 추정은 필요가 없다.
5. 식 (4-37)로부터 식 (4-31)을 사용하여 파이프에 대한 마찰계수를 결정한다.
6. 파이프(식 (4-30) 사용), 관 부속품(식 (4-38) 사용), 모든 출·입구 영향(식 (4-39) 사용)에 대한 초과 압력손실 항을 결정한다. 이 압력손실 항을 합하고, 식 (4-29)을 사용하여 순(net) 마찰손실 항을 계산한다. 이때, 지점 2에서의 속도를 이용한다.
7. 식 (4-28)의 모든 항목에 대한 값을 계산하여 식에 대입한다. 만약 식 (4-28)의 모든 항에 대한 합이 0이라면 계산은 끝난다. 그렇지 않으면 4번째 단계로 돌아가 계산을 반복한다.
8. 식 $\dot{m} = \rho \bar{u} A$를 사용허여 질량유속을 결정한다.

만일 완전하게 발달된 난류가 예상되면 풀이는 직접적이다. 지점 2에서의 속도를 변수로 하여 식 (4-28)에 알고 있는 항을 대입한다. 그리고 직접 속도에 대해 푼다.

### 예제 4.3

소량의 유해 폐기물로 오염된 물이 100 mm ID(실제 내경)의 직선형의 새로운 상업용 강관을 통해 대형 저장탱크에서 중력에 의해 배출되고 있다. 파이프는 100 m 길이이고, 탱크 근처에 게이트밸브가 설치되어 있다. 파이프 전체는 수평이다. 탱크내의 액체수위는 만약 파이프 출구로부터 5.8 m 높이고, 파이프는 탱크로부터 33 m가 떨어진 지점에서 절단되었다고 할 때 파이프를 통해 흘러 나가는 물질의 흐름유속을 계산하여라.

**해답**

방출조작은 <그림 4.8>에 나타나 있다. 운동에너지 변화는 무시할 수 있고, 압력 변화가 없으며, 축일이 없다고 가정하면 지점 1과 2 사이에 대해 기계적 에너지 수지(식 4-28)을 적용하면 다음과 같다.

$$\frac{g}{g_c} \Delta z + F = 0$$

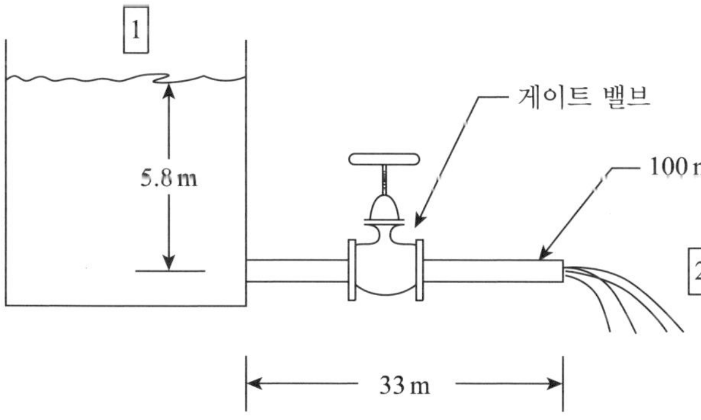


그림 4.8 예제 4.3에 대한 유체방출 형상

물의 경우

$$\mu = 1.0 \times 10^{-3} \text{ kg/m s}$$
$$\rho = 1000 \text{ kg/m}^3$$

입구 및 출구 영향에 대한 $K$인자는 식 (4-39)를 사용하여 결정된다. 게이트 밸브의 $K$인자는 <표 4.2>에 나와 있으며, 파이프 길이에 대한 $K$인자는 식 (4-30)에 나와 있다.
파이프 입구의 경우

$$K_f = \frac{160}{Re} + 0.50$$

게이트 밸브의 경우

$$K_f = \frac{300}{Re} + 0.10$$

파이프 출구의 경우

$$K_f = 1.0$$

파이프 길이의 경우

$$K_f = \frac{4fL}{d} = \frac{4f(33 \text{ m})}{0.10 \text{ m}} = 1320f$$

$K$인자들을 합하면

$$\Sigma K_f = \frac{460}{Re} + 1320f + 1.60$$

이고, $Re > 10,000$일 때 식에서의 첫 번째 항은 작다. 그러므로

$$\Sigma K_f = 1320f + 1.60$$

이고, 그리고 그것은 다음과 같다.

$$F = \Sigma K_f \left( \frac{\bar{u}^2}{2g_c} \right) = (660f + 0.80)\bar{u}^2$$

기계적 에너지 식에서 중력 항은 다음과 같다.

$$\frac{g}{g_c}\Delta z = \left( \frac{9.8 \text{ m/s}^2}{1 \text{ kg m/s}^2/\text{N}} \right)(0 - 5.8 \text{ m}) = -56.8 \text{ N m/kg} = -56.8 \text{ J/kg}$$

압력변화가 없고, 펌프 또는 축일이 없기 때문에 기계적 에너지 수지식 (4-28)은 다음과 같이 간략하게 된다.

$$\frac{\bar{u}_2^2}{2g_c} + \frac{g}{g_c}\Delta z + F = 0$$

출구속도를 계산하고, 높이 변화를 대입하면 다음과 같다.

$$\bar{u}_2^2 = -2g_c\left( \frac{g}{g_c}\Delta z + F \right) = -2g_c(-56.8 + F)$$

레이놀즈 수는 다음과 같다.

$$Re = \frac{d\bar{u}\rho}{\mu} = \frac{(0.1\,\mathrm{m})(\bar{u})(1000\,\mathrm{kg/m^3})}{1.0\times10^{-3}\mathrm{kg/m\ s}} = 1.0\times10^5\,\bar{u}$$

새로운 상업용 강관의 경우 <표 4.1>로부터 $\epsilon = 0.046$ mm이므로

$$\frac{\epsilon}{d} = \frac{0.046\,\mathrm{mm}}{100\,\mathrm{mm}} = 0.00046$$

마찰계수, $f$와 마찰손실 항, $F$는 레이놀즈 수와 속도의 함수이므로 시행착오로 풀이를 구한다. 시행착오 풀이는 다음 표와 같다.

| 추정한 $\bar{u}$ 값(m/s) | Re | f | F | 계산한 $\bar{u}$ 값(m/s) |
|---|---|---|---|---|
| 3.00 | 300,000 | 0.00451 | 34.09 | 6.75 |
| 3.50 | 350,000 | 0.00446 | 46.00 | 4.66 |
| 3.66 | 366,000 | 0.00444 | 50.18 | 3.66 |

풀이결과, 파이프로부터 배출되는 액체의 속도는 3.66 m/s이다. 또한 이 표에 의하면 마찰계수, $f$는 레이놀즈 수에 따라 약간씩 변화함을 알 수 있다. 따라서 거친 파이프에서 완전하게 발달된 난류에 관한 식 (4-34)를 사용하여 마찰계수를 추산할 수 있다. 식 (4-34)에 의하면 마찰계수의 값은 0.0041이 된다. 그러므로

$$F = (660f + 0.80)\bar{u}_2^{\,2} = 3.51\,\bar{u}_2^{\,2}$$

위의 값들을 대입하고, 풀면 다음을 얻을 수 있다.

$$\bar{u}_2^{\,2} = -2g_c(-56.8 + 3.51\bar{u}_2^{\,2}) = 113.6 - 7.02\bar{u}_2^{\,2}$$

$$\bar{u}_2 = 3.76\,\mathrm{m/s}$$

이 결과는 매우 정확한 시행착오 풀이에 가깝다.
파이프의 단면적은 다음과 같다.

$$A = \frac{\pi d^2}{4} = \frac{(3.14)(0.1\,\mathrm{m^2})}{4} = 0.00785\,\mathrm{m^2}$$

질량 유속은 다음과 같다.

$$Q_m = \rho\bar{u}A = (1000\,\mathrm{kg/m^3})(3.66\,\mathrm{m/s})(0.00785\,\mathrm{m^2}) = 28.8\,\mathrm{kg/s}$$

이것은 상당한 유량을 나타낸다. 공장 직원이 누출을 인식하고, 15분 내에 누출을 중지할 수 있는 경우 총 26,000 kg의 유해 폐기물이 유출될 것이다. 흐름에 의해 누출된 물질 외에도 밸브와 피열점 사이의 파이프 내에 포함된 액체가 쏟아 질 것이다. 최종 시스템은 누출을 최소화 하도록 설계되어야 한다. 여기에는 비상대응기간의 단축, 직경이 작은 파이프로 교체 또는 흐름을 중단하기 위해 추가적으로 원격으로 작동하는 제어밸브가 포함하는 파이프 시스템을 사용하는 방법이 있을 수 있다.

## 5 구멍을 통한 기체나 증기의 흐름

흐르는 액체에 대한 운동에너지 변화는 종종 무시할 정도로 적고, 물리적 특성(특히 밀도)은 일정하다. 흐르는 기체와 증기에 대한 이러한 가정은 작은 압력 변화($P_1/P_2 < 2$)와 낮은 속도(< 0.3×기체 내 소리의 속도)에서만 타당하다. 기체와 증기가 갖고 있는 에너지는 압력의 형태로 나타나며, 이 에너지는 기체와 증기가 구멍을 통하여 팽창하거나 빠져나갈 때 운동에너지로 변환된다. 기체와 증기가 누출될 때에는 밀도, 압력 및 온도의 변화가 일어난다.

기체와 증기의 배출은 조절(throttling)이나 자유팽창(free expansion)의 누출로 분류된다. 조절누출의 예는 기체가 마찰손실이 큰, 작은 틈을 통해 나오는 경우이다. 이 경우 기체압력으로 나타나는 고유한 에너지(inherent energy)의 극히 일부가 운동에너지로 전환된다. 자유팽창 누출의 경우 대부분의 압력 에너지는 운동에너지로 전환되며, 등엔트로피 거동(isentropic behavior)의 가정이 항성 타당성을 갖는다.

조절누출에 대한 누출원 모델은 누출구의 물리적 구조에 대한 자세한 정보를 필요로 하지만, 여기서는 고려하지 않는다. 자유팽창 누출에 대한 누출원 모델은 누출공의 직경만을 필요로 한다.

<그림 4.9>는 자유팽창 누출을 나타낸 것이다. 기계적 에너지 수지식, 식 (4-1)은 압축성 기체와 증기의 흐름에도 적용된다.

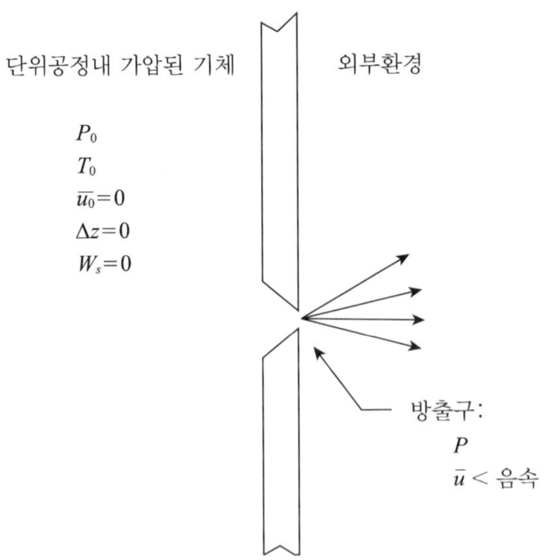


**그림 4.9** 자유팽창 가스 누출. 기체는 구멍을 통하여 등엔트로피로 팽창한다. 기체의 특성(P, T)과 속도는 팽창하는 동안에 변화한다.

유체의 위치에너지는 무시할 수 있고, 축일도 없다고 가정하면 구멍을 통한 압축성 흐름에 대한 기계적 에너지 수지식은 다음과 같다.

$$\int \frac{dP}{\rho} + \Delta\left(\frac{\bar{u}^2}{2\alpha g_c}\right) + F = 0 \tag{4-41}$$

배출계수, $C_1$은 4.2절에서 정의된 계수와 같은 형태로 정의된다.

$$-\int \frac{dP}{\rho} - F = C_1^2\left(-\int \frac{dP}{\rho}\right) \tag{4-42}$$

식 (4-41)에 식 (4-42)를 조합하고, 어떤 편리한 두 점 구간에서 적분한다. 초기지점(하첨자 0으로 표시됨)은 속도가 0인 지점을 선택하고, 압력은 $P_o$이다. 적분은 어떤 임의의 마지막 지점(하첨자가 없나)까시 수행되며, 그 결과는 다음과 같다.

$$C_1^2 \int_{P_0}^{P} \frac{dP}{\rho} + \frac{\bar{u}^2}{2\alpha g_c} = 0 \tag{4-43}$$

이상기체가 등엔트로피 팽창할 경우에

$$Pv^\gamma = \frac{P}{\rho^\gamma} = \text{일정} \tag{4-44}$$

여기서, $\gamma$는 열용량의 비, $\gamma = C_p / C_v$이다. 식 (4-44)을 식 (4-43)에 대입하고, 식 (4-5)에서와 같이 새로운 배출계수, $C_o$를 정의하고 적분하면 등엔트로피 팽창동안 어떤 지점에서의 유체속도를 나타내는 식이 된다.

$$\bar{u}^2 = 2g_c C_o^2 \frac{\gamma}{\gamma - 1} \frac{P_o}{\rho_o}\left[1 - \left(\frac{P}{P_o}\right)^{(\gamma-1)/\gamma}\right] \tag{4-45}$$

$$= \frac{2g_c C_o^2 R_g T_o}{M} \frac{\gamma}{\gamma - 1}\left[1 - \left(\frac{P}{P_o}\right)^{(\gamma-1)/\gamma}\right]$$

이 식에서 두 번째에 표시된 형태는 초기밀도, $\rho_o$를 이상기체법칙에 적용하여 표시한 것이다. $R_g$는 이상기체 상수이고, $T_o$는 공정의 온도이다. 연속방정식(continuity equation)

$$Q_m = \rho \bar{u} A \tag{4-46}$$

을 이용하고, 등엔트로피 팽창에 대하여 이상기체법칙

$$\rho = \rho_o \left( \frac{P}{P_o} \right)^{1/\gamma} \tag{4-47}$$

을 사용하여 질량유속으로 나타내면 다음 형태가 된다.

$$Q_m = C_o A P_o \sqrt{\frac{2g_c M}{R_g T_o} \frac{\gamma}{\gamma - 1} \left[ \left( \frac{P}{P_o} \right)^{2/\gamma} - \left( \frac{P}{P_o} \right)^{(\gamma+1)/\gamma} \right]} \tag{4-48}$$

식 (4-48)은 등엔트로피 팽창동안 어떤 지점에서의 질량유속을 나타낸다.

많은 안전에 관한 연구를 위해서는 구멍을 통한 증기의 최대 유속이 필요하다. 이것은 식 (4-48)을 $P/P_o$로 미분하고, 그 미분값을 0으로 놓으면 얻어진다. 그 결과, 최대 흐름일 때의 압력 비는 다음과 같다.

$$\frac{P_{\text{choked}}}{P_o} = \left( \frac{2}{\gamma + 1} \right)^{\gamma/(\gamma - 1)} \tag{4-49}$$

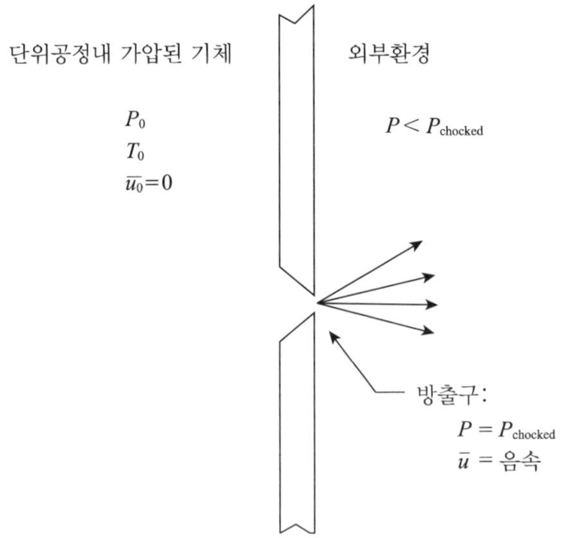


⇧ **그림 4.10** 구멍을 통한 기체의 초크(choked) 흐름. 누출공에서 기체의 속도는 음속과 같다. 질량 흐름속도는 하류압력과 무관하다.

초크압력(choked pressure)은 구멍이나 파이프를 통한 최대흐름에서 나타나는 최대 하류압력(maximum downstream pressure)이다. $P_{\text{chocked}}$보다 낮은 하류압력에서는 다음과 같은 상황설명이 타당하다: (1) 누출구에서 유체의 속도는 대체적으로 음속이다. (2) 속도와 질량유속은 하류압력이 감소하여도 더 증가될 수 없다. 이들은 하류상태에 무관하다. 이러한 흐름의 유형을 초크흐름(choked flow), 한계흐름(critical flow) 또는 음속흐름(sonic flow)이라 하며, <그림 4.10>에 예시하였다.

식 (4-49)에서 재미있는 양상은 이상기체의 경우 초크압력이 단지 열용량 비, 다음과 같이 $\gamma$만의 함수라는 것이다.

| 기체 | $\gamma$ | $P_{\text{choked}}$ |
|---|---|---|
| 단원자(monotonic) 기체 | $\cong 1.67$ | $0.487\ P_o$ |
| 2원자(diatormic) 기체 또는 공기 | $\cong 1.40$ | $0.528\ P_o$ |
| 3원자(triatomic) 기제 | $\cong 1.32$ | $0.542\ P_o$ |

대기조건($P_{\text{choked}}=14.7$ psia)으로 공기가 누출되는 경우 상류압력이 14.7/0.528 = 27.8 psia (또는 13.1 psig)보다 클 경우 흐름은 초크흐름이 되며, 이때의 누출은 최대가 된다. 공정산업에서는 초크흐름이 될 조건은 일반적이다.

최대의 흐름은 식 (4-48)에 식 (4-49)를 대입하여 얻는다.

$$(Q_m)_{\text{choked}} = C_o A P_o \sqrt{\frac{\gamma g_c M}{R_g T_o}\left(\frac{2}{\gamma+1}\right)^{(\gamma+1)/(\gamma-1)}} \tag{4-50}$$

여기서, $M$ : 빠져나가는 증기나 기체의 분자량

$T_o$ : 누출원의 온도

$R_g$ : 이상기체 상수

레이놀즈 수가 30,000(초크흐름이 아닌 경우)보다 큰 값을 갖는 끝이 날카로운 오리피스의 경우 일정한 배출계수, $C_o$는 0.61이다. 그러나 초크흐름의 경우 배출계수는 하류압력이 감소함에 따라 증가한다[9]. 초크흐름이거나 $C_o$가 불확실한 경우에는 보편적인 값인 1.0을 권장한다.

9) Robert H. Perry and Ceci H. Chilltion, *Chemical Engineers Handbook*, 7th ed. (New York: McGraw Hill, 1997), p.10-16.

여러 가지 기체에 대한 열용량 비, $\gamma$값을 <표 4.3>에 나타내었다.

**표 4.3 몇 가지 가스에 대한 열용량 비, $\gamma$**

| 가스 | 화학식 또는 기호 | 분자량(M) | 열용량 비 $\gamma = C_p/C_v$ |
|---|---|---|---|
| 아세틸렌(Acetylene) | $C_2H_2$ | 26.0 | 1.30 |
| 공기(Air) | – | 29.0 | 1.40 |
| 암모니아(Ammonia) | $NH_3$ | 17.0 | 1.32 |
| 아르곤(Argon) | Ar | 39.9 | 1.67 |
| 부탄(Butane) | $C_4H_{10}$ | 58.1 | 1.11 |
| 이산화탄소(Carbon dioxide) | $CO_2$ | 44.0 | 1.30 |
| 일산화탄소(Carbon monoxide) | CO | 28.0 | 1.40 |
| 염소(Chlorine) | $Cl_2$ | 70.9 | 1.33 |
| 에탄(Ethane) | $C_2H_6$ | 30.0 | 1.22 |
| 에틸렌(Ethylene) | $C_2H_4$ | 28.0 | 1.22 |
| 헬륨(Helium) | He | 4.0 | 1.66 |
| 염화수소(Hydrogen chloride) | HCl | 36.5 | 1.41 |
| 수소(Hydrogen) | $H_2$ | 2.0 | 1.41 |
| 황화수소(Hydrogen sulfide) | $H_2S$ | 34.1 | 1.30 |
| 메탄(Methane) | $CH_4$ | 16.0 | 1.32 |
| 염화메틸(Methyl chloride) | $CH_3Cl$ | 50.5 | 1.20 |
| 천연가스(Natural gas) | – | 19.5 | 1.27 |
| 산화질소(Nitric oxide) | NO | 30.0 | 1.40 |
| 질소(Nitrogen) | $N_2$ | 28.0 | 1.41 |
| 아산화질소(Nitrous oxide) | $N_2O$ | 44.0 | 1.31 |
| 산소(Oxygen) | $O_2$ | 32.0 | 1.40 |
| 프로판(Propane) | $C_3H_8$ | 44.1 | 1.15 |
| 프로펜(프로필렌)(Propene(propylene)) | $C_3H_6$ | 42.1 | 1.14 |
| 이산화황(Sulfur dioxide) | $SO_2$ | 64.1 | 1.26 |

출처 : Crane Co., *Flow of Fluids Through Valves, Fittings, and Pipes*, Technical Paper 410 (New York: Crane Co., 2009). www.flowoffluids.com

**예제 4.4**

14 bar 게이지 압력과 25℃에서 질소를 함유하는 탱크에 0.2 cm의 구멍이 발생되었다. 이 누출공을 통한 질량유속을 결정하여라. 외부압력은 1 기압이다.

**해답**

<표 4.3>에 의하면 질소의 $\gamma$는 1.41이다. 따라서 식 (4-49)로부터

$$\frac{P_{\text{choked}}}{P_o} = \left(\frac{2}{\gamma+1}\right)^{\gamma/(\gamma-1)} = \left(\frac{2}{2.41}\right)^{1.41/0.41} = 0.527$$

그리고 탱크의 절대압력은 14 bar + 1.013 barg = 15.01 bara이다.
따라서

$$P_{\text{choked}} = 0.527(15.01)\ \text{barg} = 7.91\ \text{bara}$$

외부압력이 7.91 bara보다 낮을 때에는 누출은 초크흐름이 된다. 이 경우 외부압력이 대기압(1.013 bara)이기 때문에 초크흐름이 예상되며, 식 (4-50)이 적용된다. 구멍의 면적은 다음과 같다

$$A = \frac{\pi d^2}{4} = \frac{(3.14)(0.2\ \text{cm})^2(1\,\text{m}^2/10^4\ \text{cm}^2)}{4} = 3.14\times 10^{-6}\ \text{m}^2$$

누출계수, $C_o$는 1.0으로 가정한다. 또한

$$T_o = 25 + 273 = 298\ \text{K}$$

$$\left(\frac{2}{\gamma+1}\right)^{(\gamma+1)/(\gamma-1)} = \left(\frac{2}{2.41}\right)^{2.41/0.41} = 0.830^{5.87} = 0.335$$

따라서 식 (4-50)을 이용하면 다음과 같다.

$$\begin{aligned}(Q_m)_{\text{choked}} &= C_o A P_o \sqrt{\frac{\gamma g_c M}{R_g T_o}\left(\frac{2}{\gamma+1}\right)^{(\gamma+1)/(\gamma-1)}} \\ &= (1.0)(3.14\times 10^{-6}\ \text{m}^2)(15.01\ \text{bara})\left(\frac{10^5\ \text{N/m}^2}{1\ \text{bar}}\right) \\ &\quad \times \sqrt{\frac{(1.41)\left(\frac{1\ \text{kg m/s}^2}{\text{N}}\right)(28\ \text{kg/kg-mol})}{(8.314\times 10^3\ \text{N m/kg-mol K})(298\ \text{K})}(0.335)} \\ &= 4.71\ \text{N}\sqrt{5.34\times 10^{-6}\ \text{kg}^2/\text{N}^2\,\text{s}^2}\end{aligned}$$

$$(Q_m)_{\text{choked}} = 1.09\times 10^{-2}\ \text{kg/s}$$

## 6 파이프를 통한 기체나 증기의 흐름

파이프를 통한 증기흐름은 2가지 특별한 경우를 사용하여 모델화한다. 즉, 단열(adiabatic)과 등온(isothermal) 거동이다. 단열의 경우는 보온된 파이프(insulated pipe)를 통한 빠른 증기흐름에 해당하고, 등온의 경우는 일정한 온도가 유지되는 비보온된(단열되지 않은) 파이프(uninsulated pipe)를 통한 흐름에 해당된다. 지하수 수송관은 등온 경우의 대표적인 예이다. 실제의 증기흐름은 단열과 등온 사이의 어느 한 경우에 해당한다. 불행하게도 실제 경우는 수치적으로 모델링하여야 하며, 일반적이고 유용한 식들이 없다.

등온과 단열의 경우에는 특정 상태에서 음속에 대한 기체속도의 비로 정의되는 무차원인 마하수(Mach number, Ma)를 새로이 정의함으로써 편리하게 이용할 수 있다.

$$\mathrm{Ma} = \frac{\bar{u}}{a} \tag{4-51}$$

여기서, $a$는 소리의 속도이다. 소리의 속도는 열역학적 관계식을 사용하여 결정된다.

$$a = \sqrt{g_c\left(\frac{\partial P}{\partial \rho}\right)_s} \tag{4-52}$$

이상기체의 경우는

$$a = \sqrt{\gamma g_c R_g T/M} \tag{4-53}$$

이다. 이것은 이상기체의 경우 소리의 속도는 단지 온도만의 함수임을 보여주고 있다. 20℃의 공기에서 음속은 344 m/s (1129 ft/s)이다.

### 단열흐름

<그림 4.11>은 가스가 흐르고 있는 단열 파이프를 나타낸 것이다. 이와 같은 특별한 경우에 출구속도는 음속보다 낮다. 흐름은 파이프내의 압력구배에 의해 일어난다. 기체가 파이프를 통하여 흐를 때 압력의 감소로 인해 팽창이 일어난다. 이 팽창은 기체의 속도 증가와 운동에너지 증가를 가져온다. 운동에너지는 기체의 열에너지로부터 얻어진다. 즉, 온도의 감소가 발생된다. 한편 마찰력(frictional force)이 파이프 벽과 기체 사이에 존재하는데 이 마찰력이 기체의 온도를 증가시킨다. 따라서 운동에너지와 마찰에너지의 크기에 따라 기체온도가 증가 또는 감소된다.

기계적 에너지 수지(식 4-1)은 단열흐름에도 적용될 수 있다. 이를 편의상 다른 형태로 표현하면

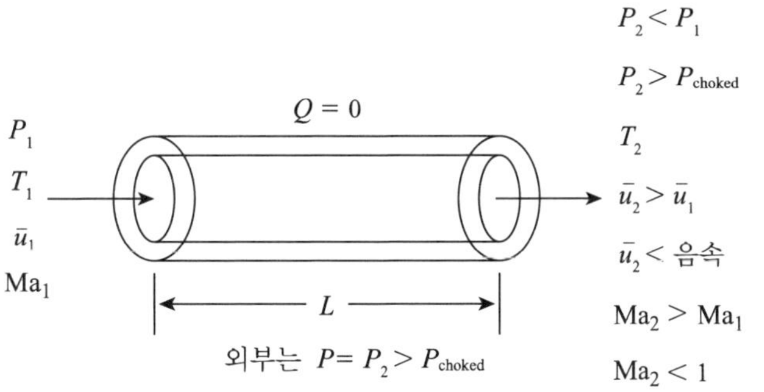


**그림 4.11** 파이프를 통한 기체의 단열 비초크흐름. 기체의 온도는 마찰손실의 크기에 따라 증가되거나 감소된다.

$$\frac{dP}{\rho} + \frac{\bar{u}\,d\bar{u}}{\alpha g_c} + \frac{g}{g_c}dz + dF = -\frac{\delta W_s}{m} \tag{4-54}$$

이 경우에는 다음과 같은 가정이 타당하다.

$$\frac{g}{g_c}dz \approx 0$$

밸브나 관 부속품이 없는 직관으로 가정하면 식 (4-29)와 (4-30)은 결합할 수 있고, 그 결과를 미분형태로 표시하면 다음과 같다.

$$dF = \frac{2f\,\bar{u}^2\,dL}{g_c d}$$

기계적 연결장치가 없기 때문에 다음과 같다.

$$\delta W_s = 0$$

마찰손실 항의 중요한 부분은 Fanning 마찰계수, $f$가 파이프 전체에서 일정하다고 가정하는 것이다. 이러한 가정은 단지 높은 레이놀즈 수일 때 타당하다.

전체 에너지 수지는 흐르는 기체내의 온도변화를 묘사하는데 유용하다. 이와 같은 개방 정상상태의 흐름공정에서 전체 에너지 수지는 다음과 같이 주어진다.

$$dh + \frac{\bar{u}\,d\bar{u}}{\alpha g_c} + \frac{g}{g_c}dz = \delta q - \frac{\delta W_s}{m} \tag{4-55}$$

여기서, $h$는 기체의 엔탈피이며, $q$는 열이다. 그리고 다음과 같이 가정한다.

$dh = C_p\,dT$　　이상기체의 경우

$g/g_c\,dz \approx 0$　　기체의 경우 타당하다.

$\delta q = 0$ 파이프가 단열이기 때문

$\delta W_s = 0$ 기계적 연결장치가 없기 때문

이들 가정은 식 (4-55)와 (4-54)에 적용된다. 이 두 식을 결합하고, 하첨자가 "o"인 초기지점과 어떤 임의의 최종지점 사이에서 적분하여 정리하면 다음과 같은 결과식이 유도된다[10].

$$\frac{T_2}{T_1} = \frac{Y_1}{Y_2} \quad \text{여기서, } Y_i = 1 + \frac{\gamma - 1}{2}\mathrm{Ma}_i^2 \tag{4-56}$$

$$\frac{P_2}{P_1} = \frac{\mathrm{Ma}_1}{\mathrm{Ma}_2}\sqrt{\frac{Y_1}{Y_2}} \tag{4-57}$$

$$\frac{\rho_2}{\rho_1} = \frac{\mathrm{Ma}_1}{\mathrm{Ma}_2}\sqrt{\frac{Y_2}{Y_1}} \tag{4-58}$$

$$G = \rho \bar{u} = \mathrm{Ma}_1 P_1 \sqrt{\frac{\gamma g_c M}{R_g T_1}} = \mathrm{Ma}_2 P_2 \sqrt{\frac{\gamma g_c M}{R_g T_2}} \tag{4-59}$$

여기서, $G$는 질량/(면적 · 시간)의 단위를 갖는 질량플럭스(mass flux)이다.

$$\underbrace{\frac{\gamma + 1}{2}\ln\left(\frac{\mathrm{Ma}_2^2\, Y_1}{\mathrm{Ma}_1^2\, Y_2}\right)}_{\text{운동에너지}} - \underbrace{\left(\frac{1}{\mathrm{Ma}_1^2} - \frac{1}{\mathrm{Ma}_2^2}\right)}_{\text{압축}} + \underbrace{\gamma\left(\frac{4fL}{d}\right)}_{\text{파이프마찰}} = 0 \tag{4-60}$$

식 (4-60)은 파이프 내 마찰손실과 마하수와의 관계를 나타내고 있다. 또한 여러 가지 에너지 항들이 나타나 있다. 압축 항은 기체의 압축으로 인한 속도변화를 나타낸다.

식 (4-59)과 (4-60)은 식 (4-56)부터 식 (4-58)을 사용하여 온도와 압력으로 된 마하수로 대치하면 보다 편리하고, 유용한 식으로 된다.

$$\frac{\gamma+1}{\gamma}\ln\frac{P_1 T_2}{P_2 T_1} - \frac{\gamma-1}{2\gamma}\left(\frac{P_1^2 T_2^2 - P_2^2 T_1^2}{T_2 - T_1}\right)\left(\frac{1}{P_1^2 T_2} - \frac{1}{P_2^2 T_1}\right) + \frac{4fL}{d} = 0 \tag{4-61}$$

$$G = \sqrt{\frac{2 g_c M}{R_g}\frac{\gamma}{\gamma - 1}\frac{T_2 - T_1}{(T_1/P_1)^2 - (T_2/P_2)^2}} \tag{4-62}$$

10) Octave Levenspiel, *Engineering Flow and Heat Exchange*, 2nd ed.(New York, NY: Springer, 1998), p.43.

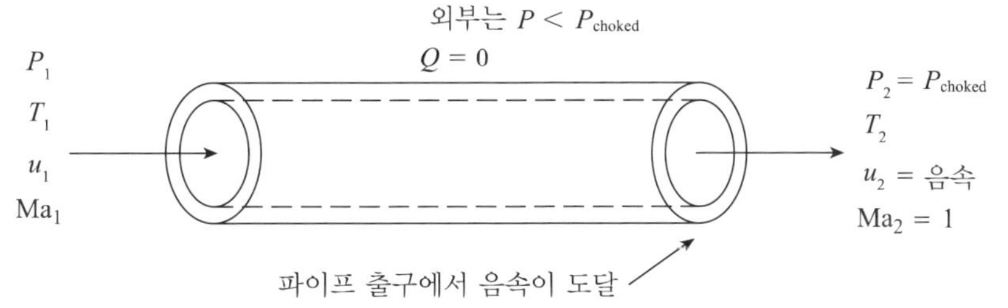


**그림 4.12** 파이프를 통한 기체의 단열 초크흐름. 음속은 파이프의 끝에서 도달된다.

대부분의 문제에 있어서 파이프길이($L$), 내부지름($d$), 상류온도($T_1$)와 압력($P_1$), 하류압력($P_2$)은 알려져 있다. 질량플럭스, $G$를 계산하는 절차는 다음과 같다.

1. <표 4.1>을 이용하여 파이프의 조도, $\epsilon$를 결정한다. 그리고 상대조도, $\epsilon/d$를 계산한다.
2. 식 (4-34)로부터 Fanning 마찰계수, $f$ 를 결정한다. 이것은 레이놀즈 수가 높을 때 충분히 발달된 난류라는 가정 하에서 얻어진다. 이 가정은 나중에 확인할 수 있지만, 일반적으로 유효하다.
3. 식 (4-61)로부터 $T_2$를 구한다.
4. 식 (4-62)로부터 전체 질량 플럭스, $G$를 구한다.

긴 파이프 또는 파이프간의 큰 압력차가 있는 경우 기체의 속도는 음속과 비슷해질 수 있다. 이 경우는 <그림 4.12>에 나타나 있다.

음속에 도달되면 기체흐름은 **초크흐름**이라고 한다. 기체는 파이프의 끝에서 음속에 도달한다. 상류압력이 증가하거나 하류압력이 감소하여도 파이프의 끝에서 기체속도는 음속으로 일정하게 유지한다. 만일 하류압력이 초크압력, $P_{choked}$보다 더 낮게 감소하면 파이프를 통한 흐름은 하류압력과 관계없이 초크흐름으로 일정하다. 파이프 끝의 압력이 주위 압력보다 높을지라도 초크압력에 머무르게 될 것이다. 파이프를 빠져나가는 기체는 초크압력에서 주위 압력으로 갑작스러운 변화를 겪게 된다. 초크흐름의 경우 식 (4-56)에서 식 (4-60)은 $Ma_2 = 1.0$으로 정함으로써 간략화 할 수 있다. 그 결과는 다음과 같다.

$$\frac{T_{choked}}{T_1} = \frac{2Y_1}{\gamma+1} \tag{4-63}$$

$$\frac{P_{choked}}{P_1} = Ma_1\sqrt{\frac{2Y_1}{\gamma+1}} \tag{4-64}$$

$$\frac{\rho_{choked}}{\rho_1} = Ma_1\sqrt{\frac{\gamma+1}{2Y_1}} \tag{4-65}$$

$$G_{\text{choked}} = \rho \bar{u} = \text{Ma}_1 P_1 \sqrt{\frac{\gamma g_c M}{R_g T_1}} = P_{\text{choked}} \sqrt{\frac{\gamma g_c M}{R_g T_{\text{choked}}}} \tag{4-66}$$

$$\frac{\gamma+1}{2} \ln\left[\frac{2Y_1}{(\gamma+1)\text{Ma}_1^2}\right] - \left(\frac{1}{\text{Ma}_1^2} - 1\right) + \gamma\left(\frac{4fL}{d}\right) = 0 \tag{4-67}$$

하류압력이 $P_{\text{choked}}$보다 작으면 초크흐름이 발생한다. 이것은 식 (4-64)를 사용하여 점검한다.

초크의 단열흐름을 수반하는 대부분의 문제는 파이프의 길이($L$), 내부직경($d$), 상류의 압력($P_1$) 및 온도($T_1$)는 알려져 있다. 질량플럭스, $G$를 계산하기 위한 절차는 다음과 같다.

1. 식 (4-34)을 사용하여 Fanning 마찰계수, $f$를 결정한다. 이때, 유체는 높은 레이놀즈 수를 가진 충분히 발달한 난류라고 가정한다. 이 가정이 타당한가를 나중에 점검할 수 있으나, 항상 타당하다.
2. 식 (4-67)로부터 $\text{Ma}_1$을 결정한다.
3. 식 (4-66)으로부터 질량플럭스, $G_{\text{choked}}$를 결정한다.
4. 초크조건이 되어 있는지를 확인하기 위해 식 (4-64)로부터 $P_{\text{chocked}}$를 결정한다.

단열 파이프 흐름에 대한 식 (4-63)부터 (4-67)까지의 식들은 $\sum K_f$를 $4fL/d$로 치환하면 앞서 논의한 2-$K$ 방법을 사용하도록 수정될 수 있다.

그 절차는 가스 팽창계수, $Y_g$를 정의함으로써 단순화될 수 있다. 이상기체 흐름의 경우 음속 및 비음속 상태에서 질량유속은 다음과 같은 Darcy 식[11]으로 나타낸다.

$$G = \frac{\dot{m}}{A} = Y_g \sqrt{\frac{2g_c \rho_1 (P_1 - P_2)}{\sum K_f}} \tag{4-68}$$

여기서, $G$ : 질량 플럭스 [질량/면적 · 시간]

$\dot{m}$ : 기체의 질량 유속 [질량/시간]

$A$ : 배출면적 [길이$^2$]

$Y_g$ : 가스 팽창계수 [무단위]

$g_c$ : 중력상수 [힘/질량 · 가속도]

$\rho_1$ : 상류 가스밀도 [질량/부피]

11) Crane Co., *Flow of Fluids Through Valves, Fittings, and Pipes*, *Technical Report 410* (New York, Crane Co., 2009). www.flowoffluids.com.

$P_1$ : 상류 가스압력 [힘/면적]

$P_2$ : 하류 가스압력 [힘/면적]

$\sum K_f$ : 파이프 입구 및 출구, 파이프 길이 및 관 부속품을 포함하는 초과 압력손실 항 [무단위]

초과 압력손실 항, $\sum K_f$는 4.4절에 설명한 2-$K$ 방법을 사용하여 구한다. 대부분의 가스 누출사고의 경우 흐름은 완전하게 발달한 난류흐름이다. 이것은 파이프의 경우 마찰계수는 레이놀즈 수에 무관하고, 관 부속품의 경우 $K_f = K_\infty$ 임을 의미하며, 풀이는 직접적이다.

식 (4-68)에서 가스 팽창계수, $Y_g$는 단지 기체의 열용량 비, $\gamma$와 흐름경로 내의 마찰요소, $\sum K_f$에만 의존한다. 초크흐름의 가스 팽창계수 식은 식 (4-68)과 식 (4-59)이 같다고 하고, $Y_g$에 대해 풀면 얻어진다. 그 결과는 다음과 같다.

$$Y_g = \mathrm{Ma}_1 \sqrt{\frac{\gamma \sum K_f}{2}\left(\frac{P_1}{P_1 - P_2}\right)} \tag{4-69}$$

여기서, $\mathrm{Ma}_1$은 상류 흐름의 마하수이다.

가스 팽창계수를 결정하는 절차는 다음과 같다. 첫째, 식 (4-67)을 사용하여 상류의 마하수, $\mathrm{Ma}_1$을 결정한다. $\sum K_f$는 파이프 및 관 부속품의 영향을 포함하는 $4fL/d$로 반드시 치환되어야 한다. 풀이는 시행오차법을 이용하여 상류의 마하수를 추정하고, 추정한 값이 식의 목표치와 일치하는지를 정함으로써 얻어진다. 이는 스프레드시트(spreadsheet)를 이용하여 쉽게 수행될 수 있다.

다음 단계는 식 (4-64)로부터 음속 압력 비를 결정하는 것이다. 만약 실제 비율이 식 (4-64)로 구한 비율보다 크면 흐름은 음속 또는 초크이고, 식 (4-64)로 예상한 압력강하가 계산에 사용된다. 만일 실제 비율이 식 (4-64)로 구한 비율보다 작으면 흐름은 비음속이고, 실제 압력강하 비율이 이용된다. 마지막으로 팽창계수, $Y_g$는 식 (4-69)를 사용하여 계산한다.

팽창계수를 결정하기 위한 계산은 $\gamma$와 마찰손실 항, $\sum K_f$가 결정되면 완수될 수 있다. 이 계산은 <그림 4.13> 및 <그림 4.14>에 표시된 결과들로 한 번에 수행할 수 있다. <그림 4.13>에 나타난 바와 같이 압력 비, $(P_1 - P_2)/P_1$는 열용량 비, $\gamma$의 약한 함수이다. 팽창계수, $Y_g$는 $\gamma$에 거의 영향을 받지 않는다. 이를테면 $\gamma$값이 1.2~1.67인 범위에서 $Y_g$ 값은 $\gamma = 1.4$일 때 값의 1% 이하로 변화한다. <그림 4.14>는 $\gamma = 1.4$인 경우의 팽창계수를 나타낸 것이다.

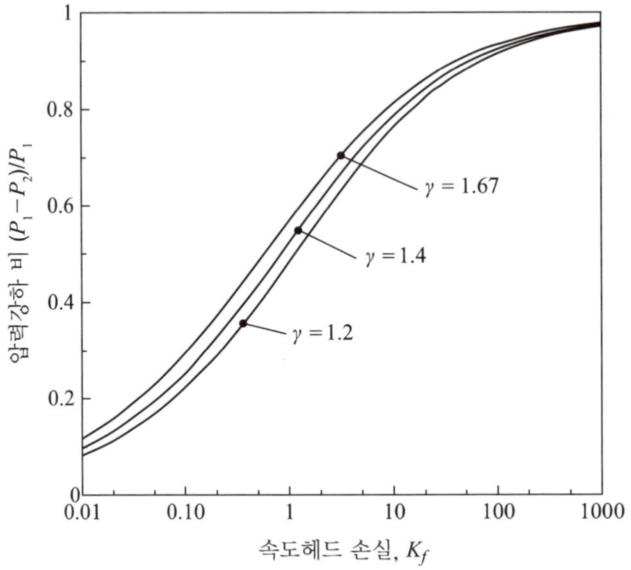


⇧ **그림 4.13** 단열흐름에서 과잉 속도헤드 파이프 손실(excess velocity head pipe loss)의 함수인 압력강하 비. 곡선 위의 모든 값은 음속인 반면 아래 값은 비음속임 (출처: J. M. Keith and D. A. Crowl. "Estimating Sonic Gas Flow Rates in Pipelines." *Journal of Loss Prevention in the Process Industries*, 18(2005): 55–62.)

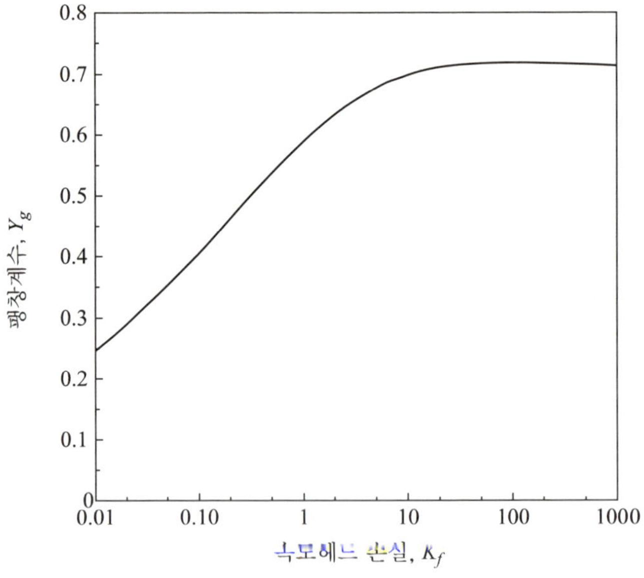


⇧ **그림 4.14** 단열흐름에서 과잉 속도헤드 파이프 손실(excess velocity head pipe loss)의 함수인 기체 압력계수. 결과는 열용량의 약한 함수이지만, 그 차이는 그림에서 볼 수 있는 것보다 적다. (출처: J. M. Keith and D. A. Crowl. "Estimating Sonic Gas Flow Rates in Pipelines." *Journal of Loss Prevention in the Process Industries*, 18(2005): 55–62.)

**표 4.4** 단열흐름 조건에서 파이프 손실 $\Sigma K_f$의 함수로 나타낸 팽창계수 $Y_g$와 음속 압력강하 비 $(P_1 - P_2)/P_1$의 상관관계[a]

팽창계수 : $\ln Y_g = A(\ln K_f)^3 + B(\ln K_f)^2 + C(\ln K_f) + D$

압력강하 비 : $[(P_1 - P_2)/P_1]^{-1} = A + B\ln K_f + C/K_f^{0.5}$

| 함수 값 | 유효범위, $\Sigma K_f$ | A | B | C | D |
|---|---|---|---|---|---|
| 팽창계수, $Y_g$ | 0.2 −1000 | 0.00129 | −0.0216 | 0.116 | −0.528 |
| 음속 압력강하 비, $\gamma$=1.2 | 0.01−1000 | 0.943 | 0.00762 | 1.12 | − |
| 음속 압력강하 비, $\gamma$=1.4 | 0.2 −1000 | 0.965 | 0.00461 | 0.944 | − |
| 음속 압력강하 비, $\gamma$=1.67 | 0.01−1000 | 0.988 | 0.00113 | 0.768 | − |

[a] J. Keith and D. A. Crowl, "Estimating Sonic Gas Flow Rates in Pipelines, "*J. Loss Prevention in the Proc. Ind.*,(2005), 18: 55-62.

<그림 4.13>과 <4.14>의 함수결과는 $\ln Y_g = A(\ln K_f)^3 + B(\ln K_f)^2 + C(\ln K_f) + D$ 형태의 식으로 맞춘 수 있으며, 이 때 $A$, $B$, $C$, $D$는 상수이다. 그 결과는 <표 4.4>에 나타내었으며, 1% 내의 $K_f$ 범위에서 정확하다.

파이프 또는 구멍을 통한 단열 질량유속을 결정하는 절차는 다음과 같다.

1. 기체의 형태에 대해 주어진 $M$, $\gamma$ ; 파이프 길이, 지름 및 형태 ; 파이프 입구 및 출구 ; 관 부속품의 총 수 및 그 형태, 총 압력강하 ; 상류 가스밀도
2. 파이프의 마찰계수 그리고 관 부속품과 파이프 입구 및 출구에 대한 과잉 압력손실을 결정하기 위해 완전히 발달된 난류흐름으로 가정한다. 레이놀즈 수는 이 가정을 점검하기 위한 계산이 완결된 상태에서 계산이 가능하다. $\Sigma K_f$를 얻기 위해 각각의 과잉 압력손실을 합한다.
3. 명시된 압력강하로부터 $(P_1 - P_2)/P_1$를 계산한다. 흐름이 음속인지를 결정하기 위해 <그림 4.13>에 대한 값을 체크한다. <그림 4.13>에서 곡선 위의 모든 부분은 음속흐름을 나타낸다. <그림 4.13>을 직접 사용하거나, 표의 값을 내삽하거나, <표 4.4>에서 제공하는 식을 사용하여 음속의 초크압력, $P_2$를 결정한다.
4. <그림 4.14>로부터 팽창계수를 결정한다. 그림의 값을 읽거나, 표로부터 내삽하거나, <표 4.4>에서 제공하는 식을 사용한다.
5. 식 (4-68)을 사용하여 질량유속을 계산한다. 여기의 단계 3에서 결정된 음속 초크압력을 사용한다.

이 방법은 파이프 시스템과 구멍을 통한 가스 배출에 적용할 수 있다.

## 등온흐름

마찰이 존재하는 파이프 내 기체의 등온흐름(isothermal flow)의 경우를 <그림 4.15>에 나타내었다. 이 경우에 있어서 기체속도는 음속 이하로 가정한다. 파이프내의 압력구배는 기체수송에 대한 추진력(driving force)을 제공한다. 압력구배에 의해 기체가 팽창하기 때문에 속도는 같은 질량유속을 유지하기 위해 증가되어야 한다. 파이프 끝 지점에서의 압력은 외부의 압력과 동일하다. 온도는 파이프 전체를 통해 일정하다.

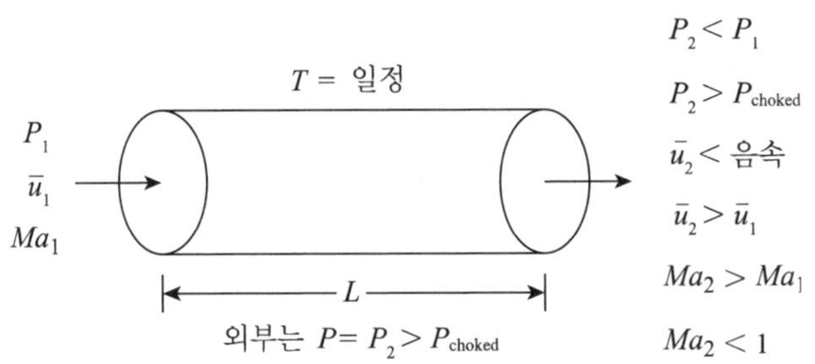


⇧ **그림 4.15** 파이프 내 기체의 등온 비초크흐름

등온흐름은 식 (4-54)에 보여준 형태와 같이 기계적 에너지 수지에 의해 표현된다. 이 경우 다음과 같은 가정이 타당하다.

$$\frac{g}{g_c} dz \approx 0$$

기체의 경우에도 타당하다. 그리고 식 (4-29)와 식 (4-30)을 결합하여 미분하면

$$dF = \frac{2f\,\bar{u}^2 dL}{g_c d}$$

이고, $f$는 일정하다고 가정한다. 그리고 기계적 연결장치(mechanical linkage)가 없으므로, 다음과 같이 가정한다.

$$\delta W_s = 0$$

전체 에너지 수지는 온도가 일정하기 때문에 필요하지 않다.

위의 가정들을 식 (4-54)에 대입하여 정리하면 다음을 얻는다[12].

12) Octave Levenspiel, *Engineering Flow and Heat Exchange*, 2nd ed.(New York, NY: Springer, 1998), p.46.

$$T_2 = T_1 \tag{4-70}$$

$$\frac{P_2}{P_1} = \frac{\text{Ma}_1}{\text{Ma}_2} \tag{4-71}$$

$$\frac{\rho_2}{\rho_1} = \frac{\text{Ma}_1}{\text{Ma}_2} \tag{4-72}$$

$$G = \rho \bar{u} = \text{Ma}_1 P_1 \sqrt{\frac{\gamma g_c M}{R_g T}} \tag{4-73}$$

여기서, $G$는 질량/(면적 · 시간)의 단위를 갖는 질량플럭스(mass flux)이다. 그리고 다음 식이 성립한다.

$$\underbrace{2\ln\frac{\text{Ma}_2}{\text{Ma}_1}}_{\text{운동에너지}} - \underbrace{\frac{1}{\gamma}\left(\frac{1}{\text{Ma}_1^2} - \frac{1}{\text{Ma}_2^2}\right)}_{\text{압축}} + \underbrace{\frac{4fL}{d}}_{\text{파이프마찰}} = 0 \tag{4-74}$$

식 (4-74)에는 여러 가지 에너지 항들이 존재함을 알 수 있다.

식 (4-74)보다 편리한 형태는 마하수를 압력 항으로 바꾸면 얻어진다. 이 형태는 식 (4-70)에서 (4-72)까지를 사용하여 얻어지는데 그 결과는 다음과 같다.

$$2\ln\frac{P_1}{P_2} - \frac{g_c M}{G^2 R_g T}(P_1^2 - P_2^2) + \frac{4fL}{d} = 0 \tag{4-75}$$

전형적인 문제는 파이프의 길이($L$), 내부직경($d$), 상류와 하류의 압력($P_1$과 $P_2$)로 주어 질량플럭스, $G$를 결정하는 것이다. 그 절차는 다음과 같다.

1. 식 (4-34)를 사용하여 Fanning 마찰계수, $f$를 결정한다. 이것은 높은 레이놀즈 수 상태에서 완전하게 발달된 난류라 가정한다. 이 가정은 후에 나중에 점검할 수 있으며 보통 타당하다.
2. 식 (4-75)로부터 질량플럭스, $G$를 계산한다.

Levenspiel[13]은 파이프 내에서 기체의 등온흐름 동안 일어날 수 있는 최대속도는 단열흐름의 경우처럼 음속이 아님을 보였다. 마하수로 나타내는 최대속도는 다음과 같다.

13) Octave Levenspiel, *Engineering Flow and Heat Exchange*, 2nd ed.(New York, NY: Springer, 1998), p.46.

$$\mathrm{Ma}_{\mathrm{choked}} = \frac{1}{\sqrt{\gamma}} \tag{4-76}$$

이 결과는 기계적 에너지 수지로부터 시작하여 다음과 같은 형태로 재배열하면 된다.

$$-\frac{dP}{dL} = \frac{2fG^2}{g_c\rho d}\left[\frac{1}{1-(\overline{u}^{\,2}\rho/g_cP)}\right] = \frac{2fG^2}{g_c\rho d}\left[\frac{1}{1-\gamma\mathrm{Ma}^2}\right] \tag{4-77}$$

$\mathrm{Ma}\rightarrow\frac{1}{\sqrt{\gamma}}$ 일 때, $\frac{-dP}{dL}\rightarrow\infty$로 된다. 따라서 <그림 4.16>에 나타낸 것과 같이 등온의 파이프 내에서 초크흐름의 경우 다음과 같은 식들이 적용될 수 있다.

$$T_{\mathrm{choked}} = T_1 \tag{4-78}$$

$$\frac{P_{\mathrm{choked}}}{P_1} = \mathrm{Ma}_1\sqrt{\gamma} \tag{4-79}$$

$$\frac{\rho_{\mathrm{choked}}}{\rho_1} = \mathrm{Ma}_1\sqrt{\gamma} \tag{4-80}$$

$$\frac{\overline{u}_{\mathrm{choked}}}{\overline{u}_1} = \frac{1}{\mathrm{Ma}_1\sqrt{\gamma}} \tag{4-81}$$

$$G_{\mathrm{choked}} = \rho\overline{u} = \rho_1\overline{u}_1 = \mathrm{Ma}_1P_1\sqrt{\frac{\gamma g_cM}{R_gT}} = P_{\mathrm{choked}}\sqrt{\frac{g_cM}{R_gT}} \tag{4-82}$$

여기서, $G_{\mathrm{choked}}$는 질량/(면적 · 시간)의 단위를 갖는 질량플럭스이고, 다음식이 성립한다.

$$\ln\left(\frac{1}{\gamma_1\mathrm{Ma}_1^2}\right) - \left(\frac{1}{\gamma_1\mathrm{Ma}_1^2} - 1\right) + \frac{4fL}{d} = 0 \tag{4-83}$$

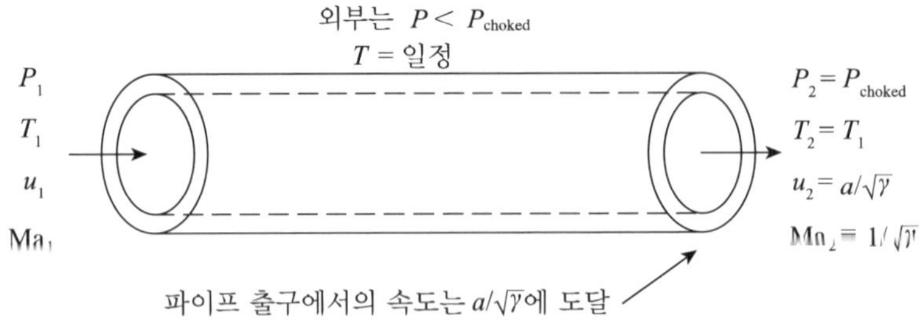


**그림 4.16** 파이프를 통한 기체의 등온 초크흐름. 파이프의 말단에서 최대속도가 된다.

대부분의 전형적인 문제에서 파이프 길이($L$), 내부직경($d$), 상류압력($P_1$)과 온도($T$)는 알려져 있다. 질량플럭스, $G$는 다음과 같은 절차를 통해 얻어진다.

**1.** 식 (4-34)를 사용하여 Fanning 마찰계수를 결정한다. 이것은 높은 레이놀즈 수의 완전히 발달된 난류로 가정하다. 이 가정은 나중에 점검할 수 있으며, 항상 타당하다.
**2.** 식 (4-83)으로부터 $Ma_1$을 결정한다.
**3.** 식 (4-82)로부터 질량플럭스, $G$를 결정한다.

식 (4-68)과 (4-69)를 사용한 직접적인 방법은 등온유동에도 적용될 수 있다. <표 4.5>는 팽창계수와 압력강하 비에 대한 식이다. <그림 4.17>과 <4.18>은 이들 함수를 그림으로 나타낸 것이다. 절차는 단열흐름과 동일하다.

Keith와 Crowl[14]은 단열과 등온의 경우에 팽창계수, $Y_g$가 최대값을 가지는 것을 발견했다. 등온흐름에서 이 최대값은 모든 열용량 비에서 동일하며, 속도 수두손실이 56.3과 최대 팽창계수 0.7248일 때 발생했다. 단열흐름에서 팽창계수의 최대값은 열용량 비의 함수이다. $\gamma=1.4$일 때 팽창계수는 속도 수두손실 90.0에서 최대값 0.7182를 갖는다.

단열과 등온선 흐름 모두의 경우에 속도 수두손실이 커지면서 팽창계수는 점근선에 도달한다. 이 점근선은 두 경우 모두에서 동일하다. 이 점근선은 $1/\sqrt{2}=0.7010$으로, 단열흐름과 등온흐름의 두 경우에 동일하다. 것이다. 점근선에 대한 상세 연산을 비교하면 속도 수두손실값이 100과 500일 때 상세 점근선의 해는 각각 2.2%와 0.2%의 사이에 있다.

점근선의 해는 식 (4-68)에 대입하여 질량유속에 대해 다음과 같은 단순화된 식을 얻을 수 있다:

$$G=\frac{\dot{m}}{A}=\sqrt{\frac{g_c\,\rho_1\,P_1}{\Sigma K_f}} \tag{4-84}$$

**표 4.5** 등온흐름 조건에서 파이프 손실 $\Sigma K_f$의 함수로 나타낸 팽창계수 $Y_g$와 음속 압력강하 비 $(P_1-P_2)/P_1$의 상관관계[a]

팽창계수 : $\ln Y_g = A(\ln K_f)^3 + B(\ln K_f)^2 + C(\ln K_f) + D$

압력강하 비 : $[(P_1-P_2)/P_1]^{-1} = A + B\ln K_f + C/K_f^{0.5}$

| 함수 값 | 유효범위, $\Sigma K_f$ | A | B | C | D |
|---|---|---|---|---|---|
| 팽창계수, $Y_g$ | 0.2 − 1000 | 0.00130 | −0.0216 | 0.111 | −0.502 |
| 음속 압력강하 비, 모든 $\gamma$ | 0.01 − 1000 | 0.911 | 0.0118 | 1.38 | − |

[a] J. Keith and D. A. Crowl. "Estimating Sonic Gas Flow Rates in Pipelines," *Journal of Loss Prevention in the Process Industries* 18 (2005): 55-62.

14) J. Keith and D. A. Crowl. "Estimating Sonic Gas Flow Rates in Pipelines," *Journal of Loss Prevention in the Process Industries* 18 (2005): 55–62.

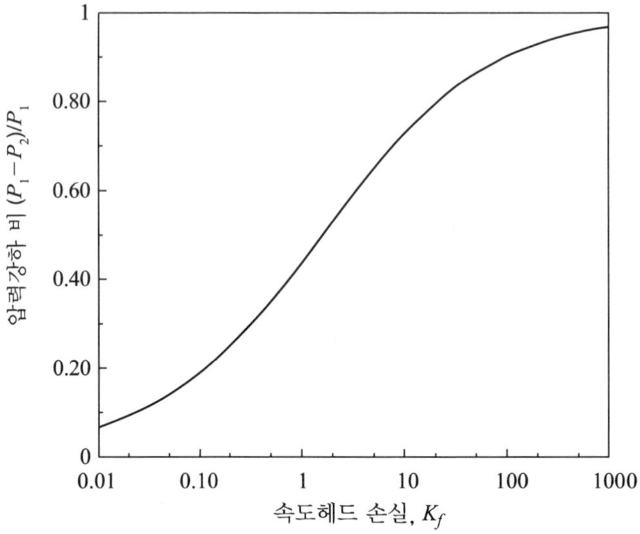


**그림 4.17** 등온흐름에서 과잉 속도헤드 파이프 손실(excess velocity head pipe loss)의 함수인 압력강하 비. 결과는 열용량 비와 무관함. 곡선 위의 모든 값은 음속인 반면 아래 값은 비음속임. (출처 : J. M. Keith and D. A. Crowl. "Estimating Sonic Gas Flow Rates in Pipelines." *Journal of Loss Prevention in the Process Industries*, 18(2005): 55–62.)

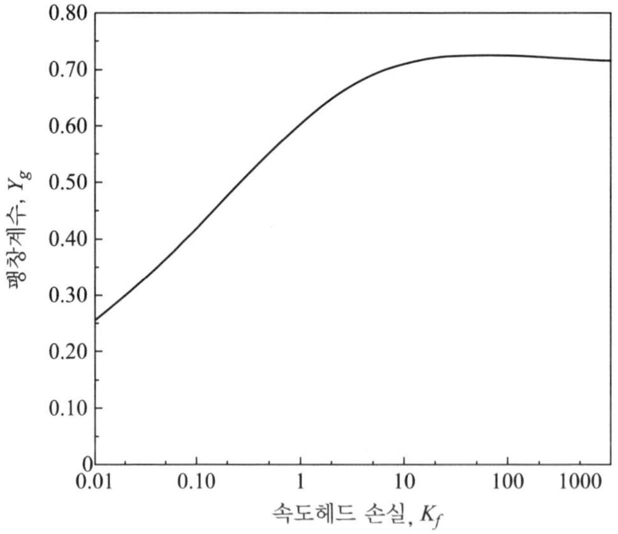


**그림 4.18** 등온흐름에서 과잉 속도헤드 파이프 손실(excess velocity head pipe loss)의 함수인 기체 압력 계수. 결과는 열용량 비와 무관함. (출처 : J. M. Keith and D. A. Crowl. "Estimating Sonic Gas Flow Rates in Pipelines." *Journal of Loss Prevention in the Process Industries*, 18(2005): 55–62.)

파이프를 통한 기체의 누출의 경우 누출이 단열적으로 발생되는지 등온적으로 발생되는지의 문제는 중요하다. 두 경우 기체속도는 압력이 감소할 때 기체의 팽창 때문에 증가한다. 단열흐름의 경우 기체의 온도는 마찰 및 운동에너지의 상대적인 크기에 의존하여 증가하거나 감소한다. 초크흐름에서 단열 초크압력은 등온 초크압력보다 낮다. 고정된 압력 및 온도에서 누출원으로부터 파이프 흐름의 경우 실제 유속은 단열로 예상한 것 보다는 적고, 등온으로 예상한 것보다는 크다.

예제 4.5는 파이프 흐름 문제에서 단열 및 등온 결과의 차이점은 일반적으로 적다는 것을 보여준다. Levenspiel[15)]은 누출원의 압력과 온도가 같을 때 단열모델이 항상 실제 흐름보다 크게 예측한다는 것을 보여주었다. Crane[16)]은 일정한 단면적을 가진 짧은 파이프에서 파이프로 누출이 되거나 상당히 큰 단면적의 경우에 단열조건이 유효하다고 보고했다. Crane은 공기를 대기로 배출하는 130 및 220 파이프 직경의 길이를 가지는 파이프에 대한 실험데이터로 이러한 사실을 밝혔다. 최종적으로, 초크 음속흐름 상태 하에서는 기체흐름의 빠른 속도 때문에 등온상태가 실질적으로 이루어지기 어렵다. 결과적으로, 단열흐름 모델은 파이프를 통한 압축성 가스 배출에 대해 선택되는 모델이다.

---

**예제 4.5**

저장탱크에 있는 액체 산화에틸렌(EO) 상단부의 증기공간은 산소를 퍼지하고 나서 폭발을 막기 위해 81 psig 질소를 채워 넣었다. 질소는 200 psig 압력의 특별한 설비로부터 공급받는다. 이것은 81 psig로 조절된 내경이 1.049 in이고 33 ft의 상업용 강철 파이프를 통하여 저장용기로 공급된다. 온도는 80 °F이다.

질소의 압력 조절기가 고장이 난 경우 용기는 질소 공급원으로부터 최대 200 psig 압력으로 노출된다. 이것은 저장용기의 압력한계를 초과하게 된다. 저장용기의 파열을 막기 위해서는 질소를 빼내는 압력방출장치(relief device)를 설치해야 한다. 조절기의 고장으로 인해 탱크 내에서 상승하는 압력을 막는 압력방출장치를 통해 유출되어야 하는 질소의 최소 질량유속을 구하여라.

다음과 같은 가정으로 질량유속을 결정한다. (a) 파이프 직경과 같은 출구(throat)를 갖는 오리피스 (b) 단열 파이프 (c) 등온 파이프. 어떤 결과가 실제 상황과 가장 일치하는지를 결정하여라. 어떤 질량유속이 사용되어야 하는가?

**해답**

**a.** 오리피스를 통한 최대 유속은 초크조건에서 일어난다. 파이프의 단면적은

$$A = \frac{\pi d^2}{4} = \frac{(3.14)(1.049\ \text{in})^2(1\ \text{ft}^2/144\ \text{in}^2)}{4} = 6.00 \times 10^{-3}\ \text{ft}^2$$

이고, 공급원의 절대압력은

15) Octave Levenspiel. Engineering Flow and Heat Exchange, 2nd ed. (New York, NY: Springer, 1998), p. 45.

16) Crane Co. *Flow of Fluids through Valves, Fittings, and Pipes, Technical Paper 410* (New York, NY: Crane Co., 2009). www.flowoffluids.com.

$$P_o = 200 + 14.7 = 214.7 \text{ psia} = 3.09 \times 10^4 \text{ lb}_f/\text{ft}^2$$

이다. 이원자 기체에 대한 식 (4-49)로부터 초크압력은

$$P_{\text{choked}} = (0.528)(214.7 \text{ psia}) = 113.4 \text{ psia} = 1.63 \times 10^4 \text{ lb}_f/\text{ft}^2$$

이다. 이 계는 대기상태로 배출되기 때문에 초크흐름으로 볼 수 있다. 식 (4-50)으로 최대 질량유속을 구할 수 있다. 질소의 경우 $\gamma=1.41$ (표 4.3)이므로

$$\left(\frac{2}{\gamma+1}\right)^{(\gamma+1)(\gamma-1)} = \left(\frac{2}{2.4}\right)^{2.4/0.4} = 0.335$$

질소의 분자량은 28 $\text{lb}_m$/mol이다. 추가적인 정보가 없는 경우 단위 배출계수, $C_o$는 1.0으로 가정한다. 따라서

$$Q_m = (1.0)(6.00 \times 10^{-3} \text{ ft}^2)(3.09 \times 10^4 \text{ lb}_f/\text{ft}^2)$$

$$\times \sqrt{\frac{(1.4)(32.17 \text{ ft lb}_m/\text{lb}_f \text{ s}^2)(28 \text{ lb}_m/\text{lb-mol})}{(1545 \text{ ft lb}_f/\text{lb-mol °R})(540 \text{ °R})}(0.335)}$$

$$= (185 \text{ lb}_f)\sqrt{5.06 \times 10^{-4} \text{ lb}_m^2/\text{lb}_f^2 \text{ s}^2}$$

$$Q_m = 4.17 \text{ lb}_m/\text{s}$$

**b.** 단열 초크흐름 조건으로 가정하자. <표 4.1>로부터 상업용 강철 파이프의 경우 $\epsilon=0.046$ mm이다. 파이프의 직경은 (1.049 in) (25.4 mm/in) = 26.6 mm이다. 따라서

$$\frac{\epsilon}{d} = \frac{0.046 \text{ mm}}{26.6 \text{ mm}} = 0.00173$$

식 (4-34)로부터

$$\frac{1}{\sqrt{f}} = 4\log\left(3.7\frac{d}{\epsilon}\right) = 4\log(3.7/0.00173) = 13.32$$

$$\sqrt{f} = 0.0751 \qquad \therefore f = 0.00564$$

질소의 경우 앞에서 설명한 바와 같이 $\gamma=1.41$이다. 상류흐름의 마하수는 식 (4-67)로부터 구해진다.

$$\frac{\gamma+1}{2}\ln\left[\frac{2Y_1}{(\gamma+1)\text{Ma}_1^2}\right] - \left(\frac{1}{\text{Ma}_1^2} - 1\right) + \gamma\left(\frac{4fL}{d}\right) = 0$$

식 (4-56)에 의하여 주어진 $Y_1$을 사용하여 주어진 수치들을 대입하면

$$\frac{1.14+1}{2}\ln\left[\frac{2+(1.41-1)\text{Ma}^2}{(1.41+1)\text{Ma}^2}\right] - \left(\frac{1}{\text{Ma}^2} - 1\right) + 1.41\left[\frac{(4)(0.00564)(33 \text{ ft})}{(1.049 \text{ in})(1 \text{ ft}/12 \text{ in})}\right] = 0$$

$$1.2\ln\left(\frac{2+0.4\text{Ma}^2}{2.4\text{Ma}^2}\right) - \left(\frac{1}{\text{Ma}^2} - 1\right) + 12.01 = 0$$

Ma값에 대해 시행오차법이나. 풀이프로그램 또는 스프레드시트를 사용하여 위 식을 풀고, 그 결과를 정리하면 다음과 같다.

| 추정 Ma | 식의 좌변의 값 |
|---|---|
| 0.20 | −8.43 |
| 0.25 | 0.128 |
| 0.249 | 0.0093 |

마지막에 추정된 마하수는 0에 근접하는 결과를 나타낸다. 그러므로 식 (4-56)으로부터

$$Y_1 = 1 + \frac{\gamma - 1}{2}\mathrm{Ma}^2 = 1 + \frac{1.41 - 1}{2}(0.249)^2 = 1.013$$

그리고 식 (4-63)과 식 (4-64)로부터

$$\frac{T_{\text{choked}}}{T_1} = \frac{2Y_1}{\gamma + 1} = \frac{2(1.013)}{1.41 + 1} = 0.841$$

$$T_{\text{choked}} = (0.841)(80 + 460)\,°\mathrm{R} = 454\,°\mathrm{R}$$

$$\frac{P_{\text{choked}}}{P_1} = \mathrm{Ma}\sqrt{\frac{2Y_1}{\gamma + 1}} = (0.249)\sqrt{0.841} = 0.228$$

$$P_{\text{choked}} = (0.228)(214.7\ \mathrm{psia}) = 48.9\ \mathrm{psia} = 7.05 \times 10^3\ \mathrm{lb_f/ft^2}$$

파이프의 출구압력은 초크흐름을 보장하기 위하여 48.9 psia보다 작아야 한다. 질량 플럭스는 식 (4-66)으로부터 계산된다.

$$G_{\text{choked}} = P_{\text{choked}}\sqrt{\frac{\gamma g_c M}{R_g T_{\text{choked}}}}$$

$$= (7.05 \times 10^3\ \mathrm{lb_f/ft^2}) \times \sqrt{\frac{(1.41)(32.17\ \mathrm{ft\ lb_m/lb_f\ s^2})(28\ \mathrm{lb_m/lb\text{-}mol})}{(1545\ \mathrm{ft\ lb_f/lb\text{-}mol\ °R})(454\ °\mathrm{R})}}$$

$$= 7.05 \times 10^3\ \mathrm{lb_f/ft^2}\ \sqrt{1.81 \times 10^{-3}\ \mathrm{lb_m^2/lb_f^2\ s^2}} = 300\ \mathrm{lb_m/ft^2\ s}$$

$$Q_m = GA = (300\ \mathrm{lb_m/ft^2\ s})(6.00 \times 10^{-3}\ \mathrm{ft^2})$$

$$= 1.80\ \mathrm{lb_m/s}$$

직접적인 해를 구할 수 있는 간략화 된 절차가 사용될 수도 있다. 파이프 길이로 인한 과잉 압력손실은 식 (4-30)으로 결정할 수 있다. 마찰계수, $f$는 이미 결정되었다.

$$K_f = \frac{4fL}{d} = \frac{(4)(0.00564)(33\ \mathrm{ft})(12\ \mathrm{in/ft})}{(1.049\ \mathrm{in})} = 8.52$$

이 풀이는 파이프 마찰만 고려되고 출구 영향은 무시된다. 첫 번째 고려하여야 할 사항은 흐름이 음속인가 이다. 음속 압력 비는 <그림 4.13> (또는 <표 4.4>의 식)에 주어졌다. $\gamma = 1.41$, $K_f = 8.52$이고 $P_2 = 214.7$ psia인 경우

$$\frac{P_1 - P_2}{P_1} = 0.770 \quad \Rightarrow \quad P_2 = 49.4 \text{ psia}$$

하류압력이 49.4 psia보다 작기 때문에 이 흐름은 음속이다. <그림 4.14> (또는 식 (4-4))로부터 기체 팽창계수, $Y_g = 0.69$이다. 상류조건에서 기체밀도는 다음과 같다.

$$\rho_1 = \frac{P_1 M}{R_g T} = \frac{(214.7 \text{ psia})(28 \text{ lb}_m/\text{lb-mol})}{(10.731 \text{ psia ft}^3/\text{lb-mol °R})(540 \text{ °R})} = 1.037 \text{ lb}_m/\text{ft}^3$$

이 값을 식 (4-68)에 대입하고, $P_2$에서 얻은 초크압력을 사용하면 다음을 얻는다.

$$\begin{aligned} \dot{m} &= Y_g A \sqrt{\frac{2 g_c \rho (P_1 - P_2)}{\Sigma K_f}} \\ &= (0.69)(6.00 \times 10^{-3} \text{ft}^2) \sqrt{\frac{(2)\left(32.17 \frac{\text{ft lb}_m}{\text{lb}_f \text{s}^2}\right)\left(1.037 \frac{\text{lb}_m}{\text{ft}^3}\right)(214.7 - 49.4)\left(\frac{\text{lb}_f}{\text{in}^2}\right)\left(144 \frac{\text{in}^2}{\text{ft}^2}\right)}{8.56}} \\ &= 1.78 \text{ lb}_m/\text{s} \end{aligned}$$

이 결과는 앞의 결과와 매우 비슷하다. 그러나 얻기 위한 노력이 훨씬 적다.

**c.** 등온의 경우 상부흐름의 마하수는 식 (4-83)에 주어졌다. 이 수를 대입하면 다음과 같다.

$$\ln\left(\frac{1}{1.1 \text{ Ma}^2}\right) - \left(\frac{1}{1.41 \text{ Ma}^2} - 1\right) + 8.52 = 0$$

시행오차로 구한 해답은 다음과 같다.

| 추정 Ma | 식의 좌변의 값 |
|---|---|
| 0.25 | 0.601 |
| 0.24 | −0.282 |
| 0.245 | 0.174 |
| 0.244 | 0.085 |
| 0.243 | −0.005 ← 최종결과 |

초크압력은 식 (4-78)로부터

$$P_{\text{choked}} = P_1 \text{Ma}_1 \sqrt{\gamma} = (214.7 \text{ lb}_f/\text{in}^2)(0.244)\sqrt{1.4} = 62.0 \text{ psia} = 8.93 \times 10^3 \text{ lb}_f/\text{ft}^2$$

이고, 식 (4-82)를 사용하여 계산한 질량유속은 다음과 같다.

$$\begin{aligned} G_{\text{choked}} &= P_{\text{choked}} \sqrt{\frac{g_c M}{R_g T}} \\ &= 8.93 \times 10^3 \text{ lb}_f/\text{ft}^2 \times \sqrt{\frac{(32.17 \text{ ft lb}_m/\text{lb}_f \text{ s}^2)(28 \text{ lb}_m/\text{lb-mol})}{(1545 \text{ ft lb}_f/\text{lb-mol °R})(540\text{°R})}} \\ &= 8.93 \times 10^3 \text{ lb}_f/\text{ft}^2 \times \sqrt{1.08 \times 10^{-3} \text{ lb}_m^2/\text{lb}_f^2 \text{ s}^2} = 293 \text{ lb}_m/\text{ft}^2 \text{ s} \end{aligned}$$

$$\begin{aligned} Q_m &= G_{\text{choked}} A = (293 \text{ lb}_m/\text{ft}^2 \text{ s})(6.00 \times 10^{-3} \text{ ft}^2) \\ &= 1.76 \text{ lb}_m/\text{s} \end{aligned}$$

<표 4.5> 또는 <그림 4.17>로부터 단순하고, 직접적인 풀이를 사용하면

$$\frac{P_1 - P_2}{P_1} = 0.70 \;\rightarrow\; P_2 = 64.4 \text{ psia}$$

으로 이 흐름은 음속이다. <표 4.5>나 <그림 4.18>에서 $Y_g = 0.70$이다. 식 (4-68)로 대체하고, 이전에 주어진 초크압력을 사용하는 것을 기억하면 $\dot{m}=1.74\ \text{lb}_m/\text{s}$이 된다. 이것은 보다 상세한 방법의 결과에 근접한다. 결과들을 요약하면 다음 표와 같다.

| 경우 | $P_{choked}$ (psia) | $Q_m$($lb_m$/s) |
|---|---|---|
| a. 오리피스 | 113.4 | 4.17 |
| b. 단열 파이프 | 48.9 | 1.80 |
| 단순화 방법 | 113.4 | 1.78 |
| c. 등온 파이프 | 62.0 | 1.76 |
| 단순학 방법 | 64.4 | 1.74 |

이러한 형태의 문제에 대한 표준절차는 파이프를 통한 방출을 오리피스와 같은 방법으로 나타내는 것이다. 위에서 얻은 결과는 이러한 접근법이 큰 질량유속을 초래한다는 것을 보여준다. 오리피스 방법은 안전설계를 유지하기 위해 단열 파이프 방법보다 항상 큰 값을 얻는다. 그러나 오리피스 계산은 파이프 직경과 상류흐름의 압력과 온도만 주어지면 적용하기가 아주 용이하다. 단열 또는 등온 파이프 방법처럼 파이프의 상세한 배열은 요구되지 않는다.

또한 계산된 초크압력은 오리피스와 단열 및 등온 경우간의 차이가 있을 경우 꽤 다르다는 것을 주지해야 한다. 오리피스 계산법에 의한 초크흐름 설계는 높은 하류압력에 의하여 실제로 초크흐름이 되지 않을 수 있다.

단열과 등온 파이프 방법은 매우 근접한 결과를 낳는다. 대부분의 실제상황에서 열전달 특성은 쉽게 결정되어지지 않는다. 결국 단열 파이프 방법은 하나의 선택방법이며, 언제나 안전 확보를 위한 설계를 하기 위해서 큰 값이 선택되어야 한다.

마지막으로 단순한 단열 및 등온 방법들은 보다 상세한 접근에서의 결과와 거의 동일한 결과를 얻는다.

## 7 플래싱 액체

정상 끓는점 이상의 압력에서 저장된 액체들은 순간증발(flashing)을 하기 때문에 실질적인 문제들을 가진다. 이러한 액체가 탱크, 파이프나 다른 용기에 누출이 생긴다면 액체의 일부는 증기로 순간증발하고, 때때로 폭발적인 현상을 나타낸다.

순간증발은 공정이 단열이라고 가정할 때 더 빠르게 일어난다. 과열된 액체 내에 내포된 과잉(excess)에너지는 액체를 증발시키며 새로운 끓는점으로 온도를 낮춘다. 초기 액체의 질량이 $m$이고, $C_p$가 액체의 열용량(에너지/질량·온도)이고, $T_o$와 $T_b$가 액체의 감압(depressurization)되기 전과 후의 온도이면 과열된 액체가 가지는 과잉에너지는 다음과 같다.

$$Q = mC_p(T_o - T_b) \tag{4-85}$$

이 에너지는 액체를 증발시킨다. $\Delta H_v$가 액체의 증발열이라면 증발된 액체의 질량, $m_v$는 다음과 같다.

$$m_v = \frac{Q}{\Delta H_v} = \frac{mC_p(T_o - T_b)}{\Delta H_v} \tag{4-86}$$

증발된 액체의 분률은 다음과 같다.

$$f_v = \frac{m_v}{m} = \frac{C_p(T_o - T_b)}{\Delta H_v} \tag{4-87}$$

식 (4-87)은 $T_o$에서 $T_b$가까지 온도범위에 일정한 물리적 특성을 갖는다고 가정한다. 이와 같은 가정이 없는 보다 일반적인 표현은 다음과 같이 유도된다. 온도, $T$의 변화에 따른 액체의 질량, $m$의 변화는 다음과 같이 주어진다.

$$dm = \frac{mC_p}{\Delta H_v}dT \tag{4-88}$$

식 (4-88)은 초기온도, $T_o$(액체질량, $m$을 갖는)와 최종 끓는점, $T_b$(액체질량, $m - m_v$를 갖는) 사이에서 적분된다.

$$\int_m^{m-m_v} \frac{dm}{m} = \int_{T_0}^{T_b} \frac{C_p}{\Delta H_v} dT \tag{4-89}$$

$$\ln\left(\frac{m - m_v}{m}\right) = \frac{\overline{C_p}(T_o - T_b)}{\Delta \overline{H_v}} \tag{4-90}$$

여기서, $\overline{C_p}$와 $\overline{H_v}$는 온도범위 $T_o$와 $T_b$에서 평균 열용량과 평균 증발잠열(mean latent heat of vaporization)이다. 증발된 액체의 분율, $f_v = m_v/m$의 해를 구하면 다음을 얻는다.

$$f_v = 1 - \exp\left[-\overline{C_p}(T_o - T_b)/\Delta\overline{H_v}\right] \tag{4-91}$$

**예제 4.6**

350°F에서 1 $lb_m$의 포화 액체물이 용기에 담겨있다. 용기가 파열되어 압력이 1기압으로 감소하였다. (a) 수증기표, (b) 식 (4-87) 및 (c) 식 (4-91)을 사용하여 증발된 물의 분율을 계산하여라.

**해답**

**a.** 초기상태는 $T_o = 350°\text{F}$에서 포화 액체물이다. 수증기표로부터

$$P = 134.6 \text{ psia}, \quad H = 321.6 \text{ Btu/lb}_m$$

최종온도는 1 기압에서의 끓는점인 212°F이다. 이 온도와 포화조건에서 수증기표로부터

$$H_{\text{vapor}} = 1150.4 \text{ Btu/lb}_m, \quad H_{\text{liquid}} = 180.07 \text{ Btu/lb}_m$$

과정이 단열적으로 일어나기 때문에 $H_{\text{final}} = H_{\text{initial}}$이며, 증기분율(또는 양)은

$$H_{\text{final}} = H_{\text{liquid}} + f_v(H_{\text{vapor}} - H_{\text{liquid}})$$

$$321.6 = 180.07 + f_v(1150.4 - 180.07)$$

$$\boxed{f_v = 0.146}$$

즉, 원래 액체의 질량의 14.6%가 기화된다.

**b.** 212°F 액체상태의 물에서

$$C_p = 1.01 \text{ Btu/lb}_m\text{°F}, \quad \Delta H_v = 970.3 \text{ Btu/lb}_m$$

식 (4-87)에서

$$f_v = \frac{C_p(T_o - T_b)}{\Delta H_v} = \frac{(1.01 \text{ Btu/lb}_m\text{°F})(350 - 212)\text{°F}}{970.3 \text{ Btu/lb}_m}$$

$$\boxed{f_v = 0.144}$$

**c.** $T_o$와 $T_b$ 사이의 액체 물의 평균 성질은 다음과 같다.

$$\overline{C_p} = 1.04 \text{ Btu/lb}_m\text{°F}, \quad \Delta \overline{H_v} = 920.7 \text{ Btu/lb}_m$$

식 (4-91)에 대입하면

$$f_v = 1 - \exp\left[-\overline{C_p}(T_o - T_b)/\Delta\overline{H_v}\right]$$

$$= 1 - \exp\left[-(1.04 \text{ Btu/lb}_m\text{°F})(350 - 212)\text{°F}/(920.7 \text{ Btu/lb}_m)\right]$$

$$= 1 - 0.8557$$

$$\boxed{f_v = 0.144}$$

식을 사용하는 2가지 방법은 증기표의 실제 값과 비슷한 결과를 얻는다. 수증기의 특성이 급격히 변하기 때문에 임계온도에 가까워지면 이와 같은 결과는 기대할 수 없다.

많은 혼화성 물질로 구성된 플래싱 액체의 경우 휘발성 성분이 많을수록 보다 휘발성 성분이 먼저 증발하기 때문에 순간증발 계산은 상당히 복잡하다. 이 문제를 해결하기 위한 절차가 있다[17].

구멍과 파이프를 통해 빠져 나가는 플래싱 액체는 2상(two phase)의 흐름조건이 존재할 수 있으므로 특별한 고려가 필요하다. 몇 가지 특별한 경우가 발생할 수 있다[18]. 누출의 유체경로 길이가 짧으면(벽 두께가 얇은 용기의 구멍을 통해), 비평형조건이 존재하고, 액체가 구멍 내에서 순간증발될 시간이 없다. 이 시나리오에서는 구멍을 통한 비압축성 유체흐름을 설명하는 식이 적용된다(4.2절 참조).

누출을 통한 유체경로 길이가 10 cm (파이프 또는 두꺼운 벽으로 된 용기를 통해)보다 길면, 평형 순간증발 조건이 달성되고 흐름은 초크흐름이 된다. 좋은 근사법은 초크압력이 순간증발되는 액체의 포화 증기압과 동일하다고 가정하는 것이다. 그 결과는 포화 증기압보다 높은 압력에서 저장된 액체에만 타당하다. 이러한 가정에서 질량유속은 다음과 같다.

$$Q_m = A C_o \sqrt{2\rho_f g_c (P - P^{sat})} \tag{4-92}$$

여기서, $A$ : 방출면적

$C_o$ : 배출계수 [단위 없음]

$\rho_f$ : 액체의 밀도 [질량/부피]

$P$ : 탱크 내의 압력

$P^{sat}$: 주위온도에서 플래싱 액체의 포화증기 압력

**예제 4.7**

액체 암모니아가 24℃와 $1.4 \times 10^6$ Pa의 압력으로 탱크 내에 저장되어 있다. 직경 0.0945 m의 파이프가 탱크로부터 짧은 거리에서 끊어져서 플래싱 암모니아가 빠져 나간다. 이 온도에서 액체 암모니아의 포화 증기압은 $0.968 \times 10^6$ Pa이고, 밀도는 603 kg/m$^3$이다. 누출공을 통해 나가는 질량유속을 결정하여라. 평형 플래싱 조건으로 가정할 수 있다.

**해답**

평형 플래싱 조건의 경우에는 식 (4-92)가 적용된다. 배출계수는 0.61로 가정한다. 식 (4-92)에 대입하면 다음과 같다.

17) J. M. Smith and H. C. Van Ness. *Introduction to Chemical Engineering Thermodynamics*, 6th ed. (New York, NY: McGraw-Hill, 2000).

18) Hans K. Fauske. "Flashing Flows or: Some Practical Guidelines for Emergency Releases." *Plant/Operations Progress* (July 1985): 133.

$$Q_m = AC_o\sqrt{2\rho_f g_c(P - P^{sat})}$$

$$= \frac{(3.14)(0.0945\text{ m})^2}{4}(0.61)$$

$$\times \sqrt{2(603\text{ kg/m}^3)[1\text{ (kg m/s}^2)/\text{N}](1.4\times 10^6 - 0.968\times 10^6)(\text{N/m}^2)}$$

$$Q_m = 97.6\text{ kg/s}$$

---

포화 증기압($P = P^{sat}$)으로 저장된 액체가 긴 파이프를 통해 빠져 나가는 경우 파이프 내의 압력이 감소함에 따라 액체는 순간증발된다. 식 (4-92)는 더 이상 유효하지 않다. 이것의 예는 파이프 부분을 통해 대기압으로 빠져 나가는 자체 증기압 하에 저장된 액체 프로판의 경우이다. 이 경우 보다 자세한 접근방식이 필요하다.

초기에는 대기상태이고 누출을 통해 가속화되는 유체를 고려해 보자. 운동에너지가 지배적이고, 위치에너지의 영향은 무시할 수 있다고 가정한다. 그리고 기계적 에너지 수시(식 (4-1))로부터 비용(부피/질량의 단위), $v = 1/\rho$을 이해하면 다음과 같이 기술할 수 있다.

$$-\int_1^2 v\,dP = \frac{\overline{u_2}^2}{2g_c} \tag{4-93}$$

질량/(면적 · 시간)의 단위인 질량속도, $G$는 다음과 같이 정의된다.

$$G = \rho\bar{u} = \frac{\bar{u}}{v} \tag{4-94}$$

식 (4-93)을 식 (4-94)와 결합하고, 질량속도가 일정하다고 가정하면 그 결과는 다음과 같다.

$$-\int_1^2 v dP = \frac{\overline{u_2}^2}{2g_c} = \frac{G^2 v_2^2}{2g_c} \tag{4-95}$$

질량속노 $G$를 풀고, 지점 2를 흐름경로를 따라 어떤 지점에서 정의될 수 있다고 가정하면

$$G = \frac{\sqrt{-2g_c\int v dP}}{v} \tag{4-96}$$

식 (4-96)은 초크흐름이 일어나는 곳에서 최대값을 가진다. 초크흐름 조건에서는 $dG/dP = 0$이다. 식 (4-96)을 미분하고, 결과값을 0으로 설정하면 다음을 얻는다.

$$\frac{dG}{dP} = 0 = -\frac{(dv/dP)}{v^2}\sqrt{-2g_c\int v dP} - \frac{g_c}{\sqrt{-2g_c\int v dP}} \tag{4-97}$$

$$0 = -\frac{G(dv/dP)}{v} - \frac{g_c}{vG} \tag{4-98}$$

식 (4-98)을 $G$에 대해 풀면 다음과 같은 결과를 얻는다.

$$G = \frac{Q_m}{A} = \sqrt{-\frac{g_c}{(dv/dP)}} \tag{4-99}$$

2상의 비용은 다음과 같이 주어진다.

$$v = v_{fg} f_v + v_f \tag{4-100}$$

여기서, $v_{fg}$ : 증기와 액체의 비용의 차이
$v_f$ : 액체의 비용
$f_v$ : 증기의 질량분율

압력에 대한 식 (4-100)을 미분하면

$$\frac{dv}{dP} = v_{fg}\frac{df_v}{dP} \tag{4-101}$$

그러나 식 (4-87)에서

$$df_v = -\frac{C_p}{\Delta H_v}dT \tag{4-102}$$

이고, 포화상태의 Clausius–Clapeyron식

$$\frac{dP}{dT} = \frac{\Delta H_v}{T v_{fg}} \tag{4-103}$$

으로부터 식 (4-102)과 식 (4-103)을 식 (4-101)에 대입하면 다음을 얻는다.

$$\frac{dv}{dP} = -\frac{v_{fg}^2}{\Delta H_v^2}\, T C_p \tag{4-104}$$

질량유속은 식 (4-104)와 식 (4-99)를 결합하여 결정된다.

$$Q_m = \frac{\Delta H_v A}{v_{fg}}\sqrt{\frac{g_c}{T C_p}} \tag{4-105}$$

식 (4-105)의 온도, $T$는 Clausius-Clapeyron식의 절대온도이며, 열용량과는 무관하다.

작은 액체방울도 플래싱(순간증발) 증기의 제트에서 형성된다. 이들 에어로졸 방울은 바람에 의해 쉽게 누출장소에서 다른 곳으로 운송된다. 이러한 상황에서 자주 가정되는 것은 형

성되는 액적의 양이 순간증발된 물질의 양과 같다는 것이다[19].

---

**예제 4.8**

프로필렌은 포화증기압 상태의 탱크에 25℃로 저장되어 있다. 액위 아래의 탱크에서 1 cm 직경의 구멍이 생겼다. 다음과 같은 프로렌의 조건에서 구멍을 통한 질량유속을 추산하여라.

$$\Delta H_v = 3.34 \times 10^5 \text{ J/kg}$$
$$v_{fg} = 0.042 \text{ m}^3\text{/kg}$$
$$P^{sat} = 1.15 \times 10^6 \text{ Pa}$$
$$C_p = 2.18 \times 10^3 \text{ J/kg K}$$

**해답**

이 경우에는 식 (4-105)가 적용된다. 누출면적

$$A = \frac{\pi d^2}{4} = \frac{(3.14)(1 \times 10^{-2}\text{ m})^2}{4} = 7.85 \times 10^{-5}\text{ m}^2$$

식 (4-105)를 사용하여 다음을 얻는다.

$$Q_m = \frac{\Delta H_v A}{v_{fg}}\sqrt{\frac{g_c}{C_p T}}$$
$$= (3.34 \times 10^5 \text{ J/kg})(1 \text{ Nm/J})\frac{(7.85 \times 10^{-5}\text{ m}^2)}{(0.042 \text{ m}^3\text{/kg})}$$
$$\times \sqrt{\frac{1.0 (\text{kg m/s}^2)/\text{N}}{(2.18 \times 10^3 \text{ J/kg K})(298 \text{ K})(1 \text{ Nm/J})}}$$
$$Q_m = 0.774 \text{ kg/s}$$

---

19) Trevor A. Kletz. "Unconfined Vapor Cloud Explosions." *In Eleventh Loss Prevention Symposium* (New York, NY: American Institute of Chemical Engineers, 1977).

# 8 액체의 풀 증발 및 끓음

액체의 풀(pool)로부터 휘발성 물질이 증발되는 현상은 이미 3장에서 고찰하였다. 증발하는 풀로부터의 전체 질량유속은 식 (3-12)에 주어졌으며, 식 (4-106)과 같이 다시 나타낸다.

$$Q_m = \frac{MKAP^{sat}}{R_g T_L} \tag{4-106}$$

여기서, $Q_m$ : 질량증발속도 [질량/시간]

$M$ : 순수 물질의 분자량

$K$ : 물질전달계수 [길이/시간]

$A$ : 노출 면적[면적]

$P^{sat}$ : 액체의 포화증기압 [힘/면적]

$R_g$ : 이상기체상수

$T_L$ : 액체의 온도 [온도]

풀로부터 액체가 끓는 경우 끓는 속도는 주위로부터 풀 내 액체로의 열전달에 의해 제한된다. 열은 (1) 전도에 의해 지면으로부터 전달되거나, (2) 전도와 대류에 의해 공기로부터 전달되며. (3) 태양의 복사열이나 화재와 같은 인접한 열원으로부터 전달된다.

끓음의 초기단계는 보통 지면으로부터 열전달에 의해 제어된다. 이것은 특히 대기온도 또는 지면온도 이하의 정상 끓는점을 갖는 액체의 누설(spill)에 대해 유효하다. 지면으로부터 열전달은 다음과 같은 간단한 일차원적 열전도 식으로 모델화 된다.

$$q_g = \frac{k_s(T_g - T)}{\sqrt{\pi \alpha_s t}} \tag{4-107}$$

여기서, $q_g$ : 지면으로부터의 열플럭스 [에너지/면적 · 시간]

$k_s$ : 토양의 열전도도 [에너지/길이 · 시간 · 온도]

$T_g$ : 토양의 온도 [온도]

$T$ : 액체 풀의 온도 [온도]

$\alpha_s$ : 토양의 열 확산 [면적/시간]

$t$ : 누출 후 시간 [시간]

식 (4-107)은 보수적(conservative)으로 간주되지 않는다.

끓는 속도는 전달된 모든 열이 액체가 끓는데 사용된다고 가정하여 결정한다. 즉,

$$Q_m = \frac{q_g A}{\Delta H_v} \tag{4-108}$$

여기서, $Q_m$ : 질량증발속도 [질량/시간]

$q_g$ : 풀에서 지상으로부터 열전달로, 식 (4-107)에 의해 결정 [에너지/면적·시간]

$A$ : 풀의 면적 [면적]

$\Delta H_v$ : 풀에서 액체의 기화열 [에너지/질량]

최근 대기로부터의 태양 열 플럭스와 대류 열전달이 중요시 되고 있다. 단열된 방류둑 바닥으로 액체가 누설될 때 이들 열 플럭스는 아마도 유일한 에너지 공급원일 수 있다. 이 접근법은 액화천연가스(LNG)와 아마도 에탄과 에틸렌에 대하여 적절히 적용될 것 같다. 고급 탄화수소($C_3$와 그 이상)는 보다 더 상세한 열전달 메커니즘을 요구한다. 이 모델은 또한 열전달 거동을 크게 변경할 수 있는 지면에서 가능한 물 결빙영향을 무시한다. 끓는 풀에 대한 보다 상세한 사항은 다른 곳에서 다루도록 한다[20].

## 9 실제 누출과 최악의 경우에서의 누출

<표 4.6>은 약간의 실제누출 사고와 최악의 상황에서의 누출을 열거하였다. 실제 누출은 높은 발생확률을 가진 사고결과를 나타낸다. 그러므로 저장용기 전체가 크게 파열된다고 가정하기보다, 이것은 누출이 탱크에 연결된 가장 큰 파이프의 결함으로부터 일어날 수 있는 확률이 크게 존재한다고 가정하는 것이 보다 더 사실적이다. 최악의 누출은 공정의 아주 큰 결함을 가정하여 공정 안에 들어있던 전량이 거의 순간적으로 누출되든가 아니면 짧은 시간에 누출이 일어난다고 가정하는 것이다.

누출상황의 선정은 사고결과 영향평가의 요구수준에 따라 다르다. 만약 회사 내부에서 공장 누출의 실질적인 사고결과 영향평가를 실시하기 위하여 검토가 추진된다면, 실질적 누출상황이 선택될 것이다. 그러나 만약 연구가 EPA의 위험관리플랜의 요구사항을 충족시키기 위해 실시된다면 최악의 누출시나리오가 사용되어야 한다.

20) Center for Chemical Process Safety. *Guidelines for Consequence Analysis of Chemical Releases* (New York, NY: American Institute of Chemical Engineers, 1999)

**표 4.6** 공정사고 선정지침

| 사고 특성 | 지침 |
|---|---|
| **실제누출사고[a]** | |
| 공정 파이프 | 다음과 같은 가장 큰 지름을 가진 공정파이프의 파열<br>• 2인치(5.08 cm)보다 작은 직경의 경우 완전히 뚫린 파열로 가정한다.<br>• 2~4인치(5.08 – 10.16 cm)의 직경의 경우 2인치 직경(5.08 cm)의 파이프와 동등한 파열로 가정한다.<br>• 4인치(10.16 cm) 이상 직경의 경우 파열면적은 파이프 단면적의 20%와 같다고 가정한다. |
| 호스 | 완전히 뚫린 파열이라 가정한다. |
| 대기로 직접 배출되는 압력완화장치 | 설정압력에서 계산된 총 누출속도를 사용한다. 압력방출계산을 참조한다. 방출되는 모든 물질은 공기 중에 떠 있다고 가정한다. |
| 용기 | 용기에 부착된 최대 직경의 공정파이프를 기준으로 한 파열이라 가정하고, 파이프의 설치기준을 사용한다. |
| 기타 | 사고는 공장경험을 기반으로 하여 설정하거나, 검토결과로부터 개발 또는 위험요인 분석결과로부터 얻을 수 있다. |
| **최악의 경우[b]** | |
| 양 | 어떤 시간의 각 단일공정 용기에서 취급되는 물질의 가장 많은 양의 누출로 가정한다. 누출속도를 추산하기 위하여 물질의 총량이 10분 이내에 누출된다고 가정한다. |
| 바람 속도/안정도 | 기상정보가 다르지 않는 한 F등급의 안정도와 1.5 m/s의 바람속도로 가정한다. |
| 대기 온도/습도 | 일일 최고온도 및 평균습도로 가정한다. |
| 누출높이 | 누출은 지상에서 발생한다고 가정한다. |
| 지형학 | 적절한 도시 또는 시골의 지형으로 가정한다. |
| 누출물질의 온도 | 지난 3년간의 데이터를 기반으로, 일일 최고 온도 또는 가장 높은 공정온도에서 액체가 누출된다고 고려한다. 대기압에서 냉동에 의해 액화된 가스는 끓는점에서 누출된다고 가정한다. |

[a] *Dow's Chemical Exposure Index Guide*(New York: American Institute of Chemical Engineers, 1994)
[b] USEPA, *RMP Offsite Consequence Analysis Guidance*(Washington, DC : US Environmental Protection Agency, 1996)

## 10 보수적 분석

사고결과 모델을 포함한 모든 모델은 불확실성을 가지고 있다. 이 불확실성은 (1) 누출의 기하학(즉, 홀의 크기)에 대한 불완전한 이해, (2) 모르거나 또는 특성이 명확하지 않은 물질 특성, (3) 화학공정 또는 누출공정의 이해부족, 그리고 (4) 모르거나 또는 잘못 이해된 혼합물 거동 등의 몇 가지 요인으로 발생한다.

사고결과 모델링 과정 중에 발생하는 불확실성들은 이들 일부 미지의 사항들을 보수적(conservative)인 값으로 함으로써 교정될 수 있다. 이렇게 함으로써, 설계의 한계를 정의할 수 있는 사고결과의 보수적 추정값을 얻을 수 있다. 이것은 위험을 완화시키거나 예방하기 위한 공학적 설계의 결과가 과도하게 설계된다는 것을 말해준다. 그러나 모든 노력은 문제의 요구사항과 일치되는 결과에 이르도록 하여야 한다.

어떤 특정한 모델링 연구의 경우 몇몇 회사는 보수적 설계에 대해 다른 의사결정을 요구하는 경우도 있을 수 있다. 예를 들면 지표면 누출에 기반을 둔 분산 모델링은 주변지역에 대한 사고결과의 영향을 최대화할 것이지만, 공정 구조물의 상층부에서 근무하고 있는 플랜트 작업자들에 대한 사고결과의 영향을 최대화시키지는 못할 것이다.

보수적 모델링의 예로, 저장탱크의 구멍으로부터의 가스 배출속도의 추정을 요구하는 문제를 생각해 보자. 이 배출속도는 독성영향을 추정할 의도로, 가스의 풍향농도를 추산하는데 쓰인다. 배출속도는 (1) 구멍 면적, (2) 탱크 내 · 외부의 압력, (3) 가스의 물리적 성질, (4) 기체의 온도 등을 포함한 많은 변수에 의존한다.

실제적인 누출상황은 탱크내의 압력이 감소함에 따라 배출속도가 시간에 따라 감소하므로, 누출이 발생한 초기에 기체의 최대 방출속도가 된다. 이 문제에 대한 완전한 역학적 해석은 어려운데, 그 것은 탱크 내용물에 대한 물질수지와 질량 누출모델을 상호 결합한 모델이 필요하기 때문이다. 주어진 전체 질량에 대한 탱크압력을 결정하기 위해서는 상태방정식(아마도, 비이상)이 필요하다. 온도의 영향 또한 아주 복잡할 가능성이 있다. 이러한 상세한 모델링을 위한 노력은 사고결과를 추산하는데 반드시 필요한 것은 아니다.

훨씬 간단한 절차는 탱크 내의 온도와 압력이 초기의 온도와 압력과 동일하다고 가정하고, 누출이 일어나는 순간에 질량 배출속도를 계산하는 것이다. 시간이 지난 다음의 실제 누출속도는 항상 적고, 풍하(downwind) 농도도 항상 적게 될 것이다. 이러한 상황으로 볼 때 보수적인 결과가 확실시된다.

누출공 면적의 경우 가능한 해결방법의 하나는, 탱크 누출의 빈번한 요인은 파이프의 접속불량이기 때문에 탱크에 연결된 가장 큰 파이프의 면적을 고려하는 것이다. 또한 이것은 사고결과의 영향을 최대로 크게 하고, 보수적 결과를 확실하게 한다. 이와 같은 절차는 모든 모델변수가 확정될 때까지 계속된다.

불행하게도, 이 접근법은 실제결과보다 몇 배 이상 더 큰 사고결과를 초래할 수 있으며, 안전시스템의 과잉설계를 이어질 수 있다. 특히, 만약 분석을 진행하는 동안 몇 개의 의사결정이 이루어진다면 최대 피해결과를 가져오는 결정이 이루어지게 된다. 이러한 이유로, 사고결과 분석은 분석자의 지적 능력, 실무 경험 및 상식으로 접근되어야 한다.

## 참고문헌


### Consequence Modeling

Center for Chemical Process Safety (CCPS), *Guidelines for Consequence Analysis of Chemical Releases* (New York: American Institute of Chemical Engineers, 1999).

Center for Chemical Process Safety (CCPS), *Guidelines for Chemical Process Quantitative Risk Analysis* (New York: American Institute of Chemical Engineers, 2000).

### Flow of Liquid through Holes

Sam Mannan, ed, *Loss Prevention in the Process Industries*, 3rd ed. (London: Butterworths, 2005), p.15/6.

### Flow of Liquid through Pipes

Ron Darby and Raj P. Chhabra. *Chemical Engineering Fluid Mechanics*, 3rd ed. (Boca Raton, FL: CRCPress, 2017).

Octave Levenspiel. *Engineering Flow and Heat Exchange*, 3rd ed. (New York, NY: Springer, 2014), ch. 2.

Warren L. McCabe, Julian C. Smith, and Peter Harriott. *Unit Operations of Chemical Engineering*, 7th ed.(New York, NY: McGraw-Hill, 2004), ch. 5.

E. Shashi Menon. *Piping Calculations Manual* (New York, NY: McGraw-Hill, 2005).

### Flow of Vapor through Holes

Mannan, *Loss Prevention*, p.15/10.

Levenspiel, *Engineering flow and Heat Exchange*, ch. 3.

### Flow of Vapor through Pipes

Jason Keith and Daniel A. Crowl, "Estimating Sonic Gas Flow Rates in Pipelines," *Journal of Loss Prevention in the Process Industries* 18(2005): 55~62.

Levenspiel, *Engineering flow and Heat Exchange*, 2nd ed. (1998), ch. 3.

### Flashing Liquids

Steven R. Hanna and Peter J. Drivas, *Guidelines for Use of Vapor Dispersion Models*(New York: American Institute of Chemical Engineers, 1987), p.24~32.

Mannan, *Loss Prevention*, p.15/11.

### Liquids Pool Evaporation and Boiling

Hanna and Drivas, *Guidelines*, p.31, 39.

## 연습문제

**4.1** 자동차 타이어가 3기압(계이지)까지 팽창된다. 1.0 mm 직경의 구멍으로 기체의 초기 배출 속도(kg/s)는 얼마인가? 온도는 30℃이고, 대기압력은 1기압으로 가정하여라.

**4.2** 300 m 길이의 파이프라인은 20 barg로 조절된 공급원에서 액체 염소를 내경이 2 cm인 수평의 신형 상용 강관을 통해 공정에 공급한다. 대기압은 1 atm이고, 항상 온도는 30℃이다.

**a.** 파이프가 300 m 길이의 끝에서 절단이 되었을 때 유속(kg/s)을 추산하여라. 입구 및 출구 효과는 무시하고, 마찰손실은 전적으로 배관길이에 때문으로 가정한다.

**b.** 조절원에서 파이프가 절단될 때 유속(kg/s)을 추산하여라. 염소의 경우 다음의 물리적 성질이 유효하다.

밀도 : 1380 $kg/m^3$

점도 : $0.328 \times 10^{-3}$ Pa-s

**4.3** 내경이 10 cm인 둥근 통풍식(vented) 저장용기가 누출물을 가두기 위해 20 $m^2$의 방류둑(dike)이 있는 콘크리트 패드(pad)에 놓여 있다. 그 탱크에는 공정지역의 유출수가 들어 있다. 바닥에서 1 m 높이의 위치한 용기의 옆면에서 10 cm 직경의 누출이 발생하였다. 누출흐름을 정지하기까지 방류둑의 높이는 0.79 m에 도달되었다. 순수 물로 가정하고 계산한다.

**a.** 방류둑에 쏟아진 물의 양을 $m^3$과 kg으로 계산하여라.

**b.** 탱크 내 최초 액체의 높이(m)는 얼마인가?

**c.** 만일 누출의 끝날 때 탱크내의 액체 수위가 탱크바닥으로부터 8.5 m일 때 누출시간(분)을 추산하여라.

**4.4** 100 bara로 조절된 공기가 100 m 길이의 파이프를 통해 1 atm 압력과 및 25 ℃의 대기로 흐르고 있다. 파이프는 실제 내경이 0.5cm인 신형 상업용 강관이다. 파이프는 수평이다. 입구 및 출구 효과를 무시하여라.

**a.** 단열과 등온에서 초크흐름인지 확인하여라.

**b.** 단열에서 질량유속(kg/s)을 추정하여라. 공기의 분자량은 29이다.

문제 4.5에서 4.7은 액체 사이클로 헥산, $C_6H_{12}$에 대한 문제이다. 25℃에서 액체 사이클로 헥산의 밀도는 778.1 $kg/m^3$이고, 점도는 0.00102 Pa·s이다. 분자량은 84.16이다.

**4.5** 10 barg의 사이클로 헥산 액체는 1 cm 직경의 구멍을 통해 대기압으로 흐른다. 대기압이 1 기압인 경우 배출속도를 추정하여라.

**4.6** 수직 원통형 저장용기는 높이가 10 m이고, 직경이 2 m이다. 용기는 현재 액체수위 8 m의 액체 사이클로 헥산을 포함하고 있다. 용기는 대기로 벤트(vent)된다. 용기의 바닥에 1 cm 직경의 구멍이 생겼다. 용기가 완전히 비워질 때까지 시간의 함수로 사이클로 헥산의 배출속도를 계산하고, 플롯 하여라. 비우는 시간은 식 (4-21)을 사용하여 계산된 시간과 같다는 것을 보여라.

**4.7** 사이클로 헥산이 100 m의 수평 파이프를 통해 흐른다. 파이프는 다소 녹이 쓴 3 cm ID의 상용 강관이다. 상류 공급압력은 7 barg이고, 하류 압력은 1 atm이다. 파이프를 통한 유량(kg/s)을 추정하여라.

**4.8** 산소가 저장용기에서 직경 1 cm의 구멍을 통해 대기압으로 흐른다. 주변온도는 298 K이다.

**a.** 통한 초크흐름을 보장하기 위해 필요한 탱크의 최소 압력은 얼마인가?

**b.** 가스가 2기압에서 용기에 저장되어 있다면 질량유속은 얼마인가?

**4.9** 천연가스는 100 bara의 누출원에서 100 m의 0.5 cm ID 신형 상용 강관을 통해 대기압으로 흐른다. 파이프는 수평이다. 단열 및 등온인 경우 이 흐름이 초크인 확인하여라.

**4.10** 구멍을 통한 음속흐름의 경우 질량유속은 오직 상류압력의 함수이다. 이 사실은 흐름이 하류압력 변동에 영향을 받지 않는 독특한 기능을 가진 유량계를 설계하는 데 사용할 수 있다. 실험실 실험에서 0.1 g/s의 일정한 메탄 질량유속이 필요하다. 이 유속에서 정확한 음속조건을 생성하는 데 필요한 가장 큰 구멍직경(mm)은 얼마인가? 물론, 음속흐름 조건은 이보다 작은 구멍 직경에서 발생한다. 메탄은 10 barg의 조절된 압력과 1 atm의 대기압 및 25℃의 온도에서 사용할 수 있다고 가정하여라.

**4.11** 황화수소 기체의 TLV-TWA는 10 ppm이다. 황화수소 기체는 100 psig와 80°F의 탱크에 저장되어 있다. TLV와 동일한 국소 황화수소 농도를 초래하는 탱크 내의 구멍의 직경을 추정하여라. 국소 환기속도는 2000 $ft^3$/min이며, 평균으로 간주한다. 대기압은 1 기압이다.

**4.12** 탱크 팜(farm)의 아침 검사에서 테레빈유 탱크내의 누출공이 발견되었다. 이 누출공은 수리되었다. 조사결과, 누출공은 직경이 0.1 in이고, 탱크바닥에서 7 ft인 것으로 찾아냈다. 기록에 따르면 누출이 발생하기 탱크 내의 테레빈유 수위는 17.3 ft이고, 누출공이 수리된 후에는 13.0 ft이었다. 탱크직경은 15 ft이다. (a) 쏟아진 테레빈유의 총량, (b) 최대 유출속도 및 (c) 누출이 발생한 총시간을 결정하여라. 이러한 조건에서 테레빈유의 밀도는 55 $lb_m/ft^3$이다.

**4.13** 가정용 온수히터에는 40 gal의 물이 들어 있다. 열 제어의 실패로 인해 열이 탱크의 물에 지속적으로 가해져서 온도와 압력이 증가한다. 불행히도 릴리프 밸브는 막혀있고, 압력은 용기의 최대압력을 초과하여 상승한다. 250 psig에서 탱크가 파열된다. 탱크가 고장된 후 순간증발(flash)된 물의 양을 추정하여라.

**4.14** Michigan Tech Unit Operations Lab에 있는 증류탑은 에탄올과 물의 혼합물을 증류한다. 에탄올 생성물은 임시 저장을 위해 탱크 T-107로 수송된다. 탱크는 <그림 4.19>에 나타낸 것처럼 원뿔 모양의 바닥으로 된 형상의 수직 실린더이다. 2 in 스케줄 40 파이프는 탱크의 바닥에 연결되어 탱크를 다시 펌프원료 탱크로 펌핑한다. 우리는 용기의 바닥에서 파이프가 파열되고, 에탄올이 유출 및 증발하여 발생하는 사고결과를 결정하려 한다.

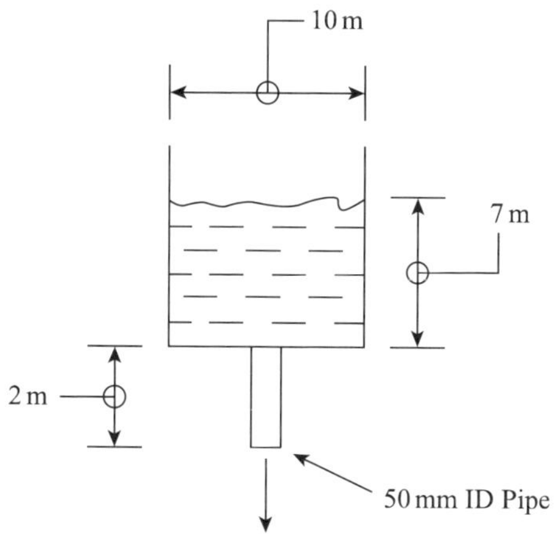


그림 4.19 문제 4.14에 대한 저장용기

특히, 정상작동 중에 탱크 T-107은 대략 20%가 들어있다. 그러나 우리의 목적 상 더 보수적으로 50%가 들어 있는 것으로 가정한다. 또한 에탄올의 순도는 약 90%이지만 더 보수적으로 100% 에탄올로 간주한다.

보충정보 :

에탄올 : $C_2H_6O$

에탄올의 비중 : 0.7893

2 in 스케쥴 40 파이프 : ID = 2.067 in, OD = 2.375 in

**a.** <표 4.6>을 사용하여 탱크 바닥에서 파이프 파열로 실제 누출경우에 적합한 파이프 직경을 결정하여라. 파이프의 ID 또는 OD를 사용해야 하는가?

**b.** 파이프가 처음에 파열될 때의 초기 배출속도는 얼마인가? 탱크는 물 게이지로 4 in의 조절된 압력에서 질소를 채운다.

**c.** 초기 배출속도가 유지되면 탱크에서 모든 물질을 배출하는 데 얼마나 걸리는가? 총 배출시간이 10분 미만인 경우에는 즉시 방출을 고려할 수 있다. 이 경우에도 그러한가?

**d.** 바닥에 약 1 cm의 액체 깊이로 에탄올 풀(pool)이 형성되면 풀의 면적은 몇 $ft^2$인가?

**e.** 풀에서 에탄올의 증발속도($lb_m/s$)를 추정하여라. 80 °F의 온도와 1 atm의 대기압으로 가정하여라.

**f.** 이 증발로부터 UO 실험실의 에탄올 증기 농도(ppm)를 추산하여라. UO 실험실의 부피는 74,300 $ft^3$이고, 시간당 6개의 공기 환기속도로 가정하여라.

**4.15** 31.5% 염산용액이 한 저장탱크에서 다른 저장탱크로 펌핑된다. 펌프의 전원입력은 2 kW이고, 50% 효율이다. 파이프는 내경 50 mm의 플라스틱 PVC 파이프이다. 특정 시점에서 첫 번째 탱크의 액체수위는 파이프 배출구 위 4.1 m이다. 사고로 인해 펌프와 두 번째 탱크 사이의 파이프 배출구 아래 2.1 m 지점에서 절단된다. 이 지점은 첫 번째 탱크에서 동일한 파이프의 길이가 27 m이다. 누출로부터 유속(kg/s)을 계산하여라. 용액의 점도는

$1.8\times10^{-3}$ kg/m·s이고, 밀도는 1600 kg/$m^3$이다.

**4.16** 비상물질 이송이라고 불리는 하나의 사고완화 절차에서 물질은 사고 전에 사고현장에서 멀리 이송된다. 총 1 시간 안에 탱크를 비워서 원유탱크 화재 시나리오를 완화하는 계획을 세운다. 원유 저장탱크의 직경은 30 m이고, 원유의 수위는 일반적으로 9 m이다. 이송은 200 mm(내경)의 신형 상업용 강관을 통해 40 m 직경과 10 m 높이의 다른 탱크로 원유를 펌핑하여 달성된다. 파이프라인은 50 m의 동등한 파이프이다

**a.** 1시간 안에 전체 탱크를 비우는 데 필요한 최소 펌프 크기(HP)를 추정하여라. 펌프효율은 80%라고 가정한다.

**b.** 100-HP 펌프(80 % 효율)를 사용할 수 있는 경우 탱크를 비우려면 얼마나 걸리는가?

**c.** 이 접근법의 실행 가능성에 대해 어떤 결론을 이끌어 낼 수 있는가?

원유의 밀도는 928 kg/$m^3$이고, 점도는 0.004 kg/m·s이다.

**4.17** **a.** 펌프의 경우 최대 액체 배출속도는 다음과 같다.

$$-u = \sqrt[3]{-\frac{2g_c W_s}{\rho A}}$$

여기서, $u$는 최대 액체 배출속도이고, $W_s$는 펌프 축일, $\rho$는 액체의 밀도, $A$는 펌프 출구 배출면적이다. 풀이에 필요한 가정을 나열하여라.

**b.** 1 kW 펌프는 50 mm(내경)인 펌프 배출구를 통해 물을 배출한다. 이 펌프로부터 액체의 최대속도는 얼마인가? 최대 배출속도(kg/s)는 얼마인가?

CHAPTER 5

# 유해위험물질 분산

5장의 학습목표는 다음과 같다.

1. 공기분산과 이를 설명하는데 필요한 매개변수를 이해한다.
2. 중성 부력 플룸(plume) 및 퍼프(puff) 모델을 사용하여 계산을 수행한다.
3. 고밀도(dense) 가스분산의 정량적 특징을 이해한다.
4. 다양한 독성영향 기준을 이해한다.
5. 유해위험물질의 누출 방지 및 완화를 이해한다.

사고가 발생하는 동안 공정장비는 공장부지와 지역사회에 유해한 구름이 퍼질 수 있을 정도로 신속하고 충분한 양의 유해위험물질을 누출할 수 있다. 몇 가지 예로는 폭주반응으로 인한 과도한 압력으로 공정용기(process vessel)의 폭발적인 파열, 고압에서 독성물질을 포함하는 파이프라인의 파열, 대기압의 끓는점 이상으로 저장된 독성물질을 포함하는 탱크의 파열 및 사고에 의한 기차 또는 트럭 수송탱크의 파열이다.

유해위험물질 분산에는 독성 및 인화성 물질의 누출이 포함된다. 그러나 이 장에서는 독성물질 분산에만 중점을 둔다. 독성물질은 일반적으로 부피 수준으로 백만분의 일(ppm)로 측정되는 반면 인화성 가스는 부피 백분율 수준으로 측정된다. 이 장에 제시된 분산모델은 ppm 수준의 독성물질에 더 적합하다.

심각한 사고(인도의 보팔(Bhopal) 사고와 같은)는 비상사태 계획과 유해위험물질의 누출 빈도와 사고결과를 최소화하기 위한 설비 설계의 중요성을 강조하고 있다. 유해위험물질 누출모델은 통상적으로 공장과 인근지역 환경에 미치는 사고결과를 추정하기 위해 사용되고 있다. 이 정보는 공정에 대한 예방과 완화 보호기능을 추가하는 데 유용하다. 따라서 엔지니어는 이와 같은 절차를 이해하는 것이 중요하다.

유해위험물질의 누출과 분산모델은 <그림 4.1>에 나타낸 사고결과 분석절차의 중요한 부분이다. 누출모델은 사고결과 모델링 절차에서 처음 세 단계이다.

1. 누출사건을 확인한다. 어떤 공정상황이 누출로 이어질 수 있는가? 이 내용은 4.9절과 4.10절에 설명되어 있다.
2. 물질이 누출되는 방법과 누출속도를 설명하기 위한 누출원 모델을 개발한다. 이것은 4장에서 제시되었다.
3. 이 장에 제시된 분산모델을 사용하여 유해위험물질의 바람방향(downwind) 농도를 추정한다. 바람방향 농도를 알면 5.5절에서 논의된 바와 같이 충격(impact) 또는 영향을 추정하기 위한 여러 가지 기준이 사용할 수 있다.

분산모델의 예측을 기반으로 다양한 옵션을 사용할 수 있다. 여기에는 몇 가지 옵션으로, 유해위험물질의 인벤토리(inventory)를 줄이고, 덜 위험한 물질로 대체하고, 온도와 압력을 줄임으로써 본질적으로 더 안전한 설계개념을 적용하는 것이 포함될 수 있다. 또한 공장부지와 주변 지역사회를 위한 비상 대응계획을 개발해야 할 수도 있다. 다른 가능성으로는 누출이 가능한 부분을 밀폐하여 배출원을 제거하거나 감소시키고, 적절한 벤트 세정기 또는 기타 증기 제거장비를 추가하고, 초기누출을 감지하기 위한 지역 모니터링 및 유출과 방출의 위험 수준을 제거하기 위한 차단밸브(block valve) 및 엔지니어링 제어의 추가 등과 같은 위한 엔지니어링 조치의 개발이 포함된다. 이들 옵션에 대해서는 5.6절 누출 예방 및 완화에서 더욱 상세하게 논의한다.

## 1 분산에 영향을 미치는 매개변수들

분산모델은 유해위험물질을 누출지점에서 공장이나 인근지역으로 공기전달(airborne transport)을 설명한다. 누출된 후 공기 중의 물질은 특징적인 플룸(그림 5.1) 또는 퍼프(그림 5.2)의 형태로 바람에 의해 멀리 이동한다. 물질의 최대 농도는 누출지점(지표면이 아닐 수 있음)에서 발생한다. 물질과 공기의 난류 혼합과 분산으로 인해 바람방향의 농도는 더욱 감소한다.

유해위험물질의 대기분산에 영향을 미치는 여러 가지 매개변수들은 다음과 같다.

- 물질의 양 또는 누출속도
- 풍속
- 대기 안정성
- 지상조건(건물, 물, 나무)
- 지표면으로부터 누출높이
- 누출된 물질의 운동량과 부력

바람속도가 증가함에 따라 <그림 5.1>의 플룸은 더욱 길어지고 가늘어 진다. 이 형태는 누출된 물질이 바람방향으로 더 빨리 이동하지만 더 많은 양의 공기와 증가된 난류에 의해 더 빨리 희석되기 때문에 발생한다. 대기 안정도(atmospheric stability)는 공기의 수직혼합과 관련이 있다. 낮 동안에 공기온도는 높을수록 급격히 감소하며 수직운동이 증가한다. 밤에는 온도가 급격히 낮아져서 수직운동이 덜 일어난다.

낮과 밤 상황에 대한 온도분포는 <그림 5.3>에 나타내었다. 낮에는 태양이 지표면을 가열하여 지표면 위의 온도감소와 함께 지표면의 온도상승을 일으킨다. 밤에는 우주로의 열 복사로 인해 지표면이 빠르게 냉각되어 지표면 바로 위의 공기보다 온도가 낮아진다. 구름의 존재는 주간과 야간의 온도분포에 영향을 미친다. 때로는 높이가 높을수록 온도가 증가여 수직운동이 최소화되는 반전이 발생하기도 한다. 이 조건은 밤에 가장 자주 발생한다.

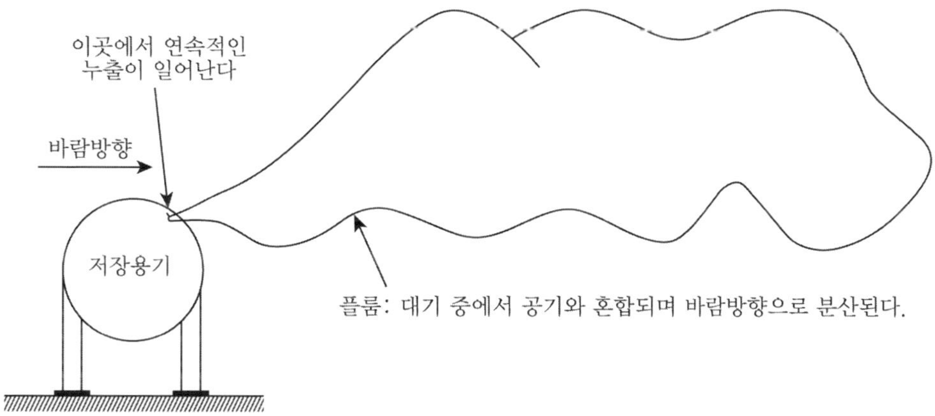


⇧ **그림 5.1** 물질의 연속적인 누출에 의해 형성된 특징적인 플룸

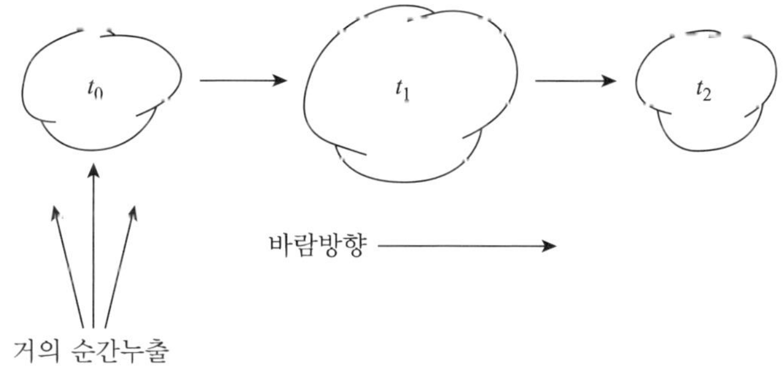


⇧ **그림 5.2** 물질의 거의 순간적인 누출에 의해 형성된 퍼프. 초기에 누출된 후 퍼프의 크기는 커지지만 결국 크기는 줄어든다.

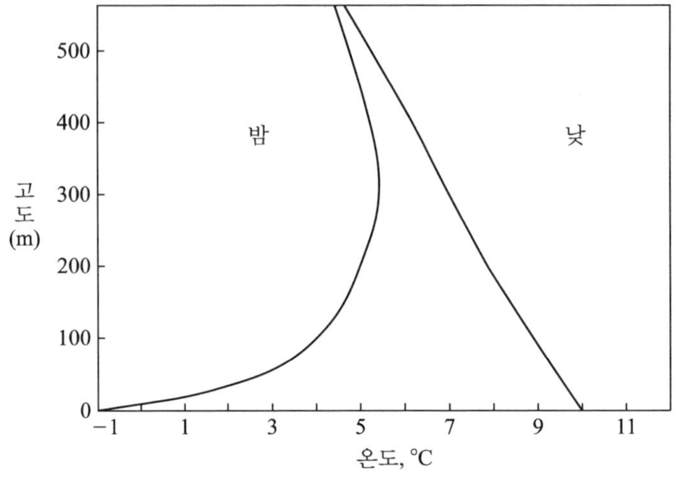


**그림 5.3** 낮과 밤 조건에서 고도의 함수로 나타낸 대기 온도분포는 수직 공기운동에 영향을 준다. (출처 : D. Bruce Turner. *Workbook of Atmospheric Dispersion Estimates* (Cincinnati, OH: U.S. Department of Health, Education, and Welfare,1970), p.1.)

대기 안정도는 불안정, 중립 및 안정의 3가지 등급으로 분류된다. 불안정한 대기조건의 경우 이른 아침시간에 관찰될 수 있는 것과 같이 지표면이 잃는 열보다 태양이 지표면을 빠르게 가열하므로 지표면 근처의 기온은 더 높은 고도의 기온보다 높다. 낮은 밀도의 공기가 밀도가 높은 공기보다 아래에 있기 때문에 불안정성이 발생한다. 이와 같은 부력의 영향은 대기의 역학적인 난류를 향상시킨다. 중립 안정성의 경우 태양 에너지가 들어오는 효과나 일사량의 감소로 인하여 지표면 위의 공기는 따뜻해지고, 풍속은 증가한다. 이와 같은 대기온도 차이는 대기의 역학적인 난류에 영향을 미치지 않는다. 안정된 대기조건의 경우 태양은 지표

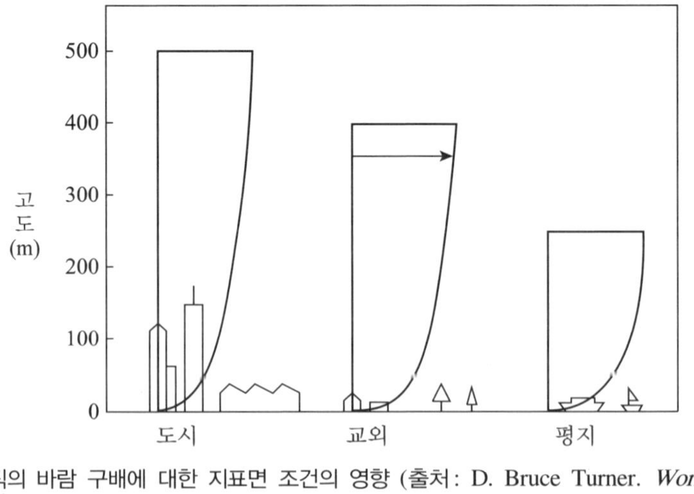


**그림 5.4** 수직의 바람 구배에 대한 지표면 조건의 영향 (출처: D. Bruce Turner. *Workbook of Atmospheric Dispersion Estimates* (Cincinnati, OH: U.S. Department of Health, Education, and Welfare, 1970), p.2.)

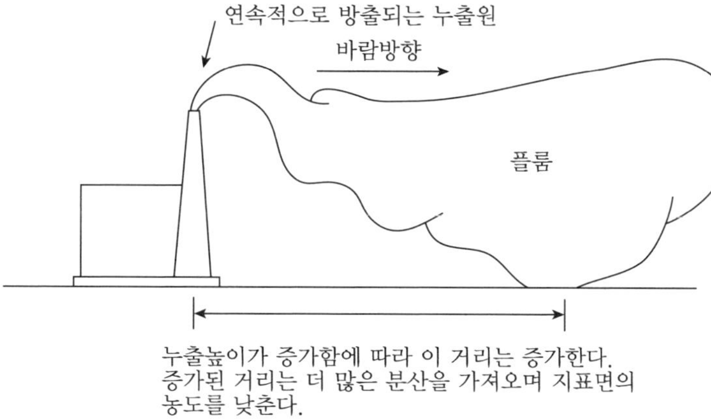


**그림 5.5** 수직의 바람 구배에 대한 지표면 조건의 영향

면이 식는 만큼 빠르게 지표면을 가열할 수 없기 때문에 지표면상 근처의 온도는 높은 고도의 공기온도보다 낮다. 이 조건은 밀도가 높은 공기가 밀도가 낮은 공기보다 아래에 있기 때문에 안정하다. 부력의 영향은 역학적인 난류를 억제한다.

지상조건은 표면에서의 역학적인 혼합과 높이에 따른 바람의 특성에 영향을 준다. 나무와 건물은 혼합을 증가시키는 반면 호수와 개방된 지역은 혼합을 감소시킨다. <그림 5.4>는 다양한 표면조건에서 바람속도와 높이의 변화를 보여준다.

누출높이는 지표면의 농도에 크게 영향을 미친다. 누출높이가 증가함에 따라 플룸이 지표면에 도달하기 전에 수직으로 더 먼 거리로 분산시켜야 하기 때문에 지표면 높이의 농도는 감소된다. 이 관계는 <그림 5.5>에 나타내었다.

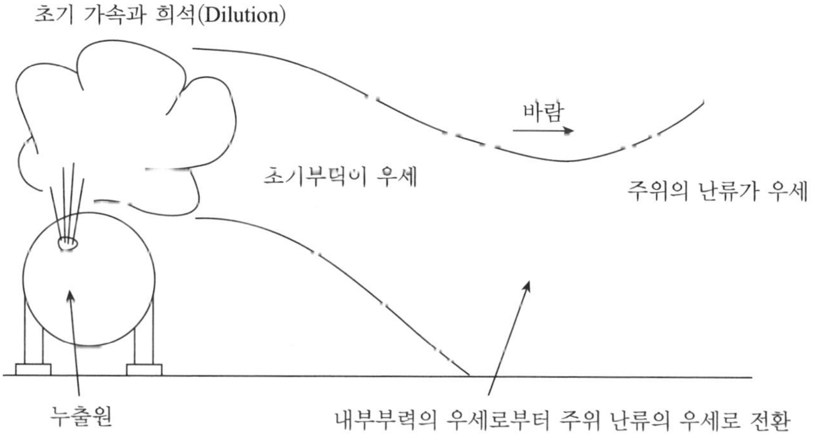


**그림 5.6** 누출된 물질의 초기 가속도와 부력은 플룸특성에 영향을 준다. 본 장에서 언급된 분산모델은 단지 주위의 난류만을 나타낸다. (출처: Steven R. Hanna and Peter J. Drivas. *Guidelines for Use of Vapor Cloud Dispersion Models* (New York, NY: American Institute of Chemical Engineers, 1987), p. 6.)

누출된 물질의 부력과 운동량은 누출의 유효높이를 변화시킨다. <그림 5.6>은 이러한 효과를 보여준다. 고속 제트의 운동량은 가스를 누출지점보다 높게 운반시켜 유효 누출높이를 보다 훨씬 높게 할 것이다. 가스의 밀도가 공기보다 낮으면 누출된 가스는 처음에 양의 부력을 가지게 되어 위로 부상할 것이다. 반대로, 가스가 공기보다 무거운 밀도를 가질 경우 누출된 가스는 초기에 음의 부력을 띠게 되고 지표면으로 가라앉을 것이다. 누출된 가스의 온도와 분자량은 공기(분자량 28.97)의 밀도에 대한 가스의 밀도에 대한 기체 밀도를 결정한다. 모든 가스의 경우 가스가 바람방향으로 이동하여 신선한 공기와 혼합됨에 따라 가스가 중립부력으로 간주될 수 있는 충분히 희석된 지점에 도달하게 된다. 이 시점에서 분산은 주위 난류에 의해 지배된다.

## 2 중립부력 분산모델

중립부력 분산모델은 누출된 가스가 신선한 공기와 혼합되고 그 혼합물이 중립부력일 때 바람방향의 가스농도를 추산하는데 사용된다. 이러한 모델들은 일반적으로 ppm 범위의 낮은 농도의 가스에 적용한다.

2가지 유형의 중립부력 증기운 분산모델(vapor cloud dispersion model)이 보통 사용되어지는데, 그것은 플룸모델과 퍼프모델이다. 플룸모델은 연속적인 누출원으로부터 누출되는 물질의 정상상태 농도를 나타내고, 퍼프모델은 고정된 양의 단일누출로 인한 물질의 일시적인 농도를 나타낸다. 두 모델의 차이점은 <그림 5.1>과 <그림 5.2>에 도식적으로 나타내었다. 플룸모델의 전형적인 예는 굴뚝으로부터 기체의 연속적인 누출이다. 즉, 정상상태에서의 플룸이 굴뚝으로부터 바람방향으로 형성된다. 퍼프모델의 전형적인 예는 저장탱크가 파열되어 일정량의 물질이 갑자기 누출되는 경우다. 큰 증기운이 형성되고, 누출지점으로부터 바람방향으로 멀리 이동한다.

퍼프모델은 플룸을 설명하기 위해 이용될 수 있다. 즉, 플룸은 퍼프누출의 연속적인 누출로 단순화 한다. 그러나 정상상태의 플룸정보가 모두 알려져 있다면 사용하기 편리한 플룸모델을 이용하는 것이 좋다. 동적인 플룸(dynamic plume)에 대한 연구(예를 들어, 바람방향에 따른 플룸의 변화에 미치는 영향)를 수행하기 위해서는 퍼프모델을 사용하여야 한다.

고정된 양, $Q_m^*$의 물질이 무한한 대기로 순간 누출되는 경우를 고려해 보자(지표면은 차후에 고려하기로 한다). 좌표계(coordinate system)는 누출원(source)에 고정되어 있고, 반응이나 분자분산(molecular diffusion)이 없다고 가정하면 누출로 인한 물질의 농도, $C$는 다음과 같은 수평류(advection) 식에 의해 주어진다.

$$\frac{\partial C}{\partial t} + \frac{\partial}{\partial x_j}\left(u_j\, C\right) = 0 \tag{5-1}$$

여기서, $u_j$는 공기의 속도이이고, 하첨자, $j$는 모든 좌표방향, $x$, $y$와 $z$의 합을 나타낸다. 식 (5-1)에서 속도, $u_j$가 평균 바람속도와 같다고 가정하고, 위의 식을 풀면 물질이 예측했던 것보다 더욱 빨리 분산된다는 것을 알 수 있다. 이것은 속도영역(velocity field) 내의 난류(turbulence) 때문이다. 난류로 인한 영향을 고려한 상태에서 시간과 위치에 따른 정확한 바람속도를 제시할 수 있으면 식 (5-1)은 정확한 농도를 예측할 수 있을 것이다. 그러나 현재 난류를 적당하게 설명할 수 있는 모델이 없기 때문에 근사법이 사용되고 있다. 속도는 평균(average or mean)과 확률적 양(stochastic quantity)에 의해 다음과 같이 표현되어진다고 하면

$$u_j = \langle\, u_j \,\rangle + u_j^{'} \tag{5-2}$$

여기서, $\langle u_j \rangle$는 평균 속도이고, $u_j^{'}$는 난류에 의한 확률적 변동(stochastic fluctuation)이다. 농도, $C$는 속도영역(velocity field)의 결과에 따라 역시 변동한다고 하면

$$C = \langle\, C \,\rangle + C' \tag{5-3}$$

여기서, $\langle C \rangle$는 평균 농도이고, $C'$는 확률적 변동이다. $C$와 $u_j$ 모두 평균값 근처에 있기 때문에 변동의 평균은 다음과 같다.

$$\langle\, u_j{'} \,\rangle = 0 \tag{5-4}$$

$$\langle\, C' \,\rangle = 0$$

식 (5-1)에 식 (5-2)와 (5-3)을 대입하고, 시간에 따라 다시 배열하면

$$\frac{\partial \langle C \rangle}{\partial t} + \frac{\partial}{\partial x_i}\left(\langle u_j \rangle \langle C \rangle\right) + \frac{\partial}{\partial x_j}\langle u_j{'}\; C' \rangle = 0 \tag{5-5}$$

여기서, $\langle u_j \rangle C'$와 $u_j \langle C' \rangle$항은 $\langle\langle u_j \rangle C' \rangle = \langle u_j \rangle \langle C' \rangle = 0$일 때 0이다. 그러나 난류 플럭스(turbulent flux)항, $\langle u_j^{'} C' \rangle$ 항은 0가 아니므로, 식에 남는다.

또 두개의 경로가 있으며, 첫 번째 접근은 와류 확산도(eddy diffusivity)(면적/시간)을 다음과 같이 정의하는 것이다.

$$\langle u_j{'}\; C' \rangle = -K_j \frac{\partial \langle C \rangle}{\partial x_j} \tag{5-6}$$

그러나 와류 확산도는 위치, 풍속, 일반적인 대기조건 및 시간에 따라 변한다. 또한 와류 확산도를 측정하는 직접적인 방법은 없다. 와류 확산도 접근법은 이론적으로는 유용하지만 실제로 적용할 수는 없다. 두 번째 접근은 다음 절에서 설명하는 분산계수를 사용하는 것이다.

## 3 Pasquill–Gifford 모델

Sutton[1)]은 분산계수에 대해 다음과 같은 정의를 제안하였으며, $\sigma_y$와 $\sigma_z$도 유사한 식으로 표현된다.

$$\sigma_x^2 = \frac{1}{2}\langle C\rangle^2 (ut)^{2-n} \tag{5-7}$$

매개변수, $n$은 데이터를 맞추는데 사용된다. 분산계수, $\sigma_x$, $\sigma_y$ 및 $\sigma_z$는 각각 바람방향(downwind), 횡방향(cross wind), 그리고 수직방향 ($x$, $y$, $z$)에서 농도의 표준편차를 나타낸다. 분산계수는 실제 바람방향 농도를 측정하여 결정할 수 있기 때문에 분산계수 값은 와류확산도보다 훨씬 쉽게 실험적으로 측정할 수 있다.

**표 5.1** Pasquill–Gifford 분산모델에 사용되는 대기 안정도 등급[a, b]

| 지표면 바람속도 (m/s) | 주간 일사량[c] | | | 야간 조건[d] | |
|---|---|---|---|---|---|
| | | | | 대체로 흐림 | |
| | 강함 | 보통 | 약함 | 또는 >4/8 낮은 구름 | ≤3/8 구름량 |
| < 2 | A | A~B | B | F[e] | F[e] |
| 2~3 | A~B | B | C | E | F |
| 3~4 | B | B~C | C | D[f] | E |
| 4~6 | C | C~D | D[f] | D[f] | D[f] |
| > 6 | C | D[f] | D[f] | D[f] | D[f] |

안정도등급 A : 매우 불안정
B : 보통 불안정
C : 약간 불안정
D : 중립적인 안정
E : 약간 안정
F : 보통 안정

[a]F. A. Gifford. "Use of Routine Meteorological Observations for Estimating Atmospheric Dispersion." *Nuclear Safety* 2, no.4. (1961): 47.

[b]F. A. Gifford. "Turbulent Diffusion-Typing Schemes: A Review." *Nuclear Safety* 17, no. 1 (1976): 68

[c]강한 일사량은 영국의 한여름의 맑은 대낮에 해당한다. 약간 약한 일사량은 한겨울 상태와 유사하다.

[d]야간은 일출 1시간 전과 일몰 후 1시간의 기간에 해당한다.

[e]이 값들은 표를 완성하기 위해 채워진다.

[f]주간 또는 야간 중 구름이 덮인 상태와 일출 또는 일몰 전후 1시간 동안의 하늘조건에서는 풍속과는 무관하게 중립적인 분류, D를 사용해야 한다.

1) O. G. Sutton. *Micrometeorology* (New York, NY: McGraw-Hill, 1953), p. 286.

분산계수는 대기조건과 누출지점으로부터 바람방향 거리의 함수이다. 대기조건은 <표 5.1>에 나타낸 것과 같이 6가지 형태의 다른 안정도로 분류된다. 이들 안정도(stability) 등급은 바람 속도와 태양광선의 양에 의존한다. 낮 동안 증가된 바람속도는 대기안정도를 더욱 크게 하는 반면 밤에는 그 반대이다. 이것은 <그림 5.3>에 나타낸 것과 같이 낮에서 밤까지의 수직온도 분포가 변하기 때문이다.

연속적인 누출원에 대한 분산계수, $\sigma_y$와 $\sigma_z$는 <그림 5.7>과 <그림 5.8>과 같고, 이에 대응하는 상관식은 <표 5.2>와 같다. $\sigma_x = \sigma_y$로 가정할 수 있기 때문에 $\sigma_x$의 값은 별도로 제시하지 않았다. 퍼프누출에 대한 분산계수, $\sigma_y$와 $\sigma_z$는 <그림 5.9>에 나와 있고, 그 식은 <표 5.3>에 나타나 있다. 퍼프 분산계수는 제한된 자료만 있으며(표 5.3 참조), 정확하지는 않다.

등급 1에서 4까지에 대한 식들은 식 (5-7)과 같은 형태의 식들을 사용하여 Pasquill[2]에 의해 유도되었다. 분산계수에 대해 보정한 이러한 식들은 Pasquill-Gifford 모델로 알려져 있다.

**▌표 5.2** 플룸분산에서 Pasquill–Gifford 분산계수에 대한 추천된 식

| Pasquill-Gifford 안정도등급 | $\sigma_y$ [m] | $\sigma_z$ [m] |
|---|---|---|
| **전원조건** | | |
| | $0.22x(1+0.0001x)^{-1/2}$ | $0.20x$ |
| B | $0.16x(1+0.0001x)^{-1/2}$ | $0.12x$ |
| C | $0.11x(1+0.0001x)^{-1/2}$ | $0.08x(1+0.0002x)^{-1/2}$ |
| D | $0.08x(1+0.0001x)^{-1/2}$ | $0.06x(1+0.0015x)^{-1/2}$ |
| E | $0.06x(1+0.0001x)^{-1/2}$ | $0.03x(1+0.0003x)^{-1}$ |
| F | $0.04x(1+0.0001x)^{-1/2}$ | $0.016x(1+0.0003x)^{-1}$ |
| **도시조건** | | |
| A~B | $0.32x(1+0.0004x)^{-1/2}$ | $0.24x(1+0.001x)^{+1/2}$ |
| C | $0.22x(1+0.0004x)^{-1/2}$ | $0.20x$ |
| D | $0.16x(1+0.0004x)^{-1/2}$ | $0.14x(1+0.0003x)^{-1/2}$ |
| E~F | $0.11x(1+0.0004x)^{-1/2}$ | $0.08x(1+0.0015x)^{-1/2}$ |

바람방향 거리, $x$는 m의 단위임. A~F는 <표 5.1>에서 정의됨.

출처 : R. F. Griffiths. "Errors in the Use of the Briggs Parameterization for Atmospheric Dispersion Coefficients." *Atmospheric Environment* 28, no. 17 (1994): 2861–2865; G. A. Briggs. *Diffusion Estimation for Small Emissions*, Report ATDL-106 (Washington, DC: Air Resources, Atmospheric Turbulence, and Diffusion Laboratory, Environmental Research Laboratories, 1974).

2) F. Pasquill. *Atmospheric Diffusion* (London, UK: Van Nostrand, 1962)

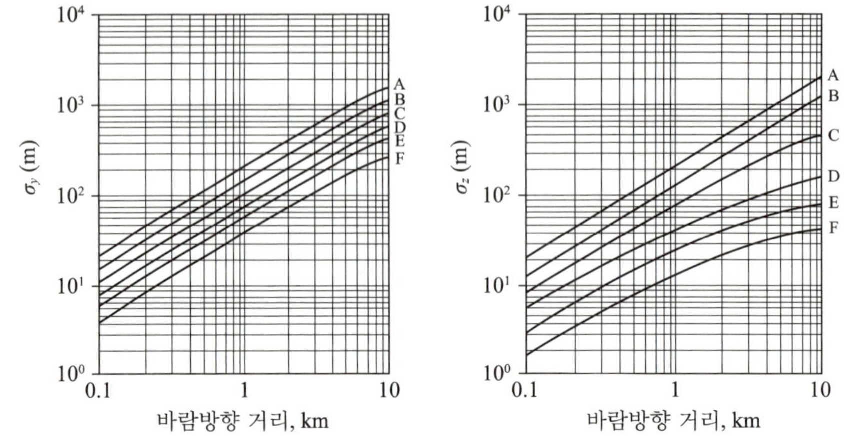


⇧ **그림 5.7** 시골누출에서 Pasquill-Gifford 플룸모델의 분산계수

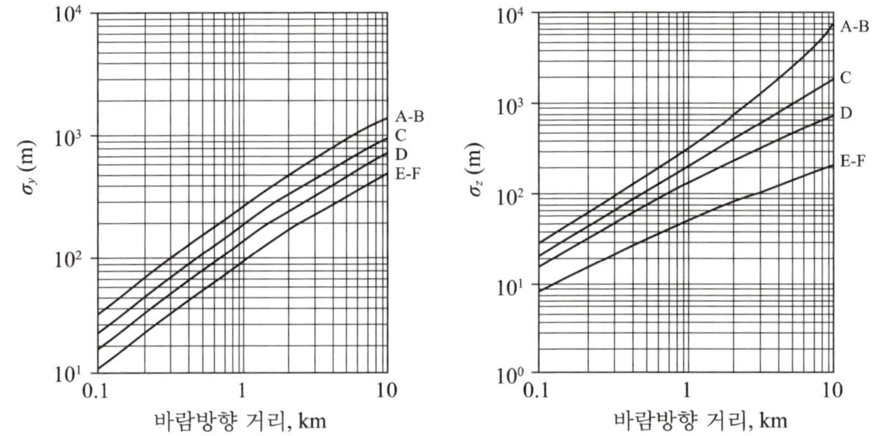


⇧ **그림 5.8** 도시누출에서 Pasquill-Gifford 플룸모델의 분산계수

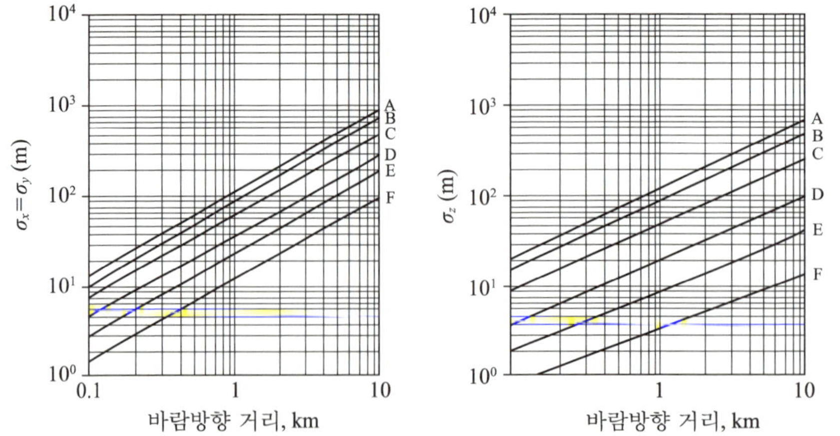


⇧ **그림 5.9** Pasquill-Gifford 퍼프모델의 분산계수

**표 5.3** 퍼프분산에서 Pasquill–Gifford 분산계수에 대한 추천된 식

| Pasquill-Gifford 안정도 등급 | $\sigma_y$[m] 또는 $\sigma_x$[m] | $\sigma_z$[m] |
|---|---|---|
| A | $0.18x^{0.92}$ | $0.60x^{0.75}$ |
| B | $0.14x^{0.92}$ | $0.53x^{0.73}$ |
| C | $0.10x^{0.92}$ | $0.34x^{0.71}$ |
| D | $0.06x^{0.92}$ | $0.15x^{0.70}$ |
| E | $0.04x^{0.92}$ | $0.10x^{0.65}$ |
| F | $0.02x^{0.89}$ | $0.05x^{0.61}$ |

바람방향 거리, $x$는 m의 단위임. A~F는 <표 5.1>에서 정의됨.
출처 : R. F. Griffiths. "Errors in the Use of the Briggs Parameterization for Atmospheric Dispersion Coefficients." *Atmospheric Environment* 28, no. 17 (1994): 2861–2865; G. A. Briggs. *Diffusion Estimation for Small Emissions*, Report ATDL-106 (Washington, DC: Air Resources, Atmospheric Turbulence, and Diffusion Laboratory, Environmental Research Laboratories, 1974).

분산모델의 기하학 구조는 <그림 5.10>에 나타내었다. 즉각적인 바람방향은 $x$이고, 횡방향은 $y$이며, 지상높이는 $z$이다. $(x, y, z)$의 원점은 누출지점 바로 아래의 지표면에 있다. 지표면에서 누출높이는 $H_r$로 주어진다.

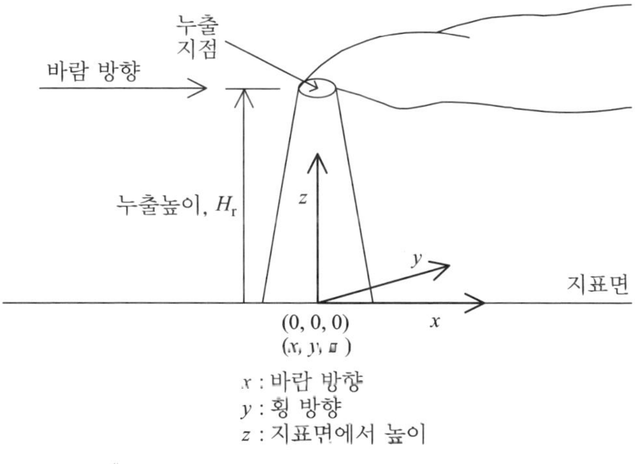


**그림 5.10** 분산모델을 위한 기하학 구조

### 경우 1 : 지표면에서 누출지점의 고정된 좌표계, 일정한 바람속도, $u$인 $x$방향만이 있는 순간 누출원이 있는 퍼프

이 경우는 다음 식으로 표현된다. 식 (5-8)의 유도에 대한 자세한 내용은 웹 사이트에 있는 보충내용에 제공되어 있다.

$$\langle C\rangle(x, y, z, t) = \frac{Q_m^*}{\sqrt{2}\,\pi^{3/2}\sigma_x\sigma_y\sigma_z}\exp\left\{-\frac{1}{2}\left[\left(\frac{x-ut}{\sigma_x}\right)^2+\frac{y^2}{\sigma_y^2}+\frac{z^2}{\sigma_z^2}\right]\right\} \tag{5-8}$$

여기서, $Q_{\rm m}^*$ 은 순간누출 질량이다.

퍼프가 바람방향으로 이동함에 따라 이들 값이 변하기 때문에 식 (5-8)의 시간 의존성은 분산계수에 달려 있다. 바람이 없으면 $u=0$이고, 식 (5-8)은 퍼프가 전혀 바람방향으로 움직이지 않기 때문에 유효한 결과를 얻지 못한다.

지표면에서 농도는 $z=0$일 때 얻어진다.

$$\langle C\rangle(x, y, 0, t) = \frac{Q_m^*}{\sqrt{2}\,\pi^{3/2}\sigma_x\sigma_y\sigma_z}\exp\left\{-\frac{1}{2}\left[\left(\frac{x-ut}{\sigma_x}\right)^2+\frac{y^2}{\sigma_y^2}\right]\right\} \tag{5-9}$$

$x$축을 따라 누출로부터 직접 바람방향의 지표면 농도는 $y=z=0$일 때 다음과 같이 주어진다.

$$\langle C\rangle(x, 0, 0, t) = \frac{Q_m^*}{\sqrt{2}\,\pi^{3/2}\sigma_x\sigma_y\sigma_z}\exp\left[-\frac{1}{2}\left(\frac{x-ut}{\sigma_x}\right)^2\right] \tag{5-10}$$

구름의 중심은 좌표($ut$, 0, 0)에 위치한다. 유동하는 구름의 중심에서의 농도는 다음과 같이 구해진다.

$$\langle C\rangle(ut, 0, 0, t) = \frac{Q_m^*}{\sqrt{2}\,\pi^{3/2}\sigma_x\sigma_y\sigma_z} \tag{5-11}$$

어떤 고정된 좌표계($x$, $y$, $z$)를 갖는 어느 한 위치에서 유해위험물질에 폭로되는 총 적분량(integrated dose), $D_{tid}$는 농도의 시간적분으로, 다음 식에 의하여 구할 수 있다.

$$D_{tid}(x, y, z) = \int_0^\infty \langle C\rangle(x, y, z, t)dt \tag{5-12}$$

지표면서 구한 총 적분량은 식 (5-12)에 식 (5-9)를 대입하여 적분함으로써 얻을 수 있다.

$$D_{tid}(x, y, 0) = \frac{Q_m^*}{\pi\sigma_y\sigma_z u}\exp\left(-\frac{1}{2}\frac{y^2}{\sigma_y^2}\right) \tag{5-13}$$

지표면에서 누출로부터 바람방향의 $x$축에 대한 총 적분량은 다음과 같다.

$$D_{tid}(x,0,0)=\frac{Q_m^*}{\pi\sigma_y\sigma_z u} \tag{5-14}$$

**경우 2 : 지표면에서 바람이 일정한 속도, $u$인 $x$방향으로 이동하는 연속적인 정상상태의 플룸**

이 경우는 다음의 식으로 표현된다.

$$\langle C\rangle(x,y,z)=\frac{Q_m}{\pi\sigma_y\sigma_z u}\exp\left[-\frac{1}{2}\left(\frac{y^2}{\sigma_y^2}+\frac{z^2}{\sigma_z^2}\right)\right] \tag{5-15}$$

여기서, $Q_{\mathrm{m}}$은 질량유속 [질량/시간]이다.
지표면 농도는 $z=0$에서 얻어진다.

$$\langle C\rangle(x,y,0)=\frac{Q_m}{\pi\sigma_y\sigma_z u}\exp\left[-\frac{1}{2}\left(\frac{y^2}{\sigma_y^2}\right)\right] \tag{5-16}$$

바람의 방향과 일치하는 플룸의 중앙선에 대한 농도는 $y=z=0$에서 얻어진다.

$$\langle C\rangle(x,0,0)=\frac{Q_m}{\pi\sigma_y\sigma_z u} \tag{5-17}$$

연속적인 지표면 누출의 경우 최대 농도는 누출지점에서 나타난다.

**경우 3 : 지상높이 $H_r$에서 바람이 $x$방향으로 일정한 속도, $u$로 이동하는 연속적인 정상상태이 플룸**

이 경우의 해는

$$\langle C\rangle(x,y,0)=\frac{Q_m}{2\pi\sigma_y\sigma_z u}\exp\left[-\frac{1}{2}\left(\frac{y}{\sigma_y}\right)^2\right] \times\left\{\exp\left[-\frac{1}{2}\left(\frac{z-H_r}{\sigma_z}\right)^2\right]+\exp\left[-\frac{1}{2}\left(\frac{z+H_r}{\sigma_z}\right)^2\right]\right\} \tag{5-18}$$

이다. 그리고 지표면 농도는 $z=0$에서 얻어진다.

$$\langle C\rangle(x,y,0)=\frac{Q_m}{\pi\sigma_y\sigma_z u}\exp\left[-\frac{1}{2}\left(\frac{y}{\sigma_y}\right)^2-\frac{1}{2}\left(\frac{H_r}{\sigma_z}\right)^2\right] \tag{5-19}$$

지표면 중앙선의 농도는 $y=z=0$로 하면 얻어진다.

$$\langle C\rangle(x,0,0)=\frac{Q_m}{\pi\sigma_y\sigma_z u}\exp\left[-\frac{1}{2}\left(\frac{H_r}{\sigma_z}\right)^2\right] \tag{5-20}$$

$x$축에 대한 최대 지표면 농도, $\langle C\rangle_{\max}$는 다음과 같다.

$$\langle C\rangle_{\max}=\frac{2Q_m}{e\pi uH_r^2}\left(\frac{\sigma_z}{\sigma_y}\right) \tag{5-21}$$

지표면 농도가 최대로 되는 바람방향 거리는 다음에 의하여 구해진다.

$$\sigma_z=\frac{H_r}{\sqrt{2}} \tag{5-22}$$

최대 농도와 바람방향 거리를 구하는 절차는 식 (5-22)를 사용하여 바람방향 거리를 결정하고, 다음으로 식 (5-21)을 사용하여 최대농도를 결정한다.

### 경우 4 : 지상높이 $H_r$에서 순간적인 누출원과 퍼프와 같이 이동하는 지표면의 좌표계를 갖는 플룸

이 경우 퍼프의 중심은 $x=ut$에서 발견된다. 그리고 평균농도는 다음과 같다.

$$\langle C\rangle(x,y,z,t)=\frac{Q_m^*}{(2\pi)^{3/2}\sigma_x\sigma_y\sigma_z}\exp\left[-\frac{1}{2}\left(\frac{y}{\sigma_y}\right)^2\right] \times\left\{\exp\left[-\frac{1}{2}\left(\frac{z-H_r}{\sigma_z}\right)^2\right]+\exp\left[-\frac{1}{2}\left(\frac{z+H_r}{\sigma_z}\right)^2\right]\right\} \tag{5-23}$$

지표면, $z=0$에서 농도는 다음을 사용하여 계산한다.

$$\langle C\rangle(x,y,0,t)=\frac{Q_m^*}{(2\pi)^{3/2}\sigma_x\sigma_y\sigma_z}\exp\left[-\frac{1}{2}\left(\frac{y}{\sigma_y}\right)^2-\frac{1}{2}\left(\frac{H_r}{\sigma_z}\right)^2\right] \tag{5-24}$$

지표면 중앙선의 농도는 $y=z=0$로 하면 얻어진다.

$$\langle C\rangle(x,0,0,t)=\frac{Q_m^*}{\sqrt{2}\,\pi^{3/2}\sigma_x\sigma_y\sigma_z}\exp\left[-\frac{1}{2}\left(\frac{H_r}{\sigma_z}\right)^2\right] \tag{5-25}$$

지표면에서 총 적분량은 식 (5-12)에서 식 (5-25)를 사용하여 얻어지는데 그 결과는 다음과 같다.

$$D_{tid}(x, y, 0) = \frac{Q_m^*}{\pi\sigma_y\sigma_z u}\exp\left[-\frac{1}{2}\left(\frac{y}{\sigma_y}\right)^2 - \frac{1}{2}\left(\frac{H_r}{\sigma_z}\right)^2\right] \tag{5-26}$$

### 경우 5 : 지상높이 $H_r$ 에서 순간적인 누출원과 누출지점에서 지표면의 고정된 좌표계를 갖는 퍼프

이 경우 결과는 좌표계 변환을 통해 얻어진다. 퍼프가 $x$축을 따라 바람과 함께 이동하는 경우 이 경우에 대한 식은 기존 좌표, $x$를 풍속과 함께 이동하는 새로운 좌표계, $x - ut$로 대체하여 얻는다. 그 결과는 다음과 같다.

$$\langle C\rangle(x, y, z, t) = (\text{이동하는 좌표계를 갖는 퍼프 식 (식 (5-23)~(5-25))}$$
$$\times \exp\left[-\frac{1}{2}\left(\frac{x-ut}{\sigma_x}\right)^2\right] \tag{5-27}$$

여기서, $t$는 퍼프의 누출이후의 시간이다.

## 등치선

플룸이나 퍼프의 경우 고정농도로 정의되는 구름의 경계가 자주 필요로 한다. 구름의 경계를 중심으로 동일한 농도의 점들 연결하는 선을 등치선(isopleth)이라 한다. 특정 농도, $\langle C\rangle^*$의 경우 지표면에서 등치선은 중심선(centerline) 농도에 대한 식(퍼프의 경우 식 (5-10)이고, 플룸의 경우 식 (5-16))을 일반 지표면 농도의 식(퍼프의 경우 식 (5-9)이고, 플룸의 경우 식 (5-16)으로 나눔으로 결정된다. 이 식은 $y$에 대해 다음과 같이 직접 해결된다.

$$y = \sigma_y\sqrt{2\ln\left(\frac{\langle C\rangle(x,0,0,t)}{\langle C\rangle(x,y,0,t)}\right)} \tag{5-28}$$

절차는 다음과 같다.

1. 등치선 농도 $\langle C\rangle^*$, 풍속 $u$ 및 시간 $t$를 지정한다.
2. 퍼프의 경우 식 (5-10)과 플룸의 경우 식 (5-16)을 사용하여 $x$축에서 고정점에서의 농도, $\langle C\rangle(x, 0, 0, t)$를 결정한다. $x$축에서 구름의 경계를 정의한다.
3. 식 (5-28)에서 $\langle C\rangle(x, y, 0, t) = \langle C\rangle^*$로 두고, 2단계에서 결정된 각 중심선에서의 $y$ 값을 결정한다.
4. 각 중심선의 점 $x$에서 $+y$와 $-y$에 대해 각각 점을 표시한다.
5. 이 점을 연결하여 등치선을 얻는다.

## 누출 운동량과 부력의 영향

<그림 5.5>는 퍼프 또는 플룸의 누출특성이 초기 누출 운동량 및 부력에 의존하고 있음을 보여준다. 초기 누출 운동량과 부력은 누출의 유효높이를 변화시킨다. 지표면에서 발생하지만 기화하는 액체가 상향으로 제트를 분출하는 누출은 제트가 없는 누출보다 유효높이가 더 높다. 마찬가지로, 대기온도보다 높은 온도에서 증기의 누출은 부력의 영향으로 누출의 유효높이가 증가시킨다.

2가지 효과는 <그림 5.11>에 보여준 전통적인 굴뚝방출로 설명된다. 굴뚝에서 방출된 물질은 굴뚝 파이프 내에서 상승속도를 기준으로 운동량을 포함하며, 온도가 주변온도보다 높기 때문에 부력도 있다. 결과적으로, 물질은 굴뚝에서 방출된 후에도 계속 상승한다. 방출된 물질이 냉각되고, 운동량이 사라짐에 따라 상승은 둔화되고, 결국 정지된다.

굴뚝 방출의 경우 Turner[3]는 경험적인 Holland식을 사용하여 누출의 부력과 운동량으로 인한 추가적인 높이를 계산할 것을 제안하였다.

$$\Delta H_r = \frac{\overline{u}_s d}{\overline{u}}\left[1.5 + 2.68 \times 10^{-3} Pd\left(\frac{T_s - T_a}{T_s}\right)\right] \tag{5-29}$$

여기서, $\Delta H_r$ : 누출높이, $H_r$의 보정

$\overline{u}_s$ : 굴뚝가스 출구속도 [m/s]

$d$ : 굴뚝 내경 [m]

$\overline{u}$ : 바람속도 [m/s]

$P$ : 대기압 [mb]

$T_s$ : 굴뚝가스 온도 [K]

$T_a$ : 공기 온도 [K]

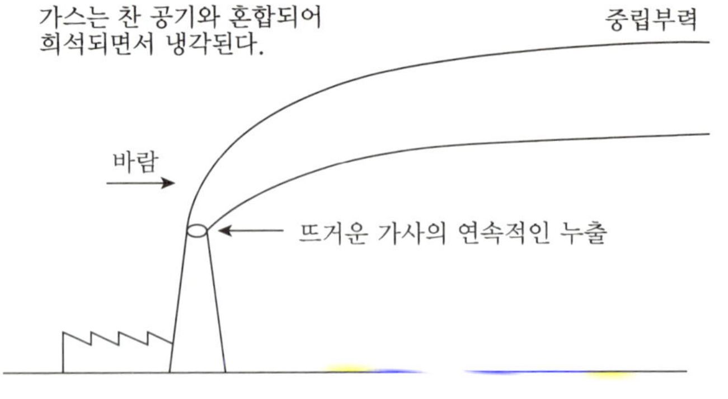


⇧ **그림 5.11** 뜨거운 가스의 초기 부력상승을 보여주는 굴뚝 플룸

3) D. Bruce Turner. *Workbook of Atmospheric Dispersion Estimates* (Cincinnati, OH: U.S. Department of Health, Education, and Welfare, 1970), p. 31.

공기보다 무거운 증기의 경우 지표면에서 물질이 누출되면 물질은 구름의 밀도를 감소시키는데 충분할 정도로 분산될 때까지 초기에는 지표면 방향으로 하강한다.

## 최악의 분산조건

플룸의 경우 최고 농도는 항상 누출지점에서 나타난다. 만일 지표면 위에서 누출이 일어나면 지표면의 최고 농도는 누출지점으로부터 바람방향 지점에서 나타난다.

퍼프의 경우 최대 농도는 항상 퍼프 중심에 나타난다. 지표면 위에서 가스가 누출된 경우 퍼프의 중심은 지표면과 평행하게 이동할 것이고 지표면에서의 최대 농도는 퍼프중심의 바로 아래에서 발생된다. 퍼프 등치선의 경우 등치선은 바람방향으로 이동함에 따라 원형에 가까워진다. 퍼프가 바람방향으로 이동함에 따라 초기에는 등치선의 직경은 최대에 도달한 후 감소한다.

만일 기상조건이 알려지지 않았거나 정해지지 않았다면 최악의 결과를 가져오는 가정을 선정할 수 있다. 즉, 최고 농도가 추정된다. Pasquill-Gifford 식을 살펴보면 기상조건과 풍속이 분모에 포함되어 있음을 쉽게 알 수 있다. 그러므로 최대 농도는 분산계수 및 풍속의 최소값을 초래하는 기상조건과 풍속을 선택함으로써 최대 농도가 추정된다. <그림 5.10>부터 <그림 5.12>까지를 살펴보면 F 안정도에서 최소 분산계수가 발생함을 알 수 있다. 분명히 풍속은 0이 될 수 없으므로 유한 값이 반드시 선정되어야 한다. EPA[4]는 F 안정도가 1.5 m/s의 낮은 풍속에서 존재할 수 있다고 제안하였다. 반대로, 다른 위험 분석가들은 F 안정도에 2 m/s의 풍속을 사용한다. 주간조건의 경우 일부 위험 분석가들은 풍속 3 m/s의 D 안정도를 사용한다. 계산에 사용되는 이 가정은 분명하게 언급되어야만 한다.

지표면에서 최악의 경우는 일반적으로 사람들이 있는 장소를 고려할 때 관심이 많다. 플룸과 퍼프의 경우 다음을 선정할 수 있다.

플룸 : 지표면에서 누출원으로부터 바람방향의 중심선을 따른 농도

$$\langle C\rangle(x,\ 0,\ 0) = \frac{Q_m}{\pi \sigma_y \sigma_z u} \tag{5-30}$$

퍼프 : 지표면에서 누출원이 퍼프의 중심에서 농도

$$\langle C\rangle(x,\ 0,\ 0) = \frac{Q_m^*}{\sqrt{2}\,\pi^{3/2}\sigma_x \sigma_y \sigma_z u} \tag{5-31}$$

최대 농도는 다음과 같이 얻어진다.

---

4) D. Bruce Turner. *Workbook of Atmospheric Dispersion Estimates* (Cincinnati, OH: U.S. Department of Health, Education, and Welfare, 1970), p. 31.

1. 누출속도, $Q_m$과 $Q_m^*$을 최대값으로 지정한다.
2. 모든 분산계수, $\sigma$를 최소값으로 지정한다. 이것은 F 안정도를 의미한다.
3. 안정도 등급에서 최소값인 바람속도, $u$를 지정한다. F 안정도의 경우 이것은 2 m/s 또는 EPA가 제시한 값인 1.5 m/s를 의미한다.
4. 낮 동안 일부 위험 분석가는 3 m/s의 풍속인 D 안정도를 사용한다.

## Pasquill–Gifford 분산 모델의 제한사항

Pasquill-Gifford 또는 Gaussian 분산은 오직 난류혼합이 분산을 지배하는 중립적인 부력의 가스 분산에만 적용된다. 보통 누출지점으로부터 0.1~10 km의 거리에서만 유용하다.

누출의 특성에 따라 플룸 또는 퍼프 모델이 선택되어야 하는 것은 항상 명확하지는 않다. 즉, 두 모델은 다양한 결과를 낼 수 있다. 15초 미만의 누출은 일반적으로 순간적인 퍼프누출로 모델링되지만 30초의 누출은 어떠한가?

Gaussian 모델에 의해 예측된 농도는 시간 평균농도이다. 그러므로 순간적인 국부농도가 예측 평균값을 초과할 수 있다. 이것은 비상대응에서 중요한 것일 수 있다. 여기서 제시된 모델은 10분 시간 평균을 가정한다. 실제 순간농도는 Gaussian 모델을 이용하여 계산된 농도에 따라 2배 만큼 크게 변할 수 있다.

---

### 예제 5.1

10 kg/s의 황화수소($H_2S$) 가스가 지표면에서 100 m 위에서 누출된다고 가정한다. 맑고 화창한 날 오후 1시에 풍속은 3.5 m/s이다. 시골조건을 가정하여라. 온도는 30℃이고 압력은 1 atm이다. $H_2S$의 분자량은 34.08이다. 다음을 결정하여라.

(a) 지표면에서 바람방향으로 1 km에서의 농도
(b) 이 누출에서 최대 농도 및 바람방향 거리
(c) 최대 바람방향 농도가 10 ppm이 되는 최대 배출속도(kg/s)

**해답**

**a.** 이것은 연속누출이므로 플룸이다. 맑은 화창한 날(강한 일사량)과 풍속 3.5 m/s의 경우 <표 5.1>에서 안정성 등급은 B이다. 시골누출의 경우 <표 5.2>에서 다음과 같다.

$$\sigma_y = 0.16\,x(1+0.0001\,x)^{-1/2}$$
$$= 0.16(1000\text{ m})\,[1+(0.0001)(1000\text{ m})]^{-1/2}$$
$$\sigma_y = 153\text{ m}$$
$$\sigma_z = 0.12\,x = 0.12(1000\text{ m}) = 120\text{ m}$$

이들 분산계수는 <그림 5.7>을 사용하여 결정할 수도 있다.

이것은 지표면보다 높은 누출을 가진 플룸이므로 경우 3과 식 (5-20)이 적용된다.

$$\langle C \rangle(x,0,0) = \frac{Q_m}{\pi \sigma_y \sigma_z u} \exp\left[-\frac{1}{2}\left(\frac{H_r}{\sigma_z}\right)^2\right]$$

값들을 대입하면

$$\langle C \rangle(x,0,0) = \frac{10.0 \text{ kg/s}}{(3.14)(153 \text{ m})(120 \text{ m})(3.5 \text{ m/s})} \exp\left[-\frac{1}{2}\left(\frac{100 \text{ m}}{120 \text{ m}}\right)^2\right]$$
$$= 3.50 \times 10^{-5} \text{ kg/m}^3 = 35.0 \text{ mg/m}^3$$

올바른 단위를 사용하도록 주의하면서 식 (2-7)을 사용하여 ppm으로 변환하면 다음과 같다.

$$C_{\text{ppm}} = 0.08205\left(\frac{T}{PM}\right)(\text{mg/m}^3)$$
$$= 0.08205\left[\frac{303 \text{ K}}{(1 \text{ am})(34.08 \text{ g/mol})}\right](35.0 \text{ mg/m}^3)$$
$$= 25.6 \text{ ppm}$$

**b.** 식 (5-22)를 사용하여 최대 농도의 지점에서 $\sigma_z$의 값을 결정한다.

$$\sigma_z = \frac{H_r}{\sqrt{2}} = \frac{100 \text{ m}}{1.414} = 70.7 \text{ m}$$

그리고 <표 5.3>에 있는 식을 사용하여 바람방향 거리를 결정한다.

$$\sigma_z = 0.12\,x$$
$$70.7 \text{ m} = 0.12\,x$$
$$x = 589 \text{ m}$$

<표 5.2> (또는 식 5-7)에서의 식을 사용하여 이 지점에서 $\sigma_y$의 값을 결정한다.

$$\sigma_y = 0.16\,x(1 + 0.0001\,x)^{-1/2}$$
$$= 0.16(589 \text{ m})\,[1 + (0.0001)(589 \text{ m})]^{-1/2}$$
$$= 91.6 \text{ m}$$

이제 식 (5-21)을 사용하여 이 바람방향 지점에서 최대 농도를 결정한다.

$$\langle C \rangle_{\max} = \frac{2Q_m}{e\pi u H_r^2}\left(\frac{\sigma_z}{\sigma_y}\right)$$
$$= \frac{(2)(100 \text{ kg/s})}{(2.718)(3.14)(3.5 \text{ m/s})(100 \text{ m})^2}\left(\frac{70.7 \text{ m}}{91.6 \text{ m}}\right)$$
$$= 5.17 \times 10^{-4} \text{ kg/m}^3 = 517 \text{ mg/m}^3$$

식 (2-7)로부터 결과는 378 ppm이다.

**c.** 식 (2-7)로부터 10 ppm = 13.7 mg/m$^3$ = 13.7×10$^{-6}$ kg/m$^3$이다. 이를 식 (5-21)에 대입하고 $Q_m$에 대해 풀면 다음과 같다.

$$\langle C \rangle_{\max} = \frac{2Q_m}{e\pi u H_r^2}\left(\frac{\sigma_z}{\sigma_y}\right)$$

$$13.7\times 10^{-6}\ \text{kg/m}^3 = \frac{2\text{Q}_\text{m}}{(2.718)(3.14)(3.5\ \text{m/s})(100\ \text{m})^2}\left(\frac{70.7\ \text{m}}{91.6\ \text{m}}\right)$$

$$Q_m = 2.64\ \text{kg/s}$$

---

**예제 5.2**

10 kg의 황화수소($H_2S$)가 지표면에서 100 m 위에서 순간적으로 누출된다고 가정한다. 대기조건은 예제 5.1과 동일하다.

(a) 10 m가 떨어진 울타리에서 최대농도는 얼마인가?

(b) 바람속도가 3.5 m/s이면 퍼프가 울타리 라인에 도달하는데 얼마나 걸리는가?

**해답**

**a.** 이것은 누출이 순간이므로 퍼프이다. <표 5.1>에서 안정성 등급은 B이다. 안정성 등급이 B인 경우 <표 5.3>으로부터

$$\sigma_y = \sigma_x = 0.14\,x^{0.92} = (0.14)(100\ \text{m})^{0.92} = 9.7\ \text{m}$$

$$\sigma_z = 0.53\,x^{0.73} = (0.53)(100\ \text{m})^{0.73} = 15.3\ \text{m}$$

이고, 최대농도는 지표면의 퍼프의 중앙에서 있으므로, 식 (5-11)이 적용된다.

$$\begin{aligned}\langle C \rangle(ut,0,0,t) &= \frac{Q_m^*}{\sqrt{2}\,\pi^{3/2}\sigma_x\sigma_y\sigma_z}\\ &= \frac{10\ \text{kg}}{(1.41)(3.14)^{3/2}(9.7\ \text{m})(15.3\ \text{m})}\\ &= 8.85\times 10^{-4}\ \text{kg/m}^3 = 885\ \text{mg/m}^3\end{aligned}$$

식 (2-7)로부터 최대농도는 647 ppm이다.

**b.** 시간은 다음과 같이 얻어진다.

$$x = ut$$

$$t = \frac{x}{u} = \frac{10\ \text{m}}{3.5\ \text{m/s}} = 28.6\ \text{s}$$

이 시간은 비상대응에 충분한 시간은 아니다.

---

## 4 고밀도 가스 분산

고밀도 가스는 분산되는 주변 공기의 밀도보다 큰 밀도를 갖는 가스로 정의된다. 이것은 공기의 분자량보다 큰 가스나 누출 또는 다른 공정 중에 자동냉동에 인한 저온의 가스로 인한 것일 수 있다.

전형적인 퍼프누출에 따르면 비슷한 수직 및 수평적 차원(누출원 근처의)을 가지는 증기운이 형성될 수 있다. 고밀도 증기운은 그 지름은 증가하고, 높이는 감소하면서 중력의 영향에 의해 지면으로 떨어진다. 증기운의 중력중심이 주위의 대기 속으로 침입하기 때문에 상당히 큰 초기희석이 일어난다. 그 결과로 수직 및 수평 경계면 모두에 걸쳐 공기의 추가 혼입으로 인해 구름 높이는 증가할 것이다. 충분한 희석이 일어난 후에 중력에 비해 정상적인 대기의 난류가 우세하며, 전형적인 가우시안 분산특성을 보인다.

Britter와 McQuaid[5]는 차원분석을 실시하고, 고밀도 증기운 관련 현존 데이터의 상관관계에 의하여 고밀도 가스분산의 모델을 개발하였다. 이 모델은 순간 또는 연속적인 고밀도 가스의 지표면 누출에 가장 적합하다. 이 누출은 대기온도에서 발생하며, 에어로졸이나 액적(액체 방울) 형성이 없다고 가정한다. 대기 안정도는 결과에 거의 영향을 미치지 않는 것으로 밝혀졌으며, 모델의 일부가 아니다. 대부분의 데이터는 대부분 평평한 지형의 외딴 시골지역에 대한 분산실험에서 얻은 것이므로 지형효과가 중요한 지역에는 이 결과를 적용할 수 없다.

고밀도 가스분산은 이 책의 범위를 벗어난다. 독자들은 이와 관련하여 웹사이트에서 제공되는 보충자료를 참조하면 된다.

## 5 독성영향 기준

분산계산이 완료되면 다음과 같은 의문이 생긴다. 어떤 농도가 유해한 것으로 고려하여야 하는가? 2장에 논의한 TLV-TWA 값에 기초한 농도는 지나치게 보수적이며, 긴급 상황에서 단기노출이 아닌 근로자 노출에 대해 설계되었다.

하나의 접근은 2장에서 설명된 프로빗(Probit) 식을 사용한다. 이들 식은 독성농도의 일시적 변화로 야기된 영향도 평가할 수 있다. 불행하게도, 공개된 상호관계는 단지 소수의 화학물질에만 유용하고, 실제 데이터는 상관관계와는 큰 차이를 보여준다.

---

5) R. E. Britter and J. McQuaid. *Workbook on the Dispersion of Dense Gases* (Sheffield, UK: Health and Safety Executive, 1988).

하나의 단순화된 접근법은 이 값 이상에 노출된 개인이 위험할 것으로 가정되는 독성농도 기준을 설정하는 것이다. 이 접근방식은 여러 정부기관 및 민간협회로 하여금 많은 기준들을 공표하도록 하였다.

- 미국 산업위생협회(AIHA)가 발행한 대기오염방지 비상조치계획 지침서(ERPG)
- 2장에서 이미 언급된 미국 산업안전보건원(NIOSH)가 제정한 생명과 건강에 즉각적으로 위험(IDLH)한 수준
- 국립과학연구원/국립연구협회(NRC)가 발행한 비상노출지침수준(EEGLs) 및 단기간 비상지침수준(SPEGL)
- 미국 환경보호국(EPA)에서 제정한 급성노출지침수준(AEGL)
- 2장에서 이미 제시한 단기간 노출한계(TLV-STEL)와 상한도(TLV-C)를 포함하여 ACGIH이 설정한 허용농도(TLV)
- 2장에서 이미 제시한 미국 산업안전보건국(OSHA)가 공포한 허용노출한계(PEL)
- 위험관리계획(RMP) 규정의 일부로 EPA에서 공포한 독성 종점

이들 기준 및 방법들은 동물 실험, 장·단기간 인간 노출에 대한 관찰 및 전문가 판단에 의한 결과의 조합에 근거한다. 다음 단락에서는 이들 기준을 정의하고, 몇 가지 특징을 설명한다.

## 비상대응계획지침

비상대응계획지침, ERPG (Emergency Response Planning Guidelines)는 산업업무추진팀에 의해 준비하고 AIHA가 공표한 것이다. 특정 물질에 대한 노출농도로 다음과 같은 3가지 농도범위가 제시되었다.

1. ERPG-1은 거의 모든 사람이 1시간가량 노출되어도 일시적인 가벼운 건강 부작용이나 분명하게 정의된 불쾌한 냄새를 느끼지 않는다고 생각하는 공기 중 최고 농도를 말한다.
2. ERPG-2는 거의 모든 사람들이 1시간의 노출에도 보호조치를 취하는 능력을 손실할 수 있는 경험, 회복 불능상태로의 발전 등 기타 심각한 건강에 대한 영향이나 증상이 나타나지 않는다고 생각하는 최고 농도를 말한다.
3. ERPG-3은 생명을 위협하는 영향을 경험하지 않고, 거의 모든 사람들이 최고 1시간까지 노출될 수 있는 최고 농도를 말한다.

ERPG 자료를 <표 5.4>에 나타내었다. 현재까지 이들 자료는 AIHA 자료검토 업무추진팀에 의하여 47개의 ERPGs가 개발되었고 재검토, 업데이트 및 확대되었다. 정확한 독성값을 개발하기 위한 총체적인 노력으로 인하여 ERPGs는 공업/정부 기준으로 수용되어가고 있다.

**표 5.4** 비상대응계획 가이드라인(ERPGs) (단위 : ppm)

| Chemical | ERPG-1 | ERPG-2 | ERPG-3 | Chemical | ERPG-1 | ERPG-2 | ERPG-3 |
|---|---|---|---|---|---|---|---|
| Acetaldehyde | 10 | 200 | 1000 | Gasoline | 200 | 1000 | 4000 |
| Acetic acid | 5 | 35 | 250 | Hexachlorobutadiene | 1 | 3 | 10 |
| Acetic anhydride | 0.5 | 15 | 100 | Hexafluoroacetone | NA | 1 | 50 |
| Acrolein | 0.05 | 0.15 | 1.5 | Hexafluoropropylene | 10 | 50 | 500 |
| Acrylic acid | 1.0 | 50 | 250 | Hydrogen chloride | 3 | 20 | 150 |
| Acrylonitrile | 10 | 35 | 75 | Hydrogen cyanide | NA | 10 | 25 |
| Allyl chloride | 3 | 40 | 300 | Hydrogen fluoride | 2 | 20 | 50 |
| Ammonia | 25 | 150 | 750 | Hydrogen peroxide | 10 | 50 | 100 |
| Benzene | 50 | 150 | 1000 | Hydrogen sulfide | 0.1 | 30 | 100 |
| Benzyl chloride | 1 | 10 | 50 | Isobutyronitrile | 10 | 50 | 200 |
| Beryllium | NA | 25$\mu$g/m$^3$ | 100$\mu$g/m$^3$ | 2-Isocyanatoethyl methacrylate | ID | 0.1 | 1 |
| Bromine | 0.1 | 0.5 | 5 | | | | |
| 1,3-Butadiene | 10 | 200 | 5000 | Lithium hydride | 25$\mu$g/m$^3$ | 100$\mu$g/m$^3$ | 500$\mu$g/m$^3$ |
| *n*-Butyl acrylate | 0.05 | 25 | 250 | Methanol | 200 | 1000 | 5000 |
| *n*-Butyl isocyanate | 0.01 | 0.05 | 1 | Methyl chloride | NA | 400 | 1000 |
| Carbon disulfide | 1 | 50 | 500 | Methylene diphenyl diisocyanate | 0.2mg/m$^3$ | 2mg/m$^3$ | 25mg/m$^3$ |
| Carbon monoxide | 200 | 350 | 500 | | | | |
| Carbon tetrachloride | 20 | 100 | 750 | Methyl isocyanate | 0.025 | 0.25 | 1.5 |
| Chlorine | 1 | 3 | 20 | Methyl mercaptan | 0.005 | 25 | 100 |
| Chlorine trifluoride | 0.1 | 1 | 10 | Methyltrichlorosilane | 0.5 | 3 | 15 |
| Chloroacetyl chloride | 0.05 | 0.5 | 10 | Monomethylamine | 10 | 100 | 500 |
| Chloroform | NA | 50 | 5000 | Nitrogen dioxide | 1 | 15 | 30 |
| Chloropicrin | 0.1 | 0.3 | 1.5 | Perfluoroisobutylene | NA | 0.1 | 0.3 |
| Chlorosulfonic acid | 2 mg/m$^3$ | 10mg/m$^3$ | 30mg/m$^3$ | Phenol | 10 | 50 | 200 |
| Chlorotrifluoroethylene | 20 | 100 | 300 | Phosgene | NA | 0.5 | 1.5 |
| Crotonaldehyde | 0.2 | 1 | 3 | Phosphorus pentoxide | 1mg/m$^3$ | 10mg/m$^3$ | 50mg/m$^3$ |
| Diborane | NA | 1 | 3 | Propylene oxide | 50 | 250 | 750 |
| 1,2-Dichloroethane | 50 | 200 | 300 | Styrene | 50 | 250 | 1000 |
| Diketene | 1 | 5 | 20 | Sulfonic acid(oleum, sulfur trioxide, sulfuric acid) | 2mg/m$^3$ | 10mg/m$^3$ | 120mg/m$^3$ |
| Dimethylamine | 0.6 | 100 | 350 | | | | |
| Dimethyldichlorosilane | 2 | 10 | 75 | | | | |
| Dimethyl disulfide | 0.01 | 50 | 250 | Sulfur dioxide | 0.3 | 3 | 15 |
| Epichlorohydrin | 5 | 20 | 100 | Tetrafluoroethylene | 200 | 1000 | 10000 |
| Ethanol | 1800 | 3300 | NA | Titanium tetrachloride | 5mg/m$^3$ | 20mg/m$^3$ | 100mg/m$^3$ |
| Ethyl chloroformate | ID | 100 | 200 | Toluene | 50 | 300 | 1000 |
| Ethylene oxide | NA | 50 | 500 | Trimethylamine | 0.1 | 100 | 500 |
| Florine | 0.5 | 5 | 20 | Uranium hexafluoride | 5mg/m$^3$ | 15mg/m$^3$ | 30mg/m$^3$ |
| Formaldehyde | 1 | 10 | 25 | Vinyl acetate | 5 | 75 | 500 |
| Formic acid | 3 | 25 | 250 | Vinyl chloride | 500 | 5000 | 20000 |

NA : Not appropriate, ID : Insufficient data, μg = microgram. 다른 표시가 없으면 모든 단위는 ppm임.

[a] AIHA, *Emergency Response Planning Guidelines and Workplace Environmental Exposure Levels* (Fairfax, VA : American Industrial Hygiene Association, 2010) and www.aiha.org.

## 생명이나 건강에 즉각적인 위험

NIOSH는 일반 산업가스에 대한 급성 독성척도로 사용되는 IDLH 농도를 발표했다. **IDLH** (Immediately Dangerous to Life and Health) **노출상태**란 "노출이 사망 또는 즉각 또는 지연된 영구적인 건강 부작용을 일으키거나 이런 상황으로부터의 대피 방해를 받을 수 있을 때 대기오염에 노출될 위험이 있는 조건"으로 정의된다.[6] IDLH 농도는 또한 대피를 방해할 수 있는 심한 눈 자극과 같은 급성 독성반응을 고려한다. IDLH 농도는 최대로 작업자를 보호할 수 있는 고도로 신뢰할 수 있는 호흡장치를 착용한 경우에만 허용되는 최고 농도를 고려한다. 만일 IDLH 농도를 초과하면 보호장비가 없는 모든 작업자들은 즉시 그 지역에서 대피해야 한다.

IDLH 자료는 현재 다양한 화학물질에 이용이 가능하다(www.cdc.gov/niosh/idlh/intridl4.html 참조). IDLH 농도는 건강한 근로자를 보호하기 위해 개발되었으며, 고령자, 장애자 또는 환자와 같이 민감한 사람에 대해서는 그대로 유용하지는 않다. 인화성 증기의 경우 IDLH 농도는 인화하한농도(LFL)의 1/10로 정의된다. IDLH 농도는 상호 검토되지 않았고 그 값에 대한 실질적인 문서가 존재하지 않음에 유의한다.

## 비상노출지침수준 및 단기 공공비상지침수준

1940년대 이후 NRC의 독성학위원회는 특별한 우려가 있는 화학물질에 대한 EEGL (Emergency Exposure Guidance Level)을 국방부에 제출해 왔다. EEGL은 노출된 개인이 비상상황에서 1~24시간 동안 지속하여 특정업무를 수행할 수 있다고 판단되는 가스, 증기 또는 에어로졸의 농도로 정의된다. EEGL 농도에 노출되면 일시적인 자극 또는 신경계통 영향이 나타날 수 있지만, 지속되거나 업무수행을 방해할 수 있는 영향을 주어서는 안 된다.

국립연구협회는 EEGL 이외에 일반인의 노출에 대해 수용할만한 농도로 정의되는 SPEGL (Short-Term Public Emergency Guidance Level)을 개발했다. SPEGL은 일반적으로 EEGL의 10~50%로 설정되며, 민감한 다양한 사람에 대한 노출영향을 고려하여 계산된다.

IDLH 농도보다 EEGL과 SPEGL을 이용하면 장점은 (1) SPEGL은 민감한 사람에 대한 영향을 고려한다. (2) EEGL과 SPEGL은 몇 가지 다른 노출시간에 대해 개발되었다. (3) EEGL과 SPEGL을 개발한 방법이 국립연구협회의 발표문헌에 잘 기록되어 있다. EEGL과 SPEGL 값은 <표 5.5>에 제시했다.

6) U.S. National Institute of Occupational Safety and Health. *NIOSH Pocket Guide to Chemical Hazards* (Washington, DC: U.S. Department of Health and Human Services, 2005). www.cdc.gov/niosh/npg/default.html.

**▌표 5.5** 국가연구위원회(NRC)의 비상노출지침수준(EEGL) (단위 : ppm)

| Compound | 1-hr EEGL | 24-hr EEGL | Source |
|---|---|---|---|
| Acetone | 8,500 | 1,000 | NRC Ⅰ |
| Acrolein | 0.05 | 0.01 | NRC Ⅰ |
| Aluminum oxide | 15 mg/m$^3$ | 100 | NRC Ⅳ |
| Ammonia | 100 | | NRC Ⅶ |
| Arsine | 1 | 0.1 | NRC Ⅰ |
| Benzene | 50 | 2 | NRC Ⅵ |
| Bromotrifluoromethane | 25,000 | | NRC Ⅲ |
| Carbon disulfide | 50 | | NRC Ⅰ |
| Carbon monoxide | 400 | 50 | NRC Ⅳ |
| Chlorine | 3 | 0.5 | NRC Ⅱ |
| Chlorine trifluoride | 1 | | NRC Ⅱ |
| Chloroform | 100 | 30 | NRC Ⅰ |
| Dichlorodifluoromethane | 10,000 | 1,000 | NRC Ⅱ |
| Dichlorofluoromethane | 100 | 3 | NRC Ⅱ |
| Dichlorotetrafluoroethane | 10,000 | 1,000 | NRC Ⅱ |
| 1,1-Dimethylhydrazine | 0.24[a] | 0.01[a] | NRC Ⅴ |
| Ethanolamine | 50 | 3 | NRC Ⅱ |
| Ethylene glycol | 40 | 20 | NRC Ⅳ |
| Ethylene oxide | 20 | 1 | NRC Ⅵ |
| Fluorine | 7.5 | | NRC Ⅰ |
| Hydrazine | 0.12[a] | 0.005[a] | NRC Ⅴ |
| Hydrogen chloride | 20/1[a] | 20/1[a] | NRC Ⅶ |
| Hydrogen sulfide | | 10 | NRC Ⅳ |
| Isopropyl alcohol | 400 | 200 | NRC Ⅱ |
| Lithium bromide | 15 mg/m$^3$ | 7 mg/m$^3$ | NRC Ⅶ |
| Lithium chromate | 100 $\mu$g/m$^3$ | 50 $\mu$g/m$^3$ | NRC Ⅷ |
| Mercury(vapor) | | 0.2 mg/m$^3$ | NRC Ⅰ |
| Methane | | 5,000 | NRC Ⅰ |
| Methanol | 200 | 10 | NRC Ⅳ |
| Methylhydrazine | 0.24[a] | 0.01[a] | NRC Ⅴ |
| Nitrogen dioxide | 1[a] | 0.04[a] | NRC Ⅳ |
| Nitrous oxide | 10,000 | | NRC Ⅳ |
| Ozone | 1 | 0.1 | NRC Ⅰ |
| Phosgene | 0.2 | 0.02 | NRC Ⅱ |
| Sodium hydroxide | 2 mg/m$^3$ | | NRC Ⅱ |
| Sulfur dioxide | 10 | 5 | NRC Ⅱ |
| Sulfuric acid | 1 mg/m$^3$ | | NRC Ⅰ |
| Toluene | 200 | 100 | NRC Ⅶ |
| Trichloroethylene | 200 ppm | 10 ppm | NRC Ⅷ |
| Trichlorofluoromethane | 1,500 | 500 | NRC Ⅱ |
| Trichlorotrifluoroethane | 1,500 | 500 | NRC Ⅱ |
| Vinylidene chloride | | 10 | NRC Ⅱ |
| Xylene | 200 | 100 | NRC Ⅱ |

주 : 다른 표시가 없으면 모든 단위는 ppm임.

[a]SPEGL value

## 급성노출지침수준

AEGL (Acute Exposure Guideline Level)은 미국 EPA에서 개발한 것으로, 비상계획 담당자 및 대응자가 화학물질의 누출사고를 처리하는데 사용된다. 이들은 건강에 영향을 줄 수 있는 공기 중 화학물질의 특정 농도를 나타낸다. 이 지침은 노인과 어린이 및 노출에 취약한 개인을 보호하기 위해 개발되었다.

AEGL은 10분, 30분, 1시간, 4시간 및 8시간의 5가지 비교적 짧은 노출시간 동안 결정된다. 노출로 인한 독성영향의 심각도에 따라 1, 2, 3의 3가지 수준(레벨)이 있으며, 수준 1이 가장 심각하지 않고, 수준 3이 가장 심각하다.

- 수준 1 : 눈에 띄는 불편함, 자극 또는 무증상 비 감각효과. 그러나 노출이 중단되면 그 효과는 비활성화되지 않으며, 일시적이고, 가역적이다.
- 수준 2 : 비가역이거나 기타 심각하고, 오래 지속되는 건강상의 부작용 또는 탈출 능력의 손상
- 수준 3 : 생명을 위협하는 건강 영향 또는 사망

AEGL-1 수준 미만의 공기 중 농도는 경미하고 점진적으로 증가하지만 일시적이고 비 변동적인 냄새, 맛 및 감각적 자극 또는 특정 무증상, 감각적이지 않은 효과를 생성할 수 있는 노출수준을 나타낸다. 각 AEGL 수준 이상의 공기 중 농도가 증가함에 따라 발생 가능성과 효과의 심각성이 점진적으로 증가한다.

AEGL 수준은 영아, 어린이, 노인, 천식 환자 및 기타 질병을 앓고 있는 사람들과 같은 민감한 주민을 포함하여 일반인에 대한 역치수준(threshold level)을 나타낸다. 그러나 고유한 반응을 보이는 특정 개인은 해당 AEGL 수준 미만의 영향을 경험할 수 있다. <표 5.6>은 선택된 AEGL 목록을 제공하고 있다.

## 임계한계값

일부 ACGIH 기준은 벤치마킹 자료로 이용할 수 있다. ACGIH 허용농도 한계값 즉, TLV-STEL와 TLV-C는 화학물질 노출로 인한 자극 및 혼수상태를 포함하는 급성 영향으로부터 근로자를 보호하기 위하여 설계되었다. 이들 기준은 2장에서 설명하였다. 이들 기준은 독성 가스분산에 사용될 수 있지만, 일반적으로 주당 40시간의 근무시간 동안 작업자의 노출에 대해 설계되었기 때문에 보수적인 결과를 나타낸다.

## 허용노출한계

OSHA가 공포한 허용노출한계(Permissible Exposure Limit, PEL)는 법적 효력이 있다.

**▌표 5.6**
미국 EPA에서 제공한 급성노출지침수준 (AEGL)
(단위 : ppm)

| Chemical name | AEGL-1 | | | | | AEGL-2 | | | | | AEGL-3 | | | | |
|---|---|---|---|---|---|---|---|---|---|---|---|---|---|---|---|
| | 10 min | 30 min | 1 hr | 4 hr | 8 hr | 10 min | 30 min | 4 hr | 1 hr | 8 hr | 10 min | 30 min | 1 hr | 4 hr | 8 hr |
| Carbon tetrachloride | NR | NR | NR | NR | NR | 27 | 18 | 13 | 7.6 | 5.8 | 700 | 450 | 340 | 200 | 150 |
| Aniline | 48 | 16 | 8.0 | 2.0 | 1.0 | 72 | 24 | 12 | 3.0 | 1.5 | 120 | 40 | 20 | 5.0 | 2.5 |
| Chloroform | NR | NR | NR | NR | NR | 120 | 80 | 64 | 40 | 29 | 4000 | 4000 | 3200 | 2000 | 1600 |
| Methyl bromide | NR | NR | NR | NR | NR | 940 | 380 | 210 | 67 | 67 | 3300 | 1300 | 740 | 230 | 130 |
| Methyl chloride | NR | NR | NR | NR | NR | 1100 | 1100 | 910 | 570 | 380 | 3800 | 3800 | 3000 | 1900 | 1300 |
| Hydrogen cyanide | 2.5 | 2.5 | 2.0 | 1.3 | 1.0 | 17 | 10 | 7.1 | 3.5 | 2.5 | 27 | 21 | 15 | 8.6 | 6.6 |
| Vinyl chloride | 450 | 310 | 250 | 140 | 70 | 2800 | 1600 | 1200 | 820 | 820 | 12,000 | 6800 | 4800 | 3400 | 3400 |
| Acetonitrile | 13 | 13 | 13 | 13 | NR | 80 | 80 | 50 | 21 | 14 | 240 | 240 | 150 | 64 | 42 |
| Carbon disulfide | 17 | 17 | 13 | 8.4 | 6.7 | 200 | 200 | 160 | 100 | 50 | 600 | 600 | 480 | 300 | 150 |
| Ethylene oxide | NR | NR | NR | NR | NR | 80 | 80 | 45 | 14 | 7.9 | 360 | 360 | 200 | 63 | 35 |
| Phosgene | NR | NR | NR | NR | NR | 0.60 | 0.60 | 0.30 | 0.08 | 0.04 | 3.6 | 1.5 | 0.75 | 0.20 | 0.09 |
| Propylene oxide | 73 | 73 | 73 | 73 | 73 | 440 | 440 | 290 | 130 | 86 | 1300 | 1300 | 870 | 390 | 260 |
| Methyl ethyl ketone | 200 | 200 | 200 | 200 | 200 | 4900[a] | 3400[a] | 2700[a] | 1700 | 1700 | [b] | [b] | 4000[a] | 2500[a] | 2500[a] |
| Epichlorohydrin | 1.7 | 1.7 | 1.7 | 1.7 | 1.7 | 53 | 53 | 24 | 14 | 6.7 | 570 | 160 | 72 | 44 | 20 |
| Acrolein | 0.03 | 0.03 | 0.03 | 0.03 | 0.03 | 0.44 | 0.18 | 0.10 | 0.10 | 0.10 | 6.2 | 2.5 | 1.4 | 0.48 | 0.27 |
| Acrylonitrile | 1.5 | 1.5 | NR | NR | NR | 8.6 | 3.2 | 1.7 | 0.48 | 0.26 | 130 | 50 | 28 | 9.7 | 5.2 |
| Vinyl acetate | 6.7 | 6.7 | 6.7 | 6.7 | 6.7 | 46 | 46 | 36 | 23 | 15 | 230 | 230 | 180 | 110 | 75 |

(continues)

| Chemical name | AEGL-1 | | | | | AEGL-2 | | | | | AEGL-3 | | | | |
|---|---|---|---|---|---|---|---|---|---|---|---|---|---|---|---|
| | 10 min | 30 min | 1 hr | 4 hr | 8 hr | 10 min | 30 min | 4 hr | 1 hr | 8 hr | 10 min | 30 min | 1 hr | 4 hr | 8 hr |
| Chlorobenzene | 10 | 10 | 10 | 10 | 10 | 430 | 300 | 150 | 150 | 150 | 1100 | 800 | 400 | 400 | 400 |
| Phenol | 19 | 19 | 15 | 9.5 | 6.3 | 29 | 29 | 23 | 15 | 12 | NR | NR | NR | NR | NR |
| Ethyl isocyanate | NR | NR | NR | NR | NR | 0.20 | 0.065 | 0.034 | 0.0085 | 0.0040 | 0.60 | 0.20 | 0.10 | 0.025 | 0.013 |
| Furan | NR | NR | NR | NR | NR | 12 | 8.5 | 6.8 | 1.7 | 0.85 | 35 | 24 | 19 | 4.8 | 2.4 |
| Ethyleneimine | NR | NR | NR | NR | NR | 33 | 9.8 | 4.6 | 1.0 | 0.47 | 51 | 19 | 9.9 | 2.8 | 1.5 |
| Hydrazine | 0.1 | 0.1 | 0.1 | 0.1 | 0.1 | 23 | 16 | 13 | 3.1 | 1.6 | 64 | 45 | 35 | 8.9 | 4.4 |
| Sulfur dioxide | 0.20 | 0.20 | 0.20 | 0.20 | 0.20 | 0.75 | 0.75 | 0.75 | 0.75 | 0.75 | 30 | 30 | 30 | 19 | 9.6 |
| Hydrogen chloride | 1.8 | 1.8 | 1.8 | 1.8 | 1.8 | 100 | 43 | 22 | 11 | 11 | 620 | 210 | 100 | 26 | 26 |
| Hydrogen fluoride | 1.0 | 1.0 | 1.0 | 1.0 | 1.0 | 95 | 34 | 24 | 12 | 12 | 170 | 62 | 44 | 22 | 22 |
| Ammonia | 30 | 30 | 30 | 30 | 30 | 220 | 220 | 160 | 110 | 110 | 2700 | 1600 | 1100 | 550 | 390 |
| Bromine | 0.033 | 0.033 | 0.033 | 0.033 | 0.033 | 0.55 | 0.33 | 0.24 | 0.13 | 0.095 | 19 | 12 | 8.5 | 4.5 | 3.3 |
| Chlorine | 0.50 | 0.50 | 0.50 | 0.50 | 0.50 | 2.8 | 2.8 | 2.0 | 1.0 | 0.71 | 50 | 28 | 20 | 10 | 7.1 |
| Hydrogen sulfide | 0.75 | 0.60 | 0.51 | 0.36 | 0.33 | 41 | 32 | 27 | 20 | 17 | 76 | 59 | 50 | NR | NR |
| Phosphine | NR | NR | NR | NR | NR | 4.0 | 4.0 | 2.0 | 0.50 | 0.25 | 7.2 | 7.2 | 3.6 | 0.90 | 0.45 |
| Nitrogen dioxide | 0.50 | 0.50 | 0.50 | 0.50 | 0.50 | 20 | 15 | 12 | 8.2 | 6.7 | 34 | 25 | 20 | 14 | 11 |

Notes: NR, Not reported. Values are in parts per million (ppm).

[a]Greater than 10% LFL.

[b]Greater than 50% LFL.

Source: www.epa.gov/aegl/access-acute-exposure-guideline-levels-aegls-values, accessed September 6, 2018.

이 수준들은 8시간 가중시간 평균폭로에 근거하므로, TLV-TWA는 ACGIH 기준과 유사하다. OSHA가 인용한 "허용 가능한 최대 농도", "여행제한" 또는 "활동수준"은 벤치마크로 사용하기 적합할 수 있다.

## 독성 종말점

EPA는 EPA RMP(Risk Management Plan)의 한 부분으로써 독성가스 누출에 대한 공기 분산모델로 사용되는 일련의 독성 종말점(toxic endpoint)을 공표했다.[7] 독성 종말점은 (1) ERPG-2 또는 (2) 비상계획 및 시민 알 권리법에 의해 공표된 관심수준(LOC)이다. 여기서 **LOC**는 "상대적으로 짧은 시간동안 물질에 노출될 때 사람에게 심각한 비가역적 건강 영향을 유발하지 않는 공기 중 극도로 유해한 물질의 최고 농도"를 말한다. RMP 규칙에서는 74가지 화학물질에 대해 독성 종말점을 제시하였는데, 이를 <표 5.7>에 나타내었다.

일반적으로 현재 직접적으로 가장 많이 이용할 수 있는 관련 독성기준, 특히 비상대응계획을 세우기 위한 기준은 ERPG, SPEGL 및 EEGL이다. 이들 지침은 특히 일반인에게 적용하고, 민감한 주민과 독성 데이터의 과학적 불확실성이 있을 때 이들을 보정하기 위해 개발되었다. SPEGL 또는 EEGL가 유효하지 않은 물질을 포함한 사건의 경우 IDLH 농도는 대체 기준으로 제공된다. 그러나 IDLH 수준은 예민한 사람을 위하여 개발되지 않았고, 최대 30분 노출시간에 근거하므로, 영향지역의 확인은 IDLH 수준의 10분의 1 노출수준을 기준으로 해야 한다고 EPA가 제안하고 있다. 예를 들어 이산화염소에 대한 IDLH는 5 ppm이다. 이 가스 누출로 인한 영향지역은 이산화염소 농도가 0.5 ppm을 초과할 것으로 추산되는 모든 지역으로 정의된다. 물론, 이 접근방법은 보수적이며, 비현실적인 결과를 제시한다. 보다 현실적인 접근방법은 IDLH 농도를 이용하여 30분미만의 누출에 대한 일정 투여량을 사용하는 것이다.

TLV-STEL과 상한값을 사용하는 것이 감각 자극 또는 악취 인지와 같이 보다 과도적인 영향을 포함하는 중요 관심사항에서 영향지역을 확인하는 특정일 경우에 적합할 것이다. 일반적으로, 이들 한계 농도지역 밖에 있는 사람은 누출에 의한 영향을 받지 않는다고 가정할 수 있다.

Craig 등[8]은 ERPG 자료가 유용하지 않은 경우 대안적인 농도지침의 계층을 제시했다. 이 계층은 <표 5.8>에 나타내었다. 다른 방법은 다른 개념을 근거로 하고 있기 때문에 이러한 방법은 약간의 불일치를 초래할 수 있다. 좋은 판단이 필요하다.

---

7) U.S. Environmental Protection Agency. RMP *Offsite Consequence Analysis Guidance* (Washington, DC: U.S. Environmental Protection Agency, 1996).

8) D. K. Craig, J. S. Davis, R. DeVore, D. J. Hansen, A. J. Petrocchi, and T. J. Powell. "Alternative Guideline Limits for Chemicals without Environmental Response Planning Guidelines." *AIHA Journal* (1995): 56.

**표 5.7** EPA 위험관리계획에서 규정한 독성 종말점

| 화학물질 | 독성 종말점 (mg/L) | 화학물질 | 독성 종말점 (mg/L) |
|---|---|---|---|
| **Gases** | | Liquids(continued) | |
| Ammonia(anhydrous) | 0.14 | Cyclohexylamine | 0.16 |
| Arsine | 0.0019 | Dimethyldichlorosilane | 0.026 |
| Boron trichloride | 0.010 | 1,1-Dimethylhydrazine | 0.012 |
| Boron trifluoride | 0.028 | Epichlorohydrin | 0.076 |
| Chlorine | 0.0087 | Ethylenediamine | 0.49 |
| Chlorine dioxide | 0.0028 | Ethyleneimine | 0.018 |
| Cyanogen chloride | 0.030 | Furan | 0.0012 |
| Diborane | 0.0011 | Hydrazine | 0.011 |
| Ethylene oxide | 0.090 | Iron, pentacarbonyl- | 0.00044 |
| Fluorine | 0.0039 | Isobutyronitrile | 0.14 |
| Formaldehyde(anhydrous) | 0.012 | Isopropyl chloroformate | 0.10 |
| Hydrocyanic acid | 0.011 | Methacrylonitrile | 0.0027 |
| Hydrogen chloride(anhydrous) | 0.030 | Methyl chloroformate | 0.0019 |
| Hydrogen fluoride(anhydrous) | 0.016 | Methyl hydrazine | 0.0094 |
| Hydrogen selenide | 0.00066 | Methyl isocyanate | 0.0012 |
| Hydrogen sulfide | 0.042 | Methyl thiocyanate | 0.085 |
| Methyl chloride | 0.82 | Methyltrichlorosilane | 0.018 |
| Methyl mercaptan | 0.049 | Nickel carbonyl | 0.00067 |
| Nitric oxide | 0.031 | Nitric acid(100%) | 0.026 |
| Phosgene | 0.00081 | Peracetic acid | 0.0045 |
| Phosphine | 0.0035 | Perchloromethylmercaptan | 0.0076 |
| Sulfur dioxide(anhydrous) | 0.0078 | Phosphorus oxychloride | 0.0030 |
| Sulfur tetrafluoride | 0.0092 | Phosphorus trichloride | 0.028 |
| **Liquids** | | Piperidine | 0.022 |
| Acrolein | 0.0011 | Propionitrile | 0.0037 |
| Acylonitrile | 0.076 | Propyl chloroformate | 0.010 |
| Acrylyl chloride | 0.00090 | Propyleneimine | 0.12 |
| Allyl alcohol | 0.036 | Propylene oxide | 0.59 |
| Allylamine | 0.0032 | Sulfur trioxide | 0.010 |
| Arsenuous trichloride | 0.01 | Tetramethyllead | 0.0040 |
| Boron trifluoride | | Tetranitromethane | 0.0040 |
| compound with | | Titanium tetrachloride | 0.020 |
| methyl ether(1:1) | 0.023 | Toluene 2,4-diisocyanate | 0.0070 |
| Bromine | 0.0065 | Toluene 2,6-diisocyanate | 0.0070 |
| Carbon disulfide | 0.16 | Toluene diisocyanate | |
| Chloroform | 0.49 | (unspecified) | 0.0070 |
| Chloromethyl ether | 0.00025 | Trimethylchlorosilane | 0.050 |
| Chloromethyl methyl ether | 0.0018 | Vinyl acetate monomer | 0.26 |
| Crotonaldehyde | 0.029 | | |

출처 : U.S. Environmental Protection Agency. *RMP Offsite Consequence Analysis Guidance* (Washington, DC: U.S. Environmental Protection Agency, 1996).

**표 5.8** 대안적 농도지침으로 권장된 계층

| Primary guideline | Hierarchy of alternative guidelines | Source |
|---|---|---|
| ERPG-1 | | AIHA |
| | EECL(300-min) | NRC |
| | IDLH | NIOSH |
| ERPG-2 | | AIHA |
| | EEGL(60 min) | NRC |
| | LOC | EPA/FEMA/DOT |
| | PEL-C | OSHA |
| | TLV-C | ACGIH |
| | 5×TLV-TWA | ACGIH |
| ERPG-3 | | AIHA |
| | PEL-STEL | OSHA |
| | TLV-STEL | ACGIH |
| | 3×TLV-TWA | ACGIH |

AIHA : American Industrial Hygiene Association
NIOSH : National Institute for Occupational Safety and Health
NRC : National Research Council Committee on Toxicology
EPA : Environmental Protection Agency
FEMA : Federal Emergency Management Agency
DOT : US Occupational Safety and Healthy Administration
OSHA : US Occupational Safety and Health Administration
ACGIH : American Conference of Governmental Industrial Hygienists

출처 : D. K. Craig, J. S. Davis, R.. DeVore, D. J. Hansen, A. J. Petrocchi, and T. J. Powell, "Alternative Guideline Limits for Chemical without Environmental Response Planning Guidelines," *AIHA Journal*(1995), 56.

## 6 누출 예방 및 완화

유해위험물질 누출원 모델의 목적은 누출완화를 수행하기 위한 도구(tool)를 제공하는 것이다. 누출완화는 " (1) 유해한 증기운을 생성시킬 수 있는 상황의 확률을 감소시키는 예방법 또는 (2) 누출의 양과 또는 지역주민이나 자산의 노출을 줄이는 보호방법으로, 누출원(누출지점)에서 발생할 수 있는 누출사고의 위험을 감소시키는 것"으로 정의된다.[9)]

누출완화 절차는 <그림 4.1>에 나타낸 사고결과 모델링 절차의 한 부분이다. 누출사고의 선정 후 누출속도 또는 누출된 총량을 결정하기 위해 누출원 모델이 사용된다. 이 정보는 분산모델과 화재 또는 폭발에 대한 후속 모델과 연결된다. 최종적으로, 누출영향을 평가하기 위해 사고결과 영향모델이 사용된다.

9) Richard W. Prugh and Robert W. Johnson. *Guidelines for Vapor Release Mitigation* (New York, NY: American Institute of Chemical Engineers, 1988).

위험도(risk)는 사고결과와 사고발생 가능성으로 구성된다. 따라서 누출의 발생 가능성 추산은 전체 위험성평가의 절반만을 제공한다. 특정 누출사건은 잠재적으로 큰 사고결과를 초래할 수 있으며, 인 위험한 결과로 될 수 있다면 사고결과의 영향을 감소시키기 위해 광범위한 플랜트 완화조치 노력이 요구될 것이다. 그러나 사고발생 가능성이 낮으면 그러한 노력은 필요하지 않을 수 있다. 위험성을 평가하기 위해서는 사고결과의 영향과 사고발생 가능성 2가지 모두가 포함되어야 한다.

**▌표 5.9** 누출 예방 및 완화 접근법

| 주요 영역 | 예 |
|---|---|
| 본질적 안전<br>(inherent safety) | · 재고량 감소 : 공정용기 및 재고 화학물질의 감소<br>· 화학물질 대체 : 보다 더 위험한 물질을 덜 위험한 화학물질로 대체<br>· 공정 감쇠 : 주변온도에 가까운 온도 및 압력 사용 |
| 공학적 설계<br>(engineering design) | · 플랜트의 물리적 건전성 : 더 나은 씰 또는 건축자재 사용<br>· 공정 건전성 : 적절한 조업조건 및 물질의 순도 확보<br>· 비상제어를 위한 공정설계기능 : 비상 릴리프(relief) 시스템<br>· 유출봉쇄 : 방류둑(dike) 및 유출용기 |
| 관리<br>(management) | · 운영 정책 및 절차<br>· 증기 누출 예방 및 제어를 위한 교육훈련<br>· 감사(audit) 및 검사(inspection)<br>· 장비 테스트<br>· 유지보수 프로그램<br>· 새로운 유해위험요인을 예방하기 위한 수정 및 변경관리<br>· 보안 |
| 증기 초기감지 및 경고 | · 센서에 의한 감지<br>· 사람에 의한 감지 |
| 대책<br>(countermea-sures) | · 물 분무(water spray)<br>· 물 차단막(water curtain)<br>· 스팀 차단막<br>· 공기 차단막<br>· 폭발성 구름의 의도적인 점화<br>· 희석(dilution)<br>· 폼(foams) |
| 비상대응<br>(emergency response) | · 현장 커뮤니케이션<br>· 비상정지 장치 및 절차<br>· 대피(site evacuation)<br>· 안전한 피난처(safe havens)<br>· 개인보호장비(personal protective equipment)<br>· 치료(medical treatment)<br>· 현장(on-site) 비상계획, 절차, 교육 및 훈련 |

출처 : Richard W. Prugh and Robert W. Johnson, *Guidelines for Vapor Release Mitigation*(New York: American Institute of Chemical Engineers, 1988), p.2.

<표 5.9>에 누출을 예방하고 완화하기 위한 방안을 나열했다. 이 장에 제시된 예제들은 소량 누출이 심각한 바람방향 영향을 나타낼 수 있음을 보여준다. 더구나 이 영향은 초기누출 후 수분 내에 일어날 수 있어서 비상대응에 사용이 가능한 시간이 줄어든다. 따라서 처음부터 누출을 예방하는 것이 좋다. 본질적 안전, 공학적 설계 및 관리는 모든 누출 완화절차에서 첫째로 고려하여야 할 과제이다.

## 참고문헌


### Atmospheric Dispersion Modeling

R. E. Britter and J. McQuaid. *Workbook on the Dispersion of Dense Gases* (Sheffield, UK: Health and Safety Executive Report 17/1988, 1988).

Center for Chemical Process Safety. *Guidelines for Consequence Analysis of Chemical Releases* (New York, NY: American Institute of Chemical Engineers, 1999).

Alex De Visscher. *Air Dispersion Modeling: Foundations and Applications (Hoboken, NJ: Wiley, 2013).Guidelines for Vapor Cloud Dispersion Models*, 2nd ed. (New York, NY: American Institute of Chemical Engineers, 1996).

Steven Hanna, Seshu Dharmavaram, John Zhang, Ian Sykes, Henk Witlox, Shah Khajehnajafi, and KayKoslan. "Comparison of Six Widely-Used Dense Gas Dispersion Models for Three Recent Chlorine Railcar Accidents." *Process Safety Progress* 27, no. 3 (2008): 248–259.

*International Conference and Workshop on Modeling the Consequences of Accidental Releases of HazardousMaterials* (New York, NY: American Institute of Chemical Engineers, 1999).

S. Mannan, ed. *Lees' Loss Prevention in the Process Industries*, 4th ed. (London, UK: Butterworth Heinemann, 2012), ch. 15.J.

McQuaid. "Trials on Dispersion of Heavy Gas Clouds." Plant/Operations Progress 4, no. 1 (1984): 58–61.John H. Seinfeld. *Atmospheric Chemistry and Physics of Air Pollution* (New York, NY: Wiley, 1986), ch. 12,13, and 14.

D. Bruce Turner. *Workbook of Atmospheric Dispersion Estimates* (Cincinnati, OH: U.S. Department of Health, Education, and Welfare, 1970).

### Release Mitigation

Richard W. Prugh and Robert W. Johnson. *Guidelines for Vapor Release Mitigation* (New York, NY: American Institute of Chemical Engineers, 1988).

## 연습문제

**5.1** **a.** 지표면에서 얼마의 아크롤레인의 순간누출(g)이 1500 m의 바람방향의 지표면에서 0.05 ppm에 해당하는 농도를 갖는가? 밝고 화창한 날의 풍속은 3.5 m/s이다. 시골조건, 온도 25 ℃ 및 1기압을 가정하여라. 이 누출에서 지표면의 최대 농도는 어디에서 발생하는가?

**b.** 만약 지표면에서 10 m의 높이에서 누출이 일어나면 바람방향의 1500 m에서 지표면의 농도는 얼마인가? 이 경우에 지표면에서 최대 농도는 어디에서 발생하는가?

**5.2** **a.** 지표면에서 얼마의 아크롤레인의 연속누출속도(g/s)가 1500 m의 바람방향의 지표면에서 0.05 ppm에 해당하는 농도를 갖는가? 밝고 화창한 날의 풍속은 3.5 m/s이다. 시골조건, 온도 25℃ 및 1기압을 가정하여라. 지표면의 최대 농도는 어디에서 발생하는가?

**b.** 만약 지표면에서 10 m의 높이에서 누출이 일어나면 바람방향의 1500 m에서 지표면의 농도는 얼마인가?

**c.** (b)에 대한 바람방향의 최대 농도는 어디(m)이며, 그 값(ppm)은 얼마인가?

**5.3** 화학물질 파이프라인으로부터 배출되는 것으로 추산되었다. 우려되는 농도는 100 ppm이며, 이보다 높은 농도에 노출된 모든 바람의 사람은 대피해야 한다. 바람방향의 대피거리를 계산하여라. 파이프라인은 지표면에 있다. 누출된 물질의 분자량은 17.03이다. 햇빛은 적당하고, 풍속은 3.5 m/s이다. 1기압, 25℃ 및 시골조건으로 가정하여라.

**5.4** 뒤뜰 바비큐 그릴에는 20 lb의 프로판 탱크가 들어 있다. 프로판은 밸브와 레귤레이터를 통해 탱크를 나와서 ½ in 고무호스를 통해 이중밸브 조합체로 공급된다. 밸브를 지난 후 프로판은 공기와 혼합되는 이중 이젝터 세트를 통해 흐른다. 이어서 프로판-공기 혼합물이 버너 조립체에 도달하여 연소된다. 이 장비에서 가능한 프로판 누출사건을 설명하여라.

**5.5** 연소 덤프(dump)는 약 3 g/s의 질소 산화물을 방출한다. 7 m/s의 풍속으로 흐린 밤에 3 km가 떨어진 바람방향의 거리에서 이 누출원에서 나오는 질소 산화물의 평균 농도는 얼마인가? 이 덤프는 지표면에서 한 점의 누출원으로 가정하여라.

**5.6** 당신은 <그림 5.12>에 나타낸 것과 같이 스몰빌 지역사회의 긴급 코디네이터로 임명되었다. ABC Chemical Company가 지도에 표시되어 있다. 100 lb의 염화수소 및 100 gal의 황산이 존재한다고 보고되었다. 지역사회를 위한 비상 계획을 개발해야 한다.

**a.** 어떤 화학물질이 지역사회에 더 큰 위험을 줄 수 있는지를 결정하여라.

**b.** 모든 화학물질이 10분 동안 누출되었다고 가정하면 대피해야 하는 바람방향 거리를 결정하여라.

**c.** 누출사건으로 인해 공장에서 영향을 받거나 공장과의 근접성으로 인해 사건에 영향을 받을 수 있는 위치를 확인하여라.

**d.** 시설 내・외부로 유해위험물질을 운송하는 데 사용될 운송경로를 결정하여라. 사고가 발생할 위험이 높은 교차로를 확인하여라.

**e.** (d) 부분에서 확인된 운송경로를 따라 취약지역을 결정하여라. 더 작은 거리가 (b)에서 표시되지 않는 한 경로의 양쪽에서 0.5 mi 거리를 사용하여라.

**f.** 교통경로 취약지역에 나타나는 특별한 문제(학교, 요양원, 쇼핑센터 등)를 확인하여라.

**g.** 공장 주변지역의 대피경로를 결정하여라.

**h.** 잠재적 유해위험 주위의 대체 교통경로를 결정하여라.

**i.** (g) 및 (h)에서 요구를 지원하는 데 필요한 자원을 결정하여라.

**j.** 해당지역에 경고하는데 필요한 수단을 확인하고, 시설에서 비상상황에 사용될 수 있는 경고 메시지 예의 내용을 설명하여라.

**k.** 비상사태 동안 대피한 사람의 수를 추정하여라. 이들 사람들이 어떻게 이동하고, 어디로 대피할지를 결정하여라.

**l.** 화학물질의 비상사태 동안 중요한 다른 문제는 무엇인가?

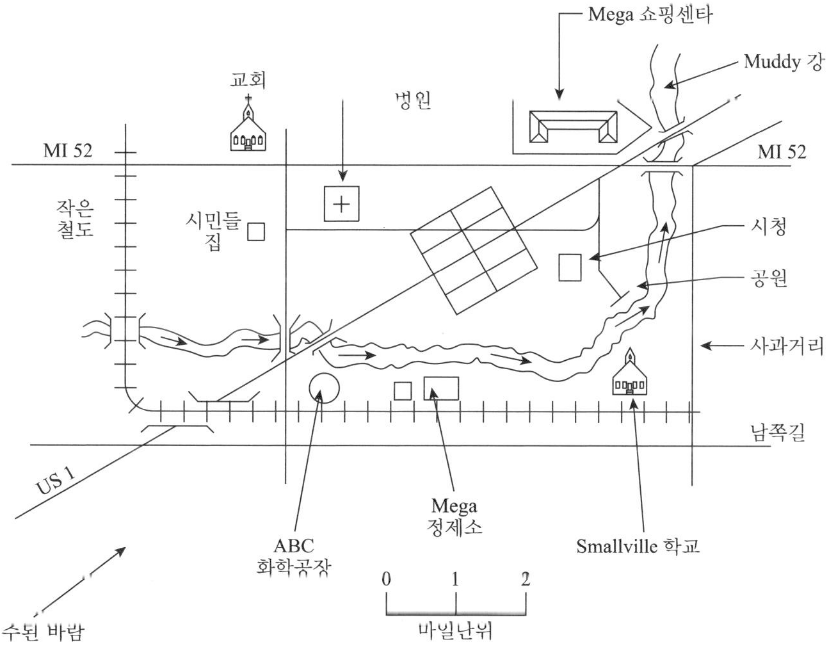


⇧ **그림 5.12** Smallville의 지도

**5.7** 탱크가 파열되고, 벤젠 풀이 형성된다. 풀의 크기는 대략 20 ft × 30 ft인 직사각형이다. 증발속도와 바람의 영향을 받는 거리를 추산하여라. 10 ppm을 사용하여 플룸의 경계를 정의하여라. 9 mph의 바람과 함께 흐린 날이고, 온도는 90°F이다.

**5.8** 탱크에는 50 bar 게이지에서 1000 kg의 염소가 들어 있다. 이 탱크에서 얼마의 최대 구멍 직경(mm)이 300 m의 바람방향 거리에서 ERPG-1과 같은 바람방향 농도를 초래하는가? 1 atm, 25℃와 염소의 분자량은 70.9이고, 모든 액체 염소는 기화한다고 가정하여라.

**5.9** 비상 코디네이터가 독성물질의 즉각적인 누출에 대한 적절한 비상대응은 사람들이 구름이 지나갈 때까지 문과 창문을 닫고, 집에 머물도록 경고하는 것이라고 결정했다. 이 코디네이터는 또한 바람방향으로 4000 m의 가정은 이이 물질이 0.10 mg/m$^3$를 초과하는 농도에 2분 이상 노출되어서는 안 된다고 지적했다. 이러한 사양에 허용되는 물질의 최대 순간 누출량(kg)을 추산하여라. 기상조건, 풍속 및 기타 조건에 대한 모든 가정을 명확하게 설명하여라.

**5.10** 벤젠을 운반하는 파이프라인에서 큰 누출이 일어났다. 다행스럽게도 방류둑이 있는 지역에서 누출이 발생했으며, 액체 벤젠은 50 ft × 30 ft의 방류둑 내에 들어 있다. 온도는 80°F이고, 대기압은 1기압이다. 5 mph의 바람이 있는 흐린 밤이다. PEL 농도의 4 배를 초과하는 모든 바람방향 지역은 대피해야 한다.

**a.** 방류둑으로부터 증발속도(lb/s)를 결정하여라.

**b.** 대피해야 하는 바람방향 거리(mi)를 결정하여라.

**c.** 플룸의 최대 너비(ft)와 이 조건이 발생하는 바람방향 거리(mi)를 결정하여라.

**5.11** 스프레드시트(spreadsheet) 프로그램을 사용하여 플룸에 대한 지표면 등치선의 위치를 결정하여라. 스프레드시트에는 누출속도(g/s), 누출높이(m), 공간증분(m), 풍속(m/s), 누출물질의 분자량, 온도(K), 압력(atm) 그리고 등치선 농도(ppm)에 대한 입력 셀이 있어야 한다. 스프레드시트 출력에는 각 바람방향 지점에서 y 및 z 분산계수(m), 바람방향 중심선 농도(ppm) 및 등치선 위치(m)가 포함되어야 한다.

또한 스프레드시트에는 바람방향 거리, 플룸의 총 면적 및 플룸의 최대 너비를 모두 제공하는 셀이 있어야 한다.

제출된 작업에는 풀이방법, 스프레드시트의 출력 및 등치선 위치 그림에 대한 간단한 설명이 포함되어야 한다.

다음 두 경우를 계산에 사용하고, 최악의 안정도 조건을 가정하여라.

**경우 a** : 누출속도 : 200 g/s
방출높이 : 0 m
분자량 : 100
온도 : 298 K
압력 : 1 기압
등치선 농도 : 10 ppm

**경우 b** : 위와 동일하지만, 누출높이는 지면에서 10 m이다. 경우 a와 b에 대해 플룸너비, 면적 및 바람방향 거리를 비교하여라. 두 경우의 차이점에 대한 의견을 말하여라.

**5.12** 물질이 누출된 후 지정된 시간에서 퍼프의 등치선을 결정하는 스프레드시트를 개발하여라. 스프레드시트에는 누출 후 시간(s), 풍속(2 m/s), 총 누출량(kg), 누출높이(m), 누출된 가스의 분자량, 주변온도(K), 주변압력(atm) 및 등치선 농도(ppm)와 같은 양을 사용자가 입력할 수 있는 특정 셀이 포함되어야한다.

스프레드시트 출력에는 바람방향의 각 지점에서, 바람방향 위치, y 및 z 분산계수, 바람방향 중심선 농도 및 등치선 중심간 거리(+/–)가 포함되어야 한다.

스프레드시트 출력에는 또한 등치선 위치의 그래프도 포함되어야 한다.

스프레드시트 구성의 경우 퍼프 센터와 함께 이동하도록 셀을 설정하는 것이 좋다. 그렇지 않으면 많은 수의 셀이 필요하다.

다음과 같은 경우에 대해 스프레드시트를 사용하여라.

누출 질량 : 0.5 kg

누출높이 : 0 m

가스의 분자량 : 30

주변온도 : 298 K

주변압력 : 1 기압

등치선 농도 : 1 ppm

대기 안정성 : F

여러 번 다른 시간에 대해 스프레드시트를 실행하고, 누출로부터 바람방향의 거리의 함수로 최대 퍼프 너비를 플롯하여라. 그리고 다음 질문에 답하여라.

**a.** 퍼프가 최대 폭에 도달하는 바람방향의 거리는 어디인가?

**b.** 퍼프가 사라는 거리와 시간은?

**c.** 퍼프가 초기 누출에서 소멸까지 휩쓸었던 총 면적을 추산하여라.

제출된 작업에는 풀이방법에 대한 설명, 누출 후 2000 초에 완전한 스프레드시트 출력, 바람방향 거리의 함수로 최대 퍼프너비를 플롯 및 총 휩쓴 면적 계산이 포함되어야 한다.

**5.13** 고정된 질량의 독성가스가 공정단위에서 거의 순간적으로 누출되었다. 누출원으로부터 2000 m 바람방향에서 예상되는 사망률을 결정하라는 요청을 받았다. 누출원으로부터 2000 m 바람방향에서 퍼프의 중심주위의 농도를 계산하기 위한 스프레드시트를 준비하여라. 총 누출량을 매개변수로 사용하여라. 퍼프 통과로 인한 2000 m의 바람방향 위치에서 사망률을 결정하여라. 0-100%의 사망률을 초래하는 총 방출량을 다양하게 변화시켜라. 누출된 양에 대한 사망률이 정확한 플롯을 하기에 충분한 시점에서 결과를 기록하여라. 누출은 조용하고, 맑은 조건의 밤에 발생한다.

프로빗 식에서 농도지수 값을 2.75 대신 2.00로 변경하고, 5 kg의 총 누출량에 대해 스프레드시트를 다시 실행하여라. 이 지수에 대한 결과는 얼마나 민감한가?

**힌트** : 퍼프가 지나갈 때 퍼프 모양과 농도분포는 본질적으로 고정되어 있다고 가정한다.

보충정보

가스의 분자량 : 30

온도 : 298 K

압력 : 1 기압

누출높이 : 0

풍속 : 2 m/s

다음과 같은 형태의 사망자에 대한 프로빗 식을 사용하여라.

$$Y = -17.1 + 1.69\ \ln(C^{2.75}T\ )$$

여기서, $Y$는 프로 빗 변수이고, $C$는 ppm 단위의 농도이며, $T$는 시간간격 (분)이다.

제출한 작업에는 퍼프 농도분포 및 사망률(%)을 포함하여 퍼프의 중심으로부터의 거리(m)별 5 kg의 경우에 대한 농도분포의 플롯, 누출된 총량에 대한 사망률의 플롯, 2.00의 프로빗 지수를 갖는 5 kg 누출에 대한 스프레드시트의 단일 출력 그리고 방법과 결과에 대한 완전한 토론을 포함하여 총 5 kg의 누출량에 대한 스프레드시트를 단일 출력으로 나타내어야 한다.

CHAPTER 6

# 화재 및 폭발

화재 및 폭발을 다루는 이 장의 목표는 다음과 같다.

1. 화재 및 폭발 특성을 설명한다.
2. 화재 삼각형을 정의하고, 인화성 혼합물을 예방하기 위해 화재 삼각형을 이용하는 방법을 설명한다.
3. 가스, 액체 및 분진의 인화성 특징을 설명한다.
4. 혼합물의 인화성 변수를 추정한다.
5. 인화성 삼각형 도표를 작도하고, 적용(응용)한다.
6. 폭발과 피해 추정 방법을 설명한다.

화학물질은 화재 및 폭발의 형태로 상당한 위험을 야기할 수 있다. 예로, 일반화학실험실에서 몇 리터의 톨루엔이 연소될 경우에는 수 분 내로 실험실을 파괴하고, 실험실에 있는 사람이 사망할 수 있다. 파일럿 플랜트 및 플랜트 환경에서 화재 및 폭발의 잠재적 결과는 훨씬 더 클 수 있다.

화학 및 탄화수소 플랜트에서의 화재 및 폭발로 인한 손실은 상당하다. 화학 산업에서 발생한 100건의 큰 사고에서 화재 및 폭발로 인한 피해는 약 254억 달러이며, 모든 손실 중 가장 큰 부분을 차지한다.[1] 이러한 손실에는 재산피해만 포함하고, 영업중단 또는 기타 손실은 제외되었다. 화재 및 폭발로 인한 사고를 방지하기 위해 엔지니어는 다음을 숙지해야 한다.

- 화학물질의 화재 및 폭발 성질(속성)
- 화재 및 폭발 과정의 특성
- 화재 및 폭발 위험을 제거, 감소 또는 제어하는 절차

이 장에서는 화재와 폭발의 크기와 결과를 추정하기 위한 정의와 계산방법을 실었고, 화재

1) The 100 Largest Losses 1974-2015 (New York, NY: J. H. Marsh & McLennan, 2016).

및 폭발의 위험성을 감소시키는 절차는 7장에 제시하였다.

# 1 화재 삼각형

연소를 위한 3가지 필수 요소는 연료, 산화제 및 점화원(ignition source)이다. 이 요소는 <그림 6.1>에 표시된 화재 삼각형으로 표시한다.

일부 전문가들은 충분한 양의 연료 또는 적절한 에너지의 점화원과 같은 하나 이상의 변(다리)을 화재 삼각형에 추가하기도 한다. 그러나 화재삼각형은 플랜트 환경에서의 모든 실제적인 목적과 적용을 쉽게 이해하고 의사소통하기에 충분하다.

화재 또는 연소는 점화된 연료의 빠른 발열 산화이다. 비록 증기 및 액체 연료가 일반적으로 점화되기 쉽지만 연료는 고체, 액체, 증기형태일 수 있다. 연소는 항상 기상에서 일어난다. 즉, 연소하기 전에 액체는 휘발되고 고체가 증기로 분해된다.

연료, 산화제 및 점화원이 필요한 수준으로 존재하면 연소가 일어난다. 반대로, (1) 연료가 없거나 충분한 양으로 존재하지 않거나, (2) 산화제가 없거나 충분한 양으로 존재하지 않고, (3) 점화원이 화재로 개시되기 위한 충분한 에너지가 없으면 화재가 발생하지 않는다.

화재 삼각형의 3가지 구성요소 중 2가지 일반적인 예는 (1) 목재, 공기 및 성냥 (2) 가솔린, 공기 및 스파크이지만, 불분명한 화학물질의 반응은 화재 및 폭발로 이어질 수 있다. 실제로, 화학산업에서 다양한 연료, 산화제 및 점화원을 자주 접할 수 있다.

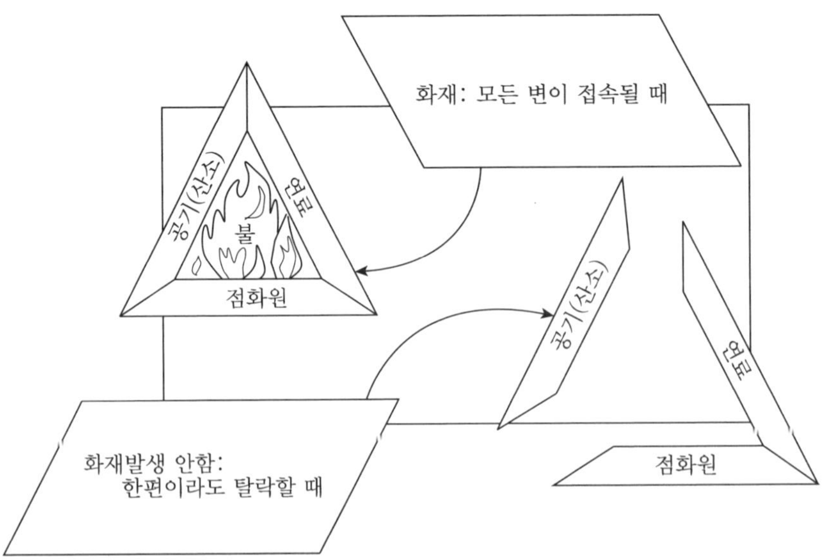


그림 6.1 화재 삼각형

| 연료 | • 액체 : 가솔린, 아세톤, 에테르, 펜탄<br>• 고체 : 플라스틱, 목재 분진, 섬유, 금속 입자<br>• 가스 : 천연가스, 아세틸렌, 프로판, 일산화탄소, 수소 |
|---|---|
| 산화제 | • 가스 : 산소, 불소, 염소<br>• 액체 : 과산화수소, 질산, 과염소산<br>• 고체 : 금속 과산화물, 아질산 암모늄 |
| 점화원 | • 스파크, 화염, 정전기, 열 |

과거에 화재와 폭발을 통제하는 유일한 방법은 점화원을 제거하거나 줄이는 것이었다. 실제 경험에 의하면 이 접근법은 충분하지 않다. 대부분의 인화성 물질의 점화에너지가 너무 낮고, 점화원이 너무 많다. 결과적으로 화재 및 폭발을 방지하는 주요 수단은 점화원을 계속 제거하면서 인화성 혼합물을 예방하는 것이다.

## 2 화재와 폭발의 구별

화재와 폭발의 주요 차이점은 에너지방출속도이다. 화재는 에너지를 천천히 방출하는 반면, 폭발은 일반적으로 마이크로 초에서 수십 밀리 초 정도로 에너지를 빠르게 방출한다. 화재는 폭발로 인해 발생할 수도 있고 폭발은 화재로 인해 발생할 수도 있다.

에너지방출속도가 사고의 결과에 어떤 영향을 미치는지에 대한 좋은 예는 자동차 타이어이다. 타이어 내의 압축 공기는 에너지를 가지고 있다. 노즐을 통해 에너지가 천천히 방출된다면 타이어가 위험 없이 수축된다. 반대로, 타이어가 갑자기 파열된다면 압축된 타이어 내의 모든 에너지가 빠르게 방출되며 결과적으로 심각한 폭발이 발생한다.

## 3 정의

화재 및 폭발과 관련하여 일반적으로 사용되는 일부 정의를 여기에 제시하였다. 이러한 정의는 나중 섹션에서 더 자세히 설명한다.

- **연소 또는 화재** : 연소 또는 화재는 물질이 산화제와 결합하여 에너지를 방출하는 화학반응이다. 방출된 에너지의 일부는 반응을 유지하는데 사용된다.
- **발화** : 발화(ignition)는 충분한 에너지를 가진 발화원(ignition source, 또는 점화원)과 접촉된 인화성 혼합물에 의해 발생하거나  가스가 자연 발화될 수 있을 정도로 높은 온도

에 도달한 가스로 인해 발화될 수 있다.

- **자연발화온도(AIT)** : 인화성 혼합물이 주위로부터 충분한 에너지를 받아 스스로 점화할 수 있는 최저온도이다. 즉, 점화원은 필요하지 않는다.
- **인화점(FP)** : 액체의 인화점은 액체표면에서 발생한 증기농도가 공기에서 연소하한농도가 될 수 있는 가장 낮은 액체온도이다. 인화점에서 증기는 연소할 수 있으나 반드시 연소가 지속되는 것은 아니다. 즉, 지속적 연소를 위해서는 증기가 생성되고 보충되어야 한다. 일반적으로 인화점은 압력증가에 따라 증가한다.
- **연소점(Fire point)** : 연소점은 액면 위의 증기가 점화되면 연소가 지속할 수 있는 최저온도이다. 연소점은 인화점보다 높다.
- **인화한계(Flammability limits)** : 인화성 증기-공기의 혼합물은 특정 농도(조성) 범위 안에 들어야 착화하여 연소한다. 이 혼합물의 증기농도가 인화하한계(LFL)보다 낮을 때는 연소하지 않는다. 또한 혼합기체는 가연성 물질의 농도가 너무 높아도 연소하지 않는다. 즉, 농도가 인화상한계(UFL) 이상에서도 연소하지 않는다. 혼합기체는 성분농도가 LFL과 UFL 사이에 존재할 때만 연소한다. 폭발하한계(LEL)와 폭발상한계(UEL)는 각각 LFL 및 UFL과 상호교환 가능하게 사용된다.
- **폭발** : 폭발은 가스가 급격히 팽창하여 급격한 압력의 이동 또는 충격을 발생시킨다. 팽창은 기계적(압력용기의 급격한 파열에 의한) 팽창 또는 급격한 화학반응의 결과로 비롯된다. 폭발에 따른 손상은 압력이나 충격파 때문에 발생한다.
- **기계적 폭발** : 이 유형의 폭발은 용기의 갑작스런 파열로 발생한다.
- **폭연** : 반응전면이 반응하지 않은 매체 속으로 음속보다 낮은 속도로 이동한다. 즉, 충격파가 음속 이하의 속도로 전파하는 폭발이다.
- **폭굉** : 반응전면이 반응하지 않은 매체 속으로 음속보다 빠른 속도로 이동한다. 즉, 충격파가 음속 이상의 큰 속도로 전파하는 폭발이다.
- **밀폐계 폭발(Confined explosion)** : 이 유형의 폭발은 용기, 공정 부피 또는 건물 내에서 발생한다.
- **개방계 폭발(Unconfined explosion)** : 개방 공간에서 일어나는 폭발로, 보통 인화성 가스의 누출 때문에 발생한다. 누출된 가스는 대기를 향해 확산하여 공기와 혼합된 상태에서 점화원과 만나 점화된다. 이 폭발은 밀폐계 폭발 후 또는 다량의 가스가 누출된 후 바람에 따라 확산하여 LFL 이하 농도로 희석될 때 발생한다. 이 폭발에 다량의 가스가 참여하고, 가스가 확산하여 면적이 크기 때문에 대단히 파괴적이다.
- **비등액체 팽창 증기폭발(BLEVE)** : 대기압 이상의 온도에서 액체를 포함하는 용기의 파

열로 인해 BLEVE가 발생한다. BLEVE는 외부에서 화재가 발생하여 탱크 내부의 휘발성 물질이 가열될 때 발생한다. 탱크가 가열될 때 탱크 내의 온도와 액체의 증기압은 증가하고, 탱크의 구조적 건전성(integrity)이 감소한다. 탱크가 파열하면 뜨거운 액체는 폭발적으로 증발한다.

- **분진폭발** : 미세한 고체입자의 급격한 연소결과로 발생한 폭발이며 알루미늄, 마그네슘 등의 분진의 인화성은 매우 크다.
- **충격파** : 가스를 통과해 이동하는 압력으로, 개방된 공기에서 충격파는 강한 바람을 동반한다. 충격파와 바람이 결합된 것을 폭풍파(blast wave)라 한다. 충격파의 압력증가는 대단히 빠르다. 공정은 대부분 단열공정이다.
- **과압** : 충격파의 결과와 같으며 대상물 위에 나타나는 압력이다.

인화성 매개변수는 열용량 또는 밀도와 같은 기본 속성이 아니라 실험 기구나 절차에 따라 그게 달라진다. 따라서 이러한 메개 변수들은 안전과 불안전한 운전 사이의 절대적인 경계가 아니다. 이러한 인화성 매개변수를 실제 상황에 적용할 때는 주의를 기울여야 한다.

<그림 6.2>는 인화성 증기 농도 대 온도의 도표이며, 앞의 정의 중 일부가 어떻게 관련되어 있는지 보여준다. 그림의 지수곡선은 액체물질의 포화증기압 곡선을 나타낸다. 일반적으로 UFL은 온도에 따라 증가하고 LFL은 감소한다. 비록 실험자료와는 일치하지 않지만, LFL은 이론적으로 인화점 온도에서 포화 증기압 곡선과 교차한다.

자연발화온도는 실제로 자연발화 영역의 최저온도이다. 자연발화 영역의 거동과 고온에서의 인화한계는 알려져 있지 않다.

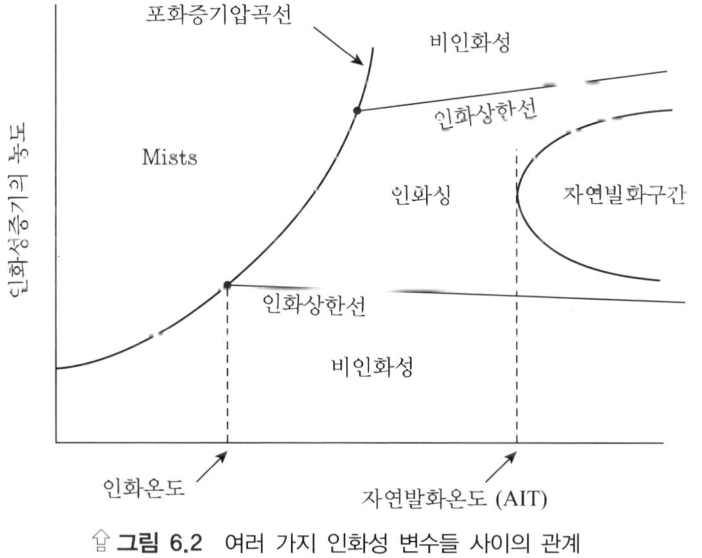


**그림 6.2** 여러 가지 인화성 변수들 사이의 관계

## 4 액체와 증기의 인화성 특성

일부 중요한 유기 화학물질(액체 및 가스)의 인화성 특성은 부록 B에 제공하였다.

### 액체

인화점 온도는 인화성 액체의 화재 및 폭발 위험을 특성화하는데 사용되는 주요한 인화성 매개 변수이다. 인화점을 결정하기 위해 여러 가지 서로 다른 실험 방법이 사용되며, 이 중 일부는 다소 다른 값을 생성한다. 가장 일반적으로 사용되는 2가지 방법은 실험 장비의 물리적 구성에 따라 개방컵(open cup)과 밀폐컵(closed cup)이다. 개방컵 인화점은 일반적으로 밀폐컵 인화점보다 몇도 높다.

인화점 온도를 결정하는 한 가지 방법은 <그림 6.3>에 표시된 것과 같은 개방컵 장치이다. 시험할 액체를 개방컵에 넣는다. 액체온도는 온도계로 측정되며 분젠 버너를 사용하여 액체를 가열한다. 움직일 수 있는 막대 끝에 작은 불꽃이 생긴다. 가열하는 동안 막대 끝이 열린 액체 풀 위로 천천히 앞뒤로 움직인다. 결국 액체가 인화성 증기를 생성할 수 있는 충분한 휘발성에 다다르는 온도이고, 순간적인 화염 불꽃이 개방컵에서 일어난다. 이것이 처음 발생하는 온도를 **인화점 온도**라고 한다. 인화점 온도에서는 순간적인 불꽃만 예상된다. 연소점이라고 부르는 온도는 연속적인 화염을 생성하는 인화점보다 더 높은 온도이다.

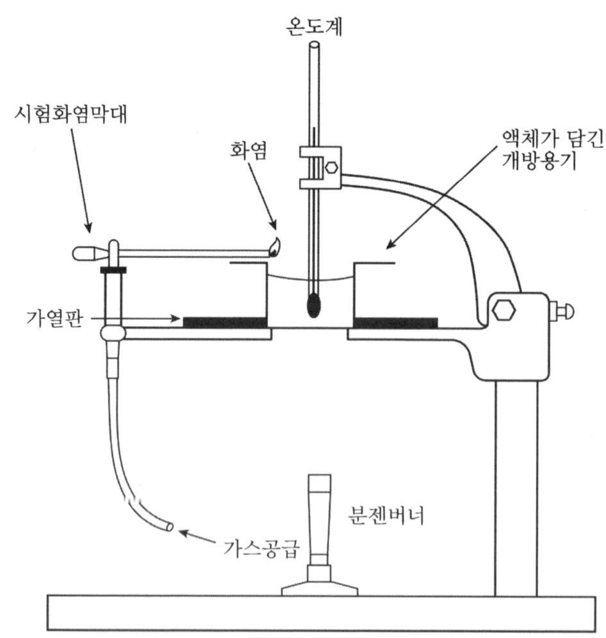


**그림 6.3** Cleveland 개방형 컵 인화점 측정. 시험 화염막대는 액체시료 위를 수평적으로 앞뒤로 이동한다.

개방컵 인화점 측정장치의 문제는 개방컵 위 공기의 움직임이 증기농도를 변화시키고 실험적으로 결정된 인화점의 증가를 가져오는 것이다. 이러한 영향을 방지하기 위해서 가장 현대적인 인화점 측정법은 밀폐계 컵 절차를 채택한다. 이러한 장치에서 수동적으로 개방된 셔터는 컵의 꼭대기에 장착되어 있다. 액체는 예열된 컵에 두고 일정한 시간동안 정치시킨다. 셔터가 개방되고 액체는 화염에 노출된다. 밀폐컵은 일반적으로 개방컵보다 낮은 인화점을 나타낸다.

<그림 6.3>에 보이는 바와 같이, 온도는 인화를 얻을 때 까지 하나의 실험에서 연속적으로 증가할 수 있으므로 개방컵법은 인화점의 초기 평가를 얻기 위해 자주 사용된다. 그리고 밀폐컵법은 복수의 시행 오차 조작을 수행해야 하기 때문에 보다 정밀한 값을 얻는데 사용된다.

Satyanarayana와 Rao[2]는 순수물질의 인화점 온도가 액체의 끓는점과 관련이 있다는 것을 밝혔다. 이들은 다음 식을 이용하여 1200개 이상의 혼합물에 대해 1% 이내의 오차범위에 잘 일치하였다.

$$T_f = a + \frac{b(c/T_b)^2 e^{-c/T_b}}{\left(1 - e^{-c/T_b}\right)^2} \tag{6-1}$$

여기서, $T_f$ : 인화점 [K]

$a, b, c$ : <표 6.1>에 제공된 상수 [K]

$T_b$ : 물질의 끓는점 [K]

**표 6.1** 인화점 예측식 (6-1)에서 사용한 상수들

| Chemical group | a | b | c |
|---|---|---|---|
| Hydrocarbons | 225.1 | 537.6 | 2217 |
| Alcohols | 230.8 | 390.5 | 1780 |
| Amines | 222.4 | 416.6 | 1900 |
| Acids | 323.2 | 600.1 | 2970 |
| Ethers | 275.9 | 700.0 | 2879 |
| Sulfur | 238.0 | 577.9 | 2297 |
| Esters | 260.8 | 449.2 | 2217 |
| Ketones | 260.5 | 296.0 | 1908 |
| Halogens | 262.1 | 414.0 | 2154 |
| Aldehydes | 264.5 | 293.0 | 1970 |
| Phosphorus-containing | 201.7 | 416.1 | 1666 |
| Nitrogen-containing | 185.7 | 432.0 | 1645 |
| Petroleum fractions | 237.9 | 334.4 | 1807 |

2) K. Satyanarayana and P. G. Rao, "Improved Equation to Estimate Flash Points of Organic Compounds." *Journal of Hazardous Materials* 32 (1992): 81-85.

인화점들은 만약에 단순히 하나의 성분이 인화성이고 순수한 인화성 성분의 인화점 온도가 알려져 있다면 복합성분의 혼합물에 대해서 추정할 수 있다. 이 경우에 인화점은 혼합물 중 성분 가연 물질의 증기압이 그 인화점에서 순수한 물질의 증기압과 같아지는 온도를 결정하여 구한다. 실험으로 결정된 인화점은 하나 이상의 인화 성분이 있는 다성분 혼합물에 대해서 사용을 권장한다.

**예제 6.1**

메탄올 인화점이 54°F이고 증기압이 62 mmHg이다. 무게비로 75% 메탄올과 25% 물을 포함하는 용액의 인화점은 얼마인가?

**해답**

각 성분의 몰분율은 Raoult의 법칙을 적용한다. 용액 100 kg을 기준으로, 물과 메탄올의 조성은 다음과 같다.

| | 파운드 | 분자량 | 몰수 | 몰분율 |
|---|---|---|---|---|
| 물 | 25 | 18 | 1.39 | 0.37 |
| 메탄올 | 75 | 32 | 2.34 | 0.63 |
| | | | 3.73 | 1.00 |

Raoult의 법칙은 포화증기압($P^{sat}$) 기준으로 메탄올의 분압을 계산하는데 사용한다.

$$p = x P^{sat}$$

$$P^{sat} = p/x = 62/0.63 = 98.4 \text{ mmHg}$$

<그림 6.4>에서 보는 바와 같이, 증기압 대 온도의 그래프를 사용하여 용액의 인화점은 20.5℃ (68.9°F)이다.

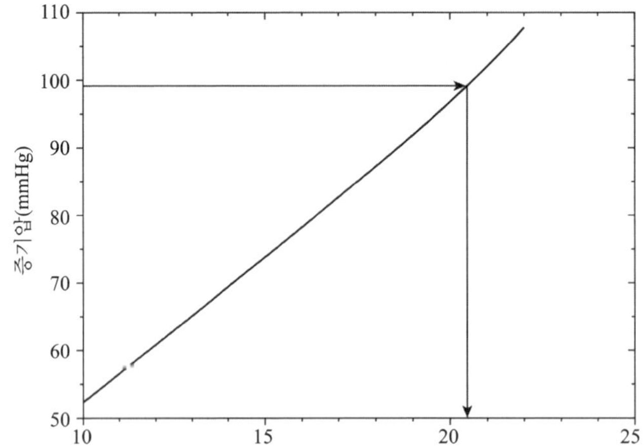


**그림 6.4** 메탄올에 대한 포화증기압

## 가스와 증기 혼합물

가스와 증기 혼합물에 대한 LFLs과 UFLs이 자주 필요하다. 이러한 혼합물의 인화하한계는 다음과 같은 르샤틀리에 식을 사용하여 계산한다.[3)]

$$\text{LFL}_{\text{mix}} = \frac{1}{\displaystyle\sum_{i=1}^{n} \frac{y_i}{\text{LFL}_{\text{i}}}} \tag{6-2}$$

여기서, $\text{LFL}_i$ : 연료와 공기 혼합물에서 성분 $i$에 대한 인화하한계

$y_i$ : 인화성 기준 성분 $i$의 몰분율

$n$ : 인화성 성분종의 수

유사한 방법으로 혼합물의 인화상한계는

$$\text{UFL}_{\text{mix}} = \frac{1}{\displaystyle\sum_{i=1}^{n} \frac{y_i}{\text{UFL}_{\text{i}}}} \tag{6-3}$$

여기서, $\text{UFL}_i$는 연료와 공기 혼합물에서 성분 $i$의 인화상한계이다.

르샤틀리에 식은 경험적으로 유도되고 범용적으로 적용할 수 없다. Mashuga와 Crowl[4)]은 열역학을 사용하여 르샤틀리에 식을 유도하였다. 이 유도된 식에는 다음과 같은 가정이 있다:

- 생성물 열용량은 일정하다
- 가스의 몰수가 일정하다
- 순수종의 연소 운동학이 독립적이고 다른 연소 종의 존재에 의해서 변하지 않는다.
- 인화한계에서 단열온도 상승은 모든 종에 대해서 같다.

이러한 가정은 LFL과 UFL 사이에 합리적으로 유효하다는 것을 찾아냈다.

르샤틀리에 법칙의 적절한 사용은 동일 온도 및 압력에서 인화한계 자료가 필요하다. 또한 문헌에 보고된 인화성 자료는 데이터에서 다양한 출처를 통해 얻을 수 있고, 이런 다양한 출처로부터 조합된 데이터는 사용자에게 불명확하고, 만족스럽지 못한 결과를 줄 수 있다.

---

**예제 6.2**

부피비로 0.8% 헥산, 2.0% 메탄 그리고 0.5% 에틸렌으로 구성된 가스 혼합물의 LFL과 UFL은 얼마인가?

---

3) H. Le Châtelier, "Estimation of Firedamp by Flammability Limits", *Ann. Mines* 8, no.19(1981):388~395

4) C. V. Mashuga and D. A. Crowl, "Derivation of Le Chatelier's Mixing Rule for Flammable Limits," *Process Safety Progress* (2000), 19(2):112~117.

**▌해답**

연료 기준 몰분율은 다음 표로 계산할 수 있다. LFL과 UFL 데이터는 부록 B를 참조한다.

| | 부피% | 가연성 물질 기준 몰분율 | $LFL_i$ (vol.%) | $UFL_i$ (vol.%) |
|---|---|---|---|---|
| Hexane | 0.8 | 0.24 | 1.2 | 7.5 |
| Methane | 2.0 | 0.61 | 5.0 | 15 |
| Ethylene | 0.5 | 0.15 | 2.7 | 36.0 |
| Total combustibles | 3.3 | | | |
| Air | 96.7 | | | |

식 (6-2)는 혼합물의 LFL을 결정하는데 사용한다.

$$\mathrm{LFL_{mix}} = \frac{1}{\sum_{i=1}^{n} \frac{y_i}{\mathrm{LFL_i}}} = \frac{1}{\frac{0.24}{1.2} + \frac{0.61}{5.0} + \frac{0.15}{2.7}}$$

$$= 1/0.378 = 2.65\% \text{ (총 가연성 물질에 대한 부피\%)}$$

식 (6-3)은 혼합물의 UFL을 결정하는데 사용한다.

$$\mathrm{UFL_{mix}} = \frac{1}{\sum_{i=1}^{n} \frac{y_i}{\mathrm{UFL_i}}} = \frac{1}{\frac{0.24}{7.5} + \frac{0.61}{15} + \frac{0.15}{36.0}}$$

$$= 13\% \text{ (총 가연성 물질에 대한 부피\%)}$$

이 혼합물이 3.3%의 인화성 물질이므로 인화한다.

---

## 인화한계의 온도 의존성

일반적으로 인화 범위는 온도에 따라 증가한다.[5] 경험적으로 유도된 다음 식이 증기에 대해서 이용할 수 있다.

$$\mathrm{LFL_T} = \mathrm{LFL_{25}} - \frac{0.75}{\Delta H_c}(T-25) \tag{6-4}$$

$$\mathrm{UFL_T} = \mathrm{UFL_{25}} + \frac{0.75}{\Delta H_c}(T-25) \tag{6-5}$$

여기서, $\Delta H_c$ : 순연소열 [kcal/mol]

$T$ : 온도 [℃]

위 식은 매우 근사적이고 제한된 온도 범위 내에서 단지 매우 제한된 탄화수소인 경우 유효하다. 0.75는 $100C_p$의 열용량과 같다.

5) M. G. Zabetakis, S. Lambiris, and G. S. scott, "Flame Temperatures of Limit Mixtures," *Seventh Symposium* on Combustion(London, Butterworths, 1959), p.484.

## 인화한계에 대한 압력 의존성

압력은 매우 낮은 압력(50 mmHg 절대압 미만)을 제외하고 LFL에 거의 영향을 미치지 않는다. 이는 여기에서는 화염이 전파되지 않기 때문이다. UFL은 압력의 증가에 따라 상당히 증가한다. 압력의 함수로서 증기에 대한 UFL의 경험식은 다음과 같다.[6)]

$$UFL_P = UFL + 20.6\,(\log P + 1) \tag{6-6}$$

여기서, $P$ : 압력 [MPa 절대압]

UFL: 인화상한계(1기압에서 연료+공기의 vol%)

---

**예제 6.3**

0.0 MPa 게이지에서 11 vol.%의 UFL을 가진 물질이 있다면 6.2 MPa 게이지에서 UFL은 얼마인가?

**해답**

절대압력, $P = 6.2 + 0.101 = 6.301$ MPa이다. UFL은 식 (6-6)을 사용하여 결정한다.

$$\begin{aligned} UFL_p &= UFL + 20.6\,(\log P + 1) \\ &= 11.0 + 20.6\,(\log 6.301 + 1) = 48 \text{ vol.\% fuel in air} \end{aligned}$$

---

## 인화한계의 추정

어떤 상황에서는 실험 데이터 없이 인화한계를 추정할 필요가 있다. 인화한계는 쉽게 측정할 수 있다. 항상 실험적 결정을 항상 권장한다. Jones는 많은 탄화수소 증기에 대해서 LFL과 UFL이 연료의 양론농도($C_{st}$)의 함수라는 것을 발견했다.[7)]

$$LFL = 0.55\,C_{st} \tag{6-7}$$

$$UFL = 3.50\,C_{st} \tag{6-8}$$

여기서, $C_{st}$는 연료+공기에서 연료의 부피 퍼센트이다. 대부분의 유기화합물에 대한 양론농도는 일반적인 연소반응을 사용하여 결정한다.

$$C_mH_xO_y + zO_2 \rightarrow mCO_2 + \frac{x}{2}H_2O \tag{6-9}$$

---

6) M. G. Zabetakis, "Fire and Explosion Hazards at Temperature and Pressure Extremes," *AICHE Symp.*, Vol.2, Bureau of Mines, Pittsburgh, PA(1965).

7) G. W. Jones, "Inflammation Limits and Their Practical Application in Hazardous Industrial Operation," *Chemical Reviews* 22, no.1 (1938): 1~26

양론계수의 관계는 다음과 같다.

$$z = m + \frac{x}{4} - \frac{y}{2}$$

여기서, $z$는 [$O_2$ 몰수/연료 몰수] 이다.

덧붙여서, 양론과 단위변화는 $z$의 함수로써 $C_{st}$를 결정하기 위해서 필요하다.

$$C_{st} = \frac{\text{moles fuel}}{\text{moles fuel} + \text{moles air}} \times 100$$

$$= \frac{100}{1 + \left(\dfrac{\text{moles air}}{\text{moles fuel}}\right)}$$

$$= \frac{100}{1 + \left(\dfrac{1}{0.21}\right)\left(\dfrac{\text{moles } O_2}{\text{moles fuel}}\right)}$$

$$= \frac{100}{1 + \left(\dfrac{z}{0.21}\right)}$$

식 (6-7)과 (6-8)을 적용하여, $z$에 대입하면 다음 같은 식을 얻는다.

$$\boxed{\text{LFL} = \frac{0.55(100)}{4.76m + 1.19x - 2.38y + 1}} \tag{6-10}$$

$$\boxed{\text{UFL} = \frac{3.50(100)}{4.76m + 1.19x - 2.38y + 1}} \tag{6-11}$$

다른 방법[8][9]은 연료의 연소열 함수로 인화한계를 상관시키는 것이다. 이는 탄소, 수소, 산소, 질소, 황을 포함하는 123가지 유기물질에 잘 적용되었다. 그 결과 얻어진 상관관계식은 다음과 같다.

$$\text{LFL} = \frac{-3.42}{\Delta H_c} + 0.569\Delta H_c + 0.0538\Delta H_c^2 + 1.80 \tag{6-12}$$

$$\text{UFL} = 6.30\Delta H_c + 0.567\Delta H_c^2 + 23.5 \tag{6-13}$$

8) T. Suzuki, "Empirical Relationship Between Lower Flammability Limits and Standard Enthalpies of Combustion of Organic Compounds," *Fire and Materials*(1994), 18:333~336.

9) T. Suzuki and K. Koide, "Correlation between Upper Flammability Limits and Thermochemical Properties of Organic Compounds," Fire and Materials(1994), 18:393~397

여기서, LFL 및 UFL : 인화하한 및 상한계 [공기 중 연료 부피%]

$\Delta H_c$ : 연료 연소열 [$10^3$ kJ/mol]

식 (6-13)은 UFL 범위가 4.9~23% 값에만 적용된다. 연소열 단위가 kcal/mol이면 4.184를 곱하여 kJ/mol로 전환할 수 있다. 식 (6-6)에서 (6-13)까지의 예측능력은 그다지 정확하지 않다. 수소 예측은 사실과 크게 다르나 메탄 및 긴사슬의 탄화수소의 경우 예측 결과는 약간 향상되었다. 따라서 이 방법들은 신속을 요하는 초기 추산에만 이용하여야 하며, 실제 실험 자료와는 대치할 수 없다.

---

**예제 6.4**

헥산의 LFL과 UFL을 추산하고, 실험적으로 결정된 실험값과 계산된 값을 비교하여라.

**해답**

양론식은 $$C_6H_{14} + zO_2 \rightarrow mCO_2 + \frac{x}{2}H_2O$$

$z$, $m$, $x$, $y$는 식 (6-9)를 사용하여 계산할 수 있다.

$$m = 6, \quad x = 14, \quad y = 0, \quad z = 6 + 14/4 - 0 = 9.5$$

LFL과 UFL은 식 (6-9)와 (6-10)을 사용하여 결정된다.

$$\begin{aligned} \text{LFL} &= 0.55(100)/[4.76(6) + 1.19(14) + 1] \\ &= 1.19 \text{ vol.\%} \quad \text{versus} \quad 1.2 \text{ vol.\% actual} \end{aligned}$$

$$\begin{aligned} \text{UFL} &= 3.5(100)/[4.76(6) + 1.19(14) + 1] \\ &= 7.57 \text{ vol.\%} \quad \text{versus} \quad 7.5 \text{ vol.\% actual} \end{aligned}$$

---

일반적으로 인화한계는 공기 중에서 정의되며, 순수산소 중에 인화한계는 화재나 폭발을 예방하기 위한 시스템을 설계하는데 매우 유용하다. 순수 산소 중에서의 연소는 공기 중에서의 LFL과 UFL처럼 산소하한계(LOL)와 산소상한계(UOL)로 나타낸다. 이들 인화한계는 [산소 중 연료퍼센트(%)] 단위를 가진다. <표 6.2>는 순수 산소 중 여러 가지 연료에 대한 인화성 자료를 나타낸다. 일반적으로 대부분의 탄화수소에 대한 LOL은 LFL과 가깝다.

Hansen and Crowl[10]은 연소 경계 도면선을 기준으로 하여 UOL을 추정할 수 있는 경험식을 유도하였다. 그들은 UOL의 추정을 다음과 같은 식에서 찾을 수 있다는 것을 밝혔다.

10) Travis J. Hansen and Daniel A. Crowl, "Estimation of the Flammable Zone Boundaries for Flammable Gases," *Process Safety Progress* (June 2010), 29:3.

**표 6.2** 순수 산소 중에서의 인화한계

| 화합물 | 화학식 | 순수 산소 중에서의 인화한계 | |
|---|---|---|---|
| | | LOL | UOL |
| Hydrogen | $H_2$ | 4.0 | 94 |
| Deuterium | $D_2$ | 5.0 | 95 |
| Carbon monoxide[a] | CO | 15.5 | 94 |
| Ammonia | $NH_3$ | 15.0 | 79 |
| Methane | $CH_4$ | 5.1 | 61 |
| Ethane | $C_2H_6$ | 3.0 | 66 |
| Ethylene | $C_2H_4$ | 3.0 | 80 |
| Propylene | $C_3H_6$ | 2.1 | 53 |
| Cyclopropane | $C_3H_6$ | 2.5 | 60 |
| Diethyl ether | $C_4H_{10}O$ | 2.0 | 82 |
| Divinyl ether | $C_4H_6O$ | 1.8 | 85 |

[a] The limits are insensitive to $p_{H_2O}$ above a few mmHg.
출처 : B. Lewis and G. von Elbe, *Combustion, Flames, and Explosions of Gases* (New York: Harcourt Brace Jovanovich, 1987).

$$UOL = \frac{UFL\,[100 - C_{UOL}(100 - UFL_o)]}{UFL_o + UFL(1 - C_{UOL})} \tag{6-14}$$

여기서, UOL : 산소상한계 [산소 중에서 연료의 부피%]
UFL : 인화상한계 [공기 중에서 연료의 부피%]
$UFL_o$ : 인화상한계에서 산소농도 [공기 중에서 산소의 부피%]
$C_{UOL}$ : 맞춤상수(fitting constant)

이 식은 단지 UFL 자료만을 요구한다. Hansen and Crowl은 일부 연료에 대하여 $C_{UOL} = -1.87$을 사용하면 식 (6-14)는 잘 일치함을 알았다.

**예제 6.5**

식 (6–14)를 사용하여 메탄의 UOL을 추산하여라.

**해답**

부록 B로부터 메탄의 UFL은 공기 중에서 15.0 vol%, 즉 UFL = 15%. 가스혼합물 100 mol을 기준으로 하면 메탄은 15 mol이고 공기는 85 mol이 된다. 공기 85 mol 중 산소의 몰수는 (0.21)(85) = 17.85 mol. 그러므로 $UFL_o$ = 17.85%. 식 (6-14)에 대입하면

$$UOL = \frac{UFL[100 - C_{UOL}(100 - UFL_o)]}{UFL_o + UFL(1 - C_{UOL})} = \frac{(15\%)[100 + 1.87(100 - 17.85\%)]}{17.85\% + (15\%)(1 + 1.87)} = 62.4\%$$

이는 <표 6.2>에서 보여준 실험값 61%와 비교된다.

## 한계산소농도(LOC)와 이너팅

LFL은 공기 중의 연료를 기준으로 한다. 산소는 산화성분의 핵심이고, 한계산소농도는 화염을 전파하기 위해 요구되는 최소 산소농도이다. 이는 폭발이나 화재가 연료의 농도에도 불구하고 산소 농도를 감소시켜 예방될 수 있기 때문에 매우 중요하다. 이 개념은 **이너팅**(inerting) **절차**의 기초이다(제7장 참조).

한계산소농도 이하에서 반응은 화염이 스스로 전파하는데 요구되는 정도로 전체 가스혼합물(불활성 기체 포함)을 가열하기 위한 충분한 에너지를 생성할 수 없다. LOC는 최소산소농도(MOC) 또는 최대안전산소농도(MSOC)라고 부른다.

<표 6.3>은 많은 물질에 대한 LOC값을 나타낸다. LOC는 불활성가스 종에 의존한다. 이는 전체 몰에서 산소의 몰% 단위를 가진다. 만일 실험 데이터가 유용하지 않다면 LOC는 연소반응의 화학양론과 LFL을 사용해서 추정한다. 이러한 절차는 많은 탄화수소에 대해서 적용할 수 있다.

**표 6.3** 한계산소농도(LOCs)(연소에 필요한 최소산소농도) (단위 :Vol.%)

| 가스 또는 증기 | 질소/공기 | $CO_2$/공기 | 가스 또는 증기 | 질소/공기 | $CO_2$/공기 |
|---|---|---|---|---|---|
| Methane | 12 | 14.5 | Kerosene | 10(150℃) | 13(150℃) |
| Ethane | 11 | 13.5 | JP-1 fuel | 10.5(150℃) | 14(150℃) |
| Propane | 11.5 | 14.5 | JP-3 fuel | 12 | 14.5 |
| *n*-Butane | 12 | 14.5 | JP-4 fuel | 11.5 | 14.5 |
| Isobutane | 12 | 15 | Natural gas | 12 | 14.5 |
| *n*-Pentane | 12 | 14.5 | *n*-Butyl chloride | 14 | - |
| Isopentane | 12 | 14.5 | | 12(100℃) | - |
| *n*-Hexane | 12 | 14.5 | Methylene chlorine | 19(30℃) | - |
| *n*-Heptane | 11.5 | 14.5 | | 17(100℃) | - |
| Ethylene | 10 | 11.5 | Ethylene dichloride | 13 | - |
| Propylene | 11.5 | 14 | | 11.5(100℃) | - |
| 1 Butene | 11.5 | 14 | Methyl chloroform | 14 | - |
| Isobutylene | 12 | 15 | Trichloroethylene | 9(100℃) | - |
| Butadiene | 10.5 | 13 | Acetone | 11.5 | 14 |
| 3-Methyl-1-butene | 11.5 | 14 | *t*-butanol | 없음 | 16.5(150℃) |
| Benzene | 11.4 | 14 | Carbon disulfide | 5 | 7.5 |
| Toluene | 9.5 | | Carbon monoxide | 5.5 | 5.5 |
| Styrene | 9.0 | - | Ethanol | 10.5 | 13 |
| Ethylbenzene | 9.0 | - | 2-Ethyl butanol | 9.5(150℃) | - |
| Vinyltoluene | 9.0 | - | Ethyl ether | 10.5 | 13 |
| Diethylbenzene | 8.5 | - | Hydrogen | 5 | 5.2 |
| Cyclopropane | 11.5 | 14 | Hydrogen sulfide | 7.5 | 11.5 |
| Gasoline | | | Isobutyl formate | 12.5 | 15 |
| (73/100) | 12 | 15 | Methanol | 10 | 12 |
| (100/130) | 12 | 15 | Methyl acetate | 11 | 13.5 |
| (115/145) | 12 | 14.5 | | | |

출처 : *NFPA 69, Standard on Explosion Prevention* (Quincy, MA: National Fire Protection Association, 2014)

**예제 6.6**

부탄($C_4H_{10}$)의 LOC를 추산하여라.

**해답**

이 반응에 대한 양론식은

$$C_4H_{10} + 6.5O_2 \rightarrow 4CO_2 + 5H_2O$$

부탄의 LFL을 부록 B에서 구하면 1.8 vol.%이다.

$$\text{LOC} = \left(\frac{\text{moles fuel}}{\text{total moles}}\right)\left(\frac{\text{moles } O_2}{\text{moles fuel}}\right) = \text{LFL}\left(\frac{\text{moles } O_2}{\text{moles fuel}}\right)$$

양론식으로부터

$$\text{LOC} = \left(1.8\,\frac{\text{moles fuel}}{\text{total moles}}\right)\left(\frac{6.5 \text{ moles } O_2}{1.0 \text{ moles fuel}}\right) = 11.7 \text{ vol\% } O_2$$

부탄의 연소는 산소농도가 약 11.7% 이하가 될 때까지 질소나 이산화탄소, 수증기를 넣어서 예방할 수 있다. 그러나 물의 첨가는 추천하지 않는데, 이는 물을 응축시키는 어떤 조건이 산소농도를 인화영역으로 바꿀 수 있기 때문이다.

---

예제 6.6은 LOC를 다음 식을 사용하여 추산할 수 있다.

$$\text{LOC} = z\,(\text{LFL}) \tag{6-15}$$

식 (6-15)는 아주 좋은 결과를 내지는 못한다.

Hansen and Crowl[11]은 보다 좋은 LOC를 추산하는 다음 식을 찾아냈다.

$$\text{LOC} = \left(\frac{\text{LFL} - C_{\text{LOC}}\text{UFL}}{1 - C_{\text{LOC}}}\right)\left(\frac{\text{UFL}_o}{\text{UFL}}\right) \tag{6-16}$$

여기서, LOC : 한계산소농도 [산소%]

LFL : 인화하한계 [공기 중 연료%]

UFL : 인화상한계 [공기 중 연료%]

$\text{UFL}_o$: 인화상한계에서의 산소농도 [공기 중 산소vol%]

$C_{\text{LOC}}$: 맞춤상수(fitting constant)

수많은 실험 데이터 분석을 통해 $C_{\text{LOC}} = -1.11$이 많은 탄화수소에 대해서 잘 일치된다는 것을 알았다.

---

11) Travis J. Hansen and Daniel A. Crowl, "Estimation of the Flammable Zone Boundaries." *Process Safety Progress* (June 2010), 29:3.

**예제 6.7**

식 (6-16)을 사용해서 부탄의 LOC를 추정값과 예제 6.6의 결과를 비교하여라.

**해답**

부록 B로부터 부탄의 LFL=1.8%, UFL=8.5%이다. 인화상한계에서 산소농도는

$$UFL_o = (0.21)(100-8.5) = 19.21\%\ 산소$$

식 (6-16)에 대입하면

$$LOC = \left(\frac{LFL - C_{LOC}UFL}{1-C_{LOC}}\right)\left(\frac{UFL_o}{UFL}\right) = \left[\frac{1.8\% + (1.11)(8.5\%)}{1+1.11}\right]\left(\frac{19.21\%}{8.5\%}\right) = 12.0\%$$

이는 <표 6.3>에서 보여준 실험값과 유사하다. 식 (6-15)는 실험값보다 낮은 11.7%로 나왔다.

## 인화성 다이어그램

가스나 증기의 인화성을 나타내는 일반적인 방법은 <그림 6.5>에서 보는 바와 같이, 삼각형 다이어그램이다. 연료, 산소 그리고 불활성 물질(부피 또는 몰%)의 농도를 세 축 위에 그린다. 이 삼각형의 각 정점은 100% 연료, 산소 그리고 질소를 나타낸다. 눈금 위 표시는 그림에서 가로줄에서 움직이는 눈금의 방향을 나타낸다. 점 $A$는 메탄 60%, 산소 20%, 질소 20%로 구성된 혼합물을 나타낸다. 점선으로 둘러싸인 영역은 인화할 수 있는 모든 혼합물을

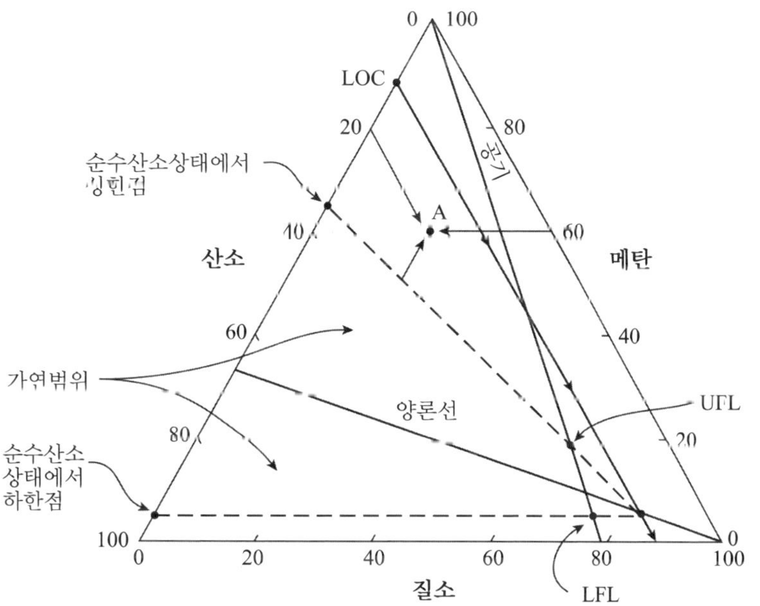


⇧ **그림 6.5** 25℃, 1기압에서 메탄에 대한 인화성 다이어그램
(출처: C. V. Mashuga and D. A. Crowl. "Application of the Flammability Diagram." 176~183)

나타낸다. 점 $A$가 인화영역 밖에 놓여 있기 때문에 이 조성의 혼합물은 인화하지 않는다.

공기선은 연료+공기의 가능한 모든 결합을 나타낸다. 이는 연료 0%, 산소 21% 및 질소 79%인 지점에서 연료 100% 및 질소 0%인 지점까지 확대한다. 이 공기선에 대한 식은 다음과 같다.

$$\text{연료 \%} = -\left(\frac{100}{79}\right) \times \text{질소 \%} + 100 \tag{6-17}$$

양론농도 선은 연료+산소의 모든 양론적 결합을 나타낸다. 연소 반응은 다음 형태로 나타낼 수 있다.

$$\text{연료} + zO_2 \rightarrow \text{연소생성물} \tag{6-18}$$

여기서, $z$는 산소에 대한 양론계수이다. 산소축(산소 vol.%)을 가진 양론식의 교차점이 다음과 같이 주어진다.

$$100\left(\frac{z}{1+z}\right) \tag{6-19}$$

식 (6-19)는 산소 축에 질소가 존재하지 않음을 이용하여 유도된다. 이와 같이 몰%는 연료(1 mol)+산소($z$ mol)과 같다. 전체 몰이 $1+z$이고 산소의 몰과 부피%는 식 (6-15)와 같다.

양론농도선은 연료 $100/(1+z)$, 산소 $100z/(1+z)$ 및 질소 0%인 지점에서 연료 0%, 산소 0% 및 질소 100%인 지점까지 확대한다. 이 양론농도선의 식은 다음과 같다.

$$\text{연료 \%} = \frac{100 - \text{질소\%}}{(1+z)} \tag{6-20}$$

<그림 6.5>에 LOC가 주어져 있다. LOC 이하의 산소를 포함하는 가스 혼합물의 인화영역이 LOC 이하로 확대되지 않으므로 인화하지 않는다. 인화성 다이어그램 위의 인화영역의 모양과 크기는 연료의 형태, 온도, 압력, 불활성 종을 포함하는 많은 변수에 따라 변한다. 이와 같이 인화한계와 LOC는 이러한 변수들에 따라 변한다.

몇 가지 규칙과 식은 인화성 다이어그램의 작업으로 전개할 수 있다. 이러한 규칙의 개발에 대한 자세한 설명은 이 책의 웹 사이트에서 찾을 수 있다. 이러한 규칙들은 다음과 같다:

1. 2개의 가스 혼합물 R과 S가 조합되면 혼합물 조성은 삼각 도표에서 $R$과 $S$지점을 잇는 선 위에 놓이게 된다. 직선 위의 최종 혼합물 위치는 혼합물을 구성하는 상대적 몰수에 의존한다. 혼합물 S의 몰수가 커질수록 최종 혼합점은 $S$지점에 가까워진다. 이는 도표에 이용되는 지렛대 법칙과 일치한다. <그림 6.6>은 이러한 규칙을 보여주고 다음 식으로 나타낸다.

$$\frac{x_{AM} - x_{AR}}{x_{AS} - x_{AM}} = \frac{x_{CM} - x_{CR}}{x_{CS} - x_{CM}} \tag{6-21}$$

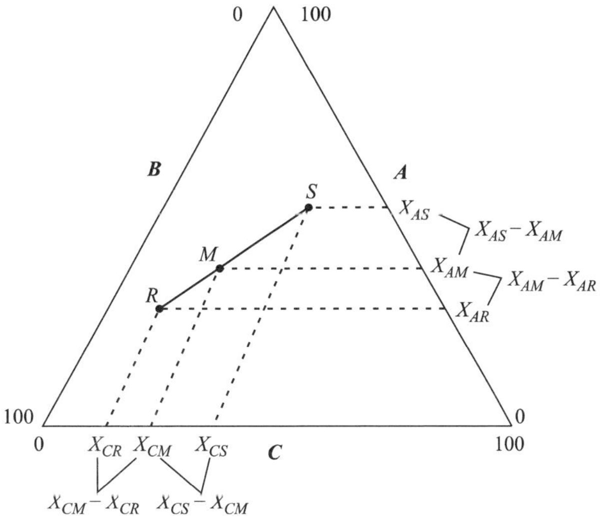


⇧ **그림 6.6** 식 (6-21)에서 사용한 규칙 1의 인화성 다이어그램

**2.** 혼합물 R이 계속해서 혼합물 S로 희석되면 인화성 도표에서 혼합물 조성은 직선을 따라 $R$과 $S$지점 사이를 이동한다. 희석이 계속됨에 따라 혼합물 조성은 $S$지점에 더욱 접근한다. 결국, 무한 희석에 이르면 혼합물 조성은 $S$점이 된다.

**3.** 하나의 순수한 성분에 대응하는 정점을 통과하는 직선상에 존재하는 조성점을 가지는 계에서 다른 두 성분은 전체 선분길이에 따른 고정된 배율로 나타난다. <그림 6.7>은 이러한 규칙을 보여주고 다음 식으로 나타낸다.

$$\frac{x_A}{x_B} = \frac{x}{100 - x} \tag{6-22}$$

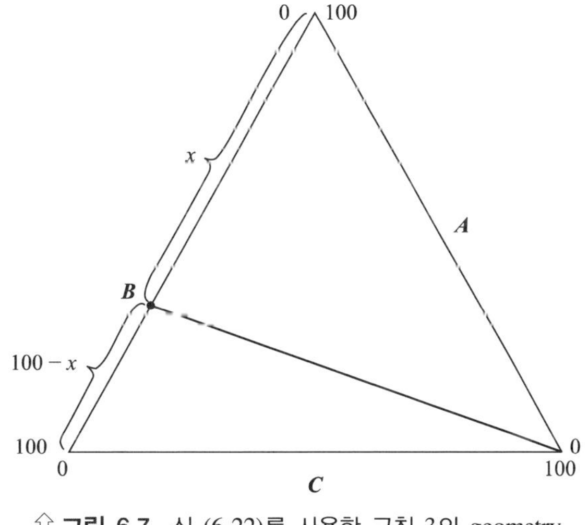


⇧ **그림 6.7** 식 (6-22)를 사용한 규칙 3의 geometry

4. LOC는 양론농도 선과 LFL을 가로지르는 수평선의 교차점에서 산소농도를 읽음으로써 추정할 수 있다. 이것은 다음 식과 같다.

$$\text{LOC} = z(\text{LFL}) \tag{6-15}$$

직사각형 좌표($x$, $y$)를 구하려면 삼각도표 좌표($t_A$, $t_C$)를 다음 식을 이용하여 변환시킨다.

$$y = t_C \sin\left(\frac{60\pi}{180}\right)$$

$$x = 1 - t_A - y\cot\left(\frac{60\pi}{180}\right) \tag{6-23}$$

여기서, 괄호 안에 있는 sin과 cot는 도(degree)이다. 이러한 변환형태는 스프레드시트를 이용해서 삼각도표를 그리는데 유용한다.

삼각도표는 세 개의 삼각다리가 어떤 길이이든지 여전히 규칙을 적용할 수 있다는 것이다. 이 경우에 식 (6-23)이 결과적으로 변형되어야 한다.

이러한 결과는 공정을 운전하는 동안 인화성 혼합물의 존재를 결정하고자 가스 조성을 추적하는데 유용하다. 예를 들어, 정기적인 유지보수의 일환으로 반드시 검사해야 하는 내부벽이 있는 메탄 저장용기를 고려해보자. 이 작업의 경우 메탄을 반드시 용기에서 제거해야 하며 검사원이 호흡할 수 있도록 공기로 치환해야 한다. 이를 위한 첫 단계는 용기를 대기압으로 감압해야 한다. 이 점에서 100% 메탄을 포함하는 용기는 <그림 6.8>에서 점 $A$를 나

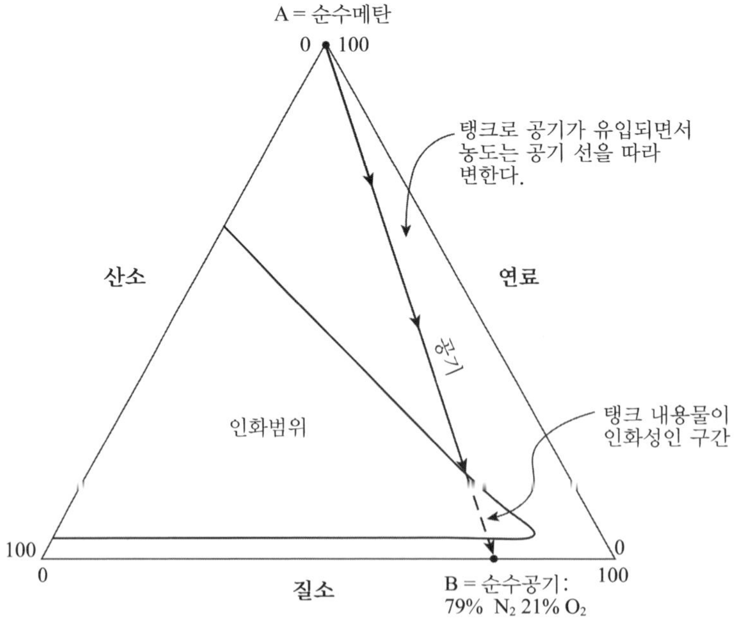


그림 6.8 용기의 메탄가스 제거작업을 수행하는 동안의 가스농도

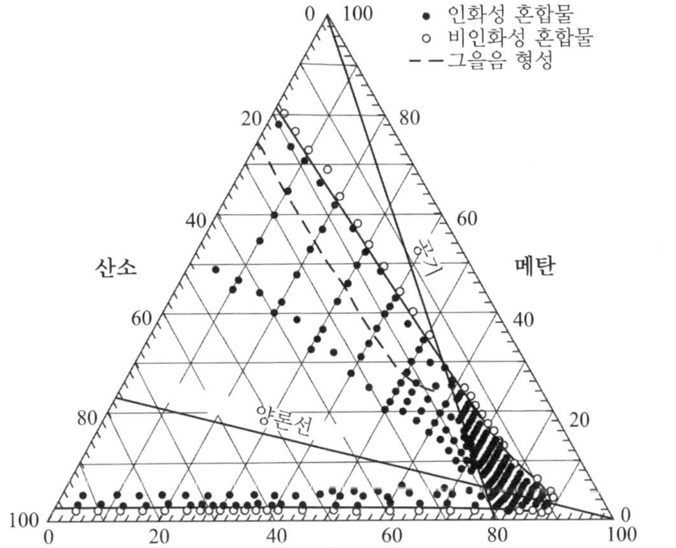


[실험조건]

· 초기압력 : 14.69 pisa · 점화원 형태 : 1 cm 40 AWG SnCu/500VA
· 초기온도 : 25 ℃ · 점화 에너지 : 10 J
· 반응기 용량 : 20 L · 점화원 위치 : 중앙

**그림 6.9** 메탄에 대한 실험적 인화성 도표
(출처: C. V. Mashuga, Ph. D. dissertation, Michigan Technological University, 1999)

타낸다. 만일 용기가 개방되어 공기가 들어가면 연료와 혼합이 되고, 용기 내 가스 조성은 최종적으로 순수공기인 *B*점에 도달할 때까지 <그림 6.8>에서 공기선을 따라갈 것이다. 이러한 조작 중 가스 조성은 인화영역을 통해 지나간다. 만일, 충분한 강도의 점화원이 존재한다면 화재나 폭발이 발생할 수 있다.

용기를 사용할 수 있도록 되돌려 놓는 과정은 이 절차의 반대이다. 이 경우에 수행절차는 공기가 채워진 용기로써 <그림 6.8>의 점 *B*에서 시작한다. 만일 용기가 닫혀있고, 메탄이 내부로 들어가 공기와 혼합된다면 용기 내부의 가스 조성은 공기 선을 따를 것이며, 점 *A*에서 끝난다. 다시 말해 혼합물은 가스 조성이 인화영역을 통해 움직이므로 인화성이다.

이너팅 절차는 2가지 경우에 대해 인화영역을 피하기 위해 사용된다. 이는 7장에서 보다 자세히 설명한다.

완전한 인화성 도표를 결정하는데 특별 실험기구를 사용하여 수백 번의 시험이 필요하다(그림 6.15). 메탄, 에틸렌, 수소 실험으로 얻어진 데이터로 만들어진 도표를 <그림 6.9>~<그림 6.11>에 각각 제시하였다. 인화영역의 중심 지역에 있는 데이터는 최대압력이 시험용기의 압력상승속도를 초과하기 때문에 이용할 수 없다. 이러한 데이터의 경우 ASTM E918[12]에 따라 점화

12) *ASTM E918-83, Standard Practice for Determining Limits of Flammability of Chemicals at Elevated Temperature and Pressure* (W. Conshocken, PA: ASTM, 2011)

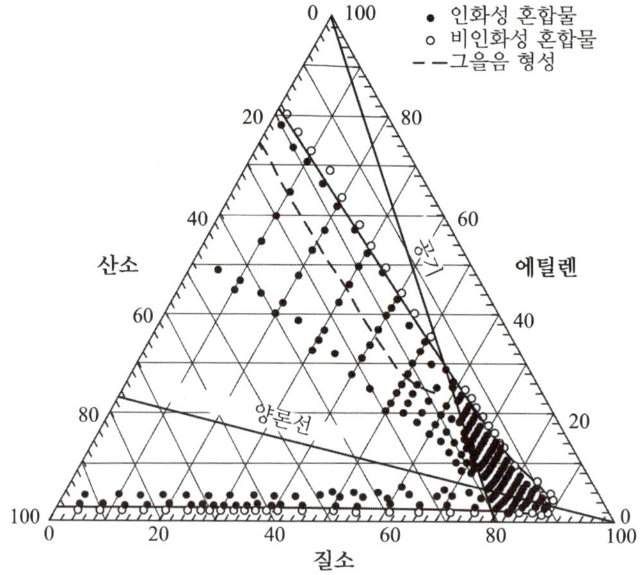


[실험조건]

· 초기압력 : 14.69 pisa
· 초기온도 : 25 °C
· 반응기 용량 : 20 L
· 점화원 형태 : 1 cm 40 AWG SnCu/500VA
· 점화 에너지 : 10 J
· 점화원 위치 : 중앙

**그림 6.10** 에틸렌에 대한 실험적 인화성 도표. (출처: C. V. Mashuga, Ph. D. dissertation, Michigan Technological University, 1999)

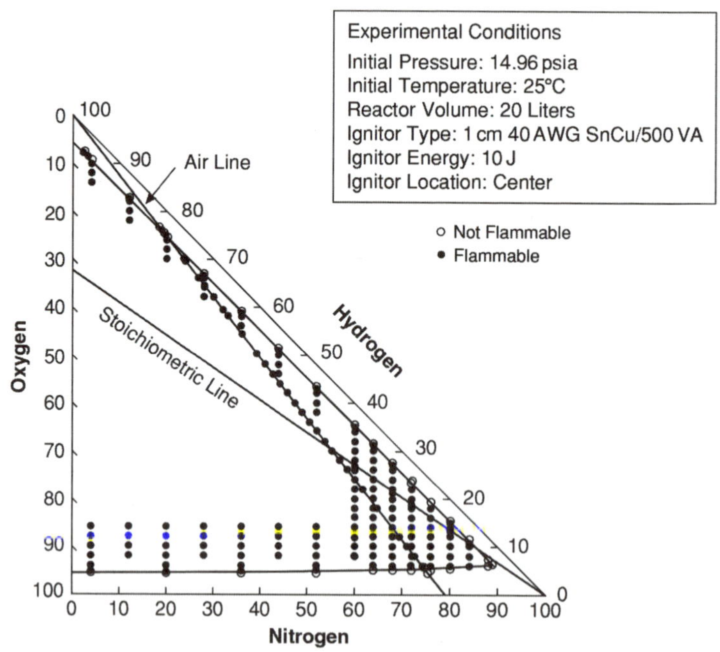


**그림 6.11** 수소에 대한 실험적 인화성 도표

후 압력증가가 원래 주변 압력의 7%보다 더 크다면 혼합물은 인화성으로 간주된다. 인화한계를 정의하는데 필요한 자료보다 더 많은 자료점이 나타난 것에 유의한다. 이는 다양한 혼합물에 대한 연소거동의 압력 대 시간을 더 완전히 이해하기 위함이다. 이 정보는 폭발의 경감 조치를 위해 중요하다.

<그림 6.11>은 <그림 6.9>, <그림 6.10>와 기하학적으로 다르지만 여전히 동일한 정보를 보여준다. 질소와 산소 축이 직각(rectangular)이므로 수소 축이 사선(diagonal)임을 유의하라. LFL(약 4% 연료)은 공기선을 가진 인화영역의 하한 교차점이고, UFL(약 75%연료)은 공기선과 함께 인화영역의 상한 교차점이다. 이 경우에 LOC는 약 5% 산소에서 인화영역을 만나는 산소선이다. 특정 사람들은 질소와 산소가 각각 $x$, $y$축으로 그리는 것이 쉽기 때문에 이 삼각도표를 선호한다.

<그림 6.9>~<그림 6.11>에 많은 중요한 특징을 나타내었다. 첫째, 인화영역의 크기는 메탄에서부터 에틸렌, 수소까지 증가한다－UFL이 보다 잘 일치한다. 둘째, 메탄과 에틸렌 연소는 인화영역에서 연료가 농후한 인화상한계 부분에서 상당한 검댕을 발생시킨다. 탄소가 없기 때문에 수소에는 검댕이 없다. 마지막으로, 인화영역의 보다 낮은 인화하한 경계는 대부분 수평이고, LOL은 LFL에 의해서 추산할 수 있다.

대부분의 인화성 물질은 <그림 6.9>~<그림 6.11>에 나타낸 상세한 실험 데이터를 이용할 수 없다. 이에 인화영역을 추산하기 위한 몇 가지 방법들이 개발되었다.

**방법 1** (그림 6.12) : 공기 중 인화한계, LOC 및 순수 산소 중 인화한계가 주어진 경우 인화구역을 구하는 절차는 다음과 같다.

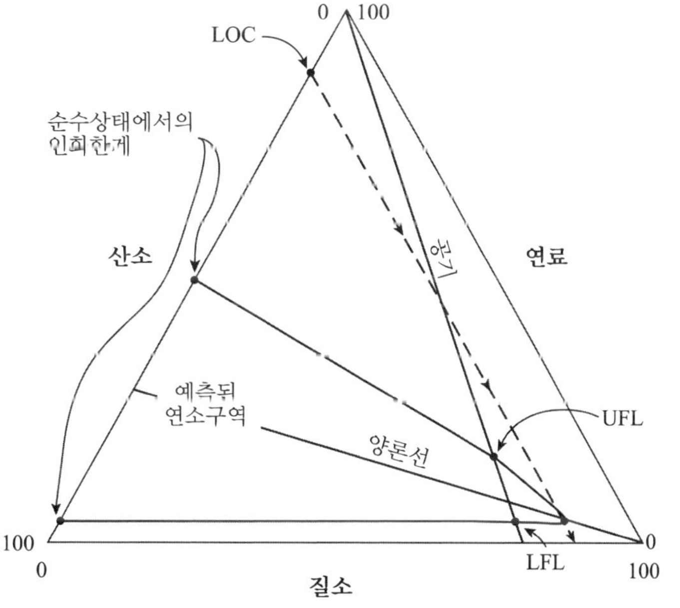


⇧ **그림 6.12** 인화구역 접근을 위한 방법 1

1. 공기 선 상의 점에서 공기 중 인화상하한계 점을 정하고 표시한다.
2. 산소 눈금선의 점에서 순수 산소 중 인화상하한계 점을 정하고 표시한다.
3. 식 (6-19)를 이용하여 산소 축 상에 양론농도 점을 정하고, 이 지점에서 100% 질소 정점까지 양론농도 선을 그린다.
4. 산소 축 상에 LOC 위치를 정하고, 이 양론농도 선과 교차할 때까지 연료 축과 평행한 선을 그린다. 이 교차점에서 하나의 점을 표시한다.
5. 그림과 같이, 모든 점을 연결한다.

이 접근에서 유도된 인화영역은 실제 영역의 접근일 뿐이다. <그림 6.9> ~ <그림 6.11>의 영역한계를 정의하는 선이 실제 직선이 아니라는 것에 유의하라. 또한 이 방법은 순수 산소의 인화한계 자료가 필요하나, 자료를 쉽게 이용할 수 없다. 많은 일반적인 탄화수소의 경우 순수 산소에서 인화한계 자료를 <표 6.2>에 제시하였다.

**방법 2** (그림 6.13) : 공기 중 인화한계와 LOC가 주어진다면 인화영역을 구하는 절차는 다음과 같다. **방법 1**의 1, 3, 4 단계를 이용한다. 이 경우 오직 인화영역의 돌출부에서 있는 점들을 연결할 수 있다. 공기 선에서 산소 축에 이르는 인화영역은 비록 산소 축까지 모든 선이 확장되고 크기를 확대하더라도 추가 자료가 없이는 구체화할 수 없다. 하한의 경계는 LFL에 의해 근사적으로 추산할 수 있다.

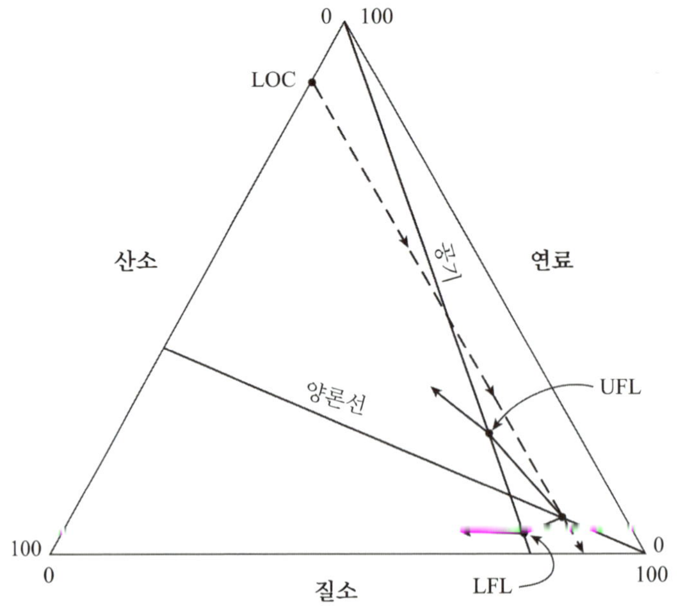


**그림 6.13** 인화구역 접근을 위한 방법 2. 공기 선의 오른쪽 영역만 판단할 수 있다.

**방법 3** (그림 6.14) : 공기 중에서 인화한계가 주어진다면 인화영역을 구하는 절차는 다음과 같다. 방법 1의 1,3 단계를 이용한다. 식 (6-15) 또는 식 (6-16)을 이용하여 LOC를 추정한다. 이는 단지 추정이며, 일반적으로(항상 그렇지는 않음) 보수적인 LOC값을 제시한다.

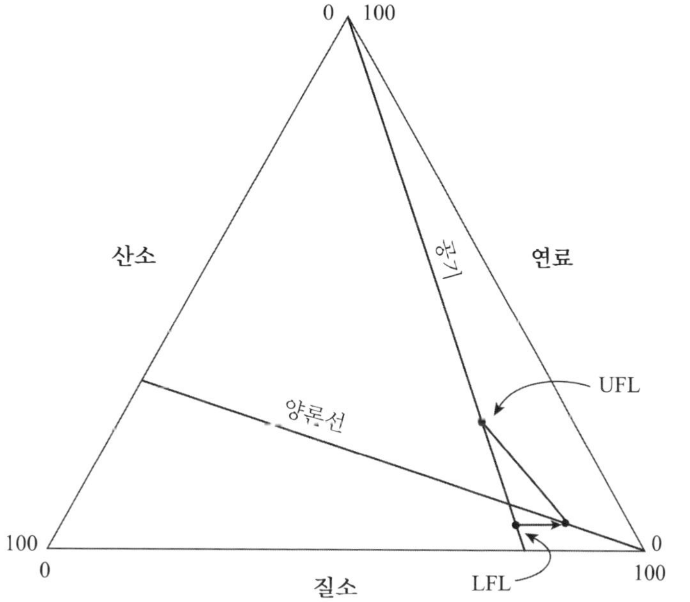


▲ **그림 6.14** 인화구역 접근을 위한 방법 3. 공기 선의 오른쪽 영역만 판단할 수 있다.

## 자연발화

자연발화온도(autoignition temperature)는 증기가 자발적으로 발화하는 온도이다. 자연발화온도는 증기의 농도와 부피, 시스템의 압력, 촉매물질 존재 유무, 흐름조건의 함수이다. 자연발화온도는 가능한 한 공정조건과 유사한 조건에서 AIT를 실험적으로 결정하는 것이 필수적이다.

조성은 AIT에 영향을 준다. 즉, 혼합물 중 가연물의 농도가 진하거나 옅은 혼합물은 더 높은 AIT를 가진다. 부피가 큰 계, 압력 증가, 산소농도의 증가 등 모든 것이 AIT를 감소시킨다. 이러한 조건들에 대한 상한 의존성은 AIT 데이터를 사용할 때 실제적으로 충분한 주의를 기울이는 것이 중요하다는 것을 설명한다. AIT는 부록 B에 제시하였다.

## 자연산화

자연산화(auto-oxidation)는 가끔 에너지가 계에서 제거되지 않을 경우 자연발화를 야기하고 열의 방출을 동반하는 느린 산화공정이다. 상대적으로 낮은 휘발성을 가진 액체는 특히 이 문제를 야기하기 쉽다. 높은 휘발성을 가진 액체는 증발의 결과로써 스스로 냉각되기에 자연발화가 덜 일어난다. 많은 화재들이 자발적인 연소로 간주되는 자연산화의 결과로 시작된다. 자연산화를 일으킬 수 있는 경우에 대해 예를 들면 따뜻한 저장소에서의 기름걸레, 폴리머로 포화된 스팀파이프의 단열재, 폴리머로 포화된 여과 보조재 등이 포함된다. 10년 전 여과 보조재의 잔유물이 불도저로 매립되었는데, 이것이 공기 중에 노출되면서 착화되었다는 기록이 있다. 결국 이는 자연산화나 자연발화에 해당되는 것이다. 이러한 예들은, 자연산화 및 자연발화로 인한 화재를 방지해야 하는 이유에 대해 특별한 예방 대책을 수행해야 한다는 것을 보여준다.

## 단열압축

또 하나의 점화원으로 단열압축(adiabatic compression)이 있다. 예를 들면 자동차 실린더 안에 가솔린과 공기는 만일 증기가 발화온도를 초과하는 단열온도로 압축되면 점화될 것이다. 이는 엔진 내부가 너무 가열되었을 때 조기 점화에 의한 녹킹의 원인이 되기도 한다. 자연발화를 일으킨 연속적인 압축을 가진 공기 압축기의 흡입구로 빨려 들어간 인화성 증기가 압축되어 그 결과로 발화되어서 발생한 큰 재해도 몇 가지 있다. 압축기는 냉각기가 오염됐을 때 특히 자연발화가 일어나기 쉽다. 단열압축으로 인해서 일어난 원하지 않는 화재를 예방하기 위해서 공정설계에서 세이프가드(safeguards)가 포함되어야 한다.

이상기체의 경우 단열온도 상승은 열역학적 단열 압축식으로 계산된다.

$$T_f = T_i \left( \frac{P_f}{P_i} \right)^{(\gamma - 1)/\gamma} \tag{6-24}$$

여기서, $T_f$ : 최종 절대온도
$T_i$ : 처음 절대온도
$P_f$ : 최종 절대압력
$P_i$ : 처음 절대압력
$\gamma$ : $C_p/C_v$

화학플랜트 내에서 단열온도 상승으로 인한 잠재인 결과들은 다음 예제에서 설명된다.

이러한 예제들은 인화성 가스나 압축기로 작업할 때 주기적인 예방유지 프로그램과 주의깊은 설계와 상태의 모니터링의 중요성을 보여준다. 이는 오늘날 특히 중요한데, 고압공정 조건이 현대 화학공장에서 보다 일반적으로 되어가기 때문이다

**예제 6.8**

액체 헥산 위의 압축 공기를 초기온도 100°F에서, 압력을 14.7 psia에서 500 psia로 압축하면 최종 온도는 얼마인가? (단, 헥산의 AIT는 487℃, 공기에 대한 $\gamma$는 1.4이다)

**해답**

식 (6-24)로 다음을 구한다.

$$T_f = (37.8+273)\left(\frac{500}{14.7}\right)^{(0.4/1.4)} = 851\ \text{K} = 578℃$$

이 온도는 헥산의 AIT를 초과하기에 착화된다.

**예제 6.9**

피스톤형 압축기의 실린더 내부로 소량의 윤활유가 들어올 수 있다. 압축기를 운전할 때에 폭발을 예방하기 위해서 온도를 오일의 AIT 이내로 항상 유지관리 해야 한다. 특정 윤활유의 AIT는 400 ℃이다. 이 오일의 AIT까지 공기 온도를 상승시키는데 필요한 압축비를 계산하여라. 초기 공기 온도 25℃이고 1 atm으로 가정한다.

**해답**

식 (6-24)를 적용하여 압축비를 풀면 다음과 같다.

$$\left(\frac{P_f}{P_i}\right) = \left(\frac{T_f}{T_i}\right)^{\gamma/(\gamma-1)} = \left(\frac{400+273}{25+273}\right)^{1.4/0.4} = 17.3$$

이 비는 출구압력이 (17.3) (14.7 psia) = 254 psia임을 나타낸다. 이 실제 압축비 또는 압력은 이 이하로 잘 유지되어야 한다.

## 5 분진의 연소 특성[13)]

분진은 상당한 인화성과 폭발의 위험이 존재한다. 분진폭발은 고체물질의 미세하게 나눠진 입자들이 공기에 분산될 때 일어난다. 분진입자들은 원하지 않는 부산물이나 그 자체의 생성물일 수 있다. 분진은 최대 입자 크기가 약 500 microns (μm) 고체 혼합물로 정의된다.

금속, 목재, 농산물과 같은 일반적인 물질들이 높은 인화성이 되어 분진 형태일 때 폭발하기도 한다. 분진폭발은 재분, 곡물저장, 탄광산업에서 가장 일반적이다. 분진폭발로 Georgia

13) Rolf K. Eckhoff. *Dust Explosions in the Process Industries: Identification, Assessment and Control of Dust Hazards*. 3rd ed. (Amsterdam, Netherlands: Gulf Professional Publishing) 2003.

주의 Wentworth에서 임페리얼 설탕공장에서 14명이 사망하는 큰 사고가 있었다.[14)]

1차 분진폭발은 2차 폭발을 일으킬 수 있다. 초기 폭발은 공장에 압력과 충격파를 전파시키고 이로 인해 추가적으로 분진이 분산되고 2차 폭발이 초래된다. 이러한 방법으로 폭발이 공장 전체에 영향을 주었다. 보다 많은 변수들이 분진폭발과 관련되어 분진폭발은 가스 폭발보다 특성화하기 어렵다. 분진의 경우 폭연은 폭굉보다 일반적으로 나타난다.[15)] 그러나 분진 폭연으로 발생한 압력파는 구조물을 파괴하고, 사람을 죽이거나 부상을 입힐 만큼 충분히 강력하다. 분진폭발이 발생되기 위해서 분진 혼합물은 다음과 같은 특성들을 가진다.

- 입자들은 최대크기 보다 더 작아야 한다, 일반적으로 400 micron보다 작다.
- 분진부하는 적당한 분산을 통해 상당히 균일하여야 한다.
- 분진은 일정한 양이 구획되어 있어야 한다.
- 분진부하는 어떤 한계 사이에 있어야 한다.

화재삼각형의 세 다리인 연료, 산소 그리고 점화원과 어떤 구획된 공간과 분산이 결합되어 분진 오각형 형태를 만든다. 많은 분진의 경우에 폭발하한계 범위는 20 $g/m^3$~ 60 $g/m^3$, 폭발 상한계는 2 $kg/m^3$~ 6 $kg/m^3$이다.[16)]

## 6 스프레이와 미스트 [17)]

미스트와 스프레이도 인화한계에 영향을 미친다.[18)] 0.01 mm보다 작은 방울 입경을 가진 분산의 경우 LFL은 증기 형태의 물질과 동일하다. 이것은 액체가 비휘발성이고 증기가 존재하지 않는 곳의 낮은 온도에서도 인화가 된다. 이 형태의 미스트는 응축에 의해서 형성될 수 있다.

0.01 mm에서 0.2 mm 사이의 입경을 가진 기계적으로 형성된 미스트의 경우 LFL은 입경의 증가에 따라 감소한다. 큰 입경을 가진 실험에서 LFL은 정상적인 LFL의 10분의 1 이하이다. 이는 미스트가 존재하는 곳에서 이너팅(inerting)할 때 중요하다.

스프레이가 0.6 mm에서 1.5 mm 입경을 가졌을 때는 화염전파가 어렵다. 그러나 이 상황에서 작은 방울의 존재와 큰 방울들이 산산이 부서지게 하는 교란은 위험한 상태를 일으킬 수 있다.

14) "Imperial Sugar Dust Explosion and Fire: US Chemical Safety Board Report," September 24, 2009.csb.gov.
15) Frank P. Lees. *Loss Prevention in The Process Industries*, 2nd ed. (Boston, MA: Butterworths, 1996) p.17/265.
16) W. Bartknecht, *Explosions: Course, Prevention*, (Berlin; Springer-Verlag, 1981), p.27.
17) Frank P. Lees, Loss Prevention in the Process Industries, 2d ed.(Boston:Butterworths, 1996).
18) J. H. Borgoyne, "The Flammability of Mists and Sprays," *Chemical Process Hazards*, Vol.2,(1965), p.1

# 7 점화에너지

최소점화에너지(MIE)는 연소를 개시하기 위해 필요한 최소 에너지양이다. 분진을 포함한 모든 인화성 물질들은 MIE를 가진다. MIE는 특정한 화학물질이나 혼합물, 농도, 압력, 및 온도에 의존한다. 일부 물질에 대한 MIE를 <표 6.4>에 제시하였다. 대부분의 MIE는 공기에서 연료에 대해 보고되었다. 인화성 증기에 대한 실험데이터는

- 압력이 증가함에 따라 MIE가 감소한다.
- 온도의 증가에 따라 MIE가 감소한다.
- 낮은 연료 농도에서 시작해서 연료농도가 증가함에 따라 착화에너지가 MIE까지 감소되었다가 증가한다.
- 질소농도의 증가는 MIE를 증가시킨다.

인화성 분진의 경우 일반적으로 MIE는 인화성 가스보다 다소 높다. 많은 탄화수소들은 약 0.25 mJ의 MIE를 가진다. 이는 낮은 발화원이다. 예로써, 22 mJ의 정전기 방전은 융단 위를 걸음으로써 발생한다. 그리고 일반적인 스파크 플러그는 25 mJ 이상의 방출에너지를 가진다. 또 유체흐름의 결과로서, 정전기 방전은 에너지 레벨에서 인화성 물질의 MIE를 초과하여 폭발에 기여할 수 있는 발화원이 될 수 있다. (7장 참고)

**표 6.4** 최소점화에너지

| 화합물 | 최소점화에너지(mJ) | 화합물 | 최소점화에너지(mJ) |
|---|---|---|---|
| Acetylene | 0.020 | *n*-Heptane | 0.240 |
| Benzene | 0.225 | Hexane | 0.248 |
| 1,3-Butadiene | 0.125 | Hydrogen | 0.018 |
| *n*-Butane | 0.260 | Methane | 0.280 |
| Cyclohexane | 0.223 | Methanol | 0.140 |
| Cyclopropane | 0.180 | Methyl acetylene | 0.120 |
| Ethane | 0.240 | Methyl ethyl ketone | 0.280 |
| Ethene | 0.124 | *n*-Pentane | 0.220 |
| Ethylacetate | 0.480 | 2-Pentane | 0.180 |
| Ethylene oxide | 0.062 | Propane | 0.250 |

출처: I. Glassman, *Combustion*, 3d ed.(New York: Academic Press, 1996)

## 8 발화원 19)

화재 삼각형의 예에서 보았듯이, 화재 및 폭발은 점화원을 제거함으로써 방지할 수 있다. 공장상호엔지니어링협회(FMEC)는 25,000건 이상의 화재에 대한 다양한 점화원을 제시하였고 이를 간추려 <표 6.5>에 나타내었다. 점화원은 아주 많아서 이들 모두를 파악하여 제거하는 것은 불가능하다. 이에 파악되지 않은 점화원의 점화로 발생하는 화재 및 폭발을 방지하기 위해서 인화성 액체에 대한 불활성화 방법을 사용하여 예방하기도 한다. 비록 모든 점화원을 다 파악하기는 쉽지 않지만 엔지니어들은 이를 지속적으로 파악하여 제거하여야 한다.

인화성 혼합물의 존재를 회피할 수 없는 공정설비 안에서는 어느 특정한 상황이 일어날 수 있다. 이러한 경우에는 인화성 가스가 존재하는 장치 안에서 발생할 수 있는 모든 점화원을 제거하기 위해서 면밀한 안전성 분석이 필요하다. 최대 발생 확률(표 6.5)을 가진 점화원 제거에는 최대한의 주의를 기울여야 한다. 점화원의 조합도 조사하여야 한다. 점화원의 수가 증가할 때는 화재 및 폭발의 확률도 증가하므로 조사의 목표는 점화원을 제거하거나 점화원을 극소화하는데 있다. 이때, 요구되는 노력은 플랜트의 규모가 증가할 때 두드러지게 증가한다. 즉, 잠재 점화원은 수천가지일 수 있다.

**표 6.5 주요 화재의 발화원**

| 발화원 | 비율 |
|---|---|
| · 전기적(모터의 배선) | 23% |
| · 담뱃불 | 18% |
| · 마찰(베어링 또는 파손부품) | 10% |
| · 과열물질(비정상적인 고온) | 8% |
| · 고열표면(보일러, 램프 등으로부터의 열) | 7% |
| · 버너화염(토치의 오용 등) | 7% |
| · 연소 스파크(스파크 및 타다 남은 불) | 5% |
| · 자연발화(쓰레기 등) | 4% |
| · 절삭 및 용접(스파크, 아크 열 등) | 4% |
| · 노출(새로운 지역으로 불똥의 튐) | 3% |
| · 방화(방화화재) | 3% |
| · 기계적 스파크(그라인더, 분쇄기 등) | 2% |
| · 용융물질(뜨거운 용융물 누출) | 2% |
| · 화학작용(공정이 제어되지 못함) | 1% |
| · 정전기 방전(축적된 에너지 방출) | 1% |
| · 조명기구 | 1% |
| · 기 타 | 1% |

19) *Accident Prevention Manual for Industrial Operations*(Chicago : National Safety Council, 1974)

# 9 가스/증기 및 분진폭발에 대한 실험적 특성

## 가스/증기

<그림 6.15>는 가스와 증기의 폭발거동을 특성화하는데 사용된 실험장치를 나타낸 것이다. 이 장치는 최대 폭발압력을 견디기 위하여 적절한 압력 등급을 가진 구형 압력용기로 구성된다. 일반적으로 10~20 리터의 부피를 가지는 용기가 사용된다. 폭발 동안에 발생되는 압력을 측정하기 위해 정확성이 우수한 압력 게이지가 사용된다. 실험결과는 온도에 의존하기에 온도 게이지로 온도를 측정한다. 가스와 공기를 혼합시키기 위해 장비가 사용된다. 퓨즈 와이어는 일반적으로 가스를 점화하기 위해 사용된다. 대부분의 경우에 실험 데이터를 수집하기 위해 컴퓨터가 사용된다.

실험 절차는 다음과 같다. 가스는 가스 매니폴드를 통해 용기로 공급되고, 압력게이지를 통하여 분압을 측정하여 농도가 제어된다. 가스가 공급되는 동안에 가스/공기 혼합물을 균일하게 해주는 장비가 활성화 된다. 가스/공기 혼합물의 농도가 균질한 상태에 도달할 수 있도록 짧은 시간 지연을 둔 후에 점화기를 작동시켜 폭발을 개시한다. 실험 결과는 가스 조성에 크게 의존하므로 초고순도 가스를 사용하는 것이 중요하다.

폭연 폭발 동안에 용기 내의 폭발압력은 용기 부피에 걸쳐 균일하다. 폭발압력의 측정은 폭발 진행에 대한 정보를 제공한다.

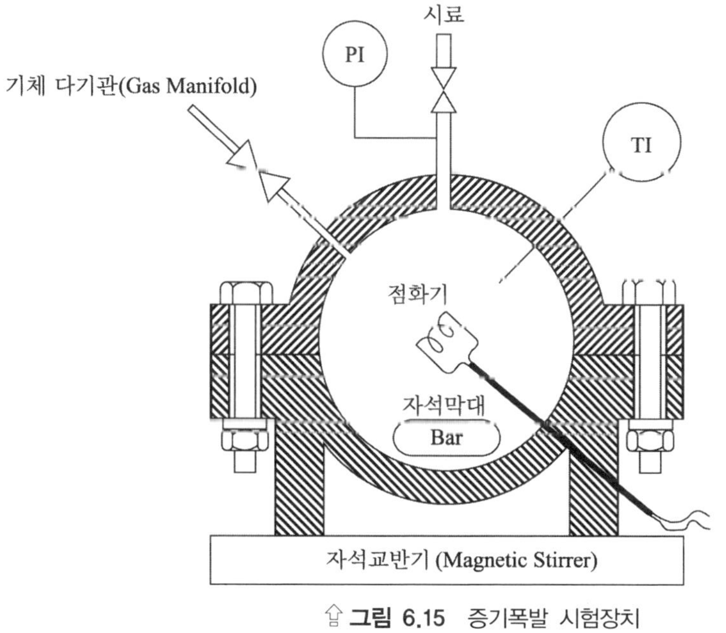


그림 6.15 증기폭발 시험장치

가스/증기 폭발의 거동을 특성화하는데 최대압력과 최대 압력속도, 2가지 변수가 사용된다. 최대압력은 연소 평형상태, 최대 압력속도는 화염전면의 전파 속도를 나타낸다. 이 변수들의 값이 높을수록 폭발 위험성은 증가한다.

<그림 6.16>은 2가지 변수가 특정 농도에서 1회의 실험 동안, 시간에 따른 압력 데이터로부터 실험적으로 어떻게 결정되는지를 나타낸다. $t = 0$에서 가스/증기의 점화 후, 압력은 피크 값으로 빠르게 증가하고, 이후 용기 표면에서 화염 소실 및 냉각으로 압력은 훨씬 느린 속도로 감소한다. 최대압력은 피크압력으로부터 쉽게 결정된다. 최대 압력속도는 시간에 따른 압력 곡선의 최대 기울기로부터 결정된다. 이 경우 최대압력은 8.5 bar이고, 최대 압력속도는 316 bar/s이다.

실험은 서로 다른 농도에서 반복되며, 최대압력 및 최대 압력속도는 각 농도에서 결정된다. 가장 높은 최대압력 및 압력속도가 반드시 동일 농도에서 발생하는 것은 아니다.

이 연료의 인화한계는 <그림 6.17>에 나타낸 메탄농도(공기 중) 변화에 따른 최대압력도표로부터 결정된다. 일반적으로 7% 압력 증가 기준이 이러한 한계를 정의하는데 사용된다. <그림 6.17>에 나타낸 데이터의 경우 인화하한계는 4.9%이고, 상한계는 16.2%이다.

<그림 6.18>에 나타낸 바와 같이, 용기부피(로그)에 따른 최대압력 기울기(로그)는 종종 직선의 기울기 1/3을 만든다. 이러한 관계는 삼승근 법칙으로 명명되고, 다음 식으로 표현된다.

$$\text{가스:}\quad \left(\frac{dP}{dt}\right)_{\max} V^{1/3} = \text{constant} = K_G \tag{6-25}$$

$$\text{분진:}\quad \left(\frac{dP}{dt}\right)_{\max} V^{1/3} = K_{St} \tag{6-26}$$

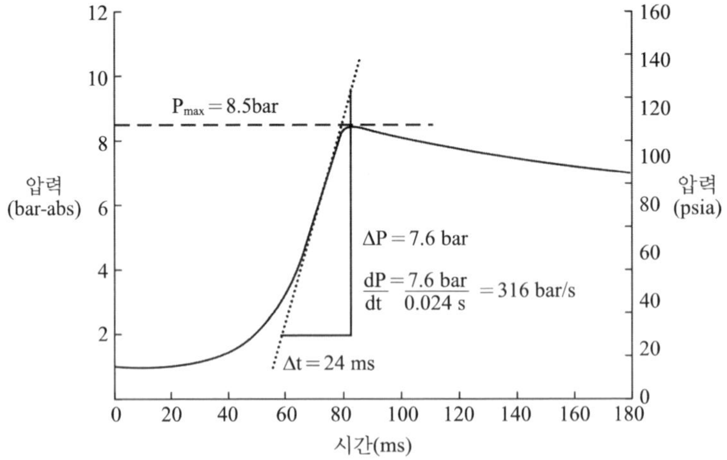


**그림 6.16** 폭발시험장치로부터 얻은 시간 대 압력 데이터

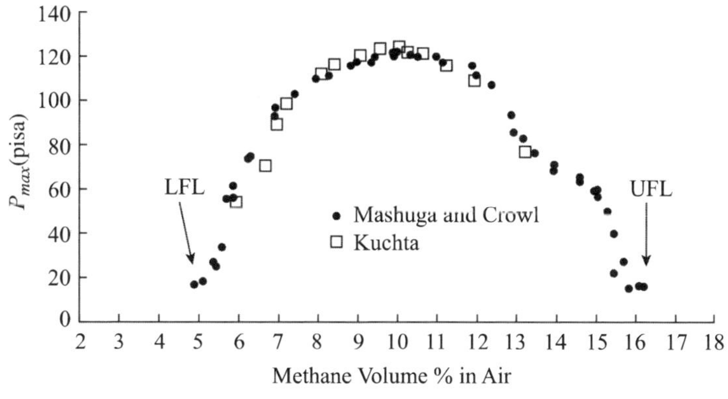


**그림 6.17** 20 L 구형용기 내에서 메탄 농도 변화에 따른 최대 폭발압력. 인화한계는 1 psig 최대 압력상승에서 정의된다. (출처: C. V. Mashuga and D. A. Crow, Process Safety Progress(1998), 17(3): 176~183 : and J. M. Kuchta, *Investigation of Fire and Explosion Accidents in the Chemical, Minning, and Fuel-Related Industries* : A Manual, US Bureau of Mines Report 680 (Washington, DC: US Bureau of Mines, 1985)

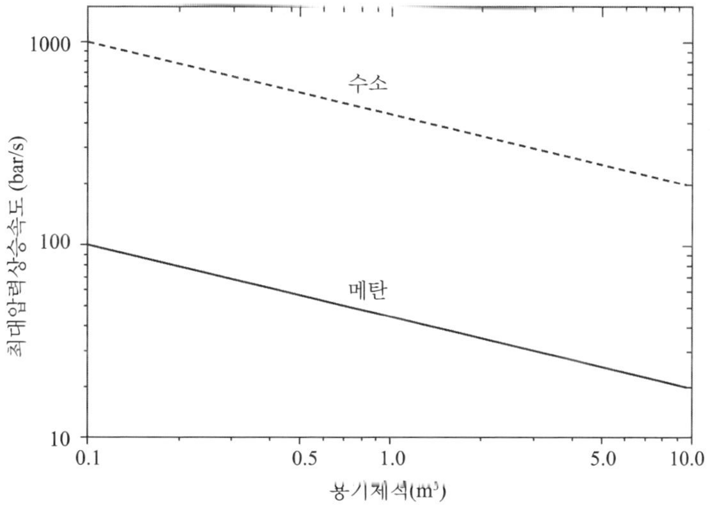


**그림 6.18** 3승법칙을 보여주는 전형적인 폭발데이다. 기울기는 1/3이다.

여기서, $K_G$와 $K_{St}$는 각각 가스와 분진에 대한 폭연지수이다. 분진 폭연지수의 하첨자 "$St$"는 "분진"을 의미하는 독일어 $Staub$에서 파생되었다.

<그림 6.19>는 폭연지수 $K_G$가 메탄농도(공기 중)에 따라 어떻게 변화하는지 나타낸다.

폭발력이 증가할 때 폭연지수 $K_G$와 $K_{St}$는 증가한다. 삼승근 법칙은 압력파 전면이 큰 용기를 통해 전파하는데 보다 오랜 시간이 걸린다고 명시하고 있다. 증기에 대한 $P_{\max}$ 및 $K_G$ 데이터를 <표 6.6>에 나타내었다. <표 6.6>은 최대압력에 대해 서로 다른 조사자들 사이에서 동의가 있었지만, 단지 $K_G$에 대한 제한된 동의만 있음을 나타낸다. $K_G$값은 실험적 구성 및 조건에 민감하다.

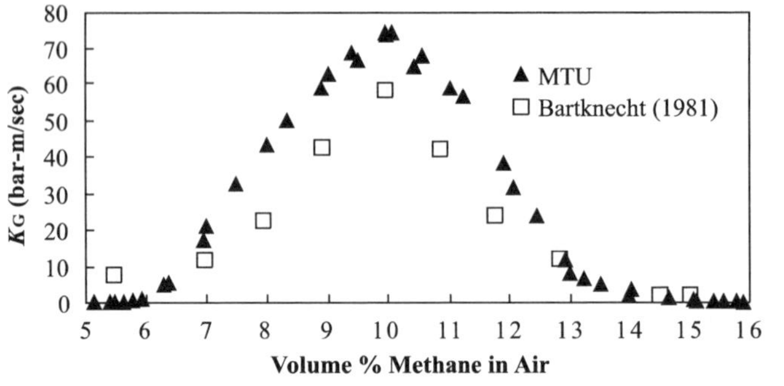


⇧ **그림 6.19** 폭연지수 $K_G$, 공기 중에서의 메탄농도의 함수 (출처: Chad V. Mashuga, "Determination of the Combustion Behavior for Pure Components and Mixtures Using a 20 Liter Sphere," Ph. D. dissertation, Michigan Technological University, 1999. data from W. Bartknecht. Explosions: Course Prevention Protection(Springer-Verlag) 1981.

**표 6.6** 일부 인화성 물질에 대한 최대압력과 폭연지수

| 화학물질 | 최대압력, $P_{max}$ (bar g) | | | 폭연지수, $K_G$ (bar-m/s) | | |
|---|---|---|---|---|---|---|
| | NFPA 68 (1997) | Bartknecht (1993) | Senecal and Beaulieu (1998) | NFPA 68 (1997) | Bartknecht (1993) | Senecal and Beaulieu (1998) |
| Acetylene | 10.6 | | | 109 | | |
| Ammonia | 5.4 | | | 10 | | |
| Butane | 8.0 | 8.0 | | 92 | 92 | |
| Carbon disulfide | 6.4 | | | 105 | | |
| Diethyl ether | 8.1 | | | 115 | | |
| Ethane | 7.8 | 7.8 | 7.4 | 106 | 106 | 78 |
| Ethyl alcohol | 7.0 | | | 78 | | |
| Ethyl benzene | 7.4 | 7.4 | | 94 | 96 | |
| Ethylene | | | 8.0 | | | 171 |
| Hydrogen | 6.8 | 6.8 | 6.5 | 659 | 550 | 638 |
| Hydrogen sulfide | 7.4 | | | 45 | | |
| Isobutane | | | 7.4 | | | 67 |
| Methane | 7.1 | 7.1 | 6.7 | 64 | 55 | 46 |
| Methyl alcohol | 7.5 | 7.5 | 7.2 | | 75 | 94 |
| Methylene chloride | 5.0 | | | 5 | | |
| Pentane | 7.8 | 7.8 | | 104 | 104 | |
| Propane | 7.9 | 7.9 | 7.2 | 96 | 100 | 76 |
| Toluene | 7.8 | 7.8 | | | 94 | |

NFPA 68, *Venting of Deflagrations* (Quincy, MA: National Fire Protection Association, 1997).
NFPA 68, *Standard on Explosion Protection* (Quincy, MA: National Fire Protection Association, 2018).
W. Bartknecht, *Explosions-Schutz: Grundlagen und Anwendung* (New York: Springer-Verlag, 1993).
J. A. Senecal and P. A. Beaulieu, "$K_G$ : Data and Analysis," in *31st Loss Prevention Symposium* (New York: American Institute of Chemical Engineers, 1997).

## 분진

<그림 6.20>은 분진폭발력을 특성화하기 위해 사용된 실험장치이다. 이 장치는 20 L 부피 또는 그 이상인 용기, 샘플 용기와 분진 분배링을 추가한다는 점을 제외하고 증기 폭발 장치와 유사하다. 분배링은 점화 전에 분진을 적절하게 분배 및 혼합시키는 역할을 한다.

실험 절차는 다음과 같다. 분진샘플을 샘플 용기에 위치시킨다. 컴퓨터 시스템이 솔레노이드 밸브를 개방하고, 분진은 분진링을 통하여 샘플 용기로부터 공기압에 의해 폭발용기로 공급된다. 분진의 적절한 혼합 및 분배를 보장하기 위해 수 밀리 초의 지연 후에 점화기를 작동시켜 점화한다. 컴퓨터는 압력센서를 이용하여 시간의 함수로 압력을 측정한다. 분진을 공급하기 위해 사용된 공기는 점화 시간에 구형용기 내에서 1기압 (1.013 bar)의 압력을 유지하도록 신중하게 계측된다. <그림 6.21>은 분진폭발 장치로부터 일반적인 시간에 따른 압력 변화를 나타낸 것이다.

증기폭발 장치와 동일한 방식으로 데이터가 수집되고 분석된다. 최대압력 및 최대 압력상승속도와 인화한계가 결정된다.

<표 6.7>은 분진에 대한 실험 데이터를 나타낸 것이다. 여기에는 연소 동안에 최대압력 $P_{\max}$ 및 식 (6-26)을 이용하여 결정된 폭연지수 $K_{St}$가 포함된다. <표 6.7>의 상단에서 분진은 폭연지수의 값에 따라 4가지 St 등급으로 분류된다. 폭연지수가 높을수록 St 등급이 높아진다.

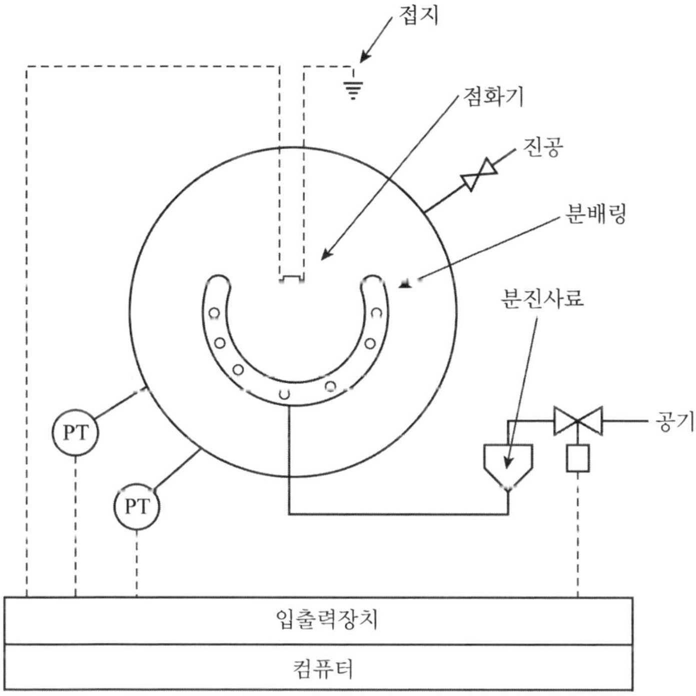


**그림 6.20** 분진폭발 데이터 획득 시험장치

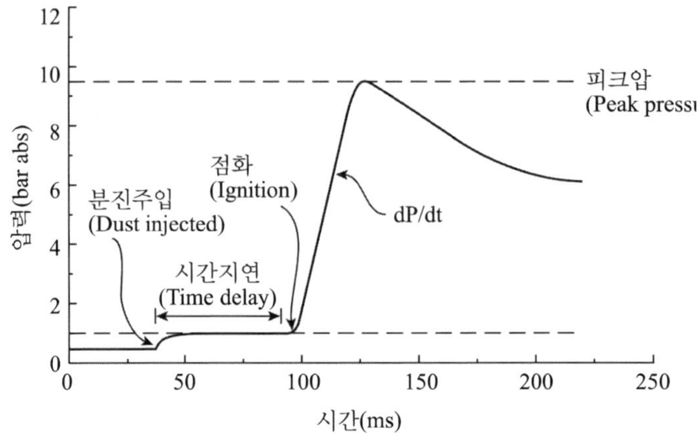


⇧ **그림 6.21** 분진폭발시험 장치에서 얻은 압력 데이터

**▌표 6.7** 분진 St 등급 및 분진운에 대한 연소 데이타

| 폭연지수 $K_{St}$ | 0 | 1~200 | 200~300 | >300 |
|---|---|---|---|---|
| St 등급 | St-0 | St-1 | St-2 | St-0 |

| Dust | 입자크기 중앙값($\mu$m) | 최대 분진폭발 농도(g/m³) | 최대압력 $P_{max}$ (bar g) | $K_{St}$ (bar-m/s) | 최소점화 에너지(mJ) |
|---|---|---|---|---|---|
| Cotton, wood, peat | | | | | |
| Cotton | 44 | 100 | 7.2 | 24 | - |
| Cellulose | 51 | 60 | 9.3 | 66 | 250 |
| Wood dust | 33 | - | - | - | 100 |
| Wood dust | 80 | - | - | - | 7 |
| paper dust | < 10 | - | 5.7 | 18 | - |
| Feed, Food | | | | | |
| Dextrose | 80 | 60 | 4.3 | 18 | - |
| Fructose | 200 | 125 | 6.4 | 27 | 180 |
| Fructose | 400 | - | - | - | > 4000 |
| Wheat grain dust | 80 | 60 | 9.3 | 112 | - |
| Milk Powder | 165 | 60 | 8.1 | 90 | 75 |
| Rice flour | - | 60 | 7.4 | 57 | > 100 |
| Wheat flour | 50 | - | - | - | 540 |
| Milk sugar | 10 | 60 | 8.3 | 75 | 14 |
| Coal, coal products | | | | | |
| Activated carbon | 18 | 60 | 8.8 | 44 | - |
| Bituminous coal | < 10 | - | 9.0 | 55 | - |
| Plastics, resins, rubber | | | | | |
| Polyacrylamide | 10 | 250 | 5.9 | 12 | - |
| Polyester | < 10 | - | 10.1 | 194 | - |
| Polyethylene | 72 | - | 7.5 | 67 | - |
| Polyethylene | 280 | - | 6.2 | 20 | - |
| Polypropylene | 25 | 30 | 8.4 | 101 | - |
| Polypropylene | 162 | 200 | 7.7 | 38 | - |
| Polystyrene(copolymer) | 155 | 30 | 8.4 | 110 | - |
| Polystyrene(hard foam) | 760 | - | 8.4 | 23 | - |
| Polyurethane | 3 | < 30 | 7.8 | 156 | - |

**표 6.7** 계 속

| Dust | 입자크기 중앙값($\mu$m) | 최대 분진폭발 농도(g/m$^3$) | 최대압력 $P_{max}$ (bar g) | $K_{St}$ (bar-m/s) | 최소점화 에너지(mJ) |
|---|---|---|---|---|---|
| Intermediate products, auxiliary materials | | | | | |
| Adipinic acid | < 10 | 60 | 8.0 | 97 | - |
| Naphthalene | 95 | 15 | 8.5 | 178 | < 1 |
| Salicylic acid | - | 30 | - | - | - |
| Other technical, chemical products | | | | | |
| Organic dyestuff(blue) | < 10 | - | 9.0 | 73 | - |
| Organic dyestuff(red) | < 10 | 50 | 11.2 | 249 | - |
| Organic dyestuff(red) | 52 | 60 | 9.8 | 237 | - |
| Metals, alloys | | | | | |
| Aluminum powder | < 10 | 60 | 11.2 | 515 | - |
| Aluminum powder | 22 | 30 | 11.5 | 110 | - |
| Bronze powder | 18 | 750 | 4.1 | 31 | - |
| Iron(from dry filter) | 12 | 500 | 5.2 | 50 | - |
| Magnesium | 28 | 30 | 17.5 | 508 | - |
| Magnesium | 240 | 500 | 7.0 | 12 | - |
| silicon | < 10 | 125 | 10.2 | 126 | 54 |
| Zinc(dust from collector) | < 10 | 250 | 6.7 | 125 | - |
| Other inorganic products | | | | | |
| Graphite(99.5% C) | 7 | < 30 | 5.9 | 71 | - |
| Sulfur | 20 | 30 | 6.8 | 151 | - |
| Toner | < 10 | 60 | 8.9 | 196 | 4 |

출처 : R. K. Eckoff, *Dust Explosions in the Process Industries* (Oxford : Butterworth-Heinemann, 1997).

## 가스/증기 및 분진에 대한 인화성 데이터 적용

가스, 증기 및 분진의 폭발거동 특성은 장치 및 절차에 따라 크게 달라진다. 실험적 인화성 데이터는 실제 공정 조건과 가능한 한 유사한 조건에서 항상 얻어야 하며, 이러한 데이터는 적절한 공학적 판단을 이용하여 적용하여야 한다.

증기 및 분진 폭발장치를 이용하여 결정된 폭발특성은 아래 내용과 같이 공정을 안전하게 운전하기 위해 사용된다. 이러한 실험 변수들은 안전한 운전과 안전하지 않은 운전 사이의 절대 경계가 아니므로 적절한 안전마진을 적용해야 한다.

**1.** 인화한계는 분진을 위한 안전한 농도 또는 안전한 지역 내에서 농도를 제어하는데 필요한 불활성 물질의 양을 결정하기 위해 사용된다.

**2.** 최대 압력상승속도의 증가는 폭발력을 나타낸다. 따라서 서로 다른 물질에 대한 폭발거동이 상대적으로 비교될 수 있다. 또한 최대속도는 압력이 용기를 파열시키기 전에 폭발이 진행되는 동안에 용기 내의 압력을 완화하기 위한 벤트를 설계하거나 연소 과정을 멈추기 위한 폭발 억제제(물, 이산화탄소 또는 기타)를 살포하기 위한 시간간격을 설정

하는데 사용된다.

## 10 폭발

폭발거동은 다양한 변수에 따라 달라진다. 주요 변수를 요약하면 <표 6.8>과 같다. 폭발의 거동을 특성화하기는 어렵다. 이를 해결하는데 경험적 또는 반경험적인 연구를 포함하여 많은 접근방법이 강구되어 왔으나, 아직까지도 완전히 이해되지 않은 상황이다. 실무 엔지니어들은 모든 설계에서 외삽된 결과를 신중히 사용해야 하고 적절한 안전계수(margin of safety, 허용오차)를 제공해야 한다.

**표 6.8** 폭발의 거동에 크게 영향을 주는 변수

| |
|---|
| 1. 주위 온도 |
| 2. 주위 압력 |
| 3. 폭발성 물질 조성 |
| 4. 폭발성 물질 물리적 성질 |
| 5. 점화원의 성질 : 형태, 에너지, 지속시간 |
| 6. 주위의 기하학적 조건 : 개방 또는 밀폐 등 |
| 7. 공정장치, 배관 및 기타 구성요소 밀집 |
| 8. 인화성 물질의 양 |
| 9. 인화성 물질의 난류(유동상태) |
| 10. 발화지연시간 |
| 11. 인화성 물질의 누출속도 |

폭발은 급격한 에너지 방출로 발생한다. 이 에너지 방출은 폭발지역에 국부적인 에너지 축적을 일으킬 수 있도록 충분히 빨라야 한다. 이 에너지는 압력파의 생성, 비산물, 복사열 및 음향에너지를 포함하는 다양한 메커니즘에 의해 소산된다. 폭발 때문에 발생한 피해는 소산되는 에너지에 의해 일어난다.

만일 가스 폭발이 발생하면 발생한 에너지는 급속히 가스를 팽창시켜 주변 가스를 밀어 폭발 지점에서 외부로 급속히 이동하는 압력파를 발생시킨다. 이 압력파는 주위에 손상을 가져오는 에너지를 포함한다. 화학 플랜트에서 폭발로 인한 대부분의 피해는 이 압력파에 기인한다. 따라서 폭발의 영향을 이해하기 위해서 압력파의 거동을 이해하는 것이 필요하다.

공기 중에 전파되는 압력파는 압력파가 강한 바람을 수반하기 때문에 **폭풍파**라고 한다. 만일 압력 전면부가 급변하는 압력을 가지면 충격파 또는 충격면이 생긴다. 충격파는 TNT와 같은 고폭발성 물질이 폭발에 의해 발생될 것으로 예상되지만, 이는 압력용기의 갑작스러운 파열로도 발생될 수 있다. 대기압 이상의 최고압력을 **최고과압**이라고 한다.

## 폭굉 및 폭연

폭발로 인한 피해 영향은 폭발이 폭굉(detonation) 또는 폭연(deflagration)으로 되느냐에 크게 달라진다. 이 차이점은 미반응 가스 내에서 반응면이 음속 이상으로 전파 또는 음속 이하로 전파되는가에 의존한다. 이상기체의 경우 음속은 온도 함수이며, 20℃에서 344 m/s (1129 ft/s)의 값을 갖는다. 이론적으로 음속은 정보가 기체를 통해 전달되는 속도이다.

연소 반응시 반응면은 강한 압력파에 의하여 전파되는데 이 압력파는 자연발화 온도 이상으로 반응면의 전면에 있는 미반응 혼합물을 압축한다. 이 압축은 빠르게 일어나 반응면의 전면에 갑작스런 압력변화 또는 충격을 준다. 이는 미반응 혼합물 속으로 음속 이상으로 전파되는 반응면과 충격파를 일으키는 폭굉으로 분류된다.

폭연의 경우에는 반응에너지가 열 전도와 분자 분산에 의해 미반응 혼합물로 전달된다. 이 과정은 반응면이 음속 이하로 전파되기 때문에 상대적으로 느리다.

<그림 6.22>는 개방계 가스에서 일어난 연소 반응에 대한 폭굉과 폭연의 물리적인 차이를 나타낸 것이다. 폭굉의 경우 반응면은 음속 이상의 속도로 이동한다. 충격면은 반응면의 전면 짧은 거리에서 발견된다. 반응면은 충격면에 에너지를 제공하며 음속 이상의 속도로 이동한다.

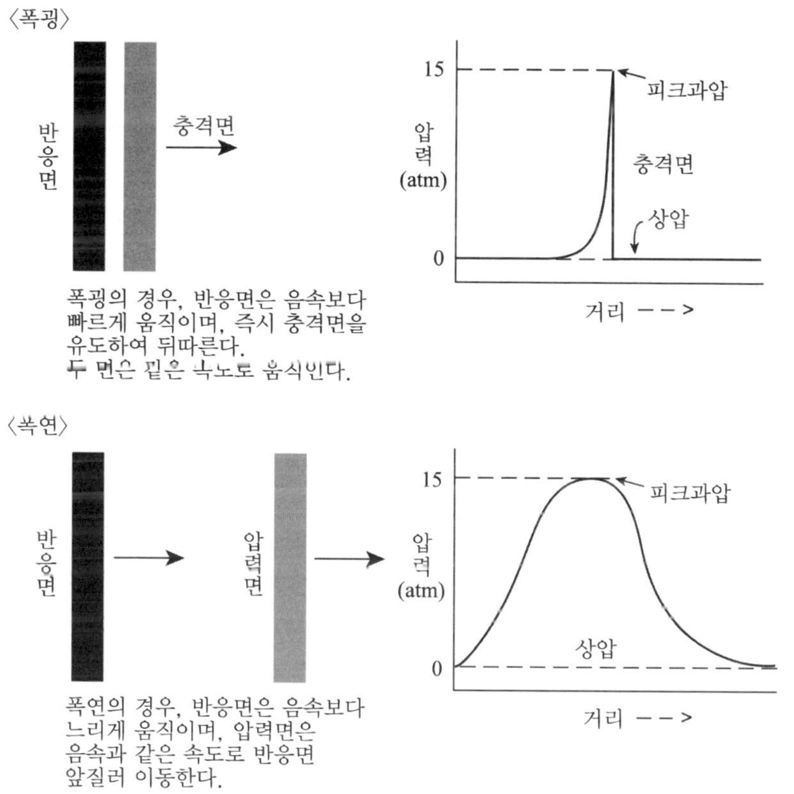


**그림 6.22** 폭굉 및 폭연가스 동력학 비교

폭연의 경우 반응면은 음속 이하의 속도로 전파된다. 압력면은 미반응 가스에서 음속으로 이동하고 반응면으로부터 멀리 이동한다. 압력면 생성을 개념화하는 한 가지 방법은 일련의 개별 압력면을 발생시키는 반응면을 고려하는 것이다. 이 압력면들은 음속으로 반응면으로부터 멀리 이동하고 주 압력면에 축적된다. 주 압력면은 추가적인 에너지와 압력면이 반응면에 의하여 생성될 때 지속적으로 커지게 될 것이다.

폭굉과 폭연에 의해 생성된 압력면은 현저히 다르다. 폭굉은 급격한 압력 상승, 10 atm 이상의 최대압력과 일반적으로 총 지속시간은 1 ms 이하인 충격면을 생성한다. 폭연의 압력면은 넓고(지속기간은 수 ms) 평평하며(급속한 충격면은 없음), 폭굉의 최대압력보다 훨씬 낮은 최대압력(보통 1 또는 2 atm)을 갖는다.

반응 및 압력면의 거동은 면(front)을 억제하는 국부적인 기하학적인 상황에 의존하는 <그림 6.14>와 다르다. 만일 면이 밀폐 용기, 파이프라인 또는 공정설비를 향해 전파되면 다른 거동이 일어난다. 복잡한 기하학적인 구조에 대한 가스 역학적 거동은 본 책의 범위가 아니다.

또한 폭연은 폭굉으로 발전할 수 있다. 이는 폭연에서 폭굉으로의 전이(deflagration to detonation transition ; DDT)라 한다. 이 전이는 파이프에서 가능하고, 용기 또는 개방된 공간에서는 불가능하다. 배관시스템에서 폭연에 의한 에너지는 압력파를 만들 수 있어서 단열 압력 상승을 일으킨다. 이 압력이 증가해서 완전한 폭굉을 유발한다.

## 밀폐계의 폭발

밀폐계의 폭발은 용기나 빌딩과 같은 밀폐된 공간에서 일어난다. 밀폐계 폭발에는 일반적으로 폭발성 증기와 폭발성 분진 2가지가 관계한다. 경험적인 연구에 따르면 폭발특성은 몇 가지 실험적으로 결정된 특성의 함수임이 밝혀졌다. 이들 특성은 사용된 폭발성 물질에 의존하고 폭발한계, 인화성 혼합물이 점화된 후 폭발압력 상승속도, 그리고 점화 후 최대압력의 영향을 받는다. 이러한 특성은 2개의 유사한 실험장치를 사용하여 결정되는데 폭발을 그림으로 나타내면 <그림 6.15>와 <그림 6.20>과 같다.

## 과압에 기인한 폭풍피해

분진이나 가스의 폭발은 충격파나 압력파면에 의하여 발화원으로부터 반응면을 이동하게 한다. 인화성 물질이 연소하여 소모된 후에는 반응은 끝나지만 압력파는 운동을 계속한다. 폭풍파(blast wave)는 압력파와 뒤따르는 바람으로 구성된다. 거의 모든 피해의 원인이다.

<그림 6.23>은 폭발 지점으로부터 떨어진 어떤 거리의 고정되어 있는 위치에서의 충격파에 대한 시간에 따른 압력 변화를 나타낸 것이다. 폭발은 시간 $t_0$에서 일어난다. 충격파가 폭발 지점에서 영향 받는 위치까지 이동하는데 작지만 유한시간, $t_1$이 존재한다. 이 시간 $t_1$을 도달 시간이라 부른다. $t_1$에서 충격면이 도달하고 순간적인 강한 바람을 동반하는 최대 과압

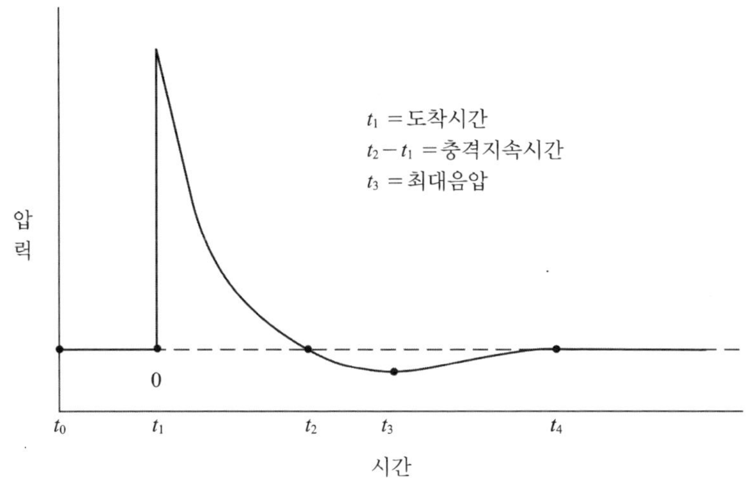


⇧ **그림 6.23** 고정된 위치에서 폭풍파압

이 관찰된다. 시간 $t_2$에서 이 압력은 빠르게 대기압으로 감소하지만 짧은 시간동안 같은 방향으로 바람은 계속된다. $t_1$에서 $t_2$ 시간을 충격 지속시간이라 부른다. 이 충격 지속시간이 구조물을 가장 심하게 파괴시키는 시간이므로 피해예측을 할 때 이 값이 중요하다. 감소하는 압력은 대기압 이하로 계속 떨어져 시간 $t_3$일 때 최대 음압이 된다. $t_2$에서 $t_4$까지 대부분의 음압 기간 동안 폭풍은 폭발원을 향해 역방향으로 향한다. 최대 음압이 일반적인 폭발에 대해 매우 작은 psi이므로, 음압 기간과 관계되는 몇 가지 피해가 있지만 그 피해는 과압 기간보다 훨씬 작다. 그러나 대형 폭발 및 핵폭발에 대한 음압은 상당한 피해를 초래할 만큼 매우 클 수 있다. 최대 음압 $t_3$에 도달한 후 압력은 $t_4$에서 대기압에 도달할 것이다. 이 시간에 폭풍 및 직접적인 파괴가 끝난다.

중요한 고려사항은 폭풍파가 사라질 때, 얼마의 압력이 측정되는가 이다. 만약 압력센서가 폭풍파에 대해 적당한 각도라면 측정된 과압은 **입사과압**(때때로 free-field 과압으로 불림)이라 지칭된다. <그림 6.23>에 나타낸 바와 같이, 고정 위치에서 입사과압은 갑자기 그 최고값(최고입사과압)까지 증가한 후, 폭풍파가 지나가면서 감소한다. 만일 압력센서가 다가오는 충격파 방향으로 설치된다면 측정된 압력은 **반사과압**이다. 반사과압은 입사과압과 정체 압력을 포함한다. 정체 압력은 압력센서에 영향을 주는 이동 가스의 감속 때문에 생긴다. 반사과압은 낮은입사과압의 약 2배이며, 강한 충격일 경우에는 입사과압의 8배 이상까지 도달할 수 있다. 반사과압은 폭풍파가 벽면 또는 관심 대상물에 도달할 때 최대이며, 각도가 정상적인 상태에서 변화할 때 감소한다. 다수의 참고문헌은 과압을 어떻게 측정했는가에 대한 명확한 언급 없이 과압 자료를 제시한다. 일반적으로 과압은 입사과압 및 최고입사과압을 의미한다.

폭풍에 따른 손상은 구조물에 충격을 가하는 압력파로부터 오는 최대 과압을 결정하는 기본이 된다. 일반적으로 손상의 크기는 압력상승속도와 폭풍파의 지속시간의 함수이다. 그러나 폭풍에 의한 손상을 정확히 추정하려면 최대 과압을 적절히 이용하여야 얻을 수 있다.

폭풍에 따른 손상은 <표 6.9>에 주어진 과압을 기준으로 추정한다. 예시한 바와 같이 심각한 손상은 작은 과압에서도 가능하다.

**표 6.9** 과압에 따른 손상

| 과압 | | 손상 |
|---|---|---|
| psig | kPa | |
| 0.02 | 0.14 | 소음(137 dB, 낮은 주파수 10~15 Hz일 때) |
| 0.03 | 0.21 | 변형되어 있는 대형 유리창 파열가능 |
| 0.04 | 0.28 | 음속돌파, 유리파열과 같은 큰 소음(143 dB) |
| 0.1 | 0.69 | 변형되어 있는 작은 창유리 파손 |
| 0.15 | 1.03 | 창유리 일부 파손 |
| 0.3 | 2.07 | 가옥천장의 일부 파손, 안전 거리, 비산물 한계, 10% 창유리 파손 |
| 0.4 | 2.76 | 일부 구조물파괴 한계 |
| 0.5~1.0 | 3.4~6.9 | 심각한 손상이 발생한 확률 95% |
| 0.7 | 4.8 | 크고 작은 창 부서짐 |
| 1.0 | 6.9 | 가옥 소파 |
| 1~2 | 6.9~13.8 | 가옥부분 파괴 |
| 1.3 | 9.0 | 클래드 빌딩 강철 frame 휨 |
| 2 | 13.8 | 비강화 콘크리트 벽 부서짐 |
| 2~3 | 13.8~20.7 | 심각한 구조적 손상 하한계 |
| 2.3 | 15.8 | Steel frame 빌딩 휨 |
| 2.5 | 17.2 | 유류 저장탱크 파열 |
| 3 | 20.7 | 목재 utility poles snapped |
| 3~4 | 20.7~27.6 | 가옥전파 |
| 4 | 27.6 | 짐 실은 화물(train) 차 전복 |
| 5 | 34.5 | 짐 실은 화물차(boxcar) 전파 |
| 5~7 | 34.5~48.2 | 빌딩 전파 |
| 7 | 48.2 | Crater lip한계(분화구 생성) |
| 7~8 | 48.2~55.1 | 8~12 in 두께 비강화 벽돌판넬 뒤틀리며 붕괴 |
| 9 | 62.0 | 짐 실은 화물열차 완전히 파괴(또는 뒤집힘) |
| 10 | 68.9 | 빌딩전파, 중공구(7000 lb) 이동 및 파괴, 아주 무거운 공구 (12,000 lb)는 파괴안됨 |
| 300 | 2068 | 분화구 생성한계 |

출처 : V. J. Clancey, "Diagnostic Features of Explosion Damage," 6th International Meeting of Forensic Sciences (Edinburgh, 1972)

폭발성 물질을 가지고 실험한 바[20]에 의하면 과압은 TNT의 당량($m_{\mathrm{TNT}}$로 표시한다)과 폭발기점에서의 거리($r$로 표기)를 이용하여 추산할 수 있다. 실험으로 유도된 환산법칙(scaling law)은

$$z_e = \frac{r}{m_{\mathrm{TNT}}^{1/3}} \tag{6-27}$$

TNT의 당량 에너지는 1,120 cal/g 이다.

<그림 6.24>는 환산과압 $p_s$ 대 환산거리 $z_e$의 관계를 나타낸다. 단위를 $\mathrm{ft/lb^{1/3}}$로 바꾸려면 $\mathrm{m/kg^{1/3}}$에 0.3967을 곱한다. 환산과압 $p_s$은 다음과 같다.

$$p_s = \frac{p_o}{P_a} \tag{6-28}$$

여기서, $p_s$ : 환산과압 [무단위]

$p_o$ : 최고입사과압

$P_a$ : 대기압

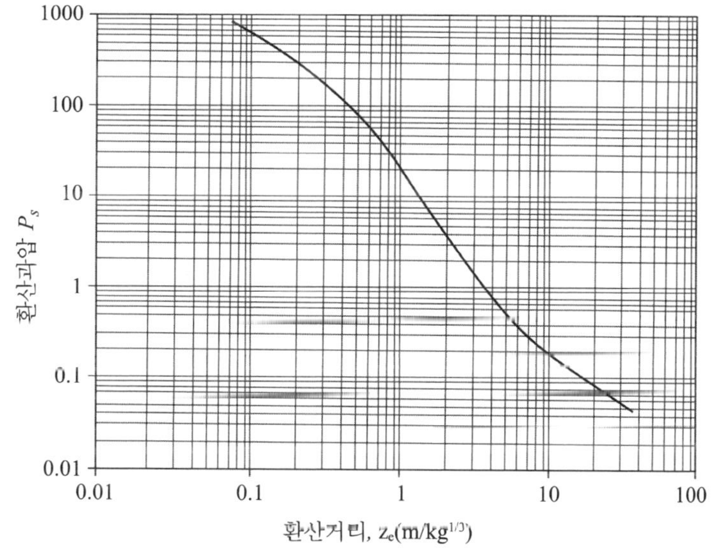


그림 6.24 평평한 표면에서 발생한 TNT 폭발에 대한 폭발 입사피크과압과 환산거리 사이의 관계 (출처 : G. F. Kinney and K. J. Graham, *Explosive Shocks in Air*(Berlin : Springer-Verlag, 1985)

20) W. E. Baker, *Explosions in Air* (Austin : Univ. of Texas Press, 1973): S. Glasstone, *The Effects of Nuclear Weapons* (Washington : U. S. Atomic Energy Commission., 1962)

<그림 6.24>에 제시된 자료는 평평한 표면에서 발생하는 TNT 폭발에만 유용하다. 지면 위 개방계에서 발생하는 폭발에 대해서는 <그림 6.24>의 과압에 0.5를 곱한다. 화학 플랜트에서 발생하는 대부분의 폭발은 지상 위에서 발생하는 것으로 간주한다.

<그림 6.24>의 자료는 다음과 같은 경험식으로 나타낼 수 있다.

$$\frac{p_o}{P_a} = \frac{1616\left[1+\left(\frac{z_e}{4.5}\right)^2\right]}{\sqrt{1+\left(\frac{z_e}{0.048}\right)^2}\sqrt{1+\left(\frac{z_e}{0.32}\right)^2}\sqrt{1+\left(\frac{z_e}{1.35}\right)^2}} \tag{6-29}$$

기후조건 역시 과압에 영향을 준다. 일정량의 물질이 폭발할 때 거리 $r$에서 과압의 추정 절차는 다음과 같다; (1) 환산법칙과 <그림 6.24>의 관계를 이용하여 과압추산 (2) <표 6.9>를 이용하여 피해 추정

**예제 6.10**

1 kg의 TNT가 폭발되었다. 폭심으로부터 30 m 떨어진 지점에 미치는 과압을 계산하여라.

**해답**

환산거리값을 식 (6-27)로부터 결정한다.

$$z_e = \frac{r}{m_{\text{TNT}}^{1/3}} = \frac{30\text{ m}}{(1.0\text{ kg})^{1/3}} = 30\text{ m kg}^{-1/3}$$

<그림 6.24>에서 환산과압은 0.055이다. 그러므로 대기압이 1 atm이면 입사과압은 (0.055)(101.3 kPa) = 5.6 kPa (0.81 psi)로 추산된다. <표 6.9>에 따라 이 과압은 구조물에 약간의 피해를 줄 수 있다.

## TNT 당량

TNT 당량은 인화성 연료의 에너지를 당해질량의 TNT로 계산하는 간편한 방법이다. 이 접근법은 동등한 에너지를 기준으로 할 때 일정 질량의 연료 폭발은 동등한 에너지의 TNT가 폭발할 때와 유사한 거동을 한다는 가정을 기반으로 한다. TNT 당량은 다음 식으로 계산한다.

$$m_{\text{TNT}} = \frac{\eta m \Delta H_c}{E_{\text{TNT}}} \tag{6-30}$$

여기서, $m_{\text{TNT}}$ : TNT 당량 [질량]

$\eta$ : 경험적 폭발효율계수 [무단위]

$m$ : 탄화수소의 질량 [질량]

$\Delta H_c$ : 인화성 가스의 저연소열(부록 B 참조) [에너지/질량]

$E_{\mathrm{TNT}}$ : TNT의 폭발에너지 [에너지/질량]

TNT 폭발에너지의 일반적인 값은 1120 cal/g = 4686 kJ/kg = 2016 Btu/lb이다. 인화성 가스의 폭발에너지는 인화성 가스의 연소열로 대체하여 사용할 수 있다.

이 등가방법에서 중요한 문제 중 하나는 폭발효율이다. 폭발효율은 인화성 물질에 대한 공기의 불완전한 혼합과 열에너지의 기계적 에너지로의 불완전한 전환을 포함하는 여러 가지 인자의 추정치를 조정하는데 이용된다. 많은 자료에 기록된 것처럼 이 폭발효율은 대부분의 인화성 증기운의 경우 1 ~ 10% 사이의 다양한 값으로 추정되는 경험적인 값이다. 다른 자료에서는 프로판, 디에틸에테르, 아세틸렌의 인화성 증기운에 대해 각각 5%, 10%, 15%로 할 것을 제시하였다. 또한 폭발효율은 질산암모늄과 같은 고체 물질에 대해서도 정의될 수 있다.

또한 TNT 당량법은 TNT 폭굉을 점원모델(point source)에 적용하는 과압 곡선을 이용할 수 있다. 증기운 폭발(VCE)은 다량의 인화성 증기 누출로 발생하는 폭발이며 대부분 폭연이다. 이 방법은 밀폐화 때문에 발생하는 화염속도 가속의 영향을 고려할 수 없다. 결과적으로 TNT 과압 곡선은 VCE 발생 인근에서는 과압을 과대평가하고, VCE에서 먼 거리의 과압은 과소평가하는 경향이 있다.

TNT 당량법의 장점은 계산이 간단하여 적용이 쉽다는 것이다. TNT 당량법을 이용하여 폭발과 관련된 피해를 계산하는 절차는 다음과 같다.

1. 폭발에 관계되는 인화성 물질의 전체 양을 결정한다.
2. 폭발효율을 추정하고 식 (6-30)을 이용하여 TNT 당량을 계산한다.
3. 식 (6-27)과 <그림 6.24> (또는 식 (6-29))에 주어진 환산 법칙을 이용하여 최고입사과압을 계산한다.
4. <표 6.9>를 이용하여 일반 구조물과 공정장치에 대한 피해를 추정한다.

이 절차는 피해 추정에 관련된 물질의 양을 역으로 추정하는데 적용할 수 있다.

### TNO 멀티에너지 방법

TNO 방법은 공정 내 밀폐 공간의 부피를 확인하고 밀폐계의 상대 등급을 정한 후, 이 밀폐된 부피가 과압에 어떻게 기여했는지에 대한 관여 정도를 정한다(TNO는 네덜란드의 응용과학 연구소이다). 반경험적 곡선(semi-empirical curves)이 이 과압을 결정하는데 이용된다. 이 모델의 기반은 폭발에너지가 가연지역의 가스밀집 정도에 크게 의존하고, 증기운 내 연료에는 덜 의존한다.

VCE에 대해 멀티에너지 모델을 이용하는 절차는 다음과 같다.[21)]

1. 증기운 크기를 결정하기 위해 분산 모델을 수행한다. 일반적으로, 가연 지역에서는 분산 모델의 제약이 있기 때문에 장치 및 건물은 없다고 가정하고 이를 수행한다.
2. 가연 지역을 확인하기 위해 현장 조사를 실행한다. 보통, 무거운 증기는 지면에 체류하는 경향이 있다.
3. 인화성 증기운으로 뒤덮인 지역 내의 강한 폭풍의 잠재원을 확인한다. 강한 폭풍의 잠재원은 화학 플랜트 또는 정유 시설 내 공정장치, 크레이트(crates) 또는 팔레트의 적재물 파이프 랙; 넓은 평형판 사이의 공간(예: 주차공간에 주차된 차량의 바로 아래 부분; 그리고 개방된 빌딩 예, 다층식 주차공간), 튜브 모양의 구조물 내부 공간(예: 터널, 다리, 복도, 하수로, 암거); 고압 누출로 인한 제트에서의 연료-공기의 강한 난류 혼합과 같은 가연지역 및 빌딩들을 포함한다. 인화성 증기운에 잔류하는 연료-공기 혼합물은 작은 강도의 폭풍을 생성한다고 가정한다.
4. 연료-공기 혼합물로 채워진 공간의 연료에너지 추정절차는 다음과 같다.
   (a) 각 폭풍원은 분리하여 처리한다. (b) 연료-공기 혼합물의 전체양은 부분 개방공간 장애물이 있는 지역 및 제트기류로 존재하고, 증기운 안에는 폭풍원(blast sources)이 있음이 확인되고, 이들은 폭풍에 기여한다고 가정한다. (c) 폭풍원으로 확인된 개별지역 안에 존재하는 연료-공기 혼합물의 부피를 추정한다(이 추정은 혼합물이 들어있는 지역의 총괄 크기 및 제트를 기준으로 할 수 있다. 그러나 여기서 주의할 사항은 인화성 혼합물은 전체 폭풍원 부피를 채울 수 없고, 장치의 부피는 전체 부피의 적절한 한 부분을 나타낸다고 생각하여야 한다는 것이다). (d) 혼합물의 각 부피에 $3.5 \times 10^6\ \mathrm{J/m^3}$(이 값은 탄화수소-공기의 평균양론 혼합물에 대한 연소열이다)를 곱하여 연소에너지 $E$(J)를 계산한다.
5. 각각의 폭풍에 대한 대표적인 폭풍 강도를 지정한다. 일부 기법이 이를 위한 명확한 절차를 가지고 있지만, 대부분의 위험 분석가들은 주관적인 판단을 이용한다.
   폭굉의 대표 최고 강도를 10으로 가정하면 안전하고 대부분의 보수적인 강한 폭풍원의 강도의 추정이 가능하다. 그러나 실제 실험에서 강도 7이 더욱 정확한 것으로 확인되었다. 또한 0.5 bar 이하의 입사과압의 경우 강도 7에서 10까지의 범위는 차이가 나타나지 않았다.
   개방되고 장애물이 없는 공간에 잔류하는 증기운에 의한 폭풍은 초기 강도를 낮게 가정하여 표현할 수 있다. 넓고 정체된 부분의 경우 최소 강도 1로 가정한다. 난류 유동(이를테면 연료 누출 운동량에 기인)이 약한 장소에 있는 정체되지 않은 부분에 대한 강도는 3을 가정한다.

21) *Guidelines for Evaluating the Characteristics of Vapor Cloud Explosions, Flash Fires, and BLEVEs* (American Institute of Chemical Engineers, 1994).

**6.** 에너지 양 $E$와 각각의 당량 연료-공기의 초기 폭풍강도가 추정되면 폭풍원으로부터 $R$ 만큼 떨어진 거리에서의 Sachs 환산 폭풍 입사과압과 양(+) 상의 지속시간은 Sachs-환산거리를 구한 후 <그림 6.25>로 알 수 있다.

$$\overline{R} = \frac{R}{(E/P_a)^{1/3}} \tag{6-31}$$

여기서, $\overline{R}$ : Sachs 환산거리 [무차원]
$R$ : 거리 [m]
$E$ : 연소 에너지 [J]
$P_a$ : 대기압 [Pa]

폭풍 최고입사과압과 양(+)의 지속시간은 Sachs 환산과압과 Sachs 환산 양상의 지속시간으로부터 계산된다. 이 과압은 다음 식으로 표시된다.

$$p_o = \Delta\overline{p_s} \cdot P_a \tag{6-32}$$

양상의 지속시간은 다음 식으로 구한다.

$$t_d = \overline{t_d}\left[\frac{(E/P_a)^{1/3}}{c_o}\right] \tag{6-33}$$

여기서, $p_o$ : 입사 폭풍 과압 [Pa]
$\Delta\overline{p_s}$ : Sachs 환산 입사 폭풍 과압 [무차원]
$P_a$ : 대기압 [Pa]
$t_d$ : 양(+) 상의 지속시간 [s]
$\overline{t_d}$ : Sachs 환산 양(+) 상의 지속시간 [무차원]
$E$ : 연소 에너지 [J]
$c_o$ : 대기 중 음속 [m/s]

별개의 폭풍원이 서로 근접하여 위치한다면 각 폭풍은 거의 동시에 시작될 수 있고 각 폭풍은 가산되어야 한다. 이러한 문제에 대한 가장 보수적 방법은 최대 초기 폭풍강도를 10으로 가정하는 것이며, 문제되고 있는 각 원의 연소 에너지를 더하는 것이다. 이러한 중요한 이슈의 구체적인 정의(이를테면 각 폭풍이 개별적으로 고려될 수 있도록 하기 위한 잠재적인 폭풍원 사이의 최소 거리 결정)는 현재 연구되고 있는 하나의 요인이다.

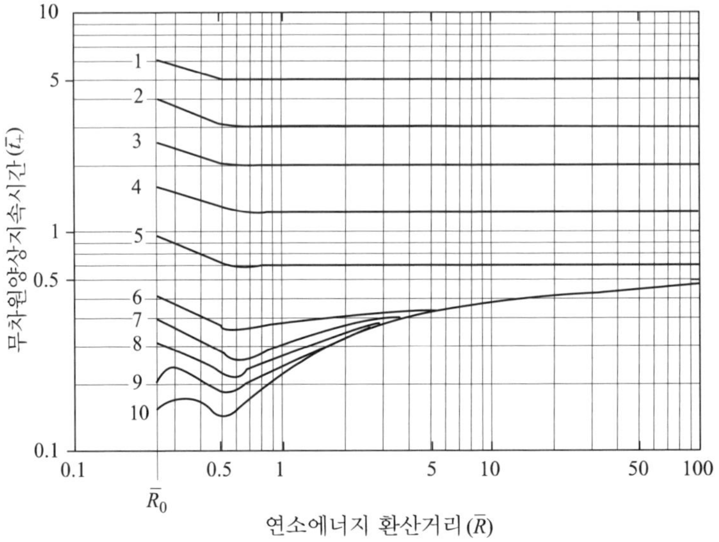


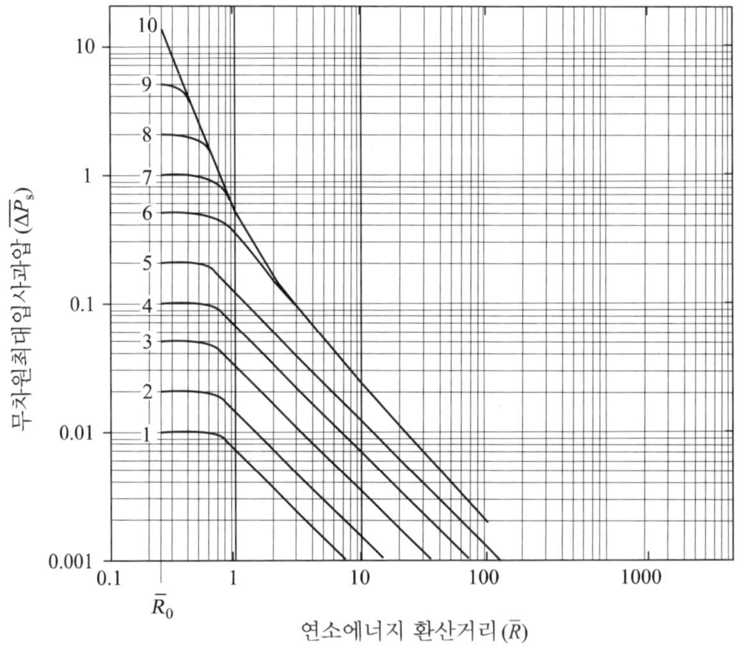


⇧ **그림 6.25** TNO 멀티에너지 폭풍모델(blast model)을 위한 Sachs-환산과압 및 Sachs-환산양상 지속시간 (출처: *Guidelines for Evaluating the Characteristics of Vapor Cloud Explosions, Flash Fires, and BLEVEs* (1994))

TNO 멀티에너지 방법을 적용하는데 중요한 문제는 사용자가 밀폐 정도에 근거하여 초기 폭발강도를 선정해야 한다는 것이다. 부분 밀폐공간에 대한 지침서가 거의 제공되지 못하고 있고, 각각 폭풍 강도로 인한 결과를 어떻게 조합해야 하는지에 대한 방법은 아직 불명확하다.

과압 추정을 위한 또 하나의 방법은 Baker-Strehlow 방법이다. 이 방법은; (1) 누출 물질의 반응성, (2) 밀폐 및 공간 배치와 관계된 공정설비의 화염 팽창 특성, (3) 공정설비 내 장애물 밀도, 3가지 요인을 기준으로 하여 선정된 화염 속도에 근거한다. 반경험적 곡선(semi-empirical curves)은 과압을 결정하는데 이용된다. 이 절차의 상세한 설명은 Baker 등[22]에 의해 제시되었다.

비록 TNO 방법은 근거리에서의 압력을 높게 예상하는 경향이 있고 Baker-Strehlow 방법은 원거리에서의 압력을 높게 예상하는 경향이 있지만, TNO 멀티에너지와 Baker-Strehlow의 두 방법은 기본적으로 동등하다. 이 2가지 방법은 TNT 당량법보다 더 많은 정보와 상세한 계산을 필요로 한다.

## 화학적 폭발에너지

화학물질 폭발로 인한 폭풍파는 폭발지역에 있는 가스의 급격한 팽창에 의해 생성된다. 이 팽창은 (1) 반응 생성물의 열적 가열, (2) 반응에 의한 전체 몰수 변화, 2가지 메커니즘에 의해 일어날 수 있다.

공기 중에서 대부분의 탄화수소 연소 폭발에 대한 몰수의 변화는 작다. 예를 들어, 공기 중 프로판의 연소를 고려해보자. 양론식은 다음과 같다.

$$C_3H_8 + 5O_2 + 18.8N_2 \rightarrow 3CO_2 + 4H_2O + 18.8N_2$$

좌변의 처음 몰수는 24.8이고, 우변의 몰수는 25.8이다. 이 경우에 몰수 변화의 결과 때문에 압력 증가가 크지 않을 것으로 예상되며, 거의 모든 폭풍에너지는 방출된 열에너지에 기인한 것으로 보인다.

폭발 반응 시 방출된 에너지는 열역학을 이용하여 계산된다. 일반적으로 연소열이 사용되지만, 표준생성열을 이용하여 반응에너지를 계산한다. 연소열은 부록 B에 제공하였다. 증기 상태의 물 생성물이 존재할 때는 보통 저발열량을 사용한다. 폭발은 수 밀리초 이내에 발생하기 때문에 폭발에너지는 수증기가 액체로 응축되기 전에 오래 방출된다.

방출된 에너지는 가스를 팽창시키기 위해 필요한 일과 같다. Crowl[23]은 이 팽창 일이 기계적 에너지 형태라고 설명했다. 열역학의 유용성은 물질이 주위와 평형을 이르도록 이동할 때 물질로부터 얻을 수 있는 최대 기계적 에너지를 결정하는데 이용하는 상대 함수이다. Sussman[24]은 Gibbs 생성 에너지를 이용하여 계산할 수 있는 반응시스템에 대한 열역학의 유용성을 밝혔다. 또한 Crowl은 여러 가지 가스 조성, 비상온 및 압력에서 폭발하는 물질에 대한 폭발에너지를 어떻게 결정될 수 있는가를 제시했다. 그러나 이들 조정은 보통 크지 않다.

22) Q. A. Baker, C. M. Doolittle, G. A. Fitzgerald, and M. J. Tang, "Recent Developments in the Baker- Strehlow VCE Analysis Methodology," *Process Safety Progress* (1998), 17(4):297.

23) D. A. Crowl, "Calculating the Energy of Explosion Using Thermodynamic Availability," *Journal of Loss Prevention in the Process Industries*(1992), 5(2):109~118.

24) M.V. Sussman, *Availability(Energy) Analysis*(Lexington, MA : Mulliken House, 1981).

**예제 6.11**

메탄 1000 kg이 저장용기에서 누출하여 공기와 혼합된 후 폭발했다. (a) TNT 당량 (b) 폭심으로부터 50 m 떨어진 거리에서의 최고입사과압을 계산하여라. 폭발효율은 2%로 가정한다.

**해답**

**a.** 부록 B에서 헥산에 대한 폭발에너지를 찾는다. 이 값을 식 (6-30)에 대입하면 다음과 같다.

$$m_{\mathrm{TNT}} = \frac{\eta m \Delta H_c}{E_{\mathrm{TNT}}} = \frac{(0.02)(1000\ \mathrm{kg})(1\ \mathrm{mol}/0.016\ \mathrm{kg})(802.3\ \mathrm{kJ/mol})}{4686\ \mathrm{kJ/kg}} = 214\ \mathrm{kg\ TNT}$$

**b.** 환산거리는 식 (6-27)을 이용하여 구한다.

$$z_e = \frac{r}{m_{\mathrm{TNT}}^{1/3}} = \frac{50\ \mathrm{m}}{(214\ \mathrm{kg})^{1/3}} = 8.4\ \mathrm{m/kg^{1/3}}$$

<그림 6.24> (또는 식 (6-29))에서 환산과압은 0.25이다. 따라서 과압은 다음과 같다.

$$p_o = p_s\,P_a = (0.25)(101.3\ \mathrm{kPa}) = 25\ \mathrm{kPa}$$

이 과압은 강철 판넬 건물을 파괴할 것이다.

**예제 6.12**

저장탱크 바로 밑에 체류하는 프로판–공기 증기운의 폭발을 고려해보자. 이 탱크는 지면에서 1 m 위에 콘크리트 기둥으로 지지되고 있다. 이 증기운의 농도는 양론혼합 농도로 가정한다. 증기운 부피는 2094 $\mathrm{m^3}$, 탱크 밑 부분을 밀폐 공간이라고 가정한다. TNO 멀티에너지 방법을 이용하여 이 증기운 폭발로 인한 100 m 거리에서의 과압을 구하여라.

**해답**

양론 탄화수소-공기 혼합물의 연소열은 약 3.5 $\mathrm{MJ/m^3}$이므로, 밀폐 공간 부피를 곱하면 전체 에너지는 (2094 $\mathrm{m^3}$) (3.5 $\mathrm{MJ/m^3}$) = 7329 MJ이다. TNO 멀티에너지 방법을 적용하기 위해 폭풍강도는 7로 선정한다. Sachs 환산 에너지는 식 (6-26)을 이용하여 결정한다. 이에 대한 결과는 다음과 같다.

$$\overline{R} = \frac{R}{(E/P_a)^{1/3}} = \frac{100\ \mathrm{m}}{[(7329 \times 10^6\ \mathrm{J})/(101{,}325\ \mathrm{Pa})]^{1/3}} = 2.4$$

<그림 6.26>에서 7로 표시된 곡선이 약 0.13의 환산과압값을 결정하는데 이용된다. 식 (6-30)에서 구한 입사과압은 다음과 같다.

$$p_o = \Delta\overline{p_s} \cdot P_a = (0.13)(101.3\ \mathrm{kPa}) = 13.2\ \mathrm{kPa} = 1.9\ \mathrm{psi}$$

<표 6.9>를 보면 이 값은 강철프레임 건물, 콘크리트 또는 블록 벽을 파괴시킬 수 있다.

## 기계적 폭발에너지

기계적 폭발의 경우 반응은 일어나지 않고 에너지는 관련된 물질의 에너지 함량으로부터 얻어진다. 만일 이 에너지가 급격하게 방출되면 폭발이 일어날 수 있다. 이런 폭발 형태의 예로 압축된 공기로 완전히 채워진 타이어의 갑작스러운 파열 및 압축가스 탱크의 갑작스러운 파국적 파열을 들 수 있다.

가압 가스에 대한 폭발에너지를 추정하기 위해 Brode 식[25], 등엔트로피 팽창, 등온 팽창 및 열역학적 유용성, 4가지 방법이 이용된다. 아마도 Brode 방법이 가장 단순한 방법일 것이다. 이것은 일정한 부피의 용기 내에서 대기압으로부터 최종 가스 압력까지 가스 압력을 상승시키는데 필요한 에너지를 결정한다. 이 결과식은 다음과 같다.

$$E = \frac{(P_2 - P_1)V}{\gamma - 1} \tag{6-34}$$

여기서, $E$ : 폭발에너지 [에너지]

$P_1$ : 대기압 [힘/면적]

$P_2$ : 용기의 파열 압력 [힘/면적]

$V$ : 용기 내에서 팽창한 가스의 부피 [부피]

$\gamma$ : 가스의 열용량 비 [무단위]

$P_2 > P_1$이므로, 식 (6-34)로 구한 에너지는 양(+)이며, 이는 용기 파열시 주위로 에너지가 방출되는 것을 의미한다.

등엔트로피 팽창 방법은 처음부터 최종 상태까지 가스가 등엔트로피로 팽창한다고 가정한다. 다음 식은 이 경우를 의미한다.

$$E = \left(\frac{P_2 V}{\gamma - 1}\right)\left[1 - \left(\frac{P_1}{P_2}\right)^{(\gamma-1)/\gamma}\right] \tag{6-35}$$

등온 팽창은 가스가 등온적으로 팽창한다고 가정한다. 이는 다음 식으로 표현된다.

$$E = nR_g T_1 \ln\left(\frac{P_2}{P_1}\right) = P_2 V \ln\left(\frac{P_2}{P_1}\right) \tag{6-36}$$

여기서, $n$ : 기체의 몰수 [moles]

$R_g$ : 이상기체 상수

$T_1$ : 대기온도 [deg.]

마지막 방법은 폭발에너지를 추정하기 위해 열역학적 유용성을 이용한다. 열역학적 유용성은 물질이 주위 환경과 평형한 상태로 될 때까지 팽창할 수 있는 최대 기계적 에너지를 의

25) H. L. Brode, "Blast Waves from a Spherical Charge," *Physics of Fluids*(1959), 2:17.

미한다. 폭발로 인한 과압은 기계적 에너지의 한 형태이다. 따라서 열역학적 유용성은 과압을 발생하는데 유용한 기계적 에너지에 대한 최대 상한계를 예측한다.

회분식 열역학적 유용성을 이용하는 Crowl[26]에 의한 분석은 용기 내에 들어있는 가스의 최대폭발에너지를 예측하기 위한 다음 식을 제시했다.

$$E = P_2 V \left[ \ln\left(\frac{P_2}{P_1}\right) - \left(1 - \frac{P_1}{P_2}\right) \right] \tag{6-37}$$

식 (6-37)은 보정항을 추가하여 등온팽창을 위한 식 (6-36)과 거의 유사하다. 이 보정항은 열역학 제2법칙 결과에 따른 에너지 손실을 고려한 것이다.

문제는 이들을 어떻게 사용할 것인가 하는 사용법에서 발생된다. <그림 6.26>은 용기 내 초기 가스압력의 함수로 4가지 방법을 이용한 폭발에너지를 나타낸다. 계산은 $\gamma = 1.4$이고 298 K에서의 초기에는 불활성기체가 퍼지되어 있다고 가정한다. 가스는 1기압일 때 대기로 팽창한다. 등엔트로피 방법은 폭발에너지 값을 낮게 한다. 등엔트로피 팽창은 가스를 매우 낮은 온도로 되게 한다. 이상기체를 200 psia에서 14.7 psia로 팽창시키면 최종온도는 254 °R 또는 −205°F로 된다. 이는 최종온도가 대기온도이기 때문에 열역학적으로는 모순된다. 등온 팽창법은 모든 압축에너지가 일을 수행할 수 있다고 가정하기 때문에 폭발에너지 값을 크게 예측한다. 실제로, 일부 에너지는 열역학 제2법칙에 의하여 폐기열로 방출되어져야만

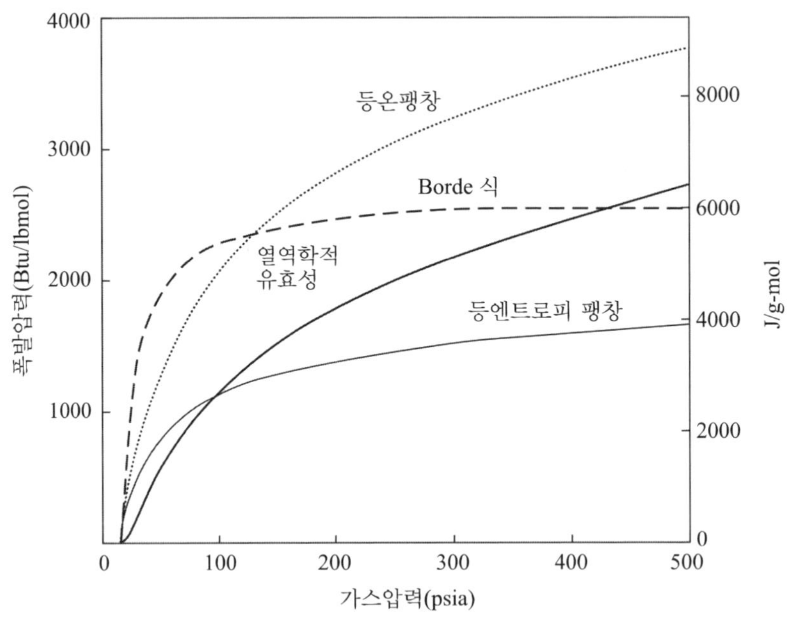


**그림 6.26** 서로 다른 4개의 방법을 이용하여 계산된 압축 불활성 가스의 폭발에너지 (D. A. Crowl, *Understanding Explosions* (American Institute of Chemical Engineers, 2003))

26) D. A. Crowl, "Calculating the Energy of Explosion."

한다. 열역학적 유효성 방법은 식 (6-37)의 보정항을 통해 이 손실을 설명한다. 4가지 모든 방법은 압축가스 폭발에너지를 산정하는데 지속적으로 사용된다.

Brode식은 폭발원 또는 이 근처 지역과 가까운 잠재 폭발에너지를 좀 더 면밀하게 추정하고, 등엔트로피 팽창법은 원거리 또는 먼 지역에서의 영향을 추정하는데 좋다고 생각된다. 그러나 어디서 이런 전이가 발생하는지는 불명확하다. 또한 용기파열로 인한 잠재 폭발에너지의 일부는 용기파편의 운동에너지 및 여러 비효율(용기파편에서의 열 형태로의 에너지 변형과 같은)로 전환된다. 평가를 실시할 때, 용기파열로 폭발압 영향을 계산하기 위한 전체 잠재에너지의 50%를 감하는 것은 가끔 있는 일이다.

## 비산물 손상

밀폐 용기나 구조물 안에서 일어나는 폭발은 용기나 구조물을 파괴시킬 수 있고, 그 결과 넓은 지역에 작은 파편들을 비산시킨다. 이러한 파편이나 비산물은 사람에게 큰 상해를 주고 구조물이나 공정장치에 손상을 준다. 개방계 폭발에서도 폭풍파의 충격과 구조물 변형에 의하여 비산물을 발생할 수 있다.

비산물들은 종종 새해가 공장실비 전체로 진파되는 수단이 된다. 플랜트의 한 부분에서 국부적인 폭발에 의하여 만들어진 파편은 플랜트 전체로 비산할 수 있고, 이 파편은 저장탱크, 공정장치, 파이프라인 등을 가격하고, 그 결과 이차적 화재나 폭발을 가져온다.

Clancy[27]는 <그림 6.27>에서 예시된 바와 같이, 폭발물의 질량과 파편이 날아가는 최대 수평거리와의 관계를 도출하였다. 이 관계식은 재해조사시 파편을 관찰된 거리까지 비산하는데 요구되는 에너지 수준을 계산하는데 유용하다.

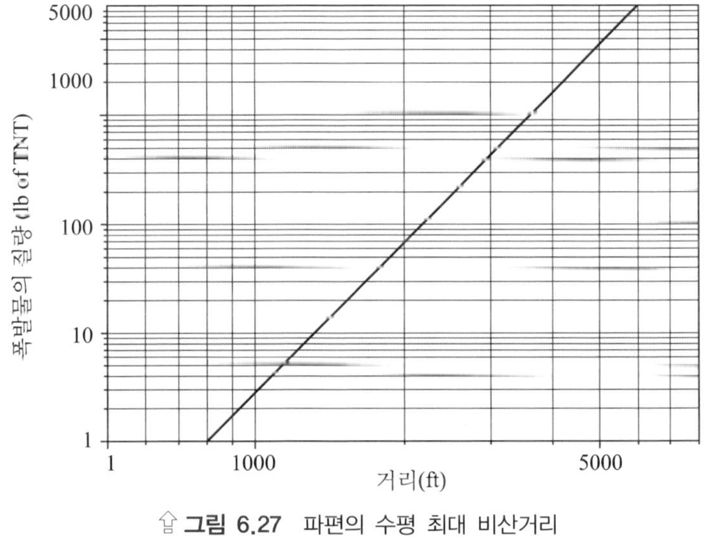


그림 6.27 파편의 수평 최대 비산거리

27) V. J. Clancey, "Diagnostic Features of Explosion Damage," 6th Int. Mtg. of Forensic Sciences, Edinburgh, 1972.

## 사람에 대한 폭풍 피해

사람은 폭발에 의한 과압이나 복사열을 포함한 직접적인 폭풍효과나 비산물 손상과 같은 간접적 폭풍효과에 의하여 상해를 입을 수 있다. 폭풍 피해의 영향은 probit 분석(2.6절)을 이용하여 추정된다.

**예제 6.13**

5,000 kg의 TNT 상당량이 들어있는 반응기가 있다. 이것이 폭발될 때 150 m 떨어져 있는 사람 및 구조물에 줄 수 있는 상해와 피해 정도를 추산하여라.

**해답**

식 (6-27)과 <그림 6.24>를 이용하여 과압을 결정한다. 환산거리는

$$z_e = \frac{r}{m_{\text{TNT}}^{1/3}} = \frac{150\text{ m}}{(5{,}000\text{ kg})^{1/3}} = 8.80\text{ m/kg}^{1/3}$$

<그림 6.24>으로부터 환산과압은 0.20이므로 과압은 (0.20) (101.3 kPa) = 20.3 kPa이다.
<표 6.9>는 철제 판넬빌딩이 이 압력에서 파괴될 것임을 나타내고 있다.
사람의 상해는 <표 2.5>의 probit 식을 이용하여 구한다. 폐출혈로 인한 사망에 대한 probit 공식은 다음과 같다.

$$Y = -77.1 + 6.91\ln P$$

그리고 고막 파열에 대한 probit 식은 다음과 같다.

$$Y = -15.6 + 1.93\ln P$$

여기서, $P$는 단위가 N/m$^2$인 과압이다. 20.3 kPa = 20,300 N/m$^2$

이 값을 probit 식에 대입하면

$$Y_{\text{deaths}} = -77.1 + 6.91\ln(20{,}300\text{ N/m}^2) = -8.56$$

$$Y_{\text{eardrums}} = -15.6 + 1.93\ln(20{,}300\text{ N/m}^2) = 3.54$$

<표 2.4>는 probit을 백분율로 전환한 것이다. 이 결과에 의하면 사망자는 없고 폭로된 사람 중 7~8% 미만이 고막 파열로 고통을 받을 수 있음을 알 수 있다.
이는 폭발에너지가 모두 전환되었다 가정한 것이다.

## 증기운 폭발

화학공정 산업에서 가장 위험하고 파괴적인 폭발은 증기운 폭발(Vapor Cloud Explosion, VCE)이다. 이러한 폭발은 다음 단계에 따라 발생한다.

1. 다량의 인화성 증기의 급격한 방출. 일반적으로 이러한 현상은 과열로 압축된 액체의 용기가 파열할 때 일어난다.
2. 플랜트에서 증기가 확산하여 공기와 혼합
3. 증기운의 점화

영국의 Flixborough에서 일어난 재해는 증기운 폭발의 대표적인 예이다. 반응기들 사이에 연결된 20인치 사이클로헥산 라인이 갑자기 파열되어 30톤으로 추정되는 사이클로헥산이 증발되었다. 공장 전체에 사이클로헥산이 확산하여 증기운이 형성된 후 45초에 미지의 점화원에 의해 점화되었다. 그 결과, 공장 전체가 날아가고 28명이 사망하였다.

1974년에서부터 1986년까지 세계적으로 29건의 증기운 폭발이 일어나 재산손실은 약 500만~1억불 정도이고, 인명손실도 140명(년당 13명)에 이른다.[28] 액화가스, 휘발성 과열 액체 또는 고압가스를 상당량 취급하는 공정에서 증기운 폭발이 발생할 수 있음을 고려하여야 한다.

VCE의 거동에 영향을 주는 변수가 다양하기에 특성화하기가 쉽지 않다. 재해는 제어되지 못하는 상황 하에서 일어난다. 실제 사고로 수집된 데이터는 대부분 신뢰할 수가 없고 비교하기가 어렵다. VCE 거동에 영향을 주는 변수들은 누출 물질의 양, 기화된 물질의 분율, 증기운의 점화 확률, 점화 전 증기운의 이동 거리, 증기운 점화 전 시간 지연, 폭발 확률, 인화성 물질의 인화하한계 이상 존재, 폭발효율, 점화원의 위치 등이다.[29]

Lee 등에 의한 VCE에 관한 정성적인 연구결과[30]는 다음과 같다; (1) 증기운의 크기가 증가되면 점화확률이 증가한다. (2) 증기운에 의한 재해는 폭발보다는 화재가 일반적이다. (3) 폭발효율이 작다. 즉, 연소에너지의 약 2%가 폭풍파로 전환된다. (4) 증기와 공기의 난류 혼합, 누출원에서 먼 지점에서의 증기운 점화는 폭발충격을 증가시킨다.[31]

안전의 입장에서 증기운 폭발을 방지하는 가장 좋은 접근방법은 인화성 물질의 누출을 막는 것이다. 거대한 인화성 증기운은 대단히 위험하고 점화방지를 위한 안전장치를 설치해도 제어가 쉽지 않다. VCE를 예방하는데 이용되는 방법들은 공정에서 휘발성, 인화성 물질의 최소 정체량 유지, 용기 또는 배관의 파열을 고려하여 증발량을 최소화하는 공정 조건 이용,

28) Richard W. Prugh, "Evaluation of Unconfined Vapor Cloud Explosion Hazards," *International Conference on Vapor Cloud Modeling*(New York: American Institute of Chemical Engineers, 1987), p.713.
29) Sam Mannan, ed. *Lee's Loss Prevention in the Process Industries*, 3rd ed. (Elsevier, 2005), p.17/134.
30) Sam Mannan, ed., *Lees' Loss Prevention in the Process Industries*, 3rd ed., p.17/140.
31) Richard W. Prugh, "Evaluation of Unconfined Vapor Cloud Explosion Hazards," In *International Conference on Vapor Cloud Modeling* (AICHE, 1987) p.714.

저농도에서도 누출을 감지하는 분석기 이용, 누출이 사고로 발전되지 않도록 초기 단계에서 시스템을 차단하는 자동차단밸브의 설치 등을 포함한다.

## 비등액체팽창 증기운 폭발[32)]

비등액체팽창 증기운 폭발(Boiling-Liquid Expanding-Vapor Explosions ; BLEVE)은 다량의 물질이 누출될 수 있는 특별한 형태의 사고이다. 만일 물질이 인화성이면 VCE가 발생할 가능성이 크고, 독성이 있다면 넓은 지역이 독성 물질에 의해 오염될 것이다. 이 중 어느 상황이거나 BLEVE 공정 자체에 의해 누출된 에너지는 상당한 피해를 주는 결과를 가져올 수 있다. BLEVE는 표준 비점(대기압 비점)보다 높은 온도를 유지하는 액체가 들어있는 탱크가 파열될 때 많은 양의 내용물이 폭발적으로 증발하여 발생된다.

BLEVEs는 어느 원인에 의해 비등액체가 들어있는 용기가 갑자기 파열하여 발생한다. 가장 일반적인 BLEVE 형태는 화재에 의한 것이고, 이 단계는 다음과 같다.

1. 화재가 액체를 저장한 탱크 부근에서 발생한다.
2. 이 화재가 탱크 벽을 가열한다.
3. 액위 이하의 탱크 벽은 냉각되고, 탱크 내 액체 온도와 압력은 증가한다.
4. 만일 화염이 단지 증기 및 열을 제거하는 액체가 없는 탱크 벽 또는 지붕에 도달하면 탱크 금속 온도가 상승하여 탱크의 구조적 강도를 잃는다.
5. 이 탱크가 파열되고 내용물이 폭발적으로 기화한다.

열적 가열로 용기 벽의 약화 때문에 용기의 설계압력 이하의 압력에서 용기가 파손될 가능성이 있다. 또한 용기는 용기의 압력 방호시스템의 설정압력 이하에서도 파손될 가능성이 있다.

액체가 인화성이고 화재가 BLEVE의 원인이면 탱크 파열로 인해 액체는 점화될 것이다. 비등하여 연소하는 액체는 상당한 거리로 용기 부품을 추진시키는 로켓 연료처럼 거동한다. 만일 BLEVE가 화재에 의한 것이 아니라면 증기운이 형성되어 VCE를 초래할 수 있다. 또한 증기는 피부 화상 또는 독성영향으로 사람에게 위험을 줄 수 있다. 용기 내에서 BLEVE가 발생할 경우 액체는 일정 분율만 증발된다. 이때, 증발량은 용기 저장물질의 물리 및 열역학 상태에 의존한다. 이 기화 분율은 4.7절에서 설명한 방법으로 계산한다.

32) Lees, *Loss Prevention in the Process Industries*, p.589; Bodurtha, Industrial Explosion Prevention and Protection, p.99

## 참고문헌


Center for Chemical Process Safety(CCPS), *Guidelines for Evaluating Process Buildings for External Explosions and Fires*(New York: John Wiley, 1996)

Center for Chemical Process Safety(CCPS), *Guidelines for Vapor Cloud Explosion, Pressure Vessel Burst, BLEVE and Flash Fire Hazards*, 2nd ed. (New York: John Wiley, 2010)

D. A. Crowl, *Understanding Explosions* (New York: John Wiley, 2003)

Rolf K. Eckhoff, *Dust Explosion in the Process Industries*, 3rd ed.(Amsterdam: Elsevier, 2003)

Rolf K. Eckhoff, *Explosion Hazards in the Process Industries*, 2nd ed.(Cambridge, 2016)

Irvin Glassman and Richard A. Yetter, *Combustion*, 4th ed. (Burlington, MA: Academic Press, 2008)

Don W. Green and Robert H. Perry, *Perry's Chemical Engineer's Handbook*, 9th ed. (New York: McGraw-Hill, 2019), p.23-6 to 23-21

Gilbert F. Kinney and Kennneth J. Graham, *Explosive Shocks in Air*, 2nd ed.(Berlin : Springer-Verlag, 1985)

Bernard Lewis and Guenther von Elbe, *Combustion, Flames, and Explosions of Gases*, 3rd ed.(New York: Academic Press, 1987)

Sam Mannan, ed., *Lees' Loss Prevention in the Process Industries*, 3rd ed. (Amsterdam: Elsevier, 2005)

Society of Fire Protection Engineers, *SFPE Handbook of Fire Protection Engineering*, 5th ed. (Quincy, MA:National Fire Protection Association, 2015)

Daniel R. Stull, "*Fundamentals of Fire and Explosion*", AICHE Monograph Series, No. 10, Vol 73(New York: American Institute of Chemical Engineers, 1977)


## 연습문제

**6.1** 50 mol%의 물과 50 mol% 메탄올로 구성된 용액의 인화점을 계산하여라. 부록 B와 부록 C를 이용한다.

**6.2** 15% 일산화탄소와 10% 메탄, 나머지는 공기인 기체 혼합물은 인화성인가? 부록 B 자료를 이용하여라.

**6.3** 식 (6-10)과 (6-11)을 이용하여 일산화탄소와 헵탄의 LFL과 UFL을 계산하여라. 부록 B의 값과 비교하여라.

**6.4** 가스 실린더는 부피 기준으로 50% 메탄 및 50% 에틸렌으로 구성된 가스 혼합물을 함유한다. 이 가스 혼합물의 LFL 및 UFL을 추정하여라. LFL의 경우 3.6%, UFL의 경우 21.5 %인 실험값과 비교하여라.

**6.5** 양론농도 및 이 교재의 식 (6-10) 및 식 (6-11)을 이용하여 에틸렌에 대한 UFL 및 LFL을 추정하여라. 부록 B의 실험값과 비교하여라.

**6.6** 이 교재의 식 (6-15) 및 식 (6-16)을 이용하여 에틸렌에 대한 LOC를 추정하여라. <표 6.3>의 실험값과 비교하여라.

**6.7** 식 (6-15)를 사용하여 (a) 일산화탄소 및 (b) 헵탄에 대한 LOC를 추정하여라. <표 6.3>의 실험값과 비교하여라.

**6.8** 메틸알코올에 대한 근사적 인화성 삼각형 도표를 작도하여라. 부록 B 및 <표 6.3>에 제시된 인화성 데이터를 사용하여라. 20% 메틸 알코올, 5% 산소 및 75% 질소를 함유한 가스를 공기와 혼합하면 인화성은 얼마나 되겠는가?

**6.9** 바베큐 가스 실린더에는 20 lb의 프로판이 포함되어 있다. 실린더가 실수로 넘어져 파열되어 실린더 전체 내용물이 증발하였다. 증기운이 점화되고 폭발이 발생하였다. 이 폭발로 100 피트 떨어진 지점에서의 과압을 추정하여라. 어떤 유형의 피해가 예상되는가?

**6.10** 메탄 VCE가 점화원에서 100 피트 떨어진 집 구조물을 파괴하였다. 누출된 메탄의 양을 추정하여라.

**6.11** 가솔린 탱크 트럭에서의 한 구획은 11,860 리터이다.

**a.** 이 구획에서 가솔린 증기의 양론 농도가 되는데 얼마나 많은 양의 가솔린 액체(리터 단위)가 필요한가?

**b.** 밀폐계 폭발을 바탕으로 이 가솔린 증기의 TNT 상당량은 얼마인가?

1 atm 및 25℃ 대기 조건을 가정한다.

가솔린의 성분은 대부분 옥탄($C_8H_{18}$)이며, 다음과 같은 특성을 가짐을 가정한다.

가솔린 증기 분자량 : 72

가솔린 액체 비중 : 0.72

가솔린 저발열량 : 44 MJ/kg

**6.12** 가솔린의 LFL은 공기 중 1.3 vol.% 가솔린 증기이다. 가솔린의 누출지점으로부터 바람부는 방향으로 0.1 km에서 가솔린 LFL의 1/4 농도(바람부는 방향)가 되려면 가솔린 증기의 증발속도(kg/s)는 얼마나 되어야 하는가?

가정: 최악의 대기 안정도 조건, 1 atm 및 25℃ 대기조건

가솔린에 대한 물리적 특성은 문제 6.11에서 제시된 것과 동일

**6.13** 액체 헵탄이 대기로 직접 벤트되는 100,000 L 저장용기에 저장되어 있다. 헵탄은 25℃ 및 1 atm에서 저장되었다. 액체는 저장용기로부터 배출되고, 용기 내에 남아있는 것은 헵탄 증기와 함께 포화된 공기이다.

**a.** 저장용기의 증기는 인화성인가?

**b.** 용기에 남아있는 증기를 TNT 당량으로 환산하면 얼마나 되겠는가?

**c.** 증기가 폭발하면 용기에서 50 m 지점에서의 과압은 얼마나 되겠는가?

**d.** 50 m 지점에서 어떤 손상이 예상되는가?

헵탄($C_7H_{16}$)에 대한 데이터

분자량 : 100.21, 연소열 : −4464.9 kJ/mol,

LFL : 1.0vol.%, UFL : 7.0vol.%, 비점 : 98.4℃

**6.14** 공장은 제어실 건물에서 100 m 떨어진 지점에 구형의 부탄 저장탱크를 설치하려고 고려하고 있다. 저장탱크 모든 내용물이 증기운 폭발에 참여한 것으로 가상하여 피해예측을 검토해야 함을 요청받았다. 제어실 건물은 단지 3 psi (20.7 kPa)의 과압으로 설계되었다. 3 psi 압력 사양을 초과하지 않고 저장될 수 있는 최대 부탄의 양 (kg)은 얼마인가?
부탄에 대한 데이터 : −2657.5 kJ/mol의 저발열량LHV (부록 B에서)

**6.15** 구형 용기 내에 인화성 가스로 가동중인 실험장비가 있다. 다음 자료는 두 개의 부피가 다른 용기에 대해 구했다. 이 인화성 가스의 $K_G$값을 구하여라.

| V = 1 m$^3$ | | V = 20 m$^3$ | |
|---|---|---|---|
| Time(sec) | P(bar) | Time(sec) | P(bar) |
| 0.0 | 0.0 | 0.0 | 0.0 |
| 0.1 | 0.2 | 0.2 | 0.15 |
| 0.2 | 0.5 | 0.3 | 0.35 |
| 0.3 | 1.2 | 0.4 | 0.6 |
| 0.35 | 1.6 | 0.5 | 0.9 |
| 0.40 | 3.2 | 0.6 | 1.4 |
| 0.425 | 4.7 | 0.7 | 2.2 |
| 0.450 | 6.5 | 0.8 | 4.1 |
| 0.475 | 6.9 | 0.85 | 5.0 |
| 0.500 | 7.1 | 0.90 | 6.2 |
| 0.550 | 7.4 | 0.95 | 7.1 |
| 0.600 | 7.3 | 1.00 | 7.0 |
| 0.650 | 7.0 | 1.05 | 7.2 |
| 0.700 | 6.4 | 1.10 | 6.7 |
| 0.750 | 6.1 | 1.15 | 6.25 |
| 0.800 | 5.7 | 1.20 | 5.90 |
| 0.900 | 5.1 | 1.30 | 5.40 |
| 1.000 | 4.7 | 1.40 | 5.00 |
| | | 1.50 | 5.60 |

**6.16** 1 atm, 25℃의 저장용기에 아래 액체가 저장되어 있다. 용기에 공기 구멍이 있을 때 액체 위 증기가 인화성인지 판단하여라.

**a.** 아세톤

**b.** 벤젠

**c.** 사이클로헥산

**d.** 에틸 알코올

**e.** 헵탄

**f.** 헥산

**g.** 펜탄

**h.** 톨루엔

CHAPTER 7

# 화재 및 폭발 방지 설계

이 장의 학습목표는 다음과 같다.

**1.** 가스 조성을 조정하기 위한 불활성화 및 기타 방법을 기술한다.
**2.** 정전기 점화 위험성 및 제어에 대해 고찰한다.
**3.** 화재 및 폭발을 예방하기 위한 설계 개념을 설명한다.

화재 및 폭발로 인한 피해를 예방하거나 제한하기 위해 3가지 전략이 사용된다: (1) 인화성 혼합물 예방 (2) 점화원 제거 및 감소 (3) 화재나 폭발이 발생한 후 피해 완화. 일반적으로 산업계에서는 3가지 전략을 모두 다루어야 한다.

6장에서 논의한 바와 같이, 점화원을 제거하는 것만으로는 화재와 폭발을 예방하기에 충분하지 않다. 점화원은 1차 예방 메커니즘으로 사용하기에는 너무 다양하다. 보다 강건한 설계는 1차 제어로 인화성 혼합물이 존재하지 않도록 하는 것이고, 2차 제어로 점화원을 제거하는 것이다.

화재나 폭발이 발생하려면 3가지 조건이 충족되어야 한다(그림 6.1에 표시된 화재 삼각형에 나타낸 바와 같이). 첫 번째로 연료가 존재해야 된다. 둘째는 연소 반응을 도와줄 수 있는 산소 또는 산화제가 존재해야 한다. 마지막으로, 반응을 개시하기 위한 점화원이 있어야 한다. 화재 삼각형의 이 3가지 조건 중 하나라도 제거되면 화재 삼각형은 이루어지지 않으며 화재 또는 폭발이 일어나는 것이 가능하지 않다.

화재나 폭발로 인한 피해는 가능한 빨리 화재나 폭발을 멈추고 그 영향을 견딜 수 있는 공정 장비(제어 센터)를 설계함으로써 최소화 된다. 산업계는 공학적 성공사례(Recognized and Generally Acceptable Good Engineering Practices, RAGAGEP)를 이용하여 이를 수행한다. RAGAGEP에 대한 추가 정보는 1장을 참조하여라.

# 1 불활성화

불활성화(inerting)의 목적은 인화성 분위기의 존재를 예방하기 위해 불활성 가스를 이용하여 공정장치에서의 가스 조성을 조절하는 것이다. 종종 증기가 사용되기는 하지만, 불활성 가스는 일반적으로 질소 또는 이산화탄소이다. 한계산소농도(LOC)는 불활성화를 위해 목표 농도로 자주 사용된다.

설령 넓은 가변성이 예상되더라도, 대부분의 가스의 경우에 LOC는 약 10%이고 대부분의 분진의 경우에는 약 8%이다. <표 7.1>은 일반적으로 사용되는 제어 농도[1]를 나타낸 것이다.

빈 용기에 인화성 물질을 충전하기 전에 먼저 용기는 불활성화 되어야 한다. 용기 내 액면 위의 증기 공간에 안전한 분위기를 유지하려면 불활성화 시스템이 필요하다. 이상적으로 이 시스템에는 LOC 이하로 산소 농도를 제어하기 위해 불활성 가스 자동 추가 기능이 포함되어야 한다. 이 제어시스템에는 LOC와 관련하여 산소 농도를 지속적으로 모니터링하는 분석기와 산소 농도가 제어 농도에 도달할 때 불활성 가스를 첨가하기 위한 불활성 가스 제어 공급시스템이 있어야 한다. 그러나 종종 불활성화 시스템은 증기 공간에서 불활성 가스의 일정한 양의 압력을 유지하도록 설계된 조절기로만 구성된다. 그러나 분석기 시스템은 불활성 가스 사용량을 상당히 절약하면서 안전성을 향상시킨다.

일반적으로 사용되는 낮은 설정 값은 권장 제어농도 이하인 1%이다. 실제 LOC가 산소 5% 이하인 경우 권장 제어농도는 실제 LOC 이하인 3% 또는 2%이다. 질소 첨가는 LOC 이하인 3% (NFPA 권장사항)에서 개시되며, 2%에서 중단된다.

낮은 수준으로 산소농도를 초기에 저감시키기 위해 다양한 퍼지 방법(진공퍼지, 압력퍼지, 압력진공형 퍼지, 비순수 질소를 사용한 진공 및 압력 퍼지, 스위프 퍼지 및 사이펀 퍼지)이 사용된다.

**표 7.1** NFPA 불활성화 제어 농도

| 조건 | 실제 LOC | NFPA 권장 제어농도 |
|---|---|---|
| 산소 농도를 지속적으로 모니터링 | 5% 이상<br>5% 미만 | 실제 LOC 이하인 2% 이하<br>LOC의 60% 미만 |
| 산소 농도를 지속적으로 모니터링 되지 않음 | 7.5% 이상<br>7.5% 미만 | 실제 LOC 이하인 최소 4.5%<br>LOC의 40% 미만 |

1) *NFPA 69, Standard on Explosion Prevention Systems* (Quincy, MA: National Fire Protection Association, 2014)

## 진공퍼지

진공퍼지(vacuum purging)는 용기에 대한 가장 일반적인 불활성화 절차이다. 이 방법은 큰 저장용기에서는 사용될 수 없다. 왜냐하면 큰 용기는 보통 진공에 견디도록 설계되지 않아서 수 인치의 수주의 압력 정도만 견딜 수 있다.

반응기를 포함한 용기는 −760 mmHg(게이지) 또는 0.0 mmHg(절대압)인 완전 진공이 가능하도록 설계된다. 진공퍼지는 반응기에 일반적으로 쓰이는 절차이다. 진공퍼지 절차는 다음과 같다. (1) 용기가 원하는 진공도에 이를 때가지 용기를 진공으로 한다. (2) 질소나 이산화탄소와 같은 불활성가스를 주입하여 대기압과 같게 한다. (3) 단계 (1)과 (2)를 원하는 산소농도가 될 때까지 반복한다.

진공퍼지 과정은 <그림 7.1>에 나타낸 단계별 절차를 이용하여 설명된다. 용기가 초기 산소 농도 $y_0$에서 최종 목표 산소 농도 $y_j$까지 진공퍼지된다. 최초 압력 $P_H$의 용기가 진공을 이용하여 압력 $P_L$로 진공퍼지된다. 다음 계산의 목적은 목표 산소농도를 달성하는데 필요한 사이클 수를 결정하는 것이다. <그림 7.1>에 나타낸 바와 같이, 사이클에 대해 선택된 고압 및 저압은 용기의 설계압력과 설비의 진공시스템의 저압 성능에 따라 다르다.

각 진공 사이클이 끝날 때의 산소 농도는 진공 사이클이 시작될 때의 농도와 같다. 용기로부터 가스배출은 농도를 변화시키지 않는다. 각 가압 사이클 경우에, 불활성화가 산소를 함유하지 않으면 산소 몰수는 일정한 상태가 된다.

각 사이클의 최고압을 $P_H$, 최저압 또는 진공상태를 $P_L$이고 이상기체라고 가정하면 각 압력에서 전체 몰수는 다음과 같다.

$$n_H = \frac{P_H V}{R_g T} \tag{7-1}$$

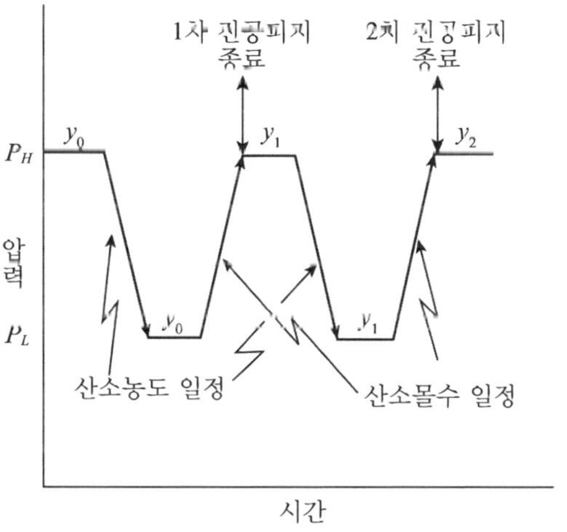


그림 7.1 진공퍼지 사이클

$$n_L = \frac{P_L V}{R_g T} \tag{7-2}$$

여기서, $n_H$와 $n_L$은 대기압과 진공상태에서 각각 전체 몰수이다.

저압 $P_L$과 고압 $P_H$에서 산화제의 몰수는 Dalton의 법칙에 의하여 계산된다.

$$(n_{oxy})_{1L} = y_o n_L \tag{7-3}$$

$$(n_{oxy})_{1H} = y_o n_H \tag{7-4}$$

여기서, $1L$과 $1H$는 각각 처음 대기압과 처음 진공상태이다.

진공이 순수 질소로 채워져 대기압과 같게 될 때, 산화제의 몰수는 진공상태에서와 같다. 질소를 가하여 몰수가 증가된 후 산화제의 농도는

$$y_1 = \frac{(n_{oxy})_{1L}}{n_H} \tag{7-5}$$

여기서, $y_1$은 질소로 처음 퍼지한 후의 산소농도를 나타낸다. 식 (7-3)을 식 (7-5)에 대입하면

$$y_1 = \frac{(n_{oxy})_{1L}}{n_H} = y_o \left(\frac{n_L}{n_H}\right)$$

진공과 이너트(inert) 주입이 반복되어 두 번째 퍼지후의 농도는

$$y_2 = \frac{(n_{oxy})_{2L}}{n_H} = y_1 \frac{n_L}{n_H} = y_o \left(\frac{n_L}{n_H}\right)^2$$

이러한 절차는 산소농도가 원하는 수준으로 감소될 때까지 반복된다. $j$회 퍼지 후 즉, 진공과 질소 주입을 $j$번 반복한 후 산화제의 농도는 다음과 같은 일반적인 식으로 된다.

$$\boxed{y_j = y_o \left(\frac{n_L}{n_H}\right)^j = y_o \left(\frac{P_L}{P_H}\right)^j} \tag{7-6}$$

이 식은 압력한계 $P_H$와 $P_L$이 각 사이클 동안 각각 동일하다는 가정 하에서 얻은 것이다.

각 사이클 동안 가한 질소의 전체 몰수는 일정하다. 따라서 $j$사이클 동안 소비한 전체 질소의 양은 다음과 같다.

$$\Delta n_{N_2} = j(P_H - P_L) \frac{V}{R_g T} \tag{7-7}$$

**예제 7.1**

진공퍼지 방법으로 1000갤런 용기 안의 산소농도를 1 ppm까지 줄이려고 한다. 이를 충족시키기 위해 몇 번의 퍼지가 필요한지 결정하고 사용한 전체 질소량을 계산하여라. 온도는 75°F이고, 용기는 주위의 공기로 채워져 있다. 절대압력 20 mmHg까지 도달할 수 있는 진공펌프가 사용되고, 진공에 도달한 후에 절대압력이 1기압이 될 때까지 순수한 질소를 주입한다고 한다.

**해답**

초기 및 마지막 상태에서의 산소농도는 다음과 같다.

$$y_o = 0.21 \text{ lbmol } O_2/\text{total mol}$$

$$y_f = 1\,\text{ppm} = 1\times 10^{-6} \text{ lbmol } O_2/\text{total mol}$$

식 (7-6)을 이용하여 필요한 퍼지횟수를 계산하면 $y_j = y_o\left(\frac{P_L}{P_H}\right)^j$

$$\ln\left(\frac{y_j}{y_o}\right) = j\ln\left(\frac{P_L}{P_H}\right)$$

$$j = \frac{\ln(10^{-6}/0.21)}{\ln(20\text{ mmHg}/760\text{ mmHg})} = 3.37$$

퍼지의 횟수 $j = 3.37$: 산소농도를 1 ppm까지 줄이려면 4번의 퍼지가 필요하다.
식 (7-7)으로 전체 질소사용량이 결정된다. 최종압력 $P_L$은

$$P_L = \left(\frac{20\text{ mmHg}}{760\text{ mmHg}}\right)(14.7\text{ psia}) = 0.387\text{ psia}$$

$$\Delta n_{N_2} = j(P_H - P_L)\frac{V}{R_g T}$$

$$= 4(14.7 - 0.387)\text{ psia}\frac{(1000\text{ gal})(1\text{ ft}^3/7.48\text{ gal})}{(10.73\text{ psia ft}^3/\text{lbmol °R})(75+460)\text{°R}}$$

$$= 1.33\text{ lbmol} = 37.2\text{ lb}_m\text{ of nitrogen} = 16.9\text{ kg of nitrogen}$$

## 압력퍼지

용기에 가압된 불활성가스(inert gas)를 주입함으로써 용기를 퍼지시킬 수 있다. 이는 불활성 가스가 용기 내에서 충분히 분산된 후 대기 중으로 방출함으로써 이루어진다. 산화제의 농도를 원하는 농도로 감소시키기 위해서는 여러 번의 가압 방출의 순환이 필요할 수도 있다.

산소 농도를 목표 수준까지 감소시키는데 이용되는 사이클을 <그림 7.2>에 제시하였다. 이 경우 용기의 최초 압력은 $P_L$이며, 압력 $P_H$의 순수 질소를 이용하여 가압된다. 이 목적은 원하는 농도에 도달하기 위해 필요한 압력 퍼지 사이클 횟수를 결정하는 것이다.

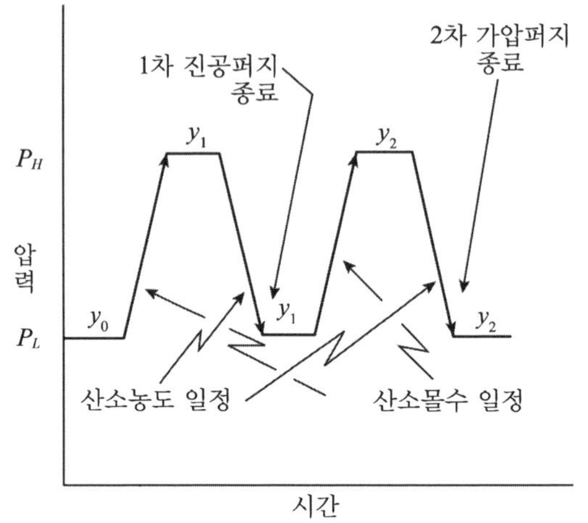


그림 7.2 압력퍼지 사이클

용기가 순수 질소로 가압되기 때문에 가압되는 동안 산소 몰수는 일정하게 유지되지만 몰분율은 감소한다. 감압하는 동안 용기 내 가스의 조성은 일정하지만, 전체 몰수는 감소한다. 따라서 산소 몰분율은 변하지 않는다. 이러한 퍼지절차에 사용된 관계식은 식 (7-6)과 동일하다. 여기서, $n_L$은 저압에서의 총몰수이고 $n_H$는 고압에서의 총몰수이다. 그러나 이 경우에 용기에서의 산화제 처음농도($y_o$)는 용기가 가압된 후에 계산된다. 이러한 가압된 상태에서의 몰수는 $n_H$이고, 대기압인 경우는 $n_L$이다.

압력퍼지와 진공퍼지를 비교하면 압력퍼지가 진공퍼지에 비하여 퍼지시간이 크게 작은 장점이 있다. 가압공정은 진공을 유도하기 위한 공정에 비하여 대단히 빠르다. 또한 진공시스템의 용량은 절대진공이 감소될 때 크게 감소한다. 그러나 압력퍼지는 보다 많은 불활성가스를 소모한다. 그러므로 퍼지는 비용과 성능을 기준으로 가장 적합한 최적의 것으로 선택해야 한다.

### 예제 7.2

예제 7.1에서 사용한 1,000갤런 용기 안의 산소농도를 압력퍼지 방법으로 줄이려 한다. 5 barg, 25 ℃의 질소를 이용하여 산소농도를 1 ppm으로 줄이려면 몇 번의 퍼지가 필요한지 결정하여라. 또한 필요한 질소의 양을 계산하여라. 두 방법에 필요한 질소 사용량을 비교하여라.

**해답**

최종 산소농도($y_f$)는 1 ppm 또는 $10^{-6}$ lb-mol 산소/전체 lb-mol이 되어야 한다. 필요한 퍼지회수를 결정하는 식 (7-6)을 이용한다. (1 bar = 0.987 atm = 14.5 psi, 1 atm = 1.013 bar)

$$y_j = y_o\left(\frac{P_L}{P_H}\right)^j$$

$$j = \frac{\ln(10^{-6}/0.21)}{\ln[1.013 \text{ bar}/(5+1.013) \text{ bar}]} = 6.88$$

퍼지의 횟수($j$)는 7이다. 식 (7-7)을 이용하여 사용된 질소양이 결정된다.

$$\Delta n_{N_2} = j(P_H - P_L)\frac{V}{R_g T}$$

$$= 7(6.013 - 1.013) \text{ bar} \frac{3.785 \text{ m}^3}{(0.08314 \text{ bar m}^3/\text{kg mol °K})(298\text{°K})}$$

$$= 5.34 \text{ kgmol} = 149 \text{ kg of nitrogen} = 328 \text{ lb of nitrogen.}$$

진공퍼지에서 4회 퍼지 16.9 kg의 질소가 필요하다. 압력퍼지방법으로 7번의 퍼지와 149 kg의 질소가 필요하다. 이 결과는 압력퍼지 방법의 시간절약과 질소의 부가비용을 근거로 운영비용을 비교할 필요가 있음을 예시하고 있다.

---

## 압력-진공 조합형 퍼지

압력 및 진공을 견딜 수 있는 용기의 경우 용기를 퍼지하는데 압력과 진공이 동시에 이용된다. 계산 절차는 용기가 처음에 비워지는지 가압되는지에 의존한다.

압력-최초 퍼지에 대한 퍼지 사이클은 <그림 7.3>과 같다. 이 경우 사이클의 시작은 최초 가압의 끝으로 정의된다. 만약 최초 산소 몰분율이 0.21이라면 이 초기압력의 마지막에서의 산소 몰분율은 다음 식으로 구한다.

$$y_o = 0.21\left(\frac{P_o}{P_H}\right) \tag{7-8}$$

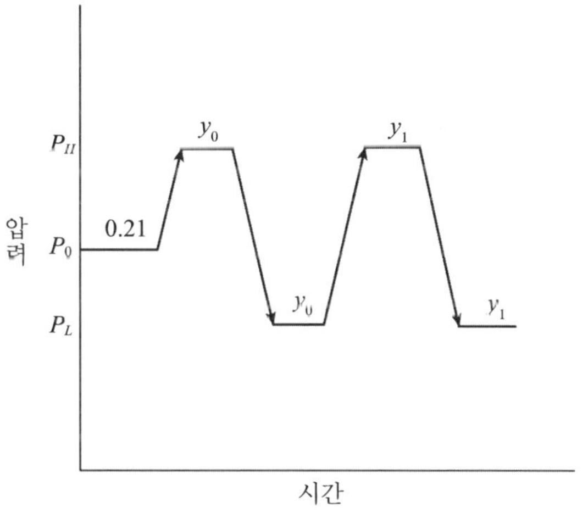


⇧ **그림 7.3** 초기압력에서의 진공-압력 조합형 퍼지

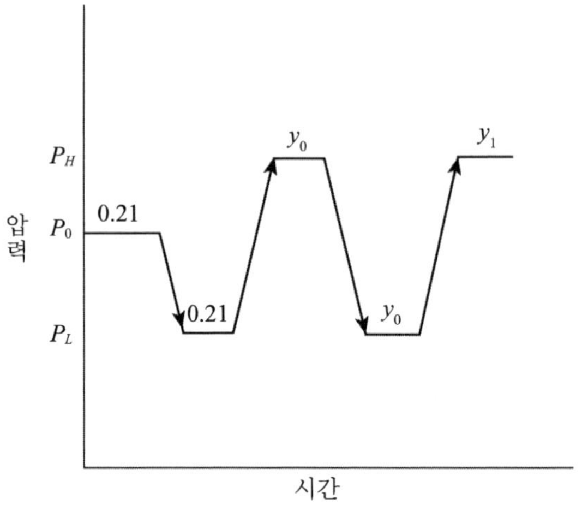


⇧ **그림 7.4** 초기 진공용기의 진공-압력 퍼지

이 지점에 남아있는 사이클은 압력 퍼지와 동일하고 식 (7-6)이 적용된다. 그러나 사이클 횟수 $j$는 초기 가압 후의 사이클 횟수이다.

비우는 첫 번째 퍼지를 위한 퍼지 사이클은 <그림 7.4>와 같다. 이 경우 사이클의 시작은 최초 진공의 끝으로 정의된다. 이 지점에서의 산소 몰분율은 최초 몰분율과 같다. 또한 남아있는 사이클은 진공퍼지 조작과 같고 직접 식 (7-6)을 적용할 수 있다. 그러나 사이클 횟수 $j$는 최초 진공 후의 사이클 횟수이다.

## 비순수 질소를 이용한 진공 및 압력 퍼지

진공 및 압력 퍼지를 위해 개발된 식들은 오직 순수한 질소의 경우에만 적용된다. 최근 이용할 수 있는 대다수의 질소 분리 공정은 순수한 질소를 제공하지 못하며, 보통 98%를 약간 상회하는 범위의 질소를 제공한다.

이 질소는 일정한 몰분율 $y_{oxy}$의 산소를 포함한다고 가정하자. 압력 퍼지 절차의 경우 최초 가압 종점에 존재하는 산소의 전체 몰수는 처음 존재하는 산소의 몰수에 질소에 포함된 산소 몰수를 합한 것과 같다. 이 양은 다음과 같다.

$$n_{oxy} = y_o\left(\frac{P_L V}{R_g T}\right) + y_{oxy}(P_H - P_L)\frac{V}{R_g T} \tag{7-9}$$

최초 가압의 종점에서 용기 내의 전체 몰수는 식 (7-1)에 의하여 구한다. 그러므로 이 사이클 종점에서의 산소 몰분율은 다음과 같다.

$$y_1 = \frac{n_{oxy}}{n_{tot}} = y_o\left(\frac{P_L}{P_H}\right) + y_{oxy}\left(1 - \frac{P_L}{P_H}\right) \tag{7-10}$$

이 결과는 $j$번째 압력 사이클의 종점에서의 산소 농도를 구할 수 있는 아래의 귀납적인 식 (7-11)과 일반화된 식 (7-12)로 일반화된다.

$$y_j = y_{j-1}\left(\frac{P_L}{P_H}\right) + y_{oxy}\left(1 - \frac{P_L}{P_H}\right) \tag{7-11}$$

식 (7-11)을 재정리하면 다음과 같다.

$$y_j - y_{oxy} = (y_{j-1} - y_{oxy})\left(\frac{P_L}{P_H}\right)$$

첫 번째 퍼지 후 농도를 결정하려면 위의 식을 사용한다.

$$y_1 - y_{oxy} = (y_o - y_{oxy})\left(\frac{P_L}{P_H}\right) \tag{7-12}$$

두 번째 퍼지인 경우 이 절차를 반복한다.

$$y_2 - y_{oxy} = (y_1 - y_{oxy})\left(\frac{P_L}{P_H}\right)$$

앞에서 나타낸 바와 같이, $(y_1 - y_{oxy})$를 $(y_1 - y_{oxy})$로 대체하면 결과는 다음과 같다.

$$y_2 - y_{oxy} = (y_o - y_{oxy})\left(\frac{P_L}{P_H}\right)\left(\frac{P_L}{P_H}\right) = (y_o - y_{oxy})\left(\frac{P_L}{P_H}\right)^2$$

다음과 같은 일반식을 제공하기 위해 이 절차를 반복한다.

$$\boxed{y_j - y_{oxy} = (y_o - y_{oxy})\left(\frac{P_L}{P_H}\right)^j} \tag{7-13}$$

비순수 불활성 가스로 압력 및 진공퍼지하는 경우에 식 (7-13)은 식 (7-6)을 대체하여 사용된다. 압력퍼지는 압력차가 크기 때문에 빠르게 진행할 수 있다. 그러나 진공퍼지보다 훨씬 많은 불활성가스를 사용하여야 한다. 진공퍼지는 산소농도가 진공에 의해 감소되기에 소량의 불활성가스를 사용한다. 진공과 압력퍼지를 조합시키면 압력퍼지에 비하여 적은 양의 질소가 사용된다. 특히 초기사이클이 진공인 경우에는 더욱 그러하다.

### 스위프 퍼지

스위프 퍼지공정(sweep-through purging)은 용기의 한 개구부로 퍼지가스를 가하고 다른 개구부로부터 대기(또는 스크러버)로 혼합가스를 용기에서 축출시키는 공정을 말한다. 이 퍼지공정은 보통 용기나 장치에 압력을 가하거나 진공으로 할 수 없을 때 사용된다. 즉, 퍼지가스는 상압에서 가하고 대기압에서 방출한다.

퍼지결과는 용기 안에서 완전 혼합이고, 일정 온도 및 압력이라 가정하여 얻어질 수 있다. 이 조건에서 출구흐름 질량 또는 부피유속은 입구흐름(inlet stream)과 같다. 용기주변의 물질수지는

$$V\frac{dC}{dt} = C_o Q_v - CQ_v \tag{7-14}$$

여기서, $V$ : 용기의 부피
$C$ : 용기 안의 산화제의 농도[질량 또는 부피단위]
$C_o$ : 유입하는 산화제의 농도[질량 또는 부피단위]
$Q_v$ : 부피유속
$t$ : 시간

용기 안으로 들어오는 산화제의 질량유속은 $C_o Q_v$이고 나가는 산화제의 유속은 $CQ_v$이다. 식 (7-14)를 정리하고 적분하면

$$Q_v \int_0^t dt = V\int_{C_1}^{C_2} \frac{dC}{(C_o - C)} \tag{7-15}$$

$C_1$에서 $C_2$로 산화제 농도를 감소시키는데 요구되는 불활성가스의 부피는 $Q_v t$이고, 이는 식 (7-16)으로 결정된다.

$$\boxed{Q_v t = V\ln\left(\frac{C_1 - C_o}{C_2 - C_o}\right)} \tag{7-16}$$

많은 시스템에 대하여 $C_o = 0$이다.

**예제 7.3**

저장용기에 100%의 공기가 차 있는데, 산소농도가 1.25%(부피 %) 이하로 될 때까지 질소로 불활성화시키려 한다. 용기의 부피는 1000 $ft^3$이다. 질소는 0.01%의 산소를 포함하고 있다고 가정할 때 얼마 만큼의 질소를 부가해야 되는지 계산하여라.

**▌해답**

필요한 질소의 부피, $Q_v t$는 식 (7-15)를 이용하여 결정한다.

$$Q_v t = V\ln\left(\frac{C_1 - C_o}{C_2 - C_o}\right)$$

$$= (1000\ \text{ft}^3)\ \ln\left(\frac{21.0 - 0.01}{1.25 - 0.01}\right) = 2830\ \text{ft}^3$$

이 값은 오염된 질소(0.01%의 산소를 포함)의 부가량이다. 산소농도를 1.25% 이하로 줄이기 위해 필요한 순수한 질소의 양은

$$Q_v\, t = (1000\ \mathrm{ft}^3)\ \ln\left(\frac{21.0}{1.25}\right) = 2821\ \mathrm{ft}^3$$

---

## 사이폰 퍼지

식 (7-16)에 예시한 바와 같이 스위프 퍼지공정은 많은 양의 질소가 필요하다. 따라서 이 방법은 큰 저장용기를 퍼지할 때 많은 비용이 든다. 사이폰 퍼지(siphon purging)는 이와 같은 경우 퍼지비용을 최소화하는데 이용된다.

사이폰 퍼지공정은 용기에 액체(물 또는 제품과 혼화성이 없는 액체)를 채움으로부터 시작한다. 퍼지가스는 액체가 용기로부터 드레인 될 때 용기의 증기공간에 주입된다. 퍼지가스의 부피는 용기의 부피와 같고 퍼지속도는 액체를 방출하는 부피유속과 같다.

사이폰 공정을 이용할 때, 첫째로 액체를 용기에 채운 다음 용기의 상부에 잔류해 있는 산소를 제거하기 위하여 스위프 퍼지공정을 사용하는 것이 바람직하다. 이 방법을 사용하면 추가 스위프 퍼지공정에 따른 약간의 부대비용이 추가되지만 산소의 농도를 매우 낮은 수준으로 줄일 수 있다.

## 인화 분위기를 피하기 위한 인화성 도표의 이용

6장에 소개된 인화성 도표는 인화성 혼합물의 존재 여부를 결정하는데 그리고 불활성화 및 퍼지 절차를 위한 목표 농도를 제공하는데 중요하다. 목적은 인화성 혼합물을 회피하는 것이다.

유지보수가 필요한 용기에 적용하는 절차를 <그림 7.5>에 나타내었다. 처음에 이 용기는 $A$지점에서 순수한 연료를 저장한다. 만일 용기를 퍼지하는데 공기를 이용한다면 조성은 연소 지역을 통과하는 $AR$선을 따라간다. 우선 질소를 용기 속으로 집어넣으면 <그림 7.5>에 나타낸 바와 같이 가스 조성이 $AS$선을 따라간다. 한 가지 방법은 용기가 순수한 질소를 함유할 때까지 질소를 계속 주입하는 것이다. 그러나 이는 다량의 질소와 비용을 필요로 한다. 보다 효율적인 절차가 $S$지점에 도달할 때까지 질소로 불활성화시키는 것이다. 그 후에 공기가 주입될 수 있고, 가스 조성은 <그림 7.5>의 $SR$선을 따라간다. 이 경우 인화 구역을 피하고 안전한 용기 준비 단계가 보장된다.

더욱 최적화된 절차일 수 있는 한 가지 방법을 제안하려고 한다. 이것은 UFL 이상의 공기 양론선에 도달할 때까지 먼저 용기에 공기를 주입하는 것이다. 즉, 이는 용기에 공기를 주입하고 질소를 주입하는 것이다. 이 방법은 연소 구역의 돌출부를 피하고 질소 소비를 최소화한다. 그러나 이 방법의 문제는 용기 내에서 순수한 공기가 과농한 가스 혼합물과 혼합됨에

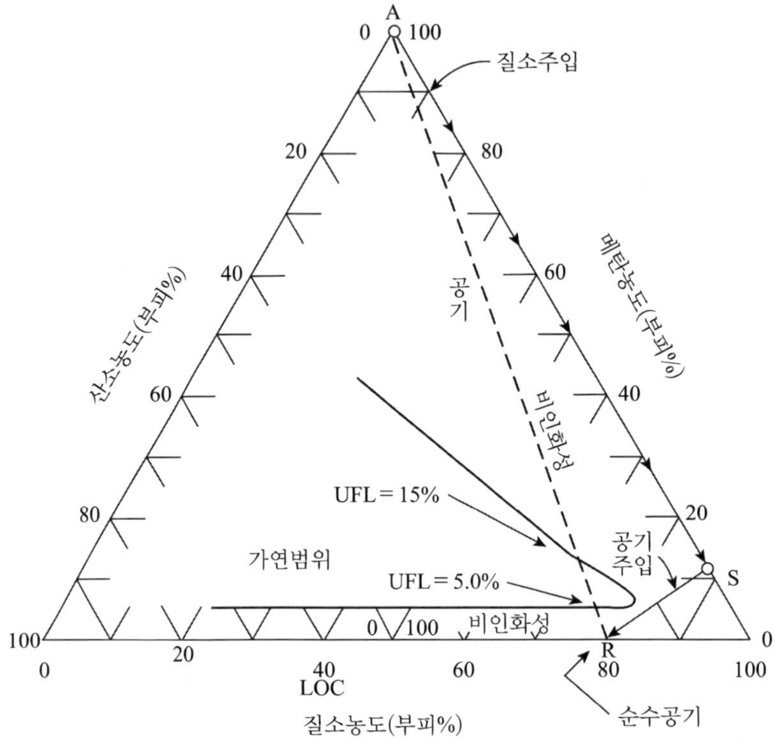


그림 7.5 용기의 사용중지를 위한 인화구역을 회피하는 절차

따라 도입 지점에서 인화성 혼합물을 형성한다. 인화성 도표는 용기 내의 평균 가스 조성만을 반영한다. 이 문제를 해결하기 위해 우선 질소를 사용한다.

질소퍼지 공정을 이용할 경우 반드시 <그림 7.5>에서 $S$지점의 위치를 결정해야 한다. 이 방법을 <그림 7.6>에 나타내었다. 점 $S$는 순수 공기지점 $R$과 화학양론 연소선과 LFL의 교차점에서의 $M$지점을 통하는 연결에 의해 추정될 수 있다. $R$과 $M$지점에서의 가스 조성을 알고 있으므로 $S$지점의 조성은 그래프 또는 다음 식을 이용하여 구한다.

$$\boxed{\mathrm{OSFC} = \frac{\mathrm{LFL}}{1 - z\left(\dfrac{\mathrm{LFL}}{21}\right)}} \tag{7-17}$$

여기서, OSFC : 비인화연료농도, 즉 <그림 7.6>에서 S 지점일 때의 연료 농도

LFL : 인화하한계에서의 연료농도

$z$ : 6장 연소 반응의 양론적인 산소 계수

식 (7-16)의 유도는 이 교재의 웹사이트에 제공된다.

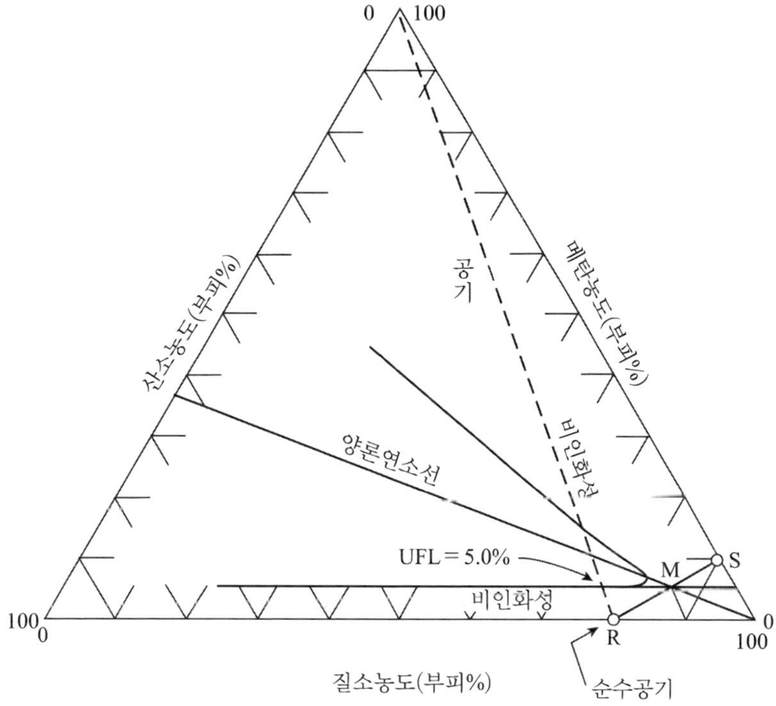


**그림 7.6** 용기의 비인화(out of service)를 위한 인화성 도표점 S에서의 목표연료농도 추산점 M은 양론선인 LFL과 교차점이다.

다른 접근법은 최소산소농도($M$)와 양론 연소선의 교차점을 통하는 $R$지점의 연장선에 의한 $S$지점에서의 연료농도를 평가하는 것이다. 분석 결과는 다음과 같다.

$$\text{OSFC} = \frac{\text{LOC}}{z\left(1 - \dfrac{\text{LOC}}{21}\right)} \tag{7-18}$$

여기서, LOC : 단위가 산소의 부피 퍼센트인 한계산소농도(최소산소농도라고도 칭함)

LFL : 인화하한계에서의 연료농도 [대기 중 연료 부피 퍼센트 단위]

$z$ : 식 (6-9)에 제시된 산소에 대한 양론계수

식 (7-18)의 유도는 이 교재의 웹 사이트에 제공된다.

식 (7-17)과 (7-18)은 $S$지점에서의 연료 농도에 대한 개략 식이다. 다행히 이 값은 개략적이다. 즉, 실험적으로 구한 OSFC 값 이하이다. 이를테면 메탄의 경우 LFL은 약 5.3%이며 $z$는 2이다. 따라서 식 (7-17)은 약 10.7% 연료의 OSFC를 예상한다. 이것은 실험적으로 결정한 약 14.5% OSFC (표 7.2)와 비교된다. 실험값을 이용하지만 여전히 보수적이다. 에틸렌, 1,3-부타디엔, 수소의 경우 식 (7-18)은 실험적으로 결정한 값보다 높은 OSFC를 예상한다.

<표 7.2>의 다른 모든 종류에 대해서는 식 (7-17)으로 계산한 OSFC 값이 실험값보다 낮다.

**표 7.2** 실험에서 얻은 인화가능 산소농도(ISOCs) 및 비인화성 연료농도(OSFCs)

| 화학물질 | OSFC (vol,%fuel) | ISOC (vol,%$O_2$) | 화학물질 | OSFC (vol,%fuel) | ISOC (vol,%$O_2$) |
|---|---|---|---|---|---|
| Methane | 14.5 | 13 | Cyclopropane | 7.0 | 12.0 |
| Ethane | 7.0 | 11.7 | Methyl alcohol | 15.0 | 10.8 |
| Propane | 6.2 | 12.0 | Ethyl alcohol | 9.5 | 11.0 |
| Butane | 5.8 | 12.5 | Dimethyl ether | 7.1 | 11.0 |
| *n*-Pentane | 4.2 | 12.0 | Diethyl ether | 3.8 | 11.0 |
| *n*-Hexane | 3.8 | 12.2 | Methyl formate | 12.5 | 11.0 |
| Natural gas | 11.0 | 12.8 | Isobutyl formate | 6.5 | 12.7 |
| Ethylene | 6.0 | 10.5 | Methyl acetate | 8.5 | 11.7 |
| Prpopylene | 6.0 | 12.0 | Acetone | 7.8 | 12.0 |
| 2-Methylpropene | 5.5 | 12.5 | Methyl ethyl ketone | 5.3 | 11.5 |
| 1-Butene | 4.8 | 11.7 | Carbon disulfide | 2.5 | 6.0 |
| 3-Methyl butene | 4.0 | 11.5 | Gasoline(115/145) | 3.8 | 12.0 |
| 1,3-Butadiene | 4.9 | 10.8 | JP-4 | 3.5 | 11.7 |
| Acetylene | 4.0 | 7.0 | Hydrogen | 5.0 | 5.7 |
| Benzene | 3.7 | 11.8 | Carbon monoxide | 19.5 | 7.0 |

출처 : C. V. Mashuga and D. A. Crowl, "Application of the Flammability Diagram for Evaluation of Fire and Explosion Hazards of Flammable Vapors," *Process Safety Process Safety Progress*(1998), 17(3):176.

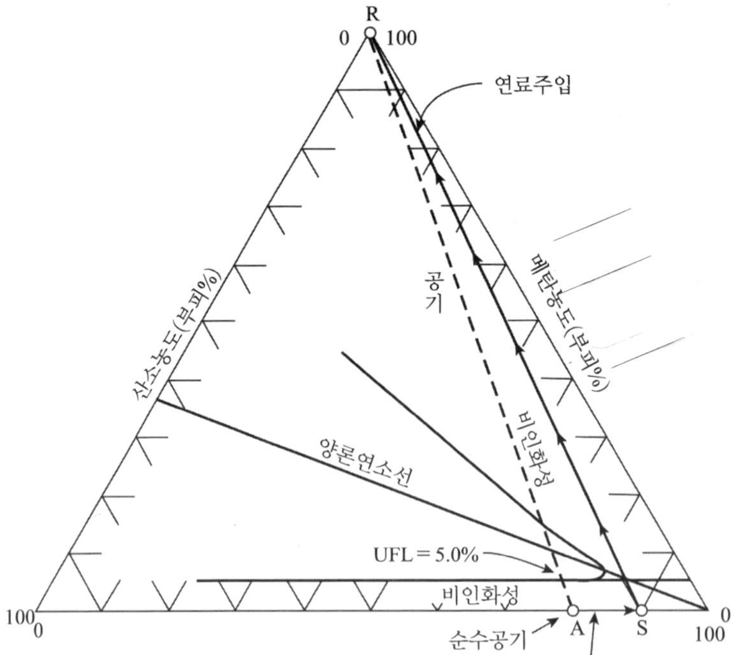


그림 7.7 용기를 사용하려할 때 인화구역을 회피하는 절차

<그림 7.7>은 용기 내로의 공급절차에 대하여 보여준다. 그림에서 보이는 바와 같이, 이 용기는 $A$지점에서 공기와 함께 시작한다. $S$지점에 도달할 때까지 질소가 용기로 주입된다. 그 후에 연료가 주입되고 $R$지점에 도달할 때까지 $SR$선을 따라간다. 이 문제는 $S$지점에서의 산소(또는 질소) 농도를 결정하는 것이다. 인화 가능 산소농도(ISOC)는 소규모 안전한계와 함께, 인화성 지역을 피한 <그림 7.7>의 $S$지점에서의 최대산소농도를 나타낸다.

만약 세부적인 도표가 부족하다면 ISOC를 계산한다. 한 가지 방법은 양론 혼합 연소선을 사용하여 LFL의 교차점을 이용하는 것이다. 선은 이 교차점을 통해 삼각형의 상부 꼭지점($R$)에서 질소 축까지 그린다. 이는 <그림 7.8>에 나타낸 바와 같다. $S$지점에서의 조성은 그래프 또는 다음 식으로 구한다.

$$\boxed{\mathrm{ISOC} = \frac{z\mathrm{LFL}}{1-\left(\dfrac{\mathrm{LFL}}{100}\right)}} \tag{7-19}$$

여기서, ISOC : 인화 가능 산소농도 [부피% 산소]

$z$ : 식 (6-9)에서 제시된 산소에 대한 양론혼합 계수

LFL : 인화하한계에서의 연료 농도 [공기 중 연료의 부피%]

식 (7-19) 유도는 이 교재의 웹사이트에 제공된다. $S$지점의 질소 농도는 100−ISOC와 같다.

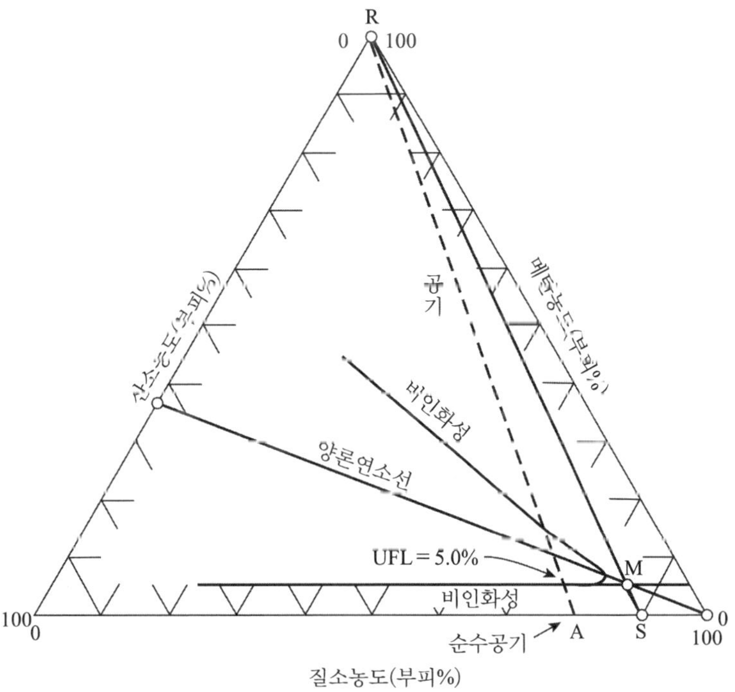


그림 7.8 용기의 퍼지실시를 위하여 인화성 도표점 S에서 목표로 하는 질소농도 추산점 M은 양론연소선인 LFL선과의 교차점이다.

최소산소농도와 양론혼합 선과의 교차점을 이용하여 ISOC를 계산하는 방법도 비슷한 절차를 이용하여 구한다. 그 결과는 다음과 같다.

$$\text{ISOC} = \frac{z\,\text{LOC}}{z - \left(\dfrac{\text{LOC}}{100}\right)} \qquad (7\text{-}20)$$

여기서, LOC는 최소산소농도이다 [vol.% 산소].

<표 7.2>의 실험값과 함께 식 (7-19)와 (7-20)을 사용한 평가비교는 식 (7-19)는 메틸 포름산염을 제외한 모든 종에 대한 실험값보다 낮은 산소값을 나타냄을 보여준다. 식 (7-20)은 <표 7.2>에서 부탄, 3-메틸-1-부탄, 1,3-부타디엔, 이소부틸포르메이트, 아세톤을 제외하고 모든 종류에 대해 실험값보다 낮은 산소 농도를 예상한다. 계산 값은 일부러 <표 7.2>에 제시하지 않았다. 언제나 공정 조건과 가능한 한 근접하는 조건 하에서의 솔직하고 신뢰성 있는 실험 자료가 권고된다.

## 2 정전기

화학공장에서의 발화원은 정전기의 발생 및 급격한 방전에 기인한 스파크가 대부분이며, 정전기는 대부분 피하기 어려운 발화원이다. 상당한 노력에도 불구하고, 정전기 발화원으로 인한 심각한 폭발 및 화재가 지속적으로 발생하여 화학공정 산업을 역경에 몰아넣고 있다.

이와 같은 발화원을 예방하기 위해서는 정전기의 기본 원리를 이해하고 플랜트 안에서 정전기가 축적되지 않도록 설계하거나, 정전기의 발생이 불가피하고 피할 수 없는 상황을 인식해야 한다. 정전기의 생성이 피할 수 없을 때는, 정전기에 의한 스파크가 일어나기 쉬운 곳의 주위에는 연속적이고 신뢰성이 있는 불활성 물질을 가하도록 하는 설계특성이 가미되어야 한다.

### 정전기 대전의 기초

정전기는 양도체와 불량도체(poor conductor) 또는 불량도체들 사이의 물리적인 접촉과 분리의 결과로 생성된다. 서로 다른 물질이 서로 접촉할 때 전자가 한 표면으로 이동한다. 분리될 때 분리되는 표면이 다른 표면보다 많은 전자가 남아있게 된다. 즉, 한 물질은 양으로 대전되고 다른 하나는 음으로 대전된다. 이 경우 전하는 동일하지만 극성은 반대이다.

양쪽 물질이 모두 양도체라면 분리의 결과 축적된 전하량이 적어지는데 그 이유는 전자가 표면 간을 빨리 이동할 수 있기 때문이다. 그러나 물질의 하나 또는 양쪽의 절연 또는 전도성이 약할 때는 전자는 이동되지 않고 한쪽 표면에 머무르며, 이는 전하 축적을 야기한다.

가정에서 정전 전하가 증가되는 결과를 가져오는 예를 들면 융단 위를 걷는 것, 회전 건조기에 서로 다른 물질 주입, 스웨터 벗음, 머리빗질 같은 것을 들 수 있다. 섬유질의 달라붙음 및 스파크 소리를 들을 수 있는 것은 정전 전하의 축적결과이다.

일반 산업현장에서 정전기의 예는 파이프를 통한 비전도 액체의 펌핑, 비혼화성 액체의 혼합, 공기압에 의하여 이동되는 고체, 새어 나오는 증기의 접지가 안된 도체의 충격 등을 들 수 있다. 이들 예에서의 정전 전하량은 큰 전압으로 축적될 수 있고, 이것이 접지된 물질과 접촉할 때는 큰 에너지의 스파크를 발생한다.

인화성 증기가 존재할 수 있는 공정을 조작할 때는 0.1 mJ을 초과하는 전하의 축적은 위험하다. 이 정도 크기의 정전 전하량은 생성되기가 쉽다. 즉, 카페트 위를 걸을 때의 생성된 정전기 에너지는 평균 약 20 mJ 정도가 되고 수천 볼트를 초과한다.

기본적인 정전기 상관관계가 샘플 상황을 이해하고 조사하는데 이용된다. 이 관계는 정적인 변화, 정전기 전위, 정전용량, 완화시간, 유동시스템의 전류 및 전위 그리고 기타에 의해 생성된 자계 강도를 포함할 것이다.

정전기 방전은 다른 전위 또는 극성의 두 물질이 전하 전달을 일으킬 만큼 충분히 접근할 때 발생한다. 폭발 조건일 때, 전하의 갑작스런 전달은 점화원이 될 만큼 강할 수 있다. 이런 점화를 막기 위해, (1) 물체에 축적되는 전하량 (2) 전하 전달에 의한 전하 방전방법 (3) 폭발 조건의 최소 점화에너지(MIE)에 관계되는 방전에너지를 추산하는 방법을 반드시 이해해야 한다.

## 전하 축적

화학 플랜트에는 위험한 정전기 방전과 관련된 다음과 같은 4가지 전하 축적(charge accumulation) 공정[2]이 있다.

1. **접촉 및 마찰 전하** : 절연체인 2개의 물체가 접촉할 때, 그 경계면에서 전하 분리가 일어난다. 만약 두 개의 물체가 분리된다면 같은 전하로 두 물체가 마주보고 분리되면서, 전하의 일부가 분리된다.
2. **이중층 전하** : 전하 분리는 어떤 경계면(고-액, 기-액, 또는 액-액)에서의 액체 내의 미세 크기에서 발생한다. 유체가 흐를 때, 이는 가령 파이프 벽과 같이 전하를 동반하고 나른 면에서의 반대기호의 전하값을 남긴다.
3. **유도 전하** : 이 현상은 전기 전도성을 갖는 물질에만 적용된다. 예를 들면 절연화를 신은 사람은 양전기로 대전된 용기(이전에 양전기로 대전된 고체가 채워진) 상부에 접근할 것이다. 사람의 신체(머리, 어깨, 그리고 팔) 내의 전자는 용기의 양전하로 이전되므

---

2) J. A. Cross, *Electrostatics : Principles, Problems, and Applications*(Bristol : Adam Higler, 1987).

로, 몸의 반대부위에서 같은 양의 양전하로 축적된다. 이는 유도에 의해 양전기로 대전된 신체의 낮은 부위로 간다. 금속물질을 만지면 스파크를 발생하면서, 전자의 이동이 생기게 된다.

4. **운송 전하** : 대전된 액체 물방울 또는 고체입자가 절연물질에 놓인다면 그 물질은 대전된다. 이동된 전하는 물질의 정전용량과 입자의 전도성의 함수이다.

몇몇 비전도성 탄화수소 액체는 낮은 전도성이 있어 전하를 받아 장시간 동안 저장할 수 있다. 이는 탄화수소 액체 저장탱크의 잠재적 위험 요소가 된다.[3)]

## 정전기 방전[4)]

대전된 물체는 (1) 스파크, (2) 전파 브러쉬(propagating brush), (3) 원뿔형 파일(conical pile(Maurer 방전)), (4) 브러쉬(brush), (5) 번개, (6) 코로나 방전과 같은 6가지 방법에 의해 자장 세기가 3 MV/m(공기의 절연파괴 전압)를 초과하거나 표면이 최대 전하 밀도 $7\times10^{-5}$ $C/m^2$에 도달할 때 지면 또는 마주 보는 물체로 방전될 수 있다.

스파크 방전(그림 7.9)은 2개의 금속성 물질 사이의 방전이다. 두 물질이 전도성이 있기 때문에 전자는 방전된 물질의 단일지점에서 누출된다. 따라서 이것이 인화성 분진 또는 가스를 점화할 수 있는 강력한 스파크가 된다.

전파 브러쉬 방전(그림 7.9 및 그림 7.10)은 전도체에 의하여 지지된 대전 절연체로 접근했을 때의 접지 전도체로부터의 방전이다. 이 방전은 왕성하고, 인화성 가스나 입자를 점화시킬 수 있다. 데이터는 만약 절연체의 절연파괴 전압이 4 kV 미만일 때는 전파 브러쉬 방전이 가능하지 않다는 것을 보여준다[5)].

원뿔형 파일(conical pile) 방전(그림 7.9)은 분말더미의 원뿔형 표면에서 발생하는 브러쉬 타입의 방전형태이다[6)]. 방전에 필요한 조건으로는 (1) 높은 고유저항 ($>10^{10}$ ohm m) 을 갖는 파우더, (2) 굵은 입자의 파우더 (지름 > 1 mm), (3) 질량에 비하여 높은 하전량을 가지는 파우더(가령, 공기운송에 의해 방전된), (4) 약 0.5 kg/s 이상의 충전속도 등을 들 수 있다. 이는 상대적으로 수백 mJ의 에너지를 갖는 강한 방전이다. 그러므로 이는 인화성 가스 및 입자를 점화시킬 수 있다. 입자를 점화시키는데 굵은 입자는 미세 입자가 폭발현상을 만들어주는 것을 필요로 한다.

---

3) Static Sparks Explosion in Kansas. https://www.csb.gov/videos/static-sparks-explosion-in-kansas/.

4) T. B. Jones and J. L. King, *Powder Handling and Electrostatics*(Chelsea, MI : Lewis Publishers, 1991).

5) B. Maurer, "Discharges Due to Electrostatic Charging of Particles in Large Storage Silos," *German Chemical Engineering*(1979), 3:189~195

6) M. Glor and B. Maurer, "Ignition Tests with Discharges from Bulked Polymeric Granules in Silos(Cone Discharge)," *Journal of Electrostatics* (1993), 30:123~134

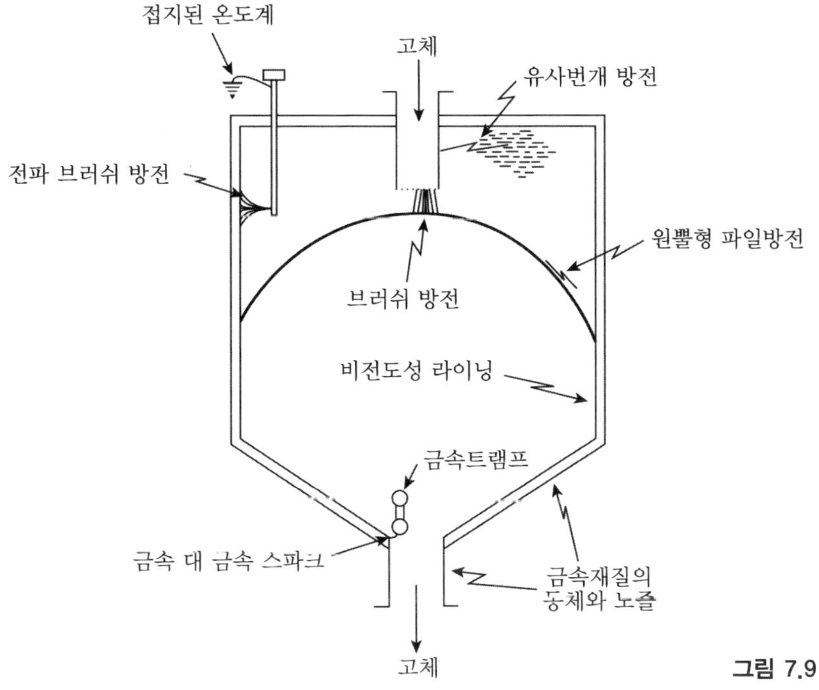


**그림 7.9** 통상의 정전기 방전

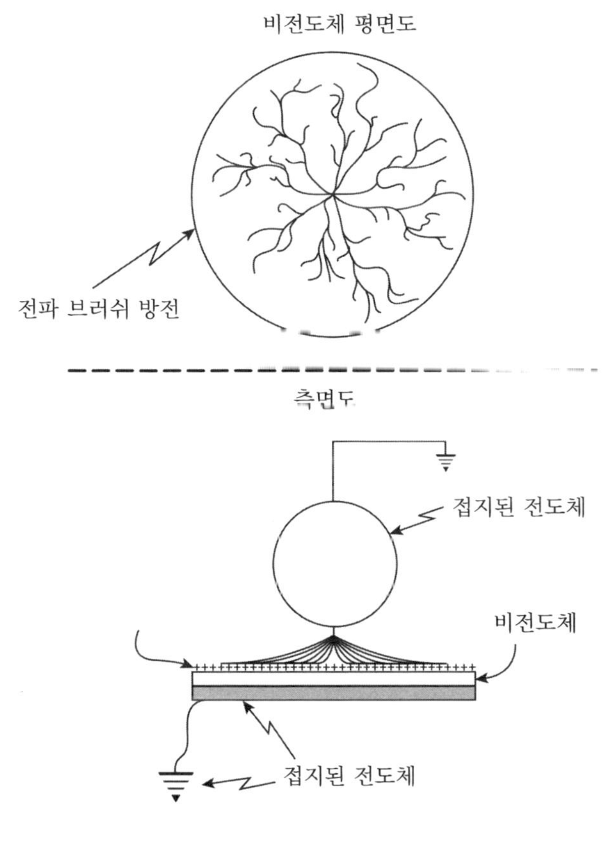


**그림 7.10** 전파 브러쉬 방전
(출처: B. Maurer. "Discharge Due to Electrostatic Charging of Particles in Large Storage Silos." *German Chemical Engineering* 3(1979): 189-195)

브러쉬 방전(그림 7.9)은 상대적으로 날카로운 도체(반경 0.1~100 mm)와 다른 도체 또는 대전된 절연표면 사이에서의 방전이다. 이 방전은 브러쉬 구성에서의 도체로부터 방전된다. 이 방전은 횡단의 스파크 방전과 비교하면 덜 격렬하고, 먼지가 점화될 것 같지는 않다. 그러나 브러쉬 방전은 인화성 가스를 점화시킬 수 있다.

Lightning-like 방전(그림 7.9)은 파우더 저편에 공기 중의 구름으로부터 방전된다. Lightning-like 방전은 부피 60 $m^3$ 이하의 용기나 지름 3 m 미만의 사일로에서는 발생되지 않는다[7]. 일반적으로 lightning-like 방전이 공업적인 폭연작업에서 발생한다는 물리적인 증거는 없다.

코로나 방전(그림 7.11)은 브러쉬 방전과 비슷하다. 전극 전도체는 날카로운 지점을 가지고 있다. 전극으로부터의 방전은 가장 민감한 가스(가령, 수소)를 점화시키기에 충분한 에너지를 가지고 있다.

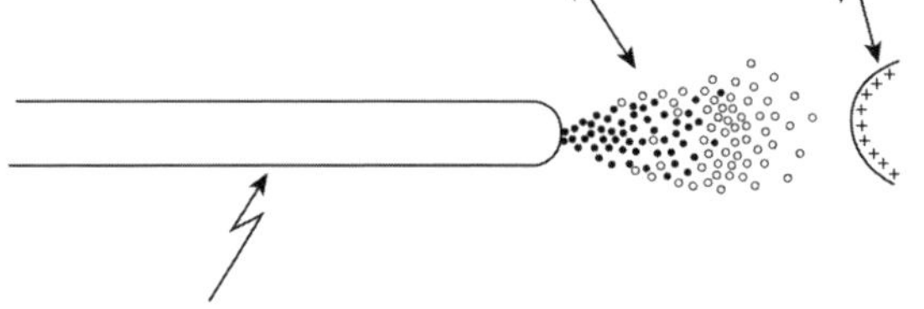


⇧ 그림 7.11 코로나 방전

## 정전기 방전에너지

<그림 7.12>에서 예시된 가스, 증기, 미립자의 최소점화에너지와 비교할 때 에너지는 정전기 방전에서 발생한다. 일반적으로 결과는 인화성 가스 및 증기가 스파크, 브러쉬, 원뿔형 파일(conical pile), 그리고 전파 브러쉬 방전에 의하여 점화되어질 수 있고, 인화성 미립자는 스파크, 전파 브러쉬, 그리고 원뿔형 파일 방전에 의해서만 점화되어질 수 있다. <그림 7.12>에서의 점선으로 둘러싸인 지역은 불확실지역을 나타낸다.

## 정전기 점화원 에너지

스파크는 도체의 지름과 비교하여 도체 사이의 거리가 작을 때, 그리고 도체 사이의 전기적 자계 강도가 대략 3 MV/m일 때 두 도체 사이에서 발생한다. 브러쉬 방전은 만약 도체 사이의 거리가 도체 곡률 지름과 비교했을 때 클 경우 발생한다.

7) P. Boschung, W. Hilgner, G. Luttgens, B. Maurer, and A. Wider, "An Experimental Contribution to the Question of the Existence of Lightning-Like Discharges in Dust Clouds," *Journal of Electrostatics* (1977), 3:303~310

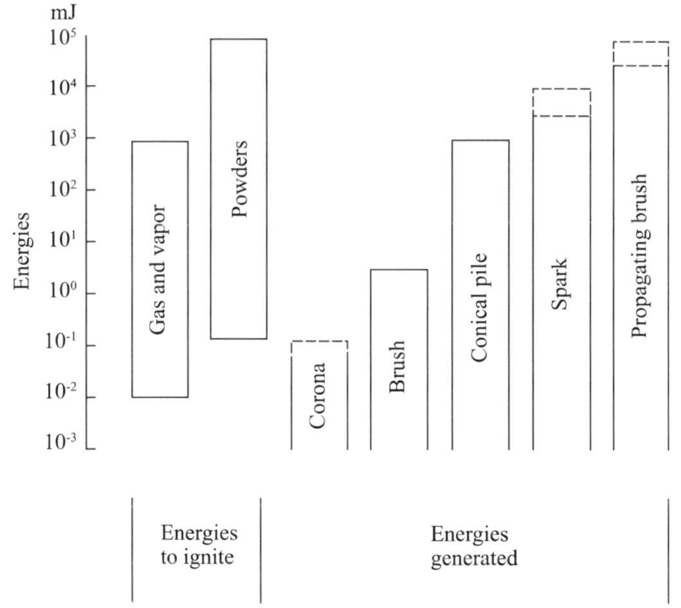


⇧ **그림 7.12** 정전기 방전에너지에 대한 최소점화에너지 비교 (출처 : M. Glor and B. Maurer, "Ignition Tests with Discharges from Bulked Polymeric Granules in Silos (Cone Discharge)," *J. of Electrostatics* (1993), 123-134; and M. Glor, *Electrostatic Hazards in Powder Handling* (Wiley, 1988).

스파크 방전의 에너지는 물질에 축적된 전하($Q$, 쿨롱), 물질의 정전용량($C$, 패러드), 물질의 전위 또는 전압($V$, 볼트)의 함수이다. 이 세 변수는 $C = Q/V$의 관계식을 가지고 있다. 방전 과정과 관계된 실질 에너지($J$)는 다음으로부터 얻어진다.

$$J = \frac{Q^2}{2C} \tag{7-21}$$

식 (7-21)은 정전 용량 형태의 방전(즉, 스파크)으로 가정하지만 정전 용량과 전압은 비전도성 시스템에서는 설명되지 않는다. 따라서 식 (7-21)은 오직 정전 용량의 스파크에만 유용하지만, 기타 방전에 대해서도 정성적으로 이용된다.

방전의 잠재적인 위험을 평가하는데 일반적으로 이용되는 기준은 방전의 상당 에너지에 대해 연료-공기 혼합물의 MIE를 비교하는 것이다. 이 시스템의 특정 조건에서 MIE의 정확한 실험적 결정이 필요하다. <표 6.4>에 나열된 MIE는 인화성 가스에 대한 것이며 <표 6.7>은 분진에 대한 것이다.

정전기 방전에너지는 축적된 전하의 함수이다. 산업환경에서 이 축적된 전하는 일반적으로 부분 접촉 또는 유체흐름의 이중층 및 고체흐름의 마찰전하이다. 각각의 경우 전하(전자)는 물체를 따라 이동한다. 이 전자 흐름의 측정이 유동 전류이며 단위는 coulombs/second 또는 amps이다.

## 유동전류

유동전류 $I_S$는 유체 또는 고체에 의해 한 표면에서 다른 표면으로 전자가 이동될 때 발생하는 전기의 흐름이다. 액체 또는 고체가 배관(금속 또는 유리)을 통해 흐를 때, 유동하는 물질에 정전기 전하가 생긴다. 이 전류는 전기 회로의 전류와 비슷하다. 액체 유동 전류와 배관 직경, 배관 길이, 유체 속도 사이의 상관관계와 유체 특성은 다음과 같다.[8)]

$$I_S = \left[\frac{10\times10^{-6}\text{amp}}{(\text{m/s})^2(\text{m})^2}\right](ud)^2\left[1-\exp\left(-\frac{L}{u\tau}\right)\right] \tag{7-22}$$

여기서, $I_S$ : 유동 전류 [amps]

$u$ : 속도 [m/s]

$d$ : 배관 직경 [m]

$L$ : 배관 길이 [m]

$\tau$ : 액체 완화 시간 [초]

이 액체의 완화 시간은 초기 전하의 약 37%로 떨어지는데 요구되는 시간으로 즉, 누출에 의해 없어지는 전하에 요구되는 시간이며, 다음 식으로 구한다.

$$\tau = \frac{\epsilon_r\epsilon_o}{\gamma_c} \tag{7-23}$$

여기서, $\tau$ : 완화 시간 [초]

$\epsilon_r$ : 상대유전상수 [무단위]

$\epsilon_o$ : 유전율 상수, 즉,

$$8.85\times10^{-12}\frac{\text{coulomb}^2}{\text{N m}^2} = 2.7\times10^{-12}\frac{\text{coulomb}}{\text{volt ft}} = 8.85\times10^{-14}\frac{\text{coulomb}}{\text{volt m}}$$

$$8.85\times10^{-14}\frac{\text{coulomb}^2}{\text{volt cm}} = 8.85\times10^{-14}\frac{\text{s}}{\text{ohm cm}} = 8.85\times10^{-14}\frac{\text{mho s}}{\text{cm}}$$

$\gamma_c$ : 비전도도 [mho/cm]

비전도도와 상대유전상수를 <표 7.3>에 제시하였다. 저항 = 1/전도도 = 1/(mho/cm) = ohm cm

또한 전하는 고체가 이송될 때도 축적된다. 이 축적은 고체 미립자 표면의 분리로 인한 것이다. 고체 기하학적인 형상은 정확하게 정의될 수 없기 때문에 고체에 대한 정전기 계산은 경험적으로 이루어진다. 고체가 이송되는 동안 발생되는 유동 전류는 고체 취급방법

8) L. G. Britton, *Avoiding Static Ignition Hazards in Chemical Operations* (New York: American Institute of Chemical Engineers, 1999).

**표 7.3** 정전기 계산을 위한 특성치

| 액체 | 비전도도(mho/cm)[a] | 유전상수 | 기타물질 | 비전도도(mho/cm)[a] | 유전상수 |
|---|---|---|---|---|---|
| Benzene | $7.6 \times 10^{-8}$~ $< 1 \times 10^{-18}$ | 2.3 | Air | – | 1.0 |
| Toluene | | 2.4 | Cellulose | $1.0 \times 10^{-9}$ | 3.9~7.5 |
| Xylene | $< 1 \times 10^{-14}$ | 2.4 | Pyrex | $1.0 \times 10^{-14}$ | 4.8 |
| Heptane | $< 1 \times 10^{-15}$ | 2.0 | Paraffin | $10^{-16}$~$0.2 \times 10^{-18}$ | 1.9~2.3 |
| Hexane | $< 1 \times 10^{-18}$ | 1.9 | Rubber | $0.33 \times 10^{-13}$ | 3.0 |
| Methanol | $< 1 \times 10^{-18}$ | 33.7 | Slate | $1.0 \times 10^{-8}$ | 6.0~7.5 |
| Ethanol | $4.4 \times 10^{-7}$ | 25.7 | Teflon | $0.5 \times 10^{-13}$ | 2.0 |
| Isopropanol | $1.5 \times 10^{-7}$ | 25.0 | Wood | $10^{-10}$ to $10^{-13}$ | 3.0 |
| Water | $3.5 \times 10^{-6}$ | 80.4 | | | |
| | $5.5 \times 10^{-6}$ | | | | |

[a]Resistance = 1/conductivity = 1/(mho/cm) = ohm cm

출처 : J. H. Perry, *Chemical Engineers' Handbook*, 3rd Edition, (New York: McGraw Hill, 1950), p.1734.

**표 7.4** 여러 가지 작업에 대한 전하축적(대전량)

| 공정 | 전하량 (coulombs/kg) |
|---|---|
| 체질 | $10^{-9}$ ~ $10^{-11}$ |
| 부어넣음 | $10^{-7}$ ~ $10^{-9}$ |
| 분쇄(미분쇄) | $10^{-6}$ ~ $10^{-7}$ |
| 극미분쇄 | $10^{-4}$ ~ $10^{-7}$ |
| 기울여 미끄러내림 | $10^{-5}$ ~ $10^{-7}$ |
| 공기압으로 고체 수송 | $10^{-5}$ ~ $10^{-7}$ |

출처 : R. A. Mancini, "The Use(and Misuse) of Bonding for Control of Static Ignition Hazards," *Plant/Operations*(Jan. 1988) 7(1):24

**표 7.5** 계산을 위한 수용정전용량 값

| | |
|---|---|
| • 1/2인치 떨어진 점 사이에서 방전을 일으킬 수 있는 전압 | 14,000 volts |
| • 0.1 mm 떨어진 판 사이에서 방전을 일으킬 수 있는 전압 | 350 volts |
| • 코로나 방전이 가능한 최대 전하 밀도 | $2.65 \times 10^{-9}$ coulomb/cm$^2$ |
| • 최대 전하에너지, mJ | |
| 공기 중 증기 | 0.1 |
| 공기 중 미스트 | 1.0 |
| 공기 중 분진 | 10.0 |
| • 근사정전용량 $C$ ($10^{-12}$ Farad) | |
| 인간 | 100~400 |
| 자동차 | 500 |
| 탱크트럭(2000 갈론) | 1,000 |
| 탱크(절연된 지름 12 ft) | 100,000 |
| • 2개의 2인치 플랜지에서의 정전용량(1/8-in. gap) | 20 |
| • 접촉 zeta 전위 | 0.01~0.1 volt |

출처 : F. G. Eichel, "Electrostatics," *Chemical Engineering*, March 13, 1967, p.163.

(표 7.4)과 유속의 함수이며, 다음 식으로 나타낸다.

$$I_S = \left(\frac{\text{coulombs}}{\text{kg}}\right)\left(\frac{\text{kg}}{\text{s}}\right) \tag{7-24}$$

여기서, $I_S$ : coulombs/초 또는 amps

coulombs/kg : <표 7.4>에 제시됨

kg/s : 고체 유량

정전기 계산을 위해 일반적으로 수용된 일부 지침을 <표 7.5>에 제시하였다.

## 정전 전압 강하

<그림 7.13>은 공급라인이 있는 탱크의 예이다. 공급라인을 통하여 유체가 흘러 탱크 속으로 강하된다. 유동전류는 용기로 가는 공급라인 속과 용기 자체 내에 전하 및 전압을 축적시킨다. 금속라인 안의 전기 기저에서 유리파이프의 끝에 이르기까지의 전압은 다음 식을 이용하여 계산된다.

$$V = I_S R \tag{7-25}$$

저항, $R$(ohms)은 유체의 전도도 $\gamma_c$(moho/cm), 전도체의 길이 $L$(cm), 전도체의 면적 $A$ (cm$^2$)을 이용하여 계산된다.

$$R = \frac{L}{\gamma_c A} \tag{7-26}$$

이러한 관계는 도체의 면적이 증가되면 저항은 감소하고 도체의 길이가 증가하면 저항은 증가함을 보인다.

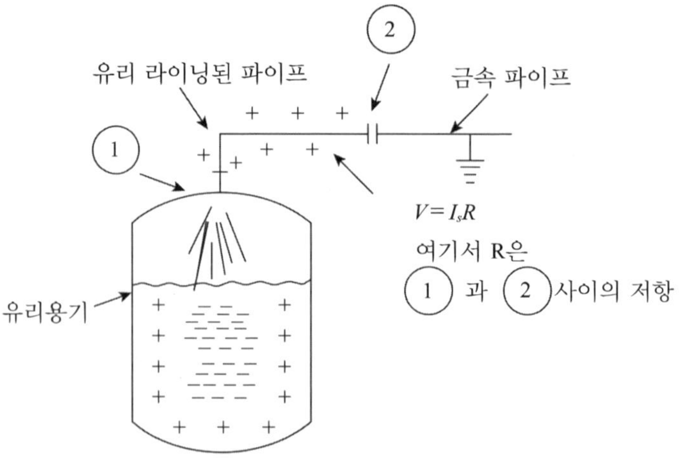


⇧ **그림 7.13** 유체의 흐름에 기인한 공급라인의 전하 축적

## 대전체의 에너지

대전체 위에 전하량을 $Q$에서부터 $Q+dQ$로 증가시키는데 요구되는 일의 양은 $dJ = VdQ$이다. 여기서, $V$는 전위차이고 하전량은 $Q$이다. $V = Q/C$이므로, 식 (7-21)에 의해

$$J = \frac{CV^2}{2} \tag{7-27}$$

$$J = \frac{QV}{2} \tag{7-28}$$

여기서, $C$ : 패럿 [farads]

$V$ : 볼트 [volts]

$Q$ : 쿨롱 [coulombs]

화학공업에서 사용되는 여러 가지 물질들의 정전용량을 <표 7.5>에 나타내었다.

전하는 전류 $dQ/dt = I$의 결과로서 축적될 수 있다. 전류가 일정하다고 가정하면

$$Q = I_S t \tag{7-29}$$

여기서, $I_S$는 amps이고 $t$는 시간이다. 식 (7-29)에서 계는 처음에 전하의 축적 없이 시작하고, 하나의 일정한 전하원 $I_S$가 존재하고, 전류 또는 전하 손실항은 없다고 가정한다(보다 복잡한 계에 대해서는 전하의 수지에 관한 부분 참조).

**표 7.6** 여러 가지 물체의 정전용량

| 물체 | 정전용량(farad) |
|---|---|
| 작은 삽, 맥주깡통, 공구 | $5 \times 10^{-12}$ |
| 양동이, 작은 드럼통 | $20 \times 10^{-12}$ |
| 50~100 갈론 용기 | $100 \times 10^{-12}$ |
| 사람 | $200 \times 10^{-12}$ |
| 자동차 | $500 \times 10^{-12}$ |
| 탱크트럭 | $1,000 \times 10^{-12}$ |

출처: R. A. Mancini, "The Use(and Misuse) of Bonding for Control of Static Ignition Hazards," *Plant/operations Progress*, 7(1), (jan. 1988), p.24.

## 예제 7.4

〈그림 7.14〉와 같은 충전용 노즐과 접지된 탱크 사이에 발생하는 전압을 구하여라. 또한 노즐에 저장되는 에너지와 액체에 축적되는 에너지를 계산하여라. 아래의 유속에 대한 이 공정의 잠재 위험을 설명하여라.

**a.** 1 gpm

**b.** 150 gpm

데이타

호스 길이 : 20 ft, 호스 직경 : 2 in, 액체 전도성 : $10^{-8}$ mho/cm,

유전 상수 $\epsilon_r$ : 25.7, 밀도 : 0.88 g/cm$^3$

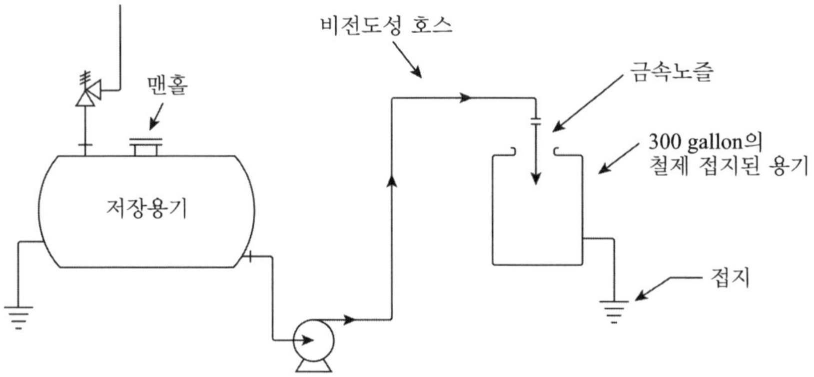


⇧ **그림 7.14** 예제 7.4의 계통도

### 해답

**a.** 호스와 노즐은 접지되지 않았으므로, 노즐 팁에 발생되는 전압은 $V=IR$이다. 저항은 저항 길이가 호스 길이(펌프 근처의 접지부터 노즐까지)에 상응하고 저항 면적은 전도성 유체의 횡단면에 상응하는 전도성 유체를 위한 식 (7-25)를 이용하여 계산한다.

$$L = (20\ \text{ft})(12\ \text{in/ft})(2.54\ \text{cm/in}) = 610\ \text{cm}$$

$$A = \pi r^2 = (3.14)(1\ \text{in})^2(2.54\ \text{cm/in})^2 = 20.3\ \text{cm}^2$$

식 (7-26)을 이용하여 다음 값을 얻는다.

$$R = \left(\frac{1}{\gamma_c}\right)\left(\frac{L}{A}\right) = (10^8\text{ohm cm})\left(\frac{610\ \text{cm}}{20.3\ \text{cm}^2}\right) = 3.00\times 10^9\ \text{ohm}$$

유동 전류는 속도와 배관 직경의 함수이다. 배관 내에서의 평균 속도는 다음과 같다.

$$u = \left(\frac{1\ \text{gal/min}}{3.14\ \text{in}^2}\right)\left(\frac{\text{ft}^3}{7.48\ \text{gal}}\right)\left(\frac{144\ \text{in}^2}{\text{ft}^2}\right)\left(\frac{1\ \text{min}}{60\ \text{s}}\right)$$

$$= 0.102\ \text{ft/s} = 3.1\times 10^{-2}\ \text{m/s}$$

완화 시간은 식 (7-23)으로 구한다.

$$\tau = \frac{\epsilon_r \epsilon_0}{\gamma_c} = \frac{(25.7)\left(8.85 \times 10^{-14} \dfrac{\text{mho s}}{\text{cm}}\right)}{10^{-8}\,\text{mho/cm}} = 22.7 \times 10^{-5}\,\text{s}$$

유동 전류는 식 (7-22)로 구한다.

$$I_S = \left[\frac{10 \times 10^{-6}\text{amp}}{(\text{m/s})^2(\text{m})^2}\right](ud)^2\left[1 - \exp\left(-\frac{L}{u\tau}\right)\right]$$

$$= \left[\frac{10 \times 10^{-6}\text{amp}}{(\text{m/s})^2(\text{m})^2}\right]\left[(3.1 \times 10^{-2}\text{m/s})\left(\frac{2\text{ in}}{12\text{ in/ft} \times 3.28\text{ ft/m}}\right)\right]^2\left[1 - \exp\left(-\frac{20}{0.102 \times 2.27 \times 10^{-4}\text{ s}}\right)\right]$$

$$= (10 \times 10^{-6})(1.57 \times 10^{-3})(1 - 0) = 2.48 \times 10^{-11}\,\text{amp}$$

**방법 1** : 노즐 플랜지 사이에 생성되어 응축기 내에 축적된 에너지를 계산한다. 플랜시 사이의 스파크가 점화원이 될 수 있다. 노즐이 접지된다고 가정하면 20 ft 라인을 따라 이동하다 사라지는 전압은 호스 플랜지에서 노즐 플랜지까지 이동한 전압과 같다. 따라서 이 전압은 다음과 같다.

$$V = IR = (2.48 \times 10^{-11}\,\text{amp})(3.0 \times 10^{9}\,\text{ohm}) = 0.074\,\text{volt}$$

2개의 1인치 플랜지 사이의 정전용량은 <표 7.5>에 제시된다. 즉,

$$C = 20 \times 10^{-12}\,\text{farads} = 20 \times 10^{-12}\,\text{coulomb/volt}$$

에너지는 식 (7-27)로 구한다.

$$J = \frac{CV^2}{2} = \left[\frac{20 \times 10^{-12}\,\text{coulomb/volt} \times (0.074\,\text{volt})^2}{2}\right] = 5.49 \times 10^{-14}\,\text{Joules}$$

이 값은 인화성 가스를 점화하기 위한 에너지(0.1 mJ)보다 상당히 낮다. 따라서 노즐에는 위험이 없다.

**방법 2** : 탱크의 액체에 의해 생겨 응축기 내에 축적된 에너지를 계산한다. Brush 방전은 이 액체로부터 접지된 온도계와 같은 금속 성분으로 넘어갈 수 있다. 이 축적된 전하는 식 (7-29)를 이용하여 계산한다.

$$Q = I_S t$$

시간은 용기의 충전 시간과 같으므로

$$t = (300\,\text{gal/1 gpm})(60\,\square/\text{min}) = 18{,}000\,\square$$

식 (7-29)에 값을 대입하면

$$Q = I_S t = (2.48 \times 10^{-11}\,\text{amp})(18{,}000\,\text{s}) = 4.46 \times 10^{-7}\,\text{coulomb}$$

이 액체의 정전 용량은 <표 7.5>에 나타난 바와 같이 2000-gal 용기의 정전 용량의 1/10이 된다. 따라서

$$C = 100 \times 10^{-12} \text{ farads} = 100 \times 10^{-12} \text{ coulomb/volt}$$

그리고 식 (7-21)을 이용하여 축적된 에너지를 계산한다.

$$J = \frac{Q^2}{2C} = \frac{(4.46 \times 10^{-7} \text{ coulomb})^2}{2(100 \times 10^{-12} \text{ farads})} = 9.9 \times 10^{-4} \text{ J} = 0.99 \text{ mJ}$$

이 값은 인화성 가스를 점화하는데 필요한 에너지(0.1 mJ)을 초과한다. 이와 같은 상황에서는 인화성 증기의 농도를 LFL 이하로 유지하기 위해 용기를 질소로 퍼지하여야 한다.

**b.** 이 경우는 유속이 빠른 경우를 제외한 것과 동일하므로 a항에서 계산한 1 gpm을 150 gpm으로 확대하여 계산하면 다음과 같다.

$$u = \left(0.102 \frac{\text{ft}}{\text{s}}\right)\left(\frac{150 \text{ gpm}}{1 \text{ gpm}}\right) = 4.66 \frac{\text{m}}{\text{s}}$$

저항은 a항의 경우 즉, 3×10$^9$ ohm과 같다.

$$\tau = 22.7 \times 10^{-5} \text{ s}$$

식 (7-22)로부터 유동 전류는 다음과 같다.

$$I_S = \left[\frac{10 \times 10^{-6} \text{amp}}{(\text{m/s})^2 (\text{m})^2}\right] [(4.46 \text{ m/s})(0.051 \text{ m})]^2 \left[1 - \exp\left(-\frac{20 \text{ ft}}{15.3 \text{ ft/s} \times 2.27 \times 10^{-4} \text{ s}}\right)\right]$$

$$= 5.65 \times 10^{-7}(1-0) = 5.65 \times 10^{-7} \text{ amp}$$

**방법 1** : 노즐에서 플랜지 사이에 생성되어 응축기에 축적되는 에너지를 계산한다.

$$V = IR = (5.65 \times 10^{-7} \text{ amp})(3 \times 10^9 \text{ ohm}) = 1695 \text{ volts}$$

축적된 에너지는 식 (7-27)을 이용하여 계산한다.

$$J = \frac{CV^2}{2} = \frac{(20 \times 10^{-12})(1695)^2}{2} = 0.000029 \text{ J} = 0.029 \text{ mJ}$$

이 값은 인화성 가스를 점화하는데 필요한 에너지(0.1 mJ)보다 낮다.

**방법 2** : 탱크의 액체에 의해 생성되어 응축기에 축적된 에너지를 계산한다.

$$t = \frac{300 \text{ gal}}{150 \text{ gpm}}\left(\frac{60 \text{ s}}{\text{min}}\right) = 160 \text{ s}$$

$$Q = I_S t = (5.65 \times 10^{-7})(160) = 9 \times 10^{-5} \text{ coulombs}$$

$$J = \frac{Q^2}{2C} = \frac{(9 \times 10^{-5})^2}{2(100 \times 10^{-12})} = 40 \text{ J} \gg 0.1 \text{ mJ}$$

이 에너지는 0.1 mJ을 초과한다. 이번 문제는 불활성화의 중요성을 예시한다. 0.1 mJ을 초과하는 에너지를 증가시키기는 비교적 쉽다.

## 물체의 정전 용량

한 표면 위에 다른 표면에 비례한 전하의 증강은 축전기를 만든다. 화학 산업에서는 충전된 축전기의 특성은 평형 평판 또는 구형 모양으로 가정하여 계산한다. 예를 들면 탱크 또는 사람의 정전 용량은 기하학인 구형을 가정하여 계산하며, 사람의 신발 또는 내부식성 탱크 배관의 정전 용량은 평형 평판으로 가정하여 계산한다. <그림 7.15>은 몇 가지 예이다.

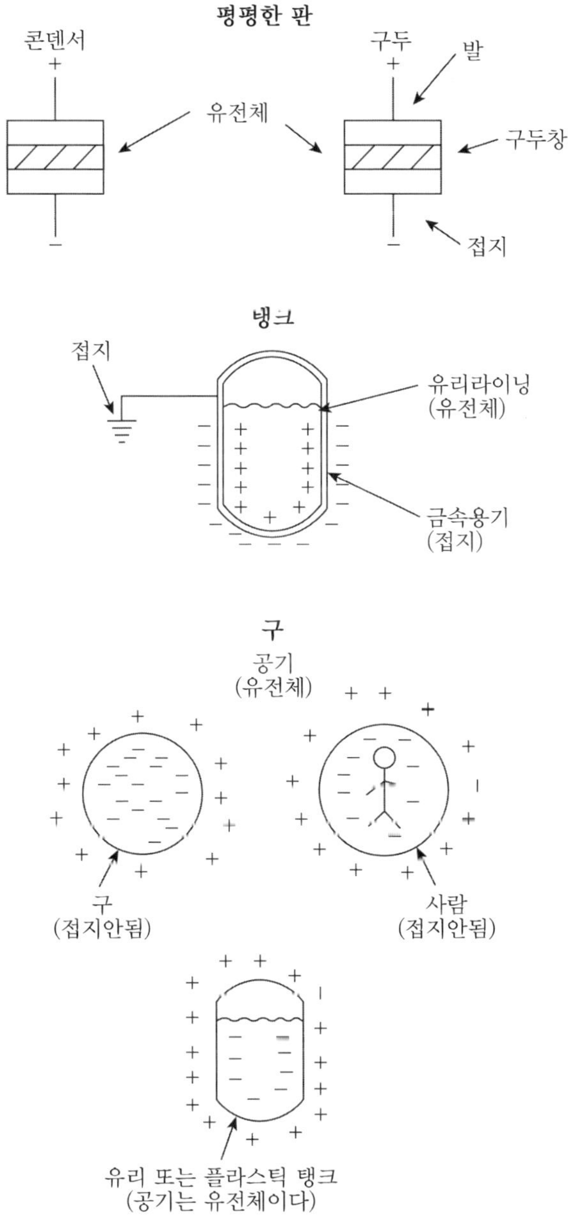


그림 7.15 여러 가지 형태의 대전체

물체의 정전 용량 $C$는 $Q/V$이다. 반경 $r$을 갖는 구형의 경우 전하 $Q$가 축적될 때 생기는 전압은 기초 물리학으로 유도된다.

$$V = \frac{1}{4\pi\epsilon_o}\frac{Q}{\epsilon_r r} \tag{7-30}$$

$C = Q/V$이므로 구형 물체에 대한 정전 용량은 다음과 같다.

$$\boxed{C = 4\pi\epsilon_r\epsilon_o r} \tag{7-31}$$

여기서, $\epsilon_r$ : 상대유전상수 [무단위]

$\epsilon_o$ : 유전율 [$8.85\times10^{-12}$ coulomb$^2$/N m$^2$ = $2.7\times10^{-12}$ coulomb/volt ft]

$r$ : 구형체의 반지름

$C$ : 정전 용량

2개의 평형 판의 경우

$$V = \frac{QL}{\epsilon_r\epsilon_o A} \tag{7-32}$$

그러므로 평형 판 사이의 정전 용량은 다음과 같다.

$$\boxed{C = \frac{\epsilon_r\,\epsilon_o\,A}{L}} \tag{7-33}$$

여기서, $A$ : 표면적

$L$ : 유전체의 두께

---

**예제 7.5**

건조한 목재 마루에 서있는 사람(키, 1.9 m)의 정전용량을 추산하여라.

**해답**

이 사람의 정전용량은 사람의 모양이 구형이고 "구형"은 공기에 의하여 둘러싸여 있다 가정하고 추정한다($\epsilon_r$은 공기에 대하여 1.0이다). 구에 대한 식 (7-31)을 사용하면

$$\begin{aligned} C &= 4\pi\epsilon_r\,\epsilon_o\,r \\ &= 4(3.14)(1.0)\left(8.85\times10^{-12}\frac{\text{coulomb}}{\text{volt m}}\right)\left(\frac{1.9\text{ m}}{2}\right) \\ &= 1.05\times10^{-10}\frac{\text{coulomb}}{\text{volt}} = 1.05\times10^{-10}\text{ farad} \end{aligned}$$

계산된 정전용량은 <표 7.6>에서 사람에 대하여 표시한 값과 근사하다.

---

**예제 7.6**

전도성 마루에 서있는 사람의 정전용량을 추정하여라. 단, 사람의 구두창은 사람을 마루로부터 분리시킨다고 가정한다. 즉, 구두창은 유전체이다. 다음 데이터가 주어진다.

구두창의 면적($ft^2$) = 구두 두 짝(각 0.4 $ft^2$)
구두창이 두께(in) = 0.2 in
구두창의 유전상수 = 3.5

**해답**

평평한 평행판에 대한 식 (7-33)을 이용한다.

$$C = \frac{\epsilon_r \epsilon_o A}{L} = \frac{(3.5)\left(2.7\times 10^{-12}\ \frac{\text{coulomb}}{\text{volt ft}}\right)(0.8\ \text{ft}^2)}{\left(\frac{0.2\ \text{in}}{12\ \text{in/ft}}\right)} = 4.54\times 10^{-10}\ \text{farads}$$

**예제 7.7**

바닥과 절연된 사람이 75 L 절연드럼에 스쿠프(scoop)를 사용하여 13.6 kg의 건조한 분말(powder)을 충전하는 결과로 생성된 전하, 축적된 에너지, 축적된 전압을 추산하여라. (단, 사람의 정전용량은 200 × $10^{-12}$ farad이라고 가정한다)

**해답**

이 운전은 sliding-접촉 형태의 운전이다. <표 7.4>로부터 이 운전의 전하가 $10^{-5}$ coulomb/kg로 주어진다. 그러므로 증강된 전하는 다음과 같다.

$$Q = \left(10^{-5}\ \frac{\text{coulombs}}{\text{kg}}\right)(13.6\ \text{kg}) = 1.36\times 10^{-4}\ \text{coulombs}$$

식 (7-21)을 이용하면 축적된 에너지는 다음과 같다.

$$J = \frac{Q^2}{2C} = \frac{(1.36\times 10^{-4}\ \text{coulombs})^2}{2(200\times 10^{-12}\ \text{farad})} = 46.2\ \text{J} = 46{,}200\ \text{mJ}$$

따라서 축적된 에너지가 인화성 기스를 점화시킬 수 있는 스파크를 생성하는데 요구되는 에너지보다 많다는 것을 알 수 있다. 만일 사람이 부삽을 들거나 맨손으로 지면에 가까이 다가가면 스파크가 방전될 것이다.

절연용기 내 분말에도 반대전하를 띤 같은 양의 전하가 축적된다. 따라서 대전된 분말은 또 다른 점화원이 된다. 예를 들어 어떤 종류의 접지된 물체가 고체 근처에 있을 경우 강력한 스파크가 일어날 수 있다.

정전하 및 방전에 기인한 스파크는 화학공업에서 주요 화재 및 폭발의 원인이 되어 왔다. 이 절에서 기술한 기본 원리와 예제는 이러한 주제의 중요성을 강조하기 위하여 설정되었다. 기본원리에 대한 이러한 강조는 주제를 덜 애매하게 할 것이다.

## 3 정전기의 제어

정전기 제어방법이 적절하게 이용되지 않는다면 정전기의 축적과 그 결과로 스파크가 발생되고, 이는 인화성 물질을 점화하여 화재 및 폭발은 피할 수 없게 된다. 그러나 실제로 설계 엔지니어는 이러한 문제를 인식하고, (1) 정전하 증강 및 축적 제거에 의한 스파크 방지 (2) 주위를 불활성화하여 점화를 예방하기 위한 특정한 설비를 설치한다.

7.1절에서 논의한 불활성화는 점화를 방지하기 위한 가장 효율적이고 신뢰할 수 있는 방법이다. 불활성화는 밀폐식컵법에 의하여 측정한 인화점이 5℃ 이하인 인화성 액체로 작업할 때 항상 사용된다. 전하의 축적방지 방법은 다음 항에서 기술한다.

### 정전기로 인한 점화방지 설계 방안

이 설계방안은 설비나 사람과 같은 주변 물체뿐 아니라 액체나 분말상태와 같은 제품에 전하가 축적되는 것을 막기 위한 것이다. 대전된 모든 물체는 그에 상응하는 대전된 대응물이 존재한다. 이 목적을 이루기 위해 다음과 같은 3가지 방법이 이용된다.

1. 전하 생성 속도를 떨어뜨리고 전하 소멸속도를 증가시켜 위험 수준까지의 전하가 축적되는 것을 방지한다. 이 방법은 대체로 액체를 취급할 때 사용된다.
2. 낮은 에너지 방전을 이용하여 전하를 감소시키는 시스템을 설계하여 위험 수준까지 전하가 축적되는 것을 방지한다. 이 방법은 일반적으로 분말 취급 시 사용된다.
3. 위험한 방전을 배제할 수 없을 때는 산소량을 인화한계치 이하로 유지하여 불활성시키거나 연료양을 LFL 이하 또는 UFL 이상으로 유지하여 점화 가능성을 낮춘다.
4. 폭발 시 사고피해를 경감시키는 방법도 고려할 수 있는데 예를 들면 폭연방출이나 폭발억제와 같은 것이다.

아래에 소개되는 내용은 정전기 점화를 막기 위한 설계상의 특징이다.

스파크는 접지 및 본딩(접속)으로 예방된다. 이 방법은 다른 전위를 가지고 가까이 있는 두 금속물질을 보호한다. 특히 접지 및 접속은 금속 부품 등이 동떨어져 있을 때 이용된다. 동떨어져 있는 물체는 낮은 전위를 갖는 다른 전도체가 가까이 올 때, 높은 전위를 축적하고 강력한 스파크를 일으킨다.

비전도성 표면 또는 충분히 얇거나 절연파괴전압이 4 kV 이하를 갖는 전도성 피막을 씌움으로써 전파 브러쉬 방전을 막을 수 있다. 또한 금속 경계면의 고밀도 전하와 비전도체 표면의 대응전하 축적을 제거하기 위해, 금속이면을 접지함으로써 방전을 막을 수 있다.

원뿔형 파일 방전은 첨가제를 이용하여 도전율을 늘리거나, 주입속도를 0.5 kg/s 이하로 줄이거나, 용량이 1 $m^3$ 미만인 용기를 사용하여 예방할 수 있다. 원뿔형 파일 방전으로 일어날 수 있는 점화를 막기 위한 가장 효과적인 방법은 불활성화이다.

브러쉬 방전은 충분히 얇은 비전도성 표면 또는 절연파괴전압이 4 kV인 전도성 표면을 유지함으로써 막을 수 있다. 그러나 두께가 2 mm 이상인 비전도성 코팅은 4 kV 미만의 절연파괴전압이더라도 브러쉬 방전을 일으킬 수 있다. 브러쉬 방전을 막기 위해서는 두께가 2 mm 미만이어야 한다. 이렇게 하면 부도체에 축적된 전하가 고정되는데, 고정된 전하는 브러쉬 방전으로 전이되지 않는다. 비전도성 유체의 브러쉬 방전은 전도성 첨가제를 사용하여 도선율을 증가시킴으로써 막을 수 있다. 브러쉬 방전으로 일어날 수 있는 점화를 막기 위한 가장 효과적인 방법은 불활성화(inerting)이다.

진격 방전은 용기의 용량을 60 $m^3$ 미만으로 하거나 용기직경을 3 m 미만으로 하면 막을 수 있다. 만약 이런 조건을 만족하지 않는다면 시스템은 불활성화되어야 한다.

## 완화

용기의 상부에 설치된 파이프를 통하여 용기 속으로 유체를 펌핑하게 되면 유체가 하강할 때, 유체입자간 간격이 커지는 분리공정이 생기게 되고 이는 곧 전하 생성의 기준이 되는 유동전류, $I_S$를 생성한다. 탱크에 주입되기 직전에 확관(확대파이프)을 설치함으로써 이러한 정전기의 위험을 실질적으로 감소시킬 수 있다. 이러한 정체(hold)는 완화에 의하여 전하감소를 위한 시간을 제공한다. 파이프의 이러한 완화를 위한 체류시간은 식 (7-23)으로부터 결정된 완화시간의 약 2배 정도이다.

실제로 체류시간[9]이 계산에 의하여 얻어진 완화시간의 1/2 이상인 경우에는 축적된 전하를 제거하기에 충분하다고 알려졌다. 따라서 "완화시간 2배" 규칙은 안전계수 4를 부여한다. API 권장사항[10]에 에 따르면 식 (7-22)의 $ud$(=속도×배관직경)는 육상 탱크 충전의 경우 0.5 $m^2$/s 미만, 화물열차 충전의 경우 0.8 $m^2$/s 미만이어야 한다.

9) F. G. Eichel, "Electrostatics," *Chemical Engineering*, (March 13, 1967), p.153

10) API RP 2003, *Protection Against Ignitions Arising Out of Static, Lighting, and Stray Currents* (Washington, DC : American Petroleum Institute, 1991).

## 접속과 접지

두 개의 전도성 물질 사이의 전압 차이는 두 물질들을, 즉 한 물질에 전도성 전선의 한 끝과 제 2의 물질에 전선의 다른 끝을 연결하는 접속(bonding)을 실시함으로써 0으로 감소된다. 접속된 물질이 여러 세트가 있을 때 각 세트는 서로 다른 전압을 가질 수 있다. 이 세트들 사이의 전압차는 각 세트를 접속하여 접지(grounding)함으로 영전위로 감소시킬 수 있다.

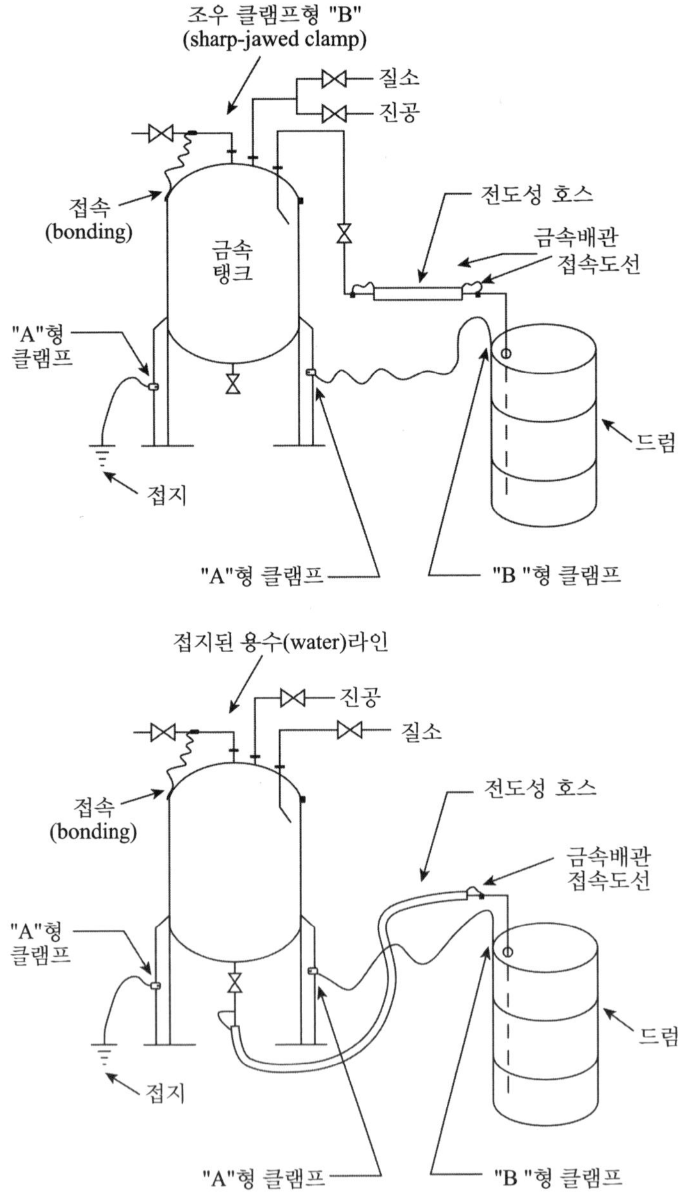


⇧ **그림 7.16** 탱크와 용기의 접속 및 접지방법
(출처: F. G. Eichel, "Electrostatics" *Chemical Engineering* (March 13, 1967): 153)

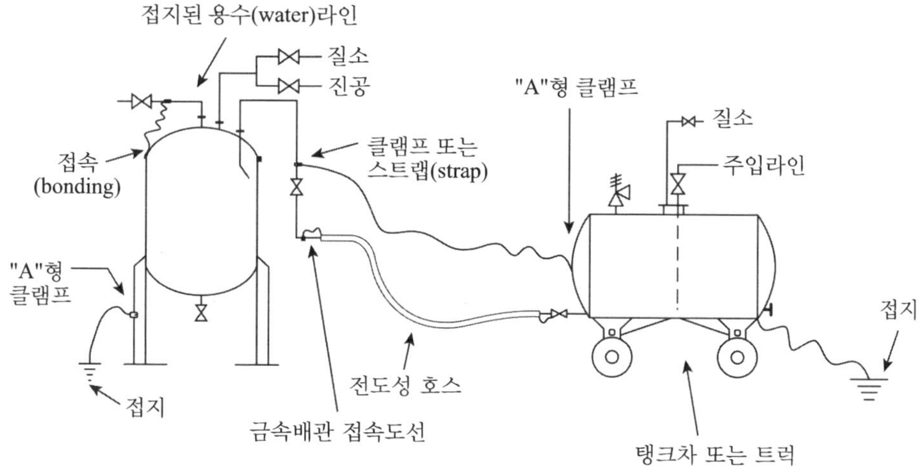


**언로딩 탱크 또는 탱크차 접지**

**그림 7.16** 계속

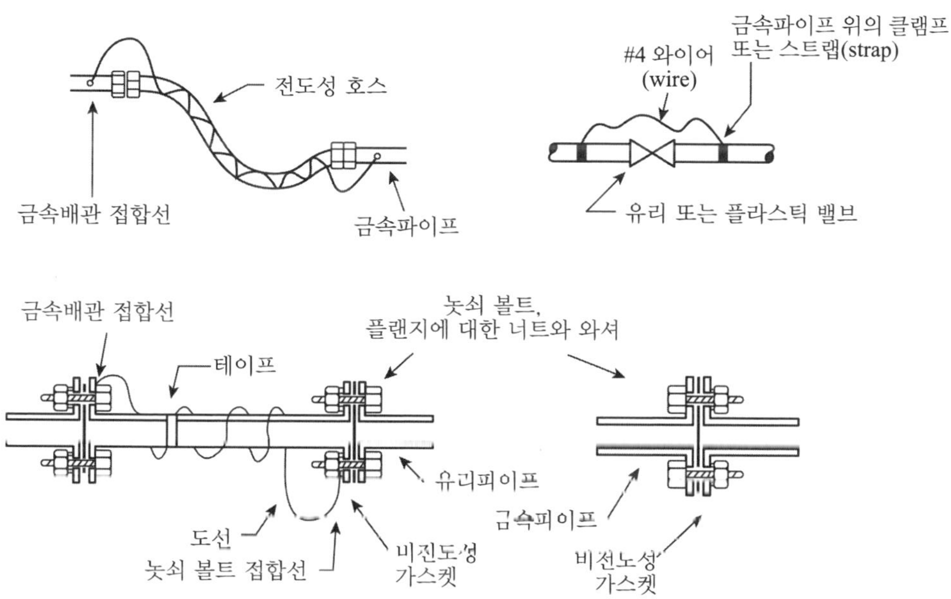


**그림 7.17** 밸브, 파이프 및 플랜지에 대한 접속방법
(출처: F. G. Eichel, "Electrostatics" *Chemical Engineering* (March 13, 1967): 153)

접속과 접지는 전체 계의 전압을 대지의 전위나 영전압으로 감소시키며 계의 여러 부품 사이의 축적된 전하를 제거하고 정전 스파크를 위한 전위를 제거한다. 접지와 접속의 예를 <그림 7.16>과 <그림 7.17>에 나타내었다.

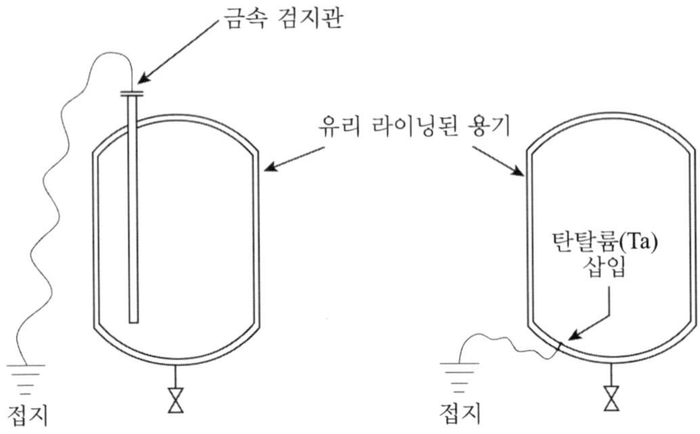


⇧ **그림 7.18** 유리로 라이닝된 용기의 접지

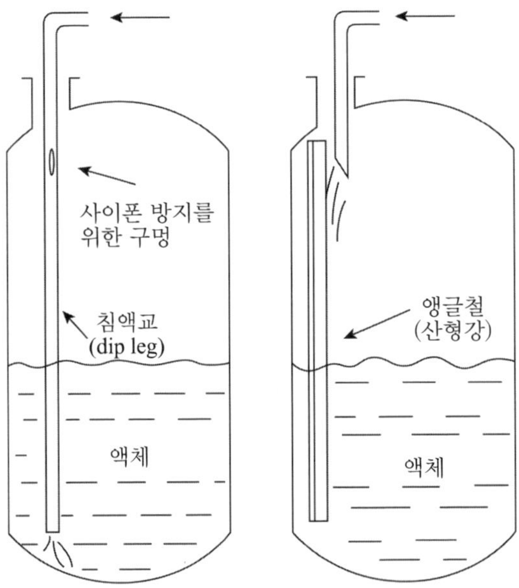


⇧ **그림 7.19** 정전기의 축적과 자유 낙하를 방지하기 위한 침액 파이프

유리와 플라스틱으로 라이닝된 용기는 <그림 7.18>에 예시된 바와 같이 탄탈륨(Ta) 삽입기(insert)나 금속 검지관(probe)을 이용하여 접지한다. 그러나 이 방법은 낮은 전도도를 가지는 액체를 취급할 때는 효과적이지 못하다. 이러한 경우에는 공급라인을 용기의 밑바닥까지 확장하면(그림 7.19) 액체를 공급하는 조작을 행할 동안, 분리(separation)로 인한 전하의 생성 및 그 축적을 방지할 수 있다. 또한 주입속도를 충분히 낮게 하여 유동전류 $I_S$에 의하여 전하의 생성을 극소화하여야 한다.

## 침액 파이프

침액 파이프(dip leg 또는 dip pipe)라고 불리는 확장라인(extended line)은 액체가 자유낙하할 때 축적된 정전기 전하를 감소시킨다. 그러나 침액 파이프를 사용할 때는 인입 흐름이 멈출 때 사이폰 현상으로 역으로 흘러감을 방지하기 위한 주의를 하여야 한다. 보통 사용되는 방법은 용기의 상부 가까이 침액 파이프 안에 하나의 구멍을 내는 것이다. 또 다른 방법은 파이프 대신에 <그림 7.19>와 같이 철로 된 앵글(angle iron)을 이용하여 액체를 흘러내리게 하는 것이다. 이들 방법은 역시 드럼에 액을 채울 때 사용된다.

## 첨가물에 의한 전도도 증가

비전도성 유기물의 전도도는 대전방지 첨가제라 부르는 첨가제를 사용하여 증가시킬 수 있다. 대전방지제의 예로는 물 또는 알코올과 같은 극성용매가 포함된다. 물은 대상액체에 녹을 때에만 효과가 있다. 이는 불용성 상은 분리 및 전하 생성의 또다른 부가적인 원인이 될 수 있기 때문이다.

## 인화성 증기가 없는 고체의 취급

접지가 안된 전도성 고체 운송장치(chute)로 고체를 충전할 때에는 chute에 전하가 축적되는 수가 있다. 이러한 전하는 분산된 인화성 미립자를 점화시킬 수 있는 스파크를 일으킬 수 있다. 고체는 모든 전도성부품 및 비전도성 페인트가 칠해진 드럼 등을 접속과 접지를 실시함으로써 안전하게 수송할 수 있다. <그림 7.20>에 제시된 예시를 참조한다.

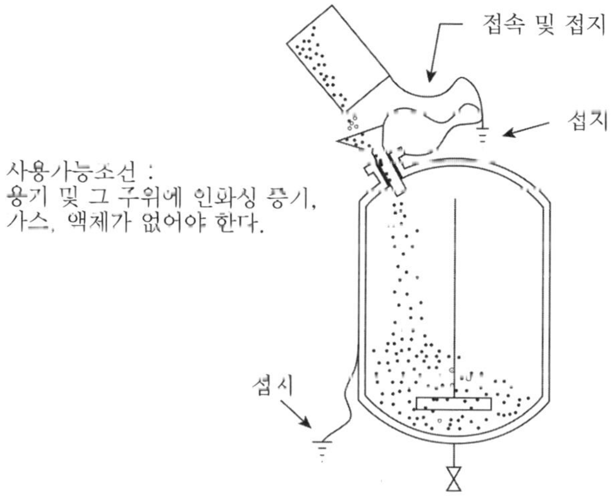


⇧ **그림 7.20** 인화성 증기가 존재하지 않는 고체의 취급(출처: Expert Commission for Safety in Swiss Chemical Industry, "Static Electricity: Ruled for Plant Safety," *Plant/Operations Progress*, (Jan. 1988), 7(1): 19)

## 인화성 증기와 함께 있는 고체의 취급

이러한 조작에 대한 안전설계는 <그림 7.21>과 같이, 불활성 분위기하에서의 고체와 액체의 밀폐 취급을 포함한다. 용제가 들어있지 않은 고체에 대하여 비전도성 용기의 사용은 가능하다. 그러나 인화성 용제를 포함한 고체는 전도성이고 접지된 용기만을 사용하도록 권장한다.11)

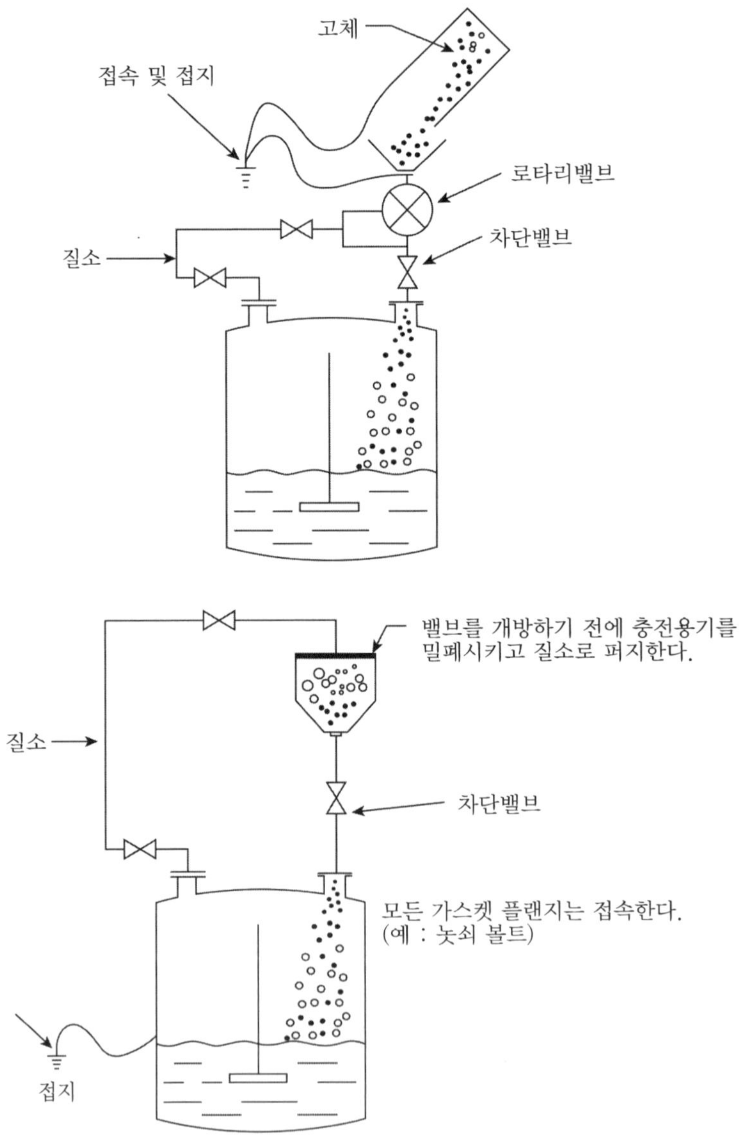


⇧ 그림 7.21 인화성 증기가 존재하는 곳에서 고체 취급. (출처: Expert Commission for Safety in the Swiss Chemical Industry, "Static Electricity: Rules for Plant Safety," p.19)

11) Expert Commission for Safety in Swiss Chemical Industry, "Static Electricity: Ruled for Plant Safety," p.1.

## 4 방폭 장치 및 계측장비

모든 전기장치는 근원적인 발화원이다. 인화성 증기 및 분진의 점화를 방지하기 위해서는 특정한 설계특성이 요구된다. 화재 및 폭발의 위험성은 공정지역 안에 전기장치의 수와 형태에 직접 비례한다.[12] 전기설비의 대부분의 안전 실무규정은 미국국립전기규정(National Electric Code, NEC)에 기초를 두고 있다.[13] 공정지역은 2가지의 주요 형태의 환경, XP 및 Non-XP로 나뉜다. 방폭을 나타내는 XP는 어떤 때에도 인화성 물질이 존재할 수 있음을, Non XP는 비정상상태에서도 인화물이 존재하지 않음을 의미한다. Non-XP로 설계된 지역에서도 나화, 고열물 같은 발화원은 존재할 수 있다.

### 방폭구조

XP지역에서 전기장치 및 일부 계장설비는 특정 방폭구조(explosion proof housing)여야 한다. 방폭구조는 외부로부터 인화성 증기나 가스의 침입을 막도록 설계되는 것이 아니라 방폭구조물의 내부 폭발에 견디고 방폭구조물의 내부연소가 외부로 분산되는 것을 막도록 설계하는 것이다. 이를테면 모터의 스타터는 폭발압력에 견딜 수 있는 강도를 가진 무거운 주물로 된 상자로 둘러싸여 있어야 한다. 방폭설계는 모든 접속함 주변에는 특별히 봉합된 접속으로 된 전선관의 사용을 포함한다.

방폭설계는 모든 접속함 주변에는 특별히 봉합된 접속으로 된 전선관의 사용을 포함한다. <그림 7.22>는 XP 지역용 전기장치의 특징을 나타낸다. 특히, 온오프 스위치 하우징은 부피가 크다. 금속의 두께는 약 3/4 인치이다. 플랜지는 크므로 인화성 증기가 박스에 들어가 점화되면 연소가스가 플랜지 면을 통하여 흘러나오면서 소염된다. 이 부피는 연소가스의 열을 제거하고, 화염이 가연 환경으로 진행하기 전에 화염을 소화하는데 필요하다.

<그림 7.22>에서 스위치 아래의 실링 파이프 피팅은 EYS라 불린다. 길이는 약 2(1/2) 인치이고, 지름은 1(1/2) 인치이다. 이 피팅을 밀봉하는 절차는 다음과 같다.

1. 와이어는 피팅 내에서 분리된다.
2. 설치설비 하부에 섬유 댐을 만든다.
3. 에폭시 액체가 설비로 쏟아져 에폭시가 경화되면 설비의 밀봉이 완료된다.

복잡한 화학공장에는 수백 개의 이러한 설비가 포함될 수 있으며, 모든 이 설비는 적절히 밀봉되어야 한다. 또한 플랜지상의 흠집이나 먼지는 가스냉각을 마비시키고, 외부 환경으로 전파하는 연소를 야기할 것이다.

---

12) Expert Commission for Safety in the Swiss Chemical Industry. "Static Electricity: Rules for Plant Safety," *Plant/Operations Progress* 7, no.1 (1998):1.

13) NEPA 70, *The national Electrical Code* (Quincy, MA: National Fire Protection Association, 2008).

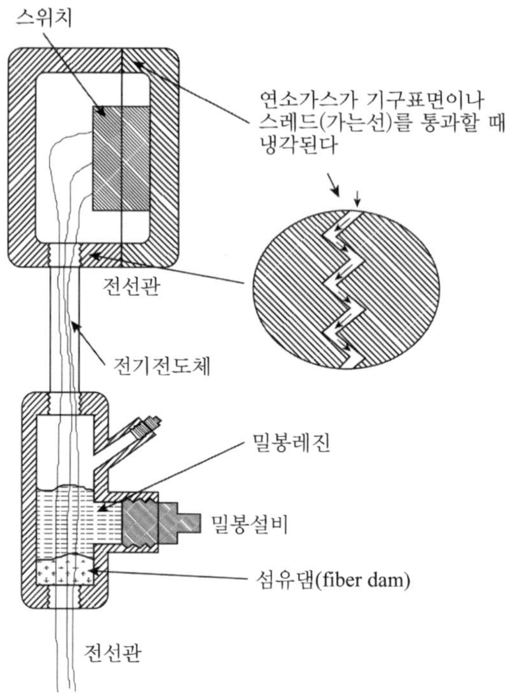


그림 7.22 XP지역용의 전기장치 설계 특성(D. A. Crowl, *Understanding Explosions* (AICHE, 2003))

## 위험지역 및 물질 분류

전기장치 및 전기기계를 설계할 때는 공정위험특성 또는 특수공정등급을 기준으로 한다. 등급은 National Electrical Code로 분류하는데, 이는 특정지역 안의 공정위험의 특성 및 위험도의 함수이다. 등급은 Class I, II, III, Group A-G 및 Division 1,2로 분류된다.

Class는 인화성 물질의 특성에 따라 다음과 같이 분류된다.

Class Ⅰ : 인화성 가스 또는 증기가 존재하는 지역
Class Ⅱ : 인화성 분진이 존재하는 지역
Class Ⅲ : 인화성 섬유나 분진이 존재하나 부유되기 쉽지 않은 위험지역

Group은 특정 화학성질을 갖는 그룹으로, 동등한 위험성을 갖는다.

Group A : 아세틸렌
Group B : 수소, 에틸렌
Group C : 일산화탄소, 황화수소
Group D : 부탄, 에탄, 에틸알코올
Group E : 알루미늄 분진
Group F : 카본 블랙
Group G : 밀가루

Division 명칭은 물질이 인화성 또는 폭발성 영역 안에 존재하는 가능성을 기준으로 다음과 같이 나뉜다.

Division 1 : 점화의 가능성이 높다. 즉 인화성 농도가 상존한다.
Division 2 : 이상상태에서만 위험하다. 즉 정상인 때에는 인화성 물질이 밀폐된 용기나 밀폐계에 들어있다.

### XP 지역의 설계

XP 지역을 설계할 때, 모든 전기장비 및 전기기기는 논의된 등급(클라스, 그룹, 디비존)을 지정해야 한다. 어떤 지역 내의 모든 장비와 기기는 적절히 지정되고 설치되어야 한다. 지역에 대해 총괄등급은 가장 낮은 등급을 가지는 장비만큼 좋다.

## 5 환기

적절한 환기는 화재 및 폭발을 방지하는데 쓰이는 또 하나의 방법이다. 환기의 목적은 공기 속의 폭발성 증기를 희석하여 인화성 혼합물을 생성하지 못하게 하고 폭발을 방지하는데 있다.

### 옥외 플랜트

대기 중의 평균 풍속이 충분히 커서 플랜트에 존재할 수 있는 휘발성 화학물질의 누출을 안전하게 희석시킬 수 있기 때문에 옥외 플랜트(open air plant)가 권장된다. 그러나 발생할 수 있는 누출을 극소화하도록 항상 안전조치를 실행하여야 한다.

**예제 7.8**

인화성 톨루엔을 상당량 취급하는 플랜트가 주거지역으로부터 1000 ft 지점에 위치하고 있다. 다량의 인화성 증기의 누출은 인화성 증기운을 형성하고, 주거지역에서는 지속적인 발화원이 존재한다. 주거지역에서 폭발하한(LFL)과 같은 농도의 증기운을 생성하는데 요구되는 최소 톨루엔의 누출 질량유속을 결정하여라.(단, 바람의 속도는 5 mph이고 대기는 D안정조건이라고 가정한다)

**해답**

지면에서의 연속 누출로 가정하고, 증기운 중심에 따른 순풍향 플럼 농도를 식 (5-17)로 구한다.

$$<C>(x, 0, 0) = \frac{Q_m}{\pi \sigma_y \sigma_z u}$$

누출 질량 유속 $Q_m$에 대해 풀이하면 다음과 같다. $Q_m = <C>(x, 0, 0)\, \pi \sigma_y \sigma_z u$

"부록B"에서 톨루엔의 LFL이 공기 중에서 1.2%임을 알 수 있고, 단위환산을 하면 다음과 같다.

$$\left(0.012\ \frac{\text{m}^3\ \text{toluene}}{\text{m}^3\ \text{air}}\right)\left(\frac{\text{1g-mol toluene}}{22.4\times10^{-3}\text{m}^3\ \text{toluene}}\right)\left(\frac{\text{92g toluene}}{\text{1g-mol toluene}}\right) = 49.3\ \text{g/m}^3$$

풍속은 5 mph (2.23 m/s), 순풍향 거리는 1000 ft (304 m)이고, <그림 5.10>으로부터 $\sigma_y$는 22 m, $\sigma_z$는 12 m이다. 이 값을 대입하면 다음과 같다.

$$Q_m = (49.3\ \text{g/m}^3)(3.14)(22\ \text{m})(12\ \text{m})(2.23\ \text{m/s}) = 9.11\times10^4\ \text{g/s} = 201\ \text{lb}_\text{m}\text{/s}$$

질량유속이 201 $\text{lb}_\text{m}$/s를 초과하는 누출이 일어나면 인화성 증기운이 만들어질 수 있는데, 이 증기운의 독성영향도 반드시 고려되어야 한다. 폭발하한계인 1.2% = 12,000 ppm은 20 ppm의 톨루엔 TLV보다 매우 크다.

---

## 옥내 플랜트

공정이 옥외에 설치될 수 없는 경우가 빈번하다. 이러한 경우에는 국소배기 및 희석배기 시스템이 요구된다. 이들 배기시스템은 3.3절에서 자세히 논의하였다. 국소배기는 인화성 가스 방출을 통제하기 위한 가장 효과적인 방법이다. 그러나 희석배기는 보통 잠재적인 누출 위험점이 아주 많고 기계적, 경제적으로 국소배기만으로는 모든 누출 위험을 처리할 수 없을 때 사용된다.

저장 및 공정 지역 내부의 인화성 물질에 대한 환기시스템에 대해 경험적으로 결정된 설계 기준은 <표 7.7>에서 확인할 수 있다. NFPA 환기 요구사항과 인화성 분류를 <표 7.7>에 제시하였다. 참조한 NFPA 문서에는 환기 및 등급에 대한 보다 자세한 내용이 수록되어 있다.

환기시스템의 효과는 물질수지식을 이용하여 결정된다. 이는 2장에 기술하였고, 예제 7.9에 설명하였다.

**표 7.7** NFPA 환기 조건과 인화성 물질의 분류

| 환기 면적 | 속도 | 조건 |
|---|---|---|
| 저장용기 내부와 공정 | 1 $\text{ft}^3$/(min $\text{ft}^2$)<br>또는<br>0.305 $\text{m}^3$/(min $\text{m}^2$) | LFL의 25% 이하로 농도를 유지하도록 설계.<br>배기장치는 건물 외부 안전한 장소에 위치.<br>배기 공기의 재순환은 지속적으로 모니터링 되고 경보음이 자동으로 울리도록 설계되고 농도가 LFL의 25% 이상인 경우 외부로 완전한 배기를 제공하여 재순환을 중지하도록 설계되는 경우에만 허용한다.<br>환기는 지정된 지역 내의 모든 구획을 포함해야 한다. |
| **인화성 물질의 분류** | **조건** | |
| Class IA | 인화점(FP) < 73°F, 끓는점(BP) < 100°F 또는 FP < 22.8℃, BP < 37.8℃ | |
| Class IB | FP < 73°F, BP ≥ 100°F 또는 FP < 22.8℃, BP ≥ 37.8℃ | |
| Class IC | FP > 73°F, BP < 100°F 또는 FP > 22.8℃, BP < 37.8℃ | |
| Class II | FP > 100°F, BP < 140°F 또는 FP > 37.8℃, BP < 60℃ | |
| Class III | FP > 140°F 또는 FP< 60°F | |

출처 : National Fire Protection Association, *Flammables and Combustible Liquids Code*, (Quincy, MA: NFPA, 2018)

**예제 7.9**

톨루엔이 누출되어 9.5 $m^2$ 면적의 방류둑(dike) 안에 들어있다. 다이크 내부 면적위의 톨루엔의 농도를 결정하여라. 단, 공정지역(230 $m^2$)은 Class I 인화성 물질을 취급하도록 설계되었고 액체와 대기의 온도는 18.3℃라고 가정한다. 톨루엔의 증기압은 18.3℃에서 20 mmHg이고 LEL은 1.2%(부피)이다.

**해답**

누출된 액체표면(pool)에서 휘발성 물질이 증발될 때 환기되는 지역 안의 휘발성 물질의 농도는 식 (3-14)에 의하여 계산한다.

$$C_{\text{ppm}} = \frac{KAP^{sat}}{k\,Q_v\,P} \times 10^6$$

여기서, $K$ : 식 (3-18)을 사용하여 결정되는 물질전달계수
$A$ : 증발면적
$P^{sat}$ : 액체의 포화증기압
$k$ : 비이상 혼합계수
$Q_v$ : 부피 환기 속도
$P$ : 압력

공정지역에 대한 환기능력은 1 $ft^3$/min $ft^2$ = 0.30 $m^3$/min $m^2$(표 7.7)의 설계조건을 기초로 한다. 그러므로

$$Q_v = \left(\frac{0.305\ \text{m}^3}{\text{min m}^2}\right)(230\ \text{m}^2) = 70.15\ \frac{\text{m}^3}{\text{min}}$$

또한 $M = 92,\ P^{sat} = 20\ \text{mmHg},\ A = 9.5\ \text{m}^2$

물질 전달계수는 물에 대한 $M_o$와 $K_o$가 각각 18과 0.83 cm/s임과 식 (3-18)을 이용하여 계산된다.

$$K = K_o\left(\frac{M_o}{M}\right)^{1/3} = 0.83\left(\frac{18}{92}\right)^{1/3} = 0.482\ \text{cm/s} = 0.289\ \text{m/min}$$

비이상 혼합인자 $k$는 0.1과 0.5 사이에 존재한다. 환기에 관한 정보가 주어지지 않았으므로 $k$는 하나의 변수로서 사용될 것이다. 식 (3-14)에 대입하면

$$kC_{\text{ppm}} = \frac{KAP^{sat} \times 10^6}{Q_v\,P} = \frac{(0.289\ \text{m/min})(9.5\ \text{m}^2)(20/760)\ \text{atm} \times 10^6}{(70.15\ \text{m}^3/\text{min})(1\ \text{atm})} = 1030\ \text{ppm}$$

농도범위는 다음과 같이 추산된다.

$k$ = 0.5일 때, $C_{\text{ppm}}$ = 2060ppm = 0.206% 부피
$k$ = 0.1일 때, $C_{\text{ppm}}$ = 1030 ppm = 1.03% 부피

이 농도는 1.2%(부피)의 LFL보다 훨씬 낮다. 이것은 Class I 액체에 대한 특정한 환기 속도는 인화성 물질의 다량 누출을 취급하기에 적합함을 예시한 것이다. 그러나 이 농도는 이 물질에 대한 TLV보다는 높을 것이다.

## 6 스프링클러시스템

스프링클러시스템은 화재를 진압하는 하나의 효과적인 방법이다. 스프링클러시스템은 급수와 연결된 일련의 스프링클러 헤드로 구성된다. 헤드는 높은 위치(보통 천정 가까이)에 설치되고 작동될 때는 어느 면적 위에 미세한 물방울을 분무한다.

헤드는 여러 가지 방법으로 작동된다. 헤드를 작동시키는 일반적인 접근방법은 헤드 어셈블리 내부를 막아주는 가용성 금속링크를 녹임으로서 작동하게 하는 것이다. 이런 경우 일단 작동되면 주 공급수를 중단하지 않는 한 작동을 중지시킬 수 없다. 이러한 접근법을 **밀폐식 헤드면적시스템**(closed head area system)이라 부른다. 이러한 시스템은 저장소, 실험실, 제어실 및 작은 파일롯트 지역에 사용된다.

또다른 접근법은 공동 제어 점에서 전체의 스프링클러를 작동하게 하는 것이다. 제어점(control point)은 비정상적인 상태가 검지되면 화재에 의하여 영향 받지 않은 지역을 포함하여 전체 스프링클러가 작동된다. 화재가 감지되면 화재에 의해 영향을 받지 않는 구역을 포함하여 구역 내에 설치된 전체 스프링클러가 활성화된다. 이러한 접근법을 **개방식 헤드면적시스템**이라 한다. 이 시스템은 플랜트 공정지역 또는 보다 큰 파일럿 플랜트에 사용된다.

스프링클러시스템이 작동될 때는 빌딩의 크기나 공정구조에 따라 다르나 상당한 양의 물에 의한 피해를 가져올 수 있다. 통계상 물에 의한 피해의 양은 스프링클러가 설치되어야 할 지역 안에 화재로 인한 손상만큼 결코 크지는 않다.

여러 가지 화재등급에 따라 서로 다른 스프링클러 설계를 요구한다. 이러한 등급과 스프링클러의 사양에 대한 상세한 내용은 NFPA 13[14]에 기술되어 있다. 일반적인 화학플랜트는 보통 분무의 위험지역(group 3)으로 분류된다. 이러한 형태에 대한 여러 가지 스프링클러의 사양이 <표 7.8>에 제시하였다.

때때로 용기는 화재 시 용기벽이 냉각되도록 특별한 물 분무 방호를 필요로 한다. 표면온도가 높을 경우에는 용기의 최대허용운전압력(MAWP)보다 훨씬 아래의 압력에서 아주 중대한 재해를 일으킬 수 있는 금속파열의 결과를 가져올 수 있다. 탄화수소 누출 화재에서 단열이나 물분무 등의 보호장치가 되어 있지 않은 용기는 수분이내에 파열될 수 있다.

용기 주위의 분무 방호시스템은 이러한 유형의 결함을 방지하도록 권장한다. 이러한 물 분무 방호시스템은 일반적으로 용기를 냉각시키고 위험한 누출을 씻어내며 가스운이 생성되지 않도록 설계되어야 한다.[15] 또한 델루지(deluge) 시스템은 저장탱크 내의 물질을 다른 안전한 지역으로 이송할 충분한 시간을 제공할 수 있어야 한다.

14) *NFPA 13, Standard for the Installation of Sprinkler Systems*(Quincy, MA: National Fire Protection Association, 2016).
15) *NFPA 1, SFire Code* (uincy, MA: National Fire Protection Association, 2009).

용기 델루지 시스템은 보통 개방형 헤드시스템으로 설계되는데, 이는 화재 또는 인화성 가스 혼합물이 검지되면 활성화된다. 이러한 용기의 델루지 시스템은 보통 개방헤드시스템으로 설계되는 바 이는 화재가 감지되거나 인화성 가스의 농도가 LFL의 25%의 분율일 때 또는 화재가 열로 감지될 때 개방된다. <표 7.8>은 이러한 델루지 시스템에 대한 설계사양을 제공한다.

물분사기(모니터)는 부속 발사총(gun)이 달린 고정된 물소화전이다. 모니터는 공정지역 및 저장탱크지역 안에 설치된다. 화재 소화전과 모니터는 공정장치와 150~250 ft 떨어진 공간에 위치하여 플랜트의 전지역이 두 개의 흐름에 의하여 커버 될 수 있도록 하여야 한다. 모니터는 보통 방호되는 장치로부터 50 ft에 위치한다.[16] 소방모니터는 500~2000 gpm의 속도로 물을 방출한다.

**표 7.8** 화학공장에 대한 방화설비

**스프링클러시스템 형태(NFPA 13 참고)**

- 부동결형 스프링클러시스템 : 부동액을 함유한 습식 배관시스템으로 수원지와 연결됨
- 델루지 스프링클러시스템 : 개방형 스프링클러와 빈 배관으로 열이나 인화성 물질을 감지하여 작동하는 시스템을 통해 수원지에 연결됨
- 건식배관 스프링클러시스템 : 가압 상태로 질소 또는 공기가 충전된 시스템. 열에 의해 스프링클러가 작동할 경우 시스템이 감압되어 시스템으로 소방용수가 유입되고 스프링클러가 작동
- 습식배관 스프링클러시스템 : 소방용수가 채워져 있으며 열에 의해 작동하는 개방형 스프링클러를 통해 소방용수를 방출하는 시스템

**밀도설계(NFPA 15 참고)**

- 화재원 : 바닥 면적의 0.50 $gpm/ft^2$ 이상
- 펌프 및 관련 설비 : 계획 면적의 0.50 $gpm/ft^2$
- 용기 : 상하부를 포함하여 노출 면적의 0.25 $gpm/ft^2$, 노즐의 수직 거리는 12 ft 이하일 것
- 수평형 철 구조물 : 표면적의 0.10 $gpm/ft^2$. 만약 철구조물이 절연되었다면 필요하지 않음
- 수직형 철 구조물 : 표면적의 0.25 $gpm/ft^2$. 만약 철구조물이 절연되었다면 필요하지 않음
- 금속제 배관, 튜브, 도관 : 표면적의 0.15 $gpm/ft^2$ 이상
- 전선상자 : 대상 평면적(수평형 또는 수직형)의 0.3 $gpm/ft^2$ 이상
- 조합형 시스템 : NFPA 기준에 상기 요구사항을 조합하는 방법이 제시되어있음

**초고속 물분무시스템에 대한 노출 분사속도 및 요구 압력**

- 유량 : 25 gpm/nozzle 이상
- 노즐의 압력 : 50 psig 이상

출처 : *NFPA 13, Standard for the Installation of Sprinkler Systems*(Quincy, MA: National Fire Protection Association, 2016) ; *NFPA 15, Standard for Water Spray Fixed Systems for Fire Protection* (Quincy, MA: National Fire Protection Association, 2017).

16) D. C. Kirby and J. L. De Roo, "Water Spray Protection for a Chemical Processing Unit : ONE Company's View." *Plant/Operations Progress* (Oct. 1984), 13(4).

**예제 7.10**

반응성 용매를 취급하는 100 ft × 30 ft 면적의 빌딩 안의 화학공정지역에 필요한 스프링클러의 요구사항을 결정하여라. 스프링클러 분무노즐의 수와 펌프규격을 결정하여라. 시스템 안에 10 psig 압력손실이 있고 펌프 위 스프링클러시스템의 높이는 15 ft로 가정한다.

**해답**

이 시스템을 설계하기 위한 자료는 <표 7.8>에서 구한다.

$$\text{총용수 요구량} = (0.50\ \text{gpm/ft}^2)(100\ \text{ft})(30\ \text{ft}) = 1500\ \text{gpm}$$

$$\text{스프링클러 노즐의 수} = \frac{(1500\ \text{gpm})}{25\ \text{gpm/nozzle}} = 60$$

정수가 아닌 경우 반올림된다.

요구되는 펌프압력은 50 psi로 규정된 노즐에서의 최소압력에 마찰손실에 따른 10 psi의 압력과 펌프에서의 높이 차이에 따른 압력(6.5 psi나 15 $ftH_2O$)을 더한 값이다. 따라서 총 압력은 66.5 psi인데, 반올림하여 67 psi를 적용한다. 펌프 구동력은 다음과 같이 결정한다.

$$\frac{\text{ft-lb}_f}{\text{s}} = \left(\frac{67\ \text{lb}_f}{\text{in}^2}\right)\left(\frac{144\ \text{in}^2}{\text{ft}^2}\right)\left(\frac{1500\ \text{gal}}{\text{min}}\right)\left(\frac{\text{min}}{60\ \text{s}}\right)\left(\frac{\text{ft}^3}{7.48\ \text{gal}}\right) = 32{,}250$$

$$\text{Horsepower} = (32{,}250\ \text{ft-lb}_f/\text{s})\left(\frac{1\ \text{HP}}{550\dfrac{\text{ft-lb}_f}{\text{s}}}\right) = 58.6\ \text{HP}$$

그러므로 여기에서 스프링클러의 효율이 100%라고 가정할 때, 필요한 펌프의 용량은 1500 gpm이고 모터의 구동력은 58.6-HP이어야 한다. 실제로, 소방펌프는 대개 100~125 psig의 방출 압력으로 설계되므로, 호스와 모니터 노즐의 유량은 충분할 것이다. 그리고, 모니터의 크기는 소방코드에 따라야 한다.[17)]

## 7 화재 및 폭발 방호 전략

화학플랜트에서 화재 및 폭발의 성공적인 방지를 위해서는 앞에서 언급한 것들과 또 다른 것을 포함한 설계기술의 조합을 필요로 한다. 이러한 기술을 완전하게 묘사한다는 것은 이 책의 범위를 벗어난다. <표 7.9>에 보여준 일부 목록은 안전기술이 비교적 복잡하고(적절한 응용은 상당한 지식과 경험을 필요로 한다), 엔지니어들이 그들을 돕기 위한 체크리스트(점검표)로 사용하기 위해서는 화재 및 폭발을 방지하기 위한 임계특성을 포함해야 함을 예시한

17) *NEPA 1*, *Fire Code* (Quincy, MA: National Fire Protection Association, 2009).

것이다.

**표 7.9** 화재 및 폭발 예방 및 완화에 대한 책임

| 전략 | 책임 |
|---|---|
| 표준 및 지침 | 규정 (PSM)<br>코드 및 사례 (NFPA, API 및 CCPS)<br>위험기반공정안전 (CCPS의 RBPS) |
| 수동 및 능동 | 유지보수 프로그램 (예 : 기계적 무결성 검사)<br>설계 (예 : 배수, 밀폐 및 접근성)<br>방화<br>델루지 시스템<br>제어장치 (예 : 차단 밸브 및 화염 방지기)<br>비상 대응팀 구성 및 훈련 |
| 플랜트 기반시설 | 플랜트 장치 배치 (예 : 접근성)<br>제어실 (예 : 공기 공급 및 공정에서 이격)<br>급수 및 분배 (예 : 소화전 및 이중화)<br>유틸리티 (응급 상황에서 모두 이용 가능) |

출처 : J. A. Davenport, "Prevent Vapor Cloud Explosions," *Hydrocarbon Processing*, (March 1977), 205~214 and Orville M. Slye, "Loss Prevention Fundamentals for Process Industry," AICHE Loss Prevention Symposium, March 6-10, 1988

화재방호 전략은 화재 위험성을 파악, 감소 및 관리하기 위한 체계적인 접근 방식이다. 화재 및 폭발을 예방하기 위해 산업체에서 사용하는 전략을 <그림 7.23>에 제시하였다. 그림과 같이 이 전략은 공학실무, 수동 및 능동 시스템 및 플랜트 기반시설의 조합이다.

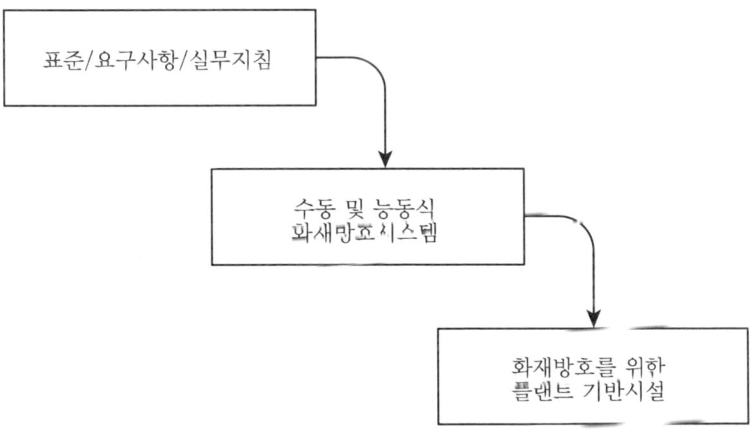


**그림 7.23** 화재방호 전략

## 실무지침

대부분의 사고는 RAGAGEP 사용의 실패에 의해 발생한다. 이 약어는 5가지 실행을 포함

한다 : (1) 정부 규정 준수; (2) 미국석유협회(API) 표준준수; (3) AICHE의 화학공정안전센터(CCPS) 지침 준수; (4) NFPA(National Fire Protection Association) 화재 코드 및 표준준수; (5) 산업체 내에서 그리고 전문가 회의에서 정보 공유를 통하여 얻은 산업체 경험.

## 수동 및 능동 시스템

수동 및 능동 안전시스템은 다음을 포함한다.

- 화재 위험성 제거 또는 감소
- 화재가 개시된 후 영향을 최소화하기 위한 감지 및 제어
- 화재사고결과의 심각성 완화 또는 저감
- 비상대응

수동시스템은 수동 또는 제어 작업 없이 사고에 대한 대응이다. 여기에는 (1) 내화 (내화성 시멘트로 코팅된 구조물); (2) 배출 (인화성 물질을 보다 안전한 장소로 배출하기 위해 공정장치로부터 떨어진 경사면); (3) 봉쇄 (화재 및 폭발을 봉쇄하기 위하여 용기 강도 증가); (4) 분리 (장비 간 간격); 및 (5) 화재의 확산을 최소화하기 위한 방화벽.

능동시스템은 수동 또는 제어 조치가 필요한 대응이다. 여기에는 (1) 화재를 진압하기 위한 스프링클러; (2) 대량의 물을 공정 장비에 분무하여 화재를 진압하고 BLEVE를 방지하는 델루지 시스템; (3) 화재 또는 누출의 크기를 억제하기 위해 발포체 적용; (4) 공장과 지역 소방서를 이용하여 소방대 비상 대응반원.

## 플랜트 화재방호 기반시설

플랜트 배치는 유지보수 작업자와 비상 대응팀 및 차량이 장치에 접근이 용이하도록 설계해야 한다. 또한 플랜트 기반시설에는 스프링클러 및 소화전을 위한 물이 필요하다. 잘 설계된 시스템에는 도시 공급, 우물, 호수, 강 또는 급수탑과 같은 안정적인 물 공급원이 포함된다. 또한 설계에는 펌프 및 백업 펌프를 포함한 우수한 분배시스템이 포함되어야 한다. 배전 및 펌프 시스템은 낙뢰 또는 정전과 같은 일반적인 고장 원인을 보장하기 위해 이중으로 설계되어야 한다. 고장은 물 공급원에 방해되지 않도록 한다.

## 화재 및 폭발 방호 전략 문서화

플랜트의 화재방호 전략은 문서화하고 자주 감사를 받아야 한다. 감사의 목적은 장치, 절차 또는 기술에서의 변경을 파악하는 것이다.

## 참고문헌

John Boud, *Sources of Ignition, Flammability Characteristics of Chemicals and Products* (Oxford: Butterworth-Heinemann, 1991).

L. G. Britton, Avoiding Static Ignition Hazards in Chemical Operations(New York: American Institute of Chemical Engineers, 1999)

D. A. Crowl, Understanding Explosions (New York: American Institute of Chemical Engineers, 2003).

H. Deishelmann, "*The Electrostatic Charge of Glass-Lined Vessels and Piping*," Pfaudler PWAG Report 26th ed.

M. Glor. *Electrostatic Hazards in Powder in Powder Handling* (New York, NY: Wiley, 1988).

Thomas B. Jones and Tack L. King, *Powder Handling and Electrostatics* (Chelsea, MI: Lewis Publishers, 1991).

T. A. Kletz, *What Went Wrong*(Houston : Gulf Publishing Company, 1985).

J. F. Louvar, B. Maurer, and G. W. Boicourt, "Tame Static Electricity," *Chemical Engineering Progress*(Nov. 1994), p.75~81

G. Luttgens and M. Glor, *Understanding and Controlling Static Electricity*(Goethestrasse, Germany : Expert Verlag, 1989)

National Fire Protection Association. *Fire Protection Handbook*, 20thc ed. (Boston: National Fire Protection Association. 2008).

National Fire Protection Association. *NFPA 77, Static Electricity*, 20the ed. (Boston: National Fire Protection Association. 2014).

T. H. Pratt, *Electrostatic Ignitions of Fires and Explosions* (Marietta, GA: Burgoyne, 1997).

## 연습문제

**7.1** 산소 농도를 1 ppm으로 감소시키기 위해 질소로 진공 불활성화 절차를 사용하여라. 용기의 부피는 3.78 m$^3$이며 초기에 공기를 포함하고 있다. 진공시스템은 20 mmHg(절대압력)를 공급할 수 있으며 온도는 24℃이고, 최고압력은 1 atm이다. 퍼지 횟수와 사용된 총 질소량(kg)을 결정하여라. 부피가 37 m$^3$, 진공이 30 mmHg인 용기에 대해 반복한다

**7.2** 산소 농도를 1 ppm으로 감소시키기 위해 질소로 압력 불활성화 절차를 사용하여라. 용기의 부피는 3.78 m$^3$이며 초기에 공기를 포함하고 있다. 질소 공급압력은 4,136 mmHg(절대압력), 온도는 24℃, 최저 압력은 1 atm이다. 퍼지 횟수와 사용된 총 질소량(kg)을 결정하여라. 부피가 37 m$^3$, 공급압력이 3000 mmHg인 용기에 대해 반복한다.

**7.3** 산소 농도를 100% 공기(21% 산소)에서 1.25% 산소로 감소시키기 위해 스위프 퍼지를 사용한다. 용기의 부피는 7500갤런이다. 질소에 0.01% 산소가 포함되는 경우 필요한 질소의 ft$^3$을 결정하여라. 0.02% 산소와 0.05% 산소를 함유한 질소로 이 문제를 반복하여라.

**7.4** 액체 메탄올이 들어있는 2000 m$^3$ 용기는 입고 준비를 해야 한다. 배출 후, 먼저 질소 (멤브레인 장치에서 98% 질소 및 2% 산소)로 퍼지하고, 다음으로 공기로 퍼지하여 TLV-TWA

의 0.1% 연료 조성에 도달해야 한다. 1 atm의 압력, 25℃ 온도 및 10 $m^3$/min의 퍼지 속도(질소 및 공기의 경우)를 가정하고 스위프 퍼지를 사용할 때

a. 배출 후 탱크내 증기 조성을 결정하여라.

b. 질소퍼지(2% 산소)를 위한 목표 연료 조성을 결정하여라.

c. 필요한 질소량(kg)을 결정하여라.

d. 필요한 공기를 통한 스위프 양을 결정하여라.

**7.5** <그림 7.14>를 사용하여 (a) 노즐과 탱크 사이의 전압 및 누적 전하 및 (b) 액체에 축적된 에너지를 결정하여라. 0.003785, 0.568 및 2 $m^3$/min의 3가지에 대해 이것을 수행하여라. 호스 길이 6.1 m, 호스 직경 5.1 cm, 액체 전도도 $1.0 \times 10^{-8}$ mho/cm, 유전 상수 25.7, 용기 부피 1.1 $m^3$, 액체 밀도 0.88

**7.6** 250, 500, 750 및 920 갤런 용기의 정전용량을 결정하여라.

**7.7** 카본블랙으로 채워진 용기에서 발생한 전하를 계산하여라. (a) 개방용기에서 쏟아져 나오는 것과 (b) 공압식 이송의 2가지 충전 방법을 고려하여라. 용기 부피는 1.89 $m^3$, 카본블랙 공급속도는 5 kg/s이라 가정하여라. 축적된 전하와 에너지를 결정하여라. 에너지가 분진의 MIE를 초과하는지?

**7.8** 또 하나의 개방용기에서 쏟아져 카본블랙으로 채워진 용기에서 발생한 전하를 계산하여라. 용기 부피는 1.89 $m^3$, 공급속도는 0.1 kg/s이라 가정하여라. 축적된 전하와 에너지를 확인한 다음, 에너지가 분진의 MIE를 초과하는지 확인하여라. 문제 7.7에 비해 충전율이 낮을수록 잠재적 위험성은 더 낮아지는지?

**7.9** 방류둑 면적에 대한 톨루엔 농도를 결정하여라. 여기서, 공정 면적은 2500 $ft^2$, 방류둑 면적은 100 $ft^2$, 온도는 65 °F이다.

**7.10** 문제 7.9를 반복하여라. 여기서, 공정 면적은 46.5 $m^2$, 방류둑 면적은 2.32 $m^2$, 온도는 18 ℃이다.

**7.11** 문제 7.10을 반복하여라. 여기서, 공정 면적은 46.5 $m^2$, 방류둑 면적은 2.32 $m^2$, 온도는 18 ℃이고, 배수 면적이 0.018 $m^2$인 배수 피트를 가진다.

CHAPTER 8

# 화학물질 반응성

이장의 학습목표는 다음과 같다.

1. 화학반응 위험요인이 존재할 수 있는 공정을 파악한다.
2. 화학물질 혼화성 매트릭스(matrix)를 이해한다.
3. 화학반응에 대한 중요한 의문사항을 이해한다.
4. 화학반응 특성을 규명하는데 사용되는 여러 가지 열량계와 그 사용 절차를 익힌다.

산업현장과 실험실에서 반응성 화학위험요인으로 인한 사고가 지속적으로 발생되고 있다. 이 장에서는 이러한 사고를 예방하기 위하여 다음 사항에 대해 논하고자 한다.

1. 배경 이해 : 배경 이해는 사고사례 및 중요한 정의를 포함한다. 사고사례는 사고의 결과 및 발생 가능성과 화학반응에 대한 폭넓은 이해를 제공한다. 정의는 일반적인 이해를 위한 기본지식을 제공한다. 이는 8.1절과 14장의 "사고사례"에서 다룬다.
2. 반응성 화학위험요인의 파악, 인지 및 수행 : 이는 반응성 화학위험요인에 대한 적절한 관리 및 이를 파악하는 방법의 적용을 통하여 달성할 수 있다. 8.2절에서 논의한다.
3. 반응성 화학위험요인의 특성 : 반응자료(data)를 얻기 위해서는 주로 열량계가 사용되며, 반응을 특성화할 수 있는 중요한 매개변수를 추정하기 위해서는 기초적인 모델을 이용한다. 이들 특성은 8.3절에 기술한다.
4. 반응성 화학위험요인 관리 : 이 장은 본질적, 수동적, 적극적, 절차적 설계원칙의 적용을 포함한다. 이는 8.4절에서 논하며, 추가적으로 9장의 릴리프 개론, 10장의 릴리프방출 용량 결정, 13장의 안전설계 및 절차방법에서 다룬다.

## 1 배경의 이해

2002년 10월, 미국 화학안전사고조사위원회(CSB, Chemical Safety and Hazard Investigation Board)는 반응성 화학물질로 인한 사고 위험성에 대한 기사를 보도하였다.[1] CSB는 미국에 1980년 1월부터 2001년 6월까지 반응성 화학 위험요인으로 인한 중대사고가 167건 발생하였다는 분석결과를 발표하였다. 이 중 48건에서는 총 108명의 사망자가 발생했다. 이러한 사고들로 인한 사망자 수는 연간 평균 5명꼴이다. CSB는 반응성 화학 위험요인으로 인한 사고가 중대한 안전 문제라고 결론짓고, 화학회사 뿐만 아니라 화학물질을 취급하는 회사들의 안전상의 문제점을 개선하고 향상시킬 필요성을 권고하였다. CSB는 또한 이러한 화학반응으로 인한 위험요인을 파악하고 관리할 수 있는 추가적인 근본 대책을 제안하였다.

2007년 12월 19일 플로리다 잭슨빌의 T2실험실에서 폭발사고가 발생하였다. 이 사고로 인하여 4명이 사망하고 32명의 부상자가 발생하였다. 이 시설은 가솔린 옥탄 첨가제를 사용하여 화학제품을 제조하는 공정이었다. 이 폭발은 대형 반응기 용기의 폭주반응으로 인한 파열에서 발생하였다. 이 **폭주반응**은 반응기의 열을 제어하는 과정에서 충분한 열을 제거하지 못함으로써 발생하였고, 이로 인해 반응기의 온도가 상승하였고 반응속도와 열 발생속도를 빠르게 증가시켰다. 거대한 상업용 반응기는 폭주반응 동안 분당 섭씨 수백도의 비율로 상승하였다.

CSB의 T2 실험실 사고조사 결과, 회사의 엔지니어가 화학물질 및 공정과 관련된 폭주반응 위험성을 확인하지 못하였으며, 사고를 예방하기 위한 적절한 조치와 보호장비가 제공되지 않았음을 발견하였다. 심지어 화학 엔지니어들은 반응위험에 대하여 어떠한 설명도 하지 못하였다. CSB는 화학 엔지니어 커리큘럼에 반응위험요인에 대한 인식 부분을 추가할 필요가 있음을 권장하였다.

**화학반응 위험요인**은 "직·간접적으로 인적·물적·환경적인 심각한 피해를 초래할 수 있는 관리되지 않는 화학반응에 대한 잠재성을 지닌 상황"을 의미한다.[2] 이러한 결과를 가져오는 화학반응은 매우 격렬하고, 막대한 양의 열과 독성 및 부식성 또는 인화성 가스 혹은 고체 물질을 방출한다. 만약 이러한 반응이 용기 내에서 발생하게 되면 용기 내부의 압력이 급격히 상승하여 결과적으로 용기의 허용압력한계를 초과하여 폭발하게 된다. 이러한 반응은 화학물질의 자기반응으로 인한 한 개의 화학물질(예를 들어 단위체)이나 화학물질의 상호작용 또는 불친화성으로 인한 다른 화학물질 사이에서 발생한다.

---

1) *Improving Reactive Hazard Management* (Washington, DC: US Chemical Safety and Hazard Investigation Board, Oct. 2002).

2) R. W. Johnson, S. W. Ruby and D. D. Unwin, *Essential Practices for Managing Chemical Reactivity Hazards* (New York: AICHE Center for Chemical Process Safety, 2003)

위험요인은 화학반응의 잠재성 때문에 발생할 수 있다는 점을 명심하여야 한다. 어떤 사고는 이러한 위험요인으로 인해 발생한 사고임에 틀림없다. 이와 같이 화학물질이 시설 안에서 저장되고 사용되는 한 반응성 화학 위험요인은 언제든지 존재한다.

반응성 화학물질 위험요인으로 인한 어려움 중의 하나는 그것을 예측하고 파악하기가 어렵다는 점이다. 무시할 정도의 위험요인을 가진 일상적으로 사용되는 일반물질들도 다른 일반적인 물질들과 섞이거나 온도와 압력이 변화되면 격렬한 반응이 일어날 수 있다.

화학반응성 위험요인은 다음과 같은 반응에서 찾아볼 수 있다.

**1.** 화학 플랜트를 포함한, 화학물질들에 대한 의도적인 화학조작
**2.** 화합, 조제, 분쇄, 혼합(blend), 선별, 건조, 증류, 흡수, 희석 등과 같은 조작을 포함할 수 있는 혼합(mixing) 및 물리적 공정
**3.** 혼합은 포함하지 않으나 창고, 탱크저장, 분리(dividing), 기타공정을 포함할 수 있는 저장, 취급, 재포장

이러한 조작 중 상당 부분은 전통적인 화학플랜트에서 일어나지 않는다.

미국화학안전국(U.S. Chemical Safety Board)에 따르면 반응성 화학사고의 25%는 화학반응기에서 일어남에 반하여 75%는 반응이 예상되지 않았던 배관에서 발생했다. 반응성 화학사고의 약 90%는 대중에 공개된 유용한 정보의 적용으로도 예방될 수 있는 것이었다.

화학공정 운전자는 반응성 화학 위험요인이 잠재할 수 있는지를 파악하기 위하여 공정에서 취급하는 원재료, 공정흐름, 제품, 폐기물들을 모두 점검하고 평가하여야 한다. 활용할 자료가 충분하지 않으면 개재되는 화학물질은 선별심사평가(문헌에 의한 평가)를 받거나 실험실 테스트(분석시험)를 실시하여야 한다. 이는 의도된 화학, 의도하지 않은 반응(예를 들면 중합 및 분해), 그리고 불혼화성 물질의 부주의한 혼합(폐기물 흐름을 포함하는)에서 발생하는 반응을 포함하여야 한다.

<표 8.1>은 반응성 위험요인 평가의 핵심단계를 보여준다. 이의 첫 단계는 회사 및 외부 정보원으로부터 유용한 반응성 정보를 수집하는 단계이고, 두 번째 단계는 8.3절에서 상술한 바와 같이, 위험요인의 초기 심사(검토)를 완료하는 단계이다. 세 번째 단계는 <표 8.2>에서와 같이, 다른 잠재위험요인을 평가하는 단계이고, 네 번째 단계는 공정이상 및 다른 운전상태를 평가하고 이들 이상상태(upset) 결과를 추정하기 위한 기 개발된 동역학모델 및 다른 정보를 사용하는 단계이다. 마지막으로, 당신은 반응성 위험요인이 적절하게 처리했는지를 확인하기 위한 위험요인 및 안전장치에 대한 종합적이고 엄밀한 검토를 수행하여야 한다.

**표 8.1** 반응성 위험요인 평가단계

1. 유용한 반응성 정보 수집
   a. 회사 안에 존재하는 반응성 화학물질의 데이터베이스
   b. 공개된 문헌(표 8.6 참조)
   c. 생성열로부터 반응열 추산(8.2절 참조)
   d. 열량계 자료(data) (8.3절 참조)
   e. 완벽한 동역학모델 개발(8.3절 참조)
2. 위험요인의 초기 심사(검토) 완료(8.3절 참조)
   a. 질량당 반응열
   b. 최대 온도 및 압력상승속도
   c. 최대 반응 온도 및 압력
   d. 반응 개시온도
   e. 비 복귀 온도(temperature of no return)
   f. 최대속도에 이르는 시간
3. 부가적인 시험이 요구하는지를 결정하기 위한 다른 잠재위험요인 평가
4. 필요한 경우 속도정보 및 동역학모델을 사용한 공정이상 및 안전운전조건의 평가
5. 총괄 위험관리 프로그램의 일환으로 다중훈련그룹에 의한 위험요인 및 안전장치 검토

출처 : Dow Chemical Company: AICHE Faculty Workshop, Freeport, TX, June 2017.

**표 8.2** 반응성 위험요인 : 다른 고려사항

1. 예기치 못한 혼합, 이러한 혼합은 아주 흔히 일어난다.
2. 상승된 온도를 포함하는 공정이상, 이는 미지의 반응을 일으킬 수 있다.
3. 흡열반응, 이는 가스 상태의 생성물을 생성하여 위험요인으로 작용할 수 있다.
4. 공정 또는 운전상태 변경
5. 계획된 화학반응과 다른 화학양론비로 반응물 투입
6. 다른 화합물이나 물질에 의한 오염
7. 규모 변경, 특히 규모나 양의 증가가 이루어지는 변경
8. 혼합의 변경, 혼합의 증가나 감소 모두 해당됨
9. 자동 촉매반응, 이 반응은 안전한 것으로 보이나 억제 폴리머 반응처럼 유도시간 후에 반응이 일어날 수 있다.
10. 장치의 설계압력한계를 초과할 수 있는 최대압력에서의 반응
11. 기타 다수....

## 2 반응성 화학 위험요인의 파악, 인지 및 수행

이 과정의 첫 번째 단계는 화학위험요인을 적절히 관리하는 것에 초점을 맞춘다. 이 과정은 공정의 전 생애주기를 통하여 위험을 적절히 파악하고 관리하기 위한 수행과정을 다룬다. 이는 실험실 연구와 개발 그리고 파일럿 플랜트 검토를 포함한다. 즉, 플랜트의 설계, 건설, 운전, 유지, 확장 및 폐쇄 등 전 과정을 포함한다.

<그림 8.1>은 반응성 화학물질 위험요인으로 인한 위험에 대한 예비 심사 흐름도이다. <그림 8.1>은 반응성 화학 위험요인을 파악하는데 도움이 되는 주요 몇 가지 질문을 포함한다.

1. 귀하의 시설에서 의도된 화학반응을 수행합니까? 대부분의 경우 이 단계는 결정하기가 쉽다. 다시 말해서, 귀하의 설비에서 원료물질과 다른 분자구조를 가진 산출물이 나올 수 있는가? 이 질문에 대한 정확한 대답은 아래 흐름도의 진행을 위하여 필요하다.

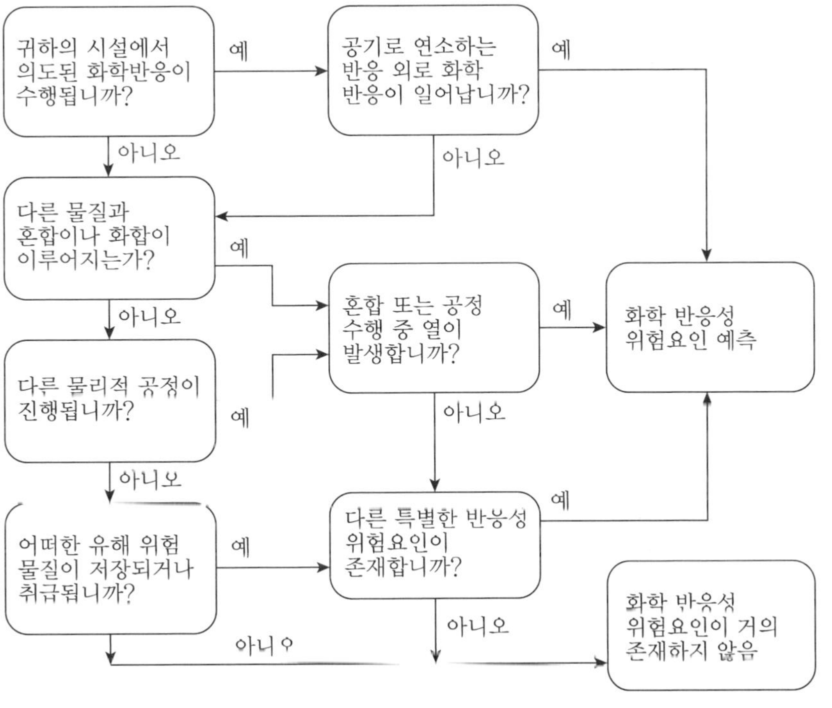


그림 8.1 반응성 화학물질로 인한 예비 심사 흐름도. 결정에 대한 대답이 "yes"일 경우 반응성 화학물질에 더 가까워진다. 8.2절에 더 자세히 서술되어 있다. (출처: R. W. Johnson, S. W. Ruby, and S. D. Unwin, *Essential Practices for Managing Chemical Reactivity Hazards* (New York: AICHE Center for Chemical Process Safety, 2003)

2. 다른 물질과 섞이거나 혼합됩니까? 만약 물질이 섞이거나 혼합된다면 또는 액체나 물에 용해된다면 이는 의도적이건 비의도적이건 반응이 일어날 수 있다.
3. 귀하의 시설 안에서 물질의 물리적 변화가 발생할 수 있는가? 이 단계는 크기의 축소나 난방, 건조, 흡수, 증류, 검사, 저장, 창고저장, 재포장 그리고 발신 및 수신을 포함할 수 있다.
4. 귀하의 공정에 저장되거나 취급되는 물질 중 유해한 물질이 있습니까? 이 단계를 확인하는데 안전보건정보(SDS)는 유익한 정보 수단이다.
5. 귀하의 시설에 연소과정이 진행될 때, 오직 하나의 화학물질만을 필요로 합니까? 이 과정은 천연가스, 프로판, 연료 등과 같은 일반 연료의 연소 과정을 포함한다. 연소는 분리된 코드와 기준에 따라 다루어지는 특별한 위험이며, 여기에서는 다루어지지 않는다.
6. 혼합이나 상 분리 또는 물질의 물리학적 처리과정에 따라 열이 발생하는가? 화학물이 혼합될 때의 발생하는 열은 반응이 시작되는 최초 조짐이다. 화학물질이 반응하는 동안 충분한 열을 방출하지 않을 수도 있다. 심지어 제한된 열이 방출된다 할지라도 화학반응은 계속 진행될 수 있음을 숙지하여야 한다. 또한 어떠한 흡수나 기계적인 혼합과 같은 물리적인 과정에서도 열이 발생할 수 있다. 이렇게 생성된 열은 화학반응이 아닌 경우에도 온도를 상승시키거나 화학반응의 발생을 유도할 수 있다.
7. 발견되는 어느 특정 반응 위험요인이 있습니까? 특정 반응 위험요인은 <표 8.3>에 화학물질 목록에서 자세히 다루고 있으며, 화학물질은 부록 D에 수록되어 있다. 일반적으로 반응성 화학물질로 구분되는 작용기는 <표 8.4>에 제시하였다.

일반적으로 반응성 화학 위험요인을 특성화하기에 가장 어려운 점 중 하나는 <표 8.3> 하단에 보이는 것처럼 양립할 수 없는 화학물질들이다. 우리가 일상적으로 안전하게 사용하는 일반 물질들도 혼합될 때에는 격렬하게 반응할 수 있다. 이러한 물질들은 매우 빠르게 반응할 수 있으며 많은 양의 열과 가스를 방출할 수 있다. 이 방출되는 가스들은 독성이 있거나 인화성이 있을 수 있다.

화학물질 간 여러 가지 상호작용을 도표로 볼 수 있는 가장 용이한 방법은, <표 8.5>에서 나타낸 바와 같이 화학물질 혼화성 매트릭스(행렬)이다. 화학물질은 표의 좌변 칼럼에 표시하였다. 선택되는 화학물질들은 공정의 모든 화학물질이거나 작업 중 또는 비상상황에 접촉할 수 있는 화학물질 모두를 포함하여야 한다. 그러나 분명히, 표에 모든 화학물질을 나열하면 좋겠지만, 이는 지나치게 크고 불편한 매트릭스가 될 수 있을 것이다.

각각의 화학물질 양립성이 입력된 매트릭스는 2가지 화학물질 사이의 상호작용을 보여준다. 따라서 <표 8.5>의 무수초산 오른쪽에 위치한 표의 입력사항은 무수초산과 염산 용액 둘 사이의 상호작용을 나타낸다.

**▎표 8.3** 특정 반응성 화학 위험요인

<table>
<tr><td>자연발화성<br>(pyrophoric) 및<br>자연가연성<br>(spontaneously<br>combustible)<br>물질</td><td>대기 중 산소와 급격하게 반응하는 물질, 점화원이 없어도 점화하고 연소하는 물질. 점화는 즉시 일어나거나 지연될 수 있다.<br>식별 : SDS 또는 "자연발화성 물질" 이라는 라벨로 식별<br>NFPA 인화성 등급(Flammability rating) 4<br>DOT/UN 위험등급(Hazard Class) 4.2 (자연발화성 고체)<br>예시 : 알킬알루미늄, 그리냐르시약, 미세분할금속, 황화철, 트리에틸알루미늄<br>부록 표 D-1 참조</td></tr>
<tr><td>과산화물 생성</td><td>대기 중에서 산소와 반응하여 불안정한 과산화물을 생성<br>식별 : SDS나 다른 자료로부터 과산화물 생성을 파악하기는 쉽지 않음<br>예시 : 1,3-부타디엔, 1,1-디클로로에틸렌, 이소프로필렌 및 다른 에테르, 알칼리금속<br>표 D-2 참조</td></tr>
<tr><td>물반응성<br>화학물질</td><td>일반 대기조건에서 물과 화학적으로 반응하는 물실<br>식별 : SDS에서 물반응성 파악<br>DOT/UN Hazard Class 4.3 (습한상태에서 위험(dangerous when wet) 파악<br>"습한 상태에서 위험" 라벨 확인<br>NFPA 특정 등급 표지(with symbol)<br>예시 : 나트륨, 4염화티타늄, 삼불화보론, 무수아세트산<br><표 D-3>, <표 D-4> 참조</td></tr>
<tr><td>산화제</td><td>쉽게 산소 또는 산화성 가스를 발생하거나, 가연성 물질의 연소를 촉진하거나 개시하도록 쉽게 반응하는 물질<br>식별 : SDS에서 산화제 파악<br>DOT/UN Hazard Class 5.1 (산화제) 파악 또는 다른 등급 분류로 파악<br>NFPA OX 표식의 특정 등급<br>예시 : 염소, 과산화수소, 질산, 질산암모늄, 오존, 하이포아염소산염, 과산화벤조일<br><표 D-5> 참조</td></tr>
<tr><td>자기반응성<br>물질</td><td>스스로 반응하여 종종 가속되거나 급격하게 폭발이 일어나는 물질<br>식별 : 일반적으로 SDS에서 식별 또는 "자기반응성"같은 표식으로 식별<br>NFPA : 반응성/안정성 등급 1 또는 그 이상<br>중합 : 단량체(monomers)들이 결합하여 아주 큰 쇄상 또는 교체결합된 중합체(polymer) 분자를 생성하는 반응<br>예시 : 아크로레인, 에틸렌 및 프로필렌 산화물, 스틸렌, 비닐아세테이트 등<br><표 8.6> 참조<br>충격 민감성 물질 : 충격에 반응<br>예시 : 피크르산<br>열분해성 물질 : 큰 분자가 더 안정된 작은 분자로 쪼개짐<br>재배치 : 이성질체(isomer)와 같이 분자 내의 원자가 다른 분자구조로 재배치가 일어나는 물질</td></tr>
<tr><td>비양립성 물질</td><td>다른 물질과 접촉할 때 양립할 수 없는 물질<br>예시 : 암모니아+메타크릴산; 가성소다+에피클로로하이드린; 산+염기</td></tr>
</table>

**표 8.4** 반응성 작용기 그룹[a]

| | |
|---|---|
| Azid | $N_3$ |
| Diazo | $-N=N-$ |
| Diazonium | $-N_2^+X^-$ |
| Nitro | $-NO_2$ |
| Nitroso | $-NO$ |
| Nitrite | $-ONO$ |
| Nitrate | $-ONO_2$ |
| Fulminate | $-ONC$ |
| Peroxide | $-O-O-$ |
| Peracid | $-CO_3H$ |
| Hydroperoxide | $-O-O-H$ |
| Ozonide | $O_3$ |
| *N*-Haloamine | $-N(X)-Cl$ |
| Amine Oxide | $\equiv NO$ |
| Hypohalites | $-NO$ |
| Chlorates | $ClO_3$ |
| Acetylides of heavy metals | $-C\equiv CM$ |

[a]Conrad Schuerch, "Safe Practice in the Chemistry Laboratory: A Safety Manual" in Safety in the Chemical Laboratory, v.3. Norman V. Steere, ed. (Easton, PA: Division of Chemical Education, American Chemical Society, 1974), p.22-25.

화학양립성 매트릭스(matrix)는 오직 두 화학물질 간 2성분 상호작용만을 고려한다. 2성분 상호작용은 일상적인 조작이 이루어지는 동안 일어날 수 있지만, 일부 화학물질의 결합은 비상 상황아래에서만 발생할 수 있다. 그러나 일단 모든 화학물질의 2성분 상호작용을 이용하여 그 물질의 위험요인이 파악된다면 두 개 이상의 화학물질의 결합으로 인한 추가적인 위험은 발생기가 쉽지 않다.

일단 화학물질이 파악되면 2성분 상호작용을 작성한다. 이들 상호작용에 대한 정보는 <표 8.6>에 나타낸 것처럼 다양한 정보원으로부터 구할 수 있다. 사용하기에 가장 용이한 정보원은 CRW(Chemical Reactivity Worksheet)이다.[3] 이 조사표(worksheet)는 미국환경청 비상관리소(the Office of Emergency Management of the U.S. Environmental Protection Agency)와 국립해양대기청(NOAA)의 비상대응부에서 무료로 제공된다. 이 자료는 5천개의 단일 화학물질과 혼합물을 수록하고 있으며, 43개의 유기물 및 무기물 반응성 작용기를 포함하고 있다. CRW는 또한 특정 화학물질과 관련된 위험요인에 관한 정보를 제공하고 있으며, <표 8.5>의 하단에 나타낸 바와 같이 이러한 화학물질과 관련된 반응 그룹들에 관련된 정보를 제공하고 있다. CRW는 2성분 상호작용을 예측할 때에는 보수적으로 나타내는 경향이 있

3) Lewis E. Johnson and James K. Farr, "CRW 2.0: A Representative-Compound Approach to Functionality-Based Prediction of Chemical Hazards," *Process Safety Progress* (Sept.2008), 27(3): 212-218.

으므로 결과의 해석은 신중하게 하여야 한다.

반응성 화학물질에 관한 또 다른 정보는 CHETAH라 부르는 프로그램이 있는데 여기서 CHETAH는 화학열역학 및 에너지 방출 평가(Chemical Thermodynamics and Energy Release Evaluation)를 나타낸다. 이 프로그램은 작용기들(functional groups)을 이용하여 반응성 화학물질의 위험요인을 예측할 수 있다. CHETAH는 다우케미컬에 의하여 개발되었으며, 반응성 화학물질의 위험요인을 파악할 수 있는 초기선별도구(initial screening tool)로 아주 유용하다.

**표 8.5** CRW 4.02를 이용하여 예측한 화학 혼화성 매트릭스와 위험요인

| 화학물질명 | 무수 초산 | 염산 용액 | 메탄올 | 가성소다(고체) | 물 |
|---|---|---|---|---|---|
| 무수 초산 | | | | | |
| 염산 용액 | N | | | | |
| 메탄올 | C | C | | | |
| 가성소다(고체) | N | N | N | | |
| 물 | N | C | Y | C | |

N : 불 혼화성, C : 주의, Y : 혼화성

개별 화학적 위험요인과 작용기들

| 화학물질 | 반응위험 | 작용기 |
|---|---|---|
| 무수초산 | 물반응성 | 무수물 |
| 가성소다, 비드 | 물반응성 | 염기 |
| 염산용액 | 약한 공기반응성 | 산, 무기의, 비산화성 |
| 메탄올 | 고도 인화성 | 알코올 |

**표 8.6** 화학반응성 위험요인에 관한 정보원

| 출처 | 주소 |
|---|---|
| Safety Data Sheet (SDS) | 화학물질 제조회사 또는 웹상에서 제공 |
| Chemical Reactivity Worksheet (CRW) | 국립해양대기청(NOAA)<br>http://response.restoration.noaa.gov/ |
| *Brethericks Handbook of Reactive Chemical Hazard*, 8th ed. P. Urben, ed (2017) | Elsevier Publishers<br>www.elsevier.com |
| *Sax's Dangerous Propertics od Industrial Materials*, 12th ed, R. J. Lewis, ed. (2012) | John Wiley and Sons, Inc.<br>www.wiley.com |
| *Sigma Aldrich Library of Chemical Safety Data*, R. E. Lenga, ed. (1988) | Sigma Aldrich<br>www.sigmaaldrich.com |
| *Fire Protection Guide to Hazardous Materials* (2010) | 국제 화재방화협회(NFPA)<br>www.nfpa.org |
| CHETAH : Computer Program for Chemical Thermodynamics and Energy Release Evaluation | 미국 재료시험협회(ASTM)<br>www.astm.org |

**예제 8.1**

어느 실험실에서는 다음의 화학물질을 취급한다. : 염산용액, 무수초산, 메탄올, 가성소다(NaOH) 비드(bead). 이 화학물질들에 대한 화학적 양립성 매트릭스를 작성하여라. 이 화학물질과 관련한 주된 위험요인은 무엇인가?

**해답**

이들 화학물질은 CRW소프트웨어에 수록되어 있으며, 화학 양립성 매트릭스는 <표 8.5>에 나타내었다. 또한 <표 8.5>에 주요 위험성과 각각의 화학물질 관련 반응 작용기에 관하여 나열되어 있다.

<표 8.5>로부터 어떤 화학물질의 혼합은 위험한 상황을 초래할 수 있다는 것을 알 수 있다. 모든 화학물질은 분리 저장하여야 하며, 관리체계(management system)는 유발성(실수 등에 의한) 혼합이 일어나지 않도록 확실히 관리하여야 한다.

이들 조합('염산용액+가성소다, 무수초산+메탄올, 메탄올+가성소다')은 각기 2가지 물질을 혼합하였을 때는 적어도 한 개 이상의 인화성 가스가 배출된다. 두 조합('염산용액+무수초산, 염산용액+가성소다')은 강렬하거나 아주 격렬한 반응을 일으킨다. 하나의 조합은('무수초산+가성소다')은 폭발적인 격렬한 반응 또는 폭발성 생산물을 생성한다. 다른 위험요인은 <표 8.4>에 자세히 수록한다.

<표 8.5> 아랫부분의 개별적 위험요인 분석을 살펴보면 무수초산과 가성소다는 물반응성이며, 염산용액은 약한 공기반응성, 메탄올은 인화성임을 알 수 있다. 여기서 염산용액의 공기반응성 예측은 약간 보수적이다.

실험실 내 이러한 화학물질의 개인적 사용은 화학물질이 혼합될 때 화학물질 개별 위험요인과 반응성 위험요인 둘 다 숙지한 후 이루어져야 한다.

## 3 열량계를 이용한 반응성 화학 위험요인의 특성

화학 플랜트는 복잡한 반응성 화학의 다양성을 사용하여 제품을 생산한다. 이들 반응의 거동은 큰 상업용 반응기에서 화학약품을 사용하기 이전에 잘 특성화하는 것이 필수적이다. 열량 분석은 원하는 반응과 원하지 않은 반응 둘 다 이해하는데 매우 중요하다.

반응성 화학물질을 특성화하기 위하여 필요한 중요한 질문 몇 가지를 <표 8.7>에 나타내었다. 이들 질문에 대한 대답은 폭발적으로 일어나는 반응(폭주반응, runaway)을 예방하기 위하여 반응기로부터 열을 제거하기 위한 제어시스템을 설계하는데 필수적이다. 이를테면 고압의 영향으로부터 반응기를 보호하기 위하여 설치하는 압력방출장치(reactor relief)와 같은 안전시스템 설계(9장과 10장 참조), 그리고 이러한 공정에서 일어나는 속도를 이해하는데

**표 8.7** 반응성 화학물질의 특성화를 위한 중요 질문

1. 반응 혼합물을 가열하는데 필요한 적절한 에너지를 낼 수 있는 반응 속도가 될 수 있는 온도는 몇 도인가?
2. 반응물질의 단열 자기가열로 인한 최대 온도상승은 얼마나 되는가?
3. 최대 자기가열속도는 얼마인가? 이러한 상황이 발생하는 온도와 압력은 얼마인가?
4. 반응이 진행되는 동안 최대압력은 얼마인가? 이 압력은 액체의 증기압 때문인가, 기상 반응 생성물이 생성되기 때문인가?
5. 최대 압력상승속도는 얼마인가? 이러한 상황이 일어나는 시간과 온도는 얼마인가?
6. 정상 반응온도보다 높은 온도에서 일어나는 어느 부반응(side reactions)은 존재하지 않는가? 만약 존재한다면 이 반응에 대하여 앞의 1~5까지의 질문에 대답할 수 있는가?
7. 원하는 화학반응으로 생성된 열이 단열조건에서 다른 반응이 일어나는 온도로 반응물질을 가열할 수 있는가?
8. 화학반응(의도적이건 의도적이지 않건)에 의해 발생한 열이 용기/공정 스스로 열을 제거할 수 있는 능력을 초과할 수 있는가? 만약 그렇다면 몇 도 일 때 이 상황이 발생하는가?

필수적이다. 질문에 대한 답은 가능한 한 실제 공정조건에 근접하게 제공하여야 한다.

발열반응에 있어서 발생한 열은 반응용기 주변의 벽을 통하여 유실된다. 이 열손실이 높을수록 반응기 내부의 온도는 낮아진다. 반대로 열손실이 낮을수록 반응기 내부 온도는 증가한다. 그러므로 반응기의 열손실이 없을 때 즉, 단열조작일 때 최고 반응온도와 최고 자기가열속도에 도달한다고 볼 수 있다.

반응기 벽을 통한 열손실은 반응기 용기의 표면적에 비례하여 발생한다. 용기가 클수록 표면적-부피 비율이 낮아져서 벽을 통한 열손실의 효과는 작다. 이와 같이 용기가 커진다면 용기의 거동은 단열거동에 유사할 것이다.

많은 화학 플랜트 운전원들은 큰 반응기가 작은 용기에 비하여 느린 속도로 자기 가열이 일어날 것이라고 믿는다. 하지만 그 반대이다. 큰 반응용기는 단열상태와 같은 상황과 유사하게 되어 자기 발열속도는 더 빨라질 것이다.

위에서 언급하였듯이 열 제거율은 반응기 부피 증가에 따라 선형적으로 규모조정(규모 확대 또는 축소)이 안 된다. 이러한 규모조정 문제는 많은 사고의 원인이 되었다. 실험실이나 중간시험공장(pilot plant)에서 시험되는 반응들은 종종 냉 중탕이나 작은 냉각코일을 사용하여 쉽게 제어되는 느린 자기가열속도를 보인다. 그러나 이 반응이 20,000갤런 또는 그 이상의 용량을 가진 큰 반응기로 규모 확대가 일어나면 때로는 자기 가열속도가 엄청난 규모로 확대되어 제어할 수 없는 온도의 상승과 반응용기의 폭발을 가져올 수 있다. 아크릴산, 에틸렌, 산화프로필렌과 같은 에너지가 큰 화학물질을 다루는 큰 상업용 반응기는 분당 수백 섭씨온도와 같은 높은 자기가열속도 증가가 발생할 수도 있다.

## 반응성 위험요인 열량측정 개요

열량계의 숨어있는 목적은 <표 8.7>에 나열된 질문에 답할 수 있도록 실험실에서 소량의 물질이라도 안전하게 사용하는 데 있다. 이 장에 언급되는 대부분의 열량계는 수 mL에서 150 mL까지 크기의 시험용량을 가진 것이다. 더 큰 시험용량의 열량계는 상업적 반응기에 더 적합하고, 실험실 내부에서 실험을 진행할 경우 위험요인을 증가시킬 수 있다.

여기 제시된 열량계 기술은 거의 1970년대에 개발되었다. 초기 개발은 다우케미컬[4)5)]에 의하여 시작되었으나 그 후 많은 연구자들이 이의 발전에 상당히 많은 기여를 하였다.

<표 8.8>은 반응성 화학물질 실험에 유용한 일반적으로 사용되는 열량계에 관한 사항을 요약해 놓은 것이다. 모든 열량계는 작은 시료(sample) 셀 안에 시료를 넣는 구조로, 시험 시료를 가열하고 시간 함수로써 시험 시료의 온도를 측정하는 수단을 가지고 있다. 또한 대부분의 열량계는 밀폐된 시료 셀 내부의 압력을 측정할 능력을 가지고 있다.

열량계는 큰 반응기를 측정할 때 측정 결과 값이 대표성을 가지기 위해서는 단열거동이 거의 완벽에 가까워야 함이 중요하다. 단열 조건은 "최악조건의(worst case)"의 결과, 즉 최대 온도와 압력, 최대 자기 가열 속도와 최대 압력상승속도인지를 확인해야 한다.

<표 8.8>에 열거한 열량계는 2가지 조작 형태(mode)로 나눌 수 있다. 열스캔 형태라 불리는 가장 일반적인 형태는 반응속도가 충분히 커서 열량계가 반응에 의한 가열을 감지할 수 있는 적절한 에너지를 낼 때까지, 일정한 온도 변화속도(분당 2℃)에서 시료를 가열하는 것이다. 이를 열스캔 모드(thermal scan mode)라 한다. <표 8.8>의 두 열량계－DSC 및 ARSST (Advanced Reactive System Screening Tool)－는 이 온도 이상으로 가열을 계속한다. 다른 모든 열량계는 반응에 의하여 내는 열에 의한 가열이 감지될 때는 가열을 멈추고 시료의 온도와 외부 온도를 맞춤으로써 단열상태로 전환해야 한다.

다른 가열 형태는 지정된(fixed) 온도까지 가열하고 어느 반응에 의한 자기 가열이 감지되는 특정 시간을 기다리는 것이다. 만약 자기가열이 감지된다면 열량계는 즉시 단열상태로 변환한다. 특정시간 후에도 자연발열이 감지되지 않는다면 온도를 더 상승시키어 이러한 과정을 반복한다. 이를 가열-대기-탐색(heat-wait-search) 모드라고 부른다.

몇몇 열량계－ARC(Accelerating Rate Calorimeters), VSP2(Vent Sizing Package)와 APTAC(Automatic Pressure Tracking Adiabatic Calorimeter)－는 동일한 작동이 이루어지는 동안에 양쪽의 가열모드를 사용할 수 있다.

---

4) D. L. Townsend and J. C. Tou, "Thermal Hazard Evaluation by an Accelerating Rate Calorimeter." *Thermochimica Acta* (1980), 37: 1-30.

5) US Patent 4,439,948, March 27,1984.

**표 8.8** 반응성 화학물질 연구에 많이 사용되는 열량계의 종류

| 열량계 | 공급회사 | 형태 | 전형적 시험용기 부피 mL | 정격 파이 인자 $\phi$ | 단열반응 추적제한 k/min | 작동 시간 | 참조 |
|---|---|---|---|---|---|---|---|
| DSC (Different Scanning Calorimeter) | 다양함 | 개방형 | <1 | 적용 불가 | 적용 불가 | 1시간 | 대체적으로 초기 검토(initial screening)에 사용. 밀폐형 셀이 사용됨. |
| ARRST (Advanced Reactive System Screening Tool) | Fauske & associates www.fauske.com | 개방형 | 10 | 1.05 | 0.1−200 | Hours | 대체적으로 짧은 조작시간으로 인하여 초기 검토에 사용. |
| ARC (Accelerating Rate Calorimeters) | 다양함 | 폐쇄형 | 10 | 1.5 | 0.04−20 | 1+day | 대부분 낮은 자기가열속도를 갖는 반응에 효율적. 온도의 파이인자 적용 필요. |
| VSP2 (Vent Sizing Package 2) | Fauske & associates www.fauske.com | 폐쇄형 | 100 | 1.05 | 0.05−600 | 1+day | 매우 높은 자기가열속도를 갖는 반응에 사용. 릴리프 방출 동안 2상 유동이 발생하는지를 확인하는데 사용 가능. |
| APTAC (Automatic Pressure Tracking Adiabatic Calorimeter) | NETZSCH www.netzsch.com | 폐쇄형 | 130 | 1.10 | 0.04−400 | 1+day | 매우 높은 자기가열속도를 갖는 반응에 사용. 자동적으로 반응물을 주입하고 생산물을 수집하는 기능을 가지고 있음. |

열스캔 방법은 대체적으로 반응성 화학물질 연구에 사용된다. 가열-대기-탐색(heat-wait-search) 방법은 긴 유발시간(반응 후 충분한 반응속도에 이르는 시간)을 가지는, 즉 반응하는데 오랜 시간이 걸리는 화학물질에 사용된다.

단열모드에서, 열량계는 시료 셀의 내부와 외부의 온도가 일치하도록 셀의 외부에 있는 가열기를 조정하도록 되어 있다. 이는 시료 셀로부터 주위로 열 유동이 없음, 즉 단열 상태에 이르렀음을 확인하는 것이다.

열량계는 개방형과 밀폐형으로 나눌 수 있다. 개방형 열량계는 시료 셀이 대기 중으로 개방되어있거나 큰 용량의 용기에서 개방되어 있는 것 중 하나이다. <표 8.8>의 DSC와 ARSST 열량계는 개방형으로 일반적으로 DSC는 시료 셀이 완전히 대기 중으로 개방되어 있으며, 압력 데이터는 수집하지 않는다. 일부 DSC의 경우에는 밀봉 모세관이나 밀봉 고압 금속홀더를 사용하도록 개선하였다. ARSST의 경우 작은 시료 셀(10 mL)은 더 큰 컨테이너

용기(350 mL)에 개방되어 있다. 압력계는 컨테이너 용기에 부착되어 있으나 정성적인 압력 데이터는 이 계기에서 수집된다. ARSST 컨테이너 용기는 반응이 진행되는 동안 높은 반응 온도에 도달하여 액체 시료의 비등을 방지하기 위하여 질소로 가압되어 있다.

ARC는 밀폐계이므로, 이 열량계는 또한 액체 혼합물의 증기압을 측정하는데 사용할 수 있다. 이는 먼저 ARC를 비우고 시험 시료를 투입하여 수행한다. ARC에 의하여 측정된 압력은 증기압이다. 압력은 온도의 함수이므로 이로써 온도를 측정할 수 있다.

작은 시료 셀을 단열상태에 접근하도록 단열하는 것은 상당히 쉽다. 그러나 시료 셀은 대기압의 수백 배 이상의 아주 높은 반응 압력에 견딜 수 있어야 한다. 이러한 고압에 견딜 수 있도록 설계하는 가장 용이한 접근방법은 그 압력에 견딜 수 있는 두꺼운 벽의 용기를 사용하는 것이다. 이 방법에는 문제점이 있는데 이는 용기의 두꺼운 벽이 시험 시료로부터 열을 흡수하여 단열상태보다 낮아지는 결과를 초래할 수 있다는 것이다. 열을 흡수하는 용기의 존재는 시험장치의 열적 관성을 상승시키고, 최대온도와 최대온도상승속도를 모두 감소시킨다.

장치(apparatus)의 열적 관성은 다음과 같이 정의되는 파이인자에 의해 표현된다.

$$\phi = \frac{\text{시료와 용기의 열용량}}{\text{시료의 열용량}} = 1 + \frac{\text{용기의 열용량}}{\text{시료의 열용량}} \tag{8-1}$$

파이인자는 1에 가까울수록 열적 관성이 낮다는 것을 나타낸다. 대부분 대용량의 반응기는 1.1 정도의 파이인자를 갖는다.

<표 8.8>에 일반적으로 사용되는 열량계의 파이인지를 나타내었다. ARC는 반응 압력을 함유하기 위하여 두꺼운 벽을 사용한다. 즉 결과적으로 높은 파이인자를 갖게 된다. ARSST는 봉쇄 용기에 개방된 얇은 유리벽 시료 셀을 사용한다. 이 유리 용기는 오직 시험 시료만을 담아놓고 반응으로부터 발생한 압력에 견딜 필요가 없기 때문에 ARSST의 파이인자는 낮다.

VSP2(Vent Sizing Package)와 APTAC는 파이인자를 줄이기 위하여 독특한 제어방법을 사용한다. 이 두 열량계는 시료 셀의 열용량을 줄이기 위하여 얇은 벽의 용기를 사용한다. <그림 8.2>는 VSP2 열량계의 개략도(schematic, 골격도라고도 함)이다. 시료는 격납용기 안에 들어 있는 밀폐된 얇은 벽 시험 셀 안에 들어 있다. 제어시스템(control system)은 시험 셀 내부의 압력과 격납용기 안의 압력을 모두 측정한다. 제어시스템은 격납 용기 내부 압력과 시험 셀의 내부 압력이 빠르게 대응(일치)하도록 조정할 수 있다. 시험 셀 내부와 격납 용기 사이의 압력 차이는 대게 20 psi 이하로 낮게 유지된다. 이렇게 되면 얇은 벽 시료 셀은 파손되지 않는다.

<표 8.8>에 보이는 단열반응 추적한계는 자기가열이 검지될 수 있는 하한속도와 열량계가 추적할 수 있는 상한 반응속도에 관계한다. <표 8.8>에서 조작시간은 장치를 1회 표준 시험을 실시하는데 얼마나 오래 걸릴 것인지에 대한 접근 개념이다. 어떤 열량계(DSC and ARSST)

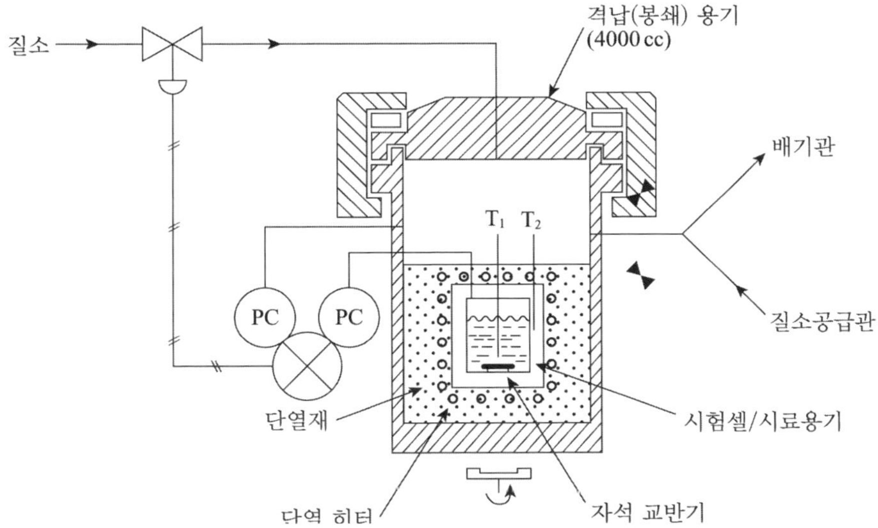


**그림 8.2** 시료 셀과 격납 용기 간 압력 평형유지를 보여주는 VSP2 제어시스템

는 시험실시시간이 짧다. 즉 이들 열량계는 보다 정밀한 그러나 좀 더 긴 조작시간을 가지는 열량계로 이동하기 전에 물질의 반응특성의 초기 개념을 얻기 위한 여러 가지 검토연구를 수행하는데 유용하다.

DSC (Differential Scanning Calorimeter)는 2개의 작은 시료 셀 즉, 하나는 미지 시료, 다른 하나는 표준물질이 들어 있는 셀로 구성되어 있다. DSC는 2개의 시료가 가열되는데 가열되는 동안 2개의 시료가 동일 온도로 유지되도록 요구되는 열량 차이를 측정한다. 이 열량계는 미지시료의 열용량, 상변화가 일어나는 온도, 상변화에 요구되는 열, 반응에 기인한 열 변화를 결정하는데 사용될 수 있다. 전통적인 DSC의 경우 트레이는 대기에 개방되어 있다. 따라서 <표 8.8>에서 보여준 것과 같이 이러한 유형의 열량계는 개방형으로 분류된다. DSC는 또한 봉쇄 유리모세관이나 작은 금속 용기를 사용할 수 있도록 개선되었다. DSC는 대부분 반응위험요인이 존재하는지를 따아하고 반응이 일어나는 온도에 대한 초기 개념을 얻기 위한 빠른 선별연구에 주로 사용된다. 전형적인 DSC는 트레이가 열려있기 때문에 어떠한 압력 정보도 제공하지 않는다. 만약 봉쇄 유리모세관이 사용된다면 제한적인 압력정보는 관이 파열되는 압력으로부터 얻을 수 있다.

<그림 8.3>과 <그림 8.4>는 ATTAC 장치의 전형적인 온도와 압력의 변화상태(scan)를 나타내었다. <그림 8.3>의 시료는 그림에서 보여주는 바와 같이 발열이 감시될 때까지 일정한 온도속도로 가열된다. 그 후 열량계는 단열모드로 전환된다. 단열모드에서 열량계는 시료의 온도를 측정하고 시료의 온도와 외부 온도를 일치하도록 한다. 이러한 과정으로 단열 상태에 접근하게 된다. 단열 모드 동안에 시료는 반응에 의하여 방출된 에너지에 의하여 자기가열이 진행된다. 결국 반응물질은 모두 소비되어 반응은 종료된다. 자기가열은 이 시점에서

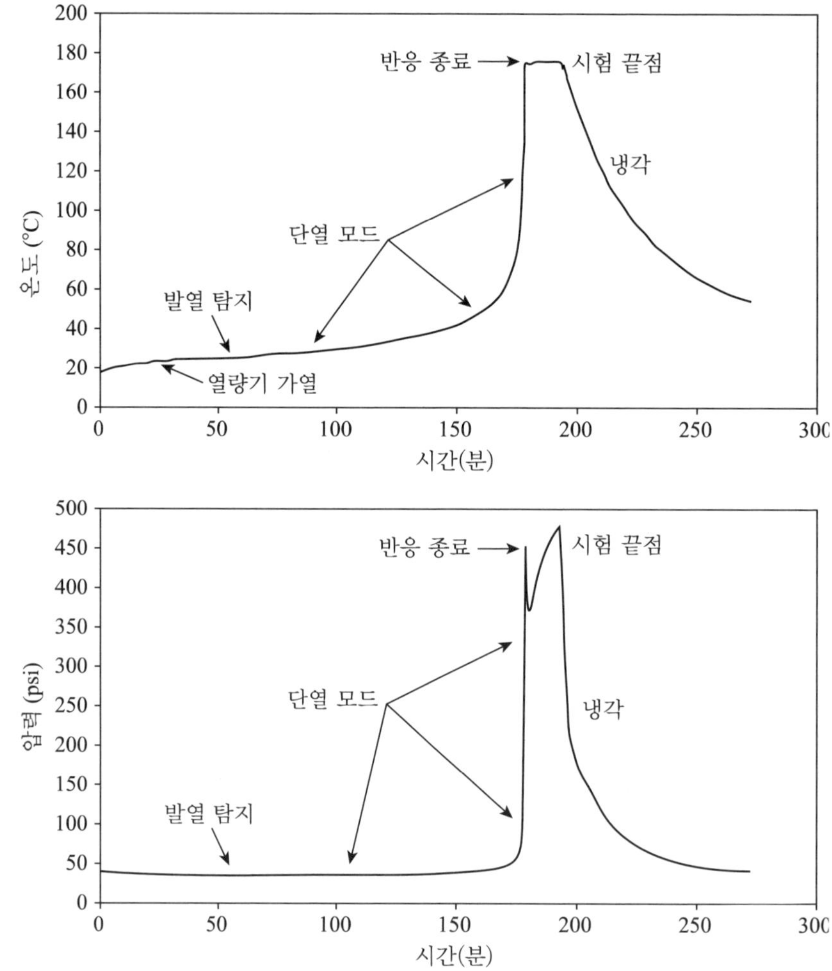


⇑ **그림 8.3** 메탄올과 무수초산 반응에 대한 APTAC 데이터

종료되며, 온도는 일정하게 유지된다. 종국적으로 열량계 가열은 중지되고 시료는 식게 된다.

<그림 8.3> 하단의 그림은 APTAC가 시험을 수행하는 동안 시간에 따른 압력변화를 나타낸 것이다. 압력 상승은 액체시료의 증기압에 기인한다. 압력은 온도와 지수함수로 상승한다. 반응이 종료된 후의 압력 감소와 그 후 상승은 반응물질 중 하나의 분해에 기인할 수 있으므로 부가적인 연구를 수행할만한 가치가 있다.

<그림 8.4>는 가열-대기-탐색 모드를 이용한 열량계의 시험 수행과정에 관한 그래프이다. 시료는 사용자가 정의한 온도 단계를 사용하여 점증적으로 가열된다. 그 다음 열량계가 특정 시간을 기다려 반응에 의한 가열을 관측한다. 어떠한 가열-대기-탐색의 순환은 발열이 감지되기 전에 열량계는 단열상태에 들어가기를 요구하기도 한다. 반응이 완료되면 열량계는 다시 가열-대기-탐색 모드로 전환되며 추가로 더 높은 온도에서 부가적인 반응을 추적한다.

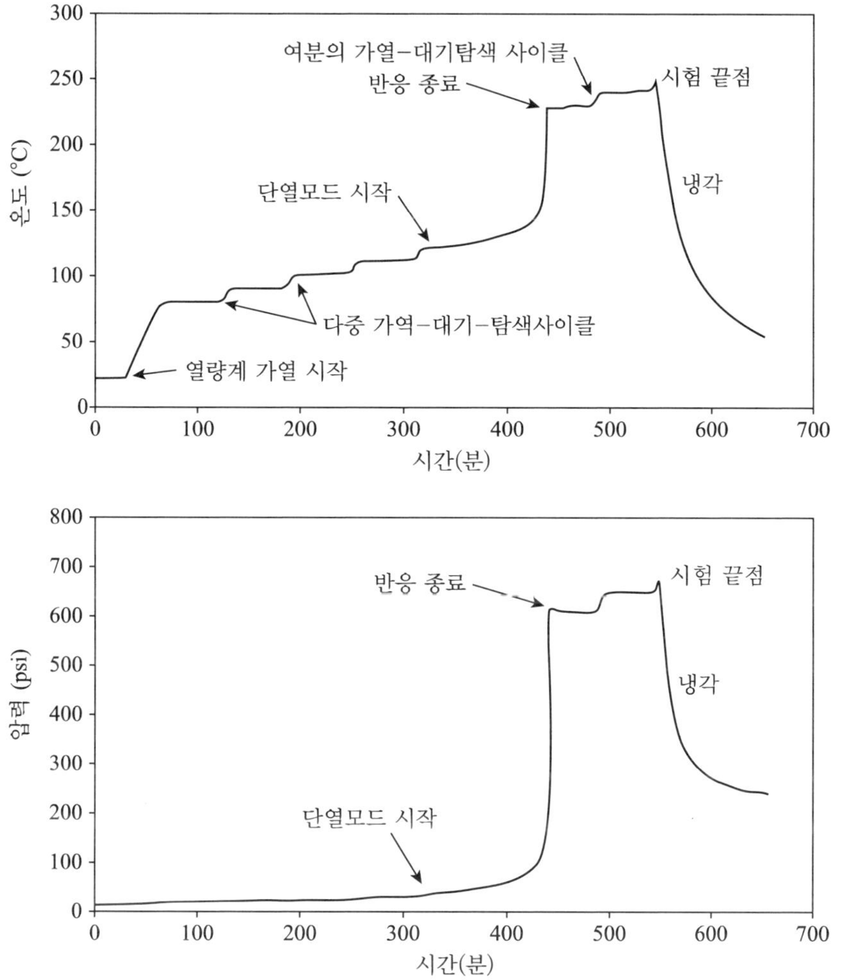


⇧ **그림 8.4** 2-4-과산화부틸(di-*tert*-butyl peroxide)의 열분해에 대한 APTAC 데이터

열량계 조작의 다른 형태는 특정 온도에서 화학물질을 주입하는 것이다. 이는 시료 용기 안에서 화학물질 *A*가 들어있는 열량계에 열을 가하고나서 특정온도에서 화학물질 *B*를 주입하는 것이 가능하다. 2가지 방법 모두 차가운 액체가 주입될 때 주입 흡열의 결과를 가져오게 되나 열량계는 빠르게 원위치로 회복될 것이다.

특정 연구로 선정된 열량계는 반응성 물질의 특성에 의존한다. 많은 회사들은 DSC 또는 ARSST를 사용하여 선별 연구를 수행하며, 선별연구 결과에 따라 더 유용한 열량계를 사용한다. 만약 매우 느린 반응이 예측된다면 ARC가 매우 느린 가열속도를 검지하는데 적합하다. 만약 매우 빠른 자연 발열속도라면 VSP2나 APTAC 열량계를 선택하는 것이 좋다.

## 열량계 데이터의 이론적 분석

반응이 밀폐된, 잘 교반되는 반응시험 셀에서 일어나고, 다음 형태의 일반적인 반응이 일어나고 있다고 가정하면

$$\alpha A + \beta B + \cdots = \text{Products} \tag{8-2}$$

반응물 $A$에 관한 몰 수지식을 쓰면 다음과 같다.

$$\frac{dC_A}{dt} = -k(T)\, C_A^a\, C_B^b \cdots \tag{8-3}$$

여기서, $C$ : 농도 (몰/부피)

$k(T)$ : 온도 의존 속도계수 (농도$^{1-n}$/시간)

$a$, $b \cdots$ : 각 물질종에 대한 반응 차수

속도계수, $k(T)$는 아레니우스 방정식 $Ae^{-E_a/R_gT}$ 에 의해 주어진다. 여기서, $A$는 지수전인자(pre-exponential factor)이며, $E_a$는 활성화 에너지이다.

식 (8-3)은 식 (8-2)에서 나타낸 반응에 대한 각 물질종에 대하여 기술된다.

만약 반응물이 화학양론 비로 반응 시험 셀에 처음 가해지면 각 물질의 농도는 반응이 진행되는 동안에 이러한 비율로 유지될 것이다. 그러면

$$\frac{C_B}{C_A} = \frac{\beta}{\alpha} \tag{8-4}$$

다른 모든 물질들도 유사할 것이므로, 이를 식 (8-3)에 대입하면

$$\frac{dC_A}{dt} = -k(T)\, C_A^a \left(\frac{\beta}{\alpha} C_A\right)^b \cdots = -k(T)\left(\frac{\beta}{\alpha}\right)^b \cdots\, C_A^{a+b+\cdots} \tag{8-5}$$

총괄반응차수를 $n\,(=a+b+\ldots)$이라 하고 새로운 속도계수를 $k'$로 정의하여 물질 종 A에 대한 방정식을 쓰면

$$\frac{dC_A}{dt} = -k'(T)\, C_A^n \tag{8-6}$$

이러한 접근은 모든 물질종이 화학양론비로 존재한다고 할 때만 적용된다.

또 다른 접근 방법은 한 가지 종을 제외하고는 모든 반응물이 다 과잉으로 존재하는 경우이다. 이러한 경우에는, 과잉 반응물의 농도는 반응 동안에 거의 일정하게 된다고 가정할 수 있다. 종$A$를 제외한 모든 반응물이 과잉으로 존재한다고 가정하면

$$\frac{dC_A}{dt} = -k(T)\,C_A^a\,C_{Bo}^b\,C_{Co}^c \cdots \tag{8-7}$$
$$= -k(T)\,(C_{Bo}^b\,C_{Co}^c \cdots)\,C_A^a$$
$$= -k'(T)\,C_A^a$$

여기서, $C_{Bo}$는 종$B$의 최초 농도이다. 이 접근방법은 개별 물질 종에 관한 반응차수를 결정할 때 유용하다.

반응차수가 알려지지 않은 상황을 생각하자. 반응은 다음 형태의 총괄 $n$차 반응으로 나타낼 수 있다고 가정하자.

$$\frac{dC}{dt} = -k(T)\,C^n \tag{8-8}$$

처음 농도를 $C_o$라 하면 반응전환율, $x$는 다음과 같다

$$x = \frac{C_o - C}{C_o} \tag{8-9}$$

$C = C_o$, $x = 0$일 때와 $C = 0$, $x = 1$일 때를 유의한다.

식 (8-8)에 식 (8-9)를 대입하면

$$\frac{dx}{dt} = -k(T)\,C_o^{n-1}(1-x)^n \tag{8-10}$$

식 (8-10)을 $k(T_o)C_o^{n-1}$로 변변 나누면

$$\frac{1}{k(T_o)\,C_o^{n-1}}\frac{dx}{dt} = \frac{k(T)}{k(T_o)}\,(1-x)^n \tag{8-11}$$

무차원 시간 $\tau$를 다음과 같이 정의하면

$$\tau = k(T_o)\,C_o^{n-1}\,t \tag{8-12}$$
$$d\tau = k(T_o)\,C_o^{n-1}\,dt$$

식 (8-11)은 아래와 같이 단순화할 수 있다.

$$\frac{dx}{d\tau} = \frac{k(T)}{k(T_o)}\,(1-x)^n \tag{8-13}$$

모든 방정식은 어느 정도까지는 반응용기 안의 농도와 관련이 있다. 불행하게도, 반응이

빨리 일어나고 농도의 변화가 급격할 때 농도를 측정하기가 매우 어렵다. 농도를 바로 측정할 수 있는 온라인 계기는 매우 한정적이다. 더욱 주의하여야 할 접근방법은 대표할 수 있는 결과를 얻기 위하여 시료를 반응기에서 채취하여 반응물을 순간적으로 냉각 및 급냉시켜야 한다는 것이다. 시료채취는 용기로부터 물질과 에너지를 제거하는 것이므로, 시험시료에 큰 영향을 줄 수 있다. 따라서 실시간 농도 측정은 수행하기 매우 어려운 작업이다.

가장 측정하기 쉬운 시스템 매개변수는 온도이다. 이는 열전대로 쉽게 측정할 수 있으며, 실시간으로 빠르게 수행할 수 있다. 반응이 진행되는 동안 반응 전환율은 전체 온도변화에 비례한다고 가정하면 전환율은 온도와 관계지울 수 있다. 이는 다음 식으로 나타낼 수 있다.

$$x = \frac{T - T_o}{\Delta T_{ad}} = \frac{T - T_o}{T_F - T_o} \tag{8-14}$$

여기서, $T_o$ : 처음 반응 온도, 즉 반응 개시 온도

$T_F$ : 반응 완료 후 최종 온도

$\Delta T_{ad}$ : 반응이 진행되는 동안 단열온도변화

식 (8-14)는 다음과 같은 2가지 중요한 가정을 포함한다.

1. 반응은 처음과 최종 온도로 특성화 되고, 이 온도는 적정양의 정밀도로 실험적으로 결정할 수 있다.
2. 시험 시료의 열용량은 반응이 진행되는 동안 일정하다.

가정 1이 더 중요하다고 할 수 있다. 처음 또는 개시온도는 반응속도가 충분히 커서 열전대가 반응혼합물이 내는 열에너지를 검지 할 수 있는 온도이다. 과거 많은 연구원들은 이 온도를 종종 잘못 해석하였다. 몇몇 연구원들은 만약 반응성 물질이 처음 또는 개시 온도 보다 낮게 저장되어 있으면 반응혼합물은 반응하지 않을 것이라고 부정확하게 결론지었다. 이는, 반응이 개시온도 이하에서도 비록 감지할 수 없는 속도이기는 하나 유한하게 진행되기 때문에 총체적으로 옳지 않다. 다른 열량계는 역시 다른 처음 또는 개시온도에 다다를 것인데 이는 열량계의 온도측정 민감도의 함수이기 때문이다. 처음 또는 개시온도는 오직 반응기 온도와 반응물 농도의 관계로 사용한다.

가정 2는 생성물의 열용량이 반응물의 열용량과 크게 차이가 난다면 잘못 된 것이다. 다행히도 대부분 액체 물질의 열용량들은 비슷하다. 만약 반응물이 대부분 액체이고 생성물의 상당한 분율이 기체라면 이러한 가정들은 적용할 수 없다. 이 가정은 한 개 또는 그 이상의 반응물질이 과잉으로 존재하거나 시스템이 높은 농도의 용매를 포함하여 거의 일정한 액체 열용량을 가져올 것이라면 거의 참일 것이다.

식 (8-13)의 속도론 항은 다음과 같이 확장될 수 있다

$$\frac{k(T)}{k(T_o)} = \frac{Ae^{-E_a/R_gT}}{Ae^{-E_a/R_gT_o}} = \exp\left[\frac{E_a}{R_g}\left(\frac{1}{T_o} - \frac{1}{T}\right)\right] \tag{8-15}$$

$$= \exp\left[\frac{E_a}{R_gT_o}\left(1 - \frac{T_o}{T}\right)\right]$$

$$= \exp\left[\frac{E_a}{R_gT_o}\left(1 - \frac{T_o}{T_o + \Delta T_{ad}\,x}\right)\right]$$

$$= \exp\left[\frac{\dfrac{E_a}{R_gT_o}\dfrac{\Delta T_{ad}}{T_o}x}{1 + \dfrac{\Delta T_{ad}}{T_o}x}\right] \tag{8-16}$$

무차원의 단열온도 상승 $B$와, 무차원의 활성화 에너지로 $\Gamma$를 다음 식으로 정의하면

$$B = \frac{\Delta T_{ad}}{T_o} = \frac{T_F - T_o}{T_o} \tag{8-17}$$

$$\Gamma = \frac{E_a}{R_gT_o} \tag{8-18}$$

식 (8-13)은 다음 무차원 식으로 정리된다.

$$\boxed{\frac{dx}{d\tau} = (1-x)^n \exp\left(\frac{\Gamma Bx}{1 + Bx}\right)} \tag{8-19}$$

만약 무차원 단열온도 상승 $B$가 0.4보다 작다면 식 (8-19)는 다음과 같이 간단하게 된다.

$$\frac{dx}{d\tau} \cong (1-x)^n \exp(\Gamma Bx) \tag{8-20}$$

식 (8-19)와 식 (8-20)은 대단히 중요한 다음 가정을 포함한다

1. 반응용기는 잘 혼합된다. 이는 액체 시료의 온도와 농도 구배가 매우 작음을 의미한다.
2. 시료의 물리적 특성 – 열용량과 반응열 – 은 일정하다.
3. 반응에 의하여 방출된 열은 반응 전환율에 비례한다.
4. 반응 전환율 $x$는 반응하는 동안 온도 증가에 직접적으로 비례한다.

차원을 가지는 식을 무차원식으로 전환함으로써 그 식은 가장 간단한 형태로 유도할 수 있다. 그렇게 하여 식의 대수적인 조작 역시 쉽게 할 수 있다. 또한 시스템을 기술하는데 요구되는 최소수의 무차원 매개변수를 파악할 수 있다. 이 경우에는 세 개의 매개변수(반응차수 $n$, 무차원의 단열온도 상승 $B$와 무차원의 활성화 에너지 $\Gamma$)가 존재한다. 마지막으로 식

은 모든 변수가 0에서 1사이에 위치하기 때문에 식은 수치적으로 쉽게 풀 수 있다.

무차원적인 접근방법을 사용하는 문제점은 무차원의 매개변수와 변수가 물리학적으로 해석하기 어렵다는 것이다. 또한 차원 변수를 무차원 변수로 바꿔야 하는 데는 어떤 노력이 필요할 수도 있다.

반응차수 $n$은 일반적으로 0에서 2사이의 값을 갖는다. 반응차수는 거의 1보다 크며, 분율의 차수도 있을 수 있다. 무차원 단열온도 상승 $B$는 전형적으로 0에서 2사이의 값을 갖는다. 무차원 활성화 에너지 $\Gamma$는 약 5에서 50 범위의 값을 가질 수 있거나, 활성화 에너지에 따라 더 높아질 수도 있다.

무차원식 (8-19)와 식 (8-20)은 차원 매개변수의 수에 의존한다. 이것은 개시온도($T_o$)와 최종온도($T_F$), 활성화에너지($E_a$), 개시온도에서 아레니우스 방정식 값($k(T_o)$)를 포함한다. 개시온도와 최종온도는 절대적으로 아레니우스 반응속도 방정식에 관계하며 독립적으로 명시되지 않는다는 것에 주의하여야 한다.

식 (8-19)와 식 (8-20)은 쉽게 통합될 수 있다. 이는 표계산 소프트웨어(the spreadsheet and the trapezoid rule)나 수학적 프로그램 패키지(mathematical package)를 이용하여 행해질 수 있다. 표계산 소프트웨어를 이용한 스프레드시트는 작은 크기의 단계들을 필요로 한다. 즉 결과가 수렴되는지를 확인하여야 한다.

<그림 8.5>와 <그림 8.6>은 식 (8-19)의 통합 결과를 보여준다. 전환율은 무차원 시간에 대비한 곡선이다. 시간의 눈금은 훨씬 더 큰 범위를 나타내기 위한 로그눈금이다. <그림 8.5>는 반응 결과로 인한 무차원 단열온도 상승 $B$의 증가가 어떻게 짧은 시간동안 급경사 형태로 발생하는지를 보여준다. <그림 8.6>은 무차원의 활성화에너지($\Gamma$)가 또한 빠른 시간

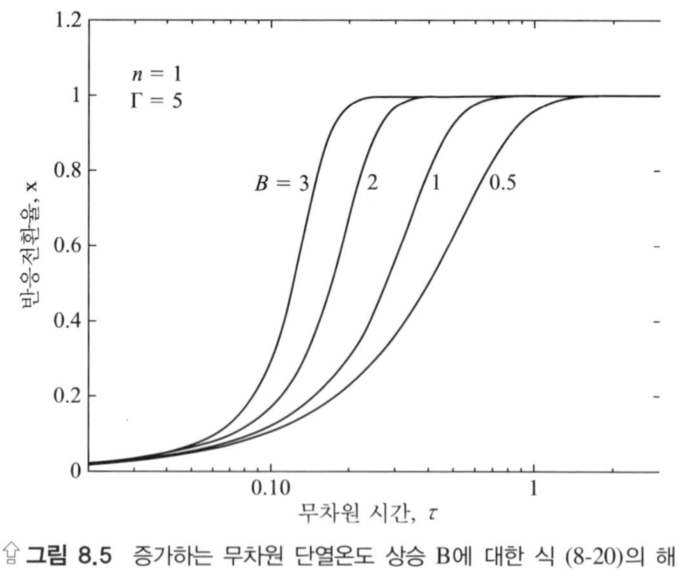


**그림 8.5** 증가하는 무차원 단열온도 상승 B에 대한 식 (8-20)의 해

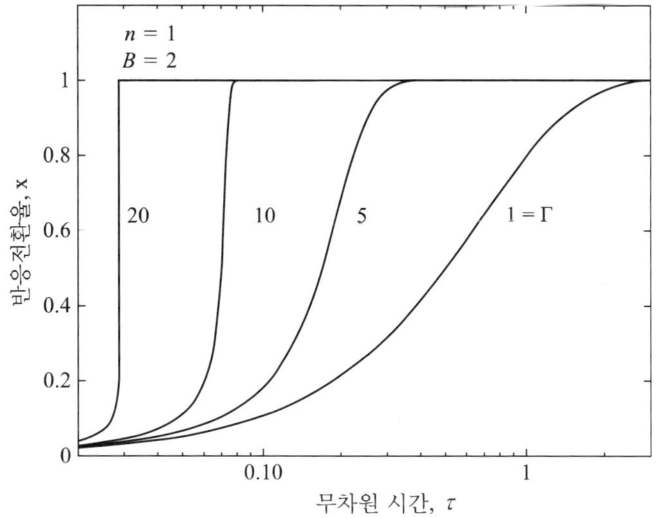


⇧ **그림 8.6** 증가하는 무차원 활성화에너지 Γ에 대한 식 (8-20)의 해

동안 급경사로 어떻게 상승하는지를 보여준다. $\Gamma = 20$인 경우 변환은 매우 빠르게 진행된다.

<표 8.7>의 중요한 질문 중의 하나는 반응이 일어날 때 최대 자기가열 속도와 시간이다. 최대 자기가열속도는 반응열을 제거하는 열전달장치를 설계하는데 중요하다. 자기가열속도가 크면 클수록 더욱 더 큰 열전달장치를 필요로 한다. 산화에틸렌과 아크릴산과 같은 몇몇 화학물질들은 분당 수백도씨로 자기가열을 할 것이다. 최대 자기가열속도가 일어나는 시간은 열전달장치의 설계는 물론 비상대응절차를 위해서도 매우 중요하다.

최대 자기가열속도는 무차원 시간에 대하여 식 (8-19)를 미분한 후, 최대값을 찾기 위하여 그 결과를 0으로 설정하여 구할 수 있다. 이 식은 최대 자기가열속도에 이르렀을 지점에서의 반응전환율 $x_m$값을 계산할 수 있다. 여러 대수적 방법을 적용한 후 다음의 식을 얻을 수 있다.

$$x_m = \frac{1}{2nB}\left[-(\Gamma + 2n) + \sqrt{\Gamma[\Gamma + 4n(1+B)]}\right] \tag{8-21}$$

여기서, $x_m$은 최대속도에서 전환율이며, 최대속도는 식 (8-19)에 $x_m$을 대입하여 얻을 수 있다.

<그림 8.7>은 제1차 반응에 대한 식 (8-21)의 도면이다. $\Gamma$가 증가할수록 점근함수에 가까워진다. 이 함수는 $\Gamma = 64$ 곡선에 근접하다. 또한 각각의 곡선에 대한 최대 $x_m$값이 존재한다. 최대 $x_m$은 $\Gamma$가 증가할 때 증가하고. 하한 $B$의 값에서 일어난다. 각 곡선은 $x$축과 교차한다.

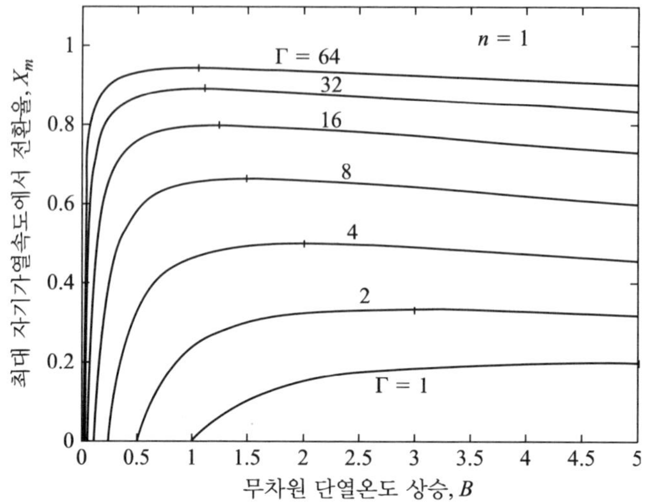


⇪ **그림 8.7** 1차반응 최대 자기가열속도에서 전환율. 각각 곡선의 수직선은 최댓값을 나타냄

식 (8-21)은 $x_m$의 최댓값을 구하기 위하여 $B$에 대하여 한 번 더 미분할 수 있다. 적절한 양의 대수 후, 최댓값은 다음과 같다.

$$B = \frac{4n}{\Gamma} + 1 \tag{8-22}$$

$$x_m = \frac{\Gamma}{4n + \Gamma}$$

<그림 8.7> 곡선과 $x$축과의 교점은 개시온도($\tau = 0$)에서 일어나는 자기가열속도를 의미한다. 이 교차점에서의 $B$값은 $x_m = 0$으로 설정 후 $B$에 대하여 풀면 식 (8-21)에 의하여 구할 수 있다. 그 결과는

$$B = \frac{n}{\Gamma} \tag{8-23}$$

최대 자기가열속도에 이르는 시간은 식 (8-19)의 변수를 분리하여 적분함으로써 얻을 수 있다. 그 결과는

$$\int_0^{x_m} \frac{dx}{(1-x)^n \exp\left(\dfrac{\Gamma B x}{1+Bx}\right)} = \int_0^{\tau_m} d\tau = \tau_m \tag{8-24}$$

여기서, $\tau_m$은 최대속도가 이루어지는 무차원 시간이다. 이 시간은 개시온도에 관계가 있음을 명심하여야 한다.

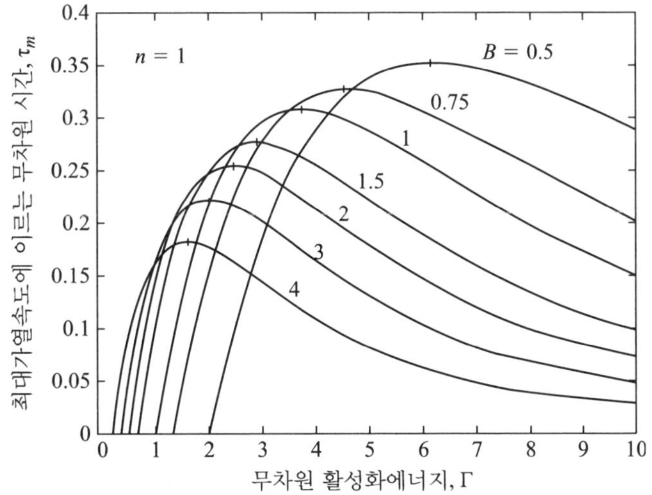


**그림 8.8** 낮은 Γ 범위에서 1차반응에 대한 최대 자기가열속도에 이르는 시간. 각 곡선위의 수직선은 최대값을 의미

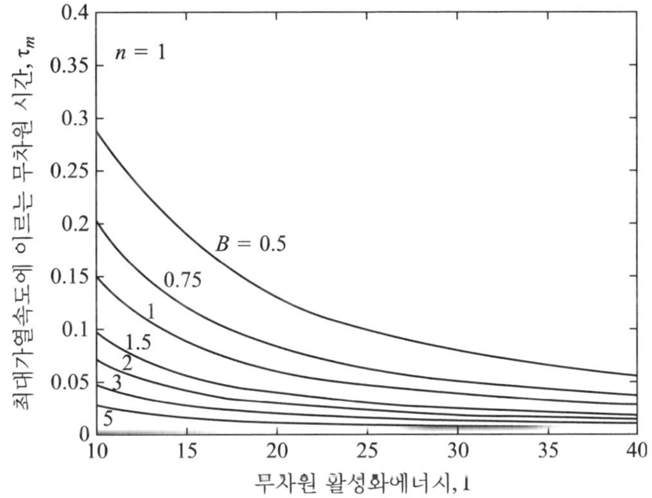


**그림 8.9** 높은 Γ 범위에서 1차반응에 대한 최대 자기가열속도에 이르는 시간

$\tau_m$는 식 (8-24)를 수치해석으로 풀어 구할 수 있다. 그 결과는 두 개의 다른 범위의 $\Gamma$에 대하여 <그림 8.8>과 <그림 8.9>에 나타내었다. 각 곡선은 수직 눈금(tick mark)으로 표시된 지점에서 최대값을 가진다. 이 최대값은 무차원의 단열온도상승 $B$가 증가할 때 $\Gamma$의 하한값에서 존재한다. 이 최대값은 수학적 풀이로는 불가능하고 수치해석으로 풀어 얻을 수 있다.

## 예제 8.2

현재 화학반응기의 온도는 400 K이다. 열량계 데이터가 아래와 같이 주어졌을 때 다음을 계산하여라.

**a.** 현재 반응 전환율

**b.** 현재 자기가열속도

**c.** 개시온도에 도달하는 시간

**d.** 최대 자연발열속도 도달시간

**e.** 최대 자기가열속도

열량계 데이터

| | |
|---|---|
| 반응 차수 $n$ | : 1 (1차반응) |
| 개시 온도 | : 377 K |
| 최종 온도 | : 438 K |
| $k(T_o)$ | : $5.62 \times 10^{-5}\ \text{sec}^{-1}$ |
| 활성화에너지 $E_a$ | : 15,000 cal/mol K |

### 해답

주어진 열량계 데이터로부터

$$B = \frac{T_F - T_o}{T_o} = \frac{483\ \text{K} - 377\ \text{K}}{377\ \text{K}} = 0.282$$

$$\Gamma = \frac{E_a}{R_g T_o} = \frac{15{,}000\ \text{cal/mol}}{(1.987\ \text{cal/mol K})\ (377\ \text{K})} = 20.0$$

**a.** 현재 전환율은 식 (8-14)로부터 구할 수 있다.

$$x = \frac{T - T_o}{T_F - T_o} = \frac{400\ \text{K} - 377\ \text{K}}{483\ \text{K} - 377\ \text{K}} = 0.217$$

**b.** 현재 자기가열속도는 식 (8-19)를 이용하여 계산된다.

$$\frac{dx}{d\tau} = (1-x)^n \exp\left(\frac{\Gamma Bx}{1+Bx}\right) = (1-0.217) \times \exp\left[\frac{(20.0)(0.282)(0.217)}{1+(0.282)(0.217)}\right] = 2.48$$

이는 차원시간으로 전환되어야 한다. 식 (8-12)로부터

$$t = \frac{\tau}{k(T_o)\, C_o^{n-1}} \tag{8-25}$$

식 (8-14)에 의한 전환의 정의를 이용하면

$$\frac{dT}{dt} = (T_F - T_o)\ k(T_o)\ C_o^{n-1} \left(\frac{dx}{d\tau}\right) \tag{8-26}$$

$n = 1$이므로 이를 대입하면

$$\frac{dT}{dt} = (T_F - T_o)\, k(T_o) \frac{dx}{d\tau} = (483\ \mathrm{K} - 377\ \mathrm{K})(5.62 \times 10^{-5}\ \mathrm{sec}^{-1})(2.48)$$

$$= 0.0148\ \mathrm{K/s} = 0.886\ \mathrm{K/min}$$

**c.** 개시온도에 도달하는 무차원 시간은 식 (8-19)를 적분하여 구할 수 있다. 이는 또한 표계산 소프트웨어나 수치해석 패키지를 이용하여 쉽게 구할 수 있다. 결과는 <그림 8.10>에 나타내었다. <그림 8.10>에서 0.217의 전환율에서 무차원 시간은 0.141이다. 무차원 시간은 식 (8-25)를 이용하여 실제 시간으로 전환할 수 있다. 일차반응, $n=1$에 대하여

$$t = \frac{\tau}{k(T_o)} = \frac{0.141}{5.62 \times 10^{-5}\ \mathrm{sec}^{-1}} = 2{,}510\ \mathrm{sec} = 41.8\ \mathrm{min}$$

이것이 개시온도에 도달하는 시간이다.

**d.** 최대속도에서 전환율은 식 (8-21)에 주어졌다. 알려진 값을 대입하면

$$x_m = \frac{1}{2nB}\left[-(\Gamma + 2n) + \sqrt{\Gamma\,[\Gamma + 4n(1+B)]}\right]$$

$$= \frac{1}{(2)(1)(0.282)}\left[-(20+2) + \sqrt{(20)\,[20 + (4)(1+0.282)]}\right] = 0.741$$

수치해석에 의해 얻어진 <그림 8.10>으로부터, 이 전환율에서 무차원시간은 0.249이다. 실제 시간은

$$t = \frac{\tau}{k(T_o)} = \frac{0.249}{5.62 \times 10^{-5}\ \mathrm{sec}^{-1}} = 4{,}432\ \mathrm{sec} = 73.9\ \mathrm{min}$$

이것은 개시온도에 도달하는 시간에 대한 것이다. 현재 반응 상태($x=0.217$)로부터 최대속도에 도달하는 시간까지 걸리는 시간은

$$73.9\ \mathrm{min} - 41.8\ \mathrm{min} = 32.1\ \mathrm{min}$$

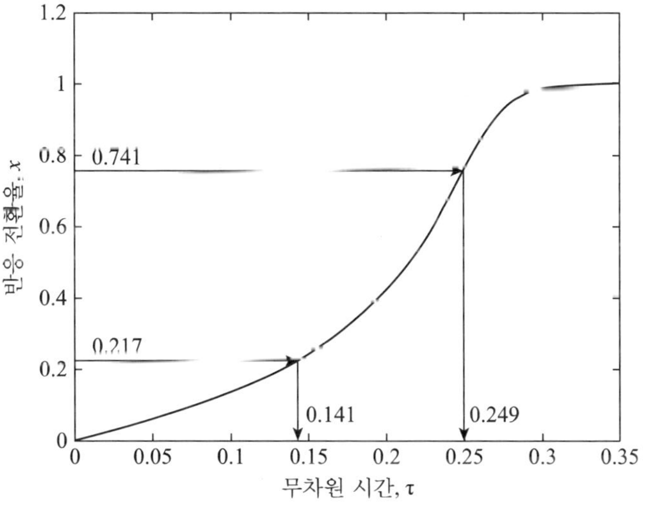


**그림 8.10** 예제 8.2에 대한 반응전환율 도면

따라서 반응은 32.1분에 최대속도에 도달할 것이다. <그림 8.8>이나 <그림 8.9>는 이러한 문제를 직접적으로 해결하는데 사용할 수 있다. 그러나 정밀하지는 않다.

**e.** 최대 자기가열속도는 식 (8-19)과 $x_m = 0.741$를 사용하여 구할 수 있다.

$$\frac{dx}{d\tau} = (1-x)^n \exp\left(\frac{\Gamma Bx}{1+Bx}\right) = (1-0.741)\times\exp\left[\frac{(20.0)(0.282)(0.741)}{1+(0.282)(0.741)}\right] = 8.21$$

이를 식 (8-26)에 대입하면 다음과 같이 된다.

$$\frac{dT}{dt} = (T_F - T_o)\,k(T_o)\frac{dx}{d\tau} = (483\ \mathrm{K} - 377\ \mathrm{K})(5.62\times10^{-5}\ \mathrm{sec}^{-1})(8.21)$$

$$= 0.0489\ \mathrm{K/s} = 2.93\ \mathrm{K/min}$$

반응 액체의 열용량과 마찬가지로, 최대 자기가열속도는 이 반응기의 최소 냉각 요구량을 추정하는데 사용된다. 또한 최대속도에 이르는 시간은 체류시간, 조작 온도, 반응기의 전환율을 측정하는데 사용된다.

---

## 열량계 데이터로 매개변수 추정

이론적인 모델을 사용하기에 앞서, 열량계 데이터로부터 모델을 위해 요구되는 매개변수를 추정할 필요가 있다. 이들은 반응개시온도($T_o$), 최종온도($T_F$), 반응차수($n$), 활성화에너지($E_a$) 그리고 반응개시온도($k(T_o)$)에서 아레니우스 방정식 값을 포함한다. 열량계는 일반적으로 온도에 대한 시간 데이터 관계를 제공한다. 그리하여 이러한 데이터로부터 매개변수를 추정하는 절차가 필요하다.

반응개시 및 최종온도는 매개변수를 정확하게 합리적으로 알게 하는 전환율과 이론적 모델 다음으로 아주 중요하다. 만약 온도변화속도 $dT/dt$ 대 시간을 플롯하면 반응의 처음과 마지막의 온도변화속도는 매우 낮을 것이다. 그러므로 이러한 절차는 작동하지 않을 것이다. 더 나은 절차는 $-1000/T$에 대한 온도변화속도($dT/dt$)를 로그눈금으로 플롯하는 것이다. 다음 예시로 이를 설명한다.

---

**예제 8.3**

〈그림 8.3〉은 2 : 1 몰 비의 메탄올과 무수아세트산 반응에 대한 온도-시간과 압력-시간 데이터를 보여준다. 이들 데이터를 이용하여 이 시스템의 반응개시온도, 최종온도, 무차원 단열온도상승 $B$를 구하여라.

**해답**

−1000/T에 대한 온도속도의 로그눈금 플롯을 <그림 8.11>에 나타내었다. 초기의 온도속도는

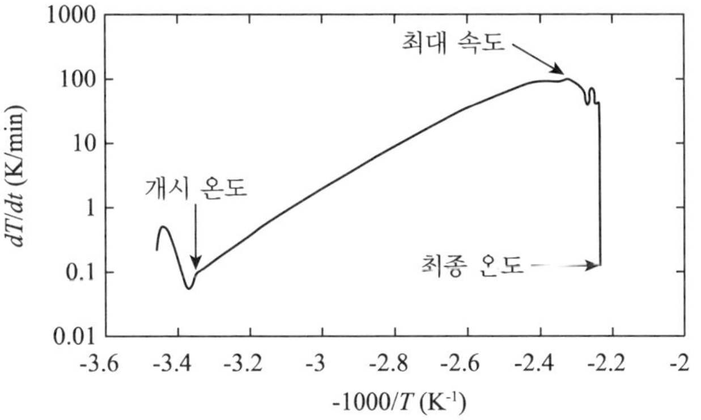


**그림 8.11** 개시 및 최종온도를 추정하기 위한 도식해법

플롯 왼쪽에 있고, 실험의 끝점 온도속도는 오른쪽에 있다. 열량계는 발열거동이 탐지될 때, 가열을 멈춘다. 이것은 <그림 8.11> 맨 왼쪽의 온도 속도 그래프가 떨어지는 구간을 나타낸다. 개시온도는 곡선의 거의 직선이 시작되는 지점의 온도이다. <그림 8.10>으로부터 개시온도는

$$-\frac{1000}{T_o} = -3.35$$

$$T_o = 298 \text{ K}$$

298 K임을 알 수 있다.

최종온도는 온도속도가 갑자기 떨어져 개시온도와 거의 비슷한 온도로 돌아오는 그래프의 오른쪽에서 찾을 수 있다. 최종온도는 <그림 8.11>로부터

$$-\frac{1000}{T_F} = -2.25$$

$$T_F = 404 \text{ K}$$

404 K임을 알 수 있다.

<그림 8.11>은 또한 최대 온도속도는 물론 이러한 현상이 일어나는 온도를 파악하는데도 사용될 수 있다. 이는 <그림 8.11>의 최대치(peak value)를 찾으면 된다. 데이터로부터, 최대온도속도는 104 K/min (1.73 K/sec)이며, 이것은 온도 429 K에서 일어난다.

무차원의 단열 온도 상승은 식 (8-17)에 주어졌다. 그러므로

$$B = \frac{T_F - T_o}{T_o} = \frac{447 \text{ K} - 298 \text{ K}}{298 \text{ K}} = 0.500$$

---

이런 절차로 우리는 반응개시 및 최종온도와 무차원 단열온도상승 $B$를 구했다. 추정할 다음 변수는 반응차수이다. 반응차수는 식 (8-19)를 아래와 같이 재정리하여 추정할 수 있다.

$$\frac{1}{(1-x)^n}\frac{dx}{d\tau} = \exp\left(\frac{\Gamma Bx}{1+Bx}\right) \tag{8-27}$$

식 (8-12)로부터 $d\tau = k(T_o)\,C_o^{m-1}$ 이므로 이를 대입하면 다음과 같다.

$$\frac{1}{(1-x)^n}\frac{dx}{d\tau} = \frac{1}{(1-x)^n\,k(T_o)\,C_o^{m-1}}\frac{dx}{dt} = \exp\left(\frac{\Gamma Bx}{1+Bx}\right)$$

$$\frac{(dx/dt)}{(1-x)^n\,C_o^{m-1}} = k(T_o)\exp\left(\frac{\Gamma Bx}{1+Bx}\right)$$

$$\ln\left[\frac{(dx/dt)}{(1-x)^n}\right] = \ln\left[k(T_o)\,C_o^{m-1}\right] + \Gamma\left(\frac{Bx}{1+Bx}\right) \tag{8-28}$$

식 (8-28)은 실제 온도 항으로 변경될 수 있다.
$x = (T-T_o)/(T_F-T_o)$이고 $Bx/(1+Bx) = (T-T_o)/T$이므로

$$\ln\left[\frac{(dT/dt)}{(T_F-T_o)^{1-n}(T_F-T_o)^n}\right] = \ln\left[k(T_o)\,C_o^{m-1}\right] + \Gamma(T-T_o)/T \tag{8-29}$$

1차반응에 대해서는 $n=1$이므로 식 (8-29)는 더 간단하게 정리될 수 있다.

$$\ln\left[\frac{dT/dt}{T_F-T}\right] = \ln\left[k(T_o)\right] + \Gamma(T-T_o)/T \tag{8-30}$$

식 (8-28), 식 (8-29) 또는 식 (8-30)을 이용하여 총괄반응차수 $n$을 결정하는 절차는 다음과 같다. 개시 및 최종온도와 무차원 단열온도상승 $B$는 예제 8.3에서 이미 알려졌다. 우선 총괄 반응차수는 추측될 수 있다. 1차 반응($n=1$)은 시작하기 좋은 반응이다. 식 (8-28), 식 (8-29) 또는 식 (8-30)의 좌변을 $Bx/(1+Bx)$ 또는 $(T-T_o)/T$에 대해 플롯(plot)한다. 만약 반응차수가 맞으면 직선이 얻어진다. 분수 총괄차수가 나올 수도 있다. 그렇게 되면 최선의 데이터 맞춤을 통하여 반응차수를 추정하는 노력이 필요하다. 1이 아닌 어느 반응차수에 대해서는, 반응물의 초기농도가 알려져야 한다. 마지막으로, 일단 반응차수가 파악되면 직선의 $y$절편은 $k(T_o)C_o^{m-1}$ 또는 $k(T_o)$의 추정을 제공한다.

일차반응($n=1$)이라 가정하고 식 (8-30)을 차원 형태로 전환하면 다음 식이 얻어진다.

$$\ln\left[\frac{dT/dt}{T_F-T}\right] = \ln A - \frac{E_a}{R_g T} \tag{8-31}$$

식 (8-31)은, 시스템이 일차반응이면 이 식의 좌변 대 $-1/R_gT$의 플롯은 기울기가 $E_a$이고 절편이 $-\ln(A)$인 직선이 되어야 함을 나타낸다. 식 (8-31)은 반응속도 매개변수를 결정하는 수단으로 학술지에서 흔히 볼 수 있다. 이는 식 (8-28)과 같이 일반적이지는 않다.

**예제 8.4**

〈그림 8.3〉의 데이터와 예제 8.2, 8.3의 결과를 이용하여 2 : 1의 몰 비율로 반응하는 메탄올과 무수 아세트산의 반응차수를 추정하고 $k(T_o)$의 값을 계산하여라. 지수앞자리인자 $A$와 활성화에너지 $E_a$를 추정하는데 이들 매개변수를 사용하여라. 최대 자기가열속도와 대응 온도를 계산하는 데는 이론적인 모델을 사용하여라. 실험값과 이를 비교하여라.

**해답**

이 문제의 첫 번째 단계는 온도 데이터를 전환율 데이터 $x$로 전환하는 것이다. 이것은 예제 8.3과 식 (8-14)의 개시 및 최종온도를 사용하여 수행한다. 그 후 $(dx/dt)$는 trapezoid rule이나 다른 적절한 유도법을 사용하여 계산한다. 식 (8-29)는 첫 번째 가정, $n=1$을 적용한다. 그 후 $\ln\left(\dfrac{dT/dt}{T_F-T}\right)$ 대 $Bx/(1+Bx)=(T-T_o)/T$을 플롯한다. 이러한 결과는 <그림 8.12>에 나타내었다. 직선에서 발산하는－덜 정밀한 점들 데이터 중 초기와 마지막 점들의 일부를 제거하고 남아있는 데이터로 직선 맞춤을 하면 $R^2$의 값이 0.9997인 직선을 얻을 수 있다. 이것은 이 반응이 일차반응임을 보여준다.

이 직선 맞춤으로부터, 기울기는 무차원 매개변수 $\Gamma$와 일치하며, 절편은 $\ln[k(T_o)]$이다. 이를 통하여 $\Gamma=29.4$이고, $\ln[k(T_o)]=-11.3$이다. 즉 $k(T_o)=1.24\times10^{-5}\ \mathrm{s}^{-1}$이다.

식 (8-18)에 주어진 Γ에 대한 정의로부터, 활성화에너지 $E_a$는 72.8 kJ/mol로 계산되며, $k(T_o)=A\exp(-E_a/R_gT_o)$이므로 지수앞자리인자 $A=7.27\times10^{7}\ \mathrm{s}^{-1}$임을 계산할 수 있다.

식 (8-21)에 주어진 최대 자기가열 속도의 전환율은

$$x_m=\frac{1}{2nB}\left[-(\Gamma+2n)+\sqrt{\Gamma(\Gamma+4n(1+B))}\right]$$

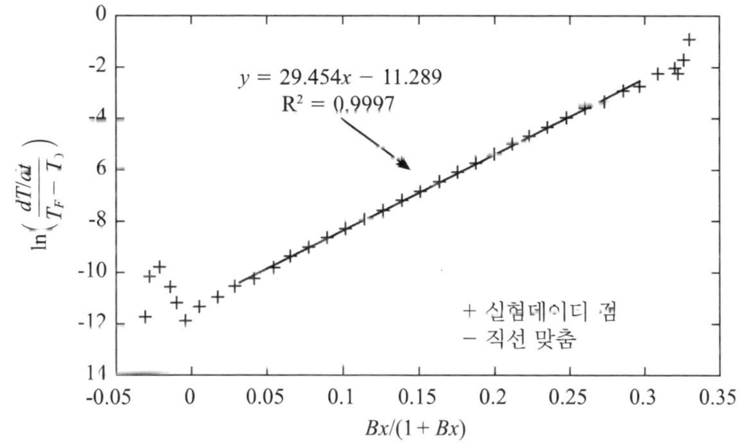


**그림 8.12** 반응속도 매개변수 $n$, $\Gamma$, $k(T_o)$의 결정

알려진 값을 대입하면

$$x_m = \frac{1}{(2)(0.5)}\left[-(29.4+2) + \sqrt{29.4\,[29.4 + 4(1+0.5)]}\,\right] = 0.861$$

전환율에서 온도는

$$\frac{T - T_o}{T_F - T_o} = x_m = 0.861\ ,\quad \therefore\ T = 426\ \text{K}$$

이것은 실험상 최대속도에서의 온도 429 K와 잘 일치한다.

$n=1$일 때, 식 (8-19)를 통하여 최대 자기가열속도를 추정하면

$$\frac{dx}{d\tau} = (1-x)\exp\left(\frac{\Gamma Bx}{1+Bx}\right) = (1-0.861)\exp\left[\frac{(29.4)(0.500)(0.861)}{1+(0.5)(0.861)}\right] = 967$$

차원 단위의 최대자기가열속도는 식 (8-26)으로부터 계산된다.

$$\frac{dT}{dt} = (T_F - T_o)\,k(T_o)\frac{dx}{d\tau} = (447\ \text{K} - 298\ \text{K})(1.24\times10^{-5}\ \text{sec}^{-1})(967)$$

$$= 1.78\ \text{K/s} = 107\ \text{K/min}$$

이것은 실험값 1.73 K/sec (104 K/min)과 비슷하다. 실험수치상의 최대자기가열속도는 언제나 시료용기 열용량의 축임(열을 빼앗기어 꺽임)효과로 인하여 이론적인 값보다 낮다. <그림 8.13>은 실험 및 이론적 온도−시간 플롯이다. 그림에서는 거의 일치하는 것으로 보인다.

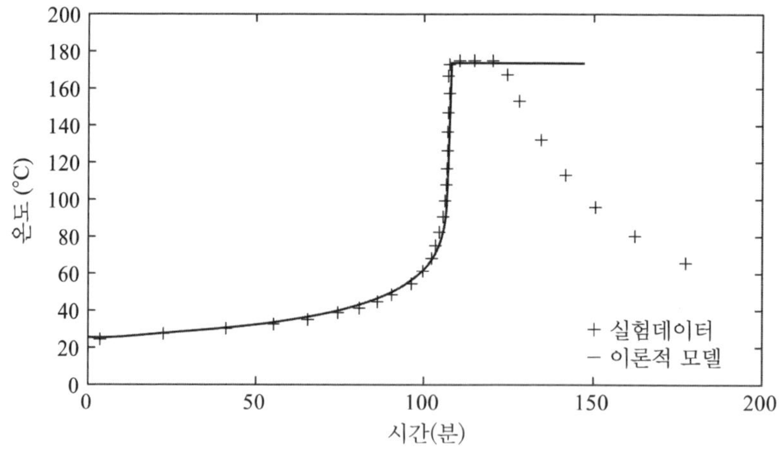


**그림 8.13** 실험 데이터와 이론 모델 예측 값의 비교

메타올과 무수아세트산에 대한 열량계 분석의 요약

| | |
|---|---|
| 반응차수 $n$ | 1 |
| 반응 개시 온도 $T_o$ | 298 K |
| 최종 온도 $T_F$ | 447 K |

| | |
|---|---|
| 무차원 단열 온도 상승 $B$ | 0.500 |
| 무차원 활성화 에너지 $\Gamma$ | 29.4 |
| 활성화 에너지 $E_a$ | 72.8 kJ/mol |
| 지수앞자리인자 $A$ | $7.27 \times 10^7$ $sec^{-1}$ |
| 최대자기가열속도, 실험값 | 104 K/min |
| 최대자기가열속도, 이론값 | 107 K/min |
| 최대자기가열속노에서 온도, 실험값 | 429 K |
| 최대자기가열속도에서 온도, 이론값 | 426 K |
| 최대속도에 이르는 시간 | 32.1 min |

반응과 관련된 위험을 특성화하기 위한 또 다른 매개 변수는 비복귀 온도이다. 비복귀 온도는 반응 열 발생이 반응기 용기 벽을 통한 주변으로의 열 손실을 초과하는 온도이다. 화학반응기를 안전하게 운전하는 핵심은 정상 운전온도를 비복귀 온도 이하로 유지하는 것이다.
만약 반응기 용기 내 열 발생이 벽을 통한 열 손실과 같다면

$$mC_P\left(\frac{dT}{dt}\right)_{max} = UA(T_{NR} - T_S) \tag{8-32}$$

여기서,

$m$ : 반응용기 내 반응물질의 질량 [질량]
$C_P$ : 열용량 또는 반응 액체 [에너지/질량]
$(dT/dt)_{max}$: 반응 액체의 최대 자기가열속도 [온도/시간]
$U$ : 반응기 내용물과 주변 사이의 총괄열전달계수 [에너지/면적×시간]
$A$ : 반응용기의 외부 열전달면적 [면적]
$T_{NR}$ : 비복귀온도 [온도]
$T_S$ : 주위의 온도 [온도]

식 (8-32)는 비복귀온도, $T_{NR}$를 풀 수 있게 한다.

$$T_{NR} = T_S + \left(\frac{mC_P}{UA}\right)\left(\frac{dT}{dt}\right)_{max} \tag{8-33}$$

---

## 시료 용기의 열용량 데이터의 조정

오늘날까지 열량계 데이터의 분석은 시료 용기 컨테이너가 무시할만한 열용량을 갖는 것으로 추정해왔다. 그러나 이러한 상황은 현실적이지 못하다. 다시 말해서 표본 용기는 항상 화학반응이 진행되는 동안 열을 흡수하는 열용량을 갖는다.

표본 컨테이너는 반응이 진행되는 동안에 열을 흡수하고, 총 온도변화를 줄인다. 그러므로 컨테이너가 없다면 최종 반응온도는 더 높을 것이다.

시료 컨테이너의 온도에 대한 영향은 열수지(heat balance)로부터 추정할 수 있다. 목표는 컨테이너가 없는 격리된 시료의 온도변화를 추정하는 것이다. 격리되어 반응하는 시료에 의하여 생성된 열은 시료 및 시료 컨테이너로 분배된다. 방정식 형태로 표시하면

$$[m C_P \Delta T_{ad}]_{\text{고립계}} = [m C_P \Delta T_{ad}]_{\text{시료+용기}}$$

$$\left[m_S C_P^S \Delta T_{ad}^S\right]_{\text{고립계}} = \left[(m_S C_P^S + m_C C_P^C)\, \Delta T_{ad}^{S+C}\right]_{\text{시료+용기}}$$

$$\Delta T_{ad}^S = \left[\frac{m_S C_P^S + m_C C_P^C}{m_S C_P^S}\right] \Delta T_{ad}^{S+C}$$

$$\Delta T_{ad}^S = \Phi\, \Delta T_{ad}^{S+C} \tag{8-34}$$

여기서, $\Phi$ : 식 (8-1)에서 제시된 파이인자(phi-factor) [무단위]

$m$ : 질량

$C_P$ : 열용량[에너지/질량]

$T$ : 온도 [온도]

$S$ : 시료

식 (8-34)에서 볼 수 있듯이, 예를 들어 파이인자가 2일 때 반응 컨테이너 안에서의 반응이 일어난다면 컨테이너는 반응으로 인하여 발생한 열의 절반을 흡수하고, 측정된 단열온도 상승은 격리된 시료로부터 측정될 수 있는 온도 상승의 절반이 된다.

무차원 이론적 모델은 컨테이너의 열용량을 고려하기 위하여 무차원의 단열온도상승 $B$를 $\Phi B$로 대체하여 조정될 수 있다.

최초 반응온도는 컨테이너의 존재에 의하여 크게 영향을 받지 않는다. 그러나 최종반응온도는 다음 식으로부터 추정된다.

$$T_F = T_o + \Phi\, \Delta T_{ad}^{S+C} \tag{8-35}$$

## 열량계 데이터로부터의 반응열 데이터

열량계 데이터는 반응하는 시료의 반응열을 추정하는데 사용할 수 있다. 이는 다음의 방정식을 이용하여 수행된다.

$$\Delta H_{rx} = \frac{\Phi\, C_V\, \Delta T_{ad}}{m_{LR}/m_T} \tag{8-36}$$

여기서, $\Delta H_{rx}$ : 한정 반응물 기준 반응열 [에너지/물질]

$\Phi$ : 식 (8-1)과 식 (8-33)에서 준, 용기 컨테이너의 파이 인자 [무단위]

$C_V$ : 반응하는 액체의 정용 열용량 [에너지/물질-온도]
$\Delta T_{ad}$ : 반응이 발생하는 동안 단열온도상승 [온도]
$m_{LR}$ : 한정반응물의 초기 질량 [질량]
$m_T$ : 반응 혼합의 총질량 [질량]

## 열량계로부터의 압력 데이터 이용

열량계에 의해 제공되는 압력 정보는 특히 릴리프 시스템과 압력용기 설계에 매우 중요하다. 만약 열량계가 폐쇄형이라면 용기는 시료를 주입하기 전에 완전히 비워야 한다. 그렇게 하여야 압력데이터는, 반응하는 릴리프의 사이즈를 결정하는데 필요한 중요한 자료인, 반응 액체의 증기압을 대표할 수 있다.

압력 데이터는 반응계를 4가지 다른 유형으로 분류하는데 사용된다.[6] 이 분류는 10장에서 논의되는 릴리프 시스템 설계에 매우 중요하다. 유형분류는 물질이 릴리프 시스템을 통하여 배출되는 애체 반응물 질량 중 지배적인 에너지 항을 기준으로 한다.

1. 휘발성 물질/조절 반응 : 이 반응은 또한 증기시스템이라고 불린다. 이 경우 증발열은 릴리프 방출 동안 반응물질(mass)을 냉각하거나 조절한다. 조절반응은 냉각 메카니즘이 반응물질의 일부이므로 본질적으로 안전하다.
2. 혼성/조절 반응 : 반응 결과로 비 응축가스가 생성된다. 그러나 전체 릴리프 방출 동안 액체의 증발열은 반응물을 냉각하는데 주로 쓰인다.
3. 혼성/비 조절 반응 : 비 응축가스가 생성되지만, 전체 릴리프 방출 동안 액체의 증발열은 항상 반응물을 냉각하는데 쓰이는 것은 아니다.
4. 가스 상/비 조절 반응 : 이 반응은 비 응축가스를 생성하고 액체는 충분히 휘발되지 못하여 전체 릴리프 방출 동안 액체의 증발열이 반응물을 냉각시키는데 크게 기여하지 못한다.

열량계로 얻은 압력 데이터는 시스템의 유형을 분류하는데 사용된다.

1. 밀폐형 열량계 내 초기 및 최종온도는 시스템이 기체상태의 생산물을 생성하는지를 결정하는데 사용된다. 이 경우 열량계는 시작하고 끝나는 온도가 같도록 작동되어야 한다. 만약 초기압력이 최종압력과 같다면 기체 상태가 아닌 생산물이 생성되고 그 압력은 액체의 일정한 증기압에 기인한다. 이것은 휘발성 물질/소설 반응시스템이다. 만약 최종압력이 시작하는 압력보다 높다고 하면 증기 생산물이 생성되고 반응시스템은 혼성이나 가스 상이 된다.

---

6) H. G. Fisher et al., *Emergency Relief System Design Using DIERS Technology* (New York: AICHE Design Institute for Emergency Relief Systems, 1992).

2. 만약 파트 1에서 시스템이 혼성이나 가스 상 시스템으로 분류되면 최고 온도속도와 압력속도가 되는 시간과 온도가 사용된다. 만약 최대치가 동일한 시간과 온도에서 일어난다면 시스템은 혼성이 되고 최대치가 같은 온도에서 일어나지 않는다면 시스템은 가스 상이 된다.

## 열량계 데이터의 적용

열량계 데이터는 반응성 화학 사고가 발생하지 않도록 공정을 설계하고 조작하는데 유용하다. 이는 각 공정은 독특한 문제와 도전을 받고 있으므로 이러한 절차를 수행할 때 가장 어려운 부분이다. 경험은 이러한 절차 수행에 필수적이다. 열량계 자료(data)를 해석하고 제어 및 비상관리시스템을 설계할 때에는 전문가의 조언을 권장한다.

열량계 데이터는 대체적으로 폭주반응에 기인한 고압을 방지하기 위한 릴리프 시스템을 설계하는데 유용하다. 이 과정은 10장에서 논의되는 절차를 이용하여 수행된다.

열량계 데이터는 또한 공정의 다음 설계요소를 결정하는데 유용하다.

- 반응용기 크기(사이즈)
- 반응용기 압력 등급
- 반응기 형태(회분식, 반회분식, 관형)
- 반응기 온도 제어와 제어순서
- 반회분식 반응기 반응물 급송 속도
- 요구되는 반응기를 냉각시키기 위한 열교환기 용량
- 필요 냉각수량 및 냉각펌프 용량
- 반응기 환류시스템 내 응축기 용량
- 반응기 내에서 과압을 예방하기 위한 반응물의 최대 농도
- 촉매 농도
- 알람/차단 설정 값
- 회분식과 반회분식 반응기에 대한 최대 충전 인자
- 반응기 온도를 제어하기 위해 요구되는 용매 농도
- 운전절차
- 비상관리 절차
- 반응물의 저장용기 설계와 저장 온도
- 릴리프 방출물 처리시스템

## 4 반응성 위험요인 제어

만약 <그림 8.1>에서 보여주고 8.1절에서 논의된 흐름도가 반응성 위험요인이 플랜트나 운전 중에 존재하는 것을 보이는 것이라면 <표 8.9>에 나타낸 방법은 이들 위험요인을 제어하고 반응성 화학 사고를 예방하는데 유용할 것이다. <표 8.8>는 단지 여러 방법 중 일부 방법의 일람표(list)이고 이외 더 많은 방법도 이용할 수 있다. 이 방법들은 본질적, 소극적, 적극적, 절차상의 방법으로 나눌 수 있다. 본질적이고 소극적인 방법은 항상 적극적이고 절차적인 방법에 비하여 선호되기 때문에 리스트의 위쪽에 우선 배치하였다. 절차상의 방법은, 비록 하위계층에 있으나, 효과적인 반응성 화학물질 관리시스템에 필수적이다. 이것은 Johnson 등[7]의 저서에서 상세하게 다루었다.

**표 8.9** 반응성 화학물질 안전을 향상시키기 위한 방법의 계층

| 본질적 대처(Inherent) |
|---|
| • 덜 위험한 화학물질을 사용하는 반응 경로의 이용 |
| • 덜 활성적이며, 더 느리고, 또는 더 제어하기 쉬운 반응 경로의 이용 |
| • 공정이나 저장 모두 더 작은 양의 반응성 화학물질이 정체되도록 운영. 정체량을 경감시키기 위해 파이프의 길이와 크기를 줄임 |
| • 반응성 중간 생성물질의 정체량 제거 및 경감 |
| • 낮은 농도의 반응성 화학물질을 사용하거나 용매로 반응 조절(완화) |
| • 반응기를 양론 농도로 제어하고 폭주반응이 일어나도 용기의 압력상승이 어느 한계를 초과하지 않고 릴리프 장치가 개방되지 않을 정도의 반응물을 충전함 |
| • 반응성 화학물질의 선적 감소, 가급적이면 수요량 만큼을 현장공장에서 생산함 |
| • 휴먼에러 사고를 방지하기 위한 장치 설계 및 절차 개발 |
| • 누출속도를 줄이기 위한 파이프의 크기 경감. 오리피스 관이나 유량제한기 제공 |
| • 공정의 설계와 조작에 대한 휴먼 에러 원리 적용. 공정 설계와 조작을 단순화 함. 더 간단한 공정과 화학물질 사용 |
| **수동적(소극적) 대처(Passive)** |
| • 혼화(양립)할 수 없는 화학물질은 항상 분리되어 있는지 확인 |
| • 반응성 화학물질을 사용하는 저장용기, 반응기, 기타 공정장치에 대한 적절한 이격거리 제공 |
| • 방류 둑 및 수집 조와 같은 반응성 화학물질 누출을 제어할 수 있는 소극적 공학적 제어장치 제공 |
| • 화학반응기, 저장용기, 그리고 공정장치에 대한 소극적 화재 방호장치 설치. 이것은 반응기와 저장용기의 단열, 모든 기계적 지지물(support) 열저 코팅을 포함함 |
| • 지역 사회로부터 플랜트의 이격거리가 적절한지 확인 |

7) Johnson, et al., *Essential Practices for Managing Reacitvity Hazards.*

**표 8.9 계속**

| 능동적(적극적) 대처(Active) |
|---|
| • 모든 화학물질에 대한 반응성 화학 위험요인 검사<br>• 반응성 화학물질의 실험적 열량계 특성 제공 또는 접근할 수 있게 함<br>• 공정 중 반응성 화학물질 제어를 위한 적절하게 설계된 제어시스템 제공<br>• 반응성 화학물질에 의해 방출되는 에너지를 제거하기 위한 적절히 설계된 열교환기 제공<br>• 고온에서의 반응 또는 분해, 화재노출에 의해 유도되는 반응, 오염으로 인한 반응 등을 포함하는 모든 가능한 반응을 파악하고 특성화함<br>• 통제에서 벗어난 반응성 화학변화를 긴급히 정지시킬 수 있는 급냉, 중지, 덤프시스템 사용<br>• 반응성 화학 사고의 크기를 감소시키기 위한 능동적 화재 방호 및 비상대응 조치 제공<br>• 모든 화학반응기에 신뢰성이 높은 혼합시스템과 혼합 실패를 파악할 수 있는 센서를 제공<br>• 저장용기로 반응기 내용물의 역류방지를 위한 시스템(더블 블록 및 블리딩 시스템, double block and bleed systems) 제공<br>• 반응성 화학으로 인하여 공정 내에서 발생하는 고압을 방지하기 위하여 적절히 설계된 릴리프 시스템 제공<br>• 저장, 특히 단량체 저장 시 억제제를 요구하는 모든 반응성 화학물질은 억제제의 농도가 적절한지를 정기적으로 시험되고 있는지를 확인<br>• 발열반응기에 신뢰할만한 냉각시스템 제공<br>• 냉각 실패에도 안전한 제어를 제공할 수 있도록 적절한 경보 및 제어시스템 연동이 이루어지는 등 반응기 냉각수 흐름의 엄밀한 대책 제공<br>• 회분식 반응기보다 반회분식 장치 사용, 이는 반회분식 반응기로 들어가는 반응물의 유속은 발열반응에서 열 방출속도를 제어하는 수단을 제공함<br>• 온도와 반응물의 농도를 적절히 측정하고 제어하여 반회분식 반응기가 "활동하지 않는 상태(sleeping reactor)"로 되지 않도록 하는 예방조치 실시 |
| **절차적 대처(Procedural)** |
| • 현존 공정과 새로운 공정의 반응성 화학물질의 검토 제공<br>• 화학적 반응성 리스크와 관리적 의사결정 기록<br>• 화학적 반응성 위험요인에 대한 의사소통과 훈련<br>• 반응성 화학물질을 포함할 수 있는 공정변화 관리<br>• 공정이 적절하게 운전되고 있는지를 확인하기 위한 반응성 화학 프로그램의 검토 및 감사(audit)<br>• 화학반응성 사고조사<br>• 반응성 화학 물질 프로그램에 적절한 자원 배분 제공<br>• 반응성 화학 물질에 대한 책임을 질 수 있는 관리부서 설치<br>• 수용된 모든 반응성 화학물질이 위험한 불순물 없이 정확한 농도에서 정확한 화학물질로 존재하는 것을 확인하기 위한 품질관리 절차 제공 |

화학반응성 위험요인 프로그램은, 반응성 화학물질을 취급하는 어느 설비 내 사고를 예방하기 위하여, 상당한 정도의 기술, 경험, 그리고 관리를 요구한다. 이러한 과정은 상급 관리자부터 최하급 근로자까지 모든 구성원이 이를 알고 수행할 것을 요구한다.

## 참고문헌


Center for Chemical Process Safety(CCPS), *Guidelines for Safe Storage and Handling of Reactive Chemicals* (New York: American Institute of Chemical Engineers, 1995)

H. G. Fisher, H. S. Fprrest, S. S. Grossel, J. E. Huff, A. R. Muller, J. A. Noronha, D. A. Shaw, and B. J. Tilley, *Emergency Relief System Design Using DIERS Technology* (New York: AICHE Design Institute for Emergency Relief Systems, 1992)

R. W. Johnson, "Chemical Reactivity," pp.23-24 to 23-30, *Perry's Chemical Engineers' Handbook*, 8th ed,.D. W. Green, ed.(New York: McGraw-Hill,2008)

D. C. Hendershot, "A Checklist for Inherently Safer Chemical Reaction Process Design and Operation," *International Symposium on Risk, Reliability and Security* (New York: American Institute of Chemical Engineers Center for Chemical Process Safety, 2002)

*Improving Reactive Hazard Management* (Washington, DC :US Chemical Safety and Hazard Investigation Board, Oct. 2002)

L. E. Johnson and J. K. Farr, "CRW 2.0:A Representative-Compound Approach to Functionally Based Prediction of Reactive Chemical Hazard," *Process Safety Progress* (2008), 27(3):212-218

R. W. Johnson, S. W. Rudy, and S. D. Unwin, *Essential Practice for Managing Chemical Reactivity Hazards* (New York: AICHE Center for Chemical Process Safety, 2003)

A. Kossoy and Y. Akhmetshin, "Identification of Kinetic Models for the Assessment of Reaction Hazard," *Process Safety Progress* (2007), 26(3):209

D. L. Townsend and J. C. Tou, "Thermal Hazard Evaluation by an Accelating Rate Calorimeter," *Thermochimica Acta* (1980), 37:1-30


## 연습문제

**8.1** 다음 웹사이트에서 화학반응성 워크시트를 내려 받는다.
http://response.restoration.noaa.gov/reactivityworksheet.

실험실에는 아세트산 무수물, 쿠멘하이드로퍼옥사이드, 베탄올 및 황산(수용액)이 있다. 황산이 수용액이므로 물 또한 포함되어 있다. CRW 프로그램을 사용하여 이들 화학물질 및 반응 생성물에 대한 화학적 양립성 메트릭스를 작성하여라. 다만 실질적인 상황을 생각해야 하지만 생성물이 아닌 반응물의 조합만을 고려하여라.
제출 보고서에는 화학적 양립성 차트, 예상 위험 보고서, 본질 위험 보고서, 주요 약반응성 위험 요약, 및 처리 방법이 포함되어야한다.

**8.2** 반응시스템의 열량분석 결과는 다음과 같다.
반응 개시온도 : 350 K
최종온도 : 450 K

1차반응이라 가정하면 $\ln\left[\frac{dT/dt}{T_F - T}\right]$ vs. $(T - T_o)/T$의 플롯은 기울기가 30이고 절편이 -10.0인 직선이 될 것이다. 이 직선에 대한 $R^2$ 맞춤은 0.99이다.

**a.** 무차원 단열온도상승 $B$값은 얼마나 되는가?
**b.** 무차원 파라미터($\Gamma$) 값은 얼마나 되는가?
**c.** 반응개시온도에서 속도계수의 값, $k(T_o)$은 얼마나 되는가?
**d.** 개시온도에서의 활성화 에너지와 최대 지수앞자리인수 $A$값은?
**e.** 최대 자기가열속도가 발생하는 온도는?

**8.3** 회분식 반응기는 5000 kg의 반응 액체를 함유한다. 열량 측정 연구에 따르면 반응의 최대 자기 발열속도는 분당 20℃이다. 반응기가 단열이고 반응에 의해 생성된 모든 열은 액체를 기화시키는 데 사용된다고 한다. 다음을 계산하여라.
**a.** 액체반응물 질량에 대한 최대 에너지 생성속도를 kJ/s 단위로 계산
**b.** 최대 증발속도(kg/s단위로)

b항의 해답은 릴리프 장치의 규격을 결정하는데 유용하다.
사용할 수 있는 부가적인 자료는
액체의 열용량: 2 kJ/kg K
액체의 증발열: 250 kJ/kg
증기의 분자량, M : 80
증기는 3원자 이상기체처럼 행동한다.

**8.4** 식 (8-21)은 식 (8-19)의 도함수를 0으로 설정하고 최대속도 $x_m$에 대하여 풀어 유도하였다. 작은 $B$값에 적용되는 식 (8-20)에서 동일한 절차를 수행하여라. 예제 8.2는 정확한 식 (8-21)을 사용하여 $x_m$ 값을 결정한다. 이 문제를 위해 유도된 식을 사용하여 $x_m$을 계산하고 더 상세한 결과와 비교하여라. 오류 백분율은 얼마나 되는가?

**8.5** 화학반응은 열량계를 통하여 특성화되었고 그로부터 다음의 결과를 얻었다.
반응차수, $n$ : 1
반응 개시온도, $T_o$ : 350 K
최종온도, $T_F$ : 612 K
활성화에너지, $E_a$ : 29.1 kJ/mol
지수앞자리 인자, $A$ : $2\times10^{-2}$ $s^{-1}$

**a.** 무차원 변수($B$와 $\Gamma$)의 값은 얼마나 되는가?
**b.** 최대 온도속도(K/s)는 얼마이고 이는 몇 도에서 일어나는가?
**c.** 반응 개시온도 후 최대 온도속도가 되기까지의 시간은 몇 초나 되는가? (힌트: 그림 8.8.을 이용한다)

**8.6** 아래의 데이터는 ARSST로부터 얻은 원 자료(raw data)이다. 이 시스템은 일차반응이라 가정하여라. 열량계의 가열속도는 0.3℃/min이다.

**a.** 개시온도와 최종온도를 추정하기 위하여 $-1000/T$에 대한 온도 속도에 대하여 플롯하여라.

**b.** 식 (8-31)을 이용하고 원자료에 대하여 반응속도 매개변수 $A$와 $E_a$를 결정하여라.

| 시간(min) | 온도(℃) | 시간(min) | 온도(℃) | 시간(min) | 온도(℃) |
|---|---|---|---|---|---|
| 0 | 12.0 | 65.7 | 34.8 | 99.75 | 120.2 |
| 5.1 | 15.0 | 70.7 | 37.6 | 99.87 | 127.0 |
| 10.1 | 17.1 | 75.8 | 41.0 | 99.93 | 131.2 |
| 15.2 | 19,3 | 80.8 | 45.0 | 100.01 | 138.4 |
| 20.2 | 21.4 | 85.9 | 50.0 | 100.06 | 142.5 |
| 25.3 | 23.4 | 90.9 | 57.1 | 100.13 | 149.3 |
| 30.3 | 25.3 | 95.1 | 67.1 | 100.21 | 158.0 |
| 35.4 | 25.7 | 96.16 | 71.1 | 100.3 | 165.5 |
| 40.4 | 26.6 | 97.25 | 77.1 | 100.39 | 170.1 |
| 45.5 | 27.6 | 98.25 | 85.6 | 100.48 | 172.6 |
| 50.6 | 28.9 | 99.2 | 100.7 | 101.2 | 171.9 |
| 55.6 | 30.4 | 99.53 | 110.3 | | |
| 60.7 | 32.4 | 99.63 | 114.5 | | |

**8.7** 식 (8-20)을 시작으로 하여 작은 $B$값을 가지는 최대 자기가열속도는 다음과 같음을 보여라.

$$x_n = 1 - \frac{n}{\Gamma B}$$

$\Gamma$가 커지면 어떤 일이 일어나는가? $x_m = 5.0$에서는? 및 $\Gamma B = n$에서는?

**8.8** 회사는 아래의 열량분석 식을 사용하여 최대속도에서의 온도를 결정하였다.

$$T_{\max} = \frac{E_a}{2nR_g}\left[\sqrt{1+\frac{4nR_gT_F}{E_a}}-1\right]$$

식 (8-21)로부터 이 식을 유도하여라. 이 식을 사용하여 예제 8.3과 8.4의 에탄올과 무수초산에 대한 $T_{\max}$를 계산하여라. 그리고 실험값과 비교하여라.

**8.9** 진공 증류된 3.60 g의 아크릴산이 ARC내부에서 티타늄 시험용기에 들어있다. 이 실험에서 파이인자를 추정하여라.

액체 아크릴산의 열용량 : 2.27 J/g-K

티타늄의 열용량 : 0.502 J/g-K

티타늄 시험 용기의 질량 : 8.773 g

**8.10** 회사가 메탄올과 무수아세트산의 반응을 진행하는 반응기를 설계하고 있다. 반응기의 냉각코일 시스템 설계에 관한 업무를 수행하여야 한다. 반응기는 10,000 kg의 냉각물질을 다루게 설계되었다. 액체의 열용량은 2.3 J/kg-K로 추정한다.

**a.** 본문의 예제 8.3과 8.4의 결과를 이용하여, 최대 반응속도에서 냉각코일의 열부하(J/s)를 추정하여라. 폭주를 막기 위하여 적절하게 측정된 냉각코일을 가지기에 중요한 추가적인 열용량과 고려사항은 무엇인가?

**b.** a의 결과를 이용하여, 냉각수의 요구량(kg/s)을 추정하여라. 냉각수는 30℃에서 최대 50℃까지 이용가능하다.

**8.11** 회사가 메탄올+무수아세트산을 2 : 1 몰랄 비율로 반응시키기 위하여 10 $m^3$ 용량의 회분식 반응기 사용을 계획하고 있다. 반응기는 30 MJ/min의 최대 냉각속도를 갖는 냉각코일을 지니고 있다. 냉각이 한계점에 도달하였을 때 반응기 작동은 반회분식으로 변환된다. 이 모드에서 반응기의 가장 처음에 추가되는 메탄올은 희망온도 까지 가열 후 제한물질인 무수아세트산을 열방출을 제어하기 위하여 일정한 속도로 부가한다. 이에는 다음 데이터가 유용하다.

반응식 : $CH_3OH + (CH_3CO)_2O \rightarrow CH_3COOCH_3 + CH_3COOH$

메탄올 + 무수아세트산 → 아세트산메틸 + 아세트산

최종 액체 혼합물의 비중 : 0.97

반응열 : 67.8 kJ/mol

추가적인 데이터는 예제 8.3과 8.4를 참조하여라.

**a.** 회사는 생성물을 최대한 빨리 생산하길 원한다. 이 과정을 성취하기 위하여, 반응기 작동온도는 얼마여야 하는가?

**b.** 최대 반응 충전인자를 80%로 가정할 때, 최초에 반응기에 투입되는 메탄올의 전체 양(kg)을 계산하여라.

**c.** 반응기의 열방출속도와 냉각코일의 냉각용량의 결과가 동일할 때 무수아세트산의 최대 추가속도(kg/min)는 얼마인가?

**d.** 추가시간은 얼마나 더 걸리는가?

CHAPTER 9

# 압력방출장치(릴리프) 개요

이 장의 학습목표는 아래와 같다.

**1.** 압력보호의 중요성을 설명한다.
**2.** 압력방출장치 설계절차를 설명한다.
**3.** 압력방출장치 설계와 관련된 용어를 정의한다.
**4.** 압력방출장치 설계코드 요구사항을 구체화한다.
**5.** 압력방출장치 유형과 특성을 이해한다.
**6.** 압력방출장치 설치과정에 대해 논의한다.
**7.** 압력방출물 폐수처리 시스템에 대해 설명한다.

화학공정은 광범위한 압력 범위에서 작동한다. 이들 압력은 공정 내 물질을 이송하고, 단위조작이 잘 되도록 하는데 필요하다. 진공에서부터 대기압, 수백, 수천 기압에 이르기까지 다양한 압력의 범위가 화학공정에 존재한다.

공정의 모든 장치가 최고 및 최저 압력을 견딜 수 있도록 설계될 수 없다. 이는 현실적이지 않으며, 매우 큰 비용을 유발한다. 따라서 공정장치는 특정한 운전압력을 견딜 수 있도록 설계되어야 한다. 그러나 이러한 것은 큰 위험을 초래할 수도 있다. 설비고장(process upset), 사용자 오류, 설계 오류 및 기타 다양한 문제들로 인해 공정장치는 특정 압력을 벗어나는 위험에 노출될 수 있기 때문이다.

공정장치의 설계범위를 벗어나는 고압이나 저압은 공정장치의 손상이나 고장을 유발할 수 있으며 심지어 인적 재해도 유발할 수 있다. 또한 독성 또는 인화성 물질이 누출될 수도 있으며, 폭발로 인한 장치의 파열도 발생할 수 있다. 많은 중대한 사고들은 공정장치의 고압이나 저압상태에서 발생하고 있다.

화학 플랜트에는 압력용기, 저압 저장탱크, 배관 및 기계 장치(예: 펌프, 압축기)와 같은 매우 다양한 유형의 장비가 존재한다. 이 모든 장비는 필요 압력에 맞게 설계해야 하며, 장치의 종류에 따라 적용되는 규칙도 달라진다.

예방 및 완화 세이프 가드(표 1.17)를 포함한 내재적, 수동적, 능동적 및 절차적 방법론(표 1.21)은 압력으로부터 발생하는 사고를 방지할 수 있도록 철저하게 적용되어야 한다. 추가적인 세이프가드로는 압력이 증가하여 위험이 발생하기 전에 액체 또는 가스를 외부로 방출할 수 있는 릴리프 시스템의 설치이다. 릴리프 시스템(relief system)은 압력방출장치(relief device)와 방출되는 물질을 안전하게 회수하기 위한 하부스트림(downstream) 장비로 구성되어 있다.

압력방출장치(PRD, Pressure relief devices)라고도 하는 **압력방출밸브**(PRV, pressure relief valves)는 공정장치를 압력의 손상으로부터 보호하기 때문에 예방적 세이프가드라 할 수 있다. 그러나 일단 압력방출장치가 열리게 되면 공정 내 원료 손실, 청소비용, 공장 가동이 멈추는 데 따른 시간 손실, 사람 또는 환경에 미칠 수 있는 영향, 기타 다양한 처리비용(사고조사) 등 다양한 손실을 유발하게 된다. 이와는 대조적으로, 압력방출장치의 유출 취급장치(effluent handling system)는 방출된 물질을 포함하고 있기 때문에 완화적 세이프가드라고 할 수 있다. 압력방출장치의 활용은 공정안전의 중요한 척도이며, 적절하게 관리되어야 한다.

일반적으로 압력방출장치의 주된 목적은 공정 상에서 물질을 방출하는 것이라 할 수 있다. 실제로는, 고압은 질량이 아니라 에너지에 의해 발생하기 때문에 압력방출장치는 높은 에너지를 가진 물질을 방출하여 압력을 낮추는 역할을 한다.

일반적인 화학공장은 수 백 또는 수 천 개의 릴리프 시스템을 포함한다. 각 릴리프 시스템은 적절히 설계되어야 하며, 잘 갖춰진 문서를 통해 유지, 보수가 이루어져야 한다. 이를 위해서는 엄청난 노력이 필요하며, 이는 공정의 안전을 보장하기 위해 반드시 해야 하는 과정이다.

미국에서 압력용기는 15 psig (1.03 bar gage) 이상의 압력을 위해 설계된 모든 용기로 정의되며 법적으로 반드시 압력방출장치를 설치해야 한다. 저압을 위해 설계된 용기와 장치도 압력 및 진공에 대한 보호가 필요하다.

저장용기는 일반적으로 특정 압력 범위 이하 혹은 진공에 견딜 수 있도록 설계되어야 하며, 낮은 압력이나 진공에 의해 작동되는 통풍구를 갖추고 있다. 이러한 저장용기를 위한 압력방출장치는 액체를 방출하는 것이 아니라, 증기 방출을 위한 것이다. 액체 과충전(overfilling)의 경우 사고영향을 경감하기 위해서는 계기 또는 절차적 세이프 가드를 사용한다.

이 장에서는 액체 또는 가스의 압력방출장치에 대해 설명하고자 한다. 10장에서는 압력방출장치의 크기 결정에 관한 정량적 정보를 설명할 예정이다. 가스나 먼지 연소의 경우 방출을 폭연 환기구(deflagration vents)라고 하며, 10장에서 설명하고자 한다.

# 1 릴리프의 개념

반응기 안에서 발생하는 폭주반응에 대한 일반적인 압력-시간 그래프는 <그림 9.1>과 같다. 반응기에서 발열반응이 일어나고 냉각 손실이 발생하며 온도가 급격히 상승한다고 가정하자. 온도가 상승함에 따라 액체 반응물의 증기압 증가로 반응기 내의 압력은 급격하게 상승한다.

<그림 9.1>의 곡선 D는 폭주반응 중 최대압력을 충분히 견딜 수 있는 압력방출장치(relief device)가 없는 폐쇄형 반응용기의 압력과 시간의 관계를 보여준다. 모든 반응물이 소모되고 반응이 종결될 때까지 온도와 압력이 급격히 상승한다. 온도와 압력은 최대치에 도달한 후 반응기 벽면을 통한 열손실로 인해 서서히 감소한다.

반응기에 압력방출장치가 있는 경우 <그림 9.1>에서 보는 바와 같이 압력방출장치는 설정 압력에서 열리게 된다. 압력방출장치가 개방된 후 반응기 내의 압력 변화는 압력방출장치를 통해 방출되는 유체의 특성에 따라 크게 달라진다.

<그림 9.1>의 곡선 A는 전체 증기 방출에 대한 전형적인 압력-시간 그래프이다. 압력방출장치가 개방된 후에는 압력이 계속 상승하지만, 압력을 감소시키기 위해서는 적은 양의 증기 방출량이 필요하기 때문에 압력은 곧 낮아진다. 압력방출장치의 반복적인 개폐가 일어날 가능성이 크다.

곡선 B는 압력방출장치를 통한 전체 액체 방출에 대한 전형적인 압력-시간 그래프이다. 압력방출장치가 열린 후에도 압력이 계속 증가하지만, 액체가 방출되면서 결국에는 압력이 낮아지게 된다.

곡선 C는 2상 흐름(two-phase flow) 또는 거품(froth)에 대한 전형적인 압력-시간 그래프이다. 거품은 액체 속에 균일하게 들어 있는 작은 기포이다. 거품은 음료수 캔을 흔든 뒤 발생하는 거품과 비슷하다. 다음 몇 가지 이유에 의해 압력방출장치 개방 후 거품(froth)에 의한 압력상승이 예상된다. 첫째, 거품의 유동에 의한 마찰력이 증가로, 거품이 방출속도가

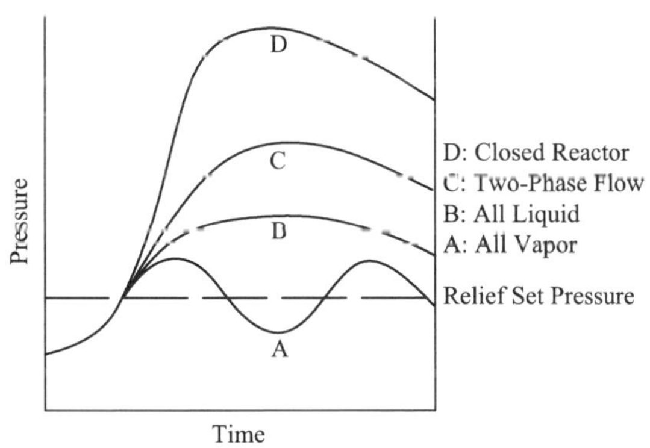


그림 9.1 반응폭주 현상에 대한 시간에 따른 압력변화

액체방출속도보다 낮다. 둘째, 거품의 생성으로 거품의 밀도가 낮아지기 때문에 물질 방출율이 더 낮아진다. 압력을 낮추기 위해서는 일정량의 거품이 방출되어야 한다. 액상 발열 폭주반응과 동시에 2상 방출 흐름이 발생하게 된다.

## 2 정의 1)

릴리프 시스템에 적용되는 용어는 다음과 같이 정의된다.

- **설정압력**(Set pressure) : 압력방출장치가 열리기 시작하는 입구 게이지 압력 조건.
- **최대 허용 작동압력**(MAWP, Maximum allowable working pressure) : 일정 온도에서 용기 상단의 허용 최대 게이지 압력(설계압력이라고도 함). 용기 온도가 증가하면 용기 벽면 금속강도가 감소하기 때문에 MAWP가 감소한다. 마찬가지로, 작동온도가 감소할수록 낮은 온도에서 금속이 수용되기 때문에 MAWP가 감소한다. 용기의 변형은 MAWP보다 2배 낮은 압력에서 발생할 수 있으며, 용기의 손상(failure)은 MAWP의 4~5배에서 발생한다.
- **최대 허용 작동온도**(MAWT, Maximum allowable working temperature) : 압력용기의 MAWP와 관련된 온도.
- **최소 설계 금속온도**(MDMT, Minimum design metal temperature) : 압력용기의 최소 작동온도. MDMT 이하에서는 취화로 금속의 강도가 감소한다.
- **작동압력**(Operating pressure) : 정상운전 시 압력용기의 게이지 압력. 보통 용기의 MAWP 90% 이하이다.
- **누적**(Accumulation) : 방출과정에서 용기의 압력이 MAWP보다 큰 경우를 말한다. MAWP 대비 백분율로 표현된다(그림 9.2 참조).
- **과압**(Overpressure) : 방출과정에서 용기 내에서 설정압력보다 압력이 높은 경우를 말하며, 설정압력 대비 백분율로 표현된다. 과압은 설정압력이 MAWP와 동일하면 누적(accumulation)과 동일하다. 일반적으로 압력방출장치의 설계사양이며 장비의 압력 허용능력에 따라 달라진다(그림 9.2 참조).
- **배압**(Backpressure) : 릴리프 시스템의 압력방출과정 중 릴리프 출구의 압력. 배압은 두 개의 요소로 구성된다. 첫 번째 요소는 압력방출장치가 열리기 전 방출 헤더의 압력이 영향을 주어 발생하는 중첩(superimposed) 배압이다. 이는 일정하거나 가변적일 수 있

1) *API RP 520, Sizing, Selection and Installation of Pressure-relieving Devices, Part I: Sizing and Selection*, 9th ed. (Washington, DC: American Petroleum Institute, 2014).

다. 두 번째 요소는 밸브가 열리고 유체가 방출되는 경우 유체는 배관과 마찰로 인해 압력 손실이 발생하게 되며, 이 때 유체에 의해 발생되는 축적 배압이 발생하게 된다. 총 배압은 중첩 배압과 축적 배압의 합이다. 압력방출장치 작동은 배압의 영향을 받으며, 설계과정에서 반드시 고려해야 한다.

- **블로우다운**(Blowdown) : 설정압력과 릴리프 재구축 압력(relief reseating pressure) 사이의 압력 차이. 설정압력의 백분율로 표현되거나 압력 단위로 표현(9.4절에 설명됨).
- **최대 허용 누적압력**(Maximum allowable accumulation pressure) : MAWP와 허용 축적(accumulation)의 합.
- **최대 허용 방출압력**(Maximum allowable relief pressure) : 방출과정 중에 코드에 의해 제공되는 허용 가능한 최대압력.
- **방출압력**(Relieving pressure) : 설정압력+과압의 총합.
- **방출시나리오**(Relief scenario) : 공정장비에서 고압 또는 저압으로 이어지는 사건과 상황에 대한 시나리오.
- **설계기준**(Design basis) : 압력방출장치와 관련한 수집된 설계정보. 여기에는 시나리오, 물리적 특성, 반응 운동(reaction kinetics), 장비 구성 및 기타 모든 설계 정보가 포함된다.

<그림 9.2>는 과압과 축적 사이의 상관관계를 보여주고 있다. 방출과정에서 정해진 압력으로 압력방출장치가 열리기 시작하지만, 설정압력을 초과해 압력이 계속해서 상승하게 되며, 결국, 압력이 최고점에 도달한 후 감소하기 시작한다. 과압은 압력방출장치를 위한 중요한 설계 규격이다. 설정압력으로 압력을 유지하고 개방하기 위해 압력방출장치를 설계하는 것은 비현실적이다. 과압은 설정압력의 백분율로 정의된다는 점에 유의해라. 축적(accumulation)은 MAWP의 백분율로 정의된다.

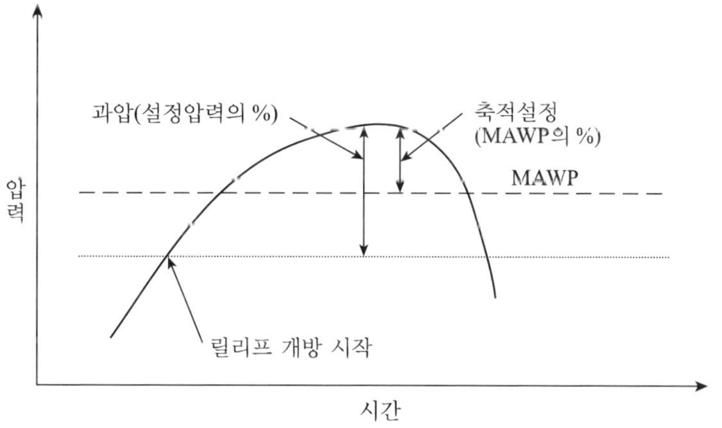


그림 9.2 과압과 축적의 차이

# 3 코드 요구사항

압력보호는 광범위한 코드와 표준에 의해 영향을 받았다. 그중 일부가 <표 9.1>에 나열되어 있다. 대부분의 코드와 표준은 1800년대 후반과 1900년대 초반에 주로 증기 보일러 폭발로 인해 생겨났다. 그 당시 증기보일러 폭발은 매우 흔한 일이었으며 많은 사망자를 낳았다.

**표 9.1** 압력보호에 적용되는 코드와 기준들

*ASME Boiler and Pressure Vessel Code* (New York, NY: American Society of Mechanical Engineers, 2017).

*API RP 520, Sizing, Selection and Installation of Pressure-Relieving Devices, Part I: Sizing and Selection,* 9th ed. (Washington, DC: American Petroleum Institute, 2014). This applies for vessels rated for 15 psig (1.034 barg) to 3000 psig (206.8 bar).

*API RP 520, Sizing, Selection and Installation of Pressure-Relieving Devices, Part II: Installation,* 6th ed. (Washington, DC: American Petroleum Institute, 2015).

*API RP 521, Pressure-Relieving and Depressurizing Systems,* 6th ed. (Washington, DC: American Petroleum Institute, 2014).

*API RP 526, Flanged Steel Pressure-Relieving Valves,* 7th ed. (Washington, DC: American Petroleum Institute, 2017).

*API Std 620, Design and Construction of Large, Welded, Low Pressure Storage Tanks,* 12th ed. (Washington, DC: American Petroleum Institute, 2013). This applies to vessels rated from 2.5 psig (0.172 barg) to 15 psig (1.034 barg).

*API Std 650, Welded Steel Tanks for Oil Storage,* 12th ed. (Washington, DC: American Petroleum Institute, 2013). This applies to vessels rated from atmospheric to 2.5 psig (0.172 barg).

*API Std 2000, Venting Atmospheric and Low-Pressure Storage Tanks,* 7th ed. (Washington, DC: American Petroleum Institute, 2014).

Notes: RP: Recommended Practice; Std: Standard.

<그림 9.3>은 미국석유협회(API) 추천규격(RP) 521에서 정의한 압력방출장치의 압력 요건을 나타낸다. <그림 9.3>의 수직 눈금은 MAWP에 대해 100%로 정의된다.

일반적인 최대 작동압력은 <그림 9.3>의 눈금 하단에 표시된 MAWP의 90%이다. MAWP는 정상작동 중에 잠시라도 초과해서는 안 된다.

또한 <그림 9.3>의 눈금 하단에 MAWP의 90% 이하에 누출 테스트 압력이 있다. 누출 테스트는 보통 가스를 사용하여 수행한다.

용기에 대한 압력 테스트는 <그림 9.3>과 같이 MAWP의 150%에서 수행되며, 일반적으로 가스가 아닌 물을 이용하여 수행된다. 기체를 이용한 시험에서 용기가 고장 나면 기체가 팽창하면서 폭발이 일어날 수 있다. 반대로 시험 중 용기가 고장 나면 물은 팽창하지 않는다. 압력시험 중 압력으로 인해 용기가 팽창한다. 이 팽창이 특정 값 이하일 경우 용기는 테스트를 통과하게 된다. 액체 압력시험에서 더 고려해야 할 요건은 테스트 동안에 용기는 액체의

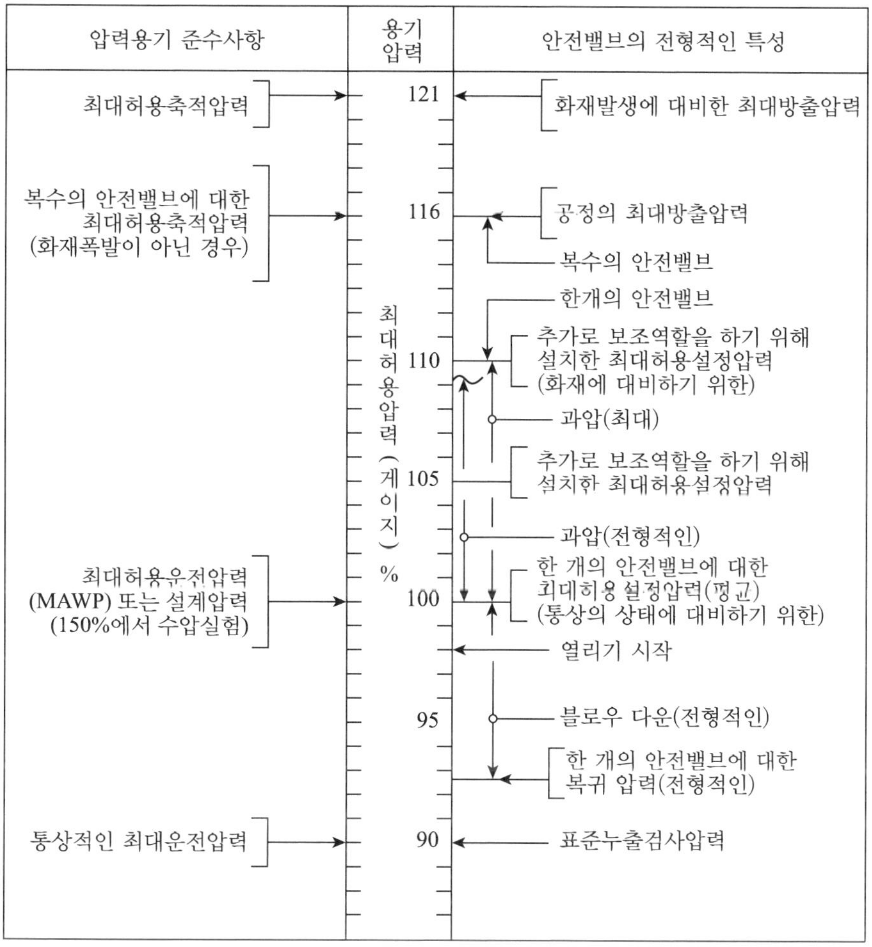


**그림 9.3** 릴리프 압력 가이드라인 (출처: *API RP* 521, *Guide for Pressure-Relieving and Depressurizing Systems* (American Petroleum Institute, 2014), p.24)

무세를 지탱할 수 있는 기계적 강도를 가져야 한다는 것이다.

단일 압력방출장치의 경우 <그림 9.3>은 최대 설정압력이 100%이고, 최대 과압이 110%이며, 방출운전 중 최대 방출압력이 116%임을 보여준다.

또한 <그림 9.3>은 공정에 설치된 단일 및 보조 압력방출장치의 코드 요구사항을 보여준다. 화학반응기와 같은 일부 공정 장비의 경우 광범위한 다른 방출시나리오가 있을 때 추가적 압력방출장치가 사용된다. 각 압력방출장치는 특정 방출시나리오에 맞게 설계된다. 정상운전 중 일반적인(nominal) 압력 상승(excursion)과 같이 크기가 작은 방출시나리오에는 낮은 설정압력과 용량의 소형 압력방출장치가 최초로 사용될 수 있다. 폭주반응이나 용기 화재 노출과 같이 훨씬 더 큰 방출시나리오에는 설정압력이 높고 용량이 더 큰 추가적 압력방출장치가 사용될 수 있다. 다중 압력방출장치의 경우 최대 설정압력은 105%이고 최대 과압은

116%, 최대 방출압력은 121%이다. 화재 노출의 경우 최대 설정압력은 MAWP의 105%이고 최대 방출압력은 MAWP 대비 121%이다.

설정압력의 선택은 압력방출장치 설계에서 매우 중요한 부분이다. <그림 9.3>에 표시된 최대값과 같은 설정압력을 정할 수 있지만, 더욱 신중한 접근방식은 공정의 정상적 작동압력에 기초하여 설정압력을 정하는 것이다. 공정이 2 bar에서 작동하고 용기의 MAWP가 3 bar라고 가정하자. 공정이 정상적으로 작동하는 동안 최대 압력상승이 2.2 bar인 경우 MAWP를 3 bar가 아닌 2.5 bar을 설정압력으로 정하는 것이 좀 더 여유있는 안전성을 확보하는데 도움이 된다.

블로우다운(blowdown)은 재설정(reseat) 압력과 관련하여 정의되며, 압력방출장치의 유형에 따라 설정압력과 같을 수도 있고 다를 수도 있다. 블로우다운은 9.5절에 설명되어 있다.

<그림 9.3>은 반드시 지켜야 하는 몇 가지 중요한 최대압력에 대해 설명하고 있다.

- 최대 정상 작동압력은 순간적으로라도 MAWP를 초과할 수 없다. 그러나 방출과정 중 실제 압력은 MAWP를 초과할 수 있다.
- 단일방출 시 최대 설정압력은 MAWP이다.
- 방출과정 중. 과압은 다음 백분율보다 큰 MAWP를 초과할 수 없다.
  단일 감압 장치가 장착된 용기의 경우 110%
  보조 압력방출장치가 장착된 용기의 경우 116%
  화재 노출의 경우 121%
- 추가 압력방출장치의 경우 최대 설정압력은 MAWP의 105%이다.
- 추가 압력방출장치의 경우 화재 노출에 대한 최대 설정압력은 MAWP의 110%이다.

또한 용기는 진공 압력으로부터 보호되어야 한다. 이러한 압력은 반대 방향으로 발생하기 때문에 압력용기가 고압에 대해 고려하는 것처럼 진공에 대해 같은 방법으로 고려해야 한다고 가정할 수는 없다. 그러나 진공으로 인한 용기 파손의 결과는 일반적으로 내부 압력에 의한 고장에 비해 덜 심각하다.

진공보호 요건은 압력보호 요건과 다르다. 특별하게 진공보호에 대한 명시된 규정은 없다. 최악의 경우 진공 시나리오에 대해 용기를 설계하는 것이 일반적이다. 그러나 용기가 진공에 노출될 수 있다면 가능한 한 완전진공에 대해 설계되어야 한다. 용기가 완전 진공에 대해 설계될 수 없는 경우 위험요인을 신중하게 평가해야 하고, 이를 위한 필수적인 세이프가드가 적용되어야 한다.

복수의 시나리오를 처리하기 위해 압력방출장치를 설치한 경우 기본설계 시나리오에 적합하게 작동할 수 있지만, 고려되지 않은 다른 시나리오에서는 성능이 만족스럽지 않을 수 있다. 예를 들어 증기를 위해 설계된 방출밸브도 액체 시나리오를 다루어야 한다. 액체의 경우는 몇 가지 성능 이슈를 가지고 있다.

# 4 릴리프 시스템의 설계

<표 9.2>는 일반적인 릴리프 시스템 설계에 필요한 단계를 설명한다. 대부분의 릴리프 시스템 설계에는 타협(compromise)이 필요하다.

**표 9.2** 릴리프 시스템 설계의 일반적 단계

| |
|---|
| **확인단계** |
| 1. 어떠한 장비가 압력방출장치에 의한 보호를 필요로 하는가 (표 9.3 참조) |
| 2. 고압 및 저압의 잠재적 원인과 신뢰할 만한 시나리오 |
| 3. 가장 큰 릴리프 구역이 필요한 최악의 시나리오와 시나리오에 상응하는 공정조건 |
| **획득단계** |
| 4. 공정과 방출조건에서의 방출물질의 물리적, 열적, 반응성 및 기타 특성 |
| **결정단계** |
| 5. 최악의 시나리오에 요구되는 방출 용량 |
| 6. 시나리오 중에 용기 내용물과 방출유체의 특성과 거동 |
| 7. 기기 유형과 배치에 따른 설정압력, 허용압력 및 기타 사양 |
| 8. 기기 유형별 요구사항과 사양에 따른 적절한 유형의 압력방출장치 |
| 9. 방출 용량을 다루기 위해 요구되는 릴리프 크기 |
| 10. 방출물질 처리 시 요구사항 및 관련된 배관 크기 |
| 11. 모든 릴리프 시스템 구성요소에 대한 물질 및 반력하중(reaction force loading) |
| **문서화단계** |
| 12. 전체 릴리프 시스템과 관련된 정보 문서화 |
| **검토단계** |
| 13. 모든 단계를 검토한다. |
| **조사단계** |
| 14. 건설 중이거나 최종 설치단계의 릴리프 시스템 |
| **관리단계** |
| 15. 공정시스템 내에서 릴리프 시스템이 적절히 적용되는지 보장하기 위한 적절한 시험 및 유지보수 절차 |

출처: Center for Chemical Process Safety. *Guidelines for Pressure Relief and Effluent Handling Systems*, 2nd ed. (Hoboken, NJ: John Wiley&Sons, 2017).

**1 단계.** 보호해야 하는 장비를 파악한다. <표 9.3>에는 일반적으로 압력보호가 필요한 공정장치가 나열되어 있다. 압력보호 방법은 보호되는 장치에 따라 달라진다.
1단계에는 최신 배관 및 계측기 다이어그램(P&ID; 부록 F 참조)과 모든 공정장치, 배관 및 계측기의 사양이 필요하다. 보호되는 시스템의 경계는 일반적으로 격리밸브(isolation valve)나 블록밸브(block valve)의 위치에 기초하여 결정된다.

**표 9.3** 압력보호가 필요한 주요 공정장치

| |
|---|
| **1.** 반응기, 저장탱크, 열교환기, 탑조류 및 드럼 등을 포함한 모든 용기 |
| **2.** 열(태양열과 같은) 혹은 냉동에 노출된 차가운 액체로 충전된 폐쇄된 라인 |
| **3.** 압력보호가 필요한 정변위펌프(positive displacement pump), 압축기 및 터빈류 |
| **4.** 저장용기는 밀폐된 용기에 펌핑 또는 밖으로 펌핑하거나 응축에 의한 진공 생성으로부터 보호하기 위해 압력 및 진공 보호가 필요하다. |
| **5.** 용기형태의 수증기 재킷은 종종 저압 수증기로 제어된다. 공정 운전자의 실수 또는 조절기의 고장으로 인한 초과 수증기압 발생을 억제하기 위해 재킷에 압력보호장치를 설치한다. |

용기는 과압의 원인이 확인되지 않더라도 압력보호가 필요하다. 시나리오가 없다는 것은 압력방출장치의 크기를 결정하는 기초가 없다는 것을 의미하지만, 규제 준수를 위해서는 압력방출장치가 필요하다.

배관시스템은 일반적으로 연결된 용기보다 높은 압력으로 설계되므로 대부분의 배관시스템은 압력보호가 필요하지 않다. 예외는 다음과 같다.

- 액체가 가득 차 있는 상태에서 주변 조건 또는 태양열에 의해 가열될 수 있어 주기적으로 격리되는 파이프 부분
- 열이 흐르는 액체 충전 라인
- 연속조건(continuous service)이 아닌 긴 라인(즉, 300 ft [91.4 m] 이상). 이 라인들은 일반적으로 액체 열팽창으로부터 보호되어야 한다.
- 대지 경계선(property line), 배터리 용량(battery limits)을 초과하는 적재(loading), 운반(transfer) 및 기타 라인
- 가스킷 블로우아웃으로 표시된 과압 이력이 있는 라인
- 고압시스템에 연결되는 저압 배관시스템. 예를 들어 압력 조절기를 통해 고압 증기시스템에 연결되는 저압 증기 헤더. 압력 조절기가 고장 나면 저압 배관이 고압에 노출된다.

펌프는 다운스트림 장비를 과압에 노출시킬 수 있다. 특히, 용적형 펌프는 방출이 필요하지만 원심펌프는 방출이 필요할 수도 있고 필요하지 않을 수도 있다. 많은 펌프는 내부 방출을 포함하지만, 많은 회사들은 내부 방출을 유지하거나 교체하기 어렵기 때문에 자체적인 외부 방출을 선호한다. 펌프에 있는 압력방출장치는 일반적으로 펌프의 입구 측으로 배출되지만, 액체의 지속적인 재순환으로 인해 펌프 오일이 가열될 수 있다.

열교환기의 냉각수 부분은 제품에 따라 압력방출장치가 필요하거나 필요하지 않을 수 있다. 냉각수 튜브에 유지(maintenance) 밸브가 있고, 밸브가 닫혀 있는 경우 열교환기의 고온부의 뜨거운 증기나 액체가 액체를 팽창시켜 튜브 파열을 일으킬 가능성이 있다.

**2 단계.** 각 장치의 고압 및 저압의 잠재적 원인인 모든 시나리오를 파악해야 한다. 일반적으로 많은 시나리오가 각 장치 부품과 연관되어 있다. 공정의 모든 단위작업과 모든 공정 작동 단계를 검토해야 한다. <표 9.4>는 압력 및 진공에 대한 공통 원인들을 보여준다. 시나리오는 일반적으로 블록 밸브의 위치에 의해 그 영역이 나뉘어 진다. 또한 시작 및 종료와 같은 정상 및 기타 작동모드를 고려해야 한다. 고압 및 저압의 가능성이 있는 방출시나리오를 반드시 식별해야 한다.

모든 코드와 표준들은 각 압력방출장치에 대한 방출크기 조정시나리오에 관한 결정을 반드시 사용자가 해야 한다가 명시하고 있다. 신뢰할 수 있는 방출시나리오를 결정하는 것은 사용자의 책임이다. 방출시나리오의 식별이 실제 방출크기보다 설계에 더 중요한 영향을 미치기 때문에  매우 중요한 단계이다. 이 절차는 표준화할 수 없으며 판단과 경험이 필요하다.

일반적으로 2계에서 다음과 같은 질문을 한다.

1. 냉각, 가열, 교반의 고장은 어떻게 일어나는가?
2. 공정이 오염되거나 촉매나 모노머가 잘못 충전되면 어떻게 되는가?
3. 삭업자가 실수를 범하면 어떻게 되는가?
4. 액체로 채워진 라인이나 용기의 블록 밸브(block valve)를 닫은 결과는 무엇인가?

이 외에 다른 여러 시나리오도 가능하다.

**표 9.4** 압력 및 진공에 대한 공통 공급원

| **열과 관련된 공급원** | **물리적 변화** |
|---|---|
| 화재, 보통 공정의 외부에서 발생 | 비등 |
| 통제 불가능한 가열기와 냉각기 | 응축 |
| 냉각 또는 가열 능력의 상실 | 동결 |
| 주위 온도의 변화 | |
| 화학반응폭주 | 가스 흡수(e.g., HCl in water) |
| **장치 또는 시스템** | 열 팽창 |
| 공정 내 어떠한 고압 또는 저압 공급원 | 기체 응축 |
| 장비 고장 | |
| 펌프 | **조작** |
| 압축기 | 조작자 또는 조작의 실수 |
| 기화기 | 반응물질, 촉매 또는 모노머의 잘못된 충전 또는 오염 |
| 응축기 | |
| Vent manifold interconnections | 부적절한 유지보수 |
| Utility headers (e.g., steam, air, water, nitrogen) | 설계 착오 |
| 개방 또는 닫힌 밸브 | |
| 압력조정기 | |
| 화학반응기 | |

모든 시나리오가 식별된 후 다음 단계는 신뢰할만한 시나리오를 결정하는 것이다. 신뢰할 수 있는 시나리오는 단일고장 시나리오며 다중 독립 고장은 일반적으로 고려하지 않는다. 여기서는 더 자세한 위험성평가 절차가 필요할 수 있다(11장 및 12장 참조).

**3단계.** 가장 큰 릴리프 구역이 필요한 최악의 시나리오를 파악한다. 가장 큰 영역은 최대 질량 흐름속도에 해당하지 않을 수 있다. 시나리오에 상응하는 공정조건을 정확히 파악해야 한다.

**4단계.** 릴리프를 통해 방출되는 물질의 물리적, 열적, 반응성 및 기타 특성을 파악해야 한다. 회사 및 외부 참조에 대한 문헌 검색이 일반적으로 이루어지는 일이지만, 얻어진 값들은 반드시 정확한지 다시 평가해야 한다. 일부 물질의 물성치, 특히 반응 특성을 결정하기 위해 실험이 필요할 수 있다.

**5단계.** 3단계에서 식별된 최악의 경우 시나리오에 요구되는 방출 용량을 결정한다.

**6단계.** 시나리오 중에 용기 내용물과 방출 유체의 특성과 거동을 결정한다. 여기에는 다음과 같은 경우가 포함될 수 있다.

1. 반응성 시스템 대 비반응성 시스템
2. 장치 유형 및 배치: 반응기 용기는 열교환기와 다르게 환기해야 한다.
3. 증기와 함께 액체를 배출하는 방출물질의 잠재적 거품 형성
4. 환기계통의 단상/2상 유체. 2상 흐름은 발열반응을 포함할 수 있으며, 본래 거품이 있거나, 계면활성제를 함유하거나, 점도가 높은 액체를 포함한 화재 발생 가능성이 있다.
5. 응축성 증기로 인한 증발 냉각 효과
6. 액상 또는 2상 인터페이스(interface)에 대한 방출 환기 개구부의 위치
7. 다른 중요한 경우

**7단계.** 장치 유형과 배치에 따라 설정압력, 허용압력 및 기타 사양을 결정한다.(9.3절 참조)

**8단계.** 적절한 유형의 압력방출장치를 결정한다. 9.5절에 설명된 바와 같이 선택할 수 있는 유형은 다양하다. 압력방출장치는 공정조건, 방출유체의 유형 및 물리적 특성, 다운스트림 방출유체 처리시스템, 비용 및 방출 성능특성에 따라 선택된다.

**9단계.** 이전의 모든 단계에서 얻은 정보를 사용하여 방출크기를 결정한다. 크기 계산은 방출 유형과 배출 릴리프 유체의 특성에 따라 달라진다. 10장에서는 이러한 계산에 대해 자세히 다루고자 한다.

**10단계.** 릴리프 시스템에서 방출되는 물질을 처리하는 방법을 결정한다. 명백히 독성, 인화성 및 반응성 화학 물질은 작업 영역이나 인간에게 위해를 줄 수 있다. 적절한 릴리프 유출처리 공정을 선택해야 하며 이와 관련된 장치의 설계 용량을 정확하게 계산해야 한다. 이 주제는 9.7절에서 더 자세히 논한다.

**11단계.** 릴리프 시스템의 기계적 건전성(integrity)을 보장하기 위해 다운스트림 유체 처리

시스템에 대한 물질 및 반력하중(reaction force loading)을 정확하게 산출하여 반영해야 한다. 압력방출장치가 열리면 대량의 물질이 매우 빠른 속도로 분출된다. 이것은 시스템에 매우 큰 반응이나 추진력을 발생시킨다. 릴리프 시스템의 배관 및 용기에서 방출되는 물질의 무게는 매우 중요할 수 있다.

**12단계.** 릴리프 시스템과 관련된 모든 정보를 문서화한다.

**13단계.** 전체 릴리프 시스템 설계에 대한 종합적인 검토가 필요하다. 본 단계에서는 릴리프 시스템이 서류상으로만 존재한다. 이것은 공정을 건설하기 직전 단계이다. 제안된 설계를 평가하기 위해서는 동일하거나 더 큰 릴리프 설계 경험을 가진 외부 전문가에게 자문을 구하는 것이 매우 중요하다.

**14단계.** 건설 중인 구조체 점검과 준공 후 최종 종합점검을 포함한다. 시공 중 변경사항을 면밀히 검토하고 문서화해야 한다.

**15단계.** 전체 릴리프 시스템에 대한 적절한 시험 및 유지보수 절차를 개발하고 관리한다. 압력방출장치는 적절히 유지되지 않는 한 안전성을 확보할 수 없다. 압력방출장치는 정기적으로 유지 및 재인증되어야 한다.

## 화재 방지

화재 방지는 압력방출장치에 대한 특수한 방출시나리오로 신중하게 평가해야 한다. 용기 및 기타 공정장비에 대한 외부 화재 노출의 경우 외부 화재로부터 용기 벽을 통해 용기 내부로 엄청난 양의 에너지가 전달된다. 화재 시나리오는 엄청난 양의 에너지 전달에 의해 최악의 경우가 발생한다. 화재 노출에 대한 방출크기 결정은 주로 용기가 화재에 노출될 수 있는지 여부에 근거한다.

화재 시나리오는 일반적으로 용기 밑이나 주변에서 발생하는 풀 화재에 기초한다. 이러한 화재는 인화성(flammable) 액체의 풀(pool)을 포함한다. 인화성 액체는 용기, 배관 또는 기타 장치의 누출에 의해 발생할 수 있다. 주요 질문은 다음과 같다. 어떤 액체가 풀 화재 발생 가능성이 있고 어떤 액체가 그렇지 않은가? 특정 액체의 가연성(combustibility)을 평가하는 데 사용되는 기준은 무엇인가?

화재 노출에 대한 릴리프 설계는 용기에 들어가는 화재 에너지와 방출을 통해 방출되는 에너지 사이에서 대략적인 에너지 평형을 확보하는 부분이 중요하다. 이 평형을 확립할 수 없을 경우 용기의 벽면 온도가 상승하여 용기의 설정압력 이하 압력에서도 용기가 손상될 수 있다. 이는 용기가 모두 증기를 저장하거나 액체의 부피가 작을 때 발생할 수 있다. 초임계 액체나 미네랄 오일과 같은 열용량이 큰 액체도 이 평형을 깰 수 있다.

화재 노출에 대한 방출크기 결정은 의미 있는 보호가 되지 못할 수 있으므로 물 분무, 내화성 절연, 자동 감압과 같은 다른 안전장치를 고려해야 한다.

## 5 릴리프의 유형 및 특성

앞에서 언급한 바와 같이, 특정 유형의 압력방출장치는 공정조건, 방출유체의 유형 및 물리적 특성, 다운스트림 유출 처리시스템의 요건, 비용 및 릴리프 성능 특성에 기초하여 선택된다. 릴리프 시스템(relief system)을 통한 방출물질은 다운스트림 처리시스템으로 배출되거나 안전한 위치에서 대기 중으로 방출될 수 있다. 대기로 방출하는 모든 장치에 대해 독성, 인화성, 부식성, 열적 및 환경 위험성의 분석을 완료해야 한다. 다운스트림 처리시스템에는 스크러버, 플레어, 녹아웃 드럼, 소각로 및 기타 장비가 포함될 수 있다(9.7절 참조).

압력방출장치(relief device)는 복구형(reclosing) 또는 비복구형으로 분류된다. 복구형은 압력이 감소 후 닫히는 반면에, 비복구형은 압력감소 후 열린 상태로 유지된다. 복구형 장치가 공정 물질의 추가적 방출을 억제(contain)하고, 안전 위험이 적기 때문에 선호한다.

일반적으로 스프링 작동 디스크(spring-operated)와 파열판, 2가지 유형의 압력방출장치가 있다(그림 9.4). 스프링 작동장치는 컨벤셔널(conventional)과 밸런스드(balanced) 벨로즈(bellows) 두 종류로 세분화 된다. 좌굴 핀(buckling pin)과 파일럿 작동식 압력방출장치는 보다 전문화된 형태의 압력방출장치이며 나중에 다루고자 한다.

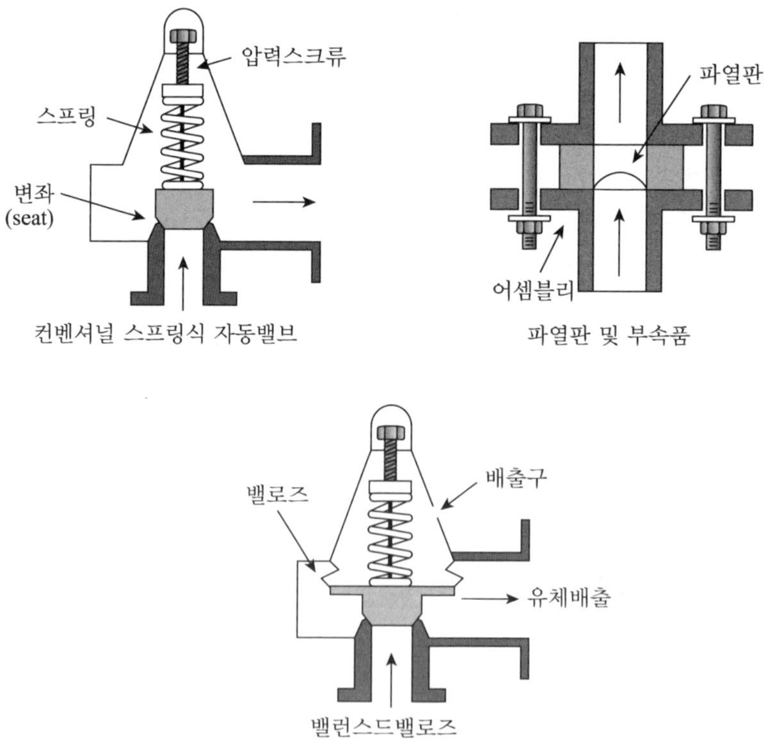


그림 9.4 압력방출장치의 주요 형태

## 스프링 작동식 릴리프

스프링 작동식 릴리프 밸브(spring-operated relief valve)는 크기, 작동 및 유지관리가 적절하게 이루어지는 경우 가장 신뢰할 수 있는 유형이다. 다양한 종류의 시스템에서 사용될 수 있다. 스프링 작동식 릴리프 밸브는 <그림 9.4>와 같이 밸브 시트, 밸브 플러그 및 장력(tension) 스프링으로 구성된다. 스프링 하단의 밸브 플러그는 스프링의 장력에 의해 밸브 시트에 눌려 밸브를 닫힌 상태로 유지한다. 공정유체는 밸브 플러그의 바닥에 대고 위로 밀어 올려진다. 공정압력이 증가함에 따라 결국 플러그 하단에 대한 상승 압력이 스프링으로부터 플러그 상단의 하향 장력보다 더 큰 압력에 도달하게 된다. 밸브 설정압력에 도달하면 밸브가 열리기 시작하고 열린 시트를 통해 액체가 배출된다. 설정압력은 스프링 작동식 릴리프의 상단에 있는 조절 나사를 사용하여 스프링 장력을 조절하여 수정할 수 있다.

공정압력이 설정압력에 가깝지만 낮을 때 소량의 액체가 시트를 통해 누출될 가능성이 있다. 이 현상을 **밸브 위프**(weep)라고 한다. 스프링 작동식 릴리프의 경우 위프는 설정된 압력의 92%에서 95%에서 시작될 수 있다.

스프링 작동식 압력방출장치는 <그림 9.5>에 표시된 독특한 시트 설계로 인해 설정된 압력보다 낮은 압력으로 수축한다. 밸브 플러그는 허들 챔버(huddle chamber)라고 불리는 오목한 챔버를 가지고 있다. 밸브가 열리기 시작하면 오목한 허들 챔버를 통해 오목한 허들 챔버를 통해 오일이 위쪽으로 이동하여 밸브 시트에 대한 상승 추력을 제공한다. 이러한 시트 디자인은 2가지 독특한 거동을 초래한다. 첫째, 초기 유체흐름에 의해 생성된 상향 추력으로 인해 밸브가 빠르게 열리는 것을 보장한다. 둘째, 공정 내부의 압력이 감소함에 따라 상향추력이 밸브 플러그를 개방 설정압력 아래로 계속 열어둔다. 이 낮은 재장착압력(lower

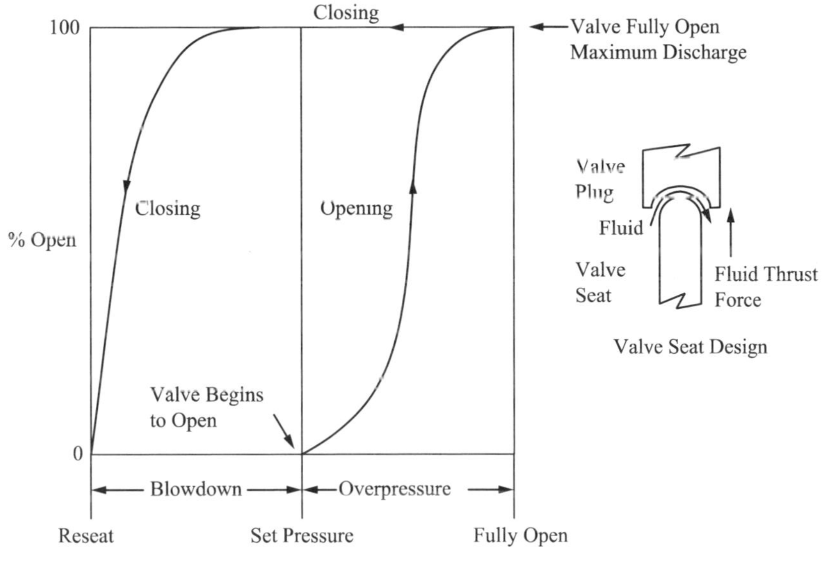


그림 9.5 스프링 작동식 릴리프의 개방압력과 재장착압력의 밸브시트설계에 따라 다르다.

reseating pressure)을 **블로우다운**이라고 한다.

블로우다운 또한 압력방출장치를 통해 흐르는 유체의 종류에 따른 특성이다. 액체 흐름은 액체의 높은 운동량 때문에 위쪽으로의 추력이 커져서 밸브가 더 낮은 압력으로 재장착될 것이다. 유체가 기체나 증기인 경우 밸브 시트를 통과하는 유체의 운동량이 낮아지고 밸브는 더 높은 압력으로 재장착된다. 다운스트림은 추가적인 유체 방출을 초래하기 때문에 다운스트림 유출시스템의 설계 시 고려해야 한다.

**채터**(chatter)는 스프링 작동식 릴리프 밸브가 빠르고 반복적인 개폐를 말한다. 밸브의 진동은 조정 불량, 밸브 시트 손상 및 장기간 밸브 내부 구성요소 및 관련 배관의 기계적 고장을 유발할 수 있다. 채터는 액체 또는 증기 조건에서 발생할 수 있다. 과도한 입구 압력강하, 과도하게 축적된 배압(back pressure), 과도한 밸브 크기 및 큰 변화의 유량을 취급하는 밸브는 채터의 주요 원인이다. 과압의 10%보다 아래에서 작동하는 스프링 방출 밸브도 채터를 일으킬 수 있다.

다음의 간단한 예시는 채터가 어떻게 발생할 수 있는지를 보여준다. 작은 직경의 입구 배관이 있는 스프링 작동식 압력방출장치를 생각해보자. 설정압력에서 밸브가 열리기 시작하면 밸브 밖으로 유체가 흘러나오기 시작한다. 작은 직경의 파이프를 통과하는 유체의 흐름은 작은 배관 길이에 걸쳐 압력강하를 유발한다. 이 압력강하가 충분히 크면 밸브 플러그의 압력이 밸브 재장착 압력 아래로 떨어지기 때문에 밸브는 닫힐 것이다. 밸브는 파이프를 통과하는 유체가 밸브의 설정압력까지 다시 올 때까지 닫힌 상태로 유지된다. 이 과정이 반복되어 채터가 발생하게 되는 것이다.

스프링 작동식 릴리프 성능은 배압의 영향을 받는다. 기존 압력방출장치의 경우 설정압력은 밸브 플러그의 압력 차이에 따라 달라진다. 따라서 배압은 스프링 힘에 부가되는 밸브 플러그의 후면에 추가 압력을 가한다. 이는 설정압력을 증가시켜 잠재적으로 밸브 성능에 부정적인 영향을 미칠 수 있다. 또한 배압은 밸브 시트를 통과하는 압력강하에 비례하기 때문에 밸브를 통과하는 유량을 감소시킨다.

밸런스드 벨로즈(balanced bellows) 압력방출장치는 밸브 플러그 뒷면에 벨로즈가 있어서 설정압력에 대한 배압의 영향을 감소시킨다. 이러한 유형의 압력방출장치의 경우 설정압력은 밸브 플러그의 공정 측 압력과 밸브 플러그 벨로즈의 배기 측 압력 차이에 따라 달라진다. 따라서 밸런스드 벨로즈 장치의 경우 설정압력에 대한 배압은 감소하지만, 밸브 시트의 압력 차이가 감소하여 릴리프를 통한 유량은 감소한다.

밸런스드 벨로즈에서, 벨로즈는 피로나 파열에 취약하다. 그러나 이 구성요소는 밸브 스프링이 공정유체에 노출되지 않도록 보호하여 부식을 감소시킨다.

스프링 작동식 압력방출장치는 흔히 pop-acting 또는 modulating으로 분류된다. Pop-acting 밸브가 열리면 압력이 떨어지고 밸브가 닫힐 때까지 방출속도는 밸브 용량으로 유지된다. 따라서 pop-acting 밸브는 기본적으로 "ON/OFF" 장치다. 이와는 대조적으로 modulating 밸브가 열릴 때 방출속도는 공정으로부터 결정되는 속도이며, 방출속도가 최대

용량에 이를 때까지 압력이 증가함에 따라 방출속도 또한 증가한다.

### 파열판

파열판(rupture discs)은 얇은 다이어프램으로 일반적으로 지정된 압력에서 파열 또는 폭발하도록 설계된 고체 금속 원반을 말하며 과도한 고압이나 저압으로부터 공정장치를 보호하기 위해 사용된다. 파열판은 작동 부품이 없고 단순하고 신뢰할 수 있으며 다른 압력방출장치보다 빠르다.

파열판은 폭주반응과 같이 압력이 매우 빠르게 상승하거나 압력 방출 밸브가 신속하게 반응할 수 없는 상황에서 1차 압력방출장치로 주로 사용된다. 또한 지름이 매우 큰 압력방출장치, 스프링 작동식 압력방출장치를 사용하기 어렵거나 너무 비싼 비용이 필요한 경우에 이용된다.

파열판의 주요 문제는 한번 터지면 계속 열려 있다는 것이다. 그렇기 때문에 한번 터진 후에는 물실의 일부 또는 전체가 배출될 수 있다. 이로 인하여 공기가 유입될 수도 있고, 인화성 물질의 화재나 폭발을 초래할 수 있다. 더구나 공정 운전자가 이러한 인지하지 못한 상태에서 파열판이 파열할 수 있다. 일부 파열판은 와이어가 내장되어 있어서 파열판이 터지는 경우 끊어지게 되며, 와이어의 끊어짐은 결국 제어실의 알람을 울리게 하여 근로자들에게 경고를 줄 수 있다.

파열판은 스프링 작동식 릴리프 아래에도 설치할 수도 있다. 이 설계는 스프링 작동식 릴리프의 부식방지 기능을 제공하며 동시에 스프링 작동식 릴리프가 늘어지는(weeping) 것을 방지한다. 그렇지 않을 경우 독성 또는 고가의 공정 물질이 손실될 수 있다. 따라서 이 설정은 발생 가능한 배출물을 감소시키고 공정이 환경 요건을 충족시키는 데 도움이 될 수 있다. 스프링 작동식 릴리프 아래에 파열판을 설치할 경우 일반적으로 두 장치 사이에 압력계가 설치된다. 이 텔테일(telltale) 게이지는 파열 또는 누출의 징후를 알려준다. 파열판과 스프링 작동식 릴리프 사이의 압력은 설정된 압력보다 더 높은 압력에서 파열판이 폭발하는 원인이 된다. 때로는 제어실의 운전자에게 이러한 파열음을 알리기 위해 전지 압력 센서가 게이지 대신 사용된다.

파열판이 터지면 판 사이 금속 조각이 이탈하여 다운스트림 플러그 문제가 발생할 수 있다. 이것은 몇 년 전까지 큰 문제였지만, 최근에 이 문제를 최소화하는 파열판이 개발되었다.

파열판 금속은 피로파괴가 시작되므로 파단압력에 근접하게 작동할 수 없다. 전형적인 악어 문양(alligator pattern)이 파열판의 금속에서 발견된다.

이 판들은 또한 입력 사이클링에 의한 피로에 취약하다. 시기는 공정압력의 변화에 따라 구부러질 수 있으며, 일정 기간 동안 반복적으로 구부러지면 조기 고장으로 이어질 수 있다. 압력 사이클링에 문제가 있는 경우 파열판을 주기적으로 교체해야 한다.

파열판의 폭발압력은 판을 파괴하지 않고서는 알 수 없다. 제조업체는 일반적으로 동일한 규격과 파단압력을 가진 여러 개의 판을 제조하고, 그 후 나머지가 제대로 작동하는지 확인하기 위해 여러 개를 테스트한다.

파열판의 또 다른 문제는 폭발압력이 온도에 따라 변화한다는 것이다.

파열판은 <그림 9.4>와 같이 carrier assembly에 설치된다. Carrier assembly는 파열판을 제자리에 고정하고 누설 밀봉과 없는 금속(metal to metal)씰을 제공한다. 이 들이 제대로 설치되지 않으면 기계적 손상이 발생할 수 있다.

## 좌굴 또는 파열 핀 릴리프

<그림 9.6>은 좌굴 또는 파열 핀 릴리프(buckling or rupture pin reliefs)를 나타낸다. 밸브 플러그는 좌굴 핀이라 불리는 금속 막대에 의해 밸브 시트 제자리에 고정된다. O-링은 씰의 성능을 보장하기 위해 밸브 시트에서 사용된다.

공정상에서 압력이 증가함에 따라 핀에 더 많은 힘이 가해진다. 결국 핀이 좌굴되고 밸브가 열린다. 좌굴 핀을 사용하는 것의 주요한 장점은 핀이 매우 정확한 압력에서 좌굴된다는 것이다. 그러나 일단 핀이 좌굴되면 밸브는 열린 상태로 유지된다. 이 점이 이 장치의 단점이다.

좌굴 핀은 파열판에 비해 몇 가지 장점이 있다. 첫째, 주기적인 피로 압력으로 인한 초기 고장 영향이 없다. 또한 설정된 압력에 가깝게 작동할 수 있으며, 설정압력은 온도에 민감하지 않다. 릴리프 작동 후 시트를 재설정하는 것도 플랜지를 파손하지 않고 수행할 수 있다. 핀의 교체 비용은 파열판 교체 비용의 3분의 1에서 4분의 1 정도이다.

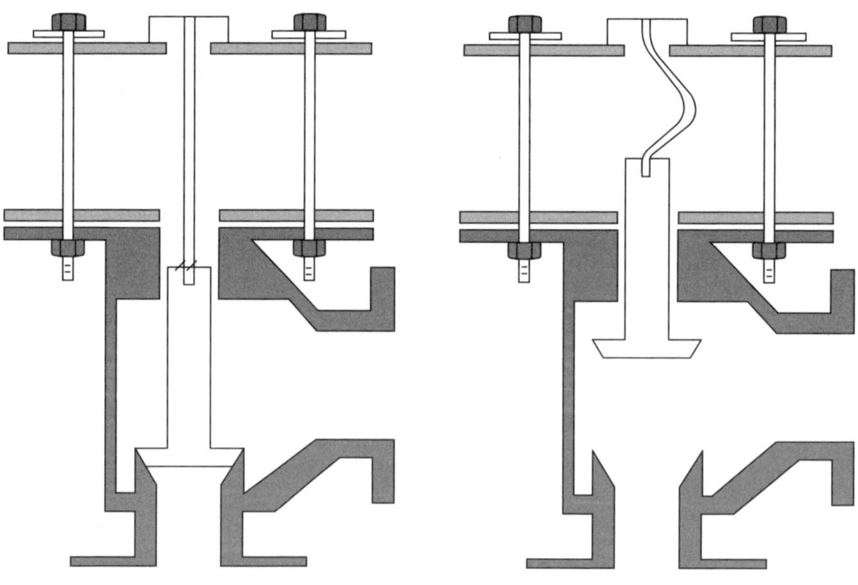


그림 9.6 좌굴 핀 릴리프 밸브

좌굴 핀 릴리프는 불균형인 배열과 균형 잡힌 배열에 모두 사용될 수 있다. 또한 0.1 psig (0.007 barg)의 낮은 설정압력에서도 사용이 가능하다. 좌굴 핀 릴리프에는 2가지 주목할 만한 단점이 있다. 첫째, 탄성중합체(elastomer) O-링은 화학적 반응을 할 수도 있고, 작동온도가 450 °F (230℃)까지라는 제약조건이 존재한다. 둘째로, 초기 설치비용은 파열판보다 크다.

## 파일럿 작동식 릴리프

<그림 9.7>은 파일럿 작동식 릴리프(pilot-operated reliefs)를 나타낸다. 그림의 상단에 표시된 파일럿 밸브는 공정압력을 감지하고 밸브 플러그 뒤쪽의 압력을 유지한다. 설정압력에 도달하면 파일럿 밸브가 열려 밸브 플러그 뒤의 압력이 감소하고 밸브가 열린다. 파일럿 및 메인 밸브는 공정압력이 설정된 압력 아래로 떨어지면 다시 닫히게 된다. 파일럿 배기가스는 외부 또는 메인 밸브 출구로 배출될 수 있다.

피일럿 작동식 릴리프는 플러그의 공정 쪽보다 파일럿 쪽의 단면적이 더 넓은 밸브 플러그를 가지고 있다. 이로 인해 밸브 플러그가 밸브 시트에 단단히 고정되는 알짜힘(net force)이 발생하게 되며, 파일럿 작동식 릴리프 밸브는 설정압력에 매우 가깝게 작동할 수 있다(대부분 설정압력의 98% 이내). 파일럿 작동식 릴리프는 또한 배압에도 영향을 받지 않으며, 일부 모델의 경우는 채터에 덜 취약하다.

역류 방지기는 밸브 출구 쪽에서 입구 쪽보다 높은 압력이 발생할 가능성이 있는 경우에는 필요할 수도 있다.

파일럿 밸브는 플러깅(plugging)에 민감하기 때문에 일반적으로 청결한 조건에서 사용한다. 밸브들은 또한 O-ring 씰이 시트에 사용되기 때문에 씰이 화학적으로 반응할 수 있고, 온도의 제약조건을 가지고 있다. 피스톤 위에 증기 응축과 액체 축적이 문제를 일으킬 수도 있다.

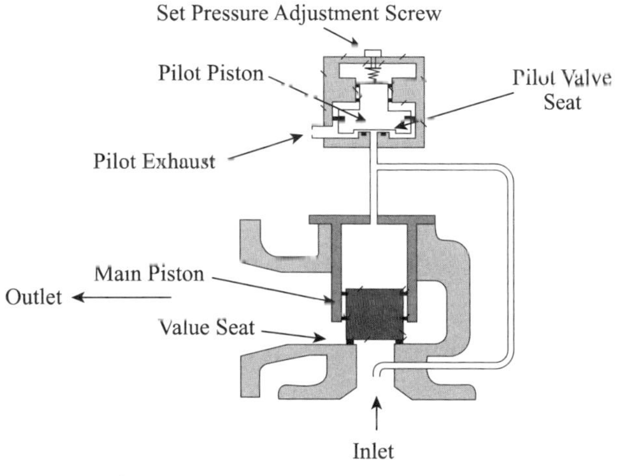


그림 9.7 파일럿 작동식 릴리프 밸브

### 예제 9.1

〈그림 9.8〉은 반회분식 중합반응기 공정으로, 이 과정의 주요 단계는 다음과 같다:

**1.** 100파운드의 개시제(initiator)를 반응기 R–1에 주입한다.

**2.** 반응기를 240°F까지 가열한다.

**3.** 3시간 동안 모노머를 추가한다. 모노머가 발열반응하기 때문에 반응기 내부 코일은 냉각수를 통해 반응에너지를 제거한다. 반응으로부터의 열 방출속도는 모노머 공급속도에 의해 제어된다.

**4.** 밸브 V–15를 사용하여 진공으로 잔여 단량체를 분리한다.

이 반응시스템에 대해

**a.** 릴리프에 의해 보호되어야 하는 장비를 확인하여라.

**b** 방출시나리오를 확인하여라.

**c.** 각 위치에 필요한 릴리프 유형을 결정하여라.

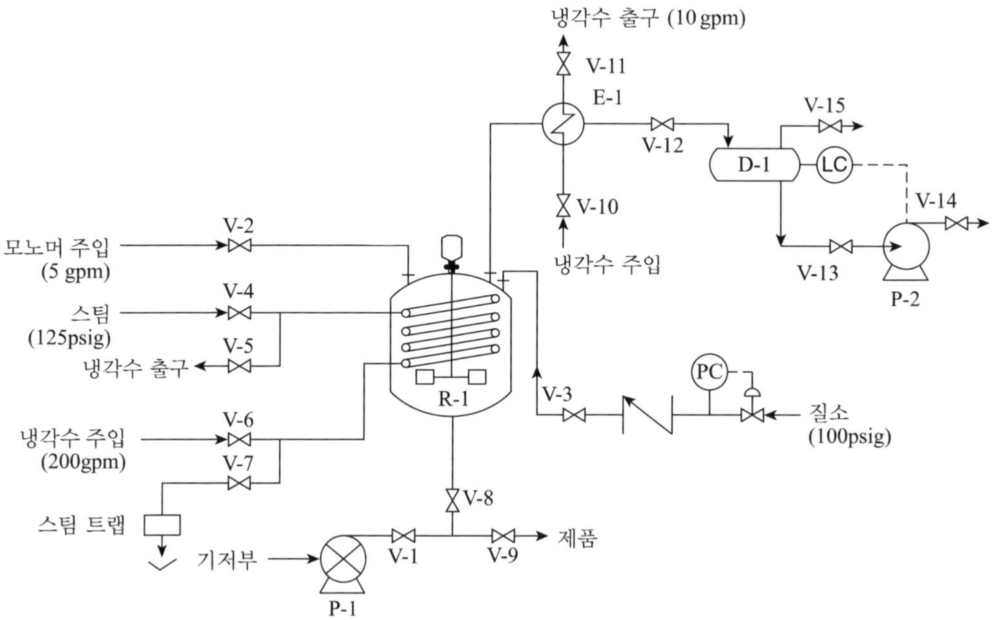


명세서

| 명칭 | 내용 | 최대압력(psig) | 50 psig에서 gpm |
|---|---|---|---|
| D-1 | 100갈론 드럼 | 50 | - |
| R-1 | 1000갈론 반응기 | 50 | - |
| P-1 | 기어펌프 | 100 | 100 |
| P-2 | 원심펌프 | 50 | 20 |

| 배관 | 규격 |
|---|---|
| 스팀 및 용수배관 | 2인치 |
| 질소 | 1인치 |
| 증기배관 | 0.5인치 |

⇧ **그림 9.8** 안전압력방출장치가 없는 중합반응기(예제 9.1)

## 해답

부품(a), (b) 및 (c)은 <표 9.2>에 나타낸 완전한 방출 설계절차의 일부에 불과하다.

**a.** <그림 9.9>는 구조물의 위치를 나타낸다.

- 반응기(R-1): 압력용기이므로 릴리프가 필요하다. 이것은 PSV-1로 표시되어 있다.
- 양극 변위 펌프(P-1): 정극성 변위 펌프가 교두보일 경우 과부하, 과열 및 손상될 수 있음 제조업체의 사양을 반드시 점검해야 한다. 내부 릴리프가 있을 수 있다. 사양 시트에서 릴리프가 발견되지 않아 릴리프 밸브(PSV-2)가 필요하다
- 열교환기(E-1): 열교환기 튜브는 냉각수가 막히고(V-10 및 V-11 닫힘) 열교환기가 고온 반응기 증기에 의한 열에 노출되면 과도한 압력으로 인해 열교환기 튜브가 파열될 수 있다. 릴리프 PSV-3이다.
- 드럼(D-1): 압력용기이므로 방출이 필요하다(PSV-4).
- 반응기 냉각코일: 코일에 냉각수가 가득하고 밸브 V-4, V-5, V-6, V-7이 닫히고 코일이 반응기 내용물에 의해 가열되면 물이 팽창하여 코일(PSV-5)이 손상된다.
- 펌프 P-2는 원심펌프인 만큼 릴리프가 필요 없으며 제조자의 사양에 의하면 릴리프가 필요하지 않다고 명시되어 있다.

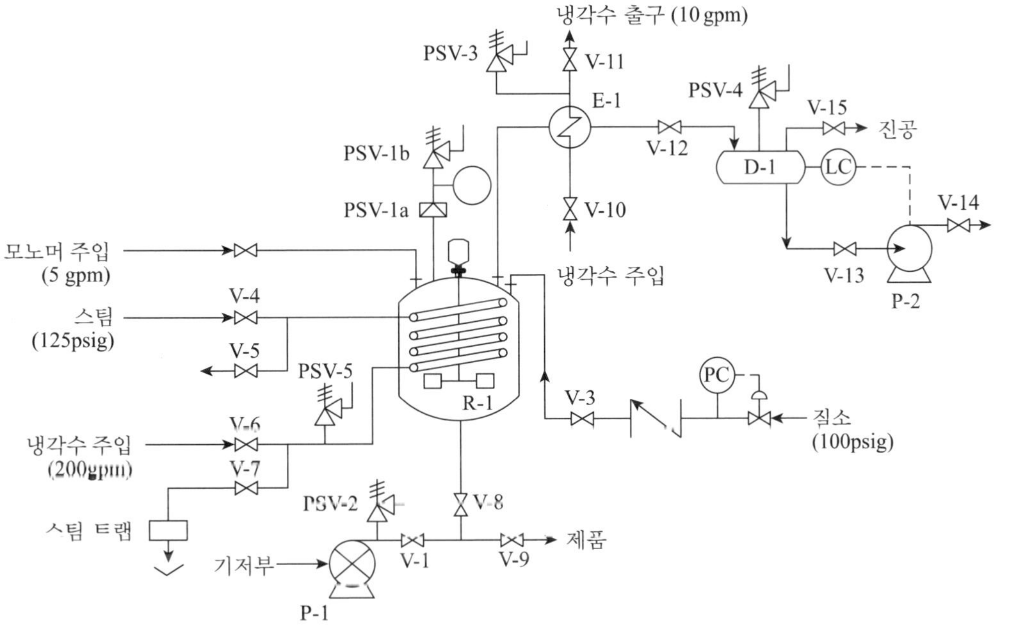


그림 9.9 안전압력방출장치가 설치된 중합반응기(예제 9.1)

**b.** 방출시나리오는 <표 9.5>에 요약되어 있다.

- PSV-1a와 PSV-1b: 반응기에는 5가지 시나리오가 있다. (a) 용기에 액체가 가득하고 펌프 P-1이 작동한다. (b) 냉각코일이 파손되어 200 gpm과 50 psig에서 물이 유입된다. (c) 질소 조절기가 고장이 나서 반응기에 100 psig 질소가 범람하고, (d) 반응 중 냉각수가 손실되면 폭주반응이 발생하며, (e) 반응기 외부에서 화재가 발생한다.

- PSV-2: V-1이 닫히면 펌프가 입구 쪽 흐름이 막히게 되어 펌프가 손상될 가능성이 있다. 릴리프는 50 psig에서 100 gpm의 흐름을 처리해야 한다.
- PSV-3: 차단된 열교환기 물 코일은 잠재적으로 액체 열팽창을 경험할 수 있다.
- PSV-4: 드럼(D-1)— 질소 조절기가 V-12가 열린 상태에서 고장나는 시나리오는 오직 하나이다. R-1 시나리오는 릴리프 PSV-1로 처리한다.
- PSV-5: 물은 반응기 코일을 막고 반응기 내용물이 가열되어 물이 팽창하여 코일이 손상된다.

**표 9.5** 예제 9.1에 대한 방출시나리오

| 방출 명칭 | 시나리오 |
|---|---|
| PSV-1a 및 PSV-1b | (a) 용기가 액체로 완전히 충전되어 있는데도 액체 충전용 펌프(p-1)가 사고로 계속 작동된다.<br>(b) 냉각코일이 파손되어 물이 200 gpm(gallons/min), 50 psig로 유입된다.<br>(c) 질소 레귤레이터가 고장 나서 1인치 라인을 통해 질소가 음속으로 유입된다.<br>(d) 반응도중 냉각기능이 상실되어 반응폭주가 발생한다. |
| PSV-2 | 밸브 V-1이 사고로 폐쇄된다. 시스템은 50 psig에서 100 gpm의 방출을 필요로 한다. |
| PSV-3 | 폐쇄된 용수라인이 125 psig 스팀으로 가열된다. |
| PSV-4 | (a) 질소 레귤레이터가 고장나서 0.5인치 라인을 통해 질소가 음속으로 유입된다.<br>(b) 주의 : 다른 R-1 시나리오가 PSV-1을 통해 방출될 것이다. |
| PSV-5 | 폐쇄된 물이 들어있는 코일 내부에서 반응열이 열팽창을 유발한다. |

**c.** 릴리프의 종류는 다음과 같다.

- PSV-1a는 PSV-1b를 막거나 중합반응할 수 있는 반응성 모노머로부터 PSV-1b를 보호하기 위한 파열판이다.
- PSV-1b는 스프링 작동식 릴리프이다. 2상 흐름은 발열성 중합반응에 의한 것일 가능성이 높다.
- PSV-2는 액체상태에서 일반적인 스프링 작동식 릴리프이다.
- PSV-3는 액체상태에서 일반적인 스프링 작동식 릴리프이다.
- PSV-4는 밸런스드 벨로즈 스프링 작동식 릴리프이다. 여기서는 액체나 증기 상태가 가능하다. 릴리프 배출은 다운스트림 유출 처리시스템을 필요로 하기 때문에 배압이 예상된다.
- PSV-5는 액체 체계에만 적용되는 기존 스프링 작동식 릴리프이다.

## 다양한 릴리프의 장단점

다양한 유형의 릴리프의 주요 장단점은 <표 9.6>에서 확인할 수 있다.

**표 9.6** 다양한 릴리프의 주요 장단점

| 밸브형태 | 장점 | 단점 |
|---|---|---|
| 스프링식 (컨벤셔널) | 신뢰성 높음<br>많은 설비에 사용<br>설정압력의 4% 이내 압력에서 복귀 | 릴리프 압력이 배압에 영향받음<br>고 배압에서 채터가 일어남 |
| 스프링식 (밸런스드 벨로즈) | 릴리프 압력은 배압 영향을 받지 않음<br>고배압 처리<br>스프링의 부식 방호 | 벨로즈가 피로/파열할 수 있음<br>흐름은 배압의 함수<br>대기 중으로 인화성/독성물질 누출 가능 |
| 파열판 | 새지 않음; 즉 봉합부 무누출<br>저비용, 대체용이<br>고용량 방출에 좋음<br>오염이나 막힘 적음<br>대량 방출면적을 요하는 2차 릴리프에 적합 | 릴리프 후 열린상태 유지<br>파열압력 측정할 수 없음<br>주기적 대체 요구<br>물리적 손상에 민감<br>고온에서 문제가 큼<br>압력순환에 피로 문제 |
| 버클링 핀 | 누설문제 없음<br>릴리프 압력이 재래식보다 정밀<br>설정압력은 운전온도에 덜 민감<br>핀 대체 용이 및 저렴 | 엘라스토머(합성고무) 씰은 약 450°F 온도가 한계<br>파열판보다 초기 경비가 큼 |
| 파일럿 작동 | 릴리프 압력, 배압에 무영향<br>설정압력의 98% 이상 압력에서 작동가능<br>설정압력의 근접압력에서도 봉함(기밀) 유지<br>주 밸브스냅이 저과압에서도 활짝 열림<br>채터에 덜 민감<br>배압으로 인한 채터링이 안일어남 | 파일럿이 막힐 가능성 있음<br>실이 화학적으로 손상을 입을 수 있고 온도에 대한 제약조건이 존재함<br>주 피스톤 위에 응축수나 액체가 축적되어 문제 야기 가능<br>역류 가능 |

## 6 릴리프 설치사례

<그림 9.10>은 여러 가지 일반적인 릴리프 설치사례를 보여준다. 이러한 사례는 릴리프가 의도한 대로 작동하는지 확인하는 데 중요하다. 엔지니어는 장치가 의도한대로 설치되고 설치 및 운용 중의 변화가 방출 성능에 영향을 미치지 않도록 책임을 져야 한다.

압력방출장치는 일반적으로 초기 설치부터 작동이 중단될 때까지 관찰되어야 한다. 많은 압력방출장치들, 특히 스프링 작동식 릴리프는 정기적으로(특히 일 년에 한 번) 인증을 받아야 한다. 압력방출장치는 설비에서 분리하고 분해, 세척한 후 인증을 하여 올바른 설정압력으로 개방되도록 해야 한다. 일부 회사들은 보닛(bonnet)에 인증된 해마다 특정 색을 압력방출장치에 칠한다. 이를 통해 플랜트 근로자는 제대로 인증되지 않은 릴리프 밸브를 쉽게 식별할 수 있다.

| 시스템 | 권장사항 |
|---|---|
| 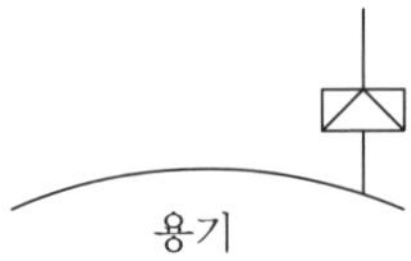 | • 부식성 물질을 사용하는 설비의 파열판<br>• 독성이 매우 높은 물질 취급설비<br>(스프링식 안전밸브는 누출 가능) |
| 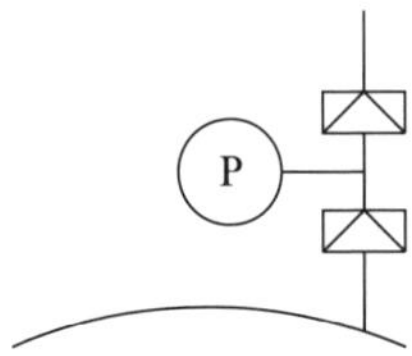 | • 부식성이 매우 높은 물질을 취급하는 설비에는 연속적으로 설치. 이때, 첫 번째 것은 주기적으로 교환해야 한다. |
| 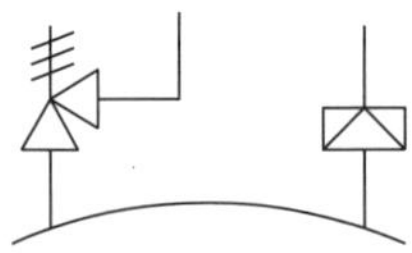 | • 파열판과 스프링식 안전밸브를 병렬로 연결. 통상적인 소량의 방출은 스프링식 안전밸브에 의해 진행되고 대량의 방출은 파열판으로 진행된다. |
| 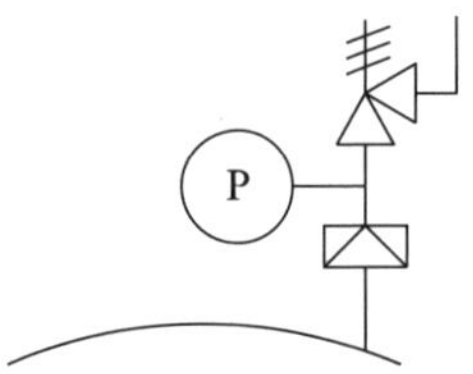 | • 파열판과 스프링식 안전밸브를 직렬로 설치. 스프링식 릴리프는 손실을 극소화한다. 이때, 파열판은 독성 또는 부식성을 방호한다. |
| 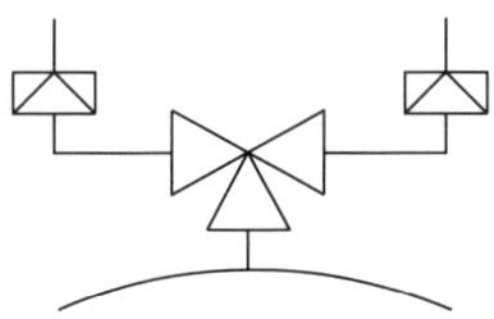 | • 두 개의 파열판이 3방향 밸브에 의해 연결되어 설치되어 있다. 이 형태는 주기적으로 교체 또는 청소해야 하는 중합반응기에 좋다. |
| 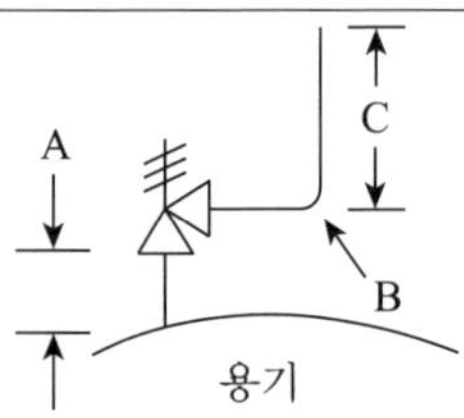 | A. 압력강하는 설정압력의 3%를 초과할 수 없다.<br>B. 긴 곡률반경의 엘보<br>C. 긴 곡률반경의 엘보는 C의 길이가 10피트 이상 되면 하중이나, 반응력에 의한 응력에 대응하는 양호한 지주(support)가 필요하다. |
| 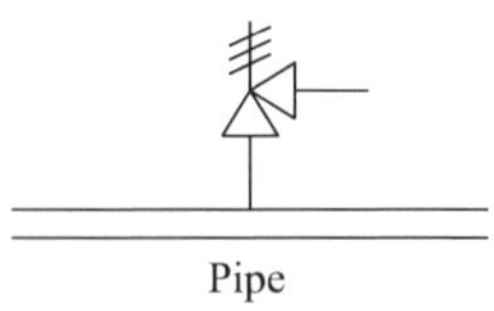 | • 증기를 사용하는 단독의 세이프티 릴리프밸브의 오리피스 면적은 방호하고자 하는 파이프 단면적의 2%를 초과하지 말아야 한다.<br>• 어느 정도 간격을 두고 설치된 여러 개의 밸브가 필요하다. |
| 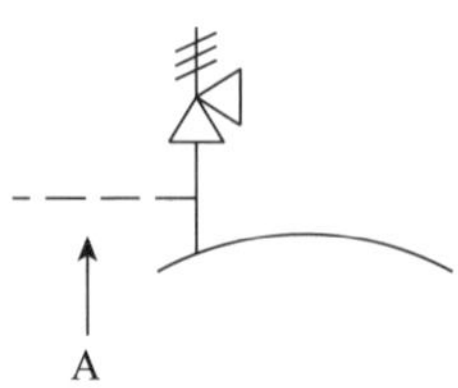 | A. 공정라인들은 안전밸브의 인입라인에 연결되면 안 된다. |

⇧ 그림 9.10 릴리프 설치 실무기준

| 시스템 | 권장사항 |
| --- | --- |
| 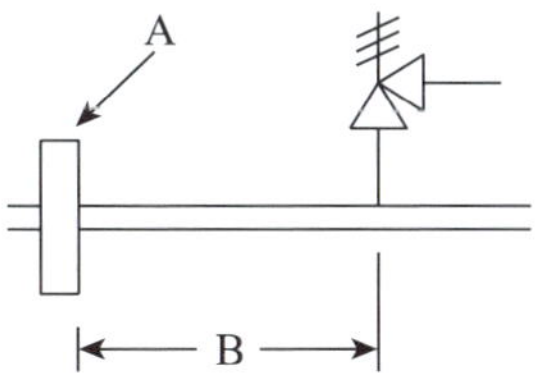 | A. 난류를 유발시키는 장치<br>B. <B>의 치수는 다음과 같다. |

| 난류를 유발시키는 장치 | 직관직경의 최소배수 |
| --- | --- |
| · 압력조정기 또는 밸브 | 25 |
| · 동일하지 않은 평면에 2개의 엘보 또는 굽음이 있는 경우 | 20 |
| · 동일한 평면에 2개의 엘보 또는 굽음이 있는 경우 | 15 |
| · 1개의 엘보 또는 굽음이 있는 경우 | 10 |
| · 맥동감쇠기 | 10 |

⇧ **그림 9.10** 계속 (출처: Eric Jennett, "Compounds of Pressure-Relieving Systems," *Chemical Engineering* (Aug.19, 1963), p.151-158

## 7 압력방출물 취급처리

릴리프 시스템은 대기 중으로 거의 배출하지 않고, 방출물질이 위험하지 않고 안전한 장소로 배출될 수 있는 경우에만 방출한다. 봉쇄시스템(total containment system)이 일반적으로 사용된다.

<그림 9.11>과 <그림 9.12>는 전형적인 방출용 봉쇄시스템을 보여준다. <그림 9.11>에서 반응기는 2상 액체-증기 혼합물을 방출한다. 혼합물은 먼저 블로우다운(blow down)이나 녹아웃 드럼으로 배출된다. 이 수평 녹아웃 드럼은 증기-액체 분리기와 분리된 액체에 대한 저장(hold-up) 탱크의 역할을 한다. 2상 혼합물은 한쪽 끝으로 들어가고, 증기는 반대쪽 끝으로 나온다. 증기의 처리는 증기의 특성에 따라 달라지며, 응축기, 스크러버, 소각기, 플레어 또는 이들의 조합이 될 수 있다.

<그림 9.12>는 공간이 제한될 때 사용되는 유출물 치리시스템을 보여준다. 유출된 혼합물은 먼저 접선형(tangential) 녹아웃 드럼을 통해 흐른다. 드럼에서 나온 액체는 캐치탱크(catch tank)로 방출되고, 수증기는 대기 또는 추가 공정을 통해 방출된다.

### 수평 녹아웃 드럼

녹아웃 드럼을 **캐치탱크** 또는 **블로우다운 드럼**이라고 부른다. <그림 9.11>에서 수평 녹아웃 드럼(horizontal knockout drum) 시스템은 증기-액체 분리기와 분리된 액체에 대한 저장용기 역할을 한다. 2상 혼합물은 보통 한쪽 끝으로 들어가고, 증기는 반대쪽 끝으로 나온다. 중앙의 증기 속도를 최소화하기 위한 증기 출구와 함께 각 끝단에 유입구가 설치될 수 있다. 플랜트 내 공간이 제한적이면 <그림 9.12>와 같이 접선형(tangential) 녹아웃 드럼을 사용한다.

이러한 유형의 시스템의 크기를 조정하는 설계방법은 Grossel[2]과 API 521[3]에 제시되었다. 이 방법은 액체 유입을 최소화하기 위한 최대 허용속도에 기초한다.

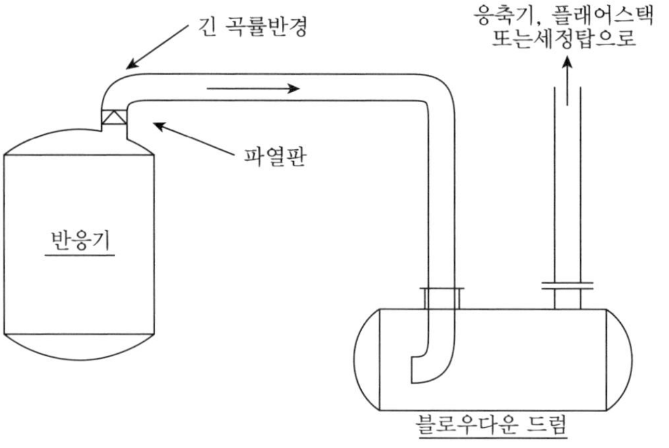


⇧ **그림 9.11** 블로우 다운 드럼에 의한 릴리프 봉쇄시스템. 블로우 다운 드럼은 액체로부터 증기를 분리시킨다.

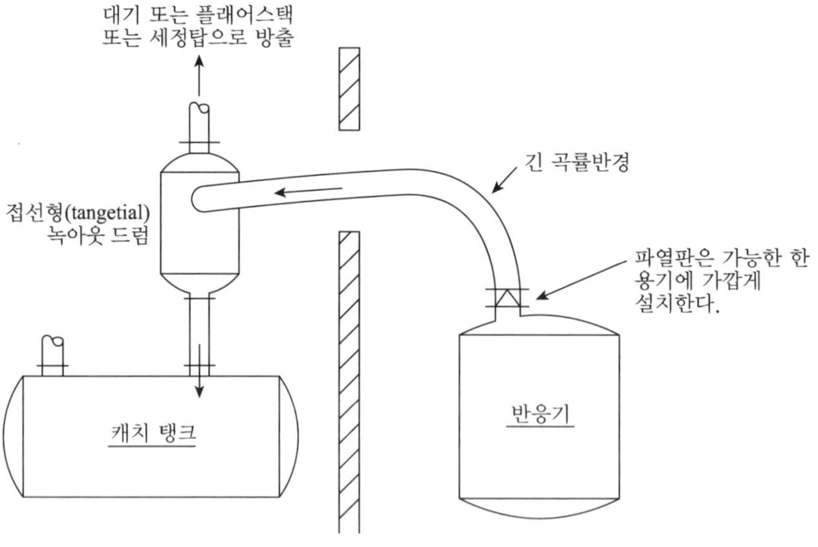


⇧ **그림 9.12** 액체분리 캐치탱크(catch tank)가 설치된 접선형 녹-아웃 드럼

2) S. S. Grossel, "Design and Sizing of Knockout Drums/Catchtanks for Reactor Emergency Relief Systems," *Plant/Operations Progress*, July 1986

3) API RP 521, *Guide for Pressure-Relieving and Depressurizing Systems*,, 2nd ed.(Washington, D.C. : American Petroleum Institute, 1982), p.51~52

## 플레어[4)]

녹아웃 드럼을 통과한 후 플레어(flare)를 사용하기도 한다. 플레어의 목적은 가연성(combustibility) 또는 독성 가스를 연소시켜 독성이나 가연성이 없는 연소 생성물을 얻는 것이다. 플레어의 지름은 안정적인 불꽃을 유지하고 블로우아웃(증기 속도가 음속의 20% 이상일 때)을 방지하기에 적합해야 한다.

플레어의 높이는 발생되는 열과 그로 인한 장비와 사람의 잠재적 손상에 기초하여 고정된다. 일반적인 설계기준은 플레어스택 아래의 열 강도가 1500 Btu/hr $ft^2$를 초과하지 않아야 한다. 열복사에 대한 영향은 <표 9.7>에 나타나 있다.

**표 9.7** 열복사 영향

| 열강도(Btu/hr/$ft^2$) | 영향 |
|---|---|
| 2,000 | 20초 안에 수포(blister) 생성 |
| 5,300 | 5초 안에 수포 생성 |
| 3,000-4,000 | 식물과 나무가 타기 시작한다. |
| 350 | 태양열 복사 |

## 스크러버

때때로 2상 흐름인 방출 유체는 액체와 증기가 분리되는 녹아웃 시스템으로 가야 한다. 액체는 나중에 수집되고 증기는 배출되거나 배출되지 않을 수 있다. 증기가 독성이 없고 불연성인 경우 이러한 배출이 규정에서 금지하지 않는 한 환기가 가능하다.

증기가 유독하거나 인화성이 있는 경우 플레어 또는 스크러버(scrubber) 시스템이 필요할 수 있다. 스크러버 시스템은 탑(column), 단탑(plate column) 또는 벤추리형 시스템으로 구성될 수 있다. 스크러버 설계의 세부사항은 Treybal[5)]의 참고문헌에 자세히 소개되어 있다.

## 응축기

간단한 응축기(condenser)는 방출하는 증기를 다루기 위한 또 다른 대안이다. 증기가 상대적으로 높은 비등점을 가지고 있고 회수된 응축 액체가 가치가 있는 경우에 특히 매력적이다. 이 방법은 간단하며 일반적으로 비용이 덜 들며, 추가적인 후처리가 필요할 수 있는 물질의 양을 최소화하기 때문에 항상 고려해야 하는 설비이다. 응축시스템 설계는 Kern[6)]에 의해 자세히 소개되어 있다.

---

4) Soen H. Tan, "Flare System Design Simplified," *Hydrocarbon Processing*, Jan. 1967.
5) R. E. Treybal. *Mass Transfer Operations*, 3rd ed. (New York, NY: McGraw-Hill, 1958).
6) D. Q. Kern. *Process Heat Transfer* (New York, NY: McGraw-Hill, 1950).

## 참고문헌

AICHE Center for Chemical Process Safety. *Guidelines for Pressure Relief and Effluent Handling Systems*, 2nd ed. (New York, NY: American Institute for Chemical Engineers, 2017).

American Institute for Chemical Engineers. *Emergency Relief System Design Using DIERS Technology* (New York, NY: American Institute for Chemical Engineers, 1992).

Ron Darby. "Relief Vent Sizing for Deflagrations." *Process Safety Progress* 25, no. 2 (June 2006): 130–134.

D. Green and M. Southard, eds. *Perry's Chemical Engineering Handbook*, 9th ed. (New York, NY: McGraw-Hill, 2018), Section 23 on Process Safety.

M. A. Malek. *Pressure Relief Devices, ASME and API Code Simplified* (New York, NY: McGraw-Hill, 2006).

G. A. Melhem. "Relief System's Last Line of Defense, Only Line of Defense?" *Process Safety Progress* 25, no. 4 (2006): 290–297.

## 연습문제

**9.1** <그림 9.13>의 각 릴리프 구성에는 어떤 문제가 있는가? 구체적으로 말하여라.

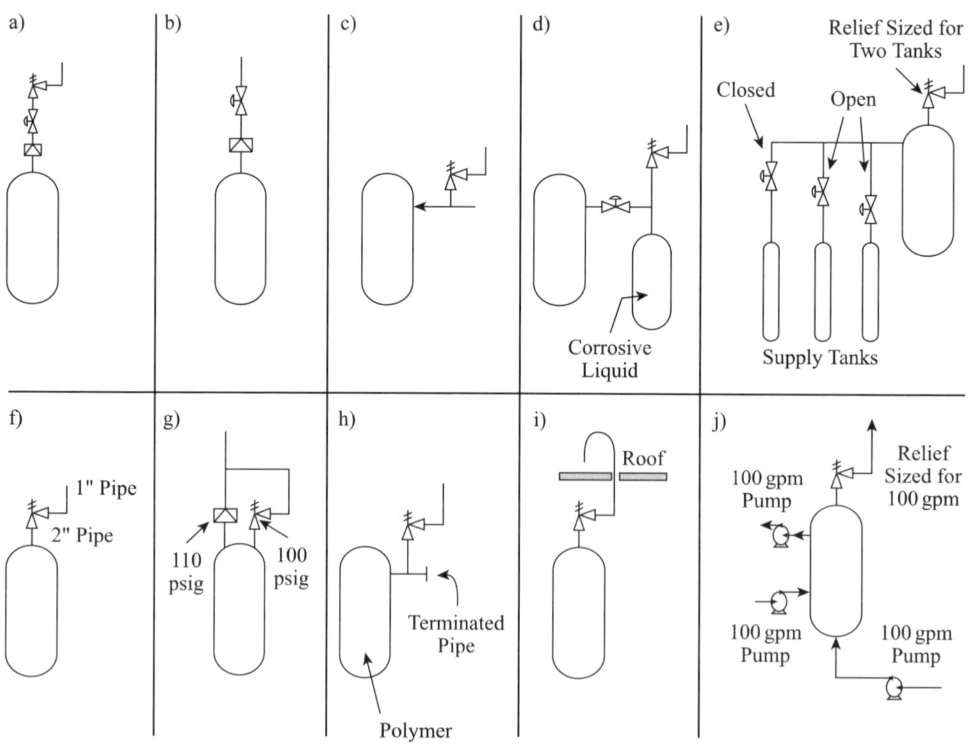


**그림 9.13** 릴리프 밸브 배열이 잘못된 것은?

9.2 <그림 9.14>를 검토하고 (a) 릴리프에 의해 보호되어야 하는 장비를 결정하여라. (b) 각 압력방출장치에 대한 방출시나리오 및 (c) 각 위치에 필요한 릴리프 유형을 결정하여라.

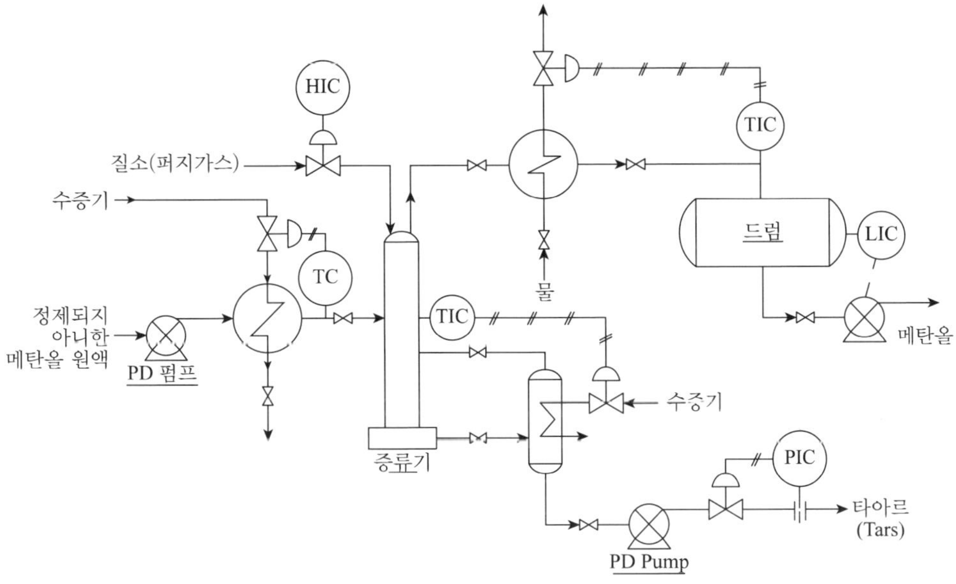


그림 9.14 증류시스템

9.3 <그림 9.15>를 검토하고 (a) 릴리프에 의해 보호되어야 하는 장비를 결정한다. (b) 각 압력방출장치에 대한 방출시나리오 및 (c) 각 위치에 필요한 릴리프 유형을 결정하여라.

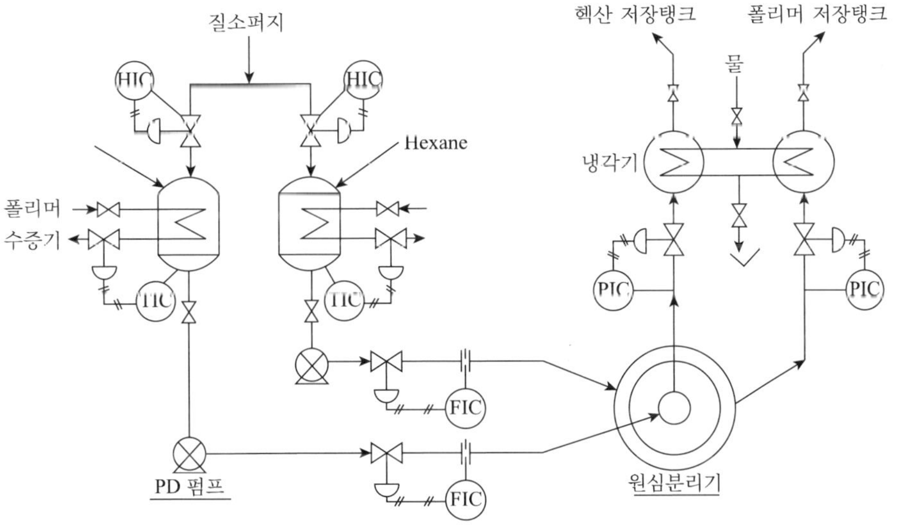


그림 9.15 추출시스템

**9.4** 파열판과 연결된 스프링 작동식 릴리프가 필요한 경우 4가지를 제시하여라.

**9.5** 다음 4가지 경우에 대한 반응기 릴리프 시스템의 개략도를 개발하여라.

| 요소 | a | b | c | d |
|---|---|---|---|---|
| 반응기 릴리프는 증기만 사용 | × | | | × |
| 반응기 릴리프는 2상(two-phase) 흐름 | | × | × | |
| 반응물이 부식성 | | × | | × |
| 반응물이 릴리프를 막을 수 있음 | | × | | |
| 누출된 증기가 독성이 있음 | × | | | × |
| 누출된 증기가 격렬히 비등 | × | × | | |
| 증기가 서서히 비등 | | | × | × |

**9.6** 스프링 작동식 릴리프 밸브는 일반적으로 매년 재인증되어야 한다. 이를 위해서는 용기에서 압력방출장치를 제거해야 한다. 한 가지 방법은 릴리프 밸브를 쉽게 탈거할 수 있도록 방출 앞에 수동 밸브를 놓는 것이다. 이 접근방식은 무엇이 잘못되었는가? 다른 방법은 무엇이 있을까?

**9.7** 응축으로 인하여 저장용기에 진공이 발생하는 과정에 대해 설명하여라. 그리고 진공의 잠재적인 위험 강도에 대해 설명할 수 있는 예를 기술하여라.

**9.8** 다음 상황에서 어떤 유형의 압력방출장치와 구성을 사용해야 하는지 설명하여라.

**a.** 공정유체는 매우 독성이 강하다.

**b.** 이 공정은 용기의 MAWP에 가깝게 작동한다.

**c.** 공정유체는 중합화 및 흐름을 막는 경향이 있다.

**d.** 매우 큰 릴리프가 필요하다.

**e.** 2가지 방출시나리오가 확인된다. 매우 큰 릴리프를 필요로 하는 폭주반응과 보다 더 자주 일어나고 다소 낮은 압력에서 일어나는 방출시나리오이다.

**f.** 공정은 주기적이고 큰 압력 사이클이 있다.

**g.** 공정 내 유체는 작은 지름의 고체입자를 가진 액체를 포함하고 있다.

**h.** 공정과 용기는 매우 높은 압력에서 작동한다.

**i.** 고압 시나리오는 매우 빨리 발생한다.

**j.** 공정은 고온에서 작동한다.

**k.** 플랜트 내 다른 작업으로 인해 릴리프 배출물은 압력 변동을 가진 채 헤더로 방출된다.

**l.** 압력방출장치는 많은 양의 유체를 방출한다.

CHAPTER 10

# 방출 용량의 결정

이 장의 학습목표는 다음에 대한 방출 용량의 크기를 이해하는 것이다.

**1.** 액체 및 증기

**2.** 2상(2-phase) 흐름

**3.** 화재 노출

**4.** 액체 열팽창

압력방출장치(relief device)의 환기 면적을 결정하기 위해서는 방출 용량의 크기를 파악해야 한다. 방출 용량의 크기를 결정하는 문제는 여기서 소개하기는 너무 복잡하기 때문에 이를 위해서는 이 분야 전문가의 컨설팅이 필요하다. 이 장에서는 몇 가지 간단한 사례만 제시하며, 방출 용량 결정 기술은 특히 2상 흐름에 대한 방출 용량의 크기를 결정하는 문제는 지금도 계속 발전하고 있다.

압력방출장치는 고압의 영향으로부터 공정장비를 보호하는 예방적 안전장치이다. 압력방출장치는 사용되지 않을 수도 있지만 필요한 경우에는 제대로 작동해야 한다. 플랜트 근무자들은 모든 릴리프 시스템(relief system)의 크기가 적절하게 설계되었다는 확신을 지녀야 한다.

방출 용량 결정시 방출설비 환기구 부분은 기본적인 유체역학 원리에 의한 방정식에 기반하여 계산된다. 방출구 면적 계산은 특정 적용조건, 흐름의 유형(액체, 증기 또는 2상) 및 선택한 방출설비의 유형에 따라 달라진다. 전체 릴리프 설계절차에 대한 자세한 내용은 9.4절 및 <표 9.2>를 참조하면 된다.

<그림 9.1>은 압력이 설정된 값을 초과하여 계속 상승하면서 방출 설정압력에서 방출설비가 열리기 시작하는 것을 보여준다. 설정된 압력에서 압력을 계속 유지하도록 설계된 릴리프는 매우 크고 비실용적인 방출크기가 필요하다. 방출 과압은 장치의 설계 특징이며 방출 용량 크기를 결정하기 전에 지정해야 한다.

<그림 10.1>은 과압이 증가함에 따라 방출 환기구 면적이 상당히 감소함을 보여준다. 제9장에서 언급한 바와 같이 릴리프의 주된 목적은 그 과정에서 에너지를 제거하는 것이다. 과

압이 증가함에 따라 릴리프를 통한 압력 구동력이 증가하고 방출되는 유체의 에너지 밀도가 증가한다. 종합적으로, 이러한 변화는 더 작은 환기구 면적을 초래한다.

스프링 작동식 릴리프는 일반적으로 밸브 시트를 개방 위치로 유지하기 위한 최소 필요 유량이 존재한다. 밸브 디스크의 빠른 개폐로 인해 흐름이 낮아지면 "chattering"이 발생할 수 있다(9.5장 참조). 이것은 압력방출장치의 파괴와 위험한 상황으로 이어질 수 있다. 필요한 흐름에 비해 면적이 너무 큰 압력방출장치는 "chattering"이 발생하기 쉽다. 또한 그 규모에 따라 압력방출장치의 원가가 급격하게 증가한다. 이러한 이유로, 구조물은 너무 작거나 너무 크지도 않은 적절한 방출면적으로 설계되어야 한다. 안정적으로 작동시키기 위해서는 방출구의 크기를 적절하게 조정하는 것이 필수적이다.

이 장에서는 다음 구성의 압력방출장치 방출구 면적계산 방법을 제시한다.

- 액체와 증기-가스의 방출
- 폭주 반응기 방출 시 2상 흐름
- 분진 및 증기 폭발
- 공정용기 외부 화재
- 공정유체의 열팽창

이 장에는 대기압 또는 저압 저장용기에 대한 방출 용량 크기를 결정하는 내용은 다루지 않는다. 보수적 환기(conservation vent)라고 불리는 이 방출구들은 전혀 다른 설계와 용량 크기 결정방법을 따르고 있다.

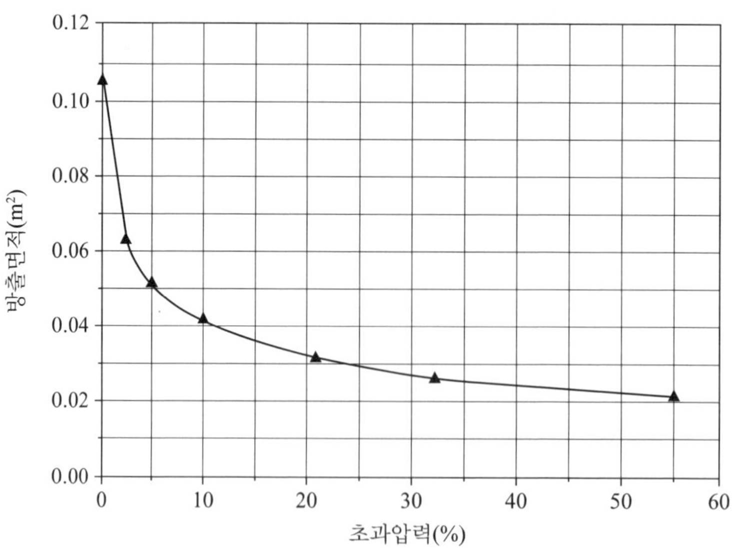


⇧ **그림 10.1** 2상 흐름에 대한 과압의 함수로서 필요 방출면적. 과압이 증가하면 방출면적은 감소한다. (출처: J. C. Leung, "Simplified Vent Sizing Equations for Emergency Relief Requirements in Reactors and Storage Vessels," *AICHE Journal* 32, no.10 (1986): 1622)

# 1 릴리프의 설정압력 및 축적한계

<그림 9.3>은 압력방출장치의 설정압력 및 축적한계에 대한 코드 조건을 보여주고 있다. 이러한 한계는 <표 10.1>에 요약되어 있다. 모든 퍼센트는 보호장비의 최대 허용 작동압력(MAWP) 기준이다. 표에서 누적압력은 MAWP의 백분율로 표현되는 전체 방출과정 동안 압력방출장치 입구에서의 최대압력이다.

<표 10.1>에는 비화재와 화재라는 2가지 방출시나리오가 나와 있다. 화재 시나리오는 장치 외부의 화재에 대한 방출을 고려한다(10.6절에서 자세히 설명). 화재가 발생하는 경우의 방출 용량은 외부 화재에서 발생하는 큰 열량을 다루기 때문에 매우 커야 한다. 일차 방출은 비 화재 시나리오를 다루기 위해 크기가 설정되어야 하며, 반면에 보충화재 방출은 화재 시나리오를 적절하게 처리하기 위한 크기를 설정해야 한다. <그림 9.3>과 <표 10.1>과 같이 일차 방출설비에 대한 설정압력은 MAWP를 초과하지 않아야 한다.

**표 10.1** 압력-방출설비에 대한 설정압력 및 축적한계 코드 조건

| 방출설비 | 단일 방출설비 | | 다중 방출설비 | |
|---|---|---|---|---|
| | 최대 설정압력 (% of MAWP) | 최대 축적압력 (% of MAWP) | 최대 설정압력 (% of MAWP) | 최대 축적압력 (% of MAWP) |
| **비화재 시나리오** | | | | |
| 일차 방출설비 | 100 | 110 | 100 | 116 |
| 추가 장치 | – | – | 105 | 116 |
| **화재 시나리오** | | | | |
| 일차 방출설비 | 100 | 121 | 100 | 121 |
| 추가 장치 | – | – | 105 | 121 |
| 보조 장치[a] | – | – | 110 | 121 |

출처: API RP 520, *Recommended Practice for the Sizing, Selection, and Installation of Pressure-Relieving Systems in Refineries*, 9th ed. (American Petroleum Institute, 2014).

[a] In addition to a nonfire relied device

**예제 10.1**

MAWP가 100 psig인 공정용기를 고려하여라. 비화재의 경우 (a) 100 psig 및 (b) 90 psig이 설정압력에 대한 최대 누적압력, 허용 과압 및 최대 방출압력을 결정하여라.

**해답**

답은 <표 10.1>에 수록되어 있다. 결과는 여기에 나타내었다.

**a.** 압력을 MAWP와 동일한 100 psig로 설정한다.

최대 누적압력: 110.0 psig (MAWP의 110%; <표 10.1> 참조)

허용 과압: 10.0 psi (최대 누적압력 − 설정압력)

최대 방출압력: 110.0 psig (설정압력 + 허용 과압)

**b.** 압력을 MAWP보다 낮은 90 psig로 설정한다.
최대 누적압력: 110.0 psig (MAWP의 110%; 표 10.1 참조)
허용 과압: 20.0 psi (최대 누적압력 – 설정압력)
최대 방출압력: 110.0 psig (설정압력 + 허용 과압)

설정압력이 (b)에서 낮더라도 최대 방출압력은 MAWP를 기반으로 하기 때문에 (a)에서와 동일하다.

---

**예제 10.2**

예제 10.1(a)을 적용하되, 다른 비화재 릴리프 장치를 추가하여라.

**해답**

답은 <표 10.1>에 수록되어 있다. 결과는 여기에 나타내었다.
첫 번째 방출설비:
방출 설정압력: 100.0 psig (MAWP와 동일)
최대 누적압력: 116.0 psig (MAWP의 16%; 표 10.1 참조)
허용 과압: 16.0 psig (최대 누적압력 – 설정압력)
최대 방출압력: 116.0 psig (설정압력 + 허용 과압)

추가 비화재 방출설비:
방출 설정압력: 105.0 psig (MAWP의 105%; 표 10.1 참조)
최대 누적압력: 116.0 psig (MAWP의 16%; 표 10.1 참조)
허용 과압: 11.0 psi (최대 누적압력 – 설정압력)
최대 방출압력: 116.0 pig (설정압력 + 허용 과압)

---

예제 10.1 및 10.2에 대한 몇 가지 의견:

1. 1차 및 추가 압력방출장치의 경우 1차 릴리프의 최대 설정압력을 MAWP로 설정하고 추가 압력방출장치의 최대 설정압력을 MAWP의 105%로 증가시킨다. 1차 방출설비가 먼저 열릴 것이다.
2. 1차 압력방출장치를 하나 더 추가하면 1차 압력방출장치의 최대 누적압력이 MAWP의 110%에서 116%로 증가한다. 추가 압력방출장치에 대한 최대 누적압력도 MAWP의 116%이다.
3. 1차 압력방출장치는 일반적으로 조절기 고장과 같은 보다 일상적인 방출시나리오를 다루기 위해 크기가 더 작다. 조절기는 폭주반응과 같은 보다 강력한 경감시나리오를 위해 훨씬 더 넓은 영역을 가질 수 있다.

## 2 액체설비의 방출 용량

스프링형 릴리프를 통과하는 흐름은 오리피스를 통과하는 흐름과 거의 같다. 이 흐름을 나타내는 방정식은 기계적 에너지 수지에서 도출된다(식 (4-1)). 그 결과는 식 (4-6)과 유사하다. 단, 압력이 밸브 시트 전체의 압력 차이로 표현된다는 점을 제외한다.

$$\bar{u} = C_o \sqrt{\frac{2g_c \Delta P}{\rho}} \tag{10-1}$$

여기서, $\bar{u}$ : 스프링 릴리프를 통과하는 액체속도 [거리/시간]

$C_o$ : 배출계수 [무차원]

$\Delta P$ : 릴리프를 교차하는 압력차(또는 압력강하) [힘/면적]

$\rho$ : 액체밀도 [질량/부피]

액체의 부피 흐름인 $Q_v$는 면적 또는 $\bar{u}A$로 구할 수 있다. 액체속도인 $u$를 방정식 (10-1)에서 $Q_v$에 대한 방정식으로 치환하면 릴리프의 단면적, $A$를 계산할 수 있다.

$$A = \frac{Q_v}{C_o \sqrt{2g_c}} \sqrt{\frac{\rho}{\Delta P}} \tag{10-2}$$

식 (10-2)에서 (1) 밀도, $\rho$을 비중으로 대체($\rho/\rho_{ref}$)하고, (2) 특정 단위 변환에 대한 적절한 치환값을 이용하면 다음의 식을 얻을 수 있다.

$$\boxed{A = \left[\frac{\text{in}^2 (\text{psi})^{1/2}}{38.0 \text{ gpm}}\right] \frac{Q_v}{C_o} \sqrt{\frac{(\rho/\rho_{ref})}{\Delta P}}} \tag{10-3}$$

여기시, $A$ : 계산된 릴리프의 면적 [$\text{in}^2$]

$Q_v$ : 릴리프를 통해 방출되는 부피흐름 [gal/min]

$C_o$ : 배출계수 [무차원]

$(\rho/\rho_{ref})$ : 액체의 비중 [무차원]

$\Delta P$ : 스프링식 릴리프의 압력강하 [$\text{lb}_f/\text{in}^2$]

식 (10-3)은 오리피스를 통한 흐름을 나타낸다. 보통 오리피스는 일정하고 고정된 면적을 가지고 있다. 그러나 스프링식 릴리프를 통한 흐름은 실제로 환형(annulus)을 통해 흐른다. 압력이 증가함에 따라 릴리프 스프링이 압축되어 환형 배출면적이 증가하고 유량이 증가한다.

식 (10-3)에서는 유체의 점도를 고려하지 않는다. 많은 공정유체는 점성이 높다. 이 경우 유체의 점도가 증가할수록 방출구 면적이 증가해야 한다.

마지막으로, 식 (10-3)은 밸런스드 벨로즈 타입의 특별한 경우를 고려하지 않는다.

미국기계학회(ASME)[1] 압력용기 코드는 액체 공급을 위한 모든 압력방출밸브(PRV)에 대해 인증을 받도록 규정되어 있다. ASME 인증 릴리프 밸브는 과압의 10% 이하에서 최대 정격 용량에 도달해야 한다. 릴리프 밸브는 미국 보일러 및 압력용기 검사인증을 받아야 한다. ASME 코드는 인증을 위한 밸브 플로우 테스트 방법을 제공하고 있다.

밸브를 인증하는 경우 다음과 같은 방출크기 방정식이 적용된다.[2]

$$A = \left[\frac{\mathrm{in}^2(\mathrm{psi})^{1/2}}{38.0\ \mathrm{gpm}}\right]\frac{Q_v}{C_o K_b K_c K_v}\sqrt{\frac{(\rho/\rho_{ref})}{P_1 - P_2}} \tag{10-4}$$

여기서,
$A$ : 계산된 방출면적 [$\mathrm{in}^2$]
$Q_v$ : 릴리프를 통해 방출되는 부피흐름 [gpm]
$C_o$ : 배출계수 [무차원]
$K_b$ : 배압(backpressure) 보정계수 [무차원]
$K_c$ : 결합(combination) 보정계수 [무차원]
$K_v$ : 점도(viscosity) 보정계수 [무차원]
$(\rho/\rho_{ref})$: 액체의 비중 [무차원]
$P_1$ : 게이지 상단 방출압력 [$\mathrm{lb_f/in^2}$], (= 허용가능한 과압 + 설정압력)
$P_2$ : 전체 게이지 배압 [$\mathrm{lb_f/in^2}$]

식 (10-4)를 미터 단위로 바꾸면

$$A = \left[\frac{(\mathrm{bar})^{1/2}\mathrm{s}}{14.16\ \mathrm{m}}\right]\frac{Q_v}{C_o K_b K_c K_v}\sqrt{\frac{(\rho/\rho_{ref})}{P_1 - P_2}} \tag{10-5}$$

여기서 변수들은 식 (10-4)에서와 동일한 의미를 가지며, 단위는 다음과 같다.

$A$ : $\mathrm{m}^2$
$Q_v$ : $\mathrm{m^3/s}$
$C_o$, $K_b$, $K_c$, $K_v$, $\rho/\rho_{ref}$ : 무차원
$P_1$, $P_2$ : bar

식 (10-4) 및 (10-5)의 용량 보정계수는 다음과 같이 정의된다.

1) *ASME Boiler and Pressure Vessel Code* (New York, NY: American Society of Mechanical Engineers, 2017).
2) *API RP 520, Sizing, Selection, and Installation of Pressure-Relieving Devices in Refineries,* 6th ed. (Washington, DC: American Petroleum Institute, 2017).

1. $C_o$는 배출계수로서 밸브 제조업체로부터 얻어야 한다. 정확한 값을 얻을 수 없는 경우 다음과 같이 유효 배출계수를 선택할 수 있다: 조합된 파열판을 포함 또는 포함하지 않고 설치된 스프링 작동식 릴리프의 경우 0.65. 파열판의 경우 0.62.
2. $K_b$는 배압(back pressure) 보정계수이다. 기존 밸브 및 파일럿 작동식 밸브의 경우 1.0의 값을 사용한다. 배압이 대기 중에 발생하면 1.0의 값을 사용한다. 밸런스드 벨로즈 밸브는 <그림 10.2>에 따라 결정된 보정계수를 요구한다.
3. $K_c$는 조합 보정계수로, PRV 상류에 파열판이 있는 설비에 대해 보정한다. 파열판을 설치하지 않은 경우 1.0의 값을 사용한다. PRV와 함께 파열판을 장착한 경우 0.9 값을 사용한다.
4. $K_v$는 점도 보정계수이며 밸브를 통한 점도가 높은 유체의 흐름으로 인한 추가 마찰 손실을 보정한다. 이 보정은 <그림 10.3>에 제시되어 있다. 액체의 점도가 증가함에 따라 필요한 환기구 영역이 커진다(레이놀즈 수는 감소). 레이놀즈 수는 점도 보정을 결정하는 데 필요하고, 환기구 영역은 레이놀즈 수를 계산하는 데 필요하기 때문에 절차가 반복적이다. 대부분의 방출에서 레이놀즈 수는 16,000개 이상이고 보정계수는 1에 가깝다. 이러한 가정은 계산을 시작하기 위한 초기 추정치로 자주 사용된다.

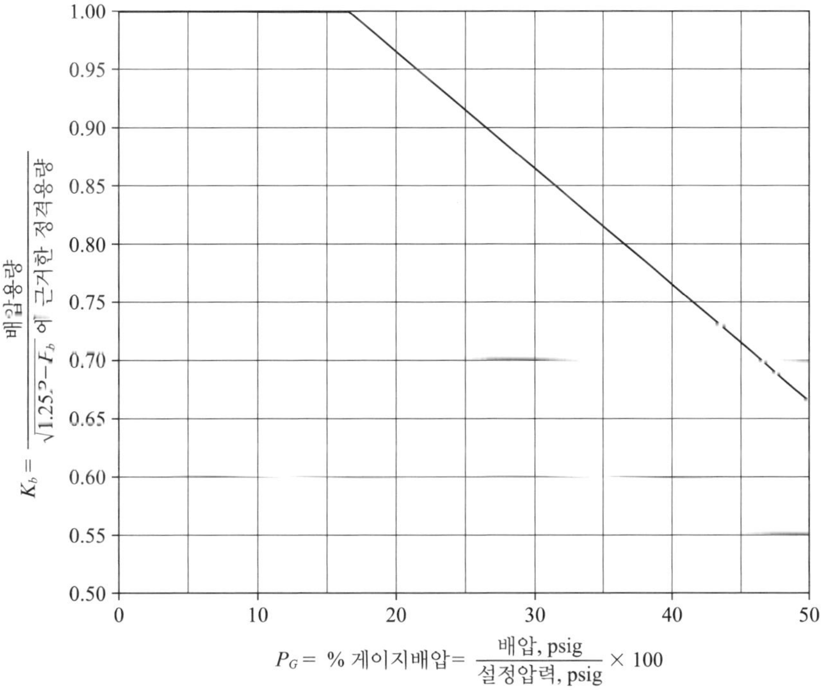


**그림 10.2** 액체설비에 사용하는 밸런스드 벨로즈식 릴리프의 25% 과압에 대한 배압보정계수($K_b$). $K_b = 1.165 - 0.01P_G$ (출처: APIRP 520, *Recommended Practice for the Sizing, Selection of Pressure-Relieving Systems in Refineries*, 9th ed. (2014))

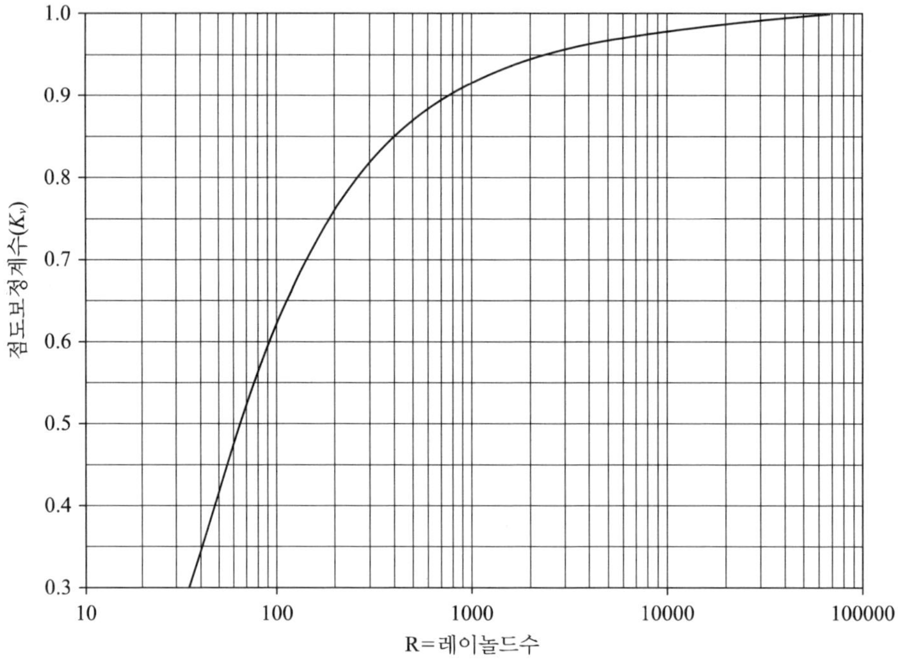


⇧ **그림 10.3** 액체설비의 컨벤셔널 및 밸런스드 벨로즈 릴리프에 대한 점도 보정계수 $K_v$
; $\ln K_v = 0.08547 - 0.9541/\ln R - 35.571/R$ (출처: APIRP 520, *Recommended Practice for the Sizing Selection, and Installation of Pressure-Relieving Systems in Refineries*, 9th ed. (2014))

Darby와 Molavi는 <그림 10.3>[3]에 표시된 점도 보정계수를 나타내는 방정식을 개발했다. 이 방정식은 레이놀즈 수가 100보다 큰 경우에만 적용된다.

$$K_v = 0.975\sqrt{\frac{1}{\frac{170}{Re} + 0.98}} \tag{10-6}$$

여기서, $K_v$ : 점도보정계수 [무차원]

$Re$ : 레이놀즈 수 [무차원]

용량 인증과 관련된 ASME가 존재하기 전에는 식 (10-4)를 사용하였다. 과압 보정계수, $K_p$는 25% 과압 이상 압력을 방출하기 위해 필요하다. 이를 고려하면 다음의 식을 얻을 수 있다.

$$\boxed{A = \left[\frac{\text{in}^2(\text{psi})^{1/2}}{38.0\ \text{gpm}}\right]\frac{Q_v}{C_o K_b K_c K_v K_p}\sqrt{\frac{(\rho/\rho_{ref})}{1.25P_s - P_2}}} \tag{10-7}$$

3) R. Darby and K. Molavi. "Viscosity Correction Factor for Safety Relief Valves." *Process Safety Progress* 16, no.2(2004), p.80-82.

여기서, $A$ : 계산된 방출면적 [$in^2$]
$Q_v$ : 릴리프를 통해 방출되는 부피흐름 [gpm]
$C_o$ : 배출계수 [무차원]
$K_b$ : 배압(backpressure) 보정계수 [무차원]
$K_c$ : 결합(combination) 보정계수 [무차원]
$K_v$ : 점도(viscosity) 보정계수 [무차원]
$K_p$ : 과압(overpressure) 보정계수 [무차원]
$(\rho/\rho_{ref})$: 표준상태에서의 액체의 비중 [무차원]
$P_s$ : 게이지 설정압력 [$lb_f/in^2$]
$P_2$ : 전체 게이지 배압 [$lb_f/in^2$]

식 (10-7)은 이 교과서의 이전 판에서 사용된 유일한 액체 용량 계산 방정식이었다. 식 (10-7)에 해당하는 미터 단위는 다음과 같다.

$$A = \left[\frac{(\mathrm{bar})^{1/2}\mathrm{s}}{14.16\ \mathrm{m}}\right]\frac{Q_v}{C_o\, K_b\, K_c\, K_v\, K_p}\sqrt{\frac{(\rho/\rho_{ref})}{1.25P_s - P_2}} \tag{10-8}$$

여기서 변수들은 식 (10-7)에서와 동일한 의미를 가지며, 단위는 다음과 같다.

$A$ : $m^2$
$Q_v$ : $m^3/s$
$C_o$, $K_b$, $K_c$, $K_v$, $K_p$ : 무차원
$(\rho/\rho_{ref})$ : 무차원
$P_s$, $P_2$ : bar

식 (10-7) 및 (10-8)의 용량 보정계수는 다음과 같이 정의된다.

1. $C_o$는 배출계수로서 밸브 제조업체로부터 얻어야 한다. 정확한 값을 모르는 경우 대략적으로, 0.62의 유효 방출계수를 사용한다.
2. $K_b$는 배압보정계수이다. 기존의 스프링 작동식 및 파일럿 작동식 밸브의 경우 1.0의 값을 적용한다. 배압이 대기이면 1.0의 값을 사용한다. 밸런스드 벨로즈 밸브는 <그림 10.2>에 따라 결정된 보정계수를 적용한다.
3. $K_c$는 조합 보정계수로, PRV 상류에 파열판이 있는 설비에 대해 적용한다. 파열판을 설치하지 않은 경우 1.0의 값을 사용한다. 파열판이 설치된 경우 자세한 내용은 API RP 510을 참조해서 적용해야 한다.
4. $K_v$는 점도 보정이며, 밸브를 통한 고점도 물질의 흐름으로 인한 추가 마찰손실을 보정한다. 식 (10-5) 아래의 Note 4를 참고해야 한다. 이 보정계수는 <그림 10.3> 또는 식 (10-6)에 주어져 있다.
5. $K_p$는 과압 보정이며 25% 과압에서 1.0의 값을 가진다. 25% 이상인 과압의 경우 <그림 10.4>를 이용해서 결정해야 한다.

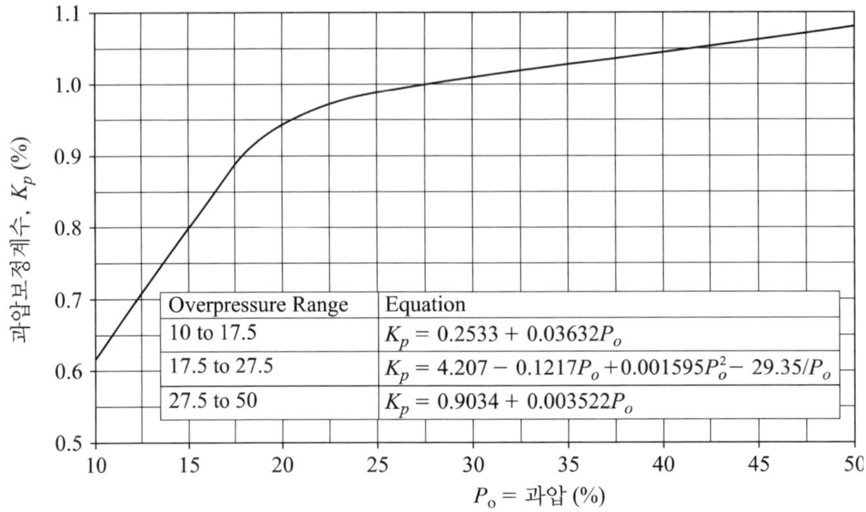


**그림 10.4** 액체설비의 스프링 작동식 릴리프(컨벤셔널 및 밸런스드 벨로즈)에 대한 압력보정계수, $K_p$ (출처: API RP 520, *Recommended Practice for the Sizing, Selection of Pressure-Relieving Systems in Refineries*, 9th ed. (2014))

## 예제 10.3

양변위 펌프는 200 psig의 압력에서 200 gpm의 정격이다. 입구 쪽 흐름이 막힌(deadheaded) 양변위 펌프는 쉽게 손상될 수 있으므로 펌프 보호에 필요한 용량 인증(capacity-certified) 스프링 작동식 릴리프에 대한 면적을 계산하여라. 펌프의 정격 압력은 250 psig이다. 중첩된 배압은 20 psig이고 일정하다. 25 psig의 과압을 가정하여 필요한 릴리프 면적을 결정하여라.

### 해답

용량 인증 액체 릴리프에는 식 (10-4)가 적용된다.

설정압력은 250 psig이다. $P_1$은 설정된 압력에 과압을 더한 값이다.

$$P_1 = 250\text{ psig} + 25\text{ psig} = 275\text{ psig}.$$

$P_2$는 총 게이지 역압, 20 psig이다. 물의 경우 $(\rho_f/\rho_{ref}) = 1.0$

배출 물질의 양은 펌프의 용량이므로 $Q_v = 200$ gpm이다.

배출(discharge)계수, $C_o$는 지정되지 않았다. 단, 예비 크기 결정을 하기 위해 0.65의 값을 사용한다.

이것은 종래의 스프링 작동식 릴리프이므로, 배압 보정은 $K_b = 1.0$이다.

펌프는 일반적으로 스프링 릴리프에 파열판 조합과 결합하지 않는다. 따라서 조합 보정계수인 $K_c$의 값은 1.0이다.

릴리프를 통한 레이놀즈 수는 릴리프 면적이 결정되기 이전에는 알 수 없다. 단, 200 gpm에서는 레이놀즈 수가 16,000보다 큰 것으로 가정한다. 따라서 점도 보정은 $K_v = 1.0$이다.

이 숫자들은 식 (10-4)로 대입한다.

$$A=\left[\frac{\text{in}^2(\text{psi})^{1/2}}{38.0\text{ gpm}}\right]\frac{Q_v}{C_oK_bK_cK_v}\sqrt{\frac{(\rho/\rho_{ref})}{P_1-P_2}}$$

$$=\left[\frac{\text{in}^2(\text{psi})^{1/2}}{38.0\text{ gpm}}\right]\frac{200\text{ gpm}}{(0.65)(1.0)(1.0)(1.0)}\sqrt{\frac{1.0}{(275-20)\text{ psig}}}=0.507\text{ in}^2$$

릴리프 직경은 다음과 같다.

$$d=\sqrt{\frac{4A}{\pi}}=\sqrt{\frac{(4)(0.507\text{ in}^2)}{(3.14)}}=0.80\text{ in}$$

제조업체는 0.01인치까지 방출설비를 제공하지 않는다. 따라서 상업적으로 이용할 수 있는 방출설비 크기에 따라 선택을 해야 한다. 밸브는 200 gpm의 흐름을 전달할 수 있을 정도로만 개방된다. 그러므로 다음으로 가장 큰(큰 용량을 가진) 것을 선택한다.

## 3 증기 또는 가스의 방출 용량

대부분의 증기 또는 기체가 압력방출장치를 통해 배출되는 경우 그 흐름은 매우 중요하다. 단, 하부흐름 압력은 식 (4-49)를 사용하여 계산한 초크 압력보다 낮음을 확인해야 한다. 다음의 식을 적용할 수 있다.

$$(Q_m)_{\text{choked}}=C_oAP\sqrt{\frac{\gamma g_c M}{R_g T}\left(\frac{2}{\gamma+1}\right)^{(\gamma+1)/(\gamma-1)}} \tag{4-50}$$

여기서, $(Q_m)_{\text{choked}}$ : 방출 질량흐름 [질량/시간]

$C_o$ : 배출계수 [무차원]

$A$ : 배출면적 [면적]

$P$ : 절대 상류 방출압력 = 설정압력 + 과압 [힘/면적]

$\gamma$ : 가스의 열용량 비 [무차원]

$g_c$ : 중력상수 [길이 질량/힘 시간$^2$]

$M$ : 가스의 분자량 [질량/몰]

$R_g$ : 이상기체상수

$T$ : 배출물의 절대온도

식 (4-50)은 규정된 질량 흐름, $Q_m$에 따라 방출 환기구 면적을 계산할 수 있다.

$$A=\frac{Q_m}{C_oP}\sqrt{\frac{T/M}{\frac{\gamma g_c}{R_g}\left(\frac{2}{\gamma+1}\right)^{(\gamma+1)/(\gamma-1)}}} \tag{10-9}$$

식 (10-9)는 함수 $\chi$를 정의하여 단순화 된다.

$$\chi = \sqrt{\frac{\gamma g_c}{R_g}\left(\frac{2}{\gamma+1}\right)^{(\gamma+1)/(\gamma-1)}} \tag{10-10}$$

그런 다음 이상기체에 필요한 환기구 면적은 식 (10-9)의 단순화된 형태를 사용하여 계산한다.

$$A = \frac{Q_m}{C_o \chi P}\sqrt{\frac{T}{M}} \tag{10-11}$$

식 (10-11)은 (1) 비 이상기체를 나타내기 위한 압축인자, $z$를 포함하고, (2) 등압 보정계수, $K_b$를 포함하며, (3) 스프링식 릴리프 아래에 파열판의 존재를 설명하기 위한 조합 보정계수, $K_c$를 포함한다. 결과는 다음과 같다.[4)]

$$\boxed{A = \frac{Q_m}{\chi C_o K_b K_c P}\sqrt{\frac{Tz}{M}}} \tag{10-12}$$

여기서, $A$ : 릴리프 환기구 면적 [면적]
$Q_m$ : 방출유량 [질량/시간]
$C_o$ : 방출물이 유효 배출계수로 보통 0.975 [무차원]이다.
$K_b$ : 배압 보정계수 [무차원]
$K_c$ : 결합 보정계수 [무차원]
$P$ : 최대 절대 방출압력 = 설정압력 + 과압 [힘/면적, 절대압]
$T$ : 절대온도
$z$ : 압축인자 [무차원]
$M$ : 방출물의 평균 분자량 [질량/몰]

식 (10-12)는 오리피스를 통한 임계 흐름이 하부흐름 압력과 독립적이기 때문에 하부흐름 압력을 포함하지 않는다.

상수 $\chi$는 식 (10-10)을 사용하여 계산한다. 다음과 같은 고정 단위 식을 사용하여 편리하게 계산할 수 있다.

$$\chi = \left[519.5\frac{(\text{lb-mol lb}_\text{m}\,^\circ\text{R})^{1/2}}{\text{lb}_\text{f}\text{ hr}}\right]\sqrt{\gamma\left(\frac{2}{\gamma+1}\right)^{(\gamma+1)/(\gamma-1)}} \tag{10-13}$$

식 (10-13)을 식 (10-12)와 함께 사용할 경우 다음과 같은 단위를 사용해야 한다: $Q_m$ 단

4) *API RP 520, Sizing, Selection, and Installation of Pressure-Relieving Devices in Refineries*, 6th ed. (Washington DC: American Petroleum Institute, 2017).

위는 $lb_m$/hr, $P$는 psia, $T$는 °R, $M$은 $lb_m$/lb-mol이다. 계산된 면적은 $in^2$이다.

식 (10-13)에 해당하는 미터 단위 식은 다음과 같다.

$$\chi = \left[3.468 \times 10^4 \frac{(\text{mol kg K})^{1/2}}{\text{bar s m}^2}\right] \sqrt{\gamma\left(\frac{2}{\gamma+1}\right)^{(\gamma+1)/(\gamma-1)}} \tag{10-14}$$

식 (10-12)를 식 (10-14)와 함께 사용하는 경우 다음과 같은 단위를 사용해야 한다: $Q_m$ (kg/s), $P$(bar), $T$(K) 및 $M$(kg/mol) 단위. 계산된 면적은 $m^2$이다.

식 (10-12)의 용량 보정계수는 다음과 같이 정의된다.

**1.** $C_o$는 방출계수로서 제조업체가 제공해야 한다. 정확한 값이 없는 경우 다음 값을 사용한다.

PRV가 파열판을 함께 사용하거나 사용하지 않고 설치된 경우: 0.975

파열판에 대한 크기 조정 시: 0.62

**2.** $K_b$는 배압에 대한 용량 보정계수로서 제조업체가 제공해야 한다. 정확한 값이 없는 경우 밸런스드 벨로즈 벨브에만 <그림 10.5>를 사용한다. 기존 밸브 및 파일럿 작동식 밸브의 경우 1.0의 값을 사용한다.

**3.** $K_c$는 밸브 상류 파열판의 조합 보정계수다. 상부흐름 파열판이 없는 경우 1.0의 값을 사용한다. PRV와 함께 파열판을 설치하는 경우와 인증된 값이 없는 경우에는 0.9를 사용한다. 자세한 내용은 API RP 520을 참조한다.

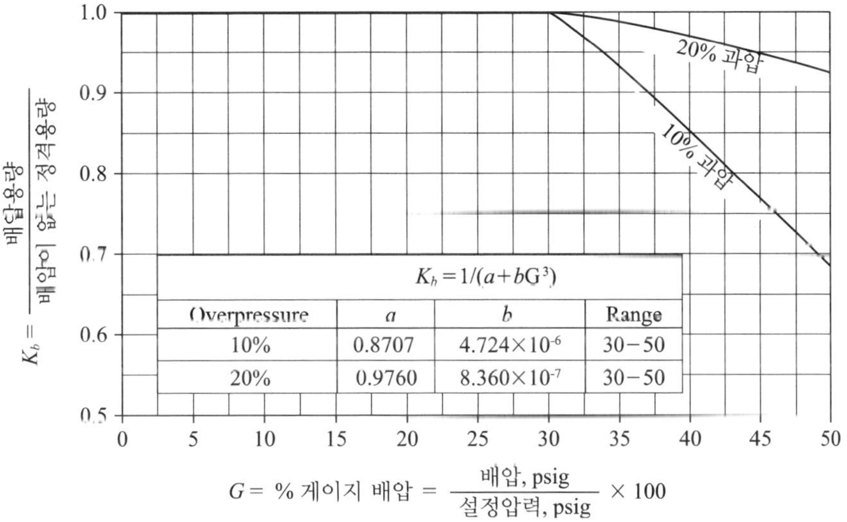


$K_b = 1/(a+bG^3)$

| Overpressure | $a$ | $b$ | Range |
|---|---|---|---|
| 10% | 0.8707 | $4.724\times10^{-6}$ | 30−50 |
| 20% | 0.9760 | $8.360\times10^{-7}$ | 30−50 |

**그림 10.5** 증기 또는 가스설비의 밸런스드 벨로즈 릴리프에 대한 배압보정계수, $K_b$
(출처: API RP 520, *Recommended Practice for the Sizing, Selection, and Installation of Pressure-Relieving Systems in Refineries*, 9th ed.(2014))

### 미임계 증기/가스 흐름

압력방출장치를 통한 증기/가스의 임계 흐름이 일반적이지만, 미임계(subcritical) 흐름도 발생할 수 있다. 4.5절 및 4.6절을 참조하여 특정 사례에서 미임계 흐름 또는 임계 흐름이 발생하는지 여부를 확인해야 한다. 압력방출장치를 통한 미임계 흐름은 API RP 520(2014)의 p.66를 참조해야 한다.

### 수증기 흐름의 방출 용량 결정

수증기는 증기(vapor)의 흐름의 특수한 경우로 수증기의 물리적 성질은 잘 알려져 있다. API RP 520에는 수증기 전용 방출 용량을 결정하는 절차(표준 72쪽)가 나와 있다.

### 파열판 크기 결정

파열판은 가스, 증기, 액체 또는 다상(multiphase) 흐름을 위한 1차 압력방출장치로 사용될 수 있다. API RP 520에 따르면 파열판 크기 결정에는 2가지 방법이 있다. 첫 번째 방법은 액체 및 증기에서 제시된 방정식을 사용한다. 액체 서비스에는 식 (10-4) 또는 식 (10-7)을 사용하고 증기 서비스에는 식 (10-12)를 사용한다. 방출계수는 0.62를 적용해야 한다. 이 방법은 다음과 같은 시나리오에서만 사용할 수 있다.

**1.** 파열판이 대기로 직접 배출될 때
**2.** 용기 진입 노즐에서부터 설치된 배관 지름의 8배 크기 이내의 파열판을 설치할 때
**3.** 파열판의 배출길이가 파이프의 지름보다 5배 이하일 때
**4.** 입구 및 출구 배출배관이 파열판의 직경과 같거나 큰 경우

자세한 내용은 API RP 520 페이지 81을 참조한다.

파열판 크기 결정의 두 번째 방법은 4.4절에 설명한 흐름 저항 방법을 속도 헤더 방법과 함께 사용하는 것이다. 이 접근방식은 파열판 장치, 배관 및 기타 배관 구성요소, 입구 및 출구 손실, 엘보우, 티(tee), 감쇠기, 밸브 및 기타 배관 구성요소를 포함해야 한다. 이 방법의 불확실성을 해소하기 위해 계산된 방출 용량에 0.9 이하의 값을 곱해야 한다. 자세한 내용은 API RP 520 페이지 81을 참조한다.

### 파일럿 작동식 릴리프의 크기 결정

파일럿 작동식 릴리프의 경우 밸브 리프트가 배압의 영향을 받지 않기 때문에 설정압력이나 용량 모두 배압의 영향을 받지 않는다.

## 좌굴 핀 릴리프 크기 결정

좌굴 핀의 크기, 적용 및 최소 요구 사항은 ASME 코드의 UG-127(b) 및 UG-138을 참조한다.

**예제 10.4**

반응기에 대해 확인된 한 가지 고압 시나리오는 질소 조정기의 고장이며, 직경 10 cm의 공급 파이프를 통해 고압질소가 반응기에 진입할 수 있다. 질소의 원(source)은 25℃, 10 barg이다. 반응기 MAWP는 3.0 barg이다. 이 사건으로부터 반응기를 보호하는 데 필요한 밸런스드 벨로즈 스프링 형태 증기 릴리프의 직경을 결정하여라. 0.5 bar의 반복적인 중첩된 배압을 가정한다.

**해답**

<표 10.1>에서 최대 설정압력은 3.0 barg에서 용기의 MAWP와 동일하다. 최대 누적압력은 $1.10 \times 3.0$ barg = 3.3 barg = 4.3 bara이다.

질소 원은 10 barg = 11.01 bara이다. 조정기가 고장나면 질소가 반응기를 범람시켜 압력을 증가시키고 MAWP를 초과하게 된다. 10 cm 파이프를 통해 공급되는 만큼 빠르게 질소를 배출할 수 있도록 환기구가 설치되어야 한다. 배관시스템에 대한 다른 정보는 제공되지 않기 때문에 배관으로부터의 흐름은 오리피스를 통한 임계 흐름으로 표현된다고 가정한다. 식 (4-50)을 적용한다.

$$(Q_m)_{\text{choked}} = C_o A P \sqrt{\frac{\gamma g_c M}{R_g T}\left(\frac{2}{\gamma+1}\right)^{(\gamma+1)/(\gamma-1)}} \qquad \text{(4-50)}$$

그러나 먼저 파이프를 가로지르는 초크압력은 임계 흐름을 보장하도록 결정되어야 한다. 이원자 가스의 경우 초크압력은 다음과 같이 주어진다(4.5절 참조).

$$P_{\text{choked}} = 0.528\,P = (0.528)(11.01\text{ bara}) = 5.8\text{ bara}$$

반응기의 최대 누적압력은 4.3 bara이다. 따라서 반응기의 압력은 초크압력보다 적으며 10 cm 선을 통과하는 반응기로 들어가는 유량은 음속이 된다. 식 (4-50)에 필요한 값은 다음과 같다.

$$A = \frac{\pi d^2}{4} = \frac{(3.14)(0.10\text{ m})^2}{4} = 7.85 \times 10^{-3}\text{ m}^2$$

$$P = 11.01\text{ bara}$$

$$\gamma = 1.40$$

$$T = 25℃ + 273 = 298\text{ K}$$

$$M = 0.028\text{ kg/mol}$$

$$\left(\frac{2}{\gamma+1}\right)^{(\gamma+1)/(\gamma-1)} = \left(\frac{2}{1.4+1}\right)^{(2.4/0.4)} = 0.335$$

파이프를 통한 음속흐름의 배출계수, $C_o$는 1.0으로 추정되므로, 식 (4-50)에 대입하면

$$(Q_m)_{\text{choked}} = (1.0)(7.85\times10^{-3}\text{m}^2)(11.01\text{ bara})\left(\frac{10^5\text{ N/m}^2}{\text{bar}}\right)$$
$$\times\sqrt{\frac{(1.4)(1.0\text{ kg m/N s}^2)(0.028\text{ kg/mol})(0.335)}{(8.314\times10^{-5}\text{ bar m}^3/\text{mol K})(298\text{ K})\left(10^5\frac{\text{N/m}^2}{\text{bar}}\right)}}$$
$$= (8.64\times10^3\text{ N})\sqrt{5.30\times10^{-6}\text{ kg}^2/\text{N}^2\text{s}^2} = 19.9\text{ kg/s}$$

방출 환기구 면적은 <그림 10.5>에서 결정한 등압 보정 $K_b$로, 식 (10-12)와 (10-14)를 사용하여 계산한다. 배압은 0.5파운드다. 따라서

$$\left(\frac{\text{배압, barg}}{\text{설정압, barg}}\right)\times100 = \left(\frac{0.5\text{ barg}}{3.0\text{ barg}}\right)\times100 = 16.7\%$$

<그림 10.5>에서 $K_b = 1.0$.
릴리프에 대한 유효배출계수, $C_o$는 0.975이다. 이 압력에서 가스압축인자, $z$는 1이다.
압력, $P$는 절대 최고압력인 3.0 barg + 0.5 barg = 3.5 barg = 4.51 bara이다.
상수, $\chi$는 식 (10-14)에 의해 다음과 같이 계산된다.

$$\chi = \left[3.468\times10^4\frac{(\text{mol kg K})^{1/2}}{\text{bar s m}^2}\right]\sqrt{\gamma\left(\frac{2}{\gamma+1}\right)^{(\gamma+1)/(\gamma-1)}}$$
$$= 3.468\times10^4\sqrt{(1.4)(0.335)} = 2.37\times10^4\frac{(\text{mol kg K})^{1/2}}{\text{bar s m}^2}$$

식 (10-9)을 이용하여 필요한 방출면적을 구하면

$$A = \frac{Q_m}{C_o\chi K_b P}\sqrt{\frac{Tz}{M}}$$
$$= \frac{19.9\text{ kg/s}}{(0.975)\left[2.37\times10^4\frac{(\text{mol kg K})^{1/2}}{\text{bar s m}^2}\right](1.0)(4.51\text{ bara})}\sqrt{\frac{(298\text{ K})(1.0)}{(0.028\text{ kg/mol})}}$$
$$= 1.97\times10^{-2}\text{ m}^2$$

필요한 방출직경은

$$d = \sqrt{\frac{4A}{\pi}} = \sqrt{\frac{4(1.97\times10^{-2}\text{ m}^2)}{(3.14)}} = 0.16\text{ m} = 16\text{ cm}$$

다음으로 큰 밸브 크기는 제조업체에서 선택한다. 만약 증기 릴리프 밸브가 터지면, 밸브는 일정 시간 동안 열렸다가 일정 시간 동안 닫힌다. 개방/폐쇄 간격의 평균 유량은 필요한 질소 흐름과 동일하다.

**예제 10.5**

예제 10.4에 설명된 용기를 보호하는 데 필요한 파열판, 환기구 직경을 계산하여라.

**해답**

실제 배관 관련 정보는 전혀 모르기 때문에 용량 배출 보정방법을 사용하고 나열된 모든 조건이 충족된다고 가정할 것이다. 풀이는 식 (10-12)에 의해 제공된다. 풀이는 예제 10.4와 동일하지만 배출계수, $C_o = 0.62$이다. 그러므로 방출면적은 다음과 같다.

$$A = (1.97 \times 10^{-2}\ \text{m}^2)\left(\frac{0.975}{0.62}\right) = 3.05 \times 10^{-2}\ \text{m}^2$$

파열판의 환기구 직경은

$$d = \sqrt{\frac{4A}{\pi}} = \sqrt{\frac{4(3.05 \times 10^{-2}\ \text{m}^2)}{3.14}} = 0.197\ \text{m} = 19.7\ \text{cm}$$

참고로, 스프링식 릴리프 직경은 16 cm이다.

## 4 폭주반응 방출시 2상 흐름

일반적으로 2상 흐름은 반응기 내에서 폭주반응이 발생할 때 방출과정에서 발생할 수 있다. <표 8.8>에 기술된 하나 이상의 열량계를 사용한 연구를 통해 2상 방출 용량 결정에 필요한 데이터를 얻을 수 있다. 2상 흐름을 확인한 후 열량계를 사용하여 복잡한 흐름 방식을 판별해야 한다. 방출을 통한 2상 흐름은 여기에서 소개된 것보다 훨씬 복잡하다. 더구나 그 기술은 여전히 상당한 발전을 하고 있다.

현재 2상 방출 용량 결정에 3가지 지배적인 방법이 있다.

- Leung 방법
- Fauske 방법
- API 방법

위 방법의 구체적 내용은 이 장의 끝에 있다. 여기서는 Leung 방법만 소개하고자 한다.

<그림 10.6>은 **완화형 반응기**로 불리는 가장 일반적인 유형의 반응기를 보여주고 있다. 반응기에 휘발성 액체가 들어 있어 완화과정에서 기화하거나 순간증발 때문에 완화형이라고 한다. 이 기화는 기화열을 이용하여 에너지를 제거하고 발열반응에 따른 온도 상승속도를 완화시킨다.

이 폭주반응은 완전한 단열공정으로 가정한다. 에너지와 관련된 부분은 (1) 과압으로 인한 반응기 유체의 온도 상승에 의해 잠열로 저장된 에너지 축적 (2) 반응기 내 액체의 기화에

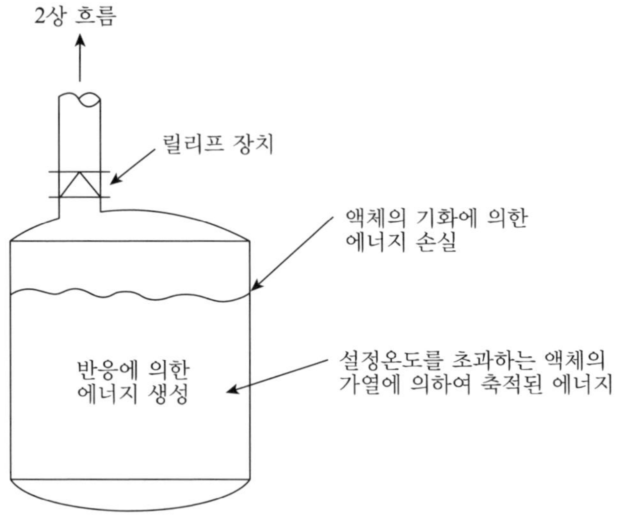


⇧ **그림 10.6** 중요한 에너지 관계를 보여주고 있는 격렬한 반응시스템

따른 에너지 제거 및 방출구를 통한 연속방출, 두 부분이다.

2상 방출에 대한 방출 용량 계산의 첫 번째 단계는 릴리프를 통한 질량 유량을 결정하는 것이다. 이는 식 (4-105)를 사용해 계산되며, 구멍(hole)을 통한 2상 초크 흐름을 나타낸다.

$$Q_m = \frac{\Delta H_v\, A}{v_{fg}} \sqrt{\frac{g_c}{T_s\, C_p}} \tag{4-105}$$

여기서, $Q_m$ : 릴리프를 통한 질량흐름 [질량/시간]

$\Delta H_v$ : 유체의 증발열 [에너지/질량]

$A$ : 개구부의 면적 [면적]

$v_{fg}$ : 플래싱(순간 증발) 액체의 비체적(specific volume)의 변화 [부피/질량]

$C_p$ : 유체의 열용량 [에너지/질량·온도]

$T_s$ : 설정압력에서 유체의 절대 포화온도 [온도]

질량플럭스, $G_T$는 다음과 같다.

$$G_T = \frac{Q_m}{A} = \frac{\Delta H_v}{v_{fg}} \sqrt{\frac{g_c}{T_s\, C_p}} \tag{10-15}$$

식 (10-15)는 구멍을 통한 2상 방출에 적용된다. 배관을 통과하는 2상 유량의 경우 전체 무차원 계수, $\Psi$가 적용된다. 식 (10-15)는 초크 흐름에 대한 소위 평형률 모델(ERM)이다.[5]

5) H. K. Fauske, "Flashing Flows or: Some Practical Guidelines for Emergency Release," *Plant Operations Progress* 4, no.3 (July, 1985) 132-134.

Leung은 식 (10-15)에 고전적인 균일 평형 모델(HEM)과 일치하는 값을 가져오려면 0.9의 인수를 곱해야 한다는 것을 보여주었다.[6] 이 결과는 일반적으로 반응기 내의 물질 상과 배출되는 물질의 상이 균일한 경우 적용되어야 한다:

$$G_T = \frac{Q_m}{A} = 0.9\,\Psi\,\frac{\Delta H_v}{v_{fg}}\sqrt{\frac{g_c}{T_s C_p}} \tag{10-16}$$

$\Psi$에 대한 값은 <그림 10.7>에 제시되어 있다. 길이가 0인 파이프의 경우 $\Psi = 1$이며, 파이프 길이가 증가할수록 $\Psi$값은 감소한다.

결과에 따라 식 (4-103)을 정리하면 다음과 같은 간단한 식을 도출할 수 있다.

$$\frac{\Delta H_v}{v_{fg}} = T_s\,\frac{dP}{dT} \tag{10-17}$$

식 (10-16)을 이용하면 아래의 식을 구할 수 있다.

$$G_T = 0.9\,\Psi\,\frac{dP}{dT}\sqrt{\frac{g_c T_s}{C_p}} \tag{10-18}$$

이 식은 유한미분법에 의해 대략적인 식을 다음과 같이 유도할 수 있다.

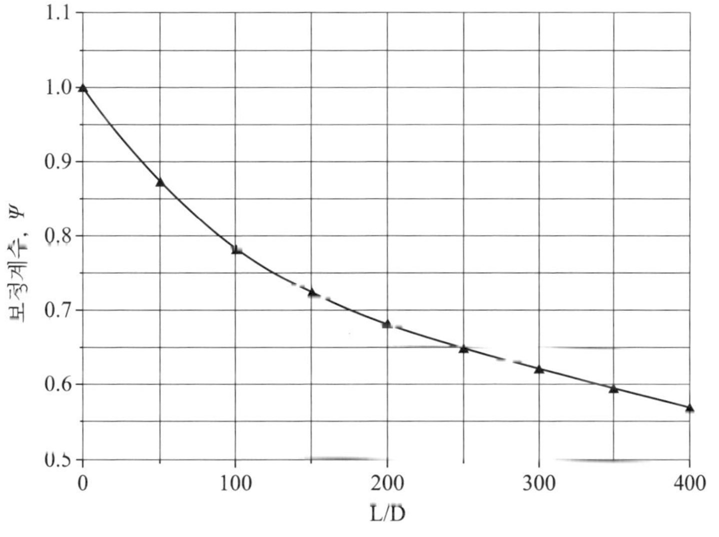


그림 10.7 파이프를 통한 2상 플래싱 흐름에 대한 보정계수, $\Psi$ (출처: J. C. Leung and M. A. Grolmes, "The Discharge of Two-Phase Flashing Flow in a Horizontal Duct," *AIChE Journal* (1987), 33(3): 524-527)

6) J. C. Leung, "Simplified Vent Sizing Equations for Emergency Relief Requirements in Reactors and Storage Vessels," *AICHE Journal* (1986), 32(10): 1622.

$$G_T \cong 0.9\,\Psi \frac{\Delta P}{\Delta T}\sqrt{\frac{g_c T_s}{C_p}} \tag{10-19}$$

여기서, $\Delta P$ : 과압 [힘/면적]

$\Delta T$ : 과압에 상응하는 온도상승 [온도]

필요한 방출면적은 특정 형태의 동적 에너지 수지를 이용하여 계산할 수 있다.[7)]

$$A = \frac{m_o\, q}{G_T\left(\sqrt{\frac{V}{m_o}\frac{\Delta H_v}{v_{fg}}} + \sqrt{C_v \Delta T}\right)^2} \tag{10-20}$$

식 (4-17)을 이용하면 아래와 같은 식을 얻을 수 있다.

$$A = \frac{m_o\, q}{G_T\left(\sqrt{\frac{V}{m_o} T_s \frac{dP}{dT}} + \sqrt{C_v \Delta T}\right)^2} \tag{10-21}$$

여기서, $m_o$ : 방출 전에 반응용기 내에 들어있는 물질의 전체 질량 [질량]

$q$ : 단위질량당 발열량의 방출속도 [에너지/시간]

$V$ : 용기의 부피 [부피]

$C_v$ : 정적열용량 [에너지/질량 · 온도]

식 (10-20)과 (10-21)의 경우 방출면적은 방출설비에 들어온 총 열(분자)과 방출설비에서 밖으로 나가거나 제거되거나 흡수된 열(분모)을 기반으로 한다. 분모에서 첫 번째 항은 방출설비에서 나가는 액체와 증기에 의해 사라진 열과 일치하며, 두 번째 항은 과압으로 인해 액체의 온도를 높인 결과 흡수된 열과 일치한다.

발열반응으로 인한 생성된 열, $q$는 기본적인 반응정보 또는 열량계를 사용하여 결정된다(표 8.8 참조). VSP (Vent Sizing Package)를 사용하여 얻은 데이터의 경우 식은 다음과 같다.

$$q = \frac{1}{2} C_v \left[\left(\frac{dT}{dt}\right)_s + \left(\frac{dT}{dt}\right)_m\right] \tag{10-22}$$

여기서, 첨자 "$s$"로 표시된 미분항은 설정압력에서 발열속도에 해당하며, 첨자 "$m$"으로 표시된 미분항은 최대 회복 압력에서 온도 상승에 해당된다. 두 미분값 모두 VSP를 사용하여 실험적으로 결정한다.

7) J. C. Leung, "Simplified Vent Sizing Equations for Emergency Relief Requirements in Reactors and Storage Vessels," *AICHE Journal* (1986), 32(10): 1622.

방정식에는 다음과 같은 가정이 포함된다.

1. 균일한 거품 또는 균일 방출이 발생한다.
2. 질량 플럭스, $G_T$는 방출 기간 동안 거의 변화가 없다.
3. 단위질량 당 반응에너지, $q$는 상수로 처리된다.
4. 물성치 $C_v$, $\Delta H_v$ 및 $v_{fg}$는 일정하다.
5. 시스템은 완화형 반응기 시스템이다. 이것은 대부분의 반응시스템에 적용된다.

2상 방정식을 사용할 때 단위변환 문제가 발생할 수 있다. 가장 좋은 절차는 영국 공학 단위를 사용하는 경우 모든 에너지 단위를 기계적 당량(mechanical equivalent)으로 변환하는 것이다.

**예제 10.6**

Leung[8)]은 실수로 70℃까지 가열된 후 단열 중합 중인 스티렌 모노머를 가진 3500 gal 반응기와 관련된 Huff[9)]의 데이터를 보고했다. 용기의 MAWP는 5 bar이다. 다음 데이터를 고려하여 필요한 방출 환기구 직경을 결정하여라. 4.5 bara의 설정압력과 5.4 bara의 최대압력을 가정한다.

부피($V$) : 3,500 gal = 13.16 m$^3$
반응질량($m_o$) : 9,500 kg
설정온도($T_s$) : 209.4℃ = 482.5 K

**VSP로부터 구한 데이터**

최대 온도($T_m$) : 219.5℃ = 492.7 K
$(dT/dt)_s$ = 29.6℃/min = 0.493 K/s
$(dT/dt)_m$ = 39.7℃/min = 0.662 K/s

**물리적 특성치**

| 물리적 특성치 | 설정압력, 4.5 bar | 최대압력, 5.4 bar |
|---|---|---|
| $v_f$ m$^3$/kg | 0.001388 | 0.001414 |
| $v_g$ m$^3$/kg | 0.08553 | 0.07278 |
| $C_p$, kJ/kg K | 2.470 | 2.514 |
| $\Delta H_v$, kJ/kg | 310.6 | 302.3 |

**해답**

식 (10-22)을 이용하여 가열속도, $q$를 구한다.

8) J. C. Leung, "Simplified Vent Sizing Equations for Emergency Relief Requirements in Reactors and Storage Vessels," *AICHE Journal* (1986), 32(10): 1622.
9) J. E. Huff, "Emergency Venting Requirements," *Plant/Operations Progress*, 1(4), p.211, 1982.

$$q = \frac{1}{2} C_v \left[ \left( \frac{dT}{dt} \right)_s + \left( \frac{dT}{dt} \right)_m \right] \tag{10-22}$$

$C_v = C_p$로 가정하면

$$q = \frac{1}{2}(2.470 \text{ kJ/kg K})\ (0.493 + 0.662)(\text{K/s}) = 1.426 \text{ kJ/kg s}$$

식 (10-16)에 의해 질량 플럭스, $G_T$를 구한다. $L/D = 0$, $\Psi = 1.0$으로 가정한다.

$$\begin{aligned} G_T &= 0.9\Psi \frac{\Delta H_v}{v_{fg}} \sqrt{\frac{g_c}{T_s C_p}} \\ &= (0.9)(1.0) \frac{(310{,}600 \text{ J/kg})\ [1 \text{ N m/J}]}{(0.08553 - 0.001388)\ \text{m}^3/\text{kg}} \times \sqrt{\frac{[1(\text{kg m/s}^2)/\text{N}]}{(2{,}470 \text{ J/kg K})(482.5 \text{ K})[1 \text{ N m/J}]}} \\ &= 3{,}043 \text{ kg/m}^2\text{s} \end{aligned}$$

식 (10-20)을 이용하여 방출면적을 구한다.
여기서, 온도변화 $\Delta T$는 $T_m - T_s$로 $492.7 - 482.5 = 10.2$ K이다.

$$\begin{aligned} A &= \frac{m_o q}{G_T \left[ \sqrt{\frac{V}{m_o} \frac{\Delta H_v}{v_{fg}}} + \sqrt{C_v \Delta T} \right]^2} \\ &= \frac{(9{,}500 \text{ kg})(1{,}426 \text{ J/kg s})[1 \text{ N m/J}]}{(3{,}043 \text{ kg/m}^2\text{s})} \\ &\times \left[ \sqrt{\frac{13.16 \text{ m}^3}{9{,}500 \text{ kg}} \left( \frac{(310{,}600 \text{ J/kg})[1 \text{ N m/J}]}{(0.08414 \text{ m}^3/\text{kg})} \right)} + \sqrt{(2{,}470 \text{ J/kg K})(10.2 \text{ K})[1 \text{ N m/J}]} \right]^{-2} \\ &= 0.084 \text{ m}^2 \end{aligned}$$

따라서 필요한 방출직경은

$$d = \sqrt{\frac{4A}{\pi}} = \sqrt{\frac{(4)(0.084 \text{ m}^2)}{3.14}} = 0.327 \text{ m}$$

모든 증기 방출을 가정해 보자. 필요한 증기상 파열판의 크기는 모든 열에너지가 액체의 기화에 의해 흡수된다고 가정하여 결정된다. 설정온도에서 열 방출속도, $q$는

$$q = C_v \left( \frac{dT}{dt} \right)_s = (2.470 \text{ kJ/kg K})\ (0.493 \text{ K/s}) = 1.218 \text{ kJ/kg s}$$

릴리프를 통한 증기의 질량흐름은

$$Q_m = \frac{q m_o}{\Delta H_v} = \frac{(1{,}218 \text{ J/kg s})(9{,}500 \text{ kg})}{(310{,}600 \text{ J/kg})} = 37.2 \text{ kg/s}$$

가스와 증기의 방출에 적용하는 식 (10-9)에 의해 필요한 방출면적을 구한다. 스티렌의 분자량은 104이고 $\gamma$=1.32, 그리고 $C_o$ = 1.0으로 가정한다.

$$A = \frac{Q_m}{C_o P}\sqrt{\frac{R_g T}{\gamma g_c M}\left(\frac{2}{\gamma+1}\right)^{(\gamma+1)/(1-\gamma)}}$$

$$= \frac{(37.2\ \text{kg/s})}{(1.0)(4.5\ \text{bar})(100{,}000\ \text{Pa/bar})[1\ (\text{N/m}^2)/\text{Pa}]}$$

$$\times \sqrt{\frac{(8{,}314\ \text{Pa m}^3/\text{kg-mol K})(482.5\ \text{K})[1\ (\text{N/m}^2)/\text{Pa}]}{(1.32)[1(\text{kg m/s}^2)/\text{N}](104\ \text{kg/kg-mol})}} \times \sqrt{\left(\frac{2}{2.32}\right)^{2.32/(-0.32)}}$$

$$= 0.0242\ \text{m}^2$$

이를 위해서는 지름 0.176 m의 압력방출장치가 필요하며, 이는 2상 흐름의 경우보다 직경이 현저히 작다. 따라서 만약 모든 증기 방출을 가정하여 방출구 크기를 가정했다면 그 결과는 물리적으로 부정확하고 반응기를 보호하기에 불충분할 것이다.

---

## 5 분진과 증기 폭발에 대한 폭연방출

저장시설이나 공정에서 제어가 불가능한 분진, 가스/증기 폭발은 상당한 범위에 걸쳐 빠른 속도를 가진 파편을 생성하여 사고를 전파하고 부상자가 증가할 수 있다. 폭연 환기구는 폭발에너지의 방출을 제어함으로써 분진과 증기운 폭발의 충격을 감소시킨다. 이를 통해 폭연으로부터 발생하는 에너지는 플랜트 직원과 장비로부터 멀리 떨어져 있다. 폭연 환기구는 사고의 규모를 줄이기 때문에 완화 안전장치라고 할 수 있다.

건물 및 공정용기에서의 폭연방출은 <그림 10.8>과 같이 블로우아웃 패널(blowout panel)을 사용하여 확보할 수 있다. 블로우아웃 패널은 구조물의 벽보다 강도가 덜하도록 설계된다. 따라서 폭발 중에는 블로우아웃 패널이 우선적으로 분리되고 이를 통해 폭발에너지가 방출하게 된다. 나머지 구조 및 장비에 대한 손상을 최소화할 수 있다. 특히, 폭발성이 높은 분진이나 증기의 경우 전체 구조물의 벽(그리고 지붕)이 블로우아웃 패널로 구성되는 것은 흔한 일이다.

블로우아웃 패널의 실제 세부사항은 본 책의 범위를 벗어난다. 분리된 블로우아웃 패널이 높은 속도로 날아간다면 심각한 피해를 일으킬 수 있다. 따라서 폭연이 발생하는 동안 패널이 어느 정도 견딜 수 있도록 설계되어야 한다. 또한 냉난방에는 패널의 단열조치가 필요하다. 건설과 관련된 세부사항은 블로우아웃 패널 제조사 문헌에 수록되어 있다.

블로우아웃 패널은 적절한 방출을 위해 용량을 조정해야 한다. 방출 용량을 결정하는 부분은 환기구의 설계에 영향을 미치는 많은 요인에 의해 영향을 받는다. 고려해야 할 요인들은 다음과 같다.

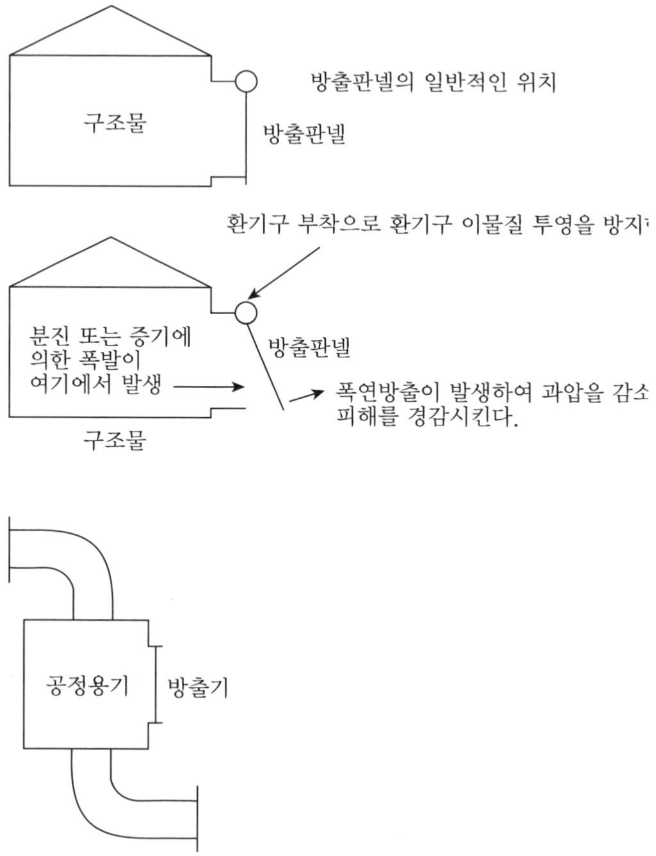


**그림 10.8** 구조물과 공정용기에 대한 폭연 방출

- 인화성(flammable) 분진, 가스/증기 또는 복합(하이브리드) 혼합물을 포함한 가연성(combusting) 물질의 물리적 상태
- 가연성 물질의 연소 거동 : 가스/증기의 경우 인화성 한계, 연소 중 최대압력 및 감압지수, $K_G$를 포함한다. 분진의 경우 여기에는 입자 크기와 형태, 분진 부하, 연소 중의 최대압력, 탈착지수인 $K_{\mathrm{St}}$가 포함된다.
- 부피, 표면적 및 구조물 형태를 포함하여 보호되는 구조물의 기하학적 구조
- 장비로 인한 구조물 내부의 혼잡. 구조물 내의 장비는 연소 중에 난류 증대를 일으켜 연소의 강도를 높일 수 있다.
- 보호되는 구조물의 강도
- 환기구 패널의 강도 및 관성

폭연방출 설계는 2가지 범주로 구분된다: (1) 가스, 증기 및 미스트 (2) 분진 및 복합혼합물

## 가스/증기 및 미스트 환기구

가스/증기 및 미스트에 대한 환기 설계는 Runes 방정식에 기초한다.[10)]

$$A_v = \frac{A_s C}{\sqrt{P_{\text{red}}}} \tag{10-23}$$

여기서, $A_v$ : 필요한 환기면적 [면적]

$A_s$ : 벽과 지붕 등의 보호구조물의 내부표면적 [면적]

$C$ : 연소물질의 성질에 의존하는 환기상수 [압력$^{1/2}$]

$P_{\text{red}}$ : 환기과정 중 구조물에서 발생하는 최대 내부압력 [압력], 구조물 내에서 가장 약한 부분의 압력 비율 [압력/면적]에 의존한다.

환기상수, $C$는 다음 식을 이용하여 계산된다.

$$A = \frac{S_u \rho_u \lambda}{2 G_u C_d} \left[ \left( \frac{P_{\max} + 1}{P_o + 1} \right)^{1/\gamma_b} - 1 \right] (P_o + 1)^{1/2} \tag{10-24}$$

여기서, $S_u$ : 연소 매개변수 [m/s]

$\rho_u$ : 미연소가스의 질량 밀도 [kg/m$^3$]

$\lambda$ : 난류증가인자 [무차원]

$G_u$ : 미연소 가스-공기 혼합물의 음속흐름 질량플럭스 [kg/m$^2$ · s]

$C_d$ : 배출계수 [무차원]

$P_{\max}$: 가스-공기 혼합물의 방출되기 전 연소에 의한 최대 폭발압력 [barg]

$P_o$ : 점화되는 순간 초기압력 [barg]

$\gamma_b$ : 연소된 가스-공기 혼합물의 열용량 비

이러한 매개변수를 추정하는 방법에 대한 자세한 내용은 NFPA 68에서 확인할 수 있다. 식 (10-23)과 (10-24)는 $P_{\text{red}} \le 0.1$ barg(1.5 psig)와 $P_{\text{stat}} \le P_{\text{red}} = 0.024$ barg에 대해서만 적용된다. 여기서 $P_{\text{stat}}$는 통풍시설이 작동할 때의 압력이다. NFPA 68은 다양한 조건에 대한 방정식을 제공한다.

난류증가 계수, $\lambda$는 NFPA 68에서 제공하는 복잡한 절차를 사용하여 추정한다. 구조물 내 물체에 의한 난류로 인한 연소율의 향상을 설명한다. 이러한 물체에는 배관, 배선, 구조 기둥 및 보, 계단 및 난간 및 기타 장비가 포함될 수 있다. 난류 증가는 훨씬 더 넓은 환기 영역을 필요로 할 것이다. 난류 증가가 없는 경우 난류 증가 계수의 값은 1이다.

10) *NFPA 68, Guide for Venting of Deflagrations* (Quincy, MA: National Fire Protection Association, 2018).

$C$에 대해 실험적으로 결정된 값을 사용하는 것이 항상 최선이다. 단, $P_{max}$가 9 barg 미만이고 연료 농도가 양론(stoichiometric) 농도의 10% 미만인 경우에는 다음 식을 사용할 수 있다.

$$C = 0.0223\,\lambda\,S_u \tag{10-25}$$

여기서, $C$ : 환기상수 [bar$^{1/2}$]
$\lambda$ : 난류증가인자 [무차원]
$S_u$ : 연소 매개변수 [m/s]

<표 10.2>는 다양한 가스의 연소 매개변수, $S_u$를 나타낸다.

Britton은 연소 매개변수, $S_u$를 추정하기 위해 다음과 같은 상관관계를 제안했다.[11)]

$$S_u = 1666 - 34.23\left(\frac{\Delta H_c}{z}\right) - 0.180\left(\frac{\Delta H_c}{z}\right)^2 \tag{10-26}$$

여기서, $S_u$ : 연소 매개변수 [m/s]
$\Delta H_c$: 연료의 연소열 [kcal/mol]
$z$ : 연료에 대한 산소의 화학양론계수

$C_cH_hO_mN_nX_x$의 구성인 연료의 경우 연료에 대한 산소 양론 비는 다음과 같다.

$$z = c + \frac{h - x - 2m}{4} \tag{10-27}$$

**표 10.2** 다양한 가스의 연소 매개변수, $S_u$

| 가스 | 연소 매개변수 (cm/s) | 가스 | 연소 매개변수 (cm/s) |
|---|---|---|---|
| Acetylene | 166 | Gasoline (100 octane) | 40 |
| Benzene | 48 | *n*-Hexane | 46 |
| *n*-Butane | 45 | Hydrogen | 312 |
| Carbon disulfide | 58 | Isopropyl alcohol | 41 |
| Carbon monoxide | 46 | Methane | 40 |
| *n*-Decane | 43 | Methyl alcohol | 56 |
| Diethyl ether | 47 | *n*-Pentane | 46 |
| Ethane | 47 | Propane | 46 |
| Ethylene | 80 | Toluene | 41 |

출처 : NFPA 68. *Guide for Venting of Deflagrations* (National Fire Protection Association, 2018).

11) Britton, L. G. "Using Heats of Oxidation to Evaluate Flammability Hazards." *Process Safety Progress* 21, no.1 (2000): 1-24.

**예제 10.7**

방은 인화성 액체를 투여하는데 사용된다. 이 액체는 연소 매개변수가 50 cm/s가 될 것으로 예상된다. 그 방은 길이 9 m, 너비 6 m, 높이 6 m이다. 세 개의 벽은 인접 구조물과 공유된다. 네 번째와 더 큰 방의 벽은 구조물의 외부 표면에 있다. 안쪽 벽 세 개는 0.05 파운드의 압력을 견딜 수 있다. 이 작업에 필요한 환기구 영역을 추정하여라.

**해답**

연소를 인접 구조물에서 멀리 환기시키기 위해 환기구들을 더 큰 외벽에 설치해야 한다. 이 인화성 증기의 배기상수는 식 (10-25)를 사용하여 계산한다. 난류 증대가 없으므로 $\lambda=1$을 가정한다.

$$C = 0.0223\,\lambda\, S_u = 0.0223(1)(0.050\ \mathrm{m/s}) = 1.12\times 0^{-3}\ \mathrm{bar}^{1/2}$$

식 (10-23)은 필요한 환기구 면적을 추정하는 데 사용된다. 방의 전체 표면적(바닥과 천장 포함)은

$$A_s = (2)(9\mathrm{m})(6\mathrm{m}) + (2)(6\mathrm{m})(6\mathrm{m}) + (2)(6\mathrm{m})(9\mathrm{m}) = 288\ \mathrm{m}^2$$

필요한 환기 면적은

$$A = \frac{A_s C}{\sqrt{P_{\mathrm{red}}}} = \frac{(288\ \mathrm{m}^2)(1.12\times 10^{-3}\ \mathrm{bar}^{1/2})}{\sqrt{0.05\ \mathrm{bar}}} = 1.4\ \mathrm{m}^2$$

큰 외벽의 면적은 이 통풍구를 수용하기에 충분한 공간을 가지고 있다.

## 분진 및 혼합물 환기구

분진 및 혼합물에 대한 환기 설계는 가스 또는 분진에 대한 폭연지수의 정의에 기초한다.

$$K_{\mathrm{St}} = \left(\frac{dP}{dt}\right)_{\max} V^{1/3} \tag{10-28}$$

여기서, $K_{\mathrm{St}}$ : 분신 폭연시수 [bar · m/s]

$(dP/dt)_{\max}$: 최대 압력상승속도 [bar/s]

$V$ : 용기의 부피 [m$^3$]

제6장에서는 분진의 폭연지수를 측정하는 방법에 대해 다루었으며, 폭연지수를 보여주는 표를 확인할 수 있다.

구조물의 초기압력이 $-0.2 \sim 0.2$ barg 이고, 환기구 개방 압력인 $P_{\mathrm{stat}}$가 0.75 barg 미만인 경우 필요한 환기구 면적을 추정하기 위해 다음 식을 사용한다.

$$A_v = 1\times 10^{-4}\, K_{\mathrm{St}}\, V^{3/4}\left(1 + 1.54\, P_{\mathrm{stat}}^{4/3}\right)\sqrt{\frac{P_{\max}}{P_{\mathrm{red}}} - 1} \tag{10-29}$$

여기서, $A_v$ : 필요한 환기구 면적 [m$^2$]

$K_{St}$ : 분진 폭연지수 [bar · m/s] (식 10-28)

$V$ : 구조물의 내부부피 [m$^3$]

$P_{stat}$ : 환기구 누출압력 [barg]

$P_{max}$ : 대기압에서 환기가 안되는 경우 폭연발생 초기 최대압력 [barg]

$P_{red}$ : 환기과정 중 구조물에서 발생하는 최대 내부압력 [barg], 구조물 내에서 가장 약한 부분의 압력비에 의존한다.

식 (10-29)는 다음 조건에만 적용된다.

$$\begin{gathered} 0.1\ \mathrm{m}^3 \le V \le 10{,}000\ \mathrm{m}^3 \\ 10\ \mathrm{bar\ m/s} \le K_{St} \le 800\ \mathrm{bar\ m/s} \\ 5\ \mathrm{barg} \le P_{max} \le 12\ \mathrm{barg} \end{gathered} \tag{10-30}$$

NFPA 68은 다른 조건에 대한 식을 제공한다.

**예제 10.8**

예제 10.7의 방을 다시 생각해 보되, 이제 그것이 분진을 다루고 있다고 가정해 보자. 이 경우 벽은 0.4 barg ($P_{red}$)의 압력을 견딜 수 있도록 보강되었다. 환기구는 0.2 barg ($P_{stat}$)에서 열리며, 폭발하는 분진의 최대압력은 10 barg ($P_{max}$)이며, 분진의 $K_{St}$는 200 bar · m/s이다. 이 방을 보호하는 데 필요한 환기구 면적을 추정하여라.

**해답**

구조물의 부피는

$$(9\ \mathrm{m})(6\ \mathrm{m})(6\ \mathrm{m}) = 324\ \mathrm{m}^3$$

식 (10-30)의 모든 조건이 적용되며, 식 (10-29)는 이 문제를 해결하기 위해 사용된다. 이들 숫자를 고정 단위 식에 대입하면

$$\begin{aligned} A_v &= 1\times10^{-4} K_{St} V^{3/4}\left(1+1.54\, P_{stat}^{4/3}\right)\sqrt{\frac{P_{max}}{P_{red}}-1} \\ &= (1\times10^{-4})(200\ \mathrm{bar\ m/s})(324\ \mathrm{m}^3)^{3/4}\left[1+1.54(0.2\ \mathrm{barg})^{4/3}\right]\sqrt{\frac{10\ \mathrm{barg}}{0.4\ \mathrm{barg}}-1} \\ &= 8.83\ \mathrm{m}^2 \end{aligned}$$

## 6 공정외부의 화재에 대한 환기

<그림 10.9>와 같이 공정용기에 대한 외부 화재는 공정액체를 가열하고 끓이는 결과를 초래할 수 있다. 용기의 폭발을 막기 위해서는 환기가 필요하다.

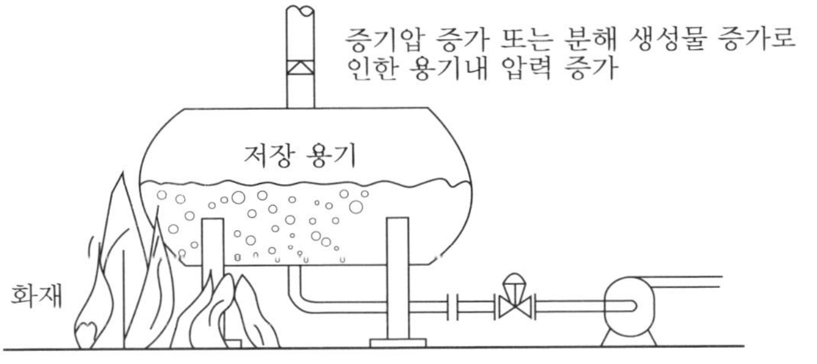


⇧ **그림 10.9** 외부 화재로 인한 공정용기의 가열. 용기의 파열을 방지하기 위해서는 환기가 요구된다. 대부분의 화재에서 용기의 외부 중 일부분만이 화재에 노출된다.

이러한 방출과정에서의 2상 흐름은 가능하지만 가능성은 낮다. 폭주반응의 방출을 위해 에너지는 반응기 내의 액체의 반응에 의해 생성된다. 외부 화재에 의한 열의 경우 열은 용기 표면에서만 발생한다. 따라서 화재에 노출된 용기의 경우 액체 비등 현상은 벽면에서 발생할 것이며, 그 결과 액체 표면에서 2상 거품이나 기포는 두꺼운 두께를 가지지 못한다. 화재 방출 시 2상 흐름은 용기 내의 액체 위에 적절한 증기 공간을 제공함으로써 방지할 수 있다.

보수적인 설계를 위해 2상 화재 경감 방정식을 사용할 수 있다. Leung[12)]은 가열된 용기 주위의 에너지 균형에 기초한 최대 온도에 대한 방정식을 제안하였다. 이 방정식은 일정한 열 입력속도, $Q$에 대해서 다음과 같다:

$$T_m - T_s = \frac{Q}{G_T A C_v}\left[\ln\left(\frac{m_o}{V}\frac{Q}{G_T A}\frac{v_{fg}}{\Delta H_v}\right) - 1\right] + \frac{V\Delta H_v}{m_o C_v v_{fg}} \tag{10-31}$$

여기서, $T_m$ : 용기내의 최대온도 [온도]

$T_s$ : 설정압력에 대응하는 설정온도 [온도]

$Q$ : 일정한 열량 유입속도 [에너지/시간]

$G_T$ : 릴리프를 통한 질량플럭스 [질량/부피 · 시간]

$A$ : 방출면적 [면적]

12) J. C. Leung, "Simplified Vent Sizing Equations for Emergency Relief Requirements in Reactors and Storage Vessels." *AICHE Journal* 32, no.10 (1986): 1622.

$C_v$ : 일정한 부피에서 열용량 [에너지/질량·온도]
$m_o$ : 용기내의 액체질량 [질량]
$V$ : 용기의 부피 [부피]
$v_{fg}$ : 증기와 액체상 사이의 부피차 [부피/질량]
$\Delta H_v$ : 액체의 증발열 [에너지/질량]

$G_T A$을 계산하기 위해서는 식 (10-31)을 반복 또는 시행착오 기법으로 계산해야 한다. 식 (10-31)은 복수의 해를 제공할 수 있으며, 이 경우 정확한 해는 $G_T$가 최소인 경우이다. 과압이 없는 특수한 경우 $T_m = T_s$이고, 식 (10-31)은 다음과 같이 간단하게 계산할 수 있다.

$$A = \frac{Q m_o v_{fg}}{G_T V \Delta H_v} \tag{10-32}$$

불길에 휩싸인 용기에 가해지는 열을 추정하기 위해 다양한 관계식이 제시되어 있다. 다양한 재질에 대해 OSHA 1910.106기준[13]은 필수사항이며, 다른 표준도 사용이 가능하다.[14][15] Crozier[16]는 다양한 표준을 분석한 후 총 열 입력, $Q$를 결정하기 위해 다음 식을 제안하였다.

$$\begin{aligned} 20 < A < 200 \text{ 인 경우} \quad & Q = 20{,}000\,A \\ 200 < A < 1{,}000 \text{ 인 경우} \quad & Q = 199{,}300\,A^{0.566} \\ 1{,}000 < A < 2{,}800 \text{ 인 경우} \quad & Q = 936{,}400\,A^{0.338} \\ A > 2{,}800 \text{ 인 경우} \quad & Q = 21{,}000\,A^{0.82} \end{aligned} \tag{10-33}$$

여기서, $A$는 열을 흡수하는 면적 [$ft^2$]으로 용기의 형태에 따른다.
구(救)형 용기 : 전체 면적의 55%가 화염에 노출
수평형 탱크 : 전체 면적의 75%가 화염에 노출
수직형 탱크 : 하단부에서 30 ft 높이로 전체 면적의 100%가 화염에 노출
$Q$는 용기에 유입되는 전체 열량 [Btu/hr]이다.

질량 플럭스, $G_T$는 식 (10-16) 또는 (10-19)를 사용하여 결정된다.

API 520[17]은 화재 발생 시 공정설비에 대해 열 플럭스를 평가하는 조금은 다른 접근법을

13) OSHA 1910.106:*Flammable and Combustible Liquids*(Washington, DC:US Dept. of Labor, 1996)
14) API Standard 2000, *Venting Atmospheric and Low-Pressure Storage Tanks (Nonrefrigerated and Refrigerated)*, 5th ed.(Washington, DC: American Petroleum Institute, 1998)
15) *NFPA 30 : Flammable and Combustible Liquids Code* (Quincy, MA: National Fire Protection Association, 2000).
16) R. A. Crozier, "Sizing Relief Valves for Fire Emergencies," *Chemical Engineering*, Oct. 28, 1985.
17) APIRP 520, *Sizing, Selection, and Installation of Pressure-Relieving Devices in Refineries*, 6th ed, (Washington, DC : American Petroleum Institute, 1993).

보여주고 있다. 신속한 화재진압이 가능하고 인화성 물질이 용기에서 빨리 처리(drain)가 되는 경우 다음 식을 사용하여 열 플럭스를 추정할 수 있다.

$$Q = 21,000 FA^{0.82} \tag{10-34}$$

적절한 화재진압 및 물질의 처리(drain)가 없는 경우 다음과 같은 식이 권장된다.

$$Q = 34,500 FA^{0.82} \tag{10-35}$$

여기서, $Q$ : 용기 표면을 통해 전달되는 전체 열량 [Btu/hr]

$F$ : 환경인자 [무단위]

$A$ : 용기 내 내용물이 접촉한 전체 표면적 [ft$^2$]

환경계수, $F$는 단열에 의해 용기가 보호되는 경우를 설명하기 위해 적용된다. 다양한 단열 두께에 대한 많은 값이 <표 10.3>에 나와 있다.

표면적, $A$는 화염원으로부터 25 ft 이하의 높이로 내부 액체에 의해 젖은 용기의 면적이다. Wong[18]은 다양한 용기 모양에 따른 식뿐만 아니라 이것을 결정하는 방법에 대해 자세한 정보를 제시하였다.

**표 10.3** 식 (10-34)와 (10-35)를 위한 환경인자, F

| 단열재의 두께 (in) | 환경인자, F |
|---|---|
| 0 | 1.0 |
| 1 | 0.30 |
| 2 | 0.15 |
| 4 | 0.075 |

**예제 10.9**

Leung[19]은 화재에 노출된 구형 프로판 용기에 필요한 릴리프 면적의 연산에 대해 보고했다. 이 용기의 부피는 100 m$^3$이고, 프로판 함량은 50,700 kg이다. 절대 4.5 bar의 설정압력이 요구된다. 이것은 271.5 K의 포화압력에 근거한 설정온도에 해당한다. 이러한 조건에서 다음과 같은 물리적 특성 데이터가 보고되었다.

$$C_p = C_v = 2.41 \times 10^3 \text{ J/kg K}$$

$$\Delta H_v = 3.74 \times 10^5 \text{ J/kg}$$

$$v_{fg} = 0.1015 \text{ m}^3/\text{kg}$$

프로판의 분자량은 44이다.

18) W. Y. Wong, "Fires, Vessels, and the Pressure Relief Valve," *Chemical Engineering*(May 2000).

19) J. C. Leung, "Simplified Vent Sizing Equations for Emergency Relief Requirements in Reactors and Storage Vessels." *AICHE Journal* 32, no.10 (1986): 1622.

**해답**

문제는 방출과정에서 과압이 없다고 가정하여 풀이한다. 계산된 방출구 면적은 과압이 있는 실제 압력방출장치에 필요한 실제 면적보다 크다.

구의 지름은

$$d = \left[\frac{6V}{\pi}\right]^{1/3} = \left[\frac{(6)(100\ \text{m}^3)}{(3.14)}\right]^{1/3} = 5.76\ \text{m}$$

구의 표면적은

$$\pi d^2 = (3.14)(5.76\ \text{m})^2 = 104.2\ \text{m}^2 = 1{,}121\ \text{ft}^2$$

열에 노출된 면적은 식 (10-33)과 함께 제공되는 기하학적 요인에 의해 주어진다.

$$A = (0.55)(1121\ \text{ft}^2) = 616\ \text{ft}^2$$

총 열 입력은 식 (10-33)을 사용하여 확인할 수 있다.

$$Q = 199{,}300 A_s^{0.566} = (199{,}300)(616\ \text{ft}^2)^{0.566} = 7.56\times 10^6\ \text{Btu/hr}$$

$$= 2100\ \text{Btu/s} = 2.22\times 10^6\ \text{J/s}$$

식 (10-34)를 사용하여 용기에 액체가 가득하다고 가정할 경우 전체 용기 표면적이 화재에 노출된다. 단열재가 없다고 가정하면 $F = 1.0$이다. 그리고

$$Q = 21{,}000\, FA^{0.82} = (21{,}000)(1.0)(1{,}121\ \text{ft}^2)^{0.82} = 6.65\times 10^6\ \text{Btu/hr}$$

이는 식 (10-33)을 사용하여 추정된 값에 가깝다. 식 (10-16)에서 $\Psi = 1.0$을 가정하면

$$G_T = \frac{Q_m}{A} = 0.9\Psi\frac{\Delta H_v}{v_{fg}}\sqrt{\frac{g_c}{C_P T_s}}$$

$$= (0.9)(1.0)\left(\frac{3.74\times 10^5\ \text{J/kg}}{0.1015\ \text{m}^3/\text{kg}}\right)\left(\frac{1\ \text{N m}}{\text{J}}\right)\times\sqrt{\frac{1\ (\text{kg m/s}^2)/\text{N}}{(2.41\times 10^3\ \text{J/kg K})(271.5\ \text{K})(1\ \text{N m/J})}}$$

$$= 4.10\times 10^3\ \text{kg/m}^2\,\text{s}$$

필요한 환기구 면적은 식 (10-32)에서 결정된다.

$$A = \frac{Q m_o v_{fg}}{G_T V \Delta H_v} = \frac{(2.22\times 10^6\ \text{J/s})(50{,}700\ \text{kg})(0.1015\ \text{m}^3/\text{kg})}{(4.10\times 10^3\ \text{kg/m}^2\text{s})(100\ \text{m}^3)(3.74\times 10^5\ \text{J/kg})} = 0.0745\ \text{m}^2$$

필요한 직경은 다음과 같다.

$$d = \sqrt{\frac{4A}{\pi}} = \sqrt{\frac{(4)(0.0745\ \text{m}^2)}{(3.14)}} = 0.308\ \text{m} = 12.1\ \text{in}$$

문제를 보는 다른 방법은 다음과 같은 질문을 하는 것일 수 있다. 화재 노출사고 중 2상 흐름을 피하기 위해 탱크에 초기 주입 비율은 어떠한가? 끓는 액체 위의 폼 층의 높이를 산정하는 어떠한 방법도 존재하지 않는다.

단일상 증기유동이 있는 화재방출의 경우 10.3절의 식을 사용하여 방출구의 크기를 결정한다. 앞서 언급한 바와 같이 화재 시나리오에 대한 2상 흐름 방출은 가능하지만 가능성은 없다. 화재 및 단일 증기상의 릴리프 크기를 결정하려면 식 (10-33)에서 (10-35)까지에서 결정된 열 입력을 사용하고, 열 입력을 액체의 기화열로 나누어 방출을 통한 증기 질량 유량을 결정한다. 이것은 화재에서 나오는 모든 열 유입이 액체를 증발시키는 데 이용된다고 가정한다. 그런 다음 식 (10-12) ~ (10-14)를 사용하여 방출면적을 결정한다.

## 7 공정유체의 열팽창에 대한 방출

공정 내 용기 및 배관에 존재하는 액체는 일반적으로 가열될 때 팽창한다. 파이프나 용기에 완전히 채워진 액체가 막혀서 팽창하는 경우 파이프와 용기에 손상이 생길 수 있다. 대표적인 상황은 <그림 10.10>과 같이 반응기의 냉각코일 내 물의 열팽창이다. 코일이 물로 채워져 사고가 발생하여 반응기 내용물에 의해 가열될 때 물이 팽창하게 되어 냉각코일이 파손된다.

이러한 시스템에는 액체 팽창으로 인한 손상을 방지하기 위한 방출설비가 설치되어 있다. 이는 사소한 문제로 보일 수 있지만, 열교환시스템 손상은 (1) 제품이나 중간물질의 오염, (2) 이후의 부식 문제, (3) 상당한 플랜트 정전, (4) 큰 수리비용 발생을 일으킬 수 있다. 열교환기 고장은 식별이 어렵고 수리하는 데 시간이 많이 걸린다.

액체의 열팽창계수, $\beta$는 다음과 같이 정의된다.

$$\beta = \frac{1}{V}\left(\frac{dV}{dT}\right) \tag{10-36}$$

여기서, $V$ : 유체의 부피 [부피]

$T$ : 유체의 온도 [온도]

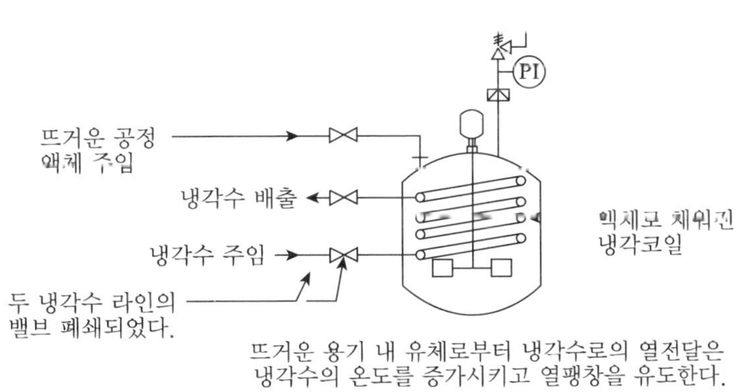


**그림 10.10** 폐쇄된 냉매라인의 외부 가열로 냉각코일의 파손현상

**표 10.4** 여러 가지 액체에 대한 열팽창계수($\beta$)

| 액체 | 20℃에서의 밀도(kg/m³) | 열팽창계수(℃⁻¹) |
|---|---|---|
| 에틸알코올 | 791 | $112\times10^{-5}$ |
| 메틸알코올 | 792 | $120\times10^{-5}$ |
| 벤젠 | 877 | $124\times10^{-5}$ |
| 사염화탄소 | 1,595 | $124\times10^{-5}$ |
| 에틸에테르 | 714 | $166\times10^{-5}$ |
| 글리세린 | 1,261 | $51\times10^{-5}$ |
| 수은 | 13,546 | $18.2\times10^{-5}$ |
| 테레빈유 | 873 | $97\times10^{-5}$ |

출처 : G. Shortley and D. Williams, *Elements of Physics*, 4th ed.(Englewood Cliffs, NJ: Prentice Hall, 1965), p.302

<표 10.4>는 다수의 물질에 대한 열팽창계수를 열거한다. 물은 다른 액체와는 다른 거동을 보인다. 열팽창계수는 온도가 약 4℃까지 상승하면서 감소하며, 이후 열팽창계수는 온도에 따라 증가한다. 물의 계수는 증기 테이블에서 쉽게 탐색이 가능하다.

열팽창으로 인하여 방출을 통해 액체의 부피가 팽창하는 속도, $Q_v$는

$$Q_v = \frac{dV}{dt} = \frac{dV}{dT}\frac{dT}{dt} \tag{10-37}$$

식 (10-36)에 의해 주어진 열팽창계수의 정의를 적용함으로써 다음 식을 얻을 수 있다.

$$Q_v = \beta V \frac{dT}{dt} \tag{10-38}$$

뜨거운 유체에 의해 외부로 가열되는 파이프 또는 공정용기의 경우 유체의 에너지 수지식은 다음과 같이 표현될 수 있다.

$$mC_p \frac{dT}{dt} = UA(T - T_a) \tag{10-39}$$

여기서, $T$ : 유체의 온도 [온도]

$C_p$ : 액체(냉매)의 열용량 [에너지/질량 · 온도]

$UA$ : 총괄 열전달계수 [에너지/시간 · 온도]

$T_a$ : 주변온도 [온도]

따라서 이것은 아래 식으로 정리되며

$$\frac{dT}{dt} = \frac{UA}{mC_P}(T - T_a) \tag{10-40}$$

이를 식 (10-41)에 대입시키면 아래의 식을 얻을 수 있다.

$$Q_v = \frac{\beta V}{m C_P} UA(T - T_a) \tag{10-41}$$

여기서, 액체밀도, $\rho$로 표현하면 다음과 같다.

$$\boxed{Q_v = \frac{\beta}{\rho C_p} UA(T - T_a)} \tag{10-42}$$

식 (10-42)는 액체가 외부온도, $T_a$에 처음 노출되었을 때 열 전달이 초기 발생하는 경우의 유체 팽창을 설명한다. 열 전달은 액체의 온도를 증가시켜 $T$의 값을 변화시킬 것이다. 그러나 식 (10-42)는 최대 열팽창률을 제공하며, 이는 방출설비의 크기를 결정하는데 충분한 크기이다. 부피 팽창률, $Q_v$는 이후 방출설비의 크기를 결정하기 위해 사용된다.

---

**예제 10.10**

반응기 냉각코일의 표면적은 10,000 ft$^2$이다. 가장 심각한 조건에서 그러한 코일은 32 °F의 물을 포함할 수 있으며 400 °F의 과열증기에 노출될 수 있다. 50 BTU/hr · ft$^2$ · °F의 열전달계수를 고려하여 gpm 단위로 냉각코일 내 물의 부피 팽창률을 추정한다.

**해답**

32 °F에서 물의 팽창계수, $\beta$를 사용해야 한다. 이는 약 32 °F의 좁은 온도범위에서 수증기 표의 액체 부피 데이터를 사용하여 추정한다. 단, 수증기 표는 32 °F 미만의 온도에서 액체-물 고유의 부피 데이터를 제공하지 않는다. 32 °F와 일부 적절한 높은 온도 사이의 값은 충분할 것이다. 수증기 표에서:

| 온도(°F) | 비용(ft$^3$/lb$_m$) |
|---|---|
| 32 | 0.01602 |
| 50 | 0.01603 |

팽창계수는 식 (10-36)을 사용하여 계산한다.

$$\beta = \frac{1}{V}\frac{dV}{dT} = \frac{1}{0.016025\ \text{ft}^3/\text{lb}_m}\left(\frac{0.01602 - 0.01603}{32 - 50}\right)\left(\frac{\text{ft}^3/\text{lb}_m}{°\text{F}}\right) = 3.47 \times 10^{-5}\ °\text{F}^{-1}$$

부피 팽창률은 식 (10-42)에 의해 제시된다.

$$Q_v = \frac{\beta}{\rho C_P} UA(T - T_a) = \frac{(3.47 \times 10^{-5}/°\text{F})(50\ \text{Btu/hr ft}^2\,°\text{F})(10{,}000\ \text{ft}^2)(400 - 32)°\text{F}}{(62.4\ \text{lb}_m/\text{ft}^3)(1\ \text{Btu/lb}_m\,°\text{F})}$$

$$= 102\ \text{ft}^3/\text{hr} = 12.7\ \text{gpm}$$

방출설비는 반드시 계산된 부피팽창을 고려하여 설계하여야 한다.

---

## 참고문헌


### Deflagration Vents

W. Bartkknecht, "Pressure Venting of Dust Explosion in Large Vessels," *Plant Operations Progress*, (Oct. 1986), 5(4), p. 196.

Frank T. Boddurtha, *Industrial Explosion Prevention and Protection*(New York: McGraw-Hill, 1980).

IAN SWIFT and MIKE EPSTEIN "Performance of Low Pressure Explosion Vents," *Plant Operations Progress*, (Apr. 1987), 6(2).

### Relief Codes and Standards

API RP 520, *Recommended Practice for the Design and Installation of Pressure Relieving Systems in Refineries,* 9th ed. (Washington, DC: American Petroleum Institute, 2014).

API RP 521, *Guide for Pressure-Relieving and Depressurizing Systems,* 3rd ed. (Washington, DC: American Petroleum Institute, 2015).

API Standard 2000, *Venting Atmospheric and Low-Pressure Storage Tanks*(Nonrefrigerated and Refrigerated), 7th ed. (Washington, DC : American Petroleum Institute, 2014).

*ASME Boiler and Pressure Vessel Code*(New York: American Society of Mechanical Engineers, 2017).

NFPA 68 : *Guide for Venting of Deflagrations* (Quincy, MA:National Fire Protection Association, 1998).

### Two-Phase Flow

AICHE Center for Chemical Process Safety. *Guidelines for Pressure Relief and Effluent Handling Systems*, 2nd ed. (Hoboken, NJ: John Wiley, 2017).

G. W. Boicourt, "Emergency Relief System (EPS) Design: An Integrated Approach Using DIERS Methodology," *Process Safety Progress* (Apr. 1995), 14(2)

R. D'Alessandro, "Thrust Force Calculations for Pressure Safety Valves," *Process Safety Progress* (Sept. 2006), 25(3): 203.

R. Darby, "Relief Sizing for Deflagrations," *Process Safety Progress* (June 2006), 25(2): 130.

H. K. Fauske, "Determine Two-Phase Flow During Release," *Chemical Engineering Progress* (Feb. 1999).

H. K. Fauske, "Emergency Relief System(ERS) Design," *Chemical Engineering Progress* (Aug. 1985).

H. K. Fauske, "Flashing Flows or Some Practical Guidelines for Emergency Reactions," *Plant /Operations Progress*, (July 1985), 3(4).

H. K. Fauske, "Generalized Vent Sizing Monogram for Runaway Chemical Reactions," *Plant /Operations Progress*, (Oct. 1984). 3(4).

H. Fauske, "Managing Chemical Reactivity-Minimum Best Practice," Process Safety Progress (June 2006), 25(2): 120.

H. K. Fauske, "Properly Sized Vents for Nonreactive and Reactive Chemicals," Chemical Engineering Process (Feb. 2000).

H. Fauske, "Revisiting DIERS' Two-phase Methodology for Reactive Systems Twenty Years Later," Process Safety Progress (Sept. 2006), 25(3): 180.

H. K. Fauske and J. C. Leung, "New Experimental Technique for Characterizing Runaway Chemical Reactions," Chemical Engineering Progress (Aug. 1985).

K. E. FIRST, and J. E. HUFF, "Design Charts for Two-Phase Flashing Flow in Emergency Pressure Relief Systems," 1988 *AICHE Spring National Meeting.*

Harold, G. Fisher, "DIERS Research Program on Emergency Relief System," *Chemical Engineering*

*Progress,* (Aug. 1985), p. 33.

H. G. Fisher, H. S. Forrest, S. S. Grossel, J. E. Huff, A. R. Muller, J. A. Noronha, D. A. Shaw, and R. J. Tilley, *Emergency Relief System Design Using DIERS Technology*, 1992).

J. C. Leung, "A Generalized Correlation for One-Component Homogeneous Equilibrium Flashing Choked Flow," *AICHE Journal*, (Oct. 1986), 32(10): 1743.

J. C. Leung, "Simplified Vent Sizing Equations for Emergency Relief Requirements in Reactors and Storage Vessels," *AICHE Journal*, (Oct. 1986), 32(10): 1622

J. C. Leung and H. G. Fisher, "Two-Phase Flow Venting from Reactor Vessels," Journal of Loss Prevention (Apr. 1989), 2(2): 78.

J. C. Leung, and M. A. Grolmes, "The Discharge of Two-Phase Flashing Flows in a Horizontal Duct," *AICHE Journal*, (March, 1987), 33(3): 524

J. C. Leung and M. A. Grolmes, "A Generalized Correlation for Flashing Choked Flows of Initially Subcooled Liquid," *AICHE Journal*, (Apr. 1988), 34(4): 688.

S. Waaldram, R. McIntosh, and J. Etchells, "Thrust Force Calculations for Pressure Safety Valves," *Process Safety Progress* (Sept. 2006), 25(3): 214.

## 연습문제

**10.1** 아래 테이블의 빈칸을 채우시오.

| Relief configuration | MAWP | Set pressure | Maximum set pressure | Maximum accumulated pressure | Allowable overpressure |
|---|---|---|---|---|---|
| a. Single relief, nonfire | 100 psig | 100 psig | | | |
| b. Single relief, nonfire | 100 psig | 90 psig | | | |
| c. Primary relief, nonfire, with secondary relief | 100 psig | 100 psig | | | |
| d. Secondary re lief, nonfire | 100 psig | 100 psig | | | |
| e. Primary re lief, fire | 100 psig | 90 psig | | | |
| f. Secondary re lief, fire | 100 psig | 100 psig | | | |
| g. Supplemental r elief | 100 psig | 90 psig | | | |
| h. Single relief, nonfire | 10 barg | barg | | | |
| i. Single relief, nonfire | 10 barg | 9 barg | | | |
| j. Primary re lief, nonfire with secondary relief | 10 barg | 10 barg | | | |
| k. Secondary re lief, nonfire | 10 barg | 10 barg | | | |
| l. Primary r elief, fire | 10 barg | 9 barg | | | |
| m. Secondary re lief, fire | 10 barg | 10 barg | | | |
| n. Supplemental r elief | 10 barg | 9 barg | | | |

**10.2** 다음 조건에서 스프링형 액체 릴리프의 직경을 계산하여라.

| Pump capacity at $\Delta P$ | Set pressure | Overpressure | Backpressure | Valve type | $(\rho/\rho_{ref})$ |
|---|---|---|---|---|---|
| a. 100 gpm | 50 psig | 5 psig | 5 psig | Conventional | 1 0 |
| b. 200 gpm | 100 psig | 10 psig | 10 psig | Balanced-bellows | 1.3 |
| c. 5 $m^3/s$ | 5 barg | 0.5 barg | 0.5 barg | Balanced-bellows | 1.2 |
| d. 7 $m^3/s$ | 10 barg | 1 barg | 1 barg | Conventional | 1.0 |

**10.3** 기체의 압축인자($z$)가 1이며, 비열비($\gamma$)는 1.3이다. 다음 조건에서 스프링형 증기 릴리프의 지름을 계산하여라.

| Set pressure | Temperature | Molecular weight | Mass flow | Overpressure | Backpressure |
|---|---|---|---|---|---|
| a. 100 psig | 100°F | 28 | 50 $lb_m/hr$ | 10 psig | 10 psig |
| b. 150 psig | 200°F | 44 | 100 $lb_m/hr$ | 30 psig | 15 psig |
| c. 200 psig | 100°F | 28 | 150 $lb_m/hr$ | 10 psig | 20 psig |
| d. 8 barg | 300 K | 44 | 10 kg/s | 1 barg | 1 barg |
| e. 10 barg | 400 K | 28 | 20 kg/s | 2 barg | 2 barg |
| f. 20 barg | 400 K | 28 | 30 kg/s | 2 barg | 1 barg |

**10.4** 액체의 비중이 1.2이라고 가정한다. 이때, 다음의 조건에서 필요한 액체 파열판의 최소 직경을 계산하여라.

| Liquid flow | Set pressure | Overpressure | Backpressure |
|---|---|---|---|
| a. 500 gpm | 100 psig | 10 psig | 5 psig |
| b. 100 gpm | 50 psig | 5 psig | 2 psig |
| c. 5 $m^3/s$ | 10 barg | 1 barg | 0.5 barg |
| d. 10 $m^3/s$ | 20 barg | 2 barg | 1 barg |

**10.5** 질소가 방출되는 경우 아래와 같은 조건에서 파열판의 최소 직경을 계산하여라.

| Gas flow | Temperature | Set pressure | Overpressure | Backpressure |
|---|---|---|---|---|
| a. 100 $lb_m/hr$ | 100°F | 100 psig | 10 psig | 5 psi |
| b. 200 $lb_m/hr$ | 150°F | 150 psig | 15 psig | 10 psi |
| c. 10 kg/s | 400 K | 10 barg | 1 barg | 0.5 barg |
| d. 20 kg/s | 500 K | 20 barg | 1 barg | 0.5 barg |

**10.6** 모든 경우에 $L/D$가 0.0인 경우 아래의 2상 흐름 조건에서 릴리프 직경을 계산하여라.

| | a | b | c | d |
|---|---|---|---|---|
| Reaction mass | 10,000 $lb_m$ | 10,000 $lb_m$ | 4000 kg | 4000 kg |
| Volume | 200 $ft^3$ | 500 $ft^3$ | 15 $m^3$ | 500 $m^3$ |
| Set pressure | 100 psia | 100 psia | 7 bara | 7 bara |
| Set temperature | 500°F | 500°F | 500 K | 500 K |
| $(dT/dt)_s$ | 0.5°F/s | 0.5°F/s | 2.0 K/s | 2.0 K/s |
| Maximum pressure | 120 psia | 120 psia | 8 bara | 9 bara |
| Maximum temperature | 520°F | 520°F | 540 K | 540 K |
| $(dT/dt)_m$ | 0.66°F/s | 0.66°F/s | 2.4 K/s | 2.6 K/s |
| Liquid-specific volume | 0.02 | 0.2 | 0.02 | 0.02 |
| Vapor-specific volume | 1.4 | 1.4 | 1.4 | 1.4 |
| Heat capacity | 1.1 Btu/$lb_m$°F | 1.1 Btu/$lb_m$°F | 5.0 kJ/kg K | 5.0 kJ/kg K |
| Heat of vaporization | 130 Btu/$lb_m$ | 130 Btu/$lb_m$ | 300 kJ/kg | 130 kJ/kg |

**10.7** 아래의 구조물에서 폭연 환기구 크기를 계산하여라.
$P_{red}$ = 0.05 psia (0.0345 bara), $P_{max}$ = 50 psia (3.45 bara)

| **Vapors** | a | b | c | d |
|---|---|---|---|---|
| Volume | 1000 $ft^3$ | 1000 $ft^3$ | 300 $m^3$ | 300 $m^3$ |
| Set pressure | 16.7 psia | 16.7 psia | 2 bara | 2 bara |
| Maximum pressure | 17.6 psia | 17.6 psia | 2 bara | 2 bara |
| Gas | Methane | Hydrogen | Methane | Hydrogen |

| **Dusts** | e | f | g | h |
|---|---|---|---|---|
| Volume | 1000 $ft^3$ | 1000 $ft^3$ | 30 $m^3$ | 30 $m^3$ |
| $K_{St}$, bar m/s | 100 | 200 | 100 | 200 |
| Set pressure | 16.7 psia | 16.7 psia | 1.5 bara | 1.5 bara |
| Maximum pressure | 20.6 psia | 20.6 psia | 2.0 bara | 2.0 bara |

**10.8** 냉각코일에는 에틸알코올이 들어있다. 알코올의 비열은 0.58 kcal/kg ℃이며, 밀도는 791 kg/$m^3$ 이다. 필요한 릴리프의 유량을 계산하여라. 냉각코일의 면적은 300 $m^2$이며 열전달 계수는 1000 J/s $m^2$ K이나. 내기온도는 300 K이며, 에틸알코올이 노출될 수 있는 최대 온도는 550 K이다.

**10.9** 가정용 커피포트에는 압력방출장치가 설치되어 있어서 열 제어가 실패하고 뜨거운 물이 과도하게 끓는 경우를 보호한다. 일반적인 커피포트는 40 gal이며, 42,000 Btu/hr의 열을 공급한다. 만약 이 포트에 150-psia 용량의 스프링 방출설비가 설치된 경우 방출에 필요한

면적을 계산하여라. 여기서는 단일 상으로 가정하고, 과압은 발생하지 않는다.

**10.10** 원통형 탱크이며, 지름은 4 ft, 길이는 10 ft이며, 물이 가득 차 있다. 만약 물이 50°F이며, 탱크의 철 외벽이 갑자기 햇빛에 의해 100°F로 가열된 경우 물의 열팽창 속도를 구하여라. 열전달 계수는 50 Btu/hr $ft^2$ °F이며, 탱크의 절반 윗부분만 가열된다. 만약 탱크가 화재에 노출된 경우 필요한 방출면적은 얼마인가? 과압은 무시할 수 있으며, 탱크의 MAWP는 200 psig이다.

**10.11** 폭 10 ft, 길이 10 ft, 높이 10 ft의 창고가 메탄 탱크를 저장하는데 사용되고 있다. 얼마의 폭연 환기 면적이 필요한가? 최대 내부 과압은 0.1 psig이다.

**10.12** 길이 3 m, 지름 1 m인 실린더형 탱크에 물이 담겨 있다. 화재 노출로 부터 탱크를 보호하기 위해 필요한 방출크기는 얼마인가? 증기 방출만 고려해야 하며, MAWP는 14 barg 이며, 일반적인 스프링 작동식 릴리프이다.

CHAPTER 11

# 위험요인 확인 및 판정

11장의 학습목표는 다음과 같다.

1. 위험요인 확인(hazard identification) 및 리스크 평가(risk assessment)와 관련된 용어를 정의한다.
2. 위험요인 확인 및 리스크 평가절차를 설명한다.
3. 위험요인 확인 및 판정과 리스크 평가에 사용할 수 있는 다양한 방법을 확인한다.
4. 위험요인 확인 및 판정(evaluation)에 일반적으로 사용되는 몇 가지 방법을 설명한다.

리스크((risk)는 어느 곳에나 존재한다. 불행하게도 사고가 일어나기 전까지는 위험요인이 항상 확인되지 않는다. 사고를 예방하기 위해서는 위험요인을 확인하고, 제거하는 것은 필수적이다.

화학공장의 모든 공정에 대해 다음 질문을 해야 한다.

1. 위험요인은 무엇인가?
2. 무엇이 잘못되고, 어떻게 되는가?
3. 얼마나 안 좋을까?
4. 얼마나 자주 그런 일이 일어날 수 있을까?
5. 리스크(또는 위험)는 무엇인가?
6. 이러한 리스크를 어떻게 제어하고 관리해야 하는가?

첫 번째 질문은 위험요인 확인(또는 식별)을 나타낸다. 두 번째와 세 번째 질문은 위험요인 판정(또는 평가) 및 분석의 일부분이다. 질문 4는 가능성(발생의 빈도 또는 확률)을 추정한다. 질문 5는 리스크를 추정하기 위해(리스크 분석이라고 하는 과정) 질문 3과 질문 4의 결과를 조합한다. 질문 6은 리스크 평가에 중점을 둔다. 이것은 이전 질문들의 결과들을 바탕으로 리스크를 허용 가능한 수준으로 줄이기 위해 내려진 결정들에 관한 것이다.

<표 1.1>은 본 장의 내용과 관련된 중요한 정의들을 포함하고 있다(위험요인 확인, 위험요인 판정/분석, 리스크 분석 및 리스크 평가). 위험요인 확인은 위험요인들을 식별하고, 위험요인 판정 및 분석은 잠재적 사고의 메커니즘과 사고결과를 결정하며, 리스크 분석은 리스크를 추정하기 위해 사고의 발생 가능성을 추정하고 이를 사고의 결과와 조합하며, 리스크 평가는 리스크 분석의 결과를 의사결정에 적용하는 것이다. 위험요인 판정 및 분석은 자주 **공정위험요인분석**(process hazards analysis, PHA)이라고 불린다.

<그림 11.1>은 위험요인 확인 및 판정(본 장에서 다루는)과 리스크 분석 및 평가(12장에서 다루는)의 절차를 나타낸다. 이 절차는 공장을 설계하거나 작동 중의 어떤 단계에서 수행될 수 있다. 만약 공정설계 단계에서 본 절차가 수행되면 본 절차는 중요한 결정이 내려지기 전에 최대한 수행해야 한다. 이것은 안전개선 사항을 설계에 쉽게 반영될 수 있도록 한다.

<그림 11.1>의 절차는 공정에 대한 자세한 설명으로 시작한다. 정보가 자세하고 신뢰성 있을수록 결과가 더 좋아진다. 다음으로, 위험은 본 장에서 나타난 여러 절차들을 사용하여

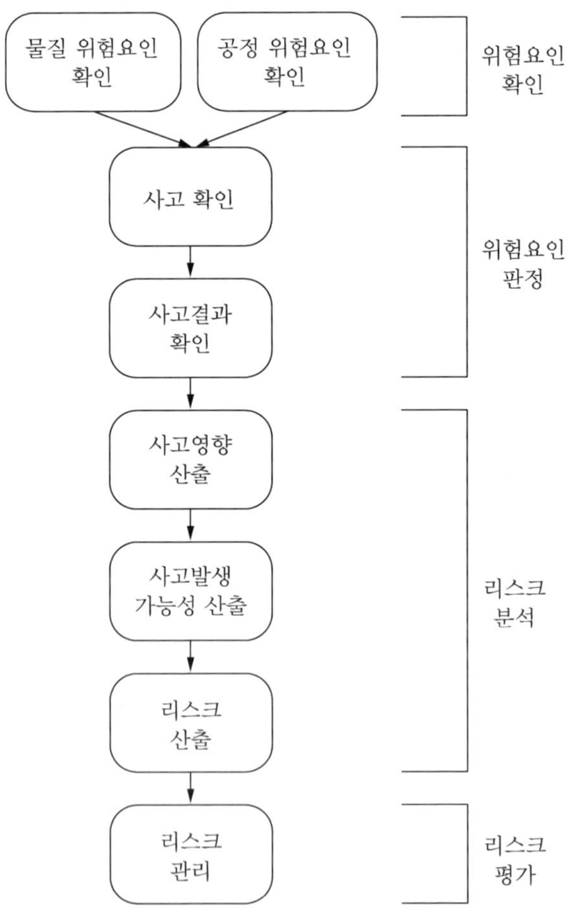


**그림 11.1** 위험요인 확인/판정 및 리스크 분석/평가의 주요절차

물질적 및 공정 위험요인을 식별한다. 위험요인 판정에는 사고(무엇이 어떻게 잘못되고 어떻게 될 수 있는지)와 사고결과(consequences)가 포함된다. 리스크 분석(risk analysis)에는 사고의 궁극적인 손실(ultimate loss)과 유해성(harm), 영향(impact) 그리고 가능성(확률 또는 빈도)이 포함된다.

리스크 평가는 리스크 분석의 결과를 의사결정에 적용하는 것을 포함한다. 이들 결정이 리스크 허용(risk tolerance)이다. 리스크 허용은 회사와 사회 전체가 위험을 감수하면서 그 결과로 얻는 이익을 확보하려는 의지를 뜻한다. 수용할 가치가 있는 리스크는 조심스럽게 관리되고 적절히 통제되는 리스크이다. 각 기업과 조직은 반드시 그들만의 리스크 허용을 개발해야 한다. 허용 가능한 리스크는 기업의 고위 경영진에 의해 선택되며, 산업경험, 판단 및 기준에 기반한다.[1](1.9절 참조)

만약 리스크가 감당할 수 있다고 간주되지 않을 경우 변경(modification)이 반드시 이루어져야하며 <그림 11.1>의 절차를 시작부터 다시 수행하여야 한다. 변경에는 화학물질, 공정 설계, 하드웨어, 절차 및 기타 많은 요소들의 변경이 될 수 있다. 본질적으로 안전한 설계를 위한 모든 기회를 고려해야 한다. 이 시점에서 보호조치(safeguard)도 추가되어야 한다.

중요한 책임은 <그림 11.1>의 하단에 나타나 있다. 즉, 그 책임은 공정이 허용 가능한 리스크 수준에서 계속적으로 운영되도록 보장하고 가능한 경우 추가적인 리스크 감소를 위해 관리시스템을 구축하는 것이다.

## 1 위험요인 확인, 판정 및 리스크 분석 개요

<표 11.1>은 위험요인 확인 및 판정과 리스크 분석에서 사용되는 주요 방법들을 나타내고 있다. 시나리오에 기반하지 않는 방법(non-scenario method)은 검토팀의 경험에 의존하는 반면 시나리오 기반 방법은 특성 사고 시나리오를 정의하기 위해 예측 및 분석 방법을 사용한다. 시나리오 기반의 방법은 시나리오가 매우 많을 수 있고 모두 명시적으로 식별되어야 하기 때문에 시나리오에 기반하지 않는 방법보다 훨씬 복잡하고 지루하다.

유험요인 확인 및 판정을 위한 9가지 방법 즉, 체크리스트(checklist) 분석, 안전성 검토(safety reviews), 본질안전검토(inherent safety reviews), 예비위험요인분석(preliminary hazard analysis), 상대순위(relative ranking), 위험과 운전(hazard and operability) 분석, 고장모드 및 영향 분석(failure modes and effects analysis, FMEA), what-if분석 및 what-if/체크리스트 분석을 본 장에서 다룬다. 처음 5가지 방법은 시나리오에 기반하지 않는 방법인 반

1) AICHE Center for Chemical Process Safety. *Guidelines for Developing Quantitative Safety Risk Criteria* (Hoboken, NJ: Wiley Interscience, 2009).

면 나머지 4개의 방법들은 시나리오에 기반한 방법들이다.

결함수분석 (fault tree analysis, FTA), 사건수분석 (event tree analysis, ET), 정량적 리스크분석 (quantitative risk analysis, QRA) 그리고 방호계층분석 (layer of protection analysis, LOPA) 방법들은 사고 가능성의 추산이 필요하기 때문에 12장에 설명되어 있다.

QRA는 원래 리스크를 추정하기 위해 사용된 방법이었다. 실제로 이는 수년전에 유일하게 사용 가능한 방법이었다. QRA는 공정으로부터 물질의 누출속도를 추산하기 위한 누출원 모델, 바람방향 농도를 추산하기 위한 분산모델, 그리고 피해, 부상, 그리고 인명피해를 추산하기 위한 영향모델을 사용한다. 이 분석은 확인된 모든 사고 시나리오에 적용되며 이러한 시나리오들은 매우 많을 수 있다. 일반적으로 이 방법에 컴퓨터 코드가 사용된다.

**표 11.1 위험요인 확인 및 판정과 리스크 분석방법 요약**

**비 시나리오 기반 방법** : 검토팀의 경험에 의존한다. 이 방법들은 11.2절에서 다룬다.

- 체크리스트 분석 : 확인 및 검증할 항목 목록 또는 절차단계의 서면목록
- 안전검토 : 사고로 이어질 수 있는 공정조건 또는 조업절차를 확인하는 위원회 검토
- 본질안전검토 : 위험요인을 제거 또는 감소시키는 방법을 찾기 위해 위험요인을 확인. 가끔 체크리스트 검토, what-if, 또는 HAZOP방법과 통합됨
- 예비위험요인분석 ; 위험요인, 원인, 주요 영향 및 수정/예방대책의 목록
- 상대순위 : 위험요인과 리스크의 상대적인 지표를 계산

**시나리오 기반 방법** : 사고 시나리오를 정의하기 위해 예측 및 분석방법을 사용한다. 11.3절을 참조한다.

- 위험과 운전(HAZOP) 분석[a] : 원하지 않는 사고결과를 초래할 수 있는 설계 또는 조압 의도의 편차를 확인하기 위한 공정의 신중한 검토
- 결함수분석(FTA)[b] : 특정 사건 또는 주요 시스템 고장에 중점을 두고 사건의 원인을 결정하는 연역기법
- 사건수분석(ET)[b] : 보호시스템의 성공 또는 실패에 따라 가능한 모든 결과를 결정
- 고장모드 및 영향 분석(FMEA)[a] : 장비의 고장모드와 시스템 또는 공정에 미치는 영향을 표로 표시
- what-if분석[a] : 발생 가능한 원치 않는 사건에 대한 질문이나 의견을 묻는 브레인스토밍 접근법
- what-if/체크리스트 분석[a] : what-if 분석과 체크리스트를 결합
- 원인-결과분석(cause-consequence analysis, CCA) 및 나비넥타이(bow-tie) 분석[b] : 결함수와 사건수 방법의 혼합
- 정량적 리스크 분석(QRA)[b] : 모든 가능한 시나리오에 대한 리스크 추정치를 계산하기 위해 누출원 모델, 분산모델 및 영향모델을 사용하는 매우 엄격한 접근방식
- LOPA[b] : 사건빈도, 사고결과 심각도 및 독립적 보호계층(independent protection layer, IPL)의 실패 가능성을 시작하기 위해 규모별 범주를 사용하는 단순화된 형태의 정량적 리스크 분석. LOPA는 위험요인 판정의 맥락에서 보호조치의 적절성을 결정한다.

[a]11장에서 논의됨

[b]12장에서 논의됨

주 : 이들 모든 방법에 대한 자세한 정보는 AICHE/CCPS. Guidelines for Hazard Evaluation Procedures, 3rd ed.(Hoboken, NJ: Wiley Interscience, 2008)를 참조

**표 11.2** 위험요인 확인 및 판정과 리스크 분석 및 평가에 대한 일반적인 정보 요구사항

| 범주 | 정보 |
|---|---|
| 화학물질 | 가스, 액체 및 먼지의 인화성(6장 참조)<br>가스 : LFL, UFL, AIT, MOC, $P_{max}$, $(dP/dt)_{max}$<br>액체 : 인화점 온도<br>분진 : 최소 폭발농도(MEC), St 등급, P최대<br>최소 점화에너지(MIE)<br>급성 및 만성 흡입, 경구 및 피부를 포함한 독성(2장 참조)<br>노출한계 : TLV, PEL, STEL. IDLH, ERPG, AEGL 등<br>발암성, 변이원성( mutagenicity), 최기형성(teratogenicity) 등<br>반응성(8장 참조)<br>화학양론<br>반응속도론 정보<br>최대압력<br>최대반응속도<br>최대속도까지의 시간<br>방출에너지<br>다른 화학물질 및 오염물질과의 호환성<br>중간 및 생성 화학물질의 특성<br>저장 안정성<br>생분해성, 수생 독성 및 환경 지속성을 포함한 환경영향<br>부식성<br>물리적 특성 : 밀도, 열용량, 분자량, 엔탈피 등 |
| 장치 | 공정흐름도(PFD)<br>공정 및 계장도(P&ID)<br>질량 및 에너지 수지<br>유체의 온도, 압력 및 조성<br>모든 장비의 설계기준<br>모든 용기와 배관을 포함한 장비의 사양<br>최대 온도 및 압력<br>화학물질 및 기타 물질과의 호환성을 포함한 구성재료<br>제조업체 사양<br>장비 배치 및 간격<br>장비 보수 요구사항<br>릴리프 장치를 포함한 압력보호 요구사항<br>형태, 수량 및 물질 호환성을 포함한 저장<br>전기 및 구역 분류<br>안전계장 시스템을 포함한 제어시스템<br>통제실<br>샘플링 스테이션<br>압축기, 전기공급, 급수, 가열 및 냉각, 환기, 하수 등을 포함한 보조 장비<br>개인보호장비(PPE)를 포함한 비상대응; 스프링클러, 델루지(deluge) 및 급수 시스템, 안전샤워 및 눈 세척시스템 등 |

**표 11.2 위험요인 확인 및 판정과 리스크 분석 및 평가에 대한 일반적인 정보 요구사항(계속)**

| 범주 | 정보 |
|---|---|
| 절차 | 문서화. 검증 및 업데이트<br>건설<br>시동(startup)<br>운전<br>세척<br>유지관리<br>  압력시험<br>  기계적 시험<br>  보정(calibration)<br>  현물 교체<br>Lock-out/tag-out(LOTO), 변경관리(management of change, MOC),<br>  화기작업(hot work) 허가 등을 포함한 안전작업절차<br>셧다운(shutdown)<br>해체<br>비상대응<br>훈련<br>감사(audit)<br>화학물질 취급<br>불활성화(inerting) 및 배기(purging)<br>PHA 재확인<br>폐기물 처리<br>품질관리 |
| 운전조건 | 온도<br>압력<br>농도<br>화학물질 노출, 소음, 열적 및 이온화 방사능과 같은 산업위생 조건<br>정전기 형성 |

주 : <표 11.2>는 일부 목록이다. 특정 요구사항은 상당히 달라질 수 있다.

LOPA방법은 단순화된 정량적 리스크 분석으로 1990년대 후반에 개발되었다. LOPA는 안전조치 방법의 적절성으로 분류된다. 이것은 보호계층의 초기 사건빈도, 사고결과의 심각도 및 고장 가능성에 대한 크기를 추산하기 위해 리스크 행렬(1.9절 참조)을 사용한다. LOPA는 12장에 나와 있다.

모든 PHA방법의 성공은 분석의 입력자료로 사용된 정보의 양과 신뢰성에 달려있다. <표 11.2>는 일부 정보 요구사항을 나열하였다. 이 목록은 완전한 것은 아니며 실제 요구사항은 특정 공정에 따라 달라질 수 있다.

<표 11.3>은 위험 단계, 각 단계에 적합한 위험요인 목표와 대표적인 PHA 및 리스크 분석방법의 예와 함께 공정개발의 주요 단계들을 보여준다. <표 11.3>의 맨 아래 줄에는 사고조사에 적용할 수 있는 방법, 즉 공정수명 특별한(하나의 희망하는) 드문 경우를 나타낸다.

**표 11.3 공정수명 동안 서로 다른 단계에서 위험요인 확인/판정 목표 및 방법의 예**

| 공정단계 | 위험요인 확인/판정 목표의 예 | 대표적인 위험요인 확인 또는 리스크분석 방법 |
|---|---|---|
| 연구 및 개발 | 폭주반응, 화재, 폭발 또는 독성가스 누출을 일으킬 수 있는 화학적 반응 또는 비호환성 반응 확인<br>향후 분석을 위한 공정안전자료의 필요성 파악 | 본질안전 검토<br>위험요인 인벤토리 조사<br>상대순위<br>예비위험요인분석 |
| 개념설계 | 본질안전을 바탕으로 공정기술 선택<br>본질안전을 위한 다른 기회를 식별<br>잠재적 플랜트 장소들 간의 위험요인 비교<br>시설배치 및 완충지역에 대한 입력정보 제공 | 본질안전검토<br>체크리스트 분석<br>상대순위<br>예비위험요인 분석 |
| 파일럿 플랜트 | 주변으로 유해위험물질이 누출될 수 있는 요인 확인<br>촉매를 비활성화 할 수 있는 요인 확인<br>잠재적으로 유해한 운전자 인터페이스 확인<br>유해 폐기물을 최소화 할 수 있는 방법 확인 | 체크리스트 분석<br>예비위험요인분석<br>What-if<br>What-if/체크리스트<br>HAZOP<br>Bow-tie |
| 상세엔지니어링 | 공정장치 내에서 인화성 혼합물이 형성하는 방법확인<br>보고 가능한 유출이 어떻게 일어날 수 있는지를 확인<br>어떤 공정제어 오작동이 폭주반응의 원인이 되는지를 확인<br>유해위험물질의 인벤토리를 방법을 줄이는 방법 확인<br>설계된 보호조치가 공정의 리스크를 원하는 수준으로 제어할 만큼 충분한지 판정<br>정기적인 험, 검사 또는 유지관리되어야 되는 핵심 안전장비 확인 | 본질안전검토<br>체크리스트 분석<br>예비위험요인분석<br>what-if<br>What-if/체크리스트<br>HAZOP<br>LOPA<br>Bow-tie |
| 건설 및 시동 | 시동 또는 운전절차에서 오류가 일어날 상황을 확인<br>이전의 위험요인 판정에서 나온 모든 문제들이 만족스럽게 해결되었으며 새로운 문제가 발생하지 않았는지를 확인<br>인접한 장치가 건설 및 유지보수 작업자에게 끼칠 수 있는 위험요인을 확인<br>용기청소 절차와 관련된 위험요인 확인<br>조립된 장비와 설계도면 사이의 불일치 확인 | 안전검토<br>체크리스트 분석<br>What-if<br>What-if/체크리스트 |
| 일상작업 | 운전절차와 연관된 위험요인 확인<br>과압 과도현상이 일어날 수도 있는 방법 확인<br>운전경험을 고려한 이전의 위험요인 판정 갱신<br>사용하지 않는 장치들과 관련된 위험요인 확인<br>보수가 제시간에 안전하게 완료되었다는 확신<br>고온작업, lock-out/tag-out(LOTO) 운전 등과 같은 비일상적 운전에 대한 안전작업 관행 이행 | 본질안전검토<br>안전검토<br>체크리스트 분석<br>What-if<br>What-if/체크리스트<br>HAZOP<br>Bow-tie |

Ⅰ표 11.3 공정수명 동안 서로 다른 단계에서 위험요인 확인/판정 목표 및 방법의 예(계속)

| 공정단계 | 위험요인 확인/판정<br>목표의 예 | 대표적인 위험요인 확인<br>또는 리스크분석 방법 |
|---|---|---|
| 공정 변경 또는 공장 확장 | 공급 원료 구성을 변경하면 새로운 위험요인이 생기거나 기존 위험요인이 더 악화시킬 수 있는지 여부를 확인<br>새로운 장비와 관련된 위험요인 확인 | 모든 방법 |
| 해체 | 해체작업이 인접장치에 어떤 영향을 미치는지를 확인<br>셧다운 후 장치에 남아있는 잔유물과 관련된 화재, 폭발 또는 독성의 위험요인을 확인 | 안전검토<br>체크리스트분석<br>What-if<br>What-if/체크리스트 |
| 사고조사 | 필요에 따라 수행 | What-if<br>HAZOP<br>FMEA<br>결함수<br>Bow-tie<br>사건수<br>원인-결과분석<br>QRA |

출처 : AICHE/CCPS. *Guidelines for Hazard Evaluation Procedures*, 3rd ed.(Okboken, NJ: Wiley Interscience, 2008)

PHA 및 리스크 분석/평가 방법은 공정 수명 전반에 걸쳐 적용된다. 틀림없이 공정수명의 초기단계에서 가능한 빨리 적용해야 한다. 이것들은 또한 고정된 기간에도 적용된다(예 : 매년). 또한 필요에 따라 적용된다. 예로, 공정변경이 되는 경우 아차사고(near miss)가 발생하는 경우 선행 또는 후행 지표가 위험요인을 적절히 확인하거나 제어하지 못하는 경우이다.

어떤 방법을 선택할 것인가는 중요한 선택이다. <표 11.4>는 방법의 선택에 영향을 주는 일부 요소들을 나열한 것이다. 선택은 공정의 단계와 연구를 위한 동기, 요구되는 결과의 종류, 연구를 수행하기 위해 사용 가능한 정보의 종류, 분석문제의 특징, 수많은 영향을 끼치는 요인들, 감지된 리스크, 그리고 이용 가능한 자원들과 같이 여러 영향을 주는 요소에 따라 달라진다.

**표 11.4** 유해요인 확인 및 판정 또는 리스크 분석방법의 선택에 영향을 미치는 요인

**1. 연구동기**
a. 처음에 연구의 필요성은 무엇인가?
b. 연구가 기존 정책의 일환으로 승인되고 있는가?
c. 기존의 성숙한 공정개선을 고려한 리스크 관리 결정을 내리기 위한 통찰이 필요한가?
d. 연구는 규제 또는 법적 요구사항에 대해 수행되고 있는가?

**2. 필요한 결과의 유형**
a. 위험요인 목록
b. 잠재적 사고상황 목록
c. 리스크를 또는 필요한 연구범위를 줄이기 위한 대안 목록
d. 결과의 우선순위
e. 정량적 리스크 분석(QRA)을 위한 입력 값

**3. 연구를 수행하기 위해 사용 가능한 정보의 유형**
a. 연구가 수행될 때 공정 또는 활동의 현재 수명단계
b. 정보의 가용성, 품질 및 현재 상태

**4. 분석문제의 특징**
a. 문제의 복잡도 및 크기
b. 공정의 유형
c. 공정에 포함된 단위조작의 유형
d. 위험요인의 본질
e. 사고 또는 우려되는 상항

**5. 대상공정 또는 활동과 관련된 인지된 위험-양, 성격 및 경험의 관련성에 따라 다름**

**6. 자원 가용성 및 분석/관리 선호도**
a. 숙련되고 지식이 풍부한 직원의 가용성
b. 연구를 완료하기 위한 목표 날짜
c. 재원
d. 위험요인 분석의 선호
e. 연구를 승인해주는 관리자의 선호

출처 : AICHE/CCPS, *Guidelines for Hazard Evaluation Procedures*, 3rd ed. (Hoboken, NJ: Wiley Interscience, 2008)

## 2 비 시나리오 기반 위험요인 확인 및 판정 방법

비 시나리오 기반 방법은 검토팀의 경험에 따라 달라진다.

### 체크리스트 분석

체크리스트 분석은 검토 및 검증을 하기 위해 발생 가능한 문제, 위험요인 또는 절차적 단계의 목록을 사용한다. 이 분석은 검토자에게 특정 사안을 고려하여 적절하게 다루는지 여부를 결정하도록 상기시킨다.

체크리스트 검토는 <표 11.3>에서와 같이 개념설계, 파일럿 플랜트, 상세 엔지니어링, 시공 및 시동, 일상작업, 공정 변경 또는 플랜트 확장 및 플랜트 수명주기의 폐기단계에서 가장 적합하다. 그러나 체크리스트 분석은 위험요인 확인의 예비단계에서 가장 적합하므로 보다 상세한 위험요인 확인 및 판정방법의 대체로 사용되어서는 안 된다.

사용되는 체크리스트는 세부적으로 매우 다양하며 수백 또는 수천 개의 항목을 포함할 수 있다. 체크리스트 분석은 재료, 장비 또는 절차를 평가하는데 사용될 수 있다. 체크리스트는 특정 공정, 특정유형의 공정장비(예 : 열교환기, 펌프, 증류탑) 및 플랜트 수명주기의 여러 단계에 따라 사용자 맞춤으로 될 수 있다.

일반적인 체크리스트는 <그림 11.2>에 나타나 있다. 이 체크리스트에는 3개의 체크 표시(✓)하는 열이 있다. 첫 번째 열은 철저히 조사된 영역을 표시하기 위해 사용된다. 두 번째 열은 특정 플랜트에 적용되지 않는 품목에 사용된다. 마지막 열은 추가조사가 필요한 영역을 표시하는 데 사용된다. 개별 영역에 대한 광범위한 주석은 체크리스트와 별도로 작성한다.

체크리스트 분석은 3가지 단계를 포함한다.[2)]

1. 적절한 체크리스트 선택 및 개발 : 숙련된 팀원은 <그림 11.2>와 같은 사용가능한 체크리스트로 시작한다. 이러한 체크리스트는 산업적으로 이용 가능한 체크리스트로 향상되었다. 이전 또는 다른 연구로부터의 사용 가능한 체크리스트는 최신의 코드, 기준, 규정 및 관행(practice)을 포함하도록 업데이트 할 수 있다. 적절한 체크리스트를 식별할 수 없는 경우 팀의 경험을 활용하여 체크리스트를 개발할 수 있다.
2. 체크리스트 분석 수행 : 검토는 플랜트 투어, 인터뷰 및 문서검토로 진행된다. 이러한 활동 동안 분석가는 공정장치 및 운전을 체크리스트 목록과 비교한다. 인지된 결함들은 팀이 권고사항을 개발하기 위해 논의한다.
3. 결과의 문서화 : 최종 보고서에는 검토에 사용된 체크리스트, 명시된 결함, 권고사항, 그리고 정당성(justifications)이 포함된다.

---

2) AICHE Center for Chemical Process Safety. *Guidelines for Hazard Evaluation Procedures*, 3rd ed. (Hoboken, JN: Wiley Interscience, 2008)

| | 완벽함 | 적용할 수 없음 | 추가작업이 요구됨 |
|---|---|---|---|
| **공정 및 시설의 배치** | | | |
| 1. 빗물과 공정유체는 적절한 배수를 고려했는가? | | | |
| 2. 접근을 위한 충분한 공간을 확보했는가? | | | |
| 3. 충분한 화재 방호조치(예: 방화벽, 방류둑 등)가 되어 있는가? | | | |
| 4. 과잉의 위험요인이 고려되었는가? | | | |
| 5. 적절한 비상 접근 및 출구가 있는가? | | | |
| 6. 모든 장소에 머리가 부딪히지 않을 만큼 충분한 높이가 확보되어 있는가? | | | |
| 7. 원료물질 및 제품을 위한 충분한 저장공간이 있는가? | | | |
| 8. 유지보수에 대한 적절한 접근권한이 있는가? | | | |
| 9. 머리 위 전선이 적절한 간격이 있는가? | | | |
| 10. 야간작업을 위한 충분한 조명이 있는가? | | | |
| **공정** | | | |
| 1. 모든 화학물질에 사용할 수 있는 안전보건자료가 있는가? | | | |
| 2. 모든 PFD와 P&ID가 최신판인가? | | | |
| 3. 공정에 대한 본질안전검토를 하였는가? | | | |
| 4. 목표달성을 위한 코드 및 표준기준이 있는가? | | | |
| 5. 증기와 먼지에 대한 충분한 환기시스템이 있는가? | | | |
| 6. 불안정한 화학물질을 적절하게 저장하는가? | | | |
| 7. 공정장치에 대한 폭발방지는 있는가? | | | |
| 8. 공정에 사용되는 화학에 대해 완벽하게 이해되었는가? | | | |
| 9. 모든 화학과 화합물질의 반응성이 검토되었는가? | | | |
| 10. 장비고장으로 인한 위험요인들이 검토되었는가? | | | |
| 11. 모든 릴리프 방출의 억제/완화를 고려하였는가? | | | |
| 12. 모든 공정유체 누출의 억제/완화를 고려하였는가? | | | |
| 13. 화학물질 및 기타 폐기물의 처리를 고려하였는가? | | | |
| 14. 파이프 또는 장치의 막힘에 의한 위험요인을 검토하였는가? | | | |
| 15. 유틸리티 고장으로 인한 사고결과를 검토하였는가? | | | |
| 16. 설계수정을 검토하였는가? | | | |
| 17. 모든 전기장치가 요구조건을 만족하는가? | | | |
| 18. 안전 샤워/눈 세척시설이 제공되는가? | | | |
| 19. 모든 공정라인과 장치들에 라벨이 부착되어 있는가? | | | |
| 20. 모든 구조물 강재의 내화성이 고려되었는가? | | | |
| **건축물** | | | |
| 1. 모든 사용 중인 건물은 폭발에 대해 튼튼한가? | | | |
| 2. 통제실에 충분한 환기시스템이 있는가? | | | |
| 3. 모든 점유지역에 적합한 비상대피로가 있는가? | | | |

⇧ **그림 11.2** 일반적인 공정안전 체크리스트. 이 유형의 목록은 보다 완전한 분석 전에 자주 사용된다.

| | 완벽함 | 적용할 수 없음 | 추가작업이 요구됨 |
|---|---|---|---|
| **배관** | | | |
| 1. 모든 배관은 요구코드를 만족하게끔 설계되었는가? | | | |
| 2. 유체의 열팽창에 대비가 되어 있는가? | | | |
| 3. 고온 공정라인에 화상방지를 위한 단열처리가 되어 있는가? | | | |
| 4. 모든 넘침 라인(overflow line)이 안전한 지역으로 방출하는가? | | | |
| 5. 모든 배관에 올바르게 라벨이 붙어 있는가? | | | |
| 6. 모든 배관라인에 적절한 지지가 되어 있는가? | | | |
| **장비** | | | |
| 1. 모든 장비가 설계코드를 만족하는가? | | | |
| 2. 압력/진공 등급이 공정요건을 충족하는가? | | | |
| 3. 모든 장비의 설계기준은 유용하며 최신인가? | | | |
| 4. 재료가 화학물질에 적합한가? | | | |
| 5. 부식 허용치가 고려되었는가? | | | |
| 6. 건축재질이 적합한가? | | | |
| 7. 모든 회전 장치와 벨트에 안전조치가 되어 있는가? | | | |
| 8. 장치 유지보수를 위해 격리가 제공되는가? | | | |
| 9. 유지보수 일정이 검토되고 최신으로 유지되는가? | | | |
| 10. 모든 장비가 올바르게 표지되어 있는가? | | | |
| 11. 잠금 기능이 제공되는가? | | | |
| 12. 모든 장치교체에 대한 변경관리(MOC)를 검토하는가? | | | |
| **기기 및 전기** | | | |
| 1. 모든 제어시스템이 적절한 페일 세이프(fail safe) 기능을 갖도록 설계되었는가? | | | |
| 2. 특별한 인터록(interlock)이 제공되는가? | | | |
| 3. 비상대기 전원이 제공되는가? | | | |
| 4. 비상계기공기가 제공되는가? | | | |
| 5. 모든 기구, 전기시스템 및 공정장비가 올바르게 접지되었는가? | | | |
| **안전장치** | | | |
| 1. 방화장비가 적절한가? | | | |
| 2. 인공호흡기와 SCBA는 사용 가능하고 유지보수가 되고 있는가? | | | |
| 3. 소화물질은 공정물질 및 화학물질과 호환이 있는가? | | | |
| 4. 개인보호장비를 사용할 수 있고 유지관리가 되고 있는가? | | | |
| 5. 가스 시료채취 장비가 사용 가능한가? | | | |
| 6. 인화성 가스감지기가 공정의 적절한 위치에 설치되어 있는가? | | | |
| 7. 경보기능이 작업자에게 필요한 정보를 제공하도록 올바르게 설계되었는가? | | | |
| 8. 충분한 소방수 공급과 공급원이 있는가? | | | |

⇧ **그림 11.2** 계 속

체크리스트 분석은 또한 what-if 방법과 같은 다른 위험요인 평가방법을 향상시키기 위해 사용될 수 있다.

## 안전성 검토

안정성 검토(safety review)는 아마도 가장 초기의 위험요인 평가방법이었을 것이다. 이것은 실험실, 파일럿 플랜트 및 대규모 공정장치에 사용될 수 있다. 새로운 공정, 기존 공정의 상당한 변화 및 최근 검토되지 않은 공정에도 사용될 수 있다. 안전성 검토의 성공 여부는 전적으로 안전성 검토위원회의 전문지식에 따라 크게 좌우된다.

안전성 검토는 일반적으로 플랜트 수명기간 중에 다음 단계(표 11.3 참조)에서 수행된다 : 시공/시동, 일상작업, 공정 변경 또는 플랜트 확장 및 폐기. 여기에는 다음의 목적이 있다.

- 운영인력에서 공정의 위험요인의 존재 여부 확인 및 경고
- 운영절차 검토
- 새로운 위험요인을 초래할 수 있는 장치 또는 공정변경을 확인
- 제어시스템, 계측되는 보호시스템 및 비상 릴리프 시스템의 설계기준 평가
- 기존 위험요인에 신기술의 적용 검토
- 유지보수 및 안전시스템의 적정성 검토[2)]

안전성 검토는 종종 <표 11.1>에 나와 있는 시나리오 기반방법에 설명된 다른 방법과 같이 보다 자세한 검토의 필요성을 확인한다.

시동 후 안전성 검토는 주기적으로 또는 공정의 변경이 될 때마다 절차를 수정하거나, "아차사고"가 발생하거나 또는 선행 및 후행지표가 결함을 드러내는 경우에 실시해야 한다.

안정성 검토 프로세스는 다음의 단계가 포함된다.[3)]

1. 검토 준비. 팀을 구성하고 검토에 대한 책임을 부여한다. 검토팀에는 운전자, 유지보수 작업자, 공정엔지니어 및 설계전문가가 포함되어야 한다. 특정 기술 관련 질문에 답변을 할 수 있는 다른 전문가도 있어야 한다. 팀원 중의 한 명 이상은 스케치, 공정흐름도(PFD), 공정 및 계장도(P&ID), 장비 사양, 공정 화학물질 및 그 위험요인 특성, 작업 코드, 표준 및 절차, 유지보수, 비상절차 등 이용 가능한 정보를 포함하여 관련 정보를 수집할 책임이 있다. 가능한 경우 이전 안전성 검토의 권고사항도 얻는다.
2. 추가적인 준비 및 검토 수행. 팀원은 시설을 둘러보고, 이들은 화학, 엔지니어링 요구사항, 플랜트 제어 및 장치에 대한 자세한 지식을 가진 사람들을 인터뷰(다른 사이트 및 회사에 연락하는 것을 포함)하고, 검사 결과 및 이전의 안전성 검토 권고사항의 상

3) AICHE Center for Chemical Process Safety. *Guidelines for Hazard Evaluation Procedures*, 3rd ed. (Hoboken, JN: Wiley Interscience, 2008)

태를 검토하고, 사고조사 보고서 및 권고상태를 검토하다. 그리고 기타 관련되고 이용 가능한 정보를 수집하고 평가한다. 이 작업이 완료되면 팀은 이러한 결과를 검토하기 위해 만난다. 이 회의에서는 위험요인을 확인하고 결과를 평가하며 위험요인을 해결하는 방법을 결정한다.

3. 결과를 문서화. 검토 후 팀은 적절한 타당성을 갖춘 보고서와 권고사항을 개발한다. 발행에 앞서 경영진과 권고사항을 검토한다. 최종 승인된 권고사항은 최종 안전성 검토 문서에 포함된다.

## 본질안전 검토

본질안전(inherent safety)은 1.13절에서 논의되었다. 본질안전검토는 제어시스템, 인터록, 중복, 그리고 특수 운영절차를 추가하는 것보다 위험요인을 제거하거나 감소시켜 사고를 예방하는 방법을 확인하기 위해 플랜트를 평가하는 것이다.

<표 11.3>과 같이 본질안전검토는 공정수명의 연구개발, 개념설계, 상세 엔지니어링, 일상작업 및 공정 변경 또는 공장 확장단계에 가장 적합하다.

본질안전검토 단계는 다음과 같다.

1. 사용 가능한 정보를 수집하고 검토한다.
2. 주요 위험요인을 정의한다.
3. 위험요인을 확인하고 본질적인 안전설계 원칙을 적용하여 공정을 개선할 수 있는 창의적인 방법을 결정하기 위해 각 프로세스 단계에서 공정을 체계적으로 검토한다.
4. 검토 및 후속조치를 문서화 한다.

본질안전검토는 다른 PHA 방법 또는 훨씬 더 큰 위험요인 판정의 일부에 포함될 수 있다.

## 예비위험요인분석

예비위험분석(공정위험요인분석에 사용되는 약어 PHA와 혼동하지 말 것)은 플랜트의 유해위험물질 및 주요 공정영역에 대한 일반적인 방법에 중점을 둔다. 다양한 공정특성을 고려하여 위험요인 및 사고 시나리오 목록을 작성한다. 또한 위험요인을 제거하거나 감소시킬 수 있는 대체 설계기준을 확인할 수 있다. 특히, 플랜트 수명초기에 위험요인을 발견하기 위한 것이므로 정보가 제한될 수 있다. 검토팀은 적어도 개념설계, 일부 화학과 반응 및 주요 장치에 대한 일반적인 설명을 서면으로 작성해야 한다.

예비위험요인분석은 <표 11.3>과 같이 공정수명의 연구개발, 개념설계, 파일럿 플랜트, 상세 엔지니어링 및 공정 변경 또는 플랜트 확장에 적합하다. 여기에는 다음단계가 포함된다.

1. 검토 준비. 많은 출처로부터 얻은 사용 가능한 경험을 바탕으로 팀을 구성한다. 유사한 플랜트의 정보와 운전경험을 포함하여 공정에 대한 사용 가능한 정보를 수집한다.
2. 검토 수행. 유해위험물질과 플랜트 장치(예 : 연료, 반응성 화학물질, 고압시스템), 플랜트 장치와 재질간의의 안전관련 인터페이스(인적 오류), 환경적 요인(예 : 지진, 홍수), 조업, 테스트, 유지보수와 비상절차, 시설지원, 안전 관련 장치 등을 고려한다.
3. 결과를 문서화. 예비위험분석 워크시트 결과에는 다음과 같은 열이 있다.
   a. 확인된 위험요인
   b. 초기원인(예 : 기계적 결함, 절차상의 오류, 외부의 힘, 원료물질의 변형, 또는 환경적 요인)
   c. 주요 영향 또는 사고결과(예: 부상 또는 사망 가능성)
   d. 위험요인 범주 또는 다음 등급을 사용한 우선순위 : 위험요인 범주 I(무시할 수 있는), 위험요인 범주 II(미미한), 위험요인 범주 III(치명적인) 및 범주 IV(파국적인)
   e. 본질적인 안전설계(위험요인을 제거 또는 감소)와 같은 시정/예방조치, 예방 및 완화적 안전조치

## 상대순위

상대순위(relative ranking) 방법은 공정에서 위험요인을 나타내는 숫자나 지수를 계산한다. 다양한 공정 대안을 비교하거나 보다 엄격한 PHA방법이 필요한지를 결정하는데 탁월한 방법이다. 이러한 방법은 <표 11.3>과 같이 연구개발, 개념설계 및 공정수정 또는 공정수명의 플랜트 확장단계에 가장 적합하다.

가장 인기 있는 상대순위 방법은 다우 화재 및 폭발 지수(fire and explosion index, F&EI)와 다우 화학물질 노출지수(chemical exposure index, CEI)이다. 이 2가지 접근방식 모두 소득세 양식과 유사한 등급형식에 기초한 공식적인 체계화된 접근방식을 사용한다. 마지막 숫자는 위험요소의 상대순위를 제공한다.

F&EI는 인화성 물질의 저장, 취급 및 처리와 관련된 상대적 위험요인을 평가하도록 설계되었다. 절차는 화학물질에만 해당하는 물질계수로 시작한다. 물질계수는 먼저 인화점 또는 끓는점 이상의 저장, 흡열 또는 발열반응 및 화기 히터와 같은 일반 및 특수 공정 위험요인에 대해 조정된다. 그런 다음 위험요소의 결과를 추정하기 위해 다양한 안전시스템과 절차에 대한 크레딧(credit)이 적용된다. F&EI는 또한 재산피해에 대한 달러 가치를 추정할 수도 있다.

CEI는 가능한 화학물질 누출로 인해 발생하는 인근지역 또는 공장에 있는 사람들의 급성 건강위험 가능성을 평가하기 위한 상대적 순위방법이다. 이 절차는 파이프 및 호스로부터의 누출, 압력방출장치에서 대기로 직접적인 누출, 용기로부터 누출. 그리고 탱크에서 넘쳐흐름과 방출과 같은 누출 가능한 사건을 확인하는 것으로 시작한다. 사고(incident)는 물질의 누출속도를 추산하기 위해 CEI 가이드에서 제공된 여러 단순화 된 누출원 모델과 함께 사용된

다. 그런 다음 응급대응계획지침(emergency response planning guideline, ERPG)을 단순화된 분산모델과 함께 사용하여 CEI값과 누출로부터 위험요인이 영향을 미치는 바람방향의 거리를 결정한다.

보다 엄격한 PHA방법이 필요한 특정 공정에서는 F&E 수와 CEI 수의 합이 사용될 수 있다.

**예제 11.1**

〈그림 11.3〉에서 보는 바와 같은 실험실 반응시스템을 생각해보자. 이 시스템은 포스겐($COCl_2$)과 아닐린을 반응시켜 이소시아네이트(isocyanate)와 염산을 생성하도록 설계되었다. 반응은 〈그림 11.4〉와 같다. 이소시아네이트 생성물은 플라스틱과 발포제를 생산하는데 사용된다.

포스겐은 무색의 증기이며 끓는점이 46.8 °F이다. 그러므로 이 물질은 항상 정상 끓는점 온도 이상의 압력용기에 액체상태로 저장된다. 포스겐의 TLV-TWA는 0.1 ppm이며 냄새 임계치는 TLV-TWA보다 훨씬 높은 0.55 ppm이다.

아닐린은 끓는점이 364 °F인 액체이고, TLV-TWA는 2 ppm이다. 아닐린은 피부를 통해 체내에 흡수된다.

〈그림 11.3〉에 나타낸 공정에서 포스겐은 공급용기로부터 밸브를 통해 반응기 내 유리 버블러로 공급된다. 환류 응축기는 증기 아닐린을 응축하고 액체 아닐린을 반응기로 되돌아간다. 가성소오다 세정기는 출구 배기흐름애서 포스겐과 염화수소 증기를 제거하는데 사용된다. 전체 공정은 후드 안에 들어있다.

이 공정에 대한 안전성 검토를 수행하여라.

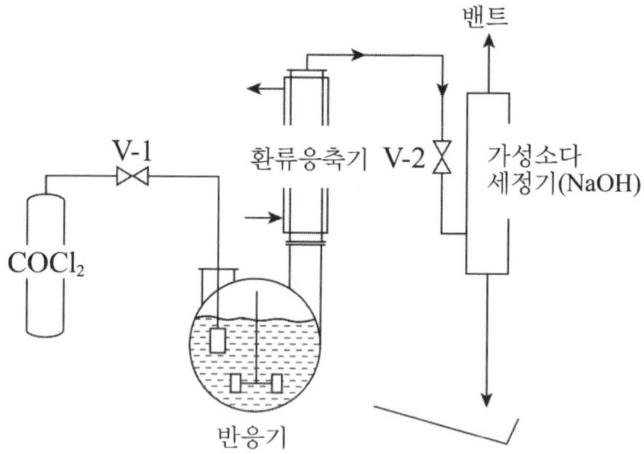


**그림 11.3** 안전성 검토 전 포스겐 반응기의 설계

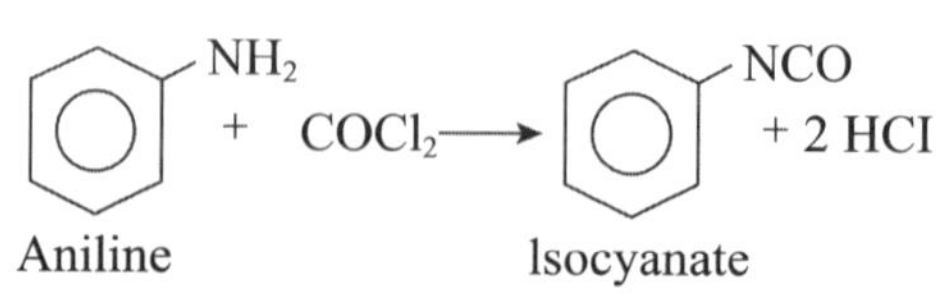


**그림 11.4** 포스겐 반응기에서 반응 양론식

### 해답

안전성 검토는 두 사람에 의해 완결되었다. 본 공정은 충분히 단순하고 작아서 전체위원회 검토가 필요하지 않다. 최종 공정설계는 <그림 11.5>과 같다. 공정에 대한 변경사항과 추가사항은 다음과 같다.

1. 유량 지시계가 유량을 시각적으로 표시한다. 이것은 단순한 비블러이다.
2. 액체가 채워진 유리 U자 튜브로 된 릴리프 시스템이 세정기로 가는 출구와 연결된다. 이것은 유리 버블러가 막혔을 때 생길 수 있는 압력 위험요인을 예방한다. 이 릴리프는 수 인치의 수압에서 작동될 것이다.
3. 트랩은 탱크에서 나올 수 있는 액체 포스겐을 잡는다.
4. 기존 세정제는 단일 개방형 튜브에서 증기를 흡수하는데 그다지 효과적이지는 않다. 이것은 포스겐과 HCl 증기를 흡수하기 위해 가성소오다와 수산화암모늄이 포함된 2개의 버블러로 교체된다.
5. 끓는점을 낮추기 위해 진공으로 한다.
6. 가성소오다 용기가 추가된다.(실린더 또는 밸브에서 포스겐이 누출 시 포스겐 실린더를 이 통에 집어넣는다. 가성소오다가 포스겐을 흡수한다.)

추가로, 검토자들은 다음의 권고사항을 제시했다: (1) 포스겐 감지기를 후드, 룸, 그리고 작업장 주위에 걸어 놓는다(이 용지는 보통 흰색이며 0.1 ppm의 포스겐에 노출되면 갈색으로 변한다). (2) 공정이 시작되기 전에 매일 안전 점검표를 개발하여 사용한다. (3) 공정 근처에 최신 공정 스케치를 게시한다.

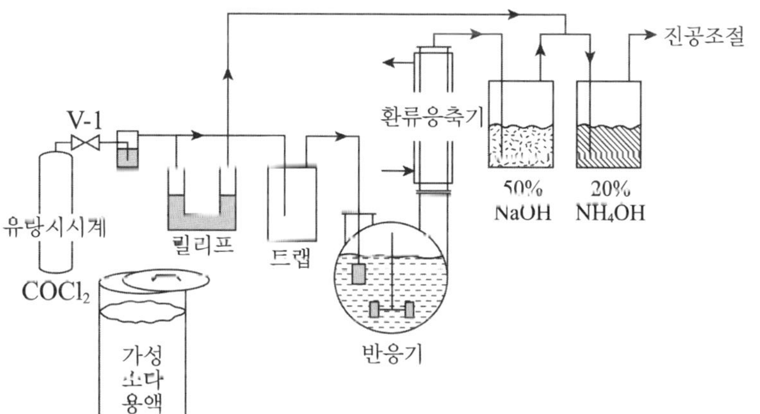


**그림 11.5** 안전성 검토 후 포스겐 반응기의 최종 설계

## 3 시나리오 기반 위험요인 확인 및 판정 방법

시나리오 기반 방법은 예측 및 분석 방법을 사용하여 사건 시나리오를 정의한다. 이러한 방법은 비교적 복잡하며 경험이 풍부한 사람이 수행한다. 모든 시나리오 기반 위험요인 방법은 사고 시나리오를 사용하여 무엇이 잘못될 수 있는지 결정한다.

산업에서는 많은 다양한 방법을 사용하지만[4], 본 장에서는 네 개의 방법 즉, 위험 및 운전분석(HAZOP), 고장모드 및 영향분석(FMEA), what-if 분석, 그리고 what-if/체크리스트 분석만 다룬다.

### 위험 및 운전분석

HAZOP의 목적은 화학 플랜트에서 시나리오 기반의 위험요인을 체계적으로 식별 및 판정하고 플랜트 생산성에 영향을 줄 수 있는 운전가능성 문제를 확인하는 것이다. 이 방법은 리스트를 줄이기 위한 권장사항을 도출한다. 기본 아이디어는 플랜트 및 운전상의 오류가 발생할 수 있는 모든 가능한 방법을 고려하기 위해서는 관습에서 벗어나 자유롭게 생각하는 것이다. HAZOP 방법은 <표 11.3>에 나타낸 대로 파일럿 플랜트, 상세 엔지니어링, 일상작업, 공정 변경 또는 플랜트 확장 및 공정 수명기간의 사고조사 단계에 적합하다.

HAZOP 분석을 시작되기 전에 공정에 대한 자세한 정보를 수집해야 한다. 여기에는 최신 공정 흐름도(PFD), 배관 및 계장도(P&ID), 세부적인 장치사양, 건설자재, 안전데이터 시트(SDS)를 포함한 모든 화학물질 및 공정재질 목록, 그리고 질량 및 에너지 수지 등이 포함된다. 공정에 따라 다른 정보가 중요할 수도 있다. 모든 정보는 최신 정보이고 신뢰할 수 있어야 한다.

전체 HAZOP 연구에는 공장, 실험실, 엔지니어링, 유지보수, 계측기 및 안전부서 등의 직원으로 구성된 위원회가 필요하다. 한 사람은 반드시 훈련된 HAZOP 리더여야 하며 위원회 의장직을 수행해야 한다. 이 사람은 토론을 이끌며 반드시 HAZOP 절차와 검토 중인 화학공정에 대한 경험이 모두 있어야 한다. 또한 한 명에게는 결과기록 작업을 할당해야 한다. 많은 공급업체가 이 기능을 지원하는 소프트웨어를 제공하고 있다.

위원회는 정기적으로 한 번에 몇 시간씩 회의를 한다. 회의시간은 모든 위원회 구성원의 지속적인 관심과 집중력을 유지할 수 있을 정도로 짧아야 한다. 대규모 공정은 HAZOP 연구를 완료하기 위해 몇 달 동안 한 주에 두 번씩 미팅을 가져야 할 수도 있다. 완전한 HAZOP 연구는 분명히 시간과 노력에 많은 투자를 해야 하지만 그 결과는 노력할 가치가 있다. HAZOP 연구의 용어에 대한 정의는 <표 11.5>와 같다.

4) AICHE Center for Chemical Process Safety. *Guidelines for Hazard Evaluation Procedures*, 3rd ed. (Hoboken, JN: Wiley Interscience, 2008)

**표 11.5** HAZOP 연구의 용어정의

**구간(Node)** : 공정도 상에 편차를 조사하는 공정변수의 위치.
구간의 예
두 유닛 사이에서 물질을 전달하는 파이프라인
특정 탱크 또는 용기

**설계 의도** : 시스템이 노드에서 작동할 것으로 예상되는 방법을 정의한다. 그것은 편차를 개발하기 위한 기준점을 제공한다. 모든 노드는 설계의도를 가지고 있다. 설계의도는 HAZOP 표 또는 HAZOP 설명에 포함될 수 있다.(예제 11.2 참조)

**매개변수** : 공정의 물리적, 화학적, 또는 무엇이 발생할 것인지를 나타내는 공정의 특징 :
특정 매개변수 : 유량, 온도, 압력 등
일반적인 매개변수 : 추가, 반응, 유지보수, 릴리프 등

**가이드워드(Guidewords)** : <표 11.6>에서 <표 11.9>까지 참조

**편차(Deviation)** : 이러한 불규칙성은 가이드워드를 각 노드의 각 매개변수에 체계적으로 적용함으로써 발견된다.

**원인(Causes)** : 편차가 발생할 수 있는 이유. 원인은 장비결함, 인적 오류, 또는 외부의 사건이 될 수 있다.

**사고결과(Consequences)** : 손실사고의 결과에 의한 영향으로 문서화된 것

**권고사항(Recommendation)** : 편차의 사고결과를 예방하거나 완화 또는 추가적인 정보를 얻기 위해 제안되는 조치

**보호조치(Safeguards)** : 편차발생 가능성을 주이거나 사고결과의 심각성을 완화시키는 시스템. 1.11절 참조.

출처 : AICHE CCPS faculty Workshop. "Hazard Identification and Evaluation."(Freeport, TX: Dow Chemical Company, June 2017).

분석을 완수하기 위해 HAZOP 절차는 다음의 단계를 사용한다.

1. 상세 공정흐름도로부터 시작한다. 이 공정도를 수많은 단위공정으로 구분한다. 그렇게 하면 반응기 영역은 한 개의 공정단위가 될 수 있고, 저장탱크는 또 다른 공정단위가 될 수 있다. 연구를 위한 공정단위를 선택한다.
2. 용기, 배관 또는 운전절차서 등의 검토구간을 선택한다. 또한 HAZOP은 특히 시동, 정지, 비상작업 및 샘플링과 같은 절차를 포함한 인적 요인이 중요한 경우에 사용된다.
3. 구간의 설계의도를 설명한다. 예를 들어, 용기 V-1은 공급원료인 벤젠을 저장하고 필요에 따라 이를 반응기에 공급하도록 설계된다.
4. 공정변수 선택 : 유량, 액위, 온도, 압력, 농도, pH, 점도, 상(고체, 액체, 또는 기체), 교반, 부피, 반응, 시료, 성분, 시동, 정지, 안정성, 전력 또는 불활성과 같은 공정변수를 선정한다. 기타 공정변수는 특정 공정에 유효할 수도 있다.

5. 가능한 편차를 제안하려면 공정변수에 가이드워드를 적용하여라. <표 11.6>에 몇 가지 가이드워드를 나타내었다. 공정라인의 경우 <표 11.7>과 용기의 경우 <표 11.8>과 같이 가이드워드 공정변수 조합은 의미가 없다는 점에 유의하여라. 지침, 관련 매개변수와 편차는 <표 11.9>에 나타내었다.
6. 편차가 적용 가능한 경우 가능한 원인을 결정하고 방호시스템을 기록한다.
7. 편차의 사고결과를 평가한다(있는 경우)
8. 개선조치(무엇을? 누구에 의해? 언제까지?)
9. 모든 정보를 기록한다.
10. 선정한 공정변수에 적용할 수 있는 가이드워드를 모두 적용할 때까지 5에서 9단계를 반복한다.
11. 제시된 검토구간(study node)에 대해 적용할 수 있는 가이드워드가 모두 교려될 때까지 4단계에서 10단계를 반복한다.
12. 제시된 공정단위에 대하여 모든 검토구간을 고려할 때까지 2단계에서 11단계를 반복하고 공정도의 다음 부분으로 진행한다.

**표 11.6** HAZOP 절차에 사용되는 가이드워드

| 가이드워드 | 의미 | 풀이 |
|---|---|---|
| no, not, none | 설계의도의 완전 부정 | 설계의도가 조금도 달성되지 않았으나 아무 일도 일어나지 않음 |
| more, higher, greater | 정량적인 증가 | 유속 및 온도와 같은 양에 적용과 가열 및 반응과 같은 활동에 적용 |
| less, lower | 정량적인 감소 | 유속 및 온도와 같은 양에 적용과 가열 및 반응과 같은 활동에 적용 |
| as well as | 정성적인 증가 | 공정흐름의 오염과 같이 일부 추가적인 활동과 함께 모든 설계 및 운전 의도가 달성됨 |
| part of | 정성적인 감소 | 설계의도 중 일부만 달성되고 다른 부분은 달성되지 않음 |
| reverse | 논리의 반대 | 흐름 또는 화학반응과 같은 활동에 가장 잘 적용됨. 해독제 대신에 독에 적용과 같이 물질에도 적용 가능 |
| other than | 완전 대체 | 원래의 의도는 이루어지지 않고 초기 의도가 다른 것으로 대체됨 |
| sooner than | 너무 이르거나 순서 잘못 | 공정단계나 조치에 적용 |
| later than | 너무 늦거나 순서 잘못 | 공정단계나 조치에 적용 |
| where else | 부가적인 위치 | 공정위치 또는 운전절차의 위치에 적용 |

**표 11.7** 공정라인에 대한 올바른 가이드워드와 공정변수의 조합

| process parameters | No, not, none | More, higher greater | Less, lower | As well as | Part of | Reverse | Other than | Sooner faster | Later, slower | Where else |
|---|---|---|---|---|---|---|---|---|---|---|
| Flow | × | × | × | × | × | × | × | × | × | |
| Temperature | | × | × | | | | | × | × | |
| Pressure | | × | × | × | | | | × | × | |
| Concentration | × | × | × | × | × | | × | × | × | |
| pH | | × | × | | | | | × | × | |
| Viscosity | | × | × | | | | | × | × | |
| State | | | | × | | | | × | × | |

주 : ×는 유효한 조합을 나타냄.

**표 11.8** 공정용기에 대한 올바른 가이드워드와 공정변수의 조합

| process parameters | No, not, none | More, higher greater | Less, lower | As well as | Part of | Reverse | Other than | Sooner faster | Later, slower | Where else |
|---|---|---|---|---|---|---|---|---|---|---|
| Level | × | × | × | × | × | | × | × | × | × |
| Temperature | | × | × | | | | | × | × | |
| Pressure | | × | × | × | | | | × | × | |
| Concentration | × | × | × | × | × | | × | × | × | |
| pH | | × | × | | | | | × | × | |
| Viscosity | | × | × | | | | | × | × | |
| Agitation | × | × | × | | × | × | | × | × | |
| Volume | × | × | × | × | × | | | × | × | × |
| Reaction | × | × | × | | | | × | × | × | |
| State | | | | × | | | × | × | × | |
| Sample | × | | | × | × | | × | × | × | |

HAZOP 방법은 시나리오를 기반으로 하기 때문에 1~7 단계에서 복수의 시나리오를 성의하고 8 단계에서 권고사항을 개발한다.

목록에는 18개의 공정변수와 10개의 가이드워드가 수록되어 있으므로, 총 180개의 검토구간 조합이 가능하다. 따라서 HAZOP 절차는 고려해야 할 엄청 많은 양의 조합을 생성한다.

가이드워드 중에서 부가(as well as), 부분(part of)과 기타(other than)는 때때로 개념적으로 적용하기가 어려울 수 있다. 부가는 의도된 설계의도 외에 다른 일이 발생한다는 것을 의미다. 이것은 액체의 끓음, 일부 추가성분의 이송 또는 예상치 않은 곳에 일부 유체의 이송일 수 있다. 부분은 구성요소 중 하나가 누락되었거나 흐름이 공정의 일부에만 우선적으로 펌핑되고 있음을 의미한다. 기타는 물질이 예상 재료로 대체되거나, 다른 곳으로 옮겨지거나,

▌표 11.9 서로 다른 가이드워드 및 매개변수에 대한 HAZOP 편차

| Parameters ↓ | Guidewords | | | | | | |
|---|---|---|---|---|---|---|---|
| | More | Less | None | Reverse | Part of | As well as | Other than |
| flow | High flow | Low flow | No flow | Backflow | | | Loss of Containment |
| Pressure | High Pressure | Low Pressure | Vacuum | | Partial pressure | | |
| Temperature | High Temperature | Low Temperature | | | | Cryogenic | |
| Level | High level | Low level | No level | | | | Loss of Containment |
| Composition or state | Additional phase | Loss of phase | | Change of state | Wrong concentration | Contaminants | Wrong material |
| Reaction | High reaction rate | Low reaction rate | No reaction | Reverse reaction | Incomplete reaction | Side reaction | Wrong reaction |

응고되어 운반될 수 없는 상황에 적용된다. 가이드워드 중에서 빠른(sooner than), 늦은(later than)과 다른 곳(where else)은 회분식 공정(batch process)에 사용할 수 있다.

HAZOP 절차의 중요한 부분은 결과를 기록하고 사용하는 데 필요한 과정이다. 이를 위해 많은 방법을 사용할 수 있으며, 대부분의 기업은 나름대로의 적합한 접근방법을 가지고 있다.

<표 11.10>은 기본적인 HAZOP 양식의 하나이다. "항목(item)"으로 표시된 첫 번째 열은 고려하는 각 경우에 대해 하나씩의 확인 함옥을 제시한다. 번호체계는 숫자-문자 조합으로 구성된다. 따라서 "1A"는 첫 번째 검토구간과 첫 번째 가이드워드를 나타낸다. 두 번째 열에는 대상이 되는 검토구간을 기입한다. 세 번째 열에는 공정변수가 나열되고 네 번째 열에는 편차 또는 가이드워드가 나열된다. 다음 세 열은 분석의 가장 중요한 결과를 기입한다. 첫 번째 열은 위원회에 의해 결정되며 특정 편차-가이드워드 조합에 기반한 가능한 원인들을 나열한다. 다음 열에는 편차의 가능한 사고결과가 나열한다. 다음 열에는 현재 존재하는 보호조치를 나열한다. 마지막 열에는 사건의 결과인 위험요인을 예방하기 위해 필요한 조치를 나열한다. 이들 네 열에 나열된 항목은 연속적으로 번호를 부여한다. 작업 책임과 작업 완수 여부를 알아보기 위한 열을 추가할 수 있다.

**표 11.10** 예제 11.2의 발열반응기에 적용한 HAZOP 검토

| Project name: Example 11-4 | | | | | Date: July 18, 2019 | | Page 1 of 2 |
|---|---|---|---|---|---|---|---|
| Process: Reactor of Example 11-4 | | | | | | | |
| Section: Reactor shown in example 11-2 | | | | | Reference drawing: | | |
| **Item** | **Study node** | **Process parameters** | **Deviations (Guide words)** | **Possible causes** | **Possible consequences** | **Existing safeguards** | **Action required** |
| 1A | Cooling coils | Flow | No | 1. Control valve fails closed<br>2. Plugged cooling coils | 1. Loss of cooling, possible runaway.<br>2. Same as 1. | 1 & 2. Flow transmitter with low-flow alarm and high-temperature alarm on reactor. | 1. Select valve to fail open.<br>2. Install filter with maintenance procedure. Install cooling water flow meter and low-flow alarm. Install high-temperature alarm to alert operator. |
| | | | | 3. Cooling water service failure.<br>4. Controller fails and closes valve.<br>5. Air pressure fails, closing valve. | 3. Same as 1.<br>4. Same as 1.<br>5. Same as 1. | 3, 4, 5. No safeguards. | 3. Check and monitor reliability of water service.<br>4. Place controller on critical instrumentation list.<br>5. See 1A.1. |
| 1B | | | High | 1. Control valve fails open. | 1. Reactor cools, reactant concentration builds, possible sleeping reactor. | 1. No safeguards. | 1. Instruct operators and update procedures. |
| | | | | 2. Controller fails and opens valve. | 2. Same as 1. | 2. Flow transmitter with high-flow alarm. | 1. Place controller on critical instrumentation list. See 1A.4 |
| 1C | | | Low | 1. Partially plugged cooling coils. | 1. Diminished cooling, possible runaway. | 1. See 1A.1 | 1. See 1A.2 |
| | | | | 2. Partial water source failure. | 2. Same as 1. | 2. See 1A.1 | 2. See 1A.2 |
| | | | | 3. Control valve fails to respond. | 3. Same as 1. | 3. No safeguard. | 3. Place valve on critical instrumentation list. |

**예제 11.2**

〈그림 11.6〉의 반응기 시스템을 고려해보자. 발열반응이므로 반응의 과잉에너지를 제거하기 위해 냉각시스템이 사용되고 있다(설계의도). 냉각기능이 상실되면 반응기의 온도가 증가할 것이다. 이로 인해 반응속도가 증가하고 더 많은 에너지가 발생하게 된다. 결과적으로 압력을 동반한 폭주반응으로 반응기의 파열압력을 넘어설 것이다.
반응기 내부의 온도를 측정하고 밸브로 냉각수 유량을 조절한다. 공정의 안전성을 향상시키기 위해 이 장치에 대한 HAZOP 검토를 수행하여라. 냉각코일을 검토구간, 유량을 공정변수 그리고 가이드워드는 NO, HIGH 및 LOW를 사용하여라.

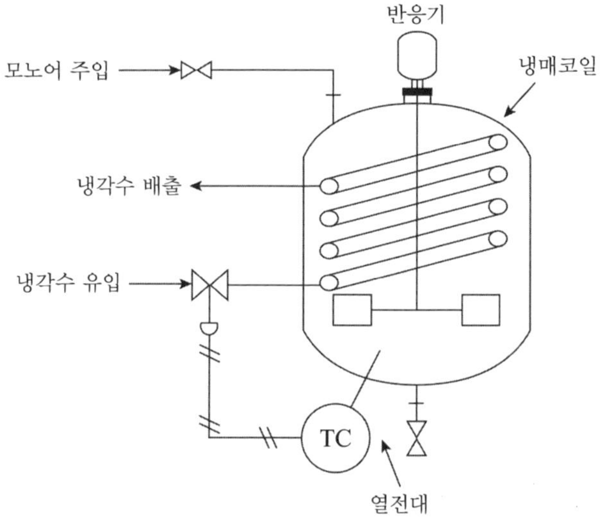


⇧ **그림 11.6** 냉각수에 의해 조절되는 발열반응

**해답**

가이드워드를 유량이 공정변수인 냉각코일의 검토구간에 적용한다. HAZOP의 결과는 <표 11.10>에 나타내었다(표에는 HAZOP 검토의 모든 결과가 수록되어 있지 않음).
보다 자세한 검토로부터 얻은 일부 공정 수정사항은 다음과 같다.

- 열림을 실패한 제어밸브를 선택한다.
- 냉각코일이 막히지 않도록 필터를 설치한다. 보수계획에 필터를 추가한다.
- 냉각수 유량계와 저수위 알람을 설치한다(냉각 상실을 즉시 알 수 있음).
- 중복 온도 표시기와 컨트롤러를 설치하고, 일반적인 원인고장을 방지하기 위해 여러 공급업체의 장비를 포함시킨다.
- 냉각 상실이 발생할 경우 작업자에게 알리기 위해 고온경보를 설치한다.
- 고온정지 시스템을 설치한다. 이 시스템은 반응기 온도가 높은 경우 공정을 자동으로 정지한다. 정지온도는 경보온도보다 높기 때문에 작업자가 반응기를 정지하기 전에 냉각을 복원할 수 있는 기회를 제공한다.

- 역류를 방지하기 위해 냉각라인에 차단밸브(check valve)를 설치한다. 반응기 전후에는 반응기 내용물이 상류로 흐르는 것을 방지하고 코일에서 누수가 발생하는 경우 역류를 방지하기 위해 차단밸브가 설치될 수 있다.
- 냉각코일의 건전성을 확인하기 위해 주기적으로 점검한다.
- 냉각수 공급원을 검토하여 가능한 오염과 공급 중단을 고려한다.
- 물과 공기 공급원을 중복으로 고려한다. 질소는 공기를 보충할 수 있고, 물 저장탱크는 물을 공급할 있다.

(고장원인에 관계없이) 냉각수시스템이 고장 나는 경우 고온경보 및 비상정지시스템이 폭주반응을 방지해야 한다. HAZOP 검토를 수행한 검토위원회는 백업 제어기와 제어밸브를 설치할 필요가 없다고 결정하였다. 고온 경보와 정지시스템은 이미 이 사건에서 폭주반응을 방지하고 있다.

마찬가지로 냉각수 공급원의 상실 또는 냉각 라인의 막힘은 경보 또는 비상정지시스템에 의해 감지될 수 있다. 검토위원회는 모든 냉각실패에 대해 적절하게 검토되었으나 만일 특정 원인이 반복적으로 발생하면 추가 공정수정이 필요하다고 제안했다.

---

HAZOP 접근방식의 주요 장점은 위험요인을 보다 완벽하게 확인할 수 있다는 것이며, 여기에는 공정 내에서 운전절차 또는 운전상의 결과로 위험요인이 어떻게 발생하는지에 대한 정보가 포함된다.

상세하게 HAZOP 검토를 수행하는 회사는 공장을 개선하고 운전정지시간을 줄여서 제품의 품질이 향상되고, 폐기물이 적게 발생하며, 직원이 공정의 안전에 대해 더 자신감을 갖고 있음을 알게 된다. 단점은 HAZOP 접근법이 적용하기에 지루하며 직원들의 시간과 노력이 상당히 필요하다는 것이다.

## 고장모드 및 영향 분석

FMEA (Failure Modes and Effects Analysis)는 고장분석을 위한 최초의 고도로 구조화된 체계적인 기술 중의 하나이다. 이것은 1950년대 후반에 신뢰성 엔지니어들이 군사시스템의 오작동을 최소화하기 위해 개발되었다. 이 방법은 장비가 어떻게 고장이 나는지(제대로 작동하지 않는지) 그리고 공정에 미치는 영향을 확인하는 데 사용된다. 이러한 고장을 방지하기 위한 현재의 보호조치와 각 고장에 대한 리스크 수준도 확인한다.

FMEA의 장점은 잠재적 고장모드를 확인하고 제거하여 고장을 줄인다는 것이다. FMEA는 <표 11.3>에서와 같이 파일럿 플랜트, 상세 엔지니어링, 일상작업, 공정 수정 또는 플랜트 확장 및 공정수명의 사건조사 단계에 적합하다[5),6)].

5) AICHE Center for Chemical Process Safety. *Guidelines for Hazard Evaluation Procedures*, 3rd ed. (Hoboken, JN: Wiley Interscience, 2008), p. 134.

FMEA 검토는 다음 4가지 단계를 포함한다.

1. 설계, 연구, 조업 및 유지보수와 같은 부서에서 지식이 풍부한 인원들을 모아 3~6명으로 교차기능(cross-functional)팀을 만든다. 공정의 세부사항을 잘 알고 이해하는 팀원을 선택한다.
2. 범위와 적절한 해결수준을 포함하여 연구할 시스템을 정의한다. P&ID와 기타 플랜트 설명이 이 단계에 도움이 될 수 있다. 플랜트 수준의 위험요인이 언급되면 FMEA는 개별 시스템의 고장모드와 그 영향에 중점을 두어야 한다. 여기에는 플랜트의 공급시스템, 혼합시스템, 분리시스템 및 지원시스템이 포함될 수 있다. 시스템 수준의 위험요인이 언급되면 FMEA는 개별 장치의 고장모드와 전체 시스템에 미치는 영향에 중점을 두어야 한다. 여기에는 공급펌프, 혼합 모터, 제어밸브 또는 온도센서가 포함될 수 있다. 장비 고장 및 형태에 대한 정보를 제공하는 유지보수 기록은 매우 유용하다.
3. 예제 11.3의 <표 11.11>과 같이 워크시트를 사용하여 신중하고 체계적인 검토를 수행한다.
   - 확인 : P&ID, 공정 또는 위치와 관련된 고유 식별자
   - 장치 설명 : 고장모드에 영향을 줄 수 있는 특성을 포함(예 : 냉각수 흐름의 제어하기 위한 공기 작동식 제어밸브가 열리지 않음)
   - 고장모드 : 각 구성 요소에 대한 모든 고장모드(예 : 열기 실패, 닫기 실패, 누출, 내부 누출)을 나열.
   - 고장모드 원인 : 원인은 라인 잔류물, 공기 또는 질소 손실, 부식 고장 등을 포함할 수 있음
   - 영향 : 다른 장비 또는 시스템에 대한 국소영향과 예상영향(예 : 온도 상승 및 압력 상승)을 포함.
   - 기존 보호조치 : 사고 가능성을 감소시키고 사고결과를 완화하는 기존 안전기능.
   - 조치/권고사항 : 시정조치(예 : 고압 경보 추가 및 고압 차단시스템 고려)는 영향이나 영향의 원인에 초점을 맞출 수 있다. 조치는 새로운 보호조치(예방적, 완화적). 훈련과 같은 단계 그리고 일반적인 원인고장을  방지하기 위한 보다 신뢰할 수 있는 제어와 같은 새로운 보호조치를 포함할 수 있다.
   - 위험 수준 : 지식이 풍부한 팀은 각 고장모드에 대한 위험수준을 평가할 수 있다. 이 정보는 나중에 어떤 조치를 취해여 할지를 결정할 때 사용된다. 위험수준은 1 = 낮은 수준부터 10 = 높은 수준까지의 척도를 사용하여 할당한다.
4. 결과를 문서화 : FMEA 워크시트가 완료된 후 팀은 결과를 평가하고 각 고장모드의 사고결과 또는 사고 가능성을 줄이기 위해 결정을 내린다. 위험수준에 따라 조치의 우선순위가 결정된다.

---

6) R. McDermott, R. Mikulak, and M. Beauregard. *The Basics of FMEA*, 2nd ed. (London, UK: Taylor & Francis Group, 2009)

**표 11.11** 예제 11.3에 대한 FMEA 작업시트

Date: 2/2/2020 Page: 1/10
Plant: Polyether Team members: John A., Joseph S., and Jacob Z.
System: Reactor Cooling

| A. Item | B. Identification | C. Description | D. Failure mode | E. Failure mode-causes | F. Effects | G. Existing safeguards | H. Actions/ recommendations | I. Risk-level |
|---|---|---|---|---|---|---|---|---|
| 1A | B. Air-operated control valve to control reactor temperature | C. Controls cooling water flow, fails open | D. Fails open | E. Loss of air, failed temperature reading | F. Cools reactor and accumulates monomer, restart could cause runaway | G. High-flow alarm, low-temperature alarm | H. Consider redundant temperature reading, redundant source of air, or use nitrogen to back up loss of air | I. 10 |
| 1B | B. Air-operated control valve to control reactor temperature | C. Controls cooling water flow, fails open | D. Fails closed | E. High air pressure, valve spring fails, plugged valve | F. Reactor temperature increases, poor product quality | G. Low-flow alarm, high-temperature alarm | H. Consider redundant control of air pressure, redundant source of water | I. 3 |
| 1C | E. Air-operated control valve to control reactor temperature | C. Controls cooling water flow, fails open | D. Leaks water through valve | E. Corrosion, valve seal leaks | F. Large leak cools reactor, accumulates monomer, restart could cause runaway | G. High-flow alarm, low-temperature alarm | H. Consider redundant temperature reading, redundant source of air, or use nitrogen to back up loss of air | I. 8 |
| 1D | B. Air-operated control valve to control reactor temperature | C. Controls cooling water flow, fails open | D. Leaks water out of cooling coil system, pipe failure | E. Corrosion, pipe seal fails | F. Large leak reduces cooling, temperature increases, poor product quality | G. Low-flow alarm, high-temperature alarm | H. Consider redundant water source | I. 4 |

**예제 11.3**

폭주반응이 일어날 가능성이 있는 발열반응을 갖는 회분식 반응기의 온도를 제어하기 위해 냉각수 흐름을 조정하는 제어밸브에 대해 FMEA를 수행하여라.

**해답**

팀은 이것이 분석해야 할 시스템의 일부분임을 인식할 것이다. 그런 다음 그들은 <표 11.11>과 같은 결과표를 개발할 것이다. 표가 만들어진 후 팀은 결과를 분석하고 결과문서에 이를 포함시킬 것이다.

<표 11.11>에 대한 팀의 평가는 다음의 권고사항(위험수준에 따른 우선순위 지정)을 도출할 것이다. (1) 중복 온도 측정값 추가(예 : 공통원인 고장을 방지하기 위해 서로 다른 두 개의 제조업체의 온도계 사용), (2) 공기압력 손실로 활성화되는 질소를 예비 공기 공급원으로 제공, 그리고 (3) 물의 유량이 감소할 때 활성화되는 다른 물 공급원 추가

## What-if 분석

What-if 방법은 발생 가능한 원하지 않는 사건(event)에 대해 질문을 하거나 의견을 묻는 브레인스토밍 방법이다. 이 방법은 <표 11.3>에 나타낸 것처럼 개념설계, 파일럿 플랜트, 상세 엔지니어링, 건설 및 시동, 일상작업, 공정 수정 또는 플랜트 확장, 해체, 그리고 공정생애의 조사단계에 적합하다. What-if 분석의 목적은 질문을 통해 (1) 비정상적인 상황을 찾고, (2) 사고를 예방 및 완화하는 기존의 보호조치를 확인하며, (3) 위험요인을 제거, 억제 또는 최소화하기 위한 제어와 보호조치를 개선하기 위한 조치와 권고사항을 개발하기 위해 발에 관한 논의를 하는 것이다. 이 방법의 성공은 검토팀의 경험수준에 크게 의존한다.

What-if 방법에는 다음 3단계가 있다.

1. **정보 수집.** 상세한 P&ID는 엔지니어링에서 취득하고, 공정의 세부사항은 서면 플랜트 설명을 포함하여 플랜트 직원으로부터 얻는다. 특정 장치에 대한 유지보수 기록은 가치가 있다. 추가정보는 둘러보기, 검사 및 인터뷰를 통해 얻을 수 있다.
2. **검토 수행.** 팀은 먼저 P&ID를 사용하여 플랜트의 한 부분(예 : 원자로)을 둘러보고 개선된 제어 및 보호장치를 개발하기 위한 논의를 촉진하기 위해 what-if 질문을 개발한다. 예를 들어 what-if 질문표는 다음이 포함될 수 있다: 모노머 공급밸브가 열리지 않으면 어떻게 되는가? 제어공기가 고장 나면 어떻게 되는가? 밸브 A가 막히면 어떻게 되는가? 교반이 멈추면 어떻게 되는가? 질소 공급밸브가 닫히지 않으면 어떻게 되는가? 밸브 B가 열리지 않으면 어떻게 되는가?

   What-if 분석표에는 What-if 질문, 위험, 사고결과, 기존 보호조치, 조치 및 권고사항 및 위험수준과 같은 6개의 열이 있다. 이는 <표 11.11>과 유사하다.

또한 조치 및 권고사항에는 사고결과를 줄이기 위한 수정조치(예 : 고압경보 추가, 고압 정지시스템 추가, 추가 교육, 다른 하드웨어 사용, 하드웨어 교체)가 포함될 수 있다. 또한 일반적인 원인오류를 방지하기 위한 새로운 보호조치(예방적 또는 완화적), 보다 안정적인 제어, 중복 제어 또는 다른 공급업체의 제어들이 포함될 수 있다.

3. 결과를 문서화. 문서화된 결과는 what-if 분석표를 철저히 검토한 후에 개발된다. 최종결과에는 세 개의 테이블 즉, 앞서 언급한 두 개의 테이블(what-if 질문표 및 what-if 분석표)과 팀이 개발한 위험수준을 사용하여 우선순위 조치가 있는 결과표가 포함되어야 한다.

### What-if/체크리스트 분석

What-if/체크리스트 분석은 what-if 분석방법과 체크리스트 방법을 결합한 하이브리드 방법이다. 아이디어는 what-if 분석의 창의적이고, 브래인스토밍의 특징과 체크리스트 방법의 체계적인 특징을 결합하는 것이다. What-if/체크리스트 분석방법은 <표 11.3>에서와 같이 개념설계, 파일럿 플랜트, 상세 엔지니어링, 건설 및 시동, 일상작업, 프로세스 수정 및 플랜트 확장, 그리고 공정의 생애주기에서 해체단계에 적합하다.

What-if/체크리스트 분석에는 4가지 단계 즉, (1) 검토 준비, (2) what-if 분석(사고 시나리오 포함)에서 설명된 표 개발, (3) 체크리스트를 사용하여 모든 영역과 문제가 제대로 다루어졌는지 확인, (4) 결과를 문서화(권장 사항, 점검표 및 결과 요약이 있는 표를 포함)가 있다.

## 4 위험요인 확인 및 판정에 필요한 문서 및 조치

모든 문서에는 우수한 기술 보고서의 특징을 가져야 한다.

- 명확 : 이해하기 쉬움
- 간결 : 가능한 한 짧게 유지
- 정확 : 오류가 전체 보고서의 신뢰성을 떨어뜨린다는 것을 인식
- 강조 : 가장 중요한 문제를 강조
- 기술 : 기술적인 언어 사용

이러한 품질은 매우 철저한 편집과 수정과정을 통해 이루어진다.

안전문서는 반드시 (1) 주기적으로 감사해야 하며 (2) 공정 또는 절차에 변경이 이루어진 후 업데이트 되어야 하며 (3) 정기적으로 검토하여 보고서의 품질을 개선하여야 한다. 감사는 P&ID, PFD 및 플랜트 설명을 변경하거나 위험요인 확인 및 판정을 검토하거나 업데이트할 때 문서가 업데이트되었는지 확인해야 한다.

## 참고문헌

AICHE Center for Chemical Process Safety. *Guidelines for Chemical Process Quantitative Risk Analysis*, 2nd ed. (New York, NY: AICHE Center for Chemical Process Safety, 2000).

AICHE Center for Chemical Process Safety. *Guidelines for Developing Quantitative Safety Risk Criteria* (Hoboken, NY: Wiley Interscience, 2009).

AICHE Center for Chemical Process Safety. *Guidelines for Risk-Based Process Safety* (Hoboken, NY: Wiley Interscience, 2008).

S. Mannan, ed. *Lees' Loss Prevention in the Process Industries*, 4th ed. (London, UK: Butterworth Heinemann, 2012).

## 연습문제

**11.1** 파일럿 플랜트에서 톨루엔은 드럼에서 열린 양동이로 이송된다. 이 절차에 대한 체크리스트를 개발하여라. 다른 안전절차와 함께 불활성화(inerting)/퍼지(purging), 환기, 접지 및 접합(본딩)을 포함하여라.

**11.2** 예제 11.2의 반응기에 대한 HAZOP 검토를 수행하여라. 반응은 발열이며, 냉각코일이 반응기의 열을 제거한다. 냉각수의 흐름을 제어하여 온도를 제어한다. 검토구간(study node)으로 냉각코일(공정변수 : 흐름 및 온도) 및 교반기(공정변수 : 교반)를 사용하여라.

**11.3** 예제 11.2의 단량체(모노머)가 에틸렌옥사이드인 경우 물질 위험요인 목록과 공정 위험요인 목록을 개발하여 위험요인을 확인하여라.

**11.4** "안전실패(fail safe)" 개념은 유틸리티 고장 시 모든 공정밸브의 위치(닫기 실패 또는 열기 실패)를 지정하는데 사용된다. 지정된 열기 실패 또는 닫기 실패는 공정을 안전모드 작동모드로 전환시킨다. 다음과 같은 상황에서 적절한 안전실패 위치를 명시하여라.

**a.** 공정밸브가 열교환기에서 용매를 가열하는 증기흐름을 조절한다.
**b.** 밸브는 반응기로 들어가는 반응물(발열반응)의 흐름을 제어한다.
**c.** 밸브는 반응기로 들어가는 반응물(흡열반응)의 흐름을 제어한다.
**d.** 연소로(furnace)로 들어가는 천연가스의 흐름을 제어한다.
**e.** 원격밸브가 저장탱크 배출라인에 연결되어 있다.
**f.** 원격밸브가 저장탱크의 주입라인에 연결되어 있다.
**g.** 밸브가 연소로에 공급되는 공기를 제어한다.
**h.** 밸브가 스팀 헤더에서 과도한 압력을 방출한다.

**11.5** 예제 11.2에서 설명된 시스템 설계에 대한 안전성 검토를 수행하여라. 이 반응기는 에틸렌옥사이드를 중합하여 폴리올을 생성하기 위해 사용된다.

**11.6** 작업자는 배치공정이 시작된 후 3시간 뒤에 회분식 반응기(반응기 A)에 5 kg의 촉매를 충전해야 한다. 작업자가 이 작업을 올바르게 수행하지 못하는 10가지 이상의 방법을 나열하고, 이러한 유형의 문제를 방지하기 위한 권고사항을 서술하여라.

**11.7** 안전성 검토를 수행하기 전에 목표를 설정하는 것이 좋은 관리관행이다. 목적에는 해당목적을 달성하기 위한 시기가 포함해야 한다. 예제 11.2 및 문제 11.5에 설명된 폴리에테르 반응기의 설계에 대한 안전성 검토를 위한 목적을 개발하여라. 앞서 언급한 바와 같이 이 반응기는 에틸렌 옥사이드를 중합하여 폴리에테르 또는 폴리올을 생성하는데 사용된다.

**11.8** 아래에 나열된 각 장치품목에 대해 각 장치의 각 부품(piece)의 설계의도를 명확하게 기술하고 최소 5가지 이상의 고장모드를 확인하여라.

**a.** 수동조작 게이트밸브(gate valve)

**b.** 수동조작 볼밸브

**c.** 차단밸브(check valve)

**d.** 자동제어 밸브

**e.** 원심펌프

**f.** 피스톤 펌프

**g.** 쉘 및 튜브 열교환기

**11.9** <그림 11.7>에 나타낸 바와 같이 인화성, 휘발성 용매를 가열하는데 열교환기가 사용된다. 출구 흐름의 온도를 열전대에 의해 측정하고, 원하는 설정온도에 도달하도록 제어밸브로 열교환기기 공급되는 수증기 양을 조절한다.

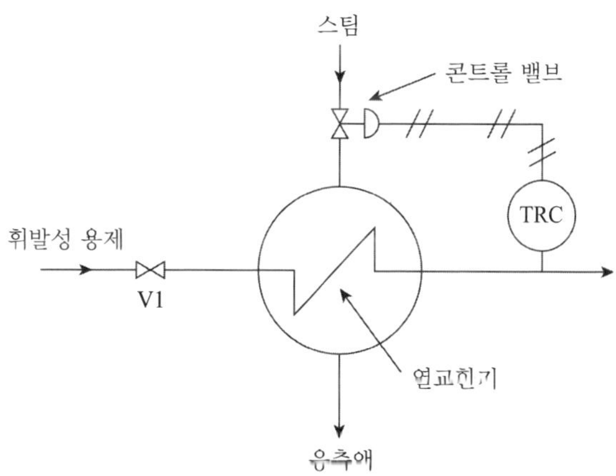


그림 11.7 열교환기를 사용한 온도제어

**a.** 이 공정의 HAZOP 검토구간을 확인하여라.

**b.** "열교환기로부터의 고온 용매"의 설계의도에 대한 HAZOP 검토를 수행하여라. 공정의 안전성을 향상시키기 위해 가능한 수정사항을 권고하여라.

**11.10** <그림 11.7>에 나타낸 열교환기 시스템의 경우 최소 5가지 이상의 고장모드를 확인하고 이러한 고장이 하부흐름 공정에 어떤 영향을 미치는지 설명하여라.

**11.11** 인터록(interlock)은 화학플랜트에서의 작동이 적절한 순서에 따라 수행되도록 사용된다. 인터록은 기계식 또는 전자식일 수 있다. 많은 경우 그것들은 자물쇠와 열쇠처럼 간단할 수 있다. 다음 기능을 수행할 수 있는 가장 간단한 기계식 인터록을 명시하여라.

**a.** 로(furnace)가 정지될 때까지 밸브는 닫힐 수 없다.

**b.** 두 개의 밸브를 동시에 닫을 수는 없다.

**c.** 펌프를 가동하기 전에 밸브는 반드시 닫혀 있어야 한다.

**d.** 반응용기의 교반모터가 활성화 될 때까지 반응기에 원료공급은 시작될 수 없다.

**11.12** 저장탱크의 액위는 자주 탱크바닥의 압력을 측정하여 결정한다. 이러한 탱크 중의 하나에서 탱크에 저장된 물질이 변경되었고 넘침이 발생하였다. 그 이유는 무엇인가?

**11.13** 작업자는 60℃에서 반응기 온도를 제어하라는 지시를 받았다. 그는 온도 제어기의 설정점을 60℃로 설정하였다. 눈금은 실제로 0~200℃ 온도 범위의 0~100%를 나타낸다. 이것은 용기에 과도한 압력을 가하는 폭주반응을 일으켰다. 액체가 배출되었고 작업자가 부상을 입었다. 운전자가 실제로 설정한 설정온도는 얼마인가? 이 문제를 어떻게 예방할 수 있는가?

**11.14** 화학플랜트의 제어실에 있는 표시등은 밸브가 닫혔는지 여부를 나타내도록 되어있다. 실제로, 밸브로 전송되는 신호의 상태만을 나타낸다. 밸브가 닫혀 있어야 할 때 닫혀 있지 않았고, 플랜트는 폭발했다. 이유는 무엇인가? 이 문제를 어떻게 예방지할 수 있는가?

**11.15** 커피 제조기에는 깨끗한 물을 붓는 저장통이 있다. 작은 히터가 커피 제조기의 상단까지 물을 퍼 올리면 커피와 필터를 통해 물이 흘러내린다. 커피 제품은 커피포트에 모아진다.

**a.** 물 저장통, 히터, 커피홀더 및 필터를 포함한 커피머신을 스케치하고 커피포트를 스케치하여라.

**b.** 모든 고장모드와 사고결과를 확인하기 위한 FMEA 분석을 수행하여라.

**11.16** 배수조 펌프공정이 <그림 11.8>에 나타내었다. 이 시스템은 액위 센서, 제어시스템 또는 펌프가 자주 고장 났기 때문에 많은 유지보수가 필요했다. 이 시스템에서 본질안전 검토를 수행하고 동일한 기능을 달성하는 보다 단순한 시스템을 개발하여라.

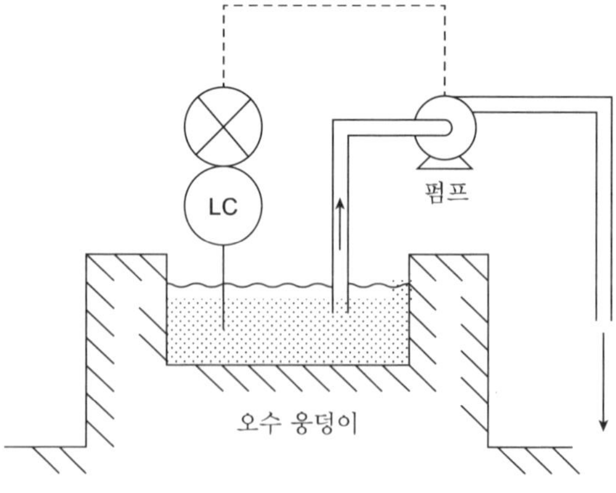


⇧ **그림 11.8** 오수펌프 제어시스템

CHAPTER 12

# 리스크 분석 및 평가

이 장의 학습목적은 리스크 분석과 평가를 하기 위해 산업에서 일반적으로 사용되고 있는 개념을 학습하고 이해하는 것으로 다음과 같은 것들이 있다.

- 확률론
- 사건수(event tree)와 결함수(fault tree) 분석
- 리스크 분석 · 평가 방법(정량적 리스크 분석(QRA), Layer of Protection Analysis (LOPA), Bow-tie 방법 등)
- 사회적 리스크와 개인적 리스크 및 그것들을 어떻게 정량화할 것인가
- 리스크 허용한계 기준 (risk tolerance criteria.)

리스크란, 신체상해, 환경피해, 또는 경제적 손실의 정도를 나타내는 지표이다. 리스크 분석은 우려 사항의 사고결과를 가진 플랜트의 모든 사고(incident) 시나리오와 그에 대응하는 리스크를 결정하고, 그 리스크를 합하여 플랜트의 총 리스크를 산정한다. 리스크 평가에서는 리스크와 리스크 허용한계 기준을 고려하여 리스크 감소에 관한 결정을 한다.

이 장의 첫 부분에서는 사고발생 시나리오 빈도를 판별하는 방법과 이 정보를 사건수 및 결함수에서 어떻게 사용하는지를 설명할 것이다. 마지막 부분에서는 빈도를 QRA, LOPA, 정성적 및 Bow-tie 방식에서 어떻게 사용하는지 설명한다.

# 1 확률이론의 개요

기기의 고장이나 공정 내의 고장은 각 구성요소들이 복잡한 상호작용을 한 결과로 발생한다. 그 과정에서 고장이 발생할 확률은 이들 상호작용의 성질에 따라 다르다. 여기서는 다양한 형태의 상호작용을 정의하고 고장확률을 계산하는 방법에 관해 설명한다.

데이터는 특정 하드웨어 구성요소의 고장확률에 근거하고 있다. 충분한 데이터가 있으면 구성요소가 평균적으로 얼마의 기간 후에 고장이 난다는 것을 알 수 있다. 이것은 평균 고장확률로 불리며 고장/시간 단위로 $\mu$로 나타낸다. Poisson 분포로, 일정 기간(0, $t$)에 구성요소 고장이 발생하지 않을 가능성을 나타낸다.[1)]

$$R(t) = e^{-\mu t} \tag{12-1}$$

여기서, $R$은 신뢰도이다. 식 (12-1)은 고장률, $\mu$가 일정하다고 가정한다. 시간 $t$가 무한대($t \rightarrow \infty$)가 되면 신뢰도는 0이 된다. 이 발생속도는 고장률 $\mu$의 값에 의존한다. 고장률이 높아지면 신뢰도는 급속히 저하된다. 그 외에도 더 복잡한 분포가 있지만, 이 단순한 지수분포는 $\mu$라는 파라미터가 1개밖에 없어서 가장 일반적으로 사용되고 있다.

신뢰도의 보집합을 고장확률(또는 비신뢰도), $P$라고 하며,

$$P(t) = 1 - R(t) = 1 - e^{-\mu t} \tag{12-2}$$

고장 밀도함수는 고장확률로부터 유도되며 다음과 같이 정의된다.

$$f(t) = \frac{dP(t)}{dt} = \mu e^{-\mu t} \tag{12-3}$$

고장 밀도함수 아래의 면적은 1이다.

고장 밀도함수는 기간 $t_0$부터 $t_1$ 사이에서 적어도 1개 고장의 확률, $P$를 결정하기 위해 사용된다.

$$P(t_0 \rightarrow t_1) = \int_{t_0}^{t_1} f(t)\,dt = \mu \int_{t_0}^{t_1} e^{-\mu t}\,dt = e^{-\mu t_0} - e^{\mu t_1} \tag{12-4}$$

적분은 $t_0$부터 $t_1$까지의 고장 밀도함수 아래의 전체 면적의 함수로 표현된다.

어느 한 구성요소에 대한 두 고장 간의 시간간격을 평균 고장간격(MTBF : Mean Time Between Failures)이라 하며, 고장 밀도함수의 첫 번째 모멘트에 의해 다음과 같이 표현된다.

1) B. Roffel and J. E. Rijnsdorp, Process Dynamics, *Control and Protection*(Ann Arbor, MI: Ann Arbor Science, 1982), p.381

$$E(t) = \mathrm{MTBF} = \int_0^\infty t f(t)\,dt = \frac{1}{\mu} \tag{12-5}$$

함수 $\mu$, $f$, $P$, $R$의 전형적인 구성을 <그림 12.1>에 나타내었다.

식 (12-1)에서 (12-5)까지는 고장률, $\mu$가 일정할 때에만 유효하다. <그림 12.2>와 같이 많은 구성요소가 전형적인 욕조(bathtub) 형태를 나타내고 있다. 이 패턴에서는 구성요소들이 새것이거나 구성요소들이 노화된 경우 고장 발생률이 가장 높다는 것을 알 수 있다. 두 기간(그림 12.2에서 선으로 나타냄) 사이에 고장률은 매우 일정하므로, 식 (12-1)에서 식 (12-5)까지는 유효하다.

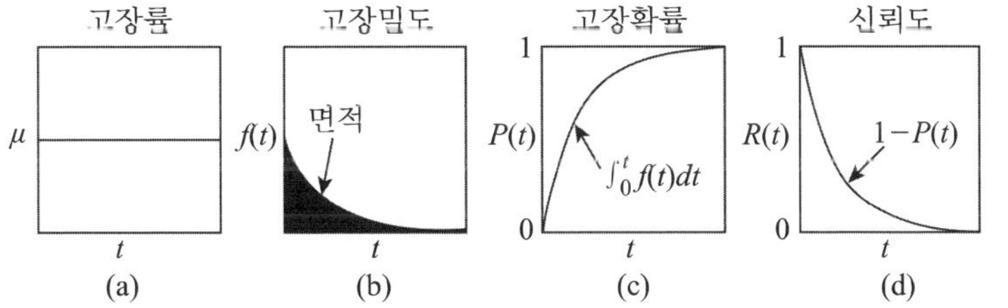


그림 12.1 전형적인 (a) 고장률 $\mu$, (b) 고장밀도 $f(t)$, (c) 고장확률 $P(t)$, (d) 신뢰도 $R(t)$

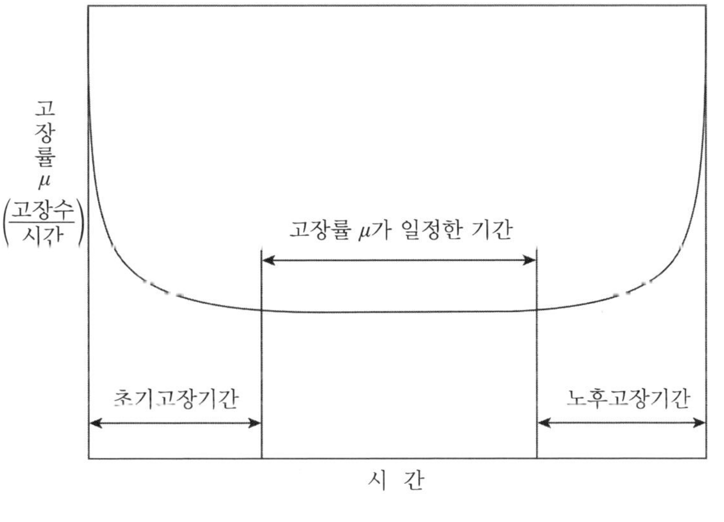


그림 12.2 공정설비에 대한 전형적인 욕조형 고장률 곡선 (고장률은 구성요소의 중간지점에서 대체로 일정하다)

### 공정단위 간의 상호작용

화학공장에서의 사고(incident)는 보통 다수의 공정요소들 간의 복잡한 상호작용으로 발생한다. 전체적인 공정 고장확률은 각각의 공정요소의 확률로부터 계산된다.

공정요소들은 두 개의 다른 유형으로 상호 작용한다. 공정고장에서는 병렬의 구성요소가 동시에 고장이 나야 발생한다. 이러한 병렬구조는 "AND" 논리적 함수로 나타낸다. 즉, 공정 전체의 고장확률은 개개의 공정변수들에 대한 고장확률을 곱해야 한다는 것을 의미하는 것으로 식으로 표현하면 다음과 같다.

$$P = \prod_{i=1}^{n} P_i \tag{12-6}$$

여기서, $n$은 구성요소의 전체 개수이며, $P_i$는 각 구성요소의 고장확률이다.

'병렬로($p$arallel) 연결된 구성요소들의 확률($p$robability)은 모두 곱해야 한다'로 기억하면 쉽다. 병렬로 연결된 단위공정들의 전체 신뢰도는,

$$R = 1 - \prod_{i=1}^{n} (1 - R_i) \tag{12-7}$$

여기서, $R_i$는 각 공정요소의 신뢰도를 나타낸다.

공정요소들은 직렬로도 상호작용을 한다. 즉, 연속적으로 연결된 단일 공정요소 중에 어느 하나에 고장이 발생하면 그 공정은 고장이 난다는 의미이다. 논리 "OR" 함수는 이 경우를 나타낸다. 연속적으로 연결된 공정요소의 경우 전체 공정의 신뢰도는 각각의 공정요소들에 대한 신뢰도를 곱함으로써 구한다.

$$R = \prod_{i=1}^{n} R_i \tag{12-8}$$

그리고 전체 고장확률은 다음 식으로 계산된다.

$$P = 1 - \prod_{i=1}^{n} (1 - P_i) \tag{12-9}$$

두 개의 공정요소 $A$와 $B$로 구성되는 시스템에서 식 (12-9)는 다음과 같이 표현된다.

$$P(A \text{ or } B) = P(A) + P(B) - P(A)P(B) \tag{12-10}$$

식 (12-10)의 $P(A)P(B)$는 두 개의 공정요소 사이에 중복된 것을 고려하기 위한 것이다. 예를 들면 1개의 주사위를 던져서 그 숫자가 짝수이거나 3의 배수일 확률을 결정하는 것을 생각해보자. 이 경우

$$P(\text{짝수이거나 3의 배수일 확률}) = P(\text{짝수일 확률}) + P(\text{3의 배수일 확률}) - P(\text{짝수이면서 3의 배수일 확률})$$

마지막 항은 두 조건이 모두 충족되는 경우를 뺀다.

고장확률이 작을 경우(같은 상황에서) $P(A)P(B)$는 무시할 수 있으므로 식 (12-10)은 다음과 같이 줄어든다.

$$P(A \text{ or } B) = P(A) + P(B) \tag{12-11}$$

이 결과는 구성요소의 수가 몇 개이건 상관없이 일반화될 수 있고, 이같이 특별한 경우 식 (12-9)는 다음과 같이 줄어든다.

$$P = \sum_{i=1}^{n} P_i \tag{12-12}$$

대표적인 공정요소의 고장률 데이터를 <표 12.1>에 나타내었다. 이것들은 전형적인 화학 공정설비의 평균값이다. 실제 고장률은 제조자, 건설자재, 설계, 환경 등의 요소에 따라 달라진다. 이 분석을 수행하기 위하여 기기의 고장은 독립적이고 기계적 고장이며 간헐적으로 발생하지는 않는다고 가정한다. 더불어, 다른 인접한 기기의 고장 가능성을 증가시킬 정도로 영향을 주지 않는다고 가정한다.

병렬 및 직렬 공정요소에 대한 고장률(고장확률과 신뢰도) 계산방법을 요약하면 <그림 12.3>과 같다.

**표 12.1** 일부 공정요소의 고장률 데이터

| 장비 | 고장횟수/년 | 장비 | 고장횟수/년 |
|---|---|---|---|
| 제어기 | 0.29 | pH미터 | 5.88 |
| 제어밸브 | 0.60 | 압력계 | 1.41 |
| 유량계(유체) | 1.14 | 압력방출밸브 | 0.022 |
| 유량계(고체) | 3.75 | 압력스위치 | 0.14 |
| 플로우 스위치 | 1.12 | 솔레노이드밸브 | 0.42 |
| 기체-액체 크로마토그라피 | 30.6 | 단계식 모터 | 0.044 |
| 수동식 밸브 | 0.13 | 날기 차트 기록계 | 0.22 |
| 지시등 | 0.044 | 열전대 온도계측기 | 0.52 |
| 액면계(액체) | 1.70 | 온도계 | 0.027 |
| 액면계(고체) | 6.86 | 밸브 포지셔너 | 0.44 |
| 산소분석기 | 5.65 | | |

출처 : Frank P. Lees. *Loss Prevention in the Process Industries* (London, UK: Butterworths, 1986), p.343.

| 고장확률 | 신뢰도 | 고장률 |
|---|---|---|
| 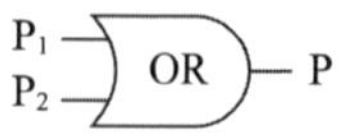 $P = 1-(1-P_1)(1-P_2)$ $P = 1-\prod_{i=1}^{n}(1-P_i)$ | 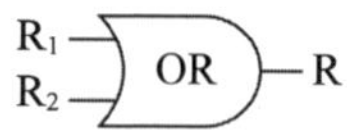 $R = R_1R_2$ $R = \prod_{i=1}^{n}(R_i)$ | 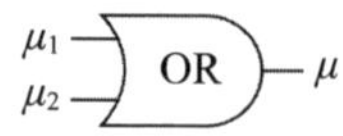 $\mu = \mu_1 + \mu_2$ $\mu = \sum_{i=1}^{n}\mu_1$ |
| 구성요소들의 직렬 연결 : 전체 시스템 고장은 각 구성요소들의 고장의 합과 같다. | | |
| 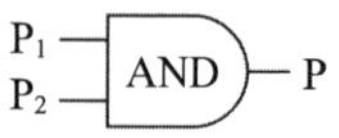 $P = P_1P_2$ $P = \prod_{i=1}^{n}P_i$ | 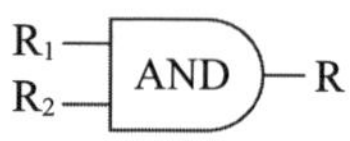 $R = 1-(1-R_1)(1-R_2)$ $R = 1-\prod_{i=1}^{n}(1-R_i)$ | $\mu = \dfrac{(-\ln R)}{t}$ |
| 구성요소들의 병렬 연결 : 시스템 고장은 구성요소들이 동시에 고장이 나야 한다. 이때, 고장률을 구하기 위한 편리한 방법은 없다. | | |

**그림 12.3** 구성요소 연결방식에 따른 계산

## 예제 12.1

화학반응기 냉각코일에 흐르는 물이 〈그림 12.4〉에 나타낸 시스템에 의해서 제어된다. 냉각수의 유량은 차압(DP) 유량계에 의해 측정되고 제어기는 유량을 제어하도록 설계되며 제어밸브는 냉각수의 유량을 제어한다. 이 시스템의 전체적인 고장률, 비신뢰도, 신뢰도, MTBF를 계산하여라. 단, 운전기간은 1년으로 한다.

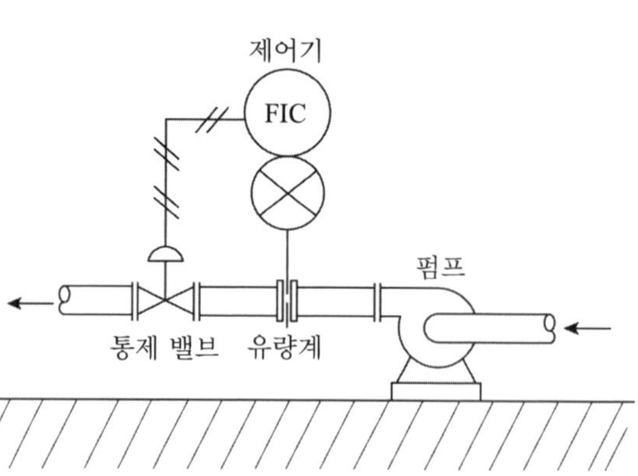


**그림 12.4** 유체제어시스템. 제어시스템의 구성요소는 직렬연결이다.

**해답**

이 공정 구성요소들은 직렬로 연결되어 있다. 따라서 구성요소 중 어느 하나가 고장이 발생하면 시스템 전체가 고장이 난다. 각 구성요소의 신뢰도와 고장확률은 식 (12-1)과 (12-2)를 사용하여 계산한다. 그 결과는 다음 표와 같다. 그리고 고장률은 <표 12.1>을 이용한다.

| 구성요소 | 고장률, $\mu$ (faults/yr) | 신뢰도 $R=e^{-\mu t}$ | 고장확률 P=1−R |
|---|---|---|---|
| 제어밸브 | 0.60 | 0.55 | 0.45 |
| 제어기 | 0.29 | 0.75 | 0.25 |
| DP셀(Cell) | 1.41 | 0.24 | 0.76 |

직렬연결에 대한 구성요소들의 전체 신뢰도는 식 (12-8)을 사용하여 계산한다. 그 결과는

$$R = \prod_{i=1}^{3} R_i = (0.55)(0.75)(0.24) = 0.10$$

이고, 고상확률은 식 (12-2)로 다음과 같이 계산된다.

$$P = 1 - R = 1 - 0.10 = 0.90\ /\text{yr}$$

전체 고장률은 신뢰도 정의에 관한 식 (12-1)을 사용하여 계산된다.

$$0.10 = e^{-\mu}$$

$$\mu = -\ln(0.10) = 2.30\ \text{failures/yr}$$

평균고장간격(MTBF)은 식 (12-5)를 사용하여 계산한다.

$$\text{MTBF} = \frac{1}{\mu} = 0.43\ \text{yr}$$

따라서 이 시스템은 평균 0.43년마다 한 번씩 고장이 날 것으로 예측된다.

**예제 12.2**

화학반응기의 안전시스템에 대한 도면을 〈그림 12.5〉에 나타냈다. 이 반응기는 위험한 반응압력에 도달하게 되면 작업자에게 알리는 고압 경보기가 설치되어 있으며, 이 경보기는 경보 지시계와 연결된 반응기 내의 압력스위치로 구성되어 있다. 그리고 추가적인 안전을 위해 자동 고압 반응기 정지시스템이 설치되어 있다. 또한 이 시스템은 경보시스템보다 고압일 경우 작동되며, 반응기 주입라인(feed line) 내에 있는 솔레노이드밸브와 연결된 압력 스위치로 구성되어 있다. 이 자동시스템은 위험한 압력이 발생했을 때 반응물의 유입을 차단하게 된다. 이 시스템이 고압의 상태에 도달할 때 대한 전체 고장률, 고장확률, 신뢰도, MTBF를 구하여라. 단, 가동기간은 1년으로 가정하여라. 또한 각 구성요소의 고장확률에 근거한 식을 이용하여 전체적인 고장확률을 계산하여라.

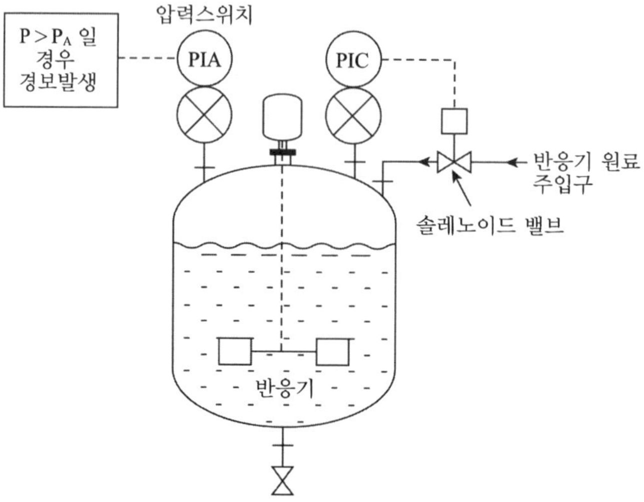


⇧ **그림 12.5** 경보기와 주입구에 솔레노이드밸브가 설치된 화학반응기. 경보시스템과 주입구 차단시스템은 병렬로 연결되어 있다.

## ▌해답

고장률 데이터는 <표 12.1>을 이용한다. 각 구성요소의 신뢰도 및 고장확률은 식 (12-1)과 (12-2)를 이용하여 계산한다.

| 구성요소 | 고장률, $\mu$ (faults/yr) | 신뢰도 $R=e^{-\mu t}$ | 고장확률 P=1−R |
|---|---|---|---|
| 1. 압력스위치 #1 | 0.14 | 0.87 | 0.13 |
| 2. 경보등 지시계 | 0.044 | 0.96 | 0.04 |
| 3. 압력스위치 #2 | 0.14 | 0.87 | 0.13 |
| 4. 솔레노이드밸브 | 0.42 | 0.66 | 0.34 |

반응기가 위험한 고압상태에 이르는 경우는 경보시스템과 차단시스템이 동시에 고장이 났을 때만 발생한다. 이 두 개의 구성요소는 병렬연결로 연결되어 있다. 경보시스템에서의 구성요소는 직렬로 연결되어 있다. 그러므로 식 (12-8)에서는 다음과 같다.

$$R = \prod_{i=1}^{2} R_i = (0.87)(0.96) = 0.835$$

$$P = 1 - R = 1 - 0.835 = 0.165$$

$$\mu = -\ln R = -\ln(0.835) = 0.180 \text{ faults/yr}$$

$$\text{MTBF} = \frac{1}{\mu} = 5.56 \text{ yr}$$

차단시스템의 구성요소도 직렬연결로 되어 있다.
식 (12-8)과 (12-5)에서:

$$R = \prod_{i=1}^{2} R_i = (0.87)(0.66) = 0.574$$

$$P = 1 - R = 1 - 0.574 = 0.426$$

$$\mu = -\ln R = -\ln(0.574) = 0.555 \text{ faults/yr}$$

$$\text{MTBF} = \frac{1}{\mu} = 1.8 \text{ yr}$$

이들 두 개의 시스템의 MTBF는 식 (12-6)을 이용하여 계산한다.

$$P = \prod_{i=1}^{2} P_i = (0.165)(0.426) = 0.070$$

$$R = 1 - P = 0.930$$

$$\mu = -\ln R = -\ln(0.930) = 0.073 \text{ faults/yr}$$

$$\text{MTBF} = \frac{1}{\mu} = 13.7 \text{ yr}$$

경보시스템만 보면 5.6년에 1회 고장이 발생할 것으로 예상된다. 마찬가지로 고압 차단시스템을 가진 반응기는 1.80년에 1번 고장이 날 것으로 예상된다. 그러나 이들 두 시스템을 병렬화하면 MTBF가 대폭 개선되어 연결된 이들 시스템이 동시에 고장이 날 경우는 13.7년마다 있을 것으로 예측된다. 전체의 고장확률은 식 (12-6)으로 나타난다.

$$P = P(A)\,P(S)$$

여기서, $P(A)$는 경보시스템의 고장확률이고 $P(S)$는 긴급 차단시스템의 고장확률이다. 다른 방법으로서 식 (12-9)를 직접 사용하는 방법이 있다. 경보시스템의 경우

$$P(A) = P_1 + P_2 - P_1 P_2$$

차단시스템의 경우는 $P(S) = P_3 + P_4 - P_3 P_4$

따라서 전체 고장확률은 $P = P(A)P(S) = (P_1 + P_2 - P_1 P_2)(P_3 + P_4 - P_3 P_4)$

표에서 제시된 자료를 위 식에 대입시키면 다음과 같으며 이전의 값과 같다.

$$P = [0.13 + 0.04 - (0.13)(0.04)][0.34 + 0.13 - (0.34)(0.13)] = (0.165)(0.426) = 0.070$$

만약 구성요소 $P_1P_2$와 $P_3P_4$가 작다고 가정했을 경우

$$P(A) = P_1 + P_2$$

$$P(S) = P_3 + P_4$$

$$P = P(A)\,P(S) = (P_1 + P_2)(P_3 + P_4) = 0.080$$

이 답과 이전에 구한 답과 차이는 14.3%이다. 이 예에서는 구성요소 간의 확률이 결코 작은 값이 아니므로 무시할 수 없다.

## 현시적 고장과 잠재적 고장

예제 12.2에서는 경보 또는 차단 시스템의 모든 고장이 작업자에게 즉시 인식되어 짧은 시간에 복원되는 것을 전제로 하고 있다. 긴급 경보 및 차단 시스템은 오직 위험한 상황이 발생한 경우에만 사용된다. 또한 작업자가 인식하지 못하는 고장이 있을 수 있는데 이를 "잠재적 고장"이라 한다. 정기적으로 신뢰할 만한 장치를 이용하여 시험하지 않으면 현시적 정보 및 비상 시스템은 인지하지 못하는 중에 고장이 날 수 있게 된다. 즉시 그리고 분명하게 밝혀지는 고장을 현시적 고장(revealed failures)이라 한다.

예를 들면 자동차의 타이어가 펑크가 나게 되면 운전자가 즉시 감지하게 된다. 그러나 자동차의 트렁크 내의 예비 타이어 역시 펑크가 날 수 있는데 이는 운전자가 예비 타이어가 필요할 때까지는 이를 알 수 없다. 이것이 잠재적 고장(unrevealed failures)의 예이다.

<그림 12.6>은, 현시적 고장을 나타내고 있다. 구성요소가 가동 가능한 시간은 "가동기간"으로 불리며, $\tau_0$로 나타난다. 고장 발생 후, 구성요소의 복구에는 휴지시간 또는 정비기간($\tau_r$)으로 불리는 기간이 필요하다. MTBF는 가동기간과 정비기간의 합계이다.

현시적 고장의 경우 특정 구성요소의 휴지기간 또는 가동하지 않는 시간은 많은 고장에 대한 휴지기간을 평균해서 계산된다.

$$\tau_r \cong \frac{1}{n}\sum_{i=1}^{n} \tau_{r_i} \tag{12-13}$$

여기서, $n$은 고장 또는 휴지가 발생한 횟수이고, $\tau_r$는 특정 고장에 대한 정비기간이다.

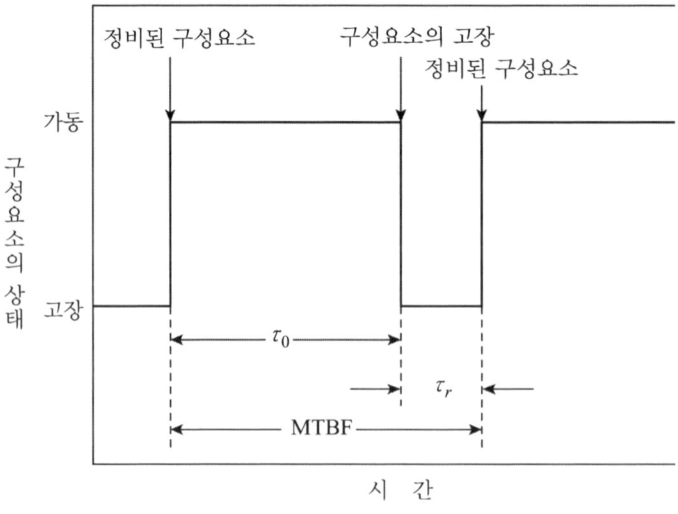


그림 12.6 현시적 고장에 대한 구성요소 주기. 고장이 발생하게 되면 정비에 따르는 시간이 필요하게 된다.

마찬가지로 고장 전까지의 시간과 가동기간도

$$\tau_o \cong \frac{1}{n}\sum_{i=1}^{n}\tau_{o_i} \tag{12-14}$$

여기서, $\tau_{o_i}$는 특정 고장기간 간의 가동기간이다.

MTBF는 가동기간과 정비기간의 합계이다.

$$\text{MTBF} = \frac{1}{\mu} = \tau_{\rm r} + \tau_{\rm o} \tag{12-15}$$

가동성과 비가동성을 정의하면 편리하다. 가동성 $A$는 단지 구성요소 또는 공정이 가동될 확률이다. 비가동성 $U$는 구성요소 또는 공정이 가동되지 않을 확률이다.

$$A + U = 1 \tag{12-16}$$

$\tau_0$는 공정이 가동하고 있는 기간을 나타내고, $\tau_r + \tau_0$는 합계 시간을 나타낸다. 정의상 가동성은

$$A = \frac{\tau_o}{\tau_r + \tau_o} \tag{12-17}$$

마찬가지로 비가동성은

$$U = \frac{\tau_r}{\tau_r + \tau_o} \tag{12-18}$$

식 (12-17), (12-18), (12-15)의 결과를 조합함으로써 밝혀진 고장의 가동성과 비가동성 방정식을 작성할 수 있다.

$$\begin{aligned} U &= \mu\tau_r \\ A &= \mu\tau_o \end{aligned} \tag{12-19}$$

잠재적 고장의 경우 고장이 정기적인 검사 후에 밝혀진다. 이 상황은 <그림 12.7>에 제시되어 있다. $\tau_u$가 점검주기 동안의 비가동성 평균기간, $\tau_i$가 점검주기의 경우

$$U = \frac{\tau_u}{\tau_i} \tag{12-20}$$

평균 비가동기간은 고장확률로부터 계산된다.

$$\tau_u = \int_0^{\tau_i} P(t)\,dt \tag{12-21}$$

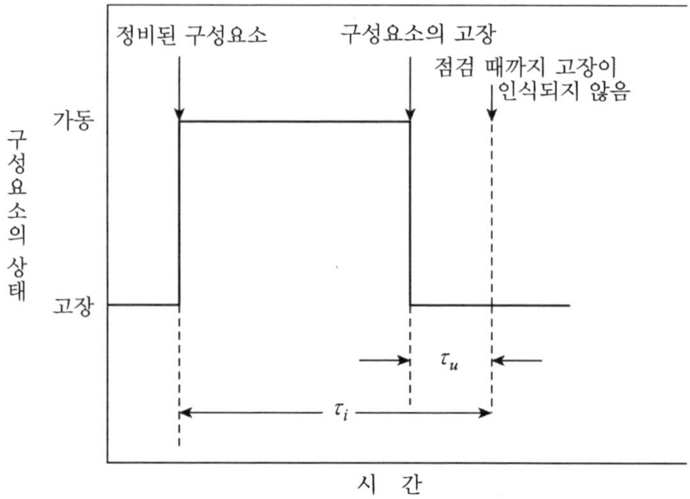


**그림 12.7** 잠재적 고장에 대한 구성요소 주기

식 (12-20)과 조합하면

$$U = \frac{1}{\tau_i}\int_0^{\tau_i} P(t)\,dt \tag{12-22}$$

고장확률 $P(t)$는 식 (12-2)로 주어진다. 이것은 식 (12-22)에 대입하고 적분한다. 결과는 다음과 같다.

$$U = 1 - \frac{1}{\mu\tau_i}(1 - e^{-\mu\tau_i}) \tag{12-23}$$

가동성의 표현은 다음과 같다.

$$A = \frac{1}{\mu\tau_i}(1 - e^{-\mu\tau_i}) \tag{12-24}$$

$u\tau_i \ll 1$이면 고장확률은

$$P(t) \approx \mu t \tag{12-25}$$

식 (12-22)는 적분되어 잠재적 고장에 대해서 제공된다.

$$\boxed{U = \frac{1}{2}\mu\tau_i} \tag{12-26}$$

이것은 유용하고 편리한 결과다. 이것은 평균적으로 잠재적 고장의 경우 검사주기의 절반에 해당하는 기간 동안 공정 또는 공정요소를 사용할 수 없음을 나타내고 있다. 점검주기 단축은 잠재적 고장의 가동성을 높이기 위해 나타나고 있다.

식 (12-20)에서 식 (12-26)까지 정비에 짧은 시간을 요구하므로 통상적으로 온라인 공정장치가 수 시간 이내에 정비되고, 점검주기가 통상 매월이기 때문에 정비에 필요한 시간을 무시해도 유효하다는 것을 의미한다.

**예제 12.3**

예제 12.2의 경보 및 차단 시스템에서 가동성과 비가동성을 계산하여라. 매달 1회 정기점검이 이루어지며, 정비시간을 무시할 수 있다고, 가정한다.

**해답**

어느 시스템이든 잠재적 고장을 나타내고 있다. 경보시스템에서, 고장률은 $\mu$=0.18 faults/yr이다. 점검주기는 1/12=0.083 yr이다. 비가동성은 식 (12-26)을 이용하여 계산된다.

$$U = \frac{1}{2}\mu\tau_i = (1/2)(0.18)(0.083) = 0.0075$$

$$A = 1 - U = 0.992$$

경보시스템은 기간에 99.2%를 사용할 수 있다. 차단시스템에서는 $\mu$=0.55 fault/yr이다. 따라서

$$U = \frac{1}{2}\mu\tau_i = (1/2)(0.55)(0.083) = 0.023$$

$$A = 1 - 0.023 = 0.977$$

차단시스템의 가동성은 97.7%이다.

## 우연 확률

모든 공정요소는 고장에 의해 사용할 수 없다. 경보 및 비상 시스템의 경우 위험한 공정상황이 발생했을 때 이들 시스템을 사용할 수 없게 되는 일은 거의 없다. 위험은 공정이 혼란스러워 비상시스템을 이용할 수 없는 경우에만 생긴다. 즉 두 사건(event) (공정이상과 비상시스템의 비가동)이 동시에 발생할 경우이다.

어떤 기간($T_i$) 동안 위험한 상태로 될 공정이상이 $p_d$회 발생하게 되면 공정이상 빈도는 다음과 같이 주어진다.

$$\lambda = \frac{p_d}{T_i} \tag{12-27}$$

비가동성 $U$의 비상사태에서는 공정 · 일화가 발생하고, $p_d U$ 비상사태 · 일화를 모두 이용할 수 없는 경우에만 위험한 사태가 발생한다. 위험한 에피소드의 평균 빈도는 위험한 일치 횟수를 시간주기, $T_i$로 나눈 것이다.

$$\lambda_d = \frac{p_d U}{T_i} = \lambda U \tag{12-28}$$

작은 고장률에서는 $U = \frac{1}{2}\mu\tau_i$과 $p_d = \lambda T_i$를 사용한다. 식 (12-28)에 대입하면

$$\lambda_d = \frac{1}{2}\lambda\,\mu\,\tau_i \tag{12-29}$$

평균동시발생간격(MTBC ; Mean Time Between Coincidences)은 동시에 발생되는 평균 빈도의 역수이다.

$$\text{MTBC} = \frac{1}{\lambda_d} = \frac{2}{\lambda\mu\tau_i} \tag{12-30}$$

---

**예제 12.4**

예제 12.3의 반응기에서 14개월에 1번씩, 높은 압력으로 인한 사고가 예상된다. 고압에 의한 공정 이상과 긴급차단장치의 고장이 발생할 수 있는 MTBC를 계산하여라. 단, 매월 보수점검이 이루어지고 있다고 가정한다.

**해답**

식 (12-27)에 의해 공정의 이상빈도는

$$\lambda = \frac{1\text{건의 이상}}{14\text{개월}}\ \frac{1\text{년}}{12\text{개월}} = 0.857/\text{년}$$

비가동성은 식 (12-26)으로부터 계산된다.

$$U = 1/2\mu\tau_i = (1/2)(0.55)(0.083) = 0.023$$

식 (12-28)에 의해 위험의 동시발생 평균빈도는

$$\lambda_d = \lambda U = (0.857)(0.023) = 0.020/\text{yr}$$

그리고 식 (12-30)에서 MTBC는

$$\text{MTBC} = \frac{1}{\lambda_d} = \frac{1}{0.020} = 50\ \text{yr}$$

긴급차단장치의 고압 사고 고장은 50년에 1회 발생할 것으로 예상된다.

점검주기($\tau_i$)가 반감하면 $U = 0.023$, $\lambda_d = 0.010/\text{yr}$가 되어 얻은 MTBC는 100 yr이다. 이는 점검주기를 단축하여 위험성을 줄일 수 있다는 것을 보여줄 수 있다. 그리고 적절한 시기의 유지보수 프로그램이 중요한 이유를 나타내고 있다.

---

### 중복설비[2]

시스템은 단일기기 또는 제어기능에 고장이 발생했을 때도 정상적으로 기능하도록 설계되어 있다. 이는 중복제어를 통해 가능한데, 중복제어는 2개나 2개 이상의 측정요소, 정보처리 경로와 작동기기를 설치함으로써 시스템을 안전하고 신뢰성 있게 운전하도록 하는 것이다. 중복(redundant) 정도는 공정의 위험요인과 경제적 손실의 가능성에 따라 다르다. 중복 온도 측정의 예로는 추가 온도 프로브가 있다. 중복온도제어 루프의 예로는 추가 온도 프로브, 컨트롤러, 액추에이터(예를 들어 냉각수제어 밸브) 등이 있다.

### 일반원인고장

때에 따라 사고(incident)는 일반원인고장으로 발생할 수 있다. 이것은 1개의 사건으로 동시에 다수의 하드웨어에 영향을 주는 것이다. 예를 들어 <그림 12.4> 같은 유량제어루프를 몇 가지 고려해보자. 일반원인으로 고장이 발생하면 전력손실이나 기기의 공기손실이 발생할 수 있다. 이 형태의 유틸리티 고장이 발생하면 모든 제어루프가 동시에 고장을 일으킬 가능성이 있다. 이 유틸리티는 논리 OR 게이트를 통해 이들 시스템에 연결되어 있으며 이로 인해 고장률이 심하게 증가한다. 제어시스템을 다룰 때는 일반적인 원인의 고장을 최소한으로 억제하도록 시스템을 의도적으로 설계할 필요가 있다.

## 2 사건수

사건수(event tree)는 초기사건으로부터 시작하여 최종적인 결과를 추론해 나가는 귀납적 분석방법이다. 이 분석방법은 고장의 발생방법 및 고장의 발생확률에 관한 정보를 제공한다. 공장에서 사고(incident)가 발생하면 다양한 안전시스템이 작동하여 사고의 확산을 막는다. 이들 안전시스템의 고장이나 성공할 수 있다. 그러나 사건수 접근법은 안전시스템의 영향에 이은 초기사건의 효과를 고려한다. 사건수 분석의 일반적인 순서는 다음과 같다.[3]

**1.** 관심 있는 초기사건을 확인한다.
**2.** 초기사건을 처리하도록 설계된 안전기능을 확인한다.
**3.** 사건수를 구축한다.
**4.** 사고(incident) 사건(event) 경로의 결과를 기술한다.

2) S. S. Grossel and D. A. Crowl, eds. *Handbook of Highly Toxic Handling and Management*(New York: Marcel Dekker, 1995), P.264.

3) AICHE CCPS, *Guidelines for Hazard Evaluation Procedures*, 3rd ed.(New York: American Institute of Chemical Engineers, 2009).

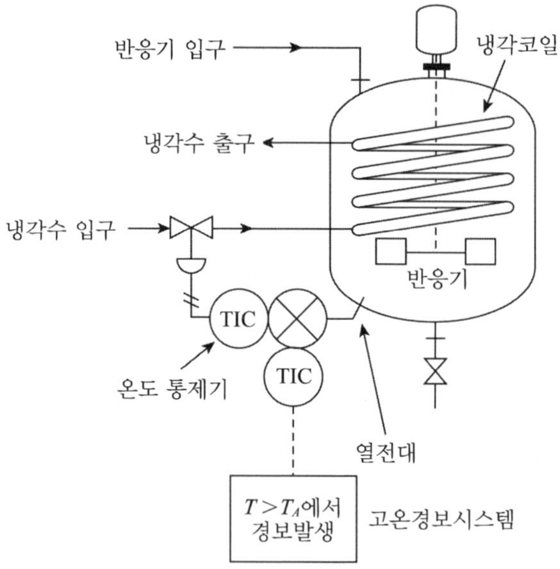


**그림 12.8** 고온 경보시스템 및 온도제어기가 있는 반응기

적절한 데이터가 있는 경우에는 이 순서를 사용해 다양한 사건의 빈도를 계산한다. 이것은 특정한 사건결과의 확률을 결정하고 어느 개선이 필요한지를 결정하기 위해 효과적으로 사용된다.

<그림 12.8>에 나타낸 화학반응기에 대해서 생각해보자. 고온 경보장치가 설치되어 운전자에게 반응기 내의 고온을 경고하고 있다. 냉각재 손실 초기사건의 사건수를 <그림 12.9>에 나타낸다. 4개의 안전기능이 식별된다. 첫 번째 안전기능은 고온 경보시스템이다. 두 번째 안전기능은 정기검사 시에 높은 반응기 온도를 운전자가 감지하는 것이다. 세 번째 안전기능은 운전자가 시간을 갖고 문제를 수정하고 냉매 흐름을 재정립하는 것이다. 최종 안전기능은 운전자가 반응기의 긴급차폐 시스템을 가동하는 것이다. 이 안전기호들은 이들이 발생하는 순서에 의해 논리적으로 기술되어야 한다.

사건수는 왼쪽에서 오른쪽으로 작성된다. 초기사건은 왼쪽 페이지 중앙에 먼저 글을 적는다. 초기사건에서 나온 선이 첫 번째 안전기능까지 그려나간다. 이 시점에서 안전기능은 성공할 수도 있고 실패할 수도 있다. 관례에 의하면 성공 운전은 직선의 위쪽에, 실패는 직선의 아래쪽에 그린다. 이 2개 상태에서 다음의 안전기능을 수평으로 그린다.

안전기능이 적용되지 않을 때는 분기하지 않고 안전기능을 통해 수평으로 지속한다. 이 예에서는 윗부분의 가지는 두 번째의 기능에서 계속되며 운전자는 고온으로 알 수 있게 된다. 고온 경고가 올바르게 작동하고 있는 경우 운전자는 이미 고온상태를 인지할 것이다. 연속해서 설명과 사고결과는 사건수의 가장 오른쪽에 표시된다. 열린 원(○)은 안전한 상태를 나타내며 십자가 있는 원(⊗)은 안전하지 않은 상태를 나타낸다.

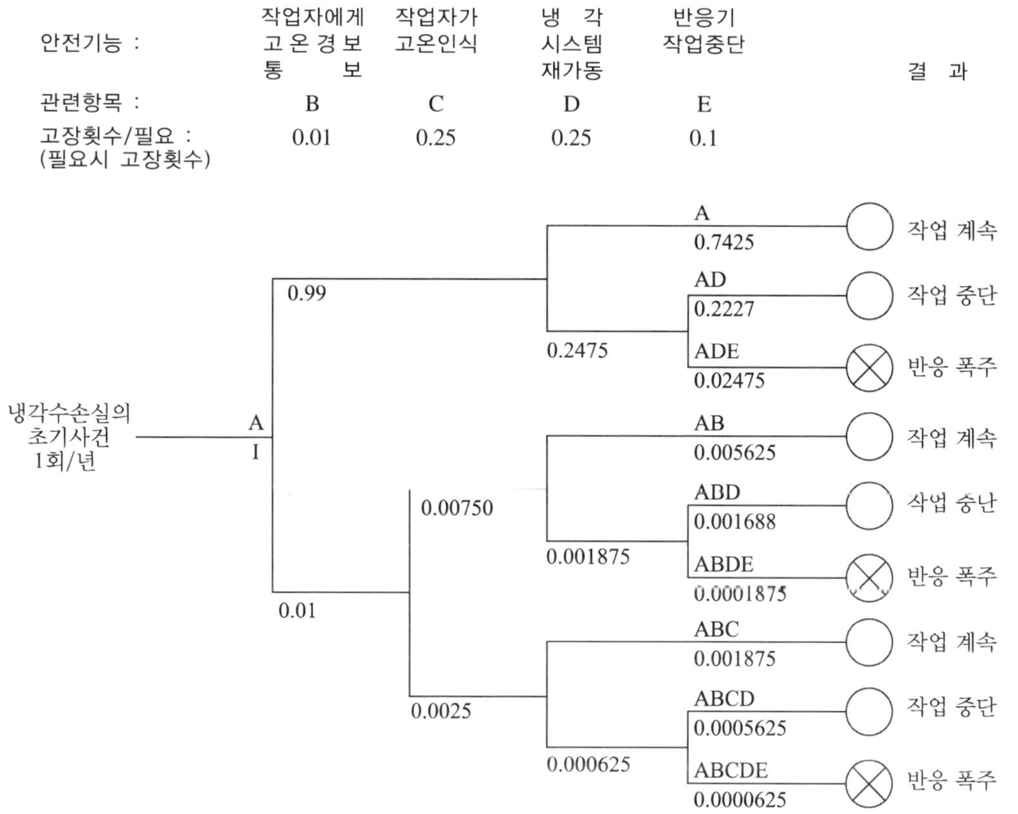


작업중단 = 0.2227 + 0.001688 + 0.0005625 ≅ 0.2250회/년
반응폭주 = 0.02475 + 0.0001875 + 0.0000625 ≅ 0.02500회/년

⇧ **그림 12.9** 그림 12.8의 반응기에서 냉매의 손실에 대한 사건수

결과 기술 항(column)의 문자표기는 특정 사건을 식별하는 데 도움이 된다. 이 문자는 안전시스템 고장의 결과를 나타내고 있다. 초기사건은 항상 첫 번째 기호를 포함한다. 이 조사에서는 다른 초기사건의 사건수에 다른 문자가 사용된다. 이 예에서 문자 ADE는 초기사건 A를 나타내고 그 후에 안전기능 D 및 E의 고장이 연결된다는 것을 의미한다.

안전기능의 고장률 및 초기사건의 빈도에 관한 데이터가 있으면 사건수를 정량적으로 이용할 수 있다. 이 예에서는 냉각 손실사건이 1년에 1회 발생한다고 한다. 또한 하드웨어의 안전기능은 요구 시에 1%의 확률로 작동하지 않고 있다고 가정한다. 이는 0.01 고장/요구이다. 그리고 운전자는 반응기의 고온상태가 4회 발생했을 때 3회를 인식하여 냉각세 흐름의 설정에 성공한다고 가정한다. 이들의 어느 경우도 고장률은 4회 중 1회, 즉 0.25 고장 횟수/요구이다. 마지막으로 운전자가 조업중단을 성공시킬 경우를 10회 중 9회라고 하면 이는 0.10 고장 횟수/요구이다.

안전기능 고장률은 칼럼 상단부의 아래에 기재되어 있다. 초기사건의 발생빈도는 초기사건에서 시작된 선 하단부에 기록된다.

<그림 12.10>에는 각 연결점에서의 계산순서를 나타냈다. 관례에 의하면 가지 상단부에는 안전기능이 성공할 경우이며 가지 하단부에는 안전기능이 실패할 경우를 나타낸다. 안전기능의 고장률은 칼럼 상단부 바로 아래 써넣는다. 초기사건에 대한 발생빈도는 초기사건으로부터 시작되는 선의 하단부에 기재한다. 하단부의 가지와 관련된 빈도는 후속되는 가지의 빈도에 안전기능의 고장률을 곱하면서 계산된다. 상단부 가지의 빈도는 1(안전기능의 성공률)에서 안전기능의 고장률을 뺀 뒤, 상단부 가지의 빈도를 타고, 상단부 가지에 관련하는 빈도를 산출한다.

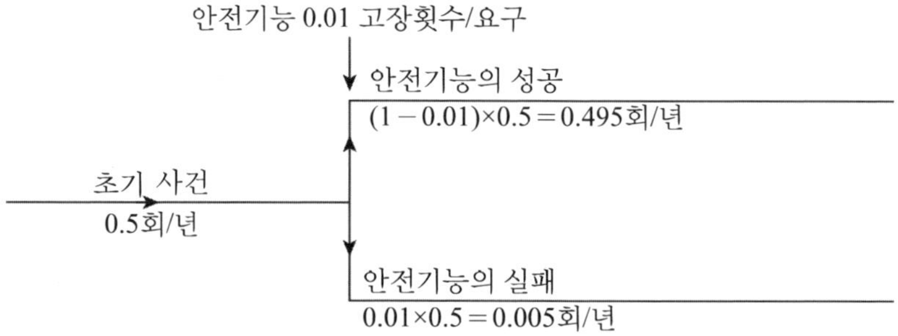


그림 12.10 사건수에서 안전기능의 계산순서

<그림 12.9>에 나타내는 사건수에 관련된 전체 빈도는 안전하지 않은 빈도(⊗)의 합계이다. 이 예에서는 전체의 빈도는 1년당 0.025의 고장(ADE, ABDE 및 ABCDE 고장의 합계)으로 추정된다.

이 사건수 분석은 위험한 폭주반응이 연평균 0.025회, 40년에 1회 발생하는 것으로 나타났다. 이것은 너무 높은 빈도라고 생각된다. 그러므로 생각할 수 있는 해결책은 고온의 반응기 긴급 운전정지 시스템을 설치하는 것이다. 이 제어시스템은 반응기 온도가 일정값을 넘으면 반응기가 자동으로 정지한다. 긴급 운전정지 온도는 운전자가 냉각시스템을 복원할 기회를 제공하기 위해 경보시스템의 온도보다 높게 설정된다.

개선한 공정의 사건수를 <그림 12.11>에 나타내었다. 부가적으로 안전기능에서는 고온 경보시스템이 고장이 났을 경우나 운전자가 고온을 인식하지 못했을 경우의 백업이 제공된다. 현재 폭주반응은 연간 0.00025회, 즉 4,000년에 1회 발생한다고 추정된다. 이것은 단순한 자동정지 시스템(redundant shutdown system)을 추가하는 것으로 얻어지는 대폭적인 개선이다.

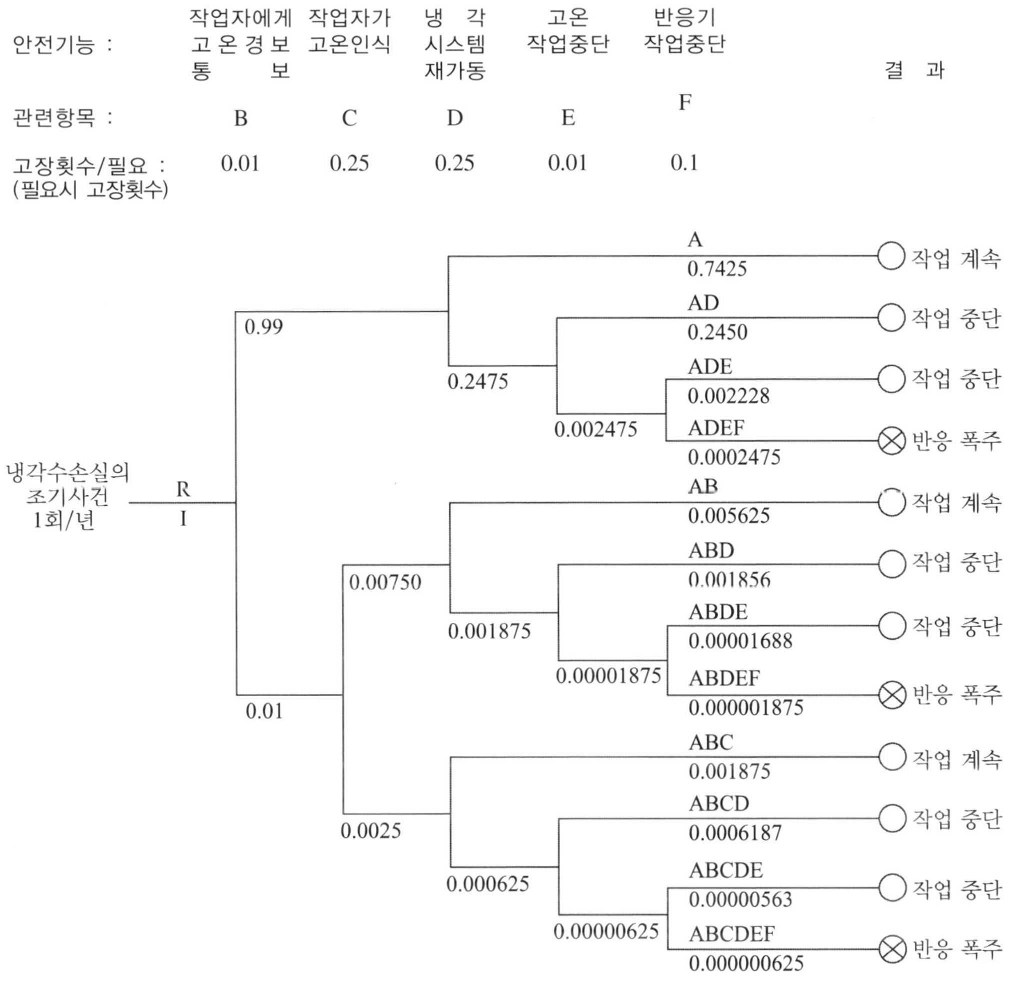


작업중단 = 0.2450 + 0.001856 + 0.0006187 ≅ 0.2475회/년
반응폭주 = 0.0002475 + 0.000001875 + 0.000000625 ≅ 0.0002500회/년

⇧ **그림 12.11** 그림 12.8의 반응기에 대한 사건수.
여기서는 고온상태에 대한 작업중지시스템을 포함하고 있다.

이 사건수는 발생 가능한 고장형태 시나리오를 제공하는 데 매우 유용하다. 정량적인 데이터가 있으면 고장빈도를 추정할 수 있다. 이것은 안전성을 향상하기 위해 설계를 수정하는 데 가장 유용하다. 대부분의 실제 공정에서는 방법이 지나치게 상세해지므로 거대한 사건수가 작성된다. 만약 빈도 계산이 필요한 경우에는 고장률 데이터가 사건수 내의 모든 안전기능에서 사용할 수 있어야 한다. 또한 사건수는 지정된 고장으로부터 시작하여 사고결과의 수로 종료된다. 따라서 기술자가 특정결과에 관심을 가질 때는 관심의 결과가 선택된 고장의 결과로서 실제로 생길 가능성은 없다. 이것에는 사건수의 주요 단점이다.

## 3 결함수

결함수(failure tree)는 항공우주산업에서 시작되어 원자력발전소와 관련된 위험요인과 리스크를 검증하고 정량화하기 위해 원자력발전업계에 의해 널리 이용됐다. 이 방법은 주로 원자력 산업이 경험한 결과로서 화학공정산업에도 적용된다.

결함수는 단순한 공장을 제외한 수천 가지의 공정사건을 포함하는 대규모 공장에서는 다행스럽게도 이 방법이 전산화에 적합하므로 결함수를 그릴 수 있는 다양한 컴퓨터 프로그램이 시판되고 있다.

**결함수**란 위험요인이 사고(incident)를 발생시킬 수 있는 방법을 식별하기 위한 연역적인 방법이다. 이 접근법은 명확하게 정의된 사고 또는 정상사건으로부터 시작해, 사고를 일으킬 가능성이 있는 다양한 시나리오로 추적한다.

예를 들어 자동차의 타이어가 펑크 나는 원인은 2가지 가능한 사건에 의한다. 한 가지는 도로 위의 못과 같은 파편 위를 운전하다가 일어난다. 다른 하나의 가능한 원인은 타이어의 결함이다. 펑크 난 타이어가 정상사건으로 확인된다. 관련 두 개의 원인은 기본사건(basic event) 또는 중간사건이다. 기본사건은 중간사건이 정의되기 전에 정의할 수 없는 사건이다. 이 예로는 더 이상의 정의를 할 수 없는 도로 위의 못과 같은 날카로운 곳 위를 운전하는 것이 기본적인 사건이다. 한편, 타이어 결함은 불량타이어인가 마모 타이어인가 어느 하나에 의한 것이기 때문에 중간사건이 된다.

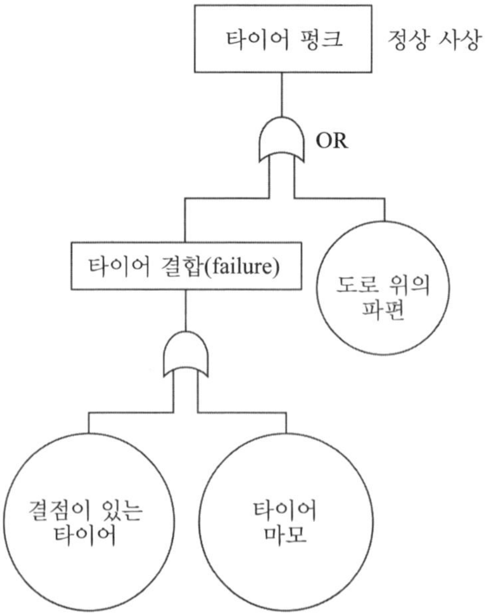


그림 12.12 펑크 난 타이어에 대한 결함수 예

<그림 12.12>는 펑크 난 타이어의 예를 결함수 논리도를 사용하여 나타낸 것이다. 원은 기본사건을 나타내고 직사각형은 중간사건을 나타낸다. 물고기 같은 기호는 OR 논리함수를 나타낸다. 이것은 입력 사건 중 어느 하나가 출력 상태를 일으키는 것을 의미한다. <그림 12.12>와 같이 펑크 난 타이어는 노면의 날카로운 곳 또는 타이어 결함이 원인으로 발생한다. 마찬가지로 타이어 결함의 원인은 타이어 불량 또는 마모 중 하나이다.

결함수 내의 사건은 하드웨어 고장에 한정되지 않는다. 또한 소프트웨어, 사람 및 환경 요소도 포함된다. 상당히 복잡한 화학 플랜트에서는 결함수를 구축하기 위해 몇 가지 추가 논리기능이 필요하다.

<그림 12.13>에 상세한 목록을 나타낸다. AND 논리함수는 병렬적으로 상호작용하는 공정을 기술하기 위해 중요하다. 즉, AND 논리기능의 출력상태가 활동적인 것은 양쪽 모두의 입력상태가 활동적인 경우뿐이다. 억제함수는 어느 특정 시간에 결함으로 되는 사건에 도움이 된다. 예를 들어, 도로 위를 운전한다고 해서 항상 타이어가 펑크가 나는 것은 아니다. <그림 12.12> 결함수에서는 이 상황을 표현하기 위해서 억제 게이트를 사용할 수 있다.

| | | |
|---|---|---|
|  | AND 게이트 | 출력사상은 모든 입력사상의 동시발생을 요구함 |
| 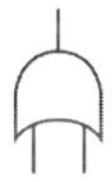 | OR 게이트 | 출력사상은 어느 개별적인 입력사상의 발생을 요구함 |
| 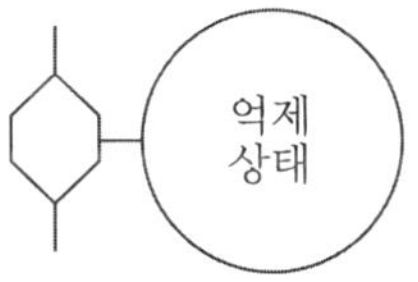  | 억제 사건 | 만일 입력사상이 발생하고 억제 사상이 발생한다면 출력사상은 발생할 것임 |
| 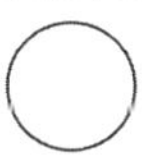 | 기본 사건 | 더 이상의 정의가 필요 없는 결함사상 |
| 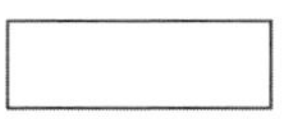 | 중간 사건 | 많은 다른 사상의 상호작용에 의해 일어나는 사상 |
| 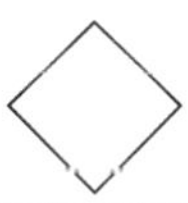 | 생략 사건 | 적절한 정보부족으로 더 나갈 수 없는 사상 |
|  | 외부 사건 | 결함사상은 아니지만 작업이나 기계의 상태로부터 재해의 발생원인이 될 요소가 있는 사상 |
| 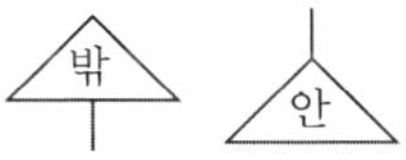  | 전이 기호 | 동일한 결함수 속에서 내용이 같은 타부분과의 사이에 전이를 나타내는 기호 |

**그림 12.13** 결함수에 쓰이는 논리전달요소

결함수를 작성하기 전에 몇 가지 준비단계를 실행할 필요가 있다.

1. 정상사건을 정확히 정의한다. "높은 반응기 온도"나 "액위가 너무 높다" 등의 사건은 정확하고 적절하다. "반응기의 폭발"이나 "공정에서 화재"와 같은 사건은 지나치게 모호하지만 "밸브누출"과 같은 사건은 너무 상세하다.
2. 기존의 사건을 정의한다. 정상사건이 발생했을 때 반드시 존재하는 조건은 어떤 것인가?
3. 허가되지 않은 사건을 정의한다. 현재로서는 이러한 사건이 있을 것 같지도 않고 검토 중이지도 않다. 여기에는 배선 고장, 낙뢰, 토네이도 및 허리케인이 포함된다.
4. 공정의 물리적 경계를 정의한다. 결함수에서는 어느 요소를 고려할 필요가 있는가?
5. 장치의 형태와 상태를 정의한다. 어느 밸브가 열려 있고 닫혀 있는가? 액위는 어떤가? 이것은 정상적인 운전 상태인가?
6. 분석결과의 수준을 정의한다. 분석에서는 밸브만 검토하는가 아니면 밸브 요소를 고려하여 검토할 필요가 있는가?

이 절차의 다음 단계는 결함수를 묘사하는 것이다. 먼저, 페이지 맨 위의 정상사건을 묘사한다. 결함수를 용지 여러 장으로 확장하였을 때에도 혼란스럽지 않도록 정상사건에 라벨을 붙인다.

두 번째, 정상사건에 이바지하는 주요사건을 정의한다. 이들은 중간사건, 기본사건, 생략 사건 또는 외부사건으로 시트에 기록한다. 이러한 사건이 동시에 연결된 경우 (모든 사건이 정상사건으로 발생하려면 AND 게이트에 의해 정상사건에 연결되어 있어야 한다). 이러한 사건이 연속적으로 관련된 경우 정상사건이 발생하기 위해 모든 사건이 발생할 수 있는 경우), 이러한 사건은 OR 게이트로 연결해야 한다. 새로운 사건을 1개의 논리 함수에 의해서 정상사건에 연관 지을 수 없는 경우 새로운 사건이 올바르게 지정되어 있지 않을 가능성이 있다. 결함수의 목적은 정상사건을 생성하기 위해 발생하여야 하는 개별 사건 단계를 결정하는 것이다.

다음으로 새로운 중간사건 중 하나를 고려하자. 이 하나의 사건에 이바지하려면 어떤 사건이 필요한가? 이러한 사건은 중간사건, 기본사건, 생략 사건, 또는 외부 사건으로서 결함수 위에 적어둔다. 다음으로 이들 최신사건의 상호작용을 나타내는 논리 함수를 결정한다.

기본사건, 생략사건, 또는 외부사건에 의해서 모든 가지가 종료될 때까지 결함수 전개를 계속한다. 모든 중간사건을 확장할 필요가 있다.

### 예제 12.5

다시 한 번 〈그림 12.5〉의 알람 지시계와 비상정지시스템에 대해 고려하여 이 시스템의 결함수를 작성하여라.

**해답**

첫 번째 단계는 문제를 정의하는 것이다.

**1.** 정상사건 : 엄청난 압력에 의한 반응기의 손상

**2.** 높은 공정압력

**3.** 믹서의 고장, 전기 고장, 배선 고장, 토네이도, 허리케인, 전기 폭풍

**4.** 물리적 경계 : 장치는 <그림 12.5>에 나타냄

**5.** 장비의 형태와 상태 : 솔레노이드밸브가 열리고 반응기에 주입한다.

**6.** 분석결과의 수준 : 장치는 <그림 12.5>에 나타냄

정상사건은 결함수 최상부에 기록된 정상사건으로 표시된다(그림 12.14를 참조). 반응기가 과압되려면 경보 지시계의 고장과 비상정지시스템의 고장 2개의 사건이 발생할 필요가 있다. 이러한 사건은 AND 게이트에 의해서 접속되어 있어야 한다. 경보 지시계는 압력 스위치 1 또는 경보 지시계 LED의 고장으로 인해 고장이 날 수 있다. 이것들은 OR 게이트로 연결되어야 한다. 비상정지시스템은 압력스위치 2나 솔레노이드밸브의 고장에 의해서 고장이 난다. 이것들은 OR 게이트에 의해서 연결되어야 한다. 완성된 결함수는 <그림 12.14>에 나타냈다.

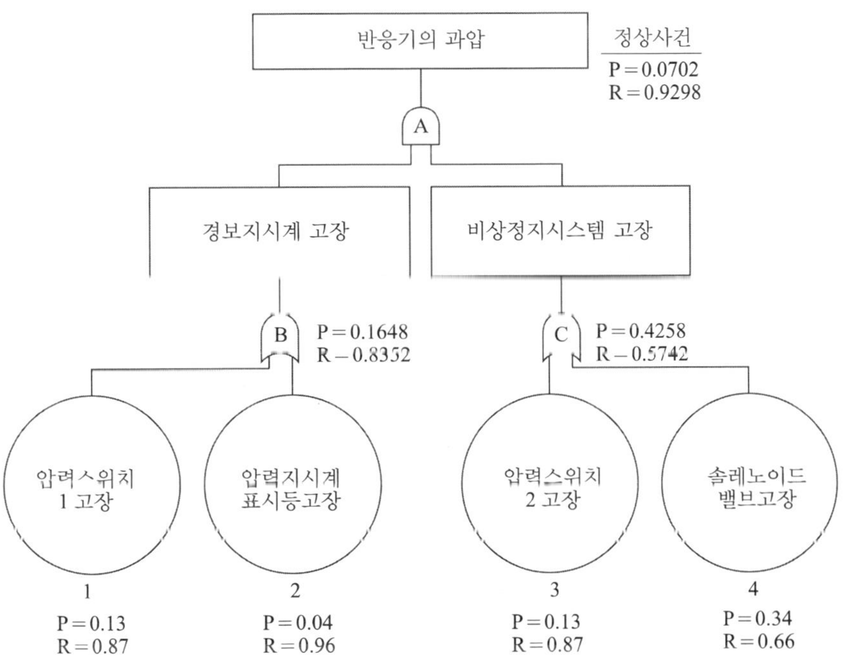


**그림 12.14** 예제 12.5에 대한 결함수

## 최소 컷 세트의 판별

결함수가 완전히 그려지면 여러 가지의 계산을 할 수 있다. 첫 번째 계산에서는 최소 컷 세트를 결정한다. 최소 컷 세트는 정상사건으로 이어질 수 있는 다양한 사건의 집합이다. 일반적으로, 정상사건은 몇 개의 다른 조합에 의해 발생한다. 정상사건으로 이어지는 특별한 사건 세트이다.

최소 컷 세트는 정상사건이 발생할 수 있는 다양한 방법을 결정하는 데 도움이 된다. 이 최소 컷 중 몇몇에는 다른 것들보다 더 높은 확률이 있을 수 있다. 예를 들어 2개의 사건만 포함한 세트는 3개의 사건을 포함한 세트보다 높아진다. 마찬가지로 하드웨어 단독의 경우보다도 인간과의 상호작용에 관련된 세트가 실패할 확률이 높아진다. 이러한 단순한 규칙에 근거하여 고장확률에 관해 최소 컷 세트가 순서화된다. 더 높은 확률 세트는 추가 안전시스템이 필요한지 아닌지를 판단하기 위해 주의 깊게 검토되어야 한다.

최소 컷 세트는 Fussell과 Vesly[4)]가 개발한 절차로 결정한다. 이 절차는 다음의 예를 사용하여 설명한다.

---

**예제 12.6**

예제 12.5의 결함수의 최소 컷 세트를 결정하여라.

**해답**

이 절차의 첫 번째 단계는 모든 게이트에 문자로 라벨을 붙이고 모든 기본사건에 번호로 라벨을 붙이는 것이다. 이를 <그림 12.14>에 나타냈다. 정상사건 아래 첫 번째 논리 게이트는 다음과 같다.

A

AND 게이트는 컷 세트 내의 사건의 수를 늘리고 OR 게이트는 세트를 늘린다. <그림 12.14>의 논리 게이트 A에는 (게이트 B와 게이트 C) 2개의 입력 사건이 있다. 게이트 A는 AND 게이트이기 때문에 게이트 A는 게이트 B와 게이트 C로 대체된다.

~~A~~ B C

게이트 B에는 사건 1과 사건 2의 입력이 있다. 게이트 B는 OR 게이트이기 때문에 현재 행 아래에 새로운 행을 추가함으로써 게이트 B가 치환된다. 먼저 게이트 B를 입력하는 1개로 바꾸고, 첫 번째 행 아래에 두 번째 열을 작성한다. 첫 줄의 나머지 열의 모든 항목을 새로운 행에 복사한다.

~~A~~ ~~B~~ 1 C
2 C

4) J. B. Fussel and W. E. Vesely. "A New Methodology for Obtaining Cut Sets for Fault Trees." *Transactions of the American Nuclear Society* 15, no.1(1972): 262-263.

첫 번째 행의 두 번째 열에 있는 C가 새로운 행에 복사되는 것에 주의한다.

첫 번째 행 게이트 C를 입력으로 치환한다. 게이트 C도 OR 게이트이기 때문에 C를 기본사건 3으로 치환, 3행을 다른 사건에 작성한다. 첫 번째 행의 다른 열에서 1을 복사한다.

~~A~~ ~~B~~ 1 ~~C~~ 3
2 C
1 4

마지막으로, 두 번째 행의 게이트 C를 입력으로 치환한다. 이로 인해 네 번째 행이 생성된다.

~~A~~ ~~B~~ 1 ~~C~~ 3
2 ~~C~~ 3
1 4
2 4

컷 세트는

1, 3
2, 3
1, 4
2, 4

즉, 정상사건은 이러한 기본사건 세트 중 어느 하나에 따라 발생한다.

이 절차에서는 반드시 최소 컷 세트가 전달되는 것은 아니다. 때에 따라서 다음과 같은 형식이 될 수 있다.

1, 2, 2

이것은 1, 2로 요약된다. 기타의 경우 이 세트에는 슈퍼세트가 포함된다. 예를 들면

1, 2
1, 2, 4
1, 2, 3

사건 1과 사건 2는 공통이기 때문에 두 번째 및 세 번째 세트는 첫 번째 기본 세트의 슈퍼세트이다. 슈퍼세트는 삭제되고 최수 컷 세트가 생성된다. 이 예제에서 슈퍼세트는 없다.

---

### 결함수를 사용한 정량적인 계산

결함수를 사용하여 정상사건 확률을 결정하기 위한 정량적인 계산을 실행할 수 있다. 이는 2가지 방법으로 이루어진다.

첫 번째 방식은 결함수 그림 자체를 사용하여 계산한다. 기본사건, 외부 사건 및 생략 사건의 실패 확률은 결함수에 작성된다. 그 후에 필요한 계산이 다양한 논리 게이트를 통해 실행된다. 확률은 AND 게이트에서 곱하며, 신뢰도는 OR 게이트에서 곱한다는 것에 주의해야 한다. 정상사건에 도달할 때까지 계산은 이 방법으로 반복된다. 억제 게이트는 AND 게이트

의 특별한 경우로 간주한다.

이 절차의 결과를 <그림 12.14>에 나타냈다. 이 그림에서는 "P"라는 문자는 확률을 나타내고 “R”은 신뢰성을 나타낸다. 기본사건의 고장확률은 예제 12.2로부터 얻을 수 있다.

두 번째 방식은 최소 컷 세트를 사용할 것이다. 이 절차에서는 모든 사건의 확률이 작을 때 한 해 정확한 결과가 계산된다. 일반적으로 이 결과에는 실제 확률보다 큰 값이 표시된다. 이 방법은 식 (12-10)에 제시된 확률적인 곱의 형태로 나타난 확률을 무시하는 것을 전제로 하고 있다.

최소 컷 세트는 다양한 고장형태를 나타낸다. 예제 12.6에서는 사건 1, 3 또는 2, 3 또는 1, 4 또는 2, 4 정상사건의 원인이 될 수 있다. 전체 고장확률을 추정하기 위해 컷 세트부터의 확률을 아울러 가산한다. 이 경우

$$
\begin{aligned}
P(1 \text{ AND } 3) &= (0.13)\,(0.13) = 0.0169 \\
P(2 \text{ AND } 3) &= (0.04)\,(0.13) = 0.0052 \\
P(1 \text{ AND } 4) &= (0.13)\,(0.34) = 0.0442 \\
P(2 \text{ AND } 4) &= (0.04)\,(0.34) = \underline{0.0136} \\
\text{TOTAL} &: 0.0799
\end{aligned}
$$

이것은 실제 결함수를 사용하여 얻은 정확한 값인 0.0702와 비교된다. 컷 세트는 OR 함수에 따라 서로 연결된다. 예제 12.6에는 편집된 모든 확률이 추가되었다. 이것은 식 (12-10)과 같이 제품 간의 용어는 무시되었기 때문에 대략적인 결과이다. 작은 확률로는 곱은 무시할 수 있고, 더하기는 진정한 성과에 가까워질 것이다.

## 결함수의 장단점

결함수를 사용하는 주된 단점은 합리적으로 복잡한 공정에서는 결함수가 매우 거대해지는 것이다. 수많은 게이트와 중간사건을 수반하는 결함수가 일반적이다. 이러한 크기의 결함수에서는 완료까지 상당한 시간이 소요된다.

게다가 결함수 개발자는 모든 고장모드를 고려하고 있다고는 결코 확신할 수 없다. 더 완벽한 결함수는 일반적으로 경험이 풍부한 엔지니어에 의해 만들어진다.

결함수에서는 고장이 “Hard”라고 하면 특정 하드웨어 항목에서 부분적으로 고장이 발생하는 일은 없다. 밸브에서 누출은 부분적인 고장의 좋은 예이다. 또한 이 방법은 하나의 구성요소의 고장이 다른 구성요소에 영향을 주지 않는다고 가정한다.

개인에 의해 만들어진 결함수는 일반적으로 구조가 다르다. 일반적으로 다른 수들은 다른 고장의 가능성을 예측한다. 이러한 결함수의 부정확한 성질은 큰 문제이다. 경험이 풍부한 리스크 분석가가 만든 결함수는 훨씬 일관성이 있다.

결함수를 사용하여 정상사건의 고장확률을 계산할 때 결함수 내의 모든 사건에서 고장확

률이 필요하게 된다. 이러한 확률은 일반적으로 알려지지 않거나 정확하게는 알 수 없다.

결함수 접근방식의 주된 장점은 정상사건부터 시작된다는 점이다. 이 정상사건은 사용자가 관심을 두는 특정한 고장을 선택한다. 이에 대해 사건수 방법에서는 1개의 고장에서 생기는 사건이 사용자에게 특별한 관심을 두는 사건이 아닐 수 있다.

결함수도 최소 컷 세트 결정에 사용된다. 최소 컷 세트는 정상사건이 발생할 가능성이 있는 다양한 방법에 대해서 넓은 식견을 제공한다. 일부 기업에서는 최소 컷 세트를 4개 이상의 독립된 고장의 제품으로 관리 전략을 채택하고 있다. 물론, 이로 인해 시스템의 신뢰도가 크게 향상된다.

소프트웨어는 사건을 그래픽으로 구축하고 최소 컷 세트를 결정하여 고장확률을 계산하기 위해 사용할 수 있다. 다양한 형태의 공정장치의 고장확률을 포함한 참고 자료가 포함될 수 있다.

## 4 Bow-Tie 다이어그램

사건수는 초기사건부터 시작하여 정상사건을 향하며 반대로 결함수는 정상사건부터 시작하여, 초기사건으로 향한다. 초기사건은 사고(incident)의 원인이며, 정상사건은 최종결과이다. 두 개의 방법은 결함수의 정상사건이 사건수의 초기사건인 점과 관련되어 있다. 둘 다 사고의 발생원인에서 안전대책의 효과를 포함한 최종결과에 이르기까지의 완전한 상황을 파악하기 위해 사용된다. 이러한 그림에는 확률과 빈도가 대응되어 있다.

<그림 12.15>와 같이 결함수의 정상사건과 사건수 초기사건을 연결하고, Bow-Tie 다이어그램을 작성한다. <그림 12.15>는 옷에 사용되는 나비넥타이와 같다.

Bow-Tie 다이어그램은 배리어 분석이라고도 불린다. 이 방법에서는 위험요인을 방지 및 낮출 수 있는 안전대책이 식별된다. <표 11.3>과 같이 파일럿 플랜트, 상세설계, 일상운전, 공정변경 또는 공정확장 및 공정수명 사고(incident) 조사 단계에 적합하다.

Bow-Tie 다이어그램은 초기사건, 세이프가드 및 최종결과의 관계를 적절히 시각화한다. 자세한 것은 1.11절을 참조한다.

Bow-Tie 다이어그램은 단순한 것부터 복잡한 것까지 폭넓은 연구를 쉽게 하려고 사용할 수 있다. 복잡한 면에서는 더 상세한 정량적 리스크 분석(QRA) 조사를 이끌어 결과를 명확하게 표시할 수 있다. 단순한 점에서는 그림 일부만 사용할 수 있다. 예를 들어, 초기 빈도가 다른 예방적 및 완화적 세이프가드에 의해서 어떻게 영향을 받는가를 알아볼 수 있다.

Bow-Tie 다이어그램의 장점은 (1) 결과가 명확히 표시되고, (2) 이해하기 쉬우며, (3) 희망하는 결과를 달성하기 위한 적절한 안전조치를 효과적으로 결정하는 데 사용된다.

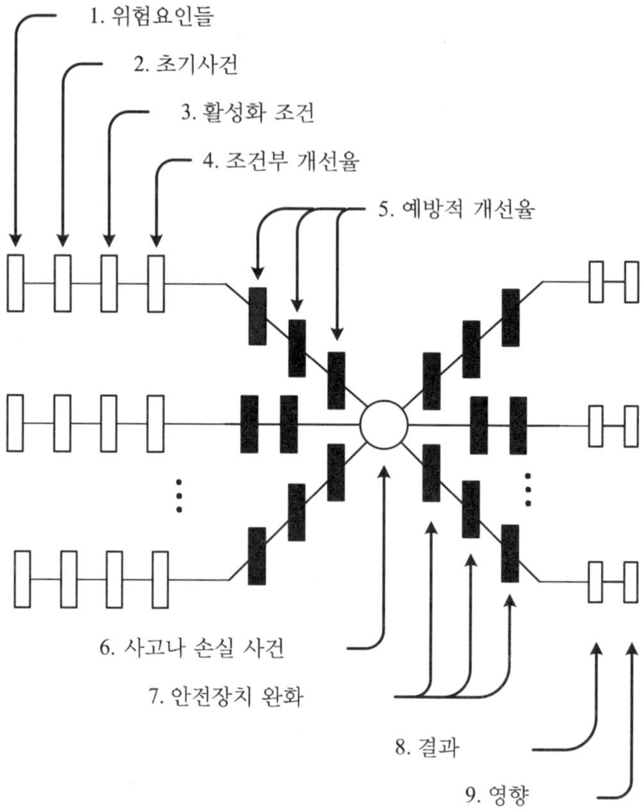


⇧ **그림 12.15** Bow-tie 분석용 다이아그램. 정의는 <표 1.1>을 참조. (출처: AICHE/CCPS SACHE Faculty Workshop. "Functional Strategy for Protective Functions" (Freeport, TX : Dow Chemical, Freeport, 2016); AICHE Center for Chemical Process Safety. Guidelines for Enabling Conditions and Conditional Modifiers in Layer of Protection Analysis (Hoboken, NJ: Wiley Interscience, 2014), p. 79.)

## 5 정량적 리스크 분석

1990년대 후반까지 정량적 리스크 분석(QRA)이 리스크 분석의 주요 방법이었다. QRA는 누출원모델, 확산모델 및 영향모델을 사용하여 생각할 수 있는 모든 시나리오에 대해 리스크 추정치를 계산하는 매우 엄격한 방법이다. 이 접근방식의 문제는 일반적으로 시나리오가 매우 많고 각 시나리오의 가능성 및 사고결과를 추정하기 위해 대량의 계산이 필요하게 되는 것이다. QRA 연구의 주요 단계는 다음과 같다.

1. 초기사건과 사고(incident) 순서를 정의한다. 예를 들면 냉각수의 고장은 폭주반응을 일으켜 반응기 용기의 릴리프를 밀어 열고 반응기 내용물을 방출한다.

2. 누출원모델을 사용하여 방출율을 추정한다. 반응기의 예를 들면 이 방법에서는 릴리프에 의한 방출율을 추정하기 위한 누출원모델이 필요하다. (제4장 참조)
3. 분산모델을 사용하여 바람 방향에서 방출 화학물질의 농도를 추정한다. (제5장 참조)
4. 영향모델을 이용해서 사람, 환경, 재산에 대한 사고의 사고결과를 추정한다. (제3장 참조)
5. 사건수와 결함수를 사용하고, 잠재적인 사고빈도를 추정한다.
6. 사고결과와 빈도를 조합하여 리스크를 예측한다.
7. 모든 시나리오에 대해 리스크 측정값을 조합해서 전체적인 리스크 평가를 한다.
8. 리스크를 허용할지 결정한다. (1.9절 및 12.7절을 참조).

QRA는 복잡한 절차이며, 전문지식과 자원과 시간을 크게 확보할 필요가 있다. 이러한 계산은 상용 컴퓨터 코드를 사용할 수 있다.

## 6 방호계층 분석 5)

1990년대 후반에 리스크 분석가들은 많은 시나리오 각각에 대해서 상세한 QRA를 하기가 매우 어렵다고 판단했다. Layer of Protection Analysis (LOPA) 방식은 간이 QRA로서 개발되었다. 애초 LOPA는 기업의 리스크 분석가만 사용하고 있었지만, 현재는 플랜트 공정엔지니어가 일상적으로 사용하고 있다.

LOPA는 사건빈도, 사고결과의 심각성 및 안전장치나 방호층의 고장 가능성을 결정하기 위해 크고 작은 카테고리의 순서를 사용하는 반 정량적이고 간단한 정량적 리스크 분석형태이다. 바람직하지 않은 사고결과의 빈도를 낮추기 위해 방호층이 추가된다. 다음으로 방호층의 효과와 사고결과의 조합이 리스크 허용한계 기준(risk tolerance criteria)과 비교된다. <표 11.3>과 같이 LOPA는 공정수명의 개념설계, 파일럿 플랜트, 상세설계, 일상운전, 공정변경 또는 플랜트 확장단계에 적합하다.

LOPA에서는 사고결과 및 효과를 카테고리별로 개략적으로 계산하여 방호층의 빈도 및 유효성을 추정한다. 근사값 및 카테고리가 선택되어 보수적인 결과를 얻을 수 있다. 따라서 LOPA의 결과는 자세한 QRA보다 항상 보수적이다. LOPA의 결과가 불충분한 경우나 결과에 불확실성이 존재하는 경우에는 전체 QRA를 해야 한다.

LOPA의 가장 중요한 부분은 방호층을 결정하는 것이다. LOPA의 경우에 방호층은 독립방호층(IPL : Independent Protection Layer)이여야 한다. IPL은 특수한 방호형태이며, 다음

5) CCPs, *Layer of Protection Analysis : Simplified Process Risk Assesment*, D. A. Crowl, ed.(New York: Center for Chemical Process Safety, AICHE, 2001).

의 모든 기준을 충족시킬 필요가 있다.

1. 독립성 – IPL의 형태 성능은 다른 방호계층의 초기 원인이나 고장에 의해 영향을 받지 않는다.
2. 기능성 – 특정 이상조건에 대해 필요한 대응을 해야 한다.
3. 완전성 – 예측되는 리스크 감소를 달성할 수 있어야 한다.
4. 신뢰성 – 지정된 기간, 소정의 조건에서 의도한 대로 작동해야 한다.
5. 감사성 – IPL의 타당성을 판단할 능력이 있어야 한다.
6. 접근 보안 – 의도적이지 않은 변경이나 잘못된 변경 가능성을 절감하기 위한 관리시스템이 필요하다.
7. 변경관리 – IPL에 대한 변경사항을 확인, 문서화하고 승인하기 위한 관리시스템을 갖추고 있어야 한다.

LOPA는 다음과 같은 제한이 있다.

1. LOPA는 시나리오 식별도구가 아니다. 사고 시나리오, 발생원인 및 안전대책을 확인하는 방법을 사용할 수 있어야 한다.
2. LOPA는 상세한 QRA를 대체하지 않는다. 복잡한 시나리오에서는 QRA가 정당한 것으로 인정된다.
3. LOPA는 HAZOP와 what-if 분석보다 리스크 결정에 많은 시간이 소요된다. 단순한 결정을 위한 LOPA 값은 최소한이다.
4. 리스크 비교는 a) 같은 방법을 사용해 고장 데이터를 선별하고, b) 같은 리스크 허용한계 기준(risk tolerance criteria)에 근거한 경우에만 유효하다.
5. 리스크 허용한계 및 LOPA 구현의 차이로 인해 일반적으로 LOPA를 조직 간에 비교할 수 없다.

LOPA의 주된 목적은 공정의 특정한 사고(incident) 시나리오에 대해 충분한 방호계층이 포함되어 있는지를 판단하는 것이다. <그림 12.16>과 같이 많은 형태의 방호계층을 사용할 수 있다. <그림 12.16>에는 가능한 모든 방호계층을 포함하고 있지는 않고, 이들 계층의 대부분은 독립적이지 않다. 시나리오는 공정의 복잡성과 사고의 잠재적 심각성에 따라서 하나 이상의 방호층이 필요할 수 있다. 특정 시나리오에서는 사고결과를 방지하려면 하나의 방호층만 정상으로 작동해야 한다. 그러나 방호층이 완전히 효과적이지 않기 때문에 리스크를 허용수준(tolerable level)까지 줄이기 위해 공정에 충분한 방호층을 추가할 필요가 있다.

LOPA의 주요 단계는 다음과 같다.

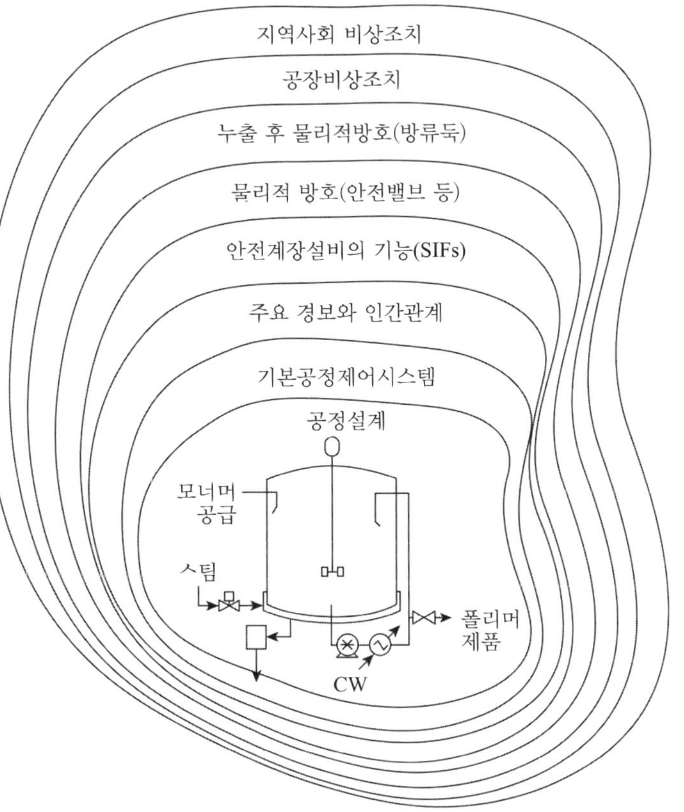


**그림 12.16** 특정사고 시나리오의 빈도를 낮추기 위한 방호계층. (출처 : Center for Chemical Process Safety. *Layer of Protection Analysis: Simplified Process Risk Assessment*, ed. D. A. Crowl. (New York, NY: American Institute of Chemical Engineers, 2001).)

1. 시나리오를 심사하기 위해 한 개의 사고결과를 확인한다(사고결과 카테고리를 판별하는 방법에 대해서는 이후에 설명하다).
2. 사고 시나리오와 사고결과에 관련되는 원인을 파악한다(시나리오는 하나의 원인과 사고결과의 쌍으로 구성된다).
3. 시나리오의 초기사건을 확인하고, 초기사건의 빈도를 추정한다(이 절의 뒷부분에서 빈도를 결정하는 방법을 설명한다). 초기 원인은 모든 예방조치의 실패를 상정하고 있다.
4. 특정 사고결과에서 사용할 수 있는 IPL을 확인하고, 각 IPL의 고장(PFD ; Probability of Failure On Demand)을 추정한다.
5. IPL의 초기사건빈도와 고장을 조합하고 시나리오 빈도를 계산한다.
6. 수용 가능한 리스크(tolerability risk)를 평가한다(수용하지 않을 때는 방호계층을 추가할 필요가 있다).

이 절차는 다른 사고결과 및 시나리오에 대해 반복한다.

## LOPA 사고결과의 추정

LOPA에서는 <표 1.14>에 나타난 리스크 매트릭스(matrix)를 사용하여 사고(incident)의 사고결과 또는 심각성을 추정한다. 여기에서는 인간의 건강에 미치는 영향, 화재나 폭발, 화학적인 영향에 의한 직접적인 손실액 중 어느 쪽인가로 사고결과가 분류된다. 화학적인 영향은 <표 1.15>에 나타낸 한계량(TQ, threshold quality))에 근거한다.

리스크가 기업의 허용기준을 넘었을 때 반 정량적 혹은 정량적인 대책이 필요한 기업도 있다. 세부사항에 대해서는 12.7절을 참조하여라.

LOPA 기술은 누출에 대해 인구가 희박하거나 밀집한 지역을 구별하지 않는다. 모든 누출은 같은 리스크로 간주한다.

**표 12.2** 초기사건 관련 전형적 빈도[a]

| 초기사건 | 문헌으로부터의 빈도범위 (1/년) | LOPA를 사용하기 위해 회사에서 선택한 값의 예 (1/년) |
|---|---|---|
| 압력용기 잔여 고장 | $10^{-5}$~$10^{-7}$ | $10^{-6}$ |
| 배관 잔여 고장, 100 m, 완전 파손 | $10^{-5}$~$10^{-6}$ | $10^{-5}$ |
| 배관 누출(10% 구간), 100 m | $10^{-3}$~$10^{-4}$ | $10^{-3}$ |
| 공기 탱그 고장 | $10^{-3}$~$10^{-5}$ | $10^{-3}$ |
| 가스켓/패킹 펑크 | $10^{-2}$~$10^{-6}$ | $10^{-2}$ |
| 케이스 파손이 있는 터빈/디젤엔진 과속 | $10^{-3}$~$10^{-4}$ | $10^{-4}$ |
| 제3의 요소 개입(예: 등받이 또는 차량에 의한 외부 영향) | $10^{-2}$~$10^{-4}$ | $10^{-2}$ |
| 크레인 하중 하강 | $10^{-3}$~$10^{-4}$/lift | $10^{-4}$ / lift |
| 벼락 | $10^{-3}$~$10^{-4}$ | $10^{-3}$ |
| 급격히 안전밸브가 열림 | $10^{-2}$~$10^{-4}$ | $10^{-2}$ |
| 냉각수 고장 | 1~$10^{-2}$ | $10^{-1}$ |
| 펌프 씰 고장 | $10^{-1}$~$10^{-2}$ | $10^{-1}$ |
| 적재/적하(unloading/loading) 호스 고장 | 1~$10^{-2}$ | $10^{-1}$ |
| 기본 공정 제어시스템 계측기 루프 고장 | 1~$10^{-2}$ | $10^{-1}$ |
| 레귤레이터 고장 | 1~$10^{-1}$ | $10^{-1}$ |
| 작은 외부화재(골재의 경우) | $10^{-1}$~$10^{-2}$ | $10^{-1}$ |
| 큰 외부화재(골재의 경우) | $10^{-2}$~$10^{-3}$ | $10^{-2}$ |
| LOTO(lock-out/tag-out) 절차 불이행(다중 요소 공정의 전반적인 불이행) | $10^{-3}$~$10^{-4}$ /opportunity | $10^{-3}$ /opportunity |
| 운전자 부상(반복 절차를 수행하기 위해 잘 훈련되고 스트레스를 받지 않고 피곤하지 않은) | $10^{-1}$~$10^{-3}$ /opportunity | $10^{-2}$ /opportunity |

[a] 개별회사는 보수 정도 또는 회사의 위험 허용기준에 따라 자신의 가치를 선택한다. 예방 정비 반복을 통해 고장률을 크게 줄일 수도 있다.

출처 : CCPS. Layer of Protection Analysis, Simplified Process Risk Assessment, ed. D. A. Crowl. (New York, NY: American Institute of Chemical Engineers, 2001).

## LOPA 빈도 추정

LOPA 조사에서는 빈도를 결정하기 위해 몇 가지 방법을 사용할 수 있다. 덜 엄격한 방법 중의 하나는 다음과 같은 단계를 포함한다.

1. 초기사건의 고장빈도를 결정한다. 일반적인 고장의 빈도를 <표 12.2>에 나타낸다.
2. 요구량을 포함하도록 고장빈도를 조정한다. 예를 들면 한해에 1개월밖에 사용하지 않을 때 반응기의 고장빈도를 12로 나눈다. 또한 예방 보전의 이점을 포함하듯이 빈도도 조정(저감)된다. 예를 들면 제어시스템에 예방 보전을 매년 4회 실시하면 그 고장빈도를 4로 나눈다.
3. 각각의 방호계층에 대해 고장의 발생빈도를 조정한다. <표 12.3>에는 수동 IPL의 일반적인 PFD값을 나타냈다. <표 12.4>에는 활성 IPL과 인간의 상호작용에 PFD를 나타냈다.

고장률에 영향을 미치는 방호계층이 배치되어 있을 가능성이 있으므로 이런 데이터로 빈도를 추정하는 것은 어렵다. LOPA 팀은 빈도에 포함되는 것을 명확히 할 필요가 있다. 예를 들면 각 저장탱크에 높은 수준의 인터록이 필요한 경우에 높은 수준의 인터록을 방호계층으로써 생각할 것인가, 아니면 단지 사건빈도의 요건으로서 생각할 것인가? 이 순서에서는

**표 12.3** 수동 IPL의 일반적인 PFDs 값

| 수동 IPLs | 설명<br>(적절한 설계기준, 검사 및 유지관리 절차 가정) | 산업에서의 PFDs[a] | CCPS에서의 PFDs[a] |
|---|---|---|---|
| 둑 | 탱크 과충전, 파열, 누출 등의 큰 결과(광범위한 출)의 빈도를 줄임 | $10^{-2}$~$10^{-3}$ | $10^{-2}$ |
| 지하배수 시스템 | 탱크 과충전, 파열, 누출 등의 큰 결과(광범위한 출)의 빈도를 줄임 | $10^{-2}$~$10^{-3}$ | $10^{-2}$ |
| 개방 환기구<br>(밸브 없음) | 과압 방지 | $10^{-2}$~$10^{-3}$ | $10^{-2}$ |
| 내화 재료 | 열 입력 속도를 줄이고 감압, 소방 등을 위한 추가 시간 제공 | $10^{-2}$~$10^{-3}$ | $10^{-2}$ |
| 바람 벽 또는 벙커 | 폭발을 차단하고, 장비, 건물 등을 보호하여 폭발의 큰 결과의 빈도를 감소 | $10^{-2}$~$10^{-3}$ | $10^{-3}$ |
| 본질적으로 안전한 디자인 | 제대로 구현된 경우 시나리오를 제거하거나 시나리오와 관련된 결과를 크게 줄임 | $10^{-1}$~$10^{-6}$ | $10^{-2}$ |
| 폭발 피뢰기의 불꽃 | 올바르게 설계, 설치 및 유지보수하는 경우 배관시스템, 선박 또는 탱크로 역화될 가능성을 제거할 수 있음 | $10^{-1}$~$10^{-3}$ | $10^{-2}$ |

[a] CCPs, Simplified Process Risk Assessment : Layer of Protection Analysis, D. A. Crowl, ed.(New York: American Institute of Chemical Engineers, 2001).

**표 12.4** 능동 IPL과 인간활동의 일반적인 PFDs 값

| 능동 IPL 또는 인간활동 | 인간활동 [적절한 설계기준, 검사 및 유지관리 절차(능동 IPLs), 적절한 문서교육 및 테스트 절차(인간활동)를 가정] | 산업에서의 PFDs[a] | CCPS에서의 PFDs[a] |
|---|---|---|---|
| 릴리프 밸브 | 시스템이 과압을 초과하지 않도록 방지. 이 장치의 효율성을 서비스와 경험에 있어 매우 중요 | $10^{-1}$~$10^{-5}$ | $10^{-2}$ |
| 파열판 | 시스템이 과압을 초과하지 않도록 방지. 이 장치의 효율성을 서비스와 경험에 있어 매우 중요 | $10^{-1}$~$10^{-5}$ | $10^{-2}$ |
| 기본 공정 제어시스템 (BPCS) | 고려된 초기사건과 연관되지 않을 경우 IPL로 간주될 수 있음. IEC(1998, 2001) 참조[b] | $10^{-1}$~$10^{-2}$ | $10^{-1}$ |
| 안전 계장 기능(SIF) | 수명주기 요구 사항 및 추가설명은 IEC 61508(IEC, 1998) 및 IEC 61511(IEC, 2001) 참조[b, c] | | |
| 응답시간 10분인 인간활동 | 조치가 필요하다는 명확하고 신뢰할 수 있는 표시가 있는 단순하고 문서화된 조치 | 1~$10^{-1}$ | $10^{-1}$ |
| 응답시간 40분인 인간활동 | 조치가 필요하다는 명확하고 신뢰할 수 있는 표시가 있는 단순하고 문서화된 조치 | $10^{-1}$~$10^{-2}$ | $10^{-1}$ |

[a] CCPs, *Simplified Process Risk Assesment* : Layer of Protection Analysis, D. A. Crowl, ed. (New York: American Institute of Chemical Engineers, 2001).

[b] IEC, IEC 61508, *Functional Safety of Electrical/Electronic/Programmable Electronic Safety- related Systems*, Parts 1~7, Geneva : International Electrotechnical Commission(1998).

[c] IEC, IEC 61511, *Functional Safety Instrumented Systems for the Process Industry Sector, Parts 1~3*.(2004).

일반적인 방호계층이 "중복 계산"되지 않도록 할 필요가 있다. 이 문제는 LOPA의 경험이 풍부한 팀원을 포함하는 이유를 강조하고 있다. 특정 시나리오 끝점 사고결과의 빈도는

$$f_i^C = f_i^I \times \prod_{j=1}^{i} \mathrm{PFD_{ij}} \tag{12-31}$$

여기서, $f_i^C$는 초기사건 $i$의 특정 사고결과를 완화한 결과빈도, $f_i^I$는 초기사건 $i$의 초기사건 빈도, $\mathrm{PFD_{ij}}$는 특정 사고결과와 특정 초기사건 $i$를 보호하는 $j$번째 IPL의 고장확률이다.

같은 사고결과를 가진 시나리오가 여러 개 있을 때 식 (12-31)을 사용하고 각 시나리오를 개별적으로 평가한다. 사고결과의 빈도는,

$$f^C = \sum_{i=1}^{I} f_i^C \tag{12-32}$$

여기서, $f_i^C$는 $i$번째 초기사건에 대한 $C$번째 사고결과의 빈도이며, $I$는 같은 사고결과의 초기사건 총수이다.

예제 12.7은 LOPA를 사용하고 고장의 빈도를 쉽게 판별할 수 있음을 나타내고 있다.

**예제 12.7**

시스템이 2개의 IPL로 설계된 경우 냉각장치의 사고결과빈도를 결정하여라. IPL은 10분간의 응답 시간과 기본 공정제어시스템(BPCS ; Basic Process Control System)과의 인적 상호작용이다.

**해답**

냉각수 고장빈도는 <표 12.2>의 값을 사용한다. 즉, $f_i^I = 10^{-1}/\text{yr}$이다. PFD는 <표 12.3>과 <표 12.4>로 추정한다. BPCS의 PFD는 $10^{-1}$이고, 인간의 응답 PFD는 $10^{-1}$이다. 결과의 발생빈도는 식 (12-31)을 사용하여 구할 수 있다.

$$f_1{}^C = f_1{}^I \times \prod_{j=1}^{2} \text{PFD}_{1j} = 10^{-1} \times (10^{-1})(10^{-1}) = 10^{-3}\ \text{failures/yr}$$

PFD의 개념은 안전계장기능(SIF ; Safety Instrumented Function)이라고 불리는 비상 차단시스템을 설계하는 때도 사용된다. SIF는 다음 방법으로 PFD 값을 낮춘다.

- 중복센서와 최종적인 중복제어 요소의 이용
- 보우팅(voting) 시스템을 갖춘 다중센서와 최종 중복제어 요소의 이용
- 특정 간격으로 시스템의 요소를 테스트해서 밝혀지지 않은 고장을 검출하여 PFD를 감소.
- 지연형 차단시스템(릴레이식 차단시스템)의 이용

화학공정산업에서는 비상 차단시스템의 경우에 일반적으로 다음 3가지 안전건전성 수준(SIL ; Safety Integrity Level)을 인정하고 있다.

- SIL 1 (PFD = $10^{-1}$~$10^{-2}$) : 일반적으로 이들 SIF는 1개의 센서, 1개의 논리 회로 및 1개의 최종 제어요소를 사용하여 구현되며 정기적인 검증 테스트가 필요하다.
- SIL 2 (PFD = $10^{-2}$~$10^{-3}$) : SIF는 일반적으로 센서, 논리 회로 및 최종 제어요소를 포함한 완전 중복구성으로 정기적인 교정 테스트가 필요하다.
- SIL 3 (PFD = $10^{-3}$~$10^{-4}$) : SIF는 일반적으로 센서, 논리 회로 및 최종 제어요소를 포함한 완전한 중복구성이다. 시스템은 신중하게 설계하고, 낮은 PFD 수치를 달성하기 위해 빈번한 검증 테스트가 필요하다. 많은 기업에서는 일반적으로 이 구조에 관련된 비용이 높으므로, SIL 3 시스템의 수를 제한하고 있다.

IPL에는 일반적으로 적절히 정의된 계층이 있다. <그림 12.17>은 일반적인 계층과 각 층의 응답 제한을 나타내고 있다. 이 계층에는 다음 층이 포함된다.

1. 기본 공정제어시스템(BPCS ; Basic Process Control System) : BPCS는 보통 공정을 제어한다. 공정의 편차가 제어 한계를 넘으면 경보로 운전자에게 경고한다.

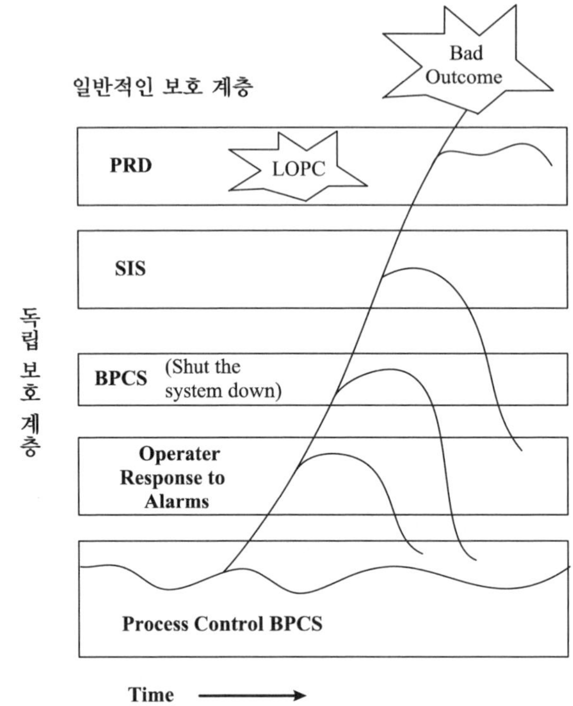


그림 12.17 독립적인 보호계층의 일반적인 체계(Independent protect layers, IPLs) (출처: AICHE/CCPS SACHE Faculty Workshop. "Protective Functions" (Freeport, TX; Dow Chemical, June 2016).)

2. 알람에 대한 운전자의 응답: 운전자는 응답할 필요가 있지만, 응답하지 않는 경우가 있다.
3. BPCS: 운전자가 응답하지 않을 때 BPCS는 시스템을 종료하기 위한 고급 인터록를 갖추고 있다.
4. 안전계장시스템 (SIS ; Safety Instrumented System): BPCS가 기능하지 않을 때는 SIS가 시스템을 종료한다. 이 SIS는 단순한 비상 차단시스템이다. 특정 SIL을 실현하도록 설계 및 관리되고 있다.
5. 압력방출장치(PRD ; Pressure Relief Device): SIS가 기능하지 않는 경우 PRD는 공정기기 내의 압력을 완화한다.
6. 1차 저장 손실(LOPC ; Loss of Primary Containment): PRD에 2차 저장시스템이 없는 경우에 공정 자재는 대기 중으로 배출되어 LOPC가 된다.
7. 나쁜 결과: 마지막 IPL에 고장이 발생하면 용기가 파손되거나 파이프라인이 파손하는 등의 주요 사고가 발생한다.

활성화 상태는 특정 상황의 존재에 의한 리스크 시간을 고려하기 위해 초기사건빈도를 조정하는 확률이다. 활성화 조건 확률은 IPL이 없는 빈도를 주도록 초기빈도를 조정한다. 예를 들어 다음과 같은 가능성을 생각할 수 있다.

1. 반응기가 위험한 반응에 이용되는 확률(한 달에 한주 또는 0.25 확률)
2. 반응기가 위험한 상태에 있을 확률(1년에 10시간만 발생하는 재순환 모드 또는 10/736 (52×7×24) 혹은 10/8736 혹은 0.0011의 확률)
3. 위험한 상태는 매년 3주간 발생한다. 그 확률은 0.058이다.

조건부 개선율(conditional modifier)은 특정 위험한 사건의 확률을 고려하기 위해 초기사건빈도를 조정하는 확률이다. 조건부 개선율은 LOPA의 초기빈도를(가능상태와 함께) 조정하고, IPL이 없는 빈도를 설정한다. 조건부 개선율의 예로는 (1) 위험한 분위기의 확률, (2) 발화 확률, (3) 폭발의 확률, (4) 사람이 존재할 확률, (5) 부상 또는 사망 확률, (6) 금전적 손실 확률 등이 있다.

가능상태 및 조건부 개선율은 주로 특정 기업의 경험에 근거하고 있어 장치가 위험한 상태에 있는 시간의 비율을 나타낸다. 예를 들면 다음과 같은 인자들이 있다.

1. 어떤 기업의 위험한 지역의 온도가 인화점을 초과한 기간이 연간 4개월 이상이며 그 확률은 0.333이다.
2. 어떤 기업의 역사적 경험지표에서 인화성 물질 누출의 점화가 10회 중에 한 번 발생하며 그 확률은 0.1이다.
3. 폭연 압력이 저장용기의 극한 강도를 넘을 때 저장용기가 압력을 갖는 시간 비율(확률)
4. 피해지역에 사람이 있는 시간의 비율

LOPA 방법에는 다음과 같은 많은 장점이 있다.

1. QRA보다 짧은 시간을 요구한다.
2. 보다 나은 리스크 결정을 내릴 수 있도록 일관되고 간단한 틀을 제공함으로써 의사결정 시 분쟁을 해결하도록 지원한다.
3. 리스크 판단을 신속히 시행하기 위한 도구를 제공함으로써 위험요인 평가를 개선한다.
4. 보다 정확한 원인과 사고결과를 제공함으로써 시나리오의 확인을 개선한다.
5. 공정단위 간의 리스크 비교를 하는 수단을 제공한다.
6. 정성적인 방법보다 더 방어적인 비교 리스크 판단을 제공한다.
7. 리스크가 "합리적으로 가능한 한 낮은 (ALARP)"인지를 판단하는 데 도움을 준다.
8. 충분한 안전대책이 취해지고 있다고 생각되는 운전과 관행을 확인하는 데 도움을 준다.
9. IPL에 대한 확실하고 기능적인 사양을 제공한다.
10. IPL에 초점을 맞춰 지원한다.
11. 공장 수준에서 공정엔지니어에 적용할 수 있다.

**예제 12.8**

저장용기와 반응기 용기에 관한 다음 2개의 주요 시나리오에 대해서 LOPA 분석하여라. 인화성 액체는 자신의 증기압에 의해 정상적인 끓는점 온도 이상으로 유지된다. 이 한계수량(threshold quantity, TQ)은 1,000 lb이다. 다음 2가지 시나리오가 있다.

1. 액체 5만 파운드를 함유하는 저장용기 외부의 화재이다. 피해지역 안에 개인이 있을 확률은 0.50명이다. 이 사고로 여러 직원이 사망할 수 있다. 저장용기 주위에는 액체와 화재를 억제하기 위한 제방이 존재한다.
2. 액체 2만 파운드를 비롯한 반응기 용기의 제어 루프 고장의 결과로 폭주반응이 일어나고 압력 방출장치를 통해 반응기 내용물이 대량으로 방출된다. 반응기는 연간 100일 동안 운전되고 있다. 방출된 물질은 한계수량의 15배가 될 것으로 예상된다.

**해답**

LOPA의 결과는 <표 12.5>에 제시되어 있다. 초기사건빈도는 <표 12.2>이다.

1. <표 12.2>는 초기사건의 빈도를 추정하는 데 사용된다. 시나리오 1은 100년에 1회, 시나리오 2는 10년에 1회이다.
2. <표 1.14>의 리스크 매트릭스를 사용하여 심각성을 추정한다. 시나리오 1에서는 여러 직원의 사망이 예상되기 때문에 "최악(catastrophic)"으로 분류되어 안전 심각성은 4이다. 시나리오 2에서 방출량은 TQ의 15배이므로 사고는 안전 심각성 3의 "매우 심각(very serious)"로 분류된다.
3. 다음 <표 1.14>의 리스크 매트릭스에서 가능성을 결정한다. 시나리오 1에서는 100년마다 1회 발생하기 때문에 "가능성이 낮은(improbable)"로 분류된다. 시나리오 2는 10년마다 1회 발생할 것으로 예상되기 때문에 "가능성이 없는(unlikely)"로 분류된다.

**표 12.5** 예제 12.8의 LOPA

| LOPA 워크시트 | 시나리오 1 | 시나리오 2 |
|---|---|---|
| 사건 설명 | 저장용기에 대한 큰 외부 화재 | 반응기 폭주－대형누출 |
| 초기사건(원인) | 외부 화재 | BPCS 고장 |
| 1. 초기사건(IE)빈도(표 12.2) | $10^{-2}$/년＝1번/100년 | |
| 2. 심각성 수준(표 1.14) | 직원 다수의 사망으로 인한 치명적임 | TQ 누출로 매우 심각 |
| 3. 가능성(1장과 표 1.14로부터) | 100년＝불가능 | 10년＝가망없음 |
| 4. 위험수준(2,3장과 표 1.14로부터) | B | B |
| 5. 대상완화사건빈도(TMEF) (표 1.14) | $10^{-6}$/년 | $10^{-5}$/년 |
| 6. 활성화 조건 | 해당없음 | 100/365＝0.27의 확률 |
| 7. 조건부 개선율 | 확률 0.5 | None |
| 8. 조정된 IE 빈도(1행x6행x7행) | $5\times10^{-3}$/년 | $2.7\times10^{-2}$/년 |
| 9. 기존 보호계층(표 12.3의 유형 및 PFD) | 방호벽 $10^{-2}$/년 | None |
| 10. 기존 보호계층의 빈도(8행x9행) | $5\times10^{-5}$/년 | $2.7\times10^{-2}$/년 |
| 11. 추가 보호계층 필요(5행/10행) | $2.0\times10^{-2}$ | $3.7\times10^{-4}$ |

4. 심각성 수준과 가능성을 <표 1.14>를 이용하여 조합하고 리스크 수준을 결정한다. 시나리오 1과 2 모두 리스크 수준은 B이다. <표 1.14> 아래의 범례에서 리스크 수준 B는 바람직하지 않은 리스크다. 그러므로 3개월 이내에 추가적인 안전장치를 설치할 필요가 있다.
5. 단계 3의 심각성 수준은 대상완화사건빈도(TMEF)를 판별하기 위해 <표 1.14>와 함께 사용된다. 시나리오 1은 1년당 $10^{-6}$에서 시나리오 2는 1년당 $10^{-5}$이다.
6. 시나리오 1에서는 저장용기가 항상 인화성 액체를 담고 있으므로 가능상태가 없다. 시나리오 2의 경우 반응기는 연간 100일만 가동한다. 이는 100/365 = 0.27이다.
7. 시나리오 1의 조건부 개선율(conditional modifier)은 그 지역에 있는 사람의 경우에 50%의 시간으로 0.5이다. 시나리오 2의 조건부 개선율은 없다.
8. 1행부터 초기사건빈도에 가능상태(6행)와 조건부 개선율(7행)을 곱해서, 8행의 조정 초기사건(IE : adjusted initiating event) 빈도를 추정한다.
9. 이 행은 <표 12.4>의 두 시나리오에 대한 기존 방호계층과 고장(PFD) 확률을 보여준다.
10. 8행에 9행을 곱하여 기존의 방호계층의 빈도에 도달한다.
11. 10행은 5행에서 1행까지의 TMEF로 나눈다. 11행은 TMEF를 충족시키는 데 필요한 추가 방호계층을 표시한다. 시나리오 1에서 이를 실현하려면 단일 SIL 2가 필요하다. 시나리오 2에서는 SIL 3이 필요하다. <표 12.4>의 SIL 수준 또는 추가 장비의 다른 조합을 사용할 수 있다.

---

## 7 리스크 평가

리스크 평가에는 리스크 분석에서 추정되는 리스크를 적용해 결정하는 것이 포함된다. 일반적으로 이 방법에서는 리스크를 허용할 수 있는지를 판단하는 방법이 필요하다. 리스크 허용한계에 대해서는 1.9절에서 설명한다. 대부분 기업은 리스크 허용한계를 위한 가이드라인을 설정하고 있다.

### 사고결과 대 빈도 도표

가장 쉬운 리스크 허용한계의 결정방법을 <그림 12.18>에 나타낸다. 사고결과는 빈도에 따라 표시되며 허용할 수 있는 리스크와 허용할 수 없는 리스크의 경계가 나타난다. 허용할 수 있는 리스크는 빈도가 낮거나 사고결과가 낮은 경우에 발생하는 것에 주의해야 한다.

### 개인적 리스크 : 리스크 등고선

개인적 리스크란 위험요인이 있는 개인의 리스크이다. 개인적 리스크 등고선을 나타내는 도표를 <그림 12.19>에 나타내었다. 개인적 리스크 등고선을 결정하는 순서는 다음과 같다.

1. 모든 사고(incident)와 사고로 인한 결과의 경우를 확인한다.
2. 모든 사고의 결과의 경우에 대해 빈도를 추정한다.
3. 모든 사고의 결과의 경우에 대해 각 장소에서의 영향범위와 사망 확률을 결정한다.
4. 모든 사고결과 경우의 리스크를 합하여 각 점의 개인적 리스크를 추정한다.
5. 지도에 개인적 리스크 추정치를 표시한다.
6. 리스크가 같은 점을 잇는 개인적 리스크 등고선을 그린다.

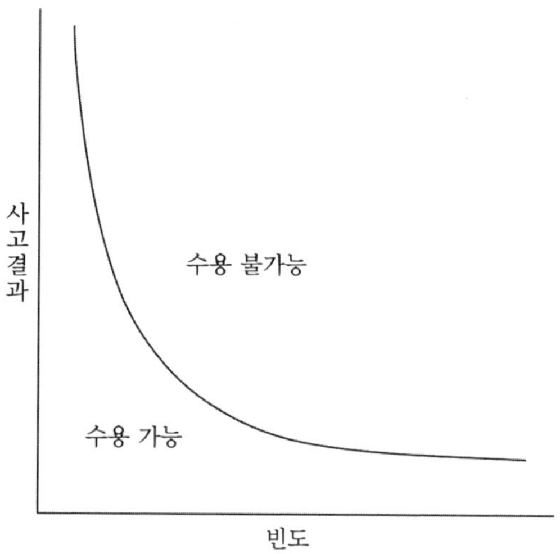


그림 12.18 허용 가능한 리스크에 대한 일반적인 설명

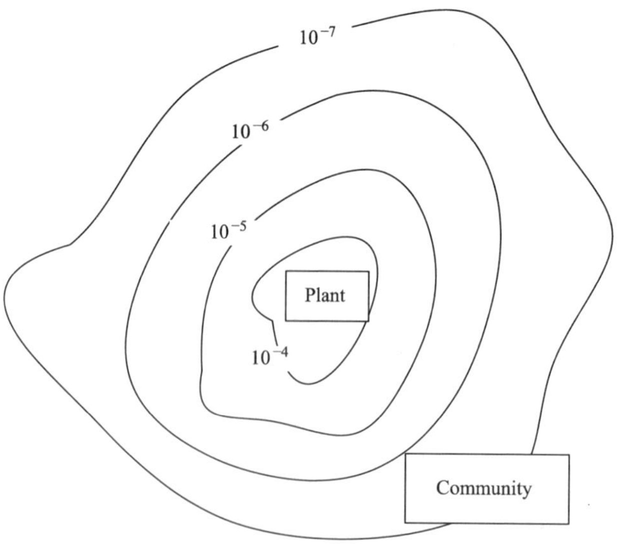


그림 12.19 개인적 리스크 등고선. 등고선은 1/년 단위를 가지며, 이 숫자는 연간 24시간 현장에 있는 개인에 대한 연간 사망 리스크이다.

## 사회적 리스크 : F-N 도표

사회적 리스크는 집단에 대한 리스크의 척도이다. F-N 도표는 사회적 리스크를 보여주는 하나의 방법이다. F는 N명 이상의 사망을 경험하는 누적 빈도이다. <그림 12.20>에 전형적인 F-N 곡선을 나타낸다.

F-N 곡선은 다음의 순서로 작성한다.

1. 모든 사고(incident)와 사고로 인한 경우를 확인한다.
2. 각 사고결과 경우의 빈도를 추정한다. 이것은 이 장에서 설명하는 임의의 방법을 사용하여 실시한다.
3. 영향범위 및 영향범위 내의 각 장소에서의 사망 확률을 추정한다. 이는 누출원모델(제4장), 분산모델(제5장) 및 영향모델(제3장)을 사용하여 실시한다.
4. 모집단 분포에 대해 각 사고결과 경우에 대한 영향 영역을 중첩한다.
5. 사고의 결과 경우별 총사망자 수(N)를 결정한다.
6. 5의 결과와 예제 12.9에서 나타내는 순서를 사용해 F-N 도표를 작성한다.

<그림 12.20>은 몇몇 나라에서 허용 가능한 리스크에 관한 F-N 도표를 나타내고 있다. 그래프의 각 항목은 다음과 같다.

A : 영국의 Health Safety Executive(HSE) 기준－최대 허용 가능한 사회적 리스크
B : 네덜란드－최대 허용 가능한 사회적 리스크
C : 영국의 HSE－근로자와 일반인에 대한 무시할 수 있는 리스크
D : 호주의 뉴 사우스 웨일스－무시할 수 있는 사회적 리스크
E : 홍콩－허용 가능한 사회적 리스크

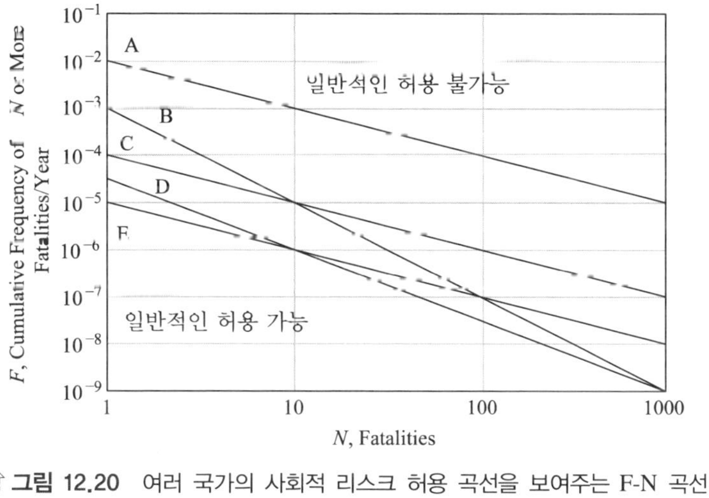


▲ **그림 12.20** 여러 국가의 사회적 리스크 허용 곡선을 보여주는 F-N 곡선

## 예제 12.9

〈표 12.6〉의 데이터를 사용하여 F-N 곡선을 그려라.

**표 12.6** F-N 곡선의 데이터

| 사건결과 경우 | 빈도, $F_i$ (1/년) | 사망자 추정수, $N$ |
|---|---|---|
| 1 | $1\times10^{-6}$ | 13 |
| 2 | $1\times10^{-3}$ | 0 |
| 3 | $1\times10^{-5}$ | 6 |
| 4 | $1\times10^{-5}$ | 3 |
| 5 | $1\times10^{-4}$ | 1 |

### 해답

사망자가 가장 적은 사고결과 경우를 먼저 선정한다. 이는 사례 5이며, 1명의 사망자가 있다. 사례 2는 사망자가 없으므로 선택하지 않는다. 다음으로 사망자가 1명 이상인 모든 사고결과 경우가 선택한다. 이러한 경우는 1, 3, 4, 5이다. 이에 대한 빈도가 함께 추가되어 <표 12.7>의 정상 항목을 만든다.

**표 12.7** 예제 12.9의 F-N 분석

| 사망자 추정수, $N$ | 사건결과 경우 | 총 빈도, $F_N$ (1/년) |
|---|---|---|
| 1+ | 1, 3, 4, 5 | $F_1+F_3+F_4+F_5=1.2\times10^{-4}$ |
| 3+ | 1, 3, 4 | $F_1+F_3+F_4=2.1\times10^{-5}$ |
| 6+ | 1, 3 | $F_1+F_3=1.1\times10^{-5}$ |
| 13+ | 1 | $F_1=1.0\times10^{-6}$ |
| >13 | None | 0 |

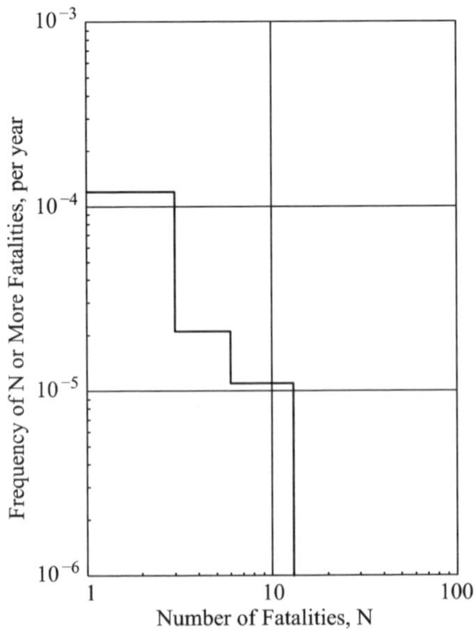


그림 12.21 예제 12.9의 F-N 곡선

다음으로 사망자가 가장 많은 경우를 선택한다. 이는 3명의 사망자가 있는 사례 4이다. <표 12.7>과 같이 3명 이상의 사망자가 있는 모든 경우에 대한 빈도를 합산한다.
이 절차는 6+, 13+, 및 13이 넘는 사망자에 대해서도 반복한다. 결과는 <표 12.7>에 표시되어 있다.
데이터는 <그림 12.21>에 그려져 있다. <그림 12.21>의 결과는 N=1까지 외삽한다. 수직선은 실제 사망자 수로 그려져 있다. 결과는 <그림 12.20>에서 많은 사회적 리스크 기준을 초과한다는 점에 유의하여라.

## 참고문헌


AICHE CCPS. *Guidelines for Chemical Process Quantitative Risk Analysis* 2nd ed. (New York: American Institute of Chemical Engineers 2000).

AICHE CCPS. *Guidelines for Consequence Analysis of Chemical Release*(New York: American Institute of Chemical Engineers, 1999).

AICHE CCPS. *Guidelines for Developing Quantitative Safety Risk Criteria* (Hoboken, NJ: Wiley Interscience, 2009).

AICHE CCPS. *Guidelines for Enabling Conditions and Conditional Modifiers in LOPA* (Hoboken, NJ: Wiley Interscience, 2014).

AICHE CCPS. *Guidelines for Hazard Evaluation procedures*, 3rd ed. (Hoboken, NJ: Wiley Interscience, 2009).

AICHE CCPS. *Guidelines for Initiating Events and Independent Protection Layers in LOPA* (Hoboken, NJ: Wiley Interscience, 2015).

AICHE CCPS. *Guidelines for Risk-Based Process Safety* (Hoboken, NJ: Wiley Interscience, 2008).

AICHE CCPS. *Layer of Protection Analysis: Simplified Process Risk Assessment*, D. A. Crowl, ed. (New York: American Institute of Chemical Engineers, 2001).

Arthur M. Dowell III, "Layer of Protection Analysis and Inherently Safer processes," *Process Safety Process Safety Progress* (1999), 18(4): 214-220.

S. Mannan, ed., *Lees Prevention in the Process Industries*, 3rd ed. (London: Butterworth Heinemann, 2005).

A. E. Summers, "Introduction to Layers of Protection Analysis," *J. Hazard. Mater* (2003), 104(1-3): 163-168.

## 연습문제

**12.1** <그림 12.5>에 나타낸 반응기에서 결함수를 작성하고 전체 고장률, 고장확률, 신뢰성, MTBF를 결정하여라.

**12.2** <그림 12.5>에 나타낸 반응기에서 중복 경보와 폐쇄 루프가 있는 결함수를 작성하고 전체 고장률, 고장확률, 신뢰성, MTBF를 결정하여라.

**12.3** 아래의 그림 및 고장률에 대해 정상사건에 대한 고장확률, 신뢰성 및 MTBF를 결정하여라.

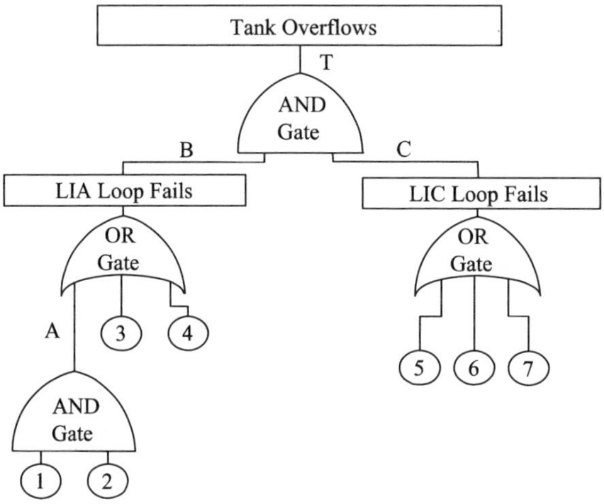


지정된 기본 사건에 대한 연간고장, $\mu$ :

| 기본사건 | 연간 고장 |
|---|---|
| 1 | 0.6 |
| 2 | 1.1 |
| 3 | 3.7 |
| 4 | 1.7 |
| 5 | 2.0 |
| 6 | 1.4 |
| 7 | 0.42 |

**12.4** 문제 12.3에 제공된 결함수의 최소 컷 세트를 결정하여라.

**12.5** 냉각 개시사건의 손실이 1년에 0.02회로 감소했을 때 연간 폭주반응을 결정하기 위한 <그림 12.9>의 사건수를 수정하여라.

**12.6** 냉각 개시 사건의 손실이 1년에 0.80회로 감소했을 때 연간 폭주반응을 결정하기 위한 <그림 12.11>의 사건수를 수정하여라.

**12.7** 독성 액체가 저장용기에 주입된다. 용기에는 고준위 센서가 장치되어 있어 높은 수준에서는 흐름을 멈추고 경보를 울린다. 수위 센서나 경보기가 고장이 나면 용기가 넘치게 되고

유해위험물질이 작업환경으로 누출된다. LOPA 방법을 사용하여 이 시스템에 추가적인 안전대책이 필요한지 아닌지를 확인하여라. TQ 값을 5 lb로 가정한다. 펌프질 속도는 1 lb/min이고 작업자가 누출을 발견하고 수동으로 흐름을 정지하는 데 20분이 걸린다. 추가 보호조치가 필요한 경우 개선점을 제안하여라.

**12.8** 반응기가 16개월에 1회 고장이 난다. 보호장치는 25년에 1회 고장이 나고 점검은 매달 1회 실시한다. 비 가용성, 위험한 우연의 빈도 및 MTBC를 계산하여라.

**12.9** 시동기(starter)는 펌프에 연결된 모터에 연결되어 있다. 이 시동기는 50년에 1회 고장이 나고 정비에 2시간이 걸린다. 모터는 20년에 1번 고장이 나서 정비하는 데 36시간이 걸린다. 펌프는 10년에 1번 고장이 나서 정비하는 데 4시간이 걸린다. 전체 고장발생빈도, 향후 2년 이내에 시스템 고장이 발생할 확률, 신뢰성 및 시스템의 비가용성을 결정하여라.

**12.10** 조정기의 사고결과 발생빈도는 $10^{-1}$ failure/yr이고, 매달 1회 예방정비가 시행될 때 그 빈도는 일마나 되는가?

**12.11** 다음의 데이터를 사용하여 F-N 곡선을 그리시오.

| 사건결과 경우 | 빈도, $F_i$ (1/년) | 사망자 추정수, $N$ |
|---|---|---|
| 1 | $1 \times 10^{-6}$ | 20 |
| 2 | $1 \times 10^{-4}$ | 5 |
| 3 | $1 \times 10^{-5}$ | 7 |
| 4 | $1 \times 10^{-5}$ | 3 |
| 5 | $1 \times 10^{-4}$ | 2 |

**12.12** 공장 내의 탱크 폭발로 예상되는 최대 과압을 다음과 같은 식으로 근사치를 갖는다.

$$\log P = 6.0 - 1.8 \log r$$

여기서, $P$는 과압, $r$은 폭발로부터의 거리이다. 그 공장은 폭발로부터 10~500 ft 떨어진 지역에 있으며 50명의 직원을 고용하고 있다. 작업지역에서는 인구밀도가 일정하다고 가정한다.

**a.** 프로빗(probit) 식을 사용하여 사망의 비율을 10, 100, 250, 500 ft로 추정하여라.

**b.** (a)의 각 위치에서 연간 $yr^{-1}$의 개인적 리스크를 계산하여라. 연간 초기사건의 빈도를 $10^{-4}$로 가정한다.

**c.** 리스크 등고선을 그려라.

CHAPTER 13

# 안전 전략, 절차 및 설계

이 장의 학습목표는 다음과 같다.

- 안전 계층구조를 포함한 공정안전 전략에 대해 논의한다.
- 안전 운전 절차 및 안전작업 실무지침을 기술한다.
- 공정안전을 위한 설계를 설명한다.

이 장은 안전 향상을 위한 안전관리시스템을 어떻게 구축하는지 설명하고자 한다. 여기서 설명하고자 하는 안전관리시스템은 다음과 같다: 모범 실무지침, 인적 요인, 사고 원인 분석을 포함한 사고조사, 잠재적으로 위험할 수 있는 일상적인(non-routine) 운전에 대한 허가시스템, 안전 문제 예방을 위한 핵심 설계 요인들, 폭주반응을 방지하기 위한 설계, 분진폭발을 방지하기 위한 설계.

## 1 공정안전 전략

### 공정안전 계층구조

새로운 화학 플랜트를 설계하거나 기존 플랜트를 개선할 경우에는 반드시 안전 계층 구조를 적용해야 한다. 상세한 계층 구조는 <표 1.21>에 제시되어 있다. 계층 순서에 따라 (1) 본질안전(1.13절 참조), (2) 수동적, (3) 능동적, (4) 절차적 전략을 사용한다.

이 장에서 논의하고자 하는 공정안전 전략에는 (1) 인간 요소 (2) 위험기반 공정안전(RBPS: risk-based process safety)의 CCPS 20개 요소를 포함한 안전관리, (3) 사고조사 및 (4) 사고 원인 분석을 통한 안전관리가 포함된다.

### 인적 요인

작업자들은 때때로 실수를 범하는데, 이는 심각한 결과로 이어질 수 있다. 필수 업무 분석은 위험요인을 최소화하기 위하여 문제점을 파악하고, 적절한 안전장치를 개발하는 방법 중 하나이다.[1] 안전관리시스템을 설계하는 경우 반드시 인적 요인도 고려해야 한다.[2] 인적 요인과 관련 있는 몇 가지 이슈들은 다음과 같다:

- 인간공학 : 운전자는 안전하게 작업하기 위해 지켜야 하는 부분에 과연 충족할 수 있을까?
- 작업성(operability) : 작업 흐름이 간단한 절차를 최소화 하도록 설계되었는가?
- 절차(procedures) : 절차가 명확하고 이행하기 쉬운가? 절차를 지키지 않는 경우의 결과를 명확하게 설명하고 있는가?
- 유지 · 보수(maintenance) : 설비를 유지 · 보수할 수 있는 접근성과 능력이 있는가?
- 단순화(simplify) : 설비 설계, 컴퓨터 작업 화면, 작업절차, 안전 지침, 안전 요구사항 등이 이해하기 쉽도록 설계되어 있는가?

작업자는 적절한 훈련을 받고, 스트레스를 받지 않고, 피로하지 않고, 업무량이 과하지 않고, 업무에 충분한 시간이 주어 질 때, 그리고 능동적인 피드백을 받을 때 실수를 적게 하게 된다. 능동적인 피드백을 기반으로 작업자들은 그들이 업무를 잘 수행하고 있고 실수가 언제 발생하는지 알게 된다. <표 13.1>은 작업환경의 함수로서 작업자의 실수 빈도를 보여주고 있다. 능동적인 피드백이 없으면 실수율이 두 자리 이상 증가함을 알 수 있다.

## 안전관리

1.12절에서 논의된 RBPS의 20가지 요소는 공정안전을 위한 종합적인 관리시스템을 제공한다.[3] 20개 요소는 (1) 공정안전관리시스템 설계방법, (2) 부적합한 시스템 개선, (3) 공정안전관리실무의 개선에 관한 지침을 제공한다. 이 관리시스템에는 다음 요인에 대한 이해가 필요하다.[4]

- 설비 및 설비 작동의 유해 위험요인들
- 공정안전 활동에 대한 필요성 및 공정안전 활동에 사용되는 자원(resource)
- 공정안전 활동이 조직 내 공정안전문화에 의해 어떻게 영향을 받고 있는지

또한 우선순위에 따라 자원이 다양한 공정안전이 필요한 곳에 이용되기 위해서 관리시스템은 효율성과 성능을 측정하는 유효한 측정방법이 존재해야 한다.

1) Center for Chemical Process Safety. *Guidelines for Engineering Design for Process Safety*. (New York, NY: American Institute of Chemical Engineers, 2012), p. 104.
2) SACHE Faculty Workshop, Dow Presentation, "Human Errors and Human Factors," 2017.
3) AICHE Center for Chemical Process Safety. *Guidelines for Risk Based Process Safety* (Hoboken, NJ: Wiley Interscience, 2007).
4) AICHE Center for Chemical Process Safety. *Guidelines for Risk Based Process Safety* (Hoboken, NJ: Wiley Interscience, 2007)

**표 13.1** 작업자들이 얼마나 자주 실수를 하는가?

| 작업자 상태 | 시스템 작동 시 실수 |
|---|---|
| a. 적절한 훈련을 받았을 때<br>b. 스트레스 받지 않을 때<br>c. 피로하지 않을 때<br>d. 업무량이 과하지 않을 때<br>e. 업무에 충분한 시간이 주어질 때<br>f. 능동적인 피드백을 받을 때 | 1000번의 작업 중 1번의 실수 |
| 능동적인 피드백을 제외한 위의 전부 | 100번의 작업 중 1번의 실수 |
| 적절한 훈련을 받고, 스트레스를 받지 않을 때 | 10번의 작업 중 1번의 실수 |
| a. 적절한 훈련을 받지 않았을 때<br>b. 스트레스를 받을 때<br>c. 업무량이 과다할 때<br>d. 업무에 충분한 시간이 주어지지 않을 때 | 작업시간의 50% 확률로 실수 |

출처 : “Incident Investigation : Overview,” https://www.osha.gov/dcsp/products/topics/incidentinvestigation/index.

## 사고조사

사고조사는 1.12절에서 논의된 RBPS의 20가지 요소 중 하나이다. (1) 직원 배치, 수행, 문서화 및 사고조사의 추적 기능을 포함한 사고조사를 위한 공식적인 프로세스, (2) 반복해서 발생하는 사고를 판별하는 방법을 포함해야 한다.[5] 또한 사고조사는 조사의 결과에 의해 발생하는 권고사항의 문서화, 해결 사항에 대해 관리해야 한다.

모든 사고에서, 경험에 따르면 RBPS의 20가지 요소의 많은 요소들은 사고와 연관이 있음을 알 수 있다. 사고는 거의 항상 관리시스템의 실패에서 비롯된다. 따라서 관리시스템을 개선함으로써 사고를 크게 줄일 수 있다.

사고조사의 목적은 사고의 원인을 파악하고, 원인들의 상호 관계를 파악하며, 유사한 사고의 재발을 방지하기 위한 액션들을 발전시키는 것이다.[6)7)] 조사에는 사고를 일으키지는 않지만, 상황이 약간 달랐다면 사고로 발전할 수 있는 “이차사고(near misses)”나 “close calls”이 포함되어야 한다.

## 근본원인분석[8]

사고조사에 있어 중요한 도구는 근본원인분석(RCA)이다. 이것은 미래의 사고를 예방하는

5) AICHE Center for Chemical Process Safety. *Guidelines for Risk Based Process Safety* (Hoboken, NJ: Wiley Interscience, 2007)
6) “Incident Investigation: Overview,” https://www.osha.gov/dcsp/products/toics/incidentinvestigation/index.html.
7) “A Step-by-Step Guide: Incident Investigations,” https://www.osha.gov/dte/grant_materials/fy11/sh-22246-11/IncidentInvestigationGuide.pdf.
8) W. Wilson. “Root Cause Analysis,” http://www.bill-wilson.net/root-cause-analysis.

데 도움이 되도록 조직이 체계적으로 개선하는데 RCA는 매우 중요하다.

근본원인은 다양한 사고 원인들의 근본적인 원인을 말한다. 예전 사고조사에서는 대부분의 사고가 단 한 개의 근본원인에 의해 발생했다고 결론지었다. 그 후, 경험에 의해 대부분의 사고는 다중 근본원인을 가지고 있다고 알려졌다. 최근 일부 사고조사관들은 근접 원인(immediate cause)을 근본원인으로 재정의하고 있다.

다음의 특성 때문에 근본원인에 대한 이해는 중요하다.

- 직접 관찰할 수 없는 경우가 빈번함
- 기원(origins)과 소스(resources)와의 관계
- 확립 및 고착
- 예상보다 더 넓게 퍼질 수 있음
- 발견과 제거가 힘듦
- 식별되지 않으면 확장될 수 있음
- 닿는 모든 것을 오염시키기 때문에 종종 더러워짐, 즉 광범위한 영향을 미치게 됨

RCA 실무자들이 근본원인을 논의할 때, 그들은 본질적으로 이러한 모든 특성을 가진 원인에 대해 이야기하고 있다.

기본원인이라는 용어는 원인과 관련된 더 자세한 정보를 제공하기 위해 자주 사용된다. 기본원인은 사고에 대한 명백하지 않은 시스템이나 조직의 문제점을 말한다. 기본원인과 근본원인의의 차이는 <표 13.2>에 나타나 있다.

실패한 RCA의 원인을 이해하면 안전관리 팀이 보다 더 효과적인 RCA를 수행하는 데 도움이 된다. 실패한 RCA의 이유는 <표 13.3>에 나와 있다. <표 13.2>와 <표 13.3>은 강력하

**표 13.2** 사고의 기본원인과 근본원인의 차이

| **위험조건의 예: 기본원인** | **근본원인의 예** |
|---|---|
| 방호장치 부재 | 작업절차가 제대로 이루어지지 않음 |
| 시설관리 미흡 | 후속조치와 피드백의 부재 |
| 결함이 있는 도구 | 훈련의 부족 |
| 장비의 결함 | 안전관리가 제대로 이루어지지 않음 |
| 안전자료(SDS)의 부재 | 안전하지 않은 장비 구매 |
| | 감독의 미흡 |
| **위험습관의 예: 기본원인** | 규정이 강요되지 않음 |
| 거칠게 밀고 때리는 장난 | 안전 리더십 부재 |
| 안전규정 무시 | |
| 작업절차를 따르지 않음 | |
| 위험을 보고하지 않음 | |
| 어떻게 해야 할 지 모름 | |

고 실질적이며 포괄적이며 잘 관리된 조치와 시정조치 계획이 필수적이라는 것을 보여준다. 효과적인 리더십이 실패와 성공의 차이다.

RCA는 사건의 직접적인 원인이 아니라 사건의 근본적 또는 체계적 원인을 발견하는 것이다. 하나의 근본원인만을 바로잡는 것은 문제의 증상을 없앨 수 있지만, 문제의 근본을 없애는 것은 아니고 있다. 근본원인과 기본원인을 모두 파악하고 시정하지 않으면 사고는 재발하기 쉽다. 따라서 성공적인 RCA를 위해서는 모든 근본원인과 기본원인을 파악하는 것이 필요하다.

RCA를 수행하는 데 사용되는 도구는 브레인스토밍, 체크리스트, 논리/사건수(logic/event tree), 5-why 기법, 타임라인(timelines), 시퀀스 다이어그램이 있다. 단순한 사고의 경우 브레인스토밍과 체크리스트로 충분하지만, 보다 복잡한 사고의 경우 다른 도구가 선호된다. 이러한 도구는 다음 4가지 질문에 답하는 데 사용된다. 무슨 일이 일어났는가? 어떻게 해서 그런 일이 일어났는가? 왜 그런 일이 일어났을까? 개선해야 할 사항은 무엇인가?

5-Why 기법은 사고의 근간을 이루는 원인과 결과 관계를 탐구하는 반복적인 방법이다. 최소한 5개의 "왜"라는 질문을 포함한다. 이러한 질문을 만드는 데는 어떠한 엄격한 규칙도 존재하지 않는다. 화학공장 사고의 경우 "왜 저런 일이 일어났는가?", "왜 그런 일이 일어났는가?" 등의 질문이 있을 수 있다. 이러한 절차는 근본원인들이 규명되기 전까지는 계속해서 이루어져야 한다. 경험에 의하면 5회 반복이 필요하지만 그 이상 또는 그 이하도 가능할 수 있다.

**표 13.2** 실패한 RCA 또는 실패한 리더십의 원인

- 잘못된 기초 : 시정조치에 따른 근본원인들이 모두 파악되어 있지 않다.
- 잘못된 해결책 : 불완전하고 불명확한 시정조치
- 제대로 이루어지지 않는 실행 : 시정조치가 실행되지 않고 적절하게 관리되지 않음
- 잊혀지는 교훈 : 시간에 따라 시정조치가 이전의 수준으로 돌아가거나 무시됨
- 기타 변경사항 : 공정의 변화와 관련이 없는 문제들이 다시 발생

## 2 안전작업절차[9]

작업절차는 1.12절에서 논의된 RBPS의 20가지 요소 중 하나이다. 작업절차는 서면 지침이며 일반적으로 전자 문서로 저장되어야 한다. (1) 주어진 작업에 필요한 단계를 나열하고 (2) 이러한 단계가 수행되는 방식을 기술한다.[10]

9) AICHE Center for Chemical Process Safety. *Guidelines for Risk Based Process Safety* (Wiley, 2007).
10) AICHE Center for Chemical Process Safety. *Guidelines for Risk Based Process Safety* (Wiley, 2007).

작업절차는 작업자가 플랜트나 설비를 사고 없이 운영할 수 있도록 설계되고 관리된다. 이 절차에는 스타트업, 정상 작업, 임시 작업, 비상 셧다운, 비상 작업, 정기, 비상 셧다운 후 스타트업, 작업 한계 및 이상 발생의 미치는 결과, 안전 및 보건 고려 사항, 화학물질의 위험성, 노출 주의사항, 엔지니어 및 관리자 제어, 모든 화학물질에 대한 품질관리 규격, 특수하거나 유니크한 위험성, 안전 제어시스템과 기능이 포함되어야 한다. 또한 (1) 절차에는 노출 방지를 위한 엔지니어 및 관리자 통제, (2) 안전작업에 필요한 제어, (3) 작업환경의 안전을 컨트롤하기 위해 필요한 허가에 대해 강조해야 한다.

## 3 안전작업 실무지침 11)

안전작업 실무지침은 잠재적으로 위험한 환경에서 수행되는 일상적인(non-routine) 활동을 제어하기 위해 필요하다. 이 실무지침은 명시된 작업을 수행할 수 있는 허가서(종이 또는 전자)를 포함한다. 허가서에는 위험요인에 대한 설명과 사고를 예방하기 위한 행동을 포함해야 한다. 허가서는 일을 하는 사람들과 같은 영역에 있는 다른 작업자들 사이에 관련 정보를 전달한다. 필요한 허가조치에는 허가작업승낙 전부터 종료 때까지 작업자들의 모든 행동 사항을 명시해야 한다.

회사들은 다양한 종류의 안전작업 실무지침을 이용한다. 각 회사는 고유의 문화, 정서를 바탕으로 안전작업 실무지침을 커스터마이징한다. 다음 예는 기업이 수행할 수 있는 일부 안전작업 실무지침의 예이다.

- 안전작업 허가서 – 밸브 교체 또는 절연재 설치와 같은 공정 상에서 작업을 의미하는 포괄적 용어
- 에너지 격리 – lock-out/tag-out(LOTO) 또는 lock, tag, and try라고 일컬음. 아래 참조.
- 제한장소 출입. 아래 참조
- 고열작업. 아래 참조
- 라인 파손
- 고공작업/낙하 보호
- 리프팅 공정 장비
- 굴착공정 장비
- 고온 파이프라인
- 압력방출장치 격리
- 바이패스 안전시스템(SIS), 기타 인터락, 델루지(deluge) 시스템, 경보장치 등

11) AICHE Center for Chemical Process Safety. *Guidelines for Risk Based Process Safety*(Wiley, 2007), Chapter 11.

• 시설물 출입 – 설비 펜스 라인/메인 게이트를 통한 출입, 특별한 공정설비에 대한 출입

다음의 허가서의 기술내용은 몇 가지 안전한 작업 실무지침의 주요 특징을 보여주고 있다. 다음의 안전작업 실무지침이 필요한 모든 조건을 포함하는 것은 아니다. 각 플랜트는 자신만의 고유 작업환경을 고려하여 안전작업 실무지침을 수립해야 한다.

### 고열작업

고열작업을 허가하는 경우 작업환경에서 인화성(flammable) 또는 가연성(combustible) 물질의 점화 가능성을 최소화한다. 고열작업에는 용접, 연삭, 토치 절단, 납땜 및 기타 점화 발생 가능성이 있는 자원의 사용을 포함한다. 고열작업 허가는 교대하기까지 한 시간만 가능하다. 작업절차는 다음의 단계를 준수해야 한다.

1. 설비는 위험물질로부터 깨끗하게 관리해야 하고, 운전 중에는 격리해야 한다.
2. 가연성 물질이나 인화성 물질을 제거하거나 방염포로 덮어 점화로부터 보호하기 위해 필요한 예방조치를 취한다.
3. 인화성 가스 감지기를 사용하여 작업 구역에서 35 ft (10.7 m) 이내에 인화성 증기가 있는지 확인한다.
4. 인화성 증기가 이 지역에 존재할 경우 인화성 증기가 제거될 때까지 고열작업 허가서는 불허된다.
5. 해당 영역에 화재 감시기를 부착한다.
6. 해당 영역에 소화기가 비치되어 있는지 확인하고, 연기 감지, 스프링클러 및 경보시스템이 작동하는지 확인한다.
7. 고열작업이 행해지는 영역 안에 모든 사람에게 알려야 한다.
8. 필요한 승인과 서명을 받고 서명된 허가서를 게시한다.

고열작업이 완료되면 운영 감독관은 모든 고열작업을 정지하고, 정상 운전하는 것이 안전하다는 것을 확인한 후, 정식승인을 한다.

### 에너지 격리(Lock-Out/Tag-Out : LOTO ; Lock, Tag, Try)

에너지 격리는 설비에 저장된 에너지의 방출로 인한 부상이나 손상을 방지하기 위함이다. 저장된 에너지는 화학적, 전기적, 중력적, 기계적, 압력 또는 열 등 다양한 형태로 저장되어 있다. 이 지침은 설비가 예기치 않게 작동하여 작업자에게 위험하거나 작업 구역으로 유해 화학물질의 누출이 발생하는 것을 예방하기 위한 것이다.

이러한 지침이 필요한 대표적인 활동으로는 프로세스 설비에서 고온작업, 설비 진입, 세척 설비, 위험한 작업환경이 있는 곳으로 진입(회전장비 또는 교반기가 있는 용기), 전기 회로

수리, 움직이는 부품이 있는 기계 유지·보수, 막혀있는 기계류의 청소, 방호장치 또는 안전장치 제거 등이 있다. 에너지 격리 절차는 다음과 같다.

1. 블라인드 플랜지 설치; 밸브 차단; 화학 물질 배출; 전원 분리; 유압 유체, 공기, 증기, 가스, 물 등의 압력 라인 방출; 스프링식 부하장치 방출 등을 통해 설비에서 에너지를 제거한다.
2. 전원이 차단된 설비나 전기 장치의 재활성화(reactivation)를 방지하기 위한 잠금을 실시한다. 다수(gang) 잠금 장치를 사용하여 유지보수 담당자나 작업자가 직접 장치를 잠글 수 있다.
3. 설비 또는 장치에 태그를 달아 설비의 재활성화(re-energizing)에 대해 경고한다. 장비를 물리적으로 잠글 수 없는 경우에만 태그를 사용한다(예: 일부 밸브).
4. 잠금 프로세스가 작동하는지 확인을 위한 장치를 재확인한다.

에너지 격리가 필요한 작업절차가 완료될 때, 운영 책임자는 기기나 설비가 다시 에너지를 사용(저장)해도 되는지 확인한 후 마지막으로 잠금을 해제한다. 그 후 감독관은 정식 승인을 한다.

## 밀폐공간 출입

이 지침은 밀폐공간에서 일하고 있는 작업자의 부상을 막기 위해 사용된다. 밀폐공간은 용기, 방유제가 설치되어 있는 지역(diked area), 혹은 심지어 큰 파이프 구멍까지 포함 될 수 있다. 발생가능한 사고로는 기체(예: 질소, 일산화탄소)에 의해 질식되거나, 움직이는 장비에 끼거나, 밀폐공간으로 들어오는 액체나 분말을 뒤집어쓰는 일이 있다. 이 지침에는 다음을 포함한다.

1. 확립된 에너지 격리 절차에 따라 설비를 격리한다.
2. 설비를 세척/오염물질을 제거한다.
3. 밀폐공간 입구에 항상 보조작업자(외부감시자)가 있어야 응급상황에 도움이 된다.
4. 적절한 비상장비(예: 소화기, 윈치, 안전벨트)가 해당 구역에 있는지 확인한다.
5. 밀폐된 공간의 산소 농도를 지속적으로 감시하여 최소 19.5%인지를 확인한다.
6. 밀폐된 공간이나 용기에 환기를 추가하여 산소 농도가 유지되고 온도가 극 고온/저온으로 가지 않도록 한다.
7. 누전차단장치(GFCI)가 장착된 플래쉬를 사용하여, 용기 내 작업자의 시야를 확보한다.
8. 필요한 경우 보조작업자가 도움을 요청할 수 있도록 양방향 무전(radio)을 제공한다.
9. 밀폐공간에 출입하는 사람에 대한 책임을 보장하기 위해 필요한 보조작업자의 출입일지를 제공한다.

밀폐공간 출입이 종료된 후, 작업 감독관은 정상 운전으로 돌아가는 것이 안전하다는 것을 확인한 후 정식 승인을 한다.

## 4 공정안전을 위한 설계

다음의 안전설계 특성은 플랜트에서 사용되는 몇 가지 주요 안전특성을 보여주기 위한 예에 불과하다. 더 많은 안전 설계가 다른 책과 표준에 설명되어 있다.[12)13)]

### 본질안전 설계

본질적 안전은 1.13절에서 소개되었다. 간단한 설계기능에는 용기, 펌프 및 파이프라인의 기계적 구성을 포함한다. 단순한 설계와 복잡한 설계에 대한 비교가 <그림 13.1>에 설명되어 있다.

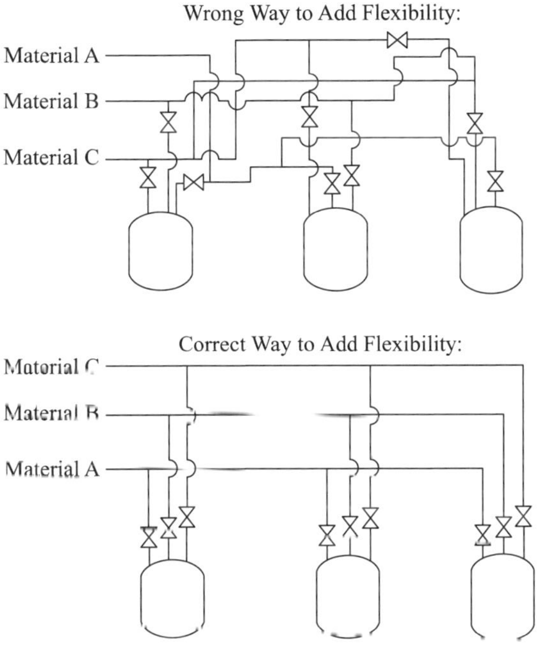


그림 13.1 복잡한 설비의 배열과 간단한 설비의 배열(복잡설계와 단순설계)

12) Center for Chemical Process Safety. *Guidelines for Design Solutions for Process Equipment Failures* (New York, NY: American Institute of Chemical Engineers, 1998).

13) NFPA 654, *Standard for the Prevention of Fire and Dust Explosions from the manufacturing, Processing and Handling of Combustible Particulated Solids* (Quincy, MA: National Fire Protection Association, 2000).

## 제어 : 비상격리 밸브

비상 격리밸브(블록밸브라고도 함)는 비정상 상황에서 공정을 격리하고 셧다운시키기 위해 플랜트 전체에 설치된다. 이러한 밸브는 수동으로 작동되거나 혹은 제어시스템 또는 현장 분석가(field analyzer)에 의해 작동된다. 비상 격리 밸브는 일반적으로 (1) 위험 물질을 함유한 용기 내/외부 라인에 설치되고, 라인 또는 호스에서 누출이 발생할 때 작동하며, (2) 처리 시설의 주요 누출을 방지하기 위해 배수구에 설치되며, (3) 다음 장에서 설명하는 것처럼 더블 블록 및 블리딩 시스템을 사용하여 설치된다. 또한 이것들은 때때로 위험한 환경에서 안전한 환경으로 물질을 이송하기 위해 플랜트에 설치된다. 예를 들어, 용기가 화재에 노출되었을 때, 화재로부터 떨어진 안전한 장소로 물질을 옮기기 위해 평상시에 닫혀있는 격리 밸브를 열 수 있다.

블록 밸브는 유지보수하기 위해 시스템을 격리하는 공정에서 사용된다. 대조적으로 비상 차단밸브(emergency block valves)는 비상시 시스템을 격리시키거나 공정을 정지시키기 위해 사용된다.

## 제어 : 더블 블록 및 블리드(이중차단 및 벤트 밸브)

더블 블록 및 블리딩(bleeding) 시스템을 설치하여 물질이 흐르지 않게 할 수 있다. 이러한 시스템은 직원들이 용기에 진입하는 동안 위험 물질의 흐름이 발생하지 않도록 하기 위해 용기 출입 절차에서 많이 사용되는 시스템이다. 이 시스템은 또한 안전하지 않은 상황을 예방하는데 사용된다. 예를 들어, <그림 13.2>에 표시된 모노머(monomer) 저장용기와 반응기 사이의 모노머 공급라인에 더블 블록 및 블리딩 시스템이 사용된다. 이렇게 되면 촉매 등 반응기 내용물이 의도치 않게 모노머 탱크로 backing-up하는 것을 방지할 수 있다.

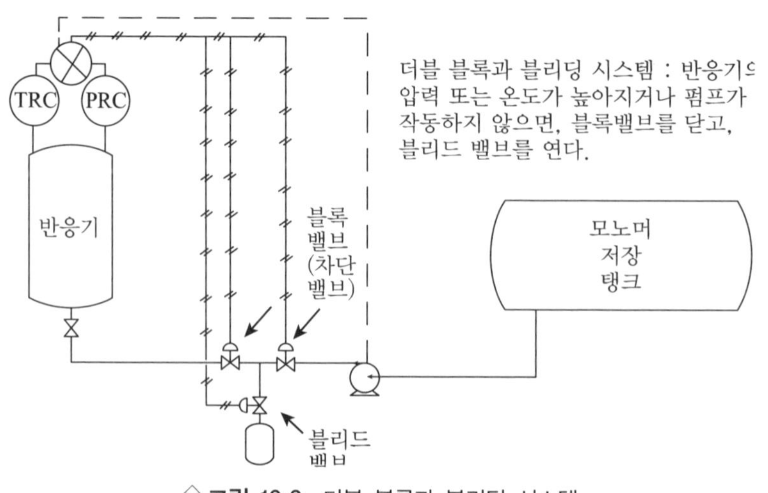


그림 13.2 더블 블록과 블리딩 시스템

위 그림에서, 이 반응은 저압의 저장용기에서 훨씬 높은 압력에서 작동하는 반응기로 모노머를 이송(pumping)해야 한다. 모노머 펌프 고장 시, 촉매와 함께 반응기 내용물이 펌프를 통해 모노머 저장용기로 되돌아온다. 이것은 저장용기에 촉매 반응으로 폭주반응을 일으킬 것이다. 이 상황을 처리하기 위한 저장용기는 갖추어 있지 않은 상황이다.

이 문제는 <그림 13.2>와 같이 모노머 공급라인에 더블 블록과 블리딩 시스템을 설치함으로써 해결할 수 있다. 펌프가 고장 나면 더블 블록과 블리딩이 활성화되므로, 반응기 내용물이 다시 모노머 저장용기로 흘러가는 것은 물리적으로 불가능하다. 모노머 라인에는 체크 밸브도 포함될 수 있지만, 체크 밸브도 누출이 발생할 수 있기 때문에 신뢰할 수 없다는 것을 인식해야 한다.

## 제어 : 안전장치 및 중복(안전장치)

안전장치는 1.11절에서 소개되었으며, 예방적 안전장치 또는 완화적 안전장치 중 하나로 분류된다. 예를 들어, 급격한 발열반응을 제어하는 반응기는 <그림 13.3>과 같이 폭주반응을 방지하기 위해 다수의 중복 안전장치가 설치되어야 한다. 중복(다수의 안전장치를 설치)은 또한 제어시스템의 신뢰도를 높인다; 중복시스템의 양적 효과는 12장에서 소개된 결함수분석(FTA)을 사용하여 계산된다.

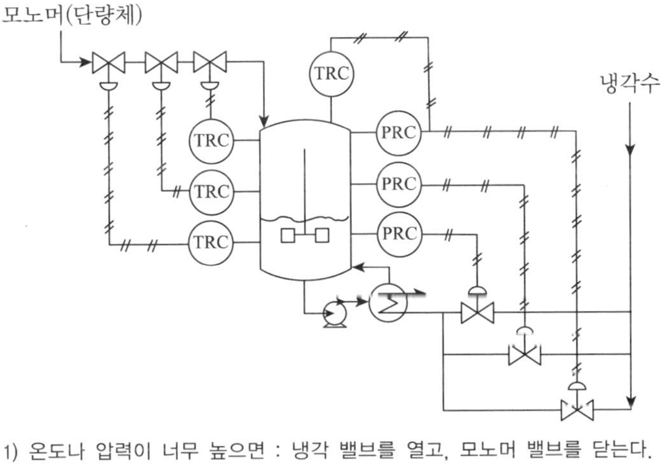


1) 온도나 압력이 너무 높으면 : 냉각 밸브를 열고, 모노머 밸브를 닫는다.
2) 모터 또는 교반기가 작동하지 않으면 : 1)과 동일
3) 열수지가 깨지면 : 1)과 동일
4) 모든 경우 모노머 라인에 더블 블록과 블리드 밸브가 작동한다.

**그림 13.3** 안전장치와 중복안전장치

## 제어 : 폭발 억제

<그림 13.4>와 같이 폭발 억제시스템은 폭발이나 화재의 초기 단계에서 화염 또는 연소상황을 감지한다. 이 감지시스템은 연소를 중지시키는(소화) 물질을 연소하는 구역에 주입하기

위해 급속히 작동하는 밸브가 필요하다. <그림 13.4>에 표시된 폭발 억제시스템은 분무건조기의 폭발을 방지할 수 있다. 폭발 억제시스템은 다음 상황에 설치될 수 있다. (1) 장비 손상을 방지하기 위한 공정장치 (2) 공정 내 다른 장소로의 연소전파를 방지하기 위한 파이프라인

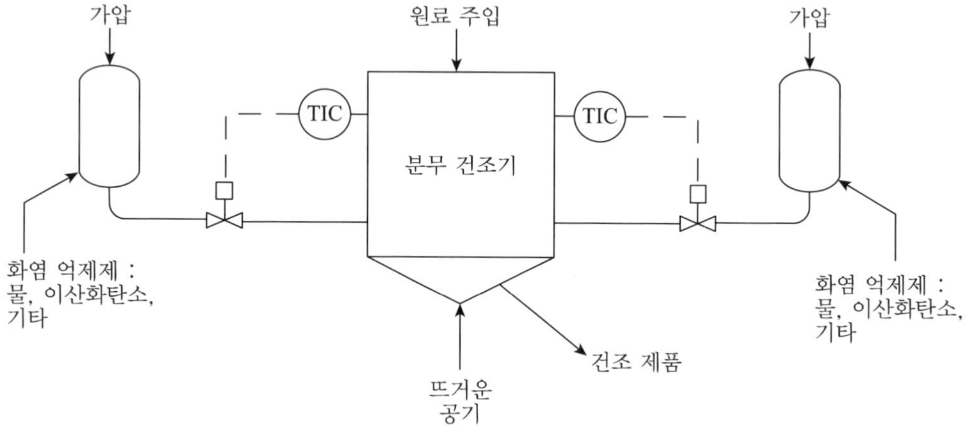


⇧ **그림 13.4** 폭발 억제시스템

## 화염방지기

<그림 13.5>는 연소방지(quench a combustion)를 위한 입구와 출구라인의 화염방지기 설치 예를 보여주고 있으며, 인화성 물질이 포함된 파이프나 덕트로 연소가 전파되지 않도록 한다. 입구와 출구라인의 화염방지기는 설계 특성이 다르다. 출구라인의 화염방지기는 연소 중인 가스가 외부 화재로부터 용기로 전파되는 것을 방지한다. 입구의 화염방지기는 화재나 폭발이 발생한 용기에서 다른 용기로 파이프를 통해 연소가 전파되는 것을 방지한다.

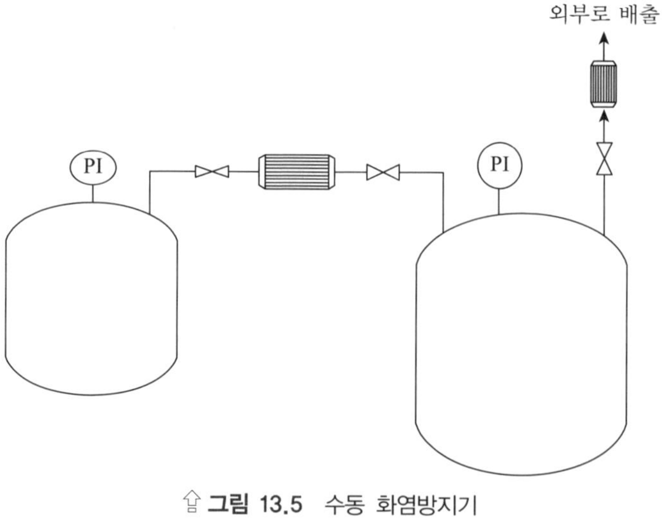


⇧ **그림 13.5** 수동 화염방지기

## 격납장치

위험 물질 릴리프 시스템은 <그림 13.6>과 같이 봉쇄시스템을 갖추어야 한다(방출 오염물 취급에 대한 9.7절 참조). 봉쇄시스템은 방출 유출물(relief effluent)을 모아서 작업장과 외부 환경으로의 방출을 방지한다. 봉쇄시스템의 적절한 유지보수와 작동을 위해 관리시스템을 사용하는 것이 중요하다. 인도의 보팔공장은 <그림 13.6>과 유사한 봉쇄시스템을 가지고 있었지만, 기계적 건전성 결함(poor mechanical integrity) 등 관리가 제대로 이루어지지 않아서 그 시스템이 필요할 때 작동하지 않았고, 결국 대재앙의 결과가 초래되었다.

대안은 반응기로부터 고압방출을 방지하기 위해 반응기에 안전장치와 중복시스템을 추가하여 반응기의 방출이 발생하지 않도록 하는 것이다. 이 경우 안전시스템은 허용 가능한 신뢰도가 요구되며, 이는 결함수분석 또는 기타 상세한 분석을 통해 결정된다. 또 다른 대안은 운전압력과 부수압력을 포함한 모든 상황에서 반응기의 MAWP를 최대압력으로 증가시킴으로써 반응기 용기의 위험을 억제하는 것이다.

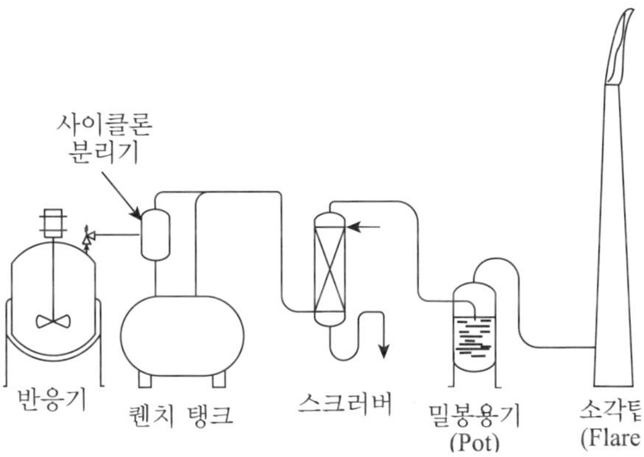


그림 13.6 압력방출 및 봉쇄 시스템

## 건설 재료

부식은 공정설비의 건설재료와 공정유체 사이의 화합할 수 없는 성질로 인해 발생한다. 부식은 어떠한 경고 없이 발생할 수 있어서 큰 사고가 발생할 수 있다. 이러한 부식의 위험은 공정의 내부 및 외부 환경을 완전히 이해하고, 내식성 건설재료 사용과 부식 허용치를 명확하게 함으로써 줄일 수 있다.[14] 부식률은 실험에 의해 결정된다. 기업들은 정확한 재료가 사용되고 건설 기준이 준수되는지 확인하기 위해 공사를 감시해야 한다.

정유공장에서 발생한 사고에서 한 가지 주목할 만한 원인으로 용접 공정에서 에러가 지적되었다. 용접공은 탑의 건축 재료보다 품질이 떨어지는 용접재료를 사용했다. 부식이 저질의 용

14) Center for Chemical Process Safety. *Guidelines for Design Solutions for Process Equipment Failures* (New York, NY: American Institute of Chemical Engineers, 1998).

접재료에서 발생하여 탑으로 전파되었다. 전체 타워 주변의 용접선에서 문제가 발생하였고, 그 탑은 17명의 사망자와 1억 달러의 손실을 입히는 심각한 결과를 초래하며 무너졌다.[15)]

## 공정용기

공정용기(process vessel)는 공정의 온도, 압력 및 부식 환경을 견딜 수 있도록 설계되어야 한다. 일반적으로 용기의 두께는 압력을 견딜 수 있도록 선택하고, 부식 여유를 확보하기 위해 두께를 증가시켜야 한다. 압력을 견딜 수 있도록 설계된 모든 공정용기도 완전한 진공을 위해 설계되어야 한다. 이는 진공퍼지 및 부수적인 공정 진공을 고려하는 것이다. 이를테면 외부와 완전히 차단된(no vent) 용기의 스팀 청소가 그 예이다.

**폭연.** 폭연은 연소화염면이 음속보다 낮은 속도로 움직이는 연소 현상을 말한다(6.10절 참조). 압력보호가 없는 배관이나 용기에서 폭연은 파이프 직경보다 길지 않은 크기로 파이프를 파열시킬 수 있다. 용기 또는 배관 내 폭연이 발생하는 경우 압력은 다음 식을 사용해 추정한다.

$$\frac{P_2}{P_1} \approx 8 \quad \text{탄화수소-공기 혼합물에 대하여} \tag{13-1}$$

$$\frac{P_2}{P_1} \approx 16 \quad \text{탄화수소-수소 혼합물에 대하여} \tag{13-2}$$

**폭굉.** 폭굉은 화염면이 음속 또는 음속보다 더 빠른 속도로 움직이는 반응을 말한다(6.10절 참조). 폭굉은 보통 길이 대 직경비가 큰 파이프라인이나 용기에서 발생한다.

내부 폭발이 있는 용기의 경우 압력이 크게 증가하게 된다:[16)]

$$\frac{P_2}{P_1} \approx 20 \tag{13-3}$$

파이프 네트워크 내에서 압력 중첩으로 인하여, $P_2$는 20배보다 더 큰 값으로 증가할 수 있다.

파이프 네트워크에서 폭굉 사고는 항상 점화가 발생한 곳에서 하류흐름(downstream) 쪽으로 발생한다. 보통 파이프 엘보우나 밸브같이 파이프 축관이 있는 곳에서 블라스트 압력은 파이프 엘보우를 산산조각 낼 수 있다. 라이트 게이지 덕트(light-gauge ductwork)에서 발생한 폭굉은 그 이음매를 따라 덕트를 파열할 수 있으며, 이는 많은 구조상의 문제점을 일으킬 수 있다. 배관시스템에서 폭발은 폭연으로부터 시작할 수 있다. 그러할 경우 화염면은 압력 중첩에 의하여 폭굉 속도까지 가속될 수 있다.

---

15) "Union Oil Amine Absorber Tower Accident." TWI Services Company. www.twi.co.uk/content/oilgas_casedown29.html.

16) Lees, *Loss Prevention in the Process Industry*, 4th ed. p.509-617 (Elsevier, 2012).

### 화재 및 폭발 방지를 위한 다양한 설계

일반적으로 화재와 폭발을 방지하기 위해 많은 다른 설계기준을 이용할 수 있다. CCPS는 공장 및 공정에 가장 적합한 설계를 선택하는 데 도움이 될 만 한 많은 참고서적을 출판해왔다.[17)18)19)20)]

## 5 폭주반응 설계

폭주반응을 방지하기 위한 요구사항은 다음과 같다.

- 폭주반응의 개념 및 위험 이해(8장 참조)
- 모든 가능한 폭주반응의 특성을 분석하기 위한 실험 데이터 획득(8장 참조)
- 폭주를 방지할 수 있는 장치설계 및 제어 지식에 적용

폭주반응 방지를 위해 필요한 또 다른 디자인 설계는 다음을 포함한다.[21)]

1. 반응물의 축적을 방지하기 위해 반응물이 빠르게 소비되도록 설계한다.
2. 반응에 의해 발생하는 열과 생성되는 가스 물질을 제거하도록 설계한다.
3. 회분식 반응기(batch reactor) 대신 반 회분식 반응기(semi-batch reactor)를 사용하고, 반응기 내 반응물의 농도가 낮은 상태로 유지되도록 반응물을 공급한다.
4. 장비 고장 및 제어 실패로 인한 폭주반응을 방지하기 위해 안전장치 및 중복장치를 추가한다.

공정 설계자는 잠재적 문제를 인식하고 예방하기 위해 폭주반응에 대한 지식과 경험은 필수적으로 소지하여야 한다.

저장용기, 탱크 트럭 및 탱크 차량에서 폭주반응이 발생할 수 있으며, 폭주반응은 의도하지 않는 사고의 형태이다. 이러한 사고를 방지하기 위해 설계 특성이 다양한 설계 디자인을 적용할 수 있으며,[22)] 다음의 요소를 포함해야 한다. (1) 잠재적 문제를 인지하기 위한 개별

17) CCPS, *Guidelines for Chemical Reactivity Evaluation and Application to Process Design* (New York: American Institute of Chemical Engineers, 1995).
18) CCPS, *Guidelines for Facility Sitting and Layout* (New York: American Institute of Chemical Engineers, 2003).
19) CCPS, *Guidelines for Performing Effective Pre-Startup Reviews* (New York: American Institute of Chemical Engineers, 2007).
20) CCPS, *Guidelines for Safe and Reliable Instrumented Protective Systems* (New York: American Institute of Chemical Engineers, 2007).
21) R. Johnson, "Chemical Reactivity Hazards", Safety and Chemical Engineering Education Committee of AICHE's Center for Chemical Process Safety(www.SACHE.org, 2005).

훈련, (2) 자기가속분해온도(Self-Accelerating Decomposition Temperature, SADT) 이하의 안전 여유를 확보할 수 있는 물질을 냉각, (3) 온도를 모니터링하고 경보 알림을 활성화하기 위한 중복 제어, (4) 혼용 불가한(incompatible) 물질을 분리하도록 시스템을 설계하고, (5) 공정 영역으로부터 멀리 떨어진 영역에 물질을 저장하며, (6) 반응성 물질을 포함하는 용기 및 파이프라인에 라벨을 부착한다.

## 6 분진 안전대책 설계 및 실행방안

다량의 화학제품은 고형분인데, 대부분 분말 형태로 생산되어 출하된다. 그 분말은 처리와 선적 단계에서 매우 미세한 분진을 형성할 수 있다. 엔지니어와 화학 전문가는 인화성 액체와 가스의 위험은 이해하지만, 고체와 그 결과로 발생하는 분진 취급의 위험을 인식하지 못하는 경우가 많다. 분진은 가스와 유사한 인화성 특성이 있으며, 연소 및 폭발을 일으킬 수 있다(6.5절 및 6.9절 참조). 분진의 또 다른 문제는 일차 폭발이 2차 폭발을 일으킬 수 있다는 점이다. 1차 폭발로 인한 폭발력과 난류는 바닥, 덕트 또는 가천장(false ceilings) 위에 누적되어있는 추가 분진을 분산시킬 수 있다. 추가 분진이 공중에 떠다니면 2차 폭발이 일어날 것이다.

인화성 가스는 연소나 폭발을 위해 필요한 3가지 조건을 예시하는 3면 화재 삼각형(그림 6.1 참조)이 존재한다. (1) 인화성 가스, (2) 점화원, (3) 산소 또는 산화제. 반면에 인화성 분진은 (1) 연료, (2) 점화원, (3) 산화제, (4) 밀폐공간, (5) 분진 서스펜션을 포함하는 5면의 오각형으로 설명할 수 있다. 일부 전문가는 오각형에 두 면을 더 넣어 칠각형을 만들기도 한다. (6) 인화성 하한값 이상의 농도, (7) 건조 상태의 분진.[23]

분진폭발을 방지하기 위한 요구사항은 다음과 같다.

- 분진의 위험성 이해(6.5절 참조)
- 사용 또는 설계 중인 특정 시스템에 대한 분진의 특성(제6장 및 제7장 참조)
- 장비 설계에 이 지식을 적용
- 분진폭발을 방지하기 위한 관리시스템 추가

22) R. Johnson. “Chemical Reactivity Hazard.” Safety and Chemical Engineering Education Committee of AICHE's Center for Chemical Process Safety, 2005. www.SACHE.org.

23) Louvar and Schoeff, “Dust Explosion Control,” Safety and chemical Engineering Education Committee of AICHE's Center for Chemical Process Safety www.SACHE.org, 2006).

## 분진폭발 방지

분진폭발을 방지하기 위해 사용되는 주요 설계 특징에는 다음이 포함된다.[24)]

1. 산소를 제거하기 위한 봉쇄, 불활성 설비 및 공기 퍼징(purging) (7장 참조).
2. 트램프 메탈(tramp metal), 기계적 고장, 과열, 전기 스파크, 정전기로 인한 점화원을 제거한다. 트램프 메탈 문제는 금속 오염물질을 수집하는 자성(magnctic) 트랩을 추가하면 해결할 수 있다. 기계적 고장 문제를 해결하려면 고장을 파악하고 경보를 활성화하고 안전 셧다운을 시작하도록 검출기를 추가한다. 과열 문제는 베어링과 벨트의 온도(예: belts slipping)를 모니터링하고 경보 및 정지 기능을 활성화하여 해결할 수 있다. 전기 스파크를 제거하려면 모든 폭발방지 정격 전기피팅을 사용한다.(클래스 III 및 적절한 분할, 7장 참조). 정전기가 쌓이지 않도록 접지 및 본딩을 사용한다.
3. 분진이 쌓이지 않도록 한다. 공압 분진 집진시스템(pneumatic dust collection systems: bag houses라고도 함)을 사용하여 설비 및 설비 환기구에서 높은 분진 농도를 줄일 수 있다. 또한 플랜지나 동일한 누수로 인한 설비 외부의 높은 분진 농도는 가스킷을 추가하고 가스킷 플랜지를 조여 방지할 수 있다.
4. 제7장에 기술된 바와 같이 환기 패널과 폭발 억제를 사용하여 분진폭발을 완화한다.

## 참고문헌


API 750, *Management of Process Hazards* (Washington DC: American Petroleum Institute, 1990).

L. Britton. *Avoiding Static Ignition Hazards in Chemical Operations* (New York, NY: American Institute of Chemical Engineers, Center for Chemical Process Safety, 1999).

Center for Chemical Process Safety. *Guidelines for Design Solutions for Process Equipment Failures* (New York, NY: American Institute of Chemical Engineers, 1998).

Center for Chemical Process Safety. *Guidelines for Engineering Design for Process Safety* (New York, NY: American Institute of Chemical Engineers, 2012).

Code of Federal Regulations. "Process Safety Management of Highly Hazardous Chemicals." 29CFR 1910.119 (57FR23061), June 1, 1992.

R. K. Eckhoff. *Dust Explosion in the Process Industries*, 3rd ed. (Houston, TX: Gulf Publishing, 2003).

M. Glor. *Electrostatic Hazards in Powder Handling* (New York, NY: John Wiley & Sons, 1988).

Trevor Kletz. *Plant Design for Safety: A User-Friendly Approach* (New York, NY: Hemisphere Publishing, 1990).

T. Kletz. Process Plants: *A Handbook for Inherently Safer Design*, 2nd ed. (New York, NY: Taylor & Francis Group, 2010).

J. F. Louvar, B. Maurer, and G. W. Boicourt. "Fundamentals of Static Electricity," *Chemical Engineering Progress* (November 1994): 75–81.


24) U.S. Chemical Safety and Hazard Investigation Board. "Combustible Dust Safety." 2018. http://www.csb.gov/assets/1/6/csb_2018_factsheet_combustibledust_05.pdf.

## 연습문제

**13.1** 대형 반 회분식 폴리에테르 반응기(탄화수소 알콜에 에틸렌 및/또는 프로필렌 옥사이드 첨가)의 경우 계층 개념을 사용하여 이 공정의 안전성을 개선하기 위한 권고사항을 제시하여라.

**13.2** 문제 13.1에 기술된 폴리에테르 반응기에 대해서 반드시 설치해야 하는 중요한 안전장치를 열거하여라.

**13.3** 작업의 모든 단계에서는 인적 요인을 반드시 고려하여야 한다. 13.1절에서 제시된 인적 요인에 대해 좀 더 자세히 기술하여라.

**13.4** <표 13.1>과 같이 작업자는 작업자의 환경과 관련된 실수를 저지른다. 중요도에 따라 이 목록에 있는 6개의 항목을 열거하여라.

**13.5** CSB 웹사이트를 이용하여 (a) 2007년 12월 19일에 발생한 T2 연구소의 사건을 설명하고, (b) 이 사건에 따른 CSB 권고사항을 열거하여라.

**13.6** 문제 13.5의 T2 실험실 사건을 사용하여 이 사건 조사의 (a) 이 사건의 근본원인을 적고, (b) 첫 번째와 다른 권고 사항을 기술하여라.

**13.7** 많은 사건들은 코드, 표준 및 폭 넓게 인정받고 사용되고 있는 엔지니어링의 실행기법을 적용하지 못하는 것에서 발생한다. 2003년에 일어난 West Pharmaceutical Services의 분진폭발 및 화재 사고(CSB report)를 읽고, (a) 사고를 기술하고, (b) 주요 권고사항을 열거하고, (c) 가장 자주 사용되는 RAGAGEP (Recognized And Generally Accepted Good Engineering Practices)를 예를 들어라.

**13.8** NFPA 표준 654의 내용을 요약하여라.

**13.9** <그림 13.2>에 표시된 더블 블록 및 블리딩 시스템은 모든 단량체 공급 라인에 자주 설치되는 시스템이다. 하지만, 한 가지 문제가 있는데 그것은 위험한 단량체를 포함하는 또 다른 탱크를 하나 더 만든다는 점이다. <그림 13.2>에 표시된 것보다 본질적으로 안전한 더블 블록 및 블리딩 시스템의 새로운 설계를 설계하여라.

**13.10** LOTO 허가는 산업계에서 자주 이용되는 허가 중 하나이다. 인터넷 검색을 활용하여 LOTO에 대해 좀 더 자세히 기술하여라.

CHAPTER 14

# 사고 사례 및 교훈

이 장의 학습목표는 다음과 같다:

1. 리스크기반 공정안전(RBPS)의 20개 요소에 부적절하게 대처한 사고결과를 논의한다.
2. 사고사례에서 배운 교훈을 설명한다.

AICHE 화학공정안전센터[1](CCPS)는 화학 회사가 효과적인 공정안전관리시스템을 구현하는 것을 지원하기 위해 리스크기반의 공정안전(RBPS) 관리시스템을 개발했다. RBPS 접근 방식은 운용 또는 시설의 모든 위험요인과 리스크가 같지 않음을 인식하고 더 큰 위험요인과 리스크에 따라 자원을 효과적으로 배분하는 방법을 보여준다. 이 RBPS 접근은 리스크 정보와 리스크 감소에 초점을 맞춘 활동을 우선한다. RBPS에 대한 자세한 내용은 1.12절을 참조한다.

이 장에서는 RBPS의 20가지 요소를 기반으로 한 몇 가지 사례 기록을 보여준다. 각 요소에 대해, 그 RBPS 요소에 부적합한 사고(incident)가 어떻게 이바지했는지를 보여주는 하나 이상의 사고 기록과 그 사고에서 배운 추가 교훈을 보여준다. 각 사고사례는 특정 RBPS 요소와 연관되어 있지만, 모든 사고에는 항상 20개의 요소를 많이 포함한다.

사고사례를 사용하여 과거로부터 배우는 것이 미래의 사고를 방지하기 위해 중요하다. Santayana가 말했듯이, "역사에서 배울 수 없는 사람은 그것을 반복할 운명이다."[2]

1) CCPS. *Introduction to Process Safety for Undergraduates and Engineers* (New York, NY: AICHE, 2016).
2) "Learning form History: Famous Quotes." 2017. http://www.age-of-the-sage.org/philosophy/history/learning_from_history.html.

# 1 공정안전문화

좋은 공정안전문화는 모든 수준의 직원들이 공정안전에 전념하는 긍정적인 환경이다. 이것은 조직의 최고 지위에서 시작하고 모든 사람이 공유한다. 공정안전 지도자는 이 문화를 육성한다.

## 사고사례 : 부적절한 공정안전문화에 의한 정유공장 폭발

매우 큰 정유공장에서 2005년 3월에 일련의 폭발이 발생해 15명의 사망자와 180명의 부상자가 나왔다. 달러의 손실도 컸다. 피해자 보상을 위한 16억 달러, 미국 산업안전보건청(OSHA)으로부터의 8천7백만 달러의 벌금과 환경 법령 위반에 대한 5,000만 달러의 벌금을 부과했다. 이 사고는 증기운폭발(VCE) 사고로 가솔린의 주요 방출에 의한 것이었다.[3] 릴리프의 방출물이 대기 배출 처리시스템을 통해 대기로 흘러나갔다. 미국 화학 안전위원회(CSB)는 회사의 부적절한 공정안전문화가 이 사고의 근본원인이며, 많은 사망자와 대규모 시설과 환경에 손실을 준 것을 발견했다.[4] 1.3절을 참조한다.

CSB는 (1) 작업 담당자가 수립된 절차를 이탈한 작업 요원을 격려하는 작업환경. (2) 교대근무와 위험한 작업에 대한 효과적인 의사소통에 중점을 두지 않음. (3) 장치나 설비의 시운전 동안 효과적이 못한 관리감독과 기술지원 (4) 부족한 인력 (5) 부족한 작업자 교육 (6) 안전한 운전한계 설정에 실패.

### 교훈

공정안전문화의 결여와 관련된 사고를 방지하기 위해 다음과 같은 요구사항을 실천한다.

**1.** 직무 수행의 핵심 요소로 안전을 수립하고 급여 및 승진 결정을 내릴 때 중요한 요소로 설정한다.

**2.** 공정안전 분야에서 효과적인 리더십과 교육을 제공한다.

**3.** 리스크를 지속적으로 파악하고 저감 관리시스템을 확립하고 구현한다.

**4.** 공정의 안전성에 대한 적극적이고 신뢰할 수 있는 개방적인 태도를 기르기 위한 교육을 실시한다.

**5.** 공정의 위험요인과 사고의 잠재적인 사고결과에 대한 높은 인식을 유지하고 약점을 지속해서 찾아 수정한다.

**6.** 직원이 안전 책임을 성공적으로 완수할 수 있도록 한다.

**7.** 교육과 지식을 강조하고 특정 전문 지식이 필요한 경우 외부 전문가를 받아들인다.

---

3) "Texas City Refinery." 2017. http://en.wikipedia.org/wiki/Texas_City_Refiery_(BP)#Legal_action.

4) "BP Texas City Incident: Baker Review." www.hse.gov.uk/leadership/bakerreport.pdf.

8. 모든 직원이 자신의 업무와 관련된 공정정보를 알 수 있도록 개방적이고 효과적인 쌍방향 커뮤니케이션 환경을 만든다.
9. 직원과 감독자가 건설적인 비판을 받아들이고 신뢰하여 의심하지 않는 환경을 조성한다.
10. 공정안전에 중점을 두고 직원의 의사 결정을 관리한다.

이러한 모든 영역의 개선은 결과를 측정하고 조치된 결과에 따라 적절하게 조정함으로써 이루어진다. 즉, 조치하지 않는 것을 개선할 수 없다. 조치 결과는 공정안전문화의 결함을 파악하고 줄이기 위해 지속해서 사용된다.

## 2 표준준수

조직은 국가, 주/지방, 지방 정부, 전문 조직 및 회사에서 개발한 해당 법령, 표준, 코드 및 회사 요구 사항을 적절하게 사용해야 한다. 1.10절을 참조한다. 이러한 요구 사항을 제대로 이해하고 사용하기 위해 교육 및 재교육을 실시한다.

### 사고사례 : 표준 사용에 관한 불충분한 교육에 기인한 제약공장의 분진폭발

2003년 1월, 제약공장의 폭발로 인해 6명의 직원이 사망하고 38명이 부상했으며 그중에는 2명의 소방관이 포함되었다.[5] 1차 및 2차 분진폭발로 인해 건물 전체에 화재가 발생했다.

CSB의 조사 결과 이 공장은 수년 동안 주요한 분진의 위험요인이 발생하는 것을 알 수 있었다.[6] 가연성 분진이 생산 구역 위의 숨겨진 표면에 축적되어 대규모 폭발과 화재의 연료가 되었다. 환기시스템의 설계가 잘못되어 분진이 쌓일 수 있는 보조 천장 위로 분진이 유입되었다. 분진은 천장 타일에 약 1/2 인치 두께로 점차 축적되었다.

사고의 근본원인은 표준준수의 부족이다. 설계자와 작업자는 표준준수에 대한 훈련이 부족했다. 일부 조직은 분진에 의한 위험요인을 식별하고 제어할 수 있는 표준을 제공하고 있다.

**교훈**

1. 작업자와 설계자에게 위험한 물질 취급에 관한 사용 가능한 RAGAGEP (Recognized and Generally Accepted Good Engineering Practices)와 NFPA (National Fire Protection Association)을 포함한 코드 및 표준을 이해하고 사용하도록 교육한다. 1.10절을 참조하라.
2. 취급하는 위험물질의 위험에 대하여 작업자, 유지보수인력 및 엔지니어를 정기적으로

5) "Dust Explosion at West Pharmaceutical Services." 2017. www.cs.gov/assets/document/West_digest.pdf.
6) CCPS. Introduction to Process Safety for Undergraduates and Engineers (New York, NY: AICHE, 2016), p.16.

훈련 및 재교육한다.

3. 표준을 자주 감사해야 한다. 표준준수의 예로는 (1) 인화성 물질을 취급할 때 방폭형 전기기구 사용, (2) 먼지 축적을 방지하기 위한 환기시스템 설계 및 (3) 보조 천장(false ceiling)을 포함하여 집적된 분진을 제거하기 위한 청소를 실시한다.

## 3 공정안전 역량

모든 기업은 공정의 위험요인을 관리하기 위한 적절한 위치에 기술과 자원을 가지고 있어야 한다. 또한 기업은 이러한 기술과 자원을 확인하고 이 정보를 조직 변경의 후속 계획 및 관리에 사용해야 한다.

### 사고사례 : 화학공정안전에 관한 지식 부족으로 인한 혼합기 폭발

1995년 4월, New Jersey. Lodi의 정밀화학공장에서 반응성 화학물질의 혼합물이 들어 있는 혼합기가 폭발했다.[7] 5명의 직원이 사망하고 많은 사람이 부상했다. 재산피해는 약 2,000만 달러였다. 인근 지역사회의 주민 300명이 대피하고 그 지역의 다른 기업도 파괴되었다. 사고의 원인은 물에서 활성화되는 물반응성 화학물질에 부주의로 물을 첨가하였다. 이에 대한 근본원인은 작업자가 이 위험요인을 인식하지 못하고 적절하게 처리하기 위한 정확한 정보를 가지고 있지 않음으로 인한 공정의 안전 능력의 부족이었다.

**교훈**

1. 공장의 위험요인에 대해 모든 직원을 훈련하고 재교육한다.
2. 지식과 능력을 지속해서 향상시킨다.
3. 필요한 모든 정보를 모든 직원이 사용할 수 있도록 한다.
4. 학습한 지식을 지속적으로 적용한다. 여기에는 (a) 공정 및 화학물질에 대한 구체적인 위험요인 (b) 고장 및 방호 수단의 조건 (c) 초과한 경우에 사고를 일으킬 수 있는 운전한계 및 운전조건 (d) 한계를 초과했을 때의 사고결과 (e) 위험요인 분석의 시행 방법 (f) 정상운전조건 (g) 이상 상태를 안전하게 처리하기 위한 방법 (h) 정상 및 비상 가동정지 후 시동 (i) 긴급 피난 조건 및 절차, (j) 공정장치의 제한사항 (k) 응답자를 포함한 현장 및 외부 담당자의 통신 방법 (l) 긴급 피난 후 공장에 재출입을 위한 필요조건.

---

7) "EPA/OSHA Joint Chemical Accident Investigation Report." https://archive.epa.gov/emergencies/docs/chem/web/pdf/napp.pdf.

## 4 작업장 관여

광범위하게 관여하는 운전 및 정비요원들은 그 공정에 가장 밀접한 요원들에 의해 얻은 교훈을 고려할 필요가 있다.

### 사고사례 : 부적절한 Lock-Out/Tag-Out 허가시스템에 의한 리본 배합기 안에서 사망

두 명의 서비스 담당자가 대형 리본 배합기 내에서 리본 일부를 교체하고 있었다.[8] 메인 스위치는 통전 된 상태이다. 배합기는 세 개의 시작 정지 버튼 중 하나에서 중지되었다. 한 기계공이 배합기 내부에서 작업을 마쳤을 때 인접한 지역에서 작업하는 다른 작업자가 실수로 다른 시작/정지 버튼 중 하나를 눌렀다. 배합기가 작동되어 리본 날개와 용기의 벽 사이에서 사망했다.

Lock-Out/Tag-Out (LOTO) 절차는 이러한 사고를 방지하기 위해 개발되었다. 정비공의 주머니에 시동기 박스에 자물쇠가 달린 스위치의 열쇠를 가지고 있으면 이런 종류의 사고를 방지할 수 있다. 스위치 장구 잠금이 끝나면 정비사가 모든 스위치를 테스트하여 죽은 회로를 확인해야 한다. 이 사고의 근본원인은 인접 지역의 다른 노동자가 그들의 활동이 다른 부서에 영향을 미칠 수 있다는 사실을 깨닫지 못한 것으로 작업장 참여의 부족이었다.

**교훈**

**1.** 모든 직원을 공정안전 프로그램에 참여시킬 계획을 작성한다.

**2.** 모든 형태 및 모든 직책의 직원을 포함한다. 이 사고에서 감독자, 정비사 작업자 등을 포함하는 모든 직원은 적절한 지식이 부족했다. 분명히 그들은 안전 프로그램에 제대로 참여하지 않았다.

**3.** 모든 RBPS 요소의 개발, 구현 및 지속적인 개선에 직원과 수급자를 참여시켜야 한다.

**4.** 자신의 안전을 도모하기 위해 작업에 직접 참여하는 모든 직원을 포함하도록 한다.

## 5 이해 관계자 지원

적절한 외부의 이해관계자 그룹과 좋은 관계를 유지하기 위해 그들 그룹을 파악하고 상호관계의 공통점을 살피는 과정이 필요하다. 여기에는 주변 지역 사회, 원자재 공급업체, 고객, 정부 기관 및 규제 기관, 전문 단체, 계약업체 등이 포함된다.

---

8) Case Histories of Accidents in the Chemical Industry, Vol.2 (Washington, DC: Manufacturing Chemists' Association, January 1969), p.225.

### 사고사례 : 부적절한 지원으로 인한 인접 지역사회의 사고결과 손실 증가

2007년 12월 2,450갤런의 화학반응기의 폭발로 인해 4명의 직원이 사망하고 인접회사에서 일하던 직원 4명과 인근주민 28명을 포함하여 32명이 부상했다. 폭발로 인해 시설에서 4분의 1마일 이내의 건물이 손상되었다. 이것은 가솔린 첨가제인 MCMT (Methyl Cyclopentadienyl Manganese Tricarbonyl) 175번째 배치를 생산하는 동안에 발생했다. 이 사고의 직접적인 원인은 반응과정에서 많은 냉각손실로 제어되지 않은 폭주반응이 일어나 과도한 온도와 압력이 발생했다.[9] 인접한 기업들은 이 작업과 관련된 위험요인을 인식하지 못하고 적절한 보호 및 비상대응이 없었다.

**교훈**

1. 지역 사회, 구내 및 부지 외의 다른 공장들과의 커뮤니케이션을 강화한다. 그리고 지방, 주와 연방 당국은 공장에서 취급되는 위험한 화학물질을 그들에게 통지한다. 또한 발생할 수 있는 사고에 대해 논의하고 이해관계자와 함께 문제를 최소화하려는 조치를 개발한다.
2. 화학물질을 생산하는 다른 기업과 협력하여 정보와 위험요인을 공유하고 모범사례를 개발하고 이행한다.

## 6 공정지식 관리

회사는 공정안전활동을 수행하는 데 필요한 모든 정보의 수집과 관리를 보장해야 한다. 여기에는 이 정보의 정확성을 검증하고 이 정보가 최신 상태인지를 확인하는 것이 포함된다. 이 정보는 안전한 작업을 위해 필요한 사람이 즉시 사용할 수 있어야 한다.

### 사고사례 : 부적절한 공정지식 관리로 인한 폭주반응 폭발

이해관계자의 지원에 관한 지금까지의 사례 기록도 이 요소와 관련이 있다. CSB는 회사의 관리자(1명의 화학자와 1명의 화학 엔지니어 포함)가 MCMT 생산 관련 폭주반응의 위험요인을 이해하지 못했음을 발견했다. 주요 기술적인 결함은 단일 온도 제어기와 방출 용량이 작은 압력방출에 의존했다는 것이다. 이 전문가들은 폭주반응의 가능성을 제어할 때 중복제어의 중요성을 이해와 파악도 하지 못했으며, 폭주반응에 적절한 압력방출크기 설정에 관한 필요한 지식도 없었다. 이 플랜트를 설계한 3명의 엔지니어는 화학공학석사 학위를 취득했지만, 공정의 위험요인과 제어에 관한 산업현장 경험과 교육을 받지 않았다. CSB는 화학공학 학부과정에 위험요인 인식에 관한 과목을 포함할 것을 권장했다.

9) T2 Laboratories. "Runaway Reaction." 2017. http://www.csb.gov/t2-laboratories-inc-reactive-chemical-explosion/.

**교훈**

1. CSB는 미국화학공학회(AICHE)와 공학기술인증위원회(ABET)가 협력하여 바칼라레이트[10] 화학공학 커리큘럼 요건에 반응 위험요인 파악에 관한 과목을 추가할 것을 권고했다.
2. 또한 AICHE는 모든 학생에게 AICHE의 SACHE (Safety and Chemical Engineering Education) 공정안전 인증프로그램에 대해 알리고 참여할 것을 권장해야 한다.

이 RBPS의 공정지식 관리 요소에는 (1) 공정정보의 수집 (2) 수집한 정보의 해석 및 이해가 포함된다. 구체적으로 공정정보에는 설계도, 장비사양, 반응성 및 인화성 등을 포함한 화학물질특성, 온도 및 압력 한계가 있는 공정 조건, 릴리프 크기 결정 방법, 공정 위험요인 검토, 비상 상황과 비상 대응이 포함된다.

## 7 위험요인 파악과 리스크 분석

이 요소는 공정 위험요인의 파악과 잠재적 사고결과로 구성된다. 여기에는 (1) 이러한 위험요인 시나리오로 인한 리스크의 정의 (2) 위험요인을 줄이거나 제거하고, 잠재적인 사고결과를 줄이고, 발생빈도를 줄이기 위한 권장 사항이 포함되어 있다. 분석은 리스크 수준에 따라 정성적 또는 정량적일 수 있다.

### 사고사례 : 취성금속 고장의 부적절한 확인에 의한 화학물질의 누출과 화재

1998년 9월 호주 빅토리아에 있는 롱포드(Longford)의 가스 공장에서 대형 화재가 발생했다.[11][12][13] 두 사람이 죽고 국가의 가스 공급이 2주간 중단되어 지역 산업에 혼란을 일으키고 공장 가스에 의존하는 가정에서 상당한 어려움을 겪었다. 따뜻한 액체 (“lean oil”이라고도 한)이 밸브가 닫히지 않아 금속 열교환기가 매우 차가워져 부서지기 쉬웠다. 작업자가 따뜻한 lean oil을 재주입할 때 차가운 금속이 파열되어 많은 양의 가스가 누출되어 점화원을 만났다. 2004년, 이 회사는 이 사고로 재산 피해를 본 기업에 3,250만 달러를 배상하라는 명령을 받았다. 이 사고의 주된 원인은 위험요인 확인과 리스크 분석의 소홀이었다. 이 사고 이전에 3년간 리스크 연구를 계획했지만 실시하지는 않았다.

10) Baccalaureate : 대학 입학 자격시험
11) A. Hopkins. “Lessons from Esso's Gas Plant Explosion at Longford.” 2017. http://www.futuremedia.com.au/docs/Lessons%20from%20Longford%20by%20Hopkins.PDF.
12) CCPS. Introduction to Process Safety for Undergraduates and Engineers(2016), p.22.
13) Wikipedia. “Esso Longford gas explosion.” 2017. http://en.wikipedia.org/wiki/Esso_Longford_gas_explosion.

**교훈**

1. 개선된 제어, 장치, 절차를 통해 위험요인과 리스크를 확인하고 리스크를 제거한다.
2. 정기적으로 위험요인 파악 및 리스크 분석(HIRA, Hazards Identification and Risk Analysis) 연구를 업데이트하고 다시 확인한다 (미국 OSHA PSM에서는 HIRA 연구를 5년마다 완료 및 검증해야 한다).
3. HIRA 연구에 낮은 빈도와 심각한 사고결과를 가져올 사고를 포함한다.
4. HIRA 연구에 다음을 경험과 이해력이 있는 지식인을 포함한다. (a) 과거의 사고, 아차사고, 누출, 경보. (b) 한계를 초과하는 조건. (c) 한계를 초과한 사고결과. (d) 유지보수 기록 (e) 업무 실습. (f) 정상 및 비상 절차. (g) 기기에 부정적인 영향을 미치는 조건.

## 8 운전절차

회사는 절차로부터의 이탈에 의한 사고결과, 주요 안전 조치를 설명, 비정상적인 상황과 비상 상황을 해결, 작업을 안전하게 수행하는 방법을 설명하는 지침을 서면으로 작성해야 한다.

### 사고사례 : 절차의 사용에 대한 부적절한 훈련으로 인한 폭주반응으로 사망

1997년 8월 공장은 페놀-포름알데히드 중합 반응기에서 폭주반응을 경험했다.[14] 그 결과로 환경 피해와 함께 1명이 사망하고 7명이 부상했다. 폭주반응은 표준 운전절차와 달리, 모든 원료와 촉매를 한 번에 반응기에 투입하여 그 결과 투입된 모든 재료가 거의 즉각적으로 반응하기 시작하였다. 이 절차는 반응물이 반응기에 천천히 첨가되어 열방출속도를 제어하는 반배치(semi-batch) 반응 절차의 사용을 정확하게 명시했다. 이 사고의 근본원인은 운전자가 표준 운전절차를 적절하게 사용하도록 훈련할 수 있는 관리기능이 부족했기 때문이다.

### 사고사례 : 부적절한 절차로 인한 폭주반응 및 폭발

공장에서는 두 개의 화학물질을 혼합하고 반응시켜 염료를 제조했다.[15] 1998년 4월 8일, 폭주반응으로 폭발이 발생해 9명의 노동자가 부상했다. 그 결과로 생기는 고온으로 인해 2차 폭주 분해 반응을 일으켰다. 폭주반응은 정상작업 단계에서 지정된 온도보다 높은 온도에서 반응을 시작하였다. 실험실 단계에서 생산 규모로 공정을 확장할 때, 이 회사는 반배치공정

14) Environmental Protection Agency. *How to Prevent Runaway Reactions*, Report 550-F99-004. August 1999. www.epa.gov.

15) U.S. Chemical Safety Board. Chemical Manufacturing Incident, Report 1998-06-I-Ny. www.chemsafety.gov/reports/2000/morton/index.htm.

에서 배치공정으로 변경했다. 운전절차가 잘못되었다. 즉, 폭주반응 등과 같은 정상 운전 한계를 벗어난 사고결과를 다루지 않거나 이탈을 예방하거나 복구조치를 하지 않았다.

**교훈**

1. 작업자와 유지보수 담당자에게 정상상태로부터의 이탈 사고결과 및 조건의 한계와 같은 절차를 이해하도록 훈련하고 재교육한다.
2. 절차를 주기적으로 정확하게 감사(audit)를 한다.
3. Lock-out/tag-out, 화기작업, 저장용기 출입, 비상, 작동, 시동 및 기타 안전절차와 같은 절차를 효과적으로 사용한다.
4. 신규 시스템 설치 또는 기존 시스템 수정 등 프로젝트 설계단계에서 HIRA 방법들을 사용한다.
5. 일반적으로 압력을 받는 저장용기를 열기 위한 허가절차를 사용한다.
6. 절차에 주의를 기울여야 한다.
7. 변경 작업의 영향을 받을 수 있는 다른 작업에 작업변경 내용을 알려준다.
8. 배치 반응기는 매우 위험하게 될 수 있지만, semi-batch 반응기는 그다지 위험하지 않다는 것을 인지한다. 반배치(semi-batch) 반응기에서, 반응물은 일정 시간에 걸쳐 천천히 첨가되어 반응으로부터 열 발생을 제어한다. 배치 반응기에서는, 모든 반응물이 동시에 첨가되어 전체 열 방출을 거의 순간적으로 발생하게 한다.
9. 시스템이 정상적으로 작동하지 않을 때 문제 해결 절차를 작성한다.

## 9 안전한 작업 관행

각 회사는 작업 허가, 라인 절단, 화기작업 허가 등 장비를 안전하게 유지보수하고 수리하기 위한 적절한 안전작업 관행이 필요하다. 이것은 비정형 작업에 적용된다.

### 사고사례 : 화기작업 허가시스템 누락으로 인한 폭발

2001년 7월 17일 델라웨어 주 델라웨어시의 한 공장에서 폭발이 발생했다.[16][17] 황산 저장탱크 지대의 좁은 통로에서 동료가 격자를 용접할 때 용접불꽃이 인접한 저장탱크 중 하나에서 인화성 증기를 발화시켰다. 그 결과 유지보수 협력사 작업자가 사망하고 다른 8명이 부상했다.

16) "Motiva Enterprise Accident." 2001. http://www.csb.gov/assets/1/19/Motiva_Final_Report.pdf.
17) CCPS. Introduction to Process Safety for Undergraduates and Engineers(2016), p.26.

또한 이 사고는 인근 수생 생물에 심각한 손해를 입혔다. 이 사고는 잘못된 안전작업 관행의 결과이며, 특히 점화원을 제어하기 위한 화기작업 허가 권한이 없었다. 용접에 인접한 지역의 위험요인은 용접을 시작하기 전에 확인, 평가, 제어해야 했다.

**교훈**

잠재적으로 위험한 공정 지역에서 작업할 때, 위험요인을 제거하기 위해 안전한 작업 관행을 문서로 만들어 사용한다.

1. lock-out/tag-out, 화기작업, 라인 차단, 선박 출입, 제한된 공간 출입 등의 안전 대책을 포함한다. 이러한 관행은 유지보수, 검사 및 작업을 안전하게 하기 위한 요구 사항이다.
2. 기계적 무결성 검사, 조건의 제한, 표준에서 벗어난 사고결과, 공정에서 사용되는 화학물질의 인화성 및 반응성의 위험요인 등 안전작업 관행과 절차를 이해하도록 작업자와 유지보수 인력을 훈련 및 재교육한다.
3. 신규 설치 또는 기존 시스템의 변경을 포함하여 프로젝트의 모든 단계에서 HIRA 절차를 사용한다.
4. 모든 플랜트의 개조에 대해 변경 절차의 관리와 안전한 작업 방법을 사용한다.
5. 모든 장치와 제어 장치에서 기계적 무결성 검사를 자주 한다.
6. 안전한 업무 관행이 의도한 대로 사용되었는지를 확인하기 위해 수시로 감사를 한다.

## 10 자산의 무결성과 신뢰성

각 기업은 중요한 장치가 시설 전체에서 의도한 목적에 적합하도록 활동을 관리해야 한다. 이 요소는 검사, 테스트 및 예방 정비. 보수성을 고려한 설계와 같은 구성 재료의 적절한 선택이 포함된다.

### 사고사례 : 부적절한 자산 무결성 프로그램으로 인한 치명적인 파이프 파열

2012년 8월 6일, 캘리포니아주 리치먼드 정유공장은 엄청난 파이프 파열이 발생했다.[18] 파열된 8인치 파이프에서 인화성 경유가 누출되고 그것이 부분적으로 증발하여 큰 증기구름이 되었다. 누출 2분 후 폭발이 발생했다. 6명의 직원은 사고 및 후속 비상 대응 활동 중에 경상을 입었다. 주변 지역의 약 15,000명이 가까운 의료기관에서 치료를 받았다. 파열은 황화 부식으로 알려진 부식 메커니즘에 의한 짧은 파이프 부분의 파손에 의한 것이었다. 공장은 위험요인을 인식하고 있었고, 파이프 벽 두께를 측정하기 위해 초음파 검사 프로그램을

18) Chevron U.S.A. 2017. file:///C:/Users/Owner/Downloads/Chevron_Final_Investigation_Report_2015_01_28%20(1).pdf.

시행하고 있었다. 그러나 결함이 발생한 파이프는 테스트 되지 않은 짧은 배관이었다.

이 사고의 주요 원인은 자산의 무결성과 신뢰성을 검증하기 위한 플랜트 프로그램의 실패였다.

**교훈**

1. 사양 관련 장비의 무결성을 검증 및 기록하기 위한 빈번한 검사 및 테스트 등 자산의 무결성과 신뢰성을 검증하는 절차를 문서로 만들고 활용하여 결함을 신속하게 해결하도록 시스템을 통합한다.
2. 장치가 사양에 따라 올바르게 설계 및 설치되어 폐기될 때까지 사용하기에 적합함을 보증하는 요구사항을 포함 시킨다.
3. 이 요구사항이 의도한 대로 시행되고 있는지를 감사를 통해 확인한다.

## 11 협력사 관리

협력사 근로자가 업무를 안전하게 수행할 수 있도록 협력사 설비 시설의 작업 리스크를 추가 또는 증가시키지 않도록 하기 위한 실천이 필요하다.

### 사고사례 : 협력사의 부적절한 관리에 의한 터널의 화재 사망자

2007년 10월 2일, 터널의 지하 1,000피트에서 화학 화재가 발생하여 5명이 사망하고 3명이 부상했다. 화재는 산업도장 협력사가 높은 인화성 에폭시 코팅 제품으로 밀폐 터널의 일부를 다시 코팅할 때 시작되었다. 화재는 터널 내에서 연기를 흡입한 5명의 노동자를 사망에 이르게 했다. CSB 보고서[19]에 따르면 협력사는 종합적인 정식 안전교육을 받지 않았다. 좀 더 구체적으로 말하면 회사정책 및 관행, 제한된 공간 안전을 다루는 현장별 지침, 인화성 액체 취급 등에 대한 종합적인 안전 교육을 받지 못했다고 밝혔다.

**교훈**

협력사 관리의 실패로 인한 사고는 다음의 방법을 사용하여 방지할 수 있다.

1. 협력사를 선택하기 전에 협력사의 안전성과 기록을 확인한다. 이것은 고용의 주요 조건이어야 한다.
2. 공정 위험요인에 대한 모든 협력사에 자세한 교육을 제공한다. 그들의 교육은 직원들에게 제공되는 교육과 같아야 한다.

19) U.S. Chemical Safety and Hazard Investigation Board. "Contractor Safety Digest." 2018.

**3.** 협력사가 이 장소에서 안전하게 작업하는데 필요한 지식을 가졌는지 확인한다.

협력사 선정 과정에는 특정 안전 성과 측정에 따라 협력사의 사전 자격을 갖추게 하거나 박탈하기 위한 기준과 절차를 포함해야 한다. 또한 제한된 공간에서의 작업을 포함하여 협력사의 안전 정책, 절차 및 안전 성과의 종합적인 검토와 평가가 필요하다.

또한 회사의 정책은 협력사의 선택 및 모니터링에 대한 정기적인 안전 감사를 포함하여 안전 정책, 절차 및 관행을 지속해서 준수하도록 해야 한다.

## 12 교육 및 성과 보장

회사는 운영 및 유지보수 작업자, 감독관, 엔지니어, 리더 및 공정안전 전문가에게 작업 및 작업 요구 사항과 방법에 대한 실질적인 지침을 제공해야 한다. 또한 훈련된 기술이 잘 실천되고 있는지 확인해야 한다.

### 사고사례 : 부적절한 교육에 의한 LPG 누출과 BLEVE

1966년 1월 4일, 작업자는 액체 프로판 탱크의 바닥에서 물을 배출하려고 했다.[20][21] 그들은 탱크의 바닥에 연결된 두 개의 밸브를 부분적으로 열었다. 프로판의 증발 결과, 온도는 두 밸브를 모두 꽁꽁 얼릴 수 있을 정도로 차가웠다. 이후 액화 석유 가스(LPG)의 뒤이은 연속방출로 화재가 발생하여 비등액체팽창증기폭발(BLEVE)의 조건을 만들어 큰 폭발이 발생했다. 18명이 사망하고 81명이 부상했다. 사고의 주요 원인은 교육 및 성능 보증의 부족이었다. 작업자는 이 상황을 적절하게 처리하기 위해 훈련되지 않았다.

#### 교훈

1. 작업자와 유지보수 담당자에게 플랜트의 위험요인에 대해 교육하고 안전상의 문제를 일으키지 않고 작업 할 수 있도록 한다.
2. 교실 훈련과 현장에서 훈련을 포함한다.
3. 노동자가 문서로 만들어진 성과 기준을 충족하도록 훈련 및 재교육한다.
4. 노동자가 공장에서 일하는 것을 허용하기 전에 훈련 및 역량 검사를 한다.
5. 주기적으로 성과를 점검하여 부족한 면이 발견되면 이를 보완하여 성과를 유지하도록 한다.

---

20) CCPS. Introduction to Process Safety for Undergraduates and Engineers(2016), p.32.
21) "Fire and Explosion of LPG Tanks at Feysin, France." 2017. http://www.sozogaku.com/fkd/en/hfen/HC1300001.pdf.

## 13 변경관리

회사는 시설 설계, 운영, 조직, 절차, 인력 변동, 시행 이전의 활동들에 대해 제안된 변경사항을 검토하고 승인하고 변경이 있을 때, 프로세스 안전정보가 업데이트 되도록 하는 절차가 필요하다.

### 사고사례 : 변경관리 절차 누락으로 인한 폭발

1974년 6월 1일 영국 Flixborough에서 사고가 발생했다. Flixborough 공장은 나일론 생산의 기본 원료인 caprolactam을 생산했다. 사고는 6개의 반응기가 직렬로 구성된 곳에서 발생했고, 이들 반응기에서 cyclohexane은 촉매가 있는 상태에서 주입된 공기를 사용하여 cyclohexanone로 산화되었다. 사고 이전에, 5번째 반응기의 용기 벽면에 금이 있어서 제거할 필요가 있음을 알았다. 4번 반응기를 6번 반응기에 직렬로 직접 연결하여 작동을 계속하기로 결정했다. 쉽게 구할 수 있는 20인치 파이프 스톡(stock)과 유연한 벨로즈(bellows) 섹션의 양 끝단에 이어 일시적으로 연결했다. 이 임시 배관은 내부 변동이 심한 반응기 압력의 결과로 인해 구부러질 수 있는 부적합한 지지대를 가졌다. 잠시 후, 바이패스 연결 부분에 이상이 생겼다. 약 30톤 정도의 사이클로헥산이 휘발되어 큰 증기구름을 형성했다. 이 구름은 알려지지 않은 원인에 의해 점화 되었다. 그 결과로 인한 폭발은 전 공장을 뒤덮었다. 28명이 사망하였고, 36명이 부상당했다. 이 사고의 중대한 원인은 MOC 안전절차의 부족이다. 추가 검토 없이 임시 배관에 대한 설계를 기계공장에서 수행하게 하였다.

#### 교훈

1. 공장에서 변경에 대해 MOC검토를 수행한다.
2. 잠재적 위험의 크기에 비례하는 검토 절차를 사용한다. 만약 위험요인이 크면 검토는 HAZOP나 이와 동등한 것으로 해야 한다.
3. 적절한 전문 지식을 가진 사람과 감독관을 고용한다.
4. 변경이 위험요인을 부가하지 않는다는 것을 규명하여 한다.
5. 디자인은 설계기준에 대한 적절한 지식을 가진 기술설계자에 의해 변경되어야 한다.
6. 모든 운전자 및 유지보수 담당자에게 현장 변경사항에 대한 세부사항을 통지한다.
7. 문서화 된 MOC 프로세스가 누구나 언제든 MOC를 시작할 수 있다는 것을 구체화하는 것을 확인한다.
8. 필요에 따라 프로세스 정보, 작동 조건, 절차, 유지하기 위한 요구사항, 도면 및 교육을 업데이트하기 위한 후속 요구 사항을 MOC 절차에 추가하여야 한다.

## 14 작업준비

프로세스를 안전하게 시작하려면 시작 또는 재시작 전에 프로세스 평가를 수행해야 한다. 이 요소는 프로세스 변경 및 유지 관리는 물론 종료 또는 유휴 상태 후에 시설을 다시 시작하는 데 적용된다. 또한 새로운 시설의 시동에도 적용된다.

### 사고사례 : 부적절한 시동 전 안전성 검토로 인한 리본형 배합기에서의 사망

이 사고 사례는 14.4절처럼 작업장 참여와 관련이 있다. 이 경우는 기업 내부의 유지 정비 직원이 리본형 배합기(ribbon blender)를 수리하고 있었다. 다른 층의 다른 작업자가 배합기를 활성화했다. 이 경우 시동 전에 시스템이 안전하다는 것을 확인하기 위해 시동 전에 추가 요구 사항이 필요함을 강조한다.

때때로, 두 개나 그 이상의 RBPS요소는 사고를 일어나게 한다. 리본형 배합기 사고에서 다음 3가지 RBPS 요소 중 하나의 요소만이라도 적절한 훈련이 되어 있었다면 사망 사고를 방지 할 수 있었을 것이다: 안전작업실습(LOTO 실습을 통해 시작 문제 방지), 작업장 참여(근로자들의 의사결정을 포함하고 그들의 안전을 보호하기위한 실습임을 강조) 및 운영 준비(초기 시동 전에 시동 전 문제를 파악하기 위한 가이드라인을 따르는).

#### 교훈

1. 시동 전 안전성 검토(PSSR)를 시행한다.
2. 정상, 비상 및 유지 셧다운 후에 시동 검토를 실시한다.
3. 시스템은 이 플랜트의 특정 설계 표준을 사용하는지 확인한다.
4. 운전, 유지 및 비상 절차가 적절한 지 확인한다.
5. 모든 제어가 작동하고 시운전에 적절한 상태인지 확인한다.
6. 장치 및 계측장치의 모든 유지가 완벽하고 시동이 가능한지 확인한다.
7. 모든 교육 및 재훈련이 완료되었는지 확인하고 기술과 숙련도가 충분한지 확인한다.
8. 시운전 전에 모든 조치 항목 검토, 감사 및 검사가 완료되었는지 확인한다.
9. 시운전 전에 배관, 장치, 제어 장치 및 밸브가 적절한 상태에 있는지 확인하도록 작업자에게 지시한다.
10. 감독자는 시운전을 하기 위한 운전자에게 승인을 하기 전에 운전자의 준비검토가 완료되었는지 확인해야 한다.

## 15 작업의 수행

이 요소에는 공정안전에 요구되는 관리 및 운전업무가 사려깊고, 충실하고 체계적인 방법으로 수행하는 수단을 포함한다. 관리자는 노동자들이 요구하는 업무를 수행하고 필요한 예상 성과의 차이가 나지 않는 지를 확인한다.

### 사고사례 : 부적절한 작업 수행으로 인한 정유공장 폭발

1997년 1월 21일 캘리포니아 마르티네즈의 정유공장의 수소첨가분해공장(hydrocrack unit)에서 폭발 및 화재가 발생하여 1명이 사망하고 46명이 부상을 당했으며 지역주민을 위한 보호소가 설치되었다.[22][23] 이 사고는 고온 고압의 인화성 수소와 탄화수소 혼합물의 방출과 자연발화와 관련이 있다. 과열된 파이프는 파열되었다.

사고 전에 온도 차단이 있었지만, 온도 판독기가 오래전부터 신뢰할 수 없는 상태였기 때문에 그 판독 값이 무시되었다. 현장에서 무선 통신은 일상적으로 들을 수 없기 때문에 무시되었다. 공정정보를 신뢰할 수 없는 중에 작업자는 공장을 계속 가동했다.

### 사고사례 : 부적절한 작업 수행으로 인한 독성물질 방출

1984년 12월 3일 인도 Bhopal에 있는 살충제 공장은 약 40미터톤의 methyl isocyanate (MIC)를 대기 중으로 방출했다.[24][25] 약 3000명의 지역 주민이 사망했고, 10,000명 이상이 부상당했다. Bhopal 사고는 물이 MIC 저장탱크에 유입되면서 발생했다. 이 유입은 MIC와 물 사이에서 발열반응을 일으켜 내용물을 가열하여 압력을 증가시켜 MIC 증기를 방출했다.

중요한 유지관리의 부족이 이 방출의 원인이 되었다: (1) 저장탱크의 실패한 압력과 온도 경보는 올바른 조치의 시작이 될 수 있었다. (2) 저장탱크에서 작동하지 않은 냉장시스템이 방출 규모나 누적된 열을 예방하거나 완화할 수 있었다. (3) 릴리프 벤트 스크러버(scrubber)가 작동하지 않았고 MIC를 흡수할 수 있었다. (4) 배출되는 MIC를 태우기 위해 설치된 플레어가 작동하지 않았다. (5) 플레어의 출구에 설치된 워터커튼(water curtain)은 플레어로부터 가스를 흡수하도록 올바르게 설계되지 않았다.

#### 교훈

**1.** 공장을 안전하게 유지하고 운영하는데 책임감을 가질 수 있는 감독자와 관리자를 공장에 배치한다.

22) “EPA Report : Tosca Avon Refinery in Martinez, California.” November1998
23) CCPS. *Introduction to Process Safety for Undergraduates and Engineers* (New York, NY: AICHE, 2016), p.37.
24) Wikipedia. "Bhopal disaster."https://ko.wikipedia.org/wiki/Bhopal_disaster
25) CCPS. *Introduction to Process Safety for Undergraduates and Engineers* (New York, NY: AICHE, 2016), p.110.

2. 감독자 및 관리자는 문서화 된 시스템을 관리하여 (a) 작업자 및 정비 작업자가 교육 및 재교육을 받도록 해야 하고 (b) 절차를 개발하고 업데이트하고 유지, 관리해야 하고. (c) 공정위험분석(PHAS)이 업데이트되고 적절해야 하고 (d) 작업자와 정비 작업자는 적절한 안전문화를 갖추고 있어야한다.
3. 의도된 것과 같이 운전을 위해서 제어나 장치를 유지 관리하고 운전절차를 사용하고 제어기나 장치가 만족스럽게 작동하지 않을 때 공장을 가동중지 한다.

## 16 비상관리

회사는 비상조치로 정의되는 실행 가능한 비상조치 계획이 필요하다; 이러한 조치를 실행하기 위해서는 자원, 실질적인 훈련, 지속적인 개선과 훈련, 적절하고 빈번한 의사소통이 고용주나 고용인, 지역주민, 지역관공서; 그리고 사고가 일어난 이해당사자와의 의사소통 등이 필요하다.

### 사고사례 : 부적절한 비상관리로 인한 질산암모늄 폭발

1947년 4월 16일, 1400톤의 질산암모늄을 포함하고 있는 화물선에서 큰 폭발이 일어났다.[26)27)] 이 화재는 담배로 인하여 발생했고 적절히 소화되지 않았다. 그 폭발로 인해 Texas city 소방관 한 명을 포함하여 581명이 사망했다. 이 사고의 근본적인 원인은 심각한 결함 비상조치 관리계획으로 인한 것이다. 소방관은 질산암모늄의 위험을 알지 못했으며 상황을 적절히 다루는 훈련이 되어있지 않았다.

### 사고사례 : 부적절한 비상관리로 인한 살충제 공장에서의 폭발

2008년 8월 28일, 2명이 사망하고 8명이 부상당한 큰 폭발이 발생했다. 이 사고로 40,000명의 지역 주민들이 대피하였다.[28)29)] 근본적인 원인은 공장, 대응자 및 지역공동체 리더 간의 미흡한 의사소통으로 인한 미흡한 비상관리였다. 이 사고 동안, 회사는 주위공동체와 함께 중요한 안전정보를 공유하는 것을 거부했다. CSB 조사는 운전자가 적절히 교육을 받지 않았고 시운전절차도 부적절하였으며, 관리자의 승인을 받은 운전자는 격렬한 폭주반응을

26) "Texas City Disaster." https://en.wikipedia.org/wiki/Texas_City_disaster.
27) CCPS. *Introduction to Process Safety for Undergraduates and Engineers* (New York, NY: AICHE, 2016), p.38.
28) "Animation of Bayer Crop Science Pesticide Waste Tank Explosion" https://www.csb.gov/videos/.
29) "CSB Issues Report on 2008 Bayer Crop Science Explosion: Finds Multiple Deficiencies Led to Runaway Chemical Reaction; https://www.csb.gov/csb-issues-report-on-2008-bayer-cropscience-explosion-finds-multiple-deficiencies-led-to-runaway-chemical-reaction- recommends-state-create-chemical-plant-oversight-regulation/.

가져오는 중요한 제어루프를 우회했다는 것을 밝혀냈다.

**교훈**

회사들은 다음 단계를 포함하여 비상사태 관리 계획을 개발해야 한다.

**1.** 위험요인에 기반한 사고 시나리오를 파악한다.

**2.** 각 신뢰할 수 있는 사고 시나리오에 대한 대응 조치를 계획한다.

**3.** 의사소통이 적절한 지 검증한다.

**4.** 의무와 책임을 구체화한다.

**5.** 오염 제거를 포함한 절차를 업데이트한다.

**6.** 응급장비 사용지역을 지정하고 적절히 대응할 수 있는 도구와 장비를 구매한다.

**7.** 현장 훈련을 포함한 훈련 및 재훈련을 실시한다.

**8.** 비상 계획을 정기적으로 검토하고 지속적으로 개선한다.

**9.** 감독자 및 관리자에게 이 RBPS 요소를 관리할 책임을 할당한다.

비상 대응자는 지역 사회와 논의해야 하며, 비상사태 발생 전, 도중 및 후에 발생하는 긍정적인 조치가 필요하다.

## 17 사고조사

사고원인을 확인하기 위해서 사고나 아차사고를 조사하고 탐색하고 기록하는 프로세스가 필요하다; 올바른 시정조치를 수행하고, 사고경향을 평가하고, 얻은 교훈을 공유하는 것이다.

### 사고사례 : 부적절한 사고조사로 인한 우주 왕복선 사망자

2003년 1월 16일, 우주 왕복선에 기내 고장이 발생하여 7인 승무원이 사망했다.[30] 이 사고의 근본원인은 이전의 우주왕복선 비행에서 기인한 비정상적인 결과들에 대한 적절한 조사의 실패였다.

### 사고사례 : 부적절한 사고조사로 인한 설탕정제 공장 폭발

2008년 2월 7일, 설탕정제 공장에서 엄청난 폭발과 화재가 발생하여 근로자 14명이 사망하고 38명이 부상을 입었다.[31][32] 공장에서 소규모 화재 및 폭발이 계속 발생되었지만 수 년

30) "Columbia Accident Investigation Board Report." http://s3.amazonaws.com/akamai.netstorage/anon.nasa-global/CAIB/CAIB_lowres_full pdf.

31) "Imperial Sugar Company Dust Explosion and Fire." https://www.csb.gov/imperial-sugar-company-dust-

동안 분진폭발 위험을 제어하기 위한 효과적인 조치가 없었다. 회사는 권고안이 완료되었는지 확인하기 위한 사후 관리 조치를 포함하여 이러한 이전 사고의 원인을 파악하고 제거했어야 하는 부적절한 사고조사 프로세스를 분명히 가지고 있었다. 이전 사고의 원인을 보완하면 이러한 사고를 예방할 수 있었다.

시설 관리자는 설탕 분진폭발 위험성, 올바르게 설계된 분진 취급 장치의 중요성 및 분진 축적을 최소화하기 위한 적절한 관리시설 실무를 알고 있었다. 그러나 관리자는 설탕 분진 위험을 최소화하고 통제하기 위한 적절한 조치를 취하지 않았다. 이 사고의 근본원인은 사고를 적절하게 조사하지 못하고 이전 사고가 일어났던 비정상적인 결과를 제거하는데 실패했기 때문이다.

**교훈**

다음 단계를 포함하여 사고조사 프로세스를 개발하고 문서화한다.

1. 모든 사고와 아차 사고를 평가하고 조사한다.
2. 사고의 원인을 파악한다.
3. 원인을 제거하기 위해 조사 및 권고사항을 관리한다.
4. 조사 팀원으로서 조사 과정에 조사 능력과 역량을 갖춘 인력을 포함한다.
5. 문서화 된 사고조사 설명에 조사가 적절한지 확인하고 권장 대응을 신속하게 완료 할 수 있는 후속 조치를 포함한다.

## 18 측정 및 메트릭스

공정안전성과의 선행 및 후행지표는 핵심 공정안전 요소가 얼마나 잘 수행되고 있는지를 보여주는 메트릭스(metrics)는 물론 사고 및 아차사고율을 포함한다. 이 정보는 공정의 지속적인 개선을 추진하기 위해 사용된다.

### 사고사례 : 비행경로 이탈의 부적절한 분석으로 인한 화성 궤도의 비행 실패

1999년 9월 23일, 화성탐사 우주선이 화성 주의의 궤도에 진입하려는 시도 중에 사라졌다.[33] 9개월의 비행동안에 비행경로가 10번이나 조정되었다. 항공팀이 화성에 진입하기 위한 작전행동의 결과가 정확하지 않다는 것을 인식했다. 즉, 실제 결과는 예측된 것과 달랐다.

explosion-and-fire/.

32) "CSB Report: Sugar Dust Explosion and Fire." https://www.csb.gov/assets/1/20/imperial_sugar_report_final_updated.pdf?13902.

33) "Mars Mishap Investigation Board Report." hitp:/sunnyday.mit.edu/accidents/MCO_report.pdf.

사고 후, 그들은 화성 진입을 위한 계산 중 하나가 SI 단위 대 영국 단위의 잘못된 단위를 사용했다는 것을 발견했다. 만일 그 항해팀이 비행하는 동안 비정상적인 일탈의 이유를 평가했더라면 이 사고를 예방할 수 있었다. 측정 및 메트릭스 요소의 목적은 공장을 운영하고 사고를 예방하기 위한 성능을 조정하거나 공정문제를 확인하기 위한 것이다. 이 결함은 화성탐사 우주선 사고의 주요 원인이 되었다.

### 사고사례 : 부적적한 공정안전 메트릭스에 의한 석유정제 공장 폭발

2005년 3월 23일, 정유공장의 옥탄 부스팅(Octane-boosting)이성화 유닛의 운전 중에 사고가 발생했다.[34][35] 이 화재 폭발로 15명이 사망하고 180명이 부상을 입었다. 지역 주민들한테 경보를 주었고, 15억 이상의 재정 손실을 초래했다. 타워가 과충전(overfill)되어 압력방출장치가 열리면서 플레어가 장착되지 않은 스택에서부터 인하성 액체의 간헐적인 분출을 초래했다. 인화성 물질의 방출이 화재폭발을 일으켰다. 사망자 모두가 스택 근처에 위치한 사무실 안이나 사무실 가까이에서 발생했다.

이 회사는 향상된 안전을 목표로 다양한 메트릭스로 이전 사고에 대응했었다. 그러나 이러한 시책의 초점은 절차의 준수향상과 직업성 부상율 경감에 있다. 안전하지 않은 구식 장비 설계가 그대로 유지되었고 예방 유지보수의 수용 할 수없는 결함이 허용되었다. 이 회사의 초점은 주요 공정사고의 위험을 예방하기 위한 관리시스템, 장비 설계 및 예방적 유지보수 프로그램보다는 미끄러짐, 넘어짐 및 떨어짐이었다.

**교훈**

안전성능 향상을 위해 플랜트는 선행지표와 후행지표 조합을 측정해야 한다. 이 요소의 목적은 공정 지표를 측정하고, 이상상태(일탈)를 평가하고, 일탈이 허용되지 않을 때 결과를 조정하는 것이다. 선행지표 및 지연지표에 대한 자세한 내용은 1.6절 및 <표 1.5>를 참조하라.

## 19 감사

프로세스 안전관리시스템 성능에 대한 정기적인 비판적 검토는 감사자가 수행하여 성능의 차이를 확인하고 개선 기회를 파악해야 하며, 이러한 격차가 줄어 완료될 때까지 추적되어야 한다.

34) "CBS Investigation of BP Texas City Refinery Disaster Continues as Organizational Issues Are Probed." https//www.csb.gov/csb-investigation-of-bp-texas-city-refinery-disaster-continues-as-organizational-issues-are-probed/
35) "BP Refinery Explosion and Fire." file:///C:/Users/Owner/Downloads/CSBFinalReportBP%20(1).pdf.

### 사고사례 : 자산 무결성 및 신뢰성에 대한 부적절한 감사로 인한 가스공장 폭발

이는 14.7절에서 위험요인 파악 및 위험성 평가에 사용된 것과 동일한 사례 기록이다. Longford 폭발사고 이후 호주 왕립위원회(Royal Commission)가 회사의 경영시스템과 감사 절차를 비판했다.[36] 사고 발생 1년 전에 경영시스템 감사를 마쳤지만, 이번 감사는 중대한 위험요인 파악절차(HAZOP)가 진행되지 않은 사실을 밝혀내지 못했다.

#### 교훈

감사 프로세스는 매우 중요하다 : 그것은 플랜트가 의도한 대로 RBPS 요건을 실행한다는 것을 보장한다. 좋은 감사 프로세스에는 다음과 같은 구성요소가 포함된다:

1. 빈번하고 철저한 감사를 실시하여 사고가 발생하기 전에 문제를 파악하고 제거한다.
2. RBPS 프로세스의 모든 요소를 감사하여 문서화된 대로 모든 요건이 충족되는지 확인한다.
3. 숙련된 팀의 직원과 함께 감사대상시설 외부 및 내부 감사를 수행한다. 또한 이 감사 영역에 특정 기술을 가진 외부 컨설턴트를 포함한다.
4. 결과를 사용하여 문제를 해결하고 문서화된 감사 프로세스를 개선한다.
5. 교육, 유지보수 및 기타 정기적인 작업이 적절하게 계획되고 완료되었는지 확인한다.

## 20 관리 검토 및 지속적인 개선

모든 수준의 관리자들은 RBPS 프로세스 안전 기대치와 목표를 직원과 함께 설정하고 이러한 목표를 향한 성과와 진행상황을 검토해야 한다. 이 활동은 직원 또는 “리더십 팀” 회의에서 또는 일대일로 이루어질 수 있다. 공정안전 리더에 의해 가능할 수 있지만 라인 관리자가 소유하고 있다.

### 사례 기록 : 많은 RBPS 요소의 실패로 인한 폭발

작업절차에 관한 14.9절에 제시된 사고는 변경관리, 자산 무결성 및 신뢰성 및 작업절차를 포함한 다른 RBPS 요소에 실패가 있었다.[37][38]

36) A. Hopkins. “Lessons Learned from the Longford Explosion.” http://www.futuremedia.com.au/docs/Lessons%20from%20Longford%20by%20Hopkins.PDF.
37) Chemical Safety Board Investigations. http://www.csb.gov/investigations/completed-investigations/?Type=2.
38) Chemical Safety Board Video Room. http://www.csb.gov/videos/.

**교훈**

다음과 같은 목적으로 전체 RBPS 시스템을 자주 검토 또는 감사하여 전체 RBPS 관리 프로세스에 대한 문제를 파악한다:

1. 문서화된 프로세스에서 문제 및 결함을 찾아내고 성능이 의도한 대로 수행되지 않을 경우 수정 및 개선한다.
2. 관련 지식이 있는 직원과 때로는 숙련된 컨설턴트를 통해 이러한 감사를 수행한다.
3. 이 검토의 권장 사항을 포함하도록 RBPS 시스템의 모든 문서화 된 요소를 가능한 빠르게 업데이트한다.
4. 새로운 문제가 실수로 추가되지 않도록 개선된 시스템을 연구한다.
5. 개선된 시스템의 세부사항을 공장의 모든 작업자에게 전달한다.
6. 교육, 유지 관리 및 기타 작업이 적절하게 계획되었는지 확인하고, 감사에 의해 시작되는 것을 기다리지 않는다.

요약 : RBPS 20개 요소는 사고를 방지하기 위한 효과적인 관리시스템이다. RBPS 20 요소의 효과는 사례 기록을 사용하여 이 장에 예시하였다.

## 참고문헌


*Case Histories of Accidents in the Chemical Industry*, Vol.1 (Washington, DC: Manufacturing Chemists' Association, July 1962).

*Case Histories of Accidents*, Vol.2 (January 1966).

*Case Histories of Accidents*, Vol.3 (April 1970).

*Case Histories of Accidents*, Vol.3 (April 2013).

T. A. Kletz. "Friendly Plants." *Chemical Engineering Progress* (July 1989):8 26.

T. Kletz. *Learning from Accidents*, 3rd ed. (boston, MA: Butterworth-Heinemann, 2011).

T. A. Kletz. *Plant Design for Safety* (New York, NY: Hemisphere Publishing, 1991).

T. Kletz. *What Went Wrong Case Histories of Process Plant Disasters and How They Could Have Been Avoided*, 5th ed. (Boston, MA: Butterworth-Heinemann, 2009).

S. Mannan, ed. *Lees' Loss Prevention in the Process Industries*, 4th ed. (London, UK: Butterworth-Heinemann, 2012).

S. Mannan, cd. *Lees' Loss Prevention in the Process Industries*, 8th ed. (New York, NY: McGraw-Hill 2017).

R. E. Sanders. *Chemical Process Safety: Learning from Case Histories* (London, UK: Butterworth-Heinemann, 2015).

## 연습문제

**14.1** 20개의 RBPS 요소는 모두 똑같이 중요하므로 우선순위를 정할 수 없다. 개인 및 / 또는 회사 경험을 바탕으로 부적절하게 다루어진 두 요소는 무엇인가? 이것의 부적절함의 이유와 배경을 설명하여라.

**14.2** 문제 14.1의 후속 조치로서, 개인 및 회사 경험에 기초하여, 개인적으로 부적절하게 처리된 것으로 밝혀진 몇 가지 추가 RBPS 요소를 나열하고 이러한 부적절함의 배경과 이유를 설명하여라.

**14.3** 2016년 10월 21일 MGPI처리시설 사고에 대한 CSB 비디오를 검토하고 (a) 사고 및 (b) 적절하게 다루지 못한 RBPS 요소를 설명하여라. 왜 이러한 요소가 올바르게 처리되지 않았는지 설명하여라.

**14.4** 2007년 12월 T2 실험실 사고 : T2 실험실에서의 폭주폭발"에 관한 CSB 영상을 검토하여라. (a) 사고를 설명하여라. (b) CSB 권고를 요약하여라.

**14.5** 2008년 2월 Imperial 설탕 정제소 폭발 사고 "가연성 분진: 점진적인 위험."에 관한 CSB 영상을 검토하라: (a) 사고를 설명하여라. (b) CSB 권고 사항을 요약하여라.

**14.6** ExxonMobil refinery 2013 사고; 서부 Texas에서의 폭발에 대한 CSB 영상을 검토하라 (a) 사고를 설명하여라. (b) 어떤 RBPS 요소가 부적절하게 이야기 되었는 지와 이유를 설명하여라.

**14.7** "CSB Video Excerpts from Dr. Trevor Klets."의 CSB영상을 검토하여라. Dr. Klet의 주요 가르침을 설명하여라.

**14.8** CSB 영상: "Fire in Baton Rouge"를 검토하여라. (a) 사고 및 (b) CSB 결과를 설명하여라.

**14.9** 안전이 특히 중요하다는 것을 인식할 수 있도록 엔지니어 및 학생에게 교육 영상을 보여줄 것을 권장한다. "Remember Charlie." 비디오에 관한 인터넷 정보를 확인한다. 영상을 설명하고 자신만의 결론을 제시해본다.

**14.10** 인터넷에서 "Gas Station Fire"에 대한 사례 기록을 확인할 수 있을 것이다. 사고를 설명하고 이러한 유형의 사고를 방지하기위한 권장 사항을 작성하여라.

# A P P E N D I X

## A. 단위환산계수[1]

| 부피 상당량 | | | | |
|---|---|---|---|---|
| $in^3$ | $ft^3$ | U.S. gal | L | $m^3$ |
| 1 | $5787\times10^{-4}$ | $4.329\times10^{-3}$ | $1.639\times10^{-2}$ | $1.639\times10^{-5}$ |
| 1728 | 1 | 7.481 | 28.32 | $2.832\times10^{-2}$ |
| 231 | 0.1337 | 1 | 3.785 | $3.785\times10^{-3}$ |
| 61.03 | $3.531\times10^{-2}$ | 0.2642 | 1 | $1.000\times10^{-3}$ |
| $6.102\times10^{4}$ | 35.31 | 264.2 | 1000 | 1 |

| 질량 상당량 | | | | |
|---|---|---|---|---|
| avoirdupois oz | $lb_m$ | grains | g | kg |
| 1 | $6.25\times10^{-2}$ | 437.5 | 28.35 | $2.835\times10^{-2}$ |
| 16 | 1 | 7000 | 453.6 | 0.453592 |
| $2.286\times10^{-3}$ | $1.429\times10^{-4}$ | 1 | $6.48\times10^{-2}$ | $6.48\times10^{-5}$ |
| $3.527\times10^{-2}$ | $2.20\times10^{-3}$ | 15.432 | 1 | 0.001 |
| 35.27 | 2.20 | 15,432 | 1000 | 1 |

| 길이 | | | |
|---|---|---|---|
| m | in | ft | mi |
| 1 | 39.37 | 3.2805 | $6.214\times10^{-4}$ |
| $2.54\times10^{-2}$ | 1 | $8.333\times10^{-2}$ | $1.58\times10^{-5}$ |
| 0.3048 | 12 | 1 | $1.8939\times10^{-4}$ |
| 1609 | $6.336\times10^{4}$ | 5280 | 1 |

| 선력 상낭량 | | | | |
|---|---|---|---|---|
| HP | kW | $ft\text{-}lb_f/sec$ | Btu/s | J/s |
| 1 | 0.7457 | 550 | 0.7068 | 745.7 |
| 1.341 | 1 | 737.56 | 0.9478 | 1000 |
| $1.818\times10^{-3}$ | $1.356\times10^{-3}$ | 1 | $1.285\times10^{-3}$ | 1.356 |
| 1.415 | 1.055 | 778.16 | 1 | 1055 |
| $1.341\times10^{-3}$ | $1.000\times10^{-3}$ | 0.7376 | $9.478\times10^{-4}$ | 1 |

1) Selected from David Himelblau, *Basic Principles and Calculations in Chemical Engineering*, 4th ed.(Englewood Cliffs, NJ: Prentice Hall, 1982).

| Heat, 열, 에너지, 일 상당량 | | | | | |
|---|---|---|---|---|---|
| ft-$lb_f$ | kW hr | HP · hr | Btu | cal | J |
| 1 | $3.766 \times 10^{-7}$ | $5.0505 \times 10^{-7}$ | $1.285 \times 10^{-3}$ | 0.3241 | 1.356 |
| $2.655 \times 10^{6}$ | 1 | 1.341 | 3412.8 | $8.6057 \times 10^{5}$ | $3.6 \times 10^{6}$ |
| $1.98 \times 10^{6}$ | 0.7455 | 1 | 2545 | $6.4162 \times 10^{5}$ | $2.6845 \times 10^{6}$ |
| 778.16 | $2.930 \times 10^{-4}$ | $3.930 \times 10^{-4}$ | 1 | 252 | 1055 |
| 3.086 | $1.162 \times 10^{-6}$ | $1.558 \times 10^{-6}$ | $3.97 \times 10^{-3}$ | 1 | 4.184 |
| 0.7376 | $2.773 \times 10^{-7}$ | $3.725 \times 10^{-7}$ | $9.484 \times 10^{-4}$ | 0.2390 | 1 |

| 압력 상당량 | | | | | |
|---|---|---|---|---|---|
| mmHg | inHg | bar | atm | kPa | psia |
| 1 | $3.937 \times 10^{-2}$ | $1.333 \times 10^{-3}$ | $1.316 \times 10^{-3}$ | 0.1333 | $1.934 \times 10^{-2}$ |
| 25.40 | 1 | 33.87 | $3.342 \times 10^{-2}$ | 3.387 | 0.4912 |
| 750.06 | 29.53 | 1 | 0.9869 | 100.0 | 14.504 |
| 760.0 | 29.92 | 1.013 | 1 | 101.3 | 14.696 |
| 75.02 | 0.2954 | 0.01000 | $9.872 \times 10^{-3}$ | 1 | 0.1450 |
| 51.71 | 2.036 | $6.893 \times 10^{-2}$ | $6.805 \times 10^{-2}$ | 6.893 | 1 |

| 이상기체상수, $R_g$ |
|---|
| 1.9872 cal/gm-mol K |
| 1.9872 Btu/lb-mol °R |
| 8.3143 J/mol K= 0.0083143 kJ/mol K |
| 10.731 psia $ft^3$/lb-mol °R |
| 8.3143 kPa $m^3$/kg-mol K |
| $8.3143 \times 10^{-2}$ bar $m^3$/kg-mol K = $8.3143 \times 10^{-5}$ bar $m^3$/mol K |
| 82.057 $cm^3$ atm/gm-mol K = $8.2057 \times 10^{-5}$ $m^3$ atm/mol K |
| 0.082057 L atm/gm-mol K = 0.082057 $m^3$ atm/kg-mol K |
| 21.9 (inHg) $ft^3$/lb-mol °R |
| 0.7302 $ft^3$ atm/lb-mol °R |
| 1,545.3 ft $lb_f$/lb-mol °R |
| $8.314 \times 10^{3}$ kg $m^2$/kg-mol $s^2$ K = $8.314 \times 10^{3}$ N m/kg-mol $s^2$ K |
| 8.314 N m/mol K |

| 중력환산계수, $g_c$ |
|---|
| 32.174 ft-$lb_m$/lbf-$s^2$ |
| 1 kg m/$s^2$ N = 1 kg/Pa m $s^2$ = 1 J $s^2$/kg $m^2$ = $10^5$ kg/bar m $s^2$ |
| 1 g cm/$s^2$ dyne |
| ※ 중력가속도 g = 32.174 ft/$s^2$ = 9.80665 m/$s^2$ |

| 기타 |
|---|
| 1 N = 1 kg m/$s^2$ |
| 1 J = 1 N m = 1 kg $m^2$/$s^2$ |
| 1 Poise = 100 centipoise = 1 kg/m s = 1 Pa s = 1 N s/$m^2$ |
| 1 centipoise (cp) = $1 \times 10^{-3}$ kg/m s = 2.4191 $lb_m$/ft hr = $6.7197 \times 10^{-4}$ $lb_m$/ft s |
| 1 atm = 760 mmHg = 101,325 Pa = .013 bar = 29.92 inHg = 33.91 $ftH_2O$ = 10.33 $mH_2O$ |
| 아보가드로수 = $6.02214 \times 10^{23}$ /mol |
| 1 U.S.gal × 0.8327 Imperial gal |

# B. 주요 탄화수소에 대한 인화성 데이터

**Table AB-1** Flammability Data for Selected Hydrocarbons

| Compound | Formula | Heat of combustion (kJ/mol) | | Flammability limit[a] vol. % fuel in air | | Flash point temperature[a] °C | Autoignition temperature[a] °C |
|---|---|---|---|---|---|---|---|
| | | Lower[a] | Upper[b] | LFL | UFL | | |
| *Paraffin hydrocarbons* | | | | | | | |
| Methane | $CH_4$ | −802.3 | −890.3 | 5.0 | 15.0 | −188 | 600 |
| Ethane | $C_2H_6$ | −1428.6 | −1559.8 | 3.0 | 12.5 | −135 | 515 |
| Propane | $C_3H_8$ | −2043.1 | −2219.9 | 2.1 | 9.5 | −104 | 450 |
| Butane | $C_4H_{10}$ | −2657.5 | −2877.5 | 1.8 | 8.5 | −60 | 405 |
| Isobutane | $C_4H_{10}$ | −2649.0 | −2869.0 | 1.8 | 8.4 | −83 | 460 |
| Pentane | $C_5H_{12}$ | −3245.0 | −3536.6 | 1.4 | 7.8 | −40 | 260 |
| Isopentane | $C_5H_{12}$ | −3240.3 | −3527.6 | 1.4 | 7.6 | −57 | 420 |
| Neopentane | $C_5H_{12}$ | −3250.4 | −3514.1 | 1.4 | 7.5 | −65 | 450 |
| Hexane | $C_6H_{14}$ | −3855.2 | −4194.5 | 1.2 | 7.5 | −23 | 234 |
| Heptane | $C_7H_{16}$ | −4464.9 | −4780.6 | 1.0 | 7.0 | −4 | 223 |
| 2,3-Dimethylpentane | $C_7H_{16}$ | −4460.7 | −4842.3 | 1.1 | 6.7 | −15 | 337 |
| Octane | $C_8H_{18}$ | −5074.1 | −5511.6 | 0.8 | 6.5 | 13 | 220 |
| Nonane | $C_9H_{20}$ | −5685.1 | – | 0.7 | 5.6 | 31 | 206 |
| Decane | $C_{10}H_{22}$ | −6294.2 | −6737.0 | 0.8 | 5.4 | 46 | 208 |
| *Olefins* | | | | | | | |
| Ethylene | $C_2H_4$ | −1322.6 | −1411.2 | 2.7 | 36.0 | −136 | 450 |
| Propylene | $C_3H_6$ | −1925.7 | −2057.3 | 2.0 | 11.0 | −108 | 455 |
| 1-Butene | $C_4H_8$ | −2541.2 | −2716.8 | 1.6 | 9.3 | −79 | 384 |
| 2-Butene | $C_4H_8$ | −2534.4 | −2708.2 | 1.8 | 9.7 | −74 | 324 |
| 1-Pentene | $C_5H_{10}$ | −3129.7 | −3361.4 | 1.5 | 8.7 | −18 | 273 |
| *Acetylenes* | | | | | | | |
| Acetylene | $C_2H_2$ | −1255.6 | −1299.6 | 2.5 | 80.0 | −18 | 305 |
| *Aromatics* | | | | | | | |
| Benzene | $C_6H_6$ | −3135.6 | −3301.4 | 1.4 | 7.1 | −11 | 562 |
| Toluene | $C_7H_8$ | −3733.9 | −3947.9 | 1.2 | 7.1 | 4 | 536 |
| o-Xylene | $C_8H_{10}$ | −4332.8 | −4567.6 | 1.0 | 6.0 | 17 | 464 |

**Table AB-1** *(continued)*

| Compound | Formula | Heat of combustion (kJ/mol) | | Flammability limit[a] vol. % fuel in air | | Flash point temperature[a] °C | Autoignition temperature[a] °C |
|---|---|---|---|---|---|---|---|
| | | Lower[a] | Upper[b] | LFL | UFL | | |
| *Cyclic hydrocarbons* | | | | | | | |
| Cyclopropane | $C_3H_6$ | −1959.3 | −2091.3 | 2.4 | 10.4 | −94 | 498 |
| Cyclohexane | $C_6H_{12}$ | −3655.8 | −3953.0 | 1.3 | 8.0 | −20 | 260 |
| Methylcyclohexane | $C_7H_{14}$ | −4257.1 | −4600.7 | 1.2 | 7.2 | −4 | 285 |
| Phenol | $C_6H_6O$ | −2921.4 | | 1.8 | 8.6 | 79 | 715 |
| *Terpenes* | | | | | | | |
| Turpentine | $C_{10}H_{16}$ | – | – | 0.8 | 6.8 | 51 | 252[2] |
| *Alcohols* | | | | | | | |
| Methyl alcohol | $CH_4O$ | −638.1 | −764.0 | 7.5 | 36.0 | 11 | 463 |
| Ethyl alcohol | $C_2H_6O$ | −1235.5 | −1409.2 | 4.3 | 19.0 | 13 | 422 |
| Allyl alcohol | $C_3H_6O$ | −1731.9 | −1912.2 | 2.5 | 18.0 | 21 | 378 |
| n-Propanol | $C_3H_8O$ | −1843.8 | −2068.9 | 2.0 | 12.0 | 15 | 371 |
| Isopropyl alcohol | $C_3H_8O$ | −1830.0 | −2051.0 | 2.0 | 12.0 | 12 | 399 |
| n-Butyl alcohol | $C_4H_{10}O$ | −2456.0 | −2728.3 | 1.4 | 11.2 | 29 | 343 |
| Isoamyl alcohol | $C_5H_{12}O$ | −3062.3 | – | 1.2 | 9.0 | 43 | 350 |
| *Aldehydes* | | | | | | | |
| Formaldehyde | $CH_2O$ | −519.4 | −570.8 | 7.0 | 73 | −53 | 430 |
| Acetaldehyde | $C_2H_4O$ | −1104.6 | −764.0 | 1.6 | 10.4 | −38 | 185 |
| Acrolein | $C_3H_4O$ | −1553.5 | | 2.8 | 31.0 | −26 | 234 |
| Methacrolein | $C_4H_6O$ | −2150.0 | −2268.1 | 2.1 | 14.6 | 2 | 234 |
| Furfural | $C_5H_4O_2$ | −2249.7 | −2340.9 | 2.1 | 19.3 | 60 | 316 |
| Paraldehyde | $C_6H_{12}O_3$ | −3125.2 | – | 1.3 | 16.2 | 36 | 238 |
| *Ethers* | | | | | | | |
| Diethyl ether | $C_4H_{10}O$ | −2503.5 | −2751.1 | 1.9 | 48.0 | −45 | 180 |
| Divinyl ether | $C_4H_6O$ | −2260.0 | −2416.2 | 1.7 | 27.0 | −47 | 360 |
| Disopropyl ether | $C_6H_{14}O$ | −3702.3 | −4043.0 | 1.4 | 21.0 | −28 | 443 |

*(continues)*

Table AB-1 (*continued*)

| Compound | Formula | Heat of combustion (kJ/mol) Lower[a] | Heat of combustion (kJ/mol) Upper[b] | Flammability limit[a] vol. % fuel in air LFL | Flammability limit[a] vol. % fuel in air UFL | Flash point temperature[a] °C | Autoignition temperature[a] °C |
|---|---|---|---|---|---|---|---|
| *Ketones* | | | | | | | |
| Acetone | $C_3H_6O$ | −1659.2 | −1821.4 | 2.6 | 12.8 | −18 | 538 |
| Methylethyl ketone | $C_4H_8O$ | −2261.6 | −2478.7 | 1.8 | 10.0 | −6 | 516 |
| 2-Pentanone | $C_5H_{10}O$ | −2880.0 | −3137.6 | 1.5 | 8.2 | 7 | 457 |
| 2-Hexanone | $C_6H_{12}O$ | −3490.0 | −3796.3 | 1.2 | 8.0 | 25 | 424 |
| *Acids* | | | | | | | |
| Acetic acid | $C_2H_4O_2$ | −786.4 | −926.1 | 5.4 | 16.0 | 43 | 427 |
| Hydrogen cyanide | HCN | – | – | 6.0 | 41.0 | −18 | 538 |
| *Esters* | | | | | | | |
| Methyl formate | $C_2H_4O_2$ | −920.9 | −1003.0 | 5.9 | 20.0 | −19 | 456 |
| Ethyl formate | $C_3H_6O_2$ | −1507.0 | −1638.8 | 2.7 | 13.5 | −4 | 455 |
| Methyl acetate | $C_3H_6O_2$ | −1461.0 | −1628.1 | 3.1 | 16.0 | −10 | 502 |
| Ethyl acetate | $C_4H_8O_2$ | −2061.0 | −2273.6 | 2.2 | 11.4 | −4 | 427 |
| Propyl acetate | $C_5H_{10}O_2$ | −2672.0 | – | 2.0 | 8.0 | 15 | 450 |
| Isopropyl acetate | $C_5H_{10}O_2$ | −2658.1 | −2907.0 | 1.8 | 7.2 | 2 | 479 |
| Butyl acetate | $C_6H_{12}O_2$ | −3283.0 | −3587.8 | 1.7 | 7.6 | 22 | 421 |
| Isopentyl acetate | $C_7H_{14}O_2$ | −3889.9 | −4361.7 | 1.0 | 7.5 | 25 | 360 |
| *Inorganic* | | | | | | | |
| Hydrogen | $H_2$ | −241.8 | −285.8 | 4.0 | 75.0 | – | 400 |
| Ammonia | $NH_3$ | – | −382.6 | 16.0 | 25.0 | – | 651 |
| *Oxides* | | | | | | | |
| Carbon monoxide | CO | −283.0 | – | 12.5 | 74.0 | – | 609 |
| Ethylene oxide | $C_2H_4O$ | −1218.0 | −1264.0 | 3.0 | – | −55 | 429 |
| Propylene oxide | $C_3H_6O$ | −1785.3 | – | 2.1 | 21.5 | −37 | 465 |
| Dioxane | $C_4H_8O_2$ | −2178.8 | – | 2.0 | 22.0 | 12 | 180 |

Table AB-1 (*continued*)

| Compound | Formula | Heat of combustion (kJ/mol) | | Flammability limit[a] vol. % fuel in air | | Flash point temperature[a] °C | Autoignition temperature[a] °C |
|---|---|---|---|---|---|---|---|
| | | Lower[a] | Upper[b] | LFL | UFL | | |
| *Sulfur containing* | | | | | | | |
| Carbon disulfide | $CS_2$ | −1104.2 | −1031.8 | 1.3 | 50.0 | −30 | 90 |
| Hydrogen sulfide | $H_2S$ | – | −562.6 | 4.3 | 45.0 | – | 260 |
| Carbon oxysulfide | COS | −548.3 | −546.0 | 12.0 | 29.0 | – | – |
| *Chlorine containing* | | | | | | | |
| Methyl chloride | $CH_3Cl$ | −675.4 | −687.0 | 10.7 | 17.4 | −66 | 632 |
| Ethyl chloride | $C_2H_5Cl$ | −1284.9 | −1325.0 | 3.8 | 15.4 | −50 | 519 |
| Propyl chloride | $C_3H_7Cl$ | −1864.6 | −2001.3 | 2.8 | 10.7 | −32 | 593 |
| Butyl chloride | $C_4H_9Cl$ | −2474.2 | – | 1.8 | 10.1 | −28 | 460 |
| sec-Butyl chloride | $C_4H_9Cl$ | −2465.2 | – | 1.9 | 9.1 | −5 | – |
| Amyl chloride | $C_5H_{11}Cl$ | −3085.2 | – | 1.6 | 8.6 | 13 | 260 |
| Vinyl chloride | $C_2H_3Cl$ | −1158.0 | – | 3.6 | 33.0 | −78 | 472 |
| Chlorobenzene | $C_6H_5Cl$ | −2976.1 | – | 1.3 | 7.1 | 32 | 638 |
| Ethylene dichloride | $C_2H_2C_{12}$ | −994.5 | −1133.8 | 5.6 | 12.8 | 4 | 460 |
| Propylene dichloride | $C_3H_6C_{12}$ | −1704.6 | – | 3.4 | 14.5 | 16 | 557 |
| *Bromides* | | | | | | | |
| Methyl bromide | $CH_3Br$ | −705.4 | −768.9 | 10.0 | 16.0 | −44 | 537 |
| Ethyl bromide | $C_2H_5Br$ | −1284.4 | −1424.6 | 6.7 | 11.3 | −33 | 511 |
| *Amines* | | | | | | | |
| Methyl amine | $CH_5N$ | −975.1 | −1085.1 | 4.9 | 20.7 | −58 | 430 |
| Ethyl amine | $C_2H_7N$ | −1587.4 | −1739.9 | 3.5 | 14.0 | −46 | 384 |
| Dimethyl amine | $C_2H_7N$ | −1614.6 | −1768.9 | 2.8 | 14.4 | −50 | 400 |
| Propyl amine | $C_3H_9N$ | −2164.8 | −2396.6 | 2.0 | 10.4 | −12 | 318 |
| Diethyl amine | $C_4H_{11}N$ | −2800.3 | −3074.3 | 1.8 | 10.1 | −26 | 312 |
| Trimethyl amine | $C_3H_9N$ | −2244.9 | −2443.0 | 2.0 | 11.6 | −7 | 190 |
| Triethyl amine | $C_6H_{15}N$ | −4044.5 | −4134.5 | 1.2 | 8.0 | −12 | – |

(*continues*)

**Table AB-1** *(continued)*

| Compound | Formula | Heat of combustion (kJ/mol) | | Flammability limit[a] vol. % fuel in air | | Flash point temperature[a] °C | Autoignition temperature[a] °C |
|---|---|---|---|---|---|---|---|
| | | Lower[a] | Upper[b] | LFL | UFL | | |
| *Miscellaneous* | | | | | | | |
| Acrylonitrile | $C_3H_3N$ | −1690.0 | −1789.1 | 2.4 | 17.3 | 0 | 481 |
| Aniline | $C_6H_7N$ | −3238.5 | — | 1.3 | 11 | 70 | 617 |
| Diborane | $B_2H_6$ | — | — | 0.8 | 98 | −90 | 52 |
| Methyl methacrylate | $C_5H_8O_2$ | −2546.8 | | 2.1 | 12.5 | 11 | — |
| Styrene | $C_8H_8$ | −4219.3 | −4438.8 | 1.1 | 6.1 | 32 | 490 |
| Gasoline[c] | | | | 1.4 | 7.6 | −43 | |

[a]Carl L. Yaws, *Chemical Properties Handbook* (New York: McGraw-Hill, 1999).

[b]T. Suziki, "Note: Empirical Relationship between Lower Flammability Limits and Standard Enthalpies of Combustion of Organic Compounds," *Fire and Materials* (1994), 18: 333–336 and 393–397.

[c]B. Lewis and G. Von Elbe, *Combustion, Flames, and Explosions of Gases* (New York: Harcourt Brace Jovanovich), 1987.

# C. 포화증기압 데이터 [1)]

$$\ln(P^{\text{sat}}) = A - \frac{B}{C + T}$$

여기서, $P^{at}$ 포화증기압 [mmHg]

$T$ 온도 [K], 그리고

$A, B, C$ 상수로 아래에 주어진다.

| Species | Formula | Ranger(K) | A | B | C |
|---|---|---|---|---|---|
| Acetone | $C_2H_6O$ | 241~350 | 16.6513 | 2940.46 | −35.93 |
| Benzene | $C_6H_6$ | 280~377 | 15.9008 | 2788.51 | −52.36 |
| Carbon tetrachloride | $CCl_4$ | 253~374 | 15.8742 | 2808.19 | −45.99 |
| Chloroform | $CHCl_3$ | 260~370 | 15.9732 | 2696.79 | −46.19 |
| Cyclohexane | $C_6H_{12}$ | 280~380 | 15.7527 | 2766.63 | −50.50 |
| Ethyl acetate | $C_4H_8O_2$ | 260~385 | 16.1516 | 2790.50 | −57.15 |
| Ethyl alcohol | $C_2H_6O$ | 270~369 | 16.9119 | 3803.98 | −41.68 |
| n-Heptane | $C_7H_{16}$ | 270~400 | 15.8737 | 2911.32 | −56.51 |
| n-Hexane | $C_6H_{14}$ | 245~370 | 15.8366 | 2697.55 | −48.78 |
| Methyl alcohol | $CH_4O$ | 257~364 | 18.5875 | 3626.55 | −34.29 |
| n-Pentane | $C_5H_{12}$ | 220~330 | 15.8333 | 2477.07 | −39.94 |
| Toluene | $C_6H_5CH_3$ | 280~410 | 16.0137 | 3096.52 | −53.67 |
| Water | $H_2O$ | 284~441 | 18.3036 | 3816.44 | −46.11 |

1) Selected from David Himmelblau, *Basic Principles and Calculations in Chemical Engineering*, 7th ed. (upper Saddle River, NJ: Prentice Hall, 2003), p.1057.

# D. 반응성 화학물질의 유형

Reactivity information from R. W. Johnson, S. W. Rudy and S. D. Unwin, *Essential Practices for Managing Chemical Reactivity Hazards* (New York: American Institute of Chemical Engineers, 2003).

Table AD-1 A Few Pyrophoric and Spontaneously Combustible Categories and Chemicals (these materials combust on exposure to air)

| Category | Examples |
|---|---|
| Finely divided metals (without oxide film) | Aluminum, calcium, cobalt, iron, magnesium, manganese, palladium, platinum, titanium, tin, zinc, zirconium |
| Many hydrogenation catalysts containing adsorbed hydrogen (before and after use) | Raney nickel catalyst with adsorbed hydrogen |
| Alkali metals | Potassium, sodium |
| Metal hydrides | Germane, lithium aluminum hydride, potassium hydride, sodium hydride |
| Partially or fully alkylated metal hydrides | Butyllithium, diethylaluminum hydride, triethylbismuth, trimethylaluminum |
| Arylmetals | Phenylsodium |
| Alkylmetal derivatives | Diethylethoxyaluminum, dimethylbismuth chloride |
| Analogous derivatives of nonmetals | Diborane, dimethylphosphine, phosphine, triethylarsine |
| Carbonylmetals | Pentacarbonyliron, octacarbonyldicobalt |
| Grignard reagents (RMgX) | Ethylmagnesium chloride, methylmagnesium bromide |
| Metal sulfides | Iron sulfide |
| Miscellaneous | Phosphorus (white), titanium dichloride |

Table AD–2 Some Chemical Structures Susceptible to Peroxide Formation (the peroxides formed may become unstable and explode when disturbed)

| Chemical structure (not all bonds are shown) | Examples/explanation |
|---|---|
| **Organic Substances** | |
| $CH_2$–O–R | Ethers with alpha hydrogen atoms, especially cyclic ethers and those containing primary and secondary alcohol groups, form dangerously explosive peroxides on exposure to air and light |
| CH(–O–R)$_2$ | Acetals with alpha hydrogen atoms |
| C=C–CH | Allyl compounds (olefins with allylic hydrogen atoms), including most alkenes |
| C=C–X | Halo-olefins (e.g., chloroolefins, fluoroolefins) |
| C=CH | Vinyl and vinylidene esters, ethers, styrenes |
| C=C–C=C | 1,3-Dienes |
| CH–C≡CH | Alkylacetylenes with alpha hydrogen atoms |
| C=CH–C=CH | Vinylacetylenes with alpha hydrogen atoms<br>Tetrahydronaphthalenes |
| (R)$_2$CH–Ar | Alkylarenes with tertiary hydrogen atoms (e.g., cumene) |
| (R)$_3$CH | Alkanes and cycloalkanes with tertiary hydrogen atoms (e.g., t-butane, isopropyl compounds, decahydronaphthalenes) |
| C=CH–$CO_2$R | Acrylates, methacrylates |
| (R)$_2$CH–OH | Secondary alcohols |
| O=C(R)–CH | Ketones with alpha hydrogen atoms |
| O=CH | Aldehydes |
| O=C–NH–CH | Substituted ureas, amides, and lactams that have a hydrogen atom on a carbon atom attached to nitrogen |
| CH–M | Organometallic compounds with a metal atom bonded to carbon |
| **Inorganic substances** | |
| Alkali metals, especially potassium, rubidium, and cesium | |
| Metal amides (e.g., $NaNH_2$) | |
| Metal alkoxides (e.g., sodium t-butoxide) | |

Table AD–3 Chemical Categories Susceptible to Water Reactivity

| Category | Examples |
|---|---|
| Alkali and alkaline-earth metals | Calcium, potassium, sodium, lithium |
| Anhydrous metal halides | Aluminum tribromide, germanium tetrachloride, titanium tetrachloride |
| Anhydrous metal oxides | Calcium oxide |
| Chlorosilanes | Methyldichlorosilane, trichlorosilane, trimethylchlorosilane |
| Epoxides (e.g., with acid present) | Butylene oxide, ethylene oxide, diepoxy butane, epibromohydrin |
| Finely divided metals, no oxide film | Aluminum, cobalt, iron, magnesium, titanium, tin, zinc, zirconium |
| Grignard reagents; organometallics | Ethylmagnesium chloride, methylmagnesium bromide |
| Inorganic acid halides | Phosphoryl chloride, sulfuryl chloride, chlorosulfuric acid |
| Inorganic cyanides | Barium cyanide, calcium cyanide, cyanogen chloride, silver cyanide |
| Isocyanates | n-Butyl isocyanate, methyl isocyanate, toluene diisocyanate |
| Metal alkyls | Aluminum alkyls, lithium alkyls |
| Metal amides | Lead amide, potassium amide, silver amide, sodium amide |
| Metal hydrides | Calcium hydride, lithium aluminum hydride, sodium borohydride |
| Nitrides, phosphides, carbides | Aluminum phosphide, calcium carbide, gallium phosphide |
| Nonmetal hydrides | Boron trifluoride, phosphorus trichloride, silicon tetrachloride |
| Nonmetal oxides | Phosphorus pentoxide, sulfur trioxide |
| Organic acid halides/anhydrides | Acetic anhydride, acetyl chloride |

## Table AD–4 Common Water-Reactive Chemicals

This is not an exhaustive list. Reaction with water may be slow to violent. Reaction products may be toxic, corrosive, or flammable. Products may be gaseous and of sufficient quantity to rupture unrelieved containment.

Acetic anhydride
Acetyl chloride
Alkylaluminums
Allyl trichlorosilane
Aluminum chloride, anhydrous
Aluminum phosphide
Amyl trichlorosilane
Benzoyl chloride
Boron tribromide
Boron trifluoride
Boron trifluoride etherate
Bromine pentafluoride
Bromine trifluoride
n-Butyl isocyanate
Butyllithium
Butyric anhydride
Calcium
Calcium carbide
Chlorine trifluoride
Chlorosilanes
Chlorosulfonic acid
Chromium oxychloride
Cyanamide
Decaborane
Diborane
Dichloroacetyl chloride
Dichlorosilane
Diethylaluminum chloride
Diethylaluminum hydride
Diethyl carbamyl chloride
Diethyl telluride
Diethylzinc
Diisobutylaluminum hydride
Dimethyldichlorosilane
Diphenyldichlorosilane
Dipropylaluminum hydride
Ethylaluminum dichloride
Ethylaluminum sesquichloride
Ethyldichlorosilane
Ethyltrichlorosilane
Fluorine
Gallium arsenide
Gallium phosphide
Germane
Isobutyric anhydride
Isophorone diisocyanate
Lithium
Lithium aluminum hydride
Lithium hydride
Methyl isocyanate
Methylaluminum sesquibromide
Methylaluminum sesquichloride
Methyldichlorosilane
Methylene diisocyanate
Methylpentaldehyde
Methyltrichlorosilane
Monochloro-s-triazinetrione acid
Mono-(trichloro)-tetra (mono-potassium dichloro)-penta-s-triazinetrione, dry
Octadecyltrichlorosilane
Phenyl trichlorosilane
Phosphorus oxychloride
Phosphorus pentachloride
Phosphorus pentasulfide
Phosphorus tribromide
Phosphorus trichloride
Potassium
Potassium-sodium alloys
Propionyl chloride
Silicon tetrachloride
Silicon tetrafluoride
Sodium
Sodium dichloro-s-triazinetrione dihydrate
Sodium hydride
Sodium hydrosulfite
Sulfur chlorides
Sulfuric acid
Sulfuryl chloride
Tetraethyl lead
Tetramethyl lead
Thionyl chloride
Titanium tetrachloride
Toluene diisocyanate
Trichlorosilane
Triethylaluminum

**Table AD-4** Common Water Reactive Chemicals (*continued*)

| | |
|---|---|
| Triethylborane | Tripropyl aluminum |
| Triisobutylaluminum | Vanadium tetrachloride |
| Trimethylaluminum | Vinyl trichlorosilane |
| Trimethylchlorosilane | Zirconium tetrachloride |

**Table AD-5** Typical Oxidizers

| | |
|---|---|
| Ammonium dichromate | Lithium peroxide |
| Ammonium nitrate | Magnesium bromate |
| Ammonium perchlorate | Magnesium chlorate |
| Ammonium permanganate | Magnesium perchlorate |
| Ammonium persulfate | Magnesium peroxide |
| Amyl nitrate | Manganese dioxide |
| Barium bromate | Mercurous chlorate |
| Barium chlorate | Monochloro-s-triazinetrione acid |
| Barium hypochlorite | Mono-(trichloro)-tetra-(monopotassium dichloro)-penta-s-triazinetrione |
| Barium perchlorate | Nitric acid and fuming nitric acid |
| Barium permanganate | Nitrites, inorganic |
| Barium peroxide | Nitrogen oxides (NOx) |
| Bromine pentafluoride | Oxygen |
| Bromine trifluoride | Peracetic acid |
| 1-Bromo-3-chloro-5,5-dimethylhydantoin (BCDMH) | Perchloric acid solutions |
| Calcium chlorate | Potassium bromate |
| Calcium chlorite | Potassium chlorate |
| Calcium hypochlorite | Potassium dichloro-striazinetrione (potassium dichloroisocyanurate) |
| Calcium perchlorate | Potassium dichromate |
| Calcium permanganate | Potassium percarbonate |
| Calcium peroxide | Potassium perchlorate |
| Chloric acid (10 percent maximum concentration) | Potassium permanganate |
| Chlorine | Potassium peroxide |
| Chlorine trifluoride | Potassium persulfate |
| Chlorosulfonic acid | Potassium superoxide |
| Chromium trioxide (chromic acid) | n-Propyl nitrate |
| Copper chlorate | Silver peroxide |
| Guanidine nitrate | Sodium bromate |
| Halane (1,3-dichloro-5,5-dimethylhydantoin) | Sodium carbonate peroxide |
| Hydrogen peroxide solutions | Sodium chlorate |
| Lead dioxide | Sodium chlorite |
| Lead perchlorate | Sodium dichloro-striazinetrione (sodium dichloroisocyanurate) |
| Lithium chlorate | Sodium dichloro-s-triazinetrione dihydrate |
| Lithium hypochlorite | |
| Lithium perchlorate | |

(*continued*)

Table AD–5 Typical Oxidizers (*continued*)

| | |
|---|---|
| Sodium dichromate | Strontium perchlorate |
| Sodium perborate (anhydrous) | Strontium peroxide |
| Sodium perborate monohydrate | Tetranitromethane |
| Sodium perborate tetrahydrate | Thallium chlorate |
| Sodium percarbonate | Trichloro-s-triazinetrione (trichloroisocyanuric) (acid all forms) |
| Sodium perchlorate | Urea hydrogen peroxide |
| Sodium perchlorate monohydrate | Zinc bromate |
| Sodium permanganate | Zinc chlorate |
| Sodium peroxide | Zinc permanganate |
| Sodium persulfate | Zinc peroxide |
| Strontium chlorate | |

Table AD–6 Some Polymerizing Compounds (these chemicals may polymerize rapidly with release of large amounts of heat)

| | |
|---|---|
| Acrolein | Methacrylic acid |
| Acrylamide | Methyl acrylate |
| Acrylic acid | Methylchloromethyl ether |
| Acrylonitrile | Methyl isocyanate |
| 1,3-Butadiene | Methyl methacrylate |
| Butylacrylate | Methyl vinyl ketone |
| 1,2-Butylene oxide | Propargyl alcohol |
| Butyraldehyde | Propionaldehyde |
| Crotonaldehyde | Propylene oxide |
| Dichloroethylene | Styrene |
| Diketene | Tetrafluoroethylene |
| Divinylbenzene | Tetrahydrofuran |
| Epichlorohydrin | Toluene diisocyanate |
| Ethyl acrylate | Trimethoxysilane |
| Ethylene | Vinyl acetate |
| Ethylene cyanohydrin | Vinyl acetylene |
| Ethyleneimine | Vinyl chloride |
| Ethylene oxide | Vinyl ether |
| 2-Ethylhexylacrylate | Vinylidene chloride |
| Hydrogen cyanide | Vinyl toluene |
| Isoprene | |

# E. 주요 화학물질의 유해위험성 데이터

**Table AE-1** Hazardous Chemicals Data for a Variety of Chemical Substances

| Compound | Molecular weight | Threshold limit value[a] (TLV) TWA (ppm) | STEL (ppm) | C (ppm) | OSHA[b] 8-hour PEL (ppm) | NFPA ratings[c] Health | Flammability | Instability |
|---|---|---|---|---|---|---|---|---|
| Acetaldehyde | 44.05 | | | 25 | 200 | 2 | 4 | 2 |
| Acetic acid | 60.00 | 10 | 15 | | 10 | 3 | 2 | 0 |
| Acetic anhydride | 102.9 | 5 | | | 5 | 3 | 2 | 1 |
| Acetone | 58.05 | 500 | 750 | | 1000 | 1 | 3 | 0 |
| Acrolein | 56.06 | | | 0.1 | 0.1 | 4 | 3 | 3 |
| Acrylic acid | 72.06 | 2 | | | | 3 | 2 | 2 |
| Acrylonitrile | 53.05 | 2 | | | 1910.1045[R] | 4 | 3 | 2 |
| Alkane gases, $C_1$-$C_4$ | – | 1000 | | | | | | |
| Ammonia | 17.03 | 25 | 35 | 50 | 50 | 3 | 1 | 0 |
| Aniline | 93.12 | 2 | | | 5[S] | 2 | 2 | 0 |
| Arsenic | 74.92 | 0.01 $mg/m^3$ | | | 1910.1010[R] | | | |
| Arsine | 77.95 | 0.005 | | | 0.05 | 4 | 4 | 2 |
| Benzene | 78.11 | 0.5 | 2.5 | | 1910.1028[R] | 1 | 3 | 0 |
| Biphenyl | 154.20 | 0.05 | 0.15 | | 0.2 | 1 | 1 | 0 |
| Bromine | 159.81 | 0.1 | 0.2 | | 0.1 | 3 | 0 | 0[OX] |
| 1,3-Butadiene | 54.09 | 2 | | | 1910.1051[R] | 2 | 4 | 2 |
| *n*-Butanol | 74.12 | 20 | | | 100 | 3 | 3 | 0 |
| *sec*-Butanol | 74.12 | 100 | | | 150 | | | |
| *tert*-Butanol | 74.12 | 100 | | | 100 | | | |
| Butene | 56.11 | 250 | | | | 1 | 4 | 0 |
| Butyraldehyde | 72.1 | | | | | 3 | 3 | 2 |
| Butyric acid | 88.1 | | | | | 3 | 2 | 0 |
| Calcium carbide | 64.1 | | | | | 3 | 3 | 2[W] |
| Caprolactum | 113.16 | 5 $mg/m^3$ | | | | | | |
| Carbon dioxide | 44.01 | 5000 | | | 5000 | | | |
| Carbon disulfide | 76.14 | 1 | | | | 3 | 4 | 0 |
| Carbon monoxide | 28.01 | 25 | | | 50 | 2 | 4 | 0 |

**Table AE-1** *(continued)*

| Compound | Molecular weight | Threshold limit value[a] (TLV) TWA (ppm) | STEL (ppm) | C (ppm) | OSHA[b] 8-hour PEL (ppm) | NFPA ratings[c] Health | Flammability | Instability |
|---|---|---|---|---|---|---|---|---|
| Carbon tetrachloride | 153.84 | 5 | | | | 3 | 0 | 0 |
| Chlorine | 70.91 | 0.5 | 1 | | 1 | 4 | 0 | $0^{OX}$ |
| Chlorine dioxide | 67.46 | 0.1 | 0.3 | | 0.1 | | | |
| Chlorobenzene | 112.56 | 10 | | | 75 | 3 | 3 | 0 |
| Chloroform | 119.38 | 10 | | | (C) 50 | 2 | 0 | 0 |
| Chlorosulfonic acid | 116.5 | | | | | 4 | 0 | $2^{W,OX}$ |
| Crotonaldehyde | 70.09 | | | 0.3 | 2 | 4 | 3 | 2 |
| Cumene | 120.90 | 50 | | | $50^{S}$ | 2 | 3 | 1 |
| Cyclohexane | 84.16 | 100 | | | 300 | 1 | 3 | 0 |
| Cyclohexanol | 100.16 | 50 | | | 50 | 1 | 2 | 0 |
| Cyclohexanone | 98.14 | 20 | 50 | | 50 | 1 | 2 | 0 |
| Cyclohexene | 82.14 | 300 | | | 300 | 1 | 3 | 0 |
| Cyclopentane | 70.13 | 600 | | | | 1 | 3 | 0 |
| Diborane | 27.69 | 0.1 | | | 0.1 | 4 | 4 | $3^{W}$ |
| 1,1-Dichloroethane | 98.97 | 100 | | | 100 | 1 | 3 | 0 |
| 1,2-Dichloroethylene | 96.95 | 200 | | | 200 | 2 | 4 | 2 |
| Dichloromethane = methylene chloride | 84.93 | 50 | 125 | | 25 | 2 | 1 | 0 |
| Diesel fuel | – | 100 mg/m$^3$ | | | | 1 | 2 | 0 |
| Diethylamine | 73.14 | 5 | 15 | | 25 | 3 | 3 | 0 |
| Diethyl ether | 74.1 | | | | | 1 | 4 | 1 |
| Diethyl ketone | 86.13 | 200 | 300 | | | 1 | 3 | 0 |
| Dimethylamine | 45.08 | 5 | 15 | | 10 | 3 | 4 | 0 |
| 1,4-Dioxane | 88.10 | 20 | | | 100 | 2 | 3 | 1 |
| Epichlorohydrin | 92.53 | 0.5 | | | 5 | 4 | 3 | 2 |
| Ethyl acetate | 88.10 | 400 | | | 400 | 1 | 3 | 0 |

*(continues)*

**Table AE-1** Hazardous Chemicals Data for a Variety of Chemical Substances *(continued)*

| Compound | Molecular weight | Threshold limit value[a] (TLV) TWA (ppm) | STEL (ppm) | C (ppm) | OSHA[b] 8-hour PEL (ppm) | NFPA ratings[c] Health | Flammability | Instability |
|---|---|---|---|---|---|---|---|---|
| Ethyl alcohol | 46.07 | | 1000 | | 1000 | 2 | 3 | 0 |
| Ethylamine | 45.08 | 5 | 15 | | 10 | 3 | 4 | 0 |
| Ethyl benzene | 106.16 | 100 | 125 | | 100 | 2 | 3 | 0 |
| Ethyl bromide | 108.98 | 5 | | | 200 | 3 | 3 | 0 |
| Ethyl chloride | 64.52 | 100 | | | 1000 | 2 | 4 | 0 |
| Ethylene | 28.05 | 200 | | | | 2 | 4 | 2 |
| Ethylene dichloride | 98.96 | 10 | | | 3 | 2 | 3 | 0 |
| Ethylene glycol | 62.07 | | | 100 mg/m$^3$ | (C) 0.2 | 2 | 1 | 0 |
| Ethylene oxide | 44.05 | 1 | | | 1910.1047[R] | 3 | 4 | 3 |
| Ethyl ether | 74.12 | 400 | 500 | | 400 | 1 | 4 | 1 |
| Ethyl mercaptan | 62.13 | 0.5 | | | (C) 10 | 2 | 4 | 1 |
| Fluorine | 38.00 | 1 | 2 | | 0.1 | 4 | 0 | 4[W] |
| Formaldehyde | 30.03 | | | 0.3 | 1910.1048[R] | 3 | 4 | 0 |
| Formic acid | 46.02 | 5 | 10 | | 5 | 3 | 2 | 0 |
| Furfural | 96.08 | 2 | | | 5 | 3 | 2 | 1 |
| Gasoline | – | 300 | 500 | | | 1 | 3 | 0 |
| Heptane, all isomers | 100.20 | 400 | 500 | | 500 | 1 | 1 | 3 |
| Hexachloroethane | 236.74 | 1 | | | 1 | | | |
| *n*-Hexane | 86.18 | 50 | | | 500 | 1 | 3 | 0 |
| Hexane, other isomers | 86.18 | 500 | 1000 | | | | | |
| Hydrazine | 32.05 | 0.01 | | | 1 | 4 | 4 | 3 |
| Hydrogen bromide | 80.92 | | | 2 | 3 | | | |
| Hydrogen chloride | 36.47 | | | 2 | (C) 5 | 3 | 0 | 1 |
| Hydrogen cyanide | 27.03 | | | 4.7 | 10 | 4 | 4 | 2 |
| Hydrogen fluoride | 20.01 | 0.5 | | 2 | | 4 | 0 | 1 |
| Hydrogen peroxide | 34.02 | 1 | | | 1 | | | |
| 40% to 60% | | | | | | 3 | 0 | 1[OX] |
| >60% | | | | | | 3 | 0 | 3[OX] |

**Table AE-1** Hazardous Chemicals Data for a Variety of Chemical Substances *(continued)*

| Compound | Molecular weight | Threshold limit value[a] (TLV) TWA (ppm) | STEL (ppm) | C (ppm) | OSHA[b] 8-hour PEL (ppm) | NFPA ratings[c] Health | Flammability | Instability |
|---|---|---|---|---|---|---|---|---|
| Ethyl alcohol | 46.07 | | 1000 | | 1000 | 2 | 3 | 0 |
| Ethylamine | 45.08 | 5 | 15 | | 10 | 3 | 4 | 0 |
| Ethyl benzene | 106.16 | 100 | 125 | | 100 | 2 | 3 | 0 |
| Ethyl bromide | 108.98 | 5 | | | 200 | 3 | 3 | 0 |
| Ethyl chloride | 64.52 | 100 | | | 1000 | 2 | 4 | 0 |
| Ethylene | 28.05 | 200 | | | | 2 | 4 | 2 |
| Ethylene dichloride | 98.96 | 10 | | | 3 | 2 | 3 | 0 |
| Ethylene glycol | 62.07 | | | 100 $mg/m^3$ | (C) 0.2 | 2 | 1 | 0 |
| Ethylene oxide | 44.05 | 1 | | | 1910.1047[R] | 3 | 4 | 3 |
| Ethyl ether | 74.12 | 400 | 500 | | 400 | 1 | 4 | 1 |
| Ethyl mercaptan | 62.13 | 0.5 | | | (C) 10 | 2 | 4 | 1 |
| Fluorine | 38.00 | 1 | 2 | | 0.1 | 4 | 0 | 4[W] |
| Formaldehyde | 30.03 | | | 0.3 | 1910.1048[R] | 3 | 4 | 0 |
| Formic acid | 46.02 | 5 | 10 | | 5 | 3 | 2 | 0 |
| Furfural | 96.08 | 2 | | | 5 | 3 | 2 | 1 |
| Gasoline | – | 300 | 500 | | | 1 | 3 | 0 |
| Heptane, all isomers | 100.20 | 400 | 500 | | 500 | 1 | 1 | 3 |
| Hexachloroethane | 236.74 | 1 | | | 1 | | | |
| *n*-Hexane | 86.18 | 50 | | | 500 | 1 | 3 | 0 |
| Hexane, other isomers | 86.18 | 500 | 1000 | | | | | |
| Hydrazine | 32.05 | 0.01 | | | 1 | 4 | 4 | 3 |
| Hydrogen bromide | 80.92 | | | 2 | 3 | | | |
| Hydrogen chloride | 36.47 | | | 2 | (C) 5 | 3 | 0 | 1 |
| Hydrogen cyanide | 27.03 | | | 4.7 | 10 | 4 | 4 | 2 |
| Hydrogen fluoride | 20.01 | 0.5 | | 2 | | 4 | 0 | 1 |
| Hydrogen peroxide | 34.02 | 1 | | | 1 | | | |
| 40% to 60% | | | | | | 3 | 0 | 1[OX] |
| >60% | | | | | | 3 | 0 | 3[OX] |

**Table AE-1** Hazardous Chemicals Data for a Variety of Chemical Substances *(continued)*

| Compound | Molecular weight | Threshold limit value[a] (TLV) TWA (ppm) | STEL (ppm) | C (ppm) | OSHA[b] 8-hour PEL (ppm) | NFPA ratings[c] Health | Flammability | Instability |
|---|---|---|---|---|---|---|---|---|
| Nonane | 128.26 | 200 | | | | 1 | 3 | 0 |
| Octane, all isomers | 114.22 | 300 | | | 500 | 1 | 3 | 0 |
| Oxalic acid | 90.04 | 1 mg/m$^3$ | 2 mg/m$^3$ | | 1 mg/m$^3$ | 3 | 1 | 0 |
| Ozone | 48.00 | | | | 0.1 | | | |
| Heavy work: | | 0.05 | | | | | | |
| Moderate work: | | 0.08 | | | | | | |
| Light work: | | 0.10 | | | | | | |
| < 2 hours: | | 0.20 | | | | | | |
| Pentane, all isomers | 72.15 | 600 | | | 1000 | 1 | 4 | 0 |
| Phenol | 94.11 | 5 | | | 5[S] | 4 | 2 | 0 |
| Phosgene | 98.92 | 0.1 | | | 0.1 | 4 | 0 | 1 |
| Phosphine | 34.00 | 0.3 | | | 0.3 | 4 | 4 | 2 |
| Phosphoric acid | 98.00 | 1 mg/m$^3$ | 3 mg/m$^3$ | | 1 mg/m$^3$ | 3 | 0 | 0 |
| Phthalic anhydride | 148.11 | 1 | | | 2 | 3 | 1 | 0 |
| Picric acid | 229.11 | 0.1 mg/m$^3$ | | | 0.1 mg/m$^3$ | 3 | 4 | 4 |
| Polyvinyl chloride | | 1 mg/m$^3$ | | | | | | |
| Propylene | 42.08 | 500 | | | | 1 | 4 | 1 |
| Propylene oxide | 58.08 | 2 | | | 100 | 3 | 4 | 2 |
| Pyridine | 79.10 | 1 | | | 5 | 3 | 3 | 0 |
| Sodium | 22.9 | | | | | 3 | 3 | 2[W] |
| Sodium cyanide | 49.0 | | | | | 3 | 0 | 0 |
| Sodium hydroxide | 40.0 | | | 2 mg/m$^3$ | 2 mg/m$^3$ | 3 | 0 | 1 |
| Styrene, monomer | 104.16 | 20 | 40 | | 2 mg/m$^3$ | 2 | 3 | 2 |
| Sulfur dioxide, liquid | 64.07 | | 0.25 | | 5 | 3 | 0 | 0 |
| Sulfuric acid, aqueous | – | 0.2 mg/m$^3$ | | | 1 mg/m$^3$ | 3 | 0 | 2[W] |
| Tetrachloroethylene | 165.80 | 25 | 100 | | 2 mg/m$^3$ | 2 | 0 | 0 |
| Toluene | 92.13 | 20 | | | 2 mg/m$^3$ | 2 | 3 | 0 |

Table AE-1 *(continued)*

| Compound | Molecular weight | Threshold limit value[a] (TLV) | | | OSHA[b] | NFPA ratings[c] | | |
|---|---|---|---|---|---|---|---|---|
| | | TWA (ppm) | STEL (ppm) | C (ppm) | 8-hour PEL (ppm) | Health | Flammability | Instability |
| Trichloroethylene | 131.40 | 10 | 25 | | 2 $mg/m^3$ | 2 | 1 | 0 |
| Triethylamine | 101.19 | 1 | 3 | | | 3 | 3 | 0 |
| Trimethylamine | 59.1 | 5 | 15 | | | 3 | 4 | 0 |
| Turpentine | ~136 | 20 | | | 100 | 1 | 3 | 0 |
| Vinyl acetate | 86.09 | 10 | 15 | | | 2 | 3 | 2 |
| Vinyl bromide | 106.96 | 0.5 | | | | 2 | 4 | 1 |
| Vinyl chloride | 62.50 | 1 | | | $1910.1017^{R}$ | 2 | 4 | 2 |
| Vinyl fluoride | 46.05 | 1 | | | | 2 | 4 | 2 |
| Xylene | 106.16 | 100 | 150 | | 100 | 2 | 3 | 0 |

[a]Threshold limit value (TLV) data from American Conference of Governmental Industrial Hygienists (ACGIH), *2009 TLVs and BEIs* (Cincinnati, OH: ACGIH, 2009). Please check ACGIH for updated values.

[b]U.S. Occupational Safety and Health Administration (OSHA), www.osha.gov.

[c]NFPA ratings from National Fire Protection Association, *Fire Protection Guide to Hazardous Materials* (Quincy, MA: National Fire Protection Association, 2002).

Notes:

(C): Ceiling limit.

OX: Oxidizer.

R: These chemicals have a specific OSHA regulation. See the OSHA document referenced at www.osha.gov.

S: These chemicals have an OSHA skin designation. This means that these chemicals can be absorbed through the skin.

W: Water-reactive.

The absence of data does not indicate nonhazardous properties, just that data are not reported.

# F. 공정도면

The main reference for this appendix is from the International Society for Automation (ISA) and is found in ISA S5.1.

Two major types of process diagrams are used by the chemical industry to represent a chemical plant:

1. Process flow diagram (PFD): This shows how the process units are connected and how the process works. Various symbols are used for each unit operation. Pipes are indicated by lines connecting the units.
2. Process or piping and instrumentation diagram (P&ID): This shows the various sensor, control systems, and final control elements. It uses symbols and circles to represent how they are connected.

The symbols used are not universal and have changed over time. They are used in a flow diagram as follows:

Manual valve: 

Control valve: 

Solenoid valve: 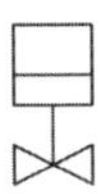

Check valve:  Arrow points in direction of flow

Relief valve: 

Rupture disc: 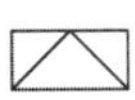

Pump: 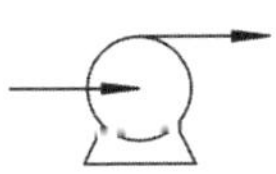

Flowmeter: 

Vessel: 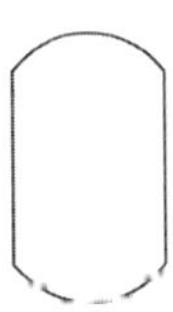

Heat exchanger: 

Furnace:

Distillation column:

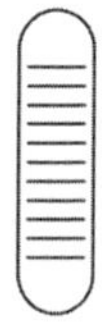

Agitator:

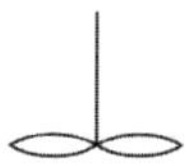

Air blown cooler:

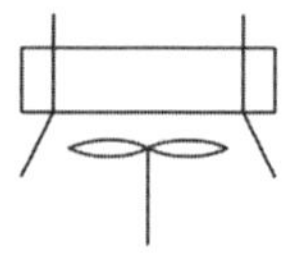

Packed column:

Process instrumentation has tags that consist of letters and numbers placed within or near the instrument to identify the type and function. The following tag identifies this equipment as a TRC = temperature recording controller and is associated with control loop 100.

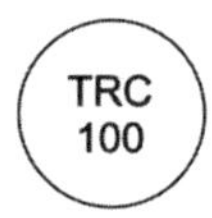


The tag identification lettering is shown in the following table:

| | First letter | | Succeeding letters | | |
|---|---|---|---|---|---|
| | **Measured or initiating variable** | **Modifier** | **Readout function** | **Output function** | **Modifier** |
| **A** | Analysis | | | | |
| **C** | | | | Control | |
| **D** | | Differential | | | |
| **F** | Flow rate | Ratio | | | |
| **H** | Hand | | | | High |
| **I** | Current | | Indicate | | |
| **L** | Level | | | | Low |
| **P** | Pressure, vacuum | | | | |
| **Q** | Quantity | Totalizer | | | |
| **S** | | Safety | | Switch | |
| **T** | Temperature | | | Transmit | |
| **V** | Vibration | | | Valve, damper | |
| **Z** | Position | | | Actuator | |

Typical examples for chemical plants for these tags are shown here:

TI: temperature indicator
TR: temperature recorder
TT: temperature transmitter
TC: temperature controller
TRC: temperature recorder controller
LT: level transmitter
LIC: level indicator controller
FC: flow controller
FT: flow transmitter
FRC: flow recorder controller
PT: pressure transmitter

A line in the middle of the tag circle denotes the location:

No line: The instrument is mounted in the field near the process.

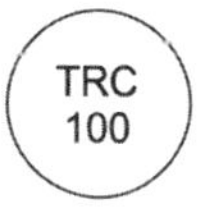


Solid line: The instrument is mounted in the control room and is accessible to the operator.

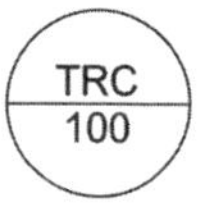


Dashed line: The instrument is mounted out of sight and is not accessible by the operator.

There are also symbols to identify how the instruments are connected to each other and which type of signal is being used (electrical, pneumatic).

Piping: thick line
Process connection: thin line
Electrical signal: dashed line
Pneumatic signal: 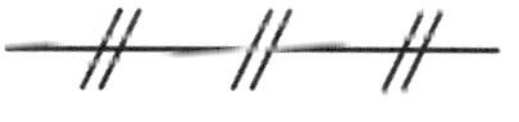

# I N D E X

## 역자 소개


- **이영순** 서울과학기술대학교 명예교수, 공학박사
  (전) 안전보건공단 이사장
  (전) 한국안전학회 회장

- **김태옥** 명지대학교 명예교수, 공학박사
  한국연구실안전전문가협의회 회장
  (전) 한국가스학회 회장, 한국위험물학회 회장

- **박달재** 서울과학기술대학교 교수, 공학박사
  한국안전학회 기획사업부회장
  대한산업안전협회 사외이사

- **백종배** 한국교통대학교 교수, 공학박사
  한국안전학회 부회장
  유해화학물질 취급시설안전관리위원회 위원장

- **이근원** 아주대학교 산학협력교수, 공학박사
  한국위험물학회, 한국가스학회 부회장
  (전) 안전보건공단 산업안전보건연구원 소장

- **이창준** 국립부경대학교 교수, 공학박사
  한국화학공학회 기획이사
  한국안전학회 학술이사

화학공정안전 정가 35,000원

Chemical Process Safety : Fundamentals with Applications 4e

발 행 2023년 3월 10일 초판 2쇄

저 자 Daniel A. Crowl · Joseph F. Louvar

역 자 이영순 · 김태옥 · 박달재 · 백종배 · 이근원 · 이창준

발행인 정우용

발행처 도서출판 동화기술

경기도 파주시 광인사길 201(문발동, 파주출판도시)

Tel (031)955-4211~6 donghwapub@nate.com

Fax (031)955-4217 www.donghwapub.co.kr

(등록) 1977년 12월 19일/9-16호



Printed in Korea

ISBN 978-89-425-9233-3